现代生物技术译丛

分子克隆实验指南

（第三版）

（下　册）

〔美〕J. 萨姆布鲁克　D. W. 拉塞尔 著

黄培堂　等译

科学出版社

2002

内容简介

《分子克隆实验指南》的前两版以其无可匹敌的声誉，在近20年的时间里一直被作为分子生物学实验的经典参考书。在第三版中，作者对图书内容进行了完全的升级，修订了实验的每条方案，增加了大量新的材料，拓宽了它涉及的领域，内容丰富而详细，使其具有用于学习遗传学、分子细胞生物学、发育生物学、微生物学、神经科学和免疫学等学科的重要指导和参考价值。本书具有先进性、实用性、权威性的特点，是生命科学实验室内当之无愧的"圣经"。

本书可供生物学、医药卫生，以及农、林、牧等方面有关的科研、教学与技术人员参考。

Joseph Sambrook, David W. Russell
Molecular Cloning: A Laboratory Manual, 3rd ed.

图字:01-2001-0665
图书在版编目(CIP)数据

分子克隆实验指南(上、下册)/(美)萨姆布鲁克(Sambrook, J.)等著;黄培堂等译.—3版.—北京:科学出版社,2002.8
(现代生物技术译丛)
书名原文:MOLECULAR CLONING: A Laboratory Manual
ISBN 7-03-010338-6

Ⅰ.分… Ⅱ.①萨…②黄… Ⅲ.无性系-遗传工程-实验-指南
Ⅳ.Q785-33

中国版本图书馆CIP数据核字(2002)第020384号

科学出版社 出版
北京东黄城根北街16号
邮政编码:100717
http://www.sciencep.com
双青印刷厂 印刷
科学出版社发行 各地新华书店经销
*
2002年8月第一版 开本:787×1092 1/16
2002年8月第一次印刷 印张:124 1/2 彩插:1
印数:1—5 000 字数:2 917 000

定价(上、下册):168.00元
(如有印装质量问题,我社负责调换〈杨中〉)

目　录

上　册

第 1 章　质粒及其在分子克隆中的应用

第 2 章　λ 噬菌体及其载体

第 3 章 M13 噬菌体载体

第 4 章　高容量载体的应用

第 5 章　DNA 凝胶电泳和脉冲场琼脂糖凝胶电泳

第 6 章 真核基因组 DNA 的制备和分析

第 7 章 真核细胞 mRNA 的提取、纯化和分析

第 8 章 聚合酶链式反应体外扩增 DNA

第 9 章 放射性标记 DNA 探针与 RNA 探针的制备

第 10 章　合成寡核苷酸探针

第 11 章　cDNA 文库制备及基因鉴定

下 册

第 12 章 DNA 测序

第 13 章 诱变

第 14 章 表达文库的筛选

第 15 章 在大肠杆菌中表达克隆化基因

第 16 章　哺乳动物培养细胞中导入克隆化基因

第 17 章　哺乳动物培养细胞的基因表达分析

第18章　蛋白质相互作用研究技术

附　录

为方便读者查阅,我们在全书页边空白处加上了英文版原书的对应页码(如 6.3、8.47、A.10 等)。索引中词条后所标数字也指原书页码,可在正文中对应查找。

下　　册

第 12 章　DNA 测序

> 当战争终于结束的时候，我对将来感到迷茫……我拥有许多证书，虽然没有很高的资历，但在英国海军部取得的一点成就给了我少许安慰。对于有限的一点电磁学和流体力学知识，我没有体现出丝毫的热情，更没有论文发表……。逐渐地我意识到没有资历可能是一种优势。那时大部分科学家都已经 30 多岁了，他们深深地沉迷于他们的专业，他们在某一特殊领域投入如此巨大的精力，以至于要在他们的职业生涯中做出根本的改变是非常困难的。另一方面，我除了在过时的物理学和数学方面有一些基本训练以及一点适应新事物的能力外，对其他领域几乎一无所知……。正是由于我的无知，所以我可以完全自由地进行选择……。
>
> Francis Crick，*What Mad Pursuit*.

导言 12.3

DNA测序的威力就在于其具有将基因和基因组转化为具有明确结构的化学物质的能力。很少有其他技术能给生物学家带来如此的信心和鼓舞。因此，所有从事分子克隆的人都要掌握DNA测序技术，并不一定非要很精通，但至少要达到能够解决疑问、证实想法和提出问题的水平。

在分子生物学实验室，DNA测序主要用于鉴定新的cDNA克隆、确证克隆与突变，检查新产生的突变、连接和PCR反应产物的准确性。在某些情况下，也可用于鉴别多态性和感兴趣基因突变的筛选工具。直到几年前完成这些工作还是手工操作，实际上测序方案中的所有步骤都是在使用同位素的情况下在各自实验室中进行的。然而，现在大多数实验室配备有测序用的寡核苷酸合成仪和自动测序仪，测序反应产物的读取不再是放射自显影，而是应用荧光检测系统，序列数据可以自动采集并传输到计算机中。这些仪器承担了测序工作中大部分的繁琐任务，同时大大提高了测序能力，并降低了测序难度。一些有经验的测序员可能还在追忆跑测序胶的乐趣，以及阅读测序条带时的快乐。但是千万不要相信，那并不是只有欢乐的工作。

DNA测序历史

在20世纪70年代，随着分子克隆技术在总体上的快速进步，简单的DNA测序技术也得以发展。最早的尝试是由Robert Holley研究组在十年前分析tRNA序列时建立的（Holley et al. 1964，1965）。Holley的方法包括用序列特异的RNA酶消化RNA，消化产物用离子交换层析或二维同系层析进行分离（Sanger et al. 1965；Brownlee and Sanger 1967），之后通过外切酶消化各片段以确定碱基顺序。采用两种不同的断裂方式，Holley确定了片段之间的重叠序列，进而测定了酵母丙氨酸tRNA的全部77个核苷酸的序列。

应用这一原理，有人尝试通过外切酶Ⅳ或化学方法（嘧啶片分析，Robertson et al. 1973；Ziff et al. 1973）将DNA切割成小片段进行某些DNA的测序。然而这些方法都不能满足大规模测序的要求。的确，某些时候问题变得如此困难，例如用大肠杆菌RNA聚合酶转录DNA并进行RNA测序（Gilbert and Maxam 1973）。然而在10年内，由于哈佛大学的Gilbert实验室和英国桥剑桥大学的Sanger实验室在测序方面的共同努力，DNA测序在世界上任何一个分子生物学实验室都已成了平常事。

最著名的DNA测序技术是Sanger等的酶法（1977a）与Maxam和Gilbert的化学降解法。虽然各自在原理上完全不同，但这两种方法都能生成起始于固定起点和终止于特定碱基的一组寡核苷酸片段。最简单的情况，分别终止于A、G、C和T碱基的四种寡核苷酸，尽管终止位点的碱基是特定的，但在靶DNA的分布上是随机的。四种寡核苷酸中的任一种都由一系列寡核苷酸组成，这些寡核苷酸的长度由某一种特定碱基在原DNA全片段上的位置所决定。然后在可以区分长度仅差一个核苷酸的不同DNA分子条 12.4

件下，对四种寡核苷酸片段进行凝胶电泳分析（Sanger and Coulson 1978），只要将四组寡核苷酸加样于测序凝胶的若干个相邻泳道上，即可从凝胶的放射自显影片上直接读出DNA 核苷酸序列。

双脱氧法 DNA 测序

Sanger 技术是通过控制 DNA 的合成来产生终止于靶序列特定位点的寡核苷酸片段。这一思路源于康奈尔大学的 Ray Wu，在一、二或三种脱氧核苷三磷酸（dNTP）存在下，Wu 用部分修复的方法测定了 λ 噬菌体 DNA 含有 12 个核苷酸的黏性末端序列（Wu and Taylor 1971；Tu and Wu 1980）。Wu 的部分修复的方法与被称为"加减法"测序技术的命运一样，都是"昙花一现"，但它都是现在普遍采用的双脱氧链终止法的雏型（Sanger et al. 1973；Sanger and Coulson 1975）。在体外制备高放射性活性的 DNA 拷贝的实验中，Sanger 和他的同事发现新合成的 DNA 链往往比模板 DNA 短，提前终止总是发生在放射性核苷酸被掺入位点上游的碱基处。造成这种现象的原因是反应中的放射性核苷酸浓度较其他三种未标记的核苷酸浓度低得多。因此，产物混合物的 3′端与浓度低的核苷酸位置一致。分别进行四个独立的反应，每一反应中分别有一种核苷酸的浓度是低的，按大小分离这四组反应产生的短片段，Sanger 和他的同事就可以读出DNA 的序列（Sanger et al. 1977a）。虽然加减法技术很繁琐而且不精确，但它曾成功地测定了 *ΦX*174 噬菌体 DNA 的几乎全部 5386 个核苷酸序列（Sanger et al. 1977b）。加减法系统是一个重大的进步，它最先描述了：① 特异引物在 DNA 聚合酶延伸反应中的应用；②碱基特异的链终止；③用聚丙烯酰胺凝胶分辨长度相差一个核苷酸的单链DNA。加减法反应不可靠是众所周知的，而且如方法所要求那样同时进行所有四种反应通常都是很困难的。很明显，如果要使通过控制 DNA 合成来测定核苷酸序列的方法变得实用，需要有新的改进。

核苷类似物——双脱氧核苷三磷酸（ddNTP）的使用导致了新的突破：ddNTP 可以在由 DNA 聚合酶催化的模板依赖性 DNA 合成中取代链上任意位置的脱氧核苷酸；而且能以碱基特异方式有效地终止 DNA 合成（请参见图 12-1）（Sanger et al. 1977a）。在分别进行的合成反应中，使用与脱氧核苷酸碱基相对应的 ddNTP，可以产生终止于模板链任何位置的四类寡核苷酸。反应产物通过电泳进行分离，从四条泳道上的条带顺序就能读出 DNA 序列。自 20 世纪 80 年代以来，Sanger 的链终止法一直发挥着很好的作用，始终是 DNA 测序的首选方法。

化学法 DNA 测序

双脱氧链终止法是 Sanger 有关蛋白质和 RNA 测序早期工作的合乎逻辑的发展，而DNA 测序的化学法则是 Gilbert 实验室的偶然发现（Gilbert 1981）。在 20 世纪 60 年代的后期和 70 年代的初期，Gilbert 的工作集中于 *lac* 抑制子和 *lac* 操纵子的体外相互作
12.5 用。他分离了抑制子保护的 DNA 片段，将 DNA 拷贝成 RNA，然后采用 Sanger 实验室建立的 RNA 测序技术测定 DNA 片段的序列（Gilbert and Maxam 1973）。当苏联科学家Andre Mirzabekov 于 1975 年访问哈佛时，这一方法发生了改变。在莫斯科苏联科学院分子生物学研究所工作时，Mirzabekov就发现组蛋白和抗生素与DNA的结合能阻止硫

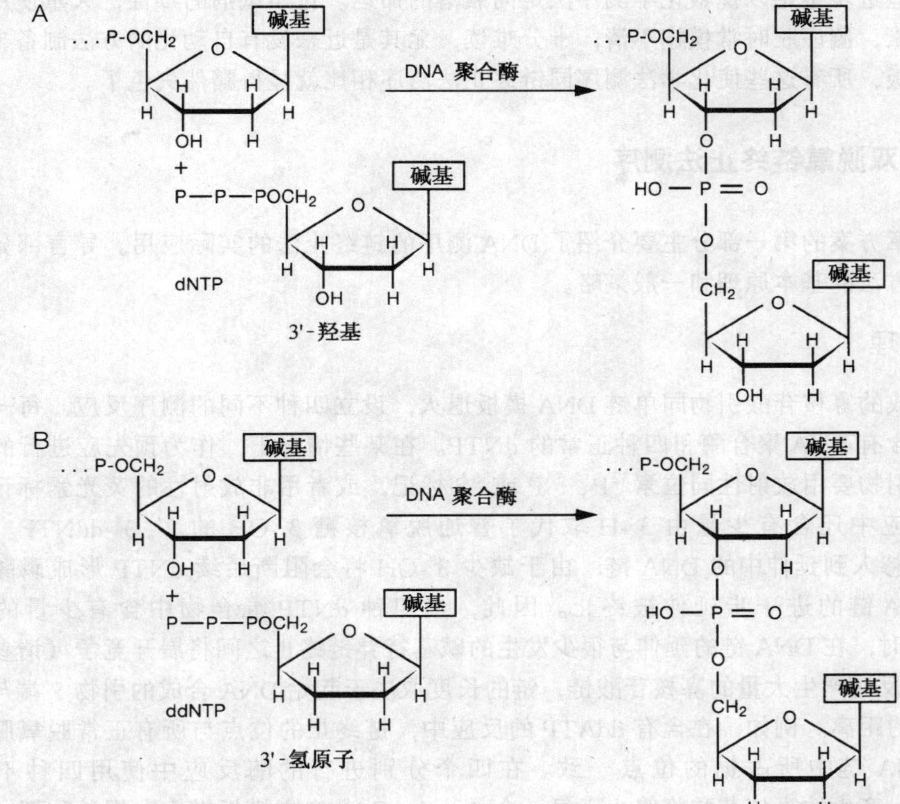

图 12-1 ddNTP 掺入导致 DNA 合成终止

(A) DNA 聚合酶催化的普通 dNTP 与 DNA 3′末端核苷酸的酯化反应。通过连接单个核苷酸使引物得以延伸，该反应重复进行，直到模板链上的所有碱基（未给出）都与新合成链碱基完成配对。(B) 使用缺少 3′-羟基的 ddNTP 的相应反应，ddNTP 掺入 DNA 聚合酶延伸的链中，由于缺少进一步形成 5′→3′磷酸酯键的 3′-羟基，ddNTP 起到了终止子的作用。

酸二甲酯对嘌呤的甲基化。他劝说 Gilbert 查明抑制子的结合是否阻碍操纵子 DNA 的甲基化，并找出序列中被保护的碱基。Gilbert 与 Mirzabekov、Alan Maxam 和 Jay Gralla 一道用了一个午餐的时间探讨这一问题，他在讨论中产生的想法最终成为了化学测序技术的基础。如果将 DNA 片段的一端用放射性磷酸基团标记，然后用碱基特异的化学反应使 DNA 部分降解，DNA 链中每一位置的碱基就可以通过测定标记末端和断裂位点间的距离加以确定。到 1976 年，这一方法已能被用于确定短 DNA 序列（约 40 个核苷酸）
中腺嘌呤和鸟嘌呤的位置。如果知道两种嘌呤碱基在 DNA 两条互补链的每一条链上， 12.6
原则上就可以推断出全部的 DNA 序列。在随后的一年里，找到了在胞嘧啶和胸腺嘧啶碱基处断裂的方法，进而可以确定两种嘧啶碱基在 DNA 序列中的位置。到 1977 年，Maxam 和 Gilbert 发表了全部的测序技术（Maxam and Gilbert 1997）。

从发表之日到现在，化学测序法经过了一系列不断的改进和完善。碱基特异的断裂反应数目得以增加，测序的效率和分辨率逐步提高，一般能读出 200～400 个碱基。但是，这些进步不足以挽救化学测序法走向衰落的命运。化学试剂的毒性，大量使用放射性同位素，测序胶时常模糊不清，十分难读，尤其是近来没有自动化的方法制备末端标记的模板，所有这些使化学法测序同链终止法测序相比就显得黯然失色了。

Sanger 双脱氧链终止法测序

本章方案的第一部分主要介绍了 DNA 测序的链终止法的实际应用。导言部分阐述了这一方法的基本原理和一般策略。

基本原理

合成的寡核苷酸引物同单链 DNA 模板退火，设立四种不同的测序反应，每一种反应中都含有 DNA 聚合酶和四种正常的 dNTP。在某些情况下，作为预先应进行的操作之一，引物要用放射性同位素^{32}P、^{33}P 或^{35}S 标记，或者用非放射性的荧光素标记。在四个反应中还含有少量由 3′-H 取代了普通脱氧核糖 3′-OH 的 2′, 3′-ddNTP。如果 ddNTP 掺入到延伸中的 DNA 链，由于缺少 3′-OH 将会阻断后续 dNTP 形成磷酸二酯键，DNA 链的进一步延伸被终止。因此，当四种 dNTP 混合物中含有少量的一种 ddNTP 时，在 DNA 链的延伸与很少发生的碱基特异链终止之间将展开竞争（请参见图 12-1）。反应产生大量的寡核苷酸链，链的长度取决于起始DNA 合成的引物 5′端与终止位点间的距离。例如，在含有 ddATP 的反应中，链终止的位点与所有正常脱氧腺苷残基在 DNA 链中所占据的位点一致。在四个分别进行的酶反应中使用四种不同的 ddNTP，产生的寡核苷酸将终止于每一个 A、C、G 或 T 在模板链上占据的位置。可以用电泳分离产生的寡核苷酸，通过放射自显影或荧光确定每条带的位置。将四种反应产生的寡核苷酸加到测序胶相邻的泳道上，就可以从凝胶的底部到顶部按 5′→3′方向读出新合成链的序列。

引物

在酶催化的测序反应中，DNA 的合成的是通过与模板链特定序列相互补的寡核苷
12.7 酸开始进行的。在多数情况下，通过将靶 DNA 片段克隆到 M13 噬菌体或噬菌粒载体上(请参见第 3 章)，获得单链 DNA 分子形式的模板。然而，尽管效率较低，也可以使用 Sanger 法测定变性 DNA 分子的序列（如变性质粒 DNA)。不论哪种情况，都存在如何获得与未知靶 DNA 序列互补的引物的问题，这个问题可以通过使用与靶 DNA 两侧的载体序列互补的“通用”引物而得到解决。通用引物的长度一般为 15～30 个核苷酸，可以从许多公司购买。此外，许多公司出售用于测定克隆到不同载体带有不同限制酶切位点的靶 DNA 序列的引物。商品化引物的详细情况请参见附录 6。

模板和策略

Sanger 测序法的优点之一就是适用于许多种不同类型的 DNA 模板，而且可以采取多种不同的测序策略。例如，模板可以是：

- 从重组 M13 噬菌体分离的单链 DNA（请参见第 3 章方案 1)。此外，DNA 还可

以通过不对称 PCR 反应获得（Innis et al. 1988；Wilson et al. 1990）（请参见第8章）。

- 热或碱变性的双链质粒 DNA（Chen and Seeburg 1985）（请参见方案 2）。
- 热或碱变性的 PCR 扩增双链 DNA（Gyllensten and Allen 1993；Rao 1994）（请参见方案 2）。
- 用外切酶消化双链 DNA 产生的单链模板（Higuchi and Ochman 1989；E. Lee et al. 1992）。
- 在循环测序中热变性的双链 DNA（Murray 1989）（请参见方案 6）。

面对这些可能性，重要的是确立一个总体策略。要考虑测序区的大小、测序的精度、所需模板的性质和数量，以及可利用的资源。基于 PCR 的测序方法省略了耗时的克隆和纯化模板 DNA 的步骤，并且可以使用不纯的模板进行核苷酸测序。例如，使用细胞、病毒、噬菌体和细菌的裂解液。因此，这些方法用于测定基因组特定区域的序列十分理想（如哺乳动物基因的单一外显子）。另一方面，用 M13 噬菌体构建鸟枪文库适合于大规模测序，其目的是获得大量的未知序列。事实上，所有这些大规模测序的每一过程都是在装配有机器人和自动化仪器的工厂作业线上进行的，包括从单链模板制备到核苷酸序列的采集。与之相比，虽然确证序列（如寡核苷酸介导产生的突变）一般至多只须进行一套测序反应去证实 DNA 两条链中的一条链局部区域的核苷酸顺序。尽管小规模测序简单而有趣，但现在大多数实验室都是购买 DNA 测序试剂盒，让测序中心的自动测序仪来完成 DNA 测序，实验室要做的只是按月支付测序帐单。

选择测序系统 12.8

多数双链和单链 DNA 模板用特定的酶（如测序酶）在适当温度（37℃）进行测序都没有太大困难。但有 10% 的模板可能由于下列原因而产生问题。

- **模板的碱基组成**　GC 含量越高的模板形成二级结构结的可能性越大，二级结构会妨碍 DNA 聚合酶的通过。但由于二级结构在高温下不稳定，对富含 GC 的模板可选用循环测序或高温等温进行测序。
- **模板的碱基序列**　循环测序反应不适于可能含有重复序列的 DNA 模板测序，例如二核苷酸重复序列。这样的序列在凝胶的所有四条泳道上常产生强度可变的条带。这个问题有时可以通过使用 ^{32}P 标记 5′端寡核苷酸作为引物进行高温等温测序或循环测序而得以减轻。使用测序酶或大肠杆菌 DNA 聚合酶 Ⅰ Klenow 片段在低温下催化测序反应，常产生较为清晰的条带。
- **模板量**　由于循环测序可以放大信号，当模板 DNA 量很少时，循环测序方法是很好的选择。

末端标记或内部放射性标记

末端标记寡核苷酸引物可以减低测序假象出现的频率和强度，多数假带是由污染的 DNA 和 RNA 片段作为非特异引物产生的。当测序 DNA 模板易于产生模糊梯带时，最好选用末端标记引物，例如，从菌落、M13 噬菌斑、或像 λ 噬菌体和黏粒载体等大的 DNA 等制备纯度不高的模板。当使用末端标记引物时，所有 DNA 链标记的程度相同，而与链长度无关。因此，在整块凝胶上条带的强度也相同。阅读寡核苷酸引物标记的测序反应所产生的条带要比使用不标记引物和放射性 dNTP 所产生的条带要容易得多。

可以用 T4 噬菌体多核苷酸激酶催化［γ-^{32}P］ATP 或［γ-^{33}P］ATP 的 γ-磷酸标记至引物的 5′末端。标记^{32}P 比标记^{33}P 曝光时间短且费用低，但^{33}P 发出的弱 β 粒子在放射自显影中能产生更锐利的条带。如果需要读取长序列，^{33}P 标记更具优势。此外，使用^{33}P 标记引物和测序产物所产生的放射性损害较少，而且可以在 −20℃ 保存几周。

［α-^{35}S］dATP 是 dATP 的类似物，由硫原子取代了 α 磷酸上的非桥键氧原子。^{35}S 发出的低能量 β 粒子在凝胶放射自显影中能产生锐利的条带（Biggin et al. 1983）。与^{33}P相比，^{35}S 的半衰期更长。因此，^{35}S 同位素及其测序反应产物可以保存几周，对结果不会有影响（［γ-^{35}S］ATP 不是多核苷酸激酶的最佳底物，转移到 5′羟基的效率较低）。

12.9 酶、测序方案和试剂盒的选择

使用放射性 dNTP 或放射性标记引物进行低温等温 DNA 测序的初学者常选用 U. S. Biochemicals公司出售的含有 2.0 版测序酶的试剂盒。像其他酶制造商提供的类似试剂盒一样，测序酶试剂盒几乎含有等温测序反应所需的所有试剂，从阳性对照模板 DNA 到详尽的操作说明书。用测序酶进行测序的详尽方法见方案 3。

使用试剂盒为获得测序经验和信心提供了一种方便快捷的方式，但是对于常规测序而言，试剂盒过于昂贵。因此，偶尔制备小量模板的测序者有时会用自己配制的试剂替换试剂盒中的某些试剂，只批量地购买用于测序反应的酶。

只当制备模板比较困难时，测序者会考虑使用循环测序法（方案 6），再选用试剂盒。此时有许多不同的选择，但主要取决于所使用的仪器设备。如果使用传统的放射性检测系统，选用含有基因工程去除 5′→3′外切酶活性的热稳定酶的试剂盒是合适的。显然，最好使用消除了对 dNTP 较 ddNTP 优先掺入的突变酶（这些修饰酶见方案 5 的表 12-9），但这些酶目前还很昂贵。表 12-9 所列出的酶都可以以试剂盒的形式获得。有些试剂盒还含有热稳定的抑制焦磷酸水解的焦磷酸酶，可以减少带间的强度差异。

大多数要求较高的测序人员最终需要利用某些采用荧光检测方法的 DNA 自动测序仪，这些仪器能做的工作很多。有时使用者将反应完的样品带来（或邮寄），用自动测序仪电泳分离并自动采集数据；有时也可以由测序机构完成从模板的制备到结果分析的所有测序步骤。无论怎样，测序方案取决于测序机构采用的设备和技术。许多测序机构提供不同的（自制或商品化的）试剂盒，以降低测序者的使用费用。

本章是关于 DNA 测序的概述。第一部分简要叙述了酶法测序、模板制备方案、引物和测序反应；第二部分集中阐述了化学测序法，第三部分和最后部分介绍了 DNA 测序胶的灌制和电泳。有关测序的计算机和自动化部分见本章末尾的信息栏。

12.10 方案 1　建立随机重叠 DNA 插入文库

几乎所有的分子生物学家在工作中都要遇到对克隆到诸如高容量载体黏粒载体、细

菌人工染色体或 P1 噬菌体人工染色体等上的大量 DNA 片段进行测序的挑战。对长度超过几千个碱基的克隆 DNA 片段进行有效的测序需要使用高通量、自动化的 DNA 测序仪。如果使用这种设备，现在任何有实力的机构都可以进行繁重的测序工作，然而这在几年前还是大多数实验室所做不到的。

大规模测序大多采用将随机断裂的靶区域小片段亚克隆到 M13 噬菌体载体上的“鸟枪法”策略（Anderson 1981；Deininger 1983；Messing 1983；Baer et al. 1984；Bankier et al. 1987）。目的是构建一个重叠克隆文库，提供的克隆片段数至少超过全部靶片段的 5 倍。任意一个克隆在引物结合位点下游都含有一个随机的靶 DNA 片段，在 DNA 自动测序仪上，从引物结合位点起可测定 600～800 bp 长的 DNA 序列。从文库中随机选取克隆进行测序，直到获得至少 95％靶 DNA 的两条链的序列。对于间断和模糊不清的部分序列，采用直接测序的方式完成（e. g.，please see Edwards et al. 1990）。收集存储的数据由计算机辅助处理拼接（e. g.，please see Dear and Staden 1991；Bonfield et al. 1995；Huang 1996；Dear et al. 1998）。请见附录 11 的电子信息采集。有两种方法可用于切断双链 DNA 以获得长度适于鸟枪法测序的 DNA 片段。

- *机械剪切* 可以用不同的方法产生机械剪切力，一些方法已列于表 12-1。一般情况下，在曳力的作用下使双链 DNA 分子展开，然后在双链 DNA 分子中心区断开磷酸二酯键骨架，由曳力导致 DNA 断裂（有关讨论请见 Oefner et al. 1996）。由于断裂易于发生在 DNA 分子中心区，原始 DNA 分子的末端在由机械剪切法制备的鸟枪文库中难以得到充分的体现。这个问题可以通过在机械剪切前将 DNA 串联起来得以减轻。

表 12-1 鸟枪法测序制备 DNA 片段常用方法

方法		优、缺点	参考文献
机械剪切	超声处理	DNA 用量较大（10～100μg）；DNA 片段大小分布范围广；只有少量片段长度适合克隆和测序。超声前 DNA 需要进行连接，超声后末端需要修复；产生的羟自由基损伤 DNA。（McKee et al. 1977）	Deininger（1983）
	喷雾法	简便快速；溶液体积大，DNA 用量小（0.5～5μg）；对富含 A-T 区效果差。通过改变喷雾嘴的气压易于控制片段的大小；DNA 片段大小分布范围窄（700～1330 bp）；喷雾前 DNA 需要进行连接，喷雾后末端需要修复。	Bodenteich et al.（1994）；Hengen（1997）
	HPLC 泵循环法	需要贵重仪器；处理之前 DNA 需要进行连接；DNA 用量 1～100μg；DNA 片段大小分布范围窄，可通过改变流速控制片段大小；克隆前片段不需要进行末端修复。	Oefner et al.（1996）
	通过 28 号皮下注射器针孔	廉价、简便；DNA 用量小；但获得的片段过大（1.5～2.0 kb），不适合鸟枪法测序；处理前 DNA 需要进行连接，处理后末端需要修复。	Davidson（1959，1960）；Schriefer et al.（1990）

续表

方法		优、缺点	参考文献
酶切割	限制性内切酶 *Cvi*JⅠ部分消化	廉价、简便、不需要特殊设备；DNA 用量小（0.5～5 μg）；处理之前 DNA 最好进行连接，但消化后的 DNA 末端不需修复。不同反应的消化速度不同，每一批新 *Cvi*JⅠ酶都要重新标定。	Fitzgerald et al.（1992）；Gingrich et al.（1996）
	Mn^{2+} 存在下 DNA 酶Ⅰ切割	同超声一样，DNA 片段大小分布范围广；只有少量片段长度适合克隆和测序。处理后末端需要修复。	Anderson（1981）

- **酶切割**　在 Mn^{2+}存在下，或在没有单价阳离子时，高浓度的 DNA 酶Ⅰ可以在双链 DNA 的两条链相近的位置同时切割 DNA（Melgar and Goldthwait 1968; Campbell and Jackson 1980）。在此条件下，酶几乎不显示序列特异性，能以相同的速率切割 DNA 分子的所有区域（末端核苷酸除外）。因此，由 DNA 酶Ⅰ消化产生的 DNA 片段大小分布范围较广，但只有一小部分片段适合于克隆和测序。

12.11 直到现在，很少用限制性内切酶制备鸟枪法测序用 DNA 片段。因为用单一限制酶完全消化 DNA 不能产生重叠片段，需要用几种不同的限制酶消化构建不同的文库才能产生重叠片段。由于 DNA 分子上的酶切位点很少，部分消化所构建的鸟枪文库也不具优势。然而，随着 *Cvi*JⅠ切割 DNA 序列 PyGCPy 和 PuGCPu 产生平末端片段的发现，这一问题已得到解决（Xia et al. 1987; Fitzgerald et al. 1992）。在这种“宽松条件下”，DNA 上每 16～64 个碱基就有一个潜在的酶切位点。用 *Cvi*JⅠ部分消化黏粒载体大小的 DNA 产生约 1 千碱基的 DNA 片段含有许多潜在的位点，并且偏性很小（Gingrich et al. 1996）。表 12-1 总结了制备鸟枪法测序重叠片段各种方法的优缺点。

12.12 DNA 测序的许多方面都已经自动化了。例如，使用机器人工作站进行双脱氧测序反应和自动读取并传送荧光标记的序列数据到计算机。有关这一方面进展的综述请参见信息栏有关 DNA 自动测序部分。

下面的方案描述了鸟枪法测序的起始步骤，从靶 DNA 的剪切到用 M13 噬菌体载体构建 DNA 片段文库，也包括断裂靶 DNA 的两种方法——超声法和喷雾法，以及用 DNA 聚合酶修复片段末端的技术要点。然后，用琼脂糖凝胶电泳按大小分离 DNA 片段，从凝胶上回收 DNA 片段，并将其连接到 M13 噬菌体载体上。连接产物转染适当的大肠杆菌，构建重组 M13 噬菌体克隆文库。按 Zollo 和 Chen（1994）介绍的方法从生长于 96 孔板的单个克隆中制备单链 DNA 模板。图 12-2 阐述了随机测序的各个步骤。接下来的方案介绍了如何从文库中随机选取克隆作为双脱氧链末端终止测序反应的模板，以及如何进行 DNA 测序和序列的拼接。

12.13 材料

注意：标记有〈!〉符号材料的正确使用参见附录 12。

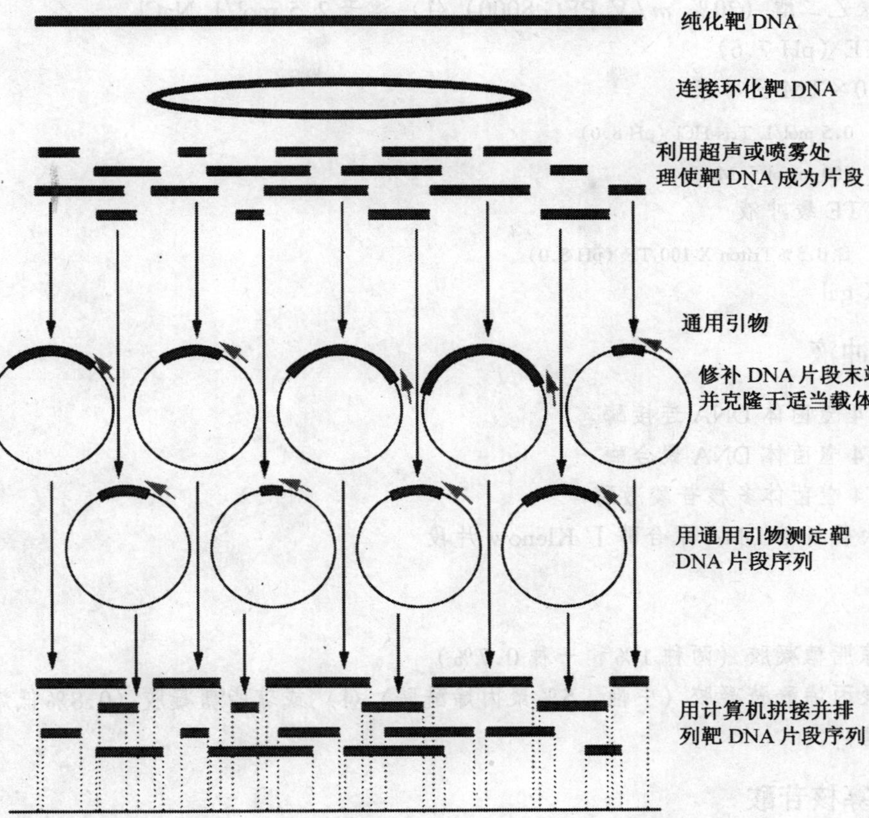

图 12-2　随机测序策略

缓冲液和溶液

试剂、缓冲液、储液的组成参见附录 1，储液使用前稀释到适当浓度。

乙酸铵（10 mol/L）

ATP

可选用，参见步骤 1。

乙醇

甘油（无菌，100%）

水（去离子蒸馏水）

IPTG

$MgCl_2$

NaCl

酚（pH 7.6 Tris 饱和）〈!〉

酚:氯仿（1:1，m/V）〈!〉

聚乙二醇（30% m/V PEG 8000）〈!〉溶于 2.5 mol/L NaCl

可选用，参见步骤 1。

聚乙二醇（20% m/V PEG 8000）〈!〉溶于 2.5 mol/L NaCl

TE（pH 7.6）

10×TM 缓冲液

0.5 mol/L Tris-HCl（pH 8.0）

150 mmol/L $MgCl_2$

TTE 缓冲液

含 0.5% Triton X-100 TE（pH 8.0）

X-gal

酶和缓冲液

T4 噬菌体 DNA 连接酶

T4 噬菌体 DNA 聚合酶

T4 噬菌体多核苷酸激酶

大肠杆菌 DNA 聚合酶Ⅰ Klenow 片段

凝胶

琼脂糖凝胶（两种 1%和一种 0.7%）

聚丙烯酰胺凝胶（中性，5%聚丙烯酰胺）〈!〉或琼脂糖凝胶（0.8%低熔点琼脂糖）

核酸和寡核苷酸

λ 噬菌体 DNA 或 ΦX174 DNA 用 *Alu* Ⅰ［1 μg *Alu* Ⅰ，溶于 20 μl TE（pH7.6)］完全酶解］。

酶解后，用等体积酚:氯仿抽提 DNA，去除限制性内切核酸酶。乙醇沉淀 DNA 重溶于 TE（pH 7.6）中，按步骤 13 测试酶解 DNA 与去磷酸化、线性化载体的连接效率。如果使用商品化的载体就不需要消化 DNA 了。

DNA 分子质量标准

适当大小的 DNA 分子质量标准，如 Life Technologies 公司用 *Sau*3AⅠ消化的 pUC18 或 pUC19 DNA，或相差 123 bp 的梯度分子质量标准；New England Biolabs 用 *Hae*Ⅲ消化的 ΦX174 DNA。

dNTP 溶液，含有 4 种 dNTP，每种浓度为 2.0 mmol/L

12.14 靶 DNA

靶 DNA 制备通常由用限制酶消化高容量载体（如：黏粒载体、BAC、PAC 或 P1）构建的重组体获得。所用限制酶的酶切位点应在克隆片段的序列中不存在。如果可能尽量使用能产生黏性末端的限制性酶，这可以简化纯化的靶 DNA 的连接（步骤 1）。靶 DNA 片段从载体中酶切下来后，用低熔点琼脂糖凝胶电泳纯化（请参见第 5 章的方案 6 或 7）。用 TE（pH7.6）溶解纯化的 DNA，浓度为 1 mg/ml。取 DNA 溶液（50 ng），用琼脂糖凝胶电泳检查 DNA 的完整性和回收率。

培养基

LB 或含有 5 mmol/L $MgCl_2$ 的 2×YT 培养基

顶层琼脂糖

YT 琼脂平板

离心机和转子

转速 3000 r/min 离心深孔微量板和标准微量滴定板的离心机。

例如配备微孔板架的贝克曼 GPR 离心机，配备摆式转头（M4 型）和微孔板架的 Jouan CR422 型离心机。

专用设备

深孔微量板、盖、帽

微孔要能容纳 1～1.2 ml，并能经受住 3000 r/min 的离心。如 96 孔平底板（DBM Scientific，San Fernando，California）和盖子（V3-Verl-Tips-Cover，Ulster Scientific；购自 Baxter Inc.，McGaw Park，Illinois）。此外，还有配有单片盖和帽的贝克曼 96 管盒。制备 96 个 M13 噬菌体模板需要两盒配有盖和帽的管。

微量滴定板（96 孔，配有合适的盖）

参见信息栏有关微量滴定板部分。

多头移液器（8 或 12 个头）

多管涡旋振荡混合器

银色胶带（3M 公司产品）或相应物品

胶带必须确保 96 管盒密封不漏水。在美国和墨西哥 R.S.Hughes 公司（http://www.rshughes.com）提供 3M 公司的银色胶带。

超声仪或喷雾器

参见附录 8。

关于超声，可以用微型探头超声仪或杯-角型超声仪。本方案中推荐使用杯-角型超声仪（如配备 CL4 杯-角型探头的 XL2015 型超声仪，Heat Systems 产品），有两点理由：①DNA 置于微量离心管中，体积通常只有 20～25μl；②因为杯-角杯型超声仪探头不接触 DNA 溶液，没有污染。

关于喷雾器，对一次性的治疗用喷雾器进行改造的方法见附录 8。

牙签

可调节 16℃、37℃、68℃和 80℃的水浴。

载体和菌株

M13 噬菌体载体 DNA，包括蓝白筛选、线性化、平末端和去磷酸化的载体 DNA。

这些种类的预制载体 DNA 可以从公司购得，也可以按照本方案后面提供的附加方法制备。

适当菌株的大肠杆菌感受态细胞（如 XL1F′-Blue、DH5αF′）

高效的大肠杆菌感受态细胞（$>10^9$ 转染子/μg 闭环载体 DNA）对获得高丰度的靶 DNA 库是十分重要的。预制备的高效大肠杆菌感受态细胞可以从公司购得，也可参照第 1 章的方法 23～26 制备。如果使用电转移仪，我们推荐使用电转大肠杆菌感受态细胞，可以获得高效转化。

方法　12.15

靶 DNA 自身连接

自身连接是确保靶 DNA 末端序列在构建文库的片段中有足够的量所需要的。

1. 将 5～10 μg 纯化的靶 DNA 加入一只干净的离心管中，并加入：

10×T4 噬菌体 DNA 连接酶缓冲液	2.5 μl
5 mmol/L ATP	2.5 μl
30% *m*/*V* PEG8000（可选加）	5.0 μl
T4 噬菌体 DNA 连接酶	0.5～2.0 Weiss 单位
H_2O	至终体积 25μl

混合液于 16℃温育 4 h，然后于 68℃加热 15 min 使连接酶失活。

如果靶 DNA 是平末端，在反应中加入 PEG 可以提高连接效率。黏末端连接，连接酶用量为 0.5 Weiss 单位；平末端连接，连接酶用量为 2.0 Weiss 单位。

有些商品连接酶缓冲液中含有 ATP，此时无须添加 ATP。

2. 加入 175 μl TE（pH 7.6），用酚:氯仿抽提以纯化连接好的 DNA。用 2 mol/L 乙酸铵和 3 倍体积乙醇沉淀 DNA，用微量离心机以最大转速离心 5 min，回收 DNA。于室温用 0.5 ml 70%乙醇洗涤沉淀，再次离心。
3. 尽可能去除上清液，在室温下使最后残留的痕量乙醇挥发殆尽。在微量离心管中加入 25 μl TE（pH 7.6）溶解 DNA。

靶 DNA 的断裂

下列方法是 Birren 等（1997）方法的改进。

4. 用超声处理或喷雾处理使靶 DNA 断裂为 0.8～1.5 kb 长的片段（参见表 12-1）。

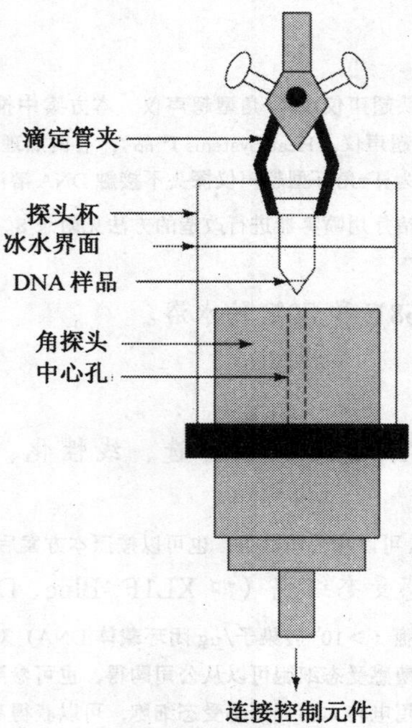

图 12-3　用杯-角超声仪随机断裂 DNA

在 Heat System 超声仪杯－角附件的适当位置放置样品管，装有大的角状探头的角杯装在超声仪的控制元件上，超声前要加满冰水。通常样品管用滴定管夹夹住，悬立于上方。试管夹下四分之一由塑料制成，可以同时夹持八只试管。（经允许转载于 Birren et al. 1997）

超声断裂 DNA（参见图 12-3）

a. 在超声仪的角杯中注满冰水，打开超声仪开关，设置好时间，功率设为 10，用两次 40 秒脉冲预热超声仪。

冰水可以防止 DNA 变性，超声不同样品前最好更换角杯中的冰水。

b. 将装有 DNA 的离心管放置于冰水中，离心管的底部恰好高于角杯探头中心孔 1～2 mm，超声处理 DNA（参见图 12-3）。

通过超声处理试验样品 DNA，并用步骤 4 描述的方法分析超声结果，确定最适超声处理条件。对于大多数 DNA 样品，功率设为 3，两次 6 秒脉冲主要产生 500～2000 bp 大小的片段。

c. 快速离心使超声处理的 DNA 溶液沉积于离心管底部，并置于冰上。 12.16

d. 取 1μl 超声处理的 DNA 样品和适当大小的 DNA 分子质量标准，用 0.7% 琼脂糖凝胶电泳分析 DNA 片段大小。电泳时余下的 DNA 样品仍放置在冰上。

如果得到的 DNA 片段大小不合适，改变超声条件，再次进行超声处理。如果得到的 DNA 片段大小合适，继续按步骤 5 所述进行 DNA 末端修补。

喷雾断裂 DNA（请参见图 12-4）

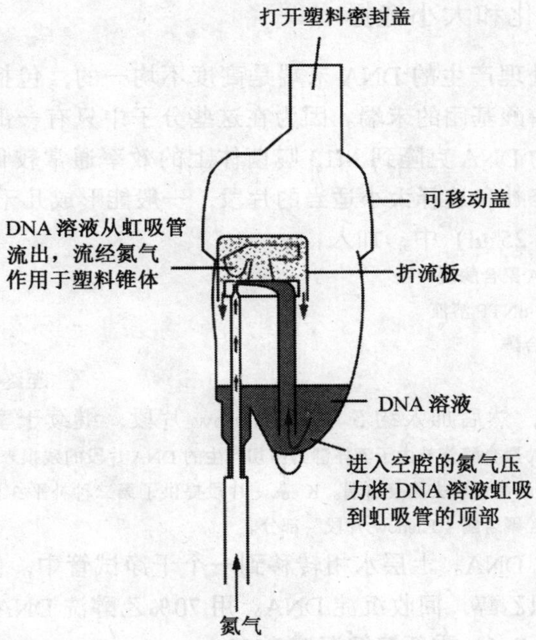

图 12-4　喷雾断裂 DNA

将含有甘油的 DNA 黏液置于喷雾器中，喷雾器与氮气瓶相连，利用进入空腔的氮气压力将空腔底部的 DNA 溶液虹吸到虹吸管的顶部，DNA 溶液排出虹吸管碰撞悬置在空腔顶部的塑料锥体，导致 DNA 断裂。

a. 准备如下 DNA 溶液，并置于喷雾杯中。

DNA 样品（来源于步骤 3）	5～10 μg
10×TM 缓冲液（pH8.0）	200 μl

无菌 100%甘油	1 ml
无菌水	至终体积为 2 ml

b. 将 DNA 样品置于冰浴中，依据经验用最适条件喷雾处理 DNA 样品。

DNA 片段的大小主要决定于氮气的压力。例如，8 psi（0.56 kg/cm^2）压力处理黏粒载体 DNA 主要产生 1000～2500 bp 大小的片段。对一个新的靶 DNA 的最适喷雾压力和喷雾时间要依据经验确定。同超声处理一样，冰水浴可以防止 DNA 降解，同时对产生大小均匀的 DNA 片段有重要作用。

c. 将喷雾器置于合适的离心机转头中，用聚苯乙烯泡沫塑料做衬垫。于 4℃ 2000*g*（配备微孔板放置装置的离心机用 1000 r/min）快速离心使样品 DNA 溶液沉积于喷雾杯的底部。

12.17 d. 将 DNA 样品溶液分成四份，转入 1.5 ml 离心管中，按标准方法乙醇沉淀 DNA，真空干燥 DNA 沉淀。

e. 用 35 μl TE（pH 7.6）溶解每一份 DNA 沉淀，取 1μl 喷雾处理的 DNA 样品和适当分子质量大小的 DNA 分子质量标准，用 0.7%琼脂糖凝胶电泳分析 DNA 片段大小。电泳时余下的 DNA 样品 4℃保存。

如果得到的 DNA 片段大小不合适，改变喷雾条件，再次进行喷雾处理。如果得到的 DNA 片段 大小合适，继续按步骤 5 所述进行 DNA 末端修补。

DNA 的修补、磷酸化和大小选择

喷雾处理和超声处理产生的 DNA 末端是高度不均一的，包括平末端和残损末端、带有磷酸基团和不带磷酸基团的末端。因为在这些分子中只有一部分能被 DNA 聚合酶修补，流体静力剪切的 DNA 克隆到 M13 噬菌体上的效率通常较低。不过超声处理5～10 μg 靶 DNA，经过修补和选择大小适当的片段，一般能形成几千个重组克隆。

5. 在打断的 DNA（约 25 μl）中，加入：

10×T4 噬菌体 DNA 聚合酶缓冲液	4.0 μl
2.0 mmol/L 含四种 dNTP 溶液	4.0 μl
T4 噬菌体 DNA 聚合酶	5 单位
水	至终体积 40 μl

于室温温育 15 min，然后加入约 5 单位 Klenow 片段，继续于室温温育 15 min。

该反应使用两种 DNA 聚合酶修补由于流体静力剪切产生的 DNA 片段的残损末端。T4 噬菌体 DNA 聚合酶补平 3′凹端，并且其外切酶活性可去除突出端。Klenow 片段提供了第二种补平 3′凹端的工具，有关内容可参见信息栏“大肠杆菌 DNA 聚合酶 Ⅰ Klenow 片段”部分。

12.18 6. 用酚:氯仿抽提纯化 DNA。上层水相转移到一个干净试管中，使 NaCl 浓度达到 0.1 mol/L，加 2 倍体积乙醇，回收沉淀 DNA。用 70%乙醇洗 DNA 沉淀。

7. 加入 25 μl TE（pH 7.6）重新溶解沉淀 DNA。

8. 在微量离心管中混合如下组分：

打断的 DNA	23 μl
10×多核苷酸激酶缓冲液	3 μl
20 mmol/L ATP	3 μl
T4 噬菌体多核苷酸激酶	1 单位

T4 噬菌体多核苷酸激酶催化平末端 DNA 5′端磷酸化，此步骤不是必需的，但是一般情况下可以提高 DNA 片段与载体的连接效率。

9. 于 37℃温育 30min。

10．用 0.8% 低熔点琼脂糖凝胶电泳或 5% 中性聚丙烯酰胺凝胶电泳（参见第 5 章）纯化所需大小（0.8～1.5 kb）DNA 片段。

为最大限度地减少污染的可能性，应在断裂靶 DNA 和标准参照物之间空出几个泳道，这一点在使用平端 DNA 作为参照物时尤为重要，因其与载体 DNA 的连接效率明显高于剪切的靶 DNA。

11．用第 5 章描述的方法从凝胶上回收靶 DNA。用 25 μl TE（pH 7.6）溶解纯化的 DNA。

12．取 1 μl DNA 用 1% 琼脂糖凝较电泳分析所纯化 DNA 的完整性和回收率。

与载体 DNA 连接

13．设立一系列试验连接反应，其中含有 50 ng（～0.01 pmol）线性化和去磷酸化载体 DNA 及浓度递增的平端、磷酸化的靶 DNA 片段（见表 12-2）。

表 12-2　测试去磷酸化载体 DNA 的连接反应条件

序号	DNA 类型[a] A	B	C	水/μl	10×连接缓冲液/μl	ATP (5 mmol/L)/μl[b]	T4 DNA 连接酶 /Weiss 单位	30% PEG[c]（可选）/μl
1	+			5.0	1.0	1.0	2.0	1.6
2	+			6.0	1.0	1.0	–	1.6
3	+	+		3.0	1.0	1.0	2.0	1.6
4	+		+	3.0	1.0	1.0	2.0	1.6
5	+		+	3.0	1.0	1.0	2.0	1.6
6	+		+	3.0	1.0	1.0	2.0	1.6
7	+		+	3.0	1.0	1.0	2.0	1.6

注：[a] A＝50 ng 线性化去磷酸化载体（体积 2 μl）；B＝20 ng 用 *Alu* Ⅰ完全消化的 λ 噬菌体 DNA 或 *ΦX*174 RF DNA（体积 2μl）；C＝磷酸化平末端靶 DNA 片段。4、5、6、7 号分别含有 10、20、50 和 100 ng 特定长度的靶 DNA 片段（100 ng 特定长度的靶 DNA 片段约为 0.1 pmol）。

[b]有些商品化的连接酶缓冲液中含有 ATP，此时不须再加 ATP。

[c]当连接混合液中 PEG8000（30% *m*/*V*）终浓度达到 5% 时，可以提高连接效率（见第 1 章方案 5）。PEG8000 要预热到室温，最后加入反应体系。因为在低温情况下，DNA 在含有 PEG8000 的溶液中发生沉淀。

14．连接液通过电转移或转化适当菌株的大肠杆菌感受态细胞（参见第 1 章的方法 23～26）。将细菌铺于含 IPTG 和 X-gal 的培养基上，37℃ 培养过夜。　12.19

这一步骤的目的在于找出一个靶 DNA 片段的浓度，以便最大限度地减小含有人为融合的靶片段的重组体，而后者会使测序更为复杂。因此，当确定大量的连接反应时（步骤 16），必须注意避免使用饱和量的靶 DNA。相反，所定出的靶 DNA 量应为重组克隆的数目与背景相比有中等程度的提高（大约提高至 5 倍）。

15．次日计数蓝噬菌斑和白噬菌斑的数目。

采用断裂的平端靶 DNA 所得的重组体数目大约仅为采用限制性内切核酸酶制备的平端 DNA 所得数目的十分之一（例如同用 *Alu* Ⅰ 消化的 λDNA 或 *ΦX*174 DNA 作为起始连接反应相比）。

16．用最小量的断裂的平端靶 DNA 设立一个较大规模的连接反应，以便获得足够的重组克隆完成测序任务。用连接的 DNA 转化大肠杆菌，37℃ 培养过夜。

这一步骤的目的在于确保每个靶片段至少获得五个重组克隆。图 12-5 表明了覆盖 95% 的双链靶 DNA 序列所必须测定的克隆的大概数目。

17. 次日收集平板，将转化子保存在适当条件下备用。从一系列单个无色噬菌斑中制备 DNA 模板的方法见第 3 章的方法 4。

M13 重组噬菌体噬菌斑应尽快挑出和扩增（参见第 3 章的方案 2 的"噬菌斑的挑取"专栏）。因为噬菌体颗粒可以在顶层琼脂中扩散至较远距离，在 37℃ 生长长时间（>12～16 小时）的噬菌斑或者在 4℃ 存放数天的噬菌斑往往已被污染。因此使用从时间较久的噬菌斑制备 DNA 进行测序反应时，背景带的强度和数目都有所增加。

用 96 管盒培养 M13 噬菌体重组克隆

按第 3 章的方案 2 所述方法挑取单一无色噬菌斑，接种在含有 2ml 细菌培养基的 15ml 试管中进行培养。然后分别回收各重组病毒颗粒，纯化 DNA（参见第 3 章的方案 3 和 4）。由于每次只能处理 12 或 24 个克隆，模板纯化过程费时且繁琐。大规模的 DNA 测序需要成千上万的 DNA 模板，但采用有机溶剂抽提和多步离心方法不能快速、经济地制备单链 DNA 模板。取而代之的 M13 噬菌体模板大量制备方法通常包括噬菌体颗粒的纯化或结合自动化技术设备（e. g., please see Mardis and Roe 1989; Smith et al. 1990）用过滤法（Eperon 1996）、磁珠法（Alderton et al. 1992; Wahlberg et al. 1992; Hawkins et al. 1994）或顺磁球法（Fry et al. 1992; Wilson 1993）纯化单链 DNA。但是这些设备和操作设备所需的工作人员是一般的学术机构所不具备的。不过 Zollo 和 Chen (1994) 报告了一种用于在 96 孔板中培养 M13 噬菌体克隆，并制备单链 DNA 的有效的可重复的方法，满足了基于荧光的自动化 DNA 测序仪对大量模板的需求。

12.20

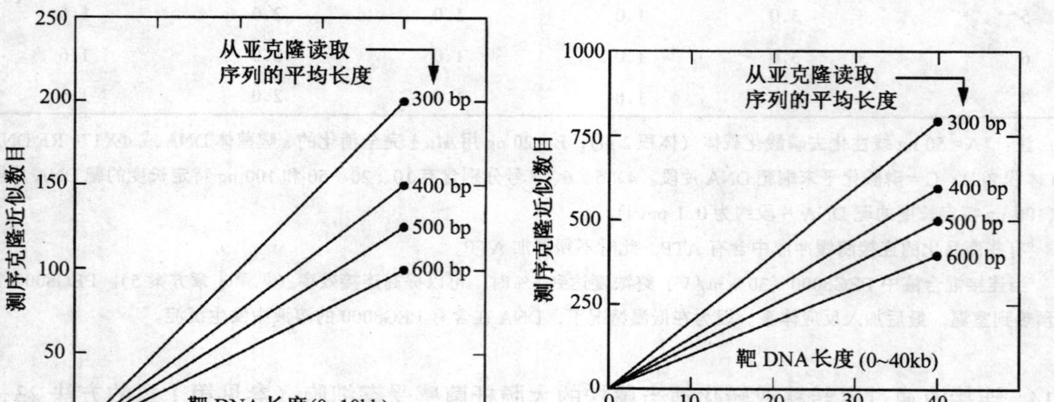

图 12-5　获得覆盖 95% 的双链 DNA 序列必须读取的随机选取亚克隆序列的近似数目
图中描述了鸟枪法测序获得覆盖 95% 每一序列的两条 DNA 链顺序（也就是 4～6 倍的冗余序列）必须读取的随机选取亚克隆序列测序数目的理论值。左图为靶 DNA 的长度为 0～10 kb 时的情况，右图为靶序列长度为 0～40 kb 时的情况。这些初步估算给出了不同靶平均长度需要读取的序列数。鸟枪法测序的要求随着序列的组成、靶 DNA 的复杂性和重复序列的出现而有所不同。所需测定亚克隆的数目是基于从真正包含靶 DNA 片段的亚克隆，而不是载体 DNA 或污染 DNA，所获得的测序数据来确定的。（Adapted, with permission, from Birren et al. 1997）

在鸟枪法测序中，使用一次性平底孔板或一次性试管组盒，以少量细菌培养物培养 M13 噬菌体重组子，同时处理 96 个样品是非常有效的。所有单链 DNA 模板制备有关的后续步骤都可以在同一块板中进行，减少了一步又一步转移克隆的工作量，使一个研究人员可在一天内制备 960 个或更多的 DNA 模板（Please see Zollo and Chen 1994）。

18. 对 96 个克隆，每一个克隆都逐一地将大肠杆菌 F′菌株（如 XL1-Blue、XL1-Blue MRF′或 DH5αF′）的单一菌落接种到 100ml LB 或 2×YT 培养基，并加至容量为 500ml 的培养瓶中。于 37℃ 以 300 r/min 振荡培养 6～8 h。 12.21

19. 在培养液中加入 $MgSO_4$ 至终浓度为 5 mmol/L。

为了保持离心时的平衡和对称，培养的 M13 噬菌体的克隆数为 96 的偶数倍。

Mg^{2+} 能提高 M13 噬菌体产量，并降低不同克隆间生长速度差异。

每组 96 个 M13 噬菌体克隆约需要 80 ml 培养细胞。

20. 用多道移液器转移 0.8 ml 细胞培养液至 96 管盒的各管中。

21. 带上手套，用无菌牙签在每一个 96 管盒的各管中接种单一无色的 M13 噬菌斑。用牙签穿刺噬菌斑的中央，然后投入培养管中。

22. 为避免造成混乱，将牙签保留在培养管中直到所有 96 个培养管都接种完毕。

23. 当最后一个噬菌斑挑取完成，取出所有牙签，封闭培养管盒。培养管盒做好标记，放入 37℃ 摇床中，以 250～300 r/min 振荡培养 8～12 h。如果需要可重复步骤 20 和 21。

如果培养时间超过 12 h，制备的单链模板将会被大量的 M13 噬菌体双链复制型 DNA 和/或染色体 DNA 所污染。来源于细菌裂解产生的 DNA 将加大双脱氧测序反应中错配引物的机会。长时间培养也将加大 DNA 克隆片段缺失和重排的机会。因此，适当短时间培养是本方法成功的关键。

M13 DNA 的纯化

24. 从培养箱中取出培养管盒，2400 *g*（带有微量板套筒的离心机转速为 3000～3250 r/min）离心 20 min 沉淀菌体。

M13 噬菌体克隆的主要保存方法是在 50 μl 悬液中加入 25 μl 80% 的甘油，用微量加样器上下吹打混合溶液，贮存板保存于 -80℃。如果需要再制备模板 DNA，这些板作为感染用的噬菌体来源。本方案最后要强调的是安全地保存噬菌体，在本方案中各管间有较大的交叉污染的可能，这对 DNA 测序影响不大，但对于种源的保存是不能接受的。

25. 用多道移液器在新的 96 管盒的各管中加入 120 μl 含 20% PEG 8000 的 2.5 mol/L NaCl 溶液。

26. 从离心机小心取出离心管，用多道移液器从各管中分别吸取 0.6 ml 上清液加入到已加有 PEG/NaCl 溶液的各管中。

重要：在本步骤中一定不要搅动菌体沉淀，混有菌体将显著降低 DNA 测序质量。

27. 用 96 管盖盖上装有噬菌体悬液和 PEG/NaCl 溶液的试管，确保形成牢固的液封，颠倒试管几次，以混合内容物。试管盒室温放置 30 min，然后冰浴 30～60 min。 12.22

28. 2400*g*（带有微量板套筒的离心机转速为 3000～3250 r/min）离心 30 min，收集沉淀噬菌体。取出各排试管，倒置于水槽上空干，在每支试管底部可见少量白色沉淀。将试管放回试管盒。

29. 当所有试管被空干，将试管盒倒置在吸水纸上几分钟空干残存的痕量液体。重新换上新吸水纸，将倒置的试管盒与吸水纸放入离心机中，以 300 r/min 离心 3～5 min

去除最后残存的痕量 PEG/NaCl 溶液。

30. 从离心机中取出试管盒，检查试管底部是否仍有噬菌体沉淀。每管加入 20 μl TTE 缓冲液。

如果噬菌体生长良好，沉淀呈白色不透明状；如果生长不好，沉淀呈带点蓝色不透明状。如果沉淀呈褐色团块，很可能是因为在步骤 26 取菌体量过多。棕色沉淀制备的模板测序所得结果欠佳。

31. 用 3M 银色胶带密封试管口，在多管旋涡振荡器上剧烈振荡试管盒 15～30 min。

32. 快速离心试管盒使液体沉于管底。去掉每一个 96 孔管盒底座，将试管置于 80℃ 水浴中保温 10 min。

该步骤是为了裂解 M13 噬菌体颗粒。去掉管盒的底座可以确保所有的试管在 80℃ 保温达到 10 min。

33. 从水浴中取出试管并冷却至室温。重新安上试管盒底座，快速离心试管盒使液体沉于管底。

34. 用多道移液器将 70 μl 无菌水加到 96 孔板的各孔中，将步骤 33 获得的噬菌体裂解液转移到 96 孔板中，用移液器吹打混匀两种溶液。用一条 3M 银胶带密封 96 孔板，如果在 24～48 h 内进行测序也可以用 96 孔板盖板盖住。标记好各块板，贮存于 −20℃。

每进行一次培养可以提取到 2.5～5 μg M13 噬菌体单链 DNA。

35. 随机从一些孔中取 DNA 样品（5μl），用 1% 琼脂糖凝较电泳检查 DNA 量。

如果一切正常，各管中的 DNA 产量差别很小。DNA 循环测序反应一般需制备的 DNA 量为 2 μl～7.5 μl（参见方案 6）。

12.23

替代方案：M13 噬菌体小量单链 DNA 模板制备

此方法是第 3 章方法 4 的简化方法，所需实验材料参见方法 4。

方法

1. 在 17×100 mm 的试管中加入 5 ml 2×YT 培养基，接种选定的大肠杆菌 F′-菌株单菌落（例如 XL Blue-1、DH5αF′）。37℃ 培养过夜，振荡速度为 300 r/min。
2. 将 0.1 ml 培养液转移到装有含 5 mmol/L $MgSO_4$ 的 5 ml 2×YT 培养基的 30 ml 一次性离心管中，剧烈振荡，培养 2 h。
3. 将 5 ml 培养液加到 45 ml 含 5 mmol/L $MgSO_4$ 的 2×YT 培养基中，分别取 1.5 ml 培养液分装到尽可能多的 13×100 mm 的试管中用于噬菌体的培养。
4. 用无菌牙签或接种针在每只试管中接种一个单独的噬菌斑，试管于 37℃ 剧烈振荡培养 8～12 h。
5. 在各只试管中分别取约 1.2 ml 培养液，加入不同的微量离心管中，室温以最大转速离心 5 min。

剩余的培养液作为种子保存。

6. 准确转移 1 ml 上清液到含有 20% PEG8000 和 2.5 mol/L NaCl 的 200 μl 溶液的干净离心管中，翻转离心管几次，进行混合。注意不要使用涡旋振荡器。离心管室温孵育 15～30 min。
7. 以最大转速离心 10 min，回收沉淀的噬菌体颗粒。要仔细吸除各管中残留的最后一滴上清液。
8. 通过涡旋振荡将白色噬菌体颗粒沉淀重悬于 100 μl TE（pH 8.0）中。待完全溶解后，进行下一步实验。
9. 加入 100 μl TE（pH 8.0）平衡酚，涡旋振荡混合两次，每次 30 s。用微量离心机室温离心 3 min，分离两相。
10. 将水相转移到干净离心管中，加 2 倍体积乙醇，0.3 mol/L 乙酸钠（pH 5.2）沉淀回收单链 DNA（室温放置 15～30 min）。于 4℃ 最大速度离心 5 min，回收 DNA 沉淀。
11. 用 70% 乙醇小心洗涤 DNA 沉淀，离心，小心去除上清，室温干燥 DNA 沉淀。
12. 加 40μl TE（pH 8.0）溶解 DNA。

单链 DNA 产率一般为 5～10 μg/ml 培养液。通常一次染料标记引物法测序需要 2～3μl DNAQ。可以取 2～4 μl制备的 DNA 用含 EB 的 1% 琼脂糖凝胶电泳评价每次制备 DNA 的质量和产率。

附加方案：随机克隆用去磷酸化平末端 M13 噬菌体载体 DNA 制备 12.24

方法

1. 取两个反应管 A、B，分别加有 5 μg 所需的 M13 噬菌体复制型 DNA，加水使体积为 44 μl，加 5 μl 适当的 10×反应缓冲液，用限制性内切核酸酶消化两份等量的 DNA，在多克隆位点产生一个平末端切口（例如：用 *Hinc* Ⅱ 消化 M13 mp18 和 M13 mp19）。
2. 用琼脂糖凝胶电泳分析上述被消化的两份 DNA 是否消化完全，用未消化的 DNA 作为对照，检查是否有未消化的环状 DNA。在电泳时，余下的反应物继续进行切割反应。
3. 同时用 *Alu* Ⅰ 完全消化 λ 噬菌体 DNA 或已知的其他大分子质量 DNA。消化结束，用酚:氯仿抽提、乙醇沉淀 DNA。用 20 μl TE（pH 7.6）溶解 DNA，冰浴保存，直到步骤 9 使用。
4. M13 噬菌体 DNA 限制性内切核酸酶消化完成，在两个反应管中分别加入 10 μl 10×CIP 缓冲液，在 A 管中加 5 单位 CIP，37℃ 保温 15 min。
5. 每管加入 2 μl 0.5 mol/L EDTA 和 5 μl 10% SDS，加入蛋白酶 K 终浓度为 50 μg/ml。56℃ 保温 30 min。

   此时用蛋白酶 K 去除痕量的限制性内切核酸酶和 CIP 是十分重要的。如果有残留限制性内切核酸酶和 CIP 活性将影响随后的连接酶反应。有些研究人员用热灭活（65℃ 加热 1 h，或 75℃ 10 min）或只用酚:氯仿纯化，但用蛋白酶 K 处理可以最大限度保证载体 DNA 的纯净和连接效率。
6. 用酚抽提一次反应混合物，再用酚:氯仿抽提一次。水相转入新的微量离心管中，加 2μl 5 mol/L NaCl，2 倍体积冰预冷乙醇，冰浴 10 min。

   用 NaCl 代替乙酸钠（pH5.2）防止 EDTA 沉淀。
7. 在微量离心机上用最大转速于 4℃ 离心 5 min 回收 DNA，弃上清。在室温下加入 1ml 70% 乙醇，再离心 5 min。小心弃去上清液，打开离心管口，凉干乙醇，用 100 μl TE（pH 7.6）溶解 DNA。
8. 取 2 μl DNA，用 0.8% 琼脂糖凝胶电泳检测回收率和 DNA 的完整性。
9. 进行系列的连接反应检测磷酸酶处理的效果。按表 12-3 的 5 个条件进行反应。
10. 连接反应于 16℃ 保温 12～16 h。
11. 分别用 0.01 μl、0.1 μl 和 1 μl 连接反应液转化适当的大肠杆菌感受态细胞（参见第 1 章和第 3 章）。
12. 将细菌涂布于含 IPTG 和 X-gal 的培养基平板上，37℃ 培养。
13. 第二天，计数蓝色和无色的噬菌斑。如果连接结果满意，将去磷酸化的 DNA 分装，−20℃ 保存。

    去磷酸化将减少噬菌斑的数量 50～100 倍（表 12-3 反应 1 与反应 3 比较），去磷酸化载体的连接比标准制备的平末端片段无色噬菌斑增加 10～50 倍（反应 3 与反应 5 比较）。

表 12-3　测试去磷酸化 M13 载体 DNA 的连接反应条件 12.25

序号	DNA 类型[a]			水/μl	10×连接缓冲液/μl	ATP (5 mmol/L)/μl[b]	T4 DNA 连接酶 /Weiss 单位	30%PEG[c] (可选) /μl
	A	B	C					
1	+			5.0	1.0	1.0	2.0	1.6
2	+			6.0	1.0	1.0	—	1.6
3		+		5.0	1.0	1.0	2.0	1.6
4		+		6.0	1.0	1.0	—	1.6
5		+	+	3.0	1.0	1.0	2.0	1.6

注：[a] A＝50 ng（约 0.01 pmol）未用磷酸酶处理的线性化载体（体积 2 μl）；B＝50 ng 用磷酸化酶处理的线性化载体（体积 2 μl）；C＝20 ng 用 *Alu* Ⅰ 完全消化的 λ 噬菌体 DNA 或 *Φ*X174 RF DNA（体积 2μl）；

[b] 有些商品化的连接酶缓冲液中含有 ATP，此时不须再加 ATP。

[c] 当连接混合液中 PEG8000（30% *m*/*V*）终浓度达到 5% 时，可以提高连接效率（见第 1 章的方案 19）。PEG8000 储液要预热到室温，最后加入连接反应体系中。因为在低温情况下，DNA 在含有 PEG8000 的溶液中发生沉淀。

12.26
方案 2 双脱氧链终止法测序用变性模板的制备

理论上，变性双链 DNA 质粒模板的测序应该能很好地进行，但实际上结果并不令人满意。大量质粒的同时分离和纯化难于实现自动化，而用传统技术小批量制备质粒进行长度超过 1kb 或 2kb 的 DNA 测序很难取得满意结果。因此测序反应结果一直不够理想，如经常出现令人困扰的空白带、弱带、可读序列过短、测序产物过早终止以及强终止引起在所有泳道上同时出现条带现象。不过最近随着改进的 DNA 聚合酶的使用、循环测序方法的出现、以及变性双链 DNA 模板制备质量的提高，测序结果已有了很大改善。如果不考虑测序长度，通过精心制备模板 DNA，可以获得同使用单链 DNA 模板一样好的测序结果。

模板 DNA 的制备

决定双链质粒 DNA 测序成功与否的关键因素是模板质量。采用纯化方法要达到的目的是去除盐和其他抑制 DNA 聚合酶的小分子物质，同时也清除一些可能起引物作用的多余的小核酸片段。多数情况下，来自转化细菌培养物的测序级质粒 DNA 的分离方法都是采用 Brinboim 和 Doly（1979）建立的标准的碱裂解法。然而，使用 CsCl-溴化乙锭梯度平衡离心法或柱层析法大量制备的质粒 DNA 进行测序的结果最好（参见第 1 章的方案 9、10 和 11）。最终获得的 DNA 应有较高比例的闭合环状分子，缺刻的环状分子有 3′羟末端，能被 DNA 聚合酶延伸。在使用内标记的测序反应中，由非正常延伸形成的多余产物会在梯形条带的所有位置多产生一个条带。

12.27 适合测序的质粒模板也可以通过小规模培养制备。几种高产出方法已有报道（请参见 Huang et al. 1994；Mohler and Blau 1997），但这些方法还没有被广泛采用。一些商家的试剂盒，如 GENECLEAN（Q·BIOgene 公司）、QIAprep Turbo Miniprep（Qiagen 公司）、Wizard（Magic 公司）、Minipreps（Promega 公司）、PERFECTprep（Eppendorf-5 Prime 公司）常被选用，但是这些试剂盒价格相对较高，且产量有限。对于常规测序，我们推荐使用 PEG 沉淀法小量纯化质粒 DNA（请参见本方案末尾的附加方案“聚乙二醇沉淀法小量纯化质粒 DNA”）。就我们的经验来看，尽管这种方法繁琐，但可以获得高质量、稳定产率的质粒 DNA。

用变性质粒 DNA 进行双脱氧测序一般使用基因特异的引物也可使用与通常用作克隆位点的限制位点旁侧序列相互补的通用引物（请参见 Chen and Seeburg 1985；Hattori and Sakaki 1986；Mierendorf and Pfeffer 1987）（请参见第 8 章信息栏“通用引物”）。变性常常是通过使闭合环状质粒 DNA 与碱作用，然后再中和完成的（请参见 Chen and Seeburg 1985；Hsiao 1991）。此外，加热也常用于线性化的双链质粒 DNA 的变性（请参见 Wang and Sodja 1991）。然而，由于研究人员寻找确定的防止模板快速复性的条件不同，这些方法的细节在不同文献中有很大不同。在本方案中，我们选用的变性程序变性完全、可重复性好，但是比较繁琐。在本方案结尾的附加方案中还讨论了一种更快速的变性方法。

在使用诸如测序酶等不耐热的 DNA 聚合酶进行测序时，模板 DNA 的变性应在测序反应开始前进行。

下面通过碱变性质粒 DNA 的方法应与方案 3 联合使用，因在此过程中采用测序酶催化双脱氧测序反应。对于使用热稳定 DNA 聚合酶的循环测序反应，模板 DNA 的变性是在热循环之前将反应液加热到大约 94℃ 3～5 min 来完成的（请参见方案 6）。表 12-4给出了双脱氧测序所需双链 DNA 的常用量。

表 12-4　双脱氧测序反应所需双链 DNA 的量

所需模板量/fmoles	双链 DNA 的长度（载体＋插入序列）/kb				
	1 kb	2.5 kb	5 kb	10 kb	20 kb
10	6.6 ng	16.5 ng	33 ng	66 ng	132 ng
25	16.5 ng	41 ng	82.5 ng	165 ng	330 ng
50	33 ng	82.5 ng	165 ng	330 ng	660 ng
100	66 ng	165 ng	330 ng	660 ng	1.33 μg
150	100 ng	250 ng	475 ng	1.0 μg	2.0 μg
200	133 ng	330 ng	660 ng	1.33 μg	2.66 μg
250	166 ng	410 ng	850 ng	1.66 μg	3.33 μg
500	330 ng	825 ng	1.65 μg	3.33 μg	6.66 μg

材料 12.28

注意：标记有〈!〉符号材料的正确使用参见附录 12。

缓冲液和溶液

试剂、缓冲液、储液的组成参见附录 1，储液使用前稀释到适当浓度。

乙酸铵（5 mol/L，非缓冲，pH～7.4）

氯仿:异戊醇（24:1，*V*/*V*）〈!〉

DMSO〈!〉

可选用，请参见步骤 10。

乙醇

NaOH (2 mol/L) / EDTA (2 mmol/L)〈!〉

使用前将 10 mol/L 氢氧化钠储液稀释到合适浓度。

酚，用水或 TE (pH 7.6) 平衡。〈!〉

测序反应缓冲液

凝胶

琼脂糖凝胶（0.8% *m*/*V*）

核酸和寡核苷酸

寡核苷酸引物

变性双链 DNA 模板测序所用寡核苷酸引物一般比单链 DNA 模板测序所用引物要长 20～30 个核苷酸。变性双链 DNA 模板测序使用长引物可以减少假带的出现。

结合靶区域上游载体序列的通用引物表见第 8 章信息栏“通用引物”，并参阅本章信息栏“DNA 测序引物储液配制”。

闭环双链质粒 DNA

从培养菌体中小规模或大规模制备质粒 DNA 方法见第 1 章，也可以按照本方案后面的备选方法进行。四组一套的测序反应（ddA、ddG、ddC、ddT）需要 5 μg DNA。

专用设备

干冰-乙醇浴 〈!〉

65℃水浴

方法

1. 取 5 μg 纯化质粒 DNA 加至 1.5 ml 微量离心管中，补加水至总体积为 50 μl。加入 10 μl新配制的 2 mol/L NaOH/2 mmol/L EDTA 溶液，室温放置 5 min。
2. 加入 30 μl 5 mol/L 乙酸铵，涡旋振荡混匀。
3. 加入 45 μl 平衡酚，涡旋振荡混匀。
4. 加入 135 μl 氯仿:异戊醇，涡旋振荡混匀。然后在室温下用微量离心机以最大转速离心 15 min。

12.29 5. 小心吸取上层水相至一干净微量离心管中，加入 330μl 冰预冷乙醇，混匀。置于干冰-乙醇浴中，放置 15 min。

6. 在 4℃下用微量离心机以最大转速离心 15 min，回收变性 DNA。
7. 仔细倾去上清液，不要搅动 DNA 沉淀，DNA 沉淀在管壁上可能看得见，也可能看不见。
8. 重新离心 2 s，用 Tip 头将残存的痕量乙醇吸干净，不要搅动 DNA 沉淀。
9. 在室温下凉干 DNA 沉淀，然后用蒸馏水重新溶解 DNA，使其终浓度为 1 μg/μl。
10. 退火使引物 DNA 与变性模板结合，对于四组一套的 DNA 测序反应使用 5 μg（5 μl）碱变性质粒 DNA（如在含有 ddA 的反应中，变性 DNA 的量为 1.25 μg；在含有 ddG 的反应中，变性 DNA 的量为 1.25 μg；依此类推）。设立退火反应如下：

碱变性 DNA	5.0 μg（溶于 5 μl 水中）
DMSO（*可选）	2.0 μl
测序酶反应缓冲液	2.0 μl
测序引物	1.0 μl（10 ng）
水	至终体积 11.0 μl

*请参见方案 4 的疑难解答。

加热混合物至 65℃，2 min。然后使之缓慢冷却至室温。将退火的样品保存于冰上，直至进行延伸/链终止反应。

11. 接着按方案3的步骤3进行。

疑难解答

在用双链质粒DNA模板测序时经常碰到的问题是在测序凝胶的两个或多个泳道上的相同位置出现条带。这些条带常比真正的测序条带清晰，这是由于DNA模板中污染的短DNA和RNA寡核苷酸在DNA测序反应中充当非特异引物造成的。该问题可在变性前通过对质粒DNA严格纯化加以解决。比较少见的是，有时被称为BAFL（band in all four lanes）的带（同时出现在四条泳道上）是由于变性形成的。通常BAFL带强度和出现频率可以通过下列方法得以减弱：①选用快速变性方案（参见附加方案“双链DNA的快速变性”）；②用限制性内切核酸酶消化闭环超螺旋质粒DNA，使其转变成线性分子（Wang and Sodja 1991）。另一种解决办法是用^{32}P标记的引物替代放射性同位素标记的dNTP（参见方案3）。

λ噬菌体模板的DNA测序

克隆到λ噬菌体的DNA片段也可以按本方案所述方法进行测序。如果先用限制性内切核酸酶将靶DNA片段从噬菌体载体DNA上切割下来将有助于获得更好的测序结果。酶切后，用凝胶电泳纯化克隆的DNA，用酚抽提、乙醇沉淀DNA（参见第5章的方案3）。在每套测序反应中约需3 μg DNA。较小的DNA序列（<3～4 kb）也可使用与插入位点两侧序列互补的寡核苷酸作为引物，通过PCR从λ噬菌体载体上扩增，扩增产物经纯化后进行DNA测序。

12.30

附加方案：双链DNA的快速变性

变性双链质粒DNA的标准方案一般情况下都比较理想，但是步骤较冗长。下面的方案更容易、更简便。但可读序列的长度要比常规碱变性获得的双链DNA可读几百个核苷酸稍微短一些。

补充材料

乙酸铵（4 mol/L）

NaOH（2 mol/L）含1 mmol/L EDTA

方法

1. 在18 μl水中溶解5 μg双链闭环质粒DNA。
2. 加入2 μl新配制的含1 mmol/L EDTA的2 mol/L NaOH。
3. 该碱性溶液在室温下孵育5 min。
4. 加入10 μl 4 mol/L乙酸铵和20μl水，涡旋振荡混匀。
5. 用125 μl冰预冷的乙醇沉淀变性DNA，用微量离心机室温下最大转速离心15 min，收集沉淀DNA。
6. 小心吸去上清液，加入0.5 ml冰预冷70%乙醇洗涤沉淀，离心2 min。倾去上清液，沉淀在空气中凉干几分钟。
7. 用水重新溶解变性DNA，终浓度约1 μg/μl。然后按主方案的步骤10和11进行引物与模板的退火。

12.31

附加方案：聚乙二醇沉淀法小量纯化质粒 DNA

注意：标记有〈!〉符号材料的正确使用参见附录 12。

补充材料

碱裂解液Ⅰ

碱裂解液Ⅱ

碱裂解液Ⅱ应临用前配制，并在室温下使用。

碱裂解液Ⅲ，冰预冷

乙酸铵（7.5 mol/L）

无 DNA 酶的 RNA 酶

异丙醇

氯化钠（4 mol/L）

酚:氯仿〈!〉

聚乙二醇（13% m/V，PEG8000）〈!〉

蛋白酶 K（10 mg/ml）

TE（pH 8.0）

Terrific 培养基

方法

1. 接种 5ml 菌液至含有适当抗生素的 Terrific 培养基中（见附录 2），37℃ 培养过夜。大肠杆菌菌株 DH5α 和 XL1-Blue 是优选宿主菌。
2. 取 1.5ml 培养过夜的菌液至微量离心管中，以最大速度离心 1 min，回收菌体。弃去上清液，再加入 1.5ml 培养过夜的菌液，以最大速度离心 1 min。
3. 弃去上清液，加入 200μl 含有 5mg/ml 溶菌酶的碱裂解液Ⅰ重新悬浮菌体。
4. 加入 300μl 新配制碱裂解液Ⅱ，颠倒混匀几次，溶液应清澈透明，不要旋转微量离心管，微量离心管放置冰上5 min。
5. 加入碱裂解液Ⅲ，颠倒混匀几次。
6. 室温下以最大速度离心 10 min，注意不要搅动细菌碎片，将上清液转移至另一新的微量离心管中。
7. 加入无 DNA 酶的 RNA 酶，终浓度为 25 μg/ml，37℃ 孵育 20 min。
8. 加入 400 μl 氯仿:异戊醇（24:1）抽提，将每次抽提的水相转移至另一新离心管中，抽提直至在界面处无可见物为止。
9. 加入等体积异丙醇，涡旋振荡混匀，在室温下以最大速度离心 10 min。
10. 弃去上清液，沿管壁加入 70% 乙醇，在室温下以最大速度离心 3 min，弃去上清液。在室温下使离心管中残余的乙醇蒸发干。
11. （可选用：如果小量制备的质粒 DNA 测序长度和质量不令人满意的话）用 100 μl TE（pH 8.0）溶解 DNA，加入 1 μl 蛋白酶 K（10 mg/ml），37 ℃ 孵育 20 min。加入酚:氯仿抽提，在抽提液中加入 50 μl 7.5 M 乙酸铵和 300μl 乙醇，离心，弃去上清液，离心管置室温下蒸发掉微量乙醇。
12. 用 32 μl 水重新溶解 DNA，然后加入 8 μl 4 mol/L 的氯化钠和 40 μl 13% PEG 8000，颠倒混匀几次，将离心管置冰上 1 h。
13. 于 4℃，以最大速度离心 15 min 回收 DNA。
14. 弃去上清液，然后加入 500 μl 70% 乙醇洗沉淀，室温下以最大速度离心 3 min，弃去上清液，将离心管置于室温下，使残余乙醇蒸发干。
15. 用 20 μl 水重新溶解 DNA，取 1 μl 进行琼脂糖凝胶电泳分析，余下的样品储存于 −20℃。

方案 3 用 T7 噬菌体 DNA 聚合酶（测序酶）进行双脱氧测序反应 12.32

测序酶（sequenase）是一种经过修饰的 T7 噬菌体 DNA 聚合酶，用于催化自动或人工双脱氧等温 DNA 测序反应。同经典测序反应用酶一样，如大肠杆菌 DNA 聚合酶 Ⅰ Klenow 片段，测序酶缺乏 3′－5′外切酶活性。然而与细菌酶相比，测序酶能够产生非常漂亮的 DNA 梯带，每条带都具有相似的强度和可读的 DNA 序列可覆盖凝胶的全长。测序酶自从被采用以来（Tabor and Richardson 1987a），它几乎完全取代了 Klenow 片段。其优点是无论采取大规模还是小规模、自动的还是手工的操作均能取得满意的结果。

有几种版本的测序酶可以使用（参见信息栏“测序酶”），但大部分 DNA 测序反应都采用的是 2.0 版。该测序反应包括以下三个步骤。

- *双链 DNA 模板变性* （如果需要）以及引物和互补序列退火。
- *短时的聚合反应* 使引物延伸 20～100 个核苷酸。这一步要在聚合酶过量且 4 种 dNTP 浓度有限的条件下进行。在这一反应中，应有一种放射性标记的 dNTP，从而使这一段的延伸物能在多个位点掺入放射性标记物。在这个初步的聚合反应中，绝大多数可用的 dNTP，包括放射性标记的 dNTP 都应掺入到 DNA 中。
- *已延伸放射性标记引物的延伸和终止反应* 该步骤包括四种反应，需高浓度未标记的 dNTP 和单一的未标记的 ddNTP（ddA、ddG、ddC 或 ddT)。

无论使用单链模板还是变性双链 DNA 模板，2.0 版测序酶均能产生非常好的 DNA 测序结果。本方案参照了 Tabor 和 Richardson（1987a，1989b，1990 ）的方法，采用单链 DNA 模板进行 DNA 测序（有关单链 M13 噬菌体和质粒 DNA 制备，请参见第 3 章的方案 4、8 和第 12 章的方案 1）。与用测序酶进行测序反应相关的变性双链 DNA 模板的制备方法在第 12 章方案 2 中已有描述。用 PCR 扩增 DNA 进行测序的资料，请见有关信息栏“PCR-扩增 DNA 常规链终止测序”信息栏。

材料 12.33

重要：用 2.0 版测序酶进行测序所需试剂和详细操作步骤的说明书都包含在 USB/Amersham Life Science 公司生产的试剂盒中。该试剂盒对于第一次和偶尔的测序者来说是非常有用的，但它的价格比较高。对于有一定测序经验的测序者来说，如果要进行大量测序，可以通过批量购买 2.0 版测序酶，然后自己配制一些所需试剂来进行测序，这可能是更为经济的方法。

注意：标记有〈!〉符号材料的正确使用参见附录 12。

缓冲液和溶液

试剂、缓冲液、储液的组成参见附录 1，储液使用前稀释到适当浓度。

去离子蒸馏水（冰预冷）

二硫苏糖醇（DTT）(100 mmol/L)

dNTP 和 ddNTP，dNTP（0.5 mmol/L）和 ddNTP（0.5 mmol/L）储液

请见信息栏"DNA 测序反应中 dNTP 和 ddNTP 储液制备"。

5×标记混合液和 ddNTP 延伸/终止混合液（ddCTP、ddTTP、ddATP、ddGTP）

这些反应混合液可按表 12-5 给出的溶液体积混合配制。

甲酰胺上样缓冲液〈!〉

测序酶稀释缓冲液

10 mmol/L Tris-Cl (pH 7.5)

5 mmol/L DTT

0.5 mg/ml 牛血清白蛋白

-20℃储存

5×测序酶反应缓冲液，含 $MgCl_2$

200 mmol/L Tris-Cl (pH 7.5)

100 mmol/L

125 mmol/L NaCl

-20℃储存

表 12-5 测序反应中 5×标记混合液和 ddNTP 延伸/终止混合液

反应混合物	dNTP 和 ddNTP 储存液/μl								其他试剂	
	dCTP 0.5 mmol/L	dTTP 0.5 mmol/L	dATP 0.5 mmol/L	dGTP 0.5 mmol/L	ddCTP 0.5 mmol/L	ddTTP 0.5 mmol/L	ddATP 0.5 mmol/L	ddGTP 0.5 mmol/L	5mol/L NaCl	H_2O
标 记	15	15	—	15	—	—	—	—	—	955
ddCTP	160	160	160	160	16	—	—	—	10	334
ddTTP	160	160	160	160	—	16	—	—	10	334
ddATP	160	160	160	160	—	—	16	—	10	334
ddGTP	160	160	160	160	—	—	—	16	10	334

注：5×标记混合物中含有未标记的 dGTP，dCTP 和 dTTP，每种浓度为 7.5 mmol/l。放射性标记的 dATP 在步骤 7 加入，其终浓度为 30 μmol/L。每种 ddNTP 延伸/终止混合液中包括所有四种 dNTP，浓度为 160 μmol/L，以及一种 ddNTP，浓度为 0.16 μmol/L。5×标记混合液和 ddNTP 延伸/终止混合液分成 50μl 一管，-20℃冻存。

当测序模板富含 GC 结构时，可用碱基类似物 7-脱氮-2′-dGTP 或 dITP 代替 dGTP。如果使用 7-脱氮-dGTP 作为替代物，只要用相同摩尔浓度的 7-脱氮-dGTP 替代所有 ddNTP 延伸/终止混合液中的 dGTP 即可。

如果使用 dITP 作为替代物，则在 5×标记混合液中加入 30 μl 0.5 mmol/L 的 dITP 储液替代 dGTP，并将水的体积减至 940 μl。在含有 ddCTP、ddTTP、ddATP 的 ddNTP 延伸/终止混合液中，用 160 μl 0.5 mmol/L 的 dITP 储液替代 dGTP，在含有 ddGTP 的延伸/混合液中，用 320 μl 0.5 mmol/L 的 dITP 储液替代 dGTP，同时减少 ddGTP 的量至 3.2 μl，并将水的体积减至 187 μl。

12.34 5×测序酶反应缓冲液，含 $MnCl_2$

200 mmol/L Tris-Cl (pH 7.5)

25 mmol/L $MnCl_2$

125 mmol/L NaCl

-20℃贮存

在测序酶反应缓冲液中含有 Mn^{2+} 可以增加测序酶利用 ddNTP 的效率，即使有 Mg^{2+} 存在也是如此（Tabor and Richardson 1989b）。结果使在测序反应中靠近引物部分产生有效终止，进而增强靠近寡核苷酸引物处条带的强度，或者当使用 dITP 碱基类似物时，有利于消除富含 GC 区序列的影响。

为了使用 Mn^{2+}，可在加入测序酶之前在标记反应中加入 1 μl 含有 $MnCl_2$ 的 5×测序酶反应缓冲液（Fuller et al. 1996）或者加入 0.01 体积的 1 mol/L $MnCl_2$ 至双脱氧-dNTP 延伸/终止混合液中（Kristense et al. 1990）。含锰的缓冲液如呈淡黄色或产生黄褐色沉淀将不能使用。

TE（pH 7.6）

酶和缓冲液

测序酶（2.0 版）

测序酶由生产商提供，浓度为 13u/μl（约 1mg/ml）。-20℃储存（不要使用无霜冰箱）。

酵母无机焦磷酸酶

可选用，请参见步骤 6。厂商（USB/Amersham Life Science 公司）提供的酶浓度为 5 u/ml，它可催化焦磷酸水解为 2 分子正磷酸盐。

焦磷酸酶与测序酶以 1∶3 的比例混合，最好采用等体积混合两种酶，并用 6 倍体积的酶稀释缓冲液稀释该混合物。测序酶的工作浓度为 1.6 u/μl，同时加入足量焦磷酸酶以防止焦磷酸的积累，每个测序反应需 2 μl 稀释的酶混合液。

核酸和寡核苷酸

寡核苷酸引物

浓度为 0.5 pmol/μl（约 3.3 ng/μl），溶于水或 TE（pH 7.6）中。

请参见信息栏“DNA 测序寡核苷酸引物储液制备”。对于一些结合于靶区域上游载体序列的通用引物，可参见第 8 章信息栏“通用引物”。

模板 DNA（1 μg/μl）溶于 TE（pH 7.6）中

每一套测序反应需要 1 μg 单链 DNA 或 2.0 μg 变性双链质粒 DNA。双链线性 DNA 需要变性，并使它与引物复性。即先把天然模板 DNA 与过量的引物混合，在沸水浴中加热约 2 min，然后把试管插入冰水浴中。不要让混合液温度回升，立刻使用。

小规模制备 M13 噬菌体重组子单链 DNA 的浓度一般在 0.05～0.5 μg/ml 的范围内。这取决于特定噬菌体的生长速度。在正常测序反应条件下，模板 DNA 是过量的。因而每次测序反应中模板量上的微小变化并不影响测序结果的质量。可参见本方案末尾的表 12-6。

放射性化合物

[α-^{35}S] dATP（1000 Ci/mmol，10 mCi/ml）〈!〉或

[α-^{33}P] dATP（1000～3000 Ci/mmol，约 20 mCi/ml）〈!〉或

[α-^{32}P] dATP（1000 Ci/mmol，10 mCi/ml）〈!〉

若不用放射性标记的 [^{32}P] dATP 作为内标记，也可以用 5′端以 ^{32}P 标记的寡核苷酸引物进行测序反应。此时可用 2 μl 放射性标记引物（约 5×10^5 cpm；约 0.5 ng）和 2μl 水代替反应中的未标记引物（步骤 1）和放射性标记 dATP（步骤 7），其他步骤相同。一般用多核苷酸激酶催化 ATP 的 [γ-^{32}P] 转移至寡核苷酸 5′末端。详细步骤见第 10 章的方案 2。 12.35

离心机和转头

离心转头或用于 0.5 ml 微量离心管的衔接头，以及甩平式转头和微量滴定板架

（如 Sorvall 公司产品），聚苯乙烯泡沫或橡胶衬垫。

专用设备

微量离心管（0.5 ml）或微量滴定板（柔韧，耐热，每孔容量约为 300μl 的 U 型底 96 孔板）。

参见信息栏“微量滴定板”。

可加热到 37℃和 65℃的水浴或加热板。

方法

重要：当测序的双链质粒 DNA 已经变性，并已与引物退火（方案 2），可以忽略本方案的前两步，直接从步骤 3 开始。

1. 在 0.5 ml 微量离心管或微量滴定板孔中加入：

单链模板 DNA（1 μg/μl）	1 μl
寡核苷酸引物（约 1 ng/μl）	3 μl
5×测序酶反应缓冲液	2 μl
含 $MgCl_2$ 或 $MnCl_2$	
水	至终体积 10μl

2. 封闭试管，在 65 ℃温育 2 min，然后取出离心管，使之在 3～5 min 内冷却至室温。

有些实验人员喜欢用小加热板或装水的烧杯，使该退火反应在 30 min 的过程中缓慢冷却。我们实验中发现，这两种方法的实验结果相同。

3. 在引物和模板降温时，融化 5×标记混合液、ddNTP 延伸/终止混合液和放射性标记的 dATP，融化后置于冰上。

若有必要，退火的模板和引物可在 −20℃下保藏几个月。

4. 取 2.5 μl 每种 ddNTP 延伸/终止反应混合液加至用彩色标记或用字母 C、T、A、G 标记的各个 0.5 ml 微量心管或微量滴定板各孔中。

当液滴挂在离心管壁或微量滴定板孔壁时，应离心使之沉入底部。

5. 将 5×标记混合液用冰预冷的水稀释 5 倍，每种测序反应需要 2 μl 稀释的标记混合液。

6. 用冰预冷的测序酶稀释缓冲液稀释测序酶，如材料中所述可加，也可不加酵母焦磷酸酶。

每种模板测序需要 2 μl 测序酶（含 3 单位）。测序酶要始终放置于冰上。

12.36

使用焦磷酸酶是为防止由于延长测序反应的温育时间所造成的带强度的减弱。这种带强度减弱是由于 DNA 聚合酶（包括测序酶）能催化 DNA 链 3′端碱基与溶液中的焦磷酸离子反应所致。裂解反应的产物是游离 dNTP 和缩短了一个碱基的 DNA 链。焦磷酸的裂解反应是聚合反应的逆反应，它的反应速率在大多数 DNA 测序反应中并不显著。然而，当反应被温育时间过长或用 dITP 替代 dGTP 时，焦磷酸裂解反应就可能产生作用。因为焦磷酸裂解的效率可依据 DNA 链 3′端的核苷酸序列不同而变化，因此一些测序带的强度会减弱，另一些则不会受到影响。带强度的变化可通过采用高浓度 dNTP 或在反应混合液中加入焦磷酸酶而得到控制（Tabor and Richardson 1990；Patel et al. 1991；Full 1992）。

7. 为进行标记反应，在步骤 2 的 10 μl 退火反应液中加入如下溶液：

稀释的标记混合液（来自步骤 5）	2 μl
0.1 mol/L 二硫苏糖醇	1 μl
[α-^{33}P] dATP，[α-^{32}P] dATP 或 [α-^{35}S] dATP	0.5 μl
稀释的测序酶（约 1.6 u/μl）	2.0 μl

轻轻拍打离心管壁或滴定板以便混匀反应物，然后在 20℃ 孵育 2～5 min。

稀释的测序酶应保存在冰上，不要使其温度升至室温。供应商提供的浓缩酶应贮存于 -20℃，如果置于冰上几小时酶将失活。

8. 在标记反应将近完成时，应于 37℃ 预热离心管或微量滴定板以便进行终止反应。这一步很重要。然后，转移 3.5 μl 标记反应液到已经预热的、做好标记的、已加入适量的双脱氧混合液（上述步骤 4）的微量离心管壁或微量滴定板孔壁上。
9. 在室温下，将微量离心管放入微量离心机中（用适合于 0.5 ml 离心管的转头或衔接头，或将其置于去盖的 1.5ml 离心管中），或将微量滴定板置于有适当衔接头的离心机中，以 2000 r/min 离心 C、T、A、G 管或板几秒钟，混匀混合液。然后立即将反应物置于 37℃ 加热板或水浴中 3～5 min。
10. 加 4 μl 甲酰胺上样缓冲液终止反应。
11. 这些反应物在 -20℃ 时可最多保存 5 天，也可以用变性凝胶电泳直接分析（见方案 8、9、或 10、11 和 12）。热变性后（100℃，2 min），在冰上快速冷却。取 C、T、A 和 G 反应物各 3 μl 加入测序凝胶的各孔中。

测序范围 12.37

为了获得从引物 5′端开始的 300～400 核苷酸长度的 DNA 序列，对本方案的反应条件进行了优化。通过下面的改进，无论是引物近端或是远端序列都可以阅读。

靶 DNA 距离引物 5′端的距离/核苷酸数	基本程序的修改
20～100	按上述步骤 5，10 倍稀释标记混合液。将标记反应和延伸/终止反应的孵育时间减半，聚合反应中使用 $MnCl_2$。
10～300	用 [^{33}P] ATP 或 [^{32}P] ATP 标记引物的 5′端（请见第 10 章方案 2）。
100～400	正常反应条件。
>400	在标记反应中使用 4 倍正常浓度的未标记的 dNTP 和放射性同位素。标记反应孵育时间加倍。

表 12-6　用测序酶进行双脱氧 DNA 测序反应中出现的问题 12.38

出现的问题	可能的原因	可能的解决方法
凝胶底部条带不清晰	反应中模板和引物量过低，可能是由于缺少模板 DNA、引物 DNA，或两者都缺乏。在任一种情况下，是由于在标记反应中合成了一些长的延伸产物，而不是较多的短产物。	优化反应中模板 DNA 和引物的用量和比例；使用离靶位点更远的引物；将标记反应中 dNTP 浓度降低 3 倍。

续表

出现的问题	可能的原因	可能的解决方法
凝胶顶部条带不清晰	dNTP 的浓度不当，最可能是 dATP 的浓度处于低限。	确证［^{35}S］dATP 比活度达到 1000Ci/mmol；将标记反应中（步骤 7）［^{33}P］dATP 或［^{35}S］dATP 量增加到 1μl。
凝胶顶部条带污染	样品中有过量的甘油被加到凝胶上。	使用能耐受甘油的凝胶缓冲液或减少样品中甘油的用量。请参见信息栏“DNA 测序反应中的甘油”。
凝胶底部所有四条泳道上同时出现条带	延伸反应过程中测序酶失活。	除非在反应中有甘油存在，否则孵育标记反应的温度不要超过 20℃ 或反应时间超过 5 min。 可通过用含甘油的酶稀释缓冲液［20 mmol/L Tris-Cl (pH7.5) 2 mmol/L DTT，0.1 mmol/L EDTA，50% 甘油］替代测序酶稀释缓冲液在标记反应步骤加入甘油。此时，可在 20℃ 孵育标记反应 30 min，或于 37℃ 孵育 5 min。加入甘油后必须使用耐受甘油的测序凝胶。请参见有关信息栏“DNA 测序反应中的甘油”。
凝胶顶部所有四条泳道上同时出现条带	终止反应效率不足。是由模板 DNA 含有杂质或终止反应孵育不正确造成的。	用蛋白酶 K 消化、酚抽提、乙醇沉淀纯化模板 DNA。终止反应至少应在 37℃ 下孵育。测序酶在高达 50℃ 仍能使用。请参见信息栏“DNA 测序反应中的甘油”。
12.39 条带的强度不均匀	测序酶催化焦磷酸裂解反应。终止反应孵育时间过长。	在延伸反应中使用酵母焦磷酸酶（请参见主方案的步骤 6）。终止反应时间减至 2 min。
在所有四条泳道中出现背景带（弱带）	由于引物与模板比例不适。可能是模板形成二级结构。	如果模板的量易于测定，比例调整为 5～10:1。如果引物和模板的量是未知的，可通过变化引物或模板量从而凭经验确定测序反应的最佳比例。 在测序反应中使用 DMSO 可以减少背景带（Winship 1989）。这种溶剂被认为可以减低模板二级结构的形成，使用浓度 10%（V/V），可在变性模板 DNA 加入之前方便地加入含有双脱氧核苷的试管中。
在所有四条泳道中特定序列区同时出现条带（强终止）	模板形成二级结构，或模板中有特殊碱基。	测定 DNA 互补链的序列。提高终止反应的孵育温度（可达 50℃）。 在反应缓冲液中加入有机溶剂，如 DMSO。测序酶在含有高达 11%（V/V）的 DMSO 的缓冲液中仍能很好发挥作用。在终止反应中加入非离子去污剂 NP-40。测序酶在含有 0.05%（V/V）NP-40 缓冲液中仍有活性。 用不同的 DNA 聚合酶“跟踪”DNA 测序反应。典型的做法是在正常孵育的末期补加一部分不同的 DNA 聚合酶。当使用测序酶时，可在方案 3 的步骤 8 的末尾在每个测序反应中补加 0.5～1.0 单位的 Klenow 片段，然后在室温或 37℃ 下孵育 1～2 min，可以克服许多强终止现象。其他的 DNA 聚合酶，如逆转录酶或热稳定 DNA 聚合酶也可以使用。 在 Taq 酶的 ddNTP 混合液中用 7-脱氮-dGTP 或 dITP 替代 dGTP，或用 7-脱氮-dATP 替代 dATP（请参见信息栏“DNA 测序凝胶中带压问题”）。

方案 4 用大肠杆菌 DNA 聚合酶 I Klenow 片段及单链 DNA 模板进行双脱氧测序 12.40

当 Sanger 及其同事建立第一个 DNA 链终止延伸法时，只有一种合适的 DNA 聚合酶可用，即大肠杆菌 DNA 聚合酶Ⅰ Klenow 片段。它具有在模板存在时聚合 dNTP 的活性，但缺乏完整聚合酶Ⅰ的 5′-3′外切酶活性（参见信息栏“大肠杆菌聚合酶Ⅰ Klenow 片段”）。虽然 Klenow 片段已广泛用于 DNA 测序，但很显然，这个酶作为测序反应催化酶并不是很理想，它持续合成的能力不强，不能复制富含二级结构的模板区段；以 ddNTP 为底物的能力远比以 dNTP 为低；易受 DNA 制备时经常产生的污染物的影响，并且只对单链模板有效。由于这些不利因素，在大规模测序反应中不再依赖 Klenow 片段也就不足为奇了。现在由于使用了热稳定 DNA 聚合酶和修饰版的 T7 噬菌体 DNA 聚合酶，大规模测序速度得以显著提高。

然而 Klenow 片段对易获得单链 DNA 模板，并且不须阅读长片段序列的许多小规模测序反应还是非常有用的。包括突变的鉴定、结构的确证和末端缺失的检测。Klenow 片段还有一小部分忠实的、但年龄较大的支持者，他们相信这个酶能测定用其他 DNA 聚合酶很难测出的克隆 DNA 片段。其中的原因还不清楚，但可能的因素有对模板的要求上的差异及对二级结构的敏感性不同。

Klenow 片段测定单链 DNA 模板序列效果最好，一般可读出 300～400 个碱基。用于变性后的双链 DNA 模板就不那么理想了。由于有很多更好的替代酶，就没必要用 Klenow 片段去测变性质粒 DNA 的序列了。

下面是来自于 Sanger 等的方案（1977，1980），阐述了用 Klenow 片段进行单链 DNA 模板的测序。

表 12-7 Klenow 测序反应用的 ddNTP 延伸/终止反应物和示踪物 12.41

	dNTP 的母液 (1 mmol/L)/μl				ddNTP 的母液 (5 mmol/L)/μl				其他试剂		
									Tris-Cl	EDTA	
反应物	dCTP	dTTP	dATP	dGTP	ddCTP	ddTTP	ddATP	ddGTP	(1mol/L, pH8.00)	(10mmol/L, pH8.0)	H_2O
ddCTP	5	100	—	100	30	—	—	—	10	10	745
ddTTP	100	5	—	100	—	25	—	—	10	10	675
ddATP	100	100	—	100	—	—	5	—	10	10	580
ddGTP	100	100	—	5	—	—	—	25	10	10	750
Chase	245	245	245	245	—	—	—	—	10	10	—
dATP	—	—	100	—	—	—	—	—	10	10	880

注：在 dCTP、dTTP、dGTP 对应的 ddNTP 延伸/终止混合液中 ddNTP 与 dNTP 在比例分别为 30∶1，25∶1，25∶1。在测序反应中，ddATP 和 dATP 的比例约为 45∶1。

混合液应分装成 50μl 每份，并在 -20℃ 下冻藏。

材料

注意：标记有〈!〉符号材料的正确使用参见附录 12。

缓冲液和溶液

试剂、缓冲液、储液的组成参见附录 1，储液使用前稀释到适当浓度。

dATP（0.1 mmol/L）

可选，参见步骤 4。

去离子蒸馏水

EDTA（10 mmol/L，pH 8.0）

延伸/终止混合液和示踪混合液

这些反应混合液可通过混合 dNTP 和 ddNTP 储液制备，参见表 12-7。

甲酰胺上样缓冲液〈!〉

TM 缓冲液

100 mmol/L Tris-Cl（pH 8.5）

50 mmol/L $MgCl_2$

Tris-Cl（1 mol/L，pH 8.0）

酶和缓冲液

大肠杆菌 DNA 聚合酶Ⅰ Klenow 片段（5 u/μl）

每一套四种双脱氧测序反应大约需 2.5 单位酶。Klenow 片段通常保存在含 50% 甘油的缓冲液中。测序反应中过量使用酶会导致测序凝胶畸变，因为甘油与制备凝胶和凝胶电泳的标准缓冲液 TBE 中的硼酸盐离子相互作用（请参见本方案末尾疑难解答）。

核酸和寡聚核苷酸

dNTP、ddNTP、dNTP（1 mmol/L）和 ddNTP（5 mmol/L）储液

寡核苷酸引物

浓度约为 0.5 pmol/μl（约 3.3 ng/μl），溶于水中。

对于一些结合于靶区域上游载体序列的通用引物，可参见第 8 章信息栏"通用引物"及本章末信息栏"DNA 测序寡核苷酸引物储液制备"。

12.42 单链 DNA 模板

浓度约 0.05 pmol/μl，相当于约 0.15 μg/μl 的 M13 噬菌体单链 DNA。

小规模制备 M13 噬菌体重组子单链 DNA 的浓度一般在 0.05 到 0.5 μg/ml 范围内。这取决于特定噬菌体的生长速度。在正常的测序反应条件下，模板 DNA 是过量的。因而每次测序反应中模板量上的微小变化并不影响测序结果的质量。可参见本方案末疑难解答。

放射性化合物

[α-^{32}P] dATP（3000 Ci/mmol，10 mCi/ml）〈!〉或

[α-^{33}P] dATP（3000 Ci/mmol，10 mCi/ml）〈!〉或

[α-^{35}S] dATP (1000 Ci/mmol, 10 mCi/ml) 〈!〉 或

5′^{32}P 标记的寡核苷酸引物 〈!〉

若不用放射性标记 dATP 作为内标记，也可以用 5′端以^{32}P 标记的寡核苷酸引物进行测序反应。此时，可用 2 μl (约 5×10^5cpm；约 0.5ng) 放射性标记引物和 2 μl 水代替反应中的未标记引物和 [^{32}P] dATP (步骤 4)，其他的步骤相同。一般用多核苷酸激酶催化 ATP 的 [γ-^{32}P] 转移至寡核苷酸 5′端。详细情况见第 10 章的方案 2。

离心机和转头

离心转头或用于 0.5 ml 微量离心管的衔接头，以及甩平式转头和微量滴定板架 (如 Sorvall 公司产品)，聚苯乙烯泡沫或橡胶衬垫。

专用设备

微量离心管 (0.5 ml) 或微量滴定板 (柔韧，耐热，每孔容量为 300 μl 的 U 型底 96 孔板)。

参见信息栏 "微量滴定板"。

方法

1. 在 0.5ml 微量离心管或微量滴定板孔中加入：

单链模板 DNA (0.1 μg/μl)	5 μl
寡核苷酸引物 (1 μg/ml，约 160 pmol/ml)	4 μl
TM 缓冲液	1 μl

2. 封闭试管的顶端或密封微量滴定板，在 55℃ 温育反应混合液 5～10 min，使寡聚核苷酸引物与 DNA 模板退火。

   若有必要，退火的模板和引物可在 -20℃ 下保藏几个月。

3. 用字母 C、T、A、G 标记四个微量心管或 96 孔 U 型微量滴定板上四个毗连的小孔；然后在每个小管中加入 4 μl 相应的 ddNTP 延伸/终止混合液 (例如在标记 C 的微量离心管或微量滴定板孔中加入 4 μl ddCTP 混合液，在标记 T 的微量离心管或微量滴定板孔中加入 4μl ddTTP 混合液等)。

4. 把退火后的引物模板溶液放在冰上并加入： 12.43

[α-^{32}P] dATP 或 [α-^{33}P] dATP 或 [α-^{35}S] dATP	1μl
Klenow 酶 (约 2.5 单位)	1μl
0.1 mmol/L dATP (如使用 [α-^{32}P] 或 [α-^{33}P])	1 μl
或	
水 (如使用 [α-^{35}S] dATP)	1 μl

   Klenow 酶应储存在 -20℃，不要使其升到室温。酶在冰桶中几小时会丧失活性。

5. 取步骤 4 的混合液 3μl 加到每一个 C、T、A、G 管的管壁上或微量滴定板孔的边上。不要让放射性标记混合液与 ddNTP 延伸/终止混合液接触。

   加入的液体应挂在管或孔靠近边缘的壁上。

6. 把小离心管放入微量离心机内 (用合适的转头或适合 0.5 ml 离心管的衔接头，或把它们放入去盖的 1.5 ml 离心管中)，或者把微量滴定板放入配有合适衔接头的离心

机中，以 2000 r/min 转速离心 C、T、A 和 G 各管或滴定板几秒钟，混合反应物。开始延伸/终止反应。37℃温育 10～12 min。

在室温至 37℃温度范围内，Klenow 酶都能很好地催化延伸/终止反应和示踪反应。

7. 温育 9～11 min 后，沿每一个 C、T、A、G 管或孔壁加入 1 μl 的示踪液。总共温育 10～12 min 后，离心 2 s，使示踪液混入到延伸/终止反应液中。再在室温下温育 10～12 min。
8. 第二次温育 9～11 min 后，沿每一个 C、T、A、G 管或孔壁加入 6 μl 甲酰胺上样缓冲液。不要让溶液滑入聚合反应液中。温育结束，离心微量离心管或微量滴定板终止测序反应。
9. 反应物在 -20℃时可最多保存 5 天，也可以用变性凝胶电泳直接分析（见方案 8、9 或 10、11 和 12）。热变性后（100℃，2 min），在冰上快速冷却。取 C、T、A 和 G 反应物各 3 μl 加入测序凝胶各孔中。

疑难解答

虽然用 Klenow 片段进行双脱氧测序一般会比较顺利，但并非绝对完美。例如，为获得最大量的序列信息，有时必须调整链延伸/链终止反应中的 ddNTP 与 dNTP 比例。影响测序结果的更严重问题，需要通过调整模板制备技术，或在链延伸/终止反应与聚丙烯酰胺凝胶电泳条件上做一些小的改动来解决。重要的第一步是确定这些问题是系统性的（如影响所有的测序反应），或是与模板特异性有关的。如果在同一天内对不同模板进行测序的结果的差异并不十分明显，可通过可靠模板的测序来快速确定问题的所在（例如曾经给出好的测序结果的模板，或商品化试剂盒提供的模板）。大多数常见的系统性测序问题都列在了方案 3 的表 12-6 中，并附有解决问题的建议。当这种类型的问题出现时，可用商品化测序试剂盒提供的试剂来判断出链延伸/终止反应中可能存在的缺陷试剂。

模板问题

绝大多数因模板出现的问题不外乎下列四种原因之一。对于这几种问题的判断和解决建议列在表 12-6 中。

- 制剂中存在污染的 DNA（通常是细菌染色体 DNA）。
- 制剂中有 PEG 残留物或高浓度的 EDTA。
- 在链延伸/终止反应中，模板 DNA 浓度偏低。
- 缺少引物结合位点。在测定由外切酶Ⅲ消化产生的缺失突变片段的序列时容易发生这类问题（见第 13 章的方案 9）。这种缺失有时会延伸到引物结合区域，因而失去了结合引物的能力。这个问题可以通过采用可结合靶 DNA 更上游序列的引物加以纠正。

二级结构问题

由 DNA 模板形成的更加高级的二级结构（例如：同聚片段和回文序列）能强烈地阻止测序反应，结果是在四条泳道上都出现一条放射自显影带。这种区域会严重阻碍 DNA 聚合酶前进，这在使用 Klenow 片段时经常发生。一种解决方法是测定 DNA 的另一条链；另一种方法是在 50～55℃下测序（Gomer 1985）。此外，也可在第七步加入较多的 Klenow 酶以补充在终止反应中失活的酶，使之能越过链延伸的阻碍。用 dITP 代替 dGTP 可能减少二级结构问题。如果采用这种方法，就要用锰代替反应缓冲液中的镁以增强 Klenow 酶利用类似物的能力（Tabor and Richardson，1989b）。最后一种解决方法是，用其他种类的 DNA 聚合酶测序，如测序酶（方案 3）或热稳定 DNA 聚合酶（方案 5）。

如果与模板二级结构相关的问题依然存在，在链延伸/终止反应中（上述方案步骤 4）加入 0.5μg 大肠杆菌（如 USB）的单链 DNA 结合蛋白可解决这个难题。如果使用 DNA 单链结合蛋白，在加甲酰胺上样缓冲液后（上述步骤 8），要用蛋白酶 K（0.1 μg/反应）在 65℃温育 20 min。这样处理可使 DNA 进入测序凝胶，防止形成弥散条带。

方案 5　用 *Taq* DNA 聚合酶进行双脱氧测序反应 12.45

热稳定 DNA 聚合酶除了在大家熟悉的 PCR 反应中应用外，它还可用来替代测序酶或 Klenow 片段进行双脱氧链终止法测序（Innis et al. 1988）。它在高温下（70℃）进行等温链终止反应的能力可减少测序反应中由于模板 DNA 上引物假结合位点与引物退火错配产生的相关问题，它还可以用于富含二级结构模板的测序。当然也有一些不足，DNA 聚合酶Ⅰ家族的热稳定聚合酶（如 *Taq* 酶）和 Archaea 编码的热稳定酶（如 *Pfu*）催化 ddNTP 掺入速度比 dNTP 掺入速度至少小两个数量级（见表 12-8）。此外，ddNTP 在特定位点的掺入速度受该区域模板 DNA 序列的影响。使用 *Taq* DNA 聚合酶作标准测序的研究者有如下经验：在测序凝胶的放射自显影片上条带间的强度不同，从底部到顶部条带逐渐减弱，出现阴影带。

这些问题可通过使用遗传工程版热稳定 DNA 聚合酶加以减轻。该类酶缺失了 5′→3′外切酶活性并能高效率地催化 ddNTP 掺入（参见序言中有关选择测序系统的讨论和表 12-9 及图 12-6）。不过，这些修饰酶相对较贵，最好在需要用等谱带强度以达到阅读长序列的循环测序时使用。当由于引物错配或形成二级结构导致读特殊序列片段时出现模糊不清的结果的情况下，野生型 *Taq* DNA 聚合酶仍不失为测序酶的一种有效的替代物。

表 12-8　Δ*Taq*DNA 聚合酶催化 dNTP 和 ddNTP 掺入的相对效率

dNTP 与 ddNTP 的掺入比例			
G	A	U	C
200:1	2500:1	30 600:1	2400:1

注：数据来自 Vander Horn 等（1997），Δ*Taq* DNA 聚合酶缺少野生型的前 235 个氨基酸，缺失了 5′→3′外切酶活性，Amersham 公司有售。

表 12-9　催化循环测序反应的常用修饰热稳定 DNA 聚合酶 12.46

名称和来源	结构	特性
Taq DNA 聚合酶（多种来源）	832 个氨基酸的蛋白质，（Lawyer et al. 1989）分子质量约为 93.9kDa	具有 5′→3′外切酶活性（Longley et al. 1990），在 PCR 反应中可催化 dNTP、dITP、dUTP 掺入（Knittel and Picard 1993；Slupphaug et al. 1993），在测序反应中可催化 ddNTP 的掺入，催化 dNTP 效率比催化 ddNTP 或其荧光类似物约高 1000 倍（Tabor and Richardson 1995），并且由于邻近带间强度的高可变性，在循环测序反应中产生不清晰的梯带（Voss et al. 1997）。酶的晶体结构已经确定（参见第 8 章信息栏"*Taq* DNA 聚合酶"）。

续表

名称和来源	结构	特性
AmpliTaq CS（循环测序）（Perking-Elmer 公司）	与其他修饰 DNA 聚合酶缺失突变不同，AmpliTaq CS 是单点突变的酶（G46D），无外切酶活性，但保持野生型酶的延伸效率。	无 5′→3′外切酶活性，催化 dNTP 效率明显比 ddNTP 高。在用以末端标记引物或放射性标记 dNTP 的循环测序反应中使用。
TmpliTaq FS（荧光测序）（Perking-Elmer 公司）	与 AmpliTaq CS 相同，含有点突变（G46D），无外切酶活性，此外还包含另一点突变（F667Y），降低了野生型 *Taq* DNA 聚合酶催化 dNTP 和 ddNTP 及荧光类似物的选择性。	用于荧光测序反应。
Klentaq1（AB Peptides 公司 St. Louis, Missouri）	类似 Klenow 的 *Taq* DNA 聚合酶变体，缺失了野生型酶的前 278 个残基（Barnes 1992）。	无野生型酶的 5′→3′外切酶活性。同 Taquenase（以及 Thermosequenase）一样是对热最稳定的 DNA 聚合酶。但在循环测序反应中一般认为它不如 Taquenase。该酶晶体结构也已经确定（Korolev et al. 1995）。
Taquenase（Scien-Tech Corp 公司 St. Louis, Missouri）	类似 Klenow 的 *Taq* DNA 聚合酶变体，缺失了野生型酶的前 278 个残基，并还包含点突变（F667Y），降低了野生型 *Taq* DNA 聚合酶催化 dNTP 和 ddNTP 及荧光类似物的选择性。	无野生型酶的 5′→3′外切酶活性。在循环测序反应中可高效率催化 dNTP、ddNTP 和荧光类似物（Voss et al. 1997）。比其他热稳定 DNA 聚合酶更适合内标反应。
ThermoSequenase（Amersham 公司）	类似 Klenow 的 *Taq* DNA 聚合酶变体，缺失了野生型酶的前 272 个残基，并包含点突变（F667Y），降低了野生型 *Taq* DNA 聚合酶催化 dNTP 和 ddNTP 及荧光类似物的选择性。	无野生型酶的 5′→3′外切酶活性。不接受 dNTP 的荧光类似物作为底物。当它与热稳定的焦磷酸酶一起使用时，产生的凝胶图谱与使用测序酶和染料标记引物一样好。

注：市场上还有一些其他修饰的热稳定聚合酶出售，如：TaqEXPRESS（GenPak Co.，UK）和 SequiTherm（Epicenter biotechnologies 公司）。其中许多修饰酶在结构和特性上与 Klentaq1 相似。

突变的热稳定酶正迅速取代野生型酶作为双脱氧测序可供选用的 DNA 聚合酶。由于突变热稳定酶在利用 dNTP 和 ddNTP 方面差别较小，这两种脱氧核苷酸在测序反应中的比例必须改变，而不能像表 12-10 中所推荐的那样。热稳定 DNA 聚合酶的制造商通常都提供最适合各种酶的标记混合液配方。若没有厂商的有关资料，可用下列标记混合液配方：
12.47 混合配制含有 150 μmol/L dNTP 和 1.5 μmol/L ddNTP 的新鲜 ddNTP 溶液。例如在 ddATP 混合液中，加有 150 μmol/L 的每一种 dATP、dTTP、dCTP 和 dGTP（或 7-脱氮-dGTP）和 1.5 μmol/L 的 ddATP。用这种新配制的混合液替代表 12-10 中所列的几种 ddNTP 混合液，并按方案中所述程序操作。用 *Taq* DNA 聚合酶测序操作步骤与用测序酶测序步骤相似（方案 3）：

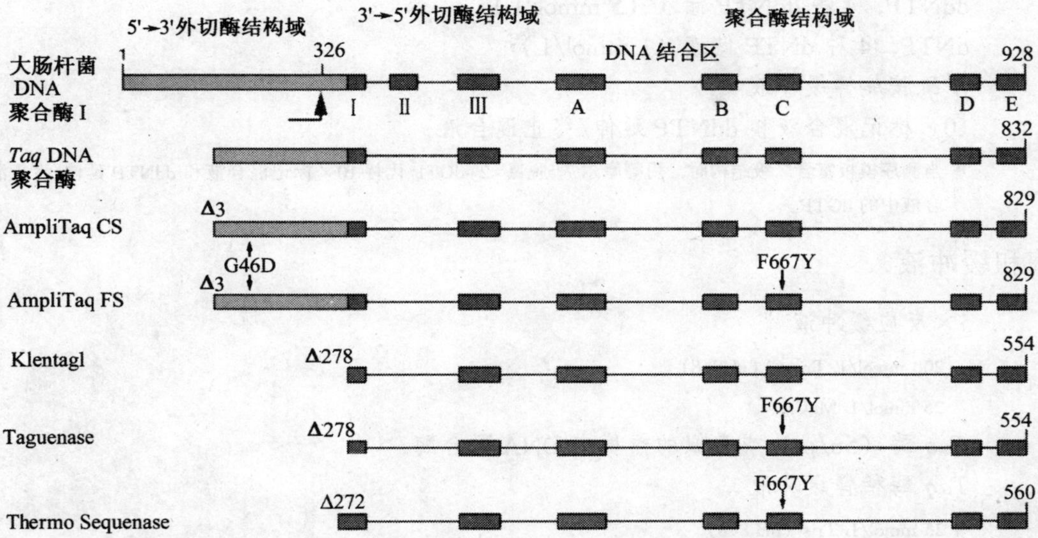

图 12-6 DNA 测序常用热稳定 DNA 聚合酶结构

列于上图的所有热稳定 DNA 聚合酶是 *Taq* DNA 聚合酶的修饰版，有共同的结构域，在所有的聚合酶Ⅰ型的 DNA 聚合酶中有许多保守结构基元。在图中，存在于 3′→5′外切酶活性结构域的保守基元用罗马数字标示，聚合酶结构域用大写字母标示，数字标示氨基酸残基数，切割位点和突变位点用箭头标示。这些热稳定 DNA 聚合酶性质的描述请参见表 12-9 [图中数据引自 Barners (1992)，Vander Horn et al. (1997)，Wayne Barnes 网站 (http://barnes 1.wustl.edu/～wayne/)，和商业公司提供的报告]。

- 使双链 DNA 模板变性　（必要时），并使引物与其互补序列配对。
- 短时的聚合反应　在低温下（42℃），使引物延伸 20～100 个核苷酸。这一步要在聚合酶过量且 4 种 dNTP 浓度有限的条件下进行。在这一反应中，应有一种放射性标记的 dNTP，从而使这一段的延伸物能在多个位点被放射性标记。在此步预聚合反应中，绝大多数可用的 dNTP，包括放射性标记的 dNTP 都应掺入 DNA 中。
- 在含高浓度未标记 dNTP 和一种未标记 ddNTP（ddA、ddG、ddC 或 ddT）的 4 个反应中已延伸的标记引物的延伸和终止。延伸-终止反应在 70℃进行。

下面的方案由 D. Davis 提供（University of texas Southerstern Medical Center, Dallas），是从 Innis 等和 Brow（1990）的方案修改而来。

材料 12.48

注意：标记有〈!〉符号材料的正确使用参见附录 12。

缓冲液和溶液

试剂、缓冲液、储液的组成参见附录 1，储液使用前稀释到适当浓度。

去离子蒸馏水（冰预冷）

ddNTP，4 种 ddNTP 储液（5 mmol/L）

dNTP，4 种 dNTP 储液（1 mmol/L）

甲酰胺加样缓冲液〈!〉

10×标记混合液和 ddNTP 延伸/终止混合液

当测序模板富含二级结构时，用等摩尔 7-脱氮-2′-dGTP 代替 10×标记混合液和 ddNTP 延伸/终止混合液中的 dGTP。

酶和缓冲液

5×反应缓冲液

200 mmol/L Tris-Cl（pH8.8）

25 mmol/L $MgCl_2$

Taq 酶（5u/μl）或类似的热稳定 DNA 聚合酶

Taq 酶稀释缓冲液

25 mmol/L Tris（pH 8.8）

0.01 mmol/L EDTA（pH 8.0）

0.15% Tween-20

0.15% NP-40

从其他生物体提取的热稳定酶的反应条件和反应缓冲液可能稍有不同。不同酶的最适缓冲液条件见制造商提供的使用说明书。单位热稳定 DNA 聚合酶的活性通常定义为：在 70～80℃，反应 30 min 将 10 nmol核苷酸转化为酸沉淀形式所需酶量为 1 个酶活性单位。

核酸和寡核苷酸

寡核苷酸引物

浓度为 1.0 pmol/μl（约 6.6 ng/μl），溶于 TE（pH 7.6）中。

对于一些结合于靶区域上游载体序列的通用引物，可参见第 8 章信息栏“通用引物”及本章末尾信息栏“DNA 测序寡核苷酸引物储液制备”。

表 12-10 *Taq* 酶催化的常规 DNA 测序反应用 10×标记混合液和 ddNTP 链延伸/终止混合液

反应混合液	dNTP 及 ddNTP 储液/μl								其他试剂		
	dCTP 1 mmol/L	dTTP 1 mmol/L	dATP 1 mmol/L	dGTP 1 mmol/L	ddCTP 5 mmol/L	ddTTP 5 mmol/L	ddATP 5 mmol/L	ddGTP 5 mmol/L	Tris-Cl (1 mol/L, pH 8.0)	EDTA (10 mmol/L, pH8.0)	H_2O
标记物	1.5	1.5	—	1.5	—	—	—	—	10	10	975
ddCTP	15	15	15	15	90	—	—	—	10	10	830
ddTTP	15	15	15	15	—	240	—	—	10	10	680
ddATP	15	15	7.5	15	—	—	120	—	10	10	800
ddGTP	15	15	15	15	—	—	—	9	10	10	911

注：10×标记混合液中含 dGTP、dCTP、dTTP，每一种浓度均为 1.5μmol/L。

在 C、T、A 和 G 四种 ddNTP 延伸/终止混合液中 ddNTP 与 dNTP 的比例分别为 30:1、80:1、80:1 和 3:1。

10×标记混合液和 ddNTP 延伸/终止混合液应分装成 50 μl 每份，并在 -20℃ 下冻藏。

模板DNA（100 ng/μl）溶于TE（pH 7.6）中 12.49

每一套测序反应需要500 ng的单链DNA或1.0 μg的变性双链质粒DNA。变性双链线性DNA，并使它与引物复性。即先把天然模板DNA与过量的引物混合，在沸水浴中加热约2 min，然后把试管插入冰水浴中。不要让混合液温度回升，立刻使用。

小规模制备M13噬菌体重组子单链DNA的浓度一般在0.05到0.5 μg/ml的范围内。这取决于特定噬菌体的生长速度。在正常的 *Taq* 酶催化的测序反应情况下，模板DNA是过量的。因而每次测序反应中模板量上的微小变化并不影响测序结果的质量。可参见方案4的疑难解答。

放射性化合物

[α-^{32}P] dATP（3000 Ci/mmol，10 mCi/ml）〈!〉或

[α-^{35}S] dATP（1000 Ci/mmol，10 mCi/ml）〈!〉或

[α-^{33}P] dATP（2000～4000 Ci/mmol，～10 mCi/ml）〈!〉或

5′^{32}P标记的寡核苷酸引物〈!〉

若不用放射性标记dATP作为内标记，也可以用5′端以^{32}P或^{33}P标记的寡核苷酸引物进行测序反应。此时，可用1.0～1.5 pmol放射性标记引物和2 μl水代替反应中未标记引物和放射性标记dATP（步骤1），其他步骤相同。一般用多核苷酸激酶催化ATP的[γ-^{32}P]转移至寡核苷酸5′末端。详细情况见第10章的方案2。

专用设备

微量离心管（0.5 ml）或微量滴定板（柔韧，耐热，每孔容量为300 μl的U型孔96孔板）。

参见信息栏“微量滴定板”。

装有多孔加热板的程控热循环仪（如Dri-Block cyclers，Techne公司）。

其次可选用45℃和72℃的水浴。见第8步的说明。

可加热到65℃的水浴。

方法

1. 在0.5 ml微量离心管或微量滴定板孔中加入：

单链模板DNA（250 fmol）（100 ng/μl）	5.0 μl
寡核苷酸引物（0.5 pmol）（约3.3 ng/μl）	3.0μl
5×反应缓冲液	2.0 μl

2. 在65℃温育密封的微量离心管2 min。从水浴中取出离心管，使之在3～5 min内冷却到室温。

有些实验人员喜欢用小加热板或装水的烧杯，使该退火反应在30 min的过程中缓慢冷却。我们实验中发现，这两种方法的实验结果相同。

3. 在引物和模板降温时，融化10×标记混合液、ddNTP延伸/终止混合液和放射性标记的dATP，融化后置于冰上。

4. 在每一彩色标记的0.5ml微量离心管或每一个提前标有C、T、A和G的微量滴定板孔中加入4 μl与其相对应的ddNTP延伸/终止混合液（如标记为C的微量离心管和微量滴定板孔加入4 μl ddCTP混合液，标记为T的微量离心管和微量滴定板孔加入 12.50

4 μl ddTTP 混合液等)，并将微量离心管或微量滴定板置于冰上。

5. 按 1:8 比例稀释足够的热稳定 DNA 聚合酶用于所有模板测序，例如：

Taq DNA 聚合酶 (5～10 u/μl)	1 μl
Taq 酶稀释缓冲液	7 μl

每一组四种测序反应需要 2μl (2u) 稀释酶。酶终浓度应约为 1u/μl。稀释后的酶要一直放在冰上贮存。

6. 把下列物质加入到各退火反应管中(上述步骤 2)：

10× 标记混合液	2 μl
放射性标记 dATP	0.5 μl
稀释的 DNA 聚合酶 (约 1 u/μl)	8 μl

涡旋振荡混匀，然后在 45 ℃ 温育反应 5 min。

7. 转移 4 μl 标记反应液到含有相应的双脱氧终止混合液的 C、T、A、G 各管或微量滴定板各孔中(上述步骤 4)，沿微量离心管和微量滴定板孔壁加入。

8. 把小离心管放入微量离心机内(用合适的转头或适合 0.5 ml 离心管的衔接头,或把它们放入去盖的 1.5 ml 离心管中),或者把微量滴定板放入配有合适衔接头的离心机中,以 2000 r/min 离心 C、T、A 和 G 各管或滴定板几秒钟,混合反应物。72℃ 温育 5 min。

把小离心管或滴定板放在高效加热块中温育，也可以放在水、油或其他导热效率高的介质中。若放在 72℃ 空气温箱中，在这样短的温育过程中达不到 *Taq* DNA 聚合酶所需的理想温度。

9. 加入 4μl 甲酰胺加样缓冲液终止反应。

10. 这些反应物在 -20℃ 时最多可保存 5 天，也可以用变性凝胶电泳直接分析(见方案 8、9 或 10、11 和 12)。热变性后(100℃，2 min)，在冰上快速冷却。取 C、T、A 和 G 反应物各 3 μl 加入测序凝胶的各孔中。

疑难解答参见方案 4 结尾的疑难解答和方案 6 的表 12-13。

12.51

方案 6 循环测序：利用 PCR 和引物末端标记进行双脱氧测序

循环 DNA 测序(更确切地说是热循环 DNA 测序或线性扩增 DNA 测序)是一种利用不对称 PCR 方法产生单链模板并采用 Sanger 双脱氧链终止测序法的技术(Carothers et al. 1989；Murray 1989；Craxton 1991；Lee 1991；E. Lee et al. 1992)。通常同时建立 4 个独立的扩增反应，分别包括相同的寡核苷酸引物和不同的链终止 ddNTP。在一次循环测序过程中通常包括两个循环程序。在第一个程序中，反应混合物体系经历 15～40 个左右的循环(详见 Halloran et al. 1992；Fulton and Wilson 1994)。每个扩增反应包括三个常规步骤：双链 DNA 模板的变性，^{32}P 标记的测序引物与靶序列的结合，引物在热稳定 DNA 聚合酶作用下的延伸和 ddNTP 掺入后的终止。得到的部分双链杂交产物包括一条全长的模板链和一条互补的不完全链。它们在下一个循环的第一步变性，释放出模板链进行下一次的引物结合、延伸和终止反应。所以，在反应的第一个步骤中，积累了一些放射性标记终止的线形产物。在第二个步骤中，引物将无法使在上一次步骤中被终止的链继续延伸。但引物仍可使一些未被 ddNTP 终止的链继续延伸，所谓“追加”延伸链。对循环测序反应得到的放射性标记产物进行变性聚丙烯酰胺凝胶电泳，再通过放射自显影阅读 DNA 序列。以下是循环测序方法的一些优点：

- *双链和单链模板均可*　(Carothers et al. 1989；Murray 1989)，因而不需要将所需 DNA 亚克隆到噬菌体 M13 或类噬菌体质粒载体中。
- *仅需要极少量的模板*　从一个噬菌斑、一个克隆或从胶中回收的 PCR 产物中就可以得到足够量的 DNA(Smith et al. 1990；Krishnan et al. 1991；Kretz et al. 1994)。
- *反应可以在微孔板或微量离心管中进行。* 12.52
- *能够使用 α-^{32}P、α-^{33}P 和 α-^{35}S 标记的核苷酸进行内部标记*　(Carothers et al. 1989；Murray 1989)，也可以使用 5′标记的引物（Lee 1991；Ruano and Kidd 1991；Sears et al. 1992)。还可以使用生物素和荧光素标记的核苷酸（Wilson et al. 1990；Civitello et al. 1992；Du et al. 1993；Voss et al. 1997)。荧光标记既可以在 5′引物上，也可以在链终止的核苷酸上（Rosenthal and Charnock－Jones 1992)。
- *可以使用商业化的机器人工作站*　(Civitello et al. 1992）和 DNA 自动测序仪(Craxton 1991；Rosenthal and Charnock－Jones 1992；Sears et al. 1992)。
- *接受 7-脱氮-dGTP*　(Mizusawa et al. 1986）和 dITP 等核苷酸的结构类似物，从而减少了电泳时带的压缩（Sears et al. 1992)（请参考关于 7-脱氮-dNTP 和 DNA 测序胶的压缩等内容)。
- *通过被修改可得到双链 DNA 的两条单链的序列*　(Ruano and Kidd 1991)。
- *可以用来快速鉴定点突变*　(Carothers et al. 1989；Hattori et al. 1992)。

本方法成功的关键是模板 DNA 的纯度。琼脂糖、盐和蛋白质的污染都会导致 DNA 聚合酶的提前终止或暂停，而 DNA 和 RNA 降解所产生的寡核苷酸将造成引物错配。这些污染会严重导致假阳性条带或空白出现。由于污染最主要的来源是模板 DNA，所以可以用 Sepharose CL-6B 或 Sephacryl S-400 层析柱纯化 DNAs 可防止以上问题的发生。从单个 M13 或者 λ 噬菌体的噬菌斑制备模板时，要确认使用的琼脂或者琼脂糖中不含有 DNA 聚合酶的抑制物。用 PCR 方法制备模板时，必须除去残留的引物：可采用层析柱，琼脂糖或中性聚丙烯酰胺凝胶电泳，也可用 Centricon-100 或者 Microcon－100 装置进行超速离心（Krowczynska and Henderson 1992；Leonard et al. 1998；请参考第 8 章方案 3)。在测序循环中如果用 5′ ^{32}P 标记的引物替换 α-^{32}P 或 α-^{35}S 的标记物，则并不一定需要除尽残留引物。

本方案由 N. Sasavage 改进 Lee（1991）的方法而获得（未发表)。该方法使用 5′ ^{32}P标记的引物，并很容易被应用到各种不同的 DNA 模板，包括纯化的 DNAs、PCR 扩增产物（Carothers et al. 1989；Murray 1989)、大肠杆菌中的质粒（Krishnan et al. 1991)、基因组 DNA（Ruano and Kidd 1991）和噬菌斑中的噬菌体 DNAs（Krishnan et al. 1991)。

本方案结尾还附有一个利用 α-^{32}P、α-^{33}P 或 α-^{35}S 产生内部标记的链终止产物测序方案。

12.53 ## 材料

注意：标记〈!〉符号的材料的正确使用请见附录 12。

溶液和缓冲液

贮存液、缓冲液和试剂的配方请参照附录 1。

将贮存液稀释到适当的浓度。

ddNTP 延伸/终止混合物

ddNTP 溶液：四种 ddNTPs，各 5.0 mmol/L

dNTP 溶液：四种 dNTPs，各 1.0 mmol/L

EDTA（0.05 mol/L，pH 8.0）

甲酰胺上样缓冲液〈!〉

Tris-Cl（1 mol/L，pH 8.0）

酶及其缓冲液

AmpliTaq CS 或其他无外切酶活性的 *Taq* DNA 聚合酶（5 units/μl）。

5×循环测序缓冲液

200 mmol/L Tris-Cl（pH 8.8）

25 mmol/L $MgCl_2$

热稳定的 DNA 聚合酶

选择酶时，请参照本章介绍中及方法 5 中表 12-19 的介绍选择测序系统。该方法依据 AmpliTaq CS 写出，但其他类似的热稳定酶同样可用。

核酸和寡核苷酸

寡核苷酸引物，5′端由 ^{33}P 或 ^{32}P 放射性标记

请见第 10 章，方案 2。

模板 DNA

质粒、黏粒、λ 噬菌体和噬菌体 M13 DNA 以及通过第 1～4 章中任何方法得到的 DNA 都可以用作模板。表 12-12 表明了每种模板的需要量（同时参考表 12-4）。

特殊装置

小离心管（0.5 ml）或者微孔板（柔软，热稳定，96 个 300μl 溶剂 U 型孔）

这些板可被标记以不同彩色和/或标上 C、T、A 和 G 字样。

设计好的热循环程序（见步骤 5）。

方法

1. 将每一种 ddNTP 混合物（参考表 12-11）各 4 μl 放入相应的 0.5 ml 离心管或微孔板

中。置于冰上。

表 12-11 循环测序反应中的 ddNTP 延伸和终止混合物

ddNTP 反应混合物	dNTP(1mmol/L)和 ddNTP(5mmol/L)贮存液(μl)								其他试剂		
	dCTP	dTTP	dATP	dGTP	ddCTP	ddTTP	ddATP	ddGTP	Tris-Cl (1 mol/L, pH 8.0)	EDTA (10 mmol/L, pH 8.0)	H_2O
ddCTP	20	20	20	20	80				10	10	820
ddTTP	20	20	20	20		160			10	10	740
ddATP	20	20	20	20			120		10	10	780
ddGTP	20	20	20	20				40	10	10	860

注：50 μl 分装，－20℃冻存。

ddNTP∶dNTP 的比例对于 C、T、A、G 分别为 20∶1，40∶1，30∶1 和 10∶1。这个比例是为 AmpliTaq CS 聚合酶所优化的。用其他酶时请重新优化。 12.54

表 12-12 循环测序反应中的模板用量

模板类型	纯化的 DNA 用量（fm）
双链质粒 DNA	20～200
单链 M13 噬菌体 DNA	1～50
双链 λ 噬菌体 DNA	20～200
双链黏粒	50～200

注：循环测序法对延伸/终止反应物中模板量的要求很小，从 1 fm 到几百 fm 的双链 DNA 载体均可很好的工作（Kretz et al. 1994）。但是，模板量无须超过 50 fm，因为循环测序反应物中仅有 1pm 放射标记寡核苷酸。

纯化后的模板能够获得最佳结果。但是，从 M13 噬菌体、λ 噬菌体的噬菌斑以及细菌克隆中粗制的 DNA 也能进行测序反应，只是其效率相对较低（Krishnan et al. 1991；Kretz et al. 1994）。我们的实验证明新长出的噬菌斑或者克隆效果最好。由于不可知的原因，4℃过夜贮存的噬菌斑或克隆效果严重下降。解决的方法是将它们重新铺在琼脂板上（见第 1、2 章），用新的噬菌斑或克隆测序。

2. 在每管/孔中加入：

双链 DNA 模板	10～100fm
1.5pmoles 5′端由 ^{32}P 放射性标记的引物	1.0 μl
5×循环测序缓冲液	2.0 μl
加水	至 5.0 μl

＊如果使用 ^{33}P 末端标记的引物：使用 5 pm 标准制备的由 ^{33}P 放射性标记的寡核苷酸 1.5 μl（参见附录方法：使用 PCR 和［α-^{32}P］dNTP 内部标记进行的循环测序反应）。为保证测序混合物的化学计量，可在不增加反应体积的情况下将 DNA 量增加 3 倍（30～300 fm）。

3. 在 1×循环测序缓冲液中将 AmpliTaq CS 聚合酶溶解至 0.5～1.0 u/μl。将 1 μl 溶解好的酶溶液加入孔或管中。
4. 轻弹管壁或摇动微孔板使物质混合。如果需要，在反应上加一滴矿物油，盖上管盖，2000 r/m 离心 2 s。

   确认矿物油未被紫外线照射过，否则会产生 PCR 的强抑制剂。

5. 将管或微孔板放入 PCR 仪，预热到 95℃。依据以下程序操作。 12.55

   重要：开始程序时切勿拖延。保证在 95℃预热时间不超过 3 min。否则 DNA 聚合酶会失活。

循环数	变性	复性	延伸
预热	95℃ 60 s		
20～25 循环	95℃ 30 s	55℃ 30 s	72℃ 60 s
10 循环	95℃ 30 s	72℃ 60 s	72℃ 60 s

注：以上条件适用于 0.5 ml 薄壁管，PCR 仪为 Perkin-Elmer 9600 或 9700，Master Cycler（Eppendorf），PTC100（MJ Research），Dri-Block MW-1 和 PTC-（Techne）。用其他装置时请适当调整上述条件。

6. 取出板或管，分别加入 5 μl 甲酰胺加样缓冲液。
7. 反应物可在 -20℃ 保存 5 天或直接用变性聚丙烯酰胺凝胶电泳分析（方案 8，9，10，11 和 12）。变性后（100℃ 2 min），在冰上骤冷，每种反应物用 3 μl 上样。

疑难解答：循环测序胶的背景

常见问题的处理请见表 12-13。在末端标记寡核苷酸引物启动的循环测序反应中，一般并不产生背景带。但是，如果在同一位置出现不止一条带，可以用 7-脱氮-dGTP 代替 dGTP。用 45 μmol/L 的 7-脱氮-dGTP 代替 20 μmol/L 的 dGTP，制备新的延伸/终止混合液。除此以外，其他的成分不用更换。

错误的条带可能是由错配造成的，改进模板和引物的浓度可以减少这种情况。

对一些 DNA 模板而言，在 5× 循环测序缓冲液中加入 0.25%（V/V）的 NP-40 或 0.1% Tween-20 可起到加强信号降低背景作用。

12.56 **表 12-13 疑难解答：双脱氧 DNA 测序中的常见问题**

问题	可能的原因	考察的问题	建议的解决办法
1. 整块显影片空白或近乎空白。	反应中遗漏必不可少的成分（酶、dNTP、引物、放射性前体）。 引物无法与模板配对。 ^{33}P 或 ^{35}S 凝胶干燥后未除去 Saran 包装膜。 曝光匣破损。	是否使用了正确的 dNTP? 标记的 dNTP 的特殊活性是否正确? dNTP 是否在两个半衰期中使用? 实验中是否用到了对照模板? 是否使用了正确的模板? 它的序列是否正确?	如果使用了正确的放射性标记，并且对照模板的泳道也几乎空白，造成错误最可能的原因就是放射性标记混合物、酶和链延伸/终止混合物。用新的反应混合物、酶和阳性对照模板重做实验。 证实曝光匣可用，引物正确，胶正确制备。
2. 胶顶端的条带模糊。	模板不纯。 模板太多。 在延伸/终止混合物中 ddNTP 对 dNTP 的比例过高。	是否使用了正确的对照模板? 链延伸/终止混合物与 DNA 聚合酶是否匹配?	关键是对照模板。如果包含对照模板的条带有相同的情况，可能原因是在延伸/终止混合物中 ddNTP 对 dNTP 的比例不对。检查链延伸/终止混合物与 DNA 聚合酶是否匹配。用新的混合物重做实验。 如果包含对照模板的条带没有相同的情况，测试模板一定是被抑制物污染。进一步纯化模板（蛋白酶 K 消化，苯抽提或异丙醇沉淀）和用水替代 TE 溶解以解决问题。

续表

问题	可能的原因	考察的问题	建议的解决办法	
3. 凝胶底端条带不清晰。	在延伸/终止混合物中 ddNTP 对 dNTP 的比例过低。	在循环测序反应或恒温反应中作为前体的标记的 dNTPs 是否由 *Taq* DNA 聚合酶或者 Klenow 片段催化？ 链延伸/终止混合物与 DNA 聚合酶是否匹配？	用新的延伸/终止混合物中重做实验。 最好是改变末端标记方法。否则，用两倍量的标记的 dNTP 重复实验，并延长曝光时间。	
4. 其中一套测序反应出现四条空白泳道。	无模板 DNA 或降解。 模板中的引物结合位点缺失。 存在高浓度的抑制物（如 EDTA）。	是否在琼脂糖胶上确认了模板的浓度和完整性？	进一步纯化模板（蛋白酶 K 消化，苯抽提或异丙醇沉淀）。用水替代 TE 溶解。 重新合成另一条引物。	
5. 4 个测序反应中的 3 个工作正常（包括对照），另一个几乎空白。	其中一种延伸/终止混合物失效。	冻存的延伸/终止混合液是否没有在水浴中适当的溶解？或者溶解后被放在室温下？	配置新的延伸/终止混合物，用对照模板比较其效果。 如果 A 的泳道有问题（包括对照），dATP 贮存液可能失效。如果是模板的问题，则模板富含 A 基团。	12.57
6. 不同模板间放射性标记的掺入程度参差不齐。	模板浓度参差不齐。 模板部分降解或者存在测序反应的抑制物（如 EDTA）。		用琼脂糖电泳检查模板浓度，确认所有反应都包含适当量的模板。如果需要，重新纯化模板，用水替代 TE 溶解。	
7. 所有四个泳道中一律出高背景，使序列难于阅读。	模板被污染。 加热时间过长，如果用 ^{32}P 标记，在贮存时可能发生了放射裂解。 胶板上有聚硅氧烷残余。 DNA 聚合酶失效或者浓度不够。 样品蒸发了。	是否使用了对照模板？ 用琼脂糖电泳检查模板时是否模糊？ 模板加热时间是否过长？	如果对照模板没问题，自制的模板可能被染色体 DNA 污染，进一步纯化也难以奏效。最好从新的噬菌斑或菌斑上重新制备模板。 如果对照模板也有问题，可能模板加热时间过长或贮存时间过长或 DNA 聚合酶失效。用新的 DNA 聚合酶重做。确认在反应混合物上加上矿物油。在 95℃ 加热 5 min，骤冷到 0℃，在 20 min 内上样。 确认胶板干净	
8. 在一组测序反应中出现阴影带或双带。	存在不只一种模板。 引物结合于不只一个位点。		重新纯化一批模板 DNA。 或设计另一个引物。	
9. 在所有测序反应中均出现阴影带。	引物浓度太高。 DNA 聚合酶失效或浓度处于低限。 引物长度不均一或复性温度不合适。 加热时间过长，如果用 ^{32}P 标记，在贮存时可能发生了放射裂解。 使用了有 5′→3′ 外切酶活性的 DNA 聚合酶。	是否在正确的温度复性？	对引物进行滴定并换用新的 DNA 聚合酶。如果不行，用聚丙烯酰胺凝胶电泳纯化引物。 如果采用循环测序，将循环数减少到约 30。 用无 5′→3′ 外切酶活性的 DNA 聚合酶重做。 参考问题 7。	12.58

续表

问题	可能的原因	考察的问题	建议的解决办法
10. 在所有测序反应的所有四个泳道同时出现条带。或者在所有测序反应均出现同种空白泳道。	模板中有同聚段，尤其是同聚 G。或者有稳定二级结构。	是否用 PCR 方法得到的模板？如果是，可能有引物二聚体或者假阳性的 PCR 产物被标记。	对互补链测序。 试用一批新酶。 在高温下使用延伸/终止混合物。 在 ddNTP 混合物中用 7-脱氮-dGTP 代替 dGTP。 在测序缓冲液中用 $MnCl_2$ 代替 $MgCl_2$（参见 DNA 测序胶的压缩化）。 提高电泳温度到 60℃。或换用含 40% 甲酰胺的聚丙烯酰胺凝胶。
11. 条带模糊。	聚丙烯酸胺凝胶或缓冲液有缺陷。 样品盐浓度过高。 胶的加样区中有尿素。 电泳或干燥时胶的浓度过高。 胶和相纸接触不好。 催化胶聚合的过硫酸铵不新鲜。	对照模板有否类似问题？	如果对照模板条带无问题，测试模板可能含有太多的盐，则重新制备。 如果对照模板有问题，重新配置胶混合液和缓冲液，重新配置过硫酸铵。测序胶应该在 15 min 内聚合。确认制胶时胶混合物在室温，否则，尿素会沉积。彻底洗干净加样槽。 确认电泳温度在 60℃，胶干燥的温度也正确。 确认胶和相片结合紧密，对单面相片，确认感光面与胶片相对。
12.59 12. 距 3′引物末端约 75 个碱基之后条带变模糊（包括模板）。	放射性标记的 dNTP 失效。		用新鲜标记物重做。
13. 波浪型条带	加样前未彻底冲洗加样孔。		重新灌制凝胶，彻底冲洗加样孔。
14. 在放射自显影片上出现黑点。	凝胶混合液中的 TBE 或尿素发生沉淀。		采用重新纯化的成分重配凝胶混合液。 确保灌制凝胶时凝胶混合液处于室温，否则尿素将会发生沉淀。
15. 加样孔中仍留有放射性物质。	样品变性不当。		将样品转移至微量离心管，在 95℃ 加热 5 min，骤冷到 0℃，在 20 min 内上样。
16. 胶的顶端条带扭曲。	样品中有过量的甘油。		使用无甘油影响的胶或减少甘油量。见 DNA 测序反应中的甘油。
17. 胶里有气泡	胶板不干净，或胶铺的太快		用干净的胶板重新配胶。
18. 加样后不同道中的样品混在一起。	胶的顶部夹得太紧或者梳子插得太浅		重配胶，注意夹子的力度和梳子的深度。

12.60

附加方案：使用 PCR 和［α-^{32}P］dNTP 内部标记进行的循环测序反应

大多数使用 5′端由^{32}P 放射性标记的引物的循环测序反应，可以产生链末端标记的产物，并在测序胶上放射自显影。另外，也可以使用［α-^{32}P］dNTP。可是，我们在实验这个方法时，得到较模糊的条带和较高的背景，所以不建议使用这个方法。以下的方法综合了一些独立研究者的建议和热稳定 DNA 聚合酶生产者的建议。这个方法为 AmpliTaq CS 聚合酶做了优化，但其他类似的热稳定聚合酶也有效（请见本章序言中对测序系统选择的介绍和表 12-9）。

注意：在处理标有〈!〉的物质是请参照附录 12。

附加原料

［α-^{32}P］dATP（3000 Ci/mmole，10 mCi/ml）〈!〉

或

［α-^{35}S］dATP（1000Ci/mmole，10mCi/ml）〈!〉

或

［α-^{33}P］dATP（2000～4000Ci/mmole，10mCi/ml）〈!〉

循环测序延伸/终止混合物

依据表 12-14 准备。

寡核苷酸引物（非标记的，并以 20 μmol/L 浓度溶于水）

方法

1. 将每一种 ddNTP 混合物（见表 12-14）各 2μl 放入相应的 0.5 ml 不同彩色的离心管或热稳定的微孔板中。置于冰上。
2. 按顺序在每孔中加入 30 μl 以下混合物：

DNA 模板的水溶液	1～100 fm
寡核苷酸引物（10 μmol/L）	1.0 μl
α 标记的 dATP	1.5 μl
5× 循环测序缓冲液	8.0 μl
加水	至 30 μl

　轻弹管壁或摇动微孔板使物质混合。如果需要，稍离心。

3. 将步骤 2 中准备好的混合物 6 μl 加入 1 中准备好的每一管或板中。
4. 在 1× 循环测序缓冲液中将 AmpliTaq CS 聚合酶溶解至终浓度为 0.5～1.0 u/μl。将 1 μl 溶解好的酶溶液加入每一孔或管中。
5. 继续主要方法中的步骤 4～7。

表 12-14　应用放射性标记的 dATP 的循环测序反应中的 ddNTP 延伸和终止混合物

ddNTP 反应混合物	dNTP(1mmol/L)和 ddNTP(5mmol/L)贮存液(μl)								其他试剂		
	dCTP	dTTP	dATP	dGTP	ddCTP	ddTTP	ddATP	ddGTP	Tris-Cl (1 mol/L, pH 8.0)	EDTA (10 mmol/L, pH 8.0)	H_2O
ddCTP	20	20	20	20	80				10	10	820
ddTTP	20	20	20	20		160			10	10	740
ddATP	20	20	20	20			120		10	10	780
ddGTP	20	20	20	20				40	10	10	860

12.61 ## 方案 7 化学测序法

Maxam-Gilbert 法与必须有酶促合成反应才能完成的链终止法的不同之处在于：它进行的是一个 DNA 片段的化学降解过程。末端放射性标记的 DNA 片段在 5 个各自独立的化学反应中被部分切开；每个反应针对不同的碱基（Maxam and Gilbert 1977, 1980）。有关末端标记见本方案最后的补充方法：化学测序中末端标记 DNA 的制备以及图 12-7。切割反应产生 5 组放射标记的分子，它们从共同的放射标记起点延伸到不同的化学切割位点。这 5 组混合物的长度取决于原 DNA 特定碱基的位置。通过聚丙烯酰胺凝胶电泳及放射自显影分析，可以得到测序结果（请参照图 12-7 及页码 12.3）。

12.62

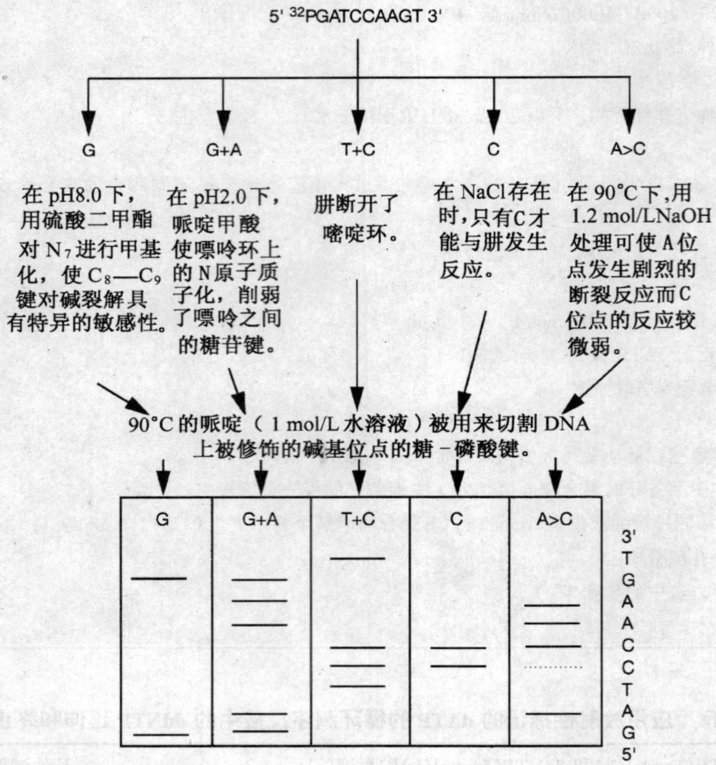

图 12-7 利用 Maxam-Gilbert 化学降解法测序

对示范序列 5′^{32}P GATCCAAGT3′进行了以上 5 种化学切割反应。通过变性聚丙烯酰胺凝胶电泳及放射自显影进行分析，通过寡核苷酸产物“梯子”确定原始 DNA 序列。关于化学反应的细节，见下文及表 12-15。

Maxam-Gilbert 法自建立以来一直没有大的改进。尽管发展了进一步的化学切割反应（Ambrose and Pless 1987；Muro et al. 1993；Pickersky 1996），但大多数研究者仍然依赖 Maxam 和 Gilbert（1977, 1980）最初发展的 5 反应的方法。这些反应包括两个步骤：①特定碱基的化学修饰；②被修饰的碱基与糖基分离，与其连接的 5′到 3′的磷酸二酯键断开（见表 12-15）。

表 12-15 Maxam-Gilbert 方法中的化学修饰

碱基	特异修饰
G	在 pH 8.0 下，用硫酸二甲酯对 N_7 进行甲基化，使 C_8—C_9 键对碱裂解具有特异的敏感性。
A+G	在 pH 2.0 下，哌啶甲酸使嘌呤环上的 N 原子质子化，导致脱嘌呤，削弱了腺嘌呤脱氧核糖核苷酸和鸟嘌呤脱氧核糖核苷酸中的糖苷键。
C+T	肼断开了嘧啶环，后者重新环化成 5 元环后易于除去。
C	在 1.5 mol/L NaCl 存在时，只有 C 才能与肼发生反应，随后被修饰的胞嘧啶被哌啶置换。
A>C	在 90℃ 下，用 1.2 mol/L NaOH 处理可使 A 位点发生剧烈的断裂反应而 C 位点的反应较微弱。

注：易挥发的第二个氨基哌啶被用来切割 DNA 上被修饰的碱基位点的糖-磷酸键。切割的机制参见 Maxam and Gilbert（1980）和 Mattes et al.（1986）。

在每次测序中，都要认真控制反应条件以使在每一个 DNA 上仅有一个碱基被修饰。与核酸碱基相邻的磷酸二酯键由热化的六氢吡啶切割，产生一系列长度从一到几百不等的末端标记分子。利用乙醇沉淀、真空干燥或两者的混合方法去除六氢吡啶。重悬核苷酸末端标记的片段，在含 90％甲酰胺的缓冲体系中 90℃ 变性，在聚丙烯酰胺凝胶上电泳分离。解读测序胶的放射自显影照片得到 DNA 序列。由于一系列原因（如利用 P 作为放射标记，末端标记 DNA 的低特异活性，切割位点的统计分布，凝胶技术的局限等），Maxam-Gilbert 法的测序长度小于 Sanger 法。一次 Maxam-Gilbert 反应一般只能得到从放射标记末端之后的 10～15 个碱基开始的 250 个碱基的序列。

20 世纪 80 年代末，化学测序渐不为大规模 DNA 测序所采用，主要原因在于酶学测序方法取得了两个重要的进展：测序时 DNA 聚合酶末端修饰反应的引入，以及机器
人和荧光测序仪等自动化设备的应用。比较而言，化学测序法仍然需要耗费大量的劳动 12.63
力。然而，化学测序法保持了一个重要的优点：在目标 DNA 上，对于所有可被标记的限制性位点或者可以通过 PCR 方法得到的末端标记片段，都可以开始测序反应。同时，目标 DNA 可以是任意长度并且根据 DNA 界标的不同，可以有很多种不同的标记方法（请见图 12-8 和附录：化学测序末端标记 DNA 的准备）。这种方法得到的序列可以用来得到所需的寡核苷酸以起始酶测序反应。

另外，化学测序的重要性始终表现在：得到寡核苷酸的序列，转录调控信号功能分析（甲基化干涉分析，Carey and Smale 2000），以及这些信号在活细胞中的鉴定（基因组印记，Church and Gilbert 1984）。

材料

注意：标记〈!〉符号材料的正确使用请见附录 12。

溶液和缓冲液

贮存液、缓冲液和试剂的配方请参照附录 1。

醋酸（1 mol/L）：用冰醋酸（17.4 mol/L）现配〈!〉

无水乙醇：－20℃

硫酸二甲酯（DMS）：浓度 99%（Aldrich；金色标签 99%）〈!〉

DMS（10% V/V）溶于乙醇中〈!〉

DMS 缓冲液

50 mmol/L 二甲基胂酸钠（pH 7.0）〈!〉

1 mmol/L EDTA（pH 8.0）

警告：称量二甲基胂酸钠时使用手套和面具，使用 DMS 缓冲液时使用手套。

DMS 终止液

1.5 mol/L 乙酸钠（pH 7.0）

1 mol/L β-巯基乙醇〈!〉

250 μg/ml 酵母 tRNA

EDTA（0.5 mol/L，pH 8.0）

甲酰胺〈!〉

甲酰胺上样缓冲液〈!〉

肼（95%）

肼（Eastman Kodak），分装成小份，置于紧密封口的微量离心管中，保存于－20℃。

肼终止液

0.3 mol/L 乙酸钠（pH 7.0）

0.1 mmol/L EDTA（pH 8.0）

100 μg/ml 酵母 tRNA

NaCl（5 mol/L）

NaOH-EDTA 溶液：1.2 mol/L NaOH 含 1 mmol/L EDTA〈!〉

1 mol/L 哌啶水溶液〈!〉

应新鲜配制，在刻度玻璃管中用 1 倍体积哌啶（10 mol/L；Fisher）混合 9 倍体积水。

12.64 1 mol/L 哌啶甲酸

用 10 mol/L 哌啶将 4% 甲酸水溶液调至 pH 2.0 即可。

3 mol/L 乙酸钠（pH 5.2）

胶

聚丙烯酰胺测序凝胶〈!〉

Maxam-Gilbert 测序反应产物通常在 6% 或者 8% 的变性聚丙烯酰胺凝胶上分析（请参考方案 8）。

核酸和寡核苷酸

鲑鱼精 DNA（1 mg/ml）水溶液

修剪的鲑鱼精 DNA 通常被用来作为化学测序的载体。事实上，几乎所有 DNA 都可以。而修剪的鲑鱼精 DNA 可以作为商品买到，同时也可以在实验室中得到（见第 6 章，方案 10）

放射标记的目标 DNA〈!〉

标记的片段必须包括最少 5×10^5 Ci/min 的 ^{32}P，溶于水中可至 5000 Ci/min/μl（细节请见补充方法：制备化学测序中的末端标记 DNA）。DNA 溶液必须无盐。如果放射性标记的 DNA 有限，有时可以只进行

5 反应流程中的 4 个（C、C+T、A+G、G）就得到序列结果。

酵母 tRNA（1 mg/ml 水溶液）

特殊装置

干冰-乙醇浴〈!〉

切仑科夫（Cerenkov）记数器（见附录 8）

冰水浴

小离心管

切割反应通常在标准 1.5 ml 小离心管中进行。当同时进行不同实验时，可用不同颜色的管以区分。有些研究者使用硅处理过的管。其实这一措施并不必要，只需在每步沉淀后都将 DNA 彻底溶解即可。例如，可用 Tip 头吸取缓冲液彻底冲洗管壁，或延长涡旋振荡的时间。

旋转真空干燥器

如 Savant SpeedVac。

有紧固盖的循环水浴装置

例如 Research Products International 产品。

选用，见第 4 步。

凝胶测序装置及电源

参见方案 11。

可调 37℃ 和 90℃ 的水浴装置

方法

1. 准备好放射性标记的 DNA，依表 12-16 的流程图操作。

通常只进行流程中的 4 个反应（C、C+T、A+G、G）就可得到序列结果。

2. 在以上 4 或 5 个包含修饰碱基的冻干的 DNA 样品中加入 100 μl 1 mol/L 哌啶，用涡旋振荡器重悬。

哌啶用来切断 DNA 链上化学修饰位点的糖-磷酸键。

3. 盖严管口，用涡旋振荡器混匀。如果需要，稍离心（2000 r/min）使混合物聚集于管底。 12.66
4. 90℃ 孵育 30 min。为防止管盖弹开，可以在管上压上重物，或用塑料胶带封住管口，或在有紧固盖的循环水浴装置中反应。
5. 等管冷却到室温，打开盖子，用石蜡膜（Parafilm）封上打开的管子，用 21 号针头在石蜡膜上刺几个孔。在旋转真空干燥机上将其抽干。

为避免最后的测序胶上条带模糊不清，必须彻底去除碱基特异切割反应中的哌啶。最好在冻干的情况下使用旋转真空干燥机。依抽干机效率而言，此步常需要 1～4 小时。一些研究者倾向于在抽干前用干冰-乙醇浴冷冻样品。

6. 取出小管。去除石蜡膜并加入 20 μl 水。盖上管盖，涡旋振荡 30 s 溶解 DNA。稍离心使溶液聚集在管底。使用手持微型计数器计数以确认管壁上的标记 DNA 已经完全被溶解在了水溶液中。
7. 重复一次，在旋转真空干燥机上将其抽干，这一步依抽干机效率常需要 15～30 min（参照第 5 步）。

12.65 **表 12-16　传统 Maxam-Gilbert 测序法流程**

G	A+G	C+T	C	A>C
混合： 190 μl DMS 缓冲液	混合： 10 μl 水	混合： 10 μl 水	混合： 15 μl 5 mol/L NaCl	混合：100 μl 1.2 mol/L NaOH 1 mmol/LEDTA
4 μl 经超声处理的 DNA	4 μl 经超声处理的 DNA	4 μl 经超声处理的 DNA	4 μl 经超声处理的 DNA	4 μl 经超声处理的 DNA
5 μl ^{32}P 标记 DNA	10 μl ^{32}P 标记 DNA	10 μl ^{32}P 标记 DNA	5 μl ^{32}P 标记 DNA	5 μl ^{32}P 标记 DNA 盖紧管盖并缠上胶带。
骤冷至 0℃。	骤冷至 0℃。	骤冷至 0℃。	骤冷至 0℃。	
加 5 μl 10% DMS 并混匀。	加 4 μl 哌啶甲酸 (pH 2.0) 并混匀。	加 30 μl 肼并小心混匀。	加 30 μl 肼并小心混匀。	
于 20℃ 孵育 5 min。	于 37℃ 孵育 15 min。	于 20℃ 孵育 7 min。	于 20℃ 孵育 5 min。	于 90℃ 孵育 7 min, 骤冷至 0℃。
加 50 μl DMS 终止液（0℃）并混匀。	加 240 μl 肼终止液（0℃）并混匀。	加 200 μl 肼终止液（0℃）并混匀。	加 200 μl 肼终止液（0℃）并混匀。	加 150 μl 1 mol/L 乙酸钠、5μl tRNA（1 mg/ml）并混匀。
加 750 μl 乙醇（−20℃）并混匀。	加 750μl 乙醇（−20℃）并混匀。	加 750μl 乙醇（−20℃）并混匀。	加 750 μl 乙醇（−20℃）并混匀。	加 750 μl 乙醇（−20℃）并混匀。
于 −70℃ 放置 5 min。	于 −70℃ 放置 5 min。	于 −70℃ 放置 5 min。	于 −70℃ 放置 5 min。	于 −70℃ 放置 5 min。
于 4℃ 以 12 000*g* 离心 5 min。	于 4℃ 以 12 000*g* 离心 5 min。	于 4℃ 以 12 000*g* 离心 5 min。	于 4℃ 以 12 000*g* 离心 5 min。	于 4℃ 以 12 000*g* 离心 5 min。
小心吸出上清，废弃于适当废液瓶中。	吸出上清。	小心吸出上清，废弃于适当废液瓶中。	小心吸出上清，废弃于适当废液瓶中。	吸出上清。

↓ ↓ ↓ ↓ ↓

加 300 μl 预冷至 0℃ 的 0.3 mol/L 乙酸钠（pH5.2）振荡混匀。
加 900 μl 预冷至 −20℃ 的乙醇并混匀。
于 −70℃ 放置 5 min。
于 4℃ 以 12 000*g* 离心 5 min。
小心除去上清。
加 1 ml 预冷至 −20℃ 的乙醇并混匀。
于 4℃ 以 12 000*g* 离心 2 min。
小心除去上清。
冻干 DNA 沉淀。
加 100 μl 1 mol/L 哌啶，盖紧管盖并混匀。
于 90℃ 孵育 30 min。
冻干。
加 20 μl 水，振荡 30 s。
于室温离心 10 s。
冻干。
加 20 μl 水，振荡 30 s。
于室温离心 10 s。
冻干。
加 10 μl 测序凝胶加样缓冲液，振荡 20 s。
于室温离心 10 s。
盖紧管盖，于 90℃ 加热 1 min。
将 3 μl 样品分别加样到测序凝胶的一个泳道上。

8. 重复步骤 6 和 7。

为了确保哌啶被完全除去，一些研究者倾向于再次将 DNA 溶于 10 μl 水并抽干。可是，一般而言，只有在样品呈油状或者需要很长的抽干时间时才需要进行这一步。

9. 用切仑科夫（Cerenkov）记数器估计管中的放射活性，把修饰并切割后的反应物溶于测序胶缓冲液中。在柯达 XAR-5 胶片上的过夜曝光时，在一个碱基之后的切割反应物需要大约25 000 cpm（C 和 G 反应），在两个碱基之后的切割反应物需要大约50 000 cpm（C+T，A+G，A>G）。所以，溶解在测序缓冲液中的 C 和 G 反应物要达到 25 000 cpm/3 μl；而 C+T，A+G 和 A>G 反应物要达到 50 000 cpm/3 μl。涡旋混合物使 DNA 完全溶解，稍离心使混合物聚集于管底。样品可在 −20℃ 保存数小时。

10. 在 90℃ 加热 1min 使 DNA 变性，在冰上骤冷。用变性聚丙烯酰胺凝胶电泳分析结果（参见方案 8，9，10，11 和 12）。

如果遇到困难，最好阅读 Maxam 和 Gilbert（1980）的原文，其中有分析和解决问题的详细说明。表12-17是得到允许后从他们的文献中拷贝下来的。

表 12-17　测序条带出现问题时的诊断和解决方案 12.67

问题	最可能的原因	建议的解决方法
1. 发生下列任一种或所有问题： a. 嘧啶裂解产物带型模糊。 b. C和（或）C+T 样品中电泳染料失色。 c. 遇到嘌呤紧随于嘧啶的序列时，在 C 和（或）C+T 梯子上出现条带。 d. 第一次乙醇沉淀后出现大块水不溶性沉淀。 e. 在 C 梯子中对 T 的抑制不完全。	在嘧啶位置上发生断裂的 DNA 片段，其内部含有一个或多于一个可与肼反应然而却不被哌啶裂解的胸腺嘧啶和（或）胞嘧啶，由于内部的肼反应产物的数目和性质不一，在这些合理的裂解反应产物中每种产物的电荷和（或）质量都不均一，因此就使条带模糊不清。出现这种现象的原因包括哌啶反应不充分或者于 90℃ 进行的断链和热变性步骤中与痕量肼发生副反应。如果乙醇沉淀和（或）冻干时不能除去肼，它将被带到整个流程中去。出现这种问题的常见原因包括肼与镁离子可能还有其他离子形成不溶性复合物并呈现为较大的沉淀，以及冻干过程中真空度不足。 肼被氧化。	如果肼终止波中仍如原先所建议采用乙酸镁，应予删除。如果哌啶反应在微量离心管中进行，至少应保证体积为 100 μl，并密封管盖（要不然可用火焰熔封的毛细管）。哌啶反应结束进行冻干时，应采用较高的真空度并将残余物重溶以保证残留的肼能够除去。 换用另一小份肼或启用一瓶新的肼贮存液。
2. C+T 梯子中 T 较弱。	末端标记的 DNA 进行乙醇沉淀时，残留的盐被带入测序反应当中，并部分地抑制 C+T 样品中肼和胸腺嘧啶的反应。	在纯化的最后一步中，将末端标记的 DNA 溶于 25 μl 水和 1 ml 乙醇，混匀，骤冷，离心并使沉淀物干燥，然后溶于水分别加入测序反应中。
3. 在所有鸟嘌呤位置上，C和/或 C+T 梯子均出现条带，而不仅是如上 1 及如下 4 所述在遇到鸟嘌呤紧随于嘧啶的序列时才出现。	在低 pH 值的条件下（乙酸钠），肼和鸟嘌呤之间发生反应，此后哌啶在嘌呤的位置上打断 DNA。	在乙醇沉淀的步骤中应将样品保持于 4℃ 或 4℃ 以下。采用预冷（0～4℃）的肼终止液、乙酸钠和乙醇。

续表

问题	最可能的原因	建议的解决方法
4. 遇到嘌呤紧随于嘧啶的序列时，在 C 和(或) C+T 梯子上出现条带，但并非如 3 所述在一次测定的所有嘌呤位置上均出现。参见上述 1c。	第二次乙醇沉淀时残留的乙酸钠缓冲了哌啶，以致要求高 pH 值的磷酸根消去反应进行得不够完全。5′标记片段的 3′端因此保持了脱氧核糖基，少 1 个负电荷，故在凝胶上泳动得慢一个位置。	用 95% 乙醇彻底冲洗最后的沉淀物或将之溶解于 25 μl 水，加 1 ml 95% 乙醇，混匀，骤冷，离心并收集重新沉淀的 DNA。
	一些标记 DNA 不溶于哌啶，因此在 90℃不能与之反应。	在含有干燥 DNA 的管中加入哌啶，盖上管盖，用手指弹击管外壁使液体溅起在管内壁上，然后短促离心使之集中于管底。
5. 某些梯子的所有 DNA 条带及两种电泳染料均滞后。	残留的哌啶影响凝胶电泳。	重溶 DNA 沉淀，进行冷冻，并如化学裂解方案中所建议在高真空度下进行冻干。
6. 过去采用的 R2 反应[a]所产生的 A>G 梯子上，条带不够锐利。	甲基化过度，在腺嘌呤位置上裂解的片段带有过多开环的 7-甲基鸟嘌呤，所带电荷不均匀。	采用与 R5 鸟嘌呤裂解反应[a]相同的硫酸二甲酯反应条件（A>G 条带较弱时，常可通过下列措施使之加强：酸释放过程中更频繁地混匀、略为提高酸浓度或在进行 A>G 裂解的样品中补加标记 DNA）。
12.68 7. 所有梯子上均一律出现符合所需碱基特异性的化学裂解，但条带不够锐利，因此不能读出远处的序列。	样品在样品槽中分布不均。	用尖的玻璃毛细管将样品铺成一层，吹出样品时应从一边到另一边缓慢进行。
	电泳过程中出现扩散或受二级结构影响。	于 50℃开始电泳之前即将电源打开。
	放射自显影过程中出现视差或散射。	所用凝胶不应厚于 1.5 mm，最好厚 0.5 mm。放射自显影时用铅块将 X 射线片与凝胶压紧。
8. 在测序凝胶中部的所有 4 个梯子上预期出现的条带突然消失、条带之间没有间隔或混乱无序。	嵌套的末端标记裂解产物太长，并因此形成稳定的发夹结构，在凝胶中泳动不规则（所谓压缩效应）。	确保 DNA 加样于测序凝胶以前已彻底变性，预电泳及电泳时应在玻璃可容忍的前提下尽量提高产热量（>50℃）。
9. 测序凝胶中部的两个嘧啶梯子同时丢失一个条带。	存在 5′-甲基胞嘧啶，它同肼的反应较慢（相对未修饰的胞嘧啶而言）以至 DNA 在这一位置上不能裂解。	在互补链序列的相应位置上寻找鸟嘌呤。
10. 在整套反应的所有梯子上均出现额外条带。	末端标记片段受到污染。	尽力提高片段分离或链分离凝胶上的 DNA 分辨率，或采用一种不同的限制酶进行二次切割。
	污染的核酸酶作用于末端标记之前或之间导致末端不均一。	对限制酶、磷酸酶、激酶或末端转移酶进行纯化。

续表

问题	最可能的原因	建议的解决方法
	在体内自发的或在体外用 DNA 酶 Ⅰ 或 S1 核酸酶处理时产生的不可避免的末端不均一。	在标记不均一末端后，用可产生小于 100 bp 末端片段的限制酶切割，变性，然后 1.5 mm 8% 测序凝胶上进行分级分离、相差 1 个或多于 1 个核苷酸的链可被分开，经抽提后用于序列分析。
11. 在一套测序反应的某一位置上四个梯子均同时出现一个额外条带。	在一些双链 DNA 分子上出现了切口，切口是由一种限制酶在一个与该酶真正识别位点十分相似的序列上产生的，或者是由一种污染的序列特异性酶所产生的。经末端标记后，从非变性凝胶分离的双键片段保留了隐藏的断口，后者在变性测序凝胶上得以显现。将未反应的末端标记 DNA 与测序样品一道进行平行电泳，即可加以确证。独一无二的内源性切口及碱易感性的核苷酸是不大可能的原因，但在极少的例子中也会出现，可通过类似的试验加以检查。	设法推出两条链上断口处周围的序列，并与用来产生该 DNA 片段的所有限制酶的识别序列相比较。比较时，切记测序凝胶的条带是由缺少酶所识别的核苷酸的片段产生的，而酶切割产物则保留了所有这些核苷酸。如 3/4、5/4 或 5/6 的碱基均同源，可暂且假定在此有所变动的位点上产生了切口。在以后的消化中，应避免该限制酶过量，最好是使用刚够切开每一合理位点的纯酶。如问题依然如故，则根本避免采用该酶，换用另一切割途径或进行链分离。
12. 碱基特异性一般并不相同的裂解反应产生的两个梯子中同时出现一个或多个条带；但整套反应的所有其他位置均能保持裂解的碱基特异性。	该位置上的 DNA 序列不均一。	了解另一条链上互补序列的情况加以确证。 12.69
	压缩。	见上述 8。
13. 最远端 5′ 核苷酸（用多核苷酸激酶和 [γ-^{32}P] ATP 进行标记）经化学裂解后产生的相应条带难于辨认。	[^{32}P] 正磷酸是 ^{32}P 标记的 5′端核苷酸碱基特异性化学裂解的产物，这一产物迁移得很快，通常跑出凝胶以外，根本看不见。但有时在第一和第三条带之间出现一种扩散的肼解产物假象，使问题进一步复杂化。	在甲酰胺-缓冲液-染料溶液中加入一些 [^{32}P] 磷酸，在 20% 测序凝胶的 4 种碱基特异性反应产物的邻位上作为标准参照物。预电泳，加入 5 种样品，电泳至溴酚蓝参照物已超过凝胶全程的 1/3，然后进行放射自显影。在与第 5 泳道的磷酸同时进行电泳的 4 个普通泳道之中，如果有一个或两个泳道出现一个条带，则可表明 5′核苷酸上发生了哪种或哪些碱基特异性的裂解反应。
14. 最远端 3′核苷酸（^{32}P 标记并用末端转移酶或 DNA 聚合酶进行掺入）经化学裂解后产生的相应条带难于辨认。	加入不止一种 ^{32}P 标记核苷酸 对 DNA 进行 3′端标记时，对最远端附加的 3′核糖核苷酸的化学攻击可释放出 [^{32}P] 磷酸，后者通常跑出凝胶以外，根本看不见。此外，应注意四种推荐的反应（G、A＋G、T＋C、C）都不能裂解腺嘌呤核糖核苷酸，因为核糖核苷酸不容易脱嘌呤，在这些反应中，其余 3 种核糖核苷酸则像脱氧核糖核苷酸一样裂解。	在甲酰胺-缓冲液-染料溶液中加入一些 [^{32}P] 磷酸，在 20% 测序凝胶的四种碱基特异性反应产物的邻位上进行电泳，如以上 13 所述。这一标准参照物可指出最远端 3′碱基的裂解反应产物。

续表

问题	最可能的原因	建议的解决方法
	用 DNA 聚合酶对 DNA 进行 3′末端标记时，对倒数第二位脱氧核苷酸的化学攻击可释放出完整无缺的 ^{32}P 标记的最远端 3′核苷酸。	用 DNA 酶和蛇毒磷酸二酯酶消化一些末端标记的 DNA，冻干，溶于甲酰胺－缓冲液－染料溶液中，在 20% 测序凝胶的四种碱基特异性反应产物的邻位上进行电泳，如 13 所述。该标准参照物可指出倒数第二位 3′碱基的裂解反应产物。
15. 在所有序列梯的顶部未裂解 DNA 的位置上出现不只一条强带。	一条是单链 DNA 而另一条是双链 DNA。	延长硫酸二甲酯或肼反应的时间，加样于凝胶前进行更剧烈的变性，或双管齐下。
	限制酶切割不完全或切点发生变动。	见 11。
	末端标记片段发生污染。	见 10。
	片段长度不均一。	见 10。

注：得到允许，复制自 Maxam and Gilbert（1980）。
关于 R2 和 R5 反应，请参见 Maxam and Gilbert（1980）。

12.70

替代方案：快速 Maxam-Gilbert 测序法

过去一些年里，在 Maxam-Gilbert 法通常使用的 5 种化学切割反应之外，发展出了一些其他碱基特异的切割反应（Rubin and Schmid 1980；Ambrose and Pless 1987；McCarthy 1989；Jelen et al. 1991；Iverson and Dervan 1993；Muro et al. 1993）。这些反应简单快速，结果却不如传统方法明确。这些方法常被用在测定可疑区域的序列，证实已知序列和产生 DNA 梯子用作 Dnase Ⅰ足迹的分子标准（见 17 章）。表 12-18 中给出了一个快速 Maxam-Gilbert 测序法的流程。

附加原料

注意：处理标有〈!〉的物质时请参见附录 12。

丙烯醇（2-propen-1-ol；Fisher）

n-丁醇（HPLC 级或以上）〈!〉

8.8% 甲酸〈!〉

将 1 倍体积的浓缩甲酸（88%）与 9 倍体积的水混合。

30% NaOH（m/V）〈!〉

将 30 g NaOH 溶于 50 ml 水；固体完全溶解，溶液温度降低后，用水调至 100 ml。

警告：NaOH 溶解时会放出大量热量，所以必须缓慢加入固体防止暴沸。

高锰酸钾水溶液 2 mg/ml〈!〉

在室温暗处制备。贮存液可在暗处保存 1 周。工作液在使用的当天用贮存液依 1:100 的比例现配。

方法

1. 参照本方法后的补充方法（化学测序中末端标记 DNA 的准备）制备 ^{32}P 末端标记 DNA。
2. 依表格 12-18 中的流程处理 DNA。
3. 完成流程末尾乙醇沉淀步骤后，在 100 μl 1mol/L 哌啶中重悬 DNA 并继续主要方法中的步骤 2～10。

表 12-18　快速 Maxam-Gilbert 测序法流程图（可选方法） 12.71

A+G	A>C	C+T（C>T）	T
混合：	混合：	混合：	混合：
4 μl 经超声处理的 DNA	4 μl 经超声处理的 DNA	4 μl 经超声处理的 DNA	4μl 经超声处理的 DNA
10 μl ^{32}P 标记 DNA	5 μl ^{32}P 标记 DNA	10 μl ^{32}P 标记 DNA	5 μl ^{32}P 标记 DNA
加 3μl 8.8%甲酸。	加 1 μl 30%NaOH。	加 15 μl 肼。	
于37℃孵育 7 min。 骤冷至 0℃	于 90℃孵育 6 min。 骤冷至 0℃。	于 20℃孵育 4 min。 骤冷至 0℃	于 90℃孵育 2 min。 骤冷至 0℃。
加 150 μl 1 mol/L 哌啶（处于 0℃）。	加 150 μl 1 mol/L 哌啶（处于 0℃）	加入 1 ml n-丁醇，振荡 30s	加入 20 μl $KMnO_4$（浓度 20 μg/ml）。
置冰浴中直至所有孵育反应均可进行。	置冰浴中直至所有孵育反应均可进行。	于 4℃ 以 12 000*g* 离心 2 min。 除去所有上清液。	于 20℃孵育 8 min。
		加 150 μl 水，加 1.2 ml n-丁醇，振荡 30 s。 于 4℃ 以 12 000*g* 离心 2 min。 除去所有上清液。 冷冻干燥。	加 10 μl 烯丙醇振荡 30 s。 冷冻干燥。
		加 150 μl 1 mol/L 哌啶。 置冰浴中直至所有孵育反应均可进行。	加入 150 μl 1 mol/L 哌啶。 置冰浴中直至所有孵育反应均可进行。
于 90℃孵育 30 min。	于 90℃孵育 30 min。	于 90℃孵育 30min。	于 90℃孵育 30 min。
加 1.2 ml n-丁醇振荡，30 s。	加 150 μl 乙醇（70%）。 加 1.2 ml n-丁醇，振荡 30 s。	加 1.2 ml n-丁醇，振荡 30 s。	加 1.2 ml n-丁醇，振荡 30 s。

↓

于 4℃以 12 000*g* 离心 2 min。

彻底除去上清。

加 150 μl 1%SDS、1～2 ml n-丁醇，振荡 30 s。

于室温以 12 000*g* 离心 2 min。

彻底除去上清。

冻干 20 min。

加 10 μl 测序凝胶加样缓冲液并振荡 20 s。

于室温以 12 000*g* 离心 10 s。

盖紧管盖，于 90℃ 加热 1 min。

逐一从每份样品中取 3 μl 加样于测序凝胶的泳道上。

12.72

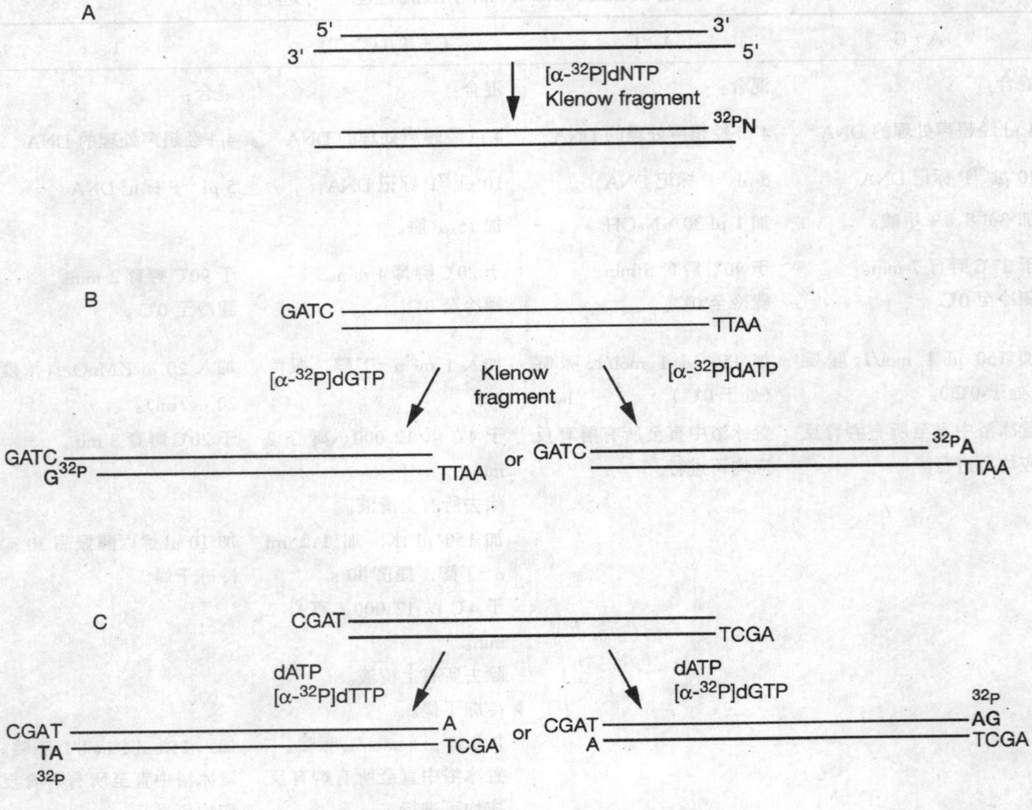

图 12-8　制备不对称末端标记 DNA 示例

(A) 用两个限制性酶切割目的片段，得到只有一个 3′末端凹陷的片段。用适当的［α-^{32}P］标记的 dNTP 和 Klenow 片段放射性标记凹陷端。(B) 用两个限制性酶切割目的片段，得到有两个 3′末端凹陷的片段。用适当的［α-^{32}P］标记的 dNTP 和 Klenow 片段分别放射性标记凹陷端。(C) 方　法 B 通过改进，在标记不对称目的片段的 3′ 凹陷末端时，可以得到不同但是相似的序列。

12.73

附加方案：制备化学测序中的末端标记 DNA

双链 DNA 末端可以按照如下方法标记：

- 将［γ-^{32}P］或者［γ-^{33}P］标记的 dATP 上的 γ-P 转移到双链 DNA 5′末端的 – OH 基团上。这个体外反应由噬菌体 T4 多核苷酸激酶催化（见第 9 章方法 14 和 15）（注意［γ-^{35}S］ATP 不是该多核苷酸激酶的合适底物，所以不能被有效地转到 5′末端的 – OH 基团上）。
- 用牛胸腺末端转移酶，将可造成链终止的碱基类似物［α-^{32}P］3′ – 脱氧胸腺三磷酸转移到双链 DNA 3′末端的自由—OH 基团上（见第 9 章方案 12；Tu and Cohen 1980）。
- 用［α-^{32}P］dNTPs 和大肠杆菌 DNA 聚合酶 Ⅰ Klenow 补平 3′凹端（第 9 章，方案 10）。这一方法能否产生一端标记的 DNA，首先取决于其两端是否均为凹端。如果均确为凹端，还取决于突出尾端的序列。通常可以设定反应条件使放射性标记 dNTP 仅掺入 DNA 的一个末端，这时就不必用限制酶切割放射性标记 DNA 或在化学修饰及水解之前纯化片段。图 12-8 是这种反应的三个示例。

- 用一个放射性标记引物和一个非标记引物进行 PCR 反应（Hooft van Huijsduijnen 1992；Konat et al. 1994）（第 8 章）。因为 PCR 产物的两条链中只有一条是被标记的，在化学测序之前无须用限制性酶切 DNA 并用电泳方法纯化片段。

因为前两种方法通常都产生两个末端都标记的 DNA，所以需要附加步骤以得到不对称标记分子。大多数情况下，用一种或几种限制性酶切割标记的 DNA，再用非变性的琼脂糖电泳或聚丙烯酰胺凝胶电泳纯化片段。消化步骤的惟一缺点是：需要对被切割的模板 DNA 有一个初步的认识来选择特定的限制酶。

由于以下原因，现在选择 PCR 方法标记 DNA 来进行 Maxam-Gilbert 测序反应。

- 小量制备的质粒 DNA 即可用来标记。
- 目的 DNA 可以从两端测序。
- 因为 PCR 标记简单快速，可以同时准备几种不同的模板并同时进行测序。
- 测序前无须考察目的 DNA 上的限制性酶切位点。

无论使用什么标记方法，标记的片段必须包括最少 5×10^5 cpm 的 ^{32}P［用切仑科夫（Cerenkov）记数法］（请见附录 8），以便获得曝光 24～48 小时之后可读的放射自显影片。为达到这一标记水平，一般需要标记至少 0.3 pmol 的靶 DNA（例如 1μg 的 5kb 片段），并采用高比活度的［^{32}P］dNTP（＞3000 Ci/mmol）。^{33}P 和 ^{35}S 一般不用于标记，主要由于其衰变能量太低，要求过长的曝光时间。

无论放射标记的 DNA 回收自电泳胶还是来自酶反应，必须在 0.3 mol/L 醋酸钠（pH 5.2）存在下利用酚：氯仿抽提和乙醇沉淀。再用 70％冰冷的乙醇清洗 DNA 沉淀和小管若干次。将接近干燥的 DNA 沉淀溶于水中至 5 000 cpm/μl。如果放射性标记的 DNA 有限，有时可以只进行 5 个反应流程中的 4 个（C、C＋T、A＋G、G）就得到序列结果。

重要：务必将放射性标记 DNA 溶于水而不是溶于 TE 或其他盐缓冲液。盐会干扰肼和胸腺嘧啶之间的反应，从而导致 T＋C 反应中条带发虚，而且 Tris 之类的缓冲液可抑制 A 和 G 的脱嘌呤反应。

方案 8 变性聚丙烯酰胺凝胶的制备 12.74

测序中，4 个系列的 DNA 片段在变性的条件下在一个薄的聚丙烯酰胺凝胶上进行电泳分析。本方案介绍了制备均一缓冲液和丙烯酰胺浓度胶的方法。胶中加入了尿素作为变性剂，以确保 DNA 片段保持单链状态并以线性分子的形式泳动。聚丙烯酰胺凝胶铺制在两块玻璃板之间，两块玻璃板用特氟隆（Teflon）或尼龙隔片隔开。用一种被称为“鲨鱼齿”的梳子或者一种标准的狭缝梳做出加样槽。

从今天的标准来看，过去使用的聚丙烯酰胺凝胶厚度都过大了，需要相当长的放射自显影的时间；并且由于折射和散射，得到的条带十分模糊。为减少这样的问题，Fred Sanger 和 Alan Coulson（1978）发展了一种铺制极薄胶的装置，可以铺出 0.2～0.5 mm 的胶。这种薄胶已经被广泛用于 DNA 测序反应产物的电泳分析。

以下是原始 Fred Sanger 和 Alan Coulson 方法的第三代改进方法（Fred Sanger of the MRC, Cambridge, UK; Michael Smith of the University of British Columbia; and David W. Russell of the University of Texas Southwestern Medical Center, Dallas）。

材料

注意：标记〈!〉符号材料的正确使用请见附录 12。

缓冲液和溶液

参照附录1配制贮存液、缓冲液、试剂。稀释贮存液到适当的浓度。

丙烯酰胺溶液（45% m/V）〈!〉

丙烯酰胺（DNA测序级）	434 g
N，N'-亚甲双丙烯酰胺	16 g
加水	至600 ml

加热至37℃以促进溶解。用蒸馏水调至1升，用硝酸纤维素膜过滤（孔径0.45 μm），室温贮存于棕色瓶中。

另外一种较为昂贵的方法是购买预先混合好的丙烯酰胺:双丙烯酰胺粉末，再用水溶解。

12.75 便宜的丙烯酰胺:双丙烯酰胺粉末通常混合有金属离子。由此配置的贮存液需要纯化，方法是，与0.2体积的树脂（MB-1，Mallinckrodt）混合搅拌，再用Whatman 1号纸过滤。

贮存中，丙烯酰胺:双丙烯酰胺会缓慢的变成酸性，这个脱氨基过程由光和碱催化。保持溶液pH值在7.0或者以下，在黑色瓶中保存于室温。应该每几周重配一次。

过硫酸铵水溶液（1.6% m/V）〈!〉

过硫酸铵是聚合的催化剂，TEMED是辅助催化剂（Chrambach and Rodbard 1972）。聚合反应由氧化还原反应产生的自由基推动。陈旧的过硫酸铵没有足够的催化能力，会产生DNA条带模糊或各种形式的凝胶聚合不均的后果。

去离子水

去污剂

乙醇

KOH/甲醇溶液〈!〉

在100ml甲醇中加入5 g KOH配成，用于清洗玻璃板。贮存在密闭的玻璃瓶中。

聚硅氧烷溶液〈!〉

传统的聚硅氧烷溶液中包括二氯二甲基硅，它有毒性、挥发性并且易燃。近年来，出现了一些无毒的替代物，包括Gel Slick（FMC Bioproducts）、RainX（Unelko，Scottsdale Arizona），和Acrylease（Stratagene）。

10×TBE电泳缓冲液

TBE在聚丙烯酰胺凝胶电泳时的浓度是1×（89 mmol/L Tris-硼酸，2mmol/L EDTA），这一浓度是琼脂糖电泳用量的2倍（请见第5章）。用于聚丙烯酰胺凝胶电泳的垂直电泳槽的缓冲液池一般较小，故所通过的电流量通常相当大。要用1×TBE才能够保证适当的缓冲容量。缓冲液的pH值应接近8.3。一般无须调pH值；可是，对于每次新配的10×TBE电泳缓冲液都要认真检查pH值。

使用同样的10×TBE电泳缓冲液配制胶和工作缓冲液，因为两者之间微小的差异也会导致DNA迁移时严重扭曲。

使用氨基乙磺酸（36 g/L的10×TTE缓冲液）取代标准TBE溶液中的硼酸可以减少由于形成甘油-硼酸阴离子酯类化合物而导致的在胶的顶部的条带扭曲（Pisa-Williamson and Fuller 1992）。若需要更多的信息请参见DNA测序反应中的甘油一节。

TEMED（N，N，N'，N'-四甲基乙二胺）〈!〉

电泳级的TEMED在很多公司有售（Sigma，Bio-Rad），TEMED容易吸潮，必须4℃贮存在密闭的瓶中。它是聚合反应中的连接催化剂。

尿素，固体

特殊装置

弹簧夹：5 cm 长，每块胶 5 到 7 个。

干胶架

虽然不重要，干胶架对于干燥和贮存测序用的玻璃平板是非常方便的（BioWhittaker）。

封胶带 12.76

例如 3M Scotch Stretchable Tape（Lab Safety Supply，Janesville，Wisconsin），3M Scotch yellow electrical tape #56（Life Technologies），3M Scotch polytetrafluorethylene（PFTE）extruded film tape。关于不同种胶带的用法和其他封胶的方法，参见 Hengen（1996）。

胶板（配对的）和隔板

制胶的板一块比另一块略长 3.5～4.0 cm，或者有一块板是缺刻的。为避免胶板裂了或者漏了，最好保持板是配对的并且和测序胶的槽相对应。

手套

无滑石粉、易处理的橡胶或者聚氯乙烯（PVC）。

凡士林

可选择，见步骤 4。

保护性的工作台纸

一面是塑料的（Kaydry Lab Cover from Fisher）或者 Benchkote。

鲨鱼齿梳子

0.4 mm 厚，32，64 或 96 齿，依赖电泳装置的能力。

有臂的烧瓶（250 ml）

隔板（厚度一致或者边缘较窄）

每胶两板，由有弹性的薄塑料板（0.4 mm）或特氟隆（Sanger and Coulson 1978）制成，使玻璃板隔开。在胶板和隔板之间形成不透水的封口，使未凝固的胶溶液不会漏出。

边缘窄的隔板用于制造底部比顶部厚的胶，使底部的条带比较窄并且整块胶的条带比较均匀。虽然它有这样的优点，但是比较难以制备和干燥。

注射器（60 cc）

可选择，见步骤 15。

试管架

55℃水浴

在胶使用时间之前 30 min 以前制胶。聚合后，胶可以保存 24 小时。

方法

重要：为防止皮肤油脂的污染，必须一直带无滑石粉的手套，并且只能拿板的边沿。

准备胶板

1. 必要时，用 KOH/甲醇清洗板上的旧污渍。

2. 然后用温的去污剂溶液洗涤玻璃板和间隔片，用自来水彻底冲洗，再用去离子水洗净。用乙醇冲洗玻璃板去掉水印，并放于一旁晾干。

必须小心翼翼地洗净玻璃板，以确保灌胶时不会产生气泡。

12.77 3. 小块玻璃板的内面用聚硅氧烷溶液处理。在化学通风橱内将玻璃板放在一叠纸巾上，内表面向上，在上面倾倒少量硅烷化液。用几张 Kimwipes 纸在玻璃板表面将硅烷化液涂布均匀，让玻璃板风干（1～2 min）。然后用去离子水洗，再用乙醇洗，风干。

4. 把大块玻璃板（干净面朝上）放在空的试管架上，把隔片放在玻璃板的两边（见图 12-9）。

如果用边沿窄的隔片，把厚的一边放在板的底部。在大板和隔片之间加入小滴凡士林使隔片在下一步时不会移动。

5. 再将较小（或带凹口）的玻璃板在间隔片上放置妥当，对齐隔片。

12.78 6. 用若干个大弹簧夹（长 5cm）将玻璃板的一边夹起来。

在玻璃板另一边及玻璃板底部贴上凝胶密封带，形成不透水密封。必须特别注意玻璃板的底角，因为这是最容易发生渗漏的地方。

7. 将弹簧夹换到已封好的一边，在玻璃板的另一边贴上凝胶密封带。

8. 将梳子放在胶模的敞开端并检查是否贴切适合，取出梳子将空胶模放在实验桌上。

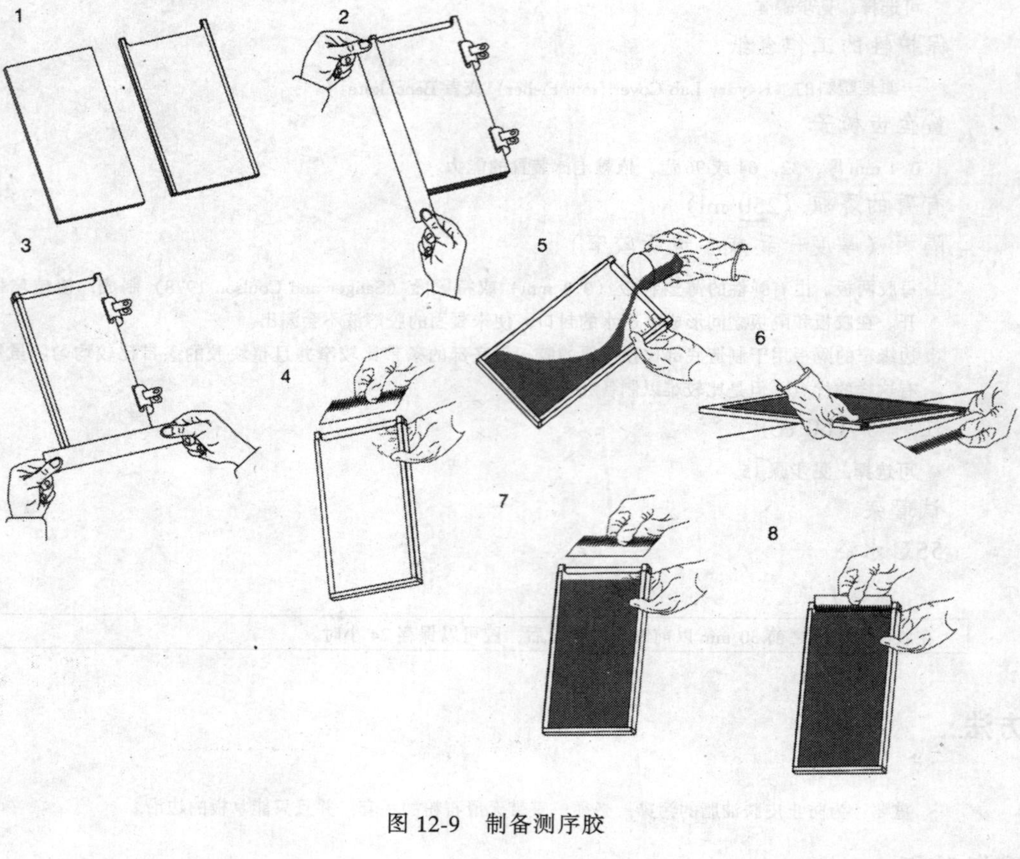

图 12-9 制备测序胶

配胶

9. 在实验桌的工作区上铺上衬塑料的保护纸。

   灌制测序凝胶时几乎不可能避免将丙烯酰胺溶液滴于桌面。

10. 在一个250 ml有臂锥形瓶中配制适当浓度的丙烯酰胺溶液（表12-19）。这些溶液足够配制一块40 cm×40 cm的测序凝胶。

    注意：凝胶的配制必须一气呵成，中间不能断断续续。

11. 混合所有试剂，在55℃水浴中加热3 min帮助尿素溶解。

    溶解尿素的过程十分缓慢，必须依靠外部的热量。大约的体积是66 ml，加水到100 ml。

12. 从水浴中取出溶液，冷却15 min至室温。不断搅拌混合物。

13. 把烧瓶放在真空装置里抽去气体。

    防止聚合时产生气泡。

14. 把溶液放入250 ml玻璃烧杯中。加3.3 ml新制的1.6%的过硫酸铵，混匀。

    旧的硫酸铵没有足够的聚合能力，会产生模糊的条带。

表12-19 变性胶溶液配方

	4%胶	6%胶	8%胶	10%胶
丙烯酰胺溶液	8.9 ml	13.3 ml	17.8 ml	22.2 ml
10×TBE缓冲液	10 ml	10 ml	10 ml	10 ml
水	45.8 ml	41.4 ml	36.9 ml	32.5 ml
尿素	42 g	42 g	42 g	42 g

15. 加50 μl TEMED，轻轻旋动容器以混匀溶液。直接配胶。或者用60 cc注射器吸取上述溶液约40 ml。注意，不要有气泡。 12.79

    与蛋白电泳相比，已经使用了最大量的TEMED，确保了聚合足够快和足够均匀。聚合速度与时间有关，温度越低聚合越慢。有经验的人利用预冷却的方法可以用一次配制的混合物制成多块40 cm×40 cm胶。

    从此步开始，动作尽可能迅速。

16. 用手托住胶模使之与水平面大约成45°角，沿一边从移液管中缓缓灌入溶液（参见图12-9）。

问题：气泡

为避免产生气泡，灌胶时应保持连续的涓涓细流。

- 如果使用注射器，灌胶时将胶模慢慢放低至水平位置。当注射器就要空时，迅速装满溶液继续灌胶。注意不要产生气泡并使液体缓缓流向顶部。
- 如果形成了气泡，倾斜模子，使气泡和液面在同一平面上，有时会使气泡消失。不行的话可轻拍玻璃板。处理以上情况下出现的气泡，可以弹玻璃板、插入梳子或者把气泡赶到对测序无影响的区域。后一种解决途径只适合用在并非胶的全部都需要使用的情况。

  除非处理掉气泡，否则必须重做。气泡的存在说明胶板不够干净。

17. 将模子放在试管架上（见图 12-9）。

这一位置减少了模子底部的水压，防止漏胶。

18. 立即将鲨鱼齿梳子的平整侧插入凝胶液约 0.5 cm 处，梳子两端插入液面的深度应当等同，以便使凝胶垂直放置时梳子的平整表面能够保持水平。

如果梳子旁边可见气泡，慢慢取出梳子。洗净梳子表面，重新插入胶中。

19. 用弹簧夹夹住梳子使之就位。将剩余的丙烯酰胺-尿素溶液沿凝胶顶部加入，形成一串丙烯酰胺液滴。让凝胶在室温下聚合 15 min。

20. 冲洗 60 cc 注射器以免被聚合的丙烯酰胺所堵塞。

警告：冲洗时将释放出少量未聚合的丙烯酰胺，应戴手套。

12.80 21. 聚合 15 min 后对凝胶进行检查，观察是否恰恰在梳子平整表面之下出现一道折射率不同的 Schlieren 线，这道线是聚合理想的标志。聚合完毕后（大约 1 小时），取下弹簧夹。

警告：冲洗时将释放出少量未聚合的丙烯酰胺，应戴手套。

22. 聚合完毕后，凝胶可立即使用（见方案 11），或保存于室温达 24 小时，或保存于 4℃ 48 小时。为防止保存期间发生脱水，可将梳子留于凝胶内并在凝胶顶部围放一些用 1×TBE 湿润的纸巾，纸巾可用 Saran 包装膜覆盖。在这一阶段不要拔掉梳子。

问题：漏胶

从模子底部漏胶常常是不可避免的。有一些方法可防止漏胶：

- 在玻璃板的底部加一条额外的胶布。
- 用琼脂糖封边。
- 在胶模底部敞开的空隙中插入塑料间隔片，用胶布封住，再用弹簧夹夹住。
- 用一张在催化过的丙烯酸胺中浸过的滤纸条将玻璃板底部密封起来（Wahls and Kingzett 1988）。

我们建议在上述方法中找出最适于所用特定类型胶模的任意一种方法。制备第一块胶出现泄漏不必灰心丧气，多次实践终能成功。

12.81

方案 9　含甲酰胺的聚丙烯酰胺凝胶的制备

在 DNA 测序中一个常见的问题是由于 DNA 二极结构的存在而造成电泳条带的压缩。一个简单直接的解决办法是在测序胶中加入甲酰胺以减少二极结构（Deininger 1983）的形成。在 G/C 含量高于 55%时，几乎是必须使用含有甲酰胺的凝胶。

材料

注意：标记〈!〉符号材料的正确使用请见附录 12。

本方法包括方案 8 中所有物品，加上：

甲酰胺（100%）〈!〉

方法

1. 依方案 8 步骤 1～8 清洗并安装玻璃板制成胶模。
2. 在实验桌的工作区上铺上衬塑料的保护纸。

   灌制测序凝胶时几乎不可避免将丙烯酰胺溶液滴于桌面，可准备一个大托盘对其进行收集。
3. 在一个 250ml 有臂锥形瓶中配制适当浓度的丙烯酰胺溶液（表 12-20）。这些溶液足够配制一块 40 cm×40 cm 的测序凝胶。

   重要：凝胶的配制必须一气呵成，中间不能断断续续。
4. 混合所有试剂，在 55℃ 水浴中加热 3 min 帮助尿素溶解。

   溶解尿素的过程十分缓慢，必须依靠外部加热。
5. 从水浴中取出溶液，冷却 15 min 至室温。不断搅拌混合物。加水到 100 ml。
6. 把烧瓶放在真空装置里抽去气体。

   防止聚合时产生气泡，该过程会产生热量。
7. 把溶液放入 250 ml 玻璃烧杯中。加 3.3 ml 新制的 1.6% 的过硫酸铵，轻轻搅动溶液使试剂混匀。

表 12-20 含甲酰胺的变性胶溶液配方 12.82

	4%胶	6%胶	8%胶	10%胶
丙烯酰胺溶液	8.9 ml	13.3 ml	17.8 ml	22.2 ml
10×TBE 缓冲液	10 ml	10 ml	10 ml	10 ml
水	20.8 ml	16.4 ml	11.9 ml	7.5 ml
甲酰胺	25 ml	25 ml	25 ml	25 ml
尿素	42 g	42 g	42 g	42 g

8. 加 50 μl TEMED，旋动容器以混匀溶液。直接配胶或者用 60 ml 注射器吸取 40 ml 上述溶液。注意，不要有气泡。
9. 依方案 8 中步骤 16～22。

   重要：由于甲酰胺减慢了聚合速度，聚合常需要 2～3 小时。

压缩：以下是一些减少压缩出现的改进方法

- 用甲酰胺替代在制胶中所使用的水。
- 将制胶和电泳缓冲液中的 TBE 浓度加倍，通过提高胶的电阻使之可在高温下电泳，以降低二极结构的稳定性。
- 采用高电压电泳，或在 37℃ 温室内电泳，两者都可产生高温，降低二极结构的稳定性。

  警告：防止高温电泳时胶板扭曲。一旦出现扭曲，立即停止电泳。

12.83 ## 方案 10 配制电解质梯度胶

用来分析 DNA 测序反应结果的标准变性聚丙烯酰胺凝胶的一个特点是胶底部的 DNA 条带之间的距离比顶部的大。该现象反映了 DNA 片段的长度与其迁移率之间的对数关系，造成顶部的条带拥挤，而底部的疏松。结果是从胶上只能读到有限的条带。

已经发展了几种方法解决在厚度均匀的测序胶上出现的这种缺点。制备楔型胶（厚度逐渐变化）是其中的一种，底部的胶比顶部的厚（Ansorge and Labeit 1984，Olsson et al. 1984)，厚度的逐渐增加导致了电压的梯度。由于 DNA 在聚丙烯酰胺凝胶中的泳动能力与电场和电压梯度是大约的线性关系（Cantor and Schimmel 1980，Sheen and Seed 1988，Slater et al. 1996，Yager et al. 1997)，随着凝胶厚度的增加，DNA 的泳动将有所减慢，从而压缩了凝胶底部邻近 DNA 条带之间的空隙。尽管楔形凝胶可以提高分辨率，但大多数实验室一般不采用这种凝胶进行测序。楔形凝胶所费干燥时间要比普通凝胶长得多，难以制备，并常常在干燥时发生破裂。

另一种方法也可以减少凝胶底部 DNA 条带之间的空隙，就是逐渐提高凝胶下部的缓冲液浓度。由于通过凝胶的电压将随离子强度的提高而降低，因此 DNA 越接近凝胶底部移动就越慢。这个方法是 Biggin 发明的（1984)。在滴管中先吸入低离子强度的胶溶液，再吸入高强度的，之后吸入几个气泡，通过气泡的移动形成离子强度的梯度。这种方法形成的梯度难以控制，最后形成的条带并不均匀。

12.84 Sheen 和 Seed（1980）创造了一种既聪明又简单的改进方法，利用顶部和底部不同浓度的电泳缓冲液在胶中产生离子梯度，而胶本身的浓度是一定的。利用此法，从单块凝胶上可以读取的核苷酸总数可增加约 30%。

本方案依据的是 Sheen 和 Seed（1980）的方法。

材料

注意：标记〈!〉符号材料的正确使用请见附录 12。

本方法包括方案 8 中所有物品，加上：

甲酰胺（100%）〈!〉

离子梯度胶用 1×TBE 配制，有无甲酰胺均可。关于含甲酰胺的聚丙烯酰胺凝胶，请见方案 9。

醋酸钠（3 mol/L，pH 7.0）

方法

1. 依方案 8 步骤 1～8。
2. 在实验桌的工作区上铺上衬塑料的保护纸。
3. 参照方案 8 或 9 配制变性聚丙烯酰胺凝胶。
4. 将胶放在电泳装置中。在上槽中加入 0.5×TBE 缓冲液，在下槽中加入 1 份 3 mol/L

醋酸钠和 2 份 1×TBE。按照方案 11 操作。

电泳时，指示染料的移动逐渐变慢，当溴酚蓝到达底部时，移动几乎停止。一般，继续电泳直到二甲苯蓝离底部只有 5～10 cm 而溴酚蓝到了底部。

推迟加入 3 mol/L 醋酸钠可以调整压缩 DNA 条带的时间。电泳开始时，上下槽都用 1×TBE；在适当时候，在下槽加入一半体积的 3 mol/L 醋酸钠。根据经验，这样可以压缩条带的不同区域，读出最多的条带。

方案 11 上样并进行 DNA 测序 12.85

DNA 序列可通过酶解或化学降解产生一系列成套的 DNA 片段，这些片段可以通过薄层变性聚丙烯酰胺凝胶电泳进行分辨。在一组序列中的四个反应物（G，A，T，C）被加到了相临的聚丙烯酰胺凝胶的泳道进行电泳时。带负电荷的 DNA 分子的迁移率由其分子质量大小所决定。一个典型的变性聚丙烯酰胺凝胶电泳能够分辨出编码 15～400 个核苷酸长度的 DNA 序列。关于 DNA 在凝胶中运动的物理学原理的讨论，请见 DNA 的电泳迁移率方面的介绍。

材料

注意：正确掌握用〈!〉标记的重点，请看附录 12。

缓冲液和溶液

贮存液，缓冲液和试剂的成分见附录 1。

稀释贮存液到合适的浓度。

0.5×TBE 和/或 1×TBE

凝胶

变性聚丙烯酰胺凝胶〈!〉

已经在第 8、9、10 节中介绍过。

核酸和寡核苷酸

DNA 测序反应〈!〉

见方案 3～7 的阐述。

特殊设备

自动微量加液器（20 μl）

微量加液器应该配备一套毛细吸管头（如，Multi-Flex）或其他的加样设备（见测序胶加样第 8 步内容）。

牛头夹（5 cm 长，每块胶 5～7 个） 12.86

凝胶温度监测条

这些条是 TLC（thermochromic liquid crystal）指示物，在电泳的过程中当凝胶的温度升高时它们会改变颜色。包括 BioWhittaker 在内的几家商业公司出售温度监测条。

巴斯德吸管

带塑料涂层的金属板

任选，见步骤 2。

能供应大于 75W 的稳压电源

带有自动线路转换的大多数电源都能提供稳定的电压、功率或电流。一个配有多套输出装置的电源有在 7000V 输出 300W 的稳定功率的能力，它能很容易同时地进行两个或三个测序电泳。

带可调换式刀片的解剖刀片

这刀片是用来从测序胶模上取下绝缘带的，有时也用来从加样板上刮下残留的聚丙烯酰胺。

测序胶槽

许多型号的电泳仪上的槽都是通用的。尽管依据同样的设计，但是生产商之间在玻璃板和垫片上的安排还是不同的。大部分商业设备运行的都比较好，生产商的选择主要是个人的选择。然而，作者建议最好购买带固定金属板的设备。这些金属板一般是铝制的，它们可通过凝胶表面把由电阻产生的热量散布掉，从而阻止在凝胶的边缘出现“笑脸（smiling）”假象。

鲨鱼齿梳（0.4 mm 厚，有 32，64 或 96 个齿，视电泳仪的要求而定）

在让凝胶成型的过程中用同一个齿梳很必要的。

注射器（10 cc）和 22 号皮下针头

85℃ 水浴和 100℃ 烘箱

当测序反应在微量滴定板上进行时水浴。而当反应在毛细管中进行时要用烘箱。

方法

警告：在实际操作中很大的电压施加在 DNA 测序胶上。过强的电流能引起严重的烧伤、心脏肌纤维震颤、呼吸中枢停止，窒息是由于呼吸肌的麻痹造成的。一定要确认：用于电泳的凝胶盒是绝缘的，所有缓冲液槽都盖好了，凝胶被放在一个干燥稳定的实验台了。在加样或取凝胶前都要关闭电源。

1. 用湿的纸巾或一块湿的海绵把任何干的聚丙烯酰胺从胶模上擦去。用移液管吸几毫升的 1×TBE 缓冲溶液沿较小的或有切口的玻璃板加入，一边慢慢地从凝胶上移走梳子。用解剖刀片把绝缘胶带切开，把它从胶模的底部剥去。不要从胶的边缘把它移开。

12.87 2. 按照生产商的说明用牛头夹把胶模固定在电泳仪上，用带塑料涂层的实验室用夹子或者用电泳仪固有的螺旋夹。一般较小的或者有切口的板应该和电泳仪直接接触，而较大的没有槽的应直接对着观察者。

在电泳期间如果电泳仪没有金属板散去电泳产生的热量，就加一块金属板，比如一块带塑料涂层的铝板，把它裁成和无槽玻璃板一样的尺寸散热效果就很好并且重量很轻。

3. 用合适的缓冲液把电泳仪的上下槽加满。

对于标准或含有甲酰胺的凝胶

a. 用 1×TBE 添满上下槽。下槽的缓冲液高度应刚好超过玻璃板的底部。上槽的缓冲液高度应刚好超过有切口比较小的板的上缘，并同胶直接接触。

b. 用装好 1×TBE 的 10ml 注射器冲洗胶的顶部，以从胶上除去多余的聚丙烯酰胺和尿素。如果必要的话，用注射针把玻璃板上的所有聚丙烯酰胺碎片都刮掉。用巴斯德吸管把附着在下槽玻璃板底的气泡赶走。

c. 将电极与电泳装置相连，然后供电。阴极（黑色）应连到上槽上，阳极（红色）连底部，连上固有的温度感受器（如有）或温度监测条。在 50～70 W 的恒定电压下电泳约 45 min 或者直到胶的温度达到 45～50℃ 为止。切断电源，拆开电极。

对电解质梯度凝胶

a. 上槽用 0.5×TBE 灌满，下槽用由 2 倍体积 1×TBE 加上 1 倍体积的醋酸钠组成的混合溶液（见方案 10）灌满。

b. 用 0.5×TBE 冲洗，同上除去尿素/聚丙烯酰胺。不要预电泳电解质梯度凝胶。

4. 将含有测序反应物的毛细管放在 100℃ 的烘箱里培养 2 min。如果反应在微量滴定板上已经完成就打开微量滴定板盖，将无盖的滴定板漂在 85℃ 的水浴上温浴 5 min。

5. 孵育滴定板的同时，在带有 22 号针头的 10cc 注射器中吸满 0.5×或 1×TBE。用力推出一些 TBE 洒在浸没在电泳液中用于加样的胶面上，以便从加样区除去任何残留的尿素和聚丙烯酰胺碎片。继续推出直到在加样区看不到残留尿素。

尿素从凝胶中快速扩散，将在孔和窄缝的底部形成垫。由于比测序反应更高的浓度，尿素垫将取代孔底部的反应物。取代的结果是 DNA 片段不均的迁移到凝胶里并呈不规则的序列阶梯。

6. 轻轻地把鲨鱼齿梳插入（齿向下）加样孔，把鲨鱼齿梳向下推直到齿刚好穿透凝胶的表面。

7. 把细丝管或微量滴定板盖从水浴或烘箱中移到冰中。在被加到凝胶上之前将样品保持在 0℃。快速冷到低温是为了延迟模板和放射性标记链之间的复性。

8. 从每种测序反应物中取 1～5 μl（见方案 3～7 介绍的体积）加样于凝胶上相邻的槽中。 12.88

见测序凝胶加样。

样品将流入小孔在聚丙烯酰胺表面形成一条紧密的带，记录模板的顺序并注意使每套样品均按相同的次序加样。

可以把一份旧的测序反应物加到凝胶边缘额外的加样槽里作为界限，以便准确无误地分清最终放射自显影片的左右方向。

测序凝胶加样

碱基的顺序

以特定左右顺序将基于酶或化学方法的 DNA 测序实验所产生的 4 或 5 个碱基特异性反应产物将以从左到右的顺序固定在变性聚丙烯酰胺凝胶上。许多研究人员喜欢以 TCGA 的顺序加样，因为两个最容易被不正常迁移带型（如压缩现象）干扰的泳道（G 和 C）相互靠近，便于碱基读取。另一些研究人员则喜欢以 CTAG 为序，例如英国的剑桥大学就经常这样做。Fred Sanger 倾向于把嘧啶放在前面后跟嘌呤，再按字母的顺序排列。如果用以上两种顺序中的一种顺序加样，那么从凝胶底部开始阅读，互补链的顺序（3′→5′）就可以通过将放射自显影胶片的翻转来读取。在反的放射自显影胶片上各泳道应从左向右阅读，其次序就认为是 TCGA 或 CTAG。

一些类型的 DNA 测序反应要求特殊的加样顺序。例如：当测定一个富含 G/C 的模板时，在复制过程中以 GACGTAC 的顺序加样有几个优点。每个测序反应都和其他的三个相临，这样就让接近的空带排序更容易。当用碱基类似物时，比如 7-脱氮-dGTP 和 dITP，下面有个相似的方案。用这些类似物产生的序列的质量不同于用 dGTP 产生的序列，并且其 DNA 迁移率也有些差异。在链终止反应中用 7-脱氮-dGTP 和 dITP 代替 dGTP 并以 IATCITAC 的顺序加样可以减轻读胶的压力。

在一些酶测序反应中，仅仅有一个双脱氧核苷酸反应进行。这些所谓的 T 轨迹或 G 轨迹，最初被 Sanger 等（1980）用于在鸟枪法 DNA 测序中区分大量噬菌体 M13 模板之间的区别。当用 DNA 测序去检查在基因或外显子上自然发生的或诱导的变异时，该方法十分有效。在一个典型的实验里，一些 DNA 模板与正常或野生型基因和一个或更多公认的突变产生的等位基因相当。这些模板用 4 种 ddNTP 以酶法分别测序，在后面的测序胶上，所有以正常和突变等位基因为模板的 ddCTP 反应物被依次加样，往下是所有的 ddTTP 反应、ddATP 反应、ddGTP 反应。如测的是一个野生型和三个突变型模板，那么在凝胶上的顺序应是 CCCC，TTTT，AAAA，GGGG，在每组 4 个样中第一个道上是正常等位基因。这种类型的加样简化了 DNA 序列不同于正常等位基因的模板的鉴别。如正常和突变等位基因的碱基是一致的，将在同一位置产生带，而一个突变体则不是这样。例如，在点突变情况下，对应相应碱基的一个新的条带将出现在正常碱基的位置上。嵌入或丢失突变能很容易地被鉴定出来，因为在凝胶上由突变和野生型等位基因形成的带出现了断裂。

加样设备

可用几种不同的方法把样品加到胶孔里。最好是一种尖端扁平的毛细针管自动微量注射器，它能很方便地插入到由鲨鱼齿梳所形成的孔中（Multi-Flex Tip），因此样品能被直接加到胶表面。在加样之间针头要用 0.5×或 1.0×TBE 冲洗。

可以使用一种带 30 号针头的注射器。这种窄的针头可以插入到两层玻璃板中间，并且样品能直接加到凝胶表面。注意不要让针尖碰到凝胶。在两次加样之间注射器和针头都用 0.5×或 1.0×TBE 冲洗。在下一个样品吸到注射器和针头前要把剩余的 TBE 推干净。

9. 当所有的样品都加完后，将电源和电极设备相连接：负极（黑）接上槽，阳极（红）接下槽。凝胶电泳应在足够恒定的功率下进行以维持 45～50℃ 的温度。

凝胶大小（cm）	功率（W）	电压（V）
20×40	35～40	～1700
40×40	55～75	～2～3000
40×40		
电解质梯度胶	75	～2100

注：使目的序列达到最佳分辨率的时间必须由经验决定。所需时间可通过监测甲酰胺凝胶加样缓冲液中标准参照染料的迁移进行估计（见表 12-21）。

12.89

表 12-21　变性的聚丙烯酰胺凝胶中标准参照染料的迁移率

聚丙烯酰胺凝胶	溴酚蓝[a]	二甲苯蓝 FF[a]
5%	35	130
6%	29	106
8%	26	76
10%	12	55
20%	8	28

注：在电解质梯度凝胶中，溴酚蓝迁移更慢一些，因为它通过凝胶向阳极移动。当染料接近凝胶底部时迁移基本上停止。二甲苯蓝染料也具有类似的行为。一般当二甲苯蓝染料到达凝胶底部 5～10cm、溴酚蓝染料到底时电泳结束.

[a]这些数字是近似的 DNA（核苷酸）的迁移率大小，这些 DNA 在标准 DNA 测序凝胶中和标记染料一同迁移。

10. 依靠目的序列和寡核苷酸引物之间的距离，当第一次加样的缓冲液中的溴酚蓝迁移出标准或含甲酰胺的变性聚丙烯酰胺凝胶约 15min 后（1.5～2.0 h）进行第二次加样，再度将测序反应物加于凝胶之上。第一次加样得到的序列离引物较远，而第二次加样得到的序列更为接近。用这种二次加样的方法可以使可读序列的长度扩展约35%。

a. 关掉电源并把测序装置和电源分开。

b. 移掉上下槽的电泳缓冲液。

c. 如上步骤 4 介绍的那样将样品热变性。

d. 加样。

e. 重新把测序装置和电源连接。

f. 进行电泳，如前一样，在足够恒定的功率下保持温度在 45～50℃。

作为一种选择，在电泳进行的合适阶段，通过用由 2 份 1×TBE 和 1 份 3 mol/L 乙酸钠组成的缓冲液取代下槽的电泳缓冲液可以扩大可读序列的长度。

11. 在电泳的最后，按照在方案 12 介绍的步骤取下凝胶，进行放射自显影。

方案 12 放射自显影和从测序凝胶上读取 DNA 序列 12.90

如果想了解更多的放射自显影的信息请参考附录 9 的讨论。

材料

注意：标记〈!〉符号材料的正确使用请见附录 12。

缓冲液和溶液

贮存液、缓冲液和试剂的配方见附录 1。

将贮存液稀释到合适的浓度。

凝胶固定液〈!〉

300 ml 甲醇

2.4 L 水

300 ml 冰醋酸

放射性混合物

放射性墨水或化学发光标记物〈!〉

参见附录 9。

可重复使用的放射性墨水主要是选择 Stratagene 的冷光标记物（Glogos）。标记物能被多次运用而且应该恰恰在一个新的放射自显影循环之前被暴露在荧光灯下。

凝胶

DNA 测序胶

准备和电泳见方案 8～11。

特殊设备

放射自显影暗盒（金属，弹簧 35.6 cm×43.2 cm）

放射增感屏

每个胶片需要两个大的增强的钨酸钙屏幕（例如：Lightening Plus, Dupont）。

80℃的凝胶干燥机

凝胶干燥机应该被连接在一个真空系统上。

聚脂薄膜片（在长和宽上比凝胶大约 5 cm）

聚脂薄膜是为了保证凝胶在真空条件下干燥时保持平整。

丝龙（Saran）巾

12.91 不锈钢的金属小铲或手术刀

固定凝胶的托盘

托盘应该在长和宽上比凝胶大约 5 cm

Whatman 3MM CHR 滤纸（或等同的）

Whatman 3MM 滤纸（或等同的）

X 射线胶片（蓝光敏感型 35 cm×43 cm）

对 ^{32}P 标记的 DNA 用双层胶片如 X-Omat-AR（Kodak）或 BioMax MS（Kodak）。对 ^{33}P 和 ^{35}S 标记的 DNA 用单层胶片如 BioMax MR（Kodak）。

X 射线胶片处理器

方法

1. 在电泳结束后，关闭电源并使测序装置和电源之间不再连接。弃去电源缓冲液，从装置上取下胶模。
2. 将胶模平放在带有塑料的保护性实验室布上，使较小的（带槽的）板位于最上方。在操作前使凝胶冷却到 37℃以下。
3. 除去所有剩余的凝胶密封带，用刮勺的一头去慢慢地轻轻地撬开胶模的玻璃板。凝胶应该贴在较长的(无槽的)玻璃板上。

警告：要带好安全眼镜，因为在这个步骤中玻璃板有时会破碎。同时，玻璃板的表面和凝胶接触后可能会粘有放射性物质，应该妥善对待。

> 如果凝胶粘在两块玻璃板上，就把移动的玻璃板复位，翻转玻璃板让小的带槽的在下面，再试一次。如果凝胶仍然粘着，就按照 12 步骤中凝胶固定的过程把凝胶从其中一块玻璃板上分离出来。

如果测序反应的产物是用 ^{32}P 标记的话步骤 4～13 可以省略。例如，酶法测序是用由 ^{32}P 标记的引物引发的或［α-^{32}P］dNTP 在一个未标记的引物延伸时合并进去。当用袖珍监测器去扫描凝胶表面时，20～100 cps 的阅读量表示有足够的放射性材料用于染色。在这种情况下，用 Saran 包装膜盖上凝胶，确保其上没有褶皱。标记方向，直接将凝胶向 X 射线胶片暴露。此过程可能会出现放射性液体的泄漏，所以需离凝胶远一些，不要为了节省几小时的工作而冒险。

Maxam-Gilbert 测序反应中标记产物的放射活性通常不足以进行固定和染色。

4. 当玻璃板分开后，将凝胶上先加样一侧的底角或顶角切去，以便在后续操作中确定凝胶的方向。

5．将凝胶固定到凝胶固定液中（甲醇/乙酸；见材料）

含有^{33}P或^{35}S的测序凝胶在干燥以前应该先固定。这步是供用^{32}P标记的凝胶选择的。固定提高了分辨率，有时候加强了部分放射性信号的强度，并且减少了尿素或来自凝胶的甲酰胺的过高浓度。固定也是移开凝胶的最后一个手段，因为凝胶很可能粘在胶模的两块板上。

6．把凝胶（连同它的支持玻璃板一起）转移到含有甲醇:乙酸溶液的浅盘中。在室温下固定凝胶 30 min。固定期间不要搅动液体。 12.92

越薄的凝胶固定越快，越厚的凝胶越慢。一个 0.2 mm 厚的凝胶要固定 10 min，而 0.6 mm 厚的就需要 1 h。

一批固定液能被用来固定几块凝胶。如果凝胶出现从支持玻璃板上脱落的征兆，可用硬塑料网（许多五金商店有售）盖住以防滑掉或皱成一团。

7．30 min 以后，从固定液中非常非常慢地抬起玻璃板。在玻璃板上的大部分固定液排出之前要尽量保持板水平。把玻璃板放在一打纸巾上，有凝胶一侧在上。用 Kimwipes 纸擦去玻璃板上所剩的固定液。注意不要让 Kimwipes 纸与凝胶表面接触。然后戴手套把凝胶上的褶皱和破损的地方轻柔地除去。

8．准备一张 Whatman 3MM CHR 滤纸（或同等的），滤纸的长与宽均比凝胶略大一些（2～3 cm），使滤纸保持弓形，把弓形滤纸的中心和凝胶的中心接触。让滤纸轻轻的落在凝胶的表面，然后轻轻压一下使凝胶与滤纸的粗糙面牢牢相贴。

9．一手将滤纸扶住，另一手将支持玻璃板提起，迅速将其翻转，放在实验台上玻璃板向上。把玻璃板轻轻地向上提使 Whatman 3MM CHR 滤纸从玻璃板上分离下来，当玻璃板完全移开时，凝胶将与滤纸相贴。

10．将 Whatman 3MM CHR 滤纸（凝胶朝上）放在两张 Whatman 3MM 滤纸上，剪一张略大且宽于凝胶的 Saran 包装膜放在凝胶之上。尽量避免折痕和气泡的出现。这一步如在另一个人的帮助下会更容易完成。拿住 Saran 包装膜的角向外拉以使之绷紧伸展。将展平的 Saran 包装膜放置到凝胶上面。一旦 Saran 包装膜与凝胶接触，就不要再试图掀起它，因为这能使凝胶被撕裂。琼脂糖凝胶梳的扁平末端、Kimwipes 滤纸或一张塑料卡都能把凝胶和包装膜之间的气泡赶走。

之所以这么选择是因为放一张合适的 Saran 包装膜在实验台上能确保不出现褶皱，然后可将凝胶颠倒使凝胶面向下朝向 Saran 包装膜。

11．用切纸刀或一把剪刀将所有 3 张 Whatman 滤纸和 Saran 包装膜修剪使之与凝胶大小相同。

12．将由滤纸、凝胶和 Saran 包装膜组成的夹层放到凝胶干燥机中。包装膜在最上面，在干燥期间用一片聚脂薄膜来保持夹层的平整。

13．根据干燥机生产商的说明，在真空下 80℃ 干燥凝胶 30～60 min。

干燥凝胶缩短了放射性粒子命中 X 射线胶片的距离，因此增加了探测的敏感度。

14．从干燥机中取出凝胶，剥去 Saran 包装膜。干燥过的凝胶应该摸上去很光滑而不黏。如果发黏，一个补救的方法就是把乳胶手套翻过来使有滑石粉的内侧向外，用手套内侧的滑石粉去拂凝胶表面。为了确定凝胶的方向，应在切去凝胶底角（步骤 4）后 3MM CHR 滤纸上形成的空缺处贴上一个用放射性的或化学荧光墨水做标记的黏性小标签。

15．在暗室里，把干燥的凝胶放进一个弹簧金属箱里。用一片未曝光的 X 射线胶片覆盖，关上暗盒。在室温或 −80℃ 进行 16～24 h 的放射自显影。 12.93

一块测序胶所要求的最佳曝光时间难以精确预测。在测序反应期间如果每件事都很好的进行的话，由于5或更多的因素，16～24 h也许长了点。在不太好的情况下，通常要求曝光时间长一些。在这点上的主要目的是看看测序反应是否进行的很好和看带的强度决定建立一个或更多的额外曝光。

16．按照胶片生产商的要求将放射自显影片显影，按下面读取 DNA 序列所述。

> 从一本充满神秘图片的书上，他们知道了头发、蛋壳、粪便、蠕虫、草木和一种红头发人的血液的用途。他们把房间的墙壁涂黑，挂上从这本书上剪下的图片；炼金术士的实验室并列挂上了 DNA 和血红蛋白的三维结构的模型。他们的父辈把泥土和阳光变成了酒；这是炼金术还是化学？不管是哪一个也许都能把他们从孤独中解脱出来的。
>
> 就这样他们要去大学里学习生物化学……。
>
> Andrea Barrett，*The Marburg Sisters In-Ship Fever*

信息栏

12.94 自动化 DNA 测序

从一开始，酶反应由于能在水溶液和温和的温度下进行，所以双脱氧链终止法测序（Sanger et al. 1977a）成为自动化的首选。到 20 世纪 80 年代早期自动化测序的发展很快，人们不再用传统的同位素（Smith et al. 1986）而是用荧光染料标记 DNA 分子。20 世纪 80 年代中期，自动化荧光测序已经发展到：双脱氧测序反应的产物用凝胶电泳分离，染料分子用激光激活，并且荧光信号被放大再被光电倍增管（或在以后模式里的 CCD 相机）捕获（有关综述，见 Chen et al. 1991，Hunkapiller et al. 1991，Chen 1994）。因为荧光信号能被捕获且过程连续，所以凝胶就能被电泳较长的时间以收集更多的数据。计算机能根据每种不同染料的颜色（发射波长）来判断不同的核苷酸，根据荧光峰的形状和连续峰之间的距离识别每个碱基。

技术的演变

自动化测序技术发展至今的事件概括在表 12-10。调查者指出，判断技术进步对测序效率的影响程度是以处理样品的数量（每个样品的平均可读长度）为根据的，这个数量是指一个熟练的技术人员一周完成的样品数。按照今天的标准，在 1990 年之前自动化测序的有效能力是很低的，数据经常很复杂且缺乏质量（Martin and Davies 1986，Chen et al. 1991，Hunkapiller et al. 1991）。然而，当 PCR 被利用到双脱氧法中，循环测序（Carothers et al. 1989）向前跳跃了一大步，这个方法提高了检测信号，增强了测序的敏感性。另外，整个 20 世纪 90 年代中在染料化学和 DNA 聚合酶修饰技术上的提高已经成为它巨大进步的源泉。因此，1998 年时测序速率已经增加了约 30 倍。一个单个的研究人员在一个有很好仪器的实验室里一星期能处理 500 个样品，每个平均可读 650 个碱基。直到 2000 年，以毛细管为基础的测序仪和机器人等高技术仪器设备的应用使效率再次被极大地提高了。

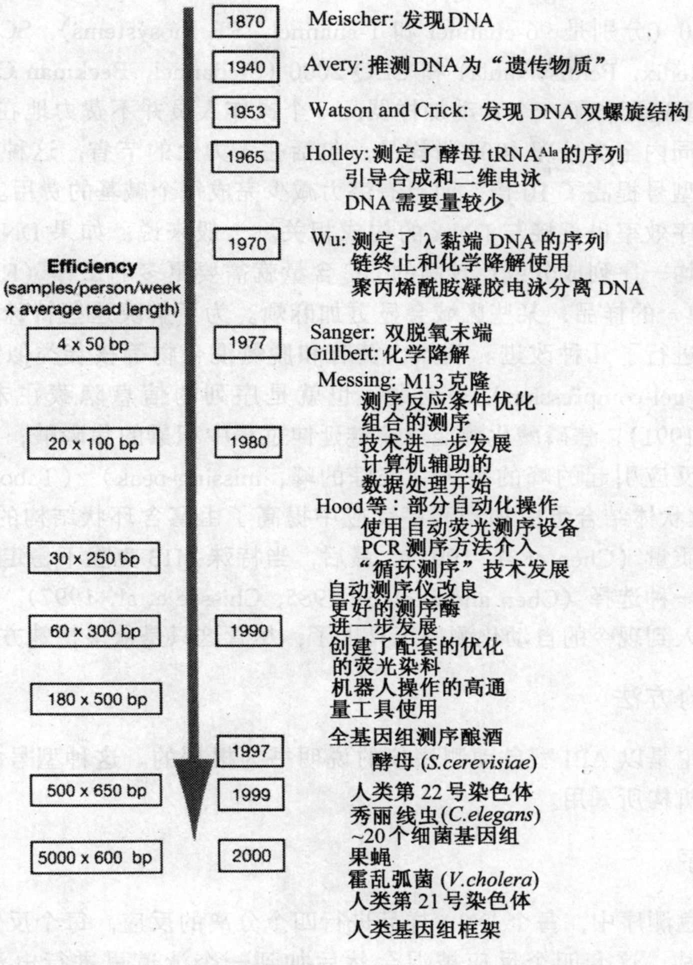

图 12-10　DNA 测序历史（经 E. Y. Chen 许可）。

最初有两种主要型号的商业仪器，它们都是用电泳胶分离 DNA 片段：一个用单染色 4 道分离（Ansorge et al. 1987），另一个是用 4 染色单泳道分离（Smith et al. 1986）。由于它们需要较高的投入、较大的相容性和对电泳假象的低敏感性，单泳道测序仪已经逐渐成为常规选择。目前流行的 ABI 377 平板胶自动测序仪每次能测 96 个样品，一天能跑 2～4 次（依据要求读的长度），从 20 世纪 90 年代后期它一直控制着商业市场。

以毛细管为基础的仪器一天能作 6～8 次，因为它减掉了单调乏味的凝胶准备和加样步骤。毛细管电泳（Swerdlow and Gesteland 1990，Smith 1991，Yan et al. 1996，Dovichi 1999）还有优于传统平板凝胶系统的其他特点。

- 因为每个毛细管有非常小的直径（50～100μm），在电泳过程中产生的热量能被迅速发散。在较短时间里可用非常高的电压分离测序反应的产物。
- 因为每个样品是加到一个分离毛细管里，所以不需要在泳道影像的跟踪上浪费时间。

在 2000 年早期，3 个 96 管，1 个 8 管和 1 个 1 管的毛细管测序仪就已被应用了

(Boguslavsky 2000)：MegaBACE（96-channel，Molecular Dynamics，California），ABI 3700 和 ABI310（分别是 96-channel 和 1-channel，PE Biosystems），SCE9610（96-channel，Spectru-Medix，Pennsylvania）和 CEQ 2000（8-channel，Beckman Coulter，California）。ABI3700 型还配备了一个自动加样器，一个操作人员并不费力地在一天内可以作 6 次反应，或一周内至少处理 4000 份样品。包括在人力上的节省，这种型号仪器的测序效率比以前的型号提高了 10 倍，而且有潜力减少完成每个碱基的费用。

当然，测序效率也直接与 DNA 的构成相关。一般来说，如果 DNA 分子包含较多的重复序列、均一序列成分或比较高的 GC 含量就需要更多的工作（E. Y. Chen et al. 1996）。对于单一的样品，某些区域会显更加麻烦。为了解决这些特殊问题，在过去十年里双脱氧法进行了几种改进。例如次黄苷和脱氮混合物等核苷类似物的应用减少了"凝胶压缩"（gel-compression）的问题，也就是序列的信息隐藏在未解析的条带中(Jensen et al. 1991)；焦磷酸化酶能分解链延伸过程中积累的焦磷酸；它的包埋就能阻止由反聚合酶反应引起的峰的丢失（失踪的峰，missing-peak）（Tabor and Richardson 1990)；单一丝状体结合蛋白加到测序反应中提高了由富含环状结构的 DNA 模板所能产生的数据的质量（Chen et al. 1991)。最后，当特殊 M13 克隆不稳定时，克隆载体的应用提供了又一种选择（Chen and Seeburg 1985，Chissoe et al. 1997)。这些改进措施已经被大量地融入到现今的自动化测序工具上了，尽管这只是众多特殊方案中的一部分。

自动测序中的方法

以下的讨论是以 ABI 型自动测序仪的说明书为根据的。这种型号的测序仪被当今的大多数测序机构所采用。

12.96 引物染色测序

在引物染色测序中，每个 DNA 样品进行四个分离的反应，每个反应包括一个不同的染色标记引物。这套四个反应被混合然后加到一个泳道里进行电泳（Smith et al. 1986，Lee et al. 1997)。在测序试剂盒里有一套四个引物，每个引物一般长 17～20 个碱基，不同的染料嵌入到寡核苷酸里。通过使用带有两个独立染料的"能量转移"引物(ET，energy transfer)，测序的灵敏度能被提高，信号强度也可以增加（Ju et al. 1995，Lee et al. 1997)。这种典型的 ET 引物含有一个供体染料，它能很容易地被氩离子激光激活。这个供体染料可将能量转移给 4 个有不同发射光谱的第二染料（受体）里的一个。同早期的单染料引物系统相比，典型的 ET 引物能增加 3～4 倍的信号（Ju et al. 1995)。Amersham 和 PE Biosystems 是销售染色引物的代理商。Amersham（ET 引物试剂盒）提供两种染料嵌在两个不同的引物上，约有 5 个核苷酸的不同。PE Biosystems (BigDye-引物试剂盒）则提供两个连有氨基苯甲酸接头的染料（所谓的 BigDye)，均连接到引物的 5′端。

Taq 聚合酶、T7 DNA 聚合酶（测序酶；Tabor 和 Richardson 1987a，1995)，或 Thermo 测序酶（Reeve and Fuller 1995）都可以用，但是 *Taq* 聚合酶突变体（如 Ampleaq FS from PE Biosystems）在循环测序条件下经常被用到。用耐热酶信号能被线性放大，因此仅仅需要 0.1 μg 或更少的模板。当机器操作被用于处理几百个较小质量的模

板时，这个特点尤其重要。标准的测序试剂盒用 7-脱氮-dGTP 代替 dGTP 以减少凝胶压缩（见上）。由于未知的原因，用脱氮混合物有时能导致峰的加宽，这减少了可读区域的长度。然而，如今在 ABI 377 测序仪上 11～12 h 能读出 650～700 个碱基，且精确率在 99%以上（C. Chen et al. 1996）。详细的实验方案提供了所有引物染色测序反应所必需的商品试剂盒。

末端染色系统

尽管引物染色法适合于所有采用通用引物的测序方案，但这种方法需要设计一定的引物，因此就很麻烦和昂贵，因为每个引物必须被 4 个不同标记染料所修饰。解决这个问题的一个办法是将荧光染料嵌入双脱氧核苷酸上，以使其结合在测序反应产物的 3′末端（L. Lee et al. 1992，Rosenblum et al. 1997）。4 个 ddNTP 中的每一个都通过一个接头把荧光染料连接到 NH_2 基上。四个链延伸反应能在一个管内由同一个引物催化进行，节省了相当的人力和物力。与引物染色对比，末端染色化学有着额外的优点，就是它消除了由未与 ddNTP 结合的早熟链末端所造成的干扰。

在末端染色化学发展的早期阶段，它的主要问题来自于如何把庞大的染料部分嵌合到脱氧核苷酸末端分子上。因为底物亲和力是不同的，使一套特殊的染料标记的终端去适应每一个 DNA 聚合酶就十分必要（L. Lee et al. 1992）。不幸的是与聚合酶相匹配的底物所产生的信号强度十分不均匀，这就减少了碱基识别的精确度并限制了可读序列的长度（见图 12-11A）。直到 20 世纪 90 年代后期，由于修饰酶的应用（见图 12-11B）和几套优化的新染料和连接臂（见图 12-11C，D）的介入，这个问题在很大程度上就被解决了。这些改进提供了更清晰的峰图、最小的迁移改变和更清晰的信号。最近，末端染色测序方法得到的数据的质量已经可以和由引物染色法得到的相差无几（Rosenblum et al. 1997，Heiner et al. 1998）。

目前常用两套第二代末端染料。一种加入了二氯罗丹明染料（dRhodamine Terminator, PE Biosystems）；另一种加入了 BigDyes（BigDyes Terminator，PE Biosystems）。BigDyes 在引物染色测序中被应用过（见上）。它包含一个荧光异构体作为供体染料和 4 个二氯罗丹明染料作为受体染料。两个末端都和 AmpliTaq FS 聚合酶作用很好（见图 12-11，下栏）。方便的循环测序条件被普遍应用，测序反应在任何引物和很多模板（单链 DNA、双链 DNA 或 PCR 产生的 DNA）之间进行。另外，用 AmpliTaq FS 的反应用较少的染色末端，为去掉未嵌入染料而进行的繁琐的凝胶过滤步骤也常常被简单的乙醇沉淀所取代。再有，用 dITP（脱氧次黄苷三磷酸）取代 dGTP 减少了凝胶压缩现象。

测序酶 12.98

天然聚合酶的许多特性不适合 DNA 测序，测序酶应该具备的特性包括：

- **较高的持续合成能力**　持续合成能力是指在酶从引物-模板退火复合物上脱离之前链延伸持续的程度。T7 测序酶是目前测序酶中持续合成能力最强的酶，而 Klenow 片段是最小的。
- **耐热性**　在高温条件下抵抗失活或分解的能力是酶在现代高技术投入循环测序反应中的最重要的因素。*Taq* 聚合酶或其改良产品是惟一可取的选择。

12.97

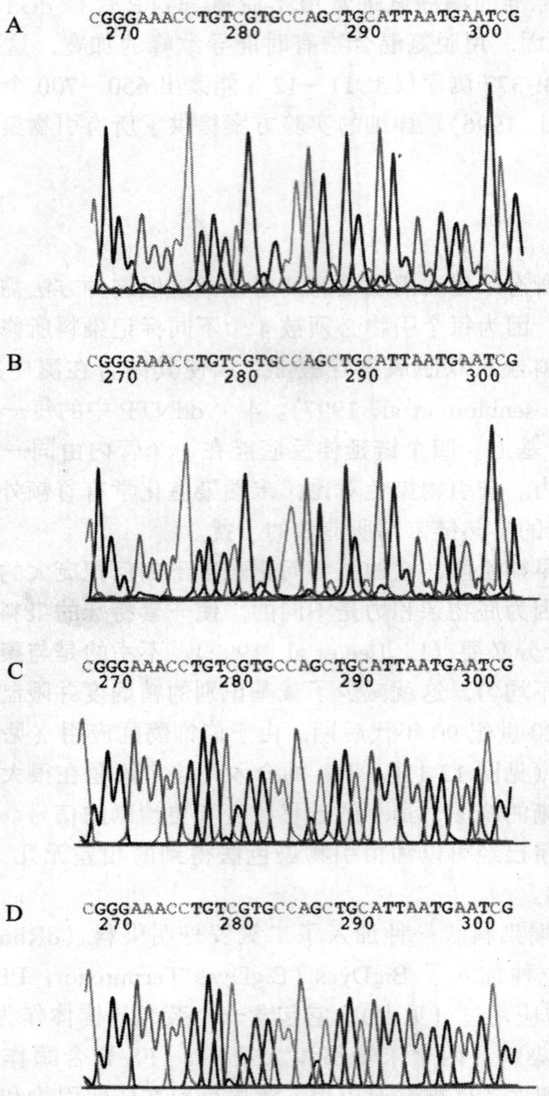

图 12-11　染料-末端(Dye-Terminator)测序化学法图谱的比较

(A) 用 AmpliTaq 聚合酶按照罗丹明染料末端方法进行测序的结果中会出现异常的峰图模式。最值得注意的是 G 峰后 C 峰偏低，T 峰和 G 峰后 T 峰偏低，C 峰后 C 峰偏高(Parker et al. 1995)。(B)用 AmpliTaq 聚合酶 FS 按照罗丹明染料末端方法测序比用 AmpliTaq 的结果有所提高，但是，仍然出现 A 峰和 C 峰后 G 峰偏低，G 峰后 A 峰偏高，将导致后续序列判读出错(Parker et al. 1996)。(C)用 AmpliTaq 聚合酶 FS 按照二氯罗丹明(Dichlororhodamine)染料末端方法测序能够获得理想的测序结果。总体的信号强度虽然低于罗丹明末端化学测序技术，但是 A 峰后的小 G 峰和 G 峰后的大 A 峰均得到了纠正。(D) 用 AmpliTaq 聚合酶 FS 按照 BigDye 末端测序方法能够获得尖锐的测序峰和高强信号。与二氯罗丹明末端化学测序方法相比，其总体信号和峰图的质量均得到了大幅度提高。(承蒙 E. Y. Chen 许可)

- 核苷酸类似物嵌入染色末端　嵌入类似物的能力对双脱氧链终止法起决定性因素。带每个标记染料末端的链终止的效率必须同避免低质量的不均匀峰数据的效率相似（见图 12-11）。对其染色末端有很高亲和力的酶，如 AmpliTaq FS，有一个优点，即由于能够利用比较低浓度的染色末端，这样就节省了费用和除去未嵌入染料的难度。
- 核酸外切酶活性　聚合酶经常有 3′-核酸外切酶"校正"和/或在 DNA 复制后切掉引物的 5′-核酸外切酶能力。因为这两种能力都不是测序所需要的，所以聚合酶的突变体中应将其去除（例如，热测序酶［Amersham］和 AmpliTaq 聚合酶 FS［PE Biosystems］）。

更多的关于耐热 DNA 聚合酶的信息见方案 5 的表 12-9。

测序模板

直到最近，大规模测序操作的基本资料已经从引物染色测序的实践中收集起来；末端染色测序仅仅被用来填补缝隙和处理麻烦区域（E. Y. Chen et al. 1996）。然而，获得最高质量的最终资料要求所有序列通过两次定向和两次化学成分来获得。与用化学方法得到的结果进行的比较提供了顺序质量的检验，因为每次化学的错误模式经常是不同的（Chissoe et al. 1997）。随着最近研究的发展，更为省力的末端染色法正在逐渐在大规模测序计划上取代引物染色法。用两套染色末端，dRhodamine 和 BigDyes，可能成为一个结果完成需要的"双保险"的新标准。

BigDyes 末端测序反应能和众多模板很好地作用，包括单链、双链和 PCR 产生的 DNAs，还有细菌的人工染色体克隆或 5Mb 的基因组 DNA 片段（C. Chen et al. 1996, Heiner et al. 1998）。对各种各样模板进行测序的最佳条件见表 12-22。尽管在更多的模板的情况下信号的强度趋向于变得更低了，但是碱基确认的质量仍然很高，因为通过增加亮度和提高染料的光谱分辨率碱基带的干扰被明显地减少了（Rosenblum et al. 1997）。为了弥补在测序反应中较低的模板摩尔浓度可以增加引物浓度（2～5 倍），这样循环次数的增加可让反应得以维持。这些改变增强了信号强度使结果更为精确、可读序列更长。

表 12-22　对应各种类型模板的 BigDye 末端测序条件 12.99

模板类型	M13/PCR 产物	质粒	BAC	Microbial DNA
标准大小	2～9kb	＜10kb	200kb	直到 5Mb
反应混合物				
DNA 模板（近似）	30ng	400ng	500ng	2～3μg
BigDye 末端	3μl	4μl	16μl	16μl
引物	3pmoles	3pmoles	6pmoles	12pmoles
总体积	10 μl	10 μl	40 μl	40 μl
循环条件				
首次变性	96℃/1 min	96℃/1 min	95℃/5 min	95℃/5 min

续表

模板类型	M13/PCR 产物	质粒	BAC	Microbial DNA
标准大小	2～9 kb	＜10 kb	200 kb	直到 5Mb
变性	96℃/10 s	96℃/10 s	95℃/30 s	95℃/30 s
退火	52℃/10 s	52℃/10 s	55℃/20 s	55℃/20 s
延伸	60℃/4 min	60℃/4 min	60℃/4 min	60℃/4 min
循环次数	25	25～50	30～75	45～99
反应清除				
乙醇或异丙醇沉淀	yes	yes	yes	yes?
G-50 旋转柱	no	no	yes	yes
在 377 测序胶上加样				
Resuspension 体积	3 + μl	3 + μl	2 μl	2 μl
加样体积	1 μl	1 μl	1～2 μl	2 μl
可读长度（碱基）	750 +	750 +	550～750	500～600

优化反应

在自动测序中为获得理想的结果还有几个其他的因素也很重要。

- 尽管这是一个“低技术含量”的看法，但用干净的和无任何干涉引物复性的污染物的模板 DNA 是很关键的。对于特殊的 PCR 产品，污染性的寡核苷酸和 dNTPs 能方便的被 *Exo* Ⅰ/SAP 消化处理（Hanke and Wink 1994，Werle et al. 1994，C. Chen et al. 1996）。
- 对于以毛细管为基础的自动 DNA 测序仪加样，样品必须去尽离子，因为这些离子干涉电压的输入过程。不管在传统的还是在自动测序仪上都要特别注意在向凝胶加样时需去除过剩的染色末端。当模板 DNA 比较大时此点尤为重要，因为残余的染料能产生模糊的低强度的信号（Heiner et al. 1998）。
- 可以想像引物的设计是十分重要的。一般来说，自动测序和手工测序在引物设计上采用同样的规则。简单地说，成功的引物是由一个 16～25 个核苷酸单一序列（模板 DNA 越大寡核苷酸就越长）、合适的 G/C 含量和不易折叠成二级结构组成的（Buck et al. 1999）。
- 对于实验室分析大量的样品，一个带有如液压自动机的操作工具的有效的质量控制系统对于维持持续的高操作量和精确度是十分必要的。

基因组测序战略

测序策略的革新伴随着由技术进步导致的数据处理量的扩增。直到 1988 年，才开始对较大基因组进行测序的尝试（大于 5Mb，包括酵母、线虫、拟南芥和人类），包括描绘图谱。特别是平均在 150～200 kb 的大的插入 *E. coli* 亚克隆（如 BACs）的重叠测定的建立，随后对这些克隆逐个全部测序。BAC 克隆的序列由一种已建立的鸟枪法测得，应用 1～2kb 的随机克隆片段，然后对足够的样品进行测序以随机性地覆盖靶区域。

随着测序处理量的增多，绘制图谱的过程逐渐成为一个瓶颈。然而，近来的基于整个基因组鸟枪法（Weber and Myers 1997，Vener et al. 1998）的测序方法成功地挑战了传统的分步克隆方法（Green 1997）。这种策略已被用于结束人类基因组计划和推动鼠和其他复杂基因组的研究。技术性差别在于对于一个大的基因组（像人类基因组）的整个基因组鸟枪法需要同时读约 6 千万序列（每个序列约有 500 个碱基），而以前的方法（测序后绘图）只需要同时读几千个。因此，两种方法的支持者产生了激烈的争论，焦 12.100
点在于计算能力、缺口填补问题和消耗效率。然而，通常达成一致的是全基因组鸟枪能迅速产生新的数据，尽管常常是片段化形式，仍易于尽快发现新的基因。这种方法的成功运用依赖于高能力的计算机和复杂的软件，能够在比较和匹配千万个测序样两端读码的同时对数据进行计算。事实上，鸟枪法也用于各种从克隆基因和遗传标记得来的信息的描绘，这些都对促进序列装配有帮助。而且使用从多个个体获得的 DNA 样品可能会导致发现和分类许多多态性部位。到 2000 年初，越来越多的科学家相信绘图/测序和鸟枪法结合是更好的方法（Pennisi 2000）。

展望

在过去的 15 年里，测序的仪器操作和测序化学达到了一个真正接近完全自动测序的水平（见图 12-10）。碱基识别软件、序列装配软件、模板制备技术等的进一步发展和完善显著地简化了测序操作和随后的编辑过程。结果，对大规模测序计划的限制因素是仪器的购买与维修以及试剂的费用而不是大量高技术人员的参与。因此研究人员应该脱身去完成发明自动测序仪所要实现的首要目的——就是去鉴定基因、把它们定位到实际物理图谱上，研究它们发展的根源和把它们的结构、表达模式和生物功能制成图表。

微量滴定板

双脱氧介导的 DNA 测序反应的成分能被集中在耐热的微量滴定板上的孔中，这种微量滴定板有 96 个约 300μl 容量的 U 型孔。测序反应中从引物和模板的退火，到甲酰胺停止混合的附加步骤的测序反应等所有步骤都可以同步进行，而不用把反应混合物转移到新的试管或平板上。当几套测序反应同时进行时，微量滴定板尤其适用。如果各种各样的反应物能用 8 管或 12 管的吸移管管理器转移到孔中，效率高的 96 个测序反应可以容易地在 1 h 之内完成。因为反应物的每个不同的成分被加到了孔的壁上，通过在一个有滴定板固定物的低速离心机上离心滴定板就能使 96 个反应同时开始。荧光和放射性标记物也可以被加入。下面是一些主要问题。

- *加热微量滴定板* 在退火期间，需要保证平板上每个孔中的液体是等量的。用微量滴定板的原因在于它是被设计用来进行热循环的。微量滴定板足够薄的原因是为了促进热量能够在滴定板中快速转移。在 55℃（退火）、37℃（延伸-终止阶段）或 85℃（变性）的温浴可在一个热循环或通过购买或组装的烘箱实现，这个烘箱可用按标准形式设计的加热元件组合而成（Koop et al. 1990）。在早些时候测序反应是通过一个漂浮在水浴上的敞口的微量滴定板，像舰队一样。

这很有趣，但是常常导致许多水浴被放射性物质污染和许多测序反应由于被淹没或被蒸发而废掉。

- *凝缩和蒸发*　现今大多数加热设备和热循环仪一般都带有加热盖，这大大地减少了凝缩和蒸发。用 Saran 包装纸覆盖滴定板或盖上配有的塑料盖（例如，Falcon 3913；Becton Dickinson)，可以使蒸发被更大程度地减少。
- *小孔的交叉污染*　要阻止不同孔之间的偶然的液体转移就需要小心操作。在混合和贮存步骤时，平板最好用塑料平板封闭膜和压力-感光胶片（Falcon 3073；Becton Dickinson）封好。
- *离心*　这要求离心机有能支持微量滴定板的转子以及转速能够达到 4000rpm。转子应该有带胶皮或聚苯乙烯泡沫的垫。

12.101　*E. coli* DNA 聚合酶Ⅰ的 Klenow 片段

E. coli DNA 聚合酶Ⅰ（PolⅠ）是一个对 DNA 复制和修复十分重要的酶（Kornberg and Baker 1992)，被枯草溶菌素温和处理后可被分解为两个片段，其中较大的包含了第 326～928 个氨基酸残基，它被称为 Klenow 片段。Klenow 片段上带有 PolⅠ的 DNA 聚合酶和 3′→5′外切核酸酶的活力（Brutlag et al. 1969，Klenow and Henningsen 1970，Klenow and Overgaard-Hansen 1970)。而全酶 5′→3′外切核酸酶活力则在小的未命名的 N-末端片段上（第 1～325 个残基）(综述见 Joyce and Steitz 1987，见表 12-23)。

PolⅠ基因的核苷酸顺序已经报道（Joyce et al. 1982)，并且编码 Klenow 片段的 DNA 片段已经被克隆进各种载体。因为商业目的和为生物物理和生物化学研究，包括 X 射线晶体衍射制备了大量的 Klenow 酶（例如，见 Joyce and Grindley 1983，Pandey et al. 1993)。

表 12-23　*E. coli* PolⅠ聚合酶的功能域

酶功能	结构域
dNTPs 聚合酶活力	C-末端结构域（46kDa)（残基 543～928)
DNA3′→5′外切酶活力	中央结构域（22kDa)（残基 326～542)
DNA5′→3′外切酶活力	N-末端结构域（残基 1～325)

注：前两个结构域组成聚合酶Ⅰ的 Klenow 片段。

在分子克隆中 Klenow 酶的应用

- *限制性酶填补由 DNA 消化产生的 3′凹端*　通常，一种缓冲液既可用于限制酶切割 DNA，也可用于随后的填补 3′凹端。末端填补反应能受控于从反应中删除 4 种 dNTP 中的一种、两种或三种，从而产生特殊填补的新的黏性末端。
- *通过放射性的 dNTPs 标记 DNA 的 3′端*　通常，这种标记反应包含三种未标记的 dNTP，浓度在 K_m 以上，和一种极低浓度的标记 dNTP，通常浓度低于 K_m。在这样的条件下进入 DNA 的标记部分会非常高，尽管反应速度可能还没达到最大速度。高浓度的三种未标记的 dNTP 减少外切核酸酶从模板 3′末端切去核苷酸的可能性。向反应中加入哪种 α-标记的 dNTP 取决于 DNA 末端的序列和性质。

3′凹端能被任何 dNTP 标记，只要能与突出的 5′末端未配对的碱基互补。这样靠选择放射性标记，dNTP 可以使放射性活力结合在重建末端的任何位置。为保证所有的放射性标记分子长度相同，需要进行包含高浓度的所有 4 种未标记 dNTP 的“追踪”反应来完成末端填补反应。

平头末端和突出的 3′末端可被用 Klenow 片段的两个结构域的酶反应所标记。首先，3′→5′核酸外切酶除去 DNA 的突发的尾部形成 3′凹端。然后，在高浓度放射性标记前体的存在下，在 3′末端结合上放射标记的 dNTP 以平衡外切核酸降解。这种包括从缺陷或平头 DNA 3′末端除去和替换循环的反应有时被称为交换或者替换反应。此种反应能够达到的特殊活性不大，因为 Klenow 酶的 3′→5′外切酶活性不强，特别是对双链底物。T4 DNA 聚合酶具有较强的 3′→5′外切核酸酶活力，比 Klenow 片段活性高 200 倍，可被选作此种类型的酶。

如果使用的是常规的［^{32}P］dNTP 而不是［^{35}S］dNTP，反应则只能进行一轮移除 12.102
和替换而不是连续反应，这是因为 *E.coli* DNA Pol I 的 3′→5′外切酶活性无法攻击硫酯键，而不像 T4 DNA 聚合酶所具有的外切酶活性那样（Kunkel et al. 1981，Gupta et al, 1984）。

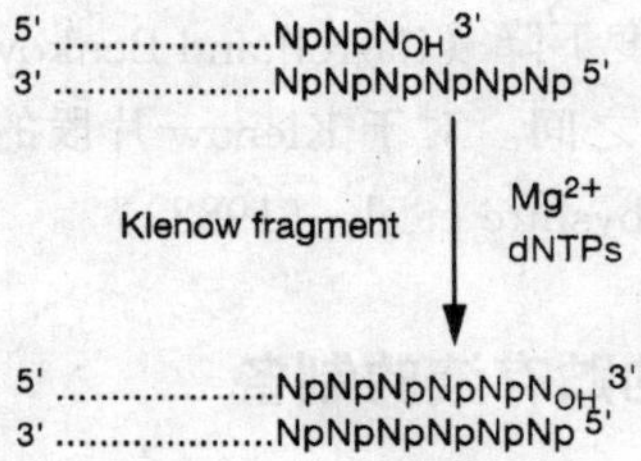

图 12-12　使用 Klenow DNA 聚合酶填充 DNA 片段的 3′末端

在 dNTPs 和 Mg^{2+} 存在下，通过限制性内切核酸酶酶切所产生的 3′末端能够被 DNA 聚合酶的 Klenow 片段所填充。

- 通过随机引发标记单链 DNA　（Feinberg and Vogelstein 1983，1984）（见第 9 章方案 1）。
- 通过引物延伸法产生单链 DNA 探针　（Meinkoth and Wahl 1984，Studencki and Wallace 1984）（见第 7 章方案 12）。

许多年来，Klenow 酶是高质量的商业用酶，进而则成为完成应用于 DNA 体外合成的酶。然而，由于更好的适合各种合成任务的聚合酶已经被发现或工程化，Klenow 酶逐渐被取代，在分子克隆中已经不再是适于广泛的操作程序的首选。在有些程序中已经排在了后面。

- 用 Sanger 法进行 DNA 测序　用 T7 DNA 聚合酶（测序酶）代替 Klenow。用耐热聚合酶给出更长的阅读长度。
- 在体外诱变过程中从单链模板合成双链 DNA　尽管 Klenow 片段仍广泛用于

在体外用诱变引物合成环状 DNA，但它已不是用于这方面最好的酶。只有大量的连接酶存在于聚合/延伸反应混合物中，Klenow 酶才能从模板链上替换诱变寡核苷酸引物，从而减少获得突变的数量。这一问题可以通过使用 DNA 聚合酶来解决，这些酶不能发生链的替换，其中包括噬菌体 T4 DNA 聚合酶（Nossal 1974，Lechner et al. 1983，Geiselsoder et al. 1987），噬菌体 T7 DNA 聚合酶（Bebenek and Kunkel 1989）和测序酶（Schena 1989）。噬菌体 T4 基因 32 蛋白质被用于由 DNA 聚合酶（包括 Klenow）催化的引物延伸反应中以减轻由模板二级结构复杂而引起的停顿问题（Craik et al. 1985，Kunkel et al. 1987）。

- 聚合酶链式反应　　Klenow 片段是首先用于 PCR 的酶（Saiki et al. 1985）。但是，目前它已经完全被耐热 DNA 聚合酶所取代，耐热 DNA 聚合酶不需要在每轮合成和变性后重新补充。

事实和图表

用于衡量 Klenow 片段聚合酶活性的经典实验是用 polg（d［A-T］）为模板的 Setlow（1974）方法。一个聚合酶活力单位是在 37℃ 10min 内催化 3.3nmol 的 dNTP 进入酸溶性物质所需要的酶量。纯的 Klenow 片段有约 10 000 单位/mg 蛋白质的比活力（Derbyshire et al. 1993）。反应通常在 Mg^{2+} 存在的条件下进行。用 Mn^{2+} 代替 Mg^{2+} 会增加错误几率，而使校正准确度下降（Carroll and Benkovic 1990）。酶的对于 4 种 dNTP 的 K_m 值分布在 4～20 μmol/L 之间。对于 Klenow 片段的外切核酸酶活力测定的方法见 Freemont et al.（1988）和 Derbyshire et al.（1988）。

12.103 用于测序的寡核苷酸引物的贮存液的制备

在双脱氧介导的 DNA 测序反应物中一般寡核苷酸引物的分子数是单链 DNA 模板的 5 到 10 倍。然而这并非固定标准。如果测序结果不够理想，研究人员不应该坚持引物和模板比率不变。通过增加或减少引物与模板的比率适合于解决以下问题：多位点启动所导致的人工测序假象、双链 DNA 模板的无效启动、在循环测序反应中产物的低产量。在用传统方法合成的寡核苷酸引物时，有时候靠经验决定引物对测序反应模板的理想比率是十分必要的。

寡核苷酸引物的贮存液既能被用于 DNA 测序也能用于 5′-末端的染色。在溶解和稀释寡核苷酸引物时都要带手套。如果寡核苷酸引物仅仅被用于 DNA 测序，冻干的粉末引物应该用水溶解成浓度为 1～2 μg/ml（0.03～0.05A_{260}/ml）的溶液。贮存液应在 −20℃ 储藏。

在手边有两种寡核苷酸引物经常是很方便的，一个是 185 μg/ml（5.0A_{260}/ml），它能在由寡核苷酸激酶激活的反应中被磷酸化（见第 10 章方案 2）和用于测序反应，另一个的浓度是 1～2 μg/ml（0.03～0.05 A_{260}/ml）用于带放射性 dNTP 的测序反应。

通用引物（1 μg）一般为 19 个核苷酸，约等于 160 皮摩尔（pmol）。其他长度的寡核苷酸的转换值见表 12-24。

通常，实验室合成的引物用于放射性标记DNA测序时一般不需要用凝胶电泳纯化。长度不对的寡核苷酸的污染量通常较低（<10%），不足以影响DNA序列的质量。但当5′端放射性标记寡核苷酸在测序反应中做引物时这个结果就不正确了，用凝胶电泳纯化（第10章方案1）的引物就是为这个原因而被提出的。以这种方式纯化的引物在循环测序方案中能够得到最好的测序数据（方案6）。

一般几种不同长度（从15到26个核苷酸）的引物来自于大量不同的商业供应者（见第8章：通用引物）。用重组的噬菌体M13模板和不同长度的引物进行反应，所得序列的质量没有明显区别。然而当用变性的双链DNA如噬菌体或质粒做模板时，较长的引物（>20核苷酸）能产生少许假带。

表 12-24 转换寡核苷酸的摩尔浓度成重量单位

寡核苷酸（核苷酸）的大小	1 μl 中含 DNA 的 pmols 数	1 μl 中含 DNA 的分子数
8	385	2.32×10^{14}
10	308	1.85×10^{14}
12	257	1.55×10^{14}
14	220	1.34×10^{14}
16	193	1.16×10^{14}
18	171	1.03×10^{14}
20	154	9.27×10^{13}

注：以上数据由计算所得，基于假设核苷酸的分子量是324.5道尔顿和Avogadro's number的值是6.0220×10^{23}。

测序酶 12.104

野生型 T7 DNA 聚合酶

这种聚合酶包括两个亚基，一个由噬菌体编码，另一个由 *E.coli trxA* 基因编码。噬菌体T7的基因5编码一个DNA聚合酶（分子质量约为80 000），此酶包含三个分离的结构域，其中之一与DNA聚合酶B（Pol α）家族其他成员的DNA结合和聚合结构域有高度的同源性。DNA聚合酶B家族包括 *Taq* 聚合酶和 *E.coli* DNA聚合酶Ⅰ（见Joyce and Steitz 1994，1995；Pelletier 1994，Perler et al. 1996，Steitz 1998）。结合/聚合结构域占据了野生型T7 DNA聚合酶的大部分羧基末端序列。该分子的氨基末端结构域对单链和双链DNA均有很强的3′→5′核酸外切酶活性。聚合酶的第三个结构域［76残基“拇指（thumb）”结构域］与宿主编码的蛋白，硫氧还蛋白形成1∶1的复合物（Doublie et al. 1998，Kiefer et al. 1998）。

由于聚合速度快和高度加工，聚合酶∶硫氧还蛋白复合物能够复制T7的全部基因组，而不会从模板DNA上解离下来（Huber et al. 1987，Tabor et al. 1987，Bedford et al. 1997）。

测序酶 1.0 和 2.0 版本

野生型T7 DNA聚合酶的强大的3′→5′外切核酸酶活性阻碍其用于DNA测序。将此酶与还原剂、分子氧和化学计量浓度的铁离子共同保温几天可大大降低其3′→5′外切核酸酶活性（Tabor and Richardson 1987b）。局部产生的自由基对外切核酸酶结构域的特异性修饰将导致其失活。以此种方式化学修饰的噬菌体 T7 DNA 聚合酶曾由 USB 销售，商品名是测序酶（Sequenase）。这一测序酶的第 1.0 版本后来被测序酶 2.0 版本所取代。在测序酶 2.0 版本中删除了 28 个氨基酸使其 3′→5′外切核酸酶结构域全部失活（Tabor and Richardson 1989a）。测序酶的外切核酸酶缺陷形式展现出很强的线形移换能力，使它们能对折叠成二级结构的模板起作用。

一个单位的测序酶可以催化 1nm 核苷酸混合物变为酸溶形式。在标准测定条件下，37℃ 30s 用 5μg 引物 M13mp18 DNA 作为模板。因为测序酶和测序酶 2.0 的特异性活力有差别，生产商对这两种酶的活力单位用不同的定义。接近 2.5 单位的测序酶等于 1 单位的测序酶 2.0。生产商提供的这两种酶的浓度通常要稀释 8～20 倍而达到测序的最佳浓度。稀释是为了降低甘油的浓度，甘油会在电泳缓冲液中与硼酸盐离子起反应，引起测序胶的包含 400～600 个核苷酸的 DNA 片段区域变形（见 DNA 测序反应中的甘油）。

测序酶有效地掺入 ddNTPs 和其他 dNTPs 类似物

测序酶是用于 DNA 测序非常好的酶，因为它可以产生长的测序梯，而从一个带到下一个带的标记强度几乎无变化（Fuller 1992）。显然，这种性质的产生很大一部分原因是一个羟基附着此酶 526 位的酪氨酸残基（Tabor and Richardson 1995）。测序聚合酶而不是测序酶催化 ddNTP 结合的速率仅是 dNTP 的 0.02%～1%，测序酶则更有效。在一般 DNA 测序所应用的条件下，测序酶催化 ddNTP 结合的速率为 100 个核苷酸/s，是催化 dNTP 速率的 33%。然而，用 Phe 置换 526 位的 Tyr，会使利用 ddNTP 的效率降低大于 2000 倍。将 *E. coli* DNA 聚合酶 Ⅰ 或 *Taq* 聚合酶的类似氨基酸置换为 Tyr 会使 ddNTP 的利用率增大到 8000 倍（Tabor and Richardson 1995）。用这种方式修饰的酶（表 12-9）能产生在长度、外观和清晰度上与测序酶相媲美的测序凝胶。像其他几种测
12.105 序的酶一样，测序酶已用做底物染色标记终止物（L. Lee et al. 1992，Fuller et al. 1996）；α-硫代 dNTP 和 dGTP 类似物如 7-脱氮-dGTP 和 dITP，被用于从测序凝胶中除去压缩假象（Tabor and Richardson 1987a）。

测序酶的进展是哈佛医学院的 Charles Richardson 实验室的主要工作，Stanley Tabor 和一个博士生也做了大量工作。Tabor 是 Herbert Tabor 和 Cecilia Tabor 的儿子，Herbert 是多年生物化学杂志（*J Bio. Chem.*）的主编，而 Cecilia 是多胺领域的学术领导者。Tabor 和 Richardson 发表了一系列有逻辑性的精致文章，报道了用噬菌体 T7 DNA 聚合酶的化学修饰形式，代替双脱氧测序反应中 *E. coli* DNA 聚合酶 Ⅰ 的 Klenow E（Tabor and Richardson 1987b）。用 Mn^{2+} 代替 Mg^{2+}（Tabor and Richardson 1989b）而产生在强度上高度一致的带（Tabor and Richardson 1989b）。测序酶 2.0 的工程化（Tabor and Richardson 1989a）；用焦磷酸化酶防止在测序反应延长的过程中产生的终止链 3′末端焦磷酸解而脱去 ddNTP 残基（Tabor and Richardson 1990）；最后，鉴别可有效利用 ddNTP 作为底物的残基（Tabor and Richardson 1995）。这些工作的详细描述发表在 Tabor 和 Richard 20 世纪 80 年代末和 90 年代初的一系列专利中（U.S. Pantents 4, 946, 786；4, 795, 699 和 4, 910, 130）。

使用 PCR 扩增 DNA 进行传统的链终止测序 12.106

经 PCR 放大的双链产物测序的方法在理论上很有吸引力，但是实际上并不可靠。此方法要求研究者对模板 DNA 单链或双链进行测序，必须具备不用克隆到细菌或噬菌体而产生测序所用的模板的能力。然而，正如许多这方面的文章所显示的一样，双链 PCR 产物的直接测序仍然面临技术上的挑战。

成功的关键在于严格优化放大步骤以抑制错误起始，精确纯化以除去残留引物耐热 DNA 聚合酶、未利用的 dNTP 和最初模板的非特异扩增的 PCR 产物，纯化一般包括旋转柱层析或商品化树脂，随后从琼脂糖或聚丙烯酰胺凝胶洗脱得到想要的片段。由于这些工作，不难理解许多研究者转而去进行循环测序（见方案 6）或者选择较成熟的传统路线，将 PCR 产物克隆进质粒或噬菌体 M13 载体中。

因为大小、产率和放大产物的特异性不同，现有的纯化方法都不能用于纯化每一种 PCR 产物。然而，经过一些努力，总是可能发明一种成功的对特异 PCR 产物的纯化方案。下面列出了可以用的选项。这些选项的详细说明在本手册的其他部分。

- 清除残留的引物和未利用的 dNTP

  旋转柱层析。琼脂糖凝胶 CL-6B 或葡聚糖凝胶 S-400（见附录 8）。琼脂糖凝胶 CL-6B 在 TE（pH7.6）中平衡，可除去大于 190bp 的双链 DNA。两种基质都会阻止 dNTP、引物和引物二聚体通过。离心超滤 Centricon-100 或 Microcon-100 单位（Krowczynska and Henderson 1992, Leonard et al. 1998, 见第 8 章方案 3）。

- 除去残留的耐热 DNA 聚合酶

  Taq 聚合酶和可能的其他耐热 DNA 聚合酶，存在于酚:氯仿抽提物，乙醇沉淀物中。通常用于纯化 PCR 产物（Crowe et al. 1991, Barnes 1992）。DNA 聚合酶的持续存在，加上残留的 dNTP，可能会污染由其他耐热 DNA 聚合酶，如 Thermo 测序酶和 AmpliTaq 催化的链终止测序反应。清除残留的耐热 DNA 聚合酶的方法详述于第 8 章方案 3。

- 清除非特异性扩增产物

  靶 DNA 从不同大小的扩增 DNA 中经低溶解/凝固温度琼脂糖凝胶电泳分离（见第 5 章）。想要的 PCR 产物即可用第 5 章描述的方法从凝胶上回收。

当 PCR 产生相近大小的异种产物时，有必要进行第二轮 PCR，用嵌套引物或者一种限制酶切割不想要的产物，或者用更复杂的电泳系统，例如，变性梯度凝胶电泳 (Fischer and Lerman 1983, 详见 Myers et al. 1998)。

最后，扩增 DNA 测序所遇到的困难并不是惟一的。和其他的双链 DNA 一样，扩增 DNA 在变性以后不可避免的要重新结合，因此测序引物可能不能退火或者 DNA 聚合酶可能不能沿模板进行到全部长度（Gyllensten and Erlich 1988）。减小这一问题的方法是在热变性或碱变性之后迅速将扩增的 DNA 转移到不利于 DNA 链重结合的条件，即低温和低离子强度。变性 DNA 越快用于退火和延伸/终止反应越好（见方案 2）。

12.107　用于 DNA 测序的 dNTPs 和 ddNTPs 贮存液的制备

在双脱氧测序反应中，引物延伸的每一步骤都有两种可能的后果：链的延伸和链的终止。链延伸出现在 DNA 聚合酶催化的 dNTP 结合到新生 DNA 链上。链的终止是由于结合了 ddNTP。因此，链延伸和链终止之间的平衡由每个测序反应中 dNTP 对 ddNTP 的比率所决定。

用于双脱氧介导测序中的每种 DNA 聚合酶对常规 dNTP 和链终止的 ddNTP 有不同的亲和力。因此，一种有很好结果的酶的反应混合物可能对另外一种效果就不好。通常必须调整 ddNTP 的浓度以获得最佳结果。当第一次用一种特殊的 DNA 聚合酶进行测序时，作者建议从生产商那里购买包括相关 DNA 聚合酶、预制链延伸/终止混合物，单链模板和寡核苷酸引物（见附录 13）的试剂盒。由于试剂盒的组分会被用完，可以用自制的材料代替，这样更便宜而且能制成广泛的浓度范围。每批新的试剂都要进行检测，以标准的模板和引物和一定范围浓度的 dNTP 和 ddNTP 建立一系列的测试反应。最初最好用混合浓度的 dNTP 和不同浓度的 ddNTP。通常，需要几个系列的测试反应对条件进行优化。下面的贮存液被用于制备工作液，这种溶液是 *E. coli* DNA 聚合酶 I 的 Klenow 片段、测序酶或耐热（如 *Taq*）DNA 聚合酶进行的测序反应的 dNTP 和 ddNTP 溶液。

脱氧核苷酸	分子质量	配 1 ml 20mmol/L 溶液需要的数量（mg）
dATP	491.2	9.82
dCTP	467.2	9.34
dTTP	482.2	9.64
dGTP	507.2	10.14
dITP	508.2	10.16
ddATP	475.2	9.50
ddCTP	451.2	9.02
ddTTP	466.2	9.32
ddGTP	491.2	9.82
7-脱氮-dGTP	506.2	10.12
7-脱氮-dITP	507.2	10.14

注：用少量水溶解脱氧核苷酸或双脱氧核苷酸，然后用 pH 试纸和自动加样设备加入少量 2 mol/L NaOH 调节 pH 到 8.0。

配贮存液可以选择性地将适量的脱氧核苷三磷酸或者是双脱氧核苷三磷酸固体溶解于 1 ml 水中。混匀管中成分小包装贮存于 -20℃。

已调 pH 的 dNTP 和 ddNTP 溶液可以从许多生产商那里买到。

碱基类似物 dITP 和 7-脱氮-dGTP 在链延伸/终止反应中可替代 dGTP 以减少二级结构的问题。这些类似物形式与 dC 形成的碱基对只包含两个氢键，而不是像正常 G-C 碱基对的 3 个氢键。因此，类似物-C 碱基对在凝胶电泳分离之前更容易变性，而且在实际走电泳的过程中形成二级结构的趋势较弱。然而，由于 dITP 和 7-脱氮-dGTP 的使用会在链延伸/终止反应中产生明显的停顿，所以包含碱基类似物的测序反应常与包含 dGTP 的反应平行进行。

贮存液通常包括单独的浓度为 10 mmol/L 或 20 mmol/L 的 dNTP 或 ddNTP，视研究者的需要而定。分装贮存于-20℃，可以稀释使用，如稀释成 5 mmol/L 的含有所有 4 种 dNTP 的溶液。

用微量天平称量所需要量的 dNTP 或 ddNTP 放入灭菌的微离心管中。在制备不同 dNTP 或 ddNTP 溶液时要用一次性药勺或者在每次称量之间用乙醇清洗好药勺。下表给出了配制 1 ml 20 mmol/L 贮存液所需的固体，无水脱氧核苷酸或双脱氧核苷酸量。

DNA 序列测定中的甘油 12.108

DNA 测序中所用的 DNA 聚合酶一般多由商家供应，并在含 50%甘油的缓冲液中保存，这可以使酶制剂保存在-20℃而不结冰。因为甘油和其他的邻二醇也能稳定蛋白质-蛋白质相互作用（包括单亚基蛋白质内部结构域相互作用）并因此保持酶免受变性作用，所以 DNA 测序反应可以在更高的温度下反应更长时间，而酶活力的丢失并不明显。然而，样品中高浓度的甘油（>5%）易使 DNA 测序胶在测序轨迹上出现扭曲，并使大于 300 个碱基的样品条带模糊（Tabor and Richardson 1987a)。这些效果几乎理所当然归因于甘油与硼酸的反应。它们在凝胶电泳缓冲液中形成了负电荷酯，而这些酯在电泳中通过凝胶迁往阳极。这个问题可以通过几个方面解决（Pisa-Williamson and Fuller 1992)：

- 稀释 DNA 聚合酶于冰冷的不含甘油的缓冲液中，通常的做法是稀释之后立即使用，并弃掉任何无用的残余。
- 除去甘油。通过一种 P2 凝胶过滤介质（Bio-Rad）以离心的方式从厂商的缓冲液中除去甘油，在厂商的建议下在无甘油下平衡缓冲液（Trevino et al. 1993)。
- 在走胶之前先用乙醇沉淀测序反应产物
- 用氨基乙磺酸取代凝胶与电泳缓冲液中的硼酸。氨基乙磺酸是一种弱的磺基氨基酸，其 pK_a 值与硼酸相似（Pisa-Williamson and Fuller 1992)。氨基乙磺酸（taurine）/EDTA/Tris 电泳缓冲液由 89 mmol/LTris，29 mmol/L taurine 和 0.1 mmol/L EDTA 组成，即在 20×溶液中每升含 216g Tris，72g 氨基乙磺酸和 2g EDTA。

在 DNA 测序凝胶中的压缩现象 12.109

压缩现象发生在当两种或多种不同长度的单链 DNA 通过聚丙烯酰胺凝胶时以相同的迁移率进行迁移，这导致本该在不同位置的带相互碰撞，并且在压缩作用区域上边或下边存在不规则分布的条带。由于从这些带中区别正确的顺序很困难，所以这种人为的压缩现象经常在两条 DNA 带上的不同序列区域出现。当单股 DNA 在电泳中不完全变性时压缩现象就会出现。就序列和长度均相同的 DNA 而言，含有二级结构的较单链 DNA 更不易受到凝胶黏性牵拉的影响而可很快地通过凝胶。

压缩现象在 Maxam-Gilbert 和 Sanger 测序法中均可发生，主要影响 G 和 C 轨迹的阅读。尽管 A 和 T 轨迹不受影响，当表现双对称的序列位于或靠近单链 DNA 的 3′末端时，尤其这些 DNA 末端处于三个或更多 G/C 碱基连续区域时，压缩现象就会出现。这样的序列可以形成链内二级结构（发夹和十字），而且它们在电泳中通过普通测序胶（50℃ 7 mol/L 尿素）时发生不完全变性。

解决测序胶中压缩现象有几个方法。最简单的方法就能解决一半问题，就是用一种不同的 DNA 聚合酶来催化链终止测序反应。阻碍一种类型 DNA 聚合酶通过的 GC 富集区经常导致另一类型通过。许多压缩现象只对一条链特异起作用；而另外一些时候，压缩现象在两条链上都有发生，但可被少量核苷酸所补偿。每一种方法中，通过发生压缩现象的区域混合序列可被创建。如果这些都不起作用，可试着在链终止测序反应中加入如二甲基亚砜或甲酰胺一类的共溶剂到最终浓度为 10%。也可用甘油（浓度 10%），然而，这就必须用耐受甘油的电泳缓冲液去防止通过甘油和硼酸离子在常规的 TBE 缓冲液中相互作用造成的人为影响（详见在 DNA 测序反应中的甘油）。

另一种消除压缩现象的方法是减少电泳中碱基配对的机会。这些方法中没有一种是完全可靠的，都有一定的缺陷。更进一步，对它们的选择就不那么直接了，因为很少有直接的关于它们避免各种各样严重压缩现象能力的对比资料发表出来。在最完整的数据研究中 F. Blattner 为了解决一系列产生各种类型测序压缩现象的 M13 噬菌体，分析了核苷酸类似物和凝胶添加物。当在反应复合体系中应用标准 dNTP 时凝胶添加物的影响并不明显。然而，核苷酸类似物和凝胶添加物的结合形式甚至可以解决最棘手的压缩现象。一种核苷酸类似物——dITP 可以高效防止所有压缩现象。7-脱氮-dGTP 和 7-脱氮-dATP 的混合物也能做到。7-脱氮-dGTP 单用能解决 50% 的压缩现象。请注意 dITP 不应被用于 *Taq* DNA 聚合酶及其大量衍生物所催化的测序反应（见表 12-25）。

12.110

表 12-25 解决压缩的方法

方 法	解 释
dITP 在链的延伸/终止反应中用 dITP 和 ddITP 代替 dGTP 和 ddGTP。一般在反应混合物 dITP：dGTP 的比率是 4。而在 G 的终止反应混合物中 ddITP：ddGTP 的浓度是 8。	次黄苷形成的碱基对仅包括两个氢键代替了正常由 G-C 形成的三个氢键。Watson-Crick 对的必然的减弱导致了分子内“发夹”结构形成的减少。选择包括次黄苷核苷酸的反应的聚合酶，当用 dITP 做底物是，要避免选 *Taq* DNA 聚合酶和它的各种衍生物（见表 12-9）。因为在链终止反应中 dITP 主要用于终止，因此在进行包含碱基类似物的测序反应时常常平行做一个标准的含 dGTP 的反应。dITP 代替 dGTP 使核酸在凝胶中迁移更快。USB 公司生产的放射性标记的耐热测序酶终止测序试剂盒建议把 dITP 用到所有的新序列和任何引起压缩的序列。对于 dITP，USB 建议在 60℃ 延伸温度至少要持续 4min。当碱基类似物代替正常的 dNTP 时，序列的质量就有所下降。如果以 IATCITAC 的顺序把每套反应加到相邻的 8 个凝胶泳道上是有帮助的。这使每个测序反应和其他三个相邻，使空带更容易判断。参考：Mills and Kramer (1979), Bankier and Barrell (1983), Barr et al. (1986), Tabor and Richardon (1987a), Innis et al. (1988)。
7-脱氮-dGTP 7-脱氮-2′-脱氧鸟嘌呤-5′三磷酸在链的延伸/终止反应中代替 dGTP 一般在反应混合物中 7-脱氮-dGTP 和 dGTP 的数量是相等的。	7-脱氮-dGTP 的 N-7 位的次甲基阻碍 Hoogstein 键的形成。从而抑制二级结构的形成 (Barr et al. 1986)。但是，这种机制也存在问题（Jensen et al. 1991），现在来看 7-脱氮类似物可能通过减少嘌呤之间的垂直堆积相互作用而缓解压缩（Seela et al. 1982, 1989, Jensen et al. 1991）。 7-脱氮-dGTP 可以有效地解决许多由 G 残基引导的压缩，而由 A 导致的压缩则最好由 7-脱氮-dATP 或者两种类似物的结合来解决（Jensen et al. 1991）。由于 7-脱氮-dGTP 的使用加强了链终止反应中的暂停，所以包括碱基类似物的测序通常应该与包含 dGTP 的标准反应平行进行。用 7-脱氮-dGTP 取代 dGTP 使核酸在聚丙烯酰胺凝胶上迁移得更快。当用碱基类似物代替传统的 dNTP 时，序列性质往往不好。通常，将每一组反应物以 aZATCaZTAC 的顺序装入聚丙烯酰胺凝胶的相邻的泳道。这就保证了四种测序反应的每一种都与其他三种紧邻，使邻近成键的顺序更容易被鉴定出来。参考 Mizusawa et al. (1986)。

续表

方　法	解　释
7-脱氮-dATP 7-脱氮-2′-脱氧腺嘌呤-5′三磷酸在链的延伸/终止反应中代替 dATP	7-脱氮-dATP N-7位的次甲基阻碍 Hoogstein 键的形成。 从而抑制二级结构的形成。但是，7-脱氮-dATP 也可能通过减少嘌呤之间的垂直堆积相互作用而引起压缩。 7-脱氮-dATP 对解决用 A 残基引起的压缩有帮助，这种形式的压缩通常不能由 7-脱氮-dGTP 单独解决。 参考 Jensen et al.（1991）。
甲酰胺 在测序胶中存在 20%～50%的甲酰胺能解决一些压缩现象。	在 50℃，走包含甲酰胺的测序胶可解决压缩，但是这种包含甲酰胺的凝胶走的比较慢，而且在同样电压下比常规聚丙烯酰胺凝胶要冷，通常需要增加 10%的电压以保持温度。由于这种胶非常黏不易干，如果可能最好将温胶冷冻以暴露于 X 射线胶片。参考：Martin（1987），Rocheleau et al.（1992）。
电压	增大电压会使凝胶的温度上升，随之使二级结构去稳定。这样会产生很陡的温度梯度而使玻璃盘破裂。
胞嘧啶残基的化学修饰	用重亚硫酸盐或再加上甲氧基氨使胞嘧啶脱氨基转变为尿嘧啶，减少形成 G-C 碱基对的可能性。 参考：Ambartsumyan and Mazo（1980）。

7-脱氮-dGTP 12.111

7-脱氮-dGTP 是 dGTP 的一种碱基类似物，它能减弱单链核酸的分子内相互作用（见图 12-13）。用 7-脱氮-dGTP 替换 dGTP 最可能的是减少邻近的嘌呤残基之间的垂直堆积相互作用。这是由于改变了 P 电子云和减小了偶极矩（Seela et al. 1982，1989；Jensen et al. 1991）。7-脱氮-dGTP 在分子克隆中应用于以下情况：

- 在链终止 DNA 测序中解除压缩（Barr et al. 1986，Mizusawa et al. 1986）。7-脱氮-dGTP 用作不包含 dGTP 的或者包含等量 dGTP 和碱基类似物的链延伸/终止反应的底物。在此条件下，发现许多由 G 引起的压缩。用 7-脱氮-AGTP 能很有效地解除由 A 引起的压缩，然而复合的压缩则需要 7-脱氮-dGTP 和 7-脱氮-dATP 结合（Jensen et al. 1991；另见 DNA 测序胶中的压缩现象中的内容）。
- 由于 7-脱氮-dGTP 在链终止反应中引起明显的暂停，包含碱基类似物的测序反应通常应该与包含 dGTP 的标准反应平行进行。另外，由于用碱基类似物代替常规的 dNTP 时序列性质往往不好，通常将每组反应物以 aZATCaZTAC 的顺序装入聚丙烯酰胺凝胶的相邻的泳道。保证了四种测序反应的每一种都与其他三种紧邻，使邻近条带的顺序更容易被鉴定出来。用 7-脱氮-dGTP 取代 dGTP 会使核酸在聚丙烯酰胺凝胶上迁移得更快。
- 促进包含丰富 G+C 区域或稳定二级结构的 DNA 模板的 PCR 扩增（McConlogue et al. 1988）。但是，这种效率的增加要有一定的代价。在 PCR 中当用 7-脱氮-dGTP 取代 dGTP 时，结果扩增出的片段对许多限制性酶的切割都有抗性。这些酶的识别位点包含一个或多个 G 残基。例如 *Eco* RⅠ，*Sma* Ⅰ，*Sal* Ⅰ，*Pst* Ⅰ，*Bam* HⅠ，*Sau* 3A，*Alu* Ⅰ和 *Acc* Ⅰ（Grime et al. 1991）。

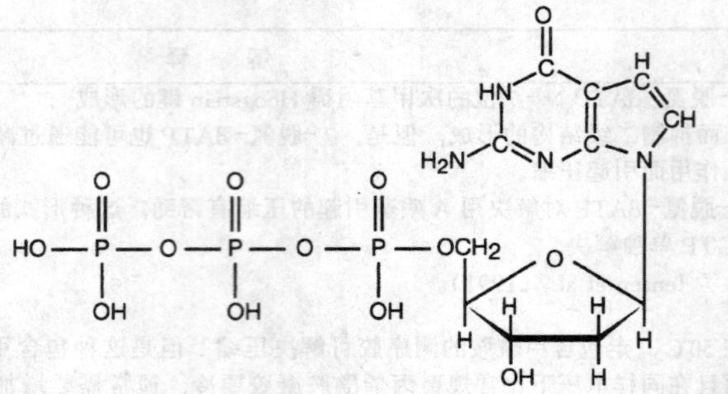

图 12-13 核苷酸类似物 7-脱氮-dGTP 的结构

12.112

二氯二甲基硅烷

二氯二甲基硅烷是有机硅氧聚合物大家族的一员，它表现出典型的高化学稳定性和不寻常的黏连特征。这些化合物里最有名的是：①Silly Putty，它的变形、弹性和卷曲特征已经被 20 世纪 60 年代的人所众知；②GAK，一种令人讨厌的绿色黏性物，它在 20 世纪 90 年代被广泛采用了 4 年之久。

在分子克隆中有机硅氧聚合物被用于防止由表面吸收作用引起的原料减少。例如，二氯二甲基硅烷是 silanizing 溶液中的活性成分，该溶液一般用于防止用于测序的薄酰胺凝胶与玻璃板相沾连。多数商业 silanizing 溶液包含溶解于 1，1，1-三氯乙烷的 2% 的二氯二甲基硅烷。该复合物被涂布于两块玻璃板之一的表面并允许在空气中干燥。一种更平坦并持久的包被可以通过使玻璃板在一由溶解于氯仿或庚烷中的 5% 二氯二甲基硅烷浸浴而获得。该玻璃板允许在室温干燥并在使用前用水清洗。

用于 DNA 测序的 Maxam-Gilbert 法中的小型物件（如毛细管和一次性的枪头）最好通过在玻璃干燥器中用未经稀释的二氯二甲基硅烷进行的蒸汽沉淀进行硅烷化。玻璃器件接下来在 180℃ 烘烤 2 h，塑料器件使用前用水大量洗涤。

12.113

阅读放射自显影相片

从凝胶阅读 DNA 序列是常规技巧——它并不像看起来那么容易。下列条目可以帮助简化该过程并减少问题：

- 一旦得到放射自显影相片就贴上有日期、曝光时间、模板名称的标签，清晰地标明各套测序反应，说明测序反应物加在各个泳道的顺序（例如，CTAG）。
- 确信能分清凝胶的左右。放射性墨水的影像或化学发光标记物应出现在加样于第一泳道的测序反应物的底部。
- 如果要搜寻新序列与已知序列之间的相应部位，可寻找显而易见的特征序列，如连续出现同聚核苷酸（如连续的 T 残基）或交替出现的嘌呤和嘧啶（如 GTGTGT）。一旦找出这种序列，即可迅速的确定目的序列的位置。

- 未知序列至少应读两次并最好由不同的人来读。如果应用了计算机辅助凝胶阅读的话可选择性地核查顺序两次。对比两次阅读结果并通过仔细的重新考察解决矛盾之处，并且如果必要再次测序以确定之。当阅读的 DNA 序列由机器产生时，比较各自在计算机上测序反应并通过初始的有编码颜色的输出指示纸带来解决矛盾。要着重注意峰高度和重叠，并且询问负责仪器的人以解决矛盾之处。
- 如果凝胶的加样次序为 TCGA 或 CTAG，通过翻转放射自显影片并从其底部读起，来阅读互补链的序列（3′→5′）（翻转的放射自显影片上各泳道应从左向右读，其次序假定为 TCGA 或 CTAG)。
- 以下的指导对阅读凝胶有帮助：

  在放射自显影片中重点观察其中的裂缝或不均的部分，这些通常代表压缩现象或 DNA 多聚物引起的问题。由 Maxam-Gilbert 操作产生的序列，联系序列 5′-CA/TGG-3′观察裂缝。肼在序列 CCA/TGG 中不会修饰 5-甲基胞嘧啶残基，它是 *E.coli* 中限制/修饰体系的识别序列，这样导致在第一个 C 残基之间产生裂隙（讨论见下)。

  在酶促反应中，单独的 C 通常要比其他三个核苷酸要弱一些。

  在 A 的同聚物中第一个 A 通常要比其他的更强。

  在 C 的同聚物中第一个 C 一般要比第二个弱很多。

  当 G 带紧跟 T 时要变弱。

  下面这些观察的真实性将随反应中所使用的 DNA 聚合酶的质量而有所不同。
- 最初由化学降解测序胶测定 DNA 序列要比 Sanger 双脱氧调节的链末端测序胶要困难得多，因为化学裂解反应并非绝对碱基特异，所以常常从那些 C+T 带中通过减少在 C 带的出现来推断 T 残基的位置。相似地，A 残基的位置可以从那些 A+G 轨迹带中通过减少 G 轨迹带来推断。如果在 A>C 轨迹中出现一条强带，那么 A 残基的出现就可以确定。要注意 5′-CA/TGG-3′序列，因为该序列在 DNA 中可能代表一个甲基化的 CCA/TGG 序列。这是一个 *Eco*R Ⅱ限制内切酶位点并且在几乎所有标准实验室 *E. coli* 菌株第二个 C5′甲基化（那些带有一个 *dcm* 等位基因的除外)。5-甲基的 C 对肼调节不敏感，并且因此在梯度中出现一个空白（如 C ____ A/TGG)。
- 由于 Maxam-Gilbert 测序法利用 ^{32}P 标记的 DNA，它的带要比那些用 ^{35}S 或 ^{33}P 标记的 dNTP 来进行 Sanger 法测定 DNA 序列的带更模糊并且更宽。这种分辨能力上的缺乏限制了可靠序列的数量，一般单个胶测定约 200～250 左右个核苷酸。

12.114

DNA 的电泳迁移率

关于 DNA 分子通过凝胶移动机制的讨论已经持续了好几年。一种理论认为 DNA 如同一条链穿过一条管道，在任意一点上管道的形状和尺度通过凝胶中邻近纤维而被界定。在电荷缺乏时，长链多聚物经过这些蛇状管道以一种称为“爬行”（reptation）的随机移动方式进行扩散（de Gennes 1971)。在持续电场的影响下，扩散过程变得有一定倾向以至卷曲的 DNA 分子趋向于经过管道朝阳极移动（Lerman and Frisch 1982，Bean and Hervet 1983，Lumpkin et al. 1985，Slater and Noolandi 1989)。爬行理论（reptation theory）假定 DNA 总是被管道包在内部，并且为电场强度保持低水平时管道全长变化很小。更高的电场导致 DNA 分子随着管道长度高度增加而变得笔直。DNA 分子于是能采取更直接的路线朝向阳极，并因此更快地通过凝胶（Lumpkin et al. 1985）。

最近几年，随着对凝胶物理性质的理解和在不同种类电场中对 DNA 行为的研究证明爬行理论面临日益增多的挑战。在一些例子中实验数据与爬行理论的推测相矛盾。例如，爬行理论预测 DNA 在稳定和变化电场凝胶电泳中，其迁移率依赖于链长而表现相同。然而，当通过脉冲场凝胶电泳中观察分离大片段 DNA 时，该预测出现了明显的偏差。其次，管道模型认为依赖于电场强度的 DNA 的迁移率与其长度有关。然而，实际上在超过一定 DNA 大小的宽广范围之外，通过多种不同凝胶的 DNA 的迁移率直接与电场强度成比例（Johnson and Grossman 1977，McDonell et al. 1977，Calladine et al. 1991）。最后，爬行理论未能充分解释以下现象，即当一个卷曲 DNA 片段或一个卷曲的蛋白质-DNA 复合物被置于一长 DNA 片段的中部时，其迁移率下降，而被置于尾部时无此现象。

关于 DNA 的迁移率人们提出了许多可能的理论，如今可较为容易地解释这些和别的问题，通过提示凝胶的微结构展现一个对 DNA 移动的内部能垒（Smisek and Hoagland 1990，Zimm and Lumpkin 1993，Volkel and Noolandi 1995，Yager et al. 1997）。DNA 的迁移率因此变成了一个统计学变量，它主要依赖相对于空间和强度屏障的 DNA 尺寸。无论何时一个 DNA 分子遇到屏障时 DNA 会堆积以打破它，最终提供足够的力量破除阻碍，形成到达阳极的直接通路。该模型因此解释了发生在扩散或电泳中广泛存在的特殊带，也预示了 DNA 电泳迁移率应该和 DNA 长度的第三种力成反比例。这种已经在某些电泳条件下被确认的依赖关系（Calladine et al. 1991）较爬行理论具有更强的优势。

张成岗　郑晓飞　译
陆应麟　吕　星　校

参考文献

12.115

Alderton R.P., Eccleston L.M., Howe R.P., Read C.A., Reeve M.A., and Beck S. 1992. Magnetic bead purification of M13 DNA sequencing templates. *Anal. Biochem.* **201:** 166–169.

Ambartsumyan N.S. and Mazo A.M. 1980. Elimination of the secondary structure effect in gel sequencing of nucleic acids. *FEBS Lett.* **114:** 265–268.

Ambrose B.J. and Pless R.C. 1987. DNA sequencing: Chemical methods. *Methods Enzymol.* **152:** 522–538.

Anderson S. 1981. Shotgun DNA sequencing using cloned DNase I-generated fragments. *Nucleic Acids Res.* **9:** 3015–3027.

Ansorge W. and Labeit S. 1984. Field gradients improve resolution on DNA sequencing gels. *J. Biochem. Biophys. Methods* **10:** 237–243.

Ansorge W., Sproat B.S., Stegemann J., Schwager C., and Zenke M. 1987. Automated DNA sequencing: Ultra-sensitive detection of fluorescent bands during electrophoresis. *Nucleic Acids Res.* **15:** 4593–4602.

Baer R., Bankier A.T., Biggin M.D., Deininger P.L., Farrell P.J., Gibson T.J., Hatfull G., Hudson G.S., Satchwell S.C., Seguin C., et al. 1984. DNA sequence and expression of the B95-8 Epstein-Barr virus genome. *Nature* **310:** 207–211.

Bankier A.T. and Barrell B.G. 1983. Shotgun DNA sequencing. In *Techniques in life sciences:Techniques in nucleic acid biochemistry* (ed. R.A. Flavell), vol. B5, pp. 1–34. Elsevier, Amsterdam, The Netherlands.

Bankier A.T., Weston K.M., and Barrell B.G. 1987. Random cloning and sequencing by the M13/dideoxynucleotide chain termination method. *Methods Enzymol.* **155:** 51–93.

Barnes W.M. 1992. The fidelity of Taq polymerase catalyzing PCR is improved by an N-terminal deletion. *Gene* **112:** 29–35.

Barr P.J., Thayer R.M., Laybourn P., Najarian R.C., Seela F., and Tolan D.R. 1986. 7-deaza-2′-deoxyguanosine-5′-triphosphate: Enhanced resolution in M13 dideoxy sequencing. *BioTechniques* **4:** 428–432.

Bean C.P. and Hervet H. 1983. Motion of DNA through gels. *Biophys. J.* **41:** A289.

Bebenek K. and Kunkel T.A. 1989. The use of native T7 DNA polymerase for site-directed mutagenesis. *Nucleic Acids Res.* **17:** 5408.

Bedford E., Tabor S., and Richardson C.C. 1997. The thioredoxin binding domain of bacteriophage T7 DNA polymerase confers processivity on *Escherichia coli* DNA polymerase I. *Proc. Natl. Acad. Sci.* **94:** 479–484.

Biggin M.D., Gibson T.J., and Hong G.F. 1983. Buffer gradient gels and 35S label as an aid to rapid DNA sequence determination. *Proc. Natl. Acad. Sci.* **80:** 3963–3965.

Birnboim H.C. and Doly J. 1979. A rapid alkaline extraction procedure for screening recombinant plasmid DNA. *Nucleic Acids Res.* **7:** 1513–1523.

Birren B., Green E.D., Klapholz S., Myers R.M., and Roskams J. 1997. *Genome analysis: A laboratory manual*, vol. 1. *Analyzing DNA* (ed. E.D. Green et al.). Cold Spring Harbor Laboratory Press, Cold Spring Harbor, New York.

Bodenteich A., Chissoe S., Wang Y.-F., and Roe B.A. 1994. Shotgun cloning as the strategy of choice to generate templates for high-throughput dideoxynucleotide sequencing. In *Automated DNA sequencing and analysis* (ed. M.D. Adams et al.), pp. 42–50. Academic Press, San Diego, California.

Boguslavsky J., ed. 2000. DNA sequencers reach production scale. *Drug Discovery & Development* **Jan./Feb:** 36–38. (http://www.dddmag.com/feats/index/htm)

Bonfield J.K., Smith K.F., and Staden R. 1995. A new DNA sequence assembly program. *Nucleic Acids Res.* **23:** 4992–4999.

Brow M.A.D. 1990. Sequencing with *Taq* DNA polymerase. In *PCR protocols: A guide to methods and applications* (ed. M.A. Innis et al.), pp. 189–196. Academic Press, New York.

Brownlee G.G. and Sanger F. 1967. Nucleotide sequences from the low molecular weight ribosomal RNA of *Escherichia coli J. Mol. Biol.* **23:** 337–353.

Brutlag D., Atkinson M.R., Setlow P., and Kornberg A. 1969. An active fragment of DNA polymerase produced by proteolytic cleavage. *Biochem. Biophys. Res. Commun.* **37:** 982–989.

Buck G.A., Fox J.W., Gunthorpe M., Hager K.M., Naeve C.W., Pon R.T., Adams P.S., and Rush J. 1999. Design strategies and performance of custom DNA sequencing primers. *BioTechniques* **27:** 528–536.

Calladine C.R., Collis C.M., Drew H.R., and Mott M.R. 1991. A study of electrophoretic mobility of DNA in agarose and polyacrylamide gels. *J. Mol. Biol.* **221:** 981–1005.

Campbell V.W. and Jackson D.A. 1980. The effect of divalent cations on the mode of action of DNase I. The initial reaction products produced from covalently closed circular DNA. *J. Biol. Chem.* **255:** 3726–3735.

Cantor C.R. and Schimmel P.R. 1980. *Biophysical chemistry.* Part III. *The behavior of biological macromolecules.* W.H. Freeman, New York.

Carey M. and Smale S.T. 2000. *Transcriptional regulation in eukaryotes: Concepts, strategies, and techniques.* Cold Spring Harbor Laboratory Press, Cold Spring Harbor, New York.

Carothers A.M., Urlaub G., Mucha J., Grunberger D., and Chasin L.A. 1989. Point mutation analysis in a mammalian gene: Rapid preparation of total RNA, PCR amplification of cDNA, and Taq sequencing by a novel method. *BioTechniques* **7:** 494–499.

Carroll S.S. and Benkovic S.J. 1990. Mechanistic aspects of DNA polymerases: *Escherichia coli* DNA polymerase I (Klenow fragment) as a paradigm. *Chem. Rev.* **90:** 1291–1307.

Chrambach A. and Rodbard D. 1972. Polymerization of polyacrylamide gels: Efficiency and reproducibility as a function of catalyst concentrations. *Sep. Sci.* **7:** 663–703.

Chen C., Su Y., Baybayan P., Siruno A., Nagaraja R., Mezzarella R., Schlessinger D., and Chen E.Y. 1996. Ordered shotgun sequencing of a 135 kb Xq25 YAC containing ANT-2 and four possible genes, including three confirmed by EST matches. *Nucleic Acids Res.* **24:** 4034–4041.

Chen E.Y. 1994. The efficiency of automated DNA sequencing. In *Automated DNA sequencing and analysis* (ed. M.D. Adams et al.), pp. 3–10. Academic Press, London, United Kingdom.

Chen E.Y. and Seeburg P.H. 1985. Supercoil sequencing: A fast and simple method for sequencing plasmid DNA. *DNA* **4:** 165–170.

Chen E.Y., Kuang W.-J., and Lee A.L. 1991. Overview of manual and automated DNA sequencing by the dideoxy chain termination method. *Methods* **3:** 3–19.

Chen E.Y., Zollo M., Mazzarella R., Ciccodicola A., Chen C., Zuo L., Heiner C., Burough F., Ripetto M., Schlessinger D., and D'Urso M. 1996. Long-range sequence analysis in Xq28: Thirteen known and six candidate genes in 219.4 kb of high GC DNA between the human RCP/GCP and G6PD loci. *Hum. Mol. Genet.* **5:** 659–668.

Chissoe S.L., Marra M.A, Hillier L., Brinkman R., Wilson R.K., and Waterston R.H. 1997. Representation of cloned genomic sequences in two sequence vectors: Correlation of DNA sequence and subclone distribution. *Nucleic Acids Res.* **25:** 2960–2966.

Church G.M. and Gilbert W. 1984. Genomic sequencing. *Proc. Natl. Acad. Sci.* **81:** 1991–1995.

Civitello A.B., Richards S., and Gibbs R.A. 1992. A simple protocol for the automation of DNA cycle sequencing reactions and polymerase chain reactions. *DNA Seq.* **3:** 17–23.

Cobianchi F. and Wilson S.H. 1987. Enzymes for modifying and labeling DNA and RNA. *Methods Enzymol.* **152:** 94–110.

Craik C.S., Largman C., Fletcher T., Roczniak S., Barr P.J., Fletterick R., and Rutter W.J. 1985. Redesigning trypsin: Alteration of substrate specificity. *Science* **228:** 291–297.

Craxton M. 1991. Linear amplification sequencing, a powerful method for sequencing DNA. *Methods* **3:** 20–26.

Crowe J.S., Cooper H.J., Smith M.A., Sims M.J., Parker D., and Gewert D. 1991. Improved cloning efficiency of polymerase chain reaction (PCR) products after proteinase K digestion. *Nucleic Acids Res.* **19:** 184.

Davidson P.F. 1959. The effect of hydrodynamic shear on the deoxyribonucleic acid from T2 and T4 bacteriophages. *Proc. Natl. Acad. Sci.* **45:** 1560–1568.

———. 1960. Biophysics: Sedimentation of deoxyribonucleic acid isolated under low hydrodynamic shear. *Nature* **185:** 918–920.

Dear S. and Staden R. 1991. A sequence assembly and editing program for efficient management of large projects. *Nucleic Acids Res.* **19:** 3907–3911.

Dear S., Durbin R., Hillier L., Marth G., Thierry-Mieg J., and Mott R. 1998. Sequence assembly with CAFTOOLS. *Genome Res.* **8:** 260–267.

de Gennes P.G. 1971. Reptation of a polymer chain in the presence of fixed obstacles. *J. Chem. Phys.* **55:** 572–578.

Deininger P.L. 1983. Approaches to rapid DNA sequence analysis. *Anal. Biochem.* **135:** 247–263.

Derbyshire V., Astatke M., and Joyce C.M. 1993. Re-engineering the polymerase domain of Klenow fragment and evaluation of overproduction and purification strategies. *Nucleic Acids Res.* **21:** 5439–5448.

Derbyshire V., Freemont P.S., Sanderson M.R., Beese L., Friedman J.M., Joyce C.M., and Steitz T.A. 1988. Genetic and crystallographic studies of the 3′,5′-exonucleolytic site of DNA polymerase I. *Science* **240:** 199–201.

Doublié S., Tabor S., Long A.M., Richardson C.C., and Ellenberger T. 1998. Crystal structure of a bacteriophage T7 DNA replication complex at 2.2 Å resolution (see comments). *Nature* **391:** 251–258.

Dovichi N. 1999. Development of DNA sequencer *Science* **285:** 1016.

Du Z., Hood L., and Wilson R.K. 1993. Automated fluorescent DNA sequencing of polymerase chain reaction products. *Methods Enzymol.* **218:** 104–121.

Edwards A., Voss H., Rice P., Civitello A., Stegemann J., Schwager
12.117 C., Zimmermann J., Erfle H., Caskey C.T., and Ansorge W. 1990. Automated DNA sequencing of the human HPRT locus. *Genomics* **6:** 593–608.

Eperon I.C. 1986. Rapid preparation of bacteriophage DNA for sequence analysis in sets of 96 clones, using filtration. *Anal. Biochem.* **156:** 406–412.

Feinberg A.P. and Vogelstein B. 1983. A technique for radiolabeling DNA restriction endonuclease fragments to high specific activity. *Anal. Biochem.* **132:** 6–13.

———. 1984. A technique for radiolabeling DNA restriction endonuclease fragments to high specific activity. Addendum. *Anal. Biochem.* **137:** 266–267.

Fischer S.G. and Lerman L.S. 1983. DNA fragments differing by single base-pair substitutions are separated in denaturing gradient gels: Correspondence with melting theory. *Proc. Natl. Acad. Sci.* **80:** 1579–1583.

Fitzgerald M.C., Skowron P., Van Etten J.L., Smith L.M., and Mead D.A. 1992. Rapid shotgun cloning utilizing the two base recognition endonuclease *Cvi*JI. *Nucleic Acids Res.* **20:** 3753–3762.

Freemont P.S., Friedman J.M., Beese L.S., Sanderson M.R., and Steitz T.A. 1988. Cocrystal structure of an editing complex of Klenow fragment with DNA. *Proc. Natl. Acad. Sci.* **85:** 8924–8928.

Fry G., Lachenmeier E., Mayrand E., Giusti B., Fisher J., Johnston-Dow L., Cathcart R., Finne E., and Kilaas L. 1992. A new approach to template purification for sequencing applications using paramagnetic particles. *BioTechniques* **13:** 124–131.

Fuller C.W. 1992. Modified T7 DNA polymerase for DNA sequencing. *Methods Enzymol.* **216:** 329–354.

Fuller C.W., McArdle B.F., Griffin A.M., and Griffin H.G. 1996. DNA sequencing using sequenase version 2.0 T7 DNA polymerase. *Methods Mol. Biol.* **58:** 373–387.

Fulton L.L. and Wilson R.K. 1994. Variations on cycle sequencing. *BioTechniques* **17:** 298–301.

Geisselsoder J., Witney F., and Yuckenberg P. 1987. Efficient site-directed *in vitro* mutagenesis. *BioTechniques* **5:** 786–791.

Gilbert W. 1981. DNA sequencing and gene structure (Nobel Lecture, December 8, 1980). *Biosci. Rep.* **1:** 353–375.

Gilbert W. and Maxam A. 1973. The nucleotide sequence of the *lac* operator. *Proc. Natl. Acad. Sci.* **70:** 3581–3584.

Gingrich J.C., Boehrer D.M., and Basu S.B. 1996. Partial *Cvi*JI digestion as an alternative approach to generate cosmid sublibraries for large-scale sequencing projects. *BioTechniques* **21:** 99–104.

Gomer R., Datta S., and Firtel R. 1985. Sequencing homopolymer regions. *Focus* (Life Technologies) **7:** 6.

Green P. 1997. Against a whole-genome shotgun. *Genome Res.* **7:** 410–417.

Grime S.K., Martin R.L., and Holaway B.L. 1991. Inhibition of restriction enzyme cleavage of DNA modified with 7-deaza-dGTP. *Nucleic Acids Res.* **19:** 2791.

Gupta A.P., Benkovic P.A., and Benkovic S.J. 1984. The effect of the 3′,5′ thiophosphoryl linkage on the exonuclease activities of T4 polymerase and the Klenow fragment. *Nucleic Acids Res.* **12:** 5897–5911.

Gyllensten U.B. and Allen M. 1993. Sequencing of in vitro amplified DNA. *Methods Enzymol.* **218:** 3–16.

Gyllensten U.B. and Erlich H.A. 1988. Generation of single-stranded DNA by the polymerase chain reaction and its application to direct sequencing of the HLA-DQA locus. *Proc. Natl. Acad. Sci.* **85:** 7652–7656.

Halloran N., Du Z., and Wilson R.K. 1992. Sequencing reactions for the applied biosystems 373A automated DNA sequencer. *Methods Mol. Biol.* **23:** 297–315.

Hanke M. and Wink M. 1994. Direct DNA sequencing of PCR-amplified vector inserts following enzymatic degradation of primer and dNTP's. *BioTechniques* **17:** 858–860.

Hattori M. and Sakaki Y. 1986. Dideoxy sequencing method using denatured plasmid templates. *Anal. Biochem.* **152:** 232–238.

Hattori M., Yoshioka K., and Sakaki Y. 1992. High-sensitive fluorescent DNA sequencing and its application for detection and mass-screening of point mutations. *Electrophoresis* **13:** 560–565.

Hawkins T.L., O'Connor-Morin T., Roy A., and Santillan C. 1994. DNA purification and isolation using a solid-phase. *Nucleic Acids Res.* **22:** 4543–4544.

Heiner C.R., Hunkapiller L.K., Chen S.-M., Glass J.I., and Chen E.Y. 1998. Sequencing multimegabase-template DNA with BigDye terminator chemistry. *Genome Res.* **8:** 557–561.

Hengen P.N. 1996. Methods and reagents. Pouring sequencing gels the old-fashioned way. *Trends Biochem. Sci.* **21:** 273–274.

———. 1997. Shearing DNA for genomic library construction. *Trends Biochem. Sci.* **22:** 273–274.

Higuchi R.G. and Ochman H. 1989. Production of single-stranded DNA templates by exonuclease digestion following the polymerase chain reaction. *Nucleic Acids Res.* **17:** 5865.

Holley R.W., Madison J.T., and Zamir A. 1964. A new method for sequence determination of target oligonucleotides. *Biochim. Biophys. Res. Commun.* **17:** 389–394.

Holley R.W., Apgar J., Everett G.A., Madison J.T., Marguisee M., Merrill S.H., Penwick J.R., and Zamir A. 1965. The base sequence of yeast alanine transfer RNA. *Science* **147:** 1462–1465.

Hooft van Huijsduijnen R.A. 1992. PCR-generated probes for the study of DNA-protein interactions. *BioTechniques* **12:** 830–832.

Hsiao K. 1991. A fast and simple procedure for sequencing double stranded DNA with sequenase. *Nucleic Acids Res.* **19:** 2787.

Huang G.M., Wang K., Kuo C., Paeper B., and Hood L. 1994. A high-throughput plasmid DNA preparation method. *Anal. Biochem.* **223:** 35–38.

Huang X. 1996. An improved sequence assembly program. *Genomics* **33:** 21–31.

Huber H.E., Tabor S., and Richardson C.C. 1987. *Escherichia coli* thioredoxin stabilizes complexes of bacteriophage T7 DNA polymerase and primed templates. *J. Biol. Chem.* **262:** 16224–16232.

Hunkapiller T., Kaiser R.J., Koop B.F., and Hood L. 1991. Large-scale and automated DNA sequencing determination. *Science* **254:** 59–67.

Innis M.A., Myambo K.B., Gelfand D.H., and Brow M.A. 1988. DNA sequencing with *Thermus aquaticus* DNA polymerase and direct sequencing of polymerase chain reaction-amplified DNA. *Proc. Natl. Acad. Sci.* **85:** 9436–9440.

Iverson B.L. and Dervan P.B. 1993. Adenine-specific DNA chemical sequencing reaction. *Methods Enzymol.* **218:** 222–227.

Jelen F., Karlovsky P., Makaturová E., Pecinka P., and Palecek E. 1991. Osmium tetroxide reactivity of DNA bases in nucleotide sequencing and probing of DNA structure. *Gen. Physiol. Biophys.* **10:** 461–473.

Jensen M.A., Zagursky R.J., Trainor G.L., Cocuzza A.J., Lee A., and Chen E.Y. 1991. Improvements in the chain-termination method of DNA sequencing through the use of 7-deaza-2′-deoxyadenosine. *DNA Seq.* **1:** 233–239.

Johnson P.H. and Grossman L.I. 1977. Electrophoresis of DNA in agarose gels. Optimizing separations of conformational isomers of double- and single-stranded DNAs. *Biochemistry* **16:** 4217–4225.

Joyce C.M. and Grindley N.D. 1983. Construction of a plasmid that overproduces the large proteolytic fragment (Klenow fragment) of DNA polymerase I of *Escherichia coli*. *Proc. Natl. Acad. Sci.* **80:** 1830–1834.

Joyce C.M. and Steitz T.A. 1987. DNA polymerase I: From crystal structure to function via genetics. *Trends Biochem. Sci.* **12:** 288–292.

———. 1994. Function and structure relationships in DNA polymerases. *Annu. Rev. Biochem.* **63:** 777–822.

———. 1995. Polymerase structures and function: Variations on a theme? *J. Bacteriol.* **177:** 6321–6329.

Joyce C.M., Kelley W.S., and Grindley N.D. 1982. Nucleotide sequence of the *Escherichia coli* polA gene and primary structure of DNA polymerase I. *J. Biol. Chem.* **257:** 1958–1964.

Ju J., Ruan C., Fuller C.W., Glazer A.N., and Mathies R.A. 1995. Fluorescence energy transfer dye-labled primers for DNA sequencing and analysis. *Proc. Natl. Acad. Sci.* **92:** 4347–4351.

Kiefer J.R., Mao C., Braman J.C., and Beese L.S. 1998. Visualizing DNA replication in a catalytically active *Bacillus* DNA polymerase crystal (see comments). *Nature* **391:** 304–307.

Klenow H. and Henningsen I. 1970. Selective elimination of the exonuclease activity of the deoxyribonucleic acid polymerase from *Escherichia coli* B by limited proteolysis. *Proc. Natl. Acad. Sci.* **65:** 168–175.

Klenow H. and Overgaard-Hansen K. 1970. Proteolytic cleavage of DNA polymerase from *Escherichia coli* B into an exonuclease unit and a polymerase unit. *FEBS Lett.* **6:** 25–27.

Knittel T. and Picard D. 1993. PCR with degenerate primers containing deoxyinosine fails with Pfu DNA polymerase. *PCR Methods Appl.* **2:** 346–347.

Konat G.W., Laszkiewicz I., Grubinska B., and Wiggins R.C. 1994. Generation of labeled DNA probes by PCR. In *PCR technology: Current innovations* (ed. H.G. Griffin and A.M. Griffin), pp. 37–42. CRC Press, Boca Raton, Florida.

Koop B.F., Wilson R.K., Chen C., Halloran N., Sciammis R., Hood L., and Lindelien J.W. 1990. Sequencing reactions in microtiter plates. *BioTechniques* **9:** 32–37.

Kornberg A. and Baker T.A. 1992. *DNA replication*, 2nd edition. W.H. Freeman, New York.

Korolev S., Nayal M., Barnes W.M., Di Cera E., and Waksman G. 1995. Crystal structure of the large fragment of *Thermus aquaticus* DNA polymerase I at 2.5-Å resolution: Structural basis for thermostability. *Proc. Natl. Acad. Sci.* **92:** 9264–9268.

Kretz K., Callen W., and Hedden V. 1994. Cycle sequencing. *PCR Methods Appl.* **3:** S107–S112.

Krishnan B.R., Blakesley R.W., and Berg D.E. 1991. Linear amplification DNA sequencing directly from single phage plaques and bacterial colonies. *Nucleic Acids Res.* **19:** 1153.

Kristensen T., Vass H., Ansorge W., and Prydz H. 1990. DNA dideoxy sequencing with T7 DNA polymerase: Improved sequencing data by the addition of manganese chloride. *Trends Genet.* **6:** 2–3.

Krowczynska A.M. and Henderson M.B. 1992. Efficient purification of PCR products using ultrafiltration. *BioTechniques* **13:** 286–289.

Kunkel T.A., Roberts J.D., and Zakour R.A. 1987. Rapid and efficient site-specific mutagenesis without phenotypic selection. *Methods Enzymol.* **154:** 367–382.

Kunkel T.A., Eckstein F., Mildvan A.S., Koplitz R.M., and Loeb L.A. 1981. Deoxynucleoside [1-thio]triphosphates prevent proofreading during in vitro DNA synthesis. *Proc. Natl. Acad. Sci.* **78:** 6734–6738.

Kusukawa N., Uemori T., Asada K., and Kato I. 1990. Rapid and 12.118
reliable protocol for direct sequencing of material amplified by the polymerase chain reaction. *BioTechniques* **9:** 66–72.

Lawyer F.C., Stoffel S., Saiki R.K., Myambo K., Drummond R., and Gelfand D.H. 1989. Isolation, characterization, and expression in *Escherichia coli* of the DNA polymerase gene from *Thermus aquaticus*. *J. Biol. Chem.* **264:** 6427–6437.

Lechner R.L., Engler M.J., and Richardson C.C. 1983. Characterization of strand displacement synthesis catalyzed by bacteriophage T7 DNA polymerase. *J. Biol. Chem.* **258:** 11174–11184.

Lee E., Nestorowicz A., Marshall I.D., Weir R.C., and Dalgarno L. 1992. Direct sequence analysis of amplified dengue virus genomic RNA from cultured cells, mosquitoes and mouse brain. *J. Virol. Methods* **37:** 275–288.

Lee J.S. 1991. Alternative dideoxy sequencing of double-stranded DNA by cyclic reactions using Taq polymerase. *DNA Cell Biol.* **10:** 67–73.

Lee L., Connell C.R., Woo S.L., Cheng R.D., McArdle B.F., Fuller C.W., Halloran N.D., and Wilson R.K. 1992. DNA sequencing with dye-labeled terminators and T7 DNA polymerase: Effect of dyes and dNTP's on incorporation of dye-terminators and probability analysis of termination fragments. *Nucleic Acids Res.* **20:** 2471–2483.

Lee L., Spurgeon S.L., Heiner C.R., Benson S.C., Rosenblum B.B., Menchen S.M., Graham R.J., Constantinescu A., Upadhya K.G., and Cassel J.M. 1997. New energy transfer dyes for DNA sequencing. *Nucleic Acids Res.* **25:** 2816–2822.

Leonard J.T., Grace M.B., Buzard G.S., Mullen M.J., and Barbagallo C.B. 1998. Preparation of PCR products for DNA sequencing. *BioTechniques* **24:** 314–317.

Lerman L.S. and Frisch H.L. 1982. Why does the electrophoretic mobility of DNA in gels vary with the length of the molecule? *Biopolymers* **21:** 995–997.

Longley M.J., Bennett S.E., and Mosbaugh D.W. 1990. Characterization of the 5′ to 3′ exonuclease associated with *Thermus aquaticus* DNA polymerase. *Nucleic Acids Res.* **18:** 7317–7322.

Lumpkin O.J., Dejardin P., and Zimm B.H. 1985. Theory of gel electrophoresis of DNA. *Biopolymers* **24:** 1573–1593.

Mardis E.R. and Roe B.A. 1989. Automated methods for single-stranded DNA isolation and dideoxynucleotide DNA sequencing reactions on a robotic workstation. *BioTechniques* **7:** 840–850.

Martin R. 1987. Overcoming DNA sequencing artifacts: Stops and compressions. *Focus* (Life Technologies) **9:** 8–10.

Martin W.J. and Davies R.W. 1986. Automated DNA sequencing: Progress and prospects *Bio/Technology* **4:** 890–895.

Mattes W.B., Hartley J.A., and Kohn K.W. 1986. Mechanism of DNA strand breakage by piperidine at sites of N7-alkylguanines. *Biochim. Biophys. Acta* **868:** 71–76.

Maxam A.M. and Gilbert W. 1977. A new method for sequencing DNA. *Proc. Natl. Acad. Sci.* **74:** 560–564.

———. 1980. Sequencing end-labeled DNA with base-specific chemical cleavages. *Methods Enzymol.* **65:** 499–560.

McCarthy J.G. 1989. An improvement in thymine specific chemical DNA sequencing. *Nucleic Acids Res.* **17:** 7541.

McConlogue L., Brow M.A., and Innis M.A. 1988. Structure-independent DNA amplification by PCR using 7-deaza-2′-deoxyguanosine. *Nucleic Acids Res.* **16:** 9869.

McDonell M.W., Simon M.N., and Studier F.W. 1977. Analysis of restriction fragments of T7 DNA and determination of molecular weights by electrophoresis in neutral and alkaline gels. *J. Mol. Biol.* **110:** 119–146.

McKee J.R., Christman C.L., O'Brien W.D., Jr., and Wang S.Y. 1977. Effects of ultrasound on nucleic acid bases. *Biochemistry* **16:** 4651–4654.

Meinkoth J. and Wahl G. 1984. Hybridization of nucleic acids immobilized on solid supports. *Anal. Biochem.* **138:** 267–284.

Melgar E. and Goldthwait D.A. 1968. Deoxyribonucleic acid nucleases. II. The effects of metals on the mechanism of action of deoxyribonuclease I. *J. Biol. Chem.* **243:** 4409–4416.

Messing J. 1983. New M13 vectors for cloning. *Methods Enzymol.* **101:** 20–78.

Mierendorf R.C. and Pfeffer D. 1987. Direct sequencing of denatured plasmid DNA. *Methods Enzymol.* **152:** 556–562.

Mills D.R. and Kramer F.R. 1979. Structure-independent nucleotide sequence analysis. *Proc. Natl. Acad. Sci.* **76:** 2232–2235.

Mizusawa S., Nishimura S., and Seela F. 1986. Improvement of the dideoxy chain termination method of DNA sequencing by use of deoxy-7-deazaguanosine triphosphate in place of dGTP. *Nucleic Acids Res.* **14:** 1319–1324.

Mohler W.A. and Blau M. 1997. Rapid plasmid minipreps in microplate format from culture to gel. *BioTechniques* **22:** 388–390.

Muro A.F., Pesce C.G., and Kornblihtt A.R. 1993. DNA sequencing by the chemical method: A 10 minute procedure for the G+A reaction. *Trends Genet.* **9:** 337–338.

Murray V. 1989. Improved double-stranded DNA sequencing using the linear polymerase chain reaction. *Nucleic Acids Res.* **17:** 8889.

Myers R.M., Ellenson L.H., and Hayashi K. 1998. Detection of DNA variation. In *Genome analysis: A laboratory manual* (ed. B. Birren et al.), vol. 2, pp. 287–384. Cold Spring Harbor Laboratory Press, Cold Spring Harbor, New York.

Nossal N.G. 1974. DNA synthesis on a double-stranded DNA template by the T4 bacteriophage DNA polymerase and the T4 gene 32 DNA unwinding protein. *J. Biol. Chem.* **249:** 5668–5676.

Oefner P.J., Hunicke-Smith S.P., Chiang L., Dietrich F., Mulligan J., and Davis R.W. 1996. Efficient random subcloning of DNA sheared in a recirculating point-sink flow system. *Nucleic Acids Res.* **24:** 3879–3886.

Olsson A., Moks T., Uhlen M., and Gaal A.B. 1984. Uniformly spaced banding pattern in DNA sequencing gels by use of field-strength gradient. *J. Biochem. Biophys. Methods* **10:** 83–90.

Pandey V.N., Kaushik N., Sanzgiri R.P., Patil M.S., Modak M.J., and Barik S. 1993. Site directed mutagenesis of DNA polymerase I (Klenow) from *Escherichia coli*. The significance of Arg682 in catalysis. *Eur. J. Biochem.* **214:** 59–65.

Parker L.T., Deng. Q., Zakeri H., Carlson C., Nickerson D.A., and Kwok P.Y. 1995. Peak height variations in automated sequencing of PCR products using Taq dye-terminator chemistry. *BioTechniques* **19:** 116–121.

Parker L.T., Zakeri H., Deng Q., Spurgeon S., Kwok P.Y., and Nickerson D.A. 1996. AmpliTaq DNA polymerase, FS dye-terminator sequencing: Analysis of peak height patterns. *BioTechniques* **21:** 694–699.

Patel S.S., Wong I., and Johnson K.A. 1991. Pre-steady-state kinetic analysis of processive DNA replication including complete characterization of an exonuclease-deficient mutant. *Biochemistry* **30:** 511–525.

Pelletier H. 1994. Polymerase structures and mechanism. *Science* **266:** 2025–2026.

Pennisi E. 2000. Mouse sequencers take up the shotgun. *Science* **287:** 1179–1180.

Perler F.B., Kumar S., and Kong H. 1996. Thermostable DNA polymerases. *Adv. Protein Chem.* **48:** 377–435.

Pichersky E. 1996. DNA sequencing by the chemical method. *Methods Mol. Biol.* **65:** 133–136.

Pisa-Williamson D. and Fuller C.W. 1992. Glycerol tolerant DNA sequencing gels. *Comments* (U.S. Biochemical Corp.) **19:** 29–36.

Rao V.B. 1994. Strategies for direct sequencing of PCR-amplified DNA. *PCR Methods Appl.* **4:** S15–S23.

Reeve M.A. and Fuller C.W. 1995. A novel thermostable polymerase for DNA sequencing. *Nature* **376:** 796–797.

Reddy P. and McKenney K. 1996. Improved method for the production of M13 phage and single-stranded DNA for DNA sequencing. *BioTechniques* **20:** 854–860.

Robertson H.D., Barrell B.G., Weith H.L., and Donelson J.E. 1973. Isolation and sequence analysis of a ribosome-protected fragment from bacteriophage phiX 174 DNA. *Nat. New Biol.* **241:** 38–40.

Rocheleau M.J., Grey R.J., Chen D.Y., Harke H.R., and Dovichi N.J. 1992. Formamide modified polyacrylamide gels for DNA sequencing by capillary gel electrophoresis. *Electrophoresis* **13:** 484–486.

Rosenblum B.B., Lee L.G., Spurgeon S.L., Khan S.H., Menchen S.M., Heiner C.R., and Chen S.-M. 1997. New dye-labeled terminators for improved DNA sequencing patterns. *Nucleic Acids Res.* **25:** 4500–4504.

Rosenthal A. and Charnock-Jones D.S. 1992. New protocols for DNA sequencing with dye terminators. *DNA Seq.* **3:** 61–64.

Ruano G. and Kidd K.K. 1991. Coupled amplification and sequencing of genomic DNA. *Proc. Natl. Acad. Sci.* **88:** 2815–2819.

Rubin C.M. and Schmid C.W. 1980. Pyrimidine-specific chemical reactions useful for DNA sequencing. *Nucleic Acids Res.* **8:** 4613–4619.

Saiki R.K., Scharf S., Faloona F., Mullis K.B., Horn G.T., Erlich H.A., and Arnheim N. 1985. Enzymatic amplification of β-globin genomic sequences and restriction site analysis for diagnosis of sickle cell anemia. *Science* **230:** 1350–1354.

Sanger F. and Coulson A.R. 1975. A rapid method for determining sequences in DNA by primed synthesis with DNA polymerase. *J. Mol. Biol.* **94:** 441–448.

———. 1978. The use of thin acrylamide gels for DNA sequencing. *FEBS Lett.* **87:** 107–110.

Sanger F., Brownlee G.G., and Barrell B.G. 1965. A two-dimensional fractionation procedure for radioactive nucleotides. *J. Mol. Biol.* **13:** 373–398.

Sanger F., Nicklen S., and Coulson A.R. 1977a. DNA sequencing with chain-terminating inhibitors. *Proc. Natl. Acad. Sci.* **74:** 5463–5467.

Sanger F., Coulson A.R., Barrell B.G., Smith A.J., and Roe B.A. 1980. Cloning in single-stranded bacteriophage as an aid to rapid DNA sequencing. *J. Mol. Biol.* **143:** 161–178.

Sanger F., Donelson J.E., Coulson A.R., Kossel H., and Fischer D. 1973. Use of DNA polymerase I primed by a synthetic oligonucleotide to determine a nucleotide sequence in phage fl DNA. *Proc. Natl. Acad. Sci.* **70:** 1209–1213.

Sanger F., Air G.M., Barrell B.G., Brown N.L., Coulson A.R., Fiddes C.A., Hutchison C.A., Slocombe P.M., and Smith M. 1977b. Nucleotide sequence of bacteriophage phiX174 DNA. *Nature* **265:** 687–695.

Schena P. 1989. High efficiency oligonucleotide mutagenesis. *Comments* (U.S. Biochemical Corp.) **15:** 23.

Schriefer L.A., Gebauer B.K., Qui L.Q., Waterston R.H., and Wilson R.K. 1990. Low pressure DNA shearing: A method for random DNA sequence analysis. *Nucleic Acids Res.* **18:** 7455–7456.

Sears L.E., Moran L.S., Kissinger C., Creasy T., Perry-O'Keefe H., Roskey M., Sutherland E., and Slatko B. 1992. CircumVent™ thermal cycle sequencing and alternative manual and automated DNA sequencing protocols using the highly thermostable $Vent_R$™ (exo⁻) DNA polymerase. *BioTechniques* **13:** 626–633.

Seela F., Berg H., and Rosemeyer H. 1989. Bending of oligonucleotides containing an isosteric nucleobase: 7-deaza-2′-deoxyadenosine replacing dA within d(A)6 tracts. *Biochemistry* **28:** 6193–6198.

Seela F., Tran-Thi Q.H., and Franzen D. 1982. Poly(7-deazaguanylic acid), the homopolynucleotide of the parent nucleoside of queuosine. *Biochemistry* **21:** 4338–4343.

Setlow P. 1974. DNA polymerase I from *Escherichia coli*. *Methods Enzymol.* **29:** 3–12.

Sheen J.-Y. and Seed B. 1988. Electrolyte gradients for DNA sequencing. *BioTechniques* **6:** 942–944.

Slater G.W. and Noolandi J. 1989. The biased reptation model of DNA gel electrophoresis: Mobility vs molecular size and gel concentration. *Biopolymers* **28:** 1781–1791.

Slater G.W., Mayer P., and Drouin G. 1996. Migration of DNA through gels. *Methods Enzymol.* **270:** 272–295.

Slupphaug G., Alseth I., Eftedal I., Volden G., and Krokan H.E. 1993. Low incorporation of dUMP by some thermostable DNA polymerases may limit their use in PCR amplifications. *Anal. Biochem.* **211:** 164–169.

Smisek D.L. and Hoagland D.A. 1990. Electrophoresis of flexible macromolecules: Evidence for a new mode of transport in gels. *Science* **248:** 1221–1223.

Smith D.P., Johnstone E.M., Little S.P., and Hsiung H.M. 1990. Direct DNA sequencing of cDNA inserts from plaques using the linear polymerase chain reaction. *BioTechniques* **9:** 48–52.

Smith L.M. 1991. High-speed DNA sequencing by capillary gel electrophoresis. *Nature* **349:** 812-813.

Smith L.M., Sanders J.Z., Kaiser R.J., Hughes P., Dodd C., Connell C.R., Heiner C., Kent S.B.H., and Hood L.E. 1986. Fluorescence detection in automated DNA sequence analysis. *Nature* **321:** 674–679.

Smith V., Craxton M., Bankier A.T., Brown C.M., Rawlinson W.D., Chee M.S., and Barrell B.G. 1993. Preparation and fluorescent sequencing of M13 clones: Microtiter methods. *Methods Enzymol.* **218:** 173–187.

Steitz T.A. 1998. A mechanism for all polymerases. *Nature* **391:** 231–232.

Studencki A.B. and Wallace R.B. 1984. Allele-specific hybridization using oligonucleotide probes of very high specific activity: Discrimination of the human beta A- and beta S-globin genes. *DNA* **3:** 7–15.

Swerdlow H. and Gesteland R. 1990. Capillary gel electrophoresis for rapid, high resolution DNA sequencing. *Nucleic Acids Res.* **18:** 1415–1419.

Tabor S. and Richardson C.C. 1987a. DNA sequence analysis with a modified bacteriophage T7 DNA polymerase. *Proc. Natl. Acad. Sci.* **84:** 4767–4771.

———. 1987b. Selective oxidation of the exonuclease domain of bacteriophage T7 DNA polymerase. *J. Biol. Chem.* **262:** 15330–15333.

———. 1989a. Selective inactivation of the exonuclease activity of bacteriophage T7 DNA polymerase by in vitro mutagenesis. *J. Biol. Chem.* **264:** 6447–6458.

———. 1989b. Effect of manganese ions on the incorporation of dideoxynucleotides by bacteriophage T7 DNA polymerase and *Escherichia coli* DNA polymerase I. *Proc. Natl. Acad. Sci.* **86:** 4076–4080.

———. 1990. DNA sequence analysis with a modified bacteriophage T7 DNA polymerase. Effect of pyrophosphorolysis and metal ions. *J. Biol. Chem.* **265:** 8322–8328.

———. 1995. A single residue in DNA polymerases of the *Escherichia coli* DNA polymerase I family is critical for distinguishing between deoxy- and dideoxyribonucleotides. *Proc. Natl. Acad. Sci.* **92:** 6339–6343.

Tabor S., Huber H.E., and Richardson C.C. 1987. *Escherichia coli* thioredoxin confers processivity on the DNA polymerase activity of the gene 5 protein of bacteriophage T7. *J. Biol. Chem.* **262:** 16212–16223.

Trevino R.J., Horowitz P.M., and Chirgwin J.M. 1993. Elimination of glycerol artifacts in cycle sequencing. *BioTechniques* **15:** 366–368.

Tu C.P. and Cohen S.N. 1980. 3′-end labeling of DNA with [alpha-32P]cordycepin-5′-triphosphate. *Gene* **10:** 177–183.

Tu C.P. and Wu R. 1980. Sequence analysis of short DNA fragments. *Methods Enzymol.* **65:** 620–638.

Vander Horn P.B., Davis M.C., Cunniff J.J., Ruan C., McArdle B.F., Samols S.B., Szasz J., Hu G., Hujer K.M., Domke S.T., Brummet S.R., Moffett R.B., and Fuller C.W. 1997. Thermo Sequenase™ DNA polymerase and *T. acidophilum* pyrophosphatase: New thermostable enzymes for DNA sequencing. *BioTechniques* **22:** 758–765.

Venter J.C., Adams M.D., Sutton G.G., Kerlavage A.R., Smith H.O., and Hunkapiller M. 1998. Shotgun sequencing of the human genome. *Science* **280:** 1540–1542.

Völkel A.R. and Noolandi J. 1995. Electrophoresis between sieving and reptation: An investigation of the role of shape fluctuations in electrophoresis. *Electrophoresis* **16:** 2086–2093.

Voss H., Nentwich U., Duthie S., Wiemann S., Benes V., Zimmermann J., and Ansorge W. 1997. Automated cycle sequencing with Taquenase: Protocols for internal labeling, dye primer and "doublex" simultaneous sequencing. *BioTechniques* **23:** 312–318.

Wahlberg J., Holmberg A., Bergh S., Hultman T., and Uhlén M. 1992. Automated magnetic preparation of DNA templates for solid phase sequencing. *Electrophoresis* **13:** 547–551.

Wahls W.P. and Kingzette M. 1988. No runs, no drips, no errors: A new technique for sealing polyacrylamide gel electrophoresis apparatus. *BioTechniques* **6:** 308–309.

Wang B. and Sodja A. 1991. Alternate approach to sequencing double-stranded template DNAs. *BioTechniques* **10:** 198–201.

Weber J.L. and Myers E.W. 1997. Human whole-genome shotgun sequencing. *Genome Res.* **7:** 401–409.

Werle E., Schneider C., Renner M., Volker M., and Fiehn W. 1994. Convenient single-step, one tube purification of PCR products for direct sequencing. *Nucleic Acids Res.* **22:** 4354–4355.

Wilson R.K. 1993. High-throughput purification of M13 templates for DNA sequencing. *BioTechniques* **15:** 414–422.

Wilson R.K., Chen C., and Hood L. 1990. Optimization of asymmetric polymerase chain reaction for rapid fluorescent DNA sequencing. *BioTechniques* **8:** 184–189.

Winship P.R. 1989. An improved method for directly sequencing PCR amplified material using dimethyl sulphoxide. *Nucleic Acids Res.* **17:** 1266.

Wrischnik L.A., Higuchi R.G., Stoneking M., Erlich H.A., Arnheim N., and Wilson A.C. 1987. Length mutations in human mitochondrial DNA: Direct sequencing of enzymatically amplified DNA. *Nucleic Acids Res.* **15:** 529–542.

Wu H.M. and Crothers D.M. 1984. The locus of sequence-directed and protein-induced DNA bending. *Nature* **308:** 509–513. 12.120

Wu R. and Taylor E. 1971. Nucleotide sequence analysis of DNA. II. Complete nucleotide sequence of the cohesive ends of bacteriophage lambda DNA. *J. Mol. Biol.* **57:** 491–511.

Xia Y.N., Burbank D.E., Uher L., Rabussay D., and Van Etten J.L. 1987. IL-3A virus infection of a *Chlorella*-like green alga induces a DNA restriction endonuclease with novel sequence specificity. *Nucleic Acids Res.* **15:** 6075–6090.

Yager T.D., Dunn J.M., and Stevens J.K. 1997. High speed DNA sequencing in ultrathin slab gels. *Curr. Opin. Biotechnol.* **8:** 107–113.

Yan J.Y., Bests N., Zhang J.Z., Ren H.J., Jiang R., Hou J., and Dovichi N.J. 1996. The limiting mobility of DNA sequencing fragments for both crosslinked and noncrosslinked polymers in capillary electrophoresis DNA sequencing at 1,200 V cm^{-1}. *Electrophoresis* **17:** 1037–1045.

Ziff E.B., Sedat J.W., and Galibert F. 1973. Determination of the nucleotide sequence of a fragment of bacteriophage phiX 174 DNA. *Nat. New Biol.* **241:** 34–37.

Zimm B.H. and Lumpkin O. 1993. Reptation of a polymer chain in an irregular matrix: Diffusion and electrophoresis. *Macromolecules* **26:** 226–234.

Zollo M. and Chen E.Y. 1994. A manual high-throughput M13 DNA preparation. *BioTechniques* **16:** 370–372.

第13章　诱　变

13.1 导言

导言

13.2 体外诱变常用于改变 DNA 片段的碱基序列。这些改变可以是局部的或普遍的，随机的或靶向的。普遍的和非特异性的诱变方法更适用于分析基因的调控区，而精确的诱变则常用于推断单个氨基酸或一组氨基酸对靶蛋白的结构和功能的作用。两种诱变方法都具有在体外产生诱变体而不需进行表型筛选的优点。

调控区诱变

绝大多数控制哺乳动物基因表达的顺式作用元件最初是通过分析由体外诱变产生的嵌套缺失体而被鉴别和定位的，上述过程能够对目的区域进行深入透彻的分析。为了制备这些缺失体，在靶 DNA 被研究区域上游或下游的一个固定位点，用酶（如 BAL31）消化，逐渐缩短双链 DNA 片段的长度，或用外切核酸酶Ⅲ从双链 DNA 的 3′端消化。要详细的了解这些酶的信息，请参阅本章末信息栏中关于 BAL31 和外切核酸酶Ⅲ。嵌套缺失体可确定调控区域的外侧边缘，使我们能够通过接头分区（详见信息栏中关于接头分区诱变的介绍）和定点诱变方法对内部亚结构域进行精确分析和绘制图谱。

调控区诱变工作对于目前我们对哺乳动物基因调控的理解、对许多转录因子结合位点的描述以及对其他类型顺式作用元件的鉴定起着重要作用。尽管调控区诱变工作的成绩斐然，然而过于公式化并缺乏创意。使我们大为欣慰的是嵌套缺失和接头分区诱变在20世纪80年代末期就过了它们的鼎盛期，现在已极少使用（请见方案9和10）。目前，利用计算机检索调控区共同序列的方法可更方便地鉴别调控元件，应用PCR介导的方法可更有效地构建顺式作用元件突变体（详见方案5和6）。

编码序列的诱变

目前已有几种不同类型的诱变方法用来推断特定氨基酸和氨基酸群在蛋白质结构和功能中的关系。

饱和诱变

利用饱和诱变可在特定编码序列的多个位点上产生突变体。尽可能以公正的方式引入突变；忽略单个氨基酸在野生型序列中的生物功能的固有概念。目的是收集关于整个“序列空间”的信息，即氨基酸序列与蛋白质三维结构之间的关系。

饱和诱变通常是用于编码单结构域的小片段DNA。该方法至少能提供在结构域中对结构和功能无损害作用的氨基酸组分或氨基酸间的组合。例如，对λ噬菌体阻抑物的研究显示，大量的氨基酸组合能满足疏水核和分子的α螺旋的结构和功能需要（Reidhaar-Olson and Sauer 1988，Lim and Sauer 1989）。关于饱和诱变的详细信息，请见信息栏随机诱变相关内容。 13.3

扫描诱变

丙氨酸扫描诱变用于分析蛋白质表面上的特定氨基酸残基的功能。蛋白质表面的带电荷残基通常是蛋白质整体结构非必需的，但一般参与配基结合、寡聚作用或催化作用。用丙氨酸残基系统替换带电荷氨基酸残基，可消除β碳结构外的侧链，破坏氨基酸之间的功能性相互作用，但不改变蛋白质主链的构象。因此，丙氨酸扫描是研究蛋白质表面特定区域功能的一种非常有用的方法（Cunningham and Wells 1989）（请见信息栏随机诱变介绍）。

丙氨酸扫描诱变方法的延伸是半胱氨酸扫描诱变，亦即使用非配对的半胱氨酸残基替换蛋白质特定位点上的单个氨基酸残基。非配对半胱氨酸残基是中等大小，不带电荷的疏水性氨基酸。由于它们可有效地与 N-甲基顺丁烯二酰亚胺等修饰试剂作用，通过扫描诱变引入的半胱氨酸能作为一种生化标签验证跨膜蛋白的拓扑学，和测定在水相或脂相中残基与修饰试剂的可及度（Akabas et al. 1992，Dunten et al. 1993，Kürz et al. 1995，Frillingos and Kaback 1996，1997，He et al. 1996，Frillingos et al. 1997a，b，1998）。

寡核苷酸指导的诱变

寡核苷酸指导的诱变可用于检验特定残基在蛋白质结构、催化活性和配基结合能力中的作用。在缺乏三维结构的情况下，该类蛋白质工程依赖于对蛋白质结构和单个残基在蛋白质稳定性和功能中作用等多方面信息的预测。关键问题是要鉴别出影响局部结构，能对整体蛋白的折叠或稳定性造成极大破坏性的突变。典型的实验是在编码一种酶的基因的不同位点上产生一定数量的点突变。当对这些突变体的活性进行分析时，发现一些突变导致催化功能降低，另一些则没有改变。在缺乏其他数据的情况下，不可能只根据以上结果得出关于该酶结构的确切结论，无法知道用一个氨基酸替换另一个的结果仅仅是影响该酶活性位点的功能还是有更多的影响。即使知道野生型酶的三维结构仍无法回答这些问题。至今还没有精确预测由于氨基酸残基的替换、添加或删除等原因引起蛋白质结构变化的计算模式。然而通过对目的蛋白质的折叠性进行独立的分析有助于解决这些困难。这些分析方法通常包括测定蛋白质与特异针对野生或非折叠表位的单克隆或多克隆抗体的作用能力，蛋白质在细胞内固有的移动及翻译后的修饰，催化活性的保持或配基结合功能，突变体蛋白对蛋白酶消化的敏感性或抵抗力的分析等。

13.4 如果有确定突变蛋白质正确折叠的可靠分析方法，寡核苷酸指导的诱变就成为具有精确特异性和非常广泛的分析技术。现在已经能够做到把一个自然条件下从未被发现的突变精确放置在靶基因的特定位置；能够把蛋白质的功能确定在特异的结构区域内；能够删除酶的非必需活性，能够提高所需的催化活性和改变物理特性。简言之，寡核苷酸指导的诱变已成为遗传工程的法宝。

寡核苷酸指导的诱变方法

关于寡核苷酸指导诱变的科学文献非常丰富且不复杂。事实上，最近 20 年来报道的几百种方法都是基于同一个简单的概念（Zoller and Smith 1982，1983，1984，综述见 Smith 1985）。

- 合成能与野生型 DNA 模板的靶区域退火，编码所需突变，由体外起始 DNA 合成的寡核苷酸引物。
- 由 DNA 聚合酶延伸寡核苷酸产生含预定突变的双链 DNA。
- 已突变的 DNA 插入靶基因的适当位点并表达突变体蛋白。

图 13-1 表示一种采用质粒载体和 DNA 聚合酶（如噬菌体 T4DNA 聚合酶）的通用流程图。这个流程已经过多年的精心设计和改进，尤其是自 PCR 技术应用以来，改进了许多，但基本原理未改变。

诱变寡核苷酸的设计

定点诱变的关键步骤是设计诱变寡核苷酸。细言之，诱变寡核苷酸必须包含至少一个碱基的改变，也可以包含更复杂的突变，例如插入、缺失及复合物替换等。诱变寡核苷酸的最低长度是由突变的复杂程度决定的。用 25 个碱基长度就可完成简单的单碱基

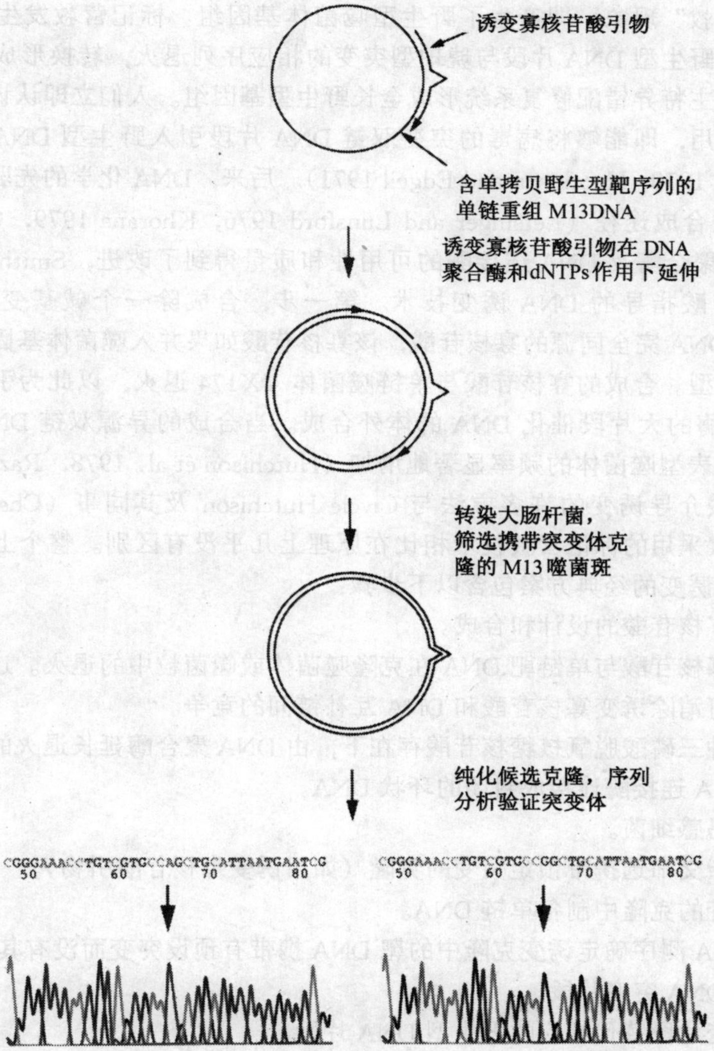

图 13-1 寡核苷酸指导的诱变过程图解

替换。较复杂的突变则需 80 或更多的碱基长度,这几乎接近绝大多数合成仪的实际极限。一旦确定了寡核苷酸的长度,必须综合考虑其他性质如碱基顺序、碱基组成、解链温度、形成二级结构的倾向、退火的特异性等,以最大限度地保证有效的诱变。设计的基本原理详见信息栏诱变寡核苷酸相关内容。

经典的定点诱变

20 世纪 70 年代初期,在进行小噬菌体 $\Phi X174$ 单链基因组的诱变位点图谱分析工
作中,首次认识到在特定的 DNA 位点上引入特异性改变的可行性。当变性的野生型噬 13.5

菌体 DNA 片段同含有琥珀型突变的完整单链噬菌体 DNA 一起转染易感细菌时，可观察到"标记营救"现象，即产生了野生型噬菌体基因组。标记营救发生在转化的细菌内，这是由于野生型 DNA 片段与琥珀型突变的相应序列退火，转换形成错配的异源双链，并通过宿主特异错配修复系统形成全长野生型基因组。人们立即认识到，这个过程也能够反过来用，即能够将病毒的突变双链 DNA 片段引入野生型 DNA 中（Weisbeek and van de Pol 1970，Hutchison and Edgell 1971）。后来，DNA 化学的先驱工作产生了常
13.6 规的寡核苷酸合成途径（Letsinger and Lunsford 1976，Khorana 1979，Caruthers et al. 1983），DNA 聚合酶及 DNA 连接酶的可用性和质量得到了改进，Smith 及其同事开发了体外寡核苷酸指导的 DNA 诱变技术。第一步，合成除一个碱基变化外与噬菌体 *ΦX*174 单链 DNA 完全同源的寡核苷酸，该寡核苷酸如果并入噬菌体基因组，则产生一个可筛选的表型。合成的寡核苷酸与单链噬菌体 *ΦX*174 退火，以此为引物，用大肠杆菌 DNA 聚合酶的大片段催化 DNA 的体外合成。当合成的异源双链 DNA 导入受体菌中，显示预定表型噬菌体的频率显著地增加（Hutchison et al. 1978，Razin et al. 1978）。

寡核苷酸介导诱变的许多方法与 Clycle Hutchison 及其同事（Chapel Hill，North Carolina）首次采用的标记营救技术相比在原理上几乎没有区别。整个上世纪 80 年代，寡核苷酸介导诱变的经典方案包含以下步骤：

- 诱变寡核苷酸的设计和合成。
- 诱变寡核苷酸与单链靶 DNA 在克隆噬菌体或噬菌粒中的退火。这种单链模板的应用可消除诱变寡核苷酸和 DNA 互补链间的竞争。
- 在 4 种三磷酸脱氧核糖核苷酸存在下，由 DNA 聚合酶延长退火的寡核苷酸。
- 用 DNA 连接酶连接成封闭的环状 DNA。
- 转染易感细菌。
- 通过杂交筛选携带预定突变的克隆（如用诱变寡核苷酸引物）。
- 从诱变的克隆中制备单链 DNA。
- 由 DNA 测序确定诱变克隆中的靶 DNA 携带有预设突变而没有其他改变。
- 回收 DNA 突变片段。
- 用诱变片段替代相应的野生型 DNA 片段。

整个 80 年代，该方案的各个方面都得到一系列的改进，其中包括：

- 发展了一批具有多克隆位点的通用噬菌体 M13，噬菌粒等载体。
- 用两条寡核苷酸引物，其一为标准通用引物，另一为突变引物（Norris et al. 1983，Zoller and Smith 1984，1987）。在延伸反应中使用双引物，省去了必须分离共价闭合环状 DNA 的步骤。
- 使用双引物和以双链质粒或噬菌粒 DNA 为模板（Schold et al. 1984）。这个步骤虽然产生突变体的效率低，但省去了要将靶 DNA 亚克隆到 M13 噬菌体载体上的步骤。
- 改进了用寡核苷酸杂交筛选携带突变噬菌体 M13 噬菌斑的技术（Wallace et al. 1979，1981，Suggs et al. 1981）。
- 由 T4 噬菌体或 T7 噬菌体编码的高精度 DNA 聚合酶的应用。该酶使合成异源双链 DNA 链的时间从 12 h 缩短到 1 或 2 个 h（Nossal 1974，McClary et al.

1989，Schena 1989）。这些聚合酶的另一个优点是不引起诱变寡核苷酸引物 5′端的置换。

在经典的定点诱变方法中，含有预定突变的克隆比率为 0.1% 至 50% 不等，这取 13.7
决于诱变寡核苷酸的效率。现在发展了几种筛除含非突变 DNA 克隆的方法，包括①通过限制性酶（Hofer and Kühlein 1993），或外切核酸酶（Taylor et al. 1985）等去除修饰碱基，选择性的消化模板 DNA（Kunkel 1985，Kunkel et al. 1991）；②恢复抗生素抗性基因或复制起始子（Hashimoto-Gotoh et al. 1995）；③从突变体 DNA 中删除限制位点 (Deng and Nickoloff 1992)。关于这些方法更多的详细讨论，见信息栏关于定点诱变中筛除野生型 DNA。

经过这些改进，在过去几年里，寡核苷酸介导定点诱变的经典方法已极为有效和可靠。然而，像许多其他精致的具有创造性的技术一样，PCR 技术的诞生，使寡核苷酸介导的定点诱变经典方法很快被弃用，它们已不再是 DNA 靶片段产生突变的首选方法。近来发展的许多 PCR 方法使得绝大多数定点诱变比经典方法更加容易。

PCR 介导的定点诱变

目前使用的绝大多数以 PCR 为基础的诱变方法是热稳定 DNA 聚合酶引入 PCR 中后不久（Higuchi et al. 1988，Ho et al. 1989，Kadowaki et al. 1989，Vallette et al. 1989）直接从 20 世纪 80 年代后期描述的技术上衍生来的。那时已经知道在寡核苷酸引物与靶 DNA 杂合分子中央位置的单个碱基错配并不影响扩增效率。早期研究者证明这些错配能够转换为 PCR 产物中引物区域的定点诱变，换句话说，能够替换同源的如重组质粒中的野生片段。下面是 PCR 为基础的定点诱变的主要优点：

- 突变体的回收率高。在许多情况下，突变体的产量如此之高，以至无需排除针对非突变模板的筛除。
- 能用双链 DNA 为模板，并几乎可在任何位点引入突变。
- 高温度的利用，可降低模板 DNA 形成二级结构的能力，这些结构会使以单链 DNA 模板的延伸反应效率降低。
- 方法的改进。所有的反应可在同一只试管中进行（Marini et al. 1993，Picard et al. 1994，Ke and Madison 1997）。
- 商业试剂盒的利用。
- 快速简便。无需在噬菌体 M13 载体上克隆。

下面是以 PCR 为基础方法可能存在的缺点：

- PCR 产物有相对高的错误率。除预定突变外，常包含一些非预定突变。这个问题可通过以下方法将错误降低到最小：①限制扩增的循环数；②应用更好的热稳定DNA 聚合酶，如 *pfu*，*Vent* 等，它们具有 3′→5′外切酶活性，并具有校正功能。
- 在扩增 DNA 的 3′末端引入非预设的核苷酸。这个问题也可用 *pfu* DNA 聚合酶代替 *Taq* 酶来解决。
- 一些以 PCR 为基础的方法，每个诱变实验需大量的引物和扩增反应。如下面将要讨论的一些“大引物”方法需 3~4 种引物和或三个连续的 PCR 反应。

13.8 • 进行 PCR 反应的每套引物和或模板的条件都需优化。如果不优化条件，PCR 为基础的 DNA 产物可能大小不均一，在琼脂糖胶中的带型成片。

• 以亲本野生型 DNA 为模板的 PCR 反应中，污染可导致高比例的非突变的克隆。解决这个问题的最好方法是用限制性内切核酸酶 *Dpn* Ⅰ 选择性地消化质粒（Weiner et al. 1994，Ansaldi et al. 1996，Li and Wilkinson 1997）（请参阅信息栏中关于定点诱变中筛除野生型 DNA 章节）。

• 标准 PCR 反应不能有效扩增大于 2～3kb 大小的 DNA 片段。解决方案将在第 8 章方案 13 中讨论。

所列 PCR 方法的缺点看起来很多，但并不可怕。大多数问题只要稍微预想和计划就能够避免。其他问题可在本书第 8 章中或商业化诱变试剂盒、厂商网站或科学文献中找到解决方法。

PCR 为基础的定点诱变方法

已报道的以 PCR 为基础的各种诱变方法中，就实用而言，有两种方法非常突出：重叠延伸诱变和大引物诱变。

在重叠延伸诱变中（Higuchi et al. 1988，Ho et al. 1989），两个重叠的 DNA 片段是分别从两个独立的 PCR 扩增反应得到的（见方案 6）。预设突变构建在重叠区域，存于两个扩增片段中。混合重叠片段，用两条分别与两个原始片段末端结合的引物进行第三次 PCR 扩增，获得全长 DNA，这种方式具有惊人的效率，但需两个诱变引物，两个侧翼寡核苷酸引物，三次 PCR 反应才能构建突变。某些情况下，如果能够策略地把限制酶切位点设置在含有突变的扩增 DNA 片段上，并进行克隆，可使用一个较为简单的变通方法（一个诱变引物，两个连续的 PCR 反应）完成重叠延伸诱变反应（Aiyar et al. 1996）。当然，并非所有的反应都能采用这种方式。

大引物诱变方法是 Kammann 等人（1989）提出的，随后 Sarkar 和 Sommer（1990，1992），Giebel 和 Spritz（1990）及 Landt 等人（1990）加以改进，它在目前以 PCR 为基础的诱变方法中是最简单和最经济的。该方法包括两轮 PCR，需两个侧引物，一个包含预设碱基替换的内部诱变引物。侧引物能够与克隆基因或邻近载体序列互补。理论上，诱变引物的扩增方向可以朝向任意的侧引物。然而，实际上诱变引物总是朝向两个侧引物中较近的引物，这样能把大引物的长度保持最短。

在初始方案中（见图 13-2），第一轮 PCR 是在诱变引物和较近的侧引物间进行，以野生型 DNA 为模板。第一轮反应的产物（双链大引物）被纯化，并同另一侧引物一起进行第二轮 PCR。所得产物为包含突变的双链 DNA，大小为两个外侧引物间的距离。
13.9 若侧引物含有易于克隆的限制性位点，则第二轮 PCR 产物能用于重新构建靶基因的诱变模板。

在最近的一种方法中，一条纯化或未纯化的大引物被用在野生型 DNA 模板上延伸（Marini et al. 1993）。由于只有一条大引物链能被延伸，反应的产物是包含预定突变的全长单链 DNA 分子。然后该分子用两个侧引物扩增（Picard et al. 1994，Ling and

Robinson 1997）。然而，据手头的资料，这个方案是棘手的，只有当延伸大引物被纯化后，而且在第二轮 PCR 中要用高浓度，且各种参数要仔细优化后，才能得到满意的结果。

大引物方法的主要问题是费时费力（常用琼脂糖凝胶电泳和洗涤等纯化步骤）。需通过纯化去除第一轮 PCR 扩增合成大引物中的残留引物。一个巧妙且简单的解决方案是用具有显著不同解链温度的侧翼引物，去引导两轮 PCR（Ke and Madison 1997）。第一条侧翼引物只需 15 或 16 个碱基的长度，T_m 值为 45℃。因此，第一轮 PCR 是在低 13.10
退火温度下进行的。在第一轮 PCR 后期，第二个侧翼引物（25～30 个碱基长度，退火温度为 72～80℃）直接加到反应试管中。第二轮 PCR 用高退火温度（通常 72～80℃）进行。最后由大引物和第二个侧翼引物合成全长 DNA 产物。由于在高温度下，第一个侧翼引物的退火被抑制，野生模板 DNA 在第二轮 PCR 中不能有效的扩增。因此，第二轮 PCR 的产物几乎全由突变 DNA 组成。

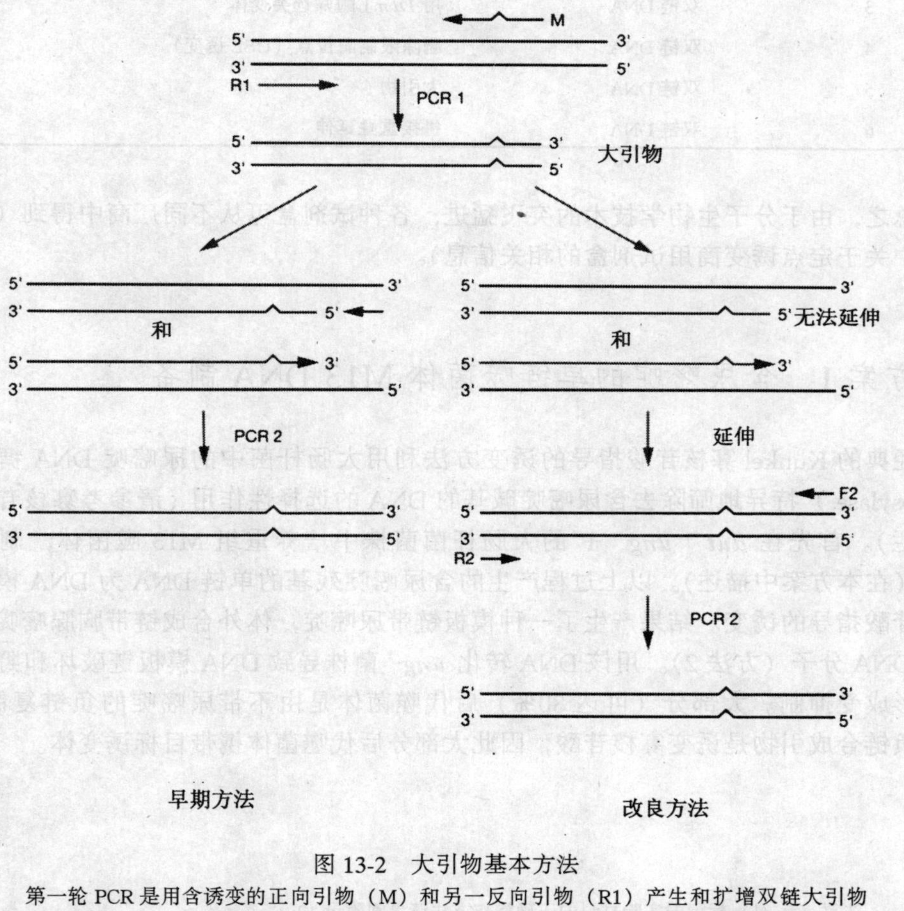

图 13-2 大引物基本方法

第一轮 PCR 是用含诱变的正向引物（M）和另一反向引物（R1）产生和扩增双链大引物（有色部分）。（左）早期方案，被纯化的大引物与另一正向引物（F2）进行第二轮 PCR，获得预设全长突变体。（右）改进方案，大引物在初始模板上延伸形成突变体：野生型异源双链 DNA，并作为第二轮 PCR（PCR2）的模板，由寡核苷酸引物 2（R2）和 F2 引物引发。（修改并经 Ling 和 Robin 同意）

本章所用方法

表 13-1 概括了本章前 6 种方案介绍的定点诱变方法。方案 7 介绍了用放射性标记寡核苷酸从噬菌斑中筛选突变体方法，而方案 8 介绍了检测突变的两种方法：SSCP 和异源双链 DNA 分析。关于突变筛选、扫描和鉴定的详细内容，请见信息栏中关于诱变检测的内容及其突变检测常用方法总结的附表。另外，我们还介绍了分别用外切核酸酶Ⅲ和 BAL31 核酸酶产生嵌套的单向（方案 9）和双向（方案 10）删除方法。

表 13-1 定点诱变

方案	模板	突变体的富集方法
1 和 2	单链 DNA	尿嘧啶替换的 DNA 筛选
3	双链 DNA	用 *Dpn* Ⅰ 酶筛选突变体
4	双链 DNA	删除限制酶位点（USE 诱变）
5	双链 DNA	大引物
6	双链 DNA	拼接重叠延伸

总之，由于分子生物学技术的突飞猛进，各种试剂盒可从不同厂商中得到（请见信息栏中关于定点诱变商用试剂盒的相关信息）。

13.11 方案 1 含尿嘧啶的单链噬菌体 M13 DNA 制备

经典的 Kunkel 寡核苷酸指导的诱变方法利用大肠杆菌中的尿嘧啶 DNA 糖基化酶 (glycosylase) 特异地筛除去含尿嘧啶碱基的 DNA 的选择性作用（请参考寡核苷酸诱变信息栏）。首先在 dut^- ung^- F′的大肠杆菌菌株中培养重组 M13 噬菌体，制备模板 DNA（在本方案中描述）。以上过程产生的含尿嘧啶残基的单链 DNA 为 DNA 模板进行寡核苷酸指导的诱变。结果产生了一种模板链带尿嘧啶，体外合成链带胸腺嘧啶的异源双链 DNA 分子（方法 2）。用该 DNA 转化 ung^+ 菌株导致 DNA 模板链破坏和野生型噬菌体形成受抑制。大部分（可达 80%）后代噬菌体是由不带尿嘧啶的负链复制而来。由于负链合成引物是诱变寡核苷酸，因此大部分后代噬菌体携带目标诱变体。

材料

注意：带〈!〉标记的实验材料的正确操作方法请参阅附录 12。

缓冲液和溶液

各种贮存液，缓冲液和试剂成分请参阅附录 1。
将贮存液稀释至所需的浓度。

乙醇

氯化钠（2.5 mol/L）含 15% 聚乙二醇（*m*/*V*，PEG8000）〈!〉

苯酚（pH 8.0）〈!〉

苯酚:氯仿（1:1，*V*/*V*）〈!〉

醋酸钠（3 mol/L，pH 5.2）

TE（pH 7.6）

凝胶

琼脂糖凝胶

请参阅步骤 16。

核酸和寡核苷酸 13.12

DNA 分子质量标准，原始的重组 M13 噬菌体单链 DNA

培养基

2×YT 培养基

含 0.25 μg/ml 尿嘧啶的 2×YT 培养基

离心机和转子

Sorvall GSA 转子或相当的产品

Sorvall SS-34 转子或相当的产品

专用设备

Corex 离心机管（15 ml 和 30 ml）

巴斯德滴管

柱层析树脂

使用预先包装的树脂例如 Sephacryl S-400（Pharmacia）或微量制备离心柱（Promega）。

60℃水浴

其他试剂

本方案步骤 1 需要的试剂已在第 3 章方案 3、4 和 6 中列出。

本方案步骤 6 需要的试剂已在第 3 章方案 1 中列出。

载体和菌株

请参阅附录 3。

大肠杆菌菌株 CJ236（*dut*⁻ *ung*⁻ F′）

详细资料请参阅 Kunkel（1985）和 Kunkel（1987）。

大肠杆菌菌株 TG1，JM109 或相当的菌株

请参阅步骤 6。

方法

1. 诱变准备
   a. 将携带靶序列的小片段 DNA（<500bp）克隆到适当的 M13 噬菌体载体，例如 M13mp18 或 mp19。
   b. 从一个由重组噬菌体产生的新生长的噬菌斑中分离单链模板 DNA 和双链复制型 DNA。

   利用 M13 噬菌体载体进行克隆的方法以及制备单链和复制型噬菌体 DNA 的方法请参阅第 3 章方案 3、4 和 6。

   c. 限制性内切核酸酶分析复制型 DNA，单链 DNA 序列分析方法鉴定重组克隆的正确性。

   Kunkel 过程也可用于从噬菌粒载体产生掺入尿嘧啶的单链 DNA（McClary et al. 1989，Wang et al. 1989，Liu et al. 1990，综述文章见 Hagemeier 1996）。本文中首先用含有靶序列的双链噬菌粒 DNA 转化 *E. coli* CJ236（或其他表型为 *dut*$^-$ *ung*$^-$ F′的菌株）至氨苄青霉素抗性。辅助噬菌体重复感染含靶序列噬菌粒 DNA 的细菌，使噬菌粒 DNA 的复制形式由双链 DNA 转变成单链 DNAs（请参阅第 3 章方案 8）。随着在尿苷培养
13.13 基中生长，部分胸腺嘧啶位置上掺入尿嘧啶的单链 DNA 被包装进病毒颗粒并分泌进培养液。分离该 DNA（按步骤 5 所描述的）用作定点诱变的模板（方案 2）。使用噬菌粒载体不需要定点诱变前将起始靶 DNA 克隆进 M13 噬菌体载体。

2. 用灭菌的巴斯德滴管将一个单独的由重组 M13 噬菌体产生的噬菌斑转移到含 1 ml 2×YT 培养液的微量离心管中。
3. 60℃孵育 5 min 灭活细菌细胞（杀死细菌细胞防止在下一轮噬菌体繁殖过程中继续产生含胸腺嘧啶的病毒 DNA 是非常重要的）。剧烈振荡离心管 30 s，释放出包裹在顶层琼脂中的噬菌体。4℃超速离心 2 min，以去除死菌体和细胞碎片。
4. 将 50 μl 上清液转移至一个含 50 ml 2×YT 培养液（补充 0.25 μg/ml 尿嘧啶）的 500 ml 锥形瓶中。不需要像 Kunkel（1985）最初描述的那样补加带胸腺嘧啶和腺苷的培养液。加入 5ml 处于对数中期的 *E. coli* CJ236（*dut*$^-$ *ung*$^-$ F′）培养物。在 37℃温度下伴随剧烈振荡（300 r/min）培养 6 h。高效率的通气培养对噬菌体生长是极为重要的。

   用于接种的噬菌体悬液一般为 10^9 和 10^{10} pfu/ml。处于对数中期的大肠杆菌培养物含大约 5×10^8 个细菌/ml。病毒感染的低重复性（0.02～0.2 pfu/ml）保证了绝大多数噬菌体是从 *dut*$^-$ *ung*$^-$ F′的大肠杆菌菌株中产生的。

5. 在 4℃温度下，5000*g*（6470 r/min，在 Sorvall SS-34 转子）离心 30min 收集细胞。将上清液转移到一个新的适合于 Sorvall GSA 转子或相当产品的 250ml 离心瓶中。
6. 测定噬菌体悬液在大肠杆菌菌株 CJ236（*dut*$^-$ *ung*$^-$ F′），JM109 或 TG1 上的相对滴度（请见第 3 章方案 1）。噬菌体在菌株 CJ236 中的滴度应比在 *dut*$^+$ *ung*$^+$ 菌株中高出 4 到 5 个数量级。

   为了节省时间，大多数研究人员在获得滴度测定结果之前就开始纯化噬菌体颗粒。然而如果延迟纯化，应将噬菌体悬液粗制品置于冰上保存。

   噬菌体的产量随重组体的不同而改变。一般在 *dut*$^-$ *ung*$^-$ F′的大肠杆菌菌株（CJ236）上产生的病毒颗粒上清液滴度为 5×10^{10} 至 1×10^{11} pfu/ml。然而，生长能力差的重组体可能达到的滴度仅为 1×10^{10} 至 2×10^{10} pfu/ml。如果单链 DNA 的产量不足，可经以下两种途径补救。

- 测定用于感染在 *dut*⁻ *ung*⁻ F′大肠杆菌菌株的噬菌体贮存液的滴度。将接种物的体积调节至 0.1 pfu/细菌细胞使其有利于重复感染。感染培养物培养 6 h。
- 感染培养物生长 12 h 而不是 6 h。如第 3 章中所述，在延长培养过程中各种缺失体可能比野生型重组体生长速度快，因此最好确证用做模板的单链 DNA 大多数分子大小正确。用凝胶电泳分析 M13 噬菌体 DNA 的方法可参阅第 3 章方案 1。

7. 测量噬菌体悬液的体积，然后加入 0.25 倍体积的含 15%（*m*/*V*）PEG8000 的 2.5 mol/L 的氯化钠，摇晃离心瓶以混匀反应物，将离心瓶置冰上 1 h。
8. 4℃，5000 *g*（5500r/min，Sorvall GSA 转子）离心 20 min 回收沉淀的噬菌体颗粒。以抽真空吸入方式吸去上清液，倒置离心瓶使残留的上清液完全流出。再用一个连接真空抽气装置的滴管吸去滞留在离心管壁上的所有液体。 13.14
9. 将噬菌体沉淀物悬浮在 4 ml TE 缓冲液中（pH7.6）。将悬浮液转移到一个 15ml 的 Corex 离心管中。再加入 2 ml TE 缓冲液（pH7.6）清洗离心管壁。将洗液合并至 Corex 离心管中。剧烈振荡悬液 30 s，将离心管置于冰上 1 h。
10. 剧烈振荡噬菌体悬液 30 s，然后 4℃，5000 *g*（6470 r/min，Sorvall SS-34 转子）离心 20 min 将细菌碎片收集至离心管底部。
11. 小心将获得的上清液转移到一个 15 ml 的聚丙烯离心管中，转移上清液时应不要带入细菌碎片沉淀物。用苯酚（pH 8.0）抽提悬液 2 次，苯酚:氯仿抽提 1 次。室温 4000 *g*（5800r/min 用 Sorvall SS-34 转子）离心 5 min 使各相分离。避免转移界面物质。
12. 将从最后一次抽提中获得的水相转移到玻璃离心管内（例如 30 ml 的 Corex 离心管）。测量溶液的体积，加入 0.1 倍体积的氯化钠（pH 5.2），再加入 2 倍体积 0℃ 预冷的无水乙醇。彻底混匀内容物，将离心管置于冰上 30 min。
13. 4℃，5000 *g*（6470 r/min，Sorvall SS-34 转子）离心 20 min 回收 DNA。小心去除离心后的上清液。加入 10ml 室温保存的 70%乙醇。稍微旋涡后再离心。
14. 小心吸去上清液，室温倒置离心管直至乙醇彻底蒸发。将 DNA 溶解在 200 μl TE（pH7.6）缓冲液中。
15. 按附录 8 描述的方法，用能够排除大分子 DNA（大于 100 个核苷酸）的离心层析柱纯化悬液中含尿嘧啶的单链 M13 噬菌体 DNA。

    通过离心柱层析纯化在 *dut*⁻ *ung*⁻ F′大肠杆菌菌株中繁殖的单链 M13 噬菌体 DNA 以去除其中污染的小分子量的 DNA 和 RNA 寡核苷酸。这些非特异性的寡核苷酸可作为随后诱变反应中的引物，引起高背景的假阳性噬菌斑。

16. 用分光光度计在 260 nm 波长测量 DNA（$1OD_{260}=40\ \mu g/ml$）（见附录 8 DNA 定量部分）。用最初的单链 M13 重组体 DNA 作为分子量标准，取 0.5 μg 上述 DNA 样品进行凝胶电泳分析 DNA 分子量大小。
17. 按方案 2 所描述的方法进行寡核苷酸定向诱变分析。

方案 2　寡核苷酸指导的单链 DNA 诱变 13.15

本文介绍了由 Zoller 和 Smith 的双引物技术（1984，1987）结合 Kunkel 的诱变体产量富集方法（1985）构成的经典方案（请见关于信息栏中从野生型 DNA 中选择定点诱变相关内容）。本方案中使用的单链 DNA 模板含有较高的尿嘧啶残基，因为它们是从生长于 *dut* 和 *ung* 基因突变大肠菌中的 M13 噬菌体中制备的（见方案 1）。

材料

缓冲液和溶液

各种贮存液，缓冲液和试剂成分请参阅附录 1。

将贮存液稀释至所需的浓度。

ATP（10 mmol/L）

10 ×PE1 缓冲液

200 mmol/L	Tris-Cl (pH 7.5)
100 mmol/L	$MgCl_2$
500 mmol/L	NaCl
10 mmol/L	DTT

10×PE2 缓冲液

200 mmol/L	Tris-Cl (pH 7.5)
100 mmol/L	$MgCl_2$
100 mmol/L	DTT

酶和缓冲液

噬菌体 T4 DNA 连接酶

噬菌体 T4 多核苷酸激酶

大肠杆菌 DNA 聚合酶 Ⅰ Klenow 片段

延伸反应可使用任意一种 DNA 聚合酶（步骤 4 和 5）。Klenow 片段缺乏 5′端外切核酸酶活性，因此不能降解模板。然而，其他酶例如噬菌体 T4 DNA 聚合酶（Nossal 1974，Geisselsoder et al. 1987）；天然的 T7 DNA 聚合酶（Bebenek and Kunkel 1989）以及测序酶（Schena 1989，Venkitaraman 1989）需要较短的孵育时间。当磷酸化的诱变寡核苷酸被用做聚合反应或延伸反应单一引物时必须使用这些酶。不像 Klenow 片段，无论测序酶或天然的由噬菌体 T4 和 T7 编码的 DNA 聚合酶都不能从模板上置换诱变寡核苷酸（Nossal 1974，Kunkel 1985，Bebenek and Kunkel 1989，Schena 1989）。

13.16 ### 核酸和寡核苷酸

M13 噬菌体通用测序引物

任何商业化的以 M13 单链噬菌体正链为模板用于引导 DNA 双脱氧测序反应的通用引物均适用于本方法。

含 4 种 dNTP 的 dNTP 溶液，每一种 dNTP 的浓度为 2 mmol/L。

使用高质量的 dNTP 以降低污染的 dUTP 掺入到 DNA 新合成链中的几率。我们认为 Pharmacia 公司生产的浓缩 dNTP 溶液效果良好。

诱变的 M13 噬菌体单链 DNA 模板

诱变的寡核苷酸引物

应按照信息栏关于诱变寡核苷酸专题的所述设计诱变寡核苷酸。在定点诱变前用 Sep-Pak C_{18} 柱层析纯化诱变寡核苷酸去除盐和其他杂质（请见第 10 章方案 6）。除非寡核苷酸长度超过 30 个核苷酸或将被用于环入或去环诱变，否则不需要用聚丙烯酰胺凝胶电泳纯化寡核苷酸。

培养液

2×YT 顶层琼脂平板和 YT 琼脂平板

专用设备

Falcon 2059 试管（预冷）或电击杯

47℃加热块或水浴

16℃、42℃和 68℃水浴

适合变性温度的水浴，

请见步骤 3，热循环仪亦可用于上述步骤中。

其他试剂

步骤 1 所需要的试剂列在本章方案 1 中。

步骤 7 所需要的试剂列在第 12 章方案 3 和 4 中。

步骤 7 所需要的试剂列在本章方案 7 中。

载体和菌株

请见附录 3

适用于转化的大肠杆菌菌株（例如，TG1）

用于转化的大肠杆菌 TG1 感受态菌。

感受态细胞制备见第 1 章方案 25 和 26。

大肠杆菌菌株 TG1 过夜培养物

方法

1. 按方案 1 所描述的方法制备 M13 噬菌体单链模板。用离心柱层析纯化含尿嘧啶的模板。
2. 用噬菌体 T4 多核苷酸激酶对诱变体寡核苷酸和通用测序引物进行磷酸化，在不同的微量离心管中混合下列物质：

合成的寡核苷酸	100～200 pmoles
10×噬菌体 T4 多核苷酸激酶缓冲液	2 μl
10 mmol/L ATP	1 μl
噬菌体 T4 多核苷酸激酶	4 单位
加水至 20 μl	

13.17

37°C 孵育反应 1 h，然后 68°C 加热 10 min 灭活多核苷酸激酶。

3. 将磷酸化的诱变寡核苷酸和通用测序引物与含靶序列的单链 M13 噬菌体 DNA 复性。混合下列反应物：

单链模板 DNA（～1μg）	0.5 pmole

磷酸化的诱变寡核苷酸	10 pmoles
磷酸化的通用引物	10 pmoles
10×PE1 缓冲液	1 μl
加水至 10 μl	

在高于诱变寡核苷酸完全杂交的理论 T_m 值 20°C 以上的温度加热上述混合物 5 min，计算 T_m 值的公式为：$T_m = 4\ (G+C)\ +2\ (A+T)$，(G+C) 是寡核苷酸中 G 和 C 残基的总和，(A+T) 是寡核苷酸中 A 和 T 残基的总和。将含有反应混合物的离心管转移至一个装有水的而且水温高于 T_m 值 20°C 以上的烧杯中。将烧杯放置在工作台上，待其缓慢冷却至室温（~20 min)。在微型离心机上稍微离心（5 s）收集所有的管壁上的冷凝液。

或者，加热或冷却核酸和寡核苷酸的操作可在热循环仪中进行。

引物对模板的摩尔浓度比应为 10:1 或 50:1。使用过多的引物将增加靶 DNA 的异位突变频率。

4. 当退火反应冷却到室温时，将下列试剂混合在一新的 0.5ml 的微量离心管中。

10×PE2 缓冲液	1.0 μl
2 mmol/L dNTP 溶液	1.0 μl
10 mmol/L ATP	1.0 μl
噬菌体 T4 DNA 连接酶	5 Weiss 单位
Klenow 片段	2.5 单位
加水至 10 μl	

将上述混合物置于冰上备用。

当使用噬菌体 T4 DNA 聚合酶或测序酶时，在 0°C 孵育聚合/延伸反应（步骤 5）5 min，室温孵育 5 min，然后在 37°C 孵育 2 h。低温孵育有利于合成从 3′端 DNA 起始，后来在 37°C 孵育可提高延伸反应的效率。另外，应将反应中 4 种 dNTP 每一种的浓度增加至 500 μmol/L。这将显著增加延伸反应效率，并强烈抑制噬菌体 T4 DNA 聚合酶的 3′端外切核酸酶活性。

5. 把 10 μl 冰冷的步骤 4 反应混合物加入到含单链 DNA 和退火的寡核苷酸的混合物中（步骤 3）。16°C 孵育该最终反应混合物 6~15 h。

6. 按以下步骤转染合适的感受态大肠杆菌宿主菌（例如 TG1）

13.18 a. 用 10 mmol/L Tris-Cl (pH 7.6) 对反应混合物进行系列稀释（1:10，1:100，1:500）。

b. 准备一系列预冷的（0°C）Falcon 2059 离心管，(i) 分别把 1 μl、5 μl 原始反应混合物和 (ii) 1 μl、5 μl 各种稀释度的反应混合物转移到离心管中。每个离心管中加入 200 μl 感受态 TG1 细胞制备物。

c. 将上述混合溶液置于冰上 30 min，再转移到 42°C 水浴中准确保温 2 min。

d. 从 42°C 水浴中取出反应物，加入 100 μl TG1 过夜培养细胞。加入过量的细胞更易观察在菌苔中生长的 M13 噬菌斑。

如果步骤 b 中使用新制备的 TG1 细胞而不是冷冻的感受态细胞则不需要额外加入 TG1 细胞。

e. 每只离心管中加入 2.5 ml 2 × YT 顶层琼脂（融化并冷却至 47°C），混合后铺在 YT 琼脂平板顶层。37°C 孵育平板 12~16 h 待噬菌斑形成。

也可以用电击法把突变的 DNA 导入大肠杆菌。电击法的转染频率通常比正常转染方法高出许多，因此在电击前应将每份诱变反应混合物用水进行 1/100；1/500；1/1000 和 1/10 000 倍系列稀释，分别取 1~10 μl 稀释液进行电击。

> 如果用做诱变模板的单链 DNA 是由噬菌粒例如 PUC118 或 PUC119 衍生而来，使用 1 μl 和 5 μl 未经稀释的反应混合物转化适合噬菌粒繁殖的大肠杆菌受体菌培养物（请见第 3 章方案 8 关于对菌株的描述；有关转化方法的描述请见第 1 章）。取 50 μl 和 100 μl 每种转化混合物涂布含 50 μg/ml 氨苄青霉素抗性的琼脂平板。37°C 孵育 18～24h 后应出现氨苄青霉素抗性克隆。筛选转化克隆方法见第 7 章。

7. 通过对单链噬菌体 DNA 测序方法筛选噬菌斑（请见第 12 章方案 3 和 4）。如需要，可通过放射性同位素标记的寡核苷酸探针筛选低频率出现的突变体。

疑难解答

如果转染后获得的噬菌斑不含希望的 DNA 序列：

- 诱变操作前用聚丙烯酰胺凝胶电泳纯化诱变寡核苷酸。
- 按附录 8 描述的方法，使用能排除高分子量 DNA 的树脂（例如，Sephacryl S-400），离心层析方法再次纯化 M13 噬菌体模板。
- 测定诱变寡核苷酸在单链 DNA 模板特定位点引导 DNA 合成的能力（Zoller and Smith 1987）。用通用测序引物作为阳性对照。如果引物从多个位点引导 DNA 合成，需要另外合成一条较长的能与 DNA 模板特异性结合的诱变寡核苷酸。按第 7 章描述的方法，用短的寡核苷酸做为杂交探针筛选需要的突变体。如果诱变寡核苷酸引导 DNA 合成效率低，重新合成寡核苷酸并用聚丙烯酰氨凝胶电泳纯化。

方案 3　以双链 DNA 为模板的体外诱变：用 *Dpn* Ⅰ选择突变体　13.19

本方案和方案 4 是以变性质粒 DNA 为模板，使用两条寡核苷酸和高保真聚合酶引导 DNA 合成。两条寡核苷酸中均含有需要的突变，具有与质粒 DNA 不同链相同的起始位点和终止位点。本方案中，经多轮热循环全长双链质粒 DNA 将以线性形式扩增，产生一种 DNA 双链上带交错缺口的突变质粒（Hemsley et al. 1989）。

因为扩增反应中使用了一定数量的模板 DNA，如不采用富集突变体 DNA 的步骤，转化克隆中将含相当高背景的野生型质粒 DNA。本方案采用限制 *Dpn* Ⅰ处理线性扩增产物，*Dpn* Ⅰ特异消化完全甲基化的序列 G^{me6}ATC（Vovis and Lacks 1977）。因此，扩增反应中大肠杆菌产生的模板 DNA 被 *Dpn* Ⅰ酶消化，体外合成的 DNA 则不能被消化（请见信息栏关于 N^6-甲基腺嘌呤，DAM 甲基化酶和甲基化敏感的限制酶专题）。大部分突变体分子能够对抗 *Dpn* Ⅰ消化，可通过转化并筛选带有抗生素抗性的大肠杆菌来收集。根据突变体的复杂性和 DNA 模板长度不同，15%～80%的转化子克隆含有需要的突变体（Weiner et al. 1994）。事实上该方法已成功地应用于中等大小（＜7kb）的质粒，将突变体直接引入进全长 cDNA，免去了亚克隆的额外步骤。

这种方法称为环状诱变方法，其成功的关键取决于引物设计和选择恰当的热稳定 DNA 聚合酶。

引物设计

两条寡核苷酸引物：

- 必须能够退火成同一靶序列的互补链。
- 长度必须相同（在 25～45 bp 之间），解链温度在 78℃或 78℃以上。理想的 T_m 值应能抑制引物与模板非特异结合；并允许变性步骤中引物与引物杂交体解离。
- 必须终止在 G 或 C 残基上。
- 不需要磷酸化。因为不管寡核苷酸是否被磷酸化，催化扩增反应中常用的热稳
13.20 定 DNA 聚合酶 *pfu* 都不能替代杂交到靶序列上的寡核苷酸。
- 通常不需纯化即可使用。不过如果用快速液相色谱（FPLC）或者是聚丙烯酰氨凝胶电泳（PAGE）对寡核苷酸引物进行纯化，可获得较高的突变效率。特别是在突变体含有插入和缺失的情况下，纯化寡核苷酸引物将明显增加它们的诱变效率。

如需要引入一个点突变，两条寡核苷酸引物中的一条携带野生型序列，另一条携带突变序列，点突变序列设置在引物的中心，点突变序列两侧至少含有 12 个序列正确的碱基。如需要引入缺失突变，两条引物均可携带野生型序列，但它们必须是隔开一段模板序列，隔开的序列正是想要缺失的序列。插入突变则需要一条引物是野生型，另一条引物的 5′端携带需要插入的序列。

热稳定 DNA 聚合酶

以变性的质粒 DNA 为模板进行诱变反应需要热稳定 DNA 聚合酶具备以下 3 个特性：

- 有效的校对活性
- 低碱基错配掺入率
- 缺乏非模板性末端转移酶活性

Taq 酶不符合以上条件，因此完全不适合用于定点诱变（Stemmer and Morris 1992；Watkins et al. 1993）。然而，Klentaq（AB 肽）和 *Pfu* 聚合酶（Stratagene 公司）以 160∶1 混合后就具备了以上特性。在典型的酶混合物中每 1.2μl 总体积中含有 0.187 单位 *Pfu* 和 33.7 单位 Klentaq1 聚合酶。目前市场上销售的产品包括 Stratagene 公司生产的 TaqPlus 和 Boehringer Mannheim 公司生产的 Expand High Fidelity PCR 系统。

已成功地应用于环状 PCR 反应的单一成分的热稳定 DNA 聚合酶包括 *Pwo* DNA 聚合酶（Hidajat and McNicol 1997）；r*Tth* DNA 聚合酶 XL（Du et al. 1995；Gatlin et al. 1995）；*Vent*R DNA 聚合酶（Hughes and Andrews 1996）和 *Pfu* DNA 聚合酶（参见以下步骤）。这些聚合酶均具有一个主要缺点，即需要相对高浓度的寡核苷酸引物①抵抗由外切核酸酶活性产生的 3′→5′端降解作用和②保证引物的摩尔数以 50～100 倍的量超过模板 DNA（请参见第 8 章，表 8-1）。然而，高浓度的引物有利于两条互补的寡核苷酸引物形成引物间杂交体，从而降低了扩增反应效率。由于不易确定最佳引物浓度，一

些研究人员往往先进行预实验，由此优化适合于扩增反应的条件。预实验中常采用含恒定数量的模板 DNA（一般为 50 ng）和一系列不同浓度的引物，琼脂糖凝胶电泳测定扩增反应中合成的线性全长 cDNA 的产量（如见 Parikhand Guengerich 1998）。然而以我们的经验，除非诱变过程非常复杂（多于 3 个单碱基变化，缺失或插入多于 2 个核苷酸）不需要进行预实验对引物进行优化。

当使用单一热稳定 DNA 聚合酶时，进行额外步骤以防止扩增反应过程中其他不需 13.21
要的突变体积累：

- 反应混合物中 dNTP 和 Mg^{2+} 的起始浓度分别不要超过 250 μmol/L 和 1.5 mmol/L。
- 因为热稳定 DNA 聚合酶，例如 *Pfu* 和 *Pwo* 需要比 *Taq* 更加碱性的环境，基于 Tris 缓冲液的反应混合物 pH 值应为 8.9（在 25°C 测定）。
- 线性扩增应保持在最少循环次数（请见本方案步骤 6），尽管为了满足上述条件将不得不使用相对大量的模板 DNA。

商业上销售的可用于环型诱变的试剂盒包括 QuikChange（Stratagene），试剂盒中包含可用做阳性对照的质粒模板 DNA 和诱变引物。此种试剂盒对于首次进行环型诱变的研究人员特别有用。

材料

注意：标有〈!〉符号实验材料的正确操作方法请参照附录 12。

缓冲液和溶液

贮存液，缓冲液和试剂的成分请参阅附录 1。
将贮存液稀释到合适的浓度。

ATP（10 mmol/L）

含有四种 dNTP 的混合溶液，每一种 dNTP 浓度为 5 mmol/L

10 ×长 PCR 缓冲液（用于混合的 DNA 聚合酶）

500 mmol/L Tris-Cl（室温下 pH 9.0）
160 mmol/L 硫酸铵
25 mmol/L $MgCl_2$
1.5 mg/ml BSA

由厂商提供的缓冲液和热稳定 DNA 聚合酶缓冲液可替代上述缓冲液。

或

10×诱变缓冲液（适宜用于 *Pfu* 聚合酶类似产品）

100 mmol/L KCl
100 mmol/L 硫酸铵
200 mmol/L Tris（pH 8.9 在室温下）
20 mmol/L $MgSO_4$
1% Tirton X-100
1 mg/ml 无核酸酶的 BSA

NaOH（1mol/L）/ EDTA（1mmol/L）（选用）〈!〉

NaAC (3mol/L，pH4.8) (选用)

该溶液用做中和试剂，因此 pH 值稍低于正常分子克隆中使用的 NaAC 溶液。

TE (pH 8.0)

酶和缓冲液

噬菌体 T4 DNA 连接酶（选用）

噬菌体 T4 多核苷酸激酶 (选用)

Dpn Ⅰ 限制性内切酶

热稳定 DNA 聚合酶（例如，*Pfu* DNA 聚合酶）

本方案所述工作条件适合于 *Pfu* Turbo DNA 聚合酶。然而这一工作条件也可适合于其他热稳定 DNA 聚合酶或聚合酶混合物。Stratagene 公司销售的 *Pfu* 有三种形式：天然产生的酶；由克隆的 *Pfu* 基因表达生产的重组酶以及由重组 *Pfu* DNA 聚合酶和一个新的特性未知的但能够提高扩增产物的产量而不改变 DNA 扩增精确度的热稳定因子组成的 *Pfu* Turbo 酶。厂商声称 *Pfu* Turbo DNA 聚合酶能够扩增长度为 15kb 的 DNA 片段。按我们的经验，当双链质粒 DNA 的长度超出 7～8kb 时扩增效率降低。

13.22

凝胶

含 0.5% 溴化乙锭的 1% 的琼脂糖凝胶。〈!〉

请见步骤 8。

核酸和寡核苷酸

寡核苷酸引物

关于寡核苷酸引物设计的建议请见本方案介绍和信息栏中关于诱变寡核苷酸的相关内容。如果用 FPLC 和 PAGE 纯化寡核苷酸引物降低盐类污染水平会得到最好的结果（请见第 10 章方案 1 或 5)。将纯化后的引物以 20 mmol/L 浓度溶于水中。

质粒 DNA

用于诱变的模板 DNA 是含有目的基因或 cDNA 的环状质粒。通常质粒越小靶 DNA 扩增效率越高。小于 7kb 的质粒扩增效率较高；然而长度为 11.5 kb 的质粒也已被成功的用做 DNA 模板。质粒 DNA 以 1 μg/ml 的浓度溶于含低浓度 EDTA（<0.1 mmol/L）的 1 mmol/L Tris-Cl 中。

专用设备

带障蔽的自动微量移液器用吸头

微型离心管（扩增用 0.5 ml 薄壁管）或微量滴定板

可调式移液器

能设定所需扩增参数的热循环仪

如果热循环仪不带加热盖装置，使用矿物油或石蜡油防止 PCR 过程中液体蒸发。

其他试剂

本方案步骤 14 需要的试剂列在第 1 章方案 23 中。

本方案步骤 15 需要的试剂列在第 1 章方案 1 中。

本方案步骤 16 需要的试剂列在第 12 章方案 3，4 或 5 中。

载体和细菌菌株

请见附录 3。

带 *hsd*R17 基因型的感受态大肠杆菌菌株（例如，XL1-Blue，XL2-Blue MRF′或 DH5α）

方法

用诱变引物扩增靶 DNA

步骤 1 和 2 可做可不做（请见步骤 3 后的注释）。

1. 将 1～10 μg 质粒 DNA 溶于 40 μl H_2O 中，再加入 10 μl 1 mol/L NaOH/1 mmol/L EDTA 溶液。37°C 孵育 15 min 变性质粒 DNA 模板。
2. 加入 5 μl 3 mol/L NaAC（pH 4.8）中和上述反应液，再加入 150 μl 预冷的乙醇沉淀 DNA。
3. 在微型离心机上 4°C 离心 10 min 收集变性的质粒 DNA。小心弃去乙醇上清，用 150 13.23
μl 70％乙醇清洗沉淀物。重新离心 2 min 后弃上清，室温下使所有的乙醇蒸发。将 DNA 重新混悬在 20μl 水中。

理论上不需要将质粒 DNA 模板变性。如果忽略碱变性步骤，超螺旋的天然双链 DNA 将在 PCR 的第一次循环过程中经 94°C 加热变性。需要步骤 1 和 2 的原因是由于质粒 DNA 在碱性环境中变性后所处的状态。在 0.2 mol/L NaOH 溶液中，质粒 DNA 可折叠成高密度不可逆的变性状态，用这样的质粒 DNA 做 PCR 模板，转化细菌的可能性极小。因此大大降低了含未突变野生型 DNA 克隆的背景（Du et al. 1995，Dorrell et al. 1996）。相比而言，尽管 PCR 第一个循环 95°C 的温度打破了 DNA 双螺旋结构，但并没有必定摧毁质粒 DNA 的转化能力。未经突变的亲本质粒 DNA 分子在转化后获得的克隆中含有较高的比例。直到实验的后期，当研究人员面临筛选克隆、鉴定含有突变 DNA 的任务时，碱变性的意义才显示出来。如果诱变效率低，且 *Dpn* Ⅰ筛选无效时，含野生型 DNA 分子克隆的比例之高往往是无法接受的。

4. 用 0.5 ml 的无菌微量离心管，设置一系列含有不同量（例如 5，10，25，50 ng）质粒 DNA 和恒定数量的两种寡核苷酸引物。

10×诱变缓冲液	5 μl
模板质粒 DNA	5～50 ng
寡核苷酸引物 1（20 mmol/L）	2.5 μl
寡核苷酸引物 2（20 mmol/L）	2.5 μl
dNTP 混合物	2.5 μl
加水至 50 μl	

加入 2.5 单位的 *Pfu* Turbo DNA 聚合酶。

注意按以上次序加入试剂，以减少由 *Pfu* Turbo 3′→5′ 外切核酸酶活性产生的引物的降解。

5. 如果热循环仪没有加热盖，加入 1 滴（约 50μl）轻矿物油或 1 滴石蜡覆盖反应混合物，防止样品在反复加热和冷却循环过程中蒸发。将离心管放置在热循环仪中。
6. 用表中列出的变性、退火、聚合时间和温度条件进行扩增。

循环数	变性	退火	聚合
循环 1	95°C，1 min		
循环 2～18[a]	95°C，30 s	55 °C，1 min	68°C，每 2 min 扩增 1kb 质粒 DNA
最后一次循环	94°C，1 min	55 °C，1 min	72°C，10 min

注：以上时间适用于 0.5ml 薄壁管和 50μl 反应体系，在 Perkin-Elmer 9600 或 9700 型，Master Cycler（Eppendorf），或 PTC100（MJ Research）热循环仪上孵育。若使用其他类型的设备和反应体系，需要调整反应需要的时间和温度。

[a] 单碱基置换反应需要采用 12 个循环进行线性扩增；单个氨基酸置换（通常相临的两至三个碱基置换）使用 16 个循环；插入或缺失任何大小的 DNA 片段，使用 18 个循环。

Pfu 在扩增反应中催化的 DNA 合成速率比 *Taq* 慢 1.5～2.0 倍。

使用少量循环次数和大量起始模板，可以降低质粒 DNA、基因或 cDNA 在扩增过程中产生的假突变。

13.24 7. DNA 扩增反应完成后，需将反应产物置于冰上。

8. 从每一份扩增反应中取出 10μl 反应产物，通过 1% 的琼脂糖凝胶（含 0.5 μg/ml 溴化乙锭）电泳检查靶 DNA 扩增情况。按照常规取 50ng 未扩增的线状质粒 DNA 和 1kb DNA 梯度分子量标准为参照物。

如果扩增效率低，设计一系列反应，优化出适当的循环参数和扩增反应所需成分的最佳量。

扩增产物的连接和转化

步骤 9～12 可做可不做，通常只用于诱变效率低时（例如当构建插入或缺失时）。

9. 用苯酚:氯仿抽提扩增 DNA 两次，乙醇沉淀。

10. 将 DNA 重新悬浮在：

10× 噬菌体 T4 多核苷酸激酶缓冲液	5 μl
10 mmol/L ATP	5 μl
噬菌体 T4 多核苷酸激酶	5 单位
加水至 50 μl	

37°C 孵育反应 1 h，68°C 加热 10 min 灭活激酶。用酚:氯仿抽提磷酸化的 DNA 两次，乙醇沉淀收集 DNA。

11. 把上述磷酸化的 DNA 沉淀（每种大约 0.9 μg）重悬在 90 μl TE 中。设计一系列磷酸化 DNA 浓度范围在 0.1～1 μg/ml 的连接反应。

磷酸化的 DNA	(10 至 100 ng)
10× 噬菌体 T4 DNA 连接酶缓冲液	10 μl
10 mmol/L ATP	10 μl
噬菌体 T4 DNA 连接酶	4 单位
加水至 100 μl	

16°C 孵育反应 12～16 h。

如果厂商提供的 10× 噬菌体 T4 连接酶已含有 ATP。省去上述连接反应中的 ATP 成分。

尽管理论上已弄懂了有利于环状单体形成的连接反应条件（Collins and Weissman 1984），但实际上却很难做到。为了有利于形成分子内环化而不是分子间以链状连接，DNA 分子的摩尔浓度必须很低。然而当使用反向 PCR 扩增产生 DNA 时，因为无法得知末端未受损伤的全长 DNA 在 PCR 产物中的比例，因此很难计算出适当的 DNA 浓度。

12. 苯酚:氯仿抽提 DNA 连接产物两次，乙醇沉淀收集 DNA。将 DNA 沉淀重悬在 45μl

水中，每管加入 5 μl 10 倍的 *Dpn* Ⅰ 缓冲液。

13. 直接加入 10 单位 *Dpn* Ⅰ 至步骤 7 剩余的扩增反应物中，或加入到步骤 12 磷酸化和连接的 DNA 中以消化 DNA。用移液器上下吸打几次将试剂混匀。在微型离心机中离心 5 s，37°C 孵育 1 h。

    如果 PCR 反应是在存在矿物油或石蜡油的情况下进行，应注意一定要将 *Dpn* Ⅰ 加到反应混合物的水相中。使用带屏蔽的微量吸样器吸头，保证吸头的尖端插在矿物油或石蜡油覆盖层下边。

14. 按照第 1 章方案 23 描述的过程，分别取 1、2、5 μl 消化的 DNA 转化大肠杆菌受体菌。 13.25

    保证不要把矿物油从消化反应混合物带入到感受态细胞中。使用超级感受态大肠杆菌细胞 XL2-Blue MRF′ (Stratagene) 及修改的转化过程有利于回收突变体转化的操作过程 (Dorrell et al. 1996)。然而按我们的经验，实验室自己制备的大肠杆菌感受态足可以用于大多数的环型诱变实验。

15. 从至少 12 个单独的转化子中制备质粒 DNA。然而如果突变导致一个新位点产生或毁坏或者把插入、缺失引进了模板，通过 DNA 序列分析，寡核苷酸杂交（方案 7）或限制酶消化少量质粒 DNA 的方法筛选 DNA 突变体。

16. 序列分析全部的靶 DNA 片段，验证产生的预定突变体，而在扩增过程中有无假突变体生成（请见第 12 章方案 3，4，5）。

疑难解答

- 如果步骤 15 制备的质粒中不携带所需的突变。可用寡核苷酸杂交方法对全部的转化子进行筛选，以鉴定出携带突变的稀有克隆。
- 如果扩增反应正常但突变体产量低，应怀疑 *Dpn* Ⅰ 消化过程。设置一系列反应，检查 *Dpn* Ⅰ 酶是否能够完全消化存在于 1× 的 *Pfu* 反应液中 50ng 的亲本质粒 DNA。若需要，可调整 *Dpn* Ⅰ 的用量及消化时间。
- 如果 *Dpn* Ⅰ 酶使用效率很高，考虑使用两步扩增反应 (Wang and Malcolm 1999)。第 1 步扩增反应中设置两个独立不对称的扩增反应，每个反应只含两条寡核苷酸引物中的一条。以上反应产生第 2 轮线状扩增反应所需要的单链 DNA 模板，第 2 步反应加入两条寡核苷酸引物。第 1 步反应的目标是产生不与野生型的双链竞争的能与诱变引物完全结合的模板。

方案 4　通过单一限制位点消除进行寡核苷酸指导的诱变（USE 诱变） 13.26

本方法中，两条寡核苷酸引物杂交到变性重组质粒 DNA 双链的同一条链上。一条引物（诱变引物）携带一个拟引进靶 DNA 序列的突变，第二条引物携带一个能破坏质粒单一限制酶位点的突变。两条引物的延伸反应由噬菌体 T4 或 T7 DNA 聚合酶催化。由噬菌体 T4 DNA 连接酶封接新合成链上的缺口。该方法的第一阶段产生由野生型亲本 DNA 链和携带预定突变与单一限制位酶点消除的全长新 DNA 链组成的异源双链质粒。因此，反应后获得的质粒群体由①野生型质粒，在反应中它们从未被用做两条寡核苷酸引物的模板，②丢失了单一限制位点并获得预定突变的异源质粒 DNA 分子。

本方法的第二阶段，将质粒群体混合物与切割单一位点的限制酶一起孵育。野生型分子被线性化，突变质粒则对抗限制酶消化。用环型异源双链 DNA 和线型野生型 DNA

的混合物转化碱基错配修复功能缺陷的大肠杆菌菌株。因为线型 DNA 转化效率比环型 DNA 低 10～1000 倍（Conle and Saunolers 1984），许多野生型 DNA 分子不能重新进入大肠杆菌。而环型异源双链 DNA 分子开始在大肠杆菌中复制。因为错配碱基不能被修复，第一轮复制产生携带原始限制酶位点的野生型质粒和不带原始限制酶位点的突变质粒。收集从第一组转化子获得的 DNA，用同一种限制酶再次消化，使野生型分子线状化。再转化至标准的实验用大肠杆菌菌株中。该生物化学方法具有足够强大的选择能力，保证绝大部分转化子携带预定的突变（Deng and Nickoloff 1992；Zhu 1996）。理论上本方法描述的标准单一位点消除（USE）形成突变体的最大产量是 50%。然而，大多数实验室获得的突变频率在 5%～30%之间变化，这取决于突变的复杂性和限制酶切割效率。如果需要，结合 USE 和 Kunkel 对含有尿嘧啶模板 DNA 选择方法（Markuardsen et al. 1995），或将突变引物的浓度增加至 10:1，可使突变体回收率大大增加。

13.27　按 USE 方法的原理，任意含单一限制位点和选择标记（例如，抗生素基因）的双链环状载体携带的基因都可以用 USE 方法诱变。几个公司销售 USE 诱变所需的选择引物和含有 USE 诱变所需试剂的试剂盒（Stratagene 公司生产的 Chameleon Double-定点诱变标准试剂盒；Clontech 公司销售的 Transformer 和 Pharmacia 公司的 USE 诱变试剂盒）。这些试剂盒能成功地用于多种广泛使用的载体。存在的问题请见本节后面的难题解答。

材料

注意：标有〈!〉符号实验材料的正确操作方法请参照附录 12。

缓冲液和溶液

贮存液，缓冲液和试剂的成分请参阅附录 1。

将贮存液稀释到合适的浓度。

10×退火缓冲液

200 mmol/L Tris-Cl (pH 7.5)

100 mmol/L $MgCl_2$

500 mmol/L NaCl

10×合成缓冲液

100 mmol/L Tris-Cl (pH 7.5)

dTTP、dATP、dCTP、dGTP 每种浓度为 5 mmol/L

10 mmol/L ATP

20 mmol/L DTT

酶和缓冲液

噬菌体 T4 DNA 连接酶

噬菌体 T4 DNA 聚合酶或测序酶

噬菌体 T4 编码的天然 DNA 聚合酶不能从模板 DNA 上置换寡核苷酸引物（Nossal 1974，Kunkel 1985，Bebenek and Kunkel 1989，Schena 1989）。

单一位点的限制性内切核酸酶

凝胶

1% 的琼脂糖凝胶（含 0.5 μg/ml 溴化乙锭）〈!〉

核酸和寡核苷酸

诱变引物
选择引物

诱变引物和选择引物一定要能退火成靶 DNA 的同一链，每条引物的 5′端一定要磷酸化。诱变引物设计见信息栏中有关诱变寡核苷酸专题。突变应位于引物的中间，突变位点两侧带有 10～15 个能与模板 DNA 完全配对的碱基。寡核苷酸引物在使用前用高压液相色谱（HPLC）或聚丙烯酰胺凝胶电泳（PAGE）纯化（请见第 10 章，方案 1 或 5）。几个公司（Clontech；Pharmacia）销售选择引物，某些公司（例如 Pharmacia）也销售成对的“toggle”引物，它们可用于限制位点正向或反向转变，容许有序的多轮突变，而不需亚克隆模板。

质粒 DNA

可通过商业销售的树脂进行柱层析或碱裂解法进行闭和环状质粒 DNA 的纯化（请见第 1 章，方案 2 或 9）。

培养基 13.28

LB 琼脂平板和含合适抗生素的 LB 液体培养基

专用设备

70°C 水浴和适合限制酶消化反应温度的水浴

其他试剂

本方案步骤 7 和 14 需要的试剂列在第 1 章方案 23、24 或 26 中，大肠杆菌转化见方案 26。

本方案步骤 10 和 16 中少量制备质粒 DNA 需要的试剂列在第 1 章方案 1 中。

本方案步骤 17 所需的试剂列在第 12 章方案 3、4、5 中。

载体和菌株

请见附录 3。

带 *mutS* 表型（例如，BMH 71-18）的转化用大肠杆菌感受态

带 mut^+ 表型的转化用大肠杆菌感受态

请见步骤 14。

方法

突变 DNA 链的合成

1. 在微量离心管中混合以下物质：

10×退火缓冲液	2μl
质粒 DNA	0.025 至 0.25 pmole
选择引物	25 pmoles
突变引物	25 pmoles
加水至 20 μl	

沸水中孵育 5 min。

质粒 DNA 用量取决于反应中使用的引物和质粒 DNA。

2. 将离心管立即置于冰上冷却 5 min。微型离心机上离心 5 s，使液体集中到离心管底部。

3. 将以下成分加入到含退火引物和质粒 DNA 的离心管中：

10×合成缓冲液	3 μl
噬菌体 T4 DNA 聚合酶（2～4 单位/μl）	1 μl
噬菌体 T4 DNA 连接酶（4～6 单位/μl）	1 μl
水	5μl

用移液器温和的上下吹打几次将试剂混匀。在微型离心机上离心 5 s，使液体集中到离心管底部。37℃孵育反应 1～2 h。

4. 70℃加热离心管至少 5 min，灭活酶并终止反应。将离心管放置在实验台上冷却至室温。

通过限制性内切核酸酶消化进行初筛

13.29 5. 将 NaCl 的浓度调节到适合单一位点限制酶反应的浓度。使用 10 ×退火缓冲液，NaCl贮存液，或限制酶提供的 10×缓冲液。

在总体积为 30μl 的合成或连接混合物中，NaCl 浓度为 37.5 mmol/L。如果限制消化反应不需要 NaCl 或需要低于上述浓度的 NaCl，可用乙醇沉淀合成连接缓冲液中的 DNA 混合物，或将 DNA 混合物通过一个悬浮在合适限制酶缓冲液中的离心柱。

6. 将 20 单位选用的限制性内切核酸酶加入到反应混合物中。在合适的温度下消化至少 1 h。

重要：反应中的酶体积（包括聚合酶和连接酶）不应超过总反应体积的 10%。应按照以上比例相应地调节反应体积。

突变质粒的第 1 轮转化与富集

7. 按照第 1 章方案 23～26 所述的转化程序，用消化混合物中包含的质粒 DNA 转化如 BMH71-18 的 *mutS* 大肠杆菌菌株。

8. 用 10，50 和 250 μl 转化混合物涂布含适当抗生素的 LB 琼脂平板上。37℃孵育培养皿过夜。在培养皿孵育期间进行步骤 9。

这些培养皿被用于测定转化子的数量。每 50 μl 转化混合物涂布的培养皿应产生 100～300 个克隆。

9. 加入 3ml 含适当抗生素的 LB 培养液至剩余的转化混合物中以扩增质粒。37℃振荡培养过夜。

10. 第二天从大约 2.5 ml 的过夜培养物中制备质粒 DNA（请见第 1 章方案 1）。

11. 用选择的限制酶消化步骤 10 制备的质粒 DNA。

质粒 DNA	500 ng

10×限制酶缓冲液　2 μl
单一位点的限制性内切酶　20 u
加水至 20 μl
在适当温度中孵育反应 2 h。

12. 再加入 10 单位的限制酶，孵育至少 1h。
13. 取 5～10 μl 质粒 DNA 经 1% 的琼脂糖凝胶（含 0.5 μg/ml 溴化乙锭）电泳，通过凝胶电泳评估消化结果。

未被消化的（环状的）DNA 经凝胶电泳分离成两条带，它们分别对应于松弛形的环状形式或超螺旋形式 DNA。线性化的质粒 DNA 呈现与环状 DNA 不同的条带。然而，由于亲本质粒占总质粒 DNA 的绝大多数，对应于未被消化的突变体质粒 DNA 的带与被消化的亲本质粒 DNA 带相比可能相当微弱。

最后一轮转化 13.30

14. 取 2～4μl 消化的质粒 DNA（大约 50～100 ng），转化化学方法处理的大肠杆菌 *mutS*⁺菌株，或用灭菌水对 1μl 质粒 DNA 进行 5 倍稀释（约 5ng），电击法转化大肠杆菌 *mutS*⁺菌株（请见第 1 章方案 23～26）。
15. 分别取 10、50 和 250μl 转化混合物涂布含适当抗生素的 LB 琼脂平皿。37℃孵育培养皿过夜。
16. 第 2 天，至少挑取 12 个单独的转化子进行小量质粒 DNA 制备，用限制性内切核酸酶消化，琼脂糖凝胶电泳，鉴定对抗选择性限制性内切核酸酶消化的质粒。
17. DNA 序列分析确定含预定突变的质粒（请见第 12 章方案 3、4、5）。

疑难解答

若突变体回收率低，试采用以下步骤：

- USE 和 Kunkel 方法相结合（Markvardsen et al. 1995）。或
- 增加诱变引物浓度，使两种引物的摩尔浓度比为 10∶1，使反应条件有利于突变引物（Hutchinson and Allen 1997）。
- T4 DNA 聚合酶催化的延伸反应温度由 37℃改为 42℃（Pharmacia Instruction Booklet）。

据报道，pBluescript 家族载体产生低突变率，可能因为它们含有二级结构的有结区域，它妨碍 DNA 聚合酶在体外引物延伸反应中前进。使用 pBluescript 家族以外的质粒载体，或使用热稳定 DNA 聚合酶和 DNA 连接酶在高温下孵育延伸反应可完全避免这一问题。

方案 5　利用大引物 PCR 在同一试管中进行高效快速定点诱变 13.31

大引物方法最初是由 KAMMANN 等人（1989）建立的，现在的方法是经过许多研究人员包括 Sarkar 和 Sommer（1990，1992），Giebel 和 Spritz（1990），Landt 等（1990），Marini 等（1993），Picard 等（1994），Ling 和 Robinson（1997）等人修改后产生的基于 PCR 诱变的最简单、成本低廉的方法。大引物定点诱变方法使用三条寡核苷酸引物和二轮 PCR。一条是诱变寡核苷酸引物，另外两条正向和反向引物分别结合在诱变寡核苷酸引物位点的上游和下游（请见图 13-3）。两侧的引物可以与克隆基因序列或载体序

列互补。诱变引物的延伸方向理论上可以朝向两侧引物中的任意一条。实际上诱变引物的方向一般朝向两条引物中较靠近的一条，以保持较短的大引物长度。

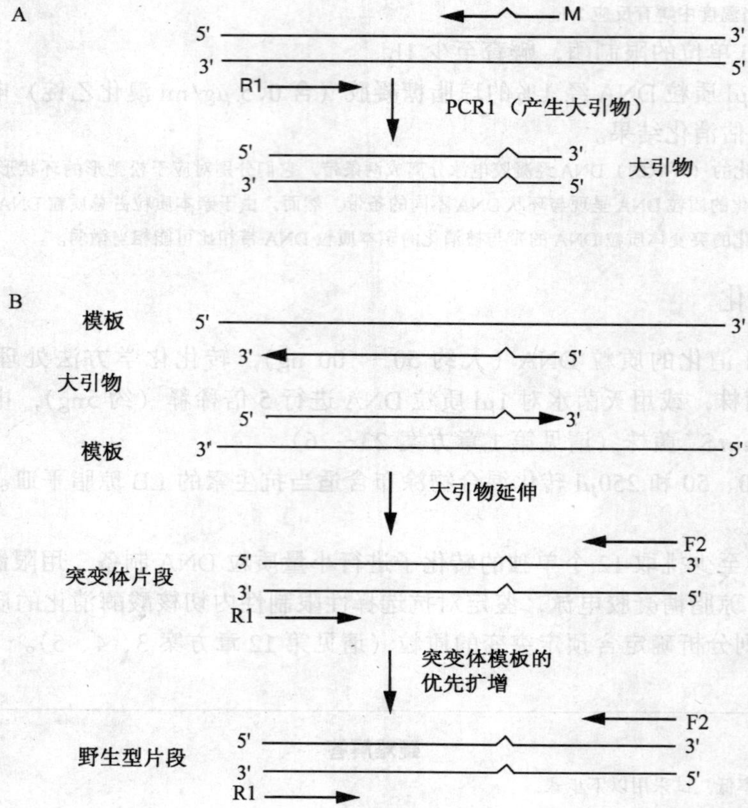

图 13-3　大引物方法

(A) 在 PCR1 中，用正向诱变引物（M）和反向引物（R1）扩增出双链大引物。(B) 第二轮 PCR 的第一循环过程中，大引物以原始 DNA 为模板引导链延伸。以后由正向引物 F2 和反向引物 R2 进一步扩增出希望的突变体。(经 Colosimo 1999 等同意后修改)

在第一轮 PCR 中用诱变引物和靠近的内引物扩增出一条突变 DNA 片段。第二轮 PCR 采用上述扩增片段（大引物）与另一条内引物扩增出一条较长的 DNA 模板片段 (Kammann et al. 1989, Giebel and Spritz 1990, Landt et al. 1990, Sarkar and Sommer 1990, 1992)。

最初的方法中，第一轮 PCR 获得的大引物需要经过聚丙烯酰胺凝胶纯化除去残留的寡核苷酸引物 (Kammann et al. 1989, Giebel and Spritz 1990)。纯化是既耗费时间又乏味的步骤，除此之外大引物方法不失为一个一流的方案。Ke 和 Madison (1997) 最近建立了一个改良的大引物方法，它的最大优点是不需要在两轮 PCR 之间纯化 DNA。该方法中使用的正、反向内引物具有显著不同的解链温度。第一轮扩增反应使用的诱变引物和内引物具有低 T_m 值和低退火温度。第二轮 PCR 使用与第一轮 PCR 相同的反应管和第一轮反应产生的大引物，再加入高退火温度（一般为 72℃）的内引物。这一方法的平均诱变效率是 80%（Ke and Madison 1997）。

仔细设计 DNA 引物对于快速高效完成基于 PCR 的诱变实验是非常重要的。通常理想的短内引物长度为 15～16 碱基。 13.32

当温度在 42℃～46℃之间时，寡核苷酸引物的 T_m值（℃）可以用标准的公式进行计算。

$$T_m = 4\ (G+C)\ +2\ (A+T)$$

（G+C）是寡核苷酸中 G、C 残基的总和，（A+T）是寡核苷酸中 A、T 残基的总和。或：

$$T_m = 81.5 + 16.6\ \log_{10}\ [Na^+]\ + 0.41\ (\ [G+C]\%)\ -\ (675/n)\ -\ (\text{错配}\%)$$

n 是引物中碱基数。第一个公式适合于短的寡核苷酸，第二个公式适用于较长的 DNA。

诱变寡核苷酸应具有低 T_m 值，长度为 16～25 个碱基。所设计的诱变位点，即引物/模板双链碱基错配区应位于引物的中央部分，碱基错配区两侧带有 8～10 个正确配对的碱基。*Taq* DNA 聚合酶拥有类似末端转移酶活性，有时将不能与模板匹配的 dA 残基加在大引物 3′末端上，设计诱变引物时应在模板链 5′端 T 残基处起始。两侧引物长度应含有 25～30 个碱基，T_m值在 72℃～85℃之间。 13.33

本方法是由 Medison 和 Song Ke 提供（Corvas Inc.，San Diego，Clifornia）。

材料

注意：标有〈!〉符号实验材料的正确操作方法请参照附录 12。

缓冲液和溶液

贮存液，缓冲液和试剂的成分请参阅附录 1。

将贮存液稀释到合适的浓度。

10×扩增缓冲液

含有四种 dNTP 的混合溶液，每一种 dNTP 的浓度为 2.5 mmol/L

酶和缓冲液

热稳定 DNA 聚合酶［Hot-Tub DNA 聚合酶（Amersham）或同类产品］

大多数 DNA 聚合酶保存在含 50% 甘油的贮存液中。这种溶液非常黏稠，很难准确取量。最简单的方法是在微型离心机上将含酶的离心管在 4℃ 以最大转速离心 10 s，然后用一个可调式移液器取出所需数量的酶。用一个带屏障装置的自动移液器装配 PCR 反应成分。

凝胶

1% 的琼脂糖凝胶或聚丙烯酰胺凝胶（含 0.5 μg/ml 溴化乙锭）〈!〉。

核酸和核苷酸

引物

将正向和反向内引物以 100 μmol/L（100 pmole/μl）的浓度溶解在水中。

将诱变引物以 10 μmol/L（10 pmole/μl）浓度溶解在水中。

模板 DNA

通过溴化乙锭-氯化铯密度梯度离心（第 1 章方案 10 或 11）或用 Qiagen 树脂柱层析纯化超螺旋双链质粒 DNA（第 1 章方案 9）。将模板 DNA 以 0.1 μg/ml 的浓度溶解在 TE（pH 8.0）溶液中。

专用设备

带屏障装置的自动移液器用吸头

微型离心机用离心管（扩增用 0.5 ml 薄壁管）

可调式移液器

可按所需扩增条件设定程序的热循环仪

如果热循环仪不配备加热盖装置，使用矿物油或石蜡油以防止 PCR 过程中反应混合物液体挥发。

其他试剂

本方案步骤 6 所需的试剂列在第 1 章方案 17 或 19 中。

13.34
方法

1. 使用 0.5 ml 微量离心管或扩增反应管（置冰上），混合下列第一轮扩增反应需要的试剂：

10×扩增缓冲液	10 μl
质粒 DNA 模板	200～400 pg
2.5 mmol/L dNTP 溶液	8 μl
诱变引物	10 pmoles
低 T_m 值侧引物	100 pmoles
热稳定 DNA 聚合酶	0.5 μl（2.5 单位）
加水至 100 μl	

如果厂商提供的热稳定 DNA 聚合酶 10×扩增缓冲液中不含 $MgCl_2$，加入所需体积的 0.1 mol/L $MgCl_2$，使反应混合物中含有 DNA 聚合酶反应最适浓度的二价离子。

2. 如果热循环仪没有加热盖，加入一滴石蜡油（约 50 μl）覆盖 PCR 反应。将反应管放置在热循环仪中。
3. 用下表中给出的变性、退火、聚合反应所需的时间和温度扩增核酸

循环次数	变性	退火	聚合反应
第 1 次循环	4℃，4 min	42℃～46℃，1 min	72℃，1 min
24 循环	94℃，40 s	42℃～46℃，1 min	72℃，1 min
最后一次循环	94℃，40 s	42℃～46℃，1 min	72℃，5 min

上述反应条件适合于 0.5 ml 薄壁管和 100 μl 反应体积，在 Perkin-Elmer 9600、9700，Master Cycler（Eppendorf）或 PTC100（MJ Research）热循环仪上进行。使用其他类型的仪器或不同的反应体积时需调整上述反应条件。每

1000bp 长的靶 DNA 聚合反应应进行 1 min。

4. 第一次 PCR 反应完成后再把下列成分加入到同一反应管中：

高 T_m 值的侧引物	100 pmoles
热稳定 DNA 聚合酶	0.5 μl（2.5 个单位）
2.5 mmol/L dNTP 溶液	3 μl

用移液器温和的上下吸打几次混匀上述反应物。可离心几秒钟，将所有的试剂收集到离心管底部。

可以取 3～5 μl 第一次 PCR 反应混合物，经琼脂糖凝胶电泳快速分析证实是否成功的合成了大引物 PCR 产物。

5. 接下来进行第二轮扩增反应，反应由 25 个循环和二步温度组成：

94 ℃，40 s

72 ℃，90 s　最后的延伸步骤为 72℃，5 min。

6. 取第二轮 PCR 扩增反应的 5%进行琼脂糖凝胶电泳或聚丙烯酰胺凝胶电泳，估计扩增出的靶 DNA 浓度。 13.35

如果引物内设置了限制酶位点，用相应的限制酶消化扩增 DNA，然后次级克隆进适合的载体。也可以将步骤 5 磷酸化的扩增 DNA 连接至限制酶消化后产生纯端的质粒载体中。这种方法的诱变率大约为 80%，通常仅需要挑选 6 个克隆进行 DNA 序列分析确认存在所希望的突变体，并肯定在 DNA 全序列中不存在其他的突变。

方案 6　重叠延伸产生特异位点诱变 13.36

重叠延伸法进行特异位点诱变需要四种引物（请见图 13-4）（Higuchi et al. 1988, Ho et al. 1989）。用第一对引物扩增含突变位点及其上游序列的 DNA 片段。正向引物 (FM) 含有希望引进野生型模板 DNA 的突变位点。反向引物（R2）含有野生型序列。许多研究人员喜欢在引物 1 的 5′端加上一个限制性酶切位点，以便对诱变 DNA 片段进行亚克隆。

第二对引物被用来扩增含突变体位点及其下游序列的 DNA 片段。反向引物（RM）含有希望引入至模板 DNA 的突变位点。引物 RM 和 FM 引物之间至少有 15 个碱基序列互补。如果需要，可在携带野生型序列的正向引物（F2）的 5′端加上限制酶位点。

这两套引物分别用在两个反应中以扩增带有相互重叠的 DNA 片段（图 13-4 中的反应 1 和 2）。感兴趣的突变位于两条扩增片段的重叠区。混合两条重叠片段（由第一轮和第二轮 PCR 产生的），进行变性和退火，产生能延伸的异源双链，在第三轮 PCR（反应 3）中，使用两条能与原来 DNA 片段延伸部分相结合的引物以扩增全长 DNA。这一方法具有极高的诱变效率，但反应过程需要两条诱变引物，两条双侧翼序列引物和三次 PCR。在某些情况下，如果在含有突变位点的扩增 DNA 片段末端引入限制酶位点，这个方法即可简化为只使用一条诱变引物和二轮 PCR（Aiyar et al. 1996）。

材料

注意：标有〈!〉符号实验材料的正确操作方法请参照附录 12。

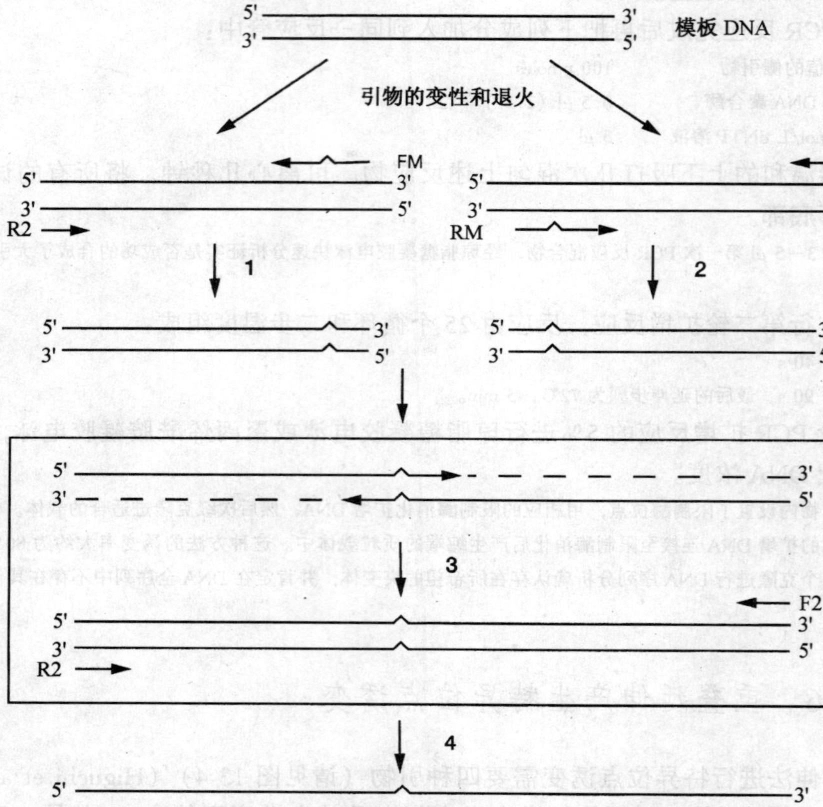

图 13-4　重叠延伸指导的定点诱变

分别由 PCR 反应 1、2 扩增出两种靶 DNA 基因片段。PCR1 使用引物 FM 和 R2，而 PCR2 使用引物 RM 和 F2。图中方框中的部分代表 PCR3 过程中可能发生的中间步骤。在这一过程中，变性后的 FMR2 和 RMF2 片段在重叠区域退火，按虚线所示进行延伸，并形成全长的双链 DNA。在 PCR4 中，使用引物 R2 和 F2 扩增全长突变 DNA（Ho et al. 1989 [©Elsevier Science]，本方法经作者同意进行了修改）。

缓冲液和溶液

贮存液，缓冲液的成分及所需试剂请见附录 1。

将贮存液稀释到适当的浓度。

10×扩增缓冲液

含有四种 dNTP 的混合溶液，每种 dNTP 浓度为 20 mmol/L。

13.37 ## 酶和缓冲液

热稳定 DNA 聚合酶

为了避免碱基的错误掺入，在重叠延伸诱变反应中应使用带 3′→5′外切核酸酶校对能力的高效热稳定 DNA 聚合酶。另外，使用的 DNA 聚合酶一定不能具有催化非模板性掺入腺苷酸残基的能力。具备此种特性的 DNA 聚合酶包括 *Pwo* DNA 聚合酶（Boehringer Mannheim），*rTth* DNA 聚合酶 XL（Perkin-Elmer），*VentR* DNA 聚合酶（New England Biolabs）和 *Pfu* DNA 聚合酶（Stratagene）。

为长片段 PCR 反应所设计的热稳定 DNA 聚合酶混合物也适用于重叠延伸诱变反应。

凝胶

含 0.5 μg/ml 溴化乙锭的琼脂糖凝胶（1%）或聚丙烯酰胺凝胶 〈!〉

请见步骤 6 和 11。

核酸和核苷酸 13.38

寡核苷酸引物

每种引物的长度应为 20～30 个核苷酸，含有大致相同数量的四种碱基，G 和 C 残基的分布应均匀，较低的形成稳定二级结构倾向。诱变引物 FM 和 RM 之间至少有 15 个碱基的重叠序列（请见图 13-4），错配碱基应位于引物序列的中部。在扩增 DNA 片段的 3′和 5′端引物（即具有野生型序列 R2 和 F2 引物）可以设置单一的限制性酶切位点，以便于后续步骤中诱变 DNA 片段的克隆。引物设计的一般原则，请见第 10 章中导言部分关于寡核苷酸引物的设计。

在 DNA 自动合成仪上合成的寡核苷酸引物一般不需要纯化，可直接用在重叠诱变中。

模板 DNA

诱变中使用的模板通常是含感兴趣的基因或 cDNA 的质粒 DNA。将 DNA 以 1 μg/ml 的浓度溶解在含低浓度 EDTA（<0.1 mmol/L）的 10 mmol/L Tris-Cl（pH 7.6）的溶液中。

专用设备

带屏障装置的自动移液器吸头

微型离心管（0.5 ml 扩增用薄壁管）

可调式移液器

可按所需扩增条件设定程序的热循环仪

如果热循环仪不配备加热盖装置，使用矿物油或石蜡油以防止 PCR 过程中反应混合物液体的挥发。

其他试剂

本方案步骤 11 需要的试剂列在第 1 章方案 17 或 19 中。

本方案步骤 12 需要的试剂列在第 12 章方案 3，4 或 5 中。

方法

1. 依据材料和方法中的要求和已知 DNA 序列设计合成寡核苷酸引物 FM，RM，R2 和 F2。
2. 在一个 0.5 ml 的微量离心管或扩增管中混合以下试剂，组成 PCR 反应 1。

模板 DNA	约 100 ng
10×扩增缓冲液	10 μl
20 mmol/L 4 种 dNTP 混合溶液	1.0 μl
5 μmol/L 引物 FM（30 pmoles）	6.0 μl
5 μmol/L 引物 R2（30 pmoles）	6.0 μl

热稳定 DNA 聚合酶	1～2 单位
加水至 100 μl	

3. 在第二个微量离心管或扩增管中混合以下试剂，组成 PCR 反应 2。

模板 DNA	约 100 ng
10×扩增缓冲液	10μl
20 mmol/L 4 种 dNTP 混合溶液	1.0 μl
5 μmol/L 引物 RM（30 pmoles）	6.0 μl
5 μmol/L 引物 F2（30 pmoles）	6.0 μl
热稳定 DNA 聚合酶	1～2 单位
加水至 100 μl	

13.39 4. 如果热循环仪没有加热盖，用一滴石蜡油（约 50μl）覆盖 PCR 反应液。将反应管置于热循环仪中。

5. 用下表中给出的变性、退火、聚合所需的时间和温度扩增 DNA 片段。

循环数	变性	退火	聚合反应
20 次循环	94℃，1 min	50℃，1 min	72℃，1～3 min
最后一次循环	94℃，1 min	72℃，10 min	

上述反应条件适合于 0.5 ml 薄壁管和 100 μl 反应体积，以及 Perkin-Elmer 9600、9700，Master Cycler（Eppendorf）或 PTC100（MJ Research）热循环仪。使用其他类型的仪器或不同的反应体积时需调整上述反应条件。

聚合反应所需的时间应通过计算热稳定 DNA 聚合酶的聚合效率及 DNA 模板长度来获得。

应根据诱变引物序列调节退火反应的温度。

6. 各取以上两组 PCR 反应产物的 5%进行琼脂糖或聚丙烯酰胺凝胶电泳估计扩增靶 DNA 的浓度。
7. 用第 5 章中描述的方法之一纯化以上两组 PCR 产物。对产物进行纯化往往增加步骤 8 中所希望的扩增产物的产量。并可降低错误扩增产物的背景。(选做)
8. 在一个灭菌的 0.5 ml 的微量离心管或扩增管中混合以下试剂进行扩增反应，连接靶基因的 5′和 3′端。

PCR1 扩增产物（步骤 2）	约 50 ng
PCR2 扩增产物（步骤 3）	约 50 ng
10×扩增缓冲液	10 μl
5 μmol/L 引物 F2（30 pmoles）	6.0 μl
5 μmol/L 引物 R2（30 pmoles）	6.0 μl
热稳定 DNA 聚合酶	1～2 单位
加水至 100 μl	

9. 如果热循环仪没有加热盖，用一滴轻石蜡油（约 50μl）覆盖 PCR 反应液。将反应管置于热循环仪中。
10. 用步骤 5 给出的变性、退火、聚合反应所需的时间和温度进行扩增。
11. 取 PCR 反应产物的 5%进行琼脂糖或聚丙烯酰胺凝胶电泳估计扩增的靶 DNA 浓度。

    如果引物 F2 和 R2 序列中加进了限制酶切位点，用这些限制酶消化扩增的 DNA，然后把它们亚克隆至适当的载体。也可以将步骤 10 扩增的 DNA 片段磷酸化，然后连接到用限制酶切割成钝端的载体中。

12. 克隆后确证扩增 DNA 片段的全序列，保证在操作过程中没有产生除引物 FM 和 RM 携带突变之外的其他突变。

所有 DNA 聚合酶在体外反应中都显示出可测量的错误掺入率。

方案 7　用放射性标记的寡核苷酸杂交筛选定点诱变重组克隆　13.40

在单链噬菌体 M13 DNA 定点诱变技术建立之初期的 20 世纪 80 年代早期，还没有一种遗传学方法可以从野生型模板中将突变体筛选出来。因为诱变效率很低，所以需要一种能把少数携带突变的噬菌斑从大量野生型噬菌斑中筛选出来的方法。多年以来，一直采用的技术是以放射性标记的诱变寡核苷酸为探针，通过杂交对噬菌斑进行筛选(Zoller and Smith 1982，1983)。在同样的条件下，放射性标记的寡核苷酸探针既能与突变体又可以与野生型进行杂交。放射性标记的诱变寡核苷酸与野生型序列产生的杂交体含有一个或多个错配碱基，与突变体之间的碱基则完全配匹。两种杂交体的热稳定性应该是不同的，带有错配碱基的杂交体的解链温度应低于碱基完全配匹的杂交体。然而，当时对碱基错配在寡核苷酸杂交体热稳定性上的定量效应还不很了解。很显然，错配碱基的位置，错配碱基的数量，寡核苷酸的长度，GC 碱基的含量，序列的组成等因素都会影响错配杂交体的稳定性。但很难把以上因素处理成能够适合筛选突变的噬菌斑的公式。在缺乏基础理论支持的情况下，定点诱变的成功取决于研究者是否能根据经验设计出只能使错配杂交体解离，而不会影响匹配杂交体的适当温度和离子强度。

尽管降低野生型克隆比例方法的建立减少了对杂交筛选方法的需求。但这里介绍的方法在筛选低频率突变体时仍然是有用的（例如，在大片段缺失或复杂的重排诱变中)。此外，本方法也可用于分子生物学其他方面，如寡核苷酸杂交、菌落杂交、随机诱变群体中特异突变体的鉴定，以及等位基因家族成员亲源关系的测定。

本方案主要描述了筛选噬菌体 M13 重组克隆，而一种选择方案是筛选含噬菌粒的细菌克隆。最后也介绍了用 PCR 检测突变体的方法。

材料　13.41

注意：标有〈!〉符号实验材料的正确操作方法请参照附录 12。

缓冲液和溶液

各种贮存液，缓冲液的成分及相关试剂请参见附录 1。

将贮存液稀释至所需的浓度。

甲酸铵（0.2 mol/L)〈!〉

寡核苷酸杂交溶液

$6\times$SSC

$5\times$Denhardt's 溶液

10^6 至 10^7dpm/ml 放射性标记的寡核苷酸

寡核苷酸预杂交液

$6\times$SSC

$5\times$Denhardt's 溶液

0.1% (m/V) SDS

6×SSC

6×SSC 应在所需要的温度下预热，请见步骤 11，12 和 13。

TE (pH 7.6)

酶和缓冲液

噬菌体 T4 多核苷酸激酶

限制性内切核酸酶

请见步骤 18 和 19。

凝胶

琼脂糖凝胶

请见步骤 18。

核酸和寡核苷酸

诱变寡核苷酸 (10 pmoles/μl)

放射性物质

[γ-^{32}P] ATP (>5000 Ci/mmole, 10 mCi/ml) 〈!〉

培养基

2× YT 顶层琼脂和 2× YT 琼脂平皿

专用设备

钝端镊子（例如，Millipore 镊子）

皮下注射用针头（18 号）和印度墨水（选做）

预杂交用 65℃ 孵箱。

适合于杂交温度的孵箱，请见步骤 7 注释。

硝酸纤维素膜或尼龙膜。

真空烤箱

68℃ 水浴

13.42 Whatman DEAE 滤纸 (DE81)

滤纸贮存在室温，操作时带手套。

其他试剂

本方案步骤 4 需要的试剂列在第 10 章方案 4 中。

本方案步骤 14 需要的试剂列在第 3 章方案 4 中。

本方案步骤 15 和 16 需要的试剂列在第 2 章方案 3，4 或 5 中。

本方案步骤 17 需要的试剂列在第 3 章方案 3 中。

本方案步骤 20 需要的试剂列在第 6 章方案 8 和 10 中。

载体和细菌菌株

诱变的噬菌体 M13 重组体

请使用方案 2 中产生的含噬菌体 M13 噬菌斑的培养皿。

未经诱变的噬菌体 M13 重组体

用做为阴性对照；请参见步骤 5。

大肠杆菌 TG1 或相应的菌株

方法

用磷酸化反应进行寡核苷酸的放射性标记

1. 在灭菌的微量离心管中混合以下试剂：

诱变寡核苷酸（10 pmoles/μl）	1 μl
10×噬菌体 T4 多核苷酸激酶缓冲液	1 μl
10 m Ci/ml［γ-^{32}P］ATP（10～50 pmoles）	1 μl
水	6 μl
5～10 单位/ μl 噬菌体多核苷酸激酶	1 μl

混合物于 37℃孵育 30 min。

2. 加入 90 μl TE（pH 7.6），将混合物稀释至 100 μl，68℃加热 10 min 灭活多核苷酸激酶。

3. 测量^{32}P 转移到寡核苷酸上的效率，按以下过程操作，经 DE81 滤纸层析估计比活。

   a. 剪下一条约 1 cm 宽，7～10 cm 长的 DE81 滤纸，用软芯铅笔在距离一端 1.5 cm 处划一条平行的细线。标记层析开始的原点。

   b. 在原点处点 1.0 μl 稀释的磷酸化反应物。在 250 ml 烧杯中加入约 25～50 ml 的 0.2 mol/L 甲酸铵，使其深度达 0.5 cm 左右。将 DE81 滤纸条垂直放在烧杯中，使位于原点的放射性样品刚好在缓冲液上方。用一块玻璃板或铝箔盖住烧杯，使层析逐渐进展直至溶剂迁移的前端接近烧杯顶端。 13.43

   c. 用莎伦包装膜包裹 DE81 滤纸条，用很短的时间进行放射自显影。以显影的 X 射线胶片为基准，切下溶剂前端带放射性的区域、原点区域和含放射性的其他区域。用液闪计数器测定每一部分的放射性同位素强度。

   寡核苷酸保留在原点，而 ATP 和无机磷与溶剂迁移的方向相同。无机磷迁移稍落后于溶剂前沿，而 ATP 位于原点和无机磷之间的同等距离上。将来自［γ-^{32}P］ATP 的磷酸转移至寡核苷酸上导致原点出现放射性物质，由寡核苷酸摩尔数计算出放射性标记探针的比活以及［γ-^{32}P］ATP 在反应中的比活和将放射性转移至寡核苷酸上的效率。步骤 1 中大于反应混合物 50％的放射活性应被转移到寡核苷酸上。

4. （可做可不做）按第 10 章方案 4 介绍的过程，用十六烷基溴化吡啶鎓从寡核苷酸中沉淀掉未被结合的放射性物质。

   正常情况下，反应混合物可直接用做探针。除非杂交背景持续引起麻烦时，一般不需要进行该步骤。

噬菌体 M13 噬菌斑的筛选

5. 按以下步骤制备用于放射性标记的寡核苷酸探针筛选的噬菌体 M13 噬菌斑的复制物：

   a. 把含 100～500 个噬菌斑的培养皿置于 4℃至少 30 min。

      至少应包括一个含原始野生型重组 M13 噬菌斑的培养皿。该培养皿做为杂交和洗膜步骤中的阴性对照。

   b. 当培养皿完全冷透后，从冷室中取出平皿，马上将作为标记的干的硝酸纤维素膜或尼龙膜覆盖于每个平皿的琼脂表面。用一个 18 号针头穿过滤膜和下层琼脂制作一系列洞。这些洞将在后来的步骤中用作滤膜与下层琼脂匹配的标志物。

      在针刺滤膜前用针头沾取少量印度墨水可制作成一种擦不掉的标志点。

   c. 30 s 至 4 min 后，用钝端镊子仔细的从培养皿上揭下每一张滤膜。将沾有噬菌斑的滤膜面向上平铺在一叠吸水纸上。用莎伦包装膜包裹培养皿，贮存在 4℃直到需要。

   d. 当滤膜干燥时（室温下大约 30 min），放在真空干燥箱中 80℃烘烤 1 h。

      由于单链 DNA 可在烘烤过程中从噬菌体中释放出来，因此在筛选噬菌体 M13 噬菌斑时不需要用碱对 DNA 进行变性处理。

6. 将所有的滤膜转移至一个可加热封口的塑料袋（例如 Sear seal-A-Meal）中，或一个直径合适的蒸发皿中，或杂交用滚筒中。加入寡核苷酸预杂交液（在塑料袋或蒸发皿中操作时，82 mmol/L 滤膜加入约 10 ml 预杂交液；在杂交滚筒中操作时，82 mmol/L滤膜加入约 5 ml 预杂交液）。封上袋口，用莎伦包装膜盖住蒸发皿口或盖上杂交滚筒盖，65℃孵育 1～2 h。

13.44 7. 弃去预杂交液，放入含寡核苷酸探针的杂交液（约 5 ml/82 mmol/L 滤膜）。重新封上袋口，或覆盖蒸发皿，或盖上杂交滚筒。在合适的温度下进行杂交反应 4～6 h。

   杂交反应应在低于放射性标记的寡核苷酸 T_m 值 5～10℃的温度下进行。寡核苷酸的 T_m 值计算公式如下：

   $$T_m = 4\ (G+C)\ +\ (A+T)$$

   G+C 是寡核苷酸中 G、C 残基的总数，而 A+T 寡核苷酸中 A、T 残基的总数。

8. 杂交结束后，将滤膜快速转移到含 200～300 ml 的 6×SSC 溶液的盘中。用莎伦包装膜覆盖盘子，室温下在旋转摇床中振荡 15 min，每隔 5 min 更换洗液。同时将剩余的放射性杂交液从袋子，蒸发皿或滚筒中转移到一个一次性塑料管中，盖紧瓶口，将放射性溶液贮存在 −20℃，直至重新用于阳性噬菌斑筛选（步骤 13)。

   恰当地标记和贮存杂交液。

9. 洗膜结束后，将杂交滤膜快速转移到一张平铺在工作台上的莎伦包装膜膜上。用另外一张莎伦包装膜膜覆盖滤膜。将两张莎伦包装膜膜的边缘折叠封口。把带有放射性物质或荧光墨水的点贴在包裹外面。在 −70℃使用增感屏的情况下，通常杂交滤膜暴光 X 射线胶片的放射自显影过程需要 1～2 h。

   要点：不要使莎伦包装膜上的滤膜干燥。

10. 将杂交滤膜图案与培养皿的噬菌斑分布进行比较。在该步骤中，发现所有的噬菌斑都能与探针杂交是正常的。但某些噬菌斑比另外一些噬菌斑显示出更强的杂交信号，这些噬菌斑通常携带突变体。

11. 将滤膜转移到一个预热到温度比 T_m 值低 10℃的含 100～200 ml 6×SSC 的塑料盒

中。振荡 2 min（请见下面的注释），然后按步骤 9 描述的方法将滤膜转移到一张莎伦包装膜上，进行再次放射自显影。这一步往往能鉴定出两种类型的噬菌斑，一种放射性信号强度降低，另一种不发生变化。

如果使用短的（<20 bp）的寡核苷酸探针，不要在低于 T_m 值 10℃以下的温度中洗膜超过两分钟。否则的话，放射性寡核苷酸和诱变靶序列间形成的完好的杂交体将解离。长的寡核苷酸探针需要根据经验摸索出的较长的洗膜时间。可用手提式微型放射探测仪监测洗膜过程中放射性信号强度，根据放射性信号强度降低情况估计出合适的洗膜条件。

12. 重复进行洗膜和放射自显影，每一循环将洗膜溶液的温度提高 2～10℃。目的是发现能引起错配杂交分子（例如，突变的寡核苷酸和野生型序列）解离，但不影响完全匹配杂交分子的适宜温度。

随着不断实践，通过用手提式微型放射监测仪检测每次漂洗后的滤膜，省略漂洗和放射自显影的一些次数是可能的。

阳性噬菌斑的纯化 13.45

13. 杂交阳性的噬菌斑通常是含有突变体和野生型序列的混合物。因此，需要按以下方法从阳性杂交噬菌斑中纯化噬菌体：
 a. 用灭菌的木质一次性牙签的钝端接触阳性杂交噬菌斑表面。
 b. 将牙签放入一个含 1 ml 无菌 TE（pH 7.5）的无菌试管中。将试管置于室温 10～15 min，不断晃动试管，使噬菌体颗粒脱落在溶液中。
 c. 用 TE（pH 7.6）对噬菌体悬液进行 10× 系列稀释。分别将 10 μl 的 10^{-3}，10^{-4} 和 10^{-5}倍稀释的噬菌体与 100 μl 大肠杆菌（例如 TG1）的过夜培养物混合。
 d. 将 2.5ml 2×YT 顶层琼脂（熔化并冷却到 45℃）加入到每份培养物中，将以上混合物铺在单个 YT 琼脂平皿上。37℃孵育平皿 16 h，使噬菌斑形成。
 e. 用步骤 5～12 描述的放射性标记的寡核苷酸探针重新筛选噬菌斑。在第二轮筛选过程中，不需要逐步增加洗膜溶液的温度。可将滤膜直接从室温转移至预热的（见步骤 12）靠经验确定温度的 6×SSC 中。
14. 从三个杂交阳性突变体中各挑取两个噬菌斑。按第 3 章方案 4 介绍的方法从由噬菌斑衍生而来的被噬菌体感染的小量培养物中制备单链 DNA。
15. 用双脱氧链终止法对含靶序列的 DNA 进行测序（请见第 12 章方案 3 或 4）。可使用测序通用引物，或使用结合在突变位点上游 50～100 个核苷酸的合成引物。
16. 当突变体被确认后，用序列分析方法确证克隆进噬菌体 M13 的靶 DNA 全序列，以确保在噬菌体 M13 重组体的繁殖过程中没有产生意外突变。这一过程通常需要每隔 200～400bp 设计一个与靶 DNA 互补的引物。
17. 对带有所需突变而在靶 DNA 区域没有发现意外突变的重组噬菌斑（步骤 14）进行纯化后感染细菌，并从感染的培养液中分离复制型噬菌体 M13DNA。分离、纯化复制型噬菌体 M13DNA 的方法请见第 3 章方案 3。
18. 用适当的限制酶消化噬菌体 M13 复制型 DNA 和制备凝胶电泳回收突变的靶 DNA 序列。将靶 DNA 克隆进所需的载体。
19. 用几种不同的限制性内切酶消化重组的未经诱变的靶序列，或消化重组的带有突变 13.46
的靶序列。

20．凝胶电泳分离经限制酶消化的 DNA 片段，按第 6 章方案 8 描述的方法将 DNA 转移到硝酸纤维素膜或尼龙膜上。用 ^{32}P-标记的诱变寡核苷酸作为探针，用低于 T_m 值 10℃ 的温度下进行 Southern 杂交。在不同的条件下洗膜并进行放射自显影。

最后一次自显影应仅显示与相关的诱变靶 DNA 片段杂交信号。

疑难解答

以上描述的杂交和洗膜条件适合于短的寡核苷酸（<20 碱基），经过几轮的洗膜和自显影总能鉴定出杂交强阳性的噬菌斑或克隆。如果经反复洗膜后，所有的噬菌斑或克隆仍能与寡核苷酸探针杂交，可考虑：

- 检查探针是否与载体或靶 DNA 的其他区域有较大的同源性。
- 增加缓冲液中 SSC 的浓度或较大幅度提高温度以增加洗膜强度。对较大的寡核苷酸探针（例如 40-mer），例如从克隆 DNA 上缺失大片段 DNA 的寡核苷酸探针，需要 0.1× SSC，温度为 80℃。当寡核苷酸探针中存在二级结构或罕见碱基组成时，可能需要使用四甲铵盐从野生型模板中区别突变体（请见第 10 章方案 8）。
- 杂交前用浸泡在 2×SSC、0.1％SDS 中的 Kimwipes 纸巾擦去滤膜上的细菌碎片。
- 用聚丙烯酰胺凝胶电泳纯化诱变寡核苷酸。如果仍不能解决高杂交背景问题，重新合成寡核苷酸，考虑合成较短的寡核苷酸作为探针。

13.47

替代方案：放射性标记的寡核苷酸杂交筛选含噬菌粒的细菌克隆

本方案在原理上与主方案相同，在实践上与主方案（筛选噬菌体 M13）类似。然而，由于定点诱变产物转化的细菌产生的克隆常含有野生型和突变分子的混合物，需进行第二轮转化和筛选将二种类型的噬菌粒分离。注意，简单地将阳性克隆重新划线不能产生纯的细菌群体。噬菌粒的拷贝数极高，以至于突变体完全从野生型噬菌粒中分离出来的几率极低。

寡核苷酸杂交前获得纯的突变噬菌粒的另一种方法是刮取一部分由体外合成 DNA 转化产生的克隆，接种到小体积液体培养基中，用常规小量制备方法制备噬菌粒 DNA，然后转化另一批大肠杆菌感受态细胞。产生的克隆将含有纯的突变体或野生噬菌粒，然后用诱变寡核苷酸为探针进行杂交筛选。

其他材料

转化用大肠杆菌 MV1184 感受态细胞

关于噬菌粒菌株请见第 3 章方案 8。

含有适当抗生素的 LB 培养基，请见步骤 6

含 0.1% SDS（m/V）的 2×SSC

55℃水浴。

方法

1．按主要方案步骤 1～4 介绍的方法通过磷酸化反应标记诱变寡核苷酸。
2．按第 1 章方案 29 描述的方法将转化的克隆转移到硝酸纤维素膜或尼龙膜上。

   37℃孵育含细菌克隆的主培养皿数小时让克隆重新生长，然后用莎伦包装膜膜密封培养皿，储存在 4℃直到使用。
3．用碱裂解转移到滤膜上的克隆（请见第 1 章方案 31）。中和滤膜，然后在真空干燥箱中 80℃烘烤 1 h 将释放出的 DNA 固定在原位。
4．在 37℃条件下将滤膜浸泡在 6×SSC，0.1％（m/V）SDS 中。用浸泡在同一溶液中的 kimwipes 纸巾轻轻擦去滤膜上的细菌碎片。将滤膜孵育在 55℃新的 6×SSC，0.1% SDS 中 3 h。
5．按主方案步骤 6～12 介绍的方法，用 ^{32}P -标记的诱变寡核苷酸进行杂交反应。
6．鉴定与诱变寡核苷酸完全杂交的克隆。挑取多个单克隆接种到含适当抗生素的小量液体 LB 中培养至饱和。
7．按第 1 章介绍的方法之一，从每份培养物中分离超螺旋噬菌粒 DNA。
8．用噬菌粒 DNA 转化大肠杆菌感受态。
9．按第 3 章方案 8 描述的方法，通过重复感染单独的转化子制备单链噬菌粒 DNA。
10．测定靶 DNA 序列，确证存在希望的突变和无其他突变体产生。
11．经合适的限制酶消化噬菌体载体，制备凝胶电泳回收突变的 DNA 片段。如果需要可将靶 DNA 克隆到合适的载体。
12．按主要方案中步骤 19 和 20 中介绍的途径，用 Southern 杂交方法确定突变体的存在。

替代方案：PCR 方法检测确定的突变体 13.48

目前已建立了多种检测 DNA 样品中是否存在确定的突变体的技术（Clisic and Alavantic 1996，Zhu and Clark 1996，Humbert and Elard 1997，Alavantic et al. 1998）。所有方法都建立在 PCR 反应需要寡核苷酸引物 3′末端碱基与模板 DNA 完全互补的原理之上。如果 3′末端不能够与模板相应位置的碱基形成常规的沃森－克里克碱基对，PCR 效率将大大降低。

图 13-5 简述了由 Glisic 和 Alavantic（1996）建立的技术，该方法需要四种引物。寡核苷酸 1 和 4 分别为正向和反向引物，用来扩增含有突变位点的靶序列。寡核苷酸 2 和 3 是可以与靶序列特定区相结合的等位基因特异引物，它们的差别仅在于 3′端碱基：其中一条与野生型等位基因一致，另一条与突变体的等位基因相同。设置两组扩增反应，一组中含 35pmoles 的寡核苷酸 1、2 和 4，另一组中含相同量的寡核苷酸 1、3 和 4。模板 DNA 可以是哺乳动物基因组 DNA（500ng）、酵母基因组 DNA（10ng）、噬菌体 M13 DNA（1～5pg）、质粒 DNA（1～5pg），实际上可以是任何携带确定突变的 DNA。

用标准的 PCR 条件进行扩增，通过琼脂糖凝胶电泳分析 PCR 产物。二组反应产生大小与靶 DNA 相同的 DNA 条带。由寡核苷酸 1 和 4 引导合成的 DNA 作为等位基因特异的扩增模板。如果模板 DNA 是纯合的，二组反应之一应含有第二条分子量小一些的 DNA 条带，该条带的合成是由寡核苷酸 1 和寡核苷酸 2 或 3 引导合成的，取决于模板是突变还是野生型。如果模板 DNA 是杂合的，二组反应都将产生两条带。

一般分子量小的带的摩尔浓度低于分子量大的带。原因是等位基因特异引物的扩增取决于先前由引物 1 和 4 扩增的靶序列。

该方法具有简单、快速和可靠的优点，可同时筛选多组样品。缺点是需要四种寡核苷酸和二次扩增反应。

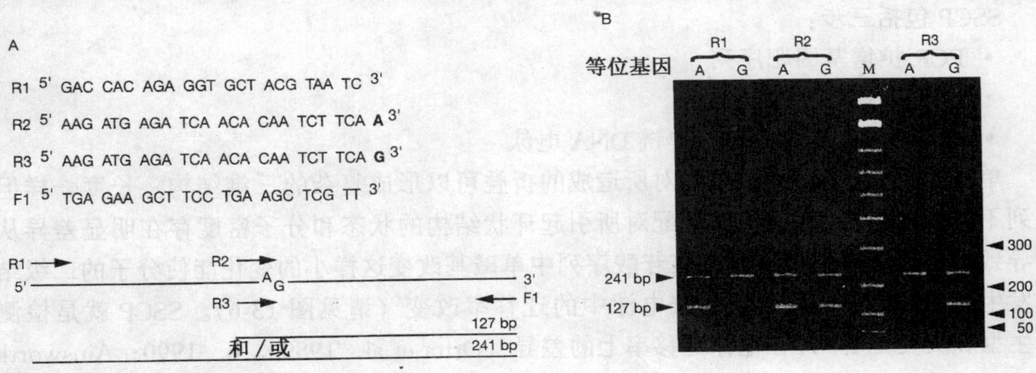

图 13-5　PCR 扩增特异的等位基因

A. 引物 R1 和 F1 产生一条 241 bp 的片段，该片段作为含有不同 3′端碱基引物 R2 或 R3 的模板。引物 R2 或 R3 与引物 F1 的扩增产生 127 bp 片段，该片段与等位基因 A 或 G 匹配。

B. PCR 产物凝胶电泳检查 Apo B 基因外显子 29 上第 12 932 位核苷酸（密码子 4311）的点突变。每组样品由两组电泳条带。样品 1 是 A A 纯合型等位基因，样品 2 是 A G 杂合型等位基因。样品 3 是 G G 纯合型等位基因。M 加样孔为 DNA 标准（Amplisize；Bio-Rad）。

（经 Glisic and Alavanti 1996 同意后修改［©Elsevier Science］）

方案 8　单链构象多态性和异源双链分析方法检测突变 13.49

检测突变的目的主要是为弄懂人类遗传性疾病的分子机制，以便有效的针对这些疾病进行预防、诊断和治疗，但更多的是用于分析不同生物体基因型与表型之间的关联。

检测突变的目的是阐明与产生特定表型有关的 DNA 序列的精确变化并进行定位。突变发生范围非常广泛，包括缺失、插入、倒置、易位、转换和颠换。可以通过染色体的细胞化学分析或基因组 DNA 的 Southern 印迹分析检测一些大范围的改变。然而，对野生型与突变体 DNA 进行碱基改变的比较是目前精细分析单碱基或多碱基突变类型的惟一方法。由于对数千碱基进行序列分析是昂贵、费时和枯燥的，为此建立了多种突变体定位方法，使对序列分析的需要降低到最小。这些扫描方法在费用、速度、精确度和分析能力等方面各不相同，每种方法只能检测一小部分突变。因此，现在对于未知特性点突变的检测和定位常需要按顺序进行二种或更多种的扫描方法，最后经 DNA 测序确定突变。使用方法的优劣及敏感性随基因或突变类型的不同而改变。

扫描方法的共同之处是基于突变体和 DNA 参照物（野生型）电泳迁移率和层析行为不同。这些方法包括单链构象多态性（SSCP，本方案），异源双链分析（HA，本方案），变性梯度凝胶电泳（DGGE）和最近建立的偶联离子对反相液相层析，它们可以将突变图谱精确到大约 ± 200bp。双脱氧指纹法（ddF），即双脱氧测序和 SSCP 混合是昂贵和难度更大的方法，但它能够将突变图谱分辨范围精确到 10bp 左右。

单链构象多态性

SSCP 包括三步：

- PCR 扩增基因靶序列
- PCR 产物的变性
- 在中性 pH 凝胶中进行单链 DNA 电泳

13.50 单链 DNA 分子链内碱基配对所造成的折叠可以形成复杂的三维结构。长度一样但序列不同的单链 DNA 链内碱基配对所引起环状结构的状态和分子密度存在明显差异从而导致电泳迁移率显著不同。核苷酸序列中单碱基改变这样小的变化能使分子的二级结构发生变化，使它们在天然凝胶电泳中的迁移率改变（请见图 13-6）。SSCP 就是检测野生型和突变型 DNA 在电泳迁移率上的差异（Orita et al. 1989a，b，1990；Ainsworth et al. 1991；Dean and Gerrard 1991；Condie et al. 1993；Glavac and Dean 1993；关于这方面的综述请参阅 Fan et al. 1993；Axfon and Hanson 1998；Jaeckel et al. 1998；Nataraj et al. 1999）。

13.51 扩增

单链和双链 DNA 都可以通过 SSCP 方法进行分析。可通过传统的 PCR 或不对称 PCR 从基因组 DNA 模板中扩增出 DNA（PCR-SSCP）。既然突变检测的敏感性往往是双链中的一条链大于另一条链，而且很难预计其中哪条链会产生适合 SSCP 的最佳构型，采用双链 DNA 的优点在于可以对靶区域的两条链同时进行分析。

大多数研究人员发现当 DNA 长度为 150～200 bp 时突变体检出率最高。当 DNA 长度增加时效率显著降低（Sheffield et al. 1993，Ravnik-Glavac et al. 1994）。然而，另有报道认为片段长度对突变体检出率影响不大（Fan et al. 1993，Highsmith et al. 1999）。

大多数研究人员使用 *Taq* 或 *Pfu* 聚合酶在常规条件下进行扩增反应。样品分析前一般不需要除去反应中未消耗的引物和 dNTP。然而，尽可能降低非特异性扩增却是十分重要的，非特异性扩增产物增加了凝胶电泳结果分析的难度。

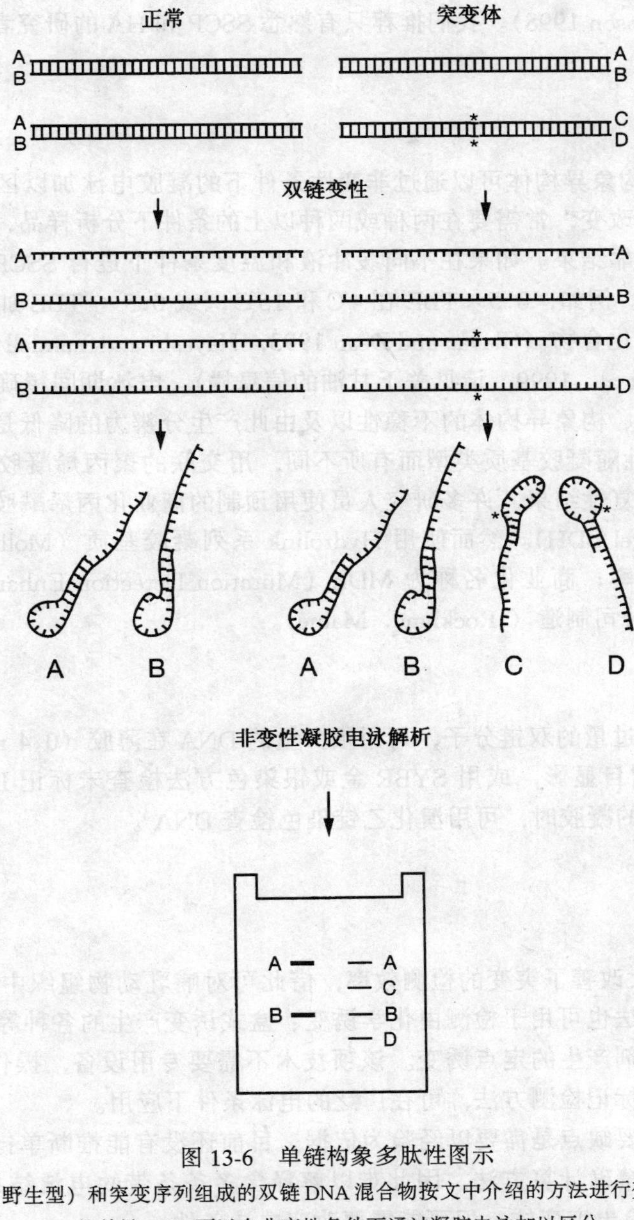

图 13-6 单链构象多肽性图示

由正常（野生型）和突变序列组成的双链 DNA 混合物按文中介绍的方法进行变性，所产生的单链 DNA 可以在非变性条件下通过凝胶电泳加以区分

变性

加样之前，要用碱或更常用的甲酰胺结合加热变的方法对双链 DNA 进行变性。如果 DNA 是从杂合体中扩增的，部分变性过的互补链有可能在上样前重新退火，野生型

与突变型分子之间的退火可形成异源双链。同一样品中既存在单链又存在异源双链为我们提供了可同时使用两种扫描方法的机会（SSCP 和 HA，见下面描述）。如果从单倍体生物或从纯合双倍体扩增 DNA，可通过加入适当量的相应野生型片段促使异源双链形成（Axton and Hanson 1998）。我们推荐只有熟悉 SSCP 和 HA 的研究者同时使用两种扫描技术。

电泳

单链 DNA 的构象异构体可以通过非变性条件下的凝胶电泳加以区分。由于迁移率随温度和离子强度改变，常需要在两种或两种以上的条件下分析样品，以便得到分辨不同构象异构体的可靠结果。如果在不同缓冲液和温度条件下进行 SSCP，可使突变体的检出率接近 100%。例如，0.5×TBE 在 4℃和 15℃，或 0.5× TBE 加入或不加入像甘油这类含有羟基的化合物（Glavac and Dean 1993，Hayashi and Yandell 1993，Higbsmish et al．1999，Liu et al．1999，请见关于甘油的信息栏）。电泳期间精确控制温度对防止链内碱基对的解离、构象异构体的不稳性以及由此产生分辨力的降低是极为重要的。

SSCP 的敏感性随凝胶基质类型而有所不同，用交联的聚丙烯凝胶电泳能获得最佳结果。为获得可重复性结果，许多研究人员使用预制的商业化丙烯酰胺和双丙烯酰胺溶液（例如，Acrylogel BDH)。然而使用 Hydrolink 系列凝胶基质（Molinari et al．1993）可获得最好的分辨率；商业化名称为 MDE（Mutation Detection Enhancement）制品是由 FMC 生物制品公司制造（Rockland，Maine)。

13.52 检测

为了抑制形成过量的双链分子，可用很少量的 DNA 在薄胶（0.4 mm）上电泳。通过对 PCR 产物放射自显影，或用 SYBR 金或银染色方法检查未标记 DNA 的构象异构体。当用 1 mm 厚的凝胶时，可用溴化乙锭染色检查 DNA 。

SSCP 的优缺点

SSCP 方法极大改善了突变的检测效率，借此可对哺乳动物组织中的突变在分子水平进行分析。该方法也可用于检测由化学诱变、盒式诱变产生的各种等位基因突变或检测由寡核苷酸诱变剂产生的定点诱变。该项技术不需要专用设备，操作过程直接了当，是合适的非放射性标记检测方法，可在广泛的电泳条件下应用。

该项技术的主要缺点是需要以经验为依据。目前还没有能推断单链 DNA 不同构型数量或电泳性质的精确计算方法。因此难以解释含多条条带的电泳结果。最后，SSCP 技术能够 100%的检出突变体，但可能需要改变电泳条件。

以下描述的用 SSCP 方法分析人基因组 DNA 片段的方案是由 Daphne Davis（University of Texas Southwestern Medical．Center Dallas）提供。

材料

注意：标有〈!〉符号实验材料的正确操作方法请参照附录 12。

缓冲液和溶液

贮存液，缓冲液和试剂的成分请参阅附录 1。

将贮存液稀释到合适的浓度。

10×扩增缓冲液

含 4 种 dNTP，每种浓度为 1 mmol/L（pH 7.0）的 dNTP 混合溶液（PCR 级）

甲酰胺上样缓冲液〈!〉

蔗糖凝胶缓冲液（缓冲液类型Ⅰ）

10 ×TBE 电泳缓冲液

用 1×工作强度的 TBE（89 mmol/L Tris-硼酸盐，2 mmol/L EDTA）进行聚丙烯酰胺凝胶电泳。1×TBE 浓度能提供必需的缓冲能力。缓冲液的 pH 值一般应为 8.3。通常不需要调节 pH 值，然而当使用实验室新制备的 10×TBE 缓冲液时，应检查 pH 值变化。

用同一种 10×TBE 贮存液制备凝胶和跑胶缓冲液。离子强度和 pH 值的微小变化将产生缓冲液对抗，使 DNA 带型发生极大的扭曲。

酶和缓冲液

限制性内切酶（选用）

热稳定 DNA 聚合酶

推荐使用 *Taq* DNA 聚合酶

核苷酸和寡核苷酸

用于筛选点突变的人类基因组 DNA

将 DNA 以 10 μg/ml 溶在 TE（pH 7.6）缓冲液中。

寡核苷酸引物包括正向引物和反向引物（每种浓度为 35 μmol/L）溶在 TE 中（pH 7.6）

放射性物质

[α-^{32}P] dCTP（3000 Ci/mmol，10 mCi/ml）

凝胶 13.53

丙烯酰胺:双丙烯酰胺（29:1；*m*/*V*）〈!〉

许多研究者使用商业化的预制丙烯酰胺和双丙烯酰胺溶液（例如，Acrylogel BDH）。然而，使用 Hydrolink 系列凝胶基质（Molinari et al. 1993）可获得最好的分辨率，它的商业化名称是 MDE（Mutation Detection Enhancement），产品是由 FMC 生物制品公司（Rockland，Maine）制造。

过硫酸胺（10% *m*/*V*）〈!〉

甘油

使用高纯度级别的甘油，例如超纯的（Life Technologies）。请见关于甘油的信息栏。

TEMED（四甲基乙二胺）〈!〉

许多厂商，包括 Sigma 公司和 Bio-Rad 公司出售电泳级的 TEMED。TEMED 易吸湿，应贮存在密封的容器中，4℃温度下保存。

TEMED 的作用是辅助催化丙烯酰胺聚合。

专用设备

带屏障装置的自动移液器吸头

沸水浴

电泳板、玻璃（两块 40 cm×40 cm 的玻璃）和 0.4 mm 隔条。

干胶设备

玻璃毛细管（拉长）或带凝胶上样吸头的微量移液器

Hamilton 注射器或巴斯德移液器

微量离心管（扩增用 0.5 ml 薄壁管）

可调式移液器

能够按扩增方案设定程序的热循环仪

如果热循环仪不带加热盖装置，使用轻矿物油或石蜡防止 PCR 过程中反应混合物的液体挥发。

限制性内切核酸酶消化所需温度的水浴

Whatman 3MM 滤纸

方法

扩增用于筛选点突变的 DNA

1. 按顺序在一个消毒的离心管中混合下列成分：

1 mmol/L dNTP 溶液	1 μl
10×扩增缓冲液	2 μl
35 μmol/L 5′-寡核苷酸溶液	1 μl（35 pmoles）
35 μmol/L 3′-寡核苷酸溶液	1 μl
10 μCi/μl [α-^{32}P] d-CTP	1 μl
人的基因组 DNA	10 μl（100 ng）
热稳定 DNA 聚合酶	1～3 单位
加水至 20 μl	

在 PCR 过程中 [α-^{32}P] d CTP 被均匀地结合并标记到扩增的 DNA 中。用^{32}P 标记的寡核苷酸引物代替 [α-^{32}P] dCTP 产生末端标记的 DNA。

如果可能，设置二组已知的在等位基因序列上含有一个或多个碱基不同的而且已知在 SSCP 胶上能够分辨出来 DNA 样品作为对照。为避免发生污染需另外设置一个不加模板 DNA 的阴性对照。

2. 如果热循环仪不带加热盖装置，加入 1 滴（约 50 μl）轻矿物油覆盖反应混合物以防止在反复加热和冷却循环过程中样品蒸发。若使用热启动程序，可在管中加入一滴石蜡油。将反应管置于热循环仪中。

13.54 3. 按下列表中列出的变性、退火、聚合时间和温度进行扩增。热循环参数的设定请参考第 8 章方案 1。

循环数	变性	退火/聚合反应
30 个循环	94℃，5～30 s	68℃，0.5～1 min
最后一次循环	94℃，1 min	68℃，5～10 min

上述反应条件适合于 50μl 反应体积、0.5ml 薄壁管和 Perkin-Elmer 9600、9700，Master Cycler（Eppendorf）或 PTC100（MJ Research）热循环仪。使用其他类型的仪器或不同的反应体积时需调整上述反应条件。

制备 SSCP 凝胶

4. 当开始 PCR 反应时，用含 10%（V/V）甘油的 1×TBE 缓冲液制备 5.5%的聚丙烯酰胺凝胶。

10×TBE 凝胶缓冲液	10 ml
29:1 丙烯酰胺:双丙烯酰胺溶液	18 ml
10%过硫酸胺	0.5 ml
甘油	10 ml
加水至 61.5 ml	

温和搅动以混合以上试剂。

上述体积的溶液足够灌制一块标准大小（40 cm×40 cm）垫片厚度为 0.4mm 的凝胶。可增加或降低凝胶溶液体积制备所需大小的凝胶。

用相同的 10×TBE 贮存液制备足以填满凝胶电泳装置的 1×TBE 凝胶缓冲液。

5. 把两快 40 cm×40 cm 玻璃电泳板和 0.4 mm 垫片装配并沾合在一起。

为了获得单链 DNA 构象异构体的最大分辨率，应使用凝胶厚度等于或小于 0.4mm 的垫片。

6. 加入 100 μl TEMED 溶液，温和摇晃三角瓶，混合溶液并灌制凝胶。

丙烯酰胺溶液聚合速度很快，因此操作要迅速。灌制薄胶的方法请见第 12 章方案 8。

7. 室温下把已经聚合的凝胶放到电泳装置中。电泳槽中加满与制备凝胶缓冲 液相同的 1×TBE 缓冲液。

制备 SSCP 电泳样品

8.（可做可不做）当 PCR 反应结束时取出反应管置于冰上，若扩增 DNA 片段需要用限制酶消化，设置下列酶切反应

PCR 溶液	5 μl
10×限制酶缓冲液	4 μl
限制性内切酶（2～50 单位）	2 μl
水	29 μl

在适合限制酶消化的温度下孵育 1～2 h。

13.55

SSCP 凝胶分辨点突变和多态性的能力随 DNA 片段增大而降低。对于较长 DNA 片段之间序列差异的检测，最简单的方法是电泳前用限制酶将长片段消化成 200～300 bp 的短片段。这一策略在筛选基因内含子多态性，或检测长外显子中的突变中特别有用。如果片段的 DNA 序列是已知的，可以很容易的找到合适的限制酶。如果片段的 DNA 序列是未知的，可使用识别 4 个碱基序列的随机组合的酶（例如，*Alu* Ⅰ、*Dde* Ⅰ、*Hea* Ⅲ、*Hinf* Ⅰ、*Msp* Ⅰ、*Rsa* Ⅰ）。用一组高频的切割酶会使点突变/多态性定位在 DNA 末端的不同距离上或不同大小的片段上，从而影响 SSCP 单链构象异构体的迁移速率。最终将 200～300 bp DNA 消化成二条或更多小片段后再进行 SSCP 分析，常能分辨出其他方法检测不到的突变。

9. 用蔗糖凝胶上样缓冲液将 1.5 μl 原始 PCR 产物（步骤 3）或 5 μl 限制酶消化的 PCR 产物（步骤 8）稀释至 20 μl。用甲酰胺染料混合物将相同量的样品稀释至 20 μl。

用甲酰胺染料混合物稀释的样品将被变性，而用蔗糖凝胶缓冲液稀释的样品保持双链用作对照。

10. 将含甲酰胺的样品煮沸 6 min，然后直接把反应管插入冰中。

SSCP 凝胶电泳分离和分析 DNA 片段

11. 使用巴斯德滴管或汉密尔顿注射器吸取 1×TBE 缓冲液冲洗聚丙烯酰胺凝胶的加样孔。用一个拉长的玻璃毛细管或带有凝胶上样吸头的微量移液器分别取 2 μl 样品加到聚丙烯酰胺凝胶电泳上。
12. 使用电压为 6～7 V/cm［约 250 V（和 15 mA）对于 40 cm×40 cm 凝胶］，电泳 14 h。
13. 电泳完成后，分离玻璃板，将凝胶转移至 1 层 Whatman 3MM 滤纸上，真空干燥 30～60 min。
14. 对干凝胶进行放射自显影，在无增感屏的情况下室温曝光 4～16 h。

非变性 PCR 样品（即，用蔗糖凝胶上样缓冲液稀释的样品）以双链 DNA 的形式在凝胶中迁移。相比之下，变性样品（即与甲酰胺染料混合物混合并进行煮沸的样品）将以双链和单链混合物的形式在凝胶中迁移。单链 DNA 通常在丙烯酰胺凝胶中的迁移率低于双链分子（Maxam and Gilbert 1977，1980；Szalay et al. 1977）。在两条 DNA 互补链折叠形成的构型不能被 SSCP 分辨的情况下，只有一条单链条带能被检测到。如果互补链折叠成可以分辨的构型，两条链都能被检测到。二倍体生物的杂合等位基因的 PCR 产物产生至少 4 条带，两条带与野生型迁移率相同，另外两条带为特异的突变体。然而，往往会出现多于两条带的情况，既可能是样品遗传非均一性的结果，也可能是由于同一 DNA 分子的两条互补链自身折叠形成了多于一种形态的构象。带型相当复杂，而且很难从 DNA 序列、碱基组成和片段的长度来推算。然而，对于一种特定的诱变通常会有一种具有特征的带型。

13.56

疑难解答

该方案可在长度小于 300 bp 的 DNA 片段中检测到全部单碱基突变的 75%。如果结果不满意，可试用多种分辨单链 DNA 构象异构体的电泳条件。例如：

- 在 4～6℃ 的温度下，电泳 12～16 h。
- 按上面给出的条件制胶，但使用 5%（*V*/*V*）的甘油或不加甘油。在 4～6℃ 的温度下电泳 12～16 h。
- 改用高分辨率凝胶例如突变检测凝胶（例如，MDE 胶溶液，FMC 生物制品公司，Maine）。该凝胶溶液用一定量的乙烯聚合物代替丙烯酰胺。MDE 凝胶在分辨某些单链 DNA 构象异构体上优于聚丙烯酰胺凝胶。由于双链 DNA 在这种凝胶中较聚丙烯酰胺 SSCP 凝胶上迁移速度快，单链 DNA 往往是自显影检查到的惟一片段。按照厂商的指示灌制 MDE 胶，并注意通常要使用强度不同的 TBE 缓冲液。
- 用不同体积的起始扩增反应产物（变性后的）进行电泳。在某种情况下，负载少量的 DNA 降低单链 DNA 相互之间重新退火的机会，从而有利于形成能够在 SSCP 胶上分离的链内氢链结构。
- 电泳前用含 SDS 的缓冲液稀释 PCR 产物。在以上的例子中，用 8.5 μl 含 0.1%（*m*/*V*）SDS 的 10 mmol/L EDTA 溶液和 10 μl 甲酰胺染料混合溶液与 1.5 μl PCR 产物混合。按步骤 10 描述的方法煮沸样品，在 SSCP 胶上分析 2 μl 变性的 DNA。由于未知的原因，有时 SDS 的存在有利于分辨单链 DNA 构象异构体。
- 用含有 20 mmol/L HEPES 的 1×TBE 凝胶缓冲液代替本方案中 1×TBE 凝胶缓冲液。简单的加入 HEPES 极大的改变了单链 DNA 的电泳迁移率。用两种凝胶条件，一种只含 1×TBE，另一种含补充 20 μl HEPES 的 1×TBE 凝胶缓冲液。长度等于或小于 350 bp 的 DNA 片段中 95% 以上的构象异构体能够被分辨出来（Liu and Sommol 1998）。
- 凝胶缓冲液中加入尿素（5%）或甲酰胺（5%）可防止高 G+C 含量的构象异构体在凝胶中弥散（Glavac and Dean 1993）。另外较高浓度的尿素可产生特别致密的带型，但也会降低 SSCP 的敏感性（Liu et al. 1999）。

方案 9　外切核酸酶Ⅲ消化产生多组嵌套缺失突变体 13.57

逐步地从靶 DNA 的一端或另一端删除多个寡核苷酸的嵌套式缺失突变方法被用来确定功能性顺式调控元件的边界，早先曾作为指导 DNA 测序的模板。该方法依赖于核酸酶，例如 BAL31、胰 DNAase Ⅰ或外切核酸酶Ⅲ，这些核酸酶均以可预测的方式消化 DNA，其中外切核酸酶Ⅲ是目前最好的。

- 外切核酸酶的反应是以非常均匀和可预测的速率进行，使我们能够同时分离嵌套缺失和多组终末端相差无几的缺失体。
- 该方法对载体无特殊要求。
- 可以不经过中间产物的纯化在同一个反应管中进行一系列酶反应（外切核酸酶消化、核酸酶 S1/绿豆酶处理和重新环化）(Henikoff 1984，1987，1990)。

在 Henikoff（1984）描述的方法中，用两种切割位点均位于靶 DNA 分子的一端和通用引物结合位点之间的限制酶消化重组质粒、噬菌粒或噬菌体 M13 复制型双链 DNA。切割位点靠近靶序列的限制酶必须能产生钝端或 3′端凹进的末端；而另一种酶必须产生一个 4 个核苷酸突出的 3′末端。因为只有钝端或 3′端凹进的线状 DNA 分子才对外切核酸酶Ⅲ反应敏感，从切割位点开始外切核酸酶Ⅲ单向、渐进性的消化进入靶 DNA。可用核苷酸酶 S1 或绿豆酶去除暴露出的单链 DNA，再将 DNA 重新环化。可按需要在重新环化位点上插入一个合成的接头。

靶基因的一端需要存在一个不受外切核酸酶Ⅲ攻击的、合适的限制酶位点是该方法惟一的也是主要的限制。然而在实际工作中，这一限制并不是一个很严重的问题。目前噬菌体 M13、噬菌粒和质粒载体中常包含了范围极广的可应用的克隆位点，总能发现一个适合被研究的特异靶 DNA 片段的载体。在极少数无合适的限制位点的情况下，使用大肠杆菌 DNA 聚合酶Ⅰ Klenow 片段和 α-三磷酸 dNTP 将凹进的 3′末端补平可使其免 13.58
受外切核酸酶Ⅲ攻击（Guo and Wu 1983，Jasin et al. 1983）。一种替代办法是将一个保护性的“缓冲”片段插在切割位点和侧接载体序列之间（Haltiner et al. 1985）。如果缓冲片段足够长，外切核酸酶Ⅲ渐进性的去除靶 DNA 不会伴随着丢失侧接载体必需序列。

为了保证诱变效率，必须用合适的限制酶完全消化模板 DNA。然而，如果两种限制酶位点非常靠近，完全消化模板 DNA 则需要延长消化时间；使用大量的一种或两种限制酶，结果导致模板 DNA 上产生缺口。因为外切核酸酶Ⅲ有效的攻击缺口的 3′端（Masamune et al. 1971），在载体或靶 DNA 不希望的位置上可能产生缺失。按我们的经验，这在理论上会产生极大的问题而实践中却极少发生。因此我们推荐使用基于 Henikoff（1984）建立的用两种限制酶消化模板 DNA 的方案。

材料

注意：标有〈!〉符号实验材料的正确操作方法请参照附录 12。

缓冲液和溶液

贮存液，缓冲液和试剂的成分请参阅附录1。

将贮存液稀释到合适的浓度。

dNTP 溶液中含有 dATP、dGTP 和 dTTP，每种 dNTP 浓度为 0.5 mmol/L，溶在 25 mmol/L Tris-Cl（pH 8.0）中

乙醇（100%，冰冷；70%，室温。）

10×外切核酸酶Ⅲ缓冲液

660 mmol/L Tris-Cl（pH 8.0）

66 mmol/L $MgCl_2$

100 mmol/L β-巯基乙醇〈!〉

核酸酶 S1 停止反应混合液

0.3 mmol/L Tris

50 mmol/L EDTA（pH 8.0）

酚：氯仿〈!〉

醋酸钠（3 mol/L，pH 5.2）

酶和缓冲液

外切核酸酶Ⅲ

不同厂商提供的外切核酸酶Ⅲ的质量不同，在大批量制备嵌套缺失模板之前应进行分析性消化检查外切核酸酶Ⅲ的质量。

Klenow 混合物（足以用于30个样品）

水	20 μl
1 mol/L $MgCl_2$	6 μl
0.1 mol/L Tris-Cl	3 μl
Klenow 片段	3单位

临用前在冰上制备以上混合物。

连接混合物（24个样品）

水	550 μl
10×噬菌体 T4 连接酶缓冲液	100 μl
5 mmol/L rATP	100 μl
聚乙二醇（30% *m*/*V* PEG8000）〈!〉	250 μl
噬菌体 T4 DNA 连接酶	5单位

临用前在冰上制备以上混合物。

13.59 核酸酶 S1 反应混合物

水	172 μl
10×S1 缓冲液	27 μl
核酸酶 S1	60单位

临用前制备该混合物

绿豆酶可用来替代以上反应中的核酸酶 S1。

限制性内切酶（两种）

有关限制酶的选择以及适当地将其识别位点引入靶 DNA 的讨论，请见本方案前言部分和信息栏中关于

外切核酸酶Ⅲ的专栏。

凝胶

1%（m/V）琼脂糖凝胶（两种）

核酸和寡核苷酸

靶 DNA

分析靶 DNA 序列中是否存在适当的限制酶位点。将待消化的 DNA 克隆进质粒或噬菌体载体，载体应含尽量少的非必需序列。取一份用作诱变底物的重组质粒 DNA 溶解在 TAE 缓冲液（见第 5 章方案 1）中，进行琼脂糖凝胶电泳分析。质粒中超螺旋分子应占 90%以上。如果制备的质粒中带有线状分子或 10%以上的缺口或松弛型质粒，应重新进行纯化。

因为外切核酸酶Ⅲ消化从单链缺口处开始，闭合环状分子必须占模板 DNA 制品组成的绝大多数。纯化模板另外的好处是可以从闭合环状 DNA 制品中除去干扰外切核酸酶Ⅲ消化的小片段 DNA 和 RNA。

专用设备

微量离心管（0.5 ml）或带 U-型孔的微量滴定板（例如，Boxter B1190-17）。可预调 30℃、37℃和 70℃ 的水浴装置。

其他试剂

本方案步骤 14 需要的试剂列在第 1 章方案 24、25 或 26（用于转化）。

本方案步骤 15 需要的试剂列在第 1 章方案 1 或 4（用于微量质粒 DNA 制备）或第 3 章方案 3（制备复制型式的 M13 DNA）。

本方案步骤 16 需要的试剂列在第 12 章方案 3、4 或 5 中。

方法

1. 用能消化载体上引物结合区和靶 DNA 之间的多克隆位点的两种限制酶消化 10 μg 靶 DNA（重组的噬菌体 M13 复制型 DNA、噬菌粒 DNA 或质粒 DNA）。

为获得最佳酶切效果，避免使用多克隆位点中紧密相邻的限制酶位点。限制酶消化反应应在低 DNA 浓度和生产厂商推荐的合适的酶切缓冲液的大反应体积中进行。先用产生钝端或 3′ 凹端的酶消化。通过凝胶电泳检查证实所有的闭合环状 DNA 都已经转变成线状 DNA 时，调节缓冲液，加入第二种酶。或者进行常规的酚：氯仿抽提和乙醇沉淀，在适合的缓冲液中进行第二种酶消化。任何逃脱第二种酶消化的 DNA 都将被外切核酸酶Ⅲ从两个方向进行消化，因此不可能产生存活的克隆。第二次酶切的效率可以通过^{32}P 末端标记第一次的切割位点，检查第二次酶切后放射性丢失 50%来测定。 13.60

如果遇到无法用两种限制酶完全消化模板的困难，我们推荐使用基于 Henikoff（1990）所建立方法设计的商业化试剂盒。在这一过程中，用单链环状噬菌粒 DNA 作为噬菌体 T4 DNA 聚合酶催化寡核苷酸引物延伸反应的模板。该反应在紧接引物 5′端处产生缺口的双链环状分子。外切核酸酶Ⅲ被用来切割以上反应产生的 3′末端，通过单链 DNA 特异性的内切酶（核酸酶 S1 或绿豆核酸酶）消化暴露出单链 DNA。以上过程产生具有与引物 5′端一致的一套相同末端的线状嵌套的 DNA 片段。这些缺失的分子被重新环化用于转化细胞。该方法的优点是可以从靶 DNA 的任意一点上产生嵌套缺失。酶反应可以按顺序在同一个反应管中进行。因此不需要有机溶剂抽提或沉淀 DNA。

基于 Henikoff（1990）的方法，几种商业化的用于构建缺失突变体的试剂盒已有出售（请见信息栏中关于定点诱变用商业化试剂盒）。

2. 用常规的酚:氯仿抽提和乙醇沉淀方法纯化 DNA，仔细的去除上清液，加入 0.5 ml 70%的乙醇清 DNA 沉淀。

用乙醇漂洗沉淀物是很重要的步骤，因为钠离子抑制外切核酸酶Ⅲ反应（Hoheisel 1993）（请见信息栏关于外切核酸酶Ⅲ）。

3. 在微型离心机上以最高速度和 4℃ 温度下离心 2 min，回收经 70% 的乙醇洗过的 DNA 沉淀物，仔细的除去上清。将反应管放在工作台上打开盖待所有的乙醇挥发。最后将 DNA 溶解在 60 μl 1×外切核酸酶缓冲液中，置于冰上待用。

4. 设置 25 个 0.5 ml 的微量离心管，每个离心管中加入 7.5 μl 核酸酶 S1 反应混合物；或使用带 U 型孔的 96 孔微量滴定板中的 25 个孔，每孔加入 7.5 μl 核酸酶 S1 反应混合物，放置冰上待用。

5. 37℃ 孵育步骤 3 制备的 DNA 溶液 5 min。转移 2.5 μl 溶液至第 1 个含核酸酶 S1 反应混合物的微量离心管或微量滴定板 U 型孔中。

6. 按每 pmole 凹进 3′末端加入 150 单位外切核酸酶Ⅲ的比例（1 单位的外切核酸酶Ⅲ在 37℃ 孵育 30 min 的条件下将产生 1 nmole 酸溶性总核苷酸）将外切核酸酶Ⅲ加入到剩余的 DNA 溶液中。轻敲管壁以混合管中的反应物，马上将反应管放回 37℃ 水浴。

在上述条件下，外切核酸酶Ⅲ的量是饱和的。大约每分钟可从每个 DNA 分子的钝端或 3′凹端去除 200 个核苷酸。改变连续性反应取样的间隔时间可控制去除核苷酸数量的多少。通常外切核酸酶消化 DNA 效率取决于酶和模板之间的摩尔比。为了保证以相同的速率降解所有的 DNA 模板，保持同步切割几千碱基的 DNA 片段，在消化反应中外切核酸酶Ⅲ必须以超量存在。

也可以通过改变反应温度控制外切核酸酶消化速率。Henikoff（1987）估计在 30～40℃ 温度条件下，温度相差 2℃ 消化速率改变 100 碱基/min。

7. 以 30 s 为一间隔时间，从 DNA 溶液中取出 2.5 μl 样品加入到含核酸酶 S1 反应混合物的微量离心管或微量滴定板孔中。

8. 当所有样品加完后，将含有核酸酶 S1 和被消化 DNA 的微量离心管或微量滴定板放置在 30℃ 保温 30 min。

13.61 9. 每个离心管或孔中加入 1 μl 核酸酶 S1 反应停止混合液，在 70℃ 保温 10 min。

加热 70℃ 灭活核酸酶 S1 和任何残留的外切核酸酶Ⅲ，有关这些酶的进一步信息请见第 7 章关于核酸酶 S1 和本章后一部分关于外切核酸酶Ⅲ。

10. 将微量离心管或微量滴定板转移到冰床上，通过凝胶电泳分析每一种样品。

选择的凝胶浓度应能最大限度的分辨起始 DNA 和小于起始的 DNA 2kb 的 DNA 片段。

11. 将含期望大小 DNA 的样品收集在一起，每 10 μl 样品中加入 1 μl Klenow 混合物，37℃ 孵育反应混合物 5 min。

12. 每 10 μl 收集的样品中加入 1 μl 0.5 mmol/L 的 dNTP，继续在室温孵育 15 min。

最初在步骤 11 中缺乏 dNTP 的情况下加入 Klenow 酶短暂孵育，使 Klenow 酶发挥 3′外切核酸酶活性去除被消化 DNA 中保留的任何 3′突出末端。

13. 每 10μl 收集的样品中加入 40μl T4 噬菌体连接酶混合物。混匀后继续室温孵育 2 h。

14. 取连接的 DNA 转化合适的大肠杆菌宿主菌。

15. 至少从 24 个随机挑选的噬菌斑或克隆中进行小量噬菌体 M13 复制型 DNA、质粒或噬菌粒 DNA 制备。

16. 用合适的限制性内切酶将 DNA 消化成线状分子，用 1% 的琼脂糖凝胶分析它们的分子量大小。用同样被限制酶切成线状的原始质粒或噬菌体 DNA 作为标准参照物。选择大小合适的克隆进一步序列分析（第 12 章）或限制酶图谱分析。

大约 80%～90% 的缺失保留一个通用引物或反向引物结合位点，可利用适当的寡核苷酸进行测序。为保证能分析一整套序列重叠 DNA，最好选择分子量大小差别 400 碱基左右的克隆进行测序。请见第 12 章关于怎样用重新连接和转化的 DNA 进行序列分析的方案。

方案 10　BAL31 核酸酶消化法产生双向缺失突变体 13.62

本方案使用核酸酶 BAL31（从海洋细菌 *Alteromonas espejiana* BAL31 中纯化）在克隆的 DNA 片段中产生单向或双向缺失。BAL31 是一个复合酶，它以非同步的方式消化双链靶 DNA（请见关于 BAL31 内容的信息栏）。因此与诸如外切核酸酶Ⅲ这类的加工酶相比，BAL31 产生的缺失更具有不均一性（请见方案 9）。

材料

注意：标有〈!〉符号实验材料的正确操作方法请参照附录 12。

缓冲液和溶液

贮存液，缓冲液和试剂的成分请参阅附录 1，将贮存液稀释到合适的浓度。

5×BAL31 缓冲液

2.5 mol/L NaCl
62.5 mmol/L $CaCl_2$
62.5 mmol/L $MgCl_2$
100 mmol/L Tris-Cl (pH 8.0)

有 4 种 dNTP 的溶液，每种浓度为 0.5 mmol/L

EGTA（0.5 mol/L，pH 8.0）

乙醇

酚:氯仿（1:1，V/V）〈!〉

醋酸钠（3 mol/L，pH 5.2）

蔗糖凝胶上样缓冲液

TE（pH7.6）

酶和缓冲液

噬菌体 T4 DNA 聚合酶

BAL31 核酸酶

大肠杆菌 DNA 聚合酶 Ⅰ Klenow 片段

限制性内切酶

请见步骤 3、23 和 31。

13.63 **凝胶**

琼脂糖凝胶

请见步骤 3 和 32。

含 0.5 μg/ml 溴化乙锭的琼脂糖凝胶（0.8%）〈!〉

请见步骤 11。

用 TBE 配制的含 0.5μg/ml 溴化乙锭的琼脂糖凝胶

请见步骤 25。

制备琼脂糖凝胶

请见步骤 27。

核酸和寡核苷酸

用于凝胶电泳的 DNA 分子量标准

专用设备

计时钟

65℃ 水浴和适合限制性内切核酸酶消化温度的水浴

其他试剂

本方案步骤 1 需要的试剂列在第 1 章方案 17～19 或第 3 章方案 6 中。

本方案步骤 2 需要的试剂列在第 1 章方案 9 中。

本方案步骤 27 需要的试剂列在第 5 章方案 4、5、6 或 7 中。

本方案步骤 30 需要的试剂列在第 1 章方案 23～26 或第 3 章方案 6 或 8 中。

本方案步骤 31 需要的试剂列在第 1 章方案 1 或第 3 章方案 3 中。

本方案步骤 34 需要的试剂列在第 12 章方案 3、4、5 中。

方法

制备用于 BLA31 消化的靶 DNA

1. 将靶 DNA 片段克隆进合适的质粒或噬菌体 M13 载体。

   如果拟从靶 DNA 的两个末端同时构建缺失突变体，需要选择有多克隆位点的适当载体将靶 DNA 从两个方向克隆进载体。

2. 用 Qiagen 层析柱（或相当的产品）和乙醇沉淀纯化闭合环状重组 DNA。把 DNA 重新溶解在最小体积的 Tris/EDTA 溶液中。

   使用高纯度的闭合环状 DNA 是很重要的，(i) 降低反应中污染的 RNA 和大肠杆菌染色体 DNA 小片段在总末端浓度中的比例；(ii) 删除能够被 BAL31 降解的带缺口的环状 DNA。

3. 用切割位点位于靶 DNA 一端的限制酶完全消化 30 μg 闭合环状 DNA。界定该位点为嵌套缺失起始的共同点。琼脂糖凝胶电泳验证限制酶消化完全。

13.64 4. 等体积的酚∶氯仿抽提纯化 DNA。在微型离心机上以最大离心速度 0℃ 离心 3 min 分离有机相和水相，将水相转移到一个新的微量离心管中。

5. 加入 0.1 倍体积的 3 mol/L 醋酸钠（pH5.2）和 2 倍体积冰上预冷的乙醇。在 0℃ 温度下放置 10 min，在微型离心机上以最大转速 4℃ 离心 10 min 收获 DNA。
6. 除去上清，用 70% 的乙醇室温下小心漂洗 DNA 沉淀物。室温下干燥 DNA 沉淀物，用 TE（pH 7.6）缓冲液溶解 DNA 沉淀物使之达到 1μg/μl 的浓度。在 −20℃ 条件下贮存 DNA。

BAL31 活性分析

大多数商业化的 BAL31 酶制品含有两种动力学上截然不同的酶活性形式：快形式和慢形式（请见信息栏关于 BAL31）。慢形式是快形式的蛋白水解降解产物。BAL31 消化 DNA 的速率是所用特定酶制剂中快形式与慢形式比例的函数。目前能够得到纯化的快速酶制剂（Wei et al. 1983），但很昂贵，而且在贮存过程中经常衰变成慢形式。为了使 BAL31 保持在快形式状态，不应将酶冷冻而要贮存于 4℃。

由于 BAL31 中快、慢形式的比例因制剂而异，因此必须按以下步骤测定用于构建缺失体的特定批次的酶活性。

7. 在微量离心管中混合：

线状 DNA（1 μg/μl）	4 μl
水	48 μl
5×BAL31 缓冲液	13 μl

按 9μl 的量将以上混合物分配到 7 个微量离心管中。

8. 用 1×BAL31 缓冲液把 BAL31 进行 7 次 2 倍稀释，最好按以下方法稀释，将 7 滴（2 μl）1×BAL31 缓冲液点在置于冰床或冰冷的金属块上的石蜡膜表面上，用一次性微量移液器吸头吸取 2μl 待实验的 BAL31 酶与第一滴 BAL31 缓冲液混合，换一个新的吸头吸取 2 μl 上述 BAL31 和缓冲液的混合物转移至第二滴 BAL31 缓冲液中，再度混合均匀。如此类推，直到所有的 BAL31 缓冲液均已与酶混合。迅速地从后 6 份混合液中分别取出 1 μl 至 6 个含线状 DNA 的微量离心管中，第 7 个反应管中不要加酶。

大多数商业化 BAL31 酶制剂的浓度大约为 1 单位/μl；0.05～0.1 单位的 BAL31 酶足以将 1 μg 长度为 2 kb 的线状 DNA 分子消化成长度小于 200 bp 的片段。

9. 将所有微量离心管（包括不加酶的管）在 30℃ 孵育 30 min。
10. 每个反应管中加入 1 μl 200 mmol/L EGTA（pH 8.0），然后于 65℃ 加热 5 min。

BAL31 反应需要 Ca^{2+}，酶活性可以被 EGTA 完全抑制。65℃ 加热 5 min 也可以使该酶灭活。

11. 以上每份样品与 3 μl 琼脂糖凝胶上样缓冲液混合，在含 0.5 μg/ml 溴化乙锭（0.8%）的琼脂糖凝胶上电泳，分析 DNA 的大小。
12. 在紫外灯照射下检查凝胶，并决定合适的酶稀释度，即刚好使 DNA 得到适度的消化，以至只检测到弥散的小片段 DNA（200bp）。该稀释度将被用于大规模消化反应（步骤 15）。 13.65

另一种检查 BAL31 消化程度的方法是设置 BAL31 大量消化反应，在不同的时间点上取样。用限制性内切核酸酶消化每一份样品，限制酶应能切割靶片段数次。随着 BAL31 消化过程的进展，限制酶片段以一定的次序消失。从限制酶片段的大小位置，便能估计出 BAL31 的消化速率。大量消化反应中使用的 BAL31 酶量应在反应开始后的前 5 min 内足以使靶片段的长度减少 20%。

用 BAL31 进行大量消化

13. 混合

线状 DNA（1 μg/μl）	20 μl
水	240 μl
5×BAL31 缓冲液	65 μl

30℃水浴中孵育以上混合物。

14. 30℃孵育期间，准备 8 个微量离心管，每管中含有 5 μl 200 mmol/L EGTA（pH 8.0），将离心管标记为 1.5 min、3 min、4.5 min 等时间段。
15. 将 36 μl 稀释的 BAL31（请见步骤 12）加入到步骤 13 反应混合物中，轻敲离心管壁，将内容物快速混合均匀后放回到 30℃水浴中，开始计时。
16. 每隔 1.5 min 将 45 μl 反应混合物转移到带相应标记的微量离心管中，将离心管置于冰上，直到所有样品收集完毕。
17. 65℃加热 5 min 灭活 BAL31 酶。
18. 每管中加入 5 μl 3m ol/L 的醋酸钠（pH 5.2），再加入 100 μl 冰冷的乙醇，振荡混合溶液，将离心管放置在冰上 20～30 min。
19. 最大转速 4℃离心回收 DNA，除去上清，用 200 μl 冰冷的 70%的乙醇洗涤沉淀物，再离心 2 min。
20. 仔细的去除上清，将敞开管盖的离心管直立放置在室温，直到所有的乙醇挥发殆尽。将每份沉淀物溶解在 23 μl TE（pH 7.6）中。

分离截短的靶片段

21. 每份 DNA 制备物中加入：

0.5 mmol/L dNTP 溶液	3 μl
10×聚合酶缓冲液	3 μl
噬菌体 T4 DNA 聚合酶（约 5 单位）	1 μl

室温下反应 15 min，然后加入 1 μl（约 5 单位）的 Klenow 片段。继续在室温下孵育 15 min。

在修复反应中使用两种不同的 DNA 聚合酶，可使突变体的回收率增加近三倍。

13.66 22. 用酚:氯仿抽提纯化 DNA，按步骤 18～20 所描述的过程用乙醇沉淀 DNA。将每份 DNA 溶解在 16 μl TE（pH7.6）中。
23. 在每一份 DNA 中加入 2μl 相应的 10×限制酶缓冲液和 8 单位的可使靶 DNA 和载体分开的限制酶，在适当的温度下孵育反应 1h。
24. 在孵育结束时，从每一个消化反应中取出 3 μl 转移至一个新的微量离心管中，剩余的消化反应放置在冰上以备步骤 27 使用。
25. 每 3 μl 上述反应液中加入 1 μl 蔗糖凝胶上样缓冲液混合，将样品加到含有 0.5 μg/ml 溴化乙锭和 0.5× TBE 的琼脂糖凝胶加样孔中。凝胶边上的加样孔内应加入一个适当大小的分子量标准参照物。

灌制的琼脂糖凝胶的浓度应适合分离靶片段和载体（请见第 5 章导言部分的表 5-2）。

26．利用凝胶电泳分离靶片段和载体 DNA，在紫外光照射下观察凝胶，并决定哪份样品已被 BAL31 消化至合适的大小。

27．合并含合适大小靶 DNA 的质粒样品，按第 5 章方案 4～7 描述的方法通过制备凝胶分离并回收靶 DNA 片段。

28．根据溴化乙锭产生的荧光强度，估计出所纯化的靶 DNA 量。

克隆缺失的靶片段

29．用质粒、噬菌粒或噬菌体 M13 载体（见第 1 或第 3 章）与缺失的靶片段连接。载体应携带一个钝端和一个与步骤 23 使用的内切酶相匹配的末端。

连接反应的确切成分和体积取决于靶 DNA 的量。如果可能，应使用 50 ng 或 100 ng 靶 DNA。保证载体 DNA 对靶 DNA 的摩尔比至少为 5（以便最大限度地减少含有一个以上靶 DNA 片段重组子的数量）。为了最大限度地形成重组体，连接反应应在适于钝端连接的条件下进行，例如在高浓度的噬菌体 T4 DNA 连接酶、聚乙二醇和低浓度 ATP 的小反应体积中进行。有关连接条件的详细情况，请见第 1 章方案 19。

30．用小量的或稀释的连接混合物转化（质粒或噬菌粒）或转染（噬菌体 M13 复制型 DNA）合适的大肠杆菌感受态菌株。第二天随机挑选 12 个转化菌落或噬菌体 M13 噬斑进行少量培养。

31．采用第 1 章或第 3 章描述的方法之一从 12 个培养物中纯化质粒、噬菌粒或噬菌体 M13 复制形式 DNA。用可从载体中切出靶片段的限制酶消化 DNA。

32．通过凝胶电泳和大小合适的 DNA 分子量标准参照物分析从每种 DNA 中切出的靶片段的大小。

33．如果结果是满意的（例如靶片段的大小在希望的范围内），可大量挑取相互独立的转化单菌落或噬斑。按上述方法鉴定插入片段的大小。保留携带大小符合的重组子 13.67
培养物。

34．通过 DNA 测序确定每种突变体缺失位点的准确部位（请见第 12 章方案 3、4 或 5）。

信息栏 13.68

BAL31

BAL31 是从海洋细菌 *Alteromonas espejiana* sp. 中分离到的钙依赖性核酸酶，它主要具有消化 DNA 的外切核酸酶活性。镁离子对 BAL31 充分发挥活性是必要的。BAL31 含有：

- 3′→5′外切核酸酶活性，从双链 DNA 上除去单核苷酸（Zhou and Gray 1990）。
- 5′→3′外切核酸酶活性，有效地切割单链 DNA（Gray and Lu 1993）。
- 消化单链 DNA 的内切核酸酶活性，缓慢地切割多种扭曲的 DNA 底物，包括：负超螺旋 DNA、左右手螺旋 DNA 的接头（B-Z 结合）和携带脱嘌呤位点或共价交联的超螺旋 DNA 底物（Legerski et al. 1977，1978；Lau Gray 1979；Kilpatrick et al. 1983；Wei et al. 1984）。

两种外切核酸酶活性的结合使 BAL31 能从 DNA 的两个末端缩短双链。BAL31 也能消化单链 RNA 和双链 RNA，但后者的效率较双链 DNA 低的多（Bencen et al. 1984）。BAL31 外切核酸酶反应在分子克隆中被应用于以下方面：

- 在克隆 DNA 的特异位点上产生单向或多向缺失突变体。单向缺失体最好从克隆进质粒或噬菌粒载体内两个单独的限制位点之间的靶 DNA 中产生。双向缺失体可以从靶 DNA 内单独的限制位点产生（请见图 13-7 和图 13-8）。
- 帮助制作克隆 DNA 的限制酶图谱（Legerski et al. 1987，Hauser and Gray 1991）。当线状双链 DNA 被 BAL31 消化时，先破坏最末端的限制酶位点，接下来破坏相近的位点，如此类推。因此随 BAL31 消化时间延长和限制酶片段从样品中消失的次序，一个未知图谱的克隆 DNA 片段的限制酶片段次序被确定下来。

目前为止，通过对 BAL31 产生的缺失突变体的功能研究，200 个以上基因的功能和至少 100 个基因的转录调控序列组成已被分析。另外，由 BAL31 产生的单向缺失体已被用于克隆进噬菌体 M13 载体的长片段测序用多套嵌套模板。

BAL31 的性质

大多数商业化的 BAL31 制品含有两种动力学上截然不同的形式，一种是分子质量为 105 000 的快形式（F），另一种是分子质量为 85 000 的慢形式（*S*）。*S* 形式是 F 形式的蛋白水解产物，是由存在于 *Alteromonas* 培养物上清中的蛋白酶产生的。F 形式本身则有可能是一个更大蛋白质的降解产物（Hauser and Gray 1990）。

两种形式的 BAL31 以基本相同的速率降解单链 DNA，但产生单向和双向缺失体例如从 3′→5′外切核酸酶降解双链 DNA 的活性显著不同。F 形式的酶反应速度按 Wei 等人（1983）描述的公式计算：

$$F\ (V_0,\ [S]) = F\ (V_{max}^{app},\ [S] + K_m^{app})$$

V_0 是起始反应速度，［*S*］为以双链末端的摩尔数 mol/L 表示的起始底物浓度，V_{max}^{app}是在所使用酶浓度下的最大反应速度。K_m^{app}代表米氏常数。当起始双链底物长度在 2.0～2.5 kb 范围时，K_m^{app}值是 58 nmol/L（Gray and Lu 1993）。

在高底物浓度和最大速度工作时，1 单位 *F* 形式 BAL31 能从双链 DNA 分子上每分钟释放出 2.1 nmol/L 核苷酸。K_{max}^{app}适合的 DNA（G+C）含量为 52～67 mol%。然而若以双链 DNA 为底物，*F* 形式的活性随 DNA 中（G+C）含量的降低而略有增加。当 DNA（G+C）含量从 52 mol%降低到 37 mol%时，V_{max}^{app}增加的因子为 1.7（Gray and Lu 1993）。

13.69 因为 *S* 形式酶的K_m^{app}值大于反应中底物的最高浓度，所以方程式 1 不能用于推测 *S* 形式 BAL31 的降解动力学（Gray and Lu 1993）。然而，因为［*S*］值比 *K* 值小得多，*V* 对［*S*］作图产生一条直线。等式 1 右边的参数下降到 *F*（V_{max}^{app}，K_m^{app}），它在酶浓度不变时是恒定的。

由于该项是 *V* 对［*S*］图形的倾斜。有可能计算出任何浓度 *S* 形式的 *F*（*V*，［*S*］）值，从一种酶浓度推断另一种酶浓度的结果。例如，如果 x 单位的 *S* 形式从某种浓度双链 DNA 底物中每分钟内催化释放 0.5 个残基。$2x$ 单位形式将在每分钟内催化释放 1.0 个残基。

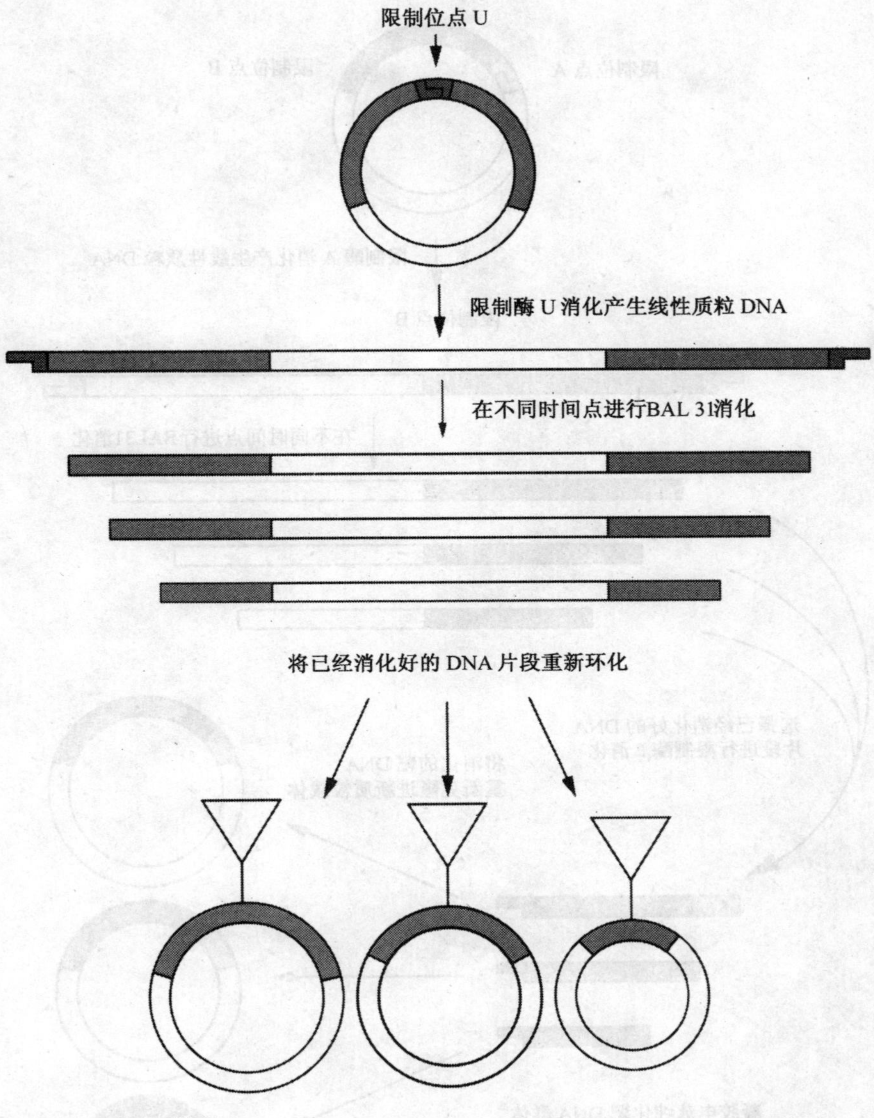

图 13-7 BAL31 消化产生双向缺失体（从靶基因内部位点开始消化）

13.70

S 形式 BAL31 删除线状双链 DNA 的反应通常较 *F* 形式慢 20～30 倍（Wei et al. 1983）。然而与 *F* 形式相比，随着 G+C 含量的增加 *S* 形式降解双链 DNA 的活性显著降低，当 G+C 含量从 37 mol%至 66 mol%变化时，$F(V_0, [S])$ 改变 4.2 倍（Legerski et al. 1978; Gray and Lu 1993）。$F(V_0, [S])$ 对 G+C 含量的依赖性可通过以下方程式估计：

$$F(V_0, [S]) = 16.85 - 0.546P + 0.00456P^2 \quad (2)$$

P 是 Mol%G+C，$F(V_0, [S])$ 值相当 1 单位/ml 酶浓度。方程式 2 的得数乘以所使用 *S* 形式酶的浓度可计算出希望的 $F(V_0, [S])$ 值（Gray and Lu 1993）。由于这些复杂因素。应选择 *F* 形式的酶来控制缩短碱基组成变化较大的双链 DNA。 13.71

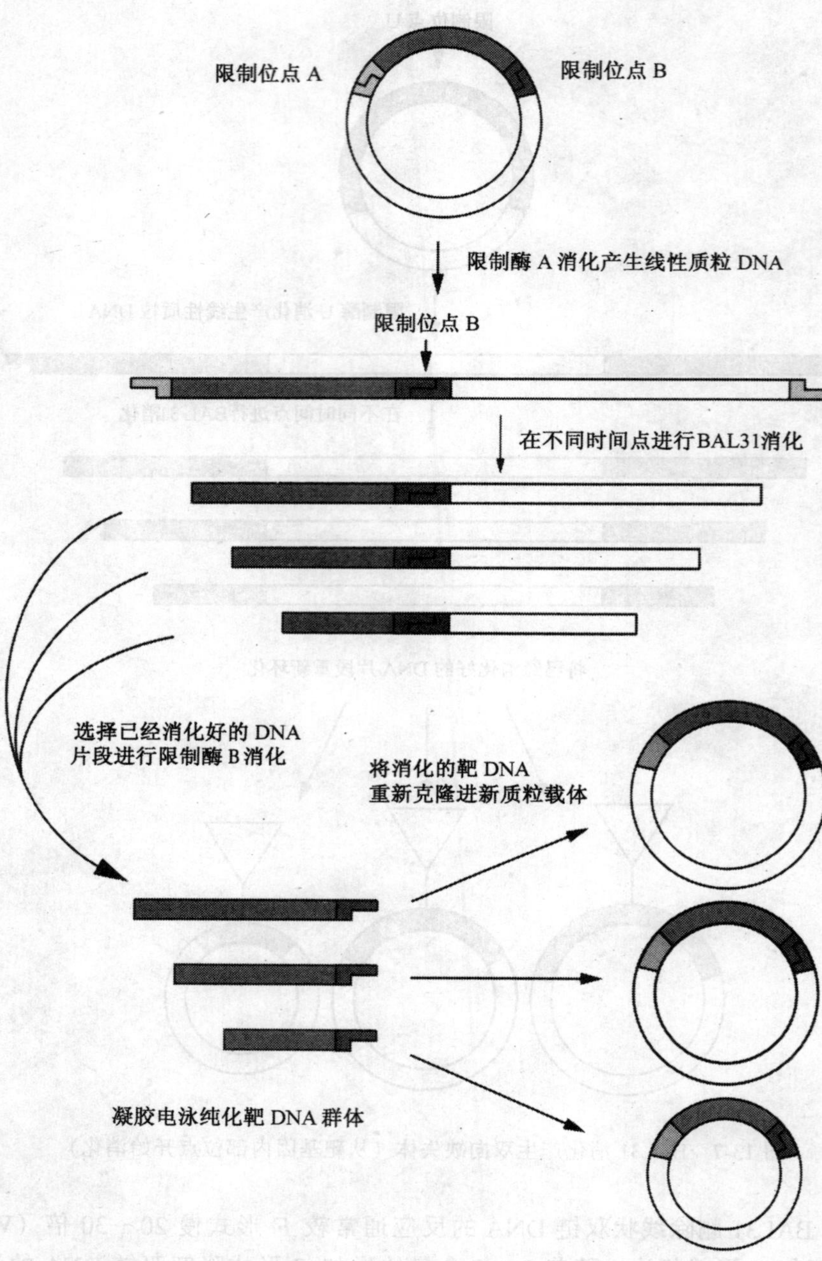

图 13-8 BAL31 消化产生单向缺失（消化从靶基因的一端开始）

当连接 BAL31 消化产物时，一定要考虑到被消化的双链 DNA 产生单链尾巴的平均长度，而这取决于 *F* 或 *S* 形式的比例及其酶的浓度。随着酶浓度的增加，5′末端突出尾巴的平均长度降低（Zhou and Gray 1990）。高浓度的 *F* 和 *S* 形式的 BAL31（分别为 >2 和 10 单位/ml）将产生每个末端平均携带 7 个核苷酸的单链 DNA；其中 2%～4% 的分子可以不经过进一步处理通过钝端连接起来。低浓度的 *F* 或 *S* 形式（分别低于 1

或 5 单位/ml 的 *F* 和 *S* 核酸酶）将产生长的单链末端，其钝端连接效率非常低。因此，制品中低浓度 *F* 形式可以被相对高浓度 *S* 形式所补偿。然而使用低浓度 BAL31 时必须用噬菌体 T4 DNA 聚合酶（某些情况下用 Klenow 片段）进行修复，使用高浓度 BAL31 最好也进行修复。

尽管 *F* 和 *S* 形式的 BAL31 纯品已经商业化，但非常昂贵。根据制品中两种形式的相对含量不同，混合制品给出的结果也不相同。尽管使用混合制品需进行预实验以测定酶浓度和产生最佳结果的时间，但绝大多数情况下都能得到相当满意的结果。

富含 *F* 形式的制品可优先考虑用于从双链 DNA 末端上除去长片段（>1000 bp），消化双链 RNA，制作限制酶图谱，确定 B-Z DNA 连结和双链 DNA 损伤部位等。*S* 形式的酶最适合用于从双链 DNA 末端去除短片段（10～100 bp）。尽管像我们前面提到的使用混合酶制剂结果有所变化，但混合酶制剂可用于上述任意目的。

资料

- BAL31 消化通常在 30℃ 温度下进行，反应缓冲液含 0.4 mol/L 至 0.6 mol/L NaCl、12.5 mmol/L 的 Ca^{2+} 和 12.5 mmol/L 的 Mg^{2+}。
- DNA 应通过 Qiagen（或相当产品）柱层析纯化，乙醇沉淀浓缩，重新混悬在体积尽可能小的 Tris/EDTA 中，然后加到反应混合物中稀释成终浓度>20 mg/ml（适用于长度大约为 2kb 的片段）。
- 按反应前开始后的 5 min 使靶片段长度减少<20%，计算合适的酶量。
- 按规定的时间间隔从反应中取出等量的小份样品，4℃ 贮存在 20 mmol/L EGTA 中。
- 检测 BAL31 酶消化程度的好方法是用能够切割靶片段几次的限制酶消化不同反应时间取出的样品。随着消化进展，片段按一定的次序被消化掉。根据已知片段的大小和酶切位点可估计出 BAL31 的消化速率。

历史背景

BAL31 是 20 世纪 70 年代初由当时在休斯顿大学任助理教授的 Horace Gray 偶然发现的。那是在 DNA 分子克隆技术兴起的前几年，智利微生物学家 Romilio Espejo 发现的 PM2 噬菌体是毫克量原核生物闭合环状双链 DNA 的惟一来源。当时 Espejo 是加州技术学院的自由访问学者，Gray 是 Jerry Vinograds 实验室的博士后。Gray 和 Vinograds 实验室的其他研究人员对闭合环状 DNA 的流体动力学性质感兴趣，需要纯化大量 PM2 噬菌体。按常规方法噬菌体生长在数年前也是由 Espejo 首先分离到的海洋微生物埃氏交替单胞菌（*Alteromonas espejiana*）上。最初 Espejo 将它定性为假单孢菌属（*Pseudomonas*），然而在重新检查时，发现它符合埃氏交替单胞菌属（*Alteromonas*），文章的作者（chan et al. 1978）以 Espejo 的名字命名它。

后来 Gray 在休斯顿大学继续研究 PM2 噬菌体 DNA，他很惊奇的发现有些批次的 13.72
噬菌体颗粒在制备 CsCl 梯度离心时被裂解，释放出的病毒 DNA 沉淀在离心管底部。DNA 是闭合环状和线状形式的混合物。Gray 和他的同事们激动的猜测或许在噬菌体颗粒或埃氏交替单胞菌裂解液中存在着一种未知的限制性内切酶。然而不久他们便注意到从闭合环状 DNA 发展来的线状 DNA 在与埃氏交替单胞菌培养物上清共同孵育过程中 DNA 片段长度逐渐缩短，此时他们明白了埃氏交替单胞菌裂解物中含有外切核酸酶（裂解来源没有被发现）。他们给外切核酸酶命名 BAL31，Gray 后来花了 15 年时间解决了它的生物化学特性和结构。现在已知的几乎所有与 BAL31 酶有关的知识都是他们在休斯顿实验室的研究成果。20 世纪 70 年代 Espejo 返回智利后被禁止到美国旅行，之后便与美国同事失去了联系。

外切核酸酶Ⅲ

大肠杆菌外切核酸酶Ⅲ从双链 DNA 的 3′羟基末端除去 5′单核苷酸产生突出的 5′末端（Richardson and Kornberg 1964，Richardson et al. 1964）。在 37℃ 温度下，酶与 DNA 结合一次导致有限数量的 5′单核苷酸被去除。去除 DNA 分子是以均匀和准同步方式进行的。外切核酸酶Ⅲ具有良好的消化动力学以及单链 3′末端免受攻击的特性，这使我们得以建立以下方法：①产生序列分析用单链 DNA 模板（Smith 1979，Guo and Wu1982，Sorge and Blinderman 1989，Li and Yucher 1993）；② 可使一端带抗性末端（3′端突出）和另一端带敏感末端（钝端或 5′突出末端）的线状 DNA 分子产生多套单向逐步缺失的 DNA 群体（Henikoff 1984，1987，1990，Hoheisel and Pohi 1986）。可通过用特定的限制酶消化、λ 外切核酸酶或末端转移酶加“尾”的方法产生对抗外切核酸酶Ⅲ消化的 3′末端（见表 13-2）。

表 13-2 外切核酸酶Ⅲ特异性底物

末端类型	外切核酸酶Ⅲ抵抗或敏感	参考文献
钝端	敏感	Richardson et al.（1964）
凹进 3′末端	敏感	Rechardson et al.（1964）；Weiss（1981）
带有<4 个未配对碱基突出 3′末端	敏感	Henikoff（1984）
带有>3 个未配对碱基突出 3′末端	抵抗，除非末端碱基是 C。	Henikoff（1984）
	大多数由限制酶产生的突出	Hoheisel（1989，1993）
	4 个碱基 3′末端对外切核酸酶Ⅲ有抗性。然而 *Apa* Ⅰ、*Ban* Ⅱ、*Bsp*1286 Ⅰ、*Hea* Ⅱ、*Kpn* Ⅰ产生带 C 残基的 3′末端，它们是对外切核酸酶Ⅲ敏感的。当用于外切核酸酶Ⅲ构建缺失体的模板或 DNA 测序模板时应避免使用。	
用 α-硫代双脱氧核苷酸补平的 3′末端	抵抗	Putney et al.（1981）；Olsen and Eckstein（1990）

13.73 外切核酸酶Ⅲ是由大肠杆菌 *xth* 基因编码的球蛋白，分子质量 31 kDa，*xth* 基因已被测序（Saporito et al. 1988）。令人惊奇的是这样一个小蛋白竟拥有多种催化活性。

• 降解双链 DNA（Richardson et al. 1964）的 3′→5′外切核酸酶活性。

- 3′端磷酸单酯酶活性（Richardson and Kornberg 1964；Bruylag and Kornberg 1972），从双链 DNA 末端上去除若干 3′末端，包括 3′磷糖醛（phosphoglycoaldehyde）和 3′磷羟乙酸（phosphoglycolate）残基（请见 Doetsch 和 Cunningham 综述 1990）。
- 核苷酸水解酶，切割 DNA 的 5′端至嘌呤或嘧啶位点（Weiss 1976，1981；Weiss et al. 1978）
- 强有力的 RNase H 外切核酸酶活性（Keller and Crouch 1972；Weiss et al. 1978）

外切核酸酶Ⅲ具有单一活性位点和多种催化活性是与它的遗传学资料相符合的，即外切核酸酶Ⅲ在原核生物细胞内的碱基切除修复途径中起作用（Rogers and Weiss 1980）。

大多数厂商提供的外切核酸酶Ⅲ是从含嵌合质粒（pSGR3）的大肠杆菌中纯化而来的（Rao and Rogers 1978），质粒 pSGR3 中携带了 3kb 长的含 *xth* 基因的大肠杆菌基因组 DNA。外切核酸酶Ⅲ含有一个结合的二价阳离子对其活性是必须的。如果酶不曾被 EDTA 作用过，纯化的酶不再需要向反应缓冲液中加入 Mn^{2+} 或 Mg^{2+}。在外切核酸酶活性中 Ca^{2+} 能够部分代替 Mg^{2+}（Kow 1989）。外切核酸酶Ⅲ降解 DNA 的外切核苷酸的作用机理受温度、单价离子浓度和 3′末端结构和浓度的影响（请见表 13-3）。

在 Mg^{2+} 存在的情况下，外切核酸酶Ⅲ的外切核苷酸消化速率呈现温度依赖的 Arrhenium 图形，在 25℃～30℃有一个转换过程（Henikoff 1987，Kow 1989，Hoheisel 1993），提示存在两种构象状态。温度控制在 25℃以下时，外切核酸酶Ⅲ紧密结合到 DNA 上并以连续的方式消化 DNA。温度在 30℃以上时酶有较低的活化能，以分布的方式水解 DNA 3′末端（Hoheisel 1993）。Ca^{2+} 稳定外切核酸酶Ⅲ的低温构型（Kow 1989）。在温度超过 46℃时，核酸外切核酸酶Ⅲ的活性受到抑制（Hoheisel 1993）。表 13-4 列出了外切核酸酶Ⅲ在分子克隆中的一些应用。

表 13-3 外切核酸酶Ⅲ的核酸外切活性

反应条件	酶活性	参考文献
5℃，70mmol/L NaCl	外切核酸酶Ⅲ从双链末端去除 6 个核苷酸，保持稳定复合物结合状态。	Donelson and Wu（1972）
5℃，50 mmol/L NaCl	突发性外切核酸酶活性从双链末端去除 6 个核苷酸。接下来以缓慢的速率进行渐进水解反应。	Donelson and Wu（1972）
23℃～28℃	外切核酸酶同步消化 250 个核苷酸并继续进行消化，在饱和的酶浓度时从 3′末端除去 5′单核苷酸的速率约为每 100 个核苷酸/min。	Wu et al.（1976） Hoheisel（1993）
37℃	外切核酸酶消化是分布性的和半同步的，在饱和的酶浓度时从 3′末端除去 5′单核苷酸的速率约为 400 核苷酸/min。	Thomas and Olivera（1978）；Hoheisel（1993）

外切核酸酶Ⅲ活性受 NaCl 抑制，在含有 15mmol/L Tris-Cl（pH 8.0）和 6.6 mmol/L $MgCl_2$ 的缓冲液中显示最大活性。在含有 300 mmol/L NaCl 的缓冲液中检测不到酶活

性（Hoheisel 1993）。

13.74 **表 13-4 外切核酸酶Ⅲ在分子克隆中的应用**

酶反应	应用	参考文献
从 3′ 末端核酸外切消化双链 DNA	被切除的分子用于标记反应的底物	James and leffak（1984）
	DNA 测序的模板	Smith（1979）；Guo and Wu（1982）；Labeit et al.（1986）；Hoheisel and Pohl（1987）；Sorg and Blinderman（1989）；Henikoff（1990）
	用外切核酸酶/杂交绘制限制酶位点图谱	Li and Tucker（1993）；Tartof（1992）.
	化学或寡核苷酸指导的诱变	Shortle and Nathans（1978）；Nakamaye and Eckstein（1986）
	从完成的 PCR 中删除引物	Zhu et al.（1991）
与单链特异的核酸酶 S1 联合从 3′ 末端消化双链 DNA（方案 9）	产生数套嵌套缺失	Henikoff（1984，1987，1990）；Hoheisel and Pohl（1986）；
	绘制遗传标记和重复序列图谱	Peters and Baumeister（1986）；Garon et al.（1975）
通过 DNA 结合蛋白质蛋白阻止核酸外切核酸酶Ⅲ消化	结合位点定位	Riley and Weintraub（1978）

用外切核酸酶Ⅲ消化产生嵌套缺失

Henikoff（1984）描述了一个方法，即用两种位点在靶 DNA 和通用引物结合位点之间的限制酶消化重组质粒、噬菌粒或噬菌体 M13 复制形式的双链 DNA。靠近靶序列的酶必须产生钝端或凹进的 3′末端；另外一种限制酶必须产生 4 个核苷酸突出的 3′末端。因为只有线状 DNA 的钝端或 3′末端凹进的末端对外切核酸酶Ⅲ敏感（请见表 13-3），从切割位点开始单向消化进入靶 DNA。暴露出的单链可通过核酸酶 S1 或绿豆酶消化去除，然后重新环化 DNA。如果需要，可在重新环化的位点插入合成的接头。

该方法的主要缺点是需要有两个靠近缺失起始点的单一的限制酶位点。某些情况下，这些位点存在于靠近靶序列端的多克隆位点内。为有效的完成该过程，一定要用适当的限制酶完全消化这两个位点。然而，如果这两个位点相互靠近，只能通过加大酶量和延长反应时间来完成，该过程会产生带有缺口的模板。由于外切核酸酶Ⅲ能有效地攻击缺口的 3′末端（Masamune et al. 1971），导致载体或靶 DNA 上产生不希望的缺失体。

为了解决这一问题，Henikoff（1990）描述了一个方法，单链环状噬菌粒 DNA 被用作噬菌体 T4 DNA 聚合酶进行寡核苷酸引物延伸的模板。反应产生一个双链环状分子，引物与该双链环状分子结合的 5′端处有一小的缺口或间隙。然后用外切核酸酶Ⅲ
13.75 去除产生的 3′末端，用单链特异性内切酶（核酸酶 S1 或绿豆酶）消化去除暴露出的单链 DNA。结果产生一套与引物的 5′末端一致的带相同末端的线状嵌套 DNA 片段。这些缺失体分子重新环化后，用于转化细胞。该方法有三方面的优点：

- 可从靶 DNA 的任意一点制作嵌套缺失。
- 不需要使用限制性内切酶。
- 在一个反应管中按顺序完成多项酶反应，不需要用有机溶剂抽提和沉淀 DNA。

另外一个控制去除 DNA 的方法是在外切核酸酶Ⅲ消化之前用硫代核苷酸随机标记 DNA。因为含硫的核苷酸可对抗外切核酸酶Ⅲ的水解作用，消化将停止在遭遇到的第一个硫代核苷酸处。通过控制 α-硫的掺入量，会更容易的获得多套缺失适当大小的 DNA 片段（King and Goodbourn 1992）。

用外切核酸酶Ⅲ制作双脱氧测序的模板

自从 1982 年 Guo 和 Wu（1983）建立了切除单链 DNA 再重新合成的方法以来，人们一直用外切核酸酶Ⅲ消化双链 DNA 模板的策略进行测序。这一方法不需要引物结合位点，但需要知道靶 DNA 的限制酶图谱。尽管 Guo 和 Wu（1983）对方法进行了改进，直到 1984 年产生嵌套缺失的方法发表后，外切核酸酶Ⅲ才被广泛用于制备 DNA 测序模板。然而，这一方法极为耗费人力，除了酶切之外，需要构建许多亚克隆，制备细菌培养物，纯化核酸。另外每 300～500 个核苷酸序列需要一个新的缺失。

接头分区诱变

设计接头分区诱变实验（Mcknight and Kingsbury 1982）是为了对启动子、复制起始点和其他顺式作用调控区的功能元件进行定位和鉴定。产生突变体的原则是用一段中性的 DNA 序列以系统的方式替换靶 DNA 短片段。用相同长度的序列代替靶片段使特定的调控元件功能丧失，但不改变其空间、扭力拓扑学或功能域内功能元件的方向。因此能比较肯定地发现调控区特定位置突变体的表型。因为所有的突变体带有同样的无功能替代序列，其表型在大多数情况下具有可比性。

在最初的接头分区方法中（Mcknight and Kingsbury 1982），首先用外切核酸酶Ⅲ切割产生 5′和 3′缺失突变体（请见关于外切核酸酶Ⅲ信息栏）。为了识别终点差异恰好与中性合成接头的核苷酸数相同的配对突变体，需精确绘制这些突变体末端的图谱。通过合成的接头将配对的突变末端连接在一起（请见图 13-9）。这在理论上似乎很简单，实际上却十分耗费人力和时间。若用该方法获得一套有用的接头分区突变，必须构建大量的 5′和 3′缺失体并进行测序以发现相互匹配的突变体。Mcknight 和 Kingsbury 在最初的工作中（1982）用了 43 个 5′端和 42 个 3′缺失体，获得了 15 个接头分区突变。尽管后来对该方法进行了改进（Haltiner et al. 1985，Luckow et al. 1987，Sudhof et al. 1987， 13.76
Luckow and Schutz 1991)，然而直到寡核苷酸的合成费用降低时，该方法才接近实用。从那时起，利用寡核苷酸连接（Hobson et al. 1996）或 PCR（Gustin and Burk 1993，Li and Shapiro 1993，Viville 1994，Harlow et al. 1996，Schanke 1997，Barnhart 1999）产生了多种接头分区突变体方法。由于不再需要用外切核酸酶产生两套缺失，这些方法极大地节省了人力。另外它们允许研究人员设定接头长度并精确地将接头放在靶 DNA 内的特定位置上。然而 PCR 方法有时也可能是费力和昂贵的。例如，在 Gustin 和 Burk（1993）描述的技术中，构建每种突变体需要四种寡核苷酸引物、三次 PCR 反应和两次连接过程。

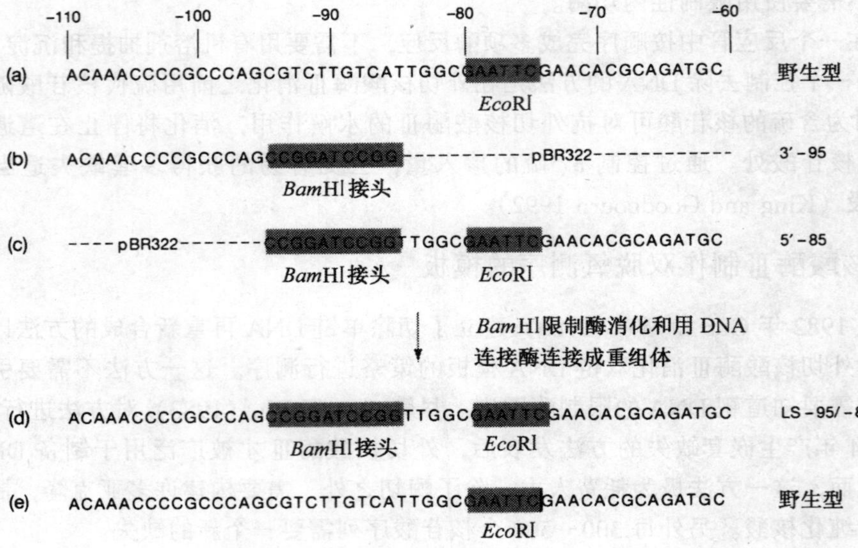

图 13-9　接头分区突变体的构建

(a) 图中上、下两条线为正常 HSV*tk* 基因转录起始位点上游 60 至 110 残基之间的核苷酸序列。该序列被称为野生型。(b, c) 3′−95 和 5′−85 两条接头缺失突变体的核苷酸序列。(d) 经 *Bam*HⅠ位点使 3′−95 和 5′−85 结合构建 −95/−85 的接头分区突变体。按黑体部分所示通过以上过程 *tk* 基因的核苷酸残基被替换。(经允许重新绘图，Mcknight，Kingsbury 1982［©AAAS］)

更有效的 PCR 方法是基于重叠延伸 PCR（Higuchi et al. 1988，Ho et al. 1989，Harlow et al. 1994），大引物 PCR（Schanke 1997）；或较长的分区突变［环状 PCR 和接头插入物结合（Barnhart 1999）］等方法的改进而来。图 13-10 展示的两种方法是基于高效率的重叠延伸技术，每种突变体需要两条特异并互补的诱变寡核苷酸引物和两条扩增所有突变体共用的寡核苷酸引物。

13.78 随机诱变

过去在克隆 DNA 的限定区域内构建多点突变的 4 种常用方法是：化学诱变、盒式诱变、错掺诱变和寡核苷酸掺入诱变。

化学诱变

化学诱变是局部随机诱变中最常用的方法，该法将双链 DNA 的短片段（＜200 bp）暴露于如亚硝酸、羟胺、亚硫酸氢盐或肼（见表 13-5）等诱变剂中。然后用已突变的片段群创建一个小的重组子克隆库，该库用已突变的片段替代同源的野生型序列。用适当的功能分析鉴别产生一个新表型的携带突变的重组子。突变的精确位置和独特性质能通过包括 DNA 测序等任何一种方式确定（见方案 7）。

13.77

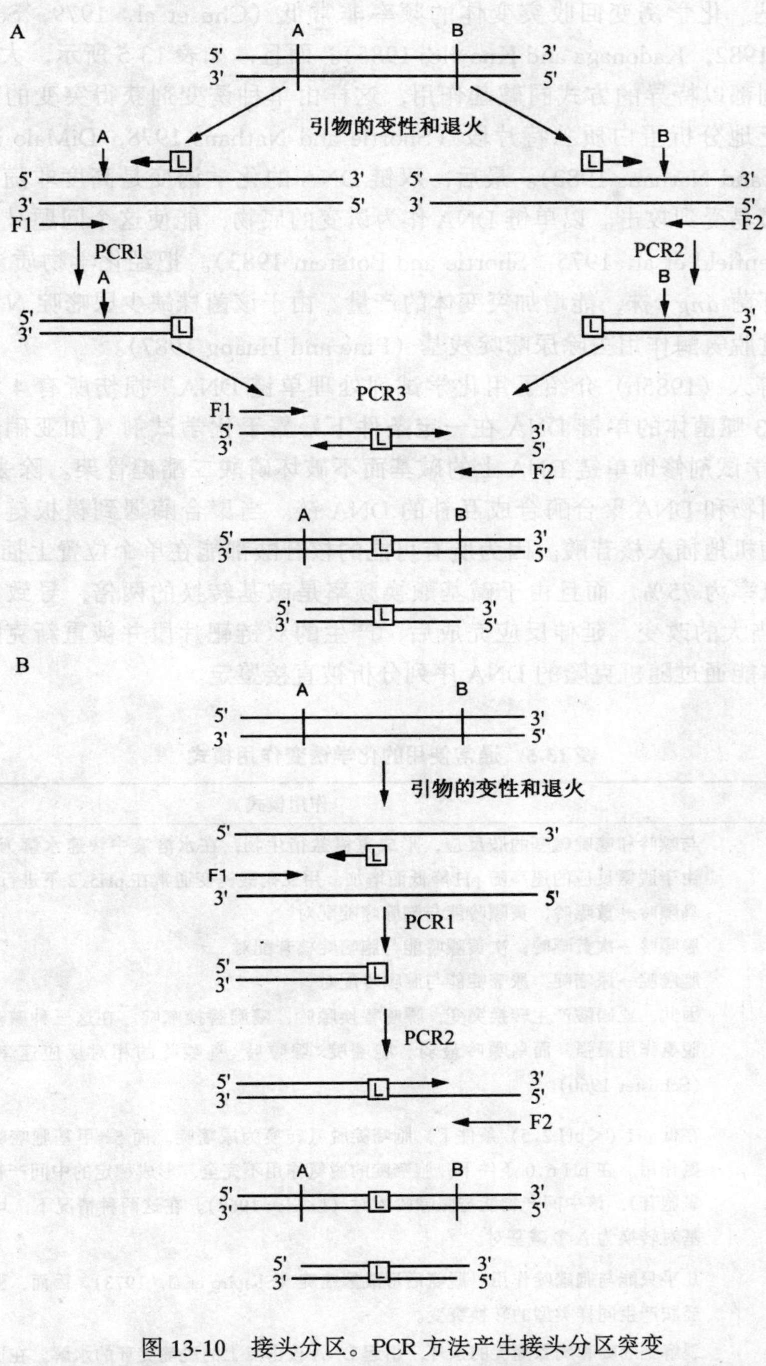

图 13-10　接头分区。PCR 方法产生接头分区突变

(A) 在重叠方法中，两条互补的位于 3′端并携带接头序列的寡核苷酸被用来引导 PCR1 和 PCR2。在每种情况下，第二条引物（F1 或 F2）与带单一限制酶位点的外侧序列互补。将 PCR1 和 PCR2 产物混合变性后用做 PCR3 的模板，PCR3 反应是由两条外侧的寡核苷酸引物（F1 和 F2）引导的。用限制酶 A 和 B 切割 PCR 产物后克隆进合适的载体。(B) 不对称方法，PCR 反应是由 F1 和另一条 3′端携带接头序列的引物所引导。反应产物被纯化后再与寡核苷酸 F2 一起引导 PCR2。限制酶 A 和 B 切割 PCR2 产物后克隆进合适的载体。(经作者允许进行了修改，Harlow 等 1994。)

遗憾的是，化学诱变回收突变体的频率非常低（Chu et al. 1979，Solnick 1981，Busby et al. 1982，Kadonaga and Knowles 1985）。而且，如表 13-5 所示，大多数通常所用化学诱变剂都以特异的方式同碱基作用，这样由单种诱变剂获得突变的范围可能太窄，不能广泛地分析蛋白质独特片段（Shortle and Nathans 1978，DiMaio and Nathans 1980，Peden and Nathans 1982）。最后，双链 DNA 的化学诱变是高度非随机的，倾向变性的区域最易受到攻击。以单链 DNA 作为诱变的底物，能使这个问题减轻但不能完
13.79 全消除（Greenfield et al. 1975，Shortle and Botstein 1983）。把经化学物质诱变的 DNA 转染入大肠杆菌 *ung*⁻ 株，能增加突变体的产量。由于该菌株缺少尿嘧啶 *N*-糖基化酶，因而不能通过脱氨酶作用去除尿嘧啶残基（Pine and Huang 1987）。

Myers 等人（1985b）介绍了用化学试剂处理单链 DNA，损伤所有 4 种碱基的方法。重组 M13 噬菌体的单链 DNA 在一定条件下暴露于化学试剂（如亚硝胺、甲酸和肼），这些化学试剂修饰单链 DNA 上的碱基而不破坏磷酸二酯键骨架。除去化学物后，用独特序列引物和 DNA 聚合酶合成互补的 DNA 链。当聚合酶遇到模板链中的损伤碱基时，完全随机地插入核苷酸。因为所有可能的核苷酸都能在单个位置上插入，每个损伤点的突变概率为 75%。而且由于碱基颠换频率是碱基转换的两倍，导致突变产生的 DNA 具有相当大的改变。延伸反应完成后，产生的双链靶片段并被重新克隆入适当的载体。突变体能通过随机克隆的 DNA 序列分析被直接鉴定。

表 13-5　通常使用的化学诱变作用模式

诱变剂	作用模式
亚硝酸	与嘌呤和嘧啶碱基的胺反应，形成重氮盐衍生物，在水溶液中快速水解为含酮的产物。由于脱氨反应的速率随 pH 降低而增加，用亚硝酸诱变通常在 pH5.2 下进行。 鸟嘌呤→黄嘌呤，黄嘌呤能与胸腺嘧啶配对 腺嘌呤→次黄嘌呤，次黄嘌呤能与胞嘧啶核苷配对 胞嘧啶→尿嘧啶，尿嘧啶能与腺嘌呤配对 因此，亚硝酸产生转换突变，嘌呤替换嘌呤，嘧啶替换嘧啶。在这三种碱基中，胞嘧啶脱氨作用最强，而鸟嘌呤最弱。胞嘧啶:腺嘌呤:鸟嘌呤的相对反应速率比为 6:2:1 (Schuster 1960)
羟胺	在低 pH（<pH 2.5）条件下，胞嘧啶脱氨转换为尿嘧啶。而 5-甲基胞嘧啶具有抗此脱氨作用。在 pH 6.0 条件下，胞嘧啶的脱氨作用不完全，形成稳定的中间产物（羟氨基脱氧胞苷），该中间产物能与腺嘌呤配对（Lawley 1967）。在这两种情况下，均导致 C-G 碱基对转换为 A-T 碱基对。
亚硫酸氢盐	几乎只能与胞嘧啶作用，脱氨后形成尿嘧啶（Shapiro et al. 1973）。因而，亚硫酸氢盐同羟胺产生同样类型的转换突变。
肼	裂解胞嘧啶和胸腺嘧啶的杂环，引起 DNA 攻击点上的脱嘧啶环的水解。在反应中单价阳离子的浓度越高，肼越优先与胞嘧啶作用。在 DNA 复制时，任一种碱基均能在子代链的脱嘧啶核酸对面位点插入。

Myers 方法的主要问题是分离有用突变的频率。为防止形成大量无用的多点突变体，有必要仔细限制单链 DNA 暴露于化学损伤试剂的时间。然而，这也意味着许多模

板链同时逃避了修饰。因此，该法可达到的最好结果是单一突变频率为10%～15%。通过应用变性梯度凝胶电泳纯化含突变的DNA片段（Myers et al. 1985b, c）或像用单链DNA构象分析（Orita et al. 1989b）等扫描方法快速鉴别携带突变的克隆，这个问题有时能被缓解。关于化学诱变方法的详细讨论见Aalton et al.（1991）的介绍。

盒式诱变

盒式诱变的最简单形式（Wells et al. 1985）是从野生型基因中消除小片段DNA，再以携带一点或多点突变的合成DNA片段替代，因而盒式诱变能在靶区域中引入单个或多个氨基酸。理论上，该法能在特定密码子上产生编码所有可能氨基酸残基的突变密码子或在任何位置插入或缺失氨基酸的突变体。

在预设点上设计携带突变的寡核苷酸库的方法有许多。一个非常有效的方法是合成一个单链盒，作为寡核苷酸库。靶密码子的前两个位置用等量混合的四种核苷酸，在第三个位置用等量混合的G和C（Reidhaar-Olson and Sauer 1988）。这种组分产生一个遗传密码的截短版本，只含有32种密码子，可编码全部氨基酸（Scott and Smith 1990；Reidhaar-Olson et al. 1991）。该盒第二条链的每个靶位点上用次黄嘌呤核苷合成，而次黄嘌呤核苷能与4种常规碱基的任何一种配对（Martin et al. 1985）。两链退火后，该突变盒群连接到开口的载体上。

掺入盒的产物群将包括在每一靶点上编码20种氨基酸的每种密码子。然而由于密码子的冗余（简并性），一些氨基酸往往比另一些要多，或许有必要测定一些候选产物的序列，以获得盒的完整收集物。如果只需要有一套氨基酸替换的亚群，将值得考虑该掺入方案，产生编码氨基酸的特异亚群而不编码其他氨基酸（Arkin and Youvan 1992）。

在盒式突变中，特异性突变和双突变及三突变的频率通常与理论预测有所偏差。这种偏差可能是由于4种核苷酸前体插入突变盒中效率的不同造成的。只有在以分离突变的完整式样为目的时，这些偏差才变的严重。这种情况下，也许最好是从库中收集大部分的突变体，然后用传统的定点诱变来完成这个组合。

错误掺入诱变 13.80

20世纪80年代初期，几套突变体是由核苷酸类似物的酶学掺入或正常核苷的错误掺入产生的（Müller et al. 1978, Shortle et al. 1982, Zakour and Loeb 1982, Shortle and Botstein 1983, Shortle and Lin 1985）。但是，有用突变的得率太低，而且突变的分布也太偏，以至不能形成完整的突变体库。直到最近，错误掺入诱变的更有效形式使该方法的使用重燃希望。

当4种核苷酸的任一种在DNA体外合成反应中是限量（通常为正常浓度的1%～10%）时，才发生碱基的错掺。在缺乏正确核苷酸时，DNA聚合酶经短暂停顿后，又插入另外三种可用核苷酸中的一个。该合成反应可采用Klenow大片段等热稳定聚合酶（见Lehtovaara et al. 1988），或在PCR催化反应中使用有错误倾向的*Taq*等热稳定聚合酶更有效。后一种情况下，进行四种PCR反应，每种耗尽不同的核苷酸，且含有高浓度的dITP（Spee et al. 1993；Kuipers 1996）。因而热稳定DNA聚合酶则选择次黄嘌呤或可用另外三种核苷酸的一种掺入到所缺乏核苷酸的位点上。由于所有4种碱基都能同次黄嘌呤配对，下一轮 PCR 循环中，在错误掺入次黄嘌呤的位点上的突变，理论上有 75％的概率。两种诱变类型的结合，使突变的频率比已有较高错误率的 *Taq* 酶（5×10^{-4}）提高近 10 倍。若在 PCR 缓冲液中加入 0.5 mmol/L Mn^{2+}，突变的频率会更高（Leung et al. 1989）。

棘状寡核苷酸引物

传统的寡核苷酸介导诱变方法中，能利用棘状寡核苷酸引物在较短的 DNA 区域（<80 核苷酸）内构建随机突变（Hermes et al. 1989，Dale et al. 1991，Dale and Belfield 1996）。通过每种磷酸胺前体和其他三种碱基混合物的混合，在自动 DNA 合成仪上合成棘状寡核苷酸。突变的频率取决于棘状寡核苷酸引物的程度，而这种程度可由研究者调整（Dale and Belfield 1996）。理论上，棘状寡核苷酸引物应产生真正随机分布的突变。实际上，这种理想的程度是达不到的，或许是因为寡核苷酸的序列不同（甚至小到一个核苷酸的差别）引发不同的效率，或许是二级结构差异的结果。

13.81 丙氨酸扫描诱变

丙氨酸扫描诱变是改变蛋白质表面残基而仍保持蛋白质三维空间结构的一种方法。该项技术的设计最初是用于发现与其他蛋白质或小配基相互作用的蛋白质表面残基（Cunningham and Wells 1989，Bass et al. 1991，Wells 1991）。检测蛋白质的氨基酸顺序，典型的高电荷残基有精氨酸、天冬氨酸、谷氨酸等。这些残基的高电荷侧链通常在蛋白质表面，暴露于溶剂中，它们同底物、抑制剂或其他配基（包括蛋白质）相互作用。定点诱变被用于缺失（或削平）野生侧链，用不伸出 β－碳架外的化学惰性侧链来替代。用丙氨酸代替蛋白质表面的带电荷残基，通常不干扰蛋白质核心区的折叠。但是在关键部位缺少极性基团（包括在蛋白质表面的残基）可使蛋白质的功能受到严重的损害。

带电荷氨基酸的丙氨酸扫描诱变产生一套可通过功能丧失进行分析的有规则的突变蛋白群，而避免了一个大的随机突变体文库建立、测序和对其性质的了解。即使这样，由广泛的丙氨酸扫描产生的突变体的数量仍是惊人的。例如，在组织血纤维蛋白溶酶原激活物（一种 572 个氨基酸残基的蛋白）的表面扫描，涉及到 134 个带电荷的氨基酸转换为丙氨酸（Bennett et al. 1991）。为减少工作量，带电氨基酸收集入任意簇中。每簇含有精氨酸、赖氨酸、天冬氨酸、谷氨酸和组氨酸残基，而在这 5 种残基中，其一级序列彼此相互成簇即可。在这些簇中，每簇的带电荷氨基酸由寡核苷酸定点诱变方法同时变为丙氨酸残基。这种策略总共产生 64 个突变（12 个单突变，35 个双突变，12 个三突变，5 个四突变），然后进行表达及分析。在丙氨酸扫描中包含组氨酸残基的决策是不可靠的。虽然组氨酸的 pK 值接近中性，但组氨酸的电荷量常包括另一个内部与之相互作用的残基结合的电荷（Richardson and Richardson 1989）。由丙氨酸替换组氨酸可能因此使突变体蛋白质不稳定或导致其他不可预料的结构改变。

丙氨酸扫描不适于内部不稳定的蛋白质，该法的测量能力依赖于其覆盖范围的广度。然而，对中等大小蛋白质的表面上带电残基或带电簇的全面详细的研究，需要建立许多突变体，并进行表达和分析。或许由于这个原因，整个蛋白的丙氨酸扫描主要为商业公司采用。Genentech公司开发了一项技术，用丙氨酸扫描方法确定酵母 cAMP 依赖性蛋白激酶结合的催化及底物功能序（Gibbs and Zoller 1991），鉴别白介素 8 与受体结合所需的残基（Héber et al. 1991；综述见 Wells 1996），鉴别人生长激素受体上的荷尔蒙结合决定簇（Bass et al. 1991），描绘人生长因子的抗原表位图谱（Jin et al. 1992），确定组织纤溶酶原激活剂的特殊结构区的一些功能（Bennett et al. 1991）。

理论研究的实验室该技术的应用则范围较窄，如阐述单个结构域的功能残基或蛋白质亚结构的详细图谱，推断不同侧链在已知结构蛋白质的稳定性和独特区域折叠中的作用。类似这些研究目的，丙氨酸扫描仍是可选择的方法；基于本技术的文献每个月都有所增加。

诱变寡核苷酸 13.82

定点诱变的所有方法都需要用一个或多个诱变的寡核苷酸来改变靶序列。若能合理的设计这些寡核苷酸，将很容易和有效的获得预想突变体。否则，突变体的产量将会低得难以接受。传统（非 PCR 方法）的定点诱变寡核苷酸必须：

- 与靶 DNA 的适当链互补。
- 足够的长度（>20 核苷酸）与靶序列特异结合。携带 2 个或更多的替换碱基的引物至少需要 25 个核苷酸的长度。
- 携带的错配碱基应位于中央位置。这样每侧有 10～15 个碱基可与模板链完全匹配。有效引入多于三个核苷酸大小的插入、缺失或替换时，要求引物在诱变点的每侧有 30 个核苷酸互补于模板。如果可能，所计算的靶 DNA 和诱变寡核苷酸的 5′和 3′端区域形成双链的热稳定性应该相等。关于计算寡核苷酸的熔解温度的资料请见第 10 章。
- 含有与模板完全杂交的 5′端区，这样从上游引物起始的 DNA 合成难以取代诱变寡核苷酸。需要大约 8～10 个完全匹配的核苷酸以抑制由 Klenow 大片段引起的寡核苷酸的置换。还可由用噬菌体 T4 DNA 聚合酶（Nossal 1974，Kunkel 1985）（该酶没有 5′→3′外切酶活性）或测序酶（该酶不易从模板上消除杂交了的突变引物）（Schena 1989）来防止置换。
- 形成足够稳定杂交分子，以有效地从寡核苷酸 3′末端引发 DNA 合成。例如用 Klenow 大片段催化的引物延长反应（Gillam and Smith 1979a，b），如果错配核苷酸太接近 3′端，寡核苷酸的 3′端将不能同靶 DNA 形成稳定的杂交分子，因而易受核酸外切酶的降解。此外，如果突变寡核苷酸非杂交的 3′区自由地与模板的不正确位点退火，由错误配对位置引发的频率将会增加。为抑制这些影响，需要在突变寡核苷酸的 3′区域有 10～15 个完全匹配的核苷酸。
- 无回文、重复或自身互补序列，这些序列能形成稳定的结构。形成这种结构的潜能越大，寡核苷酸与模板 DNA 靶序列的杂交率就越低。寡核苷酸（或其互补靶序列）的二级结构如此稳定，以至得不到突变体的例子非常罕见。在这种情况下，必须合成更长的寡核苷酸，其 5′和 3′端长出有问题区域 15～20 个核苷酸，才能得到突变体。然后用在中央位置含有潜在错配碱基的更小的寡核苷酸

（17～19 个核苷酸）筛选重组子，寻找预想突变体。

以 PCR 为基础的定点诱变方法的设计遵循同样的基本准则。用像 *Taq* 酶这样可在扩增产物的 3′端加上一个与模板序列无关的附加核苷酸（通常为 A）的 DNA 聚合酶，还需其他的设计特征（详见第 8 章信息栏有关 *Taq* DNA 聚合酶的方案）。许多情况下，附加的核苷酸不与模板链配对。为恢复 PCR 产物与靶 DNA 间的一致性，寡核苷酸应在模板链的 5′端先加上脱氧胸腺嘧啶核苷（Kuipers et al. 1991）。由 DNA 聚合酶附加的腺苷酸残基不改变氨基酸的序列，也不干扰在随后以扩增的 DNA 作为大引物的下一轮 PCR 循环。

许多情况下，可通过设计在突变的寡核苷酸上引入新的酶切位点或消除靠近突变点的已存在的酶切位点。这种策略可通过用限制性内切酶消化而筛选候选克隆，鉴别突变
13.83 体。被称为 Primer Generator 的计算机程序可使研究者决定寡核苷酸能否引入预想突变和改变其附近的酶切位点（Turchin and Lawler 1999）。一种更有效的选择是在突变点附近单独的 DNA 载体序列上用两条引物：一条突变靶位点，另一条消除侧面载体序列上的不重要独特限制位点（Deng and Nickoloff 1992）。这种方法能够将两种突变建立在单个长的大引物上。该大引物能够在第二轮 PCR 循环中用于产生大量的突变了的双链 DNA（Kammann et al. 1989；Landt et al. 1990；Sarkar and Sommer 1990，1992；Ke and Madison 1997）。

应该分析诱变寡核苷酸序列是否具有与模板的其他区域而非靶序列形成偶然的稳定的杂交分子的能力。大多数可用于分析 DNA 序列的计算机程序都能用于扫描潜在的突变引物的特征，如发夹形成、二聚体形成、可能的错误退火位点、突变或插入的位置和数目、熔链温度、5′和 3′端的稳定性等。一些程序能计算寡核苷酸－模板杂交分子的 5bp 长度窗口的预测稳定性（ΔG）。3′端 5 个碱基的熵值在－6 到－10 千卡/摩尔之间的寡核苷酸通常提供最大的突变体产量（Piechocki and Hines 1994）。推测是因为由 3′端形成的杂交分子：①足够稳定地补偿寡核苷酸中央的错配，但②不能稳定地抑制从非需位点的错误引发。

如果需要，突变寡核苷酸杂交的特异性能可用下列方法进行检验，或用寡核苷酸作为引物，进行 DNA 测序，或在少量的一种标记 dNTP 和 4 种未标记 dNTPs 的存在下，延伸引物，然后用适当的限制性酶消化产物。放射性活性带的带型将揭示是否在预想位点发生了引发以及引物是否延伸到了预想长度（Zoller and Smith 1984）。然而，这种实验，通常只有当难以获得预想突变体的时候才采用。

通常，构建的突变体越大，寡核苷酸定点诱变的效率就越低。如大的缺失（如缺失几百个核苷酸）的突变效率比只在序列局部改变的效率低 50 倍。这种低效率主要有两个原因。首先突变的寡核苷酸同模板 DNA 上分隔的两段序列形成稳定杂交分子的能力随着两序列的距离的函数降低。其次，寡核苷酸将与 DNA 模板上的非正确序列杂交的可能性增加。这些影响的结果导致环进/环出突变的效率远比两个邻近核苷酸突变的效率低。而且，在异位携带改变的克隆比例极大地增加。由于这些原因，常需用与预设缺失/插入交叉点互补的寡核苷酸（阳性探针）和与缺失序列或开始插入位点的寡核苷酸（阴性探针）杂交法筛选假定的环进/环出突变体（Thigpen and Russell 1992）。最后，由于产生非正确突变的频率较高，必须确定突变 DNA 的全序列（不仅是预设靶位点的序列）。

排除野生型 DNA 的定点诱变筛选 13.84

寡核苷酸介导诱变的频率在大于 0.1%至接近 50%之间，这取决于突变的复杂性及所用方法的效率。在经典的寡核苷酸介导的诱变中，野生噬菌体 M13、噬菌粒、DNA 质粒的一小部分会逃避突变，而产生非突变的克隆或噬菌斑，有时数目相当大。当以双链 DNA 质粒为模板时，PCR 为基础的诱变也存在这个问题（Weiner and Costa 1994, Weiner et al. 1994, Costa et al. 1996）。

为克服这些困难，开发了许多体外选择性破坏非突变 DNA 或抑制野生型克隆生长的方法。应用这两种方法，定点诱变后恢复的重组子中，突变克隆的比例得到了增加。在以低效的引物延伸 PCR（如大片段缺失突变和多点突变）或用寡核苷酸库同时在靶 DNA 的精确位置产生许多突变体和试图分离“困难的”的突变体时，这些选择方法则更有价值。

体外筛选

用 *Dpn* Ⅰ酶破坏亲本模板

限制酶 *Dpn* Ⅰ特异性切割双链 DNA 中甲基化序列 G^{m6}ATC（Lacks and Greenberg 1975, 1977; Geier and Modrich 1979）。从大肠杆菌中分离的质粒和噬菌体已在体内的内源性 Dam 甲基化酶作用下被完全甲基化了，因而对 *Dpn* Ⅰ的切割敏感（McClelland and Nelson 1988）。半甲基化的 DNA 被 *Dpn* Ⅰ切割的效率较低。相反，用四种通用脱氧核糖核苷酸体外合成的 DNA 没有甲基化，因而完全抵抗切割。在定点突变后，能用 *Dpn* Ⅰ降解剩余的甲基化了的野生型模板，从而富集体外合成的未甲基化 DNA。由于 *Dpn* Ⅰ选择性地破坏亲本模板，在 PCR 为基础的诱变中，这一方法的主要用途是净化合成的双链 DNA（Ponce and Micol 1992, Weiner and Costa 1994, Costa et al. 1996, Wang and Malcolm 1999）。

另一种区别模板链的途径是在体外合成时将甲基化的三磷酸核苷酸掺入到突变链内。突变链将免受如 *Hha* Ⅰ, *Sau*3AⅠ, *Msp* Ⅰ等限制性内切酶的消化。这些酶将把没有修饰的亲本模板 DNA 降解成小片段(Vandeyar et al. 1988, Hofer and Kühlein 1993)。

用尿嘧啶 DNA 糖基化酶破坏亲本模板：Kunkel 法

由 *ung*$^-$ *dut*$^-$突变的大肠杆菌中产生的噬菌体 M13 DNA 单链模板（见 DUT and UNG)，含有 20～30 个替代胸腺嘧啶的尿嘧啶（Sagher and Strauss 1983)。在传统诱变过程中，以此 DNA 为模板时，异源双链 DNA 产物中包含一条有尿嘧啶的野生链和体外合成的胸腺嘧啶链。无论在体外或将 DNA 转染入 *ung*$^+$菌株后，以尿嘧啶 DNA 糖基化酶处理此异源双链，都导致尿嘧啶的消除和在脱嘧啶位点磷酸化骨架的裂解。这种致命的损伤可选择性的和有效的导致模板链的破坏，并使感染量降低 5 个数量级。噬菌斑的大部分（近 80%）都是由不含尿嘧啶的链转染复制的。由于这条链的合成是由突变寡核苷酸引发的，许多子代噬菌体都携带预设突变。

Kunkel 方法自建立以来，只有非常小的改变（Kunkel 1985，综述见 Kunkel et al. 1991）。一个重要性的改进或许是以从噬菌粒（McClary et al. 1989，Wang et al. 1989，Liu et al. 1990，综述见 Hagemeier 1996）和质粒（Jung et al. 1992）来的双链 DNA 为模板的技术的拓展。这种改进免除了在诱变前需将目的片段亚克隆到单链载体上的步骤。但是，突变体的产量相当低，而且常需另外步骤来降低由野生型噬菌粒或质粒带来

13.85 的背景。此外，由于能传代的双链载体片段较大，需要更多的 DNA 测序来验证目的突变并确定在靶 DNA 以外区域无任何突变。

DUT

大肠杆菌 *dut* 基因编码的 dUTP 酶是一种含锌的四聚体焦磷酸酶（$M_r = 64\ 000$）（Shlomal and Komberg 1978，Lundberg et al. 1983）。*dut* 突变体中，细胞内 dUTP 转换为 dUMP 的能力受到损害。这种能力的降低导致胞内 dUTP 的含量增加了 25～39 倍。dUTP∶dTTP 比率的增加导致在本应为胸腺嘧啶的位点，随机错掺 dUTP 的频率增加。

在 Kunkel 方法中，大肠杆菌 dut^- 突变体含有痕量的 dUTP 酶活性（Konrad and Lehman 1975，Hochhauser and Weiss 1978），这或许是因为完全缺乏该酶是致命的（elHajj et al. 1988）。能存活的 dut^- 突变体显示出增高的重组和自发突变率。这是 *ung* 基因编码的尿嘧啶 DNA 糖基化酶删除尿嘧啶残基，在 DNA 上产生了断裂和空隙，以这种间断和空隙做临时模板的结果。

UNG

在大肠杆菌中，掺入 DNA 中的尿嘧啶残基，通常由小分子单体尿嘧啶 DNA 糖基化酶（$M_r = 25\ 664$）去消除。该酶裂解碱基和脱氧核糖磷酸骨架间的 *N*-糖苷键，产生一个脱嘧啶位点（Lindahl 1974，综述见 Lindahl 1982，Tomilin and Aprelikova 1989）。这些位点的磷酸二酯键骨架由内源核酸酶（外切核酸酶Ⅲ，或内切核酸酶Ⅳ）（综述见 Lloyd and Linn 1993）裂解，然后由 DNA 聚合酶Ⅰ和连接酶修补。尿嘧啶 DNA 糖基化酶缺陷的细胞不能裂解 *N*-糖苷键，而使 G∶C→A∶T 的转换发生，自发突变频率的增加（Duncan and Miller 1980，Duncan and Weiss 1982）。

大肠杆菌 *ung* 基因已被克隆（Duncan and Chambers 1984），酵母、人及疱疹病毒等许多生物的 *ung* 基因高度一致（Olsen et al. 1991，Lloyd and Linn 1993）。这些基因可能起一种从 DNA 中消除诱变的脱氨基胞嘧啶的作用。

单一限制位点的消除

在标准寡核苷酸定点诱变中采用单一位点删除（USE）的目的是消化掉在非必需区域含有单一限制位点的未突变双链质粒 DNA（Deng and Nickoloff 1992）。该方法中，两条引物同时与变性模板杂交，一条引物在靶 DNA 上引入预设突变，另一条引物破坏质粒上的单一限制位点。在体外，突变反应完成后，通常将质粒 DNA 转化大肠杆菌中。该菌株是缺陷株（如 $mutS^-$ 突变体），不能纠正错配的碱基对。异源双链 DNA 中错配碱基对是通过复制恢复而非修复。从转化子库中提取质粒 DNA，用在独特位点裂解野生型 DNA 的限制酶消化，没有突变的质粒将被裂解为线性 DNA，而线性 DNA 难以转化入大肠杆菌。另一方面，突变体质粒抗消化，保持转化能力，在转化入 $mutS^+$ 菌株后，被有效地恢复（Deng and Nickoloff 1992；Ogretman et al. 1996）。

若两个突变点放在一条引物上（可以从新合成或采用更常用的 PCR 方法产生），能增加 USE 法的工作效率。在下面两种情况下，运用该法特别有用：①若限制位点为

*Bam*HⅠ、*Bgl*Ⅱ或 *Pvu*Ⅱ等，若用两条独立的诱变引物时，由于未知原因，基于这些酶识别位点的选择难以奏效。②若作为模板的质粒大于 6kb。详细说明见 USE 诱变试剂说明书（Amersham-Pharmacia）（见信息栏中关于定点突变的商用试剂盒）。

硫代磷酸类似物掺入突变链 13.86

DNA 和 RNA 的硫代磷酸类似物含有一个硫原子，该原子替代一个或多个相邻核苷之间的非桥连接键上的氧原子（综述见 Eckstein 1985；Zon and Geiser 1991）。含有硫代磷酸核苷键的核酸能通过 DNA 或 RNA 聚合酶在体外合成，反应中核苷硫代磷酸作为底物（可从 Synthegen 或 Applied Biosystems 获得）。当提供 dNTP-S 或 NTP-S 非对映立体异构体时，两类聚合酶有效地催化独特的 R_p-非对映体构型中硫代磷酸核苷酸间键合的形成（综述见 Eckstein and Gish 1989）。核苷硫代磷酸在生长的 DNA 或 RNA 链中掺入，影响连接桥上磷原子构型的完全倒位（见图 13-11）（Eckstein 1985）。

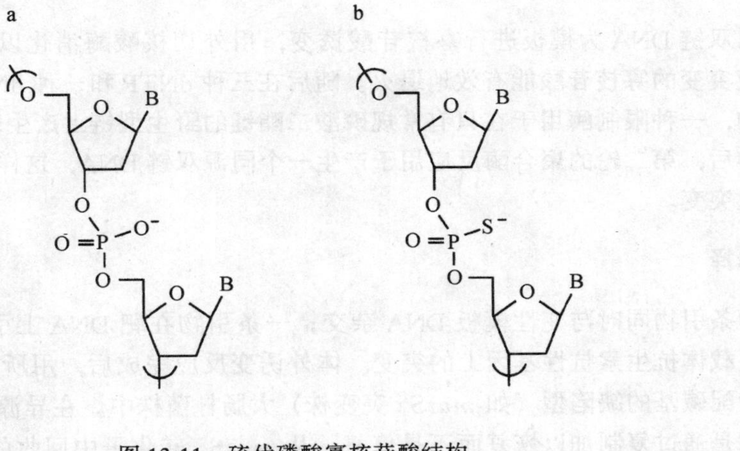

图 13-11 硫代磷酸寡核苷酸结构

DNA 和 RNA 的硫代磷酸类似物在两碱基之间的磷酸二酯键上一个替代氧原子的硫原子。(a) 正常的磷酸二酯键；(b) 硫代磷酸酯键。（经 TriLink BioTechnologies, Inc 公司允许，重新绘制。）

含有硫代磷酸的 DNA 和 RNA 在结构上与常规核酸非常相似。但是硫原子较大的范德瓦耳斯半径，较低的电负性和形成多价键的还原能力等导致有用的化学性质改变。这种改变在分子生物学和分子克隆中有各种用途。例如由于硫原子亲电性的降低，DNA 或 RNA 的硫代磷酸键能抵抗一些核酸酶的水解，这种抵抗程度取决于特定的核酸酶、硫代磷酸键的立体化学，其与易切断键的距离、以及酶所需金属辅助因子的类型等。

硫代磷酸可以用于提高单链模板（Taylor et al. 1985；Nakamaye and Eckstein 1986；Sayers et al. 1988a, b, 1992；Sayers and Eckstein 1989, 1991；Sugimoto et al. 1989）和双链模板（Olsen and Eckstein 1990, 1991）的寡核苷酸指导诱变效率。单链模板时，如 Zoller 和 Smith（1983）所描述的，含有错配的寡核苷酸引物与单链模板退火，引物延伸反应是由噬菌体 T7 聚合酶或 Klenow 大片段催化。在该反应中，一种常规的

dNTP（通常是 dCTP）被相应的 dNTP-S 代替，产生的异源双链 DNA 中一条是含有常规的磷酸二酯键骨架的模板链；另一条是突变（+）链，该链中除了诱变寡核苷酸引物导入的脱氧胞苷外，所有脱氧胞苷的 5′侧都有硫代磷酸核苷酸键。异源双链 DNA 与限制酶（通常是*Nci* Ⅰ或*Ava* Ⅰ）孵育产生部分反应，则模板链被选择性地切割。含有硫代磷酸残基的链抵抗限制酶的消化，而模板链上的缺口被核酸外切酶（核酸外切酶Ⅲ，
13.87 T7 核酸外切酶，或 λ 核酸外切酶）扩大。这种方式产生的空隙随后被以突变链（+）为模板的聚合反应填补。因为此时 DNA 的两条链都携带突变，转染后，90％以上的噬菌斑都含有预设突变。

首次采用该方法时，用硫代磷酸不对称标记的底物，而所选限制酶是局限在那些产生缺刻异源双链 DNA 的酶（Sayer et al. 1998a）。但在溴化乙锭存在的条件下，进行缺刻反应，可采用的酶就多了。在这些条件下，许多限制酶能在常规磷酸二酯键中引入缺口，但不能裂解含有硫代磷酸残基的链（Syers et al. 1988b，Sayers and Eckstein 1991）。

以双链 DNA 为模板进行寡核苷酸诱变，用外切核酸酶消化以产生一段单链 DNA 区，使突变的寡核苷酸能有效地退火。随后在三种 dNTP 和一种 dNTP-S 存在下的聚合反应中，一种限制酶用于在只有常规磷酸二酯键的野生型链上产生缺口。如前所述的缺口延伸后，第二轮的聚合酶反应用于产生一个同源双链 DNA，这样 DNA 的两条链都含有预设突变。

体内选择

两条引物同时与变性模板 DNA 杂交；一条引物在靶 DNA 上引入预设突变，另一条修复载体抗生素抗性基因上的突变。体外诱变反应完成后，用所得异源双链 DNA 转化正错配碱基的缺陷型（如 *mutS*⁻突变株）大肠杆菌株中。在异源双链 DNA 上的错配碱基对是通过复制加以恢复而不是修复。从 *mutS*⁻转化子中回收的质粒部分携带预设突变和新功能的抗生素抗性基因。在第二轮转化时，转化到错配修复的感受态菌，用恢复的抗生素抗性基因筛选，然后回收这些质粒（Lewis and Thompson 1990，Hashimoto-Gotoh et al. 1995，Postina and Fahrenholz 1995，Bohnsack 1996）。

N^6-甲基化腺嘌呤，DAM 甲基化酶和甲基化敏感限制酶

Dam 甲基化酶对腺嘌呤残基的甲基化作用

大肠杆菌 DNA 的5′……GATC……3′序列中，腺嘌呤的 N^6 原子上携带一个甲基基团（Hattman et al. 1978）。在双链 DNA 的回文识别序列中，99％以上这种修饰的腺嘌呤是由 DNA 腺嘌呤甲基化酶（*dam*）作用形成的。该酶是一种单亚基非核苷酸依赖型（Ⅱ型）DNA 甲基转移酶，它将 *S*-腺苷甲硫氨酸的甲基基团转移到识别序列中的腺嘌呤残基上（Geier and Modrich 1979，综述见 Marinus 1987，Palmer and Marinus 1994）。

几种限制酶的识别位点（包括 *Pvu* Ⅰ，*Bam*HⅠ，*Bcl* Ⅰ，*Bgl* Ⅰ，*Bgl* Ⅱ，*Xho* Ⅱ，*Mbo* Ⅰ，*Sau*3AⅠ）含有5′……GATC……3′序列，有一部分位点是被某些限制酶所识别，如 *Cla* Ⅰ（～1/4），*Xba* Ⅰ（1/16），*Mbo* Ⅱ（1/16），*Taq* Ⅰ（1/16），*Hph* Ⅰ（1/

16)。甲基基团在腺嘌呤 N^6 原子上的转移，在 B 型 DNA 的大沟中放置一个大的烷基取代基，可完全阻止一些限制酶的体外裂解（如 *Mbo* Ⅰ；Dreiseikelmann et al. 1979)。其他限制酶最多也只是将裂解它们的识别位点的亚型，如 *Cla* Ⅰ 识别$^{5'}$ATCGAT$^{3'}$序列。如果该序列的前面是 G 或后面是 C，或前面是 G 后面是 C，其中一个或两个腺嘌呤 (A) 残基将被甲基化，该位点则免遭切割。但是，甲基化并非绝对使 GATC 序列免于对所有限制酶切割。如限制酶 *Sau*3AⅠ（*Mbo* Ⅰ 的同裂酶）无论腺嘌呤是否甲基化都能切割 GATC 序列，而 *Dpn* Ⅰ 酶可完全切割甲基化的 G^{me6}ATC 序列（Lacks and Green- 13.88
berg 1975，1977；Geier and Modrich 1979)。*Dam* 甲基化酶体外修饰的 DNA 仍保持对大肠杆菌 *mcr* 和 *mrr* 体系的限制作用的敏感性。哺乳动物 DNA 不在腺嘌呤 N^6 位置上甲基化，因而能被对原核 DNA 的 *dam* 甲基化敏感的限制酶完全切割。

Kessler 和 Manta (1990) 及 McClelland 和 Nelson (1988) 列出了受 *dam* 甲基化影响的限制酶切割模式。进一步的信息可在大多数供应商的手册和限制和修饰酶数据库中查到。

限制和修饰酶 (REBASE) 的数据库网址为：

http://www.neb.com/rebase/rebase.html

当必须用敏感于 *dam* 甲基化作用的限制酶在每个可能位点切割原核 DNA 的时，DNA 必须从大肠杆菌 *dam*⁻菌株中分离（Marinus 1973；Backman 1980；Roberts et al. 1980；McClelland and Nelson 1988)。这些菌株（如 GM2163 从 New England Biolabs 获得，JM110 从 ATCC 中得到）显示一种奇异的表型，包括自发突变率和重组率的提高，对紫外线的敏感性增加，重组的高效率，溶原性噬菌体的诱导效率的增加（讨论请见 Marinus 1987；Palmer and Marinus 1994)。因为 *dam* 的缺陷损害了错配修复系统，而不能纠正新生子链中的错误，所以 *dam*⁻菌株通常不如野生型 K-12 菌株强壮（Lu et al. 1983；Pukkila et al. 1983；综述见 Modrich 1989；Palmer and Marinus 1994)。*dam* 甲基化作用的缺乏导致自发突变率的增加。*dam*⁻菌株还显示一类基因的异常调控和 DNA 复制起始效率的下降。由于这些问题，*dam*⁻菌株不应长期连续培养或在平板上保存或长期穿刺培养。而应分装成小份存于 -70℃。一些大肠杆菌在氯霉素或卡那霉素存在下生长，*dam* 突变的保持可得到增强。这些菌株，*dam* 基因是通过插入转座子 Tn*9* 而灭活的［Tn*9* 编码氯霉素抗性基因（Marinus et al. 1983)］或用携带卡那霉素抗性基因的 DNA 片段替换 *dam* 基因中的部分片段，而灭活 *dam* 基因（Parker and Marinus 1988)。Palmer 和 Marinus (1994) 已列出常用的 *dam*⁻菌株目录。

GATC 中未甲基化和半甲基化腺嘌呤

在一些大肠杆菌株中，估计 18 000 个$^{5'}$……GATC……$^{3'}$序列中的一小部分（约 0.2%或更少）没有被甲基化（Ringquist and Smith 1992)。这些非修饰位点显示出更多地存在于复制起始区附近或由体内 DNA 结合蛋白（如 cAMP 受体蛋白）保护免受 *dam* 甲基化作用的基因组 DNA 区域（Ringquist and Smith 1992，Wang and Church 1992，Hale et al. 1994)。

大肠杆菌染色体上独特的复制起始区（*oriC*）高度富含 GATC 序列。DNA 合成的起始时间受一些因子控制，包括这些序列的甲基化状态（综述见 Crooke 1995)。准时和

及时的起始需要 *oriC* 近端的 GATC 序列完全被 *Dam* 核酸酶甲基化。半保留复制产生半甲基化的 GATC 序列，该序列结合在细菌膜上，那里是 *Dam* 甲基化酶达不到的地方。在下一轮 DNA 合成的起始前，*oriC* 区从膜上释放出来，局部的 GATC 位点再次被完全甲基化。这些过程是如何协调的还完全不清楚。

13.89 定点突变的商业试剂盒

表 13-6　关于突变的网址和商业工具

来源	网址	注释/试剂盒
U.S. Dept. of Commerce	www.nwfsc.noaa.gov/protocols/resources	连接许多站点和试剂盒及试剂供应商。
Java-Based Molecular Biology Work Bench	www.embl-heidelberg.de/～toldo/JaMBW	连接多个序列分析程序，包括 Luca 和 Toldo 的 PCR 引物设计，Eugen Buehler 的寡核苷酸计算器。
Primer3	www.genome.wi.mit.edu//cgibin/primer/primer3.cgi	引物择选程序
Amersham-Pharmacia Biotech	www.apbiotech.com	Sculptor IVM 诱变试剂盒 独特位点消除(USE)试剂盒
Bio-Rad	www.bio-rad.com/indexl	Muta-gene 体外诱变试剂盒
CLONTECH	www.clontech.com	Transformer site-directed 诱变试剂盒
Life Technologies	www.lifetech.com	CFLP PowerScan 突变检测系统
PanVera	www.panvera.com/ls/index	Mutan-Express Km 试剂盒
Promega	www.promega.com	Altered Sites Ⅱ 体内诱变系统 基因编辑系统 Interchange 体内诱变系统
Stratagene	www.stratagene.com	Quik Change site-directed 诱变试剂盒 ExSite PCR-base site-directed 诱变试剂盒 Chameleon double-stranded site-directed 试剂盒
NEB	www.neb.com	Code20 试剂盒
Ana-Gen Technologies Inc.	www.ana-gen.com/Mutagenesis.htm	提供诱变服务

13.90 甘油

甘油（图 13-12）在分子克隆中有几种用途，包括：

- *稳定酶的作用*　　商家供应的大多数酶存于含有 50% 甘油的缓冲液中，这样可保存于 −20℃ 而不结冰。甘油和其他多元醇被认为是通过稳定蛋白与蛋白间的相互作用而发挥它们的作用。为分析蛋白质复合物的组分和分子量，甘油被广泛用于制备连续密度梯度。

- *用于上样缓冲液*　　使用甘油增加上样缓冲液的密度，因而将核酸和蛋白带入琼脂糖凝胶和聚丙烯酰胺凝胶的上样孔中。

　但是，用于 DNA 测序胶的样品中高浓度甘油（>8%）在测序通道上产生弯曲，并且大于 300 碱基的带模糊不清（Tabor and Richardson 1987）。甘油同电泳缓冲液中的硼酸相互作用，形成负电荷的酯类在电泳中迁移，因而这种污迹几乎不可避免（Boeseken 1949）。这个问题能用几种方法解决（Pisa-Williamson and Fuller 1992）。

　用不含甘油的缓冲液稀释 DNA 聚合酶。

　用牛磺酸替代胶和缓冲液中的硼酸，牛磺酸是一种 pK_a 值与硼酸相近的弱氨基磺酸。牛磺酸/EDTA/Tris 缓冲液的组成为：1.78 mol/L Tris，0.57 mol/L 牛黄酸和 0.01 mol/L EDTA。20 倍溶液每升含有 Tris 216g，牛黄酸 72 g，EDTA 2 g。

　上样前，用乙醇沉淀测序反应产物。

- *聚丙烯酰胺胶*　　一些类型的非变性聚丙烯酰胺胶中含有甘油，这是为了在 SSCP 方法对突变的分析中，促使单链 DNA 分子构象异构体的电泳分离（Glavac and Dean 1993）。

甘油有益作用的原因还不清楚，但当 SSCP 胶在室温下进行电泳时，这种作用最明显。Kukita 等人（1977）证明加入甘油后，胶缓冲液的 pH 值从 8.4 降到 7.7，这是甘油与 TBE 中的硼酸盐离子发生作用结果。然而，令人难以理解的是如何解释在单链构象异构体的分离时，这种影响的温度依赖性。Hayashi（1991）提出，甘油和其他多元醇（如蔗糖，多聚乙二醇等）（Markoff et al. 1997）是弱的变性剂，它们的极性 OH 基团干扰了单链构象异构体中的氢键。这种解释同观察到的甘油优先增加富含嘌呤构象异构体泳动率的现象相一致。

- *甘油提高哺乳类细胞转化和瞬时表达效率*　　转染培养物用含 15%～20% 甘油的等渗盐溶液简短处理（Frost and Williams 1978，Parker and Stark 1979）。甘油是有毒性的，但它毒性影响的速度和效力对不同类型细胞有很大差别。对每种细胞株处理的合理时间、长短及强度根据经验而定。
- *用于甘油密度梯度*（Vande Woude et al. 1979）　　在用于大规模纯化 λ 噬菌体颗粒中，比氯化铯密度梯度快速和廉价（Yamamoto et al. 1970）。纯净甘油的密度为 1.26 g/ml，难以支持噬菌体颗粒（密度约为 1.40 g/ml）。因而在甘油密度梯度步骤中只有足够的离心时间才能浓缩病毒颗粒。
- *用于细菌原种的长期保存*　　在含有甘油 15%（V/V）的介质中，细菌培养物能长期存于 -70℃ 而没有显著死亡。

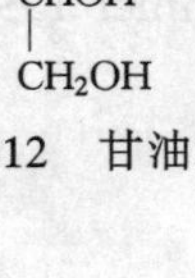

图 13-12　甘油结构

13.91　突变检测

检测突变的目的主要是为了进行人类遗传病的分子分析，定位克隆引起这些遗传病的基因，而更多的是为了发现不同物种中与表型相互对应的基因型。在突变检测中，测试先证者 DNA 与参照物（野生型 DNA）的差异。目前，DNA 序列分析只是精确地检测和鉴别单碱基的方法。然而，DNA 上千个碱基长度的测序价格昂贵，慢速和令人意志消沉。已经研究了许多确定局部突变方法，从而将测序降到最低。现存的试验方法在探查能力、精确度、速度和花费上有很大的区别，每种方法只能检测一个突变簇。因此目前未知特性突变的检测和定位常需两种或更多的实验相继测试，并经随后的 DNA 序列分析确定。检测突变的实验方法可分为两种类型：扫描方法和特异性方法。

扫描方法用于探查未知特性突变的 DNA 片段。常用三种类型的扫描实验如下：

- *基于突变体和参照（野生型）DNA 的电泳迁移率差异的检测方法*　包括变性梯度凝胶电泳（DGGE）和单链构象多态性（SSCP）。这些测定方法简单易行，经典地用在检测 200 bp 长度 DNA 片段上的局部突变。
- *基于检测序列的改变与电泳迁移率差异一致性的测定方法*　已描述过的两种指纹印迹策略可供选择，即用 SSCP 法分辨由双脱氧链终止点（已知有双脱氧指纹法（ddF）或双向双脱氧指纹法（BiddF））的产生或失去的差异，或分辨限制性酶切位点的产生或丢失（像限制性内切酶指纹法（REF）产生）的差别。通常，指纹法更难和昂贵，但能做 10bp 分辨率的突变图谱，且易通过测序来证实。
- *基于化学裂解错配碱基（CCM）的方法*　参照体和突变核酸间形成的异源双链 DNA 中错配碱基能用 RNase，DNA 修复酶，解离酶等或羟胺和锇酸等化学试剂裂解。这些方法能用于扫描长 1.5 kb 长度的核酸片段，而且能精确地证实突变的位置。酶学实验检测不同类型的错配，效率也不同，裂解的程度常依赖位点的上下游序列。CCM 的依赖性更强，且需毒性化学药品，这些化学药品的操作必须在适当的防护罩中进行。

特异性的方法用于确证已知特性的突变是否存在特异先证者 DNA 中。这些方法包括对等位基因特异性寡核苷酸的杂交（ASO），等位基因特异性扩增（扩增不应突变系统［ARMS］，或竞争性寡核苷酸引发［COP］），寡核苷酸连接分析（OLA），或碱基特异性引物延伸。由于突变改变了限制性位点，还可用其他方法，包括限制性片段长度聚合酶（RFLP）/PCR。

表 13-7 收录了常用的筛选哺乳类基因突变的实验方法，许多实验的优劣已进行过深入的探讨（见 Cotton 1989，1992；Rossiter and Caskey 1990；Condie et al. 1993；Grompe 1993；Prosser 1993；Saleeba and Cotton 1993；Smooker and Cotton 1993；Dean 1995；Forrest et al. 1995；Liu and Sommer 1995；Liu et al. 1997）。

表 13-7 检测突变的常用方法概要

13.92

方法及缩写	原理	强度/局限	主要参考文献
蛋白质平截实验（PTT）	PTT法用于寻找编码序列中的突变，该突变导致特异性靶蛋白未成熟链的终止。首先用PCR法检测哺乳类序列中的转录起始区，DNA片段的独特序列被扩增，框内含有起始密码子ATG。PCR产物无需纯化就可与转录-翻译系统结合。用SDS-PAGE分析放射标记的多肽产物。链终止突变体将产生一些截断产物。	PTT法在扩增cDNA的1～2kb大小片段或基因组DNA的单个大外显子中测定链终止突变。以cDNA为模板的重叠PCR必须已保证靠近外显子起始端的突变是确定的。 PTT法不能精确地定位正在进行的突变，也不适用于小的外显子。这是因为非常小的蛋白质片段容易降解或在SDS-PAGE中丢失。	Powell et al.（1993）；Roest et al.（1993）；Prosser et al.（1994）
变性梯度凝胶电泳（DGGE）	双链DNA在脲素和甲酰胺浓度不断增加的环境中迁移时，互补链将以区域依赖方式解离。这种解离使片段在聚丙烯酰胺凝胶中的泳动率突然降低。突变的存在可改变局部结构域的稳定性，因而改变其迁移模式。 为DGGE分析而准备DNA时，常用PCR方法在片段的一端连上一段40bp左右的G-C夹。该夹结构提供一个高度稳定的抗变性区域，从而可以在较低熔解区域内确定突变（Sheffield et al. 1989）。由于单个碱基的错配，野生型链和可能突变链形成的异源双链DNA将会不稳定，因而比其他的任何同源双链DNA都迁移的更慢。PCR扩增杂合基因组DNA产生的异源双链DNA对检测突变有极大帮助。 DGGE的另一种形式（恒定变性凝胶电泳，constant denaturant gel electrophoresis，CDGE）则用温度梯度而胶中的变性剂浓度是恒定的（Rosenbaum and Riesner 1987；Riesner et al. 1989；Borreson et al. 1991a, b；Hovig et al. 1991）	DGGE/CDGE适于分析PCR扩增的、连上G-C夹的、且小于500bp长度的DNA片段。该技术非常适合在同一DNA片段上扫描多个样品以检测突变。有经验的研究者几乎能100%的检测单碱基突变，确定它们的突变区域，并推断出突变的性质。A/T到G/C的变化，通常增加局部的稳定性；而G/C到A/T的变化通常有不稳定的影响。精确的位置和突变的性质必须经DNA测序证实。DGGE需专用设备和为设计寡核苷酸引物而选择序列的特定计算机程序。	Fischer and Lerman（1983）；Myers et al.（1987）；Sheffield et al.（1989） Rosenbaum and Riesner（1987）；Riesner et al.（1989）；Borreson et al.（1991a, b）；Hovig et al.（1991）

13.93

续表

方法及缩写	原理	强度/局限	主要参考文献
单链构象多态性（SSCP）	链内碱基的配对使单链 DNA 分子形成复杂的二级结构。分子的核苷酸序列中小到一个单碱基的改变就能形成新的二级结构，并导致电泳泳动率的变化。SSCP 正是利用野生型和突变型 DNA 链间泳动率的差异。大多数情况下，SSCP 所分析的材料是 PCR 从基因组 DNA 中扩增来的，大约 50～400 个碱基长度。DNA 经过碱变性，并在中性 pH 值的非变性条件下电泳分析。相对于 PCR 产物的每个单链，野生型分子的双链一般在胶上是可见的。杂合等位基因的 PCR 产物至少产生四条带，其中两条在泳动率上能与野生型带分开，还有两条具有独特突变的特性。	SSCP 无需特殊设备，是所有扫描 DNA 片段检测存在突变的技术中最快速最简单的。同 DGGE 一样，SSCP 把突变定在一个区段，并不能绘出精确的位置或图谱。用几种不同的胶电泳条件分析 100～300 碱基大小的片段，突变检出率几乎可达 100%（如 0.5×TBE，4℃，有或无甘油）。较长的片段会降低检出的效率。	Orita et al.（1989a，b，1990）；Ainsworth et al.（1991）；Dean and Gerrard（1991）；Condie et al.（1993）；Glavac and Dean（1993）
错配的 RNA 酶裂解法	参照野生 RNA 和推定突变的 RNA 形成的 RNA:RNA 异源双链间的错配由核酸酶 A 裂解。RNA:DNA 异源双链的错配用 RNase Ⅰ 或核酸酶 T1 与核酸酶 A 的混合物裂解。消化后，探针链的大小用变性聚丙烯酰胺凝胶电泳分析。对照和探针核酸是扩增基因组 DNA 的独特外显子或靶基因编码的 cDNA 产生的。上游引物包含噬菌体 T7 启动子的共有序列，其能用来产生 RNA 模板。 一种称为 NIRCA（非同位素核酸酶裂解分析）的方法是基于 RNase A 具有裂解携带错配碱基对的双链靶 RNA 两条链的能力（Goldrick et al. 1996）。由扩增靶 DNA 而体外转录产生的双链 RNA 裂解物经电泳分解，通过染色而检测。	异源双链 DNA 中的一些错配，尤其是在探针链中的嘌呤的错配，RNase A 和 RNase T 1 较难裂解。这种裂解常常是前后位置依赖，并有许多非特异性裂解。这种方法有 30%～60% 的单碱基替换不能被检出（Cotton 1992；Prosser 1993）。由于 RNase Ⅰ（Murthy et al. 1995）具有较广的特异性，或许是较好的选择。该方法最多能扫描 1kb 的 DNA 片段，并精确地定位突变的位置。 另一种分析方法（NIRCA），转录反应产生靶 RNA 的量足够直接在胶上检测裂解物，而避免了合成和纯化放射性探针。NIRCA 方案所需的试剂有试剂盒可用（Ambion 公司的 MisMatch Detect Ⅱ）	Freeman and Huang（1981）；Gibbs and Winter et al.（1985）；Myers et al.（1985a，1988）；Rojas et al.（1995）；Goldrick et al.（1996）
13.94 DNA 错配修复酶测定点突变	大肠杆菌 *mutY* 基因编码一种酶，该酶裂解在 G:A 错配中的腺嘌呤残基。HeLa 细胞胸腺嘧啶糖基化酶裂解 G:T 错配中的胸腺嘧啶残基。为检测突变，用各种错配修复酶联合裂解先证者 DNA 链与野生 DNA 链在体外形成的异源双链。裂解产物的大小用变性 PAGE 确定。	该法用于 PCR 扩增基因组 DNA 的外显子，据称能在突变和野生 DNA 混合物中检测到 1% 这样少的突变序列。所有可能的单碱基错配都能检测，尽管效率不同。能精确地确定突变的位置。*mut*Y 和胸腺嘧啶糖基化酶的非特异性裂解可能是一个的问题。	Lu and Hsu（1992）；Hsu et al.（1995）；Marshal et al.（1995）；Youil et al.（1995）

续表

方法及缩写	原理	强度/局限	主要参考文献
用噬菌体解离酶（T4内切酶Ⅶ和T7内切酶Ⅰ）切割错配碱基	解离酶识别双链DNA中的错配碱基，并在错配处切断DNA。在突变检测中，探针DNA和野生型DNA在体外形成异源DNA双链，并被解离酶裂解。裂解产物的大小用变性PAGE确认。	几乎所有可能的错配都被裂解，尽管效率不同，能精确地确定突变的位置。 在Youil等人（1995）和Marshal等人（1995）进行的一系列实验报道中，两个单碱基错配（G:A和A:T）不能检测，说明上下序列可以影响裂解的效率。由解离酶产生的非特异性裂解也可能是一个的问题，	
双脱氧指纹法（ddF和Bi-ddF）	ddF法是SSCP和Sanger双脱氧测序法的结合。常规双脱氧测序反应产生单个双脱氧终止子，并经非变性电泳分析。由ddF获得的带型（指纹）类似一个相当模糊的序列胶。通过比较对照和探针序列产生的指纹测定突变，该突变能导致终止位点的获得或失去，使反应产物的迁移率发生变化，或获得和失去两种情况共存。大多数情况下，ddF所用的模板是RNA，由扩增的基因组DNA体外转录而来。任何测序方案都适用ddF法。	与SSCP法不同，ddF能提供所分析片段内突变位置的信息。根据读胶的经验，在分析片段为200bp时，突变能精确定位在10碱基左右内。DNA的较大片段能被扩增，并通过引物步移在200bp片段中筛选。当ddF反应在双向进行（bidirectional or BiddF）时，可高效率地检测到异源双链突变（Lin and Sommer 1994；Blaszyk et al. 1995；Liu et al. 1997）。同源双链突变检测率有接近100%的报道，而且该方法也适用于DNA自动测序仪（Ellison et al. 1994）。在同等条件下，ddF只需SSCP一半的工作量，但花费是SSCP的两倍。	Sarkar et al.（1992）；Ellison et al.（1994）；Lie and Sommer（1994）；Liu et al.（1997）
限制性核酸内切酶指纹法（REF）	同ddF的原理相似，REF是用来检测靶片段上的突变。该突变导致限制性核酸内切酶位点的建立或消失。通过扩增靶片段得到一套重叠的DNA片段，分别用一些限制性内切酶消化，靶序列用SSCP解析和用DNA测序证实。	REF最适检测在大外显子上或许多小内含子中的突变，如1.5～2 kb长度的片段。可用为该方法设计的专门软件挑选合适的限制性内切酶。REF的选择程序可以从ssomers@smtplink.coh.org获得。有报道1.9kb大小的DNA片段，检测率接近100%（Liu et al. 1997）	
CDI修饰	水溶性碳二亚胺同错配的鸟嘌呤和胸腺嘧啶残基上的亚氨基反应，形成庞大的化合物。该化合物①敏感地改变含有单个碱基错配的异源双链DNA的电泳迁移率，②能被哌啶裂解，③阻断由*Taq* DNA聚合酶作用下的引物延伸。最后这一功能，使平截产物可用PAGE检测。	CDI加合物的哌啶裂解法能检测大多数（非全部）异源双链DNA中的错配鸟嘌呤和胸腺嘧啶残基，尽管有不同的效率。用引物延长抑制剂，只有50%左右的错配鸟嘌呤残基被检测到。遇到的困难包括内启动和CDI的非特异性修饰。该法不能精确地鉴别突变的位置，应用前需仔细优化。	Novack et al.（1986）；Ganguly et al.（1989）；Ganguly and Prockop（1990）

13.95

续表

方法及缩写	原理	强度/局限	主要参考文献
错配碱基的化学切割（CCM）	野生型序列和潜在突变体间的标记异源双链分子用羟胺（修饰错配的胞嘧啶残基）或锇酸（修饰错配的胸腺嘧啶残基），或用两者同时处理。然后用哌啶裂解化学修饰的碱基，产生的DNA片段用PAGE分析。	在编码和非编码链的末端分别进行标记，并用羟胺和锇酸平行反应修饰时，100%的突变可被确认。能分析大于1kb的异源双链，可非常精确地定位突变位点。化学裂解方法的主要缺点是使用危险的化学药品，工作量大，难以自动化。然而用链特异性荧光基团代替放射性同位素作为末端标记（Verpy et al. 1994），则使在自动化DNA测序仪上分析化学裂解反应的产物成为可能。	Cotton et al.（1998）；Cotton（1992）；Condie et al.（1993）；Smooker and Cotton（1993）；Verpy et al.（1994）
RFLP/PCR	RFLP用于检测由于小块缺失、插入或单个碱基变化而引起的突变，这类突变使得限制位点抗限制酶的切割。通过限制性消化，消除样品中的野生型基因组DNA，而具有抗消化的DNA用PCR来扩增，使用的引物位于该限制点的上下游。	RFLP/PCR能高灵敏地检测特定的突变。这是由于PCR步骤抑制了由于存在野生型DNA的存在而产生的背景。该方法只能用于锚定已知限制性位点的序列，因而其使用价值具有局限。因此，该方法不能用于确定一个基因上突变的整个范围。	Pourzand and Cerutti（1993）
等位特异性寡核苷酸法（ASO）	等位特异寡核苷酸（通常14～17碱基长度）能用做杂交探针，鉴别野生型和已知突变体等位基因。确定杂交和洗涤条件建立在：①寡核苷酸探针和其靶序列间保持正确的杂交；②消除含有错配核苷酸的杂交分子。由于是在总基因组DNA中进行（Conner et al. 1983；综述见Cotton 1989），ASO是惟一地在基因组DNA的PCR扩增片段上确定是否存在特异性突变。在所谓反向ASP系统中，代表不同突变的一系列不同寡核苷酸连在固相基质上，标记的PCR产物同其进行杂交。	ASO只能用于当感兴趣的突变已被精确地作图，并经测序证实。寡核苷酸设计是成功的关键，突变的碱基放在寡核苷酸片段的中央位置，当错配时，发挥最大的不稳定影响。	Saiki et al.（1986）
13.96 不应性突变扩增系统（ARMS）和竞争性寡核苷酸引导（COP）	ARMS能用于区别野生型和已知突变体等位基因。携带同模板链形成错配的碱基的寡核苷酸在PCR中引发效率非常低的DNA合成。ARMS中，应用两对引物。每对引物中的一条寡核苷酸片段在3′端含有野生型或突变体碱基。只有当寡核苷酸的3′端碱基同模板DNA形成完美的杂合分子时，PCR反应才有效的进行，即野生型DNA同正常寡核苷酸片段，突变体DNA同突变寡核苷酸配对。	这两种技术中，ARMS更有用。COP需自动测序仪检测结合进PCR产物的荧光，而ARMS无需特殊设备。两种系统的强制性对照包括野生型和先前已证实的突变体模板。	Newton et al.（1989）；Sommer et al.（1989）；Gibbs et al.（1989）

续表

方法及缩写	原理	强度/局限	主要参考文献
	COP 方法中，野生型寡核苷酸片段和突变体寡核苷酸片段分别用不同的荧光标记，在 DNA 模板上的同一序列上竞争。只有当寡核苷酸片段与模板完全匹配时，扩增才发生。可能错配的碱基放在寡核苷酸的中央，这样其最大程度地影响杂交分子的稳定。		
寡核苷酸连接分析（DLA）	两个寡核苷酸片段定位在模板上，一条寡核苷酸的 5′碱基紧靠在另一条的 3′端碱基。如果这两条链同靶 DNA 形成正确的杂合子，寡核苷酸片段能用 DNA 连接酶连接起来。如用热稳定连接酶，经多个循环反应，非常像线性 PCR。这极大地增强了信噪比		Wu and Wallace (1989); Barany (1991a, b); Landegren (1993)
引物延伸法	该方法依赖通过寡核苷酸引物上的一个标记核苷酸的延伸，该引物结合在已确定的突变点序列的旁边。每个独立的 PCR 用一种α-^{32}dNTP 标记，所有 4 个反应产物经过 20％聚丙烯酰胺凝胶电泳分析。	该法精确地证明先前已限定在基因组 DNA 上的突变。其他引物延伸方法也已开发，但精确度不够或技术上还不成熟。	Sokolov (1990)

周建光　徐　兵　范　玲　译

张兆山　杨晓明　校

13.97

参考文献

Ainsworth P.J., Surh L.C., and Coulter-Mackie M.B. 1991. Diagnostic single strand conformational polymorphism, (SSCP): A simplified non-radioisotopic method as applied to a Tay-Sachs B1 variant. *Nucleic Acids Res.* **19:** 405–406.

Aiyar A., Xiang Y., and Leis J. 1996. Site-directed mutagenesis using overlap extension PCR. *Methods Mol. Biol.* **57:** 177–191.

Akabas M.H., Stauffer D.A., Xu M., and Karlin A. 1992. Acetylcholine receptor channel structure probed in cysteine-substitution mutants. *Science* **258:** 307–310.

Alavantic D., Glisic S., Radovanovic N., and Romic M. 1998. A simple PCR with different 3′ ends of the third primer for detection of defined point mutations: HCV genotyping as an example. *Clin. Chem. Lab. Med.* **36:** 587–588.

Ansaldi M., Lepelletier M., and Mejean V. 1996. Site-specific mutagenesis by using an accurate recombinant polymerase chain reaction method. *Anal. Biochem.* **234:** 110–111.

Arkin A.P. and Youvan D.C. 1992. Optimizing nucleotide mixtures to encode specific subsets of amino acids for semi-random mutagenesis. *Bio/Technology* **10:** 297–300.

Axton R.A. and Hanson I.M. 1998. Conformation-based mutation detection. *Elsevier Trends Journals Technical Tips Online* (#01390).

Backman K. 1980. A cautionary note on the use of certain restriction endonucleases with methylated substrates. *Gene* **11:** 169–171.

Barany F. 1991a. Genetic disease detection and DNA amplification using cloned thermostable ligase. *Proc. Natl. Acad. Sci.* **88:** 189–193.

———. 1991b. The ligase chain reaction (LCR) in a PCR world. *PCR Methods Appl.* **1:** 5–16.

Barnhart K.M. 1999. Simplified PCR-mediated, linker-scanning mutagenesis. *BioTechniques* **26:** 624–626.

Bass S.H., Mulkerrin M.G., and Wells J.A. 1991. A systematic mutational analysis of hormone-binding determinants in the human growth hormone receptor. *Proc. Natl. Acad. Sci.* **88:** 4498–4502.

Bebenek K. and Kunkel T.A. 1989. The use of native T7 DNA polymerase for site-directed mutagenesis. *Nucleic Acids Res.* **17:** 5408.

Bencen G.H., Wei C.F., Robberson D.L., and Gray Jr., H.B. 1984. Terminally directed hydrolysis of duplex ribonucleic acid catalyzed by a species of the BAL 31 nuclease from *Alteromonas espejiana*. *J. Biol. Chem.* **259:** 13584–13589.

Bennett W.F., Paoni N.F., Keyt B.A., Botstein D., Jones A.J., Presta L., Wurm F.M., and Zoller M.J. 1991. High resolution analysis of functional determinants on human tissue-type plasminogen activator. *J. Biol. Chem.* **266:** 5191–5201.

Blaszyk H., Hartmann A., Schroeder J.J., McGovern R.M., Sommer S.S., and Kovach J.S. 1995. Rapid and efficient screening for p53 gene mutations by dideoxyfingerprinting. *BioTechniques* **18:** 256–260.

Böeseken J. 1949. The use of boric acid for the determination of the configuration of carbohydrates. *Adv. Carbohydr. Chem.* **4:** 189-210.

Bohnsack R.N. 1996. Site-directed mutagenesis using positive antibiotic selection. *Methods Mol. Biol.* **57:** 1–12.

Borreson A.-L., Hovig E., Smith-Sorrensen B., Lystad S., and Brogger A. 1991a. Mutations analysis in human cancers using PCR and constant denaturant gel electrophoresis. *Adv. Mol. Genet.* **4:** 63–71.

Borreson A.-L., Hovig E., Smith-Sorrensen B., Malkin D., Lystad
13.98 S., Andersen I.T., Nesland J.M., Isselbacher K.J., and Friend S.H. 1991b. Constant denaturant gel electrophoresis as a rapid screening technique for p53 mutations. *Proc. Natl. Acad. Sci.* **88:** 8405–8409.

Brown D.M., McNaught A.D., and Schell P.D. 1966. The chemical basis of hydrazine mutagenesis. *Biochem. Biophys. Res. Commun.* **24:** 967–971.

Brutlag D. and Kornberg A. 1972. Enzymatic synthesis of deoxyribonucleic acid. 36. A proofreading function for the 3′ leads to 5′ exonuclease activity in deoxyribonucleic acid polymerases. *J. Biol. Chem.***247:** 241–248.

Busby S., Irani M., and Crombrugghe B. 1982. Isolation of mutant promoters in the *Escherichia coli* galactose operon using local mutagenesis on cloned DNA fragments. *J. Mol. Biol.* **154:** 197–209.

Caruthers M.H., Beaucage S.L., Becker C., Efcavitch J.W., Fisher E.F., Galluppi G., Goldman R., deHaseth P., Matteucci M., McBride L., et al. 1983. Deoxyoligonucleotide synthesis via the phosphoramidite method. *Gene Amplif. Anal.* **3:** 1–26.

Chan K.Y., Baumann L., Garza M.M., and Baumann P. 1978. Two new species of *Alteromonas: Alteromonas espejiana* and *Alteromonas undina*. *J. Syst. Bacteriol.* **28:** 217–222.

Chu C.T., Parris D.S., Dixon R.A., Farber F.E., and Schaffer P.A. 1979. Hydroxylamine mutagenesis of HSV DNA and DNA fragments: Introduction of mutations into selected regions of the viral genome. *Virology* **98:** 168–181.

Collins F.S. and Weissman S.M. 1984. Directional cloning of DNA fragments at a large distance from an initial probe: A circularization method. *Proc. Natl. Acad. Sci.* **81:** 6812–6816.

Colosimo A., Xu Z., Novelli G., Dallapiccola B., and Gruenert D.C. 1999. Simple version of "megaprimer" PCR for site-directed mutagenesis. *BioTechniques* **26:** 870–873.

Condie A., Eeles R., Borresen A.L., Coles C., Cooper C., and Prosser J. 1993. Detection of point mutations in the p53 gene: Comparison of single-strand conformation polymorphism, constant denaturant gel electrophoresis, and hydroxylamine and osmium tetroxide techniques. *Hum. Mutat.* **2:** 58–66.

Conley E.C. and Saunders J.R. 1984. Recombination-dependent recircularization of linearized pBR322 plasmid DNA following transformation of *Escherichia coli*. *Mol. Gen. Genet.* **194:** 211–218.

Conner B.J., Reyes A.A., Morin C., Itakura K., Teplitz R.L., and Wallace R.B. 1983. Detection of sickle cell β S-globin allele by hybridization with specific oligonucleotides. *Proc. Natl. Acad. Sci.* **80:** 278–282.

Costa G.L., Bauer J.C., McGowan B., Angert M., and Weiner M.P. 1996. Site-directed mutagenesis using a rapid PCR-based method. *Methods Mol. Biol.* **57:** 239–248.

Cotton R.G.H. 1989. Detection of single base changes in nucleic acids. *Biochem. J.* **263:** 1–10.

———. 1992. Detection of single base changes in nucleic acid. *Adv. Genome Biol.* **1:** 253–300.

Cotton R.G.H., Rodriguez N.R., and Campbell R.D. 1988. Reactivity of cytosine and thymine in single-base-pair mismatches with hydroxylamine and osmium tetroxide and its application to the study of mutations. *Proc. Natl. Acad. Sci.* **85:** 4397–4401.

Crooke E. 1995. Regulation of chromosomal replication in *E. coli:* Sequestration and beyond. *Cell* **82:** 877–880.

Cunningham B.C. and Wells J.A. 1989. High-resolution epitope mapping of hGH-receptor interactions by alanine-scanning mutagenesis. *Science* **244:** 1081–1085.

Dale S.J. and Belfield M. 1996. Oligonucleotide-directed random mutagenesis using the phosphorothioate method. *Methods Mol. Biol.* **57:** 369–374.

Dale S.J., Belfield M., and Richardson T.C. 1991. Oligonucleotide-directed random mutagenesis using a high efficiency procedure. *Methods* **3:** 145–153.

Dean M. 1995. Resolving DNA mutations. *Nat. Genet.* **9:** 103–104.

Dean M. and Gerrard B. 1991. Helpful hints for the detection of single-stranded conformation polymorphisms. *BioTechniques* **10:** 332–333.

Deng W.P. and Nickoloff J.A. 1992. Site-directed mutagenesis of virtually any plasmid by eliminating a unique site. *Anal. Biochem.* **200:** 81–88.

DiMaio D. and Nathans D. 1980. Cold-sensitive regulatory mutants of simian virus 40. *J. Mol. Biol.* **140:** 129–142.

Doetsch P.W. and Cunningham R.P. 1990. The enzymology of apurinic/apyrimidinic endonucleases. *Mutat. Res.* **236:** 173–201.

Donelson J.E. and Wu R. 1972. Nucleotide sequence analysis of deoxyribonucleic acid. VII. Characterization of *Escherichia coli* exonuclease 3 activity for possible use in terminal nucleotide sequence analysis of duplex deoxyribonucleic acid. *J. Biol. Chem.* **247:** 4661–4668.

Dorrell N., Gyselman V.G., Foynes S., Li S.R., and Wren B.W. 1996. Improved efficiency of inverse PCR mutagenesis. *BioTechniques* **21:** 604–608.

Dreiseikelmann B., Eichenlaub R., and Wackernagel W. 1979. The effect of differential methylation by *Escherichia coli* of plasmid DNA and phage T7 and lambda DNA on the cleavage by restriction endonuclease *Mbo*I from *Moraxella bovis. Biochim. Biophys. Acta* **562:** 418–428.

Du Z., Regier D.A., and Desrosiers R.C. 1995. Improved recombinant PCR mutagenesis procedure that uses alkaline-denatured plasmid template. *BioTechniques* **18:** 376–378.

Duncan B.K. and Chambers J.A. 1984. The cloning and overproduction of *Escherichia coli* uracil-DNA glycosylase. *Gene* **28:** 211–219.

Duncan B.K. and Miller J.H. 1980. Mutagenic deamination of cytosine residues in DNA. *Nature* **287:** 560–561.

Duncan B.K. and Weiss B. 1982. Specific mutator effects of *ung* (uracil-DNA glycosylase) mutations in *Escherichia coli. J. Bacteriol.* **151:** 750–755.

Dunten R.L., Sahin-Tóth M., and Kaback H.R. 1993. Cysteine scanning mutagenesis of putative helix XI in the lactose permease of *Escherichia coli. Biochemistry* **32:** 12644–12650.

Eckstein F. 1985. Nucleoside phosphorothioates. *Annu. Rev. Biochem.* **54:** 367–402.

Eckstein F. and Gish G. 1989. Phosphorothioates in molecular biology. *Trends Biochem. Sci.* **14:** 97–100.

el-Hajj H.H., Zhang H., and Weiss B. 1988. Lethality of a *dut* (deoxyuridine triphosphatase) mutation in *Escherichia coli. J. Bacteriol.* **170:** 1069–1075.

Ellison J., Squires G., Crutchfield C., and Goldman D. 1994. Detection of mutations and polymorphisms using fluorescence-based dideoxy fngerprinting (F-ddF). *BioTechniques* **17:** 742–753.

Fan E., Levin D.B., Glickman B.W., and Logan D.M. 1993. Limitations in the use of SSCP analysis. *Mutat. Res.* **288:** 85–92.

Fischer S.G. and Lerman L.S. 1983. DNA fragments differing by single base-pair substitutions are separated in denaturing gradient gels: Correspondence with melting theory. *Proc. Natl. Acad. Sci.* **80:** 1579–1583.

Forrest S., Cotton R., Landegran U., and Southern E. 1995. How to find all those mutations. *Nat. Genet.* **10:** 375–378.

Freeman G.J. and Huang A.S. 1981. Mapping temperature-sensitive mutants of vesicular stomatitis virus by RNA heteroduplex formation. *J. Gen. Virol.* **57:** 103–117.

Frillingos S. and Kaback H.R. 1996. Probing the conformation of the lactose permease of *Escherichia coli* by in situ site-directed sulfhydryl modification. *Biochemistry* **35:** 3950–3956.

——. 1997. The role of helix VIII in the lactose permease of *Escherichia coli.* II. Site-directed sulfhydryl modification. *Protein Sci.* **6:** 438–443.

Frillingos S., Gonzalez A., and Kaback H.R. 1997a. Cysteine-scanning mutagenesis of helix IV and the adjoining loops in the lactose permease of *Escherichia coli:* Glu126 and Arg144 are essential. *Biochemistry* **36:** 14284–14290.

Frillingos S., Sahin-Tóth M., Wu J., and Kaback H.R. 1998. Cys-scanning mutagenesis: A novel approach to structure function relationships in polytopic membrane proteins. *FASEB J.* **12:** 1281–1299.

Frillingos S., Ujwal M.L., Sun J., and Kaback H.R. 1997b. The role of helix VIII in the lactose permease of *Escherichia coli.* I. Cys-scanning mutagenesis. *Protein Sci.* **6:** 431–437.

Frost E. and Williams J. 1978. Mapping temperature-sensitive and host-range mutations of adenovirus type 5 by marker rescue. *Virology* **91:** 39–50.

Ganguly A. and Prockop D.J. 1990. Detection of single-base mutations by reaction of DNA heteroduplexes with a water-soluble carbodiimide followed by primer extension: Application to products from the polymerase chain reaction. *Nucleic Acids Res.* **18:** 3933–3939.

Ganguly A., Rooney J.E., Hosomi S., Zeiger A.R., and Prockop D.J. 1989. Detection and location of single-base mutations in large DNA fragments by immunomicroscopy. *Genomics* **4:** 530–538.

Garon C.F., Berry K.W., and Rose J.A. 1975. Arrangement of sequences in the inverted terminal repetition of adenovirus 18 DNA. *Proc. Natl. Acad. Sci.* **72:** 3039–3043.

Gatlin J., Campbell L.H., Schmidt M.G., and Arrigo S.J. 1995. Direct-rapid (DR) mutagenesis of large plasmids using PCR. *BioTechniques* **19:** 559–564.

Geier G.E. and Modrich P. 1979. Recognition sequence of the *dam* methylase of *Escherichia coli* K12 and mode of cleavage of Dpn I endonuclease. *J. Biol. Chem.* **254:** 1408–1413.

Geisselsoder J., Witney F., and Yuckenberg P. 1987. Efficient site-directed mutagenesis. *BioTechniques* **5:** 786–791.

Gibbs C.S. and Zoller M.J. 1991. Rational scanning mutagenesis of a protein kinase identifies functional regions involved in catalysis and substrate interactions. *J. Biol. Chem.* **266:** 8923–8931.

Gibbs R.A. and Caskey C.T. 1987. Identification and localization of mutations at the Lesch-Nyhan locus by ribonuclease A cleavage. *Science* **236:** 303–305.

Gibbs R.A., Nguygen P.-N., and Caskey T. 1989. Detection of single DNA base differences by competitive priming. *Nucleic Acids Res.* **17:** 2437–2448.

Giebel L.B. and Spritz R.A. 1990. Site-directed mutagenesis using a double-stranded DNA fragment as a PCR primer. *Nucleic Acids Res.* **18:** 4947. 13.99

Gillam S. and Smith M. 1979a. Site-specific mutagenesis using synthetic oligodeoxyribonucleotide primers. I. Optimum conditions and minimum oligodeoxyribonucleotide length. *Gene* **8:** 81–97.

——. 1979b. Site-specific mutagenesis using synthetic oligodeoxyribonucleotide primers. II. In vitro selection of mutant DNA. *Gene* **8:** 99–106.

Glavac D. and Dean M. 1993. Optimization of the single-strand conformation polymorphism (SSCP) technique for detection of point mutations. *Hum. Mutat.* **2:** 404–414.

Glisic S. and Alavantic D. 1996. A simple PCR method for detection of defined point mutations. *Trends Genet.* **12:** 391–392.

Goldrick M.M., Kimball G.R., Liu Q., Martin L.A., Sommer S.S., and Tseng J.Y-H. 1996. NIRCA: A rapid robust method for screening for unknown point mutations. *BioTechniques* **21:** 106–112.

Gray Jr., H.B. and Lu T. 1993. The BAL 31 nucleases (EC 3.1.11). *Methods Mol. Biol.* **16:** 231–252.

Greenfield L., Simpson L., and Kaplan D. 1975. Conversion of closed circular DNA molecules to single-nicked molecules by digestion with DNAase I in the presence of ethidium bromide. *Biochim. Biophys. Acta* **407:** 365–375.

Grompe M. 1993. The rapid detection of unknown mutations in nucleic acids. *Nat. Genet.* **5:** 111–117.

Guo L.H. and Wu R. 1982. New rapid methods for DNA sequencing based in exonuclease III digestion followed by repair synthesis. *Nucleic Acids Res.* **10:** 2065–2084.

——. 1983. Exonuclease III: Use for DNA sequence analysis and in specific deletions of nucleotides. *Methods Enzymol.* **100:** 60–96.

Gustin K.E. and Burk R.D. 1993. A rapid method for generating linker scanning mutants utilizing PCR. *BioTechniques* **14:** 22–24.

Hagemeier C. 1996. Site-directed mutagenesis using a uracil-containing phagemid template. *Methods Mol. Biol.* **57:** 45–54.

Hale W.B., van der Woude M.W., and Low D.A. 1994. Analysis of nonmethylated GATC sites in the *Escherichia coli* chromosome and identification of sites that are differentially methylated in response to environmental stimuli. *J. Bacteriol.* **176:** 3438–41.

Haltiner M., Kempe T., and Tjian R. 1985. A novel strategy for constructing clustered point mutations. *Nucleic Acids Res.* **13:** 1015–1025.

Harlow P.P., Hobson G.M., and Benfield P.A. 1994. Construction of linker-scanning mutations using the polymerase chain reaction. *Methods Mol. Biol.* **31:** 87–96.

——. 1996. Construction of linker-scanning mutations using
13.100 PCR. *Methods Mol. Biol.* **57:** 287–295.

Hashimoto-Gotoh T., Mizuno T., Ogasahara Y., and Nakagawa M. 1995. An oligodeoxyribonucleotide-directed dual amber method for site-directed mutagenesis. *Gene* **152:** 271–275.

Hattman S., van Ormondt H., and de Waard A. 1978. Sequence specificity of the wild-type (dam^+) and mutant (dam^h) forms of bacteriophage T2 DNA adenine methylase. *J. Mol. Biol.* **119:** 361–376.

Hauser C.R. and Gray Jr., H.B. 1990. Precursor-product relationship of larger to smaller molecular forms of the BAL 31 nuclease from *Alteromonas espejiana:* Preferential removal of duplex exonuclease relative to endonuclease activity by proteolysis. *Arch. Biochem. Biophys.* **276:** 451–459.

——. 1991. Vectors containing infrequently cleaved restriction sites for use in BAL 31 nuclease-assisted and end-label-mediated analysis of cloned DNA fragments. *Genet. Anal. Tech. Appl.* **8:** 139–147.

Hayashi K. 1991. PCR-SSCP: A simple and sensitive method for detection of mutations in the genomic DNA. *PCR Methods Appl.* **1:** 34–38.

Hayashi K. and Yandell D.W. 1993. How sensitive is PCR-SSCP? *Hum. Mutat.* **2:** 338–346.

He M.M., Sun J., and Kaback H.R. 1996. Cysteine-scanning mutagenesis of transmembrane domain XII and the flanking periplasmic loop in the lactose permease of *Escherichia coli. Biochemistry* **35:** 12909–12914.

Hébert C.A., Vitangcol R.V., and Baker J.B. 1991. Scanning mutagenesis of interleukin-8 identifies a cluster of residues required for receptor binding. *J. Biol. Chem.* **266:** 18989–18994.

Hemsley A., Arnheim N., Toney M.D., Cortopassi G., and Galas D.J. 1989. A simple method for site-directed mutagenesis using the polymerase chain reaction. *Nucleic Acids Res.* **17:** 6545–6551.

Henikoff S. 1984. Unidirectional digestion with exonuclease III creates targeted breakpoints for DNA sequencing. *Gene* **28:** 351–359.

——. 1987. Unidirectional digestion with exonuclease III in DNA sequence analysis. *Methods Enzymol.* **155:** 156–165.

——. 1990. Ordered deletions for DNA sequencing and *in vitro* mutagenesis by polymerase extension and exonuclease III gapping of circular templates. *Nucleic Acids Res.* **18:** 2961–2966.

Hermes J.D., Parekh S.M., Blacklow S.C., Koster H., and Knowles J.R. 1989. A reliable method for random mutagenesis: The generation of mutant libraries using spiked oligodeoxyribonucleotide primers. *Gene* **84:** 143–151.

Hidajat R. and McNicol P. 1997. Primer-directed mutagenesis of an intact plasmid by using *Pwo* DNA polymerase in long distance inverse PCR. *BioTechniques* **22:** 32–34.

Highsmith W.E.J., Nataraj A.J., Jin Q., O'Connor J.M., El-Nabi S.H., Kusukawa N., and Garner M.M. 1999. Use of DNA toolbox for the characterization of mutation scanning methods. II. Evaluation of single-strand conformation polymorphism analysis. *Electrophoresis* **20:** 1195–1203.

Higuchi R., Krummel B., and Saiki R.K. 1988. A general method of *in vitro* preparation and specific mutagenesis of DNA fragments: Study of protein and DNA interactions. *Nucleic Acids Res.* **16:** 7351–7367.

Ho S.N., Hunt H.D., Horton R.M., Pullen J.K., and Pease L.R. 1989. Site-directed mutagenesis by overlap extension using the polymerase chain reaction. *Gene* **77:** 51–59.

Hobson G.M., Harlow P.P., and Benfield P.A. 1996. Construction of linker-scanning mutations by oligonucleotide ligation. *Methods Mol. Biol.* **57:** 279–285.

Hochhauser S.J. and Weiss B. 1978. *Escherichia coli* mutants deficient in deoxyuridine triphosphatase. *J. Bacteriol.* **134:** 157–166.

Hofer B. and Kühlein B. 1993. Site-specific mutagenesis in plasmids: A gapped circle method. *Methods Enzymol.* **217:** 173–189.

Hoheisel J.D. 1989. Ultrafast microprep protocol for large-number preparations of recombinant plasmids and cosmids. *Technique* **1:** 21–27.

——. 1993. On the activities of *Escherichia coli* exonuclease III. *Anal. Biochem.* **209:** 238–246.

Hoheisel J.D. and Pohl F.M. 1986. Simplified preparation of unidirectional deletion clones. *Nucleic Acids Res.* **14:** 3605.

——. 1987. Searching for potential Z-DNA in genomic *Escherichia coli* DNA. *J. Mol. Biol.* **193:** 447–464.

Hovig E., Smith-Sorrensen B., Broger A., and Borreson A.-L. 1991. Constant denaturant gel electrophoresis: A modification of denaturing gel electrophoresis in mutation detection. *Mutat. Res.* **262:** 63–71.

Hsu I.C., Yang Q.P., Kahng M., and Xu J.-F. 1994. Detection of point mutations with DNA mismatch repair enzymes. *Carcinogenesis* **15:** 1657–1662.

Hughes M.J. and Andrews D.W. 1996. Creation of deletion, insertion and substitution mutations using a single pair of primers and PCR. *BioTechniques* **20:** 188–196.

Humbert J.-F. and Elard L. 1997. A simple PCR method for rapidly detecting defined point mutations. *Elsevier Trends Journals Technical Tips Online* (#40776).

Hutchinson M.J. and Allen J.M. 1997. Improved efficiency of two-primer mutagenesis. *Elsevier Trends Journals Technical Tips Online* (#40072).

Hutchison III, C.A. and Edgell M.H. 1971. Genetic assay for small fragments of bacteriophage phi X174 deoxyribonucleic acid. *J. Virol.* **8:** 181–189.

Hutchison III, C.A., Phillips S., Edgell M.H., Gillam S., Jahnke P., and Smith M. 1978. Mutagenesis at a specific position in a DNA sequence. *J. Biol. Chem.* **253:** 6551–6560.

Jaeckel S., Epplen J.T., Kauth M., Miterski B., Tschentscher F., and Epplen C. 1998. Polymerase chain reaction-single strand conformation polymorphism or how to detect reliably and efficiently each sequence variation in many samples and many genes. *Electrophoresis* **19:** 3055–3061.

James C.D. and Leffak I.M. 1984. Replacement synthesis labeling of DNA molecules in vitro using the *Escherichia coli* exonuclease III/DNA polymerase I enzyme pair. *Anal. Biochem.* **141:** 33–37.

Jasin M., Regan L., and Schimmel P. 1983. Modular arrangement of functional domains along the sequence of an aminoacyl tRNA synthetase. *Nature* **306:** 441–447.

Jin L., Fendly B.M., and Wells J.A. 1992. High resolution functional analysis of antibody-antigen interactions. *J. Mol. Biol.* **226:** 851–865.

Jung R., Scott M.P., Oliveira L.O., and Nielsen N.C. 1992. A simple and efficient method for the oligodeoxyribonucleotide-directed mutagenesis of double-stranded plasmid DNA. *Gene* **121:** 17–24.

Kadonaga J.T. and Knowles J.R. 1985. A simple and efficient method for chemical mutagenesis of DNA. *Nucleic Acids Res.* **13:** 1733-1745.

Kadowaki H., Kadowaki T., Wondisford F.E., and Taylor S.I. 1989. Use of polymerase chain reaction catalyzed by Taq DNA polymerase for site-specific mutagenesis. *Gene* **76:** 161–166.

Kammann M., Laufs J., Schell J., and Gronenborn B. 1989. Rapid insertional mutagenesis of DNA by polymerase chain reaction (PCR). *Nucleic Acids Res.* **17:** 5404.

Ke S.H. and Madison E.L. 1997. Rapid and efficient site-directed mutagenesis by single-tube "megaprimer" PCR method. *Nucleic Acids Res.* **25:** 3371–3372.

Keller W. and Crouch R. 1972. Degradation of DNA RNA hybrids by ribonuclease H and DNA polymerases of cellular and viral origin. *Proc. Natl. Acad. Sci.* **69:** 3360–3364.

Kessler C. and Manta V. 1990. Specificity of restriction endonucleases and DNA modification methyltransferases (review, edition 3). *Gene* **92:** 1–248.

Khorana H.G. 1979. Total synthesis of a gene. *Science* **203:** 614–625.

Kilpatrick M.W., Wei C.F., Gray Jr., H.B., and Wells R.D. 1983. BAL 31 nuclease as a probe in concentrated salt for the B-Z DNA junction. *Nucleic Acids Res.* **11:** 3811–3822.

King P. and Goodbourn S. 1992. A method for sequence-specific deletion mutagenesis. *Nucleic Acids Res.* **20:** 1039–1044.

Konrad E.B. and Lehman I.R. 1975. Novel mutants of *Escherichia coli* that accumulate very small DNA replicative intermediates. *Proc. Natl. Acad. Sci.* **72:** 2150–2154.

Kow Y.W. 1989. Mechanism of action of *Escherichia coli* exonuclease III. *Biochemistry* **28:** 3280–3287.

Kuipers O.P. 1996. Random mutagenesis by using mixtures of dNTP and dITP in PCR. *Methods Mol. Biol.* **57:** 351–356.

Kuipers O.P., Boot H.J., and de Vos W.M. 1991. Improved site-directed mutagenesis method using PCR. *Nucleic Acids Res.* **19:** 4558.

Kukita Y., Tahira T., Sommer S.S., and Hayashi K. 1997. SSCP analysis of long DNA fragments in low pH gel. *Hum. Mutat.* **10:** 400–407.

Kunkel T.A. 1985. Rapid and efficient site-specific mutagenesis without phenotypic selection. *Proc. Natl. Acad. Sci.* **82:** 488–492.

Kunkel T.A., Bebenek K., and McClary J. 1991. Efficient site-directed mutagenesis using uracil-containing DNA. *Methods Enzymol.* **204:** 125–139.

Kunkel T.A., Roberts J.D., and Zakour R.A. 1987. Rapid and efficient site-specific mutagenesis without phenotypic selection. *Methods Enzymol.* **154:** 367–382.

Kürz L.L., Zühlke R.D., Zhang H.J., and Joho R.H. 1995. Side-chain accessibilities in the pore of a K^+ channel probed by sulfhydryl-specific reagents after cysteine-scanning mutagenesis (erratum *Biophys. J.* [1995] **69:** 288). *Biophys. J.* **68:** 900–905.

Labeit S., Lehrach H., and Goody R.S. 1986. A new method of DNA sequencing using deoxynucleoside alpha-thiotriphosphates. *DNA* **5:** 173–177.

Lacks S. and Greenberg B. 1975. A deoxyribonuclease of *Diplococcus pneumoniae* specific for methylated DNA. *J. Biol. Chem.* **250:** 4060–4066.

———. 1977. Complementary specificity of restriction endonucleases of *Diplococcus pneumoniae* with respect to DNA methylation. *J. Mol. Biol.* **114:** 153–168.

Landegren U. 1993. Ligation-based DNA diagnostics. *BioEssays* **15:** 761–765.

Landt O., Grunert H.P., and Hahn U. 1990. A general method for rapid site-directed mutagenesis using the polymerase chain reaction. *Gene* **96:** 125–128.

Lau P.P. and Gray Jr., H.B. 1979. Extracellular nucleases of *Alteromonas espejiana* BAL 31. IV. The single strand-specific deoxyriboendonuclease activity as a probe for regions of altered secondary structure in negatively and positively supercoiled closed circular DNA. *Nucleic Acids Res.* **6:** 331-357.

Lawley P.D. 1967. Reaction of hydroxylamine at high concentration with deoxycytidine or with polycytidylic acid: Evidence that substitution of amino groups in cytosine residues by hydroxylamino is a primary reaction, and the possible relevance to hydroxylamine mutagenesis. *J. Mol. Biol.* **24:** 75–81.

Legerski R.J., Gray Jr., H.B., and Robberson D.L. 1977. A sensitive endonuclease probe for lesions in deoxyribonucleic acid helix structure produced by carcinogenic or mutagenic agents. *J. Biol. Chem.* **252:** 8740–8746.

Legerski R.J., Hodnett J.L., and Gray Jr., H.B. 1978. Extracellular nucleases of *Pseudomonas* BAL 31. III. Use of the double-strand deoxyriboexonuclease activity as the basis of a convenient method for the mapping of fragments of DNA produced by cleavage with restriction enzymes. *Nucleic Acids Res.* **5:** 1445–1464.

Lehtovaara P.M., Koivula A.K., Bamford J., and Knowles J.K. 1988. A new method for random mutagenesis of complete genes: Enzymatic generation of mutant libraries *in vitro*. *Protein Eng.* **2:** 63–68.

Letsinger R.L. and Lunsford W.B. 1976. Synthesis of thymidine oligonucleotides by phosphite triester intermediates. *J. Am. Chem. Soc.* **98:** 3655–3661.

Leung D.W., Chen E., and Goeddel D.V. 1989. A method for random mutagenesis of a defined DNA segment using a modified polymerase chain reaction. *Technique* **1:** 11–15.

Lewis M.K. and Thompson D.V. 1990. Efficient site directed in vitro mutagenesis using ampicillin selection. *Nucleic Acids Res.* **18:** 3439–3443.

Li C. and Tucker P.W. 1993. Exoquence DNA sequencing. *Nucleic Acids Res.* **21:** 1239–1244.

Li S. and Wilkinson M.F. 1997. Site-directed mutagenesis: A two-step method using PCR and DpnI. *BioTechniques* **23:** 588–590.

Li X.M. and Shapiro L.J. 1993. Three-step PCR mutagenesis for "linker scanning." *Nucleic Acids Res.* **21:** 3745–3748.

Lim W.A. and Sauer R.T. 1989. Alternative packing arrangements in the hydrophobic core of lambda repressor. *Nature* **339:** 31–36.

Lindahl T. 1974. An N-glycosidase from *Escherichia coli* that releases free uracil from DNA containing deaminated cytosine residues. *Proc. Natl. Acad. Sci.* **71:** 3649–3653.

———. 1982. DNA repair enzymes. *Annu. Rev. Biochem.* **51:** 61–87.

Ling M.M. and Robinson B.H. 1997. Approaches to DNA mutagenesis: An overview. *Anal. Biochem.* **254:** 157–178.

Liu J.S., Roesler W.J., and Hanson R.W. 1990. An efficient method for introducing block mutations into specific regions of a gene. *BioTechniques* **9:** 738–742.

Liu Q. and Sommer S.S. 1994. Parameters affecting the sensitivities of dideoxy fingerprinting and SSCP. *PCR Methods Appl.* **4:** 97–108.

———. 1995. Restriction endonuclease fingerprinting (REF): A sensitive method for screening mutations in long, contiguous segments of DNA. *BioTechniques* **18:** 470–477.

———. 1998. The SSCP phenomenon: Addition of HEPES buffer dramatically affects electrophoretic mobility. *BioTechniques* **25:** 50–56.

Liu Q., Feng J., and Sommer S.S. 1997. In a blinded analysis, restriction endonuclease fingerprinting (REF) detects all the mutations in a 1.9-kb segment. *BioTechniques* **23:** 836–839.

Liu Q., Feng J., Buzin C., Wen C., Nozari G., Mengos A., Nguyen V., Liu J., Crawford L., Fujimura F.K., and Sommer S.S. 1999. Detection of virtually all mutations-SSCP (DOVAM-S): A rapid method for mutation scanning with virtually 100% sensitivity. *BioTechniques* **26:** 932–942.

Lloyd R.S. and Linn S. 1993. Nucleases involved in DNA repair. In *Nucleases*, 2nd edition (ed. S.M. Linn et al.), pp. 263–316. Cold Spring Harbor Laboratory Press, Cold Spring Harbor, New York.

Lu A. and Hsu I.C. 1992. Detection of single DNA base mutations with mismatch repair enzymes. *Genomics* **14:** 249–255.

Lu A.L., Clark S., and Modrich P. 1983. Methyl-directed repair of DNA base-pair mismatches in vitro. *Proc. Natl. Acad. Sci.* **80:** 4639–4643.

Luckow B. and Schütz G. 1991. Linker scanning mutagenesis. In *Directed mutagenesis: A practical approach* (ed. M.J. McPherson), pp. 101–133. IRL Press, Oxford, United Kingdom.

Luckow B., Renkawitz R., and Schütz G. 1987. A new method for constructing linker scanning mutants. *Nucleic Acids Res.* **15:** 417–429.

Lundberg L.G., Thoresson H.O., Karlstrom O.H., and Nyman P.O. 1983. Nucleotide sequence of the structural gene for dUTPase of *Escherichia coli* K-12. *EMBO J.* **2:** 967–971.

Marini III, F., Naeem A., and Lapeyre J.-N. 1993. An efficient 1-tube PCR method for internal site-directed mutagenesis of large amplified molecules. *Nucleic Acids Res.* **21:** 2277–2278.

Marinus M.G. 1973. Location of DNA methylation genes on the *Escherichia coli* K-12 genetic map. *Mol. Gen. Genet.* **127:** 13.101

47–55.

———. 1987. Methylation of DNA. In Escherichia coli *and* Salmonella typhimurium: *Cellular and molecular biology* (ed. F.C. Neidhardt et al.), vol. 1, pp. 697–702. American Society for Microbiology, Washington D.C.

Marinus M.G., Carraway M., Frey A.Z., Brown L., and Arraj J.A. 1983. Insertion mutations in the *dam* gene of *Escherichia coli K-12. Mol. Gen. Genet.* **192:** 288–289.

Markoff A., Savov A., Vladimirov V., Bogdanova N., Kremensky I., and Ganev V. 1997. Optimization of single-strand conformation polymorphism analysis in the presence of polyethylene glycol (erratum *Clin. Chem.* [1997] **43:** 692]. *Clin. Chem.* **43:** 30–33.

Markvardsen P., Lassen S.F., Borchert V., and Clausen I.G. 1995. Uracil-USE, an improved method for site-directed mutagenesis on double-stranded plasmid DNA. *BioTechniques* **18:** 370–372.

Marshal R.D., Koontz J., and Sklar J. 1995. Detection of mutations by cleavage of DNA heteroduplexes with bacteriophage resolvases. *Nat. Genet.* **9:** 177–183.

Martin F.H., Castro M.M., Aboul-ela F., and Tinoco Jr., I. 1985. Base pairing involving deoxyinosine: Implications for probe design. *Nucleic Acids Res.* **13:** 8927–8938.

Masamune Y., Fleischman R.A., and Richardson C.C. 1971. Enzymatic removal and replacement of nucleotides at single strand breaks in deoxyribonucleic acid. *J. Biol. Chem.* **246:** 2680–2691.

Maxam A.M. and Gilbert W. 1977. A new method for sequencing DNA. *Proc. Natl. Acad. Sci.* **74:** 560–564.

———. 1980. Sequencing end-labeled DNA with base-specific chemical cleavages. *Methods Enzymol.* **65:** 499–560.

McClary J.A., Witney F., and Geisselsoder J. 1989. Efficient site-directed in vitro mutagenesis using phagemid vectors. *BioTechniques* **7:** 282–289.

McClelland M. and Nelson M. 1988. The effect of site-specific DNA methylation on restriction endonucleases and DNA modification methyltransferases — A review. *Gene* **74:** 291–304.

McKnight S.L. and Kingsbury R. 1982. Transcriptional control signals of a eukaryotic protein-coding gene. *Science* **217:** 316–324.

Modrich P. 1989. Methyl-directed DNA mismatch correction. *J. Biol. Chem.* **264:** 6597–6600.

Molinari R.J., Conners M., and Shorr R.G.L. 1993. Hydrolink gels for electrophoresis. *Adv. Electrophor.* **6:** 44–60.

Müller W., Weber H., Meyer F., and Weissmann C. 1978. Site-directed mutagenesis in DNA: Generation of point mutations in cloned beta globin complementary dna at the positions corresponding to amino acids 121 to 123. *J. Mol. Biol.* **124:** 343–358.

Murthy K.K., Shen S.-H., and Banville D. 1995. A sensitive method for detection of mutations — A PCR-based RNase protection assay. *DNA Cell Biol.* **14:** 87–94.

13.102 Myers R.M., Larin Z., and Maniatis T. 1985a. Detection of single-base substitutions by ribonuclease cleavage at mismatches in RNA:DNA duplexes. *Science* **230:** 1242–1246.

Myers R.M., Lerman L.S., and Maniatis T. 1985b. A general method for saturation mutagenesis of cloned DNA fragments. *Science* **229:** 242–247.

Myers R.M., Maniatis T., and Lerman L.S. 1987. Detection and localization of single base changes by denaturing gradient gel electrophoresis. *Methods Enzymol.* **155:** 501–527.

Myers R.M., Sheffield V.C., and Cox D.R. 1988. Detection of single base changes in DNA: Ribonuclease cleavage and denaturing gradient gel electrophoresis. In *Genome analysis: A practical approach* (ed. K. Davies), pp. 95–139. IRL Press, Oxford, United Kingdom.

Myers R.M., Fischer S.G., Lerman L.S., and Maniatis T. 1985c. Nearly all single base substitutions in DNA fragments joined to a GC-clamp can be detected by denaturing gradient gel electrophoresis. *Nucleic Acids Res.* **13:** 3131–3145.

Nakamaye K.L. and Eckstein F. 1986. Inhibition of restriction endonuclease Nci I cleavage by phosphorothioate groups and its application to oligonucleotide-directed mutagenesis. *Nucleic Acids Res.* **14:** 9679–9698.

Nataraj A.J., Olivos-Glander I., Kusukawa N., and Highsmith W.E.J. 1999. Single-strand conformation polymorphism and heteroduplex analysis for gel-based mutation detection. *Electrophoresis* **20:** 1177–1185.

Newton C.R., Graham A., Heptinstall L.E., Powell S.J., Summers C., Kalsheker N., Smith J.C., and Markham A.F. 1989. Analysis of any point mutation in DNA. The amplification refractory mutation system (ARMS). *Nucleic Acids Res.* **17:** 2503–2516.

Norris K., Norris F., Christiansen L., and Fiil N. 1983. Efficient site-directed mutagenesis by simultaneous use of two primers. *Nucleic Acids Res.* **11:** 5103–5112.

Nossal N.G. 1974. DNA synthesis on a double-stranded DNA template by the T4 bacteriophage DNA polymerase and the T4 gene 32 DNA unwinding protein. *J. Biol. Chem.* **249:** 5668–5676.

Novack D.F., Casna N.J., Fischer S.G., and Ford J.P. 1986. Detection of single-base-pair mismatches in DNA by chemical modification followed by electrophoresis in 15% polyacrylamide gel. *Proc. Natl. Acad. Sci.* **83:** 586–590.

Ogretman B., Carpo C., and Safa A.R. 1996. Site-directed mutagenesis by unique site elimination using filamentous phage-derived ssDNA templates for plasmids that are resistant to denaturation. *BioTechniques* **20:** 209–213.

Olsen D.B. and Eckstein F. 1990. High-efficiency oligonucleotide-directed plasmid mutagenesis. *Proc. Natl. Acad. Sci.* **87:** 1451–1455.

———. 1991. Phosphorothioate-based double stranded plasmid mutagenesis. In *Directed mutagenesis: A practical approach* (ed. M.J. McPherson), pp. 83–99. IRL Press, Oxford, United Kingdom.

Olsen L.C., Aasland R., Krokan H.E., and Helland D.E. 1991. Human uracil-DNA glycosylase complements *E. coli ung* mutants. *Nucleic Acids Res.* **19:** 4473–4478.

Orita M., Sekiya T., and Hayashi K. 1990. DNA sequence polymorphisms in Alu repeats. *Genomics* **8:** 271–278.

Orita M., Suzuki Y., Sekiya T., and Hayashi K. 1989a. Rapid and sensitive detection of point mutations and DNA polymorphisms using the polymerase chain reaction. *Genomics* **5:** 874–879.

Orita M., Iwahana H., Kanazawa H., Hayashi K., and Sekiya T. 1989b. Detection of polymorphisms of human DNA by gel electrophoresis as single-strand conformation polymorphisms. *Proc. Natl. Acad. Sci.* **86:** 2766-2770.

Palmer B.R. and Marinus M.G. 1994. The *dam* and *dcm* strains of *Escherichia coli* — A review. *Gene* **143:** 1–12.

Parikh A. and Guengerich F.P. 1998. Random mutagenesis by whole-plasmid PCR amplification. *BioTechniques* **24:** 428–431.

Parker B. and Marinus M.G. 1988. A simple and rapid method to obtain substitution mutations in *Escherichia coli:* Isolation of a *dam* deletion/insertion mutation. *Gene* **73:** 531–535.

Parker B.A. and Stark G.R. 1979. Regulation of simian virus 40 transcription: Sensitive analysis of the RNA species present early in infections by virus or viral DNA. *J. Virol.* **31:** 360–369.

Peden K.W. and Nathans D. 1982. Local mutagenesis within deletion loops of DNA heteroduplexes. *Proc. Natl. Acad. Sci.* **79:** 7214–7217.

Peters J. and Baumeister W. 1986. Molecular cloning, expression, and characterization of the gene for the surface (HPI)-layer protein of *Deinococcus radiodurans* in *Escherichia coli. J. Bacteriol.* **167:** 1048–1054.

Picard V., Ersdal-Badju E., Lu A., and Bock S.C. 1994. A rapid and efficient one-tube PCR-based mutagenesis technique using Pfu DNA polymerase. *Nucleic Acids Res.* **22:** 2587–2591.

Piechocki M.P. and Hines R.N. 1994. Oligonucleotide design and optimized protocol for site-directed mutagenesis. *BioTechniques* **16:** 702–707.

Pine R. and Huang P.C. 1987. An improved method to obtain a large number of mutants in a defined region of DNA.

Methods Enzymol. **154:** 415–430.

Pisa-Williamson D. and Fuller C.W. 1992. Glycerol tolerant DNA sequencing gels. *Comments* (U.S. Biochemical Corp.) **19:** 29–36.

Ponce M.R. and Micol J.L. 1992. PCR amplification of long DNA fragments. *Nucleic Acids Res.* **20:** 623.

Poncz M., Solowiejczyk D., Ballantine M., Schwartz E., and Surrey S. 1982. "Nonrandom" DNA sequence analysis in bacteriophage M13 by the dideoxy chain-termination method. *Proc. Natl. Acad. Sci.* **79:** 4298–4302.

Postina R. and Fahrenholz F. 1995. Total *in vitro* synthesis of plasmid DNA facilitates site-directed mutagenesis. *Anal. Biochem.* **232:** 254–258.

Pourzand C. and Cerutti P. 1993. Genotypic mutation analysis by RFLP/PCR. *Mutat. Res.* **288:** 113–121.

Powell S.M., Petersen G.M., Krush A.J., Booker S., Jen J., Giardello F.M., Hamilton S.R., Vogelstein B., and Kinzler K.W. 1993. Molecular diagnosis of familial adenomatous polyposis. *N. Engl. J. Med.* **329:** 1982–1987.

Prosser J. 1993. Detecting single-base mutations. *Trends Biotechnol.* **11:** 238–246.

Prosser J., Condie A., Wright M., Horn J.M., Fantes J.A., Wyllie A.H., and Dunlop M.G. 1994. APC mutation analysis by chemical cleavage of mismatch and a protein truncation assay in familial adenomatous polyposis. *Br. J. Cancer* **70:** 841–846.

Pukkila P.J., Peterson J., Herman G., Modrich P., and Meselson M. 1983. Effects of high levels of DNA adenine methylation on methyl-directed mismatch repair in *Escherichia coli*. *Genetics* **104:** 571–582.

Putney S.D., Benkovic S.J., and Schimmel P.R. 1981. A DNA fragment with an alpha-phosphorothioate nucleotide at one end is asymmetrically blocked from digestion by exonuclease III and can be replicated *in vivo*. *Proc. Natl. Acad. Sci.* **78:** 7350–7354.

Rao R.N. and Rogers S.G. 1978. A thermoinducible lambda phage-ColE1 plasmid chimera for the overproduction of gene products from cloned DNA segments. *Gene* **3:** 247–263.

Ravnik-Glavac M., Glavac D., and Dean M. 1994. Sensitivity of single-strand conformation polymorphism and heteroduplex method for mutation detection in the cystic fibrosis gene. *Hum. Mol. Genet.* **3:** 801–807.

Razin A., Hirose T., Itakura K., and Riggs A.D. 1978. Efficient correction of a mutation by use of chemically synthesized DNA. *Proc. Natl. Acad. Sci.* **75:** 4268–4270.

Reidhaar-Olson J.F. and Sauer R.T. 1988. Combinatorial cassette mutagenesis as a probe of the informational content of protein sequences. *Science* **241:** 53–57.

Reidhaar-Olson J.F., Bowie J.U., Breyer R.M., Hu J.C., Knight K.L., Lim W.A., Mossing M.C., Parsell D.A., Shoemaker K.R., and Sauer R.T. 1991. Random mutagenesis of protein sequences using oligonucleotide cassettes. *Methods Enzymol.* **208:** 564–586.

Richardson C.C. and Kornberg A. 1964. A deoxyribonucleic acid phosphatase-exonuclease from *Escherichia coli*. I. Purification of the enzyme and characterization of the phosphatase acticity. *J. Biol. Chem.* **239:** 242–250.

Richardson C.C., Lehmann I.R., and Kornberg A. 1964. A deoxyribonucleic acid phosphatase-exonuclease from *Escherichia coli*. II. Characterization of the exonuclease activity. *J. Biol. Chem.* **239:** 251–258.

Richardson J.S. and Richardson D.C. 1989. Principles and patterns of protein conformation. In *Prediction of protein structure and the principles of protein conformation* (ed. G.D. Fasman), pp. 1–98. Plenum Press, New York.

Riesner D., Steger G., Zimmat R., Owens R.A., Wagenhofer M., Hillen W., Vollbach S., and Henco K. 1989. Temperature-gradient gel electrophoresis of nucleic acids: Analysis of conformational transitions, sequence variations, and protein-nucleic acid interactions. *Electrophoresis* **10:** 377–389.

Riley D. and Weintraub H. 1978. Nucleosomal DNA is digested to repeats of 10 bases by exonuclease III. *Cell* **13:** 281–293.

Ringquist S. and Smith C.L. 1992. The *Escherichia coli* chromosome contains specific, unmethylated *dam* and *dcm* sites. *Proc. Natl. Acad. Sci.* **89:** 4539–3543.

Roberts T.M., Swanberg S.L., Poteete A., Riedel G., and Backman K. 1980. A plasmid cloning vehicle allowing a positive selection for inserted fragments. *Gene* **12:** 123–127.

Roest P.A.M., Roberts R.G., Sugino S., van Ommen G.-J.B., and den Dunnen J.T. 1993. Protein truncation test (PTT) for rapid detection of translation-terminating mutations. *Hum. Mol. Genet.* **2:** 1719–1721.

Rogers S.G. and Weiss B. 1980. Cloning of the exonuclease III gene of *Escherichia coli*. *Gene* **11:** 187–195.

Rojas J.M., Dopazo J., Santana M., Lopez-Galindez C., and Tabares E. 1995. Comparative study of the genetic variability in thymidine kinase and glycoprotein B genes of herpes simplex viruses by the RNase A mismatch cleavage method. *Virus Res.* **35:** 205–214.

Rosenbaum V. and Riesner D. 1987. Temperature-gradient gel electrophoresis. Thermodynamic analysis of nucleic acids and proteins in purified form and in cellular extracts. *Biophys. Chem.* **26:** 235–246.

Rossiter B.J.F. and Caskey C.T. 1990. Molecular scanning methods of mutation detection. *J. Biol. Chem.* **265:** 12753–12756.

Sagher D. and Strauss B. 1983. Insertion of nucleotides opposite apurinic/apyrimidinic sites in deoxyribonucleic acid during *in vitro* synthesis: Uniqueness of adenine nucleotides. *Biochemistry* **22:** 4518–4526.

Saiki R.K., Bugawan T.L., Horn G.T., Mullis K.B., and Erlich H.A. 1986. Analysis of enzymatically amplified β-globin and HLA-DQ α DNA with allele-specific oligonucleotide probes. *Nature* **324:** 163–166. 13.103

Saleeba J.A. and Cotton R.G.H. 1993. Chemical cleavage of mismatch to detect mutations. *Methods Enzymol.* **217:** 286–295.

Saporito S.M., Smith-White B.J., and Cunningham R.P. 1988. Nucleotide sequence of the xth gene of *Escherichia coli* K-12. *J. Bacteriol.* **170:** 4542–4547.

Sarkar G. and Sommer S.S. 1990. The "megaprimer" method of site-directed mutagenesis. *BioTechniques* **8:** 404–407.

———. 1992. Double-stranded DNA segments can efficiently prime the amplification of human genomic DNA. *Nucleic Acids Res.* **20:** 4937–4938.

Sarkar G., Yoon H.-S., and Sommer S.S. 1992. Dideoxy fingerprinting (ddF): A rapid and efficient screen for the presence of mutations. *Genomics* **13:** 441–443.

Sayers J.R. and Eckstein F. 1989. Sire-directed mutagenesis, based on the phosphorothioate approach. In *Protein function: A practical approach* (ed. T.E. Creighton), pp. 279–295. IRL Press, Oxford, United Kingdom.

———. 1991. Phosphorothioate-based site-directed mutagenesis for single-stranded vectors. In *Directed mutagenesis: A practical approach* (ed. M.J. McPherson), pp. 49–69. IRL Press, Oxford, United Kingdom.

Sayers J.R., Krekel C., and Eckstein F. 1992. Rapid high-efficiency site-directed mutagenesis by the phosphorothioate approach. *BioTechniques* **13:** 592–596.

Sayers J.R., Schmidt W., and Eckstein F. 1988a. 5′-3′ Exonucleases in phosphorothioate-based oligonucleotide-directed mutagenesis. *Nucleic Acids Res.* **16:** 791–802.

Sayers J.R., Schmidt W., Wendler A., and Eckstein F. 1988b. Strand specific cleavage of phosphorothioate-containing DNA by reaction with restriction endonucleases in the presence of ethidium bromide. *Nucleic Acids Res.* **16:** 803–814.

Schanke J.T. 1997. Linker scanning mutagenesis by three-step PCR. *Methods Mol. Biol.* **67:** 197–202.

Schena M. 1989. High efficiency oligonucleotide-directed mutagenesis using Sequenase. *Comments* (U.S. Biochemical Corp.) **15:** 23.

Schold M., Colombero A., Reyes A.A., and Wallace R.B. 1984. Oligonucleotide-directed mutagenesis using plasmid DNA templates and two primers. *DNA* **3:** 469–477.

Schuster H. 1960. The reaction of nitrous acid with deoxyribonucleic acid. *Biochem. Biophys. Res. Commun.* **2:** 320–323.

Scott J.K. and Smith G.P. 1990. Searching for peptide ligands with an epitope library. *Science* **249:** 386–390.

Shapiro R., Braverman B., Louis J.B., and Servgis R.E. 1973. Nucleic acid reactivity and conformation. II. Reaction of cytosine and uracil with sodium bisulfite. *J. Biol. Chem.* **248:** 4060–4064.

Sheffield V.C., Cox D.R., Lerman L.S., and Myers R.M. 1989. Attachment of a 40-bp G + C rich sequence (GC-clamp) to
13.104 genomic DNA fragments by the polymerase chain reaction results in improved detection of single-base changes. *Proc. Natl. Acad. Sci.* **86:** 232–236.

Sheffield V.C., Beck J.S., Kwitek A.E., Sandstrom D.W., and Stone E.M. 1993. The sensitivity of single-strand conformation polymorphism analysis for the detection of single base substitutions. *Genomics* **16:** 325–332.

Shlomai J. and Kornberg A. 1978. Deoxyuridine triphosphatase of *Escherichia coli*. Purification, properties, and use as a reagent to reduce uracil incorporation into DNA. *J. Biol. Chem.* **253:** 3305–3312.

Shortle D. and Botstein D. 1983. Directed mutagenesis with sodium bisulfite. *Methods Enzymol.* **100:** 457–468.

Shortle D. and Lin B. 1985. Genetic analysis of staphylococcal nuclease: Identification of three intragenic "global" suppressors of nuclease-minus mutations. *Genetics* **110:** 539–555.

Shortle D. and Nathans D. 1978. Local mutagenesis: A method for generating viral mutants with base substitutions in preselected regions of the viral genome. *Proc. Natl. Acad. Sci.* **75:** 2170–2174.

Shortle D., Grisafi P., Benkovic S.J., and Botstein D. 1982. Gap misrepair mutagenesis: Efficient site-directed induction of transition, transversion, and frameshift mutations in vitro. *Proc. Natl. Acad. Sci.* **79:** 1588–1592.

Smith A.J. 1979. The use of exonuclease III for preparing single stranded DNA for use as a template in the chain terminator sequencing method. *Nucleic Acids Res.* **6:** 831–848.

Smith M. 1985. In vitro mutagenesis. *Annu. Rev. Genet.* **19:** 423–462.

Smooker P.M. and Cotton R.G.H. 1993. The use of chemical reagents in the detection of DNA mutations. *Mutat. Res.* **288:** 65–77.

Sokolov B.P. 1990. Primer extension technique for the detection of single nucleotide in genomic DNA. *Nucleic Acids Res.* **18:** 3671.

Solnick D. 1981. An adenovirus mutant defective in splicing RNA from early region 1A. *Nature* **291:** 508–510.

Sommer S.S., Cassady J.D., Sobell J.L., and Bottema C.D.K. 1989. A novel method for detecting point mutations or polymorphisms and its application to population screening for carriers of phenylketonuria. *Mayo Clin. Proc.* **64:** 1361–1372.

Sorge J.A. and Blinderman L.A. 1989. ExoMeth sequencing of DNA: Eliminating the need for subcloning and oligonucleotide primers. *Proc. Natl. Acad. Sci.* **86:** 9208–9212.

Spee J.H., de Vos W.M., and Kuipers O.P. 1993. Efficient random mutagenesis method with adjustable mutation frequency by use of PCR and dITP. *Nucleic Acids Res.* **21:** 777–778.

Stemmer W.P. and Morris S.K. 1992. Enzymatic inverse PCR: A restriction site independent, single-fragment method for high-efficiency, site-directed mutagenesis. *BioTechniques* **13:** 214–220.

Südhof T.C., van der Westhuyzen D.R., Goldstein J.L., Brown M.S., and Russell D.W. 1987. Three direct repeats and a TATA-like sequence are required for regulated expression of the human low density lipoprotein receptor gene. *J. Biol. Chem.* **262:** 10773–10779.

Suggs S.V., Wallace R.B., Hirose T., Kawashima E.H., and Itakura K. 1981. Use of synthetic oligonucleotides as hybridization probes: Isolation of cloned cDNA sequences for human beta 2-microglobulin. *Proc. Natl. Acad. Sci.* **78:** 6613–6617.

Sugimoto M., Esaki N., Tanaka H., and Soda K. 1989. A simple and efficient method for the oligonucleotide-directed mutagenesis using plasmid DNA template and phosphorothioate-
13.105 modified nucleotide. *Anal. Biochem.* **179:** 309–311.

Szalay A.A., Grohmann K., and Sinsheimer R.L. 1977. Separation of the complementary strands of DNA fragments on polyacrylamide gels. *Nucleic Acids Res.* **4:** 1569–1578.

Tabor S. and Richardson C.C. 1987. DNA sequence analysis with a modified bacteriophage T7 DNA polymerase. *Proc. Natl. Acad. Sci.* **84:** 4767–4771.

Tartof K.D. 1992. Cloning vectors and techniques for exonuclease-hybridization restriction mapping. *Methods Enzymol.* **216:** 574–584.

Taylor J.W., Ott J., and Eckstein F. 1985. The rapid generation of oligonucleotide-directed mutations at high frequency using phosphorothioate-modified DNA. *Nucleic Acids Res.* **13:** 8765–8785.

Thigpen A.E. and Russell D.W. 1992. Four-amino acid segment in steroid 5 alpha-reductase 1 confers sensitivity to finasteride, a competitive inhibitor. *J. Biol. Chem.* **267:** 8577–8583.

Thomas K.R. and Olivera B.M. 1978. Processivity of DNA exonucleases. *J. Biol. Chem.* **253:** 424–429.

Tomilin N.V. and Aprelikova O.N. 1989. Uracil-DNA glycosylases and DNA uracil repair. *Int. Rev. Cytol.* **114:** 125–179.

Turchin A. and Lawler Jr., J.F. 1999. The primer generator: A program that facilitates the selection of oligonucleotides for site-directed mutagenesis. *BioTechniques* **26:** 672–676.

Vallette F., Mege E., Reiss A., and Adesnik M. 1989. Construction of mutant and chimeric genes using the polymerase chain reaction. *Nucleic Acids Res.* **17:** 723–733.

Vande Woude G.F., Oskarsson M., Enquist L.W., Nomura S., Sullivan M., and Fischinger P.J. 1979. Cloning of integrated Moloney sarcoma proviral DNA sequences in bacteriophage lambda. *Proc. Natl. Acad. Sci.* **76:** 4464–4468.

Vandeyar M.A., Weiner M.P., Hutton C.J., and Batt C.A. 1988. A simple and rapid method for the selection of oligodeoxynucleotide-directed mutants. *Gene* **65:** 129–133.

Venkitaraman A.R. 1989. Use of modified T7 DNA polymerase (sequenase version 2.0) for oligonucleotide site-directed mutagenesis. *Nucleic Acids Res.* **17:** 3314.

Verpy E., Biasotto M., Meo T., and Tosi M. 1994. Efficient detection of point mutations on color-coded strands of target DNA. *Proc. Natl. Acad. Sci.* **91:** 1873–1877.

Viville S. 1994. Site-directed mutagenesis using a double-stranded DNA template. *Methods Mol. Biol.* **31:** 57–65.

Vovis G.F. and Lacks S. 1977. Complementary action of restriction enzymes endo R-DpnI and endo R-DpnII on bacteriophage f1 DNA. *J. Mol. Biol.* **115:** 525–538.

Wallace R.B., Johnson M.J., Hirose T., Miyake T., Kawashima E.H., and Itakura K. 1981. The use of synthetic oligonucleotides as hybridization probes. II. Hybridization of oligonucleotides of mixed sequence to rabbit beta-globin DNA. *Nucleic Acids Res.* **9:** 879–894.

Wallace R.B., Shaffer J., Murphy R.F., Bonner J., Hirose T., and Itakura K. 1979. Hybridization of synthetic oligodeoxynucleotides to ϕX174 DNA: The effect of single base pair mismatch. *Nucleic Acids Res.* **6:** 3543–3557.

Walton C., Booth R.K., and Stockley P.G. 1991. Random chemical mutagenesis and the non-selective isolation of mutated DNA sequences in vitro. In *Directed mutagenesis: A practical approach* (ed. M.J. McPherson), pp. 135–162. IRL Press, Oxford, United Kingdom.

Wang L.M., Geihl D.K., Choudhury G.G., Minter A., Martinez L., Weber D.K., and Sakaguchi A.Y. 1989. Site-directed deletion mutagenesis using phagemid vectors and genetic selection. *BioTechniques* **7:** 1000–1010.

Wang M.X. and Church G.M. 1992. A whole genome approach to in vivo DNA-protein interactions in *E. coli*. *Nature* **360:** 606–610.

Wang W. and Malcolm B.A. 1999. Two-stage PCR protocol allowing introduction of multiple mutations, deletions and insertions using QuikChange Site-Directed Mutagenesis. *BioTechniques* **26:** 680–682.

Watkins B.A., Davis A.E., Cocchi F., and Reitz M.S.J. 1993. A rapid method for site-specific mutagenesis using larger plasmids as templates. *BioTechniques* **15:** 700–704.

Wei C.F., Alianell G.A., Bencen G.H., and Gray Jr., H.B. 1983. Isolation and comparison of two molecular species of the BAL 31 nuclease from *Alteromonas espejiana* with distinct kinetic properties. *J. Biol. Chem.* **258:** 13506–13512.

Wei C.F., Legerski R.J., Alianell G.A., Robberson D.L., and Gray Jr., H.B. 1984. A single apurinic site can elicit BAL 31 nuclease-catalyzed cleavage in duplex DNA. *Biochim. Biophys. Acta* **782:** 408–414.

Weiner M.P. and Costa G.L. 1994. Rapid PCR site-directed mutagenesis. *PCR Methods Appl.* **4:** S131–136.

Weiner M.P., Costa G.L., Schoettlin W., Cline J., Mathur E., and Bauer J.C. 1994. Site-directed mutagenesis of double-stranded DNA by the polymerase chain reaction. *Gene* **151:** 119–123.

Weisbeek P.J. and van de Pol J.H. 1970. Bological activity of phi X174 replicative form DNA fragments. *Biochim. Biophys. Acta* **224:** 328–338.

Weiss B. 1976. Endonuclease II of *Escherichia coli* is exonuclease III. *J. Biol. Chem.* **251:** 1896–1901.

———. 1981. Exodeoxyribonucleases of *Escherichia coli*. In *The enzymes* (ed. P.D. Boyer), vol. 14, pp. 203–231. Academic Press, New York.

Weiss B., Rogers S.G., and Taylor A.F. 1978. The endonuclease activity of exonuclease III and the repair of uracil-containing DNA in *Escherichia coli*. In *DNA repair mechanisms* (ed. P.C. Hanawalt et al.), pp. 191–194. Academic Press, New York.

Wells J.A. 1991. Systematic mutational analyses of protein-protein interfaces. *Methods Enzymol.* **202:** 390–411.

———. 1996. Binding in the growth hormone receptor complex. *Proc. Natl. Acad. Sci.* **93:** 1–6.

Wells J.A., Vasser M., and Powers D.B. 1985. Cassette mutagenesis: An efficient method for generation of multiple mutations at defined sites. *Gene* **34:** 315–323.

Winter E., Yamamoto F., Almoguera C., and Perucho M. 1985. A method to detect and characterize point mutations in the transcribed genes: Amplification and expression of the mutant c-Ki-*ras* allele in human tumor cells. *Proc. Natl. Acad. Sci.* **82:** 7575–7579.

Wong F. and Komaromy M. 1995. Site-directed mutagenesis using thermostable enzymes. *BioTechniques* **18:** 1034–1038.

Wu D.Y. and Wallace R.B. 1989. The ligation amplification reaction (LAR)(Amplification of specific DNA sequences using sequential rounds of template-dependent ligation. *Genomics* **4:** 560–569.

Wu R., Ruben G., Siegel B., Jay E., Spielman P., and Tu C.P. 1976. Synchronous digestion of SV40 DNA by exonuclease III. *Biochemistry* **15:** 734–740.

Yamamoto K.R., Alberts B.M., Benzinger R., Lawhorne L., and Treiber G. 1970. Rapid bacteriophage sedimentation in the presence of polyethylene glycol and its application to large-scale virus purification. *Virology* **40:** 734–744.

Youil R., Kemper B.W., and Cotton R.G.H. 1995. Screening for mutations by enzyme mismatch cleavage with T4 endonuclease VII. *Proc. Natl. Acad. Sci.* **92:** 87–91.

Zakour R.A. and Loeb L.A. 1982. Site-specific mutagenesis by error-directed DNA synthesis. *Nature* **295:** 708-710.

Zhou X.G. and Gray Jr., H.B. 1990. Mechanism of exonuclease action of BAL 31 nuclease. *Biochim. Biophys. Acta* **1049:** 83-91.

Zhu K.Y. and Clark J.M. 1996. Addition of a competitive primer can dramatically improve the specificity of PCR amplification of specific alleles. *BioTechniques* **21:** 586, 590.

Zhu L. 1996. In vitro site-directed mutagenesis using the unique restriction site elimination (USE) method. *Methods Mol. Biol.* **57:** 13-29.

Zhu Y.S., Isaacs S.T., Cimino C.D., and Hearst J.E. 1991. The use of exonuclease III for polymerase chain reaction sterilization. *Nucleic Acids Res.* **19:** 2511.

Zoller M.J. and Smith M. 1982. Oligonucleotide-directed mutagenesis using M13-derived vectors: An efficient and general procedure for the production of point mutations in any fragment of DNA. *Nucleic Acids Res.* **10:** 6487–6500.

———. 1983. Oligonucleotide-directed mutagenesis of DNA fragments cloned into M13 vectors. *Methods Enzymol.* **100:** 468–500.

———. 1984. Oligonucleotide-directed mutagenesis: A simple method using two oligonucleotide primers and a single-stranded DNA template. *DNA* **3:** 479–488.

———. 1987. Oligonucleotide-directed mutagenesis: A simple method using two oligonucleotide primers and a single-stranded DNA template. *Methods Enzymol.* **154:** 329–350.

Zon G. and Geiser T.G. 1991. Phosphorothioate oligonucleotides: Chemistry, purification, analysis, scale-up and future directions. *Anti-Cancer Drug Des.* **6:** 539–568.

第 14 章　表达文库的筛选

导言

cDNA 表达文库的成功筛选需要有可与目的蛋白质高特异性结合并缓慢解离的探针。下面讨论三种类型适用于表达文库筛选的探针：

- 抗体探针　　特异性识别目的蛋白质抗原决定簇或表位的抗体可用于通过蛋白质印迹方法筛选 cDNA 表达文库。因为抗体具有识别被折叠不正确的或变性的蛋白质所包围的相关表位的能力，所以，在没有目的基因的核酸探针时，通常选择抗体作为表达文库的初筛试剂（Helfman and Hughes 1987，Mierendorf et al. 1987，Young and Davis 1991，Hurst 1997），自 1983 年 Young 和 Davis (1983a，b）介绍免疫筛选方法以来，编码上千种不同蛋白质的 cDNA 克隆已经此法分离。

14.2 免疫筛选并不依赖于功能蛋白质的表达，而仅仅在于一个免疫反应性表位的合成。一些表位具有由一条或几条多肽链上互不相邻的区域折叠形成的复杂拓扑结构，而另一些表位却只包含单一肽链上相毗邻的氨基酸短片段（Geyson et al. 1987)。细菌所表达的外源蛋白质，虽然整体上可能折叠不正确或没有活性，但仍可以形成这种局部表位。融合蛋白质也能形成单纯表位，并因此至少可保持目的蛋白质的免疫反应性的部分特征。

免疫筛选方法可用于质粒载体构建的 cDNA 文库（Helfman et al. 1987，Helfman and Hughes 1987)，但常用的是 λ 噬菌体表达载体所构建的 cDNA 文库如 gt11 及其家族，λgt18-23，λZAP，λZAP Express 以及 λZAPⅡ。这些表达系统的具体内容，请见本章末信息栏质粒与 λ 噬菌体表达载体的相关内容。

- **寡核苷酸探针**　合成的双链寡核苷酸已被成功用作探针来筛选原核表达载体上构建的富含特异 DNA 结合蛋白质的 cDNA 表达文库（Schleif 1988，Singh et al. 1988，Venson et al. 1988，Singh 1993）。这种方法工作量很大，一是因为许多 DNA 结合蛋白质对应的 mRNA 很稀少，二是因为需采用多种形式的寡核苷酸探针来进行筛选：①与野生型共有结合序列相一致的探针；②带有结合序列的突变探针，这种探针可导致与对应转录因子亲和力下降。虽然有上述缺点，利用 DNA 配基筛选表达文库仍是一种卓有成效的技术。富集克隆编码的哺乳动物转录因子含有多种类型的 DNA 结合模体，如螺旋-转角-螺旋（HTH），锌指（ZnF），亮氨酸拉链（LeuZIP）及 HLT 结构域等（综述请见 Singh et al. 1989，Singh 1993）。
- **特异性探针**　下述是蛋白质印迹方法筛选表达文库比较特异的几类探针：

  ①标记的蛋白质或小分子有机物：例如^{125}I 标记的钙调蛋白质已用来分离编码与其结合的蛋白 cDNA 克隆（Sikela and Hahn 1987，Mutzel et al. 1990），而放射性标记的 cAMP 已用来分离编码 cAMP 结合蛋白的 cDNA 克隆（Lacombe et al. 1987）。这种基于蛋白质相互作用的筛选模式也可用来分离编码信号转导通路中所涉及的蛋白及异二聚体化的转录因子的 cDNA。然而采用这种策略成功较少，可能的原因是这种技术的灵敏度太低。目前，多选择酵母双杂交或三杂交系统来分离编码相互作用蛋白质的 cDNA（请参见第 18 章）。

  ②短 RNA 探针：可用来分离编码与其进行序列特异性高亲和力（$K_b>10^9$L/mol）结合的蛋白质的 cDNA（Qian and Wilusz 1993，综述请见 Bagga and Wilusz 1999，Webster and Macdonald 1999）。

  ③脱嘌呤 DNA：用来鉴定表达 DNA 修复蛋白的 cDNA 克隆（Lenz et al. 1990）。
- **酪氨酸磷酸化残基特异的抗体**　细菌中表达的重组蛋白质其酪氨酸残基可在翻译后修饰过程中被相关的激酶磷酸化。因此，定向抗磷酸化酪氨酸残基的抗体可用来筛选哺乳动物 cDNA 文库，所筛到的克隆编码富含可被特定激酶催化发生酪氨酸磷酸化的肽段（e. g.，请见 Kornbluth et al. 1988，Lindberg et al. 1988）。

以下一些制剂可用作检测与硝酸纤维素滤膜上的抗原相结合的抗体： 14.3

①抗第一抗体种特异性决定簇的^{125}I 标记抗体（Helfman et al. 1983，Helfman and Hughes 1987）。

②^{125}I 标记的金黄色葡萄球菌 A 蛋白（Kemp and Cowman 1981，Johnson et al. 1985）。

③直接与辣根过氧化物酶（HRP）偶联的抗体（de Wet et al. 1984）。或者也可以用与抗生物素蛋白偶联的 HRP 来检测与生物素偶联的第二抗体（Young et al. 1985，French et al. 1986）。

④与碱性磷酸酶（AP）偶联的第二抗体（Mierendorf et al. 1987）。

⑤与硝酸纤维素滤膜上抗原单价连接的双价抗体相结合的放射性标记配体（Chao et al. 1989），该方法只适用于能获得大量纯化配体的少数情况。

目前尚未见到对上述各种制剂进行系统比较的报道。但一般来说，酶法检测比放射化学检测更灵敏，背景也较低。另外。酶法直接在硝酸纤维素滤膜上显示结果（而不是在 X 射线胶片上），因而对阳性斑点的定位也更准确。

HRP 或 AP 偶联抗体能够识别第一抗体的种特异性决定簇，这两种抗体均已商品化并成功用于从构建于 λ 噬菌体的表达文库中分离 cDNA 克隆。这两种酶可在硝酸纤维素滤膜表面抗原-抗体复合物形成部位催化形成不溶性有色沉淀（Towbin et al. 1979, Hawkes et al. 1982, Blale et al. 1980, Knetht and Dimond 1984, Towbin and Gordon 1984, Hawkes 1986）。但是 AP 有一些潜在的优点：AP 活性可以维持数小时，这期间因终产物深兰色二甲臜（diformazan）沉淀（McGadey 1970）不断聚集而使颜色不断加深。与之相反，HRP 偶联的抗体虽然可高效检测硝酸纤维素滤膜表面的抗原抗体复合物，但其褐黄色会随时间的延长而逐渐消退。此外，某些方案需要用到含致癌色素邻联茴香胺（*o*-dianisidine），必须要求特殊的操作和处理措施。

除了结合目的蛋白的探针以外，表达文库还可用传统的标记 DNA 或 RNA 探针方法来筛选。杂交筛选并不需要目的蛋白质的表达，只需重组克隆中一段编码全部或部分蛋白的 DNA 序列存在即可，因此，这种技术可用来筛选任何载体构建的任何类型的 DNA 印迹。关于具体细节，详情请见第 1 章和第 2 章。

在本章中，我们要介绍构建于 λ 噬菌体和质粒的表达型 cDNA 文库的免疫筛选方法，抗体探针纯化方法，基于抗体的表达文库筛选的步骤，以及以 λ 噬菌体为载体产生融合蛋白质及其分析方法。

> 遗传学几乎没有告诉我们任何以前未知的关于人类自身的事情……。它回答了关于人类状态的所有问题，惟独最令人感兴趣的却没有回答。
>
> ——Steve Jones

方案 1　筛选构建于 λ 噬菌体载体的表达文库　14.4

在典型的免疫筛选实验中，λ 噬菌体表达载体构建的文库应铺在不含异丙基硫代-β-D-半乳糖苷（IPTG）的大肠杆菌菌株的平板上。诱导物的缺少保证了噬菌斑顺利形成前不产生对宿主有毒性的融合蛋白，2～4 h 后，将平板从 42℃ 移到 37℃ 以稳定温度敏感型的所有融合蛋白。并用 IPTG 浸过的滤膜盖在生长中的噬菌斑上，诱导所收集融合蛋白的印迹，继续温育 2～4 h，移走滤膜与本方案中所述的抗体进行杂交。平板则 4℃ 保存，直至取得免疫筛选结果。挑取阳性噬菌斑，并按本章及第 2 章方案 7，8，9 所述进行进一步分析。

本章讨论了检测结合抗体的三种方法：放射化学筛选，生色反应筛选和化学发光筛选，每一种方法的优缺点在本章导言中有所论述。

材料

注意：标有〈!〉材料的正确操作请见附录 12。

缓冲液

贮存液、缓冲液及试剂的组分请见附录 1，贮存液稀释至合适浓度。

封闭缓冲液

10mmol/L Tris-Cl（pH 8.0）

150 mmol/L NaCl

0.05%（*V*/*V*）Tween-20

20%（*V*/*V*）胎牛血清

另外，也可用 5%（*V*/*V*）脱脂奶粉或含 1% 明胶（*m*/*V*）和 3%（*m*/*V*）牛血清白蛋白的 TNT 缓冲液作封闭缓冲液。至于哪种试剂最好，不同实验室各执一辞。建议研究者通过预实验来决定最佳选择。封闭缓冲液于 4℃ 保存，可反复使用数次。溶液中加入终浓度为 0.05% 的叠氮化钠〈!〉抑制微生物的生长。

氯仿〈!〉　14.5

IPTG（10 mmol/L）

步骤 4 前，溶解 0.6 g 固体 IPTG 于 250 ml 水中。通过 0.25 μm 滤膜灭菌处理。

抗原-抗体复合物检测试剂：

碱性磷酸酶（AP）偶联抗体进行生色反应筛选试剂

辣根过氧化物酶（HRP）偶联抗体进行生色筛选试剂

化学发光筛选试剂

每种筛选方法所用的试剂，请见步骤 15，关于检测抗体的常用方法，请见本章末信息栏中用抗体进行免疫筛选相关内容。详情请见附录 9。

SM

室温下保存 50 ml 等份 SM，用后丢弃以免污染。

TNT 缓冲液

10 mmol/L Tris-Cl（pH 8.0）
150 mmol/L NaCl
0.05%（V/V）Tween-20
每筛选 10 张滤膜需大约 1 升 TNT 缓冲液。室温保存。

洗涤缓冲液：

含 0.1%（m/V）牛血清白蛋白的 TNT 缓冲液
含 0.1%（m/V）牛血清白蛋白和 0.1%（V/V）NP-40 的 TNT 缓冲液
这些缓冲液不含叠氮化钠

放射性化合物

^{125}I 标记的蛋白质 A 或 ^{125}I 标记的免疫球蛋白（可任选）〈!〉

放射性碘标记第二抗体〈!〉

若用步骤 15 中放射性标记第二抗体来检测抗原-抗体复合物时可用此种抗体。

14.6 抗体

第一抗体

对于第一第二抗体的选择，参见本章末信息栏利用抗体进行免疫筛选相关内容。

培养基

LB 琼脂板

90 mm Petri 平皿中应放有 30～35 ml 琼脂培养基，150 mm 板上则要有约 50 ml。平板必须干燥，否则，当硝酸纤维素滤膜移走时，上层琼脂糖会剥离。通常把两天前铺制的平板稍微打开盖放于 37℃ 继续干燥 1～2 h，效果很好。筛选过程中应使用不含氨苄青霉素的 LB 琼脂平板，因为大肠杆菌 Y1090*hsdR* 在抗生素存在下生长缓慢。

LB 顶层琼脂板

将顶层琼脂于微波炉短时间融化，冷却至 47℃，将其分成 3 ml 等份小样（用于 90 mm 平板）或 7.5 ml 等份小样（用于 150 mm 平板），置于无菌管中，将这些等份样置于 47℃ 干浴或水浴中以防凝固。

IgG 的放射性碘标记

警惕：此过程须在化学通风橱中进行。

这种方法用于放射性标记作为第二抗体的免疫球蛋白。

1. 利用蛋白 A-Sepharose 层析法从抗血清中制备 IgG（Harlow and Lane 1999），50 mmol/L 磷酸钠（pH 7.5）稀释，使 IgG 终浓度为 1 mg/ml。
2. 向 50 μl 稀释后的 IgG 加入 4μl ^{125}I（Na ^{125}I，10 mCi/ml）。
3. 加 15 μl 氯胺 T（浓度为 2 mg/ml，溶于 50 mmol/L Na_3PO_4 溶液中，pH 7.5）。
4. 室温温育反应物 90 s。
5. 加 50 μl 偏亚硫酸氢钠（5 mg/ml 在 50 mmol/L Na_3PO_4 中，pH 7.5）
6. 将反应物加入 5 ml Sephadex G-25 柱［在 50 mmol/L Na_3PO_4（pH 7.5）中平衡］（请见附录 8）。
7. 按 0.5 ml 一管进行收集直至放射性全部洗脱（约 3ml）。
8. 合并放射物质。

一般来说，超过 95% 的放射性标记物被结合，放射性标记抗体的比活度超过 10^8cpm/mg，放射标记的抗体使用前不宜存放过长时间。

专用设备

预设 42℃ 的空气培养箱

培养管（无菌 13 mm×100 mm）

平头镊子

装有防水黑墨水（印度墨水）并带有 18 号针头的注射器

硝酸纤维素滤膜

适用于结合蛋白及免疫印记反应的滤膜有不含 Triton-X100 的硝酸纤维素滤膜（Millipore HATF 或相当产品）及硝酸纤维素衍生物如 Hybond-C extra（Amersham Pharmacia Biotech 公司），尼龙膜或带极性尼龙膜因为背景较高及固定蛋白质能力弱不适用于免疫筛选。

用软铅笔或圆珠笔在滤膜上作好记号，用水打湿，夹于干燥 Whatman 3MM 滤纸之间，用铝箔将一叠滤纸包好，10 psi（0.70 kg/cm^2）高压蒸汽灭菌。

附加试剂

本方案步骤 1 需第 2 章方案 1 列出的试剂。

本方案步骤 17 需第 2 章方案 1 列出的试剂。

载体及细菌株

λ 噬菌体表达文库

可按第 11 章所述利用合适表达载体构建 cDNA 文库，亦可从供应商处购得。开始实验前，应按第 2 章方案 1 中所述确定噬菌体溶液的效价。

E.coli

采用不同宿主菌株进行筛选则需要不同培养基，例如：*E.coli* Y1090*hsdR*，常可用做 λgt11 构建的 cDNA文库的宿主菌，它在编码 ATP 依赖性蛋白酶的 *lon* 基因上携带一个突变。在这种菌株表达的融合蛋白比在没有这种突变的菌株中更稳定。这种菌株还携带 pMC9 质粒，编码 *lac* 阻遏蛋白，防止 β-半乳糖苷酶启动子启动细胞毒性融合蛋白的合成。pMC9 质粒还携带选择标志（amp^r），保证不使质粒丢失，*E.coli* Y1090*hsdR* 菌株应在含有 50 μg/ml 氨苄青霉素的培养基中生长（筛选除外，请见上述关于 LB 琼脂平板的注释）。对于 λZAP 及其衍生物构建的文库，则用 *E.coli* BB4 和 XL1-Blue 菌株进行免疫筛选。此株在 F′因子上携有 $lacI^q$ 基因和四环素抗性标记（tet^r）。这类菌株应在含 12.5 μg/ml 四环素的培养基中生长。

在应用这些宿主菌前，应熟悉其基因型及任何特殊的生长要求。

方法 14.7

λ 噬菌体的平板培养

1. 取适当大肠杆菌菌株的单克隆进行接种，按第 2 章方案 1 介绍的方法制备用于铺平板的培养细菌。
2. 假定每个 90 mm 平皿和 150 mm 平皿分别可长出 2×10^4 个和 5×10^4 个噬菌斑，计算筛选文库所需平皿数。对应每个平皿准备一个无菌试管（13 mm×100 mm），并在试管架上依次排好。各试管分别加入 0.1 ml 用于铺平板的细菌和 0.1 ml 含所需数量 λ 噬菌体表达文库的 SM 溶液，置于 37℃，温育 20 min。

噬菌斑密度低时，免疫筛选的效果最好。噬菌斑的外周边显色反应产生的颜色最明显。因此分离效果好的免疫阳性噬菌斑呈特征性环状，而分布过于紧密的噬菌斑则为片状形态，相邻噬菌斑之间的共同周边上颜色强度大大减弱。不过，只要还有部分周边未与邻近噬菌斑的周边相接，就仍可辨别出阳性噬菌斑。当密度超过大约 500 噬菌斑/cm^2 时，相邻的噬菌斑的周边消失，抗原阳性反应的噬菌斑也就更难分辨。所以，上面给出的每个平板所含噬菌斑数应视为免疫筛选的上限。

3. 各个试管内继续加入 2.5 ml（90 mm 平皿）或 7.5 ml（150 mm 平皿）融化的顶层琼脂糖，混匀后立即倾注到 LB 琼脂板上。凝固后平板于 42℃温育 3.5 h。

42℃温育是保证 λ 阻遏蛋白质（*cIts*857 等位基因编码）失活及 λ 噬菌体发育过程中裂解程序的活化。

诱导蛋白质的表达

4. 用软铅笔或圆珠笔在硝酸纤维素滤膜上编号。手持滤膜时应戴手套，以免皮肤上的油脂影响蛋白质的转移。滤膜先在异丙基硫代-β-D-半乳糖苷溶液（IPTG，10 mmol/L）中浸泡几分钟，再用平头镊子（如 Millipore 镊子）夹出放在一叠 Kimwipes 纸上，于室温晾干。

5. 从培养箱内取出平板，迅速用浸过 IPTG 的硝酸纤维素滤膜覆盖表面，与平板接触后切勿移动滤膜。将平板置于 37℃温育，重复数次直至将所有平板都覆盖硝酸纤维素滤膜。

在平板上放置滤膜而又不藏匿气泡的最简易方法是拿住滤膜的边缘，将它稍微弯曲以使中部先与平板中央接触，利用吸水作用把滤膜吸在平板上。

将滤膜放于平板时一定要迅速，这样，平板的温度不会低于 37℃。在低于 30℃以下时，λ 噬菌体的生长会受到严重阻滞。

6. 平板于 37℃温育至少 4 h。

14.8 初筛文库时，很难区分免疫反应噬菌斑和假阳性结果。处理滤膜时的小心操作，特定抗血清的性质，抗原抗体复合物的检测方法等多种因素都会影响假阳性的频率。一般来说，生色反应比免疫化学反应和化学发光反应的假阳性都要少。不过，即使在最佳条件下，假阳性也将以大约每平板 1 个的频率出现。为此，我们建议在复印滤膜上进行筛选，以避免二次筛选大批噬菌斑时耗费人力物力。

如果不用复印滤膜进行文库筛选，原始滤膜可在平板上放置 10～12 h。若需要复印滤膜，请见步骤 9 的相关内容。

7. 掀开平皿上盖，于 37℃继续温育 20 min，此步骤可加强软琼脂与平板之间的连接。

8. 把平板分批移至室温，用装有防水黑墨水并带有 18 号针头的注射器，戳穿滤膜直至下面的琼脂，在至少 3 个不对称的位置上做出标记。

9. 利用平头镊子从平板上剥离滤膜，迅速浸入大量 TNT 缓冲液中，在缓冲液中轻轻搅动滤膜洗去滤膜上残存的琼脂糖，并摇动 TNT 以防滤膜彼此粘连。

若大块琼脂糖贴在硝酸纤维素滤膜上，则先将平板置于 4℃ 30 min 或 −20℃ 5 min 预冷，再剥离滤膜。

10. 待所有的滤膜都转移到 TNT 缓冲液中，用塑料膜将平板包好，4℃保存，直至得出免疫筛选结果。

制备复印滤膜

a. 剥离第一张滤膜前 30 min，掀开平皿的上盖。
b. 平板在 4℃预冷 30 min 或 −20℃预冷 5 min。
c. 防水黑墨水标记每张滤膜。
d. 剥离滤膜迅速浸入 TNT 缓冲液。
e. 用第二张浸过 IPTG 的滤膜覆盖平板。

f. 37℃继续温育平板 4～6h。

g. 同时，按步骤 10 后的步骤处理第一张滤膜。

h. 4～6h 后，剥离第二张滤膜，做标记，浸入 TNT 缓冲液中，按步骤 10 后的步骤处理。

表达目的融合蛋白噬菌斑的检测

重要：下列各步骤切勿使滤膜完全干燥，本来与湿润滤膜非特异性可逆结合的抗体，一旦滤膜变干，就会永久留在滤膜上。另外滤膜浸入各种缓冲液和抗体溶液时要防止它们彼此相连。为此，可把滤膜分批（每批 5 张滤膜），每批单用一个大平皿或结晶皿，这样就可以减少彼此相连的问题。可将平皿互相叠在一起放在低速转动的平台式摇床上。

11. 所有滤膜全部剥离并漂洗后，逐张放在新换的 TNT 中，全部滤膜都转移完毕后，于室温继续温和搅动缓冲液 30 min。

    如有必要，滤膜此时可以从缓冲液中取出，用 Saran 包装膜包好，于 4℃保存 24 h。

12. 用平头镊子把滤膜逐张转移至含封闭缓冲液（每张 82 mm 滤膜需 7.5 ml，每张 138 mm 滤膜需 15 ml）的玻璃盘中，所有滤膜均浸没后，室温下在转动平台上慢慢摇动溶液 30 min。

13. 用平头镊子把滤膜转移至含稀释的第一抗体的封闭缓冲液（每张 82 mm 滤膜需 7.5 ml，每张 138 mm 滤膜需 15 ml）的新鲜玻璃盘中，使用产生背景不算很高但仍可检测 50～100 pg 变性抗原的最高抗体稀释度。所有滤膜均浸没后，室温下在转动平台上缓慢摇动溶液 30 min。 14.9

    抗体可 4℃保存并可反复使用数次。溶液中加入终浓度为 0.05% 的叠氮化钠抑制微生物的生长。

14. 依次将滤膜放到下列每种缓冲液中洗涤 10 min，在缓冲液之间转移滤膜时应逐张进行，每张 82 mm 各需用缓冲液 7.5 ml；每张 138 mm 滤膜需 15 ml。

    含 0.1% 牛血清白蛋白的 TNT 缓冲液

    含 0.1% 牛血清白蛋白和 0.1% NP-40（Nondidet P-40）的 TNT 缓冲液

    含 0.1% 牛血清白蛋白的 TNT 缓冲液

15. 利用所选择的放射化学、生色反应或化学发光试剂检测抗原抗体复合物。

放射化学筛选

每张滤膜需用大约 1 μCi 的 ^{125}I 标记的 A 蛋白或免疫球蛋白，放射性标记 A 蛋白已商品化（比活 2～100 μCi/μg）放射性碘化的第二抗体可从供应商购得，或按材料前信息栏中 IgG 的放射性碘标记进行制备。

a. 用封闭缓冲液稀释放射性标记配体（每张 82mm 滤膜需 7.5 ml，每张 138 mm 滤膜需 15 ml）。

b. 室温下温育 1 h，用 TNT 漂洗数次，按附录 9 中所述进行放射自显影。

继续步骤 16。

生色反应筛选

识别第一抗体种特异性决定簇的辣根过氧化物酶（HRP）或碱性磷酸酶（AP）偶联的抗体可向厂商购买，并按产品说明书推荐的稀释度及要求使用。一般每张 82 mm

滤膜，可将 5 μl 偶联抗血清加入 7.5 μl 封闭缓冲液（无叠氮化钠）中，要了解 HRP 或 AP 更多内容，请见附录 9。

联合应用 5-溴-4-氯-3-吲哚磷酸（BCIP）底物及氮蓝四唑（NBT）对抗原-抗体-抗体-AP 复合物进行定位

AP-偶联抗体的生色反应筛选所需材料

AP 偶联的抗免疫球蛋白抗体

AP 缓冲液：

100 mmol/L Tris-Cl（pH 9.5）

100 mmol/L NaCl

5 mmol/L $MgCl_2$

5-溴-4-氯-3-吲哚磷酸（BCIP）

二甲基甲酰胺（DMT）〈!〉

氮蓝四唑（NBT）

14.10

a. 将滤膜放于含 AP-偶联抗体的溶液中，于室温下缓慢摇动 1.5～2 h。

b. 按步骤 14 洗涤滤膜。

c. 制备 BCIP（50 mg/ml 溶于 100％二甲基甲酰胺）和 NBT（50 mg/ml 溶于 70％二甲基甲酰胺）贮存液，避光保存。

d. 临用前，制备 BCIP/NBT 显影液：

　i. 在 AP 缓冲液中加入 33 μl NBT 溶液，混匀。

　ii. 加 16.5 μl BCIP 贮存液，混匀，避光保存，1 h 内使用。

e. 用纸巾将滤膜吸干。

f. 将滤膜浸入 BCIP/NBT 显影液（每张 82 mm 滤膜用 7.5 ml，每张 138 mm 滤膜用 15 ml）室温持续温育数小时。

g. 蒸馏水略洗两遍，在抗原抗体复合物处呈现深紫色。

继续步骤 16。

利用 4-氯-1 萘酚对抗原-抗体-抗抗体-HRP 复合物进行定位

HRP 偶联抗体进行生色反应筛选所需材料

4-氯-1 萘酚

H_2O_2（30％）〈!〉

NaCl（5 mol/L）

Tris-Cl（1 mol/L，pH 7.5）

含 150 mmol/L NaCl 的 Tris-Cl（10 mmol/L，pH 7.5）

a. 将滤膜放入含 HRP-偶联抗体的溶液中，于室温下轻轻摇动 1.5～2 h。

b. 按步骤 14 洗涤滤膜。

c. 将 60 mg 4-氯-1 萘酚溶于 20 ml 冰预冷的甲醇制成显影液。使用前，和 100 ml 含 60 μl 30% H_2O_2 的 10 mmol/L Tris-Cl（pH 7.5）、150 mmol/L NaCl 溶液混合。

d. 用纸巾将滤膜上的水吸干，再用 10 mmol/L Tris-Cl（pH 7.5）、150 mmol/L NaCl 溶液略洗一下。

e. 将滤膜浸入到 4-氯-1 萘酚显影液中（每张 82 mm 滤膜需 10 ml，每张 138 mm 滤膜需 25 ml）室温温育 15～20 min。

f. 蒸馏水洗涤两遍，在抗原-抗体复合物处显现深紫色。

生物素化的种特异性抗体及抗生物素蛋白质偶联的 HRP 也已商品化，应按不同厂商的使用说明书进行稀释，如上述 HRP-偶联抗体一样进行免疫筛选。 14.11

生色反应筛选后，λ噬菌体克隆可在印染的滤膜上直接挑取（Alter and Patrie 1990），用解剖刀片刮滤膜的方法所获得的感染颗粒数量很不一致，每个印染印记可从 100 到 10^4pfu，刮下来的印记可与 20μl SM 混合，4℃过夜，在合适的 *E.coli* 菌株中按一定稀释梯度重新铺板。当然利用印染滤膜与原始噬菌斑对齐的传统方法可得到更多数量的噬菌体。然而，数量过大并非好处，因为下一步将进行重组噬菌体的噬菌斑纯化。

若使用刀刮的方法，建议再用传统的方法对滤膜和噬菌斑进行印证，尤其是筛选大的 cDNA 文库时，可做到万无一失。

化学发光筛选

化学发光反应是检测免疫阳性噬菌斑最灵敏的方法。第二抗体一般与 AP 或 HRP 偶联，使用 AP-偶联的抗体时需要如1,2-dioxetane phosphates 这样的底物。这种底物被磷酸化后可在 466 nm 波长处发光，HRP-偶联的抗体可氧化底物鲁米诺，后者在过氧化氢和苯酚存在下，可于 428 nm 波长处发出强光。在两种系统中，发出的光可用放射自显影来捕获。化学发光检测快速、灵敏（1～10 pg 的抗原可被检出），且可得到永久性的筛选滤膜记录（X 射线胶片）。两项潜在的缺点是试剂的高成本以及需要对放射自显影片与母板进行比较才能得到阳性克隆，下面是典型方案。

化学发光反应筛选所需材料

AP 或 HRP 偶联的抗 Ig 抗体

化学发光反应底物（可通过如 Tropix 购买）

Saran 包装膜

a. 将滤膜放入含 AP 或 HRP 偶联抗体的溶液中，于室温下轻缓摇动 1.5～2 h。

b. 按步骤 14 对滤膜进行洗涤。

c. 按厂家说明书制备化学发光反应底物。

d. 将洗过的滤膜与化学发光反应底物温育 1～5 min（按照厂家建议，确定最佳曝光时间）。

e. 将滤膜上多余液体除去，立即包在 Saran 包装膜中，不要使滤膜干涸。

f. 放射自显影（请见附录 9）。一般初次曝光 1 min，然后根据此间隔来决定合适曝光时间。

继续步骤 16。

16. 对阳性斑进行定位，或与复印滤膜比较，以确定相吻合的信号。若用放射标记或化 14.12

学发光探针筛选，则在光箱表面将放射自显影结果与琼脂平板比较，若用生色反应试剂筛选，在滤膜上可留下一可见的阳性残迹，继续下列步骤：

a. 滤膜上铺盖一张 Saran 或 Mylar 包装膜。

b. 在 Saran 包装膜的表面用不同颜色的防水记号笔标记滤膜上孔的位置，以及抗原阳性克隆的位置，Saran 包装膜上还应作好标记，以便找到与滤膜相对应的平板。

c. 把 Saran 包装膜放在读片光箱表面，将含有原始 λ 噬菌体噬菌斑的平板放在膜上核对。

d. 确定阳性噬菌斑区，用巴斯德吸管的宽口吸起这一区域的琼脂块，放到加有 2 滴氯仿的 1 ml SM 中。

e. 保存 Saran 包装膜作为阳性噬菌斑定位的永久记录，至于原滤膜上的有色斑点很快就会消退。

17. 于 4℃ 放置若干小时后，使噬菌体从琼脂块中洗脱出来。确定洗脱液中噬菌体的滴度，重新按大约每个 90mm 平皿 3000 个噬菌斑的密度铺板培养。按上述方法从步骤 4 往后再次筛选噬菌斑，反复筛选和铺板。直至得到一致的免疫阳性重组噬菌体。

免疫筛选方法所分离克隆的验证

从表达文库中得到的免疫反应性克隆并不足以证实目的 cDNA 得到分离。抗体的特异性并不绝对，蛋白质上所识别的表位一般也未知。因此，为验证初始分离克隆的真实性需更进一步的检验。

按要求的严格性高低，这些检验依次为：

- 克隆 cDNA 编码的蛋白质是否显示正确生物学活性及酶活性的检验。此检验要求全长 cDNA 的克隆及其在不产生融合蛋白的真核或原核载体中表达。极少情况下，噬菌体 λgt11 载体中合成的融合蛋白才显示出合适的酶活性 [如萤火虫的荧光酶（de Wet et al. 1984）和鼠脑谷氨酸脱羧酶（Kaufman et al. 1986)]。
- 蛋白质的氨基酸序列与由 cDNA 序列推得的氨基酸序列进行比较。此检验很少应用，因为由免疫筛选克隆得到的基因所编码的蛋白质，其氨基酸序列无法得到。然而，随着人类基因目录的逐步完善，此检验将会成为常规检验。
- 得到克隆表达的融合蛋白能够阻断纯化的目的蛋白与特异抗体的相互作用。例如：这种融合蛋白能够保护酶免受抗体的失活，或者此融合蛋白可作为配基对某一抗体进行亲和纯化（如：请见 Earnshaw and Rothfield 1985），亲和纯化的抗体在 Western Blot 中可作为纯化抗原的探针。最后，此融合蛋白质可用作免疫原，来产生一些与目的蛋白结合或抑制其活性的抗体。关于融合蛋白的制备，请见本章方案 7，8 与第 15 章方案 9。

以上这些检验并非是验证免疫筛选分离克隆的惟一方法。无论应用何种方法，还应再做一些不依赖于第一次检测克隆所用的免疫学试剂的独立实验。

14.13

疑难解答

应用抗体筛选 λ 噬菌体载体构建的表达文库会遇到很多问题。若“不幸”得不到任何阳性克隆或“有幸”得到大量的阳性克隆，请考虑以下几个方面。免疫化学的几种常规检验也可解决某些问题（Johnstone and Thorpe 1982，Harlow and Lane 1999)。

- 抗原在 *E. coli* 中表达时，抗体无法识别抗原。当筛选一些具有广泛的翻译后修饰如糖基、脂类或二硫键形成等的真核细胞表面蛋白时，往往发生此类问题。每种修饰都与蛋白抗原性有关，而一般并不存在于细菌表达的蛋白中。可使用一些能识别完全变性去糖基化蛋白的单特异性多克隆抗体来避免此类问题。
- 使用不含 Tween 的 TNT 缓冲液。非离子型去污剂能阻断低亲和力抗体与抗原的结合。然而，不使用 Tween 则会由于严谨性下降而导致大量假阳性克隆的获得。

- 筛选反应中使用过量第一或第二抗体会导致较多假阳性克隆。这些克隆被认为来自于抗体与两种靶位相关蛋白质的结合，而实际上不一致。对抗体进行稀释可消除或减少交叉反应而对抗体与两种靶分子的结合影响不大。
- 过多阳性克隆的获得可能由于封闭试剂的影响。试用材料列出的封闭缓冲液中其他封闭试剂。或者提高 Tween 的浓度或在漂洗缓冲液中试用其他非离子型去污剂如 NP-40。在封闭、漂洗、洗涤过程中温度可提高至 50℃。
- 若阳性克隆未被检测到，改变方案中的温育时间。例如，IPTG 浸过的滤膜可在琼脂平板上温育 2～10 h，Snyder 等（1987）报道 8～10 h 温育可产生较 2 h 温育 5～10 倍的信号。同样，与第一抗体过夜温育或 4℃温育，对某些抗体尤其是与抗原亲和力较低的抗体，效果更好。

方案 2　筛选质粒载体构建表达的文库 14.14

大多数构建于质粒的 cDNA 表达文库都采用 pUR，pUC 或 pEX 系列的质粒（见第 11 章和第 16 章及附录 3）。在 pUC 和 pUR 载体中，cDNA 分别插入位于大肠杆菌 β-半乳糖苷酶基因氨基端（pUC）或羧基端（pUR）的多克隆位点。尽管两种文库都可成功采用抗体进行筛选（Helfman et al. 1983），但 pUR 系统效果更好。首先，多克隆位点具有所有 3 种翻译阅读框架，任何一种序列测定后的 cDNA 很容易插入正确的表达阅读框架。其次，在 β-半乳糖苷酶（*lacZ*）基因 3′端插入片段的重组体所表达的融合蛋白要比 5′端插入片段者更稳定（Stanley 1983）。至少在一些情况下这些融合蛋白可保留 β-半乳糖苷酶活性（Rüther and Müller-Hill，1983），这一活性在以后的蛋白质纯化过程中可成为有用的标记。pUC 和 pUR 质粒表达融合蛋白时，都受到上游 *lac* 启动子调控，故两者在大量表达 lac 阻遏物的菌株（I^q 菌株）内均受到阻遏。持续的阻遏对于组成型外源蛋白质的表达是至关重要的（Amann et al. 1983，Gething and Sambrook 1983），通常这些蛋白质对 *E. coli* 是有毒性的。编码毒性蛋白的质粒可以在只允许表达极少量融合蛋白的条件下加以扩增，在进行免疫筛选之前，只需让培养物暴露于 IPTG 进行短暂诱导，就能使融合蛋白合成量达到最大。已报道的几个表达质粒自身携带 *lacI*^{q} 基因（Stark 1987），因而所克隆的序列不管在哪种菌株中进行表达，都将受到严格控制。

pEX 家族的质粒，其中同样含有符合 3 种读框的多克隆位点，位于由 λ 噬菌体 *cro* 序列和 *E. coli lacZ* 序列组成的融合基因的 3′末端（Stanley and Luzio 1984），λ 噬菌体 P_R 启动子调控 *cro*-β-半乳糖苷酶融合蛋白的表达，而在质粒生长和扩增过程中启动子又被 λ 噬菌体 *c*I 基因产物所阻。pEX 载体在携带合成温度敏感 *c*I 基因产物缺陷型 λ 噬菌体的细菌中 30℃ 正常生长。进行免疫筛选前，可将培养温度升至 42℃，以诱导融合蛋白的表达。

虽然还没有进行定量比较，但很明显 3 类质粒都可以有效地指导合成大量融合蛋白 14.15
（高达占可提取的细胞总蛋白质的 40%）。无论采用哪个系统，小分子融合蛋白的表达水平比大分子蛋白质更高，而且不易被细胞内蛋白酶降解，这很可能是因为它们在细胞内较易形成沉淀（称做包涵体，请见第 15 章方案 8，Stanley and Luzio 1984）

检测结合抗体的方法有以下 3 种：放射化学筛选，生色反应筛选及化学发光反应筛·

选。3 种方法的优缺点在本章导言中有所论述。

材料

注意：标有〈!〉材料的正确操作请参见附录 12。

缓冲液及溶液

贮存液，缓冲液及试剂的组分请见附录 1。将贮存液稀释至合适浓度。

封闭缓冲液：

10 mmol/L Tris-Cl（pH 8.0）

150 mmol/L NaCl

0.05%（V/V）Tween-20

20%（V/V）胎牛血清

其他备选封闭液如 5%（m/V）脱脂奶粉或含 1%（m/V）明胶和 3%（m/V）牛血清白蛋白的 TNT 缓冲液。各种试剂的优点，不同实验室各执一辞。建议研究者进行预实验以确定哪种与筛选用第一和第二抗体合用效果最好。封闭缓冲液在 4℃ 保存，可重复数次使用。应加入终浓度为 0.05%（m/V）的叠氮化钠〈!〉阻抑微生物的生长。

氯仿〈!〉

裂解缓冲液：

100 mmol/L Tris-Cl（pH 7.8）

150 mmol/L $MgCl_2$

1.5%（m/V）牛血清白蛋白

1 μg/ml 胰 DNA 酶 Ⅰ

40 μg/ml 溶菌酶

检测抗原-抗体复合物所用试剂：

利用碱性磷酸酶（AP）-偶联抗体进行生色反应筛选所用试剂

利用辣根过氧化物酶（HRP）-偶联抗体进行生色反应筛选所用试剂

利用化学发光反应筛选试剂

每种筛选方法所用的试剂，参见步骤 19，关于检测抗体的常用方法，参见本章末信息栏中利用抗体进行免疫筛选相关内容，详情请见附录 9。

SM

室温保存，用后丢弃，以防污染。

TNT 缓冲液：

10 mmol/L Tris-Cl（pH 8.0）

150 mmol/L NaCl

0.05%（V/V）Tween-20

每筛选 10 张滤膜需大约 1 升 TNT 缓冲液。室温保存。

洗涤缓冲液：

含 0.1%（m/V）牛血清白蛋白的 TNT 缓冲液

含 0.1%（m/V）牛血清白蛋白质和 0.1%（V/V）NP-40 的 TNT 缓冲液

这些溶液中不含叠氮化钠。

放射性化合物 14.16

^{125}I 标记的蛋白质 A 或 ^{125}I 标记的免疫球蛋白〈!〉

放射性碘化第二抗体〈!〉

若用步骤 19 中放射性标记第二抗体来检测抗原-抗体复合物时可用此种抗体。

IgG 的放射性碘化

注意：此过程须在化学通风橱的合适屏障后中进行。

这种方法用于放射性标记作为第二抗体的免疫球蛋白。

1. 利用蛋白 A-Sepharose 层析法从抗血清中制备 IgG（Harlow and Lane 1999），50 mmol/L 磷酸钠（pH 7.5）稀释，使 IgG 至终浓度为 1 mg/ml。
2. 向 50μl 稀释后的 IgG 加入 4μl ^{125}I（Na ^{125}I，10 mCi/ml）。
3. 加 15 μl 氯胺 T（浓度为 2 mg/ml，用 50 mmol/L 磷酸钠溶液配制，pH 7.5）。
4. 室温温育反应 90s。
5. 加 50 μl 偏亚硫酸氢钠（5 mg/ml，用 50 mmol/L 磷酸钠溶液配制，pH 7.5）。
6. 将反应物加入 5 ml Sephadex G-25 柱［用 50 mmol/L 磷酸钠（pH 7.5）平衡］（请见附录 8）。
7. 分 0.5ml 一管进行收集直至放射性全部洗脱。
8. 合并放射性物质。

一般来说，大于 95%的放射性标记被结合，放射性标记的抗体比活度超过 10^8 cpm/mg。使用前放射标记的抗体不宜存放过长时间。

抗体

第一抗体

对于第一、第二抗体的选择，参见本章末信息栏利用抗体进行免疫筛选相关内容详情请见附录 9。

培养基

LB 或 SOB 琼脂平板

含有适用于构建 cDNA 表达文库系统或载体的抗生素。90 mm 平皿中应含 30～35 ml 琼脂培养基，每 150 mm 平皿中含大约 50 ml。平板必须保持干燥，否则当硝酸纤维素滤膜移走时，顶层琼脂糖会剥离。通常，把 2 天前铺制的平板稍微打开盖，放于 37℃ 继续干燥 1～2h，效果更好。

含 1 mmol/L IPTG 的 LB 或 SOB 琼脂平板

若表达载体携带 *lac* 启动子时，需要含 IPTG 的平板。关于 IPTG 诱导蛋白质表达的相关内容，请见第 15 章导言中关于含 IPTG 诱导型启动子的表达载体的讨论。

专用设备

30℃ 与 42℃ 空气培养箱

若表达载体中含有 λ 噬菌体 P_R 启动子时需要（如 pEX 系列）；否则，培养箱可设在 37℃。

平头镊子

装有防水黑墨水（印度墨水）并带有 18 号针头的注射器

硝酸纤维素滤膜 14.17

适用于结合蛋白质及免疫印记反应的滤膜有不含 Triton X-100 的硝酸纤维素滤膜（Millipore HATF 公司或相当产品）及硝酸纤维素衍生物如 Hybond-C extra（Amersham Pharmacia Biotech 公司），尼龙膜或带极性尼龙膜因为背景较高及固定蛋白质能力弱不适用于免疫筛选。

用软铅笔或圆珠笔在滤膜上作好记号，用水打湿，夹于干燥 Whatman 3MM 滤纸之间，用铝箔将一叠滤纸包好，10 psi（0.70 kg/cm^2）高压蒸汽灭菌。

塑料盒和玻璃陪氏大平皿

一叠 Whatman 3MM 滤纸

每张滤膜准备一张 Whatman 3MM 滤纸并略有富余。用铝箔包好，高压蒸汽灭菌（0.70 kg/cm^2）。

载体及细菌株

质粒表达文库

按第 11 章所述利用合适表达载体构建 cDNA 文库，或从供应商处购买。

附加试剂

步骤 19 中需方案 1 中所列试剂。

方法

主板与膜的制备

1. 无菌平头镊子（如 Millipore 镊子）将灭菌硝酸纤维素滤膜放于 LB（或 SOB）平板上，编号面朝下。然后将滤膜移走，倒转后重新放好，编号面朝上。
2. 取少量菌液（每张 138 mm 滤膜可用小于 0.5 ml，其中可含多达 20 000 个细菌，每张 82 mm 滤膜则用小于 0.2 ml，其中可含 10 000 个细菌。用灭菌弯头玻璃棒涂布在滤膜表面，在滤膜边缘留出 2～3 mm 宽的无菌边界。室温下放置平板直至所有液体均被吸收。
3. 倒置平板，培养（8～10 h）直至出现极小的菌落（直径 0.1 mm）。

   用带有 *lac* 启动子的表达载体转化的菌落宜在 37℃ 培养，而用带有 λ 噬菌体 P_R 启动子表达载体转化菌落应在 30℃ 培养，以防表达融合蛋白。

复印滤膜的制备

4. 将一个编号并已灭菌的硝酸纤维素滤膜与另一个含有适当抗生素的琼脂平板表面接触而使之变湿，编号面向上，复印滤膜的编号应同主滤膜编号相对应。
5. 用灭菌平头镊子轻轻把主滤膜自第一平板上（步骤 3）移至一叠 Whatman 3MM 滤纸上。有菌落面朝上。

14.18 6. 小心把第二张已湿的滤膜（编号面向下）放在相应编号的主滤膜上。要注意，一经接触就不要移动滤膜。将一张圆形 3MM 滤纸放于滤膜上。在滤纸上再放空皿，底部相触，用手压平皿，使滤膜得到复印。

7. 当两张滤膜夹在一起时，用 18 号针头在滤膜上作出一系列有特定记号的定位孔。轻轻剥离滤膜，将复印滤膜放于湿润用过的平板上（步骤 4），将主滤膜放于含合适抗生素的新鲜平板上，有菌面向上。

如有需要，一张主滤膜可制备几张复印滤膜。不过，如果主滤膜要用于制备两张以上复印滤膜时应再温育若干小时以使菌落再生。通常，一张主滤膜最好只制备两张复印滤膜，以避免菌落模糊不清而引起的种种问题。

8. 重复步骤 4～7 直至所有主滤膜被复印。
9. 按下述方法诱导克隆于带有 *lac* 启动子的质粒中的基因表达。
   a. 37℃温育平板（主平板和复印平板）直至出现直径 1～2 mm 的菌落。一般主板的菌落很快达到所需的大小。
   b. 将主板冷却至室温，包上塑料膜，4℃保存，直至获得免疫筛选结果。
   c. 将复印滤膜编号面向上放于含 1 mmol/L IPTG 且预温到 37℃的新鲜平板上。继续温育 2～4 h。
   d. 为诱导带 λ 噬菌体 P_R 启动子的表达载体（如 pEX 载体请见附录 3）进行表达合成，可把滤膜转到预温的平板上，于 42℃温育 2～4 h。

菌落免疫筛选中滤膜的处理

10. 在化学通风橱中，用平头镊子从平板上取出硝酸纤维素滤膜，放置在湿润的纸巾上。滤膜上用一塑料盒盖好，再把一个装有氯仿的无盖玻璃平皿也放进塑料盒中。将滤膜上的细菌菌落于氯仿蒸气中暴露 15 min。
11. 将一小部分滤膜放在装有裂解液（每张 82 mm 滤膜用 6 ml，每张 138 mm 滤膜用 12 ml）的平皿中。所有滤膜均浸没后，将平皿放在旋转平台上，缓缓摇动裂解缓冲液，室温下菌落裂解需 12～16 h。
12. 滤膜转到含 TNT 的陪氏平皿或玻璃托盘中，室温温育 30 min。
13. 换新鲜的 TNT 缓冲液，重复步骤 12。
14. 逐张把滤膜放在含 TNT 缓冲液的玻璃盘中，用 Kimwipes 纸去除滤膜表面的菌落残迹。

表达融合蛋白克隆的检测 14.19

重要：下列各步骤切勿使滤膜干燥，本来与湿润滤膜非特异性可逆结合的抗体，一旦滤膜变干，就会永久留在滤膜上，另外滤膜浸入各种缓冲液和抗体溶液时要防止它们彼此相连。为此，可把滤膜分批（每批 5 张滤膜），每批单用一个大平皿或结晶皿，这样就可以减少彼此相连的问题。可将平皿互相叠在一起放在低速转动的平台式摇床上。

15. 所有滤膜全部剥离并漂洗后，逐张放在新换的 TNT 缓冲液中，全部滤膜都转移完毕后，于室温继续温和搅动缓冲液 30 min。

    如有必要，滤膜此时可以从缓冲液中取出，用 Saran 包装膜包好，于 4℃保存 24 h。

16. 用平头镊子把滤膜逐张转移至含封闭缓冲液（每张 82 mm 滤膜需 7.5 ml，每张 138 mm 滤膜需 15 ml）的玻璃盘中，所有滤膜均浸没后，室温下在转动平台上慢慢摇动溶液 30 min。
17. 用平头镊子把滤膜转移至含稀释的第一抗体的封闭缓冲液（每张 82 mm 滤膜需 7.5 ml，每张 138 mm 滤膜需 15 ml）的新鲜玻璃盘中，使用产生背景不算很高但仍可检测 50～100 pg 变性抗原的最高抗体稀释度。所有滤膜均浸没后，室温下在转动平台上缓慢摇动溶液 30 min。

抗体可在4℃保存并可反复使用数次。溶液中加入终浓度为0.05%（V/V）的叠氮化钠抑制微生物的生长。

18. 依次将滤膜放到下列每种缓冲液中洗涤 10 min，在缓冲液之间转移滤膜时应逐张进行，每张 82 mm 膜各需用缓冲液 7.5 ml；每张 138 mm 膜需 15 ml。

    含 0.1%牛血清白蛋白的 TNT 缓冲液

    含 0.1%牛血清白蛋白和 0.1% NP-40（Nondidet P-40）的 TNT 缓冲液

    含 0.1%牛血清白蛋白的 TNT 缓冲液

19. 利用所选择的放射化学、生色反应或化学发光试剂检测抗原抗体复合物。

放射化学筛选

每张滤膜需用大约 1 μCi ^{125}I 标记的 A 蛋白或免疫球蛋白，放射性标记 A 蛋白已商品化（比活 2～100 μCi/μg）。放射性碘标记的第二抗体可从供应商购得，也可按材料中信息栏 IgG 的放射性碘标记相关内容进行制备。

a. 用封闭缓冲液稀释放射性标记配体（每张 82 mm 滤膜需 7.5 ml，每张 138 mm 滤膜需 15 ml）。

b. 室温下温育 1 h，用 TNT 缓冲液漂洗数次，按附录 9 中所述进行放射自显影。继续步骤 20。

14.20 **生色反应筛选**

识别第一抗体种特异性决定簇的辣根过氧化酶（HRP）或碱性磷酸酶（AP）偶联的抗体可向厂商购买，并按产品说明书推荐的稀释度及要求使用。一般每张 82mm 滤膜，可将 5 μl 偶联抗血清加入 7.5 μl 封闭缓冲液（无叠氮化钠）中，要了解 HRP 或 AP 更多内容，请见附录 9。

联合应用 5-溴-4-氯-3-吲哚磷酸（BCIP）底物及氮蓝四唑（NBT）对抗原-抗体-抗抗体-AP 复合物进行定位

AP-偶联抗体的生色反应筛选所需材料

AP 偶联的抗 Ig 抗体

AP 缓冲液：100mmol/L Tris-Cl（pH 9.5）
　　100 mmol/L NaCl
　　5 mmol/L $MgCl_2$

5-溴-4-氯-3-吲哚磷酸（BCIP）

二甲基甲酰胺（DMT）〈!〉

氮蓝四唑（NBT）

a. 将滤膜放于含 AP-偶联抗体的溶液中，于室温下缓慢摇动 1.5～2 h。

b. 按步骤 14 洗涤滤膜。

c. 制备 BCIP（50 mg/ml 溶于 100%DMT）和 NBT（50 mg/ml 溶于 70%DMT）贮存液，避光保存。

d. 临用前，制备 BCIP/NBT 显影液：

Ⅰ. 在 AP 缓冲液中加入 33 μl NBT 溶液，混匀。

Ⅱ. 加 16.5 μl BCIP 贮存液，混匀，避光保存，1 h 内使用。

e. 用纸巾将滤膜吸干。

f. 将滤膜浸入 BCIP/NBT 显影液（每张 82 mm 滤膜用 7.5 ml，每张 138 mm 滤膜用 15 ml），室温温育数小时。

g. 蒸馏水略洗两遍，在抗原抗体复合物处呈现深紫色。

继续步骤 20。

利用 4-氯-1 萘酚对抗原-抗体-抗抗体-HRP 复合物进行定位

HRP 偶联抗体进行生色反应筛选所需材料

4-氯-1 萘酚

H_2O_2（30%）〈!〉

HPR 偶联的抗免疫球蛋白抗体

NaCl（5 mol/L）

Tris-Cl（1 mol/L，pH 7.5）

含 150 mmol/L NaCl 的 Tris-Cl（10 mmol/L，pH 7.5）

a. 将滤膜放入含 HRP-偶联抗体的溶液中，于室温下轻轻摇动 1.5～2 h。 14.21

b. 按步骤 14 洗涤滤膜。

c. 将 60 mg 4-氯-1 萘酚溶于 20ml 冰预冷的甲醇制成显影液，用前，和 100 ml 含 60 μl 30% H_2O_2 的 10 mmol/L Tris-Cl（pH 7.5）、150 mmol/L NaCl 溶液混合。

d. 用纸巾将滤膜上的水吸干，再用 10 mmol/L Tris-Cl（pH 7.5），150 mmol/L NaCl 溶液略洗一下。

e. 将滤膜浸入到 4-氯-1-萘酚显影液中（每张 82 mm 滤膜需 10 ml，每张 138 mm 滤膜需 25 ml），室温温育 15～20 min。

f. 蒸馏水洗涤两遍，再抗原-抗体复合物处呈现深紫色。

生物素化的种特异性抗体及抗生物素蛋白质偶联的 HRP 也已商品化，应按不同厂商的使用说明书进行稀释，如上述 HRP-偶联抗体一样进行免疫筛选。

继续步骤 20。

发光筛选

化学发光反应是检测免疫阳性噬菌斑最灵敏的方法。第二抗体一般与 AP 或 HRP 偶联，使用 AP-偶联的抗体时需要如1, 2 -dioxetane phosphates 这样的底物。这种底物磷酸化后在 466 nm 波长处发光，HRP-偶联的抗体可氧化底物鲁米诺，后者在过氧化氢和苯酚存在下，可于 428 nm 波长处发出强光。在两种系统中，发出的光可用放射自显影来捕获。化学发光检测快速、灵敏（1～10 pg 的抗原可被检出），且可得到永久性的筛选滤膜记录（X 射线胶片）。其潜在的缺点是试剂的高成本以及需要对放射自显影片与母板进行比较才能得到阳性克隆，下面是典型方案。

化学发光反应筛选所需材料
AP 或 HRP 偶联的抗免疫球蛋白抗体
化学发光反应底物（可向如 Tropix 等公司购买）
Saran 包装膜

a. 将滤膜放入含 AP 或 HRP 偶联抗体的溶液中，于室温下轻缓摇动 1.5～2 h。

b. 按步骤 18 对滤膜进行洗涤。

c. 按厂家说明书制备化学发光反应底物。

d. 将洗过的滤膜与化学发光反应底物温育 1～5 min（按照厂家建议，确定最佳曝光时间）。

e. 将滤膜上多余液体除去，立即包在 Saran 包装膜中，不要使滤膜干涸。

f. 放射自显影（请见附录 9），一般初次曝光 1 min，然后根据此间隔来决定合适曝光时间。

继续步骤 20。

14.22

20. 鉴定阳性克隆的位置，或与复印滤膜比较，寻找一致信号。对于放射标记或化学发光探针，应将放于光箱的琼脂平板与放射自显影的结果比较。对于会在滤膜上留有可见阳性残迹的生色试剂，继续下列步骤。

    a. 在滤膜上放置一叠 Saran 包装膜或 Mylar 膜。

    b. 在 Saran 包装膜的表面用不同颜色的防水记号笔标记滤膜上各孔的位置，以及抗原阳性克隆的位置。Saran 包装膜上还应作好标记，以便找到与滤膜相对应的平板。

    c. 把包装膜放在读片光箱表面，将含有原始菌落的平板放在膜上核对。

    d. 确定阳性噬斑区域，将含有假定阳性克隆的这一区域的琼脂块移到 1 ml 含有合适抗生素的 LB 培养液中。在适当温度下培养 12～16 h。

    e. 保存 Saran 包装膜作为阳性噬斑定位的永久记录。原始滤膜上的色斑会很快消退。

21. 重复铺板和筛选过程直至得到一致的免疫阳性克隆。

22. 根据方案 1 末信息栏对免疫筛选分离的克隆进行确定中提供的方法鉴定免疫筛选分离的克隆。

14.23

方案 3 去除抗血清中交叉反应的抗体：假筛选

有几种方法可用于从血清中除去能与细菌和噬菌体蛋白发生反应的抗体。

- 将转移非重组噬菌体的硝酸纤维素滤膜与抗血清一起温育（本方案）
- 在筛选前将大肠杆菌宿主细胞裂解液与抗血清一起温育
- 大肠杆菌蛋白共价结合于树脂的抗血清亲和层析法

很难预测上述方法中哪一种能产生最理想的用于免疫筛选为目的的抗血清，不止一种方法可用于去除抗血清中的交叉反应性抗体成分。例如，本节介绍的方法仅仅是制备含有相对低滴度抗大肠杆菌抗体的抗血清。如果处理后的抗血清仍然与宿主成分有高水平的交叉反应，则须在含有固定大肠杆菌成分的层析柱上用亲和层析法进一步纯化。

材料

注意：标记〈!〉材料的正确操作方法请见附录 12。

缓冲液和溶液

贮存液，缓冲液和试剂的组分请见附录 1。

将贮存液稀释到适当的浓度。

封闭缓冲液

10 mmol/L Tris-Cl（pH 8.0）

150 mmol/L NaCl

0.05%（V/V）Tween-20

封闭试剂［1%（m/V）明胶，3%（m/V）牛血清白蛋白，或 5%（m/V）脱脂奶粉］

对于这些封闭实际的优点，不同实验室各执一词。我们建议使用者进行预试验确定哪种封闭液与所选择的第一抗体和第二抗体匹配最优。封闭液可以贮存于 4℃，重复使用数次。加入叠氮化钠〈!〉至终浓度为 0.05%（m/V），用以抑制微生物的生长。

抗体 14.24

制备用于文库筛选的抗体

培养基

LB 平板琼脂培养基

每 90 mm 陪氏细菌培养皿需 30～35 ml 琼脂培养基。每 150 mm 平板需约 50 ml 琼脂培养基。平板必须干燥，否则，当硝酸纤维素滤膜取出时，顶层琼脂糖会被揭掉。通常，两天前制备的平板在使用前将盖略微揭开，在 37℃ 温育 1～2 h，效果很好。

LB 顶层琼脂糖

用前在微波炉中短时加热熔化顶层琼脂糖，然后冷却至 47℃。将熔化的顶层琼脂在无菌管中分成 3 ml 等份（90 mm 平板）或 7.5 ml 等份（150 mm 平板）。将分好的等份放在 47℃ 干燥器或水浴中以防止顶层琼脂凝固。

专用设备

硝酸纤维素滤膜

适合用于结合蛋白质及免疫印迹的滤膜，包括无 Triton X-100 硝酸纤维素滤膜（Millipore HATF 或等同产品）和硝酸纤维素衍生支持物，如 Hybond-C extra［Amersham Pharmarcia Biotech 公司］。尼龙膜和带极性尼龙膜因为固定蛋白质的能力差且背景高而不适用于免疫筛选。

附加试剂

本节步骤 1 需要第 2 章方案 1 所列试剂。

本节步骤 2 需要本章方案 1 所列试剂。

载体和菌株

λ 噬菌体载体

利用表达载体和菌株构建所需 cDNA 文库。

方法

1. 将非重组 λ 噬菌体铺在 10 块琼脂平板上，以得到半融合裂解的菌苔（请见第 2 章方案 1)。
2. 按方案 1 步骤 5～12 所述，但略去 IPTG 处理，制备硝酸纤维素滤膜上的裂解菌苔印痕。

   不必按方案 1 步骤 8 所述标记滤膜。
3. 用封闭液以 1:10 稀释用于筛选的抗体制剂。
4. 将滤膜与稀释的抗体共同温育 6h。在处理后的抗体中加入 0.05％叠氮化钠，保存于 4℃以备免疫筛选时使用。

   稍加修改后，该方法即可用于细菌菌落的假筛选以去除抗大肠杆菌抗体。可以在硝酸纤维素滤膜上固定一些不含有插入 cDNA 表达载体的细菌菌落（请见方案 2)。然后按方案 2 步骤 10～16 进行细胞裂解及洗膜。最后，按上述步骤 3 和 4 处理抗血清。

14.25

替代方案：用噬菌体感染细胞裂解液吸收抗体

该法可吸收与噬菌体编码蛋白发生反应的抗体，主要过程是在噬菌体感染细胞的裂解液中温育 5 条（3cm ×10cm）硝酸纤维素滤膜。有几种商品化试剂盒可提供这种噬菌体感染细胞裂解液（请见 Stratagene's pico Blue 免疫筛选试剂盒或 Noragen's Phagefinder 免疫筛选试剂盒)。

方法

1. 在噬菌体感染细胞裂解液中温育 5 条（3 cm×10 cm）硝酸纤维素滤膜。
2. 从裂解液中取出这些滤膜，将它们在封闭液中室温温育 1 h。
3. 用封闭液以 1:10 稀释抗体，室温温育 1 条滤膜 20 min。
4. 取出这条硝酸纤维素滤膜，换一条新的滤膜。
5. 重复上述过程至 5 条滤膜均完成。含 0.05％（m/V）叠氮化钠的吸收抗体可以在 4℃贮存直到用于免疫筛选。

14.26

方案 4 从抗血清中去除交叉反应性抗体：与大肠杆菌裂解液共同温育

本方案介绍一种通过抗血清与细菌裂解液共同温育而从多克隆抗血清中去除与细菌编码蛋白质发生反应抗体的方法。本节介绍的吸收方法仅仅适用于制备含有低滴度抗大肠杆菌抗体的抗血清。如果处理后的抗血清仍然与宿主成分有高水平的交叉反应，则需在固定大肠杆菌成分的层析柱上用亲和层析法进一步纯化。

材料

注意：标有〈!〉材料的正确操作方法请见附录 12。

缓冲液和溶液

贮存液，缓冲液和试剂的组分请见附录 1。

将贮存液稀释到适当的浓度。

封闭缓冲液

10 mmol/L Tris-Cl（pH 8.0）

150 mmol/L NaCl

0.05%（*V*/*V*）Tween-20

封闭液（1% *m*/*V* 明胶，3% *m*/*V* 牛血清白蛋白，或 5% *m*/*V* 脱脂奶粉）

这些封闭试剂的优点，不同实验室各执一词。我们建议使用者进行预试验确定哪种封闭液与所选择的第一抗体和第二抗体匹配最优。封闭液可以贮存于 4℃，重复使用数次。加入终浓度为 0.05%（*m*/*V*）的叠氮化钠〈!〉用以抑制微生物的生长。

细胞悬浮缓冲液

50 mmol/L Tris-Cl（pH 8.0）

10 mmol/L EDTA（pH 8.0）

过滤除菌，以 50 ml 等分后贮存于 4℃。

14.27

抗体

制备用于文库筛选的抗体

培养基

LB 培养基

离心机和转子

Sorval GSA 转子或相当转子

专用设备

适用于处理细菌的超声波破碎仪

载体和菌株

大肠杆菌 Y1090*hsdR*

该菌株可以从 Stratagene，Life Technologies 或 ATCC（www.atcc.org）获得。

方法

1. 在 LB 培养基中培养 100 ml 大肠杆菌 Y1090*hsdR* 株达到饱和。

2. 于 4℃以 5000g 离心 10min 收获细菌。
3. 细菌重悬于 3 ml 细菌悬浮缓冲液中。反复冻融数次，再于 0℃用最大功率超声波处理 6 次，每次 20 s。
4. 提取液于 4℃以 12 000g 离心 10 min，将上清液转移到另一试管内，所得裂解液贮存于 −20℃。
5. 使用裂解液前先用封闭液以 1∶10 稀释用于筛选的抗体制剂。
6. 每毫升抗血清中加入 0.5 ml 大肠杆菌裂解液。置室温缓慢摇动温育 4 h。处理后的抗体加入 0.05%叠氮化钠，保存于 4℃以备免疫筛选时使用。

14.28

方案 5　从抗血清中去除交叉反应性抗体：亲和层析法

本节介绍一种利用结合细菌蛋白质的基质去除粗制免疫球蛋白中与细菌编码蛋白质发生反应成分的方法（de Wet et al. 1984）。该方法也适用于利用培养的细胞或组织抽提物去除交叉反应抗体。当然，关键是所需抗原不存在于吸附于层析柱上的抽提物中。

材料

注意：标有〈!〉材料的正确操作请见附录 12。

缓冲液和溶液

贮存液，缓冲液和试剂的组分请见附录 1。

将贮存液稀释到适当的浓度。

细胞裂解缓冲液

0.1 mol/L 硼酸钠

1 mol/L NaCl

用 0.45 μm 滤膜过滤细胞裂解缓冲液，室温贮存。每 1 L 培养细菌需要大约 100 ml 细胞裂解缓冲液。

NaOH（1 mol/L）〈!〉

Tris-缓冲盐溶液（TBS）和含 0.2%（m/V）叠氮化钠的 TBS〈!〉

Triton X-100

酶和缓冲液

溶菌酶

使用分子生物学级的溶菌酶。加入固体溶菌酶以辅助裂解细菌。

胰 DNA 酶 Ⅰ

在细胞裂解液中加入固体 DNA 酶 Ⅰ 消化染色体 DNA。

14.29 抗体

制备用于文库筛选的抗体

利用蛋白 A-Sepharose 亲和层析制备的 IgG 片段，本方案可获得最佳效果。用蛋白 A-Sepharose 介质的亲和层析法，请见 Harlow 和 Lane 法（1999）。

培养基

培养液

需要 1 升合适的大肠杆菌培养液。

离心和转子

Sorval GSA 转子或相当转子

Sorval SS-34 转子或相当转子

专用设备

亲和层析柱

5 ml 塞有玻璃棉的塑料注射器或 Bio-Rad Poly-Prep 柱子均适用。

溴化氢活化的 Sepharose 4B（Amersham Pharmacia Biotech）或 Affi-Gel10（Bio-Rad）

载体和菌株

大肠杆菌作为制备表达文库的宿主菌

方法

1. 将适当菌株（如 Y1090*hsdR*、XL1-Blue 或 DH1）的 1L 培养物培养至静止期。
2. 用 Sorvall GSA 转头（5000 r/min）于 4℃ 以 4000*g* 离心 20 min 收获菌体。
3. 弃去培养基，倒置离心管排出残留培养液。
4. 将沉淀物重悬于 100 ml 的细胞裂解缓冲液中。
5. 加入 200 mg 溶菌酶，于室温温育菌液 20 min。
6. 加入 1 mg 胰 DNA 酶 Ⅰ 和 200 μl Triton X-100。
7. 于 4℃ 温育菌液 1 h，或温育至上清由混浊变清亮且黏度降低。
8. 将细菌裂解液于 4℃ 以 8000*g*（8200 r/min 用 Sorvall SS-34 转头）离心 20 min，小心将上清液倒入另一个烧杯内。
9. 用 1 mol/L NaOH 将上清液 pH 调至 9.0。
10. 用 Lowry，Bradford 或其他方法检测裂解液中蛋白的浓度。
11. 将提取液骤冷至 0℃，并按操作说明将菌体蛋白质结合于溴化氢活化的 Sepharose 4B 或 Affi-Gel 10。 14.30
12. 使用前，用含 0.2%（*m*/*V*）叠氮化钠的 TBS 平衡与大肠杆菌提取物结合的 Sepharose 4B 或 Affi-Gel 10 树脂。
13. 每通过亲和层析纯化 1 mg IgG，需要 1 ml 固定体积的与大肠杆菌抗原相偶联的树脂。IgG 和偶联的树脂混匀后，在转鼓中于室温温育 12～18 h。

14. 将匀浆液装到亲和层析柱上。用 TBS 洗脱抗体。收集洗脱液（每管 0.2 柱床体积）至 OD_{280}降为 0。合并各管抗体，并将亲和纯化抗体贮存于 -20℃，以备免疫筛选时用。

14.31 方案 6　利用 λ 噬菌体文库筛选 DNA 结合蛋白

可利用合成双链寡核苷酸筛选构建于 λ 噬菌体的 cDNA 表达文库，以鉴定与特异 DNA 结合蛋白质相对应的克隆（Singh et al. 1988，Vinson et al. 1988）。该方法与表达文库免疫筛选的方法非常相似，只是用 ^{32}P 标记双链 DNA 而不是用抗体来筛选硝酸纤维素滤膜上固定的蛋白质。最初采用带有单一结合位点的放射性标记双链 DNA 进行筛选（Singhe et al. 1988），但获得的阳性克隆的信号通常很弱且易从滤膜上洗去。序列特异性的 DNA 结合蛋白质的平衡缔合结合常数介于 10^8～10^{12} L/mol 之间。假定某种蛋白质的平衡缔合结合常数为 10^{10} L/mol，而结合速率常数为 10^7 L/(mol·s)，则所得 DNA-蛋白质复合物的解离速率常数为 10^{-3}L/(mol·s)，其半衰期大约为 10 min（Singh et al. 1988，Singh 1993）。那么，经过 30 min 洗涤后，复合物只剩 1/8。上述计算表明，当 DNA 结合蛋白平衡缔合结合常数小于 10^9L/mol 时，很难用双链寡核苷酸探针来筛选表达文库。该问题可以通过应用含多个结合位点的多联体探针得以解决（Clerc et al. 1988，Staudt et al. 1988，Vinson et al. 1988）。应用含多个结合位点的多联体探针在平行的比较实验种产生的信号要强得多，这可能是因为它们可结合在噬菌体所产生的 DNA 结合蛋白的不只一个位点上。利用这种比活度大于 10^8 计数/min·μg 的放射性标记的多联探针，可以检出少至 1pg 的含 DNA 结合位点的 β-半乳糖苷酶融合蛋白（Singh 1993）。

典型的重组 λgt11 噬菌体噬斑中含 50～100 pg 的融合蛋白。然而由感染噬菌体的细胞所产生的蛋白质只有一小部分可以折叠成适于结合 DNA 配体的构象。有时可采用变性剂对融合蛋白略加处理，而使情况改观（Vinson et al. 1988）。将附有重组噬菌体所合成融合蛋白的硝酸纤维素滤膜浸泡在 6 mol/L 盐酸胍中，使融合蛋白聚集体随之溶解并部分变性。然后逐渐除去变性剂，使更多的融合蛋白重折叠成具有适当构象的活性形
14.32 式。但应切记用变性剂处理并非总是有利的，因为有些蛋白质经盐酸胍处理后不易复性。最保险的办法是平行筛选两套滤膜，其中之一用盐酸胍处理。先筛选一套用盐酸胍处理的含蛋白质印迹的滤膜，如果未筛选到目的克隆，此时再用另一套未经盐酸胍处理的滤膜。有时，可以通过 Southwestern blotting 确定目的蛋白对变性与复性作用的耐受能力。该技术中，含有目的蛋白的核抽提物可通过 SDS 聚丙烯酰胺凝胶电泳分离，在用盐酸胍处理变性和复性一轮前后，将其转移至硝酸纤维素滤膜上，然后用多联体寡核苷酸探针探查。如果获得阳性结果，即单一的多肽结合到相关探针上，可进一步筛选表达文库（Müller et al. 1988）。经或未经盐酸胍处理的细胞核提取液，可利用甲基化保护实验、DNA 酶 Ⅰ 足迹法或凝胶电泳迁移率试验进行检测（请见第 17 章）。

挑选与双链寡核苷酸探针强烈反应的潜在阳性噬斑，按适当稀释度重新铺板，复检它与特异性和非特异性多联体寡核苷酸探针反应的能力。如有可能，用于第二轮筛选的非特异性探针应当是含替代碱基的寡核苷酸，这些替代碱基的作用在于阻止靶蛋白与其

结合位点的结合。第二轮筛选的目的是为了证实所得克隆编码的蛋白质是与野生型寡核苷酸而非突变型的寡核苷酸发生反应。新得到的阳性克隆可用于产生溶源菌株，进而经诱导而合成大量蛋白质，用于上述的种种生化试验。最后，必须通过体外转录研究，用带有全长 cDNA 的质粒与含多拷贝启动子上游识别序列的报道质粒一起共转染靶细胞，以揭示该蛋白质的功能。可以通过分析从转染细胞中提取的 RNA，来检测 cDNA 所编码的蛋白质能否活化或抑制启动子的转录。

多联体探针可通过几种方法制备，如将^{32}P 残基转到两个互补合成的寡核苷酸的 5′羟基端，与磷酸化并放射标记的 DNAs 退火，以及与退火的 DNAs 形成二聚体。或者，双链二聚体可通过反转录或 Klenow 片段催化 3′端进行模板指导的［α-^{32}P］dNTP 掺入来得到放射性标记。复印滤膜可通过一个噬菌体表达文库制备。放射性标记的二聚体与滤膜上的噬斑进行杂交以固定目的蛋白。以下的方案是由 Steve McKnight（University of Texas Southern Medical Center，Dallas）提供。

材料

注意：标有〈!〉材料的正确操作方法请见附录 12。

缓冲液和溶液

贮存液，缓冲液和试剂的组分请见附录 1。
将贮存液稀释到适当的浓度。

ATP（100 mmol/L）

用 25 mmol/L Tris-Cl（pH 8.0）稀释 100 mmol/L 贮存液分别配制 10 mmol/L 和 50 mmol/L 两种浓度的 ATP 溶液。

10×结合缓冲液 14.33

250 mmol/L HEPES（pH 7.9）
30 mmol/L $MgCl_2$
40 mmol/L KCl

含 1 mmol/L 二硫苏糖醇的 1×结合缓冲液

该溶液用于稀释完全变性溶液以配制本节中一系列的洗液。请参见步骤 11～13 计算所需的溶液体积。

含 1 mmol/L 二硫苏糖醇和 0.25%脱脂奶粉的 1×结合缓冲液

用于筛选的每张 82 mm 滤膜需要 1×结合缓冲液大约 75 ml，138 mm 的滤膜需要 180 ml。清洗过程中勿减少使用该缓冲液体积。

含 5%（*m*/*V*）脱脂奶粉的 1×结合缓冲液

用于筛选的每张 82 mm 滤膜需要该封闭液 10 ml 或每张 138 mm 滤膜需要 25 ml。

含 0.25%（*m*/*V*）脱脂奶粉的 1×结合缓冲液

用于筛选的每张 82 mm 滤膜需要该封闭液 10 ml 或每张 138 mm 滤膜需要 25 ml。

1×结合缓冲液

每张 82 mm 滤膜需要大约 10 ml 此种封闭液，每张 138 mm 的滤膜需要 25 ml。

变性溶液（新鲜配制）

用 5 倍体积蒸馏水稀释 10×结合缓冲液（见上）。然后在所得 2×结合缓冲液中加入适当的固体盐酸胍

〈!〉配成 6 mol/L 溶液。待盐酸胍完全溶解后，用蒸馏水调整至 1×结合缓冲液，再加入二硫苏糖醇至终浓度为 1 mmol/L。用于筛选的每张 82 mm 滤膜需要大约 15 ml 完全变性溶液（6 mol/L）或每张 138 mm 滤膜需要 25 ml。

二硫苏糖醇（1 mol/L）

EDTA（0.5 mol/L）

乙醇

10×激酶/连接酶缓冲液

50 mmol/L Tris-Cl（pH 7.6）

100 mmol/L $MgCl_2$

酚:氯仿（1:1，*V*/*V*）〈!〉

筛选缓冲液

1×结合缓冲液

0.25%（*m*/*V*）脱脂奶粉

1 mmol/L 二硫苏糖醇

10 μg/ml 变性鲑精 DNA 或鲱精 DNA

每张 82 mm 滤膜需要大约 10 ml 筛选缓冲液或每张 138 ml 滤膜需要 25 ml，制备变性鲑精或鲱精 DNA 方法请见第 6 章方案 10。

SDS（20%*m*/*V*）

醋酸钠（3 mol/L，pH 5.2）

TE（pH 8.0）

酶和缓冲液

T4 噬菌体 DNA 连接酶

T4 噬菌体多核苷酸激酶

核酸和寡核苷酸

合成的寡核苷酸

20～25 个核苷酸长度的互补序列单链寡核苷酸按照第 10 章方案 1 所述进行凝胶电泳和 Sep-Pak 亲和层析纯化后，溶于 pH 7.6 的 TE 溶液使终浓度为 0.2 mg/ml。重新退火时，寡核苷酸的中央区会在经凝胶滞留或 Southwestern 印迹的位置形成与靶蛋白结合的最佳双链单体形式。在第二轮筛选中至少需要一个“突变”寡核苷酸的互补碱基对。当退火时，“突变”寡核苷酸双体的中央区会形成最佳结合位点的缺损形式而不能结合靶蛋白。用一个阳性探针（最佳双链结合序列）和一个阴性探针（密切相关但发生突变的双链序列）进行连续筛选可以消除大多数假阳性。

两对寡核苷酸应设计成具有突出、黏性末端，能够互相连接。

14.34 ## 放射活性化合物

[α-^{32}P] ATP（10 mCi/ml，5000 Ci/mmole）〈!〉

凝胶

非变性聚丙烯酰胺凝胶〈!〉

请见步骤 7。

专用设备

用放射活性墨水或化学发光标记的黏性标签〈!〉

重复使用的化学发光标记物可从 Stratagene（Glogos）购得。该标记可多次使用，只是在每次新一轮自显影前需曝光于荧光灯下。

烤盘（12 英寸×8 英寸）

结晶皿

平头镊子

装有防水黑墨水（印度墨水）并带有 18 号针头的注射器

硝酸纤维素滤膜

Sephadex G-75 离心柱，用 TE（pH 7.6）溶液平衡

水浴事先调整至 16℃、65℃和 85℃

Whatman 3MM 滤纸

附加试剂

本方案步骤 8 和 10 所需试剂请见本章方案 1。

方法

放射性多联体探针的制备

1. 分别制备两个合成寡核苷酸的磷酸化反应，然后将两者退火：

寡核苷酸	200 ng
10×激酶-连接缓冲液	2.5 μl
100 mmol/L 二硫苏糖醇（DDT）	2.5 μl
^{32}P ATP	100 μCi
水	至 23 μl
T4 噬菌体多核苷酸激酶（8～10 单位/μl）	2.0 μl

于 37℃温育 1 h。

2. 将两个磷酸化反应混为一体，按以下步骤温育混合物使寡核苷酸退火，若在一热循环仪上进行则最方便：

85℃	2 min
65℃	15 min
37℃	15 min
22℃	15 min
4℃	15 min

3. 加入 4 μl T4 噬菌体 DAN 连接酶（1Weiss 单位/μl）和 1 μl 50 mmol/L ATP，于 16℃ 14.35
温育混合物 12 h。
4. 加入 0.5 mol/L EDTA（pH 8.0）至终浓度为 5 mol/L。
5. 用柱层析法通过 Sephadex G-75 柱从未消耗的 γ-^{32}P，单链寡核苷酸和未连接的双链

寡核苷酸中分离标记的寡核苷酸（请见附录 8）。

6. 估计终探针的比活度。

   标记探针比活度应为大于 2×10^6cpm/pmole。

   通过补平退火的未标记多联体寡核苷酸的 3′末端也可能获得本节所需的比活度。连接后，按第 10 章方案 7 所述建立末端补平反应，在每个反应中尽可能用 2 倍的［α-^{32}P］dNTP 以增加放射性标记产物的比活度。反应结束时，用亲和层析柱从未消耗的［α-^{32}P］dNTP 中分离标记的寡核苷酸（请见附录 8）。

7. 利用非变性聚丙烯酰胺凝胶电泳和放射自显影（请见附录 9），分析放射性标记 DNA 的大小。如果上述退火和放射性标记试验一切顺利，应见放射性标记的多联体 DNA 呈阶梯状。

滤膜的制备

8. 制备含有 λ 噬菌体表达文库的平板，完全按方案 1 步骤 1～8 所述将硝酸纤维素滤膜编号。

   如有可能，尽量使用未经扩增的表达文库。因为如果所需蛋白质对细菌有毒性或抑制重组噬菌体的生长，该克隆可能极少表达于扩增文库中。

9. 用平头镊子（如 Millipore 镊子）把编号的硝酸纤维素滤膜从噬菌斑上取出，与噬斑接触的一面向上放到 Whatman 3MM 滤纸上。于室温晾干 15 min。

10. 将第二张浸过 IPTG 的滤膜（已编号）放到菌苔上（见本方案步骤 4）。用一个 18 号针头在每张滤膜上打孔标记，孔的位置与第一张滤膜上的位置相对应。于 37℃ 继续温育 2 h，然后取出滤膜按上述步骤于室温晾干。

    重要：以下步骤均在 4℃ 进行。第一组滤膜不经盐酸胍变性直接标记（即略去步骤 11～13），而第二组滤膜按步骤 11～14 进行。

11. 将滤膜放进一个 12 英寸×8 英寸的干烤皿里，其中盛有含 4℃ 的变性液。于 4℃ 在摇床平台上缓慢摇动滤膜 5 min。弃去原变性液换上新鲜变性液。于 4℃ 再摇 5 min。

12. 把第二次加入的变性液倾入量筒中。加入等体积含二硫苏糖醇的 1× 结合缓冲液稀释之。再将其倒入一个干净的玻璃盘中，逐张将滤膜放入溶液中，注意务必使每张滤膜能与含二硫苏糖醇的变性液充分接触。

14.36 13. 按步骤 12 重复操作 4 次以上，每次均两倍地稀释变性液，使变性液中盐酸胍的浓度依次为 3 mol/L（步骤 11），1.5 mol/L，0.75 mol/L，0.375 mol/L，0.187 mol/L 和 0.094 mol/L。最后用含二硫苏糖醇的 1× 缓冲液洗涤滤膜 2 次。

14. 将两组滤膜（即变性的和非变性的）都放在含 5% 脱脂奶粉的 1× 结合缓冲液中。于 4℃ 缓缓摇动 30 min。

15. 用含 0.25% 脱脂奶粉的 1× 结合缓冲液洗涤滤膜。

用放射性探针探测固化蛋白质

16. 在一个结晶皿中，将步骤 5 获得的 ^{32}P 标记的多联体探针加到筛选缓冲液中配成的杂交溶液中（每张 82 mm 滤膜用 10 ml 或每张 138 mm 滤膜用 25 ml）。

    在筛选反应中当标记探针（特异活性为 $2 \times 10^8 \sim 5 \times 10^8$cpm/μg 的终浓度为 25 ng/ml 时可以获得最佳结果。然而，如果探针的量有限，那么最低浓度可用到 2.5ng/ml。该法在最早应用时（Singh et al. 1988），poly (dI:dC) 被作为一种非特异竞争物。当使用超声处理的变性鲑精或小牛胸腺 DNA 时，一般可以降低背景。一些 DNA 结合的融合蛋白可能会被任何 DNA，包括作为竞争模板的 DNA 或其他复合物所遮蔽。因此，在筛选前，应该在凝胶滞后实验或 Southwestern 印迹时（请见第 17 章）先做对各种封闭剂如鲑精 DNA、poly（dI：dC）、poly（A）及其他试剂的敏感性试验。

17. 将滤膜转移至结晶皿内的放射性标记探针溶液中。于 4℃ 旋转平台上缓慢摇动 2～12 h。

本节所选用的结合/筛选缓冲液的离子成分使用于多种 DNA-蛋白质之间的相互作用，然而，在一些试验中，也需要调整盐和镁离子的浓度，使其在凝胶滞后实验或其他方法中结合条件最佳。本节推荐的可供选择的一种结合缓冲液是含有 25 mmol/L HEPES（pH 7.9）、25 mmol/L NaCl、5 mmol/L $MgCl_2$、0.5 mmol/L DTT（Singh 1993）的缓冲液。

18. 于 4℃ 用大量体积（每 82mm 滤膜用 25ml，每 138mm 滤膜用 60ml）含 1mmol/L 二硫苏糖醇和 0.25% 脱脂奶粉的结合缓冲液将滤膜漂洗 5min。
19. 重复步骤 18 两次。
20. 弃去最后一次清洗的缓冲液。将湿滤膜放在一张 Saran 包装膜上，盖上一张 Saran 包装膜。再在 Saran 包装膜若干不对称的位置上贴上放射性墨水或化学发光标记的黏性标签纸。

用 Scotch 胶带覆盖放射性标签，以防止放射性墨水污染 X 射线胶片夹或增感屏。

21. 按附录 9 进行放射自显影。
22. 挑选阳性斑，并按本方案导言所述用特异和非特异探针复筛。

可通过重复变性复性过程从滤膜上移去探针，从而滤膜可与其他 DNA 结合蛋白质 cDNA 再杂交。

方案 7　制备含有由 λ 噬菌体溶源菌所编码融合蛋白质的裂解液：细菌克隆的溶解　14.37

分离可编码与抗体、双链寡核苷酸或其他类型配基相结合的融合蛋白的重组噬菌体，仅仅是朝着克隆编码一种酶、结构蛋白质或转录调控因子的 cDNA 而迈出的第一步。然而，还必须有另外的试验以证实分离出的蛋白质正是我们所要的。表达克隆过程的第二步是制备这些融合蛋白并检测这些表达蛋白质是否具有某一性质如与 DNA 结合，具有酶活性或免疫化学特异性。构建 λ 噬菌体溶源菌（见本方案）或溶解感染大肠杆菌宿主菌后可以制备融合蛋白（方案 8 和方案 9）。按以前的方法可以从表达特定融合蛋白质的重组噬菌体构建噬菌体溶源菌，继而可从该溶源菌诱导合成并纯化出融合的目的蛋白质。然后进行进一步的功能和生化分析。该方法较溶解感染宿主菌有三个优点：

- 作为宿主细胞染色体一部分遗传的 λgt11 基因组可能较通过溶解感染传代的基因组更稳定。
- 与可以快速聚集成百上千的融合基因拷贝的溶解感染细胞相比，在只含一个完整的重组基因组拷贝的细胞中，对那些可能有毒的融合蛋白的合成抑制更为完全。
- 在溶源菌克隆中产生融合蛋白的量至少 10 倍于 λ 噬菌体噬菌斑（Mutzel et al. 1990）。

然而利用溶源菌却有两个缺陷。构建和诱导溶源菌需要几天的时间去完成，而且由于一些未知的原因，还有少数噬菌体重组子不能形成稳定的溶源菌（Huynh et al. 1985）。

噬菌体载体 λgt11，λgt18-23，λZAP 和 λZip Lox 带有突变（*c*I*ts*857）能产生由病毒温度敏感基因 *c*I 编码的阻抑物。在 42℃ 时，*c*I*ts*857 阻抑物只有部分功能（Lieb 1979），这些载体（和源于这些载体的重组子）在带有琥珀型抑制基因 *supF* 的大肠杆菌如 Y1090*hsdR* 上形成空斑。在该阻遏物呈活化状态的温度如 32℃ 时，这些噬菌体菌株也形成溶源菌（Young and Davis 1983b）。只有当在 32℃ 进行溶源菌培养时，这些溶源菌才可以被稳定地保存为前噬菌体。一旦温度升高，噬菌体马上就可以开始溶解过程（Sussman and Jacob 1962）。

在合成特定融合蛋白的重组 λgt11 被鉴定以后，构建溶源菌就宣告完成，也就可以
14.38 从构建的溶源菌中获得所需的重组蛋白质。由于外源 cDNA 序列融合到 β-半乳糖苷酶的羧基端，标准的方法包括用大肠杆菌 Y1089 菌株构建溶源菌及用 IPTG 诱导 *lacZ* 融合蛋白质（Mierendorf et al. 1987）。另外，也可以从大量重组噬菌体溶解感染的 Y1090 菌株的培养液（Runge 1993）或培养碟（Huang and Jong 1994）中制备。在以下方案中，经 Snyde 等（1987），Singh 等（1989）和 Singh（1993）修改后，个别重组噬菌体溶源菌可以在 32℃ 构建并简单地放置于 44℃ 就可以灭活不耐热的阻遏物，而且可以诱导一轮溶解噬菌体感染细菌（详见第 2 章）。重组噬菌体编码的融合蛋白也可以通过 IPTG 诱导合成。

材料

注意：标有〈!〉材料的正确操作方法请见附录 12。

缓冲液和溶液

贮存液，缓冲液和试剂的组分请见附录 1。
将贮存液稀释到适当的浓度。

IPTG（1 mol/L）

诱导每升溶源菌需要大约 40 μl 1mol/L 的 IPTG。

溶源菌抽提缓冲液

50 mmol/L Tris-Cl（pH 7.5）
1 mmol/L EDTA（pH 8.0）
5 mmol/L 二硫苏糖醇
50 μg/ml 苯甲基磺酰氟化物（PMSF）〈!〉

进行步骤 13 和 18 之前在溶源菌抽提缓冲液中加入 PMSF。每诱导 20 溶源菌需要大约 100 ml 溶源菌抽提缓冲液。

氯化钠（5 mol/L）

于 4℃ 贮存 NaCl 溶液。

酶和缓冲液

溶菌酶（10 mg/ml）

在 10 mmol/L Tris-Cl（pH 8.0）中溶解固体溶菌酶（分子生物学级）使其浓度为 10 mg/ml。需在进行步骤 15 时新鲜配制该溶液。

培养基

含 50 μg/ml 氨苄青霉素的 LB 琼脂平板

LB 培养基

含 50 μg/ml 氨苄青霉素的 LB 培养基

含 10 mmol/L $MgCl_2$ 的 LB 培养基

含 10 mmol/L $MgCl_2$，0.2%（m/V）麦芽糖和 50 μg/ml 氨苄青霉素的 LB 培养基

专用设备

气体恒温箱调整至 32℃和 42℃

液氮〈!〉

Millipore 滤纸

138 mm 圆形滤纸（Millipore 型 VS，0.0025 μm 孔径滤纸）用于透析溶解产物。每张滤纸可以透析 20 溶解产物。

水浴摇床调整至 44℃

如果无水浴摇床，在 44℃水浴即可。

牙签或接种环

14.39

附加试剂

本方案步骤 1 所需试剂见第 2 章方案 3。

载体和菌株

噬菌体 λgt11，λgt18-23，λZAP 和 λZipLox 重组子

本方案优化了噬菌体 λgt11 重组子表达重组融合蛋白（可以采用方案 1 或方案 6 中所列的方法或杂交和 DNA 序列分析来鉴别）的方法。在其他多种 λ 噬菌体表达载体上构建的重组子可用于本节所述的溶源菌的构建。

大肠杆菌 Y1090*hsdR* 菌株及 Y1089 菌株

这些菌株可以从 ATCC（www.atcc.org）获得并在含 50μg/ml 氨苄青霉素的 LB 琼脂平板上保存。Y1090 和 Y1089 菌株带有 *lon* 基因的突变，*lon* 基因编码一种 ATP 依赖的蛋白酶。这些菌株表达的融合蛋白质常常比那些没有发生突变的菌株更稳定。Y1089 带有 *hflA* 突变，该突变可显著增加 λ 噬菌体发生溶源菌现象的频率。另外，Y1089 缺乏一种 tRNA 基因抑制子，这样，在 λgt11 的 S 基因（溶解基因）上的琥珀突变在此菌株中不能够被抑制，结果大量 λ 噬菌体编码的基因产物（包括 LacZ 融合蛋白质）在被诱导细胞内高水平聚集。如需了解大肠杆菌 Y1090 和 Y1089 菌株的其他资料，请见信息栏中质粒和 λ 噬菌体表达载体的相关内容。

方法

1. 按第 2 章方案 2～3 介绍的方法制备各特定重组噬菌体的平板原种，根据在大肠杆菌

Y1090*hsdR* 株进行的测定，原种的滴度应大于 10^{10}pfu/ml。

2. 大肠杆菌 Y1090*hsdR* 株在 2 ml LB 培养基中生长至饱和，培养基中补充 0.2% 麦芽糖、50 μg/ml 氨苄青霉素和 10 mmol/L $MgCl_2$。
3. 用 2 ml 含 10 mmol/L $MgCl_2$ 的 LB 培养基稀释 50μl 上述饱和菌液，分到另外 4 个培养管中，每管 100 μl。
4. 在 3 支管内分别加入 1×10^7、5×10^7 及 2×10^8 噬斑形成单位（pfu）的噬菌体原种。第四管内不加噬菌体。于 37℃温育 20 min，使病毒吸附。
5. 从 4 管培养物中各吸取 10 μl 稀释在 10 ml LB 培养基中，立即从各稀释菌液中吸取少量（100 μl）铺到含 50 μg/ml 氨苄青霉素的 LB 平板上，于 32℃温育平板 18～24 h。

   接种未感染大肠杆菌 Y1090*hsdR* 株菌液的平板上不应出现菌落，而感染的培养物则会产生 50～500 个菌落这取决于最初饱和菌液的密度和噬菌体的确切感染复数。
6. 使用无菌牙签，挑取单个菌落放到两个含 50 μg/ml 氨苄青霉素的 LB 平板上，两块平板分别置于 32℃和 42℃温育 12～16 h。凡所出现的菌落在 32℃生长而在 42℃不生长的克隆，即为重组 λ 噬菌体的溶源性克隆，通常在所检测菌落中有 10%～70% 溶源菌。
7. 以单个噬菌体溶源菌接种于 2 ml 含 50 μg/ml 氨苄青霉素 LB 培养基中，于 32℃剧烈振荡培养 12～16 h（300 r/min）。
8. 从每个培养管中吸取 50 μl 加到 4 ml 预温（32℃）的 LB 培养基（含 50 μg/ml 氨苄青霉素）中，32℃继续剧烈振荡培养。
9. 细菌培养物生长至 $OD_{600}=0.45$（约培养 3h）。

14.40 重要：诱导溶源菌之前，细菌培养物 OD_{600} 不应超过 0.5（约 2×10^8 个细菌/ml）。

10. 把培养物转移到温度已达到 44℃的水浴中温育 15 min。

    温度迅速从 32℃升至 44℃诱导效果最佳。据此将培养物转移到设定在 44℃的恒温水浴要优于干热培养箱。44℃培养时应不断剧烈振荡培养物。

    加热到此温度只是部分失活 *cIts*857 阻遏物，当培养物冷却到 37℃时又可恢复活性（Mandal and Lieb 1976）。但是，阻遏物的浓度太低，无法阻止 Cro 蛋白的合成，而 Cro 蛋白又可与 OR3 结合进而阻止阻遏物的合成。加热后，培养物进入了一个不可逆的噬菌体裂解性生长循环。
11. 每管培养物中加入 IPTG 至终浓度为 10 mmol/L。于 37℃剧烈振荡培养 1 h。
12. 将 1.5 ml 经过诱导的溶源培养物转入 2 个微量离心管内，立即于 4℃以最大转速离心 30 s。
13. 吸出培养液，加入 100μl 溶源菌抽提缓冲液，迅速通过振荡重悬细菌沉淀。
14. 盖紧管盖，置于液氮中。
15. 2 min 后，将离心管从液氮中取出。握在手中至裂解液刚刚融化，各管内迅速加入 20 μl 10 mg/ml 的溶菌液，在冰浴中放置 15 min。
16. 各管中加入 250 μl 5 mol/L NaCl。用手指轻弹管壁混匀内容物，在转轮上于 4℃温育 30 min。
17. 于 4℃以最大转速离心 30 min。
18. 离心过程中，4℃下将溶源菌抽提缓冲液倾注于一个平皿（150 mm），再将 Millipore 滤膜（VS 型 0.025 μm 孔径）漂浮在液面上。

    最好在冷室僻静角落中进行操作，注意不要让溶源菌抽提缓冲液溅到滤膜的上表面。

19. 将上清液从离心管中转移至滤膜上表面，一张滤膜可加入多达 20 个不同样品。
20. 在 4℃放置 1～2 h 后，再将透析后的样品吸到另一个微量离心管中，用前在 -70℃保存。
21. 用甲基化保护实验、DNA 酶Ⅰ足迹法或凝胶电泳 DNA 结合实验（凝胶电泳迁移率滞后实验）等方法分析裂解液中的 DNA 结合蛋白。

纯化融合蛋白可通过购买亲和层析试剂盒来实现（如 ProtoSorb lacZ 免疫亲和吸附剂，Promega）或按第 15 章所述方法进行。

裂解原液或纯化的融合蛋白可用来检测外源蛋白酶活性或通过免疫印迹来检测其免疫化学交叉反应性。

纯化的融合蛋白可用来产生抗外源蛋白质的抗体，此抗体可用于鉴定一段 cDNA 编码的蛋白质（可通过组织鉴定或部分纯化分析），或抑制某种酶的活性或通过亲和层析纯化天然外源蛋白质。

方案 8　含有λ噬菌体编码融合蛋白质裂解液的制备：琼脂板上裂解性感染 14.41

λ噬菌体重组体编码的融合蛋白可通过大肠杆菌株 Y1089 溶源化菌落来制备。但从大量单个噬菌斑制备溶源菌工作量大，且并不一定每次成功（Huynh et al. 1985）。另外，裂解性噬菌体感染可通过软琼脂（本方案）或液体培养（方案 9）获得。通过诱导表达，融合蛋白可从感染的细菌中获得。

一般来说，这些方案比诱导溶源化细菌有更多的方式，需更少的 IPTG，产生更多的融合蛋白，然而却需要更多量的重组噬菌体。此外，极少情况下，融合蛋白在宿主细胞中的大量积累，可阻断裂解表达系统。本方案采取 Huang 等（1989）及 Huang 和 Jong（1994）所介绍的方法。

材料

缓冲液及溶液

关于贮存液，缓冲液，试剂组分见附录 1。

用前稀释贮存液至合适浓度。

对照覆盖溶液（每个分析的重组噬斑需 6ml）

10 mmol/L $MgSO_4$

0.5×LB 培养液

LB 配方见附录 2，高压灭菌后加入 1 mol/L $MgSO_4$ 使终浓度为 10 mmol/L，每个 150 mm 琼脂板需 6 ml 本溶液

IPTG 覆盖溶液（每个分析重组噬斑需 12 ml）

0.5×LB 培养液

5 mmol/L IPTG

10 mmol/L $MgSO_4$

LB 配方见附录 2，0.5×LB 培养液高压灭菌加 1 mol/L IPTG（2.38 g IPTG 溶于终体积为 10 ml 的无菌水中）与 1 mol/L $MgSO_4$（24.6 g $MgSO_4 \cdot 7H_2O$ 溶于终体积为 100 ml 的无菌水中），使其终浓度分别为 5 mmol/L 和 10 mmol/L。每 150 mm 琼脂板需 12 ml IPTG 覆盖溶液

$MgSO_4 \cdot 7H_2O$（1 mol/L）

SM 溶液

14.42 培养基

LB 琼脂板（150 mm）

室温平衡的新鲜铺制的平板效果最佳。

含 50 μl/μg 氨苄青霉素的 LB 培养液

含 10 mmol/L $MgSO_4$ 及 50 μg/ml 氨苄青霉素的 LB 顶层琼脂

离心机及转子

Sorvall SS-34 转子或同等产品

专用设备

预设在 4℃ 的空气培养箱

载体及细菌株

λgt11 噬菌体重组体

吸单个噬斑加到约 100 μl SM 中室温放置至少 2h 制成已知滴度的 λ 噬菌体重组体贮存液，或通过平板裂解液制备（见第 2 章方案 3）

E. coli Y1090*hsdR* 菌株

此菌株可通过 ATCC（www.atcc.org）获得，在含有 50 μl 氨苄青霉素的 LB 琼脂板上保存，此菌株在编码 ATP 依赖的蛋白酶的 *lon* 基因携带有突变。在此菌株表达的融合蛋白比在不携带这个突变的菌株中要稳定的多。

方法

1. 取大肠杆菌 Y1090*hsdR* 菌株的单个克隆，接种到 50 ml 含 50 μg/ml 氨苄青霉素的 LB 培养液中，37℃过夜培养并温和振荡（摇床 250 r/min）。
2. 将培养物转移至离心管中，室温 4000*g*（Sorvall SS-34 型转子 5800 r/min）离心 5 min。
3. 去上清，用 20 ml 10 mmol/L $MgSO_4$ 重悬细胞，测定细胞悬液稀释 100 倍时 OD_{600} 值。用 10 mmol/L $MgSO_4$ 稀释细胞悬液使 OD_{600} 值达到 2.0 OD_{600}/ml，制成铺板贮存液。
4. 取 3 管 0.2 ml 小份大肠杆菌 Y1090*hsdR* 铺板贮存液转移至新鲜的管中，其中 2 管加 2×10^5 到 5×10^6pfu 的重组 λgt11 噬菌体贮存液，第三个管做未感染对照。37℃温育 20 min，以使噬菌体吸附到细胞上。
5. 向一管中加入 7.5 ml 含 10 mmol/L $MgSO_4$ 及 50 μg/ml 氨苄青霉素的熔化的 LB 顶层琼脂，混匀，迅速将顶层琼脂铺到 150 mm LB 琼脂板上。
6. 重复步骤 5 直至全部管均完成。

7. 42℃温育琼脂板 4 h。
8. 从培养箱中取出平板，向一个感染的平板加 6 ml 对照覆盖液，另外两管中加 12 ml IPTG 覆盖液。
9. 重新放回 42℃培养箱 3～5 h。
10. 从培养箱中取出平板，将覆盖液转入单个的无菌管中。 14.43

融合蛋白裂解后立即从感染的细胞中释放出来与覆盖液混合。多数细菌碎片留在琼脂糖中而不会污染覆盖液。

每 150 mm 平板可产生 200 μg 融合蛋白。根据 Huang 和 Jong（1984）介绍的方法，每板最多可以重复诱导 5 次，但最大表达量是在前两次诱导中产生。重复诱导时，可移去混有蛋白质的覆盖液，平板在 37℃复活 1 h，再加入新鲜覆盖液即可。

本方案还可进行变通（Lillibridge and Philipp 1993），表达目的融合蛋白的重组噬菌体可在大肠杆菌菌苔上形成一个大的巨型噬斑。将噬菌斑与其下的琼脂一同挖走，在匀浆器中破碎，2×SDS 上样缓冲液中重悬，用于聚丙烯酰胺凝胶电泳及免疫印迹。从制备噬斑开始到凝胶电泳，整个操作过程需约 6.5 h。

11. 通过免疫印迹检测覆盖液中的融合蛋白。若原始噬菌体是按方案 6 所述的方法分离的，则可用 DNA 结合实验进行检测。

在未感染的培养物或不含 IPTG 覆盖液中是检测不到免疫反应性及 DNA 结合性的。检测酶活性时，分析前覆盖液应用适当的缓冲液进行透析。

12. 利用试剂盒可通过亲和层析纯化覆盖液中的 β-半乳糖苷酶融合蛋白（如 Promega ProtoSorb），或按第 15 章方案 1 中所述方法进行。纯化蛋白质前应先对覆盖液进行透析以除去 IPTG。

方案 9　含有 λ 噬菌体编码融合蛋白裂解液的制备：液体培养液中裂解感染 14.44

本方法适用于对可免疫检测的融合蛋白进行快速筛选 λgt11 重组噬菌体。但在其他条件下（如：对感染率的优化，42℃ λ 噬菌体 *c*I 基因的失活及裂解前收集），此方法亦可用于产生制备量的融合蛋白（Runge 1992）。

在溶源性培养物与溶源化培养及在液体与固体培养基中表达融合蛋白的优缺点，请见方案 7 和方案 8 的导言。

材料

注意：对带有〈!〉材料的正确操作请见附录 12。

缓冲液剂及溶液

贮存液，缓冲液及试剂的组分见附录 1。

将贮存液稀释至合适浓度。

细胞裂解液（每个分析的噬斑需 100 μl）

50 mmol/L Tris-Cl（pH 6.8）

100 mmol/L 二硫苏糖醇

2% (m/V) SDS
0.1% (m/V) 溴酚蓝
10% (V/V) 甘油

IPTG (1 mol/L) (每个分析的噬斑需 70 μl)
$MgSO_4 \cdot 7H_2O$ (1 mol/L)
苯甲基磺酰氯 (PMSF) (100 mmol/L) 〈!〉
SM

用完后弃掉以防污染。

凝胶

14.45 SDS-聚丙烯酰胺凝胶 〈!〉

请见步骤 12。

培养液

含 50 μg/ml 氨苄青霉素的 LB 培养液

离心机及转子

Sorvall SS-34 转子或同等产品

专用设备

沸水水浴
液氮 〈!〉

载体及细菌菌株

λgt11 重组噬菌体

制备 λ 重组噬菌体贮存液：单个噬斑放入约 1 ml SM 中室温放置 2h 或通过制备平板裂解液来制备（见第 2 章方案 3）。

大肠杆菌 Y1090*hsdR* 菌株

此菌株可通过 ATCC (www.atcc.org) 获得，关于大肠杆菌 Y1090 菌株有关信息，见本章信息栏中质粒及 λ 噬菌体表达载体相关内容。

方法

1. 取大肠杆菌 Y1090*hsdR* 菌株单个菌落接种到 50 ml 含 50 μg/ml 氨苄青霉素的 LB 培养液中，37℃过夜培养，并不断温和振荡（摇床 250 r/min）。
2. 将培养液转移至离心管中，室温下 4000*g*（Sorvall SS-34 型转子 5800 r/min）离心 10 min。
3. 弃上清，用 25 ml 10 mmol/L $MgSO_4$ 重悬细胞，使用前将细菌悬液置于冰上保存。
4. 在 15 ml 无菌管中，将 8 ml 含 50 μg/ml 氨苄青霉素的 LB，400 μl 细菌悬液及 100 μl 噬菌体裂解液混合。

因为融合蛋白质是从感染细胞本身分离的而非裂解液（见方案 8），因此有必要获得目的 λ 噬菌体的高产量感染同时避免培养物的过早溶菌现象。由此，在操作过程中，常使用低感染复数（每16 000细胞约 1 pfu）。

5. 将管放于 37℃水浴中振荡 2 h。
6. 每份培养物取 1 ml 到无菌微量离心管中，盖紧管盖，存于液氮中。向剩余感染的培养物中加 70 μl 1 mol/L IPTG，37℃继续培养。
7. 每隔 1 h，每份感染的细胞培养物取 1 ml 转到微离心管中，盖紧管盖，存于液氮中。通过此方式，收集 4 h 内的小份培养液。
8. 剩余的感染培养物 37℃继续温育 12 h，从每份培养物中最后一次取 1 ml 样品，盖紧管盖，液氮中放 30 min。
9. 融化所有样品，于室温最大速度离心 1 min，收集感染的细菌，去掉细菌培养液。 14.46
10. 每管中加 100 μl 裂解缓冲液，强烈涡旋迅速重悬细胞。
11. 将样品放入沸水中 3 min，转到室温加 1 μl 100 mmol/L PMSF，振荡混匀。
12. 用 SDS-聚丙烯酰胺凝胶电泳与免疫印迹直接分析样品。电泳前，样品在微离心机中最大转速 1 min，取 25 μl 上清液加到 SDS-聚丙烯凝胶上或放到 −70℃保存直至使用。

用 IPTG 处理培养物后目的融合蛋白的量在 1～4 h 内是逐步增高的。此后，蛋白质的量可能增加，可能保持不变，也可能因感染的细胞裂解释放蛋白质到培养物中而降低。

信息栏 14.47

质粒及λ噬菌体表达载体

表达文库可构建于携带有可调控原核启动子与核糖体结合位点的质粒或λ噬菌体载体上。少数载体可只表达外源蛋白质序列（请见 15 章附录 3 表 A3-1）但更为普遍的是外源 DNA 序列被克隆到原核启动子与核糖体结合位点下游的原/真核基因（或基因片段）编码序列内部的限制性位点上。大多数载体中，这个基因为编码β半乳糖苷酶的大肠杆菌 *lacZ* 基因。若所插入的外源序列方向与阅读框均正确，则形成由β-半乳糖苷酶序列和克隆化 DNA 编码的多肽序列组成的融合蛋白，用异丙基-β-硫代半乳糖苷(IPTG) 诱导 Lac 启动子而合成的融合蛋白质可保持也可丢失β-半乳糖苷酶活性或参与α互补的能力（请见第 1 章），这要视外源序列的性质和插入位点而定，外源序列插入β-半乳糖苷酶或其他蛋白质如：麦芽糖结合蛋白（MBP)，硫氧还蛋白或日本血吸虫(*Schissoma japonicum*) 谷胱甘肽-S-转移酶（GST）进行融合后，可以增强宿主菌中融合蛋白质的稳定性（Kupper et al. 1981，Stanly 1983，di Guan et al. 1988，Smith and Johnson 1988，La vallie et al. 1993)。

构建于λ噬菌体与质粒的表达文库有一个主要的差别。λ噬菌体文库铺在菌苔上，随后几个小时内由于噬菌体的生长致使菌苔不断裂解，所得的碎片被转移到硝酸纤维素滤膜上检测免疫反应物质存在与否。相反，质粒文库则以转化菌落的形式保存，须在硝酸纤维素滤膜上原位裂解后再用抗体或其配基将细胞内融合蛋白检出。因此，质粒文库有一个很明显的不足：进行免疫筛选时，必须设法制备文库复印件。通常，质粒文库的主板生长在硝酸纤维素滤膜上，再将菌落原位转移到新鲜硝酸纤维素滤膜上，制备几个复印滤膜（请见方案 2）。这是一件十分费事的工作，并且反复几次后，主板滤膜上的菌落便会模糊难认。复印滤膜上的菌落裂解后，可用目的基因产物的特异性标记配体进行筛选，再从主板滤膜上复活可与标记配体反应的克隆进一步分析鉴定。只筛选少数克隆时，这些步骤并不困难，不过若筛选包含 10^6 或更多克隆的文库时则非常费事。因此对大文库进行免疫筛选时，最好用 λ 噬菌体表达文库。

绝大多数 cDNA 表达文库构建于噬菌体 λgt11，它与 λgt18-23，λZAP（或 λZAP Express 或是 λZAPⅡ衍生物），λZipLox 或 λORF8 亲缘相近。这些噬菌体携带有两种修饰的 *E.coli lacZ* 基因之一。λgt11 和 λORF8 带有一个完整的大肠杆菌 *LacZ* 基因，克隆位点位于终止密码上游 53 bp 处，cDNA 插入方向和读框正确时，可以表达氨基端为 β-半乳糖苷酶序列，羧基端由外源序列组成的融合蛋白，λZip Lox 和 λZAP 类的载体则带有由启动调控元件和氨基端编码区所组成的 *LacZ* 片断（Ullmann et al. 1967）。插入于多接头的 cDNA 被表达成由的 β-半乳糖苷酶 6 个氨基酸的氨基末端及其后羧基末端所接外源序列所组成的融合蛋白。两种载体中，一些外源序列显露出抗原决定簇，能够用特异的抗体进行检测。

用于构建表达文库的 λ 噬菌体载体通常（λORF8 除外）带有一个编码温度敏感阻抑蛋白质的 λ 阻抑基因 *c*I*ts*857 的突变拷贝，在 *S*（裂解）基因中还有一个琥珀突变。在阻抑物失活的温度下（42℃），此类噬菌体在带有琥珀抑制基因（*supF*）的大肠杆菌菌株（如 Y1090*hsdR*）上形成噬斑，Y1090*hsdR* 菌株还有另一些益于免疫筛选的特性：
14.48 它带有编码 lac 阻抑物的质粒（pMC9），缺乏 ATP 依赖的内源性蛋白酶 *lon* 基因产物（综述见：Gottesman and Maurizi，1992）。有功能的 Lon 蛋白酶的缺乏延长了许多 β-半乳糖苷酶融合蛋白的半衰期。相关菌株大肠杆菌 Y1089 除 *lon* 突变外，还携带有 *hflA* 突变，*hflA* 产物可显著提高 λ 噬菌体溶源化频率。此外，因为 Y1089 缺乏 tRNA 基因抑制基因，λgt11 S 基因（溶源基因）的琥珀突变不受抑制，因此 λ 噬菌体基因编码的产物（包括 lacZ 融合蛋白）可以在一个诱导的细胞中大量聚集。λgt11，λgt18-23，λZAP，λZipLox 和 λORF8 有关特性的进一步细节，参见第 11 章导言及附录 3。

溶源于大肠杆菌宿主菌株 Y1090 而建立的 λ 噬菌体库为表达文库的筛选提供了很多优点：作为宿主细胞染色体一部分而遗传的 λ 基因组，比通过裂解感染遗传的基因组要稳定得多。对毒性融合蛋白的合成进行阻抑时，仅整合单一拷贝重组基因组的细胞，其阻抑作用较之发生裂解时迅速积聚成百上千拷贝融合基因的裂解性感染细胞更完全。一个噬斑可表达 0.2 fmol 目的蛋白，而一个溶源化克隆表达融合蛋白量则增加 20 倍（Lacombe et al. 1987）。由于有一些重组体不能形成稳定的溶源菌（Huynh et al. 1985），因此尽管有以上显而易见的优点，构建于 λgt11 的文库不能再以溶源菌形式繁殖，也不再能经过诱导后进行筛选。由于 λ 噬菌体噬斑印记中即含有足量的可用于高特异性高效价抗血清检测的物质，因此诱导的溶源菌中融合蛋白合成数量的提高并非有用的优点。但若用钙调蛋白（CaM）或与靶蛋白低亲和力的小配基（如 cAMP）进行筛选时溶源菌也可提供一些优点。在诱导的溶源化克隆中高浓度的靶蛋白由于配体靶蛋白复合物的形成而显著改变了结合平衡，从而将信号强度提高到了可检测的水平（Mutzel et al. 1990；Mutzel 1994）。

尽管溶源菌不再通过免疫探针或双链寡核苷酸探针用于筛选整个 λ 噬菌体库，但常规上，溶源菌还可用于分析单个噬菌体重组体编码融合蛋白的特性。从单个噬斑复活的噬菌体常用于建立大肠杆菌 Y1090*hsdR* 或 Y1089*hlfA* 菌株的溶源性衍生物，而这些衍生物可被诱导合成足够用于生化分析数量的融合蛋白（请见方案 7）。

基因组 DNA 和 cDNA 表达文库

用质粒或λ噬菌体载体构建的表达文库有两种类型：cDNA 文库与基因组 DNA 文库。对于原核个体其基因组几乎不含内含子，因此在这些载体中构建 cDNA 文库意义不大。相反，随机剪切的基因组 DNA 可用于组建文库（详见第 11 章），其中所有编码序列均可按比例得到显示（如见 Young et al. 1985）。构建这种文库时，DNA 剪切片段的最佳平均长度视目的基因的大小而定：目的基因越小，基因组 DNA 片段也越小。在理想情况下，片段大小应大约为所推测目的基因大小的一半，这个范围可减少在目的基因编码序列上游含有终止序列的可能性。

类似的策略亦可用于如酵母这样基因组较小并主要由编码序列组成的真核生物。读码框及方向均正确的目的基因重组体出现的频率 P 可由以下公式表示：

$$P = 目的基因编码区大小（kb）/［基因组大小（kb）\times 6］$$

系数 6 是根据下述理由确定的：任一给定 DNA 片段可从两个可能方向插入载体，且 3 个读框中只有一个能正确表达。于是，表达特定融合蛋白的克隆比例为 $1:1/P$。例如，在一个基因组 DNA 表达文库中，能够表达基因编码区长度为 1.5kb 的融合蛋白的重组体出现的比例预计为： 14.49

生物体	基因组大小（kb）	比例
大肠杆菌	4.0×10^3	$1:1.6\times10^4$
酵母	1.4×10^4	$1:5.6\times10^4$
果蝇	1.8×10^5	$1:7.2\times10^5$

理论上讲，这些频率只在克隆化基因组 DNA 片段远小于（<50%）目的编码序列时才能达到。实际上，阳性克隆的频率总是略高于期望值。虽然其原因仍不清楚，但根据以下实验观察可作出一种可能的解释：通过免疫筛选从基因组 DNA 表达文库中分离的克隆有很大一部分并不合成融合蛋白（Goto and Wang 1984，Ozkaynak et al. 1984，Snyder et al. 1986）。因为这些克隆化基因的表达依赖 *lacZ* 启动子控制下的转录，所以某些克隆很可能带有与读框不相符合的插入片段，并从基因内部的甲硫氨酸密码子起始翻译外源序列。更少见的情况是外源序列带有可在大肠杆菌中直接转录和翻译的信号。

随着真核基因组的增大，编码序列所占比例明显缩小，单个外显子的平均长度减至大约 200bp（Go 1983），这就使筛选基因组 DNA 表达文库的想法不再有多大的吸引力。实验表明，在哺乳动物基因组中（3×10^9bp），检测一个表达某一特定表位的重组体必须筛选至少包括 10^7 克隆（平均大小 200～300bp）的文库（Rüther et al. 1982）。即使这样，也只能鉴定那种编码该表位的 DNA 序列都存在于单个外显子的情况。应用 cDNA文库，将各个基因的编码序列合并到一个克隆，省却了筛选由内含子或重复序列组成的克隆的无效劳动，使问题迎刃而解。

用于免疫筛选的哺乳动物 cDNA 文库至少应具 10^6 独立重组体的复杂性。在非定向克隆法构建的文库中，只有 1/6 的重组体带有读码框及方向均正确的插入片段。而在定向克隆法构建的文库中，有用克隆的比例提高到 1/3。大多数定向克隆的文库一般用随机引物法合成的 cDNA 构建，而非 oligo（dT）引物法。随机引物文库含有较高比例的靠近 mRNA 5′区段的序列，因而有望表达与蛋白质氨基端序列相匹配的表位，而 oligo（dT）引物制备的表达文库倾向于位于靶蛋白质羧基端区段的表位。利用免疫学探针进行检测时，许多研究者常筛选含有各种引物延伸方法制备的代表性 cDNA 克隆混合物的合成文库，以提高检测的可能性。

14.50 抗体在免疫筛选中的应用

抗体的选择

在筛选表达文库时，最好能选用多克隆，高滴度，IgG 类且能与天然和变性蛋白质上不依赖于构象的表位均绝对特异结合的抗体，但由于很少能够找到同时具备上述特性的单一抗血清，因此常常需要用非理想的抗体来筛选表达文库。在确定现有的一批抗血清能否用作免疫学探针时，必须检测若干彼此独立的抗血清的连续稀释液是否具有下列一些特性：

- *Western 印迹法测定与目的蛋白质的反应性*　从 SDS 聚丙烯酰胺凝胶转移的变性蛋白质，很可能呈现许多与细菌中合成的相应融合蛋白相同的表位结构。多数融合蛋白质的外源多肽序列很难完全折叠成天然结构，而转移到硝酸纤维素滤膜后还可进一步变性。因而那些不能检出 Western 印迹膜上目的蛋白质的抗血清，很可能是只与天然蛋白质上表位特异结合，故不宜用作筛选表达文库的探针。
- *对用于构建表达文库的 mRNA 体外翻译所得的预定大小多肽进行特异性免疫学共沉淀*　在这一实验中，反应强烈的抗血清必定主要同那些未经修饰而且很可能未折叠的蛋白质上所暴露的表位相结合。很明显，利用识别真核蛋白质上的寡糖或其他修饰基团的抗血清去筛选原核表达文库是毫无价值的。
- *抗血清与仅表达载体序列的菌体反应只产生微弱或测不出的信号*　利用抗血清同时筛选两张硝酸纤维素滤膜，一张是非重组噬斑或单由载体所形成的菌落的空白印痕，另一张是所要筛选的一小部分表达文库 1～5000 个噬斑或菌落）的印痕。再将一系列不同稀释度的已知量天然和变性（经煮沸）目的抗原（20 pg～100 pg）点在另一张滤膜上。将 3 张滤膜剪成几份，按下面介绍的方法使用不同稀释度的抗血清进行筛选，从中选定对原核蛋白质不出现非特异反应，而对目的抗原呈现高水平特异反应的抗血清稀释度。在这类测定中采用的稀释度范围一般为：对多克隆抗血清，IgG 组分，腹水和亲和层析纯化的抗血清，1∶200～1∶5000；对体外单克隆杂交瘤培养上清液，1∶10～1∶100。理想情况下在小菌落一般大小的面积内，抗体可以检出至少 50～100 pg 的抗原。根据融合蛋白质的毒性，降解速率和物理状态的不同，表达融合蛋白的菌落和噬斑中的抗原含量相差悬殊，但凡是能够检出少至 50～100 pg 变性抗原的抗血清，就可以识别极不稳定蛋白质以外的所有融合蛋白。

无论多克隆抗血清，还是单克隆抗体都可以符合上述标准，它们也都已成功地用于筛选表达目的基因的重组克隆，两者各有千秋。多克隆抗血清通常能与可能由目的基因不同区域编码的几个不同表位反应，因此带有这些基因片段的重组体就都可以被多克隆抗血清检测。相反，只和一个表位反应的单克隆抗体，只会检出一部分表达目的基因序列的特定重组体。不过单克隆抗体和大肠杆菌成分反应所形成的背景远低于多克隆抗血清。因而，免疫筛选的最佳试剂应当是同目的蛋白质不同表位反应的一组单克隆抗体库混合物，或者是不与宿主成分反应的高滴度多克隆抗体。筛选表达文库之前，有必要进行一系列 Western 印迹或确定抗体与靶蛋白结合的最佳条件。目的是确定以下方面：

- 确定抗体与靶蛋白产生较强信号而与细菌裂解液中其他蛋白质产生较低背景时的稀释度。
- 温育的最佳时间和温度。
- 分离抗体靶蛋白结合物与非特异性结合物如与硝酸纤维素滤膜结合物时的漂洗条件。

有时，若抗血清与噬菌体感染的细胞裂解物反应强烈，在筛选表达文库之 14.51
前应对抗血清进行纯化。详见下文抗血清的纯化。

抗血清的纯化

如果用于筛选的抗血清只同 Western 印迹膜上具有预定分子量的蛋白质反应，就不必进一步对其进行纯化。对于和目的抗原反应的 IgG 类抗体，也很容易通过 A 蛋白-Sepharose 亲和层析柱加以纯化和浓缩（Goudswaard et al. 1978）。一般在免疫筛选过程中 IgG 制剂产生的背景要比全血清低得多。

能和几种不同蛋白质反应的抗血清一般是由不纯抗原刺激产生的，因而很可能和除表达目的蛋白质的特定克隆以外的重组克隆作用。这时，抗体需要用固定化抗原亲和层析柱加以纯化。但应注意，亲和纯化时，须使用独立制备的不含杂质的抗原，得到这种抗原比较困难。若无法得到这种抗原制剂，可选用两种方法。第一，可采用现有多克隆抗血清筛选文库，然后必须对具有免疫反应性的克隆进行进一步的分析，以明确区分假阳性和真阳性。第二，可用不纯的抗原制剂建立分泌抗目的蛋白质的特异性单克隆抗体的杂交瘤细胞系。

多克隆抗血清或 IgG 制剂中与大肠杆菌产生抗原反应的组分可通过免疫吸附去除。例如，可将包被裂解菌落或非重组噬斑碎片的硝酸纤维素滤膜，与稀释抗血清共温育（假筛选，见本章方案 3)。此过程可重复几次以去除所有抗大肠杆菌的抗体。另一种方法是把稀释抗血清和经冻融和超声波处理得到的大肠杆菌提取物混合（见本章方案 4)。经吸收的稀释抗血清无须其他处理即可用作筛选表达文库的探针。其中最有效的操作流程是由 de Wet 等（1984）介绍的（见本章方案 5)，即将未稀释的抗血清或纯化的 IgG

暴露于固定在溴化氰活化的 Sepharose 4B 上的大肠杆菌裂解物。

许多制造商的免疫筛选试剂盒已可提供感染了 λ 噬菌体载体的细菌培养物的裂解物。这些裂解物可通过 Western 印迹用来检测抗靶蛋白的抗体是否也与噬菌体载体或其宿主特定的组分反应。

李长燕 译

杨晓明 杨 晓 校

参考文献

Alter J.M. and Patrie W.J. 1990. Isolation of λgt11 clones directly from immunochemically screened filters. *BioTechniques* **9:** 564–565.

Amann E., Brosius J., and Ptashne M. 1983. Vectors bearing a hybrid *trp-lac* promoter useful for regulated expression of cloned genes in *Escherichia coli*. *Gene* **25:** 167–178.

Bagga J.S. and Wilusz J. 1999. Northwestern screening of expression libraries. *Methods Mol. Biol.* **118:** 245–256.

Blake M.S., Johnston K.H., Russell-Jones G.J., and Gotschlich E.C. 1984. A rapid, sensitive method for detection of alkaline phosphatase-conjugated anti-antibody on Western blots. *Anal. Biochem.* **136:** 175–179.

Blanar M.A. and Rutter W.J. 1992. Interaction cloning: Identification of a helix-loop-helix zipper protein that interacts with c-Fos. *Science* **256:** 1014–1018.

Chao S., Chao L., and Chao J. 1989. Enhanced specificity in immunoscreening of expression cDNA clones using radiolabeled antigen overlay. *BioTechniques* **7:** 68–72.

Clerc R.G., Corcoran L.M., LeBowitz J.H., Baltimore D., and Sharp P.A. 1988. The B-cell-specific Oct-2 protein contains POU box- and homeo box-type domains. *Genes Dev.* **2:** 1570–1581.

de Wet J.R., Fukushima H., Dewji N.N., Wilcox E., O'Brien J.S., and Helinski D.R. 1984. Chromogenic immunodetection of human serum albumin and α-L-fucosidase clones in a human hepatoma cDNA expression library. *DNA* **3:** 437–447.

di Guan C., Li P., Riggs P.D., and Inouye H. 1988. Vectors that facilitate the expression and purification of foreign peptides in *Escherichia coli* by fusion to maltose-binding protein. *Gene* **67:** 21–30.

Earnshaw W.C. and Rothfield N. 1985. Identification of a family of human centromere proteins using autoimmune sera from patients with scleroderma. *Chromosoma* **91:** 313–321.

French B.T., Maul H.M., and Maul G.G. 1986. Screening cDNA expression libraries with monoclonal and polyclonal antibodies using an amplified biotin-avidin-peroxidase technique. *Anal. Biochem.* **156:** 417–423.

Gething M.J. and Sambrook J. 1983. Expression of cloned influenza virus genes. In *Genetics of influenza viruses* (ed. P. Palese and D.W. Kingsbury), pp. 169–191. Springer-Verlag, Vienna.

Geysen H.M., Tainer J.A., Rodda S.J., Mason T.J., Alexander H., Getzoff E.D., and Lerner R.A. 1987. Chemistry of antibody binding to a protein. *Science* **235:** 1184–1190.

Go M. 1983. Modular structural units, exons, and function in chicken lysozyme. *Proc. Natl. Acad. Sci.* **80:** 1964–1968.

Goto T. and Wang J.C. 1984. Yeast DNA topoisomerase II is encoded by a single-copy, essential gene. *Cell* **36:** 1073–1080.

Gottesman S. and Maurizi M.R. 1992. Regulation by proteolysis: Energy-dependent proteases and their targets. *Microbiol. Rev.* **56:** 592–621.

Goudswaard J., van der Donk J.A., Noordzij A., van Dam R.H., and Vaerman J.P. 1978. Protein A reactivity of various mammalian immunoglobulins. *Scand. J. Immunol.* **8:** 21–28.

Harlow E. and Lane D. 1999. *Using antibodies: A laboratory manual.* Cold Spring Harbor Laboratory Press, Cold Spring Harbor, New York.

Hawkes R. 1986. The dot immunobinding assay. *Methods Enzymol.* **121:** 484–491.

Hawkes R., Niday E., and Gordon J. 1982. A dot-immunobinding assay for monoclonal and other antibodies. *Anal. Biochem.* **119:** 142–147.

Helfman D.M. and Hughes S.H. 1987. Use of antibodies to screen cDNA expression libraries prepared in plasmid vectors. *Methods Enzymol.* **152:** 451–457.

Helfman D.M., Feramisco J.R., Fiddes J.C., Thomas G.P., and Hughes S.H. 1983. Identification of clones that encode chicken tropomyosin by direct immunological screening of a cDNA expression library. *Proc. Natl. Acad. Sci.* **80:** 31–35.

Huang S.H. and Jong A. 1994. Efficient induction and preparation of fusion proteins from recombinant phage λgt11 clones. *Trends Genet.* **10:** 183.

Huang S.H., Tomich J.M., Wu H., Jong A., and Holcenberg J. 1989. Human deoxycytidine kinase. Sequence of cDNA clones and analysis of expression in cell lines with and without enzyme activity. *J. Biol. Chem.* **264:** 14762–14768.

Hurst H.C. 1997. Immunological screening of λ-phage cDNA expression libraries. *Methods Mol. Biol.* **69:** 155–159.

Huynh T.V., Young R.A., and Davis R.W. 1985. Constructing and screening cDNA libraries in λgt10 and λgt11. In *DNA cloning: A practical approach* (ed. D.M. Glover), vol. 1, pp. 49–78. IRL Press, Oxford, United Kingdom.

Johnson L.M., Snyder M., Chang L.M., Davis R.W., and Campbell J.L. 1985. Isolation of the gene encoding yeast DNA polymerase I. *Cell* **43:** 369–377.

Johnstone A. and Thorpe R. 1982. *Immunochemistry in practice,* 1st edition. Blackwell, Oxford, United Kingdom.

Kaufman D.L., McGinnis J.F., Krieger N.R., and Tobin A.J. 1986. Brain glutamate decarboxylase cloned in λgt-11: Fusion protein produces γ-aminobutyric acid. *Science* **232:** 1138–1140.

Kemp D.J. and Cowman A.F. 1981. Detection of expressed polypeptides by direct immunoassay of colonies. *Methods Enzymol.* **79:** 622–630.

Knecht D.A. and Dimond R.L. 1984. Visualization of antigenic proteins on Western blots. *Anal. Biochem.* **136:** 180–184.

Kornbluth S., Paulson K.E., and Hanafusa H. 1988. Novel tyrosine kinase identified by phosphotyrosine antibody screening of cDNA libraries. *Mol. Cell. Biol.* **8:** 5541–5544.

Kupper H., Keller W., Kurz C., Forss S., Schaller H., Franze R., Strohmaier K., Marquardt O., Zaslavsky V.G., and Hofschneider P.H. 1981. Cloning of cDNA of major antigen of foot and mouth disease virus and expression in *E. coli*. *Nature* **289:** 555–559.

Lacombe M.L., Ladant D., Mutzel R., and Veron M. 1987. Gene isolation by direct in situ cAMP binding. *Gene* **58:** 29–36.

LaVallie E.R., DiBlasio E.A., Kovacic S., Grant K.L., Schendel P.F., and McCoy J.M. 1993. A thioredoxin gene fusion expression system that circumvents inclusion body formation in the *E. coli* cytoplasm. *Bio/Technology* **11:** 187–193.

Lenz J., Okenquist S.A., LoSardo J.E., Hamilton K.K., and Doetsch P.W. 1990. Identification of a mammalian nuclear factor and human cDNA-encoded proteins that recognize DNA containing apurinic sites. *Proc. Natl. Acad. Sci.* **87:** 3396–3400.

Lieb M. 1979. Heat-sensitive lambda repressors retain partial activity during bacteriophage induction. *J. Virol.* **32:** 162–166.

Lillibridge C.D. and Philipp M.T. 1993. Swift identification of recombinant proteins from λ-phage libraries without resort-

14.53 ing to liquid cultures or lysogens. *BioTechniques* **15:** 812–814.

Lindberg R.A., Thompson D.P., and Hunter T. 1988. Identification of cDNA clones that code for protein-tyrosine kinases by screening expression libraries with antibodies against phosphotyrosine. *Oncogene* **3:** 629–633.

Mandal N.C. and Lieb M. 1976. Heat-sensitive DNA-binding activity of the *c*I product of bacteriophage lambda. *Mol. Gen. Genet.* **146:** 299–302.

McGadey J. 1970. A tetrazolium method for non-specific alkaline phosphatase. *Histochemie* **23:** 180–184.

Mierendorf R.C., Percy C., and Young R.A. 1987. Gene isolation by screening λgt11 libraries with antibodies. *Methods Enzymol.* **152:** 458–469.

Müller M.M., Ruppert S., Schaffner W., and Matthias P. 1988. A cloned octamer transcription factor stimulates transcription from lymphoid-specific promoters in non-B cells. *Nature* **336:** 544–551.

Mutzel R. 1994. Preparation and ligand screening of a λgt11 lysogen library. *Methods Mol. Biol.* **31:** 397–407.

Mutzel R., Baeuerle A., Jung S., and Dammann H. 1990. Prophage lambda libraries for isolating cDNA clones by functional screening. *Gene* **96:** 205–211.

Ozkaynak E., Finley D., and Varshavsky A. 1984. The yeast ubiquitin gene: Head-to-tail repeats encoding a polyubiquitin precursor protein. *Nature* **312:** 663–666.

Qian Z. and Wilusz J. 1993. Cloning of a cDNA encoding an RNA binding protein by screening expression libraries using a northwestern strategy. *Anal. Biochem.* **212:** 547–554.

Runge S.W. 1992. Rapid analysis of λgt11 fusion proteins without subcloning or lysogen induction. *BioTechniques* **12:** 630–631.

Rüther U. and Müller-Hill B. 1983. Easy identification of cDNA clones. *EMBO J.* **2:** 1791–1794.

Rüther U., Koenen M., Sippel A.E., and Müller-Hill B. 1982. Exon cloning: Immunoenzymatic identification of exons of the chicken lysozyme gene. *Proc. Natl. Acad. Sci.* **79:** 6852–6855.

Schleif R. 1988. DNA binding by proteins. *Science* **241:** 1182–1187.

Sikela J.M. and Hahn W.E. 1987. Screening an expression library with a ligand probe: Isolation and sequence of a cDNA corresponding to a brain calmodulin-binding protein. *Proc. Natl. Acad. Sci.* **84:** 3038–3042.

Singh H. 1993. Specific recognition site probes for isolating genes encoding DNA-binding proteins. *Methods Enzymol.* **218:** 551–567.

Singh H., Clerc R.G., and LeBowitz J.H. 1989. Molecular cloning of sequence-specific DNA binding proteins using recognition site probes. *BioTechniques* **7:** 252–261.

Singh H., LeBowitz J.H., Baldwin A.S.J., and Sharp P.A. 1988. Molecular cloning of an enhancer binding protein: Isolation by screening of an expression library with a recognition site DNA. *Cell* **52:** 415–423.

Skolnik E.Y., Margolis B., Mohammadi M., Lowenstein E., Fischer R., Drepps A., Ullrich A., and Schlessinger J. 1991. Cloning of PI3 kinase-associated p85 utilizing a novel method for expression/cloning of target proteins for receptor tyrosine kinases. *Cell* **65:** 83–90.

Smith D.B. and Johnson K.S. 1988. Single-step purification of polypeptides expressed in *Escherichia coli* as fusions with glutathione S-transferase. *Gene* **67:** 31–40.

Snyder M., Elledge S., and Davis R.W. 1986. Rapid mapping of antigenic coding regions and constructing insertion mutations in yeast genes by mini-Tn10 "transplason" mutagenesis. *Proc. Natl. Acad. Sci.* **83:** 730–734.

Snyder M., Elledge S., Sweetser D., Young R.A., and Davis R.W. 1987. λgt 11: Gene isolation with antibody probes and other applications. *Methods Enzymol.* **154:** 107–128.

Stanley K.K. 1983. Solubilization and immune-detection of β-galactosidase hybrid proteins carrying foreign antigenic determinants. *Nucleic Acids Res.* **11:** 4077–4092.

Stanley K.K. and Luzio J.P. 1984. Construction of a new family of high efficiency bacterial expression vectors: Identification of cDNA clones coding for human liver proteins. *EMBO J.* **3:** 1429–1434.

Stark M.J. 1987. Multicopy expression vectors carrying the *lac* repressor gene for regulated high-level expression of genes in *Escherichia coli*. *Gene* **51:** 255–267.

Staudt L.M., Clerc R.G., Singh H., LeBowitz J.H., Sharp P.A., and Baltimore D. 1988. Cloning of a lymphoid-specific cDNA encoding a protein binding the regulatory octamer DNA motif. *Science* **241:** 577–580.

Sussman R. and Jacob F. 1962. Sur un systeme de repression thermosensible chez le bacteriophage d'*Escherichia coli*. *C.R. Acad. Sci.* **254:** 1517–1519.

Towbin H. and Gordon J. 1984. Immunoblotting and dot immunobinding — Current status and outlook. *J. Immunol. Methods* **72:** 313–340.

Towbin H., Staehelin T., and Gordon J. 1979. Electrophoretic transfer of proteins from polyacrylamide gels to nitrocellulose sheets: Procedure and some applications. *Proc. Natl. Acad. Sci.* **76:** 4350–4354.

Ullmann A., Jacob F., and Monod J. 1967. Characterization by *in vitro* complementation of a peptide corresponding to an operator-proximal segment of the β-galactosidase structural gene of *Escherichia coli*. *J. Mol. Biol.* **24:** 339–343.

Vinson C.R., LaMarco K.L., Johnson P.F., Landschulz W.H., and McKnight S.L. 1988. In situ detection of sequence-specific DNA binding activity specified by a recombinant bacteriophage. *Genes Dev.* **2:** 801–806.

Webster P.J. and Macdonald P.M. 1999. Screening expression libraries with solution-based assay. *Methods Mol. Biol.* **118:** 257–264.

Young R.A. and Davis R.W. 1983a. Efficient isolation of genes by using antibody probes. *Proc. Natl. Acad. Sci.* **80:** 1194–1198.

———. 1983b. Yeast RNA polymerase II genes: Isolation with antibody probes. *Science* **222:** 778–782.

———. 1991. Gene isolation with λgt11 system. *Methods Enzymol.* **194:** 230–238.

Young R.A., Bloom B.R., Grosskinsky C.M., Ivanyi J., Thomas D., and Davis R.W. 1985. Dissection of *Mycobacterium tuberculosis* antigens using recombinant DNA. *Proc. Natl. Acad. Sci.* **82:** 2583–2587.

第 15 章　在大肠杆菌中表达克隆化基因

导言　15.2

大肠杆菌系统由于其遗传学、生物化学和分子生物学方面已充分被人们了解而成为表达许多异源蛋白质的首选表达系统。大肠杆菌遗传图谱明确，容易培养且费用低，对许多蛋白质有很强的耐受能力，能高水平地表达这些蛋白质。在过去的 20 年中，利用本章介绍的载体系统已经在大肠杆菌中表达了数百种重组蛋白。但大肠杆菌也并非是万能的宿主，有些蛋白质必须经过翻译后修饰（如糖基化、特定位点的切割）才能具有完全的生物活性，表达这些蛋白质时最好选择真核细胞作为宿主。因此，在着手表达某一种蛋白质之前，首先要明确最终目标，然后根据需要选择相应的宿主-载体系统。本章在信息栏克隆化基因的表达部分介绍了不同的表达体系。

选择表达系统

根据以下因素选择表达某一种特定蛋白质的大肠杆菌系统：

- 蛋白质的大小　小的胞质蛋白和多肽（长度小于 100 个氨基酸残基）最好能通过标准肽键与运载序列连接，以融合蛋白的形式在大肠杆菌中表达（参见融合蛋白部分）。运载序列通常能起到稳定靶蛋白的作用，使其免受胞内蛋白酶的降解；并能提供用于亲和纯化的配基结合位点。用蛋白酶在融合蛋白的适当位点进行切割，可以回收到具有活性的靶蛋白。

在任何系统中表达长度大于 100 个氨基酸残基的胞质蛋白都非常困难。在大肠杆菌中，这些蛋白质常常不稳定或形成包涵体；在哺乳动物细胞中，困难在于如何将外源蛋白和它的内源同系物区分开来。

- *蛋白质的需要量*　如果只需要少量的靶蛋白，比如筛选系列点突变蛋白寻找酶的活性位点，就不必进行优化表达；如果酶的活性可以用大肠杆菌粗提物进行分析，那么多数标准表达质粒都可以满足需要；而如果活性蛋白需要纯化和/或蛋白质的需要量很大，就有必要试验不同的宿主-载体系统和纯化方法，最终确定一个最适于大规模表达的方案。
- *蛋白质是否需要保留活性*　如果表达靶蛋白的目的只是用于产生抗体，就不一定要获得活性蛋白，而可以选择便于靶蛋白纯化的表达系统，不管其是以活性形式还是变性状态存在，包涵体的形成对不溶性蛋白的分离非常有利。

如果靶蛋白是用于生物化学或细胞生物学研究，那么保持或恢复蛋白质的功能就非常重要，而是否易于纯化就是次要的了。有时表达产物本身就是有活性的可溶性蛋白，而多数情况下表达产物是不溶的，必须经过从包涵体中纯化、溶解和再折叠才能恢复活性形式。

15.3 如果表达蛋白是用于结构研究，最好能以可溶性状态表达。有必要试验多种不同的大肠杆菌菌株，尽可能减少胞内错误折叠；体外试验要尽可能避免变性，以维持蛋白质的正确构象（参见方案 8 的附加方案）。

选择启动子和载体系统

下面提到的几种按启动子类型分类的载体，在本章第一套试验方案中有详细介绍（参见信息栏大肠杆菌表达系统）。

带 IPTG 诱导启动子的表达载体（方案 1）

用于在大肠杆菌中高水平表达外源蛋白的基于 *lac* 操纵子的载体有以下几种：

- *trp-lac*（*tac*）*启动子*　*tac* 是一个由 *trp* 启动子 − 35 区和 *lac*UV5 启动子 − 10区融合而成的杂合启动子，受 *lac* 阻抑物调控，而不受 *crp* 基因产物介导的 cAMP 调控机制的调节（Amann et al. 1983，de Boer et al. 1983）。Pharmacia 公司的 pKK223-3（Brosius and Holy 1984）是一个很有效的 *tac* 启动子表达质粒。
- *trp-lac*（*trc*）*启动子*　*trc* 也是一个由 *trp* 启动子 − 35 区和 *lac*UV5 启动子 − 10区融合而成的受 *lac* 阻抑物调控的杂合启动子（Amann and Brosius 1985）。*trc* 和 *tac* 启动子的惟一区别是 − 35 区和 − 10 区之间的间隔序列不同，在 *trc* 启动子中，两个元件之间间隔 17 bp，而在 *tac* 启动子中是 16 bp。这一区别对外源蛋白的表达没有影响或影响很小（Amann and Brosius 1985）。Pharmacia 公司的表达质粒 p*Trc*99A 带有 *trc* 启动子。
- *lac 启动子*　可通过蓝白斑筛选重组克隆的任何多用途载体（pUC，pTZ，pSK，pBluescript，pGEM 等）都可用于表达外源蛋白。表达的蛋白通常与 β－半乳糖苷酶氨基端融合，有时还带有连接区序列（更详细的内容请参考信息栏 LACZ 融合）。尽管 *lac* 启动子的强度弱于 *trc* 和 *tac*，但多用途载体所具有的高拷贝特点也能使外源蛋白获得相当可观的表达。最大程度诱导 *lac* 启动子需要 cAMP 激活蛋白的参与（CAP，*crp* 基因产物），而细胞在缺葡萄糖的培养基中生长时 CAP 活性很高，因此用这些载体进行表达时，不能使用以葡萄糖作为碳源的培养基。

含 T7 噬菌体启动子的表达载体（方案 2）

在 pET 系列载体中，外源基因的表达是受 T7 噬菌体 RNA 聚合酶调控的，这类载体是 Studier 等于 1990 年首先构建的，后来得到很大发展。它们的典型特点是带有 pBR322 的大肠菌素 E1（colE1）复制区，从而赋予宿主菌氨苄青霉素或卡那霉素抗性。在这些载体中，编码序列在多克隆位点插入，置于天然 T7 RNA 聚合酶启动子（ϕ10 启 15.4
动子）或所谓的 T7 *lac* 启动子的控制之下，后者是带有 *lac* 操纵子（*lacO*）序列的天然 T7 RNA 聚合酶启动子的衍生体，*lac* 阻抑物的结合能阻断转录起始。

带有 λ 噬菌体 P_L 启动子的表达载体（方案 3）

在这类载体中，λ 噬菌体 P_L 启动子受温度敏感型阻抑物 *c*I*ts*857 调控，*c*I*ts*857 在低温下能抑制 P_L 驱动的转录，而高温时则不能，如果表达产物对大肠杆菌具有毒性，则 P_L 载体非常有用。包括 pHUB 系列（Bernard and Helinski 1979）、pPLc 系列（Remaut et al. 1981）、pKC30（Rao 1984）、pAS1（Rosenberg et al. 1983）、pRM1/pRM9（Mieschendahl et al. 1986）和 pTrxFus（LaVallie et al. 1983）等在内的载体已经商业化。用带有 λ 噬菌体 P_L 启动子的载体进行表达时，必须选择 *c*I*ts*857 突变的大肠杆菌菌株（M5219）作为宿主菌。

融合蛋白

基因融合就是将两个或多个开放阅读框架按一定顺序连接在一起，融合阅读框架的表达产物是一个杂和蛋白，在这个蛋白中，靶蛋白连接在运载蛋白的氨基端或羧基端（Itakura et al. 1977，Goeddel et al. 1979，综述请见 Uhlén and Moks 1990，LaVallie and McCoy 1995）。融合蛋白具有极大的应用潜力。

- 靶蛋白附着于已知酶功能和/或抗原组成的结构域，可以简化靶蛋白的标记与分离。
- 靶蛋白与信号肽连接，可以将融合蛋白分泌到特定的细胞区。
- 运载蛋白能保护靶蛋白免受原核宿主的蛋白酶解作用。
- 运载蛋白可以改善靶蛋白的溶解性，防止形成不溶性包涵体（参见后面不溶性蛋白的处理部分）。

表 15-1 列出了广泛用于融合蛋白构建和表达的载体。

15.5 **表 15-1　构建融合蛋白的载体**

载体系统	融合伴侣[a]	注解	参考文献/来源
pUC，pSK，pBluescript，pGEM	β-半乳糖苷酶	*lac* 启动子-操纵基因控制的表达（参见信息栏 LACZ 融合）	Stratagene 公司（www.stratagene.com） Life Technologies 公司（http://www.lifetech.com/）
PTA1529 或 pBAce	碱性磷酸酶	PhoA 信号肽利于蛋白向周质转运	Oka et al.（1985）
pGEX 系列	GST	IPTG 诱导启动子，有切割序列	Smith and Johnson（1988） Pharmacia 公司
pMAL 系列	MBP	IPTG 诱导启动子，MBP 信号肽利于蛋白向周质分泌	di Guan et al.（1988）；Maina et al.（1988） NewEngland Biolabs 公司（http://www.neb.com/）
pTrx，pTrxFus	Trx	IPTG 诱导启动子，有肠激酶切割序列	LaVallie et al.（1993） Invitrogen 公司（www.invitrogen.com）
pET 系列	聚组氨酸标签，也可选择带 GST、Trx、DsbA 和 DsbC、CBD 标签的载体	T7 启动子（IPTG 诱导）；有化学切割、酶切割位点	Studier et al.（1990） Novagen 公司（www.novagen.com） Promega 公司（www.promega.com）

注：[a]（GST）谷胱甘肽-S-转移酶；（MBP）麦芽糖结合蛋白；（Trx）硫氧还蛋白；（DsbA 和 DsbC）二硫键形式（周质定位）；（CBD）纤维素结合域。

纯化融合蛋白

靶蛋白与对某一特定配基有高亲和力的运载体连接，产生的任何一种融合蛋白几乎都可以用亲和层析的方法进行纯化，而且往往只需一步就能达到目的。目前这种融合系统已达 20 多种，图 15-1 所示为构建融合蛋白的载体的基本特征。这类载体中许多都是基于 LacZ 设计的，但也有其他一些运载蛋白应用成功的例子，包括 *malE*、谷胱甘肽-S-转移酶和葡萄球菌蛋白 A 等。最近，基于已知特性的配基结合蛋白的识别标签已逐步被自然界中不存在的人工标签所取代，其中应用最广的是①结合 Zn^{2+} 或 Ni^{2+} 柱的多聚组氨酸和②一个既有亲水性又有免疫活性的人工 7 肽 FLAG。FLAG 羧基端的 5 个氨基酸残基构成肠激酶识别位点，在此切割能把 7 肽从靶蛋白上去除（Dykes et al. 1988，Hopp et al. 1988）。多个实验室成功利用表 15-2 所列的融合系统表达纯化了不同的融合蛋白。

15.6 大肠杆菌中合成的融合蛋白通常都是极好的免疫原，可以产生针对靶序列的抗血清。但很多时候，靶序列附加标签会有不利后果，即可能丧失生物活性。

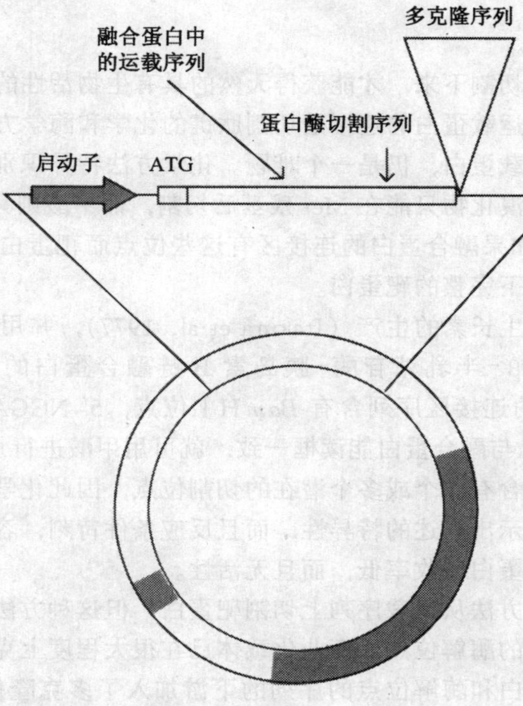

图 15-1　一般融合载体图解

表 15-2　亲和纯化融合蛋白

运载蛋白	亲和配基[a]	洗脱方法	参考文献
β-半乳糖苷酶	APTG TPEG	硼酸钠（pH 10）	Germino et al.（1983）；Ullmann（1984）
蛋白 A	IgG	0.5 mol/L 乙酸	Nilsson et al.（1985a）；Moks et al.（1987a, b）；Nillson and Abrahmsén (1990)
谷胱甘肽-S-转移酶	谷胱甘肽	还原型谷胱甘肽（5 mmol/L）	Smith and Johnson（1988）
麦芽糖结合蛋白	交联直链淀粉	麦芽糖（10mmol/L）	di Guan et al.（1988）；Maina et al.（1988）
氯霉素乙酰转移酶	p-氨基氯霉素-琼脂糖凝胶	氯霉素（5mmol/L）	Knott et al.（1988）
碳酸酐酶Ⅱ	氨磺酰亲合树脂	Tris-SO_4（pH 6.8）	Van Heeke et al.（1993）
纤维素结合域	纤维素	H_2O	Ong et al.（1989a , b）
聚（组氨酸）	固化 Zn^{2+} 或 Ni^{2+}	酸性梯度(pH6.0 到 pH4.0) 咪唑(不高于 0.5mol/L)	Smith et al.（1988）
FLAG	FLAG 特异抗体	中性 EDTA 或 pH 3.0 甘氨酸缓冲液	Hopp et al.（1988）
聚(精氨酸)	S-琼脂糖凝胶	NaCl 梯度	Brewer and Sassenfeld (1985)
聚(半胱氨酸)	硫代丙基琼脂糖凝胶	巯基乙醇或二硫苏糖醇	Persson et al.（1988）
聚(苯丙氨酸)	苯基-Superose	乙二醇	Persson et al.（1988）

注：[a]TPEG 和 APTG 是同一种化合物 p-氨基苯 β-D-硫代-半乳糖苷的首字母缩写，Steers 等最先将该化合物用于 β-半乳糖苷酶的纯化。

切割融合蛋白

只有从融合蛋白上切割下来，才能获得天然的具有生物活性的靶蛋白。尽管已经开发出多种能在靶蛋白和运载蛋白的连接处切割肽键的化学和酶学方法，但如何从融合蛋白上彻底去除标签或运载蛋白，仍是一个难题。化学方法特异识别特定的氨基酸残基或一组氨基酸残基，如氰溴化物只能在 Met 残基后切割，而甲酸则只能在 Asp-Pro 的 Pro-后切割（见表 15-3）。如果融合蛋白的连接区有这些位点而靶蛋白中没有，就可以用化学方法从融合蛋白上切下完整的靶蛋白。

氰溴化物已用于抑生长素的生产（Itakura et al. 1977），并用于 β-半乳糖苷酶-胰岛素 A 链融合蛋白和 β-半乳糖苷酶-胰岛素 B 链融合蛋白的切割（Goeddel et al. 1977）。许多表达质粒的连接区序列含有 *Bam*HⅠ位点，5′-NGGATCCN-3′，如果它所
15.7 编码的二肽（Asp-Pro）与融合蛋白能读框一致，就可用甲酸进行切割（表 15-3）。但事实上大多数靶蛋白中都含有一个或多个潜在的切割位点，因此化学方法有其局限性。另外，化学方法不总是显示出上述的特异性，而且反应条件苛刻，容易使靶蛋白变性，因此用这种方法产生的靶蛋白回收率低，而且无活性。

有时可以应用酶学方法从运载序列上切割靶蛋白，但这种方法要求在靶蛋白和运载蛋白的连接区设计特异的酶解位点，商业化载体已在很大程度上克服了这一难题。在这些载体中，编码运载蛋白和酶解位点的序列的下游加入了多克隆位点。例如在 pMAL2 系列载体中，大肠杆菌 MalE 蛋白编码序列下游是编码 Xa 因子识别位点（Ile-Asp/Glu-Gly-Arg）的序列，其 3′端融合了靶蛋白编码序列，而且读框一致（Nagai and Thøgerson 1984，Nambiar et al. 1987）。Xa 因子在识别序列中精氨酸残基的羧基端切割肽键（见图 15-2）。

靶蛋白编码序列插入载体时，仔细选择酶切位点，可以最大程度减少切割后附加在靶蛋白氨基端的氨基酸残基。表 15-3 所列的其他酶切割系统也可用于类似方案。

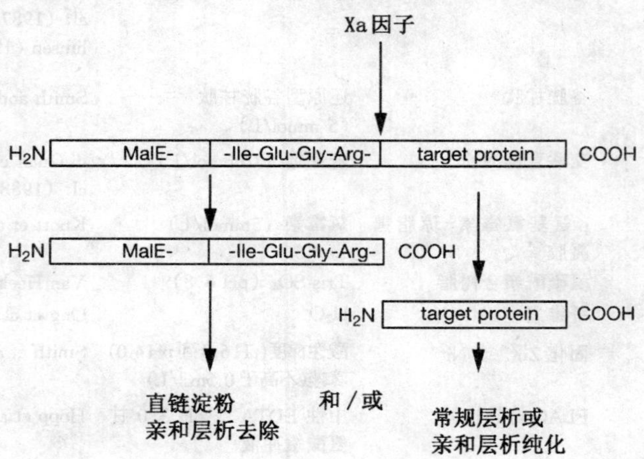

图 15-2　Xa 因子切割融合蛋白

Xa 因子切割识别序列中 Arg 残基羧基端肽键。

表 15-3　切割融合蛋白的方法

切割方法	切割位点序列	载体	参考文献
化学			
氰溴化物和70%蚁酸	-Met↓		Itakura et al.（1977）；Szoka et al.（1986）
70%蚁酸，加热	-Asp↓Pro-		Nilsson et al.（1985b）；Szoka et al.（1986）；Boutelje et al.（1990）
pH 9 羟胺，加热	-Asn↓Gly-		Moks et al.（1987b）；Forsberg et al.（1990）；Cavona-Davis et al.（1992）；Edalji et al.（1992）；King et al.（1992）
Iodosobenzoic 酸 2-(2-硝基苯)-3-甲基-3-溴代吲哚溶于 50%乙酸 (BNPS 粪臭素)	-Trp↓		Dykes et al.（1988）；Knott et al.（1988）；Villa et al.（1988）
酶学			
Ala-64 枯草杆菌蛋白酶[a]	-Gly-Ala-His-Arg↓		Forsberg et al.（1991，1992）
梭菌蛋白酶	-Arg↓和 Lys-Arg↓		Bennett et al.（1984）
胶原酶	-Pro-Val↓Gly-Pro-		Germino and Bastia（1984）；Lee and Ullrich（1984）；Hiraoka et al.（1991）；Chinery et al.（1993）
Xa 因子	-Ile-Glu/Asp-Gly-Arg↓	pMal-c2（胞质） pMal-p2（周质） pGEX3X（Pharmacia 公司）	Nagai and THøgerson（1984，1987）；Lauritzen et al.（1991）；Ohashi et al.（1991）
肾素	-Pro-Phe-His-Leu↓Leu-		Haffey et al.（1987）
α-凝血酶[b]	-Leu-Val-Pro-Arg↓Gly-Ser-	pGEX2T（Pharmacia 公司）	Gearing et al.（1989）
胰酶	-Arg↓或-Lys↓		Shine et al.（1980）；O'Hare et al.（1990）；Wang et al.（1989）
TEV 蛋白酶[c]（烟草花叶病毒蛋白酶）	-Glu-Asn-Leu-Tyr-Phe-Gln↓Gly-	pPROEX-1（Life Technologies 公司）	Parks et al.（1994）；Polayes et al.（1994）

注：[a]Ala-64 枯草杆菌蛋白酶是枯草杆菌蛋白酶的突变体，催化残基 His-64 被 Ala 取代（H64A），突变之后的酶对含有一个组氨酸残基的底物特异性更强（Carter and Wells 1987）。

[b]α-凝血酶的最佳切割位点有两种：(1) P4-P3-Pro-Arg-P1′-P2′，P3 和 P4 是疏水性氨基酸残基，P1′和 P2′是非酸性氨基酸残基；(2) P2-Arg-P1′，P2 或 P1′是 Gly（Chang 1985）。

[c]Glu，Tyr，Gln 和 Gly 残基是切割所需氨基酸残基（Carrington and Dougherty 1988，Dougherty et al. 1988，Dougherty and Perks 1989）。

前面介绍的从融合蛋白上回收靶蛋白的方法看似神奇，实际上也只有一半能完全切割。除非融合蛋白用 6 mol/L 盐酸胍或 8 mol/L 尿素变性，或者在切割位点一侧或双侧插入铺垫序列，否则许多酶的切割效率都很低。另外，蛋白酶的特异性不是绝对的，或者蛋白酶中有其他蛋白酶的污染，致使靶蛋白内部相应位点被切割（Nagai and

Thøgerson 1984 , 1987；Dykes et al. 1988；Lauritzen et al. 1991)。有时更换蛋白酶可以解决这一问题，或者使用以可溶形式而不是以包涵体形式表达融合蛋白的载体（谷胱甘肽还原酶或硫氧还蛋白融合)。但上述这些方法都不是万能的。

15.8 很少有文献对不同蛋白酶切割同一种蛋白的效率进行过比较，因此理论上还不能很有把握地选定一个系统。但有一项研究表明，在切割谷胱甘肽-S-转移酶和麦芽糖结合蛋白的融合蛋白时，TEV（烟草花叶病毒）蛋白酶远比 Xa 因子有效。TEV 蛋白酶优于其他蛋白酶之处还有：①特异性强，极少发生非特异切割；②对一般蛋白酶抑制剂有很强的抗性；③发挥活性温度低（4～30℃）(Polayes et al. 1994)。另外，市售的 TEV 蛋白酶（Life Technologies 公司）本身带有组氨酸标签，很容易从切割反应体系中经纯化去除。表 15-3 所列化学方法和酶学方法已经成功用于特异切割融合蛋白中的肽键。

15.9 不溶性蛋白的处理

外源蛋白在大肠杆菌宿主中过量表达时，常导致表达产物在胞内形成不溶性的聚集体（Williams et al. 1982；Schoner et al. 1985；综述见 Marston 1986；Kane and Hartley 1988；Mitraki and King 1989；Schein 1989, 1991 ；Marston and Hartley 1990；Georgiou and Valax 1996)。通过低速离心可以分离出这些包涵体，其中除了变性的外源蛋白之外，几乎没有其他蛋白。包涵体在电子显微镜下呈不规则颗粒，在相差显微镜下呈亮的折射粒子，无包被膜。在大肠杆菌中，当蛋白质内有氨基酸类似物掺入或者内源基因高水平表达时，也会出现形态学相似的结构。

目前还不能预测外源蛋白在大肠杆菌中高水平表达时以可溶形式存在，还是聚集成包涵体。根据蛋白质的大小、疏水性和荷电性等，很难预见其表达状态。同样，根据天然蛋白的四级结构进行判断也是不可靠的，因为无论是单体蛋白还是寡聚体蛋白的亚基都能形成包涵体。现有的证据表明，包涵体的形成是因为部分折叠或错误折叠的多肽发生不适当聚集，而不是由天然蛋白的不溶性或不稳定性所导致的（Mitraki and King 1989，Schein 1989，Jaenicke 1991，Chrunyk et al. 1993)。因此，如果大肠杆菌中表达的蛋白折叠成对热不稳定的中间体，就会促进包涵体的形成（Haase-Pettingell and King 1988)；而如果在低温培养高水平表达外源蛋白的大肠杆菌，就能在一定程度上抑制包涵体的形成（Lin et al. 1987，Schein and Noteborn 1988，Pan et al. 1991，Derbyshire et al. 1993)。一些小组用定点突变的方法研究了特定蛋白质中影响包涵体形成的区域或者是基元（Wetzel et al. 1991，Chrunyk et al. 1993)，结果发现它们遍布于整个分子，在α-螺旋、动态和静态不规则区、β-片层、环和转角结构中都存在。这些结果表明，没有哪一种单一结构单元直接导致了折叠中间体的堆积并进一步聚集成包涵体。但是，对于 Klenow 片段的聚合酶区，溶解性的难题可以通过以下两种方案解决：①蛋白质工程化，去除暴露于溶剂中的疏水区和蛋白质氨基端的自由区（Derbyshire et al. 1993)；②用 T7 启动子载体替换 λ 噬菌体 P_L 启动子载体。前一结果很合乎逻辑，至于表达系统为什么会严重影响表达产物的溶解性这一点却很难理解。正如 Derbyshire 等（1993）所指出的，这个结果一方面强调了我们对影响蛋白质表达因素的无知；同时也强调了，在表达遇到困难时，有必要试验几种不同的表达系统、诱导方法和纯化方案。

正如前面所讨论的，利用融合系统表达靶蛋白可以减少蛋白质的错误折叠和包涵体的形成。有些蛋白质在大肠杆菌中单独表达时形成包涵体，而以融合蛋白形式表达时是可溶的。为了获得可溶性蛋白，可以选择血吸虫谷胱甘肽-S-转移酶（Smith and Johnson 1988）、大肠杆菌麦芽糖结合蛋白（MalE）（Maina et al. 1988）和大肠杆菌硫氧还蛋白（*trx*A）（LaVallie et al. 1993；Sachdev and Chirgwin 1998）作为融合伴侣。这些系统的另一个优势是，融合伴侣赋予外源蛋白以特有的生化性质，大大简化了纯化过程。例如，大肠杆菌硫氧还蛋白融合蛋白能在细菌内外膜之间积累，用渗透休克或冻融的方法就可以将其释放。 15.10

防止形成包涵体的另一个方法是用含有原核信号肽的载体进行表达，新合成的蛋白被转运到周质空间，在那里它们是可溶的，这种方法对真核分泌蛋白尤其有效。例如，BiP 是真核内质网的主要伴侣蛋白，在细菌胞质中表达时完全不可溶，而用原核分泌型载体表达时，则可以获得具有生物活性的产物（Blond-Elguindi et al. 1993）。

尽管包涵体结构复杂，还是可以从中提取到纯的有活性的外源蛋白，这个过程的基本步骤如图 15-3 所示和方案 8 所述，其中最困难的无疑是如何使部分变性的聚集体充分溶解，并进一步折叠成天然多肽。由于每一种蛋白质都是独一无二的，因此没有普遍适用的方法。但在过去的 20 年中，蛋白质再折叠还是取得了一些成功的实例，从中总结出了一些规律。Marson（1986）、Marson 和 Hartley（1990）非常全面地概括了从包涵体中提取和纯化蛋白质的各阶段的普遍原则。

破碎含有包涵体的细菌

表 15-4 列出了破碎含有包涵体的细菌的标准方法，一般都能取得很好的结果。方法的选择主要取决于可用的仪器和研究人员的经验，而与蛋白质的性质关系不大。无论哪一种破碎方法，快速和确保温度低于 4℃ 都是至关重要的。

表 15-4 破碎含有包涵体的细菌

超声处理	Saito et al.（1987）；Belder et al.（1988）
弗氏压碎	Goeddel et al.（1979）；Schumacher et al.（1986）
冻-融	Schein and Noteborn（1988）
溶菌酶	Goliger and Roberts（1987）

离心和洗涤

多数情况下，可以通过低速离心（4℃，10 000～20 000g）从细菌裂解物中提取包涵体。用含 EDTA、变性剂和/或 DNase 的溶液洗涤沉淀，可以去除杂蛋白和核酸。洗涤后的包涵体悬浮于不含增溶剂的再折叠缓冲液中，这些缓冲液都含有 Tris-Cl（pH 7.2）、NaCl（50 mmol/L）、EDTA（1～5 mmol/L）和蛋白酶抑制剂（见表 15-5）混合物，如果天然蛋白不含二硫键，还应加入二硫苏糖醇（DTT，2 mmol/L）。

表 15-5　包涵体洗涤液的组分

溶菌酶	Marston (1986)
EDTA	Belder et al. (1988)
脱氧胆酸盐或 Triton X-100	Promega 公司蛋白质手册
DNase	

15.11　溶解和再折叠

沉淀的蛋白一般在强的离液剂，如尿素（6～8 mol/L）和盐酸胍（5～8 mol/L），或变性剂如 SDS 等存在的条件下，或在非生理 pH 条件下（Marston 1986，Marston and Hartley 1990）都能溶解。有关这些试剂的详细内容请参见信息栏离液剂部分。从洗涤的包涵体中提取的聚集蛋白，主要由变性的单体和通过二硫键连接的寡聚体组成(Light 1985)，纯度通常可达到 50%～75%。变性蛋白溶解后几乎都没有生物活性，只有在体外折叠成天然或近似天然的构象后才能恢复活性。从包涵体中提取的聚集蛋白的溶解和再折叠方法见方案 8。

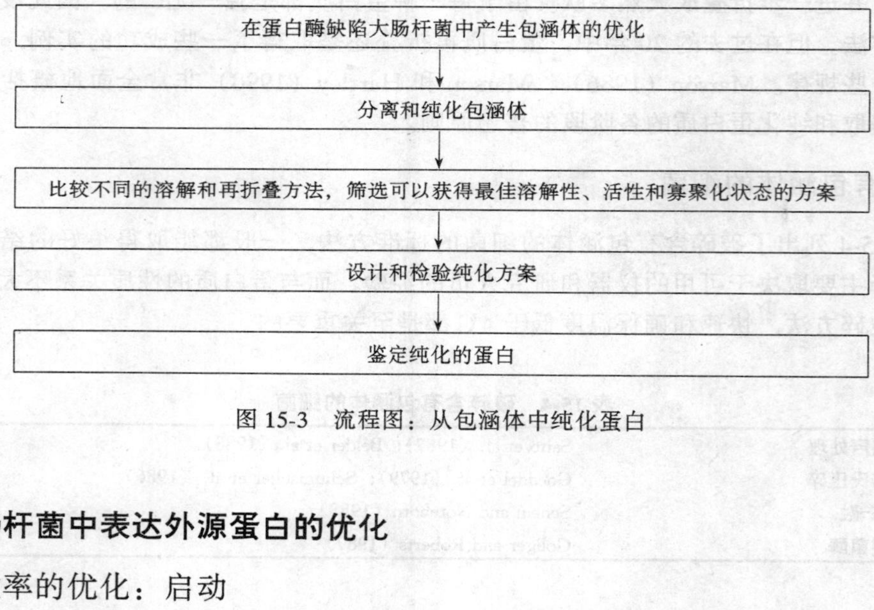

图 15-3　流程图：从包涵体中纯化蛋白

在大肠杆菌中表达外源蛋白的优化

翻译效率的优化：启动

15.12　有效启动翻译需要起始密码上游的核糖体结合位点（Huttenhofer and Noller 1994)。翻译起始过程中，5～9 个核苷酸长的 Shine-Dalgarno 序列与 16S RNA 的 3′末端发生作用（Shine and Dalgarno 1974，Steitz and Jakes 1975，Steitz 1979)。Shine-Dalgarno 序列与起始密码 ATG 之间的距离对翻译效率有影响，在 ATG 下游插入开放阅读框架的载体，此段距离已经优化，如果克隆基因以自身的 ATG 起始翻译，起始密码应位于 Shine-Dalgarno 序列下游 5～7 个核苷酸（Ringquist et al. 1992)。

翻译起始区的二级结构也影响基因表达效率（de Smit and van Duin 1994a，b)。Chen 等（1994）通过改变 Shine-Dalgarno 序列上、下游的核苷酸，减少二级结构的形成，提高了基因表达水平。与此类似，也有一些基因通过共翻译，也就是在一段翻译序列的下游插入目的基因编码序列，提高了表达水平（Makoff and Smallwood 1990, Rangwala et al. 1992）。

密码子的使用

遗传密码与氨基酸并不是一对一的关系，61 种密码子编码 20 种氨基酸，而其中只有两种是由单一密码子编码的，其余的 18 种中的每一种都有多个密码子，编码同一种氨基酸的不同密码子的使用频率也是不同的（Grantham et al. 1980a, b, 1981）。

如果编码区中有大量的或成串儿的稀有密码子，通过突变或基因重合成去除这些稀有密码子，可以提高表达水平（Rangwala et al. 1992）。另外，如果靶序列中有稀有密码子 AGA 或 AGG，会带来一些特殊问题，因为它们在编码区内部又形成额外的 Shine-Dalgarno 序列（Ivanov et al. 1992）。

编码外源蛋白氨基端的序列对表达水平也有很大影响（Barnes et al. 1991）。因此有必要用聚合酶链式反应（PCR）或定点突变的方法，把表达基因 N 端的 7～8 个密码子变成大肠杆菌中最常用的密码子（Bennetzen and Hall 1982）。还应尽可能通过这些方法将靶基因 5′端（G+C）含量降至 40%以下。

培养条件优化

在表达系统相同的情况下，不同的培养基常导致表达水平的巨大差异（Weickert et al. 1996）。LB 类标准培养基可以用于建立表达的基本参数，但只有对培养条件进行优化后，才能获得最佳表达，包括使用基本盐培养基，如 M9（参见附录 2），限定盐培养基，如诱导培养基（方案 4），或丰富培养基，如肉汤、YT 或 NZCYM（附录 2）。详细内容参见方案 1 诱导启动子表达蛋白的优化和疑难解析。

本章介绍了用不同载体在细菌中表达融合蛋白和完整非融合蛋白的方法。在克隆基因的上游插入强的可调节启动子和有效的核糖体结合位点，可以在细菌中表达非融合蛋白。融合蛋白能大量制备，易于纯化，而且能赋予蛋白新的免疫学或生物学分析反应特性。 15.13

在细菌系统中表达的真核蛋白可能缺乏重要的切割或修饰过程，这些过程是保持蛋白质的功能所必需的。已经证明杆状病毒表达系统能非常有效而又忠实地表达外源蛋白和融合蛋白，并能同时表达两种或多种（最多可达 4 种）蛋白。详细内容请参见第 17 章信息栏杆状病毒和杆状病毒表达系统。杆状病毒表达系统的使用方法请参考 Spector 等（1998；《细胞实验手册》的第 66 章）。

> 科学在 17 世纪取得了辉煌的成就，成为现代科学和近代科学的分水岭。
>
> Bertrand Russell，西方哲学史

15.14　方案 1　用 IPTG 诱导启动子在大肠杆菌中表达克隆化基因

带异丙基-β-D-硫代半乳糖苷（IPTG）诱导启动子的质粒表达外源蛋白的总量可以达到全菌蛋白的 30％以上。这些质粒非常适于实验室小规模操作，但 IPTG 价格昂贵，不能用于大规模制备外源蛋白。本方案将在疑难解析和诱导启动子表达蛋白的优化部分讨论影响质粒表达效率的因素。

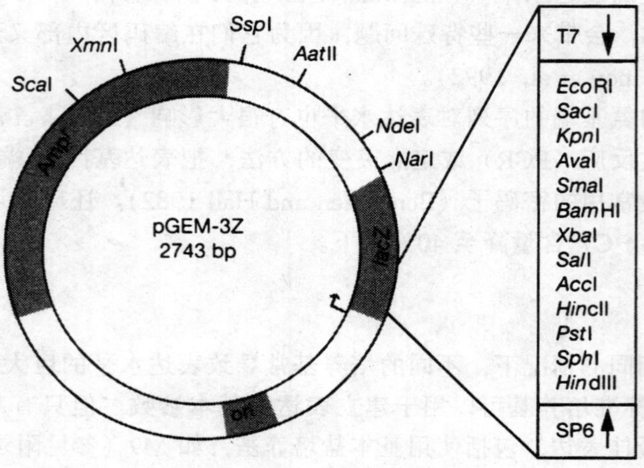

图 15-4　pGEM-3Z 载体

pGEM-3Z 载体可用于体外转录和蛋白表达。载体中 *lac* 操纵子之后依次是编码 LacZα 多肽的序列，多克隆位点及其两侧的 T7 和 SP6 聚合酶转录起始序列，赋予载体氨苄抗性的 β-内酰胺酶编码序列。（经 Promega 公司同意后修改）

15.15　材料

注意：标有〈!〉的材料的正确操作请参见附录 12。

缓冲液和溶液

贮存液、缓冲液和试剂的成分参见附录 1。

贮存液稀释至适当浓度。

考马斯亮蓝染色溶液或银染溶液

参见附录 8。

IPTG（1 mol/L）

1×SDS 凝胶加样缓冲液

不含 DTT 的 1×SDS 凝胶加样缓冲液室温保存，1 mol/L DTT 贮存液现用现加于上述缓冲液。

凝胶

SDS〈!〉-聚丙烯酰胺凝胶（10％）

用于分离蛋白的 SDS-聚丙烯酰胺凝胶的制备参考附录 8。

核酸和寡核苷酸

靶基因或 cDNA 片段

培养基

含氨苄（50 μg/ml）的 LB 琼脂平板
含氨苄（50 μg/ml）的 LB 培养基

离心机和转头

Sorvall GSA 转头或相当的转头

特别配备

沸水浴
振荡培养箱

补充试剂

本方案步骤 1 需要第 8 章方案 7 中所列试剂。
本方案步骤 2 需要第 1 章方案 17 或 19 中所列试剂。
本方案步骤 3 需要第 1 章方案 23～26 中所列试剂。
本方案步骤 4 需要第 12 章方案 3 中所列试剂。

载体和细菌菌株

带有 *lacI^q^* 或 *lacI^q1^* 等位基因的适于转化的大肠杆菌菌株

带有 *lacI^q^* 等位基因的 IPTG 诱导表达质粒（如 pMAL 和 pGEX）可以转化实验室的任何大肠杆菌菌株（如 JM101，DH5F′和 TG1）。详细内容参见本方案。

IPTG 诱导的表达载体

其他载体包括 pGEM-3Z（Promega 公司，见图 15-4），pGEX-1（Pharmacia 公司），pKK223-3（Pharmacia 公司），pMEX（U.S. Biochemicals 公司），pTrc99A（Pharmacia 公司）和 pMAL（New England Biolabs 公司）。

阳性对照质粒（表达已知大小的 LacZ 融合蛋白的 IPTG 诱导载体）

方法 15.16

含重组表达载体的大肠杆菌菌株的构建

1. PCR 修饰或限制性内切酶消化分离 DNA 片段，片段 5′端和 3′端带有与 IPTG 诱导表达载体对应的限制酶位点。

大多数 IPTG 诱导表达载体都含有表达外源蛋白所必需的全部控制元件。RCR 修饰表达 cDNA/基因，使结构两侧没有无关序列。为方便表达，可以根据所用载体和初步结果，在片段末端加入其他调控序列（参见本方案疑难解析和诱导启动子表达蛋白的优化）。

为确定扩增反应没有引入错误突变，应对 PCR 产物进行序列分析。

2. 含靶 cDNA /基因的 DNA 片段与表达载体连接（第 1 章方案 17 或 19）。
3. 重组质粒转化有 *lacI^q* 等位基因的大肠杆菌菌株。如果质粒本身有 *lacI* 基因，可以使用任何适当的大肠杆菌菌株。将转化体铺于含氨苄（50 μg/ml）的 LB 平板，于 37℃ 过夜培养。

空的表达质粒（阴性对照）和阳性对照质粒转化相同的大肠杆菌菌株。

4. 通过菌落杂交和/或小量制备质粒的限制酶切分析、寡核苷酸杂交或序列分析筛选带有插入片段的转化体（请参见第 12 章方案 3）。

诱导靶蛋白表达的优化

许多研究表明细胞生长速率严重影响外源蛋白的表达，因此必须对接种细菌量、诱导前细胞生长时间和诱导后细胞密度进行控制。生长过度或过速都会加重细菌合成系统的负担，导致形成包涵体。

5. 对照菌和重组菌分别挑取 1～2 个菌落，接入 1 ml 含氨苄青霉素（50 μg/ml）的 LB 培养液，适当温度（20～37℃）培养过夜。

大肠杆菌在室温的生长速度比在 37℃ 慢 4 倍，所以～20℃ 培养过夜（～16 h）可能达不到饱和。但低温时细菌代谢缓慢，不容易形成包涵体。请参见本章前言不溶性蛋白的处理部分。

6. 取 50 μl 过夜培养物接入 5 ml 含氨苄青霉素（50 μg/ml）的 LB 培养液，20～37℃ 振荡培养 2h 以上，至对数中期（A_{550} = 0.5～1.0）。
7. 吸出 1ml 未经诱导的培养物放在一个微量离心管中，按下面步骤 9 和 10 所述进行处理。

15.17 8. 在剩余培养物中加入 IPTG 至终浓度 1 mmol/L，20～37℃ 继续通气培养（参见下面 IPTG 浓度和诱导温度的优化）。

IPTG 的浓度对表达水平影响非常大。1 mmol/L 只是一个起点，也是一个比较高的浓度。实验中，应在 0.01～5.0 mmol/L 的范围内改变 IPTG 浓度，寻找最佳使用浓度。对于有些蛋白，必须诱导表达质粒慢转录，才不致于使细菌的生物合成系统过载。

影响在大肠杆菌中获得高水平表达的最重要因素可能是生长温度，通过实验确定最佳温度，是表达外源蛋白的关键。虽然在 15～42℃ 之间都获得过成功表达，但表达某一种特定蛋白质的最佳温度范围则可能很窄，只有 2～4℃。温度有时对表达水平起着决定作用，而有时却对表达水平没有任何影响，这其中的原因还有待进一步研究，但可能是诸多因素单独或同时作用的结果。这些因素包括：细菌生长速率、表达产物的胞内折叠、辅基（血红素、黄素、腺嘌呤二核苷酸、生物素等）的可获得性、外源蛋白的热变性、细胞分泌或折叠器的过载、内原蛋白酶或其他裂解酶的活性、细菌 SOS 修复系统的激活等。由于这些不确定因素的存在，理论推断最佳生长温度是不可靠的，必须进行反复的实验。

9. 在诱导的不同时间（如 1、2、4 和 6h）取 1 ml 样品放于微量离心管中，测定 A_{550}，室温高速离心 1 min。
10. 沉淀悬于 100 μl 1×SDS 凝胶加样缓冲液，100℃ 加热 3 min，室温高速离心 1 min，冰上放置，待全部样品处理完后上样。
11. 样品加热至室温，取 40 μg 或相当于 0.15 OD_{550} 培养物的悬液上样于 10% SDS 聚丙烯酰胺凝胶。

12. 8～15 V/cm 电泳，至溴酚兰迁移到分离胶底部。

13. 考马斯亮蓝染色或银染，或免疫印迹，观察表达产物条带（请见附录 8）。

37℃诱导 30min 的阳性对照，有一条分子质量为 26 kDa 的谷胱甘肽-S-转移酶（GST）带，GST 的量在诱导过程中持续升高。诱导一定时间的重组菌应有一条与预计大小一致的带，诱导动力学和蛋白稳定性可能不同于 GST 对照。

大量表达靶蛋白

14. 挑取一个重组大肠杆菌菌落接入 50 ml 含氨苄（50 μg/ml）的 LB 培养液，在 250 ml 摇瓶中于 20～37℃过夜培养。

15. 取 5～50 ml 过夜培养物接入 450～500 ml 含氨苄（50 μg/ml）的 LB 培养液，在 2L 摇瓶中于 20～37℃振荡培养过夜，至对数中期（$A_{550}=0.5\sim1.0$）。 15.18

16. 以预试验确定的最佳 IPTG 浓度、最佳时间和最佳温度诱导表达靶蛋白。

17. 诱导适当时间后，于 4℃以 5000*g*（5500 r/min Sorvall GSA 转头）离心 15 min 收集细胞，继续后面的纯化方案：
- 如果表达的是 GST 融合蛋白，继续方案 5
- 如果表达的是麦芽糖结合蛋白融合蛋白，继续方案 6
- 如果表达产物带有组氨酸标签，继续方案 7

疑难解析和诱导启动子表达蛋白的优化

- 除了强的细菌启动子外，在大肠杆菌中表达克隆基因还需要一个有效的核糖体结合位点，包括起始密码和它上游距离其 3～11 个核苷酸、长度为 5～9 个核苷酸的序列，这段序列称为 Shine-Dalgarno 序列，与大肠杆菌 16S RNA 3′末端互补。在翻译起始过程中，二者之间发生作用，促进核糖体与 mRNA 的结合。表达基因内部距起始密码最近的 5′非翻译区的其他序列可能对表达也有影响（Gold 1988）。（见导言中的讨论：翻译效率的优化：启动）
- 在表达基因下游插入能稳定 mRNA 或提高翻译效率的序列（如转录终止序列或 RNase Ⅲ位点）也能提高表达水平（Panayotatos and Truong 1981，Studier and Moffatt 1986，Rosenberg et al. 1987）。
- IPTG 诱导的表达载体必须以过表达 *lac* 阻抑物的大肠杆菌作为宿主，才能阻止外源基因在诱导前的转录。由于大多数 IPTG 诱导的表达质粒拷贝数都很高（30～600），因此需要过量阻抑物才能阻断基础表达（渗漏表达）。单拷贝的 *lacI^q* 等位基因可以表达过量 10 倍的 *lac* 阻抑物（Calos 1978），但是，如果外源蛋白对宿主的毒性非常强，或者质粒拷贝数非常高（pUC19 衍生载体），就需要将 *lacI^q* 等位基因克隆进表达质粒，确保紧密型调节。如果宿主的 *lacI^q* 等位基因位于 F′因子上，也要特别注意这一点，因为细菌在丰富培养基中生长时 F′因子非常容易丢失，随着 *lac* 阻抑物不断被结合，丧失调节作用。
- 除了必须有 *lacI* 这一点外，只能根据实验选择表达外源蛋白的宿主。我们强烈建议转化多种大肠杆菌菌株，筛选表达特定蛋白的最佳宿主。实验中会尽量选择一些基因型已知的菌株（如蛋白酶缺陷，见以下讨论）作为宿主，但还无法解释为什么某些菌株能高水平表达目的蛋白而其他菌株却不能。
- RNA 的不稳定、成熟前终止、翻译的无效启动或者蛋白质不稳定都可能导致克隆基因低水平表达。脉冲追踪试验能区分蛋白质不稳定和其他因素：带有表达质粒的细胞在添加了 20μg/ml 19 种 L-氨基酸（缺 Met 或 Cys）的 M9 基本培养基中生长至对数中期开始诱导，用 15 μCi/ml 的［^{35}S］Met 或［^{35}S］Cys（或 Trans^{35}S-Label［ICN Biochemicals］，含两种放射标记的氨基酸）标记 10min，之后加入过量（1 mmol/L）未标记的 Met或 Cys，从开始诱导到诱导后 1 h 每隔 10 min 取样，进行 SDS-聚丙烯酰胺凝胶电泳，放射自显影分析 15.19

蛋白是否稳定。蛋白质在大肠杆菌中转化的遗传学和生物化学已经相当清楚（Golberg 1992，Maurizi 1991），而且也获得了一些蛋白酶缺陷型菌株（Gottesman 1990），其中最常用的是那些在编码 Lon（或 La）蛋白酶的 *lon* 基因上有突变的菌株。Lon 蛋白酶是一种 ATP 依赖型内切蛋白酶，能与几种热激蛋白共同作用，降解未折叠的和异常（外源）蛋白（Gottesman and Maurizi 1992）。具有代表性的 Δlon 菌株（Y1089 和 Y1090）可以从 The American Type Culture Collection（分别为 37196 和 37197）或者一些商业公司获得。能分泌可溶性外源蛋白的蛋白酶缺陷菌株 RF6333 也可从 The American Type Culture Collection 获得（ATCC＃55101），该菌株有 deg^P 和 omp^T 突变，分别使周质和外膜蛋白酶丧失活性。在蛋白酶缺陷菌株中表达外源蛋白，不但胞内转化降低，同时细胞裂解后的蛋白酶解作用也降低，这就是表达水平提高的原因。在培养基和收获缓冲液中加入蛋白酶抑制剂（1mmol/L 的苯甲基磺酰氟［PMSF］、1～5 mmol/L 的 EDTA、1～5 mmol/L 的 EGTA、1～20 mmol/L 的苯扎明、1～10 μg/ml 的亮抑酶肽、5 μg/ml 的抑胃酶肽 A、1～10 μg/ml 的抑蛋白酶肽、1～20 mmol/L 的甲苯磺酰赖氨酰氯甲酮等）也可以提高表达量。

- 使用转录终止缺陷（*rho*）或 RNA 代谢改变（*pnp*，*rna*）的突变菌株可能提高从外源基因转录的功能 RNA 的量。
- 不同的培养基也会导致表达水平的巨大差异，LB 类标准培养基可以用于建立表达的基本参数，但是对表达条件进行优化，或表达水平很低甚至无表达时，就需要试用其他培养基，包括基本盐培养基，如 M9，限定盐培养基，如诱导培养基（方案 4）和丰富培养基，如肉汤、YT 或 NZCYM。
- 正如上面提到的，一些培养基添加剂能提高某一种特定蛋白的表达水平。这其中包括浓度在 0.1～0.5 mol/L 之间的 NaCl（Jespers et al. 1991）、不可代谢糖如蔗糖（0.2～0.6 mol/L）（Bowden and Georgiou 1990）、辅助因子（血红素）和抗生素。Lee 和 Beckwith（1986）注意到，分泌途径缺陷的抑制基因位于与蛋白质合成有关的基因上，这些抑制突变的最终效果是降低蛋白合成速率，而低浓度抗生素能在大肠杆菌中模拟它的作用。表达外源蛋白尤其是分泌蛋白时，在培养基中加入抗生素，如氯霉素（1 μg/ml）和四环素（0.1 μg/ml），能降低蛋白合成速率，防止分泌系统过载，分泌蛋白也就更容易与伴侣分子等结合，折叠成天然构象。最后，培养基的 pH 也能影响外源蛋白的表达（Kopetzki et al. 1989），当 LB 培养基的 pH 降至 5.5 以下时，可溶性的 α-葡萄糖苷酶的表达量显著提高。极端 pH 可能会使细胞生长速率降低，从而防止细菌表达/加工系统过载。

15.20

方案 2 用 T7 噬菌体启动子在大肠杆菌中表达克隆基因

Tabor 和 Richardson 在 1985 年及 Studier 和 Moffatt 在 1986 年提出了一个新的利用 T7 噬菌体启动子的表达系统，使用的是从 T7 噬菌体基因组获得的转录信号。这些系统有如下优点：

- 不同于大肠杆菌 RNA 聚合酶，T7 噬菌体 RNA 聚合酶不受利福平抑制，可用该抗生素抑制宿主的基因转录；
- T7 噬菌体 RNA 聚合酶只识别大肠杆菌染色体 DNA 中不存在的 T7 噬菌体启动子；
- T7 噬菌体 RNA 聚合酶是持续合成酶，可沿环状质粒连续转录数次，因此能转录大肠杆菌 RNA 聚合酶不能有效转录的基因。

对 T7 噬菌体表达系统来说，有两个组分是必需的（见图 15-5）：第一是 T7 噬菌体基因 *1* 的产物——T7 噬菌体 RNA 聚合酶。它既可由感染性 λ 噬菌体载体所提供，也可由已插入大肠杆菌染色体的基因所产生（Tabor and Richardson 1985，Studier and Moffatt 1986）。如果克隆基因的表达产物有毒性，在细胞生长过程中，T7 噬菌体 RNA

聚合酶的产量必须维持在较低水平上。为此，可采用溶源菌 BL21（DE3），其中 T7 噬菌体基因 *1* 是受控于 IPTG 诱导的 *lac*UV5 启动子。也可将基因 *1* 置于温度诱导启动子的控制之下，如 λ 噬菌体 P_L 启动子，此时只有提高温度才能表达 T7 噬菌体 RNA 聚合酶。如果表达产物毒性非常强，有必要采用在需要表达之前不会产生 T7 噬菌体 RNA 聚合酶的细胞，为此可采用带有 T7 噬菌体基因 *1* 的 CE6 噬菌体（λ*c*I*ts*857 *Sam*7）感染含有表达质粒的宿主细胞（如 HMS174）（Studier and Moffatt 1986）。

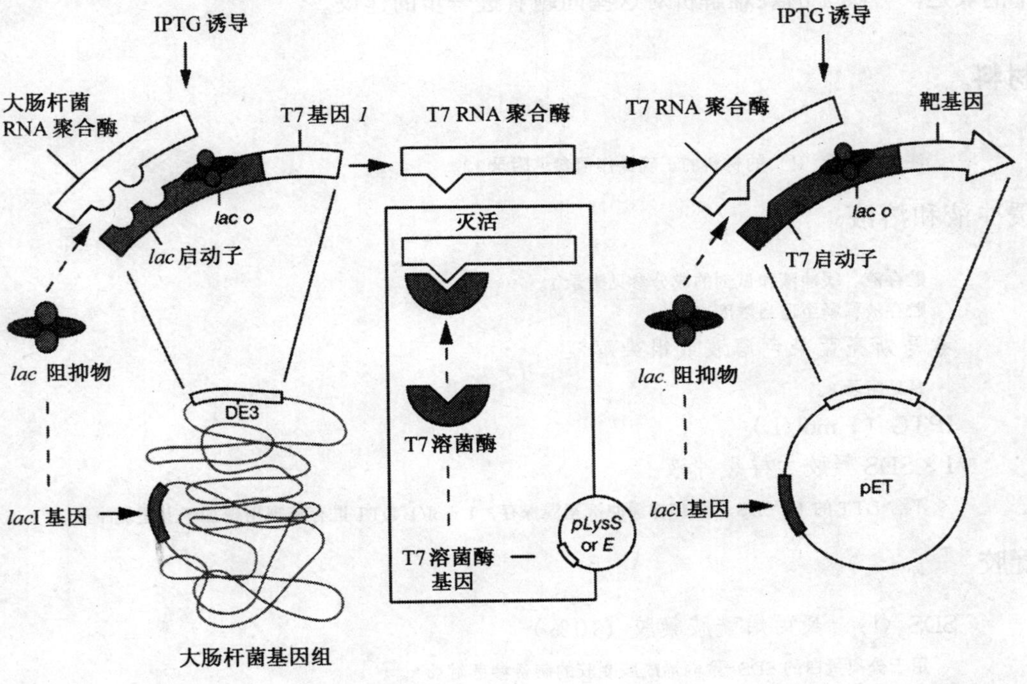

图 15-5　pET 系统控制元件

pET 系统对 T7 RNA 聚合酶水平和靶基因的转录实行多层次调控。在 λ DE3 溶源菌中，T7 噬菌体 RNA 聚合酶的表达受控于 *lac*UV5 启动子，未诱导状态低水平转录。如果要求更严格，可以采用带有 pLysS 或 pLysE 的宿主，pLys 编码的 T7 溶菌酶是 T7 RNA 聚合酶的天然抑制剂，能在诱导前阻断它的转录。（经 Novagen 公司允许复制）

第二是在待表达基因上游含有 T7 噬菌体启动子的质粒载体。pET-3 是一种 pBR322 的衍生质粒，它带有 T7 噬菌体基因 10 启动子（Pf_{10}）、*Bam*HⅠ克隆位点和 T7 噬菌体转录终止子（Tf）（Studier et al. 1990）。pET-3 的衍生质粒（如 pET-3a）带有直 15.21
至第 11 个密码子的 T7 噬菌体基因 10 的翻译起始区（S_{10}）。可在此处按三种读框中的任一种插入 DNA 并表达融合蛋白。之后用基因 10 的抗体（Novagen 公司）进行免疫印迹分析，检测表达产物。常用的其他载体还有：

- 表达产物氨基端有较长的融合伴侣，能稳定小的外源多肽（如 Novagen 公司的 pET-3xa-c）；
- 在位于 ATG 前面的 *Nde*Ⅰ位点插入编码序列，能分泌完整的天然蛋白（pET-12a-c）；

• 表达产物带有 6 个组氨酸，能用固化 Ni^{2+} 柱亲和层析纯化（如 Novagen 公司的 pET-14b）。

在一篇详细介绍 T7 噬菌体启动子表达系统的文章中，Studier 等（1990）指出了应用该系统的潜在问题并提出解决办法，讨论了采用不同的菌株作为宿主的优缺点，还介绍了 pET 系列表达载体。由于 T7 系统表达效率高，很容易使细胞合成和加工系统过载。因此，采用慢诱导的方法或者减缓细胞生长速度，往往可以使外源蛋白得以更高水平的表达。方案 1 的疑难解析对这些问题有进一步的建议。

15.22 ## 材料

注意：标有〈!〉的材料的正确操作请参见附录 12。

缓冲液和溶液

贮存液、缓冲液和试剂的成分参见附录 1。
贮存液稀释至适当浓度。

考马斯亮蓝染色溶液或银染溶液

参见附录 8。

IPTG（1 mol/L）

1×SDS 凝胶加样缓冲液

不含 DTT 的 1×SDS 凝胶加样缓冲液室温保存，1 mol/L DTT 贮存液现用现加于上述缓冲液。

凝胶

SDS〈!〉-聚丙烯酰胺凝胶（10%）

用于分离蛋白的 SDS-聚丙烯酰胺凝胶的制备参考附录 8。

核酸和寡核苷酸

靶基因或 cDNA 片段

培养基

含氨苄（50 μg/ml）的 NZCYM 琼脂平板
含氨苄（50 μg/ml）的 NZCYM 培养基

离心机和转头

Sorvall GSA 转头或相当的转头

特别配备

沸水浴

补充试剂

本方案步骤 1 需要第 8 章方案 7 中所列试剂。

本方案步骤 2 需要第 1 章方案 17 或 19 中所列试剂。

本方案步骤 3 需要第 1 章方案 23～26 中所列试剂。

本方案步骤 4 需要第 12 章方案 3 中所列试剂。

载体和细菌菌株

大肠杆菌菌株 HMS174（DE3）或 BL21（DE3）

pET 载体或同类载体

此系列载体请查阅 Novagen 公司目录（或网址 www.novagen.com）。

阳性对照质粒（如表达已知大小融合蛋白的 T7 噬菌体载体）

方法 15.23

含重组表达载体的大肠杆菌菌株的构建

1. PCR 修饰或限制性内切酶消化分离 DNA 片段，片段 5′端和 3′端带有与 T7 噬菌体启动子表达质粒（如 pET 载体；Studier et al. 1990）对应的限制酶位点。

   为确定扩增反应没有引入错误突变，应对 PCR 产物进行序列分析。

   必要时可在 cDNA /基因的 ATG 上游置入强的核糖体结合位点。

2. 含靶 cDNA /基因的 DNA 片段与表达载体连接（第 1 章方案 17 或 19）。

3. 连接产物转化大肠杆菌菌株 HMS174（DE3）或 BL21（DE3）。将转化体铺于含氨苄（50 μg/ml）的 NZCYM 平板，于 37℃过夜培养。

   空的表达质粒转化相同的大肠杆菌菌株作阴性对照。

4. 通过菌落杂交和/或小量制备质粒的限制酶切分析、寡核苷酸杂交或序列分析筛选带有插入片段的转化体（请参见第 12 章方案 3）。

诱导靶蛋白表达的优化

许多研究表明细胞生长速率严重影响外源蛋白的表达，因此必须对接种细菌量、诱导前细胞生长时间和诱导后细胞密度进行控制。生长过度或过速都会加重细菌合成系统的负担，导致形成包涵体。

5. 对照菌和重组菌分别挑取 1～2 个菌落，接入 1 ml 含氨苄青霉素（50 μg/ml）的 NZCYM 培养液，37℃培养过夜至饱和。

6. 取 50 μl 接入 5 ml 含氨苄青霉素（50 μg/ml）的 NZCYM 培养液，在 50 ml 摇瓶中于 37℃培养 2 h。

7. 吸出 1 ml 未经诱导的培养物放在一个微量离心管中，按下面步骤 9 和 10 所述进行处理。

8. 在剩余培养物中加入 IPTG 至终浓度 1 mmol/L，20～37℃继续通气培养。

   有些系统的 T7 噬菌体 RNA 聚合酶的表达受热诱导的启动子调控，而不是 IPTG 诱导的启动子。影响诱导表达的因素请参见方案 1 步骤 8 的注解。

9. 在诱导的不同时间（如 0.5、1、2 和 3 h）取 1 ml 样品放于微量离心管中，测定 A_{550}，室温高速离心 1 min。

10. 沉淀悬于 100 μl 1×SDS 凝胶加样缓冲液，100℃加热 3 min，室温高速离心 1 min，冰上放置，待全部样品处理完后上样。

15.24 11. 样品加热至室温，取 40 μg 或相当于 0.15 OD_{550}培养物的悬液上样于 10% SDS 聚丙烯酰胺凝胶。

12. 8～15 V/cm 电泳，至溴酚兰迁移到分离胶底部。

13. 考马斯亮蓝染色或银染，或免疫印迹，观察表达产物条带（见附录 8）。

未转化的大肠杆菌细胞和转化了空载体的细胞，蛋白带形应该没有区别。诱导一定时间的重组菌应有一条与预计大小一致的带。

大量表达靶蛋白

14. 挑取重组和对照大肠杆菌菌落分别接入 50 ml 含氨苄（50 μg/ml）的 NZCYM 培养液，在 250 ml 摇瓶中于 37℃过夜培养。

15. 取 5～50 ml 过夜培养物接入 450～500 ml 含氨苄（50 μg/ml）的 NZCYM 培养液，在 2 L 摇瓶中于 37℃振荡培养至对数中期（$A_{550}=0.5\sim1.0$）。

16. 以预试验确定的最佳 IPTG 浓度、最佳时间和最佳温度诱导表达靶蛋白。

17. 诱导适当时间后，于 4℃以 5000*g*（5500 r/min Sorvall GSA 转头）离心 15 min 收集细胞，继续后面的纯化方案：

- 如果表达的是 GST 融合蛋白，继续方案 5
- 如果表达的是麦芽糖结合蛋白融合蛋白，继续方案 6
- 如果表达产物带有组氨酸标签，继续方案 7

用 pLysS 和 pLysE 调节 T7 噬菌体 RNA 聚合酶活性

T7 噬菌体溶菌酶除了能消化肽聚糖细胞壁外，还能抑制病毒编码的 RNA 聚合酶。由于不能转运到细胞壁，所以前一个作用在细菌细胞中发挥不显著。可以利用后者抑制未诱导状态低水平的 RNA 聚合酶，稳定编码毒性很强的外源蛋白的质粒。

pLysS 和 pLysE（Novagen 公司，见图 15-5）都带有 T7 噬菌体溶菌酶编码基因，与 pET 载体兼容。二者都编码氯霉素抗性基因，在含 25 μg/ml 抗生素的培养基中保存。由于质粒上启动子的排列不同，含 pLysS 的细胞溶菌酶表达水平低，含 pLysE 的细胞溶菌酶表达水平高（Studier et al. 1990）。所以表达中等毒性蛋白用 pLysS，表达毒性强蛋白用 pLysE。溶菌酶延长了从开始诱导到达到最高表达的时间，这是因为只有表达了足够量的 RNA 聚合酶，才能克服溶菌酶的抑制作用，启动外源基因转录。

在带有 pLysS 和 pLysE 质粒的表达细胞中含有病毒溶菌酶，如果经过适当处理，能使细胞质中的溶菌酶到达细胞壁，可以促使收获的细胞快速裂解（见图 15-5）。带有这些质粒的细胞悬浮于细胞洗涤缓冲液中，反复冻融后会自动裂解；或者悬浮于含 0.1% TritonX-100 的洗涤缓冲液中，也能使细胞自动裂解。

15.25 方案 3　用 λ 噬菌体 P_L 启动子在大肠杆菌中表达克隆基因

λ 噬菌体 P_L 启动子是受控于温度敏感阻抑物（*c*I*ts*857）的强效启动子，阻抑物可在低温下阻抑 P_L 启动子的转录，但在高温下不能。因此带有 λ 噬菌体 P_L 启动子的载体必须以带有 *c*I*ts*857 基因的菌株作为宿主。λ 噬菌体的缺陷型原噬菌体编码 *c*I*ts*857 阻抑物和转录终止的拮抗物-λ 噬菌体 N 蛋白，*N* 基因产物的抗终止作用可使 RNA 聚合酶跨过基因内部潜在的终止位点发生通读，促进表达。因此 P_L 载体在低温能被有效抑制，在高温能被充分诱导。

P_L 载体的潜在缺点是温度转换不仅能诱导 P_L 启动子，而且也可诱导热激基因，而后者中有些可编码蛋白酶（Buell et al. 1985），由此而产生的问题是热诱导引起表达蛋白热变性，并聚集成包涵体。采用 λ 噬菌体 $c\mathrm{I}^+$ 溶源菌并用丝裂霉素和萘啶酮酸进行诱导（Shatzman and Rosenberg 1987），或者使用受控于色氨酸启动子/操纵子的 *c*I 基因（Mieschendahl et al. 1986，La Vallie et al. 1993），可以缓解这一矛盾。在下面的色氨酸诱导表达系统部分，详细讨论了该系统的应用，包括一个由此衍生的硫氧还蛋白融合系统。

目前的 P_L 载体有 pHUB 系列（Bernard and Helinski 1979）、pPLc 系列（Remaut et al. 1981）、pKC30（Rao 1984）、pAS1（Rosenberg et al. 1983）、pRM1/pRM9（Mischendahl et al. 1986）和 pTrxFus（La Vallie et al. 1993）等。这些载体中的转录/翻译信号差异很大，必须设计适当的引物进行 PCR 修饰。依赖 *c*I*ts*857 阻抑物调节 λ 噬菌体 P_R 启动子表达和质粒自身带有抑制基因的其他载体前面已经介绍过（如 pCQV2；Queen 1983），如果诱导前需要完全关闭噬菌体启动子，这些载体尤其适用。影响外源基因在大肠杆菌中表达的因素请参考方案 1 的疑难解析。

15.26

色氨酸诱导的表达系统

Mieschendahl 等（1986）提出了一个双表达系统，该系统包括带有 λ 噬菌体 P_L 启动子的载体和表达受色氨酸诱导的野生型 *c*I 基因的整合拷贝。带有该质粒的细胞在色氨酸浓度高的培养基中生长时，野生型 *c*I 基因的表达被抑制，P_L 启动子高效转录，外源基因开始表达。相反，则外源基因的表达被抑制。

相对于温度诱导系统，色氨酸诱导系统有如下优点：①生长和诱导都在 37℃ 进行，热激蛋白在这一温度不会被显著诱导；②诱导是通过向培养基中补加组分实现的，操作容易；③由于野生型 *c*I 阻抑物对 P_L 操纵基因的亲和力高于 *c*I*ts*857 基因产物，所以调节更紧密；④在大肠杆菌菌株 GI724 中，*c*I 基因与鼠伤寒沙门氏菌 *trp* 启动子/操纵子连锁，整合在细菌染色体的 *ampC* 位点，这种遗传排列比 F′携带的 *c*I 基因更稳定，所以 GI724 是最理想的宿主选择。

La Vallie 等（1993）提出了一个 P_L-*c*I 系统衍生的硫氧还蛋白融合系统，这套系统融汇了色氨酸调控的 *c*I 基因、λ 噬菌体 P_L 启动子和融合蛋白技术。外源蛋白以融合蛋白形式表达的全部优点在此都有所体现，包括减少包涵体的形成、提高蛋白稳定性、表达产物易于纯化及外源蛋白能从融合伴侣上经酶解释放等。其他融合表达系统还有谷胱甘肽-S-转移酶系统、β-半乳糖苷酶系统和麦芽糖结合蛋白系统。

纯化该系统合成的融合蛋白，需要利用硫氧还蛋白的两个性质：①在表达细胞内有独特的亚细胞定位（在黏着带），细菌经过渗透休克或冻融处理，融合蛋白就能释放到培养基中；②热稳定性高，可在高温下孵育细胞裂解物，富集融合蛋白（La Vallie et al. 1993）。Invitrogen 公司开发了硫氧还蛋白融合表达系统。

材料

注意：标有〈!〉的材料的正确操作参见附录 12。

缓冲液和溶液

贮存液、缓冲液和试剂的成分参见附录 1。

贮存液稀释至适当浓度。

考马斯亮蓝染色溶液或银染溶液

参见附录 8。

1×SDS 凝胶加样缓冲液

不含 DTT 的 1×SDS 凝胶加样缓冲液室温保存，1 mol/L DTT 贮存液现用现加于上述缓冲液。

L-色氨酸（10 mg/ml）

凝胶

SDS〈!〉-聚丙烯酰胺凝胶（10%）

用于分离蛋白的 SDS-聚丙烯酰胺凝胶的制备参考附录 8。

核酸和寡核苷酸

靶基因或 cDNA 片段

15.27

培养基

LB 琼脂平板

LB 培养基

根据所用载体在培养基中加入不同的抗生素。

加热到 65℃ 的 LB 培养基

备选，参见步骤 13。

M9 基本培养基

灭菌后补加 0.5%（m/V）葡萄糖，0.2%（m/V）酪蛋白酸水解物和所需抗生素，用于色氨酸诱导的表达载体。

离心机和转头

Sorvall GSA 转头或相当的转头

特别配备

沸水浴

设定为 30℃ 和 40℃ 的振荡培养器

只有使用 λ 噬菌体 *c*I 基因的温度敏感型等位基因时才需要。

补充试剂

本方案步骤 1 需要第 8 章方案 7 中所列试剂。

本方案步骤 2 需要第 1 章方案 17 或 19 中所列试剂。

本方案步骤 3 需要第 1 章方案 23～26 中所列试剂。

本方案步骤 4 需要第 12 章方案 3 中所列试剂。

载体和细菌菌株

带有 λ 噬菌体 *c*I 基因的 *c*I*ts*857 等位基因或野生型等位基因的大肠杆菌菌株

在 M5219 菌珠中是热诱导的 *c*I*ts*857 等位基因，在 GI724 菌珠（ATCC 55151 *c*I 基因）中是色氨酸诱导的野生型 *c*I 基因。

P_L 表达载体（如 pHUB，pPLc，pKC30，pAS1，pCQV2，pAL-781 和 pTrxFus）

阳性对照质粒（表达已知大小融合蛋白的 P_L 表达载体）

方法

含重组表达载体的大肠杆菌菌株的构建

1. PCR 修饰（第 8 章方案 7）或限制性内切酶消化分离 DNA 片段，片段 5′端和 3′端带有与 P_L 表达载体对应的限制酶位点。

   必要时可在 cDNA/基因的 ATG 上游置入强的核糖体结合位点。

   为确定扩增反应没有引入错误突变，应对 PCR 产物进行序列分析。

2. 靶 cDNA /基因的 DNA 片段与表达载体连接（第 1 章方案 17 或 19)。

3. 连接产物转化含有 *c*I*ts*857 等位基因或野生型 *c*I 基因的大肠杆菌菌株。将转化体铺 15.28
于含相应选择抗生素的 LB 平板（通常为 50μg/ml 的氨苄青霉素），于 30℃（含有 *c*I*ts*857 等位基因）或 37℃（含有色氨酸诱导的野生型 *c*I 基因）过夜培养。

   空的表达质粒转化相同的大肠杆菌菌株作阴性对照。

4. 通过菌落杂交和/或小量制备质粒的限制酶切分析、寡核苷酸杂交或序列分析筛选带有插入片段的转化体（请参见第 12 章方案 3)。

诱导靶蛋白表达的优化

许多研究表明细胞生长速率严重影响外源蛋白的表达，因此必须对接种细菌量、诱导前细胞生长时间和诱导后细胞密度进行控制。生长过度或过速都会加重细菌合成系统的负担，导致形成包涵体。

5. 通过提高温度或加入色氨酸，下调 *c*I 阻抑蛋白，诱导靶蛋白表达，筛选最佳表达条件。

   影响诱导表达的因素请参见方案 1 步骤 8 的注解。

对于温度诱导系统

a. 对照菌和重组菌分别挑取 1～2 个菌落，接入 1 ml 含所需抗生素的 LB 培养液，30℃培养过夜。

   编码已知大小蛋白的表达载体作阳性对照。

b. 取 50 μl 接入 10 ml 含抗生素的 LB 培养液，在 50 ml 摇瓶中于 30℃培养至对数中期（A_{550} = 0.5～1.0)。

c. 吸出 1ml 未经诱导的培养物放在一个微量离心管中，按下面步骤 6 和 7 所述进行处理。

d. 调整温度至 40℃，诱导剩余培养物。继续步骤 6。

   尽管在本书其他章节中采用 42～45℃灭活λ噬菌体 *c*I*ts*857 阻抑物，但此处采用 40℃以便减少热激蛋白的诱导并使细菌能够继续生长。

对于色氨酸诱导系统

a. 含空载体和重组表达载体的大肠杆菌（带有 *c*I 野生型等位基因）分别挑取 1～2 个菌落，接入 1 ml 补充 M9 培养液，37℃ 培养过夜。

编码已知大小蛋白的表达载体作阳性对照。

b. 取 50 μl 接入 10 ml 补充 M9 培养液，在 50 ml 摇瓶中于 37℃ 培养至对数中期（$A_{550}=0.5\sim1.0$）。

c. 吸出 1 ml 未经诱导的培养物放在一个微量离心管中，按下面步骤 6 和 7 所述进行处理。

15.29 d. 剩余培养物中加入色氨酸至终浓度 100 μg/ml，37℃ 继续培养。

6. 诱导不同时间（如 1、2、4 和 6 h）后取 1 ml 样品放于微量离心管中，测定 A_{550}，室温高速离心 1 min。
7. 沉淀悬于 100 μl 1×SDS 凝胶加样缓冲液，100℃ 加热 3 min，室温高速离心 1 min，冰上放置，待全部样品处理完后上样。
8. 样品加热至室温，取 40 μg 或相当于 0.15 OD_{550} 培养物的悬液上样于 10% SDS 聚丙烯酰胺凝胶。
9. 8～15 V/cm 电泳，至溴酚兰迁移到分离胶底部。
10. 考马斯亮蓝染色或银染，或免疫印迹，观察表达产物条带（见附录 8）。

未转化的大肠杆菌细胞和转化了空载体的细胞，蛋白质带形应该没有区别。诱导一定时间的重组菌应有一条与预计大小一致的带。

大量表达靶蛋白

11. 挑取一个重组大肠杆菌菌落接入 50 ml 含抗生素的 LB 培养液或补充 M9 培养液，在 250 ml 摇瓶中于 30℃ 或 37℃ 过夜培养。
12. 取 50ml 过夜培养物接入 450ml 含抗生素的 LB 培养液或补充 M9 培养液，在 2L 摇瓶中于 30℃ 或 37℃ 振荡培养至对数中期（$A_{550}=0.5\sim1.0$），按步骤 13 或 14 进行诱导。
13. 加入 500 ml 加热至 65℃ 的 LB 培养基，诱导带 *c*I*ts*857 等位基因的大肠杆菌。40℃ 培养预试验确定的最佳时间。

    或者于室温以 12 000*g*（8600 r/min Sorvall GSA 转头）离心 5 min 收集细胞，沉淀重悬于 500 ml 40℃ 的 LB 培养基，40℃ 继续培养预试验确定的最佳时间。

14. 加入色氨酸至终浓度 100 μg/ml，诱导带 *c*I 等位基因的大肠杆菌。37℃ 继续培养预试验确定的最佳时间。
15. 诱导适当时间后，于 4℃ 以 5000*g*（5500 r/min Sorvall GSA 转头）离心 15 min 收集细胞，继续后面的纯化方案：
    - 如果表达的是 GST 融合蛋白，继续方案 5
    - 如果表达的是麦芽糖结合蛋白融合蛋白，继续方案 6
    - 如果表达产物带有组氨酸标签，继续方案 7

方案 4 用碱性磷酸酶启动子（*phoA*）和信号序列在大肠杆菌中分泌表达外源蛋白 15.30

对某些蛋白而言，分泌表达相对于细胞内表达有若干优点：①一些可被细胞内蛋白酶所降解的蛋白质在外周质中是稳定的（Talmadge et al. 1980）。②有些在细胞内表达时无活性的蛋白质分泌后则有活性，分泌可能使这些蛋白质能按适当方式折叠（Gray et al. 1985）。phoA 系统曾被用于将人表皮生长因子（hEGF）分泌到大肠杆菌外周质中（Oka et al. 1985），这种分泌的 hEGF 有正确的氨基端和正常的生物活性，表明三对二硫键形成正确。③鉴于蛋白质在信号肽和编码序列之间被切割，因而分泌后的蛋白质产物不含氨基端甲硫氨酸。

在外源蛋白分泌过程中遇到的问题主要有两个，一是产量通常不高，二是信号肽不被切割，或者在不适当的位置上发生切割（Yuan et al. 1990）。为此，可以在信号肽切割位点和外源蛋白之间插入铺垫序列，或者使用过表达一种或多种信号肽酶的大肠杆菌作为宿主。

在 *phoA* 系统中，外源蛋白编码序列与编码 *phoA* 信号肽的序列融合，当蛋白质分泌到位于大肠杆菌细胞内膜与细胞外膜之间的外周质时，信号肽可被信号肽酶所切割。*phoA* 基因编码大肠杆菌磷酸清除系统的碱性磷酸酶（该酶也参与核酸的去磷酸化），在过量磷酸盐存在时被抑制，在磷酸盐饥饿的状态下（细菌生长进入迟滞期），*phoA* 基因逐渐被诱导。这种调控有两个优势：①外源蛋白在细胞内的积累是渐进的，而不像其他启动子调控的急速积累。这种慢速积累降低了细菌表达系统过载和形成包涵体的机会；②慢速积累使急速积累时产生毒性的外源蛋白得以表达。

材料 15.31

注意：标有〈!〉的材料的正确操作参见附录 12。

缓冲液和溶液

贮存液、缓冲液和试剂的成分参见附录 1。

贮存液稀释至适当浓度。

考马斯亮蓝染色溶液或银染溶液

参见附录 8。

微量营养（用于 10×MOPS 盐）

37 mg $(NH_4)_6Mo_7O_{24}\cdot4H_2O$

84 mg $CoCl_2$

158 mg $MnCl_2\cdot4H_2O$

247 mg H_3BO_3

25 mg $CuSO_4$

18 mg $ZnSO_4$

溶于 10ml 终体积，过滤除菌，贮存于 4℃。

10× MOPS 盐（用于诱导培养基）

400 mmol/L 3-(*N*-吗啉代)丙磺酸（pH 7.4）(MOPS)〈!〉
40 mmol/L 麦黄酮（pH 7.4）
0.1 mmol/L $FeSO_4 \cdot 7H_2O$
95 mmol/L NH_4Cl
2.8 mmol/L K_2SO_4
5 μmol/L $CaCl_2 \cdot 2H_2O$
5.3 mmol/L $MgCl_2 \cdot 6H_2O$
0.5 mol/L NaCl
溶于 1 L 终体积，过滤除菌，用前每升加 10 μl 微量营养。

中性磷酸盐缓冲液（1 mol/L）（用于诱导培养基）

1 mmol/L Na_2HPO_4 和 1 mmol/L NaH_2PO_4 等摩尔混合。

1×SDS 凝胶加样缓冲液

不含 DTT 的 1×SDS 凝胶加样缓冲液室温保存，1 mol/L DTT 贮存液现用现加于上述缓冲液。

凝胶

SDS〈!〉-聚丙烯酰胺凝胶（10%）

用于分离蛋白的 SDS-聚丙烯酰胺凝胶制备参考附录 8。

核酸和寡核苷酸

靶基因或 cDNA 片段

培养基

诱导培养基

1× MOPS 盐（配方见上）
0.2%（*m/V*）葡萄糖
0.2%（*m/V*）酪蛋白水解物（维生素分析级；DIFCO 公司）
20 μg/ml 腺嘌呤
0.5 μg/ml 硫胺
0.1 mol/L 中性磷酸盐缓冲液（配方见上）
由各自贮存液混合配成 1 升水溶液，过滤除菌，贮存于 4℃。
诱导 *phoA* 的低磷酸盐培养基（Neidhardt et al. 1974；最初用于同位素标记）虽然配制麻烦，但总能获得最高水平的诱导。

15.32 含氨苄（50 μg/ml）的 LB 琼脂平板
含氨苄（50 μg/ml）的 LB 培养基

离心机和转头

Sorvall GSA 转头或相当的转头
Sorvall SS-34 转头或相当的转头

特别配备

沸水浴

补充试剂

本方案步骤 1 需要第 8 章方案 7 中所列试剂。

本方案步骤 2 需要第 1 章方案 17 或 19 中所列试剂。

本方案步骤 3 需要第 1 章方案 23～26 中所列试剂。

本方案步骤 4 需要第 12 章方案 3 中所列试剂。

载体和细菌菌株

大肠杆菌菌株

任何大肠杆菌菌株都可用作 *phoA* 载体的宿主。Oka 等（1985）报道外源蛋白在 YK537 中比在 C600 中表达量高 5 倍，YK537 菌株带有内部缺失突变的 *phoA8* 基因，但表达水平的差异可能并不是由突变造成的，因为 B.L.Wanner（个人通信）等发现外源蛋白在同基因野生型或 *phoA8* 菌株中的表达没有差异。

如果外源蛋白没有毒性，就可以使用带 *phoR* 突变的细菌菌株。因为野生型 *phoR* 基因编码 *pho* 操纵子的阻抑物，*phoR* 突变株组成表达 *phoA* 启动子控制的基因（Wanner 1987）。对于所有的细菌表达系统可能都需要试用不只一种宿主，才能找到最适于表达特定外源蛋白的大肠杆菌菌株（Weikert et al. 1988）。不同的菌株也应在不同的温度培养，以获得最高表达水平和蛋白稳定性（见方案 1）。

pTA1529 或 pBAce

质粒 pTA1529 由 Oka 等（1985）构建；pBAce 由 C.C.Wang（Department of Pharmaceutical Chemistry, University of Caliafornia, San Francisco）构建。

阳性对照质粒（表达已知大小的 LacZ 融合蛋白的 IPTG 诱导载体）

方法

含重组表达载体的大肠杆菌菌株的构建

1. PCR 修饰或限制性内切酶消化分离 DNA 片段，片段 5′端和 3′端带有与 pTA1529 或 pBAce 对应的限制酶位点。

   为确定扩增反应没有引入错误突变，应对 PCR 产物进行序列分析。

2. 含靶 cDNA /基因的 DNA 片段与表达载体连接（第 1 章方案 17 或 19）。 15.33
3. 连接产物转化适当的大肠杆菌菌株。将转化体铺于含氨苄（50 μg/ml）的 LB 平板，于 37℃过夜培养。

   空的表达质粒转化相同的大肠杆菌菌株作阴性对照。

4. 通过菌落杂交和/或小量制备质粒的限制酶切分析、寡核苷酸杂交或序列分析筛选带有插入片段的转化体（请参见第 12 章方案 3）。

诱导靶蛋白表达的优化

许多研究表明细胞生长速率严重影响外源蛋白的表达，因此必须对接种细菌量、诱导前细胞生长时间和诱导后细胞密度进行控制。生长过度或过速都会加重细菌合成系统的负担，导致形成包涵体。

5. 对照菌和重组菌分别挑取 1～2 个菌落，接入 1 ml 含氨苄青霉素（50 μg/ml）的 LB 培养液，37℃培养过夜。

6. 取 50 μl 接入 5 ml 含氨苄青霉素（50 μg/ml）的诱导培养液，20～37℃振荡培养。

影响诱导表达的因素请参见方案 1 步骤 8 的注解。

7. 接种后不同时间（如 0、6、12、18 和 24 h）取 1 ml 样品放于微量离心管中，测定 A_{550}，室温高速离心 1 min。

phoA 启动子的诱导比其他启动子慢，因为诱导是随着培养基中磷酸盐的不断消耗而发生的。最佳生长温度也因表达蛋白而异，必须通过实验确定。

8. 沉淀悬于 100 μl 1×SDS 凝胶加样缓冲液，100℃加热 3 min，室温高速离心 1 min，冰上放置，待全部样品处理完后上样。
9. 样品加热至室温，取 40 μg 或相当于 0.15 OD_{550} 培养物的悬液上样于 10% SDS 聚丙烯酰胺凝胶。
10. 8～15 V/cm 电泳，至溴酚兰迁移到分离胶底部。
11. 考马斯亮蓝染色或银染，或免疫印迹，观察表达产物条带（见附录 8）。

如果用 *phoA* 信号肽引导外源蛋白的分泌，进行补充方案 phoA 融合蛋白的亚细胞定位，通过分级分离分析蛋白在细胞中的分布。

15.34 ## 大量表达靶蛋白

12. 挑取一个重组大肠杆菌菌落接入 25 ml 含氨苄（50 μg/ml）的 LB 培养液，在 125 ml 摇瓶中于 37℃通气培养过夜。
13. 5000*g*（6500r/min Sorvall SS-34 转头）离心 15 min 收集细胞，沉淀重悬于 25ml 诱导培养液，再次离心收集细胞。
14. 洗涤过的细胞重悬于 2.5 ml 诱导培养液，接种于 500 ml 诱导培养液，以预试验确定的最佳时间和最佳温度于 2 L 摇瓶中培养。
15. 诱导适当时间后，于 4℃以 4000*g*（5000 r/min Sorvall GSA 转头）离心 15 min 收集细胞。

如果使用带信号肽序列的 *phoA* 表达载体，而且补充方案结果表明外源蛋白位于周质中，用补充方案中介绍的渗透休克的方法纯化表达产物；如果所用载体不带信号肽序列用传统的层析方法纯化外源蛋白。

15.35

附加方案：PhoA 融合蛋白的亚细胞定位

精确测定 PhoA 融合蛋白在细胞中不同部位（周质、膜和细胞质）的分布，必须利用标记酶进行分析（Guzman-Verduzco and Kupersztoch 1990）。这里所介绍的方法尽管不能定量，还是能为 PhoA 融合蛋白的细胞定位提供参考。

补充材料

细胞裂解缓冲液

1 mg/ml 溶菌酶

20%（*m*/*V*）蔗糖

30 mmol/L Tris-Cl（pH 8.0）

1 mmol/L EDTA（pH 8.0）

2×SDS 凝胶加样缓冲液

100 mmol/L Tris-Cl（pH 6.8）

200 mmol/L DTT

4 %（*m*/*V*）SDS（电泳级）

0.2 %（*m*/*V*）溴酚兰

20%（*V*/*V*）甘油

不含 DTT 的 2×SDS 凝胶加样缓冲液室温保存，1 mol/L DTT 贮存液现用现加于上述缓冲液。

Tris-Cl（0.1mol/L，pH 8.0）

方法

1. 取 1 ml 诱导培养物放于微量离心管中，4℃高速离心 1 min 回收细胞。

   在上清中加入等体积冰冷的 20%（*m*/*V*）三氯乙酸，冰浴 20 min 以上，高速离心 20 min，沉淀用 1 ml 乙醇洗涤，高速离心 5 min，重复洗涤一次，沉淀重悬于 40 μl 1×SDS 凝胶加样缓冲液，取 20 μl 进行 SDS 聚丙烯酰胺凝胶电泳，检测培养液中是否有分泌蛋白。

2. 细胞沉淀悬于 100 μl 新配的细胞裂解缓冲液，冰浴 10 min。

   用溶菌酶制备原生质体有两个潜在缺点：一是有些溶菌酶中污染了裂解酶，会导致细菌细胞破碎；二是如果外源蛋白分子质量与溶菌酶接近（~15 000），溶菌酶将对染色凝胶上靶蛋白的观察产生干扰。可以试用其他制备原生质体的方法，包括使用较低浓度的溶菌酶（Marvin and Witholt 1987）、渗透休克、用氯仿处理（Ames et al. 1984）及使用多黏菌素 B（Cemy and Teuber 1971）。多黏菌素 B 的使用方法是：将步骤 1 的细胞沉淀悬于 100 μl 400 μg/ml 的多黏菌素 B 溶液，冰上放置 2h 后离心。周质蛋白在上清中，沉淀中是胞质蛋白和膜蛋白，按步骤 4 和 5 进一步分级分离。

3. 如步骤 1 离心回收细胞，上清是周质部分，冰上放置至步骤 6。
4. 细胞沉淀悬于 100 μl 0.1 mol/L Tris-Cl（pH 8.0），冻融裂解细胞（细胞于干冰上冷冻，于 37℃融化，反复 3 次）。
5. 4℃高速离心 5 min，胞质蛋白主要存在于上清中，膜和包涵体沉淀悬于 100 μl 0.1 mol/L Tris-Cl（pH 8.0）。

   从外周质提取 PhoA 融合蛋白参考方案 6。

6. 在上述细胞各部分溶液和悬液中加入等体积 2×SDS 凝胶加样缓冲液，充分混合，100℃加热 3 min，室温高速离心 1 min。
7. 每个样品取相同体积加样于 10% SDS 聚丙烯酰胺凝胶。
8. 8~15 V/cm 电泳，直到溴酚兰迁移至分离胶底部结束。
9. 考马斯亮蓝染色，分析外源蛋白在细胞中的分布以及分泌效率。

方案 5 谷胱甘肽琼脂糖亲和层析纯化融合蛋白 15.36

pGEX 载体表达的外源蛋白与谷胱甘肽 S-转移酶融合，因此可以通过谷胱甘肽-琼脂糖亲和层析进行纯化。GSTs 是一类以谷胱甘肽（γ-谷氨酰半胱氨酰甘氨酸）作为底物，通过形成硫醇尿酸失活毒性小分子的酶（Jakoby and Ziegler 1990）。由于 GST 对底物的亲和力是亚毫摩尔级的，因此谷胱甘肽固化于琼脂糖形成的亲和层析树脂对 GST 及其融合蛋白的纯化效率很高。可以用含游离的谷胱甘肽的缓冲液洗脱结合的 GST 融合蛋白。树脂用含 3 mol/L NaCl 的缓冲液再生。

谷胱甘肽琼脂糖对 GST 融合蛋白的结合能力很强（每毫升柱床体积的树脂能结合 8mg 融合蛋白），如果 1 L 大肠杆菌培养物能产生 0.1~10 mg 融合蛋白，那么 1 ml 的树脂就可以纯化 1L 大肠杆菌培养物。

本方案用批量方法结合、洗涤和洗脱融合蛋白，这种方法速度很快，但有时使用一次性小柱子的方法更受欢迎，因为它只需要很少量的洗脱缓冲液，洗脱物中蛋白浓度更高。

材料

注意：标有〈!〉的材料的正确操作参见附录 12。

缓冲液和溶液

贮存液、缓冲液和试剂的成分参见附录 1。

贮存液稀释至适当浓度。

二硫苏糖醇（1 mol/L）

谷胱甘肽洗脱缓冲液

10 mmol/L 还原型谷胱甘肽

50 mmol/L Tris-Cl（pH 8.0）

磷酸缓冲钠盐溶液（PBS）（4℃）

Triton X-100（0.2% V/V）

15.37 ### 酶和缓冲液

DNase（5 mg/ml）

溶菌酶

RNase（5 mg/ml）

凝血酶、肠激酶或 Xa 因子溶液

溶液的配制和贮存参照生产商手册。

凝胶

SDS〈!〉-聚丙烯酰胺凝胶（10%）

用于分离蛋白的 SDS-聚丙烯酰胺凝胶的制备请参考附录 8。

离心机和转头

Sorvall SS-34 转头或相当的转头

特别配备

谷胱甘肽-琼脂糖树脂

必要时用 20% 乙醇将树脂调成 50% 匀浆。

皮下注射针头（18#、22# 和 25#）

载体和细菌菌株

表达 GST 融合蛋白的大肠杆菌细胞（方案 1 或 2 的步骤 17 所制备的细胞沉淀）。

方法

谷胱甘肽-琼脂糖树脂的处理

1. 轻轻颠倒盛有谷胱甘肽-琼脂糖树脂的容器，将树脂混成匀浆。
2. 取部分匀浆放入 15 ml 聚丙烯管（每 100 ml 细菌培养物需要 2 ml 匀浆）。
3. 4℃ 500g（2100 r/min Sorvall SS-34 转头）离心 5 min，小心去掉上清。
4. 在树脂中加入 10 倍柱床体积的冷的 PBS，颠倒数次，混合均匀，4℃ 500g（2100 r/min Sorvall SS-34 转头）离心 5 min，小心去掉上清。
5. 每毫升树脂加入 1 ml 冷的 PBS，制成 50% 匀浆，颠倒数次，混合均匀，悬液冰上放置待用。

制备细胞抽提物

6. 每 100 ml 培养物的细胞沉淀（方案 1 步骤 17）悬于 4 ml PBS。
7. 加入溶菌酶至终浓度 1 mg/ml，冰上放置 30 min。 15.38

    有些方案中在亲和纯化 GST 融合蛋白之前，采用超声或弗氏压碎的方法裂解细胞。使用溶菌酶的方法重复性更好，而且不会引起细胞的灾难性裂解，后者释放外膜蛋白和能引起 GST 融合蛋白聚集或者能与其共纯化的其他分子。

8. 用针筒将 10 ml 0.2% Triton X-100 强行注入黏的细胞裂解物中，剧烈振动数次混匀。加入 DNase 和 RNase 至终浓度 5 μg/ml，4℃振动温育 10 min。4℃ 3000g（5000 r/min Sorvall SS-34 转头）离心 30 min，去除不溶性细胞碎片。上清（细胞裂解物）转移到一只新管中，加入 DTT 至终浓度 1 mmol/L。

    为防止纯化过程中树脂被堵塞，上清液需要用 0.45 μm 滤膜过滤。

    加入 Triton X-100 的目的是防止蛋白聚集。能溶解融合蛋白又不干扰谷胱甘肽-琼脂糖亲和纯化的变性剂有 1%（V/V）Triton X-100，含 10 mmol/L DTT 的 1%（V/V）Tween-20，0.03%（m/V）SDS 和 1.5%（m/V）N-十二烷基肌氨酸（Smith and Johnson 1988；Frankel et al. 1991；Grieco et al. 1992）。加入 Tween-20、SDS 和 N-十二烷基肌氨酸可以替代 Triton X-100 或与其共同作用。请参考疑难解析：不溶性蛋白。

纯化融合蛋白

9. 细胞裂解物与适量 50% 谷胱甘肽-琼脂糖树脂匀浆混和，每 100 ml 细菌培养物加 2 ml 树脂，于室温轻摇 30 min。
10. 混合物于 4℃以 500g（2100 r/min Sorvall SS-34 转头）离心 5 min，小心去掉上清并留样少许进行 SDS 聚丙烯酰胺凝胶电泳。
11. 沉淀中加入 10 倍柱床体积的 PBS，颠倒离心管数次混匀，洗去未与树脂结合的蛋白。
12. 4℃以 500g（2100 r/min Sorvall SS-34 转头）离心 5 min，小心去掉上清并留样少许进行 SDS 聚丙烯酰胺凝胶电泳。
13. 重复步骤 11 和 12 两次。
14. 结合的 GST 融合蛋白可用谷胱甘肽洗脱缓冲液洗脱，也可用凝血酶、肠激酶或 Xa 因子切割，释放靶蛋白。

用谷胱甘肽洗脱融合蛋白

a. 沉淀中加入 1 倍柱床体积的谷胱甘肽洗脱缓冲液，室温轻轻搅动 10 min，洗脱树脂上结合的蛋白。

b. 如步骤 12 离心，上清（含洗脱的融合蛋白）移至新管中。

15.39 c. 重复步骤 a 和 b 两次，合并 3 次的上清。

经过上述洗脱步骤后，有些蛋白可能还会有大量的仍结合在树脂上，有时可能需要进一步洗脱，而且蛋白不同洗脱体积和时间也应有所区别。SDS 聚丙烯酰胺凝胶电泳可以监测洗脱液中 GST 融合蛋白含量。对于 GST 融合蛋白，一般情况是 $1A_{280}=0.5$ mg/ml，测定 280 nm 吸收可以估算融合蛋白的产量，也可以采用标准的生色法（Lowry or Bradford）测定融合蛋白的产量。如果采用 Lowry 法，样品必须先用 2000 倍体积的 1×PBS 透析，去除谷胱甘肽，否则的话会干扰测定，而 Bradford 法不受谷胱甘肽的影响。

蛋白酶解从结合的 GST 融合蛋白上回收靶蛋白

a. 在结合了融合蛋白的树脂中加入凝血酶、肠激酶或 Xa 因子（根据融合蛋白中的位点选择）。每毫升树脂加入 50 单位溶于 1 ml PBS 的蛋白酶。颠倒离心管数次混匀，室温下振荡 2～16 h。用小规模试验确定精确时间。

b. 4℃以 500*g*（2100 r/min Sorvall SS-34 转头）离心 5 min，上清小心转移到新管中。

GST 仍结合在树脂上，而靶蛋白在上清中，蛋白酶也在上清中。用传统的层析方法或 SDS 聚丙烯酰胺凝胶电泳分离靶蛋白和蛋白酶。

15. 10% SDS 聚丙烯酰胺凝胶电泳分析每一步（细胞抽提、洗涤和洗脱）样品的蛋白质组成。

疑难解析：不溶性蛋白

不溶的 GST 融合蛋白（如果诱导后可以检测到而亲和层析纯化后检测不到，可以认为是不溶的；或者通过分级分离确定）也可以用下列去污剂溶解：1%（*V/V*）Triton X-100，含 10 mmol/L DTT 的 1%（*V/V*）Tween-20，0.03%（*m/V*）SDS 和 1.5%（*m/V*）*N*-十二烷基肌氨酸（Smith and Johnson 1988，Frankel et al. 1991，Grieco et al. 1992）。

1. 按主方案操作至步骤 7。
2. 细胞裂解物于 4℃以 10 000*g*（7300 r/min Sorvall SS-34 转头）离心 10 min，移出上清保留，沉淀悬于 8 ml 1.5%（*m/V*）*N*-十二烷基肌氨酸，25 mmol/L 三乙醇胺，1 mmol/L EDTA（pH 8.0）。
3. 溶液 4℃混和 10 min，如步骤 2 离心。
4. 合并步骤 2 和步骤 3 上清。
5. 继续主方案的步骤（从第 9 步开始）。

15.40 方案 6 直链淀粉树脂亲和层析纯化麦芽糖结合融合蛋白

亲和层析方法几乎可以将麦芽糖结合融合蛋白纯化成单组分（Henning and Schafer 1988）。麦芽糖结合蛋白（MBP）是一个由大肠杆菌 *malE* 基因编码的周质蛋白，是细菌麦芽糖转运系统的成员之一。MBP 能结合微摩尔水平的麦芽糖和麦芽糊精，因此可用交联了麦芽糖的琼脂糖进行纯化。*malE* 基因产物能与多种蛋白融合，因此是进行表达研究的有效媒介（Schatz and Beckwith 1990）。

在 pMAL-c2 和 pMAL-p2 载体（di Guan et al. 1988；Maina et al. 1988；New England Biolabs 公司）中，IPTG 诱导的 *tac* 启动子紧邻多克隆位点和 *rrnb* 终止子，连接区跨越 β-半乳糖苷酶 α-互补片段氨基末端，可以通过蓝/白斑筛选质粒中有外源片段插入的克隆。由于质粒中同时含有 *lacI* 基因的 cI^q 等位基因，因此在大多数大肠杆菌中都可以用 IPTG 诱导 MBP 融合蛋白的表达。10 个精氨酸残基的间隔序列将 MBP 与外源蛋白隔开，使融合蛋白的切割更容易，而且可能提高融合蛋白对树脂的结合力。X 因子蛋白酶切割位点（Ile-Glu-Gly-Arg）紧邻多克隆位点中的第一个限制酶位点（*Eco*RI）。X 因子蛋白酶切割位点可以根据需要替换成其他蛋白酶切割位点，如凝血酶和肠激酶。pMAL-c2 不含 MBP 信号肽序列，而 pMAL-p2 含有，用它表达的融合蛋白能分泌到周质中，进而能用渗透休克方法快速分离，降低了融合蛋白暴露于蛋白酶的机会，有时还能形成二硫键。但并不是所有的融合蛋白都能分泌到周质中，真正的表达状态还需要实验验证。

MBP 融合相对于 GST 融合的潜在优势是 *malE* 基因序列来源于大肠杆菌，它的密码子和 mRNA 二级结构应该更适合在细菌中的表达。而 GST 序列来自寄生虫，是否适合在大肠杆菌中表达还是未知数。但是还没有报道对两种融合方式的表达效率进行过直接比较。

材料 15.41

注意：标有〈!〉的材料的正确操作参见附录 12。

缓冲液和溶液

贮存液、缓冲液和试剂的成分参见附录 1。

贮存液稀释至适当浓度。

细胞裂解缓冲液（~150 ml）

30 mmol/L Tris-Cl（pH 7.1）
0.1 mmol/L EDTA
20%（*m*/*V*）蔗糖

细胞洗涤缓冲液（~250 ml）

10 mmol/L Tris-Cl（pH 7.1）
30 mmol/L NaCl

柱洗脱缓冲液（~100 ml）

10 mmol/L Tris-Cl（pH 7.5）
10 mmol/L 麦芽糖

柱洗涤缓冲液（~250 ml）

10 mmol/L Tris-Cl（pH 7.1）
1 mol/L NaCl

$MgCl_2$（0.1 mmol/L，~250 ml）

PMSF（100 mmol/L，〈!〉）

17.4 mg PMSF 溶于 1 ml 异丙醇，－20℃贮存。

PMSF 在水溶液中易失活，失活速率随水溶液 pH 值的升高而升高，而且在 25℃ 比在 4℃ 失活快。20 mmol/L pH 8.0 的 PMSF 水溶液的半衰期是 35 min 左右（James 1978），这么短的半衰期意味着碱性（pH＞8.6）PMSF 水溶液在室温贮存数小时后可以安全丢弃。

可向 Boehringer Mannheim 公司购买 PMSF 替代品（4-[2-氨基乙基]-苯磺酰氟，盐酸盐；Pefabloc SC），Pefabloc 是不可逆丝氨酸蛋白酶抑制剂，使用浓度与 PMSF 相同，但无毒性，而且在水溶液中稳定。

1×SDS 凝胶加样缓冲液

不含 DTT 的 1×SDS 凝胶加样缓冲液室温保存，1mol/L DTT 贮存液现用现加于上述缓冲液。

Tris-Cl（10 mmol/L，pH 7.1）

酶和缓冲液

DNase（5 mg/ml）

溶菌酶

RNase（5 mg/ml）

凝血酶、肠激酶或 Xa 因子溶液

溶液的配制和贮存参照生产商手册。

凝胶

SDS〈!〉-聚丙烯酰胺凝胶（10%）

用于分离蛋白的 SDS-聚丙烯酰胺凝胶的制备参考附录 8。

离心机和转头

Beckman Ti60 转头或相当的转头

Sorvall GSA 转头或相当的转头

Sorvall SS-34 转头或相当的转头

15.42

特别配备

直链淀粉琼脂糖

可以参照 Kellermann 和 Ferenci（1982）的方法合成，也可以向 New England Bioland 公司购买（每毫升柱床体积结合 1～4mg MBP）。

沸水浴

超声仪器

参见附录 8。

一次性 Nalgene 滤器（0.45 μm 硝酸纤维素膜）

载体和细菌菌株

表达 BMP 融合蛋白的大肠杆菌细胞（方案 1 或 2 的步骤 17 所制备的细胞沉淀）。

方法

直链淀粉琼脂糖柱的准备

1. 4℃悬于 10 mmol/L Tris-Cl（pH 7.1）的直链淀粉琼脂糖装 3cm×6cm 柱。

制备细胞抽提物

2. 细胞沉淀悬于相当于原培养物 1/10 体积（一般为 50 ml）的冰冷的细胞洗涤缓冲液，4℃ 5000*g*（5500 r/min Sorvall GSA 转头）离心 15min 收集细胞沉淀，再悬于相当于原培养物 1/10 体积（一般为 50ml）的冰冷的细胞洗涤缓冲液。
3. 制备细胞裂解物

   如果所用载体不带 MBP 信号肽序列（pMAL-c2）

   a. 超声破碎细胞，功率 30 W，保持细胞低温（0℃）。

   b. 为使溶液澄清，加入 PMSF 至终浓度 1 mmol/L，于 4℃以 87 000*g*（35 000 r/min Beckman Ti60 转头）离心 30 min。

   继续步骤 4，直链淀粉琼脂糖层析从上清中纯化融合蛋白。

   如果所用载体带有 MBP 信号肽序列（pMAL-p2）

   a. 4℃ 5000*g*（5500 r/min Sorvall GSA 转头）离心 15 min 收集细胞，沉淀悬于相当于原培养物 1/20 体积（一般为 25 ml）的冰冷的细胞裂解缓冲液。

   b. 加入 PMSF 至终浓度 1 mmol/L，室温搅动 15 min，于 4℃以 17 200g（12 000 r/min Sorvall SS-34 转头）离心 10 min 收集细胞。

   c. 旋动细胞沉淀，加入冰冷的 0.1 mmol/L $MgCl_2$ 溶液（每升培养物加 100ml），4℃搅动 10 min。 15.43

   d. 休克细胞 4℃ 17 200*g*（12 000 r/min Sorvall SS-34 转头）离心 10 min，在上清中加入 10 mmol/L Tris-Cl（pH 7.1）至 pH 达到 7.1。

   e. 上清用 100ml 一次性 Nalgene 滤器（0.45 μm 硝酸纤维素膜）过滤，滤液用 100 倍体积的 10 mmol/L Tris-Cl（pH 7.1）4℃透析。

   继续步骤 4，直链淀粉琼脂糖层析从上清中纯化融合蛋白。

纯化融合蛋白

4. 步骤 3 获得的上清上柱，100 ml 10mmol/L Tris-Cl（pH 7.1）漂洗，100 ml 柱洗涤缓冲液冲洗。
5. 用 50 ml 柱洗脱缓冲液洗脱结合的融合蛋白，每份 1 ml 分步收集。
6. SDS 聚丙烯酰胺凝胶电泳分析融合蛋白的分布，合并含融合蛋白的样品并贮存于 −70℃。
7. 用适当的蛋白酶切割融合蛋白释放靶蛋白。

   a. 加入凝血酶、肠激酶或 Xa 因子（根据融合蛋白中的位点选择）。每毫升树脂加入 50 单位的溶于 1ml PBS 的蛋白酶。颠倒离心管数次混匀，室温下振荡 2～16h。

   用小规模试验确定获得最高产量所需时间。

   b. 4℃以 500*g*（2100 r/min Sorvall SS-34 转头）离心 5 min，上清小心转移到新管

中。

用传统的层析方法或 SDS 聚丙烯酰胺凝胶电泳分离靶蛋白和蛋白酶。

> 用渗透休克的方法很容易使分泌到大肠杆菌周质中的蛋白释放出来。细胞用含 EDTA 的高渗溶液（细胞裂解缓冲液）处理，使膜/细胞壁的通透性发生变化，继而在低渗溶液（如 0.1 mmol/L $MgCl_2$）中温育，细胞壁发生通透化，周质中的成分释放出来（Nossal and Heppel 1966）。指数生长期细胞比稳定生长期细胞更容易处理。通常大肠杆菌总蛋白的 4% 分泌到周质中，其中包括一些降解酶如碱性磷酸酶、酸性磷酸酶、RNase、DNase 和核酸代谢酶。由于分泌的蛋白中有蛋白酶，因此使用蛋白酶缺陷的大肠杆菌菌株，或者破菌处理后加入蛋白酶抑制剂混和物（见方案 1）与 10 mmol/L Tris-Cl（pH7.1）可能有助于提高完整 MBP 融合蛋白的产量。
>
> 有些蛋白不能分泌到周质中，也就不能用本方案介绍的方法分离回收。由于这些蛋白一般都附着于胞质膜，也不能使用超声破碎的方法。理想的方案是首先通过分级分离确定融合蛋白在细胞各部分（周质、细胞质或膜）的分布（见方案 4），如果发现其附着于内膜，上面步骤 3a 的细胞洗涤缓冲液中需加入 1% Triton X-100。溶解融合蛋白的其他变性剂参考方案 4 的讨论。

15.44

方案 7 用固化 Ni^{2+} 吸收色谱纯化带组氨酸标签的蛋白

多聚组氨酸能与多种过渡金属和过渡金属螯合物结合，因此带暴露的 His-6 的蛋白能结合于固化 Ni^{2+} 树脂，用适当缓冲液冲洗去除其他蛋白后，再用可溶的竞争性螯合剂洗脱可以回收靶蛋白。由于天然蛋白一般对这类基质的亲合力都不高，重组技术产生的 His-6 标记的蛋白就能用金属螯合亲和色谱一步纯化，那些确实与基质结合的天然蛋白几乎都可以经第二步层析去除。金属螯合层析不仅非常有效，而且对适当的蛋白折叠、离子强度、离液剂和去污剂相对不敏感，因此得到普遍应用（Hochuli et al. 1988）。鉴于其高效、高容量、强力浓缩和快速的特点，该方法应用作纯化方案的第一步（有时是惟一的一步）。

如果需要利用金属螯合层析进行纯化，首先必须在靶蛋白暴露的相对柔性的位点引入 His-6 序列，一般是在氨基端或羧基端（Van Reeth et al. 1998）。可以在 His-6 序列与靶序列之间插入 1 或 2 个甘氨酸残基增加柔性，也可以在此引入蛋白酶切割位点，以便在纯化后除去 His-6（参见表 15-3），另外还可以用于解除靶蛋白对基质的结合。如果将未经修饰的靶蛋白和能与它结合的 His-6 标记的蛋白共表达，就可以用亲合树脂分离结合复合物，选择洗脱天然靶蛋白（Kozasa and Gilman 1995）。如果两种蛋白能温和解离，杂蛋白不至于被洗脱，那么这种方法尤其有效（参见第 18 章方案 2 和 3）。

金属螯合层析纯化在天然和变性条件（含 8 mol/L 尿素或 6 mol/L 盐酸胍）下都可以进行。任何螯合剂对金属螯合层析都有干扰，因此抽提和层析所用缓冲液不能含有 EDTA 或 EGTA，亚毫摩尔浓度的 DTT 可能不会产生严重干扰，尽管如此，最好还是使用含 1～5 mmol/L 单巯基化合物如 β-巯基乙醇或 β-巯基乙酸的缓冲液。靶蛋白用螯合剂如咪唑或 EDTA 洗脱，由于咪唑的选择性更好，所以应尽可能使用咪唑，50～100
15.45 mmol/L pH 7～8 的咪唑通常能实现有效洗脱，最低有效浓度需要用 10～150 mmol/L的咪唑线性梯度测定。EDTA 效率更高，但它会将 Ni^{2+} 从 NTA-琼脂糖上带下来，在这种情况下，必须进行透析或第二次层析除去 Ni^{2+}。

Ni^{2+} 树脂容易再生，可以反复使用多次（参见本方案的补充方案），而且它的结合容量大，2.5ml 柱可以纯化多达 20mg 的重组蛋白。下述方案摘自 Elliot Ross（University of Texas Southwestern Medical Center, Dallas）和冷泉港实验室 Nick Tonks' group 的 Tzu-Ching Meng 的方法。

材料

注意：标有〈!〉的材料的正确操作请参见附录 12。

缓冲液和溶液

贮存液、缓冲液和试剂的成分参见附录 1。
贮存液稀释至适当浓度。

结合缓冲液（pH 7.8）

20 mmol/L 磷酸钠
500 mmol/L NaCl

咪唑洗脱缓冲液（pH 6.0）

20 mmol/L 磷酸钠
500 mmol/L NaCl
在洗涤缓冲液（pH6.0）中加入适量 3 mol/L 咪唑分别配成 10 mmol/L、50 mmol/L、100 mmol/L 和 150 mmol/L 的咪唑洗脱缓冲液。

Triton X-100（10% V/V）

洗涤缓冲液（pH 6.0）

20 mmol/L 磷酸钠
500 mmol/L NaCl

酶和缓冲液

DNase (1 mg/ml)
溶菌酶
RNase (1 mg/ml)

凝胶

SDS〈!〉-聚丙烯酰胺凝胶（10%）

用于分离蛋白的 SDS-聚丙烯酰胺凝胶的制备参考附录 8。

离心机和转头

Sorvall SS-34 转头或相当的转头

特别配备

层析柱（玻璃或聚丙烯） 15.46

固化 Ni^{2+} 层析树脂（如 ProBond, Invitrogen 公司；HisTrap, Pharmacia 公司；

His·Bind Resin，Novagen 公司；NTA-Ni^{2+}-琼脂糖，Qiagen 公司）

目前最常用的金属螯合亲和载体是次氮基三乙酸酯（NTA）-Ni^{2+}-琼脂糖，可从上述公司购买，另外还有不同性质的其他载体。据说一种独特的 Co^{2+} 螯合物（Talon）对 His-6 的亲合力更高，选择性也更强，但在实验室再生不方便，因此成本也就更高。

摇床

载体和细菌菌株

表达带多聚组氨酸标签的蛋白的大肠杆菌细胞（方案 1、2、3 或 4 产生）。

方法

Ni^{2+} 亲和柱的制备

1. 轻轻颠倒混匀固化 Ni^{2+} 树脂，取 2 ml 装入层析柱，树脂自然沉降。
2. 用 3 倍柱体积的无菌水冲洗树脂。

   树脂沉降后的体积为 1 个柱体积。
3. 用 3 倍柱体积的结合缓冲液（pH 7.8）平衡树脂，放置待第 9 步使用。

制备细胞抽提物

4. 每 100 ml 细胞培养物的细胞沉淀（方案 1 步骤 17）悬于 4 ml 结合缓冲液（pH7.8）。
5. 加入溶菌酶至终浓度 1 mg/ml，冰上放置 30 min。

   有些方案中在亲和纯化带组氨酸标签蛋白之前，采用超声或 French 压的方法裂解细胞。使用溶菌酶的方法重复性更好，而且不会引起细胞的灾难性裂解，后者释放外膜蛋白和能引起带组氨酸标签蛋白聚集的其他分子。

   注意：可以加入蛋白酶抑制剂，但不能加入 EDTA 或其他螯合剂，因为它们会将 Ni^{2+} 从树脂上带下来，破坏树脂对组氨酸的亲合力。
6. 混和物于 4℃ 摇床上孵育 10 min。
7. 加入 Triton X-100、DNase 和 RNase，终浓度分别为 1%、5 μg/ml 和 5 μg/ml，再于 4℃ 摇床上孵育 10min。
8. 4℃ 3000g（5000 r/min Sorvall SS-34 转头）离心 30 min，去除不溶性细胞碎片。上清（细胞裂解物）转移到一只新管中。

   为防止纯化过程中树脂被堵塞，上清需要用 0.45 μm 滤膜过滤。

15.47

纯化带组氨酸标签蛋白

9. 树脂上的结合缓冲液引流到柱顶部。
10. 步骤 8 获得的细胞裂解液上清上柱，流速调整为每小时 10 个柱体积。

    1 ml Ni^{2+} 亲和树脂能结合大约 8～12mg 蛋白。带多聚组氨酸标签的蛋白在大肠杆菌中的产量因靶蛋白而异，但一般都在每 100 ml 培养物 1～10 mg 蛋白之间。
11. 用 6 个柱体积的结合缓冲液（pH 7.8）洗柱。
12. 用 4 个柱体积的洗涤缓冲液（pH 6.0）洗柱，直至流过液 $A_{280}<0.01$。
13. 用 6 个柱体积的 10 mmol/L 咪唑洗脱缓冲液洗脱结合的蛋白，每份 1 ml 分步收集，监测 A_{280}。

14. 用咪唑浓度更高（50 mmol/L、100 mmol/L 和 150 mmol/L）的洗脱缓冲液重复步骤 13。

也可用 10～100 mmol/L 连续梯度咪唑洗脱缓冲液洗脱结合的蛋白，多数组氨酸标签蛋白在 50～100 mmol/L 之间被洗脱。如果不使用咪唑，还可以用 pH 递降的缓冲液洗脱（请参考替代方案：用 pH 递降的缓冲液从金属亲和柱洗脱多聚组氨酸标签蛋白）。

15. 用 20 μl 等份的蛋白进行 10% SDS 聚丙烯酰胺凝胶电泳，分析聚组氨酸标签蛋白的分布。

替代方案：用 pH 递降的缓冲液从金属亲和柱洗脱多聚组氨酸标签蛋白

pH 递降的缓冲液可以替代咪唑从金属亲和柱洗脱多聚组氨酸标签蛋白。

注意：标有〈!〉的材料的正确操作参见附录 12。

补充材料

低 pH 洗脱缓冲液（pH 4.0）

20 mmol/L 磷酸钠

500 mmol/L NaCl

用磷酸〈!〉调 pH 至 4.0。

洗涤缓冲液Ⅱ（pH 5.5）

20 mmol/L 磷酸钠

500 mmol/L NaCl

方法

1. 按主方案操作至步骤 12。
2. 用 6 个柱体积的洗涤缓冲液Ⅱ（pH 5.5）洗柱。
3. 用 6 个柱体积的低 pH 洗脱缓冲液洗脱结合的蛋白，每份 1 ml 分步收集，监测 A_{280}。
4. 用 20 μl 等份的蛋白进行 10% SDS 聚丙烯酰胺凝胶电泳，分析聚组氨酸标签蛋白的分布。

附加方案：NTA-Ni^{2+}-琼脂糖再生 15.48

经过充分洗涤并再生，NTA-Ni^{2+}-琼脂糖几乎可以无限制重复使用。如果层析柱还没有氧化或耗竭（亮蓝色消失或出现黄/褐颜色），生产商建议用含 0.2 mol/L 乙酸的 30% 甘油洗涤。根据生产商（Qiagen 公司）的建议，我们每次使用后都常规性地剥离和再生树脂。

注意：标有〈!〉的材料的正确操作参见附录 12。

补充材料

6 mol/L 盐酸胍/0.2 mol/L 乙酸〈!〉

2%（*m/V*）SDS

25%、50% 和 75% 乙醇（*V/V*）

100 mmol/L EDTA

0.1 mol/L $NiSO_4$〈!〉

方法

1. 用下列试剂依次彻底冲洗层析柱

   2 倍体积 6 mol/L 盐酸胍/0.2 mol/L 乙酸（或其他剥离试剂）

   5 倍体积水

   2 倍体积 2%（*m/V*）SDS

   1 倍体积 25%、50% 和 75% 乙醇

   5 倍体积乙醇

   1 倍体积 75%、50% 和 25% 乙醇

   1 倍体积水

   5 倍体积 100 mmol/L EDTA

   1 倍体积水

2. 用小于 2 倍柱体积的 0.1 mol/L $NiSO_4$ 溶液再生，用水洗，用适当的层析缓冲液平衡。

   EDTA 冲洗（或 EDTA 洗脱蛋白）后的树脂应呈白色，再生后变回淡蓝色。

15.49

方案 8 从包涵体中纯化表达蛋白

蛋白质在大肠杆菌中的高水平表达，常常导致形成相差显微镜下可见的细胞质颗粒或包涵体。这些由表达蛋白聚集成的包涵体很容易与可溶性蛋白和膜结合蛋白分离。高水平表达外源蛋白的细菌经离心浓缩后，可通过机械法、超声处理法或溶菌酶加去污剂的方法进行裂解。包涵体经离心沉淀后可用 Triton X-100 和 EDTA（Marston et al. 1984）或用尿素（Schone et al. 1985）洗涤。洗涤的目的是尽可能从聚集的外源蛋白中除去可溶的、粘附的细菌蛋白。多数情况下，调整洗涤的条件可使包涵体中外源蛋白的纯度达到 90％以上，从中提取的蛋白可直接用作抗原（Harlow and Lane 1988）。

为获取可溶性的活性蛋白，必须将洗涤过的包涵体溶解，然后进行重折叠。可用各种不同的条件［如，盐酸胍（5～8 mol/L）、尿素（6～8 mol/L）、SDS、偏碱性 pH 或乙腈/丙醇］溶解包涵体。也可采用弗氏压碎或超声处理等其他方法裂解含包涵体的细胞。在含 pLys 质粒的细胞中用 T7 RNA 聚合酶载体表达的蛋白可用方案 2 介绍的方法裂解。使细胞充分裂解，以尽可能回收包涵体对所有这些方案来说，都是最重要的。每种蛋白质所需采用的方案可不同，必须通过实验来决定（请参考 Mitraki and King 1989）。下述流程曾用于溶解凝乳酶原包涵体，是对 Marston 等（1984）所用方法的改进。关于溶解蛋白的再折叠参见本方案的附加方案。

15.50

材料

注意：标有〈!〉的材料的正确操作请参见附录 12。

缓冲液和溶液

贮存液、缓冲液和试剂的成分请参见附录 1。

贮存液稀释至适当浓度。

细胞裂解缓冲液 Ⅰ

50 mmol/L Tris-Cl（pH 8.0）

1mmol/L EDTA（pH 8.0）

100 mmol/L NaCl

细胞裂解缓冲液 Ⅱ，冰冷

50 mmol/L Tris-Cl（pH 8.0）

10 mmol/L EDTA（pH 8.0）

100 mmol/L NaCl

0.5％ Triton X-100

脱氧胆酸

使用蛋白级的胆酸/去污剂。

HCl (12 mol/L)（浓盐酸）〈!〉

包涵体溶解缓冲液 Ⅰ

50 mmol/L Tris-Cl（pH 8.0）

1mmol/L EDTA（pH 8.0）

100 mmol/L NaCl

8mol/L 尿素

0.1mol/L PMSF

缓冲液现用现配。

包涵体溶解缓冲液Ⅱ

50 mmol/L KH_2PO_4（pH 10.7）

1 mmol/L EDTA（pH 8.0）

50 mmol/L NaCl

KOH（10mol/L）〈!〉

PMSF（100 mmol/L）〈!〉

1×和 2×SDS 凝胶加样缓冲液

不含 DTT 的 1×和 2×SDS 凝胶加样缓冲液室温保存，1mol/L DTT 贮存液现用现加于上述缓冲液。

含尿素的 Tris-Cl（0.1 mol/L，pH 8.5）

仅限于方法 2 使用，请见步骤 7。配制内含尿素浓度递增（如 0.5、1、2 和 5 mol/L）的 0.1 mol/L Tris-Cl（pH 8.5）。使用前用固体尿素现用现配，不能使用任何尿素贮存液，因为尿素容易分解。

酶和缓冲液

DNase I（1 mg/ml）

溶菌酶（10 mg/ml）

用 Tris-Cl（pH 8.0）现用现配。

凝胶

SDS〈!〉-聚丙烯酰胺凝胶（10%）

用于分离蛋白的 SDS-聚丙烯酰胺凝胶的制备请参考附录 8。

离心机和转头

Sorvall GSA 转头或相当的转头

特别配备

pH 试纸

备用，请见步骤 10。

磨光玻璃棒

载体和细菌菌株 15.51

表达靶蛋白的大肠杆菌细胞

培养 1L 以包涵体形式表达靶蛋白的大肠杆菌细胞。

方法

制备细胞抽提物

1. 1 L 表达细胞培养物于预先称重的离心管中 4℃以 5000*g*（5500 r/min Sorvall GSA 转头）离心 15 min。

   注意：步骤 2～4 一定要在 4℃进行。

2. 吸去上清，称菌体沉淀的重量，每克（湿重）菌体加入 3 ml 细胞裂解缓冲液Ⅰ，轻轻旋动或用磨光玻璃棒搅动，使菌体悬起。
3. 每克（湿重）菌体加入 4 μl 100 mmol/L PMSF，80 μl 10 mg/ml 溶菌酶，搅动 20 min。

   也可以加入其他蛋白酶抑制剂混和物（见方案 1）。

4. 每克（湿重）菌体加入 4 mg 脱氧胆酸，继续搅动。
5. 悬液 37℃放置，不时用磨光玻璃棒搅动，待其变黏时每克（湿重）菌体加入 20μl 1 mg/ml DNase Ⅰ。
6. 裂解液室温放置，直至不再黏稠（约 30 min）。

纯化和洗涤包涵体

7. 用下述两种方法之一纯化和洗涤包涵体。

   方法 1：用 Triton X-100 提取包涵体

   下述流程是对 Marston 等（1984）所用方法的改进。

   a. 细胞裂解物 4℃高速离心 15 min。
   b. 倾倒去除上清，沉淀重悬于 9 倍体积的 4℃细胞裂解缓冲液Ⅱ。
   c. 悬液室温放置 5 min。
   d. 4℃高速离心 15 min。
   e. 倾倒上清，留置待用。沉淀重悬于 100 μl 水。
   f. 各取 10 μl 上清和沉淀，分别与 10 μl 2×SDS 凝胶加样缓冲液混和，SDS-聚丙烯酰胺凝胶电泳分析靶蛋白的分布。
   g. 必要时继续步骤 8 溶解包涵体。

   方法 2：用尿素提取包涵体

15.52 下面的程序是用含有不同浓度尿素的缓冲液洗涤和溶解包涵体，摘自 Schoner 等(1985)。

   a. 细胞裂解物 4℃高速离心 15 min。

      注意：步骤 b、d 和 f 必须在 4℃进行。

   b. 倾倒去除上清，每克（湿重）菌体沉淀重悬于 1 ml 水中。每支 100 μl 装 4 支离心管，其余 4℃保存。
   c. 4℃高速离心 15 min。
   d. 每份沉淀重悬于 100μl 含不同浓度（如 0.5、1、2 和 5 mol/L）尿素的 0.1 mol/L Tris-Cl（pH 8.5）。
   e. 4℃高速离心 15 min。

f. 倾倒上清，留置待用，每份菌体沉淀重悬于 100 μl 水中。

g. 各取 10 μl 上清和沉淀，分别与 10 μl 2×SDS 凝胶加样缓冲液混和，SDS-聚丙烯酰胺凝胶电泳分析哪个浓度的尿素洗涤效果最佳。

h. 用步骤 g 确定的最佳浓度，按上述方案洗涤剩余包涵体沉淀（步骤 b）。

i. 必要时继续步骤 8 溶解包涵体。

溶解包涵体

8. 取适量步骤 7 的重悬细胞沉淀，4℃ 高速离心 15 min，沉淀重悬于 100 μl 含 0.1 mmol/L PMSF（现用现加）的包涵体溶解缓冲液Ⅰ。
9. 室温放置 1h。
10. 把溶液加入到 9 倍体积的包涵体溶解缓冲液Ⅱ中，室温放置 30 min。检查 pH 是否维持在 10.7，必要时用 10 mol/L KOH 调节。
11. 用 12mol/L 盐酸将溶液 pH 调至 8.0，室温放置至少 30 min。
12. 室温高速离心 15 min。
13. 倾倒上清，留置待用，沉淀重悬于 100 μl 1×SDS 凝胶加样缓冲液。
14. 取 10 μl 上清与 10 μl 2×SDS 凝胶加样缓冲液混和，上清和沉淀分别进行 SDS-聚丙烯酰胺凝胶电泳，分析溶解程度，继续附加方案。

15.53

附加方案：重折叠从包涵体提取的溶解蛋白

逐渐去除变性剂和/或去污剂时，溶解蛋白发生复性和重折叠。在这个过程中蛋白质疏水区暴露于溶剂中，如果条件控制不好，会形成不溶性的聚集体和/或虽然可溶但没有活性的多聚体，在许多情况下需要进行大量的工作来防止这些包涵体的形成，以便使单体蛋白质分子能折叠成全天然构象。活性蛋白或具有天然构象蛋白的产量受很多因素的影响，包括疏水性氨基酸残基的大小、数目和分布；多肽中重复结构的数目；多肽的纯度、浓度和大小；溶剂的 pH 和离子强度；分子中二硫键的数目以及折叠速率等。

通用的指导原则几乎不存在，因为能促进折叠的条件因蛋白而异，而且差别很大。但从普遍意义上讲，最好还是建立一套基本的条件，能最大程度地减少对氨基酸侧链的化学修饰，抑制蛋白酶降解作用，而且对于胞质蛋白，能抑制变性蛋白纯化过程中二硫键的形成。在此基础上，通过逐渐降低变性剂的浓度，以及在溶解和复性的不同阶段，改变氧化和还原条件之间的平衡，优化重折叠过程（Wulfing and Pluckthun 1994）。Marston（1987）和 Burgess（1996）详细介绍了几种成功的重折叠方案。从包涵体中回收、溶解和重折叠蛋白的程序见图 15-6。

确定特定蛋白质最佳重折叠方案所需的实验材料已经产品化（如 Novagen 公司的蛋白质折叠试剂盒，请查阅 www.novagen.com）。尽管没有一种折叠方案是完美无缺的，但只要能得到占表达蛋白百分之几的活性蛋白就足以满足生化实验的需要。通常可以用凝胶过滤层析的方法分离再折叠的蛋白和未折叠的以及聚集的多肽（Lin et al. 1989）。

15.54

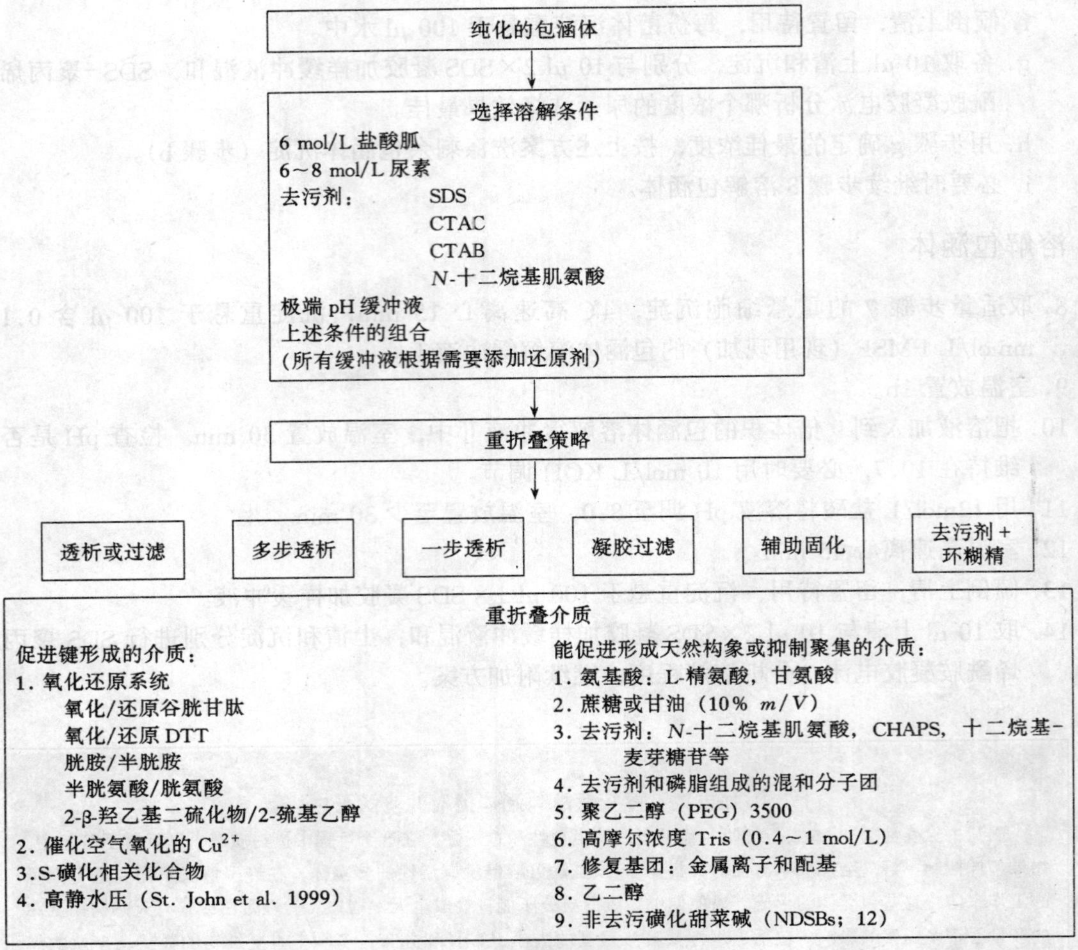

图 15-6　蛋白质重折叠方法

图中所示为功能性靶蛋白回收的一些优化策略。包涵体因暴露于高摩尔浓度的变性剂、去污剂、酸或碱缓冲液或者它们的组合而溶解。溶解后通过去除溶解剂而实现靶蛋白的再折叠。针对某一种特定蛋白质的最有效的策略应通过实验确定。一般来讲，如果靶蛋白中有半胱氨酸残基，或者形成正确二硫键的特别需要，溶解和重折叠缓冲液中应加入还原剂。

（经 Novagen 公司允许复印）

15.55　信息栏

克隆基因的表达

如果说分子克隆中还有需要创造力的领域，那就是克隆基因的表达。由于分离基因和 cDNA 的技术如此成熟，也由于几乎实验中的每一步使用的都是高质量的酶和试剂，克隆者从蛋白到基因的全过程不会有丝毫麻烦，当然也必然是充满自信的。尽管如此，分子克隆中还是有一个领域能引起研究者的警惕，那就是克隆基因的表达。它是一个海市蜃楼的迷宫，走出去需要机遇，经验在此可能一文不值。在这一领域，研究者可能每一步做得都很完美，但还是不能避免失败的厄运。

至于为什么会如此，目前还不是很清楚。由于对不同生物体中蛋白质的折叠机制还知之甚少，不可能预见到那一套宿主-载体系统更适合某一种特定蛋白质的表达；而某一蛋白在一个非天然的环境中表达时，很难找到能提高其折叠效率或者能阻止其聚集、变性和/或降解的方法。既然没有普遍适用的指导原则，那么每一个 cDNA 或基因的表达都面临新的问题，都只有通过实验才能解决。

表达系统的选择

目前有 5 套已经发展得相当成熟的表达系统，这些系统在不同实验室之间可以自由交换，所需组分和载体很容易从公司购得，也可从公共库获得。利用这些系统已经成功表达了许多种蛋白质。这些系统的宿主细胞包括大肠杆菌、枯草芽孢杆菌、酿酒酵母、培养昆虫细胞和培养哺乳动物细胞等。即使有也只是极少数的实验室同时使用这 5 套系统，绝大多数研究者都不得不在这之间作出选择。

- 在大肠杆菌中表达，请见第 15 章。
- 在哺乳动物细胞中表达，请见第 17 章。
- 在酿酒酵母中表达。尽管可用的表达载体很多（Emr 1990），但很少有蛋白质能在酵母中获得高水平表达，重组蛋白在酿酒酵母中的表达效率往往都很低。但酿酒酵母相当强大的遗传系统已经以两种形式被开发利用，并且每一种都不需要外源蛋白的过量表达。首先，由于酿酒酵母的许多突变体都可以通过同源的哺乳动物蛋白的表达而得到互补，酵母可用作通过互补分离哺乳动物 cDNA 的宿主。另一方面，用于开发分离编码相互作用的蛋白质的基因的选择系统（见第 18 章方案 1）。
- 在枯草芽孢杆菌中表达。枯草芽孢杆菌有一个得到很好开发的分泌系统，重组蛋白质常常能以可溶的活性形式高产量地分泌到培养基中。但由于枯草芽孢杆菌同时也分泌一些蛋白酶，它们有很强的降解活性，因此这一点也就必然不会极其具有吸引力。另外，可用的载体相当有限，极少有蛋白质在枯草芽孢杆菌中的表达高于在大肠杆菌中的表达。
- 在培养的昆虫细胞中表达。重组蛋白质利用杆状病毒表达系统在培养的昆虫细胞中可以实现高水平表达。这一系统的潜在优点是昆虫细胞分泌的蛋白是经过糖基化修饰的。但此系统也有一大缺点，那就是外源蛋白质的表达发生在重组杆状病毒原液对细胞的急性溶解感染期，因此蛋白质生产是短期行为，并且导致细胞死亡。因此需要不停地制备病毒原液以及用于感染的新细胞。相关内容请参考第 17 章信息栏杆状病毒和杆状病毒表达系统。

大肠杆菌表达系统 15.56

外源基因在细菌中的理想表达一直是分子克隆领域中的一个圣杯。早期的克隆者都坚信，重组的大肠杆菌能精确制造出足够的可用于任何目的的任何的蛋白。在 20 世纪 70 年代早期关于重组 DNA 的大讨论中，几乎没人怀疑构建能按设计生产蛋白的大肠杆菌可能会存在问题。事实上，争论主要集中在物理和生物方面应控制在什么程度，才不致于使世界受到表达这种或那种外源蛋白的细菌的干扰。在原核生物中合成外源蛋白，一方面被保守派当作即将应验的预言而害怕，而同时又被生物学家作为吸引风险投资的诱饵传播到华尔街。

事实证明，不管是当时无知的妄想狂，还是天真的乐观主义者，他们的想法都是毫无道理的。正如此后分子生物学领域预言的其他危险一样，灾难说很显然是错误的。自从 Asilomar 会议后的 20 年间，已经构建了数千株表达外源蛋白的大肠杆菌，并没有产生灾难性的后果。正是由于意识到这一点，在 Asilomar 会议后的几年美国就取消了限制利用大肠杆菌进行表达研究的规定，目前只剩下顽固的悲观主义者象征性的反对。而至于风险投资者，大肠杆菌中合成的蛋白质只使他们中的极少数成了富翁，这些蛋白质中的大多数都是小的细胞因子和生长因子，很容易分泌到培养基中。大的分泌蛋白和任何大小的胞质蛋白的生产都要比这困难得多。经过数年努力试图解决原核表达的困难，但是大多数基因工程公司最终还是放弃了，而转向利用真核细胞作为生产大的分泌蛋白质的工具。

尽管解决上述问题的手段还很渺茫，但产生这些问题的原因毕竟还是比较清楚了。由于对大肠杆菌中蛋白质的折叠机制了解的很少，找不到确实可靠的办法提高在非天然环境中高水平表达的外源蛋白的折叠效率或防止它们聚集、变性或降解。有时使用降解缺陷的大肠杆菌突变株（如 *lon* 突变）会有所帮助。另外，溶解的困难也会通过融合表达而得到缓解。但是大肠杆菌中合成的多数非分泌蛋白还是以变性状态聚集，形成可以通过差级离心纯化的包涵体（请参考综述 Marston 1986，Cousens et al. 1987）。这些聚集体在中性水缓冲液中不溶，但能溶解于极酸或极碱缓冲液，或者溶解于含有高浓度去污剂、有机溶剂或变性剂的缓冲液中。然后就可能在体外将这些溶解的蛋白折叠成活性或天然状态（综述请见 Marston 1986，Kohno et al. 1990）。

在大肠杆菌系统中获得成功表达的多是小的分泌蛋白（Goeddel，1990），这些蛋白能分泌到大肠杆菌周质空间，然后从这里回收并纯化，有时可以获得活性形式蛋白。但是为了使分泌效率达到最高，通常有必要用细菌信号序列替换真核疏水信号序列。对于需要糖基化或特异蛋白酶切割修饰的分泌蛋白，不可能直接回收到活性状态产物。

正如前面所指出的，小的胞质蛋白和多肽（长度小于 100 个氨基酸残基）在大肠杆菌中最好以融合蛋白表达。运载序列常常能对靶蛋白起到保护作用，避免胞内降解，还能提供用于亲和层析纯化的结合位点。如果在融合蛋白中适当位置引入蛋白酶切割位点，就可能回收到活性形式的靶蛋白。

在过去的 20 年间，已经有多种不同的运载序列用于融合蛋白，其中任何一个都能很好地用于一个特异的构建体或者一个特定的细菌菌株，但没有一个是万能的。最新开发的利用大肠杆菌硫氧还蛋白作为运载体的表达系统似乎相对于更传统的融合伴侣如 β-半乳糖苷酶是一个重大改进。

下面是最难于表达的两组蛋白质：

- 胞质蛋白长度大于 100 个氨基酸残基，有些是有毒性的，通常不稳定，容易形成包涵体。
15.57
- 大的细胞表面蛋白和分泌蛋白跨过大肠杆菌内膜的转运效率不高，只有一小部分能到达周质空间，折叠成活性构象。考虑到在哺乳动物细胞中，细胞表面蛋白和大的分泌蛋白的转运折叠和生物活性常依赖伴侣蛋白的辅助，以及糖基化和/或其他形式的翻译后修饰，这一点也就可以理解了。

没有解决胞内蛋白折叠困难的通用办法，编码这些蛋白质的每一种 cDNA 在大肠杆菌中的表达面临的都是新问题，只有通过实验才能解决。

LacZ 融合

基因融合就是将本来不连接的 DNA 片段连接起来。通常，靶基因的调控序列放在报告基因的上游，报告蛋白，如 β-半乳糖苷酶的表达很容易检测。这种融合能对影响靶基因表达的生理条件进行快速实验分析；而且使上游调控区的突变分析更容易。基因融合还用于制造杂和蛋白，在杂合蛋白中靶蛋白附于运载蛋白的氨基端或羧基端。已经开发了许多载体系统用于表达 *lacZ* 融合基因，部分列于表 15-6 中。LacZ 融合蛋白有以下优点：

表 15-6 LacZ 融合蛋白表达系统

质粒载体	融合 DNA 插入位点	启动子	注释	参考文献
pUR 系列	*lacZ* 羧基端	UV5*lac*	三种读框都有多个克隆位点	Ruther and Müller-Hill (1983)
pUK 系列	*lacZ* 氨基端	UV5*lac*	三种读框都有克隆位点	Koenen et al. (1985)
pEX 系列	*lacZ* 羧基端	λ 噬菌体 P_R	三种读框都有一个克隆位点	Stanley and Luzio (1984)
pMR100		UV5*lac*（2 个拷贝）	外源 DNA 在多克隆位点插入时，合成的融合蛋白 N 端是 λ 噬菌体 *c*I 基因产物，中心部分是外源蛋白片段，C 端是 β-半乳糖苷酶	Gray et al. (1982)
pAX 系列	*lacZ* 羧基端	*lac*	在 pAX 载体中，*lacZ* 基因后面依次是编码胶原蛋白片段的 187bp 的铰链区，内蛋白酶 Xa 识别位点，多克隆位点和 λ 噬菌体转录终止子	Germino and Bastia (1984)
pUC 系列，pGEMZ 系列，Bluescript 系列和许多其他载体	β-半乳糖苷酶 α-片段氨基端	*lac*	三种读框都有多个克隆位点；外源 DNA 以任何读框插入都破坏 α-互补；在正确读框插入产生 LacZ-α-片段融合蛋白	Messing (1983)；Norrander et al. (1983)；Yanisch-Perron et al. (1985) Stratagene 公司和 Promega 公司的产品说明

注：UV5*lac* 是一个双突变 *lac* 启动子，在 RNA 聚合酶结合位点上，一个 T→A 颠换紧邻一个 G→A 转换。UV5*lac* 是一个升级启动子，在缺乏 CAP-cAMP 复合物时允许 *lac* 操纵子转录 (Dickson et al. 1975)。

- 表达受控于特性清楚的启动子，简单诱导就能使启动子的活性提高几个数量级。*LacZ* 的转录受正负双方向调控，Lac 阻抑物执行负调控，与操纵基因（*LacO*）

结合阻止 *lac* mRNA 的合成。*lacI* 基因编码的 *lac* 阻抑物是一个 150 kDa 的四聚体蛋白。通常每个细胞内大概有 10 个阻抑物分子就足够抑制但不足以完全消除 Lac 操纵子的转录。在没有诱导分子时，如果 *lacZ* 是作为染色体 F′基因携带，每个细胞中 β-半乳糖苷酶的基础表达水平可达到 60 个单体分子；如果是携带在多拷贝质粒上，表达水平会更高。如果表达的 LacZ 融合蛋白对大肠杆菌有毒，那么如此水平的基础表达也会带来一些问题。所以许多 LacZ 融合系统都利用突变的 *lacI* 基因（$lacI^q$；Müller Hill et al. 1968），使阻抑物比在野生型中高 10 倍，过表达的阻抑物在诱导物不存在的情况下，抑制 LacZ 操纵子基础水平转录。LacZ 操纵子的抑制可以被诱导分子如 IPTG 解除，诱导分子与阻抑物分子结合，引起其构象改变，降低阻抑物对 *lac* 操纵基因的亲合力。完全诱导的大肠杆菌每个细胞中含有约 60 000 个 *lacZ* β-半乳糖苷酶分子。

除了像 IPTG 这样的诱导分子，*lacZ* 的有效表达还需要 cAMP 和激活蛋白 CAP。结合了 cAMP 的 CAP 以高亲和力与 *lac* 启动子结合（Majors 1975），使 RNA 聚合酶更容易结合。由于 CAP 的作用是正向的，这种类型的调控称为正调控。没有 CAP，*lac* 基因产物的水平下降 50 倍（Beckwith et al. 1972）。CAP 的活性受胞内 cAMP 水平的调控，而 cAMP 又受葡萄糖的浓度调节，生长在葡萄糖中的细胞，胞内 cAMP 浓度下降，*lac* 操纵子的诱导被抑制。

- 融合蛋白继承了一个核糖体结合位点和证实了效率的起始序列。*lacZ* 没有一个特别好的 Shine-Dalgarno 序列，紧邻起始密码的序列也对翻译起始不利（Hui et
15.58 al. 1984）。然而，蛋白质合成的起始效率还不足以成为限制融合蛋白表达的因素。
- 融合蛋白中的 *lacZ* 片段，是用固化的 β-半乳糖苷酶抑制剂，p-氨基苯-D-硫代-半乳糖苷，（也被称为 TPEG 或 APTG）进行亲和纯化的识别标签（Steers et al. 1971，Germino et al. 1983，Ullmann 1984）。
- 与 *lacZ* 融合，可以保护大肠杆菌中表达的外源蛋白免受胞内的蛋白酶降解，如果不与 *lacZ* 融合，这些蛋白质容易折叠成对 ATP 依赖蛋白酶如 *lon* 和 *clp* 敏感的构象（Gottesman 1989）。像生长激素释放抑制因子（Itakura 1977）、胰岛素（Goeddel et al. 1979）和 β-内啡肽（Shine et al. 1980）这样的小肽尤其如此。如果与 *lacZ* 或其他运载蛋白融合，这些蛋白质将变得更稳定，表达量能达到细胞总蛋白的 20%（综述请见 Marston 1986）。
- 最后，LacZ 融合蛋白的高水平表达，促进了容易分离的不溶性聚集体或包涵体的形成（Marston 1987）。但是，要获得有活性的蛋白质，必须在强的变性缓冲液中溶解包涵体，纯化融合蛋白，使其在体外重折叠。这些步骤不仅琐碎，而且每一步的条件都必须通过实验确定。由于还不清楚的原因，融合在 *lacZ* 羧基端的外源蛋白容易形成包涵体，而如果融合在氨基端，通常是可溶的，可通过亲和层析直接从细胞裂解物中纯化。

正如其他表达系统一样，LacZ 融合也有缺点。第一，外源蛋白只占融合蛋白一小部分。第二，外源蛋白通常要经过酶法或化学方法切割，除去 LacZ 运载蛋白，才能获得具有生物活性的产物。为此，需要在 β-半乳糖苷酶和靶蛋白之间引入特异的切割位点。但如果融合蛋白是不可溶的，只有在变性后或在变性剂存在的条件下才可能进行切割。这也使切割酶的选择受到限制。第三，β-半乳糖苷酶不是分泌蛋白，即使加上信号肽序列，也不能跨膜转运。而且，带有功能信号肽序列的 LacZ 融合蛋白在膜上发生堵塞，对细胞产生毒性（Bassford et al. 1979，Moreno et al. 1980）。

尽管有这些缺点，利用 *lacZ* 融合系统在 20 世纪 80 年代还是成功地表达了 50 多种蛋白质。但是现在可能不会再选择 *lacZ* 融合系统。带有 T7 噬菌体 RNA 聚合酶启动子的载体对转录的控制更严谨，能驱动更高水平的表达（Studier et al. 1990）。多聚组氨酸（Smith et al. 1988）可能是目前作为蛋白标签的第一选择，因为它一般不会影响蛋白质的功能，而且能在温和条件下完成亲和纯化。

离液剂（chaotropic agents） 15.60

在分子克隆中，离液剂主要用于破坏蛋白质的三维结构。常用的蛋白质变性剂中最有效的是异硫氰酸胍和盐酸胍，能把大多数蛋白质转变为无规则卷曲状态（Tanford 1968，Gordon 1972），尽管变性过程中似乎有越来越多的胍盐结合到蛋白质上（Gordon 1972），但转变机制还不清楚。

在分离 RNA 的过程中第一个用作去蛋白剂的胍盐是盐酸胍（Cox 1968）。尽管胍基氯化物（也称氯化胍或盐酸氨基甲脒）是强的核酸酶抑制剂，但不是足够强的变性剂，不能从富含 RNase 的组织如胰腺中提取到完整的 RNA。异硫氰酸胍是更强的离液剂，因为它含有还原基团，能破坏蛋白质二硫键以及潜在的阴阳离子基团，能形成强的氢键。Chirgwin 等（1979）的方法已经成为分离未降解 RNA 的标准方法，包括用异硫氰酸胍裂解细胞和用 CsCl 梯度超离心细胞裂解物（Glisin et al. 1973）。更新的方法是硫氰酸胍和酚/氯仿共同作用（Chomczynski and Sacchi 1987，Puissant and Houdebine 1990，请参见第 7 章方案 1）。由于没有了超离心步骤，可以低成本地同时处理很多样品。

像盐酸胍这样的离液剂还有一种反常的应用方式，那就是用来促进变性蛋白的复性。这种用法在分子克隆中主要有两方面的应用，第一，在异源宿主如大肠杆菌中过表达的外源蛋白常发生聚集，形成通过低速离心就能分离的包涵体。有些包涵体可用 6 mol/L 盐酸胍溶解，盐酸胍能解离聚集体，使蛋白质完全变性。如果接着用缓冲液透析，缓慢除去离液剂，蛋白就会重折叠成天然构象。用这种复性方法已经重折叠成功数百种重组蛋白（Marston 1987）。

第二，用抗体或 DNA 探针筛选 λ 噬菌体表达文库时，也用到相似的变性/复性过程（Vinson et al. 1988）。筛选时，插入 cDNA 表达的完整的或融合的外源蛋白转移到硝酸纤维素膜上（Young and Davis 1983），然后膜分别在含 6 mol/L 和 3 mol/L 盐酸胍以及不含盐酸胍的缓冲液中孵育，变性和复性表达蛋白。最后，用靶蛋白特异抗体或靶蛋白（DNA 结合转录因子）特异识别的重复 DNA 序列作探针进行筛选。Vinson 等（1988）发现，在筛选程序中加入变性/复性步骤与否，对特定 cDNA 的识别可能没有影响，也可能影响非常大。

周晓巍　范　玲　译

李　赏　黄培堂　校

15.61

参考文献

Amann E. and Brosius J. 1985. "ATG vectors" for regulated high-level expression of cloned genes in *Escherichia coli*. *Gene* **40:** 183–190.

Amann E., Brosius J., and Ptashne M. 1983. Vectors bearing a hybrid *trp-lac* promoter useful for regulated expression of cloned genes in *Escherichia coli*. *Gene* **25:** 167–178.

Ames G.F.-L., Prody C., and Kustu S. 1984. Simple, rapid, and quantitative release of periplasmic proteins by chloroform. *J. Bacteriol.* **160:** 1181–1183.

Barnes H.J., Arlotto M.P., and Waterman M.R. 1991. Expression and enzymatic activity of recombinant cytochrome P450 17α-hydroxylase in *Escherichia coli*. *Proc. Natl. Acad. Sci.* **88:** 5597–5601.

Bassford Jr., P.J., Silhavy T.J., and Beckwith J.R. 1979. Use of gene fusion to study secretion of maltose-binding protein into *Escherichia coli* periplasm. *J. Bacteriol.* **139:** 19–31.

Beckwith J., Grodzicker T., and Arditti R. 1972. Evidence for two sites in the *lac* promoter region. *J. Mol. Biol.* **69:** 155–160.

Belder J., Nguyen-Disteche M., Houba-Herin N., Ghuysen J.M., Maruyama I.N., Hara H., Hirota Y., and Inouye M. 1988. Overexpression, solubilization and refolding of a genetically engineered derivative of the penicillin-binding protein 3 of *Escherichia coli* K12. *Mol. Microbiol.* **2:** 519–525.

Bennett A.D., Rhind S.K., Lowe P.A., and Hentschel C.C.G. 1984. Polypeptide and protein products, and processes for their production and use. *European Patent Application 0131363.*

Bennetzen J.L. and Hall B.D. 1982. Codon selection in yeast. *J. Biol. Chem.* **257:** 3026–3031.

Bernard H.-U. and Helinski D.R. 1979. Use of the lambda phage promoter P_L to promote gene expression in hybrid plasmid cloning vehicles. *Methods Enzymol.* **68:** 482–492.

Blond-Elguindi S., Cwirla S.E., Dower W.J., Lipshutz R.J., Sprang S.R., Sambrook J.F., and Gething M.-J. 1993. Affinity panning of a library of peptides displayed on bacteriophages reveals the binding specificity of BiP. *Cell* **75:** 717–728.

Boutelje J., Karlstrom A.R., Hartmanis M.G., Holmgren E., Sjogren A., and Levine R.L. 1990. Human immunodeficiency viral protease is catalytically active as a fusion protein: Characterization of the fusion and native enzymes produced in *Escherichia coli*. *Arch. Biochem. Biophys.* **283:** 141–149.

Bowden G.A. and Georgiou G. 1990. Folding and aggregation of β-lactamase in the periplasmic space of *Escherichia coli*. *J. Biol. Chem.* **265:** 16760–16766.

Brewer S.J. and Sassenfeld H.M. 1985. The purification of recombinant proteins using C-terminal polyarginine fusions. *Trends Biotechnol.* **3:** 119–125.

Brosius J. and Holy A. 1984. Regulation of ribosomal RNA promoters with a synthetic *lac* operator. *Proc. Natl. Acad. Sci.* **81:** 6929–6933.

Buell G., Schulz M.-F., Selzer G., Chollet A., Movva N.R., Semon D., Escanez S., and Kawashima E. 1985. Optimizing the expression in *E. coli* of a synthetic gene encoding somatomedin-C (IGF-I). *Nucleic Acids Res.* **13:** 1923–1938.

Burgess R.R. 1996. Purification of overproduced *Escherichia coli* RNA polymerase sigma factors by solubilizing inclusion bodies and refolding from Sarkosyl. *Methods Enzymol.* **273:** 145–149.

Calos M.P. 1978. DNA sequence for a low-level promoter of the *lac* repressor gene and an "up" promoter mutation. *Nature* **274:** 762–765.

Canova-Davis E., Eng M., Mulklu V., Reifsnyder D.H., Olson C.V., and Ling V.T. 1992. Chemical heterogeneity as a result of hydroxylamine cleavage of a fusion protein of human insulin-like growth factor I. *Biochem. J.* **285:** 207–213.

Carrington J.C. and Dougherty W.G. 1988. A viral cleavage site cassette: Identification of amino acid sequences required for tobacco etch virus polyprotein processing. *Proc. Natl. Acad. Sci.* **85:** 3391–3395.

Carter P. and Wells J.A. 1987. Engineering enzyme specificity by "substrate-assisted catalysis." *Science* **237:** 394–399.

Cerny G. and Teuber M. 1971. Differential release of periplasmic versus cytoplasmic enzymes from *Escherichia coli* B by polymyxin B. *Arch. Mikrobiol.* **78:** 166–179.

Chang J.-Y. 1985. Thrombin specificity. Requirement for polar amino acids adjacent to the thrombin cleavage site of polypeptide substrate. *Eur. J. Biochem.* **151:** 217–224.

Chen H., Bjerknes M., Kumar R., and Jay E. 1994. Determination of the optimal aligned spacing between the Shine-Dalgarno sequence and the translation initiation codon of *Escherichia coli* mRNAs. *Nucleic Acids Res.* **22:** 4953–4957.

Chinery R., Poulsom R., Elia G., Hanby A.M., and Wright N.A. 1993. Expression and purification of a trefoil peptide motif in a β-galactosidase fusion protein and its use to search for trefoil-binding sites. *Eur. J. Biochem.* **212:** 557–563.

Chirgwin J.M., Przybyla A.E., MacDonald R.J., and Rutter W.J. 1979. Isolation of biologically active ribonucleic acid from sources enriched in ribonuclease. *Biochemistry* **18:** 5294–5299.

Chomczynski P. and Sacchi N. 1987. Single-step method of RNA isolation by acid guanidinium thiocyanate-phenol-chloroform extraction. *Anal. Biochem.* **162:** 156–159.

Chrunyk B.A., Evans J., Lillquist J., Young P., and Wetzel R. 1993. Inclusion body formation and protein stability in sequence variants of interleukin-1β1. *J. Biol. Chem.* **268:** 18053–18061.

Cousens L.S., Shuster J.R., Gallagos C., Ku L., Stempien M.M., Urdea M.S., Sanchez-Pescador R., Taylor A., and Tekamp-Olson P. 1987. High level expression of proinsulin in the yeast, *Saccharomyces cerevisiae*. *Gene* **61:** 265–275.

Cox R.A. 1968. The use of guanidinium chloride in the isolation of nucleic acids. *Methods Enzymol.* **12:** 120–129.

de Boer H.A., Comstock L.J., and Vasser M. 1983. The *tac* promoter: A functional hybrid derived from the *trp* and *lac* promoters. *Proc. Natl. Acad. Sci.* **80:** 21–25.

Derbyshire V., Astatke M., and Joyce C.M. 1993. Re-engineering the polymerase domain of Klenow fragment and evaluation of overproduction and purification strategies. *Nucleic Acids Res.* **21:** 5439–5448.

de Smit M.H. and van Duin J. 1994a. Translational initiation on structured messengers. Another role for the Shine-Dalgarno interaction. *J. Mol. Biol.* **235:** 173–184.

———. 1994b. Control of translation by mRNA secondary structure in *Escherichia coli*. A quantitative analysis of literature data. *J. Mol. Biol.* **244:** 144–150.

Dickson R.C., Abelson J., Barnes W.M., and Reznikoff W.S. 1975. Genetic regulation: The Lac control region. *Science* **187:** 27–35.

di Guan C., Li P., Riggs P.D., and Inouye H. 1988. Vectors that facilitate the expression and purification of foreign peptides in *Escherichia coli* by fusion to maltose-binding protein. *Gene* **67:** 21–30.

15.62

Dougherty W.G. and Parks T.D. 1989. Molecular genetic and biochemical evidence for the involvement of the heptapeptide cleavage sequence in determining the reaction profile at two tobacco etch virus cleavage sites in cell-free assays. *Virology* **172:** 145–155.

Dougherty W.G., Carrington J.C., Cary S.M., and Parks T.D. 1988. Biochemical and mutational analysis of a plant virus polyprotein cleavage site. *EMBO J.* **7:** 1281–1287.

Dykes C.W., Brookless A.B., Coomber B.A., Noble S.A., Humber D.C., and Hobden A.N. 1988. Expression of atrial natriuretic factor as a cleavable fusion protein with chloramphenical acetyltransferase in *Escherichia coli. Eur. J. Biochem.* **174:** 411–416.

Edalji R., Pitot-Matias T.J., Pratt S.D., Egan D.A., Severin J.M., Gubbins E.G., Petros A.M., Fesik S.W., Burres N.S., and Holzman T.F. 1992. High-level expression of recombinant FK-binding protein from a fusion precursor. *J. Protein Chem.* **11:** 213–223.

Emr S.D. 1990. Heterologous gene expression in yeast. *Methods Enzymol.* **185:** 231–233.

Forsberg G., Palm G., Ekebacke A., Josephson S., and Hartmanis M. 1990. Separation and characterization of modified variants of recombinant human insulin-like growth factor I derived from a fusion protein secreted from *Escherichia coli. Biochem. J.* **271:** 357–363.

Forsberg G., Baastrup B., Rondahl H., Holmgren E., Pohl G., Hartmanis M., and Lake M. 1992. An evaluation of different enzymatic cleavage methods for recombinant fusion proteins, applied on des(1-3)insulin-like growth factor I. *J. Protein Chem.* **11:** 201–211.

Forsberg G., Brobjer M., Holmgren E., Bergdahl K., Persson P., Gautvik K.M., and Hartmanis M. 1991. Thrombin and H64A subtilisin cleavage of fusion proteins for preparation of human recombinant parathyroid hormone. *J. Protein Chem.* **10:** 217–226.

Frankel S., Sohn R., and Leinwand L. 1991. The use of sarkosyl in generating soluble protein after bacterial expression. *Proc. Natl. Acad. Sci.* **88:** 1192–1196.

Gearing D.P., Nicola N.A., Metcalf D., Foote S., Willson T.A., Gough N.M., and Williams R.L. 1989. Production of leukemia factor in *Escherichia coli* by a novel procedure and its use in maintaining embryonic stem cells in culture. *Bio/Technology* **7:** 1157–1161.

Georgiou G. and Valax P. 1996. Expression of correctly folded proteins in *Escherichia coli. Curr. Opin. Biotechnol.* **7:** 190-197.

Germino J. and Bastia D. 1984. Rapid purification of a cloned gene product by genetic fusion and site-specific proteolysis. *Proc. Natl. Acad. Sci.* **81:** 4692–4696.

Germino J., Gray J.G., Charbonneau H., Vanaman T., and Bastia D. 1983. Use of gene fusions and protein-protein interaction in the isolation of a biologically active regulatory protein: The replication initiator protein of plasmid R6K. *Proc. Natl. Acad. Sci.* **80:** 6848–6852.

Glisin V., Crkvenjakov R., and Byus C. 1973. Ribonucleic acid isolated by cesium chloride centrifugation. *Biochemistry* **13:** 2633–2637.

Goeddel D.V. 1990. Systems for heterologous gene expression. *Methods Enzymol.* **185:** 3–7.

Goeddel D.V., Kleid D.G., Bolivar F., Heyneker H.L., Yansura D.G., Crea R., Hirose T., Krasrewski A., Itakura K., and Riggs A.D. 1979. Expression in *Escherichia coli* of chemically synthesized genes for human insulin. *Proc. Natl. Acad. Sci.* **76:** 106–110.

Gold L. 1988. Posttransriptional regulatory mechanisms in *E. coli. Annu. Rev. Biochem.* **57:** 199–233.

Goldberg A. 1992. The mechanism and functions of ATP-dependent proteases in bacterial and mammalian cells. *Eur. J. Biochem.* **203:** 9–23.

Goliger J.A. and Roberts J.W. 1987. Bacteriophage 82 gene Q and Q protein. Sequence, overproduction, and activity as a transcription antiterminator in vitro. *J. Biol. Chem.* **262:** 11721–11725.

Gordon J.A. 1972. Denaturation of globular proteins. Interaction of guanidinium salts with three proteins. *Biochemistry* **11:** 1862–1870.

Gottesman S. 1989. Genetics of proteolysis in *Escherichia coli. Annu. Rev. Genet.* **23:** 163–198.

———. 1990. Minimizing proteolysis in *Escherichia coli:* Genetic solutions. *Methods Enzymol.* **185:** 119–129.

Gottesman S. and Maurizi M.R. 1992. Regulation by proteolysis: Energy-dependent proteases and their targets. *Microbiol. Rev.* **56:** 592–621.

Grantham R., Gautier C., and Gouy M. 1980a. Codon frequencies in 119 individual genes confirm consistent choices of degenerate bases according to genome type. *Nucleic Acids Res.* **8:** 1893–1912.

Grantham R., Gautier C., Gouy M., Jacobzone M., and Mercier R. 1981. Codon catalog usage is a genome strategy modulated for gene expressivity. *Nucleic Acids Res.* **9:** r43–r74.

Grantham R., Gautier C., Gouy M., Mercier R., and Pave A. 1980b. Codon catalog usage and the genome hypothesis. *Nucleic Acids Res.* **8:** r49–r62.

Gray G.L., Baldridge J.S., McKeown K.S., Heyneker H.L., and Chang C.N. 1985. Periplasmic production of correctly processed human growth hormone in *Escherichia coli:* Natural and bacterial signal sequences are interchangeable. *Gene* **39:** 247–254.

Gray M.R., Colot H.V., Guarente L., and Rosbash M. 1982. Open reading frame cloning: Identification, cloning, and expression of open reading frame DNA. *Proc. Natl. Acad. Sci.* **79:** 6598–6602.

Grieco F., Hay J.M., and Hull R. 1992. An improved procedure for the purification of protein fused with glutathione S-transferase. *BioTechniques* **13:** 856–858.

Guzman-Verduzco L.M. and Kupersztoch Y.M. 1990. Export and analysis of a fusion between the extracellular heat-stable enterotoxin and the periplasmic B subunit of the heat-labile enterotoxin in *Escherichia coli. Mol. Microbiol.* **4:** 253–264.

Haase-Pettingell C.A. and King J. 1988. Formation of aggregates from a thermolabile in vivo folding intermediate in P22 tailspike maturation. A model for inclusion body formation. *J. Biol. Chem.* **263:** 4977–4983.

Haffey M.L., Lehman D., and Boger J. 1987. Site-specific cleavage of a fusion protein by renin. *DNA* **6:** 565–571.

Harlow E. and Lane D. 1988. *Antibodies: A laboratory manual.* Cold Spring Harbor Laboratory, Cold Spring Harbor, New York.

Hennig L. and Schafer E. 1998. Protein purification with C-terminal fusion of maltose binding protein. *Protein Expr. Purif.* **14:** 367–370.

Hiraoka Y., Nomata Y., Matsuo K., Tsubota N., Tanabe K., and Fukusawa T. 1991. Efficient production of biologically active human prolactin in *Escherichia coli. Mol. Cell. Biol.* **81:** 147–154.

Hochuli E., Bannwarth W., Döbeli H., Gentz R., and Stüber D. 1988. Genetic approach to facilitate purification of recombi-

15.63

nant proteins with a novel metal chelate adsorbant. *Bio/Technology* **6:** 1321–1325.

Hopp T.P., Prickett K.S., Price V.L., Libby R.T., March C.J., Cerretti D.P., Urdal D.L., and Conlon P.J. 1988. A short polypeptide marker sequence useful for recombinant protein identification and purification. *Bio/Technology* **6:** 1204–1210.

Hui A., Hayflick J., Dinkelspiel K., and de Boer H.A. 1984. Mutagenesis of the three bases preceding the start codon of the β-galactosidase mRNA and its effect on translation in *Escherichia coli. EMBO J.* **3:** 623–629.

Huttenhofer A. and Noller H.F. 1994. Footprinting mRNA-ribosome complexes with chemical probes. *EMBO J.* **13:** 3892–3901.

Itakura K., Hirose T., Crea R., Riggs A.D., Heyneker H.L., Bolivar F., and Boyer H.W. 1977. Expression in *Escherichia coli* of a chemically synthesized gene for the hormone somatostatin. *Science* **198:** 1056–1063.

Ivanov I., Alexandrova R., Dragulev B., Saraffova A., and AbouHaidar M.G. 1992. Effect of tandemly repeated AGG triplets on the translation of CAT-mRNA in *E. coli. FEBS Lett.* **307:** 173–176.

Jaenicke R. 1991. Protein-folding: Local structures, domains, subunits, and assemblies. *Biochemistry* **30:** 3147–3161.

Jakoby W.B. and Ziegler D.M. 1990. The enzymes of detoxication. *J. Biol. Chem.* **265:** 20715–20718.

James G.T. 1978. Inactivation of the protease inhibitor phenylmethylsulfonyl fluoride in buffers. *Anal. Biochem.* **86:** 574–579.

Jespers L., Sonveaux E., Fastrez J., Phanapoulos A., and Davidson J. 1991. Overexpression of the phage lambda lysozyme cloned in *Escherichia coli:* Use of a degenerative mixture of synthetic ribosome binding sites and increase of protein stability *in vivo. Protein Eng.* **4:** 485–492.

Kane J.F. and Hartley D.L. 1988. Formation of recombinant protein inclusion bodies in *Escherichia coli. Trends Biotechnol.* **6:** 95–101.

Kellermann O.K. and Ferenci T. 1982. Maltose-binding protein from *Escherichia coli. Methods Enzymol.* **90:** 459–463.

King R., Wells J.R., Krieg P., Snoswell M., Brazier J., Bagley C.J., Wallace J.C., Ballard F.J., Ross M., and Francis G.L. 1992. Production and characterization of recombinant insulin-like growth factor-I (IGF-I) and potent analogues of IGF-I, with Gly or Arg substituted for Glu3, following their expression in *Escherichia coli* as fusion proteins. *J. Mol. Endocrinol.* **8:** 29–41.

Knott J.A., Sullivan C.A., and Weston A. 1988. The isolation and characterisation of human atrial natriuretic factor produced as a fusion protein in *Escherichia coli. Eur. J. Biochem.* **174:** 405–410.

Koenen M., Griesser H.-W., and Müller-Hill B. 1985. Immunological detection of chimeric β-galactosidases expressed by plasmid vectors. In *DNA cloning: A practical approach* (ed. D.M. Glover), vol. 1, pp. 89–100. IRL Press, Oxford, United Kingdom.

Kohno T., Carmichael D.F., Sommer A., and Thompson R.C. 1990. Refolding of recombinant proteins. *Methods Enzymol.* **185:** 187–195.

Kopetzki E., Schumacher G., and Buckel P. 1989. Control of formation of active soluble or inactive insoluble baker's yeast α-glucosidase PI in *Escherichia coli* by induction and growth conditions. *Mol. Gen. Genet.* **216:** 149–155.

Kozasa T. and Gilman A.G. 1995. Purification of recombinant G proteins from Sf9 cells by hexahistidine tagging of associated subunits. Characterization of α_{12} and inhibition of adenylyl cyclase by α_z. *J. Biol. Chem.* **270:** 1734–1741.

Lauritzen C., Tuchsen E., Hansen P.E., and Skovgaard O. 1991. BPTI and N-terminal extended analogues generated by factor Xa cleavage and cathepsin C trimming of a fusion protein expressed in *Escherichia coli. Prot. Expr. Purif.* **2:** 372–378.

LaVallie E.R. and McCoy J.M. 1995. Gene fusion expression systems in *Escherichia coli. Curr. Opin. Biotechnol.* **6:** 501–506.

LaVallie E.R., DiBlasio E.A., Kovacic S., Grant K.L., Schendel P.F., and McCoy J.J. 1993. A thioredoxin gene fusion expression system that circumvents inclusion body formation in the *E. coli* cytoplasm. *Bio/Technology* **11:** 187–193.

Lee C.A. and Beckwith J. 1986. Suppresion of growth and protein secretion defects in *Escherichia coli secA* mutants by decreasing protein synthesis. *J. Bacteriol.* **166:** 878–883.

Lee J.M. and Ullrich A. 1984. Human insulin-like growth factor (IGF) produced from a recombinant host, process, expression vector and recombinant host therefore, and IGF-containing pharmaceutical composition. *European Patent Application 0128733.*

Light A. 1985. Protein solubility, protein modifications and protein folding. *BioTechniques* **3:** 298–306.

Lin T.-C., Rush J., Spicer E.K., and Konigsberg W.H. 1987. Cloning and expression of T4 DNA polymerase. *Proc. Natl. Acad. Sci.* **84:** 7000–7004.

Lin X.-L., Wong R.N.S., and Tang J. 1989. Synthesis, purification, and active site mutagenesis of recombinant porcine pepsinogen. *J. Biol. Chem.* **264:** 4482–4489.

Maina C.V., Riggs P.D., Grandea III, A.G., Slatko B.E., Moran L.S., Tagliamonte J.A., McReynolds L.A., and di Guan C. 1988. An *Escherichia coli* vector to express and purify foreign proteins by fusion to and separation from maltose-binding protein. *Gene* **74:** 365–373.

Majors J. 1975. Specific binding of CAP factor to *lac* promoter DNA. *Nature* **256:** 672–674.

Makoff A.J. and Smallwood A.E. 1990. The use of two-cistron constructions in improving the expression of a heterologous gene in *E. coli. Nucleic Acids Res.* **18:** 1711–1718.

Marston F.A. 1986. The purification of eukaryotic polypeptides synthesized in *Escherichia coli. Biochem. J.* **240:** 1–12.

———. 1987. The purification of eukaryotic polypeptides expressed in *Escherichia. coli.* In *DNA cloning: A practical approach* (ed. D.M. Glover), vol. 3, pp. 59–88. IRL Press, Oxford, United Kingdom.

Marston F.A. and Hartley D.L. 1990. Solubilization of protein aggregates. *Methods Enzymol.* **182:** 264–276.

Marston F.A., Lowe P.A., Doel M.T., Schoemaker J.M., White S., and Angal S. 1984. Purification of calf prochymosin (prorennin) synthesized in *Escherichia coli. Bio/Technology* **2:** 800–804.

Marvin H.J.P. and Witholt B. 1987. A highly efficient procedure for the quantitative formation of intact and viable lysozyme spheroplasts from *Escherichia coli. Anal. Biochem.* **164:** 320–330.

Maurizi M.R. 1992. Proteases and protein degradation in *Escherichia coli. Experientia* **48:** 178–201.

Messing J. 1983. New M13 vectors for cloning. *Methods Enzymol.* **101:** 20–78.

Mieschendahl M., Petri T., and Hänggi U. 1986. A novel prophage independent *TRP* regulated lambda P_L expression system. *Bio/Technology* **4:** 802–808.

Mitraki A. and King J. 1989. Protein folding intermediates and inclusion body formation. *Bio/Technology* **7:** 690–697.

15.64

Moks T., Abrahmsén L., Osterlof B., Josephson S., Ostling M., Enfors S.-O., Persson I., Nilsson B., and Uhlén, M. 1987a. Large-scale affinity purification of human insulin-like growth factor I from culture medium of *Escherichia coli. Bio/Technology* **5:** 379–383.

Moks T., Abrahmsén L., Holmgren E., Bilich M., Olsson A., Uhlén M., Pohl G., Sterky C., Hultberg H., Josephson S., Holmgren A., Jörnvall H., and Nilsson B. 1987b. Expression of human insulin-like growth factor I in bacteria: Use of optimized gene fusion vectors to facilitate protein purification. *Biochemistry* **26:** 5239–5244.

Moreno F., Fowler A.V., Hall M., Silhavy T.J., Zabin I., and Schwartz M. 1980. A signal sequence is not sufficient to lead β-galactosidase out of the cytoplasm. *Nature* **286:** 356–359.

Müller-Hill B., Crapo L., and Gilbert W. 1968. Mutants that make more *lac* repressor. *Proc. Natl. Acad. Sci.* **59:** 1259–1264.

Nagai K. and Thøgerson H.C. 1984. Generation of β-globin by sequence-specific proteolysis of a hybrid protein produced in *Escherichia coli. Nature* **309:** 810–812.

———. 1987. Synthesis and sequence-specific proteolysis of hybrid proteins produced in *Escherichia coli. Methods Enzymol.* **153:** 461–481.

Nambiar K.P., Stackhouse J., Presnell S.R., and Benner S.A. 1987. Expression of bovine pancreatic ribonuclease A in *Escherichia coli. Eur. J. Biochem.* **163:** 67–71.

Neidhardt F.C., Bloch P.L., and Smith D.F. 1974. Culture medium for enterobacteria. *J. Bacteriol.* **119:** 736–747.

Nilsson B. and Abrahmsén L. 1990. Fusion to staphylococcal protein A. *Methods Enzymol.* **185:** 144–161.

Nilsson B., Abrahmsén L., and Uhlén M. 1985a. Immobilization and purification of enzymes with staphylococcal protein A fusion vectors. *EMBO J.* **4:** 1075–1080.

Nilsson B., Holmgren E., Josephson S., Philipson l. and Uhlén M. 1985b. Efficient secretion and purification of human insulin-like growth factor I with a gene fusion vector in *Staphylococci. Nucleic Acids Res.* **13:** 1151–1162.

Norrander J., Kempe T., and Messing J. 1983. Construction of improved M13 vectors using oligodeoxynucleotide-directed mutagenesis. *Gene* **26:** 101–106.

Nossal N.G. and Heppel L.E. 1966. The release of enzymes by osmotic shock from *Escherichia coli* in exponential phase. *J. Biol. Chem.* **241:** 3055–3062.

O'Hare M., Brown A.N., Hussain K., Gebhardt A., Watson G., Roberts L.M., Vitetta E.S., Thorpe P.E., and Lord J.M. 1990. Cytotoxicity of a recombinant ricin-A-chain fusion protein containing a proteolytically-cleavable spacer sequence. *FEBS Lett.* **273:** 200–204.

Ohashi H., Katsuta-Enomoto Y., Yasufuku K., Okada K., and Yano M. 1991. Synthesis of human big endothelin-1 by sequence-specific proteolysis of a fusion protein in *Escherichia coli. J. Biochem.* **110:** 628–634.

Oka T., Sakamoto S., Miyoshi K., Fuwa T., Yoda K., Yamasaki M., Tamura G., and Miyake T. 1985. Synthesis and secretion of human epidermal growth factor by *Escherichia coli. Proc. Natl. Acad. Sci.* **82:** 7212–7216.

Ong E., Gilkes N.R., Warren R.A., Miller Jr., R.C., and Kilburn D.G. 1989a. Enzyme immobilization using the cellulose-binding domain of a *Cellulomonas fimi* exoglucanase. *Bio/Technology* **7:** 604–607.

Ong E., Greenwood J.M., Gilkes N.R., Kilburn D.G., Miller Jr., R.C., and Warren R.A. 1989b. The cellulose-binding domains of cellulases: Tools for biotechnology. *Trends Biotechnol.* **7:** 239–243.

Pan H., Clary D., and Sadowski P.D. 1991. Identification of the DNA binding domain of the FLP-recombinase. *J. Biol. Chem.* **266:** 11347–11354.

Panayotatos N. and Truong K. 1981. Specific deletion of DNA sequences between preselected bases. *Nucleic Acids Res.* **9:** 5679–5688.

Parks T.D., Leuther K.K., Howard E.D., Johnston S.A., and Dougherty W.G. 1994. Release of proteins and peptides from fusion proteins using a recombinant plant virus proteinase. *Anal. Biochem.* **216:** 413–417.

Persson M., Bergstrand M.G., Bülow L., and Mosbach K. 1988. Enzyme purification by genetically attached polycysteine and polyphenylalanine affinity tails. *Anal. Biochem.* **172:** 330–337.

Polayes D.A., Goldstein A., Ward G., and Hughes Jr., A.J. 1994. TEV protease, recombinant: A site-specific protease for efficient cleavage of affinity tags from expressed proteins. *Focus* (Life Technologies) **16:** 1–4.

Prouty W.F. and Goldberg A.L. 1972. Fate of abnormal proteins in *E. coli* accumulation in intracellular granules before catabolism. *Nat. New Biol.* **240:** 147–150.

Prouty W.F., Karnovsky M.J., and Goldberg A.L. 1975. Degradation of abnormal proteins in *Escherichia coli.* Formation of protein inclusions in cells exposed to amino acid analogs. *J. Biol. Chem.* **250:** 1112–1122.

Puissant C. and Houdebine L.M. 1990. An improvement of the single-step method of RNA isolation by acid guanidinium thiocyanate-phenol-chloroform extraction. *BioTechniques* **8:** 148–149.

Queen C. 1983. A vector that uses phage signals for efficient synthesis of proteins in *Escherichia coli. J. Mol. Appl. Genet.* **2:** 1-10.

Rangwala S.H., Finn R.F., Smith C.E., Berberich S.A., Salsgiver W.J., Stallings W.C., Glover G.I., and Olins P.O. 1992. High-level production of active HIV-1 protease in *Escherichia coli. Gene* **122:** 263–269.

Rao R.N. 1984. Construction and properties of plasmid pKC30, a pBR322 derivative containing the p_L-*N* region of phage lambda. *Gene* **31:** 247–250.

Remaut E., Stanssens P., and Fiers W. 1981. Plasmid vectors for high-efficiency expression controlled by the P_L promoter of coliphage lambda. *Gene* **15:** 81–93.

Ringquist S., Shinedling S., Barrick D., Green L., Binkley J. Stormo G.D., and Gold L. 1992. Translation initiation in *Escherichia coli:* Sequences within the ribosome-binding site. *Mol. Microbiol.* **6:** 1219–1229.

Rosenberg A.H., Lade B.N., Chui D.S., Lin S.-W., Dunn J.J., and Studier F.W. 1987. Vectors for selective expression of cloned DNAs by T7 RNA polymerase. *Gene* **56:** 125–135.

Rosenberg M., Ho Y.S., and Shatzman A. 1983. The use of pKc30 and its derivatives for controlled expression of genes. *Methods Enzymol.* **101:** 123–138.

Rüther U. and Müller-Hill B. 1983. Easy identification of cDNA clones. *EMBO J.* **2:** 1791–1794.

Sachdev D. and Chirgwin J.M. 1998. Solubility of proteins isolated from inclusion bodies is enhanced by fusion to maltose-binding protein or thioredoxin. *Protein Expr. Purif.* **12:** 122–132.

Saito Y., Ishii Y., Niwa M., and Ueda I. 1987. Production and isolation of recombinant somatomedin C. *J. Biochem.* **101:** 1081–1288.

Schatz P.J. and Beckwith J. 1990. Genetic analysis of protein export in *Escherichia coli. Annu. Rev. Genet.* **24:** 215–248.

Schein C.H. 1989. Production of soluble recombinant proteins in bacteria. *Bio/Technology* **7:** 1141–1149.

15.65

——. 1991. Optimizing protein folding to the native state in bacteria. *Curr. Opin. Biotechnol.* **2:** 746–750.

Schein C.H. and Noteborn M.H.M. 1988. Formation of soluble recombinant proteins in *Escherichia coli* is favored by lower growth temperature. *Bio/Technology* **6:** 291–294.

Schoner R.G., Ellis L.F., and Schoner B.E. 1985. Isolation and purification of protein granules from *Escherichia coli* overproducing biosynthetic human insulin proteins. *Bio/Technology* **3:** 151–154.

Schumacher G., Sizmann D., Haug H., Buckel P., and Bock A. 1986. Penicillin acylase from *E. coli:* Unique gene-protein relation. *Nucleic Acids Res.* **14:** 5713–5727.

Shatzman A.R. and Rosenberg M. 1987. Expression, identification, and characterization of recombinant gene products in *Escherichia coli. Methods Enzymol.* **152:** 661–673.

Shine J. and Dalgarno L. 1974. The 3′-terminal sequence of *Escherichia coli* 16S ribosomal RNA: Complementarity to nonsense triplets and ribosome binding sites. *Proc. Natl. Acad. Sci.* **71:** 1342–1346.

Shine J., Fettes I., Lan N.C., Roberts J.L., and Baxter J.D. 1980. Expression of cloned β-endorphin gene sequences by *Escherichia coli. Nature* **285:** 456-463.

Smith D.B. and Johnson K.S. 1988. Single-step purification of polypeptides expressed in *Escherichia coli* as fusions with glutathione *S*-transferase. *Gene* **67:** 31–40.

Smith M.C., Furman T.C., Ingolia T.D., and Pidgeon C. 1988. Chelating peptide-immobilizing metal ion chromatography. A new concept in affinity chromatography for recombinant proteins. *J. Biol. Chem.* **263:** 7211–7215.

Spector D.L., Goldman, R.D., and Leinwand L.A. 1998. Baculovirus expression: Generation of recombinant baculovirus DNA in *E. coli* using a baculovirus shuttle vector. In *Cells: A laboratory manual. Culture and biochemical analysis of cells*, vol. 1, pp. 66.1–66.28. Cold Spring Harbor Laboratory Press, Cold Spring Harbor, New York.

Stanley K.K. and Luzio J.P. 1984. Construction of a new family of high efficiency bacterial expression vectors: Identification of cDNA clones coding for human liver proteins. *EMBO J.* **3:** 1429–1434.

Steers Jr., E., Cuatrecasas P., and Pollard H.B. 1971. The purification of β-galactosidase from *Escherichia coli* by affinity chromatography. *J. Biol. Chem.* **246:** 196–200.

Steitz J.A. 1979. Genetic signals and nucleotide sequences in messenger RNA. In *Biological regulation and development: Gene expression* (ed. R.F. Goldberger), vol. 1, pp. 349–399. Plenum Press, New York.

Steitz J.A. and Jakes K. 1975. How ribosomes select initiator regions in mRNA: Base pair formation between the 3′ terminus of 16S rRNA and the mRNA during initiation of protein synthesis in *Escherichia coli. Proc. Natl. Acad. Sci.* **72:** 4734–4738.

St. John R.J., Carpenter J.F., and Randolph T.W. 1999. High pressure fosters protein refolding from aggregates at high concentrations. *Proc. Natl. Acad. Sci.* **96:** 13029–13033.

Studier F.W. and Moffatt B.A. 1986. Use of bacteriophage T7 RNA polymerase to direct selective high-level expression of cloned genes. *J. Mol. Biol.* **189:** 113–130.

Studier F.W., Rosenberg A.H., Dunn J.J., and Dubendorff J.W. 1990. Use of T7 RNA polymerase to direct expression of cloned genes. *Methods Enzymol.* **185:** 60–89.

Su X., Prestwood A.K., and McGraw R.A. 1992. Production of recombinant porcine tumor necrosis factor α in a novel *E. coli* expression system. *BioTechniques* **13:** 756–762.

Szoka P.R., Schreiber A.B., Chan H., and Murthy J. 1986. A general method for retrieving the components of a genetically-engineered fusion protein. *DNA* **5:** 11–20.

Tabor S. and Richardson C.C. 1985. A bacteriophage T7 RNA polymerase/promoter system for controlled exclusive expression of specific genes. *Proc. Natl. Acad. Sci.* **82:** 1074–1078.

Talmadge K., Kaufman J., and Gilbert W. 1980. Bacteria mature preproinsulin to proinsulin. *Proc. Natl. Acad. Sci.* **77:** 3988–3992.

Tanford C. 1968. Protein denaturation. *Adv. Protein Chem.* **23:** 121–282.

Uhlén M. and Moks T. 1990. Gene fusions for purposes of expression: An introduction. *Methods Enzymol.* **185:** 129–143.

Ullmann A. 1984. One-step purification of hybrid proteins which have β-galactosidase activity. *Gene* **29:** 27–31.

Van Heeke G., Shaw R., Schnizer R., Couton J.M., Schuster S.M., and Wagner F.W. 1993. Gene fusions with human carbonic anhydrase II for efficient expression and rapid single-step recovery of recombinant proteins: Expression of the *Escherichia coli* F_1-ATPase ε subunit. *Protein Expr. Purif.* **4:** 265–274.

Van Reeth T., Dreze P.L., Szpirer J., Szpirer C., and Gabant P. 1998. Positive selection vectors to generate fused genes for the expression of his-tagged proteins. *BioTechniques* **25:** 898–904.

Villa S., De Fazio G., Donini S., Tarchi G., and Canosi U. 1988. Expression in *Escherichia coli* and characterization of human-growth-hormone releasing factor. *Eur. J. Biochem.* **171:** 137–141.

Vinson C.R., LaMarco K.L., Johnson P.F., Landschulz W:H., and McKnight S.L. 1988. In situ detection of sequence-specific DNA binding activity specified by a recombinant bacteriophage. *Genes Dev.* **2:** 801–806.

Wang M., Scott W.A., Rao K.R., Udey J., Conner G.E., and Brew K. 1989. Recombinant bovine α-lactalbumin obtained by limited proteolysis of a fusion protein expressed at high levels in *Escherichia coli. J. Biol. Chem.* **264:** 21116–21121.

Wanner B.L. 1987. Phosphate regulation of gene expression in *Escherichia coli.* In Escherichia coli *and* Salmonella typhimurium: *Cellular and molecular biology* (ed. F.C. Neidhardt et al.), vol. 2, pp. 1326–1333. American Society for Microbiology, Washington, D.C.

Weickert M.J., Doherty D.H., Best E.A., and Olins P.O. 1996. Optimization of heterologous protein production in *Escherichia coli. Curr. Opin. Biotechnol.* **7:** 494–499.

Weikert C., Sauer U., and Bailey J.E. 1998. An *Escherichia coli* host strain useful for efficient overproduction of secreted recombinant protein. *Biotechnol. Bioeng.* **59:** 386–391.

Wetzel R., Perry L.J., and Veilleux C. 1991. Mutations in human interferon gamma affecting inclusion body formation identified by a general immunochemical screen. *Bio/Technology* **9:**731–737.

Williams D.C., Van Frank R.M., Muth W.L., and Burnett J.P. 1982. Cytoplasmic inclusion bodies in *Escherichia coli* cells overproducing bovine growth hormone. *Science* **215:** 687–689.

Wulfing C. and Pluckthun A. 1994. Protein folding in the periplasm of *Escherichia coli. Mol. Microbiol.* **12:** 685–692.

Yanisch-Perron C., Vieira J., and Messing J. 1985. Improved M13 phage cloning vectors and host strains: Nucleotide sequences of the M13mp18 and pUC19 vectors. *Gene* **33:** 103–119.

Young R.A. and Davis R.W. 1983. Efficient isolation of genes by using antibody probes. *Proc. Natl. Acad. Sci.* **80:** 1194–1198.

Yuan L., Craig S.P., McKerrow J.H., and Wang C.C. 1990. The hypoxanthine-guanine phosphoribosyltransferase of *Schistosoma mansoni:* Further characterization and gene expression in *Escherichia coli. J. Biol. Chem.* **265:** 13528–13532.

第 16 章　哺乳动物培养细胞中导入克隆化基因

导言 16.1

方案 1　脂染介导的 DNA 转染

- 附加方案：单层细胞组化染色鉴定 β-葡萄糖醛酸酶

方案 2　磷酸钙介导的质粒 DNA 转染真核细胞

- 替代方案：高效率的磷酸钙介导的质粒 DNA 转染真核细胞

方案 3　磷酸钙介导的高分子量基因组 DNA 转染细胞

- 替代方案：磷酸钙介导的贴壁细胞的转染
- 替代方案：磷酸钙介导的悬浮细胞的转染

方案 4　DEAE-葡聚糖介导的高效率转染

- 替代方案：DEAE 介导的转染：增强细胞生存力

方案 5　电穿孔转染 DNA

方案 6　生物粒子介导的 DNA 转染

- 附加方案：单层细胞组化染色鉴定 β-葡萄糖醛酸酶

方案 7　利用 Polybrene 进行 DNA 转染

信息栏

共转化

稳定转染的筛选试剂

脂染

磷酸钙-DNA 沉淀物转染哺乳动物细胞

二磷酸氯喹

电穿孔

导言 16.2

将基因导入真核细胞的方法有许多种。这些技术可以归纳成三类：生化方法转染，物理方法转染，以及病毒介导的转化。本章阐述前两类；第三类在《细胞实验手册》(Spector et al. 1998b) 中的第八部分有详细阐述。具体选择哪种转染方法要根据实验目的来决定（如用于筛选的检测方法，细胞系在转染压力下的生存能力，以及系统所需要的效率）。

利用生化转染方法，包括磷酸钙介导的以及二乙氨乙基（DEAE）-葡聚糖介导的转染，将核酸导入培养细胞中已有近 30 年的历史。Graham 和 van der Eb（1973）在磷酸钙的存在下通过病毒 DNA 转化哺乳动物细胞的工作为通过克隆的 DNA 生化转化遗传标记的小鼠细胞（Maitland and McDougall 1977；Wigler et al. 1977），为将克隆基因在多种哺乳动物细胞中瞬时表达（如见 Gorman et al. 1983b），以及为分离和鉴定细胞原癌基因、肿瘤抑制基因及单拷贝哺乳动物基因（如见 Wigler et al. 1978，Perucho and Wigler 1981，Weinberg 1985，Friend et al. 1988）奠定了基础。近年来，许多阳离子脂质体（脂质体）已被成功地用于把基因导入更多种类的细胞中。在这三种化学方法中（磷酸钙、DEAE-葡聚糖与阳离子脂质体），化学试剂与 DNA 形成复合体促进 DNA 进入细胞。

常用的物理转染方法有两种：生物粒子导入与通过直接微注射将细胞膜穿孔并将

DNA 导入细胞；电穿孔是利用短暂的电流脉冲在质膜上瞬时形成可让核酸通过的微孔。

瞬时转染与稳定转染

将 DNA 导入真核细胞的方式有两种：瞬时转染与稳定转染。在瞬时转染中重组 DNA 导入感染性强的细胞系以获得目的基因暂时但高水平的表达。转染的 DNA 不必整合进宿主染色体，当有大量样品需要在短时间内分析时，尤其是在转染后的 1 到 4 天内收获细胞，所得的溶解产物用于检测目的基因的表达时，可以采用瞬时转染的方式。

稳定或持久的转染是用于建立克隆的细胞系，这种细胞系中转染的目的基因整合到染色体 DNA 中并指导适量目的蛋白的合成。一般来说（由细胞类型决定），形成稳定转染细胞的效率比瞬时转染的效率低 1 到 2 个数量级。利用可选择的遗传标记物有利于从非转染细胞的背景中分离出稀少的稳定转染体。标记物基因可存在于携带目的基因的重组质粒中，也可以由另外一种载体携带，通过共转化与重组质粒共同进入目的细胞系(详细内容见信息栏中的共转化与稳定转化可选择的试剂)。总的来说，下面介绍的所有方法都可用于瞬时转染，除了 DEAE-葡聚糖转染之外的其他转染方法都可用于稳定转染。

16.3　转染方法

到目前为止，将克隆 DNA 导入真核培养细胞中主要采用生化方法。在过去的 10 年中，由于可与悬浮的培养物良好作用的脂质体技术的发展，以及可以利用能够成功转染生化方法所不能转染的细胞系的电转化和生物粒子导入等物理转染方法，使得可有效转化的细胞类型大大增加。对转染方法的简单总结见表 16-1。

表 16-1　转染方法

方法	表达		细胞毒性	细胞类型	注释
	瞬时	稳定			
脂质体介导 方案 1	可	可	可变	贴壁细胞，原代细胞系，悬浮的培养物	阳离子脂质用于产生与 DNA 分子结合的人工膜囊泡（脂质体）。产生的稳定阳离子复合体吸附并融合带负电荷的细胞膜（Felgner et al. 1987，Felgner et al. 1994）。
磷酸钙介导 方案 2 与 3	可	可	无	贴壁细胞（CHO、293）；悬浮的培养物	磷酸钙与 DNA 形成不溶沉淀，附着于细胞表面，通过内吞作用被吸收（Graham and van der Eb 1973）。
DEAE-葡聚糖介导 方案 4	可	否	有	BSC-1，CV-1，COS	带正电荷的 DEAE-葡聚糖与带负电荷的 DNA 磷酸基团结合，形成聚合体结合带负电荷的质膜，可能是通过内吞作用进入细胞，渗透性休克可增强内吞作用（Vaheri and Pagano 1965）。

续表

方法	表达		细胞毒性	细胞类型	注释
	瞬时	稳定			
电穿孔 方案 5	可	可	无	多种	应用短暂的高压电流脉冲使多种哺乳动物与植物细胞质膜形成纳米级微孔（Neumann et al. 1982, Zimmermann 1982)。DNA 通过这些微孔或者通过伴随微孔关闭时膜成分的再分布而直接进入细胞质。电穿孔效率很高，瞬时转染与稳定转染均可使用。
生物粒子 方案 6	可	可	无	原始细胞系；组织，器官，植物细胞	钨或金的微粒可以结合 DNA，通过粒子加速系统进入细胞、组织和器官（Sanford et al. 1993)。这一过程有微发射轰击方法、基因枪方法与粒子加速方法等多种叫法。生物粒子主要用于转染其他方法难于或者不能转染的细胞。
Polybrene 方案 7	可	可	可变	CHO 与角化细胞	聚阳离子 Polybrene 可以将低分子质量 DNA（例如质粒 DNA）转染进入其他方法难于转染的细胞系（Kawai and Nishizawa 1984, Chaney et al. 1986, Aubin et al. 1997)。渗透性休克和增加细胞膜通透性的二甲基亚砜（DMSO）可促进 DNA 的摄入。

转染的对照 16.4

所有转染实验均应包括检测各个试剂与制备的质粒 DNA 的对照和检测导入基因或构建体毒性的对照。

瞬时表达的对照

阴性对照

在瞬时转染时，需要用载体 DNA 和/或用于稀释质粒或基因的缓冲液转染一两个平皿的细胞。一般情况是用鲑精 DNA 或用于构建重组体的其他惰性载体代替测试 DNA 转染贴壁细胞。转染后，培养的细胞不应从平皿上脱离，外观上也不应变圆、变透明。

阳性对照

用编码容易检测基因产物的质粒转染一两个平皿的细胞，例如氯霉素乙酰转移酶、荧光素酶、大肠杆菌 β-半乳糖苷酶或绿色荧光蛋白。这些蛋白质的表达受（如人巨细胞病毒）早期基因区域启动子和增强子等泛-特异性启动子的调控。在许多含有检测编码蛋白质的酶与试剂的试剂盒中可以找到这种示踪质粒。细胞中内源性的报告蛋白水平很低，酶活性的增加可直接指示转染的效率及实验所用试剂的质量情况。当比较不同批次转染实验的结果时，阳性对照尤其重要。与检测质粒或基因组 DNA 共同转染时报告质粒也可为转染全程非特异性毒性提供对照。

稳定表达的对照

阴性对照

缺乏选择性标记物时，用惰性核酸比如鲑精 DNA 做一两个平皿的转染。在筛选压力（G418、潮霉素、霉酚酸）存在下，培养 2～3 周后，应当无克隆出现。

阳性对照

在无其他 DNA 时，可用编码选择性标记物的质粒转染一两个平皿的细胞。筛选 2～3周后出现的克隆数目表示转染/筛选效率。检测平皿上应出现数目相等的克隆，这些克隆应是选择性标记物与检测质粒或 DNA 均导入细胞而产生的。检测平皿与阳性对照平皿上克隆数目的差异可指示基因产物的毒性（少数情况下，基因产物会加强转染细
16.5 胞的生存力）。如果证明某种 DNA 或基因对受体细胞有毒性，可以使用调控启动子，如金属硫蛋白（一种 Zn^{2+}-或 Cd^{2+}-应答 DNA），小鼠乳腺瘤病毒长末端重复启动子（一种糖皮质激素反应 DNA），四环素调控启动子（Gossen and Bujard 1992，Gossen et al. 1995，Shockett et al. 1995），或者蜕皮激素调控系统（No et al. 1996）。或者，也可以构建某些基因的条件等位基因（Picard et al. 1988）。

最优化与特殊考虑

不考虑采用何种转染方法，瞬时或稳定转染的效率主要由所用细胞类型决定（见表 16-1）。不同系的培养细胞吸收与表达外源 DNA 的能力可相差几个数量级。而且对一种
16.6 培养细胞适用的方法可能对另一种细胞行不通。本章所介绍的许多方法已为标准培养细胞系作了优化。当用其他细胞系时，应注意比较几种不同方法的转染效率。标准技术不能转染的细胞系已被证明可采用本章介绍的方法与技术成功转染。商用试剂盒内包含有多种转染方法所需的试剂（见表 16-2）。

许多真核细胞的培养技术本书未做详细说明［有关细胞培养的信息，见《细胞实验手册》的第一卷（Spector et al. 1998 a）］。应特别注意的是，本方法假设所用的细胞系是利用最佳的生长与传代条件。

表 16-2 转染的商用试剂盒与试剂

厂家	网址	试剂盒/产品	方法或试剂
Amersham-Pharmacia Biotech	www.apbiotech.com	CellPhect Transfection Kit	$CaPO_4$ 或 DEAE-葡聚糖
Bio-Rad	www.biorad.com	CytoFectene Reagent	阳离子脂类
CLONTECH	www.clontech.com	CLONfectin Reagent	阳离子脂类
		CalPhos Mammalian Kit	$CaPO_4$
5 Prime→3 Prime	www.5prime.com	Calcium Phosphate Transfection Kit	$CaPO_4$ DEAE-葡聚糖
Invitrogen	www.invitrogen.com	Perfect Lipid	阳离子脂类
Life Technologies	www.lifetech.com	Lipofectamine, Lipofectin, LipofectAce, Cellfectin Calcium Phosphate Transfection System	阳离子脂类（专有） $CaPO_4$
MBI Fermentas	www.fermentas.com	ExGen 500	阳离子聚合体
Novagen	www.novagen.com		
Promega	www.promega.com	Transfast Transfection	阳离子脂类
		Tfx Reagents	阳离子脂类
		Transfectam	阳离子脂类
		ProFection	$CaPO_4$ 或 DEAE-葡聚糖
QIAGEN	www.qiagen.com	SuperFect	活化 dendrimer
		Effectene	非脂质体脂类与 DNA 浓缩试剂
		Transfection Reagent Selector Kit	增强剂 以上两种试剂
Quantum Biotechnologies	www.quantumbiotech.com	GeneSHUTTLE 20 and 40	阳离子脂类
Sigma Aldrich	www.sigma-aldrich.com	DEAE Dextran Kit	DEAE-葡聚糖
		Calcium Phosphate Transfection	$CaPO_4$
		Escort, DOTAP, DOPE	阳离子脂类试剂盒
Stratagene	www.stratagene.com	LipoTaxi	脂质体介导
		MBS Mammalian Transfection Kit	修饰的 $CaPO_4$
		Mammalian Transfection Kit	$CaPO_4$ 与/或 DEAE-葡聚糖
		Primary ENHANCER Reagent	复合以脂类，$CaPO_4$
Wako Chemicals USA	www.wakousa.com	GeneTransfer HMG-1, -2Mixture	脂质体介导

> 现在学习分子的学生，在电脑屏幕上做旋转模型、将一种生物的基因剪接进另一种生物的基因中。基因学已经完全变了……。有时候我感到疑惑，我们是否把自己的生命误放到了什么地方。
>
> Andrea Barrett "*The Behavior of the Hawkweeds*."

16.7
方案 1　脂染介导的 DNA 转染

由于许多可变因素影响脂染体的效率，建议用下面的方法中提供的条件作为系统优

16.8

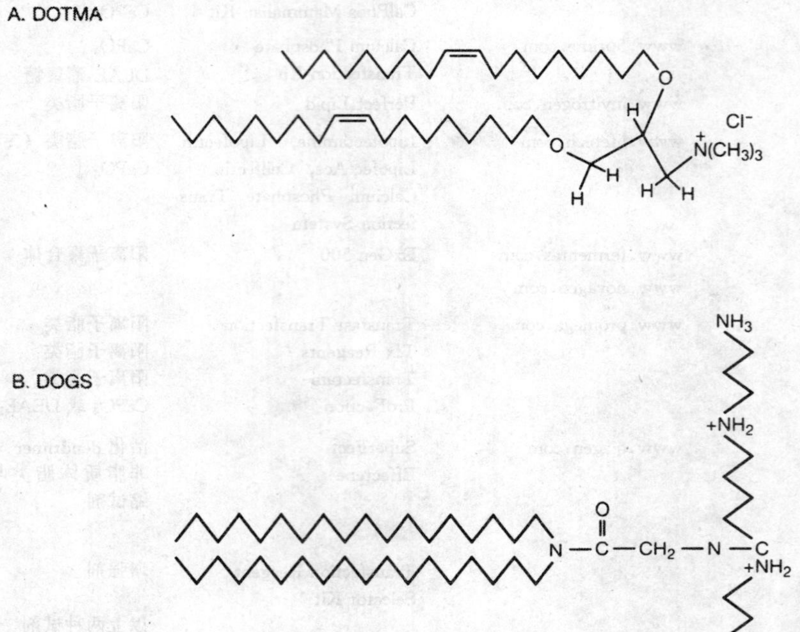

图 16-1　脂染中所用脂类的结构

对这些脂类的进一步描述见表 16-4。

化的起始条件（详细说明见本章信息栏中的脂染部分）。另外，也可用某种脂染体生产商所推荐的方法作为优化的起始条件。携带标准报告基因的质粒获得阳性信号后，可对信息栏中脂染部分讨论的各参数进行系统改变以期得到相对于本底的最大信号比率及减少重复实验中出现的差异。依据这些结果，可以优化检测目的基因表达的方案。

为了从众多种类的脂类中找到适合当前工作的脂类，建议购买包含一系列不同脂类或多种脂类复合物的优化试剂盒。这样的试剂盒有 Tfx Reagents Transfection Trio (Promega 公司)，PerFect Lipid Transfection Kit（Invitrogen 公司），及 Transfection Reagent Optimization System (Life Technologies 公司)。

下述方法是 Mark Evans 所研究的一种方法的改进（Alexion Pharmaceuticals, New Haven, Connecticut)。

材料

缓冲液与溶液

贮存溶液、缓冲液与试剂的成分见附录 1。将贮存液稀释成适当浓度。

脂染试剂

脂染试剂有数种，其说明见表 16-4 及信息栏中的脂染体。本方法中介绍两种常用脂类的应用：

- Lipofectin (*N*-［1-（2，3-二油酰氧）丙基］-*N*, *N*, *N*-三甲基铵氯［DOTMA］)（图 16-1)。通常购买的这种单阳离子脂类是以 1 mg/ml 的浓度与一种辅助脂类混合在一起的。DOTMA 也可以用有机化学方法合成（Felgner et al. 1987)。如果是在实验室内合成，在聚苯乙烯试管（不要用聚丙烯试管）内将 10mg 干燥的 DOTMA 与 10mg 辅助脂类二油酰磷脂酰乙醇胺（DOPE，Sigma 公司）溶于 2ml 灭菌去离子水中。将混浊的溶液超声处理以形成脂质体，然后稀释成终浓度 1mg/ml。4℃保存备用。
- Transfectam (精胺-5-羧基-氨基乙酸二十八烷基-酰胺［DOGS］)（图 16-1)。聚阳离子脂类如 DOGS 可 16.9
替代 Lipofectin。DOGS 可以购买并按操作指导重新构建（Promega 公司)，或者为节省资金在实验室内合成（Loeffler and Behr 1993)。如果在实验室内合成，需要准备以下贮存液：室温下用 96%（*V*/*V*）的乙醇 40 μl 溶解 1 mg 聚胺，振荡 5min，加入 360 μl 灭菌水，4℃保存。使用前剧烈振荡。DOGS 等聚胺不必使用聚苯乙烯试管，可以使用聚丙烯试管（即标准离心管)。DOTMA 会与聚丙烯发生非特异性结合，故使用 DOTMA 时必须用聚苯乙烯试管。

NaCl（5 mol/L）(选用)

用于稀释 DOGA。

枸橼酸钠（pH 5.5，20 mmol/L）含 150 mmol/L NaCl（选用）

DOGS 用作脂染试剂时，可用于代替灭菌水稀释质粒 DNA（Kichler et al. 1998)。

核酸与寡核苷酸

质粒 DNA

如果是第一次用脂染或使用不熟悉的细胞系，应使用编码大肠杆菌 β-葡萄糖醛酸酶或者绿色荧光蛋白的表达质粒（见第 17 章信息栏中的绿色荧光蛋白)。这些质粒可从几个生产商处购买（如，pCMV-SPORT-β-gal，Life Technologies 公司，pEGFP-F，CLOTECH 公司；见图 16-2，16-3)。

纯化闭环质粒 DNA 可用层析柱或按照第 1 章介绍的溴化乙锭-CsCl 梯度离心。DNA 用水溶至 1 μg/μl。

16.10

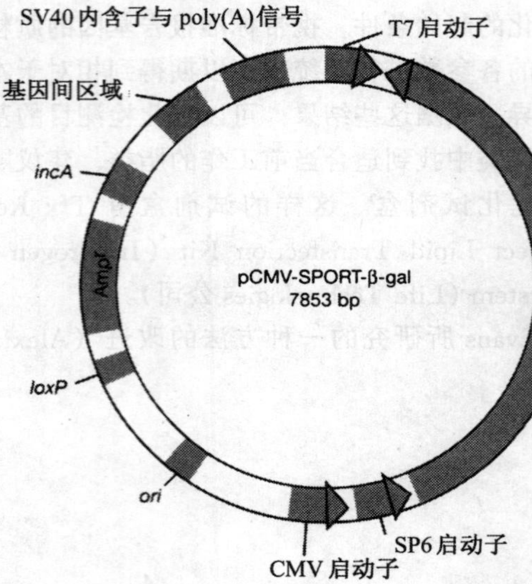

图 16-2　pCMV-SPORT-β-gal

pCMV-SPORT-β-gal 是一种用于检测转染效率的报告载体。此载体携带的大肠杆菌 β-葡萄糖醛酸酶基因位于驱动哺乳动物细胞高水平转录的 CMV（巨细胞病毒）启动子后面。β-葡萄糖醛酸酶序列下游的 SV40 多聚腺苷化信号指导真核细胞 mRNA 的正确加工。

（经 Life Technologies 公司同意复制此图。）

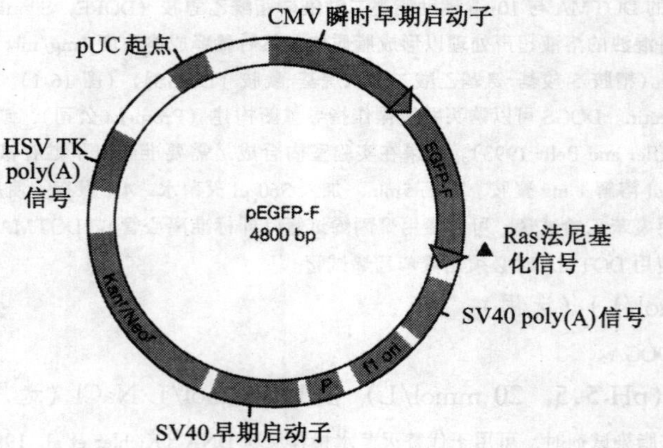

图 16-3　pEGFP-F

pEGFP-F 是一种既可用于检测转染效率又可作为共转染标记的报告载体。此载体编码修饰的绿色荧光蛋白，一种保留活细胞或固定细胞的细胞膜都能结合的法呢基化的强化 GFP (EGFP-F)。EGFP-F 编码序列位于驱动哺乳动物细胞高水平转录的 CMV（细胞巨化病毒）启动子后面，下游有指导真核细胞 mRNA 的正确转录的 SV40 多聚腺苷化信号。此质粒携带可在真核细胞（SV40 ori）与原核细胞（pUC ori）内复制的序列及便于在原核细胞（卡那霉素）与真核细胞（新霉素）筛选的标记物。通过荧光显微镜可检测 EGFP-F 的存在。

（经 CLONTECH 公司同意改编。）

培养基

细胞生长培养基［完全培养基，无血清培养基与（备选的）选择性培养基］

特殊设备

试管，聚苯乙烯或聚丙烯试管

DOTMA 会与聚丙烯发生非特异性结合，必须使用聚苯乙烯试管。

组织培养皿（60 mm）

本方法是按照使用 60mm 细胞培养皿设计的，如果使用多孔平板、细胞瓶、或者不同直径的平皿，则应按比例改变细胞密度与试剂用量。见表 16-3。

附加试剂

本方法步骤 9 可能需要第 17 章方案 7 所列试剂。

细胞与组织

指数生长的哺乳动物细胞培养物

表 16-3 细胞培养平板规格

平板大小	生长面积（cm^2）	相对面积[a]	体积
96 孔	0.32	0.04×	200 μl
24 孔	1.88	0.25×	500 μl
12 孔	3.83	0.5×	1.0 ml
6 孔	9.4	1.2×	2.0 ml
35mm	8.0	1.0×	2.0 ml
60mm	21	2.6×	5.0 ml
10cm	55	7×	10.0 ml
细胞瓶	25	3×	5.0 ml
	75	9×	12.0 ml

注：[a] 相对面积指相当于 35 mm 培养皿生长面积的倍数。

16.11

表 16-4 用于脂染的脂类

简称	IUPAC 名称	类型	产品名称	转染常用的细胞系
DOTMA	*N*-[1-(2, 3-dioleoyloxy) propyl]-*N*, *N*, *N*-trimethylammonium chloride	一价阳离子	Lipofectin	AS52 H187 小鼠 L 细胞 NIH-3T3 HeLa
DOTAP	*N*-[1-(2, 3-dioleoyloxy) propyl]-*N*, *N*, *N*-trimethylammonium methyl sulfate	一价阳离子	DOTAP	HeLa
DMRIE	1, 2-dimyristyloxypropyl-3-dimethyl-hydroxyethylammonium bromide	一价阳离子	DMRIE-C	Jurkat CHO-K1 COS-7 BHK-21
DDAB	dimethyl dioctadecylammonium bromide	一价阳离子	LipofectACE	COS-7 CHO-K1 BHK-21 小鼠 L 细胞
Amidine	*N*-t-butyl-*N*′-tetradecyl-3-tetradecyl-aminopropionamide	一价阳离子	CLONfectin	A-431 HEK293 BHK-21 HeLa L6 CV-1
DC-胆固醇	3β [*N*- (*N*′, *N*′-dimethylaminoethane) carbamoyl] - cholesterol	一价阳离子	DC-胆固醇	
DOSPER	1, 3-dioleoyloxy-2- (6-carboxyspermyl) propylamide	二价阳离子	Tfx	CHO HeLa NIH-3T3
DOGS	spermine-5-carboxy-glycine dioctadecyl-amide	多价阳离子	Transfectam	293 HeLa HepG2 HC11 NIH-3T3
DOSPA	2, 3-dioleoyloxy-*N*- [2 (sperminecarboxamido) ethyl] -*N*, *N*-dimethyl-1-propanaminium trifluoroacetate	多价阳离子	LipofectAMINE	HT-29 BHK-21 角化细胞 MDCK NIH-3T3
TM-TPS	*N*, *N*′, *N*″, *N*‴-tetramethyl-*N*, *N*′, *N*″, *N*‴-tetrapalmitylspermine	多价阳离子	CellFECTIN	CHO-K1 COS-7 BHK-21 Jurkat

16.12 方法

1. 脂染前 24h，通过胰酶消化收集细胞，以 10^5 细胞/平皿的密度平铺细胞于 60 mm 组织培养皿上（或 5×10^4 细胞/35 mm 平皿）。加 5 ml 生长培养基（用 35 mm 平皿则加 3 ml），于含 5%～7% CO_2 的 37℃温箱孵育 20～24 h。

   转染时细胞应 75%长满。如果转染前细胞生长不足 12h，细胞就不能很好地吸附在培养皿上，与脂类接触时易于脱落。

2. 用 100 μl 灭菌去离子水（使用 Lipofectin 时）或含 150 mmol/L NaCl 的 20 mmol/L 枸橼酸钠（pH 5.5）（使用 Transfectam 时）于聚苯乙烯或聚丙烯试管内稀释 1～10 μg 质粒 DNA。在另一个试管内用灭菌去离子水或 300 mmol/L NaCl 将 2～50 μl 脂溶液稀释至 100 μl。

重要事项：用 Lipofectin 转染时，由于阳离子脂类 DOTMA 会与聚丙烯发生非特异性结合，故使用聚苯乙烯试管，不要用聚丙烯试管。至于其他阳离子脂类，根据生产商的推荐选择试管。

3. 室温下孵育 10 min。
4. 将脂溶液加入 DNA 中，用吸管吹打几次混匀，室温下孵育 10 min。
5. 孵育 DNA-脂溶液时，用无血清培养基将要转染的细胞洗涤 3 次，然后于每一 60 mm 平皿中加入 0.5 ml 无血清培养基，将细胞再放入含 5%～7% CO_2 的 37℃ 温箱中孵育。

在加 DNA-脂溶液前，用无血清培养基洗涤要转染的细胞非常重要。有时候，血清会强力抑制转染（Felgner and Holm 1989）。同样，胞外基质复合物，如硫酸蛋白聚糖也会抑制转染，可能是通过结合 DNA-脂类而阻止受体细胞质膜与其发生相互作用。

6. DNA-脂溶液孵育 10 min 后，于每一管内加入 900 μl 无血清培养基。用吸管吹打几次混匀，室温下孵育 10 min。
7. 转移各管 DNA-脂溶液至 60 mm 平皿的细胞中，于含 5%～7% CO_2 的 37℃ 温箱中孵育 1～24 h。
8. 细胞在 DNA 中孵育适当时间后，用无血清培养基洗涤 3 次，加入完全培养基孵育。
9. 如果是稳定转染细胞，继续进行步骤 10。脂染 24～96 h 后用下述方法之一检查细胞。
   - 如果使用表达 β-葡萄糖醛酸酶的质粒 DNA，按照第 17 章方案 7 所述步骤检测细胞裂解液中酶的活性，或者依照附加方案：单层细胞组化染色鉴定 β-葡萄糖醛酸酶所述通过组化染色检测。
   - 如果使用表达绿色荧光蛋白的质粒 DNA，在 450～490 nm 光下用显微镜检查细胞。
   - 如果使用其他基因产物为标志，可以通过体内代谢标志进行放射免疫、免疫印渍、免疫沉淀，或者分析细胞提取物中酶活性等方法分析新合成的蛋白。 16.13

为减小不同培养皿之间转染效率的差异，最好①用每一构建体转染数个培养皿；②孵育 24 h 后用胰酶消化细胞；③将细胞汇集起来；以及④重铺细胞于几个培养皿上。

10. 分离稳定转染体：细胞在完全培养基中孵育 48～72 h 后，用胰酶消化细胞并用合适的选择培养基重铺细胞。每 2～4 天更换培养基，持续培养 2～3 周，目的是清除死细胞残骸，促进抗性细胞生长。这样，独立克隆便可以克隆、繁殖，以用于检测（方法见 Jakoby and Pastan 1979 或 Spector et al. 1998b［《细胞实验手册》的第 86 章］）。

用预冷的甲醇固定细胞 15min，然后室温下用 10% Giemsa 染色 15min，流水冲洗，这样可以纪录细胞克隆数目。Giemsa 染液应是使用前用磷酸盐缓冲液或水新制备的，用 Whatman 1 号滤纸过滤。

附加方案：单层细胞组化染色鉴定 β-葡萄糖醛酸酶

本方法是对 Sanes 等（1986）建立的方法的改进，适用于 60 mm 培养皿。包含免疫组化检测 β-葡萄糖醛酸酶所需试剂的试剂盒可以购买到。

注意：标记〈!〉的材料处理方法见附录 12。

辅助试剂

细胞固定剂

2%（*V/V*）甲醛〈!〉

0.2%（*V/V*）戊二醛〈!〉

1×磷酸盐缓冲液

注意：在化学通风橱内配制细胞固定剂，室温保存。

组化染色

5 mmol/L 铁氰化钾（$K_3Fe[CN]_6$）〈!〉

5 mmol/L 亚铁氰化钾（$K_4Fe[CN]_6$）〈!〉

2 mmol/L $MgCl_2$

1×磷酸盐缓冲液

1 mg/ml X-gal（5-溴-4-氯-3-吲哚-β-半乳糖）

染色液避光 4℃ 保存。

重要事项：细胞染色前迅速加入 X-gal。

磷酸盐缓冲液

方法

1. 室温下用 2～3 ml 磷酸盐缓冲液洗涤转染细胞两次。
2. 加入 5 ml 细胞固定液。
3. 用磷酸盐缓冲液洗涤细胞一次。
4. 加入 3～5 ml 组化染色液。
5. 37℃ 孵育细胞 14～24 h。
6. 用磷酸盐缓冲液洗涤单层细胞若干次。
7. 用少量磷酸盐缓冲液覆盖细胞，光学显微镜下检查。

表达了 β-葡萄糖醛酸酶载体的细胞呈亮蓝色。可根据染色与未被染色的细胞相对数目估计转染成功的比例。

16.14

方案 2　磷酸钙介导的质粒 DNA 转染真核细胞

当核酸以与磷酸钙共同形成沉淀的形式转染细胞培养物时，转染效率显著提高。Graham 与 van der Eb (1973) 首次阐述了这一方法，他们的工作为将克隆 DNA 导入哺乳动物细胞并实现稳定转染与瞬时表达等方法的建立奠定了基础。这一过程详见本章后面信息栏中的磷酸钙-DNA 沉淀物转染哺乳动物细胞。

自从原始方法发表以来，通过增加诸如甘油休克（Parker and Stark 1979）和/或氯喹处理（Luthman and Magnusson 1983）等辅助步骤提高了转染效率。用丁酸钠处理可以促进猿与人细胞内含 SV40 早期启动子/增强子的质粒的表达（Gorman et al. 1983a, b)。许多公司生产利用以上提到的与其他改进的转染方法的转染试剂盒（见表 16-2）。

本方法中介绍的磷酸钙介导的质粒 DNA 转染贴壁细胞是对 Jordan 等建立的方法

(1996) 的改进。Jordan 等大大优化了磷酸钙介导的中国仓鼠卵巢细胞与人胚肾 293 细胞的转染方法。此方法后面讲述的是基本方法的改进：

- 获得高效稳定转染体的方法见本方案后面的替代方案。
- 用高分子量基因组 DNA（方案 3）转染胰酶消化的贴壁细胞的方法见方案 3 后面的备选方案。
- 如果是非贴壁细胞，见方案 3 后面的替代方案。

材料 16.15

注意：标记〈!〉的材料处理方法见附录 12。

缓冲液与溶液

贮存液、缓冲液与试剂的成分见附录 1。
稀释贮存液至所需浓度。

$CaCl_2$（2.5 mol/L）

氯喹（100 mmol/L）(选用)

溶解 52 mg 二磷酸氯喹于 1ml 去离子水，用 0.22 μm 的滤器过滤除菌。用箔纸包裹好存放滤液的试管，-20℃保存。见步骤 5。

Giemsa 染液（10% *m*/*V*）

Giemsa 染液应是使用前用磷酸盐缓冲液或水新制备的，用 Whatman 1 号滤纸过滤。

甘油（15% *V*/*V*）1×HEPES 盐缓冲液溶解（备选）

HEPES 盐溶液过滤除菌，使用前加入高压灭绝的 15% 的甘油。见步骤 5。

2×HEPES 盐缓冲液

140 mmol/L NaCl
1.5 mmol/L $Na_2HPO_4 \cdot 2H_2O$
50 mmol/L HEPES

于 90ml 蒸馏水中溶解 0.8 g NaCl，0.027 g $Na_2HPO_4 \cdot 2H_2O$，1.2 g HEPES，用 0.5 mol/L NaOH〈!〉调节 pH 至 7.05，用蒸馏水将体积补至 100 ml，用 0.22 μm 的滤器过滤除菌；分装成 5 ml 等份，-20℃保存，1 年内使用。

甲醇〈!〉

磷酸盐缓冲液

溶液使用前过滤除菌，室温保存。

丁酸钠（500 mmol/L）(备选)

在化学通风橱内，用 10 mol/L NaOH 调节丁酸贮存液至 pH 7.0。用 0.22 μm 的滤器过滤除菌；分装成 1 ml 等份，-20℃保存，见步骤 5。

0.1×TE（pH 7.6）

1 mmol/L Tris-Cl（pH 7.6）
0.1 mmol/L EDTA（pH 7.6）

用 0.22 μm 的滤器过滤除菌，分装，4℃保存。

核酸与寡核苷酸

质粒 DNA

用 0.1×TE（pH 7.6）溶解 DNA 至终浓度 25 μg/ml；每毫升培养基需要 5 0μl 质粒溶液。质粒 DNA 应用层析柱（见第 1 章方案 9）或 CsCl-溴化乙锭梯度离心（见第 1 章方案 10）纯化以获得最高转化效率。如果质粒 DNA 起始量有限，可加入载体 DNA 将终浓度调至 25 μg/ml。实验室内制备的真核运载 DNA 的转染效率通常比购买的 DNA 如小牛胸腺或鲑精 DNA 的转染效率高。运载 DNA 使用前通过乙醇沉淀或氯仿抽提除菌。

培养基

细胞生长培养基［完全培养基与（优化备选）选择性培养基］

特殊设备

组织培养皿（60 mm）或 12 孔板

本方法适用于 60 mm 组织培养皿或 12 孔板培养细胞。如果使用其他多孔板、细胞瓶或其他直径的培养皿，按比例改变细胞浓度与试剂的用量。见表 16-3。

辅助试剂

步骤 6 所需试剂见第 6 章方案 10，第 7 章方案 8。

细胞与组织

指数生长的哺乳动物细胞

方法

1. 转染前 24 h，通过胰酶消化收集细胞，用适当的完全培养基以 1×10^5 至 4×10^5 细胞/cm^2 的密度平铺细胞于 60 mm 组织培养皿或 12 孔板上。于含 5%～7% CO_2 的 37℃ 温箱孵育 20～24 h。转染前 1 h 换液。

   为得到较高的转染效率，注意使用指数生长的细胞，转染时细胞的汇合度不能超过 80%。

2. 按照下述方法制备磷酸钙-DNA 沉淀：于 5ml 灭菌塑料管内混合 100 μl 2.5 mol/L $CaCl_2$ 与 25 μg 质粒 DNA，如有必要用 0.1×TE（pH 7.6）将体积补至 1ml。室温下将以上 2×钙-DNA 溶液与等体积的 2×HEPES 盐溶液混合。迅速弹敲试管侧壁混匀溶液，静置 1 min。

   如果转染大量细胞，可以将沉淀反应混合物的体积扩大至两倍或 4 倍。通常，培养皿、孔或细胞瓶内每 1 ml 培养基加 0.1 ml 磷酸钙-DNA 沉淀物。

3. 立即将磷酸钙-DNA 悬液转移至上述单层细胞的细胞培养基中。每 1 ml 培养基加 0.1 ml 悬液。轻轻摇动平皿混匀培养基，培养基会变成混浊的橘黄色。一旦形成 DNA 沉淀，转染效率会大大降低，因此此步动作应尽可能迅速。如果是用氯喹、甘油与/

或丁酸钠处理细胞，直接进行步骤 5。

有时候，先去掉培养基再直接加入磷酸钙-DNA 于暴露的细胞上会得到较高的转染效率，然后，室温下孵育细胞 15 min，再加入培养基。

4. 如果转染的细胞不用转染促进剂处理，则置于含 5%～7% CO_2 的 37℃ 温箱孵育。2～6 h后，吸去培养基与 DNA 沉淀。加入 5 ml 37℃ 预热的完全培养基，将细胞放回孵箱孵育 1～6 天。继续步骤 6 检测转染 DNA 的瞬时表达，或者如果是稳定转化则直接进行步骤 7。

5. 在磷酸钙-DNA 沉淀物的存在下用氯喹处理细胞或者吸去共沉淀溶液后将细胞暴露于甘油与丁酸钠中会促进细胞吸收 DNA。 16.17

用氯喹处理细胞

氯喹是一种弱碱，推测是通过抑制细胞内溶酶体水解酶降解 DNA 而发挥作用（Luthman and Magnusson 1983）。细胞对氯喹毒性的敏感度限制了培养基中加入氯喹的浓度及时间，不同细胞所需氯喹最佳浓度根据经验而定（见信息栏二磷酸氯喹）。

a. 在把磷酸钙-DNA 沉淀物加入细胞前或后按 1∶1000 将 100 mmol/L 氯喹直接加入培养基中。

b. 细胞于含 5%～7% CO_2 的 37℃ 温箱中孵育 3～5 h。

大多数细胞可在氯喹中生存 3～5 h。氯喹处理的细胞多呈泡状。

c. 在用 DNA 与氯喹孵育细胞后，移去培养基，用磷酸盐缓冲液洗涤细胞，加 5 ml 预热的完全培养基。细胞于孵箱中培养 1～6 天。继续步骤 6 检测转染 DNA 的瞬时表达，或者直接进行步骤 7 以获得稳定转化子。

用甘油处理细胞

此操作可在氯喹处理后进行。由于细胞对甘油毒性的敏感度不同，应在使用前先测试最佳处理时间（30 s 至 3 min）。

a. 在把磷酸钙-DNA 沉淀物加入细胞 2～6 h 后（± 氯喹），吸去培养基，磷酸盐缓冲液洗涤细胞层。

b. 每平皿细胞加 1.5 ml 15% 甘油 1×HEPES 盐缓冲液，依据事先测试的最佳时间于 37℃ 孵育细胞。

c. 吸去甘油，磷酸盐缓冲液洗涤细胞一次。

d. 加 5 ml 预热的完全培养基。细胞于孵箱中培养 1～6 天。继续步骤 6 检测转染 DNA 的瞬时表达，或者直接进行步骤 7 以获得稳定转化子。

丁酸钠处理细胞

丁酸钠的作用机制并不确定；但它是组蛋白脱乙酰基抑制剂（Lea and Randolph 1998），推测丁酸钠会导致组蛋白过乙酰化形成使外来质粒 DNA 趋于转录的染色质结构（Workman and Kingston 1998）。

a. 甘油休克处理后，将 500 mmol/L 丁酸钠直接加入生长培养基（甘油处理的步骤 d）。细胞类型不同，所用丁酸钠的浓度也不同。例如： 16.18

CV-1	10 mmol/L
NIH-3T3	7 mmol/L
HeLa	5 mmol/L
CHO	2 mmol/L

其他细胞系所需浓度依经验而定。

b. 细胞于孵箱中培养 1～6 天。继续步骤 6 检测转染 DNA 的瞬时表达，或者直接进行步骤 7 以获得稳定转化子。

6. 若要检测细胞转染后导入 DNA 的瞬时表达，可在转染后 1～6 天收获细胞。杂交分析 DNA 或 RNA。通过体内代谢标记进行放射免疫、免疫印渍、免疫沉淀或测定细胞提取物的酶活性来分析新合成蛋白。

为减小不同培养皿之间转染效率的差异，最好①用每一构建体转染数个培养皿；②孵育 24 h 后用胰酶消化细胞；③将细胞汇集起来；以及④重铺细胞于数个培养皿上。

7. 分离稳定转染体

a. 用非选择性培养基中孵育细胞 24～48 h，使转染的 DNA 有足够时间表达。

b. 胰酶消化细胞并重铺细胞于选择性培养基中，或者直接加选择性培养基。

c. 每 2～4 天更换培养基，持续培养 2～3 周，目的是清除死细胞残骸，促进抗性细胞生长。

d. 克隆独立菌落、繁殖，以用于检测（方法见 Jakoby and Pastan 1979 或 Spector et al. 1998b [《细胞实验手册》的第 86 章]）。

e. 用预冷的甲醇固定细胞 15 min，然后室温下用 10% Giemsa 染色 15 min，流水冲洗，这样可以纪录细胞克隆数目。

根据稳定转染效率确定转染细胞的稀释度，重铺细胞产生独立克隆，不同细胞系的转染效率会相差几个数量级（如见 Spandidos and Wilkie 1984）。转染效率决定于细胞类型 [既使同一细胞系的不同克隆或不同传代数也可能出现显著差别（Corsaro and Pearson 1981，Van Pel et al. 1985）]、导入 DNA 的性质及相关转录控制信号的功效、用于转染的 DNA 量。

16.19

替代方案：高效率的磷酸钙介导的质粒 DNA 转染真核细胞

Hiroto Okayama 及其同事对传统的磷酸钙转染方法做了改进，大大提高了转染效率（Chen and Okayama 1987，1988）。他们的方法在分离超螺旋质粒 DNA 的稳定转染体时尤其有效，与传统方法不同的是，在特定 pH（6.96）与低浓度 CO_2（2%～4%）条件下延长孵育时间（15～24 h）也可形成磷酸钙-DNA 沉淀物。

影响转染效率的因素

影响转染效率的因素有：DNA 的纯度、形式、量；2×BES 缓冲液的 pH；孵箱内 CO_2 的浓度。

- 由于细菌污染物的抑制作用，使得不纯的质粒 DNA 转染效率极低。因此，要得到好的结果就必须严格纯化 DNA，最好通过特殊的层析树脂纯化或经过两次 CsCl 离心（见第 1 章方案 9，10）。如有必要，可在 1%（m/V）SDS 存在下，用酚:氯仿抽提进一步纯化质粒。
- 线性 DNA 的转化效率非常低，可能是因为磷酸钙-DNA 沉淀形成慢，DNA 与胞内核酸酶接触时间过长。
- 所用 DNA 的量会影响沉淀的性质。在 DNA 浓度合适的条件下（通常 2～3 μg/ml 生长培养基）可发生粗糙沉淀向细致沉淀的转变（显微镜下可见）。DNA 的最佳浓度范围较窄，通常根据经验确定各细胞系所需的 DNA 浓度。
- 磷酸钙-DNA 沉淀的缓慢形成需要微酸的 pH 与较低浓度的 CO_2。pH 曲线很陡，最佳 pH 为 6.96，CO_2 浓度最好在 2%～4%。

根据 Chen 与 Okayama（1987）的报道，此方法可用于对基因表达进行瞬时分析，而同时导入两个或两个以上的质粒会降低总体转染效率。但同其他磷酸钙方法相比总转染效率还是高很多。如果把一种选择性标志同时转染，则有必要把携带选择性标记的质粒与目的基因按不同比例组合（比如 1:2，1:5，1:10）以优化转染系统。

附加材料

2×BES 盐缓冲液（BBS）

50 mmol/L BES（*N*, *N*-二［2-羟乙基］-2-氨基乙磺酸）

280 mmol/L NaCl

1.5 mmol/L $Na_2HPO_4 \cdot 2H_2O$

用 90ml 蒸馏水溶解 1.07 g BES、1.6 g NaCl 与 0.027 g Na_2HPO_4，室温下用盐酸调 pH 至 6.96，用蒸馏水将体积补至 100ml。溶液用 0.22μm 的滤器过滤除菌，－20℃保存。

$CaCl_2$（0.25 mol/L）

溶解 1.1 g $CaCl_2 \cdot 6H_2O$ 于 20 ml 蒸馏水中。用 0.22 μm 的滤器过滤除菌，分装成 1 ml 的等份，－20℃保存。

1 μg/μl 超螺旋 DNA 溶于 0.1×TE（pH 7.6）

组织培养皿（90mm）

此方法适用于用 90mm 培养皿培养细胞。如果使用其他多孔板、细胞瓶或其他直径的培养皿，按比例改变细胞浓度与试剂的用量。见表 16-3。

方法

1. 转染前 24h，通过胰酶消化收集细胞，将 5×10^5 细胞/cm^2 平铺于 90 mm 组织培养皿上。加入 10 ml 完全培养基，于含 5%～7% CO_2 的 37℃温箱过夜培养细胞。 16.20
2. 20～30 μg 超螺旋质粒 DNA 与 0.5 ml 0.25 mol/L $CaCl_2$ 混合。加入 0.5 ml 2×BES 缓冲液，室温下孵育 10～20 min。此期间不会出现可见的沉淀。
3. 滴加 $CaCl_2$-DNA-BBS 溶液于细胞中，轻轻旋转以混匀。于含 2%～4% CO_2 的 37℃温箱孵育细胞 15～24 h。
4. 吸去培养基，用培养基洗涤细胞两次。加 10 ml 非选择性培养基。于含 5% CO_2 的 37℃温箱孵育细胞 18～24 h。
5. 用非选择性培养基孵育细胞 18～24 h 后，转染的基因得以表达。用胰酶消化细胞，并用适当的选择性培养基重新培养细胞。每 2～4 天换液一次，持续 2～3 周，以去除死细胞残骸及使有抗性的细胞形成克隆。

   根据稳定转染效率确定转染细胞的稀释度，使重铺细胞产生独立克隆，不同细胞系的转染效率会相差几个数量级（如见 Spandidos and Wilkie 1984）。转染效率决定于细胞类型（即使同一细胞系的不同克隆或不同传代数也可能出现显著差别［Corsaro and Pearson 1981，Van Pel et al. 1985］）、导入 DNA 的性质及相关转录控制信号的功效、用于转染的 DNA 量。
6. 克隆、繁殖单个克隆，以用于检测（方法见 Jakoby and Pastan 1979 或 Spector et al. 1998b［《细胞实验手册》的第 86 章］）。

   用预冷的甲醇固定细胞 15 min，然后室温下用 10% Giemsa 染色 15 min，流水冲洗，这样可以纪录细胞克隆数目。Giemsa 染液应使用前用磷酸盐缓冲液或水新配置，用 Whatman 1 号滤纸过滤。

方案3　磷酸钙介导的高分子量基因组 DNA 转染细胞 16.21

通过基因组 DNA 转染哺乳动物培养细胞、筛选目的基因，已经成功分离到哺乳动物基因。其中包括体细胞癌基因，编码细胞表面分子的基因，由于筛选/鉴定策略与技术的改进，也分离到编码细胞内蛋白的基因。目的基因通过其种属特异性重复 DNA 元素或与共转染质粒 DNA 的连接而从稳定转染细胞的染色体 DNA 中分离出来。

下述方法是对 Graham 与 Van der Eb（1973）建立的磷酸钙方法的改进，用高分子量基因组 DNA 代替了质粒 DNA。这一方法对建立稳定的携带补充宿主染色体基因突变的转染基因的细胞系尤其有用（Sege et al. 1984，Kingsley et al. 1986）。本方法由 P. Reddy 与 M. Krieger（Massachusetts Institute of Technology）提供。

材料

缓冲液与溶液

贮存液、缓冲液与试剂的成分见附录 1。
稀释贮存液至所需浓度。

$CaCl_2$（2 mol/L）

过滤除菌，分装成 5ml 的等份冻存。

甘油（15% V/V）1×HEPES 盐缓冲液。

HEPES 盐溶液过滤除菌，使用前加入高压灭绝的 15% 的甘油。

16.22 HEPES 盐缓冲液

21 mmol/L HEPES
0.7 mmol/L Na_2HPO_4
137 mmol/L NaCl
5 mmol/L KCl
6 mmol/L 右旋葡萄糖

调节 pH 至 7.10，过滤除菌；分装成 25～50 ml 的等份冻存。转染前融解，取少量测定 pH，如有必要重新调至 pH 7.10。

异丙醇

NaCl（3 mol/L）

过滤除菌，室温保存。

核酸与寡核苷酸

基因组 DNA

按第 6 章方案 3 所述，从适当的细胞中制备高分子量 DNA，用 TE 缓冲液（pH 7.6）稀释 DNA 至 100 μg/ml。转染每 90 mm 培养皿的细胞大约需要 20～25 μg DNA。

转染细胞前，基因组 DNA 必须切成 45～60 kDa 大小（见步骤 2 与 3）。最好在预实验时按下述方法确定剪切 DNA 的条件：用规格为 22# 的针头剪切 2ml 的各等份高分子量 DNA，剪切不同次数（如 3，4，5 或 6 次）。进行 0.6%（m/V）琼脂糖凝胶电泳，溴化乙锭或 SYBR 金染色。用线性噬菌体 λDNA 的单体或二聚体作标记。优化其他操作步骤需要将剪切成适当大小的 DNA 用无细胞的培养皿进行第 9 步操作。

带有选择性标志的质粒

选用，见第 3 与 12 步的注释。

培养基

细胞生长培养基（完全培养基与选择性培养基）

特殊设备

聚乙烯试管 (12 ml)

Shepherd's crook (弯头吸管)

末端带勾的硅化玻璃巴氏吸管

组织培养皿 (90 mm)

细胞与组织

指数生长的哺乳动物细胞培养物

方法

1. 实验第一天，以每 90 mm 培养皿 5×10^5 个细胞的密度，用适当的含血清生长培养基将指数生长的细胞（如 CHO 细胞）铺至培养皿上，在含 5% CO_2 的 37℃ 孵箱内培养细胞 16 h。
2. 第二天，按预实验确定的次数用规格为 22# 的针头将高分子质量的 DNA 剪切成 45 kb 至 60 kb 大小的片段（见材料部分关于基因组 DNA 的说明）。

   每 90mm 培养皿的细胞需 20～25μg 基因组 DNA 转染。
3. 加 0.1 体积的 3 mol/L NaCl 与 1 体积的异丙醇沉淀 DNA。用弯头吸管收集 DNA。将 16.23
沉淀沿试管壁导入另一装有 HEPES 缓冲液（每 12～15 μg DNA 1ml）的试管内。37℃ 轻轻旋转试管 2 h 以重新溶解 DNA。在继续下面的实验前确保所有的 DNA 都已溶解。

   如果共转染选择性标志（见下面第 12 步的注释），则加适当质粒溶液于基因组 DNA 中至终浓度 0.5 μg/ml。
4. 取每等份 3 ml 的剪切的基因组 DNA 置于 12 ml 聚乙烯试管中（每等份 DNA 可用于转染 2 个培养皿）。

   不同细胞系的转染效率不同，不同的筛选方法也会导致转染效率的差异。一般来说，要得到 3～10 个稳定转染体必须转染大约 15～20 个培养皿的 CHO 细胞。
5. 轻轻旋转各等份基因组 DNA，滴加入 120 μl 2 mol/L $CaCl_2$ 以形成磷酸钙-DNA 沉淀物。室温下放置试管 15～20 min，溶液将变混浊，但不会形成可见的沉淀团块。
6. 吸去两个培养皿中的培养基（步骤 1），每一培养皿中轻轻加入 1.5 ml 磷酸钙-DNA 沉淀物，小心地旋转培养皿使沉淀覆盖细胞层，室温下放置 20 min，期间旋转培养皿一次。
7. 轻轻加入 10 ml 预热（37℃）的生长培养基于各培养皿。在含 5% CO_2 的 37℃ 孵箱内培养细胞 6 h。
8. 重复步骤 5～7，直至所有培养皿的细胞都有磷酸钙-DNA 沉淀物覆盖。
9. 培养 6 h 后，在光学显微镜下观察各培养皿的细胞。可见“胡椒状”沉淀附于细胞上，沉淀不是粉末状的，也不是团块状的。

   在光镜下要靠经验判断什么是“胡椒状”沉淀，如果此时看到粉末状或团块状的沉淀，则终止实验。此步操作不能形成“胡椒状”沉淀或第 5 步溶液不能变浑浊是由于所用 HEPES 缓冲盐溶液 pH 值不正确，第 5 步培养时间过长，或者是 $CaCl_2$ 或 DNA 浓度不合适造成的。

10. 大多数情况下，此时用甘油处理会增强转染效率。用甘油使细胞休克：

 a. 吸去含磷酸钙-DNA 沉淀物的培养基。

 b. 每培养皿细胞中加入预热至37℃的 1×HEPE 配置的 15%甘油 3 ml。室温下培养不超过 3 min。

 应注意 HEPE-缓冲液中的甘油不能与细胞接触时间过长。最佳时间范围很窄，不同细胞系不同，不同实验室不同。因此一次只处理几个培养皿，并应考虑到吸去甘油缓冲液的时间。不要超过最佳培养时间。时间要以秒来计算!

 c. 吸去甘油 HEPE 缓冲液，快速用 10 ml 预热的培养基洗涤培养皿 2 次。

 d. 加入 10 ml 预热的生长培养基，于含 5% CO_2 的 37℃孵箱内培养 12～15 h。

16.24 11. 用 10 ml 新配制的生长培养基换液。继续在 5% CO_2 的 37℃孵箱内过夜培养。

12. 此时（第 4 天）显微镜下观察细胞应呈正常形态。可用胰酶消化细胞并用选择性培养基重新培养，继续培养 2～3 周以形成互补与/或抗性克隆。每 2～3 天更换培养基一次。

 筛选期的长短、重铺细胞的密度与筛选条件均取决于互补或筛选的突变或基因。此步重铺细胞的密度最好在每 90 mm 培养皿 2.5×10^5 至 1×10^6 细胞之间。此参数根据用不同数目的细胞铺培养皿（不作转染）并进行筛选的经验而确定。从逻辑上讲，应该使细胞密度尽可能大同时又可有效地杀死非互补或无抗性的细胞。

 共转染（如，用赋予宿主 G418 抗性的质粒）可用于区分转染体与回复体。有些突变细胞系的回复频率可高达 10^{-6}（即百万分之一的细胞），假阳性结果就很成问题。转染频率通常为 2×10^{-7}，共转染频率为 10^{-8}。将选择标志（如 G418 抗性）与要筛选的突变/基因偶联可以消灭假阳性。详细说明见信息栏中的共转化。

13. 然后，克隆并繁殖单个克隆以用于检测（方法见 Jakoby and Pastan 1979 及第 16 章 16.18 步骤 7）。

 用预冷的甲醇固定细胞 15 min，然后室温下用 10%Giemsa 染色 15 min，流水冲洗，这样可以纪录细胞克隆数目。Giemsa 染液应使用前用磷酸盐缓冲液或水新配置，用 Whatman 1 号滤纸过滤。

16.25

替代方案：磷酸钙介导的贴壁细胞的转染

此方法适用于所有贴壁细胞，尤其适用于极性上皮细胞，这种细胞的尖端质膜不能有效地通过内吞作用吸收物质。

附加材料

指数生长的贴壁哺乳动物细胞。

Sorvall H1000B 转子或类似仪器。

方法

1. 胰酶消化指数生长的贴壁细胞。用含血清的生长培养基重悬细胞并等分为 10^6 细胞每份，于 4℃以 800g 离心 15 min（Sorvall H1000B 转子用 2000 r/min）。弃上清。

2. 若用质粒 DNA 则按方案 2 步骤 2 制备磷酸钙-DNA 沉淀物，若用基因组 DNA 则按方案 3 步骤 5 制备。

 注意制备质粒 DNA 共沉淀仅需 5 min，而制备基因组 DNA 共沉淀则需 25 min。本方案的前两步结束后细胞与沉淀就同时准备好了。

3. 每 10^6 细胞用 0.5 ml 磷酸钙-DNA 悬液悬浮，室温下培养 15 min。

 将此方法简单修改即可适用于大量细胞。如，Chu 与 Sharp（1981）用含 25 μgDNA 的 2 ml 磷酸钙-DNA 悬液悬浮 10^8 细胞。15 min 后用 40 ml 含 0.05×HEPES 缓冲液与 6.25 mmol/L $CaCl_2$ 的完全生长培养基稀释混合物。以每 150 mm 培养皿 5×10^7 细胞的密度重铺细胞。

4. 每份细胞加入 4.5 ml 预热的生长培养基（氯喹可加可不加，见方案 2 第 5 步），将所有悬液（约 5 ml）铺于一个 90 mm 培养皿上。在 5%～7% CO_2 的 37℃孵箱内培养细胞不超过 24h。

5. 某些细胞可用甘油与丁酸钠进一步处理以便于转染。见方案 2 第 5 步操作。

6. 此后，检测细胞的瞬时表达或用适当的选择性培养基培养以分离稳定转染体（见方案 2 第 6、7 步）。

替代方案：磷酸钙介导的悬浮细胞的转染　16.26

本方案中所介绍的改进的磷酸钙转染方法可用于转染几种悬浮生长的细胞系（如 HeLa 细胞）。但是，大多数悬浮生长的细胞不能用磷酸钙转染，这些细胞系最好用电穿孔（方案 5）或脂染（方案 1）转染。

附加材料

指数生长的哺乳动物悬浮细胞

磷酸盐缓冲液（PBS）

Sorvall H1000B 转子或类似仪器

方法

1. 4℃、800g 离心 5 min 收集指数生长的悬浮细胞（Sorvall H1000B 转子用 2000 r/min）。弃上清，用 20 倍体积冰浴的 PBS 重悬细胞。将悬液等分为 1×10^7 细胞的等份。再离心，弃上清。
2. 若用质粒 DNA 则按方案 2 步骤 2 制备磷酸钙-DNA 沉淀物，若用基因组 DNA 则按方案 3 步骤 5 制备。

   注意制备质粒 DNA 共沉淀仅需 5 min，而制备基因组 DNA 共沉淀则需 25 min。本方案的前两步结束后细胞与沉淀就同时准备好了。
3. 用 1 ml 磷酸钙-DNA 悬液（含约 20 μg DNA）轻轻悬浮 1×10^7 细胞，悬液于室温下放置 20 min。
4. 每管细胞加 10 ml 完全生长培养基（氯喹可加可不加，见方案 2 第 5 步），将悬液铺于一个 90 mm 培养皿上。在 5%～7% CO_2 的 37℃ 孵箱内培养细胞 6～24 h。
5. （经甘油休克可以存活的细胞系选用）第 4 步开始 4～6 h 后，按下面方法进行（否则，直接进行第 6 步操作）：
   a. 室温下 800g（Sorvall H1000B 转子用 2000 r/min）离心细胞 5 min，PBS 洗涤细胞 1 次。
   b. 用 1 ml 15%甘油/1×HEPES 缓冲液重悬细胞，37℃ 孵育 30 s 至 3 min。
   见主要方案步骤 10 b 中的注释。
   c. 用 10 ml PBS 稀释悬液，按 a 离心细胞，PBS 洗涤 1 次。
   d. 用 10 ml 完全生长培养基重悬细胞，铺于 90 mm 培养皿上。在含 5%～7% CO_2 的 37℃ 孵箱内培养细胞 48 h。
6. 室温下 800g（Sorvall H1000B 转子用 2000 r/min）离心细胞 5 min，PBS 洗涤细胞 1 次。
7. 用预热至 37℃ 的完全生长培养基重悬细胞。孵育细胞 48 h，然后检测转染基因的瞬时表达（见方案 2 第 6 步）或用选择性培养基筛选稳定转染体（见方案 2 第 7 步）。

方案 4　DEAE-葡聚糖介导的高效率转染　16.27

最早的转染方法建立于 20 世纪 50 年代晚期，是利用高渗的聚阳离子蛋白促进 DNA 进入细胞（有关综述见 Felgner 1990）。其结果很不稳定，转染效率也很低。60 年代中期，利用 DEAE-葡聚糖（二乙氨乙基葡聚糖）将脊髓灰质炎病毒 RNA（Pagano and Vaheri 1965）、SV40 与多瘤病毒 DNA（MaCutchan and Pagano 1968，Warden and Thorne 1968）导入细胞使这一状况得到极大改善。此方法略作改动后被广泛应用于病毒基因组或重组质粒转染培养的细胞。DEAE-葡聚糖的作用机制并不甚明了，似乎是由于高分子量正电荷的多聚体可以作为桥梁连接带负电荷的核酸与带负电荷的细胞外膜（Lieber et al. 1987，Holter et al. 1989）。DEAE-葡聚糖/DNA 复合体通过内吞作用（Ryser 1969，Yang and Yang 1997）进入细胞后，DNA 通过某种未知机制脱离酸度越来越大的内吞小体，穿过质膜进入核内。

DEAE-葡聚糖介导的转染与磷酸钙介导的转染在三个方面有重要不同。第一，

DEAE-葡聚糖用于克隆基因的瞬时表达，不能使细胞稳定转染（Gluzman 1981）。第二，它对 BSC-1、CV-1、COS 等细胞系非常有效，但对其他类型的细胞转染效果不太理想。第三，DEAE-葡聚糖转染所用 DNA 的量较磷酸钙方法少。0.1～1.0 μg 超螺旋质粒 DNA 可以转染 10^5 猿细胞；DNA 量增多（大于 2～3 μg）反而会抑制转染。与需要高浓度 DNA 促进共沉淀形成的磷酸钙方法相反，DEAE-葡聚糖方法很少需要运载 DNA。

DEAE-葡聚糖方法发现 20 多年来，出现了多种变异与改进。大多数情况下，细胞是与预形成的 DNA 和高分子质量 DEAE-葡聚糖（分子质量大于 500 000）混合物作用。但有一种方法是先用 DEAE-葡聚糖作用细胞，再加入 DNA（al-Moslih and Dubes 1973，Holter et al. 1989）。所有这些方法的目的都是使细胞最大限度地摄取 DNA，并减少 DEAE-葡聚糖对细胞的毒性。下面是影响转染效率的一些因素。

- DEAE-葡聚糖的浓度及作用于细胞的时间。可以用相对高浓度（1 mg/ml）短时
16.28 间（30 min 至 1.5 h）作用细胞或用低浓度（250 μg/ml）长时间（直至 8h）作用细胞。前一种方式效果较好，但细胞接触 DNA/DEAE-葡聚糖混合物后可出现早期抑制现象。第二种方式的要求较低，但更为可靠，虽然效率低一些。不过，辅助以休克处理（见下文）可提高转染效率。
- 利用促进剂如 DMSO、氯喹或甘油。如果用 DMSO、甘油、聚乙胺或其他如 Starburst dendrimer 等增加细胞渗透性、促进内吞作用（Lopata et al. 1984，Sussman and Milman 1984，Kukowska-Latello et al. 1996，Zauner et al. 1996，Godbey et al. 1999）的物质处理细胞，DEAE 介导的瞬时转染效率可提高 50 倍。用氯喹处理某些细胞系也可以使转染效率提高同等水平，氯喹抑制内吞小体的酸化，促进 DNA 早期释放到胞质中（Luthman and Magnusson 1983）。最好的结果是，DEAE-葡聚糖与促进剂一起使用，可有 80% 的细胞表达外源基因（如见 Kluxen and Lübbert 1993）。但是，不同细胞系对促进剂与 DEAE-葡聚糖复合物的敏感度有很大的不同。一种细胞的最佳转染条件可能对另一种细胞根本没用。对某一种细胞而言，要确保持续高效转染，必须将以下因素标准化：

  细胞密度与生长状态；

  转染 DNA 的量；

  DEAE-葡聚糖的分子量与浓度；

  DNA 作用于细胞的时间；

  DEAE-葡聚糖与 DNA 是同时作用细胞还是先后作用细胞（al-Moslih and Dubes 1973，Holter et al. 1989）；

  转染后促进作用的时间与温度以及促进剂的浓度；

  细胞是在固体支持物上生长并转染还是先脱离固体支持物再以悬浮状态转染（Golub et al. 1989）。

有关以上所有或部分因素对转染效率影响的分析，可见 Holter 等（1989），Fregeau 与 Bleackley（1991），Kluxen 与 Lübbert（1993）及 Luo 与 Saltzman（1999）。

除了作为转染试剂，DEAE-葡聚糖也可以用作提高电穿孔转染效率的佐剂。尽管对不同细胞系效果不同，某些情况下电穿孔辅以 DEAE-葡聚糖可将转染效率提高 10 倍至 100 倍（Gauss and Leiber 1992）。

DEAE-葡聚糖介导的DNA转染易造成突变。对克隆到可在转染的哺乳动物细胞中复制的载体基因序列尤其如此。例如，大肠杆菌 *lac* I 基因，克隆到含 SV40 复制起点的质粒中，导入 COS-7 细胞，使其复制几个周期，然后转回到大肠杆菌中，突变即以百分之一至几的频率出现（Calos et al. 1983）。在哺乳动物细胞中复制时发生的突变多种多样，包括缺失、插入、碱基替换（Razzaque et al. 1983，Leblowski et al. 1984，Ashman and Davidson 1985）。这些突变应当是多种作用导致的，这些作用有降解性酶的作用，溶酶体的低 pH 值，也可能是因为进入核内的 DNA 缺乏染色质结构所致（Miller et al. 1984，Reeves et al. 1985）。

在此，将介绍经典 DEAE-葡聚糖转染方法的两种其他形式。第一种（主要方案）细胞短时间接触高浓度 DEAE-葡聚糖，转染效率较高，但对细胞的毒性较大。第二种（见本方案后面的备选方案：DEAE-葡聚糖介导的转染：增强细胞存活力）细胞长时间接触较低浓度的 DEAE-葡聚糖，转染效率较低，但细胞存活率较高。 16.29

COS 细胞的转染

DEAE-葡聚糖经常用于转染猿 COS 细胞。这种细胞由 Gluzman（1981）研制，表达 SV40 巨大 T 抗原（见第 11 章中信息栏 COS 细胞）。导入 SV40 复制起点，尤其是利用 SV40 早期区域启动子-增强子/起点表达目的基因或 cDNA，会导致包含起点的质粒扩增至很高的拷贝数目（Gluzman 1981）。这种扩增相应地导致转染的 cDNA 或基因的高水平表达，但是会严重干扰摄入质粒的细胞，最终导致细胞死亡。这样，COS 细胞通常用作瞬时转染的宿主，在转染 48～72h 内分析瞬时表达。

DEAE-葡聚糖介导的 COS 细胞转染效率非常高，一个培养皿上常可有 50% 的细胞转染。因此，COS 细胞常用作表达克隆（见第 11 章方案 2）。这种高效转染也允许多个质粒同时导入细胞。例如，可以通过导入编码代谢通路各种酶的质粒而重建 COS 细胞中间代谢路径（Zuber er al. 1988）。

材料

缓冲液与溶液

贮存液、缓冲液与试剂的成分见附录 1。

稀释贮存液至所需浓度。

二磷酸氯喹（100 mmol/L）

溶解 60mg 二磷酸氯喹于 1ml 去离子水中。用 0.22 μm 滤纸过滤溶液。滤液存于箔纸包裹的试管内，-20℃ 保存。

见信息栏中二磷酸氯喹。

DEAE-葡聚糖（50 mg/ml）

溶解 100mgDEAE-葡聚糖（相对分子质量＝500 000；Pharmacia 公司）于 2ml 去离子水中。溶液于 15 psi（1.05 kg/cm^2）液体循环高压灭菌 20 min。高压也有助于聚合物的溶解。

最初用于转染的 DEAE-葡聚糖分子质量大于 2×10^6（McCutchan and Pagano 1968）。这种 DEAE-葡聚糖现在已经买不到了，但某些实验室会偶有存货。这种老批次的高分子质量 DEAE-葡聚糖的转染效率高于现在常用的低分子质量聚合物。

磷酸盐缓冲液（PBS）

使用前过滤除菌，室温保存。

含葡萄糖的 Tris-缓冲盐溶液（TBS-D）

使用前于 TBS 溶液中加入 20%（*m*/*V*）葡萄糖（用水制备，高压灭菌或过滤除菌）。葡萄糖终浓度应为 0.1%（*V*/*V*）。

核酸与寡核苷酸

质粒 DNA

为得到最高转染效率，应用层析柱（见第 1 章方案 9）或 CsCl-溴化乙锭密度梯度离心（见第 1 章方案 10）纯化质粒 DNA。

培养基

细胞生长培养基（完全培养基与无血清培养基）

16.30 特殊设备

组织培养皿（60 mm 或 35 mm）

此方法适用于用 60 mm 或 35 mm 培养皿培养细胞。如果使用其他多孔板、细胞瓶或其他直径的培养皿，按比例改变细胞浓度与试剂的用量。见表 16-3。

附加试剂

本方案第 8 步所需试剂列于第 6 章方案 1 与第 7 章方案 8。

细胞与组织

指数生长的哺乳动物细胞

DEAE-葡聚糖转染试剂盒

有几个商家提供包含本方案所列所有材料的试剂盒（如，Promega 公司的 Pro Fection Mammalian Transfection System）。这些试剂盒较为昂贵（每 60mm 培养皿所用试剂价值 $ 1），但如果是第一次做 DEAE-葡聚糖转染，试剂盒会提供有用的对照试剂。

方法

1. 转染 24 h 前，通过胰酶消化收获指数生长的细胞并以 10^5 细胞/培养皿（或 5×10^4 细胞/35 mm 培养皿）的密度转移至 60 mm 培养皿中。加 5 ml（35 mm 培养皿 3 ml）完全培养基，于含 5%～7% CO_2 的 37℃ 孵箱内培养细胞 20～24 h。

   转染时细胞应 75% 长满。如果转染前细胞生长少于 12 h，细胞不易贴壁，加入 DEAE-葡聚糖后容易脱壁。

2. 将 0.1～4 μg 超螺旋或环状 DNA 与 1 mg/ml TBS-D 溶解的 DEAE-葡聚糖混合制备 DNA/DEAE-葡聚糖/TBS-D 溶液。

   每 60 mm 培养皿需 0.25 ml 溶液；每 35 mm 培养皿需 0.15 ml 溶液。

   要获得高水平瞬时表达所需 DNA 的量取决于构建体的性质，应在预实验中摸索合适的用量。如果构建体携带在转染细胞内能发挥作用的复制子（如，SV40 早期区域启动子/复制起点），每 10^5 细胞用 100～200 ngDNA 即可；如果无复制子，则需要的 DNA 要多一些（每 10^5 细胞 1 μg DNA）。

3. 吸去培养基，用预热（37℃）的 PBS 洗涤细胞两次，用预热的 TBS-D 洗涤细胞一次。
4. 加入 DNA/DEAE-葡聚糖/TBS-D 溶液（每 60 mm 培养皿 250 μl，每 35 mm 培养皿 150 μl)。轻轻振动培养皿使溶液均匀覆盖于细胞层上。将培养皿放回孵箱培养 30～90 min（培养的时间取决于各批细胞对 DNA/DEAE-葡聚糖/TBS-D 溶液的敏感度)。每隔 15～20 min，从孵箱中取出培养皿，轻轻摇动，在显微镜下检查细胞形态。如果细胞仍然贴壁，则继续培养。当细胞开始萎缩并变圆时停止培养。
5. 吸去 DNA/DEAE-葡聚糖/TBS-D 溶液。用预热的 TBS-D 洗涤细胞一次，再用预热（37℃）的 PBS 洗涤细胞一次，注意不要吸走转染的细胞。 16.31
6. 加 5 ml（每 60 mm 培养皿）或 3 ml（每 35 mm 培养皿）预热的含血清与氯喹（终浓度 100 μmol/L）的培养基，在 CO_2 浓度为 5%～7%的 37℃孵箱内培养 3～5 h。

   用氯喹处理细胞后转染效率会增加数倍，可能是因为氯喹抑制溶酶体水解酶降解 DNA（Luthman and Magnusson 1983)。但应注意，DEAE-葡聚糖与氯喹的混合物会产生严重的细胞毒效果。因此应在预实验中确定 DEAE-葡聚糖处理后的细胞接触氯喹的最长时间（详情见信息栏中二磷酸氯喹)。
7. 吸去培养基，用无血清培养基洗涤细胞 3 次。加入 5 ml（每 60 mm 培养皿）或 3 ml（每 35 mm 培养皿）预热的含血清培养基，在 CO_2 浓度为 5%～7%的 37℃孵箱内培养 36～60 h，然后检测转染 DNA 的瞬时表达。

   应优化特定细胞系与构建体的孵育时间。
8. 要检测转染细胞对导入 DNA 的瞬时表达，于转染后 36～60 h 收获细胞。通过杂交分析 RNA 或 DNA。通过体内代谢标志物进行放射免疫、免疫印渍、免疫沉淀或测定细胞提取物的酶活性来分析新合成蛋白。

   为减小不同培养皿之间转染效率的差异，最好①用每一构建体转染数个培养皿；②孵育 24 h 后用胰酶消化细胞；③将细胞汇集起来；以及④重铺细胞于数个培养皿上。

替代方案：DEAE 介导的转染：增强细胞生存力

与前面主要方案介绍的 DEAE-葡聚糖方法相反，此备选方案用低浓度 DEAE-葡聚糖（250 μg/ml）与细胞长时间（直至 8 h）作用。转染效率不及高浓度的 DEAE-葡聚糖，但对细胞毒性小。 16.32

附加材料

Dulbecco's modified Eagle's medium

含 $NaHCO_3$ 及血清的标准 DMEM 培养基。

Dulbecco's modified Eagle's medium，HEPE 缓冲体系（HEPE 缓冲 DMEM）

无 $NaHCO_3$ 的 DMEM，含 10mmol/L HEPES（pH 7.15)，不加血清。

方法

1. 转染 24 h 前，通过胰酶消化收获指数生长的细胞，并以 10^5 细胞/培养皿（或 5×10^4 细胞/35mm 培养皿）的密度重铺于 60mm 培养皿中。加 5 ml（35 mm 培养皿 3 ml）完全培养基，于含 5%～7% CO_2 的 37℃孵箱内培养细胞 20～24 h。

   转染时细胞应 75%铺满。如果转染前细胞生长少于 12 h，细胞不易贴壁，加入 DEAE-葡聚糖后容易脱壁。
2. 于 1 ml HEPES-缓冲 DMEM 中混合 0.1～1 μg 超螺旋质粒 DNA 或环状质粒 DNA 与 250μgDENE-葡聚糖。每 60 mm 培养皿加 500 μl 混合溶液或每 35 mm 培养皿加 250 μl 溶液。

   要获得高水平瞬时表达所需 DNA 的量取决于构建体的性质，应在预实验中摸索合适的用量。如果构建体携带在转染细胞内能发挥作用的复制子（如，SV40 早期区域启动子/复制起点)，每 10^5 细胞用 100～200ngDNA 即可；如果无复制子，则需要的 DNA 要多一些（每 10^5 细胞 1 μgDNA)。

3. 吸去培养基，用预热（37℃）的 HEPES-缓冲 DMEM 冲洗细胞两次。
4. 加入 DNA/DENE-葡聚糖/DMEM 溶液（60 mm 培养皿 500 μl，35 mm 培养皿 250 μl）。孵箱内培养 8 h。每 2 h 轻轻摇动培养皿使溶液与细胞均匀接触。

   用二磷酸氯喹处理细胞后转染效率提高数倍。如果使用氯喹，则应先把氯喹（终浓度 100 μmol/L）加入 DNA/DENE-葡聚糖溶液，然后再将溶液加入细胞。氯喹对细胞有毒性，用氯喹培养细胞的时间应限制到 3～5 h。

   据报道在此步一个简单的变动即可使 COS 细胞的转染效率翻倍（Gonzales and Joly 1995）：用带螺旋盖的小细胞瓶培养细胞，于第四步加入 DNA/DENE-葡聚糖/DMEM 溶液后盖紧盖子。培养 8h，此期间由于瓶内少量 CO_2 代谢使培养基慢慢碱性化，培养基内酚红指示剂会由绯红渐渐加深至酒红色，这一改变会产生与减少孵箱内 CO_2 浓度类似的效果（见方案 2 中备选方案：高效率的磷酸钙介导的质粒 DNA 转染真核细胞）。
5. 吸去 DNA/DENE-葡聚糖/DMEM 溶液，用预热（37℃）的 HEPES-缓冲 DMEM 冲洗细胞两次。注意不要吸走转染的细胞。
6. 用预热的含血清的 DMEM 培养基（含 $NaHCO_3$，不含 HEPES）洗涤细胞一次。加入 5 ml（60mm 培养皿）或 3 ml（35mm 培养皿）完全生长培养基，于含 5%～7% CO_2 的 37℃ 孵箱内培养细胞 36～60 h 后检测转染 DNA 的瞬时表达。
7. 要检测转染细胞对导入 DNA 的瞬时表达，于转染后 36～60 h 收获细胞。通过杂交分析 RNA 或 DNA。通过体内代谢标志物进行放射免疫、免疫印渍、免疫沉淀或测定细胞提取物的酶活性来分析新合成蛋白。

   为减小不同培养皿之间转染效率的差异，最好①用每一构建体转染数个培养皿；②孵育 24h 后用胰酶消化细胞；③将细胞汇集起来；以及④重铺细胞于数个培养皿上。

16.33
方案 5　电穿孔转染 DNA

脉冲电场可将 DNA 导入多种动物细胞（Neumann et al. 1982，Wong and Neumann 1982，Potter et al. 1984，Sugden et al. 1985，Toneguzzo et al. 1986，Tur-Kaspa et al. 1986）、植物细胞（Fromm et al. 1985，1986；Ecker and Davis 1986）与细菌中。电穿孔可以有效地转染磷酸钙-DNA 沉淀物等其他方法转染效果不好的细胞系。但是，与其他转染方法一样，未使用过的细胞系进行电穿孔转染的实验条件要经过优化。

电穿孔转染的效率受以下几种因素的影响：

- 外加电场的强度。电压过低，培养细胞质膜的改变不足以允许 DNA 分子通过；电压过高，细胞会受到不可逆转的损害。大多数哺乳动物细胞系，250 V/cm 至 750 V/cm 之间的电压可使瞬时表达达到最高水平。通常经过电穿孔，20% 至 50% 的细胞可以存活［通过不被台盼蓝（trypan blue）染色而检测（Patterson 1979，Baum et al. 1994)］。
- 电脉冲的长度。通常单个电脉冲可以通过细胞。电脉冲的长度、形状和强度由所供电容量和电转化池的大小决定。有些电穿孔装置可由实验者控制参数，有些不能。电穿孔所需电脉冲的最佳时间长度是 20～100ms。
- 温度。有些研究者报道，电穿孔时将细胞维持在室温瞬时表达水平最高（Chu et al. 1987）；而其他研究者则在细胞处于 0℃ 时获得了较好结果（Reiss et al.

1986)。这些矛盾的结果可能是由于不同类型的哺乳动物细胞对所通电流的反应不同，或者是由于电压较高（>1000V/cm）和/或电脉冲时间较长（>100ms）时不同细胞在电穿孔过程中产生的热量有所不同。电脉冲通过后细胞再在电穿孔室内孵育 1～2min 可提高瞬时表达的效率（Rabussay et al. 1987）。

- DNA 的构象与浓度。虽然线状与环状 DNA 均可电穿孔转染，但线状 DNA 无论瞬时表达还是稳定转染的水平都要高一些（Neumann et al. 1982，Potter et al. 1984，Toneguzzo et al. 1986）。DNA 的浓度从 1μg/ml 至 40μg/ml 都可获得有效转染。 16.34
- 培养基的离子成分。用缓冲盐溶液（如 HEPES 缓冲盐）悬浮细胞，转染效率比用甘露醇或蔗糖等非离子物质的缓冲液高许多倍（Rabussay et al. 1987)。

市场上供应数种不同的电穿孔设备，生产商提供了详细的使用说明。下面介绍的方案是 Jennifer Cuthbert 与 Rhonda Bassel-Duby（University of Texas Southwestern Medical Center，Dallas）以及 Baum 等提供方案的改进（1994)。

通过电穿孔将 DNA 分子导入真核细胞的方法见 Andreason 与 Evans（1988）的综述；利用电穿孔转染细菌的有关讨论见第 1 章方案 26；其他有关电穿孔的作用机制与优化的信息见信息栏中的电穿孔。

材料

注意：标记〈!〉的材料处理方法见附录 12。

缓冲液与溶液

贮存液、缓冲液与试剂的成分见附录 1。
稀释贮存液至所需浓度。

Giemsa 染液（10% *m/V*）

Giemsa 染液应使用前用磷酸盐缓冲液或水新鲜制备的，用 Whatman 1 号滤纸过滤。

甲醇〈!〉

磷酸盐缓冲液

溶液使用前过滤除菌，室温保存。

丁酸钠（500 mmol/L)（备选）

在化学通风橱内，用 10mol/L NaOH 调节丁酸贮存液至 pH 7.0。用 0.22 μm 的滤器过滤除菌，－20℃保存。

核酸与寡核苷酸

载体 DNA（10 mg/ml；如超声处理的鲑精 DNA)（选用）

线状或环状质粒 DNA（用灭菌去离子水配成 1 μg/μl)

培养基

细胞生长培养基（完全培养基与选择性培养基）

离心机与转子

Sorvall H1000B 转子或类似设备

16.35

特殊设备

电穿孔设备与电转化池

基因脉冲器Ⅱ（Bio-Rad 公司 Cat. no. 165-2105 for 110V U. S. Systems and Cat. no. 165-2106 for 220V European Systems)。

组织培养皿（35 mm）

此方法适用于用 35mm 培养皿培养细胞。如果使用其他多孔板、细胞瓶或其他直径的培养皿，按比例改变细胞浓度与试剂的用量。见表 16-3。

附加试剂

本方案第 10 步可能需要列于第 17 章方案 7 或方案 1 的备选方案中的试剂。

细胞与组织

指数生长的哺乳动物细胞培养液

方法

1. 细胞生长到对数中期或晚期时收集细胞，用包有橡皮的玻璃棒或胰酶释放贴壁细胞。4℃、500g 离心 5 min（Sorvall H1000B 转子用 1500 r/min)。
2. 用 0.5 体积的初始培养基重悬细胞，用血细胞计数器计细胞数目（见附录 8)。
3. 离心（同步骤 1）收集细胞，室温下用培养基或磷酸盐缓冲液重悬细胞至 $2.5\times10^6\sim2.5\times10^7$ 细胞/ml。
4. 将 400 μl 的各等份细胞悬液（$10^6\sim10^7$ 细胞）加入标记好的电转化池中，冰浴。
5. 设置电转化参数。一般电容量为 1050 μF。电压在 200 V 至 250 V 之间，不同细胞系所需电压不同，平均为 260 V。内部阻抗设为无穷大。进行电穿孔前先用一个装有 PBS 的电转化池放电至少两次。
6. 每一装有细胞的电转化池内加入 10～30 μg、体积最大可至 40 μl 的质粒 DNA。[有些人加入载体 DNA（如鲑精 DNA）使 DNA 总量至 120 μg。] 用吸管将 DNA 与细胞轻轻混匀。立刻继续进行第 7 步。

   重要：混匀时不要产生气泡。

7. 立即将电转化池移至电极间放电，1～2 min 后，取出电转化池，冰浴，立即进行下一步操作。

16.36

8. 用带有高压灭菌吸头的微量移液器将电穿孔的细胞转移至 35 mm 培养皿中。用等体积的培养基洗涤电转化池，洗液加入培养皿。培养皿置于含 5%～7% CO_2 的 37℃ 孵箱。

   如果要丁酸钠休克（见方案 2 第 5 步），用含适量丁酸钠的培养基洗涤电转化池，将洗液与转化的细胞合并后再孵育。24h 后，吸去含丁酸钠的培养基，加入正常培养基。

9. 重复第 6～8 步，电转化所有 DNA 与细胞样品。记录下每一电转化池的实际脉冲时间以便于比较。

10. 如要获得稳定转化体，直接进行第 11 步。如果是瞬时表达，则于电穿孔 24～96 h 后用下述方法之一检测细胞：
    - 如果使用的是表达 *E.coli* β-半乳糖苷酶的质粒 DNA 按第 17 章方案 7 所列操作步骤检测细胞裂解液中酶活性。或者按照方案 1 的附加方案中介绍的组化染色方法操作。
    - 如果使用绿色荧光蛋白表达载体，在 450～490 nm 光照下用显微镜检测细胞。
    - 如果使用其他基因产物，则通过体内代谢标志物进行放射免疫、免疫印渍、免疫沉淀或测定细胞提取物的酶活性来分析新合成蛋白。

    为减小不同培养皿之间转染效率的差异，最好①用每一构建体转染数个培养皿；②孵育 24 h 后用胰酶消化细胞；③将细胞汇集起来；以及④重铺细胞于数个培养皿上。

11. 分离稳定转染体：用完全培养基培养 48～72 h 后，胰酶消化细胞，用适当的选择性培养基重铺细胞。每 2～4 天换液一次，持续 2～3 周，目的是去除死细胞残骸，并允许抗性细胞克隆生长。此后，克隆、繁殖独立克隆以用于检测［方法见 Jakoby and Pastan 1979 或 Spector et al. 1998b（《细胞实验手册》的第 86 章）］。

    用预冷的甲醇固定细胞 15 min，然后室温下用 10%Giemsa 染色 15 min，流水冲洗，这样可以记录细胞克隆数目。Giemsa 染液应在使用前用磷酸盐缓冲液或水新配置，用 Whatman 1 号滤纸过滤。

方案 6　生物粒子介导的 DNA 转染　　16.37

尽管已经存在多种有效的将外源 DNA 导入细胞的方法，但对于某些类型的细胞、组织和胞内细胞器，外源 DNA 仍然无法进入。这一问题对植物细胞尤其严重。康奈尔大学的 John Sanford 与 Ed Wolf 及其同事发明的“基因枪”在很大程度上解决了这一问题。植物基因研究人员对基因枪尤其感兴趣，因为传统的方法很难将外源 DNA 导入植物细胞。基因枪通过用 DNA 包被的金属粒子在细胞厚壁上打个洞而有效地解决这一问题。虽然开始时，其他科学家提出大量疑问，但 Sanford 与 Wolf 还是发表了文章(Klein et al. 1987，Shark et al. 1991，Smith et al. 1992，Sanford et al. 1993)，并就基因枪及其作为运输 DNA 进入细胞的工具获得了专利，并成立了以 Biolistics 命名的公司。这一方法使植物基因学发生了革命性的变革，世界上大多数转基因作物都是通过生物粒子技术生产的。Sanford 在他博爱机构的出版物中对 Sanford 与 Wolf 的艰苦工作及其工作所带来的科学与商业意义做了精彩描述（Feed My Sheep Foundation, Waterloo, New York)。

通过生物粒子将外源 DNA 导入细胞的效率由多种因素决定，包括：

- 细胞类型　　从细菌到植物，甚至活的啮齿动物的肝细胞都曾成功地利用 DNA 包被的微弹轰击过。不同类型的细胞，实验条件不同。
- 细胞生长　　培养细胞的密度影响其转染频率，某些情况下（将 DNA 导入胞内细胞器）较低密度的细胞转染效率高，有些情况下（如巨大芽孢杆菌做靶细胞）

较高密度的细胞转染效率高。有些细胞最好在对数生长早期转染，而有些细胞则需要生长到饱和状态。

- *培养基* 许多细菌与植物细胞在利用生物粒子转染时，如果生长在高渗培养基中会显著提高转染效率。可以使用山梨醇与/或甘露醇，其浓度在 0.05～1.5 mol/L，不同类型的细胞其最佳渗透压与浓度不同。
- *基因枪设置* 重要参数包括射击室内的真空度、驱动 DNA 包被粒子的氦压、枪离靶细胞的距离。

16.38
- *基因枪类型* 用不适当的大直径金或钨粒子轰击细胞器所产生的结果往往是混乱的，不同细胞所需粒子直径不同，范围从适于细胞器的 0.6 μm 至适于哺乳动物细胞的 1.6 μm。用金或钨制作的粒子一般用于将 DNA 导入细胞，每种金属有各自的特性。钨粒子大小不规则，对某些细胞有毒性，而且易于氧化，容易导致 DNA 降解。金的毒性较小，延展性好，易于制备成适当直径的规则粒子。但是与钨相比，金与 DNA 结合的效率低，而且较贵。

与其他众多转染方法一样，生物粒子转染的效率受多种因素的影响，不同类型细胞应在各实验室通过实验确定其最佳反应条件。最好在实验的开始按照 Sanford 等的叙述(1993) 将各可变因素进行系列实验优化。利用这些实验结果，确定为达到实验目的可重复的生物粒子转染的条件。下面是根据 Horch 等（1999）、Sanford 等（1993）、主要基因枪生产商的出版物（US/EG Bulletins 1688 and 2087；Bio-Rad）以及 Steve Finkbeiner（University of California，San Francisco）建立的方法总结出来的方案。

材料

缓冲液与溶液

贮存液、缓冲液与试剂的成分见附录 1。
稀释贮存液至所需浓度。

$CaCl_2$（2.5 mol/L）

乙醇

未曾打开过的纯乙醇一瓶。乙醇有吸湿性，在空气中会吸收水分。在下述方法中，第 1、2、3 步用含水的乙醇洗涤会影响细胞与组织的有效转染。

甘油（50％水溶液）

高压灭菌。

亚精胺（0.1 mol/L）

用去离子水溶解适量亚精胺（无碱型），用 0.22 μm 滤器过滤除菌。溶液等分为小份，－20℃保存。每月制备新的贮存液。

核酸与寡核苷酸

质粒 DNA

如果是第一次用基因枪转染一种新细胞系或组织，应使用编码适当标记基因的表达质粒来优化转染条件。例如表达 *E. coli* β-半乳糖苷酶、绿色荧光蛋白、β-葡萄糖醛酸酶（植物）或如新霉素抗性等选择性标记的载体。实验过程优化后可使用表达目的基因或 cDNA 的质粒。

在生物粒子转染过程中，是否可以使用用各种含有不同量脂多糖的层析树脂纯化的质粒DNA，研究者对此意见不一。显然，即使有少量内毒素/脂多糖污染质粒DNA，转染效率也会降低。建议使用CsCl-溴化乙锭离心纯化质粒DNA（见第1章方案10）。用H_2O溶解纯化的质粒DNA至终浓度1 μg/μl。

培养基 16.39

细胞生长培养基［完全培养基与（备选）选择性培养基］

特殊设备

基因枪

通常使用Biolistic PDS-1000/He粒子转运系统，Bio-Rad公司生产，包括分隔真空与氦线连接的轰击室。需要一个能够产生5英寸汞柱的泵。通常，家用真空线不能用于此实验。固定于工作台或墙壁的高压（2400～2600 psi）氦罐（纯度>99.999%）与仪器连接。

金或钨粒子（微载体）

用于转染细胞的DNA通过直径0.6 μm至5 μm钨或金粒子转移到细胞中，对于特定的细胞或组织最佳粒子直径由经验确定。粒子从公司购买（如Bio-Rad公司或Sylvania公司）按照下述第一步制备DNA包被。

镜头纸

微量离心管（1.5 ml）

使用质量好的微量离心管。有些品牌或批次的离心管会过量结合基因枪实验中用作弹头的胶状粒子。

附加试剂

本方案第8步可能需要第17章方案7所列试剂。

细胞与组织

需转染的细胞或组织

各物种的贴壁培养细胞可在生长至50%～80%汇合度时轰击转染。悬浮生长的植物细胞用Buchner滤器Whatman 1号滤纸（直径7 cm）过滤，将收集的细胞置于浸有高渗培养基的无菌滤纸上（详情见Sanford et al. 1993）。

新解剖的哺乳动物组织切成约400 μm左右的片状，轰击前按照McAllister等（1995）介绍的方法置于培养皿中。

培养的细菌与酵母根据其种属及株于中或晚对数期离心收集，重悬于少量高渗培养基中，轰击前平铺于滤纸上的薄层琼脂上（1×10^8～2×10^9细胞），滤纸置于Petri平皿中。

方法

1. 制备钨或金粒子

   a. 称60 mg钨或金颗粒置于1.5 ml离心管中。

   b. 在颗粒中加入1 ml 70%乙醇，室温下持续振荡5 min，离心管于工作台上放置15 min。

   c. 高速离心5 s收集粒子。

   d. 轻轻弃去上清，用1 ml灭菌水重悬粒子，振荡1 min。离心管于工作台上放置

1 min。

e. 高速离心 5 s 收集粒子。

f. 再用水洗涤 3 次以上（按步骤 d 与 e）。

16.40 g. 第 4 次洗涤后弃去上清，用 1 ml 50％甘油重悬粒子。

洗涤后的粒子浓度应达到 60 mg/ml，室温下可保存 1～2 周。长时间放置会氧化，从而降低转染效率。

2. 每 6 个平皿的细胞或组织，按下述方法制备一份 DNA 包被的粒子：

a. 在持续振荡粒子贮存液的情况下，吸取 50 μl（约 3 mg）。

b. 转移至离心管中，边振荡边加入下列溶液：

质粒 DNA（约 2.5 μg）	2.5 μl
2.5 mol/L $CaCl_2$	50 μl
0.1 mol/L 亚精胺	20 μl

加入上述试剂后，再持续振荡 3 min。

此过程中持续振荡是非常必要的，可以保证 DNA 均匀包被粒子。

c. 离心管于工作台上放置 1 min 使粒子沉淀，高速离心 2 s 收集粒子。

长时间离心会导致金属粒子聚集成块，降低转染效率。

d. 弃去上清，加 70％乙醇 140 μl 于粒子沉淀上。弃去 70％乙醇，在不动粒子的情况加 100％乙醇 140 μl，弃去上清，加入 50 μl 乙醇。

e. 轻轻敲击离心管侧壁使粒子重新悬浮，轻轻振荡 2～3 s。

3. 生产商提供的固定装置将一个大载玻片固定于基因枪的金属支架上。用 6 μl 乙醇洗涤玻片 2 次，每次洗完用镜头纸擦干。

4. 振荡第 2 步的沉淀 1 min，振荡时，吸取 6 μl 悬液（约 500 μg 粒子）快速铺于载玻片中心 1 cm 范围的区域上。

5. 重复步骤 3 与 4，直至所需载玻片上均铺好粒子。使含 DNA 包被粒子的乙醇悬液在载玻片上干燥。

6. 载玻片置于基因枪上，按照操作说明轰击细胞平皿或组织片。

7. 当气压恢复至大气压时，移开损伤的细胞或组织，将其置于适当的培养条件下。弃去断裂的载玻片，重复步骤 6 与 7，直至所有平皿均受到轰击。

16.41 8. 如要获得稳定转化，直接进行第 9 步。如要瞬时表达，则于轰击 24～96 h 后用下述方法之一检测细胞：

- 如果使用的是表达 *E. coli* β-半乳糖苷酶的质粒 DNA 按第 17 章方案 7 所列操作步骤检测细胞裂解液中酶活性。或者按照本章方案 1 的附加方案中介绍的组化染色方法操作。
- 如果使用绿色荧光蛋白表达载体，在 450～490 nm 光照下用显微镜检测细胞。
- 如果使用表达 β-葡萄糖醛酸酶的质粒 DNA，按照后面附加方案：单层细胞组化染色鉴定 β-葡萄糖醛酸酶中介绍的方法检测 β-葡糖醛酸酶活性。
- 如果表达的是其他基因产物，则通过体内代谢标志物进行放射免疫、免疫印渍、免疫沉淀或测定细胞提取物的酶活性来分析新合成蛋白。

为减小不同培养皿之间转染效率的差异，最好①用每一构建体转染数个培养皿；②孵育 24h 后用胰酶消化细胞；③将细胞汇集起来；以及④重铺细胞于数个培养皿上。

9. 分离稳定转染体：用完全培养基培养 48～72 h 后，将受轰击的细胞转移至选择性培养基。选择性试剂的浓度与培养条件根据细胞类型而定。

附加方案：单层细胞组化染色鉴定 β-葡萄糖醛酸酶 16.42

由于植物细胞内源性水解酶水平很低，因此 β-葡萄糖醛酸酶经常用作转染植物细胞的报告基因。这种酶，包括那些与在细胞内或裂解液中可见的荧光或组化标记结合在一起的 β-葡萄糖醛酸酶，可以高效切断 β-葡萄糖醛酸链接。此方案是由 Jefferson 等（1987）的方法改进而来。

注意：标记〈!〉的材料处理方法见附录 12。

附加材料

甲醛（0.3% V/V）〈!〉

X-GlcA 溶液

10 mmol/L EDTA（pH 8.0）

100 mmol/L 磷酸钠

0.5 mmol/L 铁氰化钾〈!〉

0.1%（V/V）Triton X-100

0.5 mg/ml X-GlcA（5-溴-4-氯-3-吲哚-β-D-葡萄糖醛酸）

X-GlcA（Sigma 公司）加入缓冲液前用少量 DMSO 溶解。

甘露醇（0.3mol/L）

MES（10 mmol/L，pH 5.6）

NaH_2PO_4（50 mmol/L）

方法

1. 移去培养基，用适量 X-GlcA 溶液覆盖植物细胞或组织。

   对于某些植物组织，在加入 X-GlcA 溶液前固定组织有助于加强 β-葡萄糖醛酸酶染色的强度。将组织在 0.3%（V/V）甲醛/ 10mmol/L MES（pH 5.6）/ 0.3 mol/L 甘露醇中放置 30～60 min，用 50 mmol/L NaH_2PO_4 洗涤数次，然后覆盖上 X-GlcA 染色液。

2. 37℃孵育培养皿 12～24 h。

3. 在光学显微镜下观察细胞并计算蓝色细胞或蓝色细胞簇的数目。摄取了表达 β-葡萄糖醛酸酶的质粒并合成此酶的细胞呈深蓝色。

   各培养皿中蓝色斑点的数目最多只能看作对转染效率的半定性估算。此数目在基因枪实验中优化实验条件时很有价值，但不能代表基因表达的定量值。如果需要对基因表达定量，最好用一种荧光 β-葡萄糖醛酸酶底物与转染细胞或组织的裂解物建立体外生化检测方法。建立此类方法的具体说明见 Jefferson 等（1987）的文章。

方案 7　利用 Polybrene 进行 DNA 转染 16.43

对其他转染方法不敏感的细胞系可以在促进 DNA 转染进细胞的 DMSO 的存在情况下利用几种聚阳离子，包括 Polybrene（1，5-dimethyl-1，5-diazaundecamethylene polymethobromide）(Kawai and Nishizawa 1984，Chaney et al. 1986)与聚-L-鸟氨酸（Bond and Wold 1987，Dong et al. 1993，Nead and McCance 1995）进行转染。

DMSO 促进 DNA 摄取的机制不太明确，可能是通过增加细胞膜通透性与渗透休克造成的。在某些使用 Polybrene 的实验（如见 Ogawa et al. 1988）中，可用含 5%～7% NaCl 的溶液代替 DMSO。Polybrene 转染实验中，DNA 毒性并不是问题。但使用高浓度

DNA 时，DNA 浓度与转染效率之间的线性关系会被打破（Kawai and Nishizawa 1984）。

> 影响 Polybrene 转染效率的因素有 DMSO 浓度、聚阳离子浓度、DNA 的量、DMSO 孵育的温度、细胞与聚阳离子-DNA 混合物接触的时间（Bond and Wold 1987，Aubin et al. 1988，Nead and McCance 1995）。最开始此方法是用鸡胚成纤维细胞为靶细胞，用 30% DMSO 与 30μg Polybrene 得到较高转染水平。不同细胞系需要探索这些试剂的不同用量。
>
> - 用 27% DMSO 可使人上皮角化细胞得到高水平稳定转染（Jiang et al. 1991）。
> - 鼠 NIH-3T3 细胞在 15% DMSO 时稳定转染（Aubin et al. 1988，1997），但 25% DMSO 时得到较高水平的瞬时转染。
> - 用 12 μg/ml 聚-L-鸟氨酸孵育 6 h，然后用 25% DMSO 休克 4 min，可转染人角化细胞（Nead and McCance 1995）。

下面讲述的 Polybrene 与 DMSO 转染的方法是 Aubin 等（1997）方法的改进。利用此方法可以有效地将质粒 DNA 转染中国仓鼠卵巢细胞与角化细胞，产生的转化体比磷酸钙-DNA 沉淀物方法的多 15 倍。但是使用高分子量 DNA 时两种方法的转染效率无明显差别。

16.44 材料

注意：标记〈!〉的材料处理方法见附录 12。

缓冲液与溶液

贮存液、缓冲液与试剂的成分见附录 1。
稀释贮存液至所需浓度。

DMSO（30%）/含血清培养基〈!〉

第 3 步使用 DMSO 前，将高效液相（HPLC）纯或组织培养纯的 DMSO 加入含血清的细胞生长培养基中至终浓度 30%（V/V）。

Giemsa 染液（10% m/V）

使用前用磷酸缓冲盐或水配制，用 Whatman 1 号滤纸过滤。

甲醇〈!〉

Polybrene（10 mg/ml）

用水溶解 Polybrene（Aldrich）至终浓度 10 mg/ml，用 0.22 mm 的滤器过滤除菌，分装成小等份（0.25 ml），−20℃保存备用，使用后丢弃。

丁酸钠（500 mmol/L）（备选）

在化学通风橱内，用 10 mol/L NaOH 调节丁酸钠贮存液至 pH 7.0。用 0.22 μm 的滤器过滤除菌，分装成 1 ml 的等份，−20℃保存。

核酸与寡核苷酸

要转染的 DNA，如质粒 DNA，用水溶解至 1 μg/μl。

培养基

最低基础培养基（MEM）-α（含 10% 胎牛血清的培养基，不含血清的培养基与选择性培养基）

特殊设备

组织培养皿（90 mm）

此方法适用于用 90 mm 培养皿培养细胞。如果使用其他多孔板、细胞瓶或其他直径的培养皿，按比例改变细胞浓度与试剂的用量。见表 16-3。

附加试剂

本方案第 6 步可能需要第 17 章方案 7 或方案 1 辅助方案所列试剂。

细胞与组织

指数生长的哺乳动物细胞

方法

1. 通过胰酶消化收集细胞（如 CHO 细胞），将每 5×10^5 细胞用 10 ml 含 10% 胎牛血清的 MEM-α 培养基平铺于 90 mm 组织培养皿上。于含 5%～7% CO_2 的 37℃ 温箱培养细胞 18～20 h。
2. 用 3 ml 温热的含血清、DNA（5 ng～40 μg，无载体 DNA）、30 μg Polybrene 的培养基替换原来的培养基。先将 DNA 与培养基混匀再加入 10 mg/ml Polybrene。细胞继续孵育 6～16 h。孵育早期阶段每 90min 摇动培养皿一次，使细胞均匀接触 DNA-Polybrene 混合物。 16.45
3. 吸去含 DNA-Polybrene 的培养基，加 5ml 含 30% DMSO、含血清的培养基。轻轻摇动培养基，使细胞均匀接触溶液，培养皿置于孵箱中。
4. 孵育 4 min 后，从孵箱中取出培养皿，快速吸去 DMSO 培养基。用无血清的温热培养基洗涤细胞一至两次，加入含 10% 胎牛血清的完全培养基。如果需要丁酸钠促进转染，则继续步骤 5，如果不需要，则在含 5%～7% CO_2 的 37℃ 温箱培养细胞 48 h。然后直接进行步骤 6（检测瞬时转染）或 7（稳定转染）。

   DMSO 处理的细胞易于脱落，因此在弃去含溶剂的培养基及加入新培养基时应尽可能动作轻柔，比如，每次换液时沿着培养皿侧壁吸培养基。
5. (选作) 为了促进 DMSO 与 Polybrene 处理过的细胞的转染：

   a. 在培养基中加入 500 mmol/L 丁酸钠至终浓度 2.5～10 mmol/L。

   丁酸钠的确切浓度要根据细胞类型而定。

   b. 在含 5%～7% CO_2 的 37℃ 温箱培养细胞 20～24 h。

   c. 弃去含丁酸钠的培养基，换成含 10% 胎牛血清的无丁酸培养基。细胞于孵箱内培养。

   丁酸钠可促进 DMSO 处理过的细胞的瞬时（不能持久）表达某种重组质粒（Aubin et al. 1997），尤其是在猿与人细胞中的携带 SV40 早期启动子/增强子的质粒（Gorman et al. 1983a）。

6. 如果要稳定转染细胞，直接进行第 7 步。如果要瞬时表达则按照下述方法在转染 1～2 天后检测细胞：
   - 如果使用的是表达 *E.coli* β-半乳糖苷酶的质粒 DNA 按第 17 章方案 7 所列操作步骤检测细胞裂解液中酶活性。或者按照本章方案 1 的附加方案中介绍的组化染色方法操作。
   - 如果使用绿色荧光蛋白表达载体，在 450～490 nm 光照下用显微镜检测细胞。
   - 如果表达的是其他基因产物，则通过体内代谢标志物进行放射免疫、免疫印渍、免疫沉淀或测定细胞提取物的酶活性来分析新合成蛋白。

   为减小不同培养皿之间转染效率的差异，最好①用每一构建体转染数个培养皿；②孵育 24 h 后用胰酶消化细胞；③将细胞汇集起来；以及④重铺细胞于数个培养皿上。

16.46 7. 分离稳定转染体：用非选择性培养基培养细胞 48 h［使转移的基因表达（第 4 步）］后，胰酶消化细胞或用适当的选择性培养基重铺细胞，也可以直接将选择性试剂加入培养基中。每 2～4 天换液一次，持续 2～3 周，目的是去除死细胞残骸，并允许抗性细胞克隆生长。

8. 此后，克隆、繁殖独立克隆以用于检测［方法见 Jakoby and Pastan 1979 或 Spector et al. 1998b（《细胞实验手册》的第 86 章）］。

   用预冷的甲醇固定细胞 15 min，然后室温下用 10%Giemsa 染色 15 min，流水冲洗，这样可以记录细胞克隆数目。Giemsa 染液应使用前用磷酸盐缓冲液或水新鲜配制，用 Whatman 1 号滤纸过滤。

16.47

信息栏

共转化

分析转化基因的功能和表达需要 DNA 稳定转染至宿主染色体。进入细胞后，有些核酸从胞质进入核内。根据细胞类型，至多 80% 的细胞以瞬时方式表达转染的基因。有时转染后头几个小时内，进入细胞内的 DNA 通过一系列非同源性分子间重组与连接形成巨大的串联结构最终整合进细胞染色体。每一细胞通常含有一个这种大小超过 2Mb 的包装（Perucho et al. 1980）。可以据此分离出稳定的细胞系。转化效率根据细胞系不同而有很大区别。最好的情况是 10^3 个初始转染细胞中有大约 1 个可以稳定表达转染 DNA 的细胞。

由于摄取、整合与表达外源 DNA 是小概率事件，通常根据新表型筛选稳定转染体。一般情况下，这种表型由共同转染的编码抗生素抗性的基因提供。表达一个 DNA 分子上的基因标记的细胞经常也表达另一 DNA 分子携带的基因标记。因此，稳定表达选择性标记（如抗生素抗性）的细胞很可能也表达载体 DNA 上的其他 DNA 序列。这种物理上不相连的基因被整合到同一整合序列并在同一转化细胞内表达的现象叫做共转化。

第一个被广泛用于在哺乳动物细胞内筛选的基因是一种编码病毒（单纯疱疹病毒）胸苷激酶（TK；Wigler et al. 1977）的基因。虽然许多哺乳动物细胞系表达胸苷激酶，但也筛选到数种在 5-溴尿嘧啶（BrdU）存在的条件下生长的 TK^- 系。当基因稳定整合到缺乏胸苷激酶的宿主细胞基因组时，病毒基因赋予细胞 TK^+ 表型，使细胞可以在氨喋呤存在的条件下生长（有关筛选原则的讨论见信息栏中稳定转染的筛选试剂）。因此，此方法在将外源基因导入细胞时，共转化编码 *tk* 基因的质粒（Perucho et al. 1980, Robins et al. 1981）。在产生 tk^- 突变体中的困难与附加问题促进了对其他筛选方案的研究。因此，用其他方法进行共转化筛选的可能性得到广泛研究，获得了表达可赋予哺乳动物细胞药物抗性的细菌蛋白的载体。例如，这些筛选标记包括氨基葡萄糖苷磷酸转移酶（对 G418 或新霉素有抗性）、潮霉素-B 磷酸转移酶（对潮霉素-B 有抗性）、黄嘌呤-鸟嘌呤磷酸核糖转移酶（对霉酚酸、氨喋呤有抗性）与嘌呤霉素-*N*-乙酰基转移酶（对嘌呤霉素有抗性）。所有这些方法都在建立哺乳动物细胞稳定转化体系中获得极大成功。

除了提供将外源基因稳定导入哺乳动物细胞的方法，还经常需要增加筛选条件的严格性以获得转染基因的高水平表达。可以通过增加靶基因与抗性基因拷贝数或共扩增二者而增强表达。与某种标记物基因共转染（整合后相距很近）的靶基因在筛选时与标记基因共同扩增的机率很高。因此，由于接触高水平氨甲喋呤而导致二氢叶酸还原酶（*dhfr*）基因的扩增可用于过表达共转染的外源基因（Schimke 1984）。同样，编码腺苷脱氨酶（ADA）的基因可以通过逐步提高 2′-脱氧助间型霉素的浓度而得以扩增（dCF; Kaufman et al. 1986）（有关基因扩增的详情见 Stark and Wahl 1984）。

有关筛选原则与条件的进一步说明见信息栏稳定转染的筛选试剂。

稳定转染的筛选试剂 16.48

抗生素抗性可以有效的筛选共转化体，有时候也会驱动基因扩增。

氨喋呤

- 作用模式　胸苷激酶催化从胸苷合成 dTTP 的辅助通路。正常生长条件下不需要此酶，细胞利用 dCDP 合成 dTTP。但在氨喋呤（二氢叶酸的类似物）存在时，细胞不能通过正常途径合成 dTTP，因此需要胸苷激酶利用辅助通路合成 dTTP。
- 筛选条件　缺乏内源性胸苷激酶活性的细胞，在补充了 100 μmol/L 次黄嘌呤、0.4 μmol/L 氨喋呤、16 μmol/L 胸苷与 3 μmol/L 甘氨酸的完全培养基（HAT 培养基）中培养。

G418

- 作用模式　这种氨基糖类抗生素的结构与新霉素、庆大霉素、卡那霉素相似，是稳定转染最常用的选择试剂。G418 及其同类药物通过干扰核糖体功能而阻断蛋白质合成。细菌 Tn*5* 转座子序列携带的氨基糖苷磷酸转移酶，将 G418 转变成无毒性形式。
- 筛选条件　由于各真核细胞系对此抗生素敏感度不同（有些细胞系完全抵抗此抗生素），各新细胞系或株稳定转染时杀死非稳定转染细胞所需用量需要通过实验优化。最适用量通过建立细胞死亡曲线来决定。在这种实验中，携带 G418

抗性的质粒（如 pSV2*neo* 或 pSV3*neo*；Southern and Berg 1982）转染进细胞，用不同浓度的 G418 作用细胞。经过 2～3 周的筛选后，通过肉眼观察或用 Giemsa 或龙胆紫染色后进行克隆计数而确定导致产生最多克隆的 G418 浓度。

商业化制备的 G418 活性抗生素浓度不同，一般纯度为 50% 左右。因此，每一批次的 G418 在用于组织培养前应先滴度，尽管如此特性明确的细胞系 G418 的最佳用量还是稳定的。表 16-5 列出了几个常用细胞系所需 G418 的最佳用量。

表 16-5　G418 选择浓度范围

细胞系或机体	G418 浓度（μg/ml）
中国仓鼠卵巢细胞	700～800
Madin-Darby 犬肾细胞	500
人上皮 A431 细胞	400
猿 CV-1 细胞	500
盘基网柄菌属	10～35
植物	10
酵母	125～500

16.49 **表 16-6　潮霉素 B 选择浓度**

机体	潮霉素 B 抑制浓度	参考文献
大肠杆菌	200 μg/ml	Gritz and Davies（1983）
酿酒酵母	200 μg/ml	Gritz and Davies（1983）
哺乳动物细胞	12～400 μg/ml，根据细胞系而定	Sugden et al.（1985） Palmer et al.（1987）

潮霉素 B〈!〉

- 作用模式　潮霉素 B 是吸水链霉菌（*Streptomyces hygroscopicus*）产生的氨基环多醇抗生素（Pittenger et al. 1953）。潮霉素 B 通过干扰转位（Cabañas et al. 1978；Gonzalez et al. 1978）与在体内外引起错误翻译而抑制真核细胞与原核细胞内蛋白质合成（Singh et al. 1979）。

　　一种编码 341 个氨基酸残基、灭活抗生素的潮霉素 B 磷酸转移酶（Rao et al. 1983）的质粒基因已被鉴定与测序（Gritz and Davies 1983）。这种基因已用作大肠杆菌筛选标记，与适当的启动子构建成嵌合基因可作为酿酒酵母（Gritz and Davies 1983，Kaster et al. 1984）、哺乳动物细胞（Santerre et al. 1984，Sugden et al. 1985）与植物（van den Elzen 1985，Waldron et al. 1985）的主要筛选标记。

- 筛选条件　抑制各种机体生长所需抗生素浓度见表 16-6。

氨甲喋呤（MTX）〈!〉

- 作用模式　氨甲喋呤是二氢叶酸的类似物，强烈抑制催化嘌呤生物合成的二氢叶酸还原酶（DHFR）。提高氨甲喋呤水平可导致编码 DHFR 的基因的扩增并提高其表达水平。因而此系统在扩增共转染基因时非常有效（Simonsen and Levinson 1983）。

- 筛选条件　培养基需要补充 0.01～300 μmol/L 的氨甲喋呤。

霉酚酸

- 作用模式　霉酚酸是一种具有抗生素特性的弱二价酸，特异性地抑制在哺乳动物细胞内将肌苷（IMP）转化成黄嘌呤单磷酸（XMP）的肌苷脱氢酶的活性。这种对鸟苷单磷酸（GMP）合成的阻断可通过给细胞补充黄嘌呤与 *E. coli* 功能 *gpt* 基因而去除，*gpt* 基因编码黄嘌呤-鸟嘌呤-磷酸核糖转移酶，可将黄嘌呤转化成 XMP。因此 *E. coli gpt* 基因可在酶酚酸存在的条件下作为共转染任何类型的哺乳动物细胞的主要选择性标记（Mulligan and Berg 1981a，b）。加入阻断内源性嘌呤生物合成通路的氨喋呤后筛选效果会更好（详情见 Gorman et al. 1983b）。
- 筛选条件　抑制哺乳动物细胞生长的抗生素浓度约为 25 μg/ml。

嘌呤霉素

- 作用模式　作为氨酰基 tRNA 的类似物，嘌呤霉素通过导致不成熟链的终止而抑制蛋白质合成。嘌呤霉素-*N*-乙酰基转移酶使抗生素乙酰化而灭活（de la Luna et al. 1988）。
- 筛选条件　抑制哺乳动物细胞生长的抗生素浓度范围为 0.5～10 μg/ml，对许多转化的细胞系而言，2μg/ml 的浓度可有效地发挥作用。

脂染 16.50

转染是用于将外源基因导入哺乳动物细胞的一系列技术的通用名称。在基本方法的基础上产生了多种变异的方法，但这些方法仍拥有共同的原则：DNA 通过脂类包被而转染，这些脂类或者直接与细胞质膜相互作用（Bangham 1992），或者通过非受体介导的内吞作用进入细胞（Zhou and Huang 1994，Zabner et al. 1995），推测这可能是在内吞小体内进行膜融合的前奏（Pinnaduwage et al. 1989，Leventis and Silvius 1990，Rose et al. 1991）。但是，与其他转染方法一样，脂染只有很小比例的脂质体将其携带的 DNA 带入核内（Tseng et al. 1997）。通过显微镜观察，大部分 DNA 仍与细胞膜成分结合，不能进入细胞质并转移至核内（Zabner et al. 1995）。然而，在能发挥最大作用时，脂染可比用磷酸钙等聚阳离子沉淀更有效地将 DNA 导入细胞内，而且所花费用比电穿孔少。

与其他转染技术一样，脂染并非万灵丹，不论外源 DNA 是瞬时表达还是稳定转染，不同细胞系的效率有很大差异。不同类型的细胞对同一脂染方案在一定范围内呈现定量反应。不同脂染方案对同一细胞系的作用效果却可能相去甚远。但是，对许多标准方法作用效果极差的情况脂染效果很好，例如转染原代培养物或分化细胞的培养物（如见 Thompson et al. 1999)，或将高分子量 DNA 导入标准细胞系（如见 Strauss 1996)。因此，脂染是在体外将基因导入分化细胞时以及旧的转染方法不奏效时的首选方法。

脂染的化学

常用的脂质体转染试剂有两类：阴离子与阳离子试剂。阴离子脂质体转染，20 世纪 70 年代末首次用于将 DNA 与 RNA 以生物活性形式导入细胞，要求将 DNA 包裹在人工薄层脂质体内部的水相空间内（早期工作见 Fraley and Papahadjopoulos 1981, 1982；Fraley et al. 1981；Straubinger and Papahadjopoulos 1983)。但是，这种技术没有以其基本方式被广泛应用，可能是由于太耗费时间，而且对于非脂类化学专家，实验重复性也存在问题。

目前脂染技术的广泛应用是基于 Peter Felgner 发现阳离子脂类与 DNA 自动形成可与细胞膜融合的单层外壳（Felgner et al. 1987；Felgner and Ringold 1989)。DNA-脂类复合体的形成是由于脂类的头部基团之间的离子相互作用，脂类的头部基团携带很强的正电荷，可中和 DNA 磷酸基团的负电荷（见图 16-1)。

第一代阳离子脂类是单离子双链的两性分子，有带正电荷的四个氨基头部基团，通过醚键或酯键与脂类骨架相连。这样的单阳离子脂类存在两个问题：对许多哺乳动物细胞与昆虫细胞有毒性，其促进转染的能力仅限于少数细胞系（Felgner et al. 1987, Felgner and Ringold 1989)。后来的阳离子脂类为聚阳离子，宿主范围很广泛，比其前代毒性减小（综述见 Gao and Huang 1993)。大多数情况下，制备用于转染的阳离子脂类是合成的阳离子脂类与融合脂类（磷脂酰乙醇胺或 DOPE）的混合物。表 16-4 介绍了数种可用于转染的阳离子脂类与聚阳离子脂类。根据脂类混合物的组成，要转染的 DNA 组成由脂双层与水化 DNA 交互的多层结构，或者，组成蜂巢结构中的六角柱状（Labat-Moleur et al. 1996, Koltover et al. 1998)。蜂巢结构中的每一柱或管由水化 DNA 分子作为中心核，周围是脂类单层的六角外壳。模式系统的实验表明蜂巢形式的排列比多层结构能够更有效地使 DNA 穿越脂双层。

16.51 为数众多的脂染体

脂类与 DNA 形成易转染结构的特性也存在负面效果。其中主要的问题是毒性，表现为细胞聚集在一起，从壁上脱落。另外，脂染易于受到血清中的脂肪与脂蛋白以及细胞外基质中带电成分，如硫酸软骨素等的干扰（Felgner and Holm 1989)。许多研究者对阳离子与中性脂类进行系统的改进以期克服这些缺点（如见 Behr et al. 1989, Felgner et al. 1994)，结果获得了大量有效的脂染试剂。但是，这些试剂，其中许多都可购买到，作用于不同类型的细胞的效率相差悬殊。尽管很少有关于转染效率的直接比较，但生产脂染试剂的公司都提供使用他们生产的特殊产品就可以有效地转染的细胞系的目录。这些复合物对不同细胞系的毒性不同，跟其他试剂一样，许多细胞均可以按照其阳离子脂类：DNA 的最佳比例与阳离子脂类的最佳用量而用脂染试剂进行转染（如见 Felgner et al. 1987, Ho et al. 1991, Farhood et al. 1992, Harrison et al. 1995)。

脂染的优化

除了阳离子与中性脂类的化学组成，还有若干个影响脂染效率的因素，其中包括：

- *细胞培养物的起始密度* 细胞单层应处于中对数期，汇合度为 40%～75%。
- *每一培养皿所加 DNA 的量* 所需 DNA 的量根据其浓度而定，要获得报告基因的最大信号，DNA 的量最少要 50 ng，最多 40 μg。
- *培养细胞所用的培养基与血清。*
- *阳离子脂类-DNA 复合体处理细胞的时间* 从 0.1 h 至 24 h 不等。
- *DNA 的纯度* DNA 尽量用水溶解而不要用含 EDTA 的缓冲液。脂染用的质粒不应含细菌脂多糖，最好用阴离子交换树脂层析或 CsCl-溴化乙锭密度梯度离心纯化。

所有这些因素都应进行优化以实现靶细胞系的最大转染频率。

磷酸钙-DNA 沉淀物转染哺乳动物细胞 16.52

DNA 可以通过与磷酸钙形成共沉淀的形式进入许多培养的哺乳动物细胞系。通过内吞作用进入细胞后，有些共沉淀从内吞小体或溶酶体中出来进入胞质中，然后再移至细胞核内。根据细胞类型的不同，可有 50% 的细胞瞬时表达转染的基因。整合有外源基因的转化细胞可以筛选出来，但转染频率要低得多。不同细胞系之间的转染效率相差很多。最好的情况下，10^3 个细胞中会有 1 个稳定表达转染的 DNA 携带的选择性标记。

Frank Graham 与 Alex van der Eb（1973）首次利用磷酸钙介导的 DNA 转染方法将腺病毒与 SV40 DNA 导入贴壁细胞中。Graham 与 van der Eb 研究出磷酸钙 DNA 共沉淀形成及其作用于细胞的最佳条件。他们的工作为将克隆的 DNA 通过生物化学方法转化遗传标记的鼠细胞奠定了基础（Maitland and McDougall 1977, Wigler et al. 1977）；为克隆 DNA 在多种哺乳动物细胞中瞬时表达奠定了基础（如见 Gorman 1985）；并为分离与鉴定细胞癌基因、肿瘤抑制基因及其他哺乳动物单拷贝基因奠定了基础（如见 Wigler et al. 1978, Perucho and Wigler 1981, Weinberg 1985, Friend et al. 1988）。但是，Graham 与 van der Eb 从未因他们的发现而得到任何经济利益。而 Wigler、Axel 及其同事在 1983 年因为利用磷酸钙方法共转染非连接的 DNA 片段而得到赚钱的专利（见信息栏共转化）。

文献中磷酸钙-DNA 沉淀物的制备程序各不相同。有些方法除了轻轻搅动外反对任何其他做法，并建议用例如电动移液器的装置混合 DNA 与磷酸钙缓冲液而形成气泡。而其他方法则提倡加入 DNA 溶液时要慢慢混匀，然后轻轻振荡。不论选用哪种技术，其目的是避免产生粗糙的沉淀而影响其被细胞内吞后的作用效率。除了混合的速度，下列因素也影响转染效率：

- *DNA 的大小与浓度* 共沉淀中包含的高分子量基因组 DNA 会提高小分子 DNA（如质粒）的转染效率（如见 Chen and Okayama 1987）。转染后，小分子 DNA 很快整合到载体 DNA 上，经常形成头尾相接的排列，然后再整合到宿主细胞的染色体中（Perucho and Wigler 1981）。

- 缓冲液的确切 pH 值及钙离子与磷酸根离子的浓度（Jordan et al. 1996）　有些研究者制备了若干批 HEPES-缓冲盐，其 pH 范围在 6.90～7.15 之间，测试了各批磷酸钙-DNA 沉淀的质量及其转染效率。
- 转染促进剂的使用　用甘油（Parker and Stark 1979）、氯喹（Luthman and Magnusson 1983）、可购买到的“转染增强剂”（如见 Zhang and Kain 1996）或者某些半胱氨酸蛋白酶的抑制剂（Coonrod et al. 1997）可以提高瞬时表达和转染的效率。一般来说，这些试剂对细胞有毒性，而且对不同细胞作用效果不同。例如氯喹，一种抑制内吞小体与溶酶体酸化及抑制溶酶体蛋白酶组织蛋白酶 B 的胺类（Wibo and Poole 1974），可以促进某些类型细胞的转染，而降低另外一些细胞的转染效率（Chang 1994）。各细胞系使用转染促进剂的最佳时机、最佳时间及强度应根据多次实验经验而决定。

瞬时表达的水平主要由启动子及其顺式作用控制元素的转录强度而定。在某些特殊情况下，用激素、重金属或其他激活细胞系特定转录因子的物质处理细胞也可能增强表达水平。另外，通过用丁酸钠处理猿或人细胞可提高含有 SV40 增强子的质粒所携带的基因表达（Gorman et al. 1983a, b）。有许多公司提供适用于这些方案或其他修正方案的试剂盒（见表 16-2）。

16.53 用磷酸钙或 DEAE-葡聚糖转染 DNA 进入哺乳动物细胞存在很高的突变频率（每个基因约 1%）（Calos et al. 1983, Lebkowski et al. 1984）。这种突变仅限于转染的序列，不影响宿主细胞的染色体 DNA（Razzaque et al. 1983）。这些突变主要是碱基替换与缺失，在 DNA 进入核内不久发生（Lebkowski et al. 1984）。但是，外源 DNA 不一定要进行复制才会发生突变，因为大多数碱基替换发生在 G:C 碱基对，看上去突变前主要事件是脱氧鸟嘌呤核苷残基糖底部的糖基键水解与胞嘧啶的去氨基化作用。酸性 pH 时易于发生这些反应，多发生在 DNA 通过 pH 保持在 5 左右的内吞小体时（de Duve et al. 1974）。线性 DNA 更容易发生缺失突变（Razzaque et al. 1983, Miller et al. 1984），可能是因为线性 DNA 是核酸外切酶的最具吸引力的底物。虽然这些突变发生频率很高，但除非基因含有大量 G+C，一般很少会影响转染基因的瞬时表达。大多数关于突变率的研究应用的是 *lacI*，它由一段 750bp 的 DNA 片段编码。一个长度为 10kb 的基因，根据其 G+C 含量，有 12%或更高的突变率。

二磷酸氯喹

氯喹（F.W.=519.5），一种抑制内吞小体与溶酶体酸化及抑制溶酶体蛋白酶组织蛋白酶 B 的胺类（Wibo and Poole 1974），可以促进某些类型细胞的转染，而降低另外一些细胞的转染效率（Chang 1994）。氯喹通过抑制溶酶体酸化，阻止或延迟溶酶体水解酶降解转染的 DNA（Luthman and Magnusson 1983）。遗憾的是，氯喹的有利之处有限，并不适用于所有细胞系。事实上，氯喹虽然可以增强某些细胞的转染效率，却会降低另外一些细胞的转染效率（Chang 1994）。由于氯喹的优点与缺点的平衡点对各种细胞不同，所以无法预测氯喹在特定条件下能否增强转染效率。但是，如果转染频率过低，可以试一试氯喹是否有效。各细胞系使用的最佳时机、最佳时间及强度应根据多次实验经验而决定。一般来说，不论用磷酸钙-DNA 沉淀物处理细胞之前、过程中、之后还是DEAE-葡聚糖处理细胞过程中，二磷酸氯喹应以 100μmol/L 的终浓度处理细胞 3～5h。氯喹存在时，细胞呈小泡状。去除氯喹后，用磷酸盐缓冲液与培养基洗涤细胞 3 次，孵育 24～60h，然后检测转染 DNA 的表达。二磷酸氯喹制备成 100mmol/L 的贮存液（52mg/ml 溶于 H_2O 中），过滤除菌，用箔包裹试管，－20℃保存。

电穿孔 16.54

核酸不能自动进入细胞，需要协助才能穿过细胞壁的物理屏障进入能够进行表达和/或复制的胞内位点。电流能够可逆性地击穿细胞膜形成瞬时的水通路或膜上小孔（Neumann and Rosenheck 1972，Neumann et al．1982，Wong and Neumann 1982，综述见Zimmermann 1982，Andreason and Evans 1988，Tsong 1991，Weaver 1993）促使 DNA 分子进入胞内（Neumann et al．1982）。这种方法叫做电穿孔，经改进成为将 DNA 导入包括细菌、酵母、植物细胞与多种培养的哺乳动物细胞等多种细胞的快速、简便、有效的技术。电穿孔的主要应用优势是适用的细胞范围广，不论真核细胞还是原核细胞都能被有效转染，而且操作简便。

电穿孔的机制

由于电穿孔所伴随的细胞膜结构的改变不能同时显微镜下观察，关于电穿孔机制的理解是基于不完全的与推测的证据。由于缺少许多步骤的证据，下述模式（Weaver 1993）不过是为细胞膜电压值由约 0.1 V 增加到 0.5～1.0 V 所引发的一系列事件提供了一个可能性解释。图 16-4 展示了下列事件的顺序：

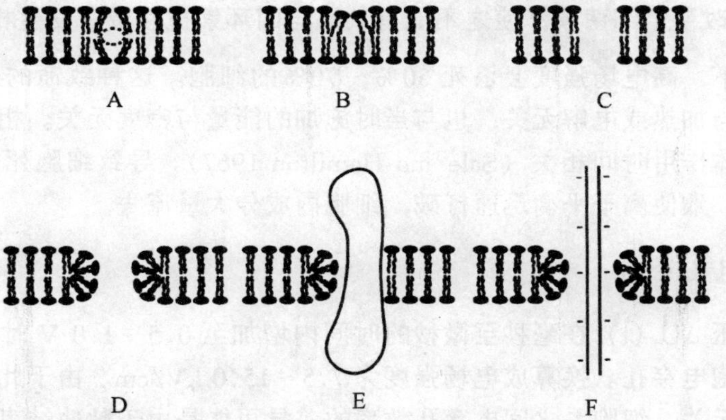

图 16-4 电穿孔过程中膜的变化

电穿孔导致的细胞膜瞬时与亚稳定状态假定结构图。（A）Fredd 波动；（B）水性突出或凹陷；（C，D）疏水孔，离子与分子可以通过，通常被称为“初始小孔”；（E）荷电大分子插入疏亲水孔。瞬时水性小孔模式假定随着 U 的增大出现了从 A→B→C 或 D 的转化。当链状大分子进入小孔时可能出现 F 型，穿膜电压显著升高，一直持续到通过小孔传导的 U 下降到很小。要强调的是这些假定结构不是直接观察到的，是通过对包括电学、光学、机械与分子转移行为等许多实验的解释而推导的。［经 Weaver 1993（Wiley-Liss，Inc 版权）同意重新绘制］

- 电穿孔的攻击引起膜凹陷然后瞬时形成直径波动在 2nm 至数纳米之间的疏水小孔。
- 某些较大的疏水孔转变成亲水性的小孔，这是由于穿膜电压增加时形成水性小孔所需的能量小，维持亲水性的小孔所需的能量远小于维持较大的疏水性小孔。因此，亲水性小孔的半衰期延长，可能会因为细胞骨架成分的附着而更稳定。这种长时间亚稳定状态的小孔使得小离子与分子在穿膜电压恢复后还可以进入或离开细胞（Rosenheck et al. 1975，Zimmermann et al. 1976，Lindner et al. 1977）。分子穿过亲水性小孔的详细机制未知，可能包括电泳（Chermodnick et al. 1990）、电内渗透、扩散与内吞作用（Weaver and Barnett 1992）。小孔的闭合表现为随机过程，将细胞保持在 0℃可延迟闭合。当小孔开放时，最多可有 0.5 pg 的 DNA 进入细胞（Bertling et al. 1987）。150 kb 的 DNA 可以轻易地通过小孔（Knutson and Yee 1987），因此看来 DNA 分子的大小并不会妨碍其进入细胞。DNA 直接进入胞质，不接触内吞小体与溶酶体的酸性环境。这种路线可能能够解释为什么与磷酸钙共沉淀或 DEAE-葡聚糖复合体方法（如见 Calos et al. 1983）相比电穿孔转染哺乳动物细胞时 DNA 突变率较低（Drinkwater and Kleindienst 1986，Bertling et al. 1987）。对 *E. coli* 而言，电穿孔是目前转染质粒的最有效的方法。通过这种方法，超过 80%的培养细胞可转化为具有氨苄青霉素抗性的细胞，据报道转化效率可达到每分子质粒 DNA 一个转化体的理论最大值（Smith et al. 1990）。但是，所得转染体的数目与标记物相关。当携带两种抗生素（氨苄青霉素与四环素）抗性基因的 pBR322 通过电穿孔导入 *E. coli* 时，四环素抗性转染体的数目比氨苄青霉素转染体的数目少 100 倍（Steele et al. 1994）。当用氯化钙方法导入质粒时不会出现这种现象。一种可能原因是电穿孔破坏或改变了细菌膜，使之不能有效地与四环素抗性蛋白发生相互作用。

16.55　一般情况下，高电场强度会杀死 50%～70%的细胞。这种致命的后果根据细胞系的不同而异，与加热或电解无关，也与当时施加的能量与密度无关。相反，细胞死亡与电场强度与整体作用时间相关（Sale and Hamilton 1967）。导致细胞死亡最可能的原因是细胞膜破裂，致使离子平衡迅速打破，细胞内成分大量流失。

电穿孔所需电力条件

当穿膜电压 ΔU（t）在毫秒至微秒的时间内增加至 0.5～1.0 V 时，几乎会诱导所有哺乳动物细胞电穿孔。换算成电场强度为 7.5～15.0 kV/cm。由于此值恒定，与细胞膜的生化性质无关，细胞系之间电穿孔效率的差异可能是由于脉冲结束后细胞膜恢复的速率与效率不同。

电场诱导的穿膜电压 ΔU（t）与转染靶细胞的直径成正比（Knutson and Yee 1987）。例如，哺乳动物细胞电穿孔所需电场强度（＜10kV/cm）小于酵母与细菌电穿孔所需电场强度（12.5～16.5 kV/cm）。大多数商用电穿孔仪器会提供使用其设备时各种细胞所需电压值的说明。

影响电穿孔效率的电脉冲特性主要有三：脉冲的长度、电场强度与形状。大多数商用电穿孔仪器使用电容性放电产生可控脉冲，其长度由电容值及介质的导电性决定。这样，就可以根据生产商的指导转换电容器或改变介质的离子强度而改变时间恒定的脉冲。当电容器的电荷经过位于两个电极之间的样品时，通过电极的电压迅速增加至峰值（V_0），并按照公式计算的时间（t）下降： 16.56

$$V_t = V_0[\mathrm{e}^{-F(t,\tau)}]$$

其中 t 是持续的时间，等于电压下降至峰值的 37% 所需时间。τ（以秒计），等于电阻（R，以欧姆［Ω］计）与电容（C，以法拉［F］计）的乘积：

$$\tau = RC$$

从这个公式可见，①通过阻抗固定的介质放电时电容越大需要的时间越长；②如果电容固定，介质的阻抗越大放电需要的时间越长。哺乳动物细胞的电穿孔通常在缓冲盐溶液或培养基中进行，使用 25.0 μF 的电容器，放电持续约 0.5 ms。

脉冲的电场强度（E）与所加电压（V）成正比，与两个电极之间的距离（d）成反比，d 一般是由脉冲通过的电转化池的大小决定的。

$$E = F(V, d)$$

大多数生产商提供 3 种尺寸的电转化池，电极间距分别是 0.1 cm、0.2 cm、0.4 cm。当 1000 V 的电压通过电转化池时，0.1 cm 规格的电转化池的 E_0 是 10 000 V/cm，0.2 cm 规格的电转化池的 E_0 是 5000 V/cm，0.4 cm 规格的电转化池的 E_0 是 2500 V/cm。

脉冲的形状由电穿孔设备设计决定。大多数商用仪器产生的波形是放电电容器的指数衰减形式。某些类型的电穿孔设备可以获得方形波，方法是快速提高电压值，使其在所需水平保持一段特定的时间（脉冲宽度），然后电压快速下降至 0。方形波可分为两类：电场强度很高、持续时间很短（一般 8 kV/cm，5.4 ms）（Neumann et al. 1982）与电场强度低、持续时间长（如，<2 kV/cm，>10 ms）（如见 Potter et al. 1984）。虽然经常有报道指出不同波形的转染效果不同（如见 Knutson and Yee 1987），但并无确切证据表明某一种波形的效果总是比其他波形好。实际上，商用电穿孔仪器产生的指数波形的转染效果很令人满意。

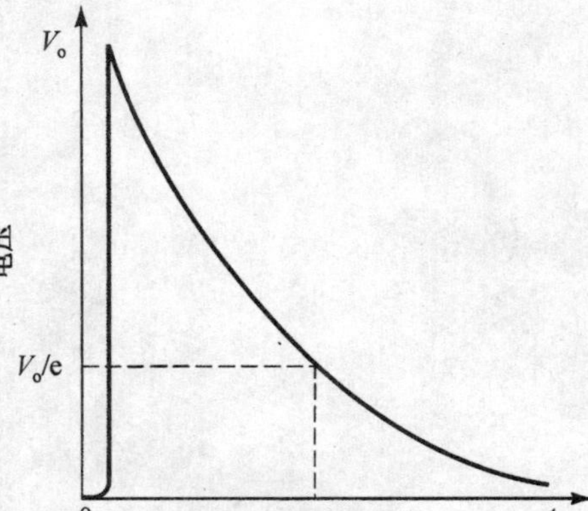

图 16-5　电穿孔过程中电场的变化

电容器放电产生的电场时间进程。V_0 代表持续的时间内电场的衰减；（τ）RC，C 是放电电容器的电容，R 是放电单位的阻抗；样品细胞的阻抗通常决定电路阻抗。（t）代表时间。

16.57 电穿孔条件的优化

与其他转染方法相比，电穿孔的最大优点是可以对很广范围的哺乳动物细胞发挥作用，包括那些其他方法难于转染的细胞系（如见 Potter et al. 1984，Tur-Kaspa et al. 1986，Chu et al. 1987）。但是，尽管有优点，对某一种细胞而言，电穿孔并不一定是导入外源 DNA 的最有效的方法。例如，DEAE-葡聚糖/DNA 方法是转染 COS 细胞的最佳方法（Kluxen and Lübbert 1993），而对其他细胞系，脂染与 Polybrene 是应选用的转染方案（如见 Jiang et al. 1991）。如果要确定电穿孔对某一特定细胞系是否有效，应采用多种电场强度与脉冲长度进行实验以确定得到最多转染体的条件。有 50 多种哺乳动物细胞的电穿孔条件已有报道，有时候阅读相关文献可以免去许多工作。大多数生产电穿孔仪器的公司会提供有关电穿孔转染的最新文章列表。这些目录是获得某一细胞系或其最近变种特性的最简便的方法。但是，由于同一细胞系与其变种之间有所差异，研究者应参照文献确定实验室细胞培养的最佳条件。

由于电场强度独立决定转染与细胞死亡（Chu et al. 1987），最好将各等份细胞置于强度逐渐增大的不同电场中，时间持续 50～200ms。每一电场测定①表达转染的报告基因（10～40μg/ml 线性质粒于电穿孔缓冲液中）的细胞数与②电场中存活的细胞比例。铺平板检测效率比活细胞染色的方法更准确，因为电穿孔后，细胞在 1 h 到 2 h 内仍可被台盼蓝等染液染色。下面是文献报道的其他影响电穿孔效率的因素。

- *电穿孔前、过程中、后细胞的温度*（如见 Potter et al. 1984，Chu et al. 1987）
  通常，电穿孔前细胞预冷至 0℃，电穿孔后将细胞保持在 0℃（使小孔保持在开放状态），然后用温热的培养基稀释铺板（Rabussay et al. 1987）。
- *DNA 的浓度与形态*（如见 Neumann et al. 1982，Potter et al. 1984，Tonneguzzo and Keating 1986）　线性 DNA 易于稳定转染；环状 DNA 用于瞬时转染。DNA 浓度最好在 1～80μg/ml 之间。
- *细胞的状态*　中对数期生长的、活跃分裂的细胞培养物转染效果最好。

李　赏　译

周晓巍　黄培堂　校

参考文献

16.58

al-Moslih M.I. and Dubes G.R. 1973. The kinetics of DEAE-dextran induced cell sensitization to transfection. *J. Gen. Virol.* **18:** 189–193.

Andreason G.L. and Evans G.A. 1988. Introduction and expression of DNA molecules in eukaryotic cells by electroporation. *BioTechniques* **6:** 650–660.

Ashman C.R. and Davidson R.L. 1985. High spontaneous mutation frequency of BPV shuttle vector. *Somat. Cell Mol. Genet.* **11:** 499–504.

Aubin R.J., Weinfeld M., and Paterson M.C. 1988. Factors influencing efficiency and reproducibility of polybrene-assisted gene transfer. *Somatic Cell Mol. Genet.* **14:** 155–167.

Aubin R.J., Weinfeld M., Taghavi M., Mirzayans R., and Paterson M.C. 1997. Highly effective delivery of foreign DNA to adherent cells via polybrene-DMSO-assisted gene transfer. *Methods Mol. Biol.* **62:** 319–342.

Bangham A.D. 1992. Lipsomes: Realizing their promise. *Hosp. Pract.* **27:** 51–62.

Baum C., Forster P., Hegewisch-Becker S., and Harbers K. 1994. An optimized electroporation protocol applicable to a wide range of cell lines. *BioTechniques* **17:** 1058–1062.

Behr J.-P., Demeneix B., Loeffler J.-P., and Perez-Mutul J. 1989. Efficient gene transfer into mammalian primary endocrine cells with lipopolyamine-coated DNA. *Proc. Natl. Acad. Sci.* **86:** 6982–6986.

Bertling W., Hunger-Bertling K., and Cline M.-J. 1987. Intranuclear uptake and persistence of biologically active DNA after electroporation of mammalian cells. *J. Biochem. Biophys. Methods* **14:** 223–232.

Bond V.C. and Wold B. 1987. Poly-L-ornithine-mediated transfection of mammalian cells. *Mol. Cell. Biol.* **7:** 2286–2293.

Cabañas M.J., Vázquez D., and Modolell J. 1978. Dual interference of hygromycin B with ribosomal translocation and with aminoacyl-tRNA recognition. *Eur. J. Biochem.* **87:** 21–27.

Calos M., Lebkowski J.S., and Botchan M.R. 1983. High mutation frequency in DNA transfected into mammalian cells. *Proc. Natl. Acad. Sci.* **80:** 3015–3019.

Chaney W.G., Howard D.R., Pollard J.W., Sallustio S., and Stanley P. 1986. High-frequency transfection of CHO cells using polybrene. *Somat. Cell Mol. Genet.* **12:** 237–244.

Chang P.L. 1994. Calcium phosphate-mediated DNA transfection. In *Gene therapeutics: Methods and applications of direct gene transfer* (ed. J.A. Wolfe), pp. 157–179. Birkhäuser, Boston, Massachusetts.

Chen C. and Okayama H. 1987. High-efficiency transformation of mammalian cells by plasmid DNA. *Mol. Cell. Biol.* **7:** 2745–2752.

———. 1988. Calcium phosphate-mediated gene transfer: A highly efficient transfection system for stably transforming cells with plasmid DNA. *BioTechniques* **6:** 632–638.

Chermodnick L.V., Sokolov A.V., and Budker V.G. 1990. Electrostimulated uptake of DNA by liposomes. *Biochim. Biophys. Acta* **1024:** 179–183.

Chu G. and Sharp P.A. 1981. SV40 DNA transfection of cells in suspension: Analysis of efficiency of transcription and translation of T-antigen. *Gene* **13:** 197–202.

Chu G., Hayakawa H., and Berg P. 1987. Electroporation for the efficient transfection of mammalian cells with DNA. *Nucleic Acids Res.* **15:** 1311–1326.

Coonrod A., Li F.-Q., and Horwitz M. 1997. On the mechanism of DNA transfection: Efficient gene transfer without viruses. *Gene Ther.* **4:** 1313–1321.

Corsaro C.M. and Pearson M.L. 1981. Enhancing the efficiency of DNA-mediated gene transfer in mammalian cells. *Somat. Cell Mol. Genet.* **7:** 603–616.

de Duve C., de Barsy T., Poole B., Tronet A., Tulkens P., and Van Hoof E. 1974. Lysosomotropic agents. *Biochem. Pharmacol.* **23:** 2495–2531.

de la Luna S., Soria I., Pulido D., Ortin J., and Jiminez A. 1988. Efficient transformation of mammalian cells with constructs containing puromycin-resistance marker. *Gene* **62:** 121–126.

Dong Y., Skoultchi A.I., and Pollard J.W. 1993. Efficient DNA transfection of quiescent mammalian cells using poly-L-ornithine. *Nucleic Acids Res.* **21:** 771–772.

Drinkwater N.R. and Kleindienst D.K. 1986. Chemically induced mutagenesis in a shuttle vector with a low-background mutant frequency. *Proc. Natl. Acad. Sci.* **83:** 3402–3406.

Duzgunes N., Goldstein J.A., Friend D.S., and Felgner P.L. 1989. Fusion of liposomes containing a novel cationic lipid, N-[2,3-(dioleyloxy)propyl]-N,N,N-trimethylammonium: Induction by multivalent anions and asymmetric fusion with acidic phospholipid vesicles. *Biochemistry* **28:** 9179–9184.

Ecker J.R. and Davis R.W. 1986. Inhibition of gene expression in plant cells by expression of antisense RNA. *Proc. Natl. Acad. Sci.* **83:** 5372–5376.

Farhood H., Bottega R., Epand R.M., and Huang L. 1992. Effect of cationic cholesterol derivatives on gene transfer and protein kinase C activity. *Biochim. Biophys. Acta* **1111:** 239–246.

Felgner J.H., Kumar R., Sridhar C.N., Wheeler C.J., Tsai Y.J., Border R., Ramsey P., Martin M., and Felgner P.L. 1994. Enhanced gene delivery and mechanism studies with a novel series of cationic lipid formulations. *J. Biol. Chem.* **269:** 2550–2561.

Felgner P.L. 1990. Particulate systems and polymers for in vitro and in vivo delivery of polynucleotides. *Adv. Drug Delivery Rev.* **5:** 163–187.

Felgner P.L. and Holm M. 1989. Cationic liposome-mediated transfection. *Focus* (Life Technologies) **11:** 21–25.

Felgner P.L. and Ringold G. 1989. Cationic liposome-mediated transfection. *Nature* **337:** 387–388.

Felgner P.L., Gadek T.R., Holm M., Roman R., Chan H.W., Wenz M., Northrop J.P., Ringold G.M., and Danielsen M. 1987. Lipofection: A highly efficient, lipid-mediated DNA-transfection procedure. *Proc. Natl. Acad. Sci.* **84:** 7413–7417.

Fraley R. and Papahadjopoulos D. 1981. New generation liposomes: The engineering of an efficient vehicle for intracellular delivery of nucleic acids. *Trends Biochem. Sci.* **6:** 77–80.

———. 1982 Liposomes: The development of a new carrier system for introducing nucleic acid into plant and animal cells. *Curr. Top. Microbiol.* **96:** 171–191.

Fraley R., Straubinger R.M., Rule G., Springer E.L., and Papahadjopoulos D. 1981. Liposome-mediated delivery of deoxyribonucleic acid to cells: Enhanced efficiency of delivery related to lipid composition and incubation conditions. *Biochemistry* **20:** 6978–6987.

Fregeau C.J. and Bleackley R.C. 1991. Factors influencing transient expression in cytotoxic T cells following DEAE dextran-mediated gene transfer. *Somat. Cell Mol. Genet.* **17:** 239–257.

16.59

Friend S.H., Dryja T.P., and Weinberg R.A. 1988. Oncogenes and tumor-suppressing genes. *N. Engl. J. Med.* **318:** 618–622.

Fromm M., Taylor L.P., and Walbot V. 1985. Expression of genes transferred into monocot and dicot plant cells by electroporation. *Proc. Natl. Acad. Sci.* **82:** 5824–5828.

———. 1986. Stable transformation of maize after gene transfer by electroporation. *Nature* **319:** 791–793.

Gao X. and Huang L. 1993. Cationic liposomes and polymers for gene transfer. *Liposome Res.* **3:** 17–30.

Gauss G.H. and Lieber M.R. 1992. DEAE-dextran enhances electroporation of mammalian cells. *Nucleic Acids Res.* **20:** 6739–6740.

Gluzman Y. 1981. SV40-transformed simian cells support the replication of early SV40 mutants. *Cell* **23:** 175–182.

Godbey W., Wu. K. Hirasaki G., and Mikos A. 1999. Improved packing of poly(ethyleneimine)/DNA complexes increases transfection efficiency. *Gene Ther.* **6:** 1380–1388.

Golub E.I., Kim H., and Volsky D.J. 1989. Transfection of DNA into adherent cells by DEAE-dextran/DMSO method increases dramatically if the cells are removed from surface and treated in suspension. *Nucleic Acid Res.* **17:** 4902.

Gonzales A.L. and Joly E. 1995. A simple procedure to increase efficiency of DEAE-dextran transfection of COS cells. *Trends Genet.* **11:** 216–217.

Gonzalez A., Jímenez A., Vázquez D., Davies J., and Schindler D. 1978. Studies on the mode of action of hygromycin B, an inhibitor of translocation in eukaryotes. *Biochim. Biophys. Acta* **521:** 459–469.

Gorman C. 1985. High efficiency transfer into mammalian cells. In *DNA cloning: A practical approach* (ed. D.M. Glover), pp. 143–190. IRL Press, Oxford, United Kingdom.

Gorman C.M., Howard B.H., and Reeves R. 1983a. Expression of recombinant plasmids in mammalian cells is enhanced by sodium butyrate. *Nucleic Acids Res.* **11:** 7631–7648.

Gorman C., Padmanabhan R., and Howard B.H. 1983b. High efficiency DNA-mediated transformation of primate cells. *Science* **221:** 551–553.

Gossen M. and Bujard H. 1992. Tight control of gene expression in mammalian cells by tetracycline-responsive promoters. *Proc. Natl. Acad. Sci.* **89:** 5547–5551.

Gossen M., Freundlieb S., Bender G., Muller G., Hillen W., and Bujard H. 1995. Transcriptional activation by tetracyclines in mammalian cells. *Science* **268:** 1766–1769.

Graham F.L. and van der Eb A.J. 1973. A new technique for the assay of infectivity of human adenovirus 5 DNA. *Virology* **52:** 456–467.

Gritz L. and Davies J. 1983. Plasmid-encoded hygromycin-B resistance: The sequence of hygromycin-B-phosphotransferase and its expression in *E. coli* and *S. cerevisiae*. *Gene* **25:** 179–188.

Harrison G.S., Wang Y., Tomczak J., Hogan C., Shpall E.J., Curiel T.J., and Felgner P.L. 1995. Optimization of gene transfer using catioinic lipids in cell lines and primary human $CD4^+$ and $CD34^+$ hematopoietic cells. *BioTechniques* **19:** 816–823.

Ho W.-Z., Gonczol E., Srinivasan A., Douglas S.D., and Plotkin S.A. 1991. Minitransfection: A simple, fast technique for transfections. *J. Virol. Methods* **32:** 79–88.

Holter W., Fordis C.M., and Howard B.H. 1989. Efficient gene transfer by sequential treatment of mammalian cells with DEAE-dextran and deoxyribonucleic acid. *Exp. Cell Res.* **184:** 546–551.

Horch H.W., Krüttgen A., Portbury S.D., and Katz L.C. 1999. Destabilization of cortical dendrites and spines by BDNF. *Neuron* **23:** 353–364.

Jakoby W.B. and Pastan I.H., eds. 1979. Cell culture. *Methods Enzymol.* vol. 58.

Jefferson R.A., Kavanagh T.A., and Bevan M.W. 1987. GUS fusions: β-glucuronidase as a sensitive and versatile gene fusion marker in higher plants. *EMBO J.* **6:** 3901–3907.

Jiang C.K., Connolly D., and Blumenberg M. 1991. Comparison of methods for transfection of human epidermal keratinocytes. *J. Investig. Dermatol.* **97:** 969–973.

Jordan M., Schallhorn A., and Wurm F.W. 1996. Transfecting mammalian cells: Optimization of critical parameters affecting calcium-phosphate precipitate formation. *Nucleic Acids Res.* **24:** 596–601.

Kaster K.R., Burgett S., and Ingolia T.D. 1984. Hygromycin B resistance as dominant selectable marker in yeast. *Curr. Genet.* **8:** 353–358.

Kaufman R.J., Murtha P., Ingolia D.E., Yeung C.Y., and Kellems R.E. 1986. Selection and amplification of heterologous genes encoding adenosine deaminase in mammalian cells. *Proc. Natl. Acad. Sci.* **83:** 3136–3140.

Kawai S. and Nishizawa M. 1984. New procedure for DNA transfection with polycation and dimethyl sulfoxide. *Mol. Cell. Biol.* **4:** 1172–1174.

Kichler A., Zauner W., Ogris M., and Wagner E. 1998. Influence of the DNA complexation medium on the transfection efficiency of lipospermine/DNA particles. *Gene Ther.* **5:** 855–860.

Kingsley D.M., Sege R.D., Kozarsky K.F., and Krieger M. 1986. DNA-mediated transfer of a human gene required for low-density lipoprotein receptor expression and for multiple Golgi processing pathways. *Mol. Cell. Biol.* **6:** 2734–2737.

Klein T.M., Wolf E.D., Wu R., and Sanford J.C. 1987. High-velocity microprojectiles for delivering nucleic acids into living cells. *Nature* **327:** 70–73.

Kluxen F.-W. and Lübbert H. 1993. Maximal expression of recombinant cDNAs in COS cells for use in expression cloning. *Anal. Biochem.* **208:** 352–356.

Knutson J.C. and Yee D. 1987. Electroporation: Parameters affecting transfer of DNA into mammalian cells. *Anal. Biochem.* **164:** 44–52.

Koltover I., Salditt T., Radler J.O., and Safinya C.R. 1998. An inverted hexagonal phase of cationic liposome-DNA complexes related to DNA release and delivery. *Science* **281:** 78–81.

Kukowska-Latello J.F., Bielinska A.U., Johnson J., Spindler R., Tomalia D.A., and Baker Jr., J.R. 1996. Efficient transfer of genetic material into mammalian cells using Starburst polyamidoamine dendrimers. *Proc. Natl. Acad. Sci.* **3:** 4897–4902.

Labat-Moleur F., Steffan A.-M., Brisson C., Perron H., Feugeas O., Furstenberger P., Oberling F., Brambilla E., and Behr J.-P. 1996. An electron microscopy study into the mechanism of gene transfer with lipopolyamines. *Gene Ther.* **3:** 1010–1017.

Lea M.A. and Randolph V.M. 1998. Induction of reporter gene expression by inhibitors of histone deacetylase. *Anticancer Res.* **18:** 2717–2722.

Lebkowski J.S., DuBridge R.B., Antell E.A., Greisen K.S., and Calos M.P. 1984. Transfected DNA is mutated in monkey, mouse, and human cells. *Mol. Cell. Biol.* **4:** 1951–1960.

Leventis R. and Silvius J.R. 1990. Interactions of mammalian cells with lipid dispersions containing novel metabolizable cationic amphiphiles. *Biochim. Biophys. Acta* **1023:** 124–132.

Lieber M.R., Hesse J.E., Mizuuchi K., and Gellert M. 1987.

16.60

Developmental stage specificity of the lymphoid V(D)J recombination activity. *Genes Dev.* **1:** 751–761.

Lindner P., Neumann E., and Rosenheck K. 1977. Kinetics of permeability changes induced by electric impulses in chromaffin granules. *J. Membr. Biol.* **32:** 231–254.

Loeffler J.-P. and Behr J.-P. 1993. Gene transfer into primary and established mammalian cell lines with lipopolyamine-coated DNA. *Methods Enzymol.* **217:** 599–618.

Lopata M.A., Cleveland D.W., and Sollner-Webb B. 1984. High level expression of a chloramphenicol acetyl transferase gene by DEAE-dextran mediated DNA transfection coupled with a dimethyl sulfoxide or glycerol shock treatment. *Nucleic Acids Res.* **12:** 5707–5717.

Luo D.L. and Saltzman W.M. 1999. Synthetic DNA delivery systems. *Nat. Biotechnol.* **18:** 33–37.

Luthman H. and Magnusson G. 1983. High efficiency polyoma DNA transfection of chloroquine treated cells. *Nucleic Acids Res.* **11:** 1295–1308.

Maitland N.J. and McDougall J.K. 1977. Biochemical transformation of mouse cells by fragments of herpes simplex DNA. *Cell* **11:** 233–241.

McAllister A.K., Lo D.C., and Katz L.C. 1995. Neurotrophins regulate dendritic growth in developing visual cortex. *Neuron* **15:** 791–803.

McCutchan J.H. and Pagano J.S. 1968. Enhancement of the infectivity of simian virus 40 deoxyribonucleic acid with diethyl aminoethyl-dextran. *J. Natl. Cancer Inst.* **41:** 351–357.

Miller J.H., Lebkowski J.S., Greisen K.S., and Calos M.P. 1984. Specificity of mutations induced in transfected DNA by mammalian cells. *EMBO J.* **3:** 3117–3121.

Mulligan R.C. and Berg P. 1981a. Selection for animal cells that express the *E. coli* gene coding for xanthine-guanine phosphoribosyltransferase. *Proc. Natl. Acad. Sci.* **78:** 2072–2076.

———. 1981b. Factors governing the expression of a bacterial gene in mammalian cells. *Mol. Cell. Biol.* **1:** 449–459.

Nead M.A. and McCance D.J. 1995. Poly-L-ornithine-mediated transfection of human keratinocytes. *J. Investig. Dermatol.* **105:** 668–671.

Neumann E. and Rosenheck K. 1972. Permeability changes induced by electric impulses in vesicular membranes. *J. Membr. Biol.* **10:** 279–290.

Neumann E., Schaefer-Ridder M., Wang Y., and Hofschneider P.H. 1982. Gene transfer into mouse lyoma cells by electroporation in high electric fields. *EMBO J.* **1:** 841–845.

No D., Yao T.P., and Evans R.M. 1996. Ecdysone-inducible gene expression in mammalian cells and transgenic mice. *Proc. Natl. Acad. Sci.* **93:** 3346–3351.

Ogawa T., Hyodo M., and Suzuki K. 1988. A new transfection method of mouse FM3A mammary carcinoma cells with plasmid DNA. *Nucleic Acids Symp. Ser.* **19:** 153–155.

Pagano J.S. and Vaheri A. 1965. Enhancement of infectivity of poliovirus RNA with diethyl-aminoethyl-dextran (DEAE-D). *Arch. Gesamte Virusforsch.* **17:** 456–464.

Palmer T.D., Hock R.A., Osborne W.R.A., and Miller A.D. 1987. Efficient retrovirus-mediated transfer and expression of a human adenosine deaminase gene in diploid skin fibroblasts from an adenine-deficient human. *Proc. Natl. Acad. Sci.* **84:** 1055–1059.

Parker B.A. and Stark G.R. 1979. Regulation of simian virus 40 transcription: Sensitive analysis of the RNA species present early in infections by virus or viral DNA. *J. Virol.* **31:** 360–369.

Patterson Jr., M.K. 1979. Measurement of growth and viability of cells in culture. *Methods Enzymol.* **58:** 141–152.

Perucho M. and Wigler M. 1981. Linkage and expression of foreign DNA in cultured animal cells. *Cold Spring Harbor Symp. Quant. Biol.* **45:** 829–838.

Perucho M., Hanahan D., and Wigler M. 1980. Genetic and physical linkage of exogenous sequences in transformed cells. *Cell* **22:** 309–317.

Picard D., Salser S.J., and Yamamoto K.R. 1988. A movable and regulable inactivation function within the steroid binding domain of the glucocorticoid receptor. *Cell* **54:** 1073–1080.

Pinnaduwage P., Schmitt L., and Huang L. 1989. Use of a quaternary ammonium detergent in liposome mediated DNA transfection of mouse L-cells. *Biochim. Biophys. Acta* **985:** 33–37.

Pittenger R.C., Wolfe R.N., Hoehn M.M., Marks P.N., Dailey W.A., and McGuire J.M. 1953. Hygromycin. I. Preliminary studies on the production and biological activity of a new antibiotic. *Antibiot. Chemother.* **3:** 1268–1278.

Ponder K.P., Dunbar R.P., Wilson D.R., Darlington G.J., and Woo S.L.C. 1991. Evaluation of relative promoter strength in primary hepatocytes using optimized lipofection. *Hum. Gene Ther.* **2:** 41–52.

Potter H., Weir L., and Leder P. 1984. Enhancer-dependent expression of human κ immunoglobulin genes introduced into mouse pre-B lymphocytes by electroporation. *Proc. Natl. Acad. Sci.* **81:** 7161–7165.

Rabussay D., Uher L., Bates G., and Piastuch W. 1987. Electroporation of mammalian and plant cells. *Focus* (Life Technologies) **9:** 1–3.

Rao R., Allen N., Hobbs J., Alborn W., Kirst H., and Paschal J. 1983. Genetic and enzymatic basis of hygromycin B resistance in *Escherichia coli*. *Antimicrob. Agents Chemother.* **24:** 689–695.

Razzaque A., Mizusawa H., and Seidman M.M. 1983. Rearrangement and mutagenesis of a shuttle vector plasmid after passage in mammalian cells. *Proc. Natl. Acad. Sci.* **80:** 3010–3014.

Reeves R., Gorman C.M., and Howard B.H. 1985. Minichromosome assembly of non-integrated plasmid DNA transfected into mammalian cells. *Nucleic Acids Res.* **13:** 3599–3615.

Reiss M., Jastreboff M.M., Bertino J.R., and Narayanan R. 1986. DNA-mediated gene transfer into epidermal cells using electroporation. *Biochem. Biophys. Res. Commun.* **137:** 244–249.

Robins D.M., Ripley S., Henderson A.S., and Axel R. 1981. Transforming DNA integrates into the host cell chromosome. *Cell* **23:** 29–39.

Rose J.K., Buonocore L., and Whitt M.A. 1991. A new cationic liposome reagent mediating nearly quantitative transfection of animal cells. *BioTechniques* **10:** 520–525.

Rosenheck K., Lindner P., and Pecht I. 1975. Effect of electric fields on light-scattering and fluorescence of chromaffin granules. *J. Membr. Biol.* **12:** 1–12.

Ryser H.J.-P. 1967. A membrane effect of basic polymers dependent on molecular size. *Nature* **215:** 934–936.

Sale A.J.H. and Hamilton W.A. 1967. Effects of high electric fields on microorganisms. I. Killing of bacteria and yeasts. *Biochim. Biophys. Acta* **148:** 781–788.

Sanes J., Rubinstein J.L., and Nicolas J.F. 1986. Use of recombinant retroviruses to study post-implantation cell lineages in mouse embryos. *EMBO J.* **5:** 3133–3142.

Sanford J.C., Smith F.D., and Russell J.A. 1993. Optimizing the

16.61

biolistic process for different biological applications. *Methods Enzymol.* **217:** 483–509.

Santerre R., Allen N., Hobbs J., Rao R., and Schmidt R. 1984. Expression of prokaryotic genes for hygromycin B and G418 resistance as dominant-selection markers in mouse. *Gene* **30:**147–156.

Schimke R.T. 1984. Gene amplification in cultured animal cells. *Cell* **37:** 705–713.

Sege R.D., Kozarsky K., Nelson D.L., and Krieger M. 1984. Expression and regulation of human low-density lipoprotein receptors in Chinese hamster ovary cells. *Nature* **307:** 742–745.

Shark K.B., Smith F.D., Harpending P.R., Rasmussen J.L., and Sanford J.C. 1991. Biolistic transformation of a procaryote, *Bacillus megaterium. Appl. Environ. Microbiol.* **57:** 480–485.

Shockett P., Difilippantonio M., Hellman N., and Schatz D. 1995. A modified tetracycline-regulated system provides autoregulatory, inducible gene expression in cultured cells and transgenic mice. *Proc. Natl. Acad. Sci.* **92:** 6522–6526.

Simonsen C.C. and Levinson A.D. 1983. Isolation and expression of an altered mouse dihydrofolate reductase cDNA. *Proc Natl. Acad. Sci.* **80:** 2495–2499.

Singh A., Ursic D., and Davies J. 1979. Phenotypic suppression and misreading in *S. cerevisiae. Nature* **277:** 146–148.

Smith F.D., Harpending P.R., and Sanford J.C. 1992. Biolistic transformation of prokaryotes: Factors that affect biolistic transformation of very small cells. *J. Gen. Microbiol.* **138:** 239–248.

Smith M., Jessee J., Landers T., and Jordan J. 1990. High efficiency bacterial electroporation 1 x 10^{10} *E. coli* transformants per microgram. *Focus* (Life Technologies) **12:** 38–40.

Southern P.J. and Berg P. 1982. Transformation of mammalian cells to antibiotic resistance with a bacterial gene under control of the SV40 early region promoter. *J. Mol. Appl. Genet.* **1:** 327–341.

Spandidos D.A. and Wilkie N.M. 1984. Expression of exogenous DNA in mammalian cells. In *Transcription and translation: A practical approach* (ed. B.D. Hames and S.J. Higgins), pp. 1–48. IRL Press, Oxford, United Kingdom.

Spector D.L., Goldman R.D., and Leinwand L.A. 1998a. *Cells: A laboratory manual*, vol. 1: *Culture and biochemical analysis of cells.* Cold Spring Harbor Laboratory Press, Cold Spring Harbor, New York.

———. 1998b. *Cells: A laboratory manual*, vol. 2: *Light microscopy and cell structure.* Cold Spring Harbor Laboratory Press, Cold Spring Harbor, New York.

Stark G. and Wahl G. 1984. Gene amplification. *Annu. Rev. Biochem.* **53:** 447–491.

Steele C., Zhang S., and Shillitoe E.J. 1994. Effect of different antibiotics on efficiency of transformation of bacteria by electroporation. *BioTechniques* **17:** 360–365.

Straubinger R.M. and Papahadjopoulos D. 1983. Liposomes as carriers for intracellular delivery of nucleic acids. *Methods Enzymol.* **101:** 512–527.

Strauss W.M. 1996. Transfection of mammalian cells by lipofection. *Methods Mol. Biol.* **54:** 307–327.

Sugden B., Marsh K., and Yates J. 1985. A vector that replicates as a plasmid and can be efficiently selected in B-lymphoblasts transformed by Epstein-Barr virus. *Mol. Cell. Biol.* **5:** 410–413.

Sussman D.J. and Milman G. 1984. Short-term, high efficiency expression of transfected DNA. *Mol. Cell. Biol.* **4:**1641–1643.

Thompson C.D., Frazier-Jessen M.R., Rawat R., Nordan R.P., and Brown R.T. 1999. Evaluation of methods for transient transfection of a murine macrophage cell line, RAW 264.7. *BioTechniques* **27:** 824–832.

Toneguzzo F. and Keating A. 1986. Stable expression of selectable genes introduced into human hematopoietic stem cells by electric field-mediated DNA transfer. *Proc. Natl. Acad. Sci.* **83:** 3496–3499.

Toneguzzo F., Hayday A.C., and Keating A. 1986. Electric field-mediated DNA transfer: Transient and stable gene expression in human and mouse lymphoid cells. *Mol. Cell. Biol.* **6:** 703–706.

Tseng W.-C., Haselton F.R., and Giorgio T.D. 1997. Transfection by cationic liposomes using simultaneous single cell measurements of plasmid delivery and transgene expression. *J. Biol. Chem.* **272:** 25641–25647.

Tsong T.Y. 1991. Electroporation of cell membranes. *Biophys. J.* **60:** 297–306.

Tur-Kaspa R., Teicher L., Levine B.J., Skoultchi A.I., and Shafritz D.A. 1986. Use of electroporation to introduce biologically active foreign genes into primary rat hepatocytes. *Mol. Cell. Biol.* **6:** 716–718.

Vaheri A. and Pagano J.S. 1965. Infectious poliovirus RNA: A sensitive method of assay. *Virology* **27:** 434–436.

van den Elzen P., Townsend J., Lee K., and Bedbrook J. 1985. A chimaeric hygromycin resistance gene as a selectable marker in plant cells. *Plant Mol. Biol.* **5:** 299–302.

Van Pel A., De Plaen E., and Boon T. 1985. Selection of highly transfectable variant from mouse mastocytoma P815. *Somat. Cell Mol. Genet.* **11:** 467–475.

Waldron C., Murphy E.B., Roberts J.L., Gustafson G.D., Armour S.L., and Malcolm S.K. 1985. Resistance to hygromycin B: A new market for plant transformation studies. *Plant Mol. Biol.* **5:** 103–108.

Warden D. and Thorne H.V. 1968. The infectivity of polyoma virus DNA for mouse embryo cells in the presence of diethylaminoethyl-dextran. *J. Gen. Virol.* **3:** 371–377.

Weaver J.C. 1993. Electroporation: A general phenomenon for manipulating cells and tissues. *J. Cell. Biochem.* **51:** 426–435.

Weaver J.C. and Barnett A. 1992. Progress towards a theoretical model of electroporation mechanism: Membrane behavior and molecular transport. In *Guide to electroporation and electrofusion* (ed. D.C. Chang et al.), pp. 91–117. Academic Press, San Diego, California.

Weinberg R.A. 1985. Oncogenes and the molecular basis of cancer. *Harvey Lect.* **80:** 29–136.

Wigler M., Pellicer A., Silverstein S., and Axel R. 1978. Biochemical transfer of single-copy eukaryotic genes using total cellular DNA as a donor. *Cell* **14:** 725–731.

Wigler M., Silverstein S., Lee L.S., Pellicer A., Cheng V.C., and Axel R. 1977. Transfer of purified herpes virus thymidine kinase gene to cultured mouse cells. *Cell* **11:** 223–232.

Wibo M. and Poole B. 1974. Protein degradation in cultured cells. II. The uptake of chloroquine by rat fibroblasts and the inhibition of cellular protein degradation and cathepsin B1. *J. Cell Biol.* **63:** 430–440.

Wong T.-K. and Neumann E. 1982. Electric field mediated gene transfer. *Biochem. Biophys. Res. Commun.* **107:** 584–587.

Workman J.L. and Kingston R.E. 1998. Alteration of nucleosome structure as a mechanism of transcriptional regulation. *Annu. Rev. Biochem.* **67:** 545–579.

Yang Y.W. and Yang J.C. 1997. Studies of DEAE-dextran-mediated gene transfer. *Biotechnol. Appl. Biochem.* **25:** 47–51.

Zabner J., Fasbender A.J., Moninger T., Poellinger K.A., and Welsh

M.J. 1995. Cellular and molecular barriers to gene transfer by a cationic lipid. *J. Biol. Chem.* **270:** 18997–19007.

Zauner W., Kichler A., Schmidt W., Sinski A., and Wagner E. 1996. Glycerol enhancement of ligand-polylysine/DNA transfection. *BioTechniques* **20:** 905–913.

Zhang G. and Kain S.R. 1996. Transfection maximizer increases the efficiency of calcium phosphate transfections with mammalian cells. *BioTechniques* **21:** 940–945.

Zhou X. and Huang L. 1994. DNA transfection mediated by cationic liposomes containing lipopolylysine: Characteriza-tion and mechanism of action. *Biochim. Biophys. Acta* **1189:** 195–203.

Zimmermann U. 1982. Electric field-mediated fusion and related electrical phenomena. *Biochim. Biophys. Acta* **694:** 227–277. 16.62

Zimmermann U., Riemann F., and Pilwat G. 1976. Enzyme loading of electrically homogeneous human red blood cell ghosts prepared by dielectric breakdown. *Biochim. Biophys. Acta* **436:** 460–474.

Zuber M.X., Mason J.I., Simpson E.R., and Waterman M.R. 1988. Simultaneous transfection of COS-1 cells with mitochondrial and microsomal steroid hydroxylases: Incorporation of a steroidogenic pathway into non-steroidogenic cells. *Proc. Natl. Acad. Sci.* **85:** 699–703.

17.1

第 17 章　哺乳动物培养细胞的基因表达分析

17.2

导言

方案 1　DNA 酶 I 足迹法对 DNA 上的蛋白质结合位点作图

- 替代方案：羟自由基足迹法对 DNA 上的蛋白质结合位点作图

方案 2　DNA 结合蛋白的凝胶阻滞分析

- 附加方案：超迁移分析
- 附加方案：竞争分析

方案 3　DNA 酶 I 超敏感位点作图

方案 4　连缀转录分析

报道分子测定：CAT、荧光素酶和 β-半乳糖苷酶（方案 5、6 和 7 的导言）

方案 5　薄层层析法测定哺乳动物细胞提取物中氯霉素酰基转移酶含量

- 有替代方案：机溶剂萃取法测量 CAT
- 替代方案：通过把反应产物分散到闪烁液的方法测量 CAT

方案 6　哺乳动物细胞抽提物中荧光素酶的测定

- 替代方案：用闪烁计数器测量荧光素酶活性
- 替代方案：测量 96 孔板上培养细胞的荧光素酶活性

方案 7　哺乳动物细胞提取物中 β-半乳糖苷酶的测定

方案 8　四环素作为哺乳动物细胞中可诱导基因表达的调控物

阶段 1：pTet-tTAk 稳定转染成纤维细胞

阶段 2：四环素调控的靶基因稳定转染可诱导表达 tTA 的 NIH-3T3 细胞

阶段 3：分析转染细胞中的蛋白质表达

- 替代方案：用 tTA 自调控系统在瞬时转染细胞中进行四环素调控的基因诱导表达

方案 9　蜕皮激素作为调控物诱导哺乳动物细胞中的基因表达

信息栏

DNA 足迹法
凝胶阻滞分析
杆状病毒和杆状病毒表达系统
绿色荧光蛋白
抗原表位标记
氯霉素酰基转移酶
荧光素酶
β-半乳糖苷酶

17.3

导言

本章介绍 4 种实验方案，通常用来测量哺乳动物基因的转录活性以及对它们在转染细胞中的表达进行调节。

- *DNA-蛋白质复合物的鉴定*　　反式作用因子结合到顺式调控区既可以保护靶序列，使其免遭脱氧核糖核酸酶的攻击，也可以增强它们对于这些酶的敏感性。

方案 1 中介绍的方法是通过找出 DNA 调控元件的“足迹”，鉴定有核蛋白结合的 DNA 区域。靶序列的鉴定也可如方案 2 所述，通过形成 DNA-蛋白质复合物，并用凝胶阻滞试验对获得的产物进行分析。更多信息请参见本章最后信息栏中的 DNA 足迹法和凝胶阻滞分析。方案 3 介绍的是对基因及其旁侧序列进行扫描，以找出可能的调控序列，它们对于外源 DNA 酶 I 切割的敏感性是随着它们转录活性的强弱而变化的。所谓的超敏感位点是通过 Southern 杂交来测定，纯化后的基因组 DNA 经过酶切消化，用来自于靶基因的探针进行杂交。

- *连缀转录法分析原初转录物* 方案 4 介绍的是一种测量靶基因在各种试验条件下的转录强度的方法。先从表达感兴趣基因的细胞中纯化核酸，进行体外放射性标记，所得的标记 RNA 与大大过量的克隆的基因杂交。通过测量特异结合靶序列的放射活性就可以知道它的转录活性。请注意，用来测量和分析稳定状态 mRNA 水平的方案在本书的第 7、8 章介绍，包括 RNA 酶保护试验、引物延伸试验、Northern 杂交和实时 PCR 方法。
- *用报道基因作为标记分子对调控元件作图并测定它们的强度* 方案 5、6、7 介绍了 3 种不同报道基因的使用，它们分别编码氯霉素酰基转移酶（CAT）、荧光素酶和 β-半乳糖苷酶，它们的酶活性都很容易测定。这 3 种系统的优缺点在方案 5 的导言中进行了比较。
- *调节靶基因的表达* 扩散性小配体调控的系统可以引入哺乳动物细胞，用来控制靶基因的表达。方案 8 介绍了使用四环素应答系统来调节瞬时转染基因的表达。方案 9 介绍了昆虫激素蜕皮激素的类似物怎样被用来作为诱导物，调节基因在哺乳动物细胞中的表达。

在生产外源蛋白、融合蛋白及同时表达 2 种或更多种（多达 4 种）蛋白方面，使用昆虫病毒载体的表达系统已经被证明是非常有用的。更详细的情况请参见信息栏的昆虫病毒和昆虫病毒表达系统部分。使用昆虫病毒表达系统的方案可以参见 Spector 等 (1998；《细胞实验室手册》第 66 章)。

> *科学是由事实构成，就像房子是由石头构成的一样。但仅仅事实的收集并不是科学，正如一堆石头并不是房子一样。*
>
> Henri Poincare（1854～1912）

方案 1 DNA 酶 I 足迹法对 DNA 上的蛋白质结合位点作图 17.4

DNA 酶 I 足迹法是一种可以直接看到蛋白质和特定 DNA 序列结合的方法（请见图 17-1）(Galas and Schmitz 1978)。这种分析方法通常与凝胶阻滞分析联用，鉴定结合在基因调控区序列上的核因子。转录因子结合 DNA，保护某个 DNA 片段免遭 DNA 酶 I 核酸裂解活性的作用，就会形成 DNA 酶 I “足迹”。通常的实验中，在加入及不加入核提取物的情况下用 DNA 酶 I 分别对靶 DNA 片段进行切割，然后对获得的图谱进行

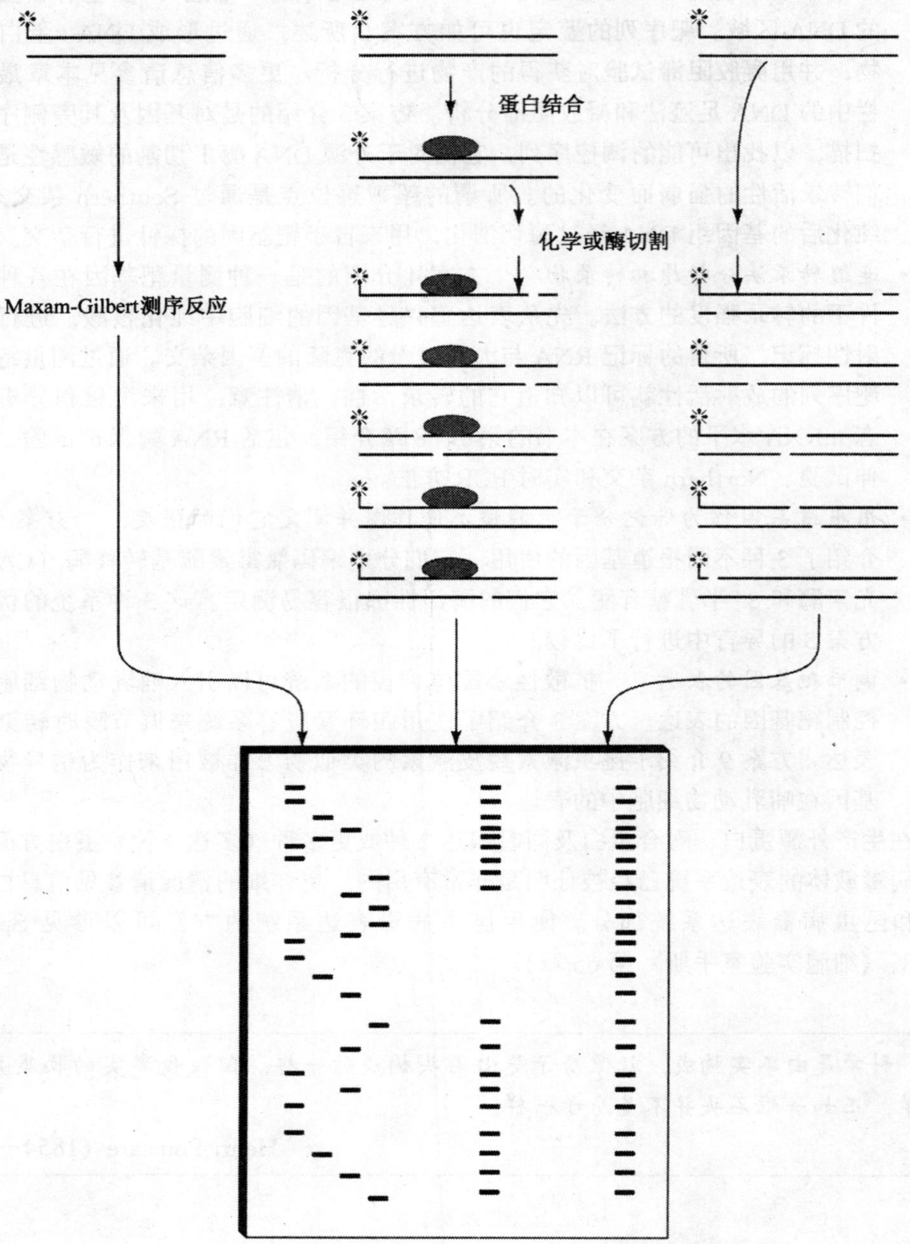

图 17-1　DNA 酶 I 足迹法的步骤

首先对长度已知的双链 DNA 片段中某条链的一端加上标记，加入假定的 DNA 结合蛋白孵育，然后加入切割试剂，在一定的条件下反应，使每个带标记的分子平均有一个切点。纯化 DNA 并用变性聚丙烯酰胺凝胶电泳进行分析。如果切割是随机发生的，那么得到的带放射性标记的单链是一些长度有单核苷酸差异的片段，在凝胶放射自显影后会显出半连续的梯带。但是，如果某个 DNA 区由于结合蛋白的保护而不被切割，那么在放射活性片段形成的梯带中就会有一个缺口。这样的"足迹"可以通过与一组用相同的放射标记 DNA 所进行的 Maxam-Gilbert 测序反应进行比较来精确定位。

比较。在有核提取物存在时，没发生酶切反应的地方，足迹会呈条带出现。DNA 酶 Ⅰ 切割产物的电泳迁移率与从同样的 DNA 片段所得到的序列梯带进行比较，就可以确定足迹的位置，从而可以确定 DNA 结合蛋白的识别序列。总之，本方案快速、灵敏，并且分辨率达到核苷酸水平。

本方案介绍在放射性标记的 DNA 片段上确定蛋白质结合位点的作图方法。本方案使用 DNA 酶 Ⅰ 切割 DNA，而在替代方案中是用羟自由基断裂 DNA。如果希望得到优化足迹法反应的建议，请参见本方案最后部分的疑难解析以及优化 DNA 酶 Ⅰ 足迹法反应的栏目。

材料

注意：对标〈!〉的材料，请参见附录 12 以作适当处理。

缓冲液和溶液

贮存液、缓冲液和试剂的组成请参见附录 1。贮存液需稀释到适当浓度。

细胞匀浆缓冲液

10 mmol/L HEPES-KOH（pH7.9）〈!〉
1.5 mmol/L $MgCl_2$
10 mmol/L KCl
0.5 mmol/L DTT
0.5 mmol/L 苯甲基磺酰氟〈!〉

含 0.05%（V/V）Nonidet P-40 的细胞匀浆缓冲液

细胞重悬缓冲液　　17.6

40 mmol/L HEPES-KOH（pH7.9）
0.4 mol/L KCl
1 mmol/L DTT
10%（V/V）甘油
0.1 mmol/L 苯甲基磺酰氟
0.1%（m/V）抑蛋白酶肽
缓冲液贮存于 0℃。

细胞淋洗缓冲液

40 mmol/L Tris-Cl（pH7.4）
1 mmol/L EDTA
0.15 mol/L NaCl
缓冲液贮存于 0℃。

乙醇

Ficoll 400（20% m/V）

Ficoll 溶解在无菌水中，分装成 100 μl 并冻存在 −20 ℃。

甲酰胺染色液

10ml 甲酰胺

10mg 二甲苯青 FF

10mg 溴酚兰

贮存于室温。

$MgCl_2/CaCl_2$ 溶液

10 mmol/L $MgCl_2$

5 mmol/L $CaCl_2$

溶液过滤除菌并贮存于室温。

NaCl（5mol/L）

Nonidet P-40（0.05% V/V）

酚:氯仿〈!〉

不含 Ca^{2+}、Mg^{2+} 的磷酸盐缓冲液（PBS）

聚乙烯醇（10% m/V）

聚乙烯醇溶解在无菌水中，分装成 100 μl 并冻存在 -20 ℃。

终止液

20 mmol/L EDTA（pH8.0）

1%（m/V）SDS

0.2mol/L NaCl

125 μg/ml 酵母 tRNA

组织匀浆液

10 mmol/L HEPES-KOH（pH7.6）

25 mmol/L KCl

0.15 mmol/L 精胺

0.5 mmol/L 亚精胺

1 mmol/L EDTA（pH8.0）

2mol/L 蔗糖

10%（V/V）甘油

该缓冲液在使用前需要冰浴预冷。根据需要，步骤 1 前要加入 0.5 mmol/L 苯甲基磺酰氟（PMSF）、1 μg/ml 亮抑酶肽、1 μg/ml抑胃酶肽等蛋白酶抑制剂。

组织重悬缓冲液

5 mmol/L HEPES-KOH（pH7.9）

1.5 mmol/L $MgCl_2$

0.5 mmol/L DTT

0.5 mmol/L 苯甲基磺酰氟

26%（V/V）甘油

贮存于 0 ℃。

17.7 台盼蓝染料（0.4% m/V）

取一定量的染料溶于不含 Ca^{2+}、Mg^{2+} 的磷酸盐缓冲液（PBS）中。室温贮存。

酶和缓冲液

DNA 酶 Ⅰ（1 mg/ml）

酶溶于 10 mmol/L Tris-Cl（pH8.0），分装成小份并冻存在 -20 ℃。恰好在步骤 3 以前把溶液以 1:100

稀释于冰浴的10 mmol/L Tris-Cl (pH8.0)。

凝胶

6%或8%的变性聚丙烯酰胺测序胶（见第12章方案8）〈!〉

核酸与寡核苷酸

poly(dI-dC)(1 mg/ml)

取一定量poly(dI-dC)溶解在无菌水中，分装成100 μl并冻存在−20 ℃。加入核酸聚合物是为了减少蛋白与放射性标记DNA片段的非特异性结合。结合反应中poly(dI-dC)的最佳浓度（通常为0～100 μg/ml）需要靠经验确定。其他可用于减低非特异性结合的核酸包括剪切过的基因组DNA（例如来自于*E. coli*、鲑鱼精子或小牛胸腺）、tRNA、剪切后或限制性酶切后的质粒DNA、poly(dA-dT)和poly(dG-dC)。

测序胶长度标准品

通常由靶DNA片段进行Maxam-Gilbert测序实验中的（A+G）反应组成。化学测序的方法请参见第12章的方案7。此外也可以使用双脱氧终止法测序反应（第12章，方案3～6），所用DNA的5′端与DNA酶Ⅰ切割得到的DNA片段的放射性末端相同。

放射性化合物

^{32}P末端标记的DNA［长度200～500bp，比活性≥2.5×10^7 cpm/μg（≥5000cpm/fmol)］〈!〉

DNA片段的末端标记可以通过以下方法完成：磷酸化（第9章方案13～16，或第10章方案2）；用DNA聚合酶补平3′-缩进的末端（第9章方案10和11，或第10章方案7）；或用末端标记引物进行PCR反应（第8章方案1）。后一种方法更为快速，不依赖于限制性酶切位点，并允许DNA结合位点位于末端标记有关的多个位置。不管用何种方法作放射性标记，DNA片段用于DNA足迹反应前都需要用琼脂糖或聚丙烯酰胺凝胶电泳纯化。

反应中使用的DNA片段长度应该为200～500bp，感兴趣的结合位点至少离放射标记末端30bp。如果使用更长的DNA片段，测序胶的分辨率会变弱。结合位点离末端太近可能不被DNA结合蛋白或DNA酶Ⅰ识别。

离心机和转头

Beckman SW28转头或类似产品，预冷到4 ℃

Sorvall H1000B转头或类似产品，预冷到4 ℃

特殊设备

沸腾的水浴锅

带B型研杵的Dounce匀浆器

晶型塑料或超明亮型吊桶式离心管

橡胶棒

辅助试剂

本方案步骤 7～10 需要列在第 12 章方案 8、11 和 12 中的试剂。

细胞和组织

新鲜组织、培养的细胞、来自细胞或组织的蛋白成分

17.8

DNA 酶Ⅰ足迹法的对照反应

每次实验至少需要 2 个对照反应（在步骤 2 中介绍）。不含 DNA 结合蛋白的对照反应可以鉴别裸 DNA 片段中能够抵抗 DNA 酶Ⅰ的消化或只被部分消化的区域。不含 DNA 酶Ⅰ但含有 DNA 结合蛋白的对照反应可以发现内源性的内切核酸酶，它们会引起过度消化和/或非随机的切割。如果使用的是部分或高度纯化的蛋白组分，因为感兴趣的 DNA 结合蛋白中不会污染有核酸酶，所以后一种对照反应就可能不一定需要了。

第一次做 DNA 酶Ⅰ足迹实验的时候，用高丰度、高亲和力并且广泛表达的 DNA 结合蛋白作为阳性对照是很有用的。核因子 Sp1 和 NF-1 就是很好的例子，它们分别很强地结合带有序列 CCGCCC 和 $TGGN_7ACC$ 的 DNA 片段。在 HeLa 细胞的核提取物中有这两种因子，而 HeLa 细胞是很容易获得和生长的细胞系。进行 DNA 足迹研究前拿到这些或其他一些阳性对照试剂是值得的。此外，有些公司出售部分纯化的核转录因子制品，也可以用作阳性对照。

方法

1. 用下列 3 种方法中的一种制备核提取物。此外，纯化细胞蛋白得到的组分可以直接用于步骤 2。

从组织制备核提取物

a. 解剖 10～15g 组织并剪碎。加入冰冷的组织匀浆缓冲液，使碎组织的体积调整到 30ml。用带紧型研杵的 Dounce 匀浆器匀浆，直到镜检确定大于 80%～90% 的细胞已经破碎。

b. 检测裂解情况是用 10 μl 细胞悬液加相同体积 0.4% 台盼蓝染液，在装有 20 倍物镜的显微镜下观察溶液。裂解的细胞吸收染液，被染成蓝色，而完整的细胞不被染色，仍然是透明的。继续进行组织匀浆直到大于 80%～90% 的细胞已经破碎。

c. 匀浆物用冰冷的组织匀浆缓冲液稀释到 85ml。在晶型塑料或超明亮型吊桶式离心管中放入 10ml 冰冷的组织匀浆缓冲液，取 27ml 稀释的匀浆物铺在上面。以 103 900g（用 Beckman SW28 转头是 24 000r/min）在 4 ℃离心 40 min。

d. 去掉上清，离心管倒置 1～2 min 使溶液流干。然后把离心管放在冰上。

（可选）用剃须刀刀片切掉管子上部 2/3，把带有细胞核的余下 1/3 放在冰上。

e. 用 2ml 冰冷的组织重悬缓冲液重悬细胞核沉淀。精确测量重悬细胞核溶液的体

积，加入冰冷的 5mol/L NaCl，使终浓度为 300 mmol/L。轻轻混匀悬浮液，然后冰浴 30 min。

f. 以 103 900g（用 Beckman SW28 转头是 24 000r/min）在 4 ℃离心 20 min 回收细胞核。小心地把上清转移到新鲜管中。上清分装成 100～200 μl 的小份。留下一份用来做蛋白浓度测定。其他的用液氮速冻，并贮存在液氮中。 17.9

g. 用 Bradford 法测定上清液的蛋白浓度。

从培养细胞中制备核提取物

a. 从培养瓶、培养皿或培养孔中收获 $0.5 \times 10^8 \sim 1 \times 10^8$ 细胞。在室温下以 250g（用 Sorvall H1000B 转头是 1100r/min）离心收集细胞。用不含 Ca^{2+}、Mg^{2+} 的磷酸盐缓冲液洗细胞若干次。

b. 用 5 倍体积冰冷的含有 0.05%（V/V）Nonidet P-40 的细胞匀浆缓冲液重悬细胞沉淀。冰浴 10 min，然后如前离心收集。

c. 用 3 倍体积冰冷的含有 0.05%（V/V）Nonidet P-40 的细胞匀浆缓冲液重悬细胞沉淀，用带有紧型研杵的 Dounce 匀浆器击打 20 次使细胞匀浆。在细胞胀大裂解并释放出完整细胞核的匀浆过程中，匀浆器要埋在冰里。

d. 在 4 ℃以 250g（用 Sorvall H1000B 转头是 1100r/min）离心收集细胞核，去掉上清，用 1 ml 细胞重悬缓冲液重悬细胞核沉淀。精确测量重悬细胞核溶液的体积，加入冰冷的 5 mol/L NaCl，使终浓度为 300 mmol/L。轻轻混匀悬浮液，然后冰浴 30 min。

e. 以 103 900 g（用 Beckman SW28 转头是 24 000r/min）在 4 ℃离心 20 min 回收细胞核。小心地把上清转移到一个预冷的新鲜管中。上清分装成 100～200 μl 的小份。留下一份用来做蛋白浓度测定。其他的用液氮速冻，并贮存在液氮中。用 Bradford 法测定上清液的蛋白浓度。

从小量培养细胞中制备核抽提物

本方法适用于转染有质粒的细胞，这些质粒能表达编码转录因子的 cDNA。

a. 细胞用细胞淋洗缓冲液洗若干次。每个培养皿加入 1 ml 细胞淋洗缓冲液，用橡胶棒把细胞刮到缓冲液中。

b. 细胞悬液转移到 1.5 ml 离心管中，室温下用最大速度离心 2 min 沉淀细胞。

c. 对于原来在每个直径为 150mm 的培养皿中培养的细胞，加 300 μl 细胞重悬液重悬细胞，然后进行 3 次冻融。

d. 在 4 ℃以最大速度离心 5 min 去掉细胞碎片。上清（即细胞裂解物）分装成小份贮存在 −70 ℃。

2. 在 1.5 ml 离心管中加入： 17.10

核提取物或蛋白组分	1～23 μl
^{32}P 末端标记的 DNA	1～10 fmol

1 mg/ml poly(dI-dC)	1 μl
H_2O	加到 25 μl
可选择加入：	
20%Ficoll 400	12 μl
或	
10%聚乙烯醇	10 μl

在 4 ℃大约离心 5 s，使反应液都流到管底。冰浴 10～30 min。

> 对于每个进行分析的 DNA 片段或组分，需要有 2 个对照反应。一个对照反应不含核提取物，另一个不在步骤 3 中加入 DNA 酶Ⅰ。

3. 室温下加入 50 μl $MgCl_2/CaCl_2$ 溶液并轻轻混匀。室温下放置 1 min。加入 1～8 μl 稀释的 DNA 酶Ⅰ溶液，轻轻混匀并在室温下放置 1 min。
4. 加 75 μl 终止液终止反应，很快地摇匀后，用相同体积的酚/氯仿抽提反应液。
5. 把液相转移到新离心管中，用 2.5 倍体积乙醇沉淀核酸。该乙醇溶液在 -70 ℃放置 15 min，然后在 4 ℃用最大速度离心 10 min 收集沉淀。用 1 ml 70%乙醇洗沉淀，再次离心，然后在空气中干燥以去除残存的乙醇。
6. 加入 5～10 μl 甲醛染液，剧烈振荡使 DNA 沉淀溶解。煮 3～5 min 使 DNA 溶液变性。
7. 准备 6%或 8%变性的聚丙烯酰胺测序胶，加样前进行至少 30 min 的预电泳。
8. 按以下次序加入 DNA 样品：
   序列梯带
   不含核提取物情况下用 DNA 酶Ⅰ消化后的对照 DNA
   含有核提取物情况下用 DNA 酶Ⅰ消化后的靶 DNA
   含有核提取物但不含有 DNA 酶Ⅰ情况下培养后的靶 DNA
9. 用足够的恒定功率跑胶，温度维持在 45～50 ℃。
   使感兴趣的序列获得最佳分辨率的跑胶时间要根据经验确定。从甲醛凝胶上样缓冲液中染料的迁移率观察电泳的进程。
10. 电泳结束后，撬开玻璃板，把胶转移到一块厚的杂交纸上。真空干燥凝胶大约 1 h，然后用 X 射线胶片曝光，如果不用增感屏，需要在 -20 ℃曝光 12～16 h。此外，干的凝胶也可以用磷屏图像分析（phosphorimage analysis），大约 1～3 h。

17.11

疑难解析及 DNA 酶Ⅰ足迹法的优化

- 反应混合物（步骤 2）中单价阳离子浓度要＜200 mmol/L，通常是在 50 mmol/L 范围内。更高的浓度几乎总是会抑制甚至破坏蛋白和带负电荷的 DNA 之间的作用。来自层析步骤的高盐组分在分析前需要适当稀释、用低盐缓冲液透析、超滤或通过脱盐柱。
- DNA 酶Ⅰ足迹分析的缓冲环境是由核提取物中的组分提供的。如果这种缓冲条件不令人满意，那么步骤 2 中要包括终浓度如下的组分：200 mmol/L HEPES-KOH（pH7.9）；50 mmol/L KCl；2 mmol/L $MgCl_2$；0～4 mmol/L 精胺；0～0.02 mmol/L 醋酸锌；0.1 μg/ml 牛血清白蛋白；10%（V/V）甘油；0.5 mmol/L DTT。
- 对于每种 DNA 片段，Mg^{2+} 的最佳浓度都要根据经验确定。对于每个新的结合位点或 DNA 片段，需要通过改变 Mg^{2+} 浓度（尝试范围为 0.1～10 mmol/L）而同时保持其他所有因素不变来建立 Mg^{2+} 滴定曲线。同样，结合和保护的最佳温度（0 ℃～37 ℃）也需要经过预试验确定。
- 为了能观察到足迹而所需蛋白抽提物的量取决于感兴趣因子的丰度以及该蛋白与 DNA 的亲和力。Sp1（Dynan and Tjian 1983）和 NF1（Rosenfeld and Kelly 1986）等相对丰富的转录因子可以在 1～20 μg 哺乳动物培养细胞（如 HeLa 细胞）的粗核提取物蛋白中测到。遇到糟糕的情况，例如分析与固醇调控成分结合的蛋白

(sterol regulatory element-binding proteins，SREBPs)，核提取物必须经过一次或多次层析步骤，才可能在实验中观察到足迹（Briggs et al. 1993；Wang et al. 1993)。方案1中介绍的关于制备核提取物的标准方法来自于Dignam等（1983）和Manley等（1983）的经典方法。

- 要得到令人信服的DNA片段梯带所需的DNA酶Ⅰ浓度通常在50 ng/ml和500 ng/ml之间变动。确切的浓度必须依靠经验来确定，而且在不同DNA片段，甚至在同一片段但不同制备批次之间，所需的DNA酶Ⅰ浓度都可能有变化。酶切反应与DNA酶Ⅰ的比活性、DNA片段的纯度以及所需要分析DNA片段的序列有关。有些研究人员发现，调整步骤3中的反应时间和温度比调整DNA酶Ⅰ的加入量更为容易。

替代方案：羟自由基足迹法对DNA上的蛋白质结合位点作图　17.12

DNA酶Ⅰ切割DNA并不是随机的，因此在足迹实验中观测到的条带图谱并不代表探针中的每个磷酸二酯键切点。只要在DNA结合蛋白保护的序列里有一处以上发生了酶切，就可以推断该蛋白是由两部分组成的。但是，如果目的蛋白结合位点在两个DNA酶Ⅰ切点之间，该蛋白和DNA的相互作用就会被漏掉。为了避免这种问题并使足迹法的分辨率提高到核苷酸水平，Tullius和Dombroski（1986）引入了一种称为羟自由基足迹法的化学切割方法，它依靠Fe（Ⅱ）催化O_2或H_2O_2的还原反应产生羟自由基来切割DNA骨架。这种方法很直接；化学试剂在本质上对所有磷酸二酯键作同等切割，而且这些试剂对大多数缓冲液成分不起反应。和DNA酶Ⅰ足迹法不同，本方法有时能提供关于识别序列中蛋白质和个别核苷酸相对亲和力的详细信息。

附加材料

Fe(Ⅱ)-EDTA溶液

适量$(NH_4)_2Fe(SO_4)_2\cdot 6H_2O$溶于水配制0.4 mmol/L Fe(Ⅱ)溶液。

配制0.8 mmol/L EDTA溶液；混合等量的0.4 mmol/L Fe(Ⅱ)和0.8 mmol/L EDTA溶液配制Fe(Ⅱ)-EDTA溶液；每个反应需要用1 μl这种溶液。

0.6% 过氧化氢

20 mmol/L抗坏血酸钠

3 mol/L醋酸钠(pH5.5)

TE(pH8.0)

0.1 mol/L硫脲

重要：所有附加材料都要在下面的步骤3开始前准备好。

计时器

方法

1. 如主方案步骤1所述制备核提取物，或使用从细胞蛋白纯化得到的组分。
2. 如主方案步骤2所述形成蛋白-DNA复合物，确定反应中甘油（能清除羟自由基）的终浓度<0.5%（V/V）。

   甘油是步骤1中使用的匀浆或重悬缓冲液的组分。
3. 在装有蛋白-DNA复合物的管子一侧管壁的同一位置小心地加入1 μl Fe（Ⅱ）-EDTA溶液、1 μl 0.6%过氧化氢和1 μl 20 mmol/L抗坏血酸钠。上下吹打使这些试剂混合均匀。轻拍管壁使切割试剂与蛋白-DNA复合物混合并开始计时。切割反应在室温下进行1～2 min。

   为了更有利于足迹的观测，反应的温度和时间可以变动。
4. 加入2 μl 0.1mol/L硫脲和2.5 μl 3mol/L醋酸钠（pH5.5）终止反应。溶液混合均匀后加入100 μl乙醇。冰浴15 min沉淀DNA。以最高速离心10 min收集核酸。
5. DNA沉淀溶于100 μl TE(pH8.0)。DNA用100 μl酚：氯仿抽提，然后单独用氯仿抽提一次。用乙醇沉淀水相，然后以最高速离心10 min收集沉淀的DNA。用70%乙醇洗沉淀，短时间离心，然后风干以去除残存的乙醇。
6. 如主方案步骤6～10所述，通过凝胶电泳分析样品。

   放射自显影或磷屏图像分析的结果是：不含蛋白的对照反应中，每个相邻的磷酸二酯键依次发生切割，应该显示相应的梯带；不加Fe（Ⅱ）-EDTA溶液的对照反应中，DNA片段应该是完整的；含靶DNA的泳道应该会显示出足迹。

17.13 方案 2　DNA 结合蛋白的凝胶阻滞分析

凝胶阻滞试验分析 DNA 结合蛋白的方法是 Fried 和 Crothers（1981）发明的，它是第一次为大肠杆菌乳糖阻抑物与其 DNA 结合位点的相互作用提供了动态的分析方法。本方法简单、灵敏及可定量的特性使它很快被不断增多的研究转录和基因调控的人员所采纳。本方法现在通常用于监测 DNA（或 RNA）结合蛋白的纯化；确定一种已知或可能的 DNA 结合蛋白所识别的序列；建立反应常数（如亲和结合常数和开/关速率）；以及研究蛋白-蛋白组装或多种蛋白在基因序列上的相互作用（请参见信息栏中的凝胶阻滞分析）。

这种直接的分析方法是利用了电泳迁移率的差异，含有空蛋白结合位点的 DNA 跑得快，而蛋白和 DNA 结合形成的复合物跑得慢。通常 DNA 片段用 ^{32}P 进行放射性标记，而蛋白质不标记。DNA 结合蛋白后形成的复合物带有了蛋白质的电泳迁移特性。因为可以使用高比活性的 DNA 探针以及聚丙烯酰胺凝胶中有“锁定”现象发生（Cann 1989），所以本方法非常灵敏。发生锁定现象是因为蛋白-核酸复合物在电泳时通过凝胶上的孔移动，这样会瞬时使复合物更为集中，浓度比在液体溶液中高。浓度的提高反过来会改变结合平衡，使有利于复合物的形成，所以甚至非常弱的结合作用也都能观测到。下面的凝胶阻滞分析方法部分来自于 Michael Briggs（Pharmacia 公司，St. Louis）提供的方案。

材料

注意：对标〈!〉的材料，请参见附录 12 以作适当处理。

缓冲液和溶液

贮存液、缓冲液和试剂的组成请参见附录 1。

贮存液需稀释到适当浓度。

Ficoll 400（20% *m/V*）

Ficoll 溶解在无菌水中，分装成 100 μl 并冻存在 –20 ℃。

聚乙烯醇（10% *m/V*）

聚乙烯醇溶解在无菌水中，分装成 100 μl 并冻存在 –20 ℃。

蔗糖染色液

0.25%（*m/V*）溴酚兰

0.25%（*m/V*）二甲苯青

40%（*m/V*）蔗糖（葡萄糖）

溶解于水，用 0.22 μm 滤器过滤；贮存于室温或 4 ℃。

10×Tris-氨基乙酸或 Tris-硼酸-EDTA（TBE）缓冲液

凝胶

4%～7%中性聚丙烯酰胺凝胶（厚度≤1.5mm）〈!〉

核酸和寡核苷酸

poly(dI-dC)(1 mg/ml)

适量 poly(dI-dC)溶于无菌水中，每管分装 100 μl 并冻存在 −20 ℃。关于 poly(dI-dC)在凝胶阻滞试验中的作用的更多信息请见信息栏 poly(dI-dC)部分。

放射性化合物

^{32}P 标记的对照 DNA〈!〉

^{32}P 标记的靶 DNA >20bp［比活性≥2.5×10^7cpm/ μg（≥5000cpm/fmol)］

DNA 片段标记可以通过磷酸化（第 9 章方案 13～16，或第 10 章方案 2）；用 DNA 聚合酶补平 3′-退缩末端（第 9 章方案 10，或第 10 章方案 7）；或用 PCR 方法使带放射标记的核苷酸掺到探针中（第 8 章方案 1）。最后一种方法最快，提供的探针比活性也最高。有关怎样标记 DNA 探针的建议，请见本方案末尾的栏目：疑难解析及凝胶阻滞分析试验的优化。

特殊设备

杂交膜

细胞和组织

作为对照的核提取物或蛋白组分

核提取物或蛋白组分

用方案 1 中介绍的任意一种方法制备提取物。在兔网织红细胞裂解物或麦胚提取物中进行体外翻译得到的蛋白也可以用来作为 DNA 结合蛋白。如果是后一种情况，通常用 1～20 μl 蛋白来替代核提取物。

POLY(dI-dC)

这种核酸聚合物加入到凝胶阻滞试验中是为了减少蛋白质和带放射性标记的 DNA 片段之间的非特异性结合。步骤 1 中推荐的量(每个反应 50 μg/ml)是个中间值。对于每种 DNA 结合蛋白，反应中最佳的 poly(dI-dC)加入量(通常在 0 和 100 μg/ml 之间)都要根据经验确定。其他可用于减少非特异性结合的核酸包括剪切过的基因组 DNA(例如来自于 *E. coli*、鲑鱼精子或小牛胸腺)、tRNA、剪切后或限制性酶切后的质粒 DNA、poly(dA-dT)和 poly(dG-dC)。当分析两个识别位点彼此间非常靠近的结合蛋白时，用一个结合位点序列合成的寡核苷酸作为竞争物，可以发现相邻的位点是否结合有蛋白质。当某个 DNA 结合蛋白在核提取物中的浓度比另一个低很多时(例如 Sp1 等基本的转录因子和一个稀有的调控蛋白相比时)，该方法是至关重要的。一旦通过凝胶阻滞试验确定某个核蛋白特异性结合靶 DNA 时，最好换掉非特异性的竞争物。例如，如果某个感兴趣的蛋白在含有 10 μg/ml poly(dI-dC)的溶液中能结合特定的序列，那么用 10 μg/ml poly(dG-dC)换掉反应液中的 poly(dI-dC)后再来确定结合的结果。文献中有许多例子，当改变载体核酸的浓度或特性后会大大影响结果，有时候只是简单地提高结合力，但在有些极端的情况下会显示出完全不同的结合活性。

17.15 方法

1. 在无菌的 1.5 ml 离心管中加入：

^{32}P 标记的靶 DNA	1ng（1～10fmol）
1 mg/ml poly（dI-dC）	1 μl
核提取物（5～10 μg）	≤10 μl
或者	
蛋白组分≤10 μl	
20% Ficoll 400	5 μl
或者	
10%聚乙烯醇	4 μl
H_2O	加到 20 μl

每个试验中都要加对照反应。阳性对照要包括核提取物（或蛋白组分）和带放射标记的 DNA 片段，该片段中含有 DNA 结合蛋白的识别序列，而这种 DNA 结合蛋白在提取物中的丰度很高而且与 DNA 序列的亲和力很高。例如带有 Sp1、C/EBP 或 NF-1 位点的 DNA 片段和哺乳动物细胞核提取物，或者带 *lacI* 识别位点的 DNA 片段和基因型为 $lacI^q$ 的大肠杆菌菌株提取物。阴性对照反应要包括放射标记的靶 DNA 片段，而不含核提取物。

2. 反应管离心几秒钟使反应混合物沉到管底。冰浴 10～30 min。
3. 每管加入 3 μl 蔗糖染色液。样品加到 4%～7%中性聚丙烯酰胺凝胶中。
4. 在 0.5×Tris-甘氨酸缓冲液或 0.5×TBE 缓冲液中跑胶，200～250V，20mA，≥2 h。

   根据结合蛋白的不稳定性和结合反应的亲和性，有时候可能需要在 4 ℃跑胶。
5. 电泳完成后，撬开凝胶板，把凝胶转到一片结实的杂交膜上，在干胶机上干胶约 1 h。
6. 用干胶对 X 射线胶片在 −20 ℃曝光≥1 h，使放射标记的 DNA 片段显现出来。丰度低一些的 DNA-蛋白复合物用磷屏图像分析大约 1～3 h 就可以检测到。

17.16 疑难解析及凝胶阻滞分析试验的优化

- 反应混合物（步骤 1）中单价阳离子的浓度要小于 200 mmol/L，通常在 50 mmol/L 范围内。更高的浓度几乎总是抑制的。在分析前，层析步骤中获得的高盐组分需要适当地稀释，对低盐缓冲液透析，或通过超滤器或去盐柱。
- 凝胶阻滞分析试验中的缓冲环境是由核提取物中的组分提供的。如果证明缓冲环境不令人满意，则调整下列组分到一定的终浓度：20 mmol/L HEPES-KOH（pH7.9）、50 mmol/L KCl、2 mmol/L $MgCl_2$、0～4 mmol/L 亚精胺、0～0.02 mmol/L 醋酸锌、0.1 μg/ml 牛血清白蛋白、10%（*V*/*V*）甘油和 0.5 mmol/L DTT。
- 反应中使用的 DNA 片段要大于 20 bp，识别序列距离片段末端至少 4 bp。用连接反应或化学合成方法得到单个识别位点序列的聚合物，可以提高对于稀有或低亲和力结合蛋白的检测能力。
- 核粗提取物中的磷酸酶或外切核酸酶能从 DNA 探针的末端去掉放射性核苷酸，产生的非标记结合位点序列可以作为结合反应的竞争物。探针应该是平末端的，这样可以避免许多细胞中由于存在大量非特异性单链核酸结合蛋白而造成的高背景。由于这个原因，单链寡核苷酸退火形成的双链探针需要用聚丙烯酰胺凝胶电泳检测退火是否完全。如果有大量的单链寡核苷酸存在，那么就要在以后的退火反应中调整寡核苷酸的浓度。使用 *E. coli* DNA 聚合酶 Ⅰ 的 Klenow 片段对探针进行补平和放射性标记的优点是这种酶只能作用于双链 DNA。对于单链 DNA 或由于不完全的退火反应形成的非杂合寡核苷酸，Klenow 酶不能做放射性标记，所以任何包含有这些物质的蛋白-DNA 复合物在凝胶放射自显影或磷屏分析时都是不可见的。

- 对于每个 DNA 结合蛋白，最优的 Mg^{2+} 浓度要根据经验确定。对于一个新的结合位点或 DNA 探针，要在保持其他参数不变的情况下改变 Mg^{2+} 浓度（尝试范围 0.1～10.0 mmol/L）来建立 Mg^{2+} 滴定曲线。同样，结合的最佳温度（从 0 ℃到 37 ℃）及添加外源稳定蛋白（如白蛋白和细胞色素 C）的作用都需要通过预试验确定。
- 在反应混合物中加入不相关的蛋白有时候可以使特定的蛋白-DNA 相互作用更稳定。这种用途的蛋白包括牛血清白蛋白、乳蛋白（BLOTTO，即脱脂奶粉）、细胞色素 C、胎球蛋白、牛乳酪蛋白、甲状腺球蛋白、脱唾液酸胎球蛋白和牛颌下黏蛋白（类型 1），蛋白浓度都为 0.015～1 mg/ml。有时候这些蛋白通过稳定稀释的转录因子或 DNA 结合蛋白起作用。但很多时候机制并不清楚，最佳的添加剂需要通过试错的方法来确定。通过添加浓度为 0.1～5.0 mmol/L 的钼酸钠可以使甾类激素受体和某些其他转录因子发挥作用。添加能提高蛋白稳定性的标准试剂（如蛋白酶抑制剂、磷酸酶抑制剂、激酶抑制剂和甘油）可能会改善蛋白和 DNA 的结合。
- DNA 足迹分析方法中，为了使条带显现出来而需要蛋白抽提物的量取决于所研究蛋白因子的丰度及该蛋白对 DNA 的亲和力。可能需要通过几步层析纯化来去除蛋白抑制剂或使蛋白因子的丰度提高到可检测的水平。在特定的蛋白质组分已经基本上不含有内切核酸酶之前，不要使用 DNA 亲和层析来纯化 DNA 结合蛋白。
- 通常用聚丙烯酰胺浓度为 4%～7% 的聚丙烯酰胺凝胶电泳可以使蛋白-DNA 复合物获得最好的分辨率。丙烯酰胺和 *N*，*N*′-亚甲双丙烯酰胺的比例为 29∶1 时可以有比较好的分辨率。最优的凝胶大小为 20cm × 20cm，厚度为 1.5 mm。凝胶所选用的缓冲液可随方便程度而定。如果实验室有用于琼脂糖和聚丙烯酰胺凝胶电泳的 TBE 浓缩贮存液，凝胶中就可以用 0.5 × TBE 来分离结合和游离的探针，而经常做蛋白电泳的实验室一般会使用 Tris-甘氨酸缓冲液。这些缓冲液在聚丙烯酸胺凝胶中也可以用 0.25× 的浓度。

附加方案：超迁移分析　17.17

对于凝胶阻滞分析试验中检测到的特定条带，经常可以通过使用特异的抗体探针使复合物“超迁移”(Kristie and Roizman 1986) 来鉴定 DNA 结合蛋白。在这类实验中，针对可疑蛋白的抗体可以在复合物形成前、形成过程中或形成后加入到反应混合物中，然后在凝胶上分离反应混合物。如果抗体识别所研究的条带，那么因为抗体、DNA 结合蛋白和 DNA 探针形成三元复合物，所以该复合物就会迁移到更大的位置。有些情况下，加入抗体会破坏复合物的形成，而不是提高它的分子量。相似的实验设计可以用来研究结合到真核启动子上的转录因子复合物中不同蛋白质组分之间的关系（Lieberman and Berk 1991)。

有几个公司可以提供一些直接作用于各种真核转录因子的抗体。这些抗体在超迁移分析试验中既可以用来鉴定已知的因子，也可以作为阳性对照。

附加材料

对应于所研究蛋白的抗体

这通常是一种 IgG 组分，从兔多抗中得到（Harlow and Lane 1988)。

方法

1. 主方案步骤 1 使用的核抽提物中加入不同量的抗体，室温放置 10～30 min。加入抗体的量取决于抗血清的亲和力和转录因子的丰度。每个标准的凝胶阻滞试验可以在 1 μg 和 100 μg 的范围内试着选择抗体量。
2. 在这之后，加入 DNA 探针和其他列在主方案步骤 1 中的成分，然后进行主方案中余下的步骤。加入抗体会破坏所研究的复合物的形成或改变它的迁移率。

虽然某个特定抗体在免疫印迹或免疫沉淀试验中能识别所研究的转录因子，但是同样的抗体却可能在超迁移分析试验中不起作用。这种矛盾通常是由于这些抗体不能识别天然蛋白造成的。最好的解决办法是使用另一种识别结合蛋白中其他抗原决定簇的抗血清。其他可考虑的解决办法包括提高结合缓冲液中的盐液度，在结合缓冲液中加入低浓度（0.01%～0.5%）的非离子型去污剂（如 Tween-20、Nonidet P-40 和 Triton X-100）或提高反应中的抗体量。为了有助于抗体识别和复合物的稳定，反应温度可以在 0 ℃到 37 ℃之间变动。最后，可以通过实验确定在加入 DNA 探针前或后加入抗体是否会影响超迁移分析试验。

附加方案：竞争分析

观察到的 DNA 结合反应的特异性可以用竞争分析试验来检验，这种方法是在主方案步骤 1 中加入放射性标记探针的同时还加入过量的非放射性标记探针。通过加入合理量的非放射性标记探针进行竞争，通常可以说明 DNA 结合的特异性。对于大多数能以高亲和力结合靶 DNA 序列的转录因子，加入摩尔数过量10～100倍的非放射性标记探针可以完全使放射性标记探针形成不了复合物。

竞争分析试验也能用来鉴定给定条带中所含的蛋白质。例如，如果使用的是包含基因 5′端区域的探针，它的序列中有好几个不同的识别元件，可以形成多种 DNA-蛋白复合物，具有不同的迁移率，那么加入摩尔数过量 100 倍的寡核苷酸，而它们都带有已知的识别序列，如结合 Sp1 因子的序列，就会使对应于 Sp1-DNA 复合物的条带消失。同样，用带有其他识别序列的寡核苷酸可以鉴定其他复合物中存在的蛋白，然后猜测这是何种转录因子，用对应的抗体进行超迁移分析试验（请见栏目附加方案：超迁移分析）以确定这种猜测是否正确。

最后，竞争分析试验可用来鉴别特定转录因子结合位点上重要的核苷酸。从用于鉴定结合蛋白的寡核苷酸中选择有单碱基差异的进行一系列竞争分析试验，可以很快地鉴别出识别元件中重要的核苷酸。

17.18　方案 3　DNA 酶 Ⅰ 超敏感位点作图

DNA 酶 Ⅰ 超敏感位点作图法经常用于定位真核基因的调控区。由于还未被理解的原因，基因带有对 DNA 酶 Ⅰ 切割敏感的分开的序列，而且这些所谓超敏感位点图谱是随基因的激活状态而变化的（Weintraub and Groudine 1976）。分别切割静息基因和转录活跃基因得到超敏感位点图谱，比较这两张图谱就可以识别参与基因调控的区域（诱导或抑制）。这种方法有个很大的优点，它并不预先估计调控序列的位置，所以允许研究者在几百 kb 的 DNA 中查找可能的调控序列。

座位控制区（locus control region）的鉴定是个很好的例子，可以说明 DNA 酶 Ⅰ 超敏感位点作图法的作用。座位控制区是关于多个连锁的血红蛋白基因复杂的时序及细胞类型特异转录谱的主要调控序列，大约位于该基因簇第一个基因上游 10kb 的地方（Tuan et al. 1985，Forrester et al. 1986）。这些含有多个 DNA 酶 Ⅰ 超敏感位点的序列对于珠蛋白基因在红细胞中的表达既是必须的，也是足够的（Grosveld et al. 1987，Townes and Behringer 1990）。其他许多基因也有相似的成功例子（综述请参见 Gross and Garrard 1988）。

有多种理论来解释 DNA 酶 Ⅰ 超敏感位点的发生（Gross and Garrard 1988），其中最好的想法认为这些位点代表了这样的一些区域，其中核小体被转录因子和/或 DNA 解旋蛋白的结合代替了。反过来，这些结合蛋白被认为直接通过与基本转录体组分的相互作用或间接地通过形成有利于转录的结构来增强基因的转录（Wallrath et al. 1994）。多种功能序列与 DNA 酶Ⅰ超敏感位点有关，包括增强子、沉默子、发育调控区和组织特异的调控区。由于这个原因，对不同组织或在发育的不同时间对核酸进行超敏感位点图谱分析可以提供关于靶基因表达的丰富信息。

制作超敏感位点图谱最常用的方法包括从研究的细胞或组织中纯化核酸，接着用各种量的 DNA 酶Ⅰ消化完整的核酸。设置不带外源 DNA 酶Ⅰ的对照反应。接着，用 DNA 酶Ⅰ处理过的和作为对照的基因组 DNA 用酚:氯仿抽提纯化，并用一种限制性内切酶消化。DNA 片段用琼脂糖凝胶电泳分离，转移到滤膜上，然后与来自靶基因的带 17.19
标记的探针杂交。如果探针对应于基因的 5′端，那么在不含 DNA 酶 I 的对照反应中，只有来自于那个区域的限制性片段才可以被探针检测到。如果在最初的消化反应中含有 DNA 酶Ⅰ，而且有一个或多个能被探针检测到的 DNA 片段中含有超敏感位点，那么可以通过 Southern 杂交检测到短一些的 DNA，它们两端分别被限制性内切酶和 DNA 酶Ⅰ切割。通过确定经过双切的 DNA 的长度，可以推出超敏感位点和可能的调控序列的位置。通过使用不同的限制性内切酶和探针，可以把调控区的位置确定在 ± 50bp 的区域内。再经过其他努力并使用 PCR 方法，超敏感位点可以确定在几个核苷酸的位置内 (Pfeifer 1992)。

总之，超敏感位点作图对于确定靶基因内部或侧翼可能存在的调控区是一种很好的方法。这项技术对下列情况尤为有用：①启动子分析的早期阶段中，调控序列的位置还未知的时候；②对组织特异性调控的基因进行分析的时候（关于 DNA 酶Ⅰ活性和性质的更详细情况请参见附录 4)。下面的方案最早出自于 Bob Tjian 的实验室（University of California at Berkeley)，由 Tim Hoey（Tularik, Inc. 公司，South San Francisco, California）提供。

材料

注意：标有〈!〉的材料请参见附录 12 以作适当处理。

缓冲液和溶液

贮存液、缓冲液和试剂的组成请参见附录 1，贮存液要稀释到适当的浓度。

缓冲液 A

50 mmol/L Tris-Cl (pH7.9)
100 mmol/L NaCl
3 mmol/L $MgCl_2$
1 mmol/L DTT
0.2 mmol/L 苯甲基磺酰氟〈!〉
缓冲液 A 贮存在 4 ℃。临用前加入 DTT 和苯甲基磺酰氟。

EDTA (0.5mol/L, pH8.0)

乙醇

裂解缓冲液

50 mmol/L Tris-Cl (pH7.9)

100 mmol/L KCl
5 mmol/L $MgCl_2$
0.05%（V/V）皂角苷
50%（V/V）甘油
200 mmol/L β-巯基乙醇〈!〉
裂解缓冲液贮存在 4 ℃。临用前加入 β-巯基乙醇。

酚：氯仿〈!〉

不含钙盐和镁盐的磷酸盐缓冲液

SDS 缓冲液

20 mmol/L Tris-Cl（pH7.9）
100 mmol/L NaCl
70 mmol/L EDTA（pH8.0）
2%（m/V）SDS
SDS 缓冲液以室温贮存。

17.20 TE

台盼蓝染料（0.4% m/V）

适量的染料溶于不含钙盐和镁盐的磷酸盐缓冲液中，室温贮存。

酶和缓冲液

DNA 酶Ⅰ稀释缓冲液

10 mmol/L HEPES-KOH（pH7.9）〈!〉
30 mmol/L $CaCl_2$
30 mmol/L $MgCl_2$
50%（V/V）甘油

DNA 酶Ⅰ溶液

用 DNA 酶Ⅰ稀释缓冲液把不含 RNA 酶的 DNA 酶Ⅰ制品稀释到浓度为 10 单位/μl。溶液贮存在 −20 ℃。用牛胸腺 DNA 为底物，每毫升反应物每分钟 A_{260}值变化 0.001 所需要 DNA 酶Ⅰ的量定义为 1 个单位。

蛋白酶 K 溶液

用 50 mmol/L Tris-Cl（pH7.9）和 100 mmol/L NaCl 溶液溶解蛋白酶 K，使浓度为 0.2 mg/ml。溶液分装后贮存于 −20 ℃。

RNA 酶溶液

不含 DNA 酶的 RNA 酶制品溶于 TE（pH8.0），使浓度为 0.5 mg/ml。

离心机和转头

Sorvall H1000B 转头或等价物

特殊设备

带螺帽的试管（50 ml）

预设为 50 ℃和 55 ℃的振荡水浴锅

附加试剂

本方案步骤 18 中需要用到列在第 6 章方案 8 和 10 中的试剂。

细胞和组织

真核细胞

每次 DNA 酶 Ⅰ 超敏感位点图谱分析试验需要用大约 10^8 个细胞。

方法

1. 细胞旋动培养或用三角瓶、培养皿培养，然后收获约 10^8 细胞，用 25 ml 冰冷的不含钙和镁离子的磷酸盐缓冲液洗两次。

   另外，如果使用新鲜的组织，则如方案 1 步骤 1 所述分离核酸。

2. 用 1.5 ml 冰冷的裂解缓冲液重悬细胞沉淀。冰浴 10 min 使细胞裂解。
3. 10 μl 细胞裂解液和等体积 0.4% 台盼蓝染料混和，放在装有 20× 物镜的显微镜下观测。裂解的细胞和核酸吸收染料显蓝色，未裂解的细胞由于染料不能透过而仍然透明。继续冰浴直至 >80% 细胞裂解。
4. 在 4 ℃以 1300g（用 Sorvall H1000B 转头，转速是 2500r/min）离心 15 min，从裂解细胞悬液中收获核酸。
5. 小心去掉上清，用 1.5 ml 冰冷的缓冲液 A 重悬核酸沉淀。如步骤 4 所述离心收集核酸。
6. 用 4 ml 冰冷的缓冲液 A 重悬核酸沉淀。 17.21
7. 标准 DNA 酶 Ⅰ 溶液作一系列稀释（用 DNA 酶稀释缓冲液稀释成 1/40，1/80，1/160，1/320，1/640，1/1280，1/2560）。稀释液存放在冰上。
8. 一系列管子从 1 到 9 作标记，步骤 6 中的核酸悬液各加 180 μl 到每个管中。
9. 管 1 加入 20 μl 不含 DNA 酶 Ⅰ 的 DNA 酶稀释缓冲液，放置在冰上直到下面的步骤 12。管 2 加入 20 μl 不含 DNA 酶 Ⅰ 的 DNA 酶稀释缓冲液，如下面步骤 11 所述放置。管 1 和管 2 作为对照。
10. 从管 3 到管 9，依次加入 20 μl 浓度递增的稀释液，即在管 3 加入 20 μl 1/2560 稀释液，在管 4 加入 20 μl 1/1280 稀释液，等等。
11. 管 2～9 在 37 ℃放置 20 min。
12. 每管分 3 次加入 0.5mol/L EDTA 终止反应，每次加 16.6 μl，在两次加液间振摇。所有管子处理完毕后，每管加入 12 μl RNA 酶溶液。反应在 37 ℃孵育 30 min 使核 RNA 降解。
13. 每管加入 40 μl 蛋白酶 K 溶液消化核蛋白。上下吹打混和物使溶液混和均匀。每管加入 100 μl SDS 缓冲液并再次混和均匀。管子在 50 ℃旋转培养 16 h。

14. 再加入 100 μl 蛋白酶 K 溶液，继续在 50 ℃培养 2～3 h。
15. 混合物用酚/氯仿抽提 3 次。抽提时动作要轻。加入 3 倍体积冰冷的乙醇，冰浴 30 min，在台式离心机上以 1200g（用 Sorvall H1000B 转头，转速 2400r/min）离心收集 DNA 沉淀。去上清，用纸巾吸干管中残存的乙醇。
16. 每管加入 200 μl TE，55 ℃旋摇过夜，使 DNA 溶解。

    重要：为了彻底溶解 DNA 酶处理过的 DNA，需要长时间孵育。
17. 测定 DNA 重悬液的 A_{260}值，并估计其浓度。
18. 用一种限制性酶消化 DNA，接着进行 Southern 印迹和杂交，方法如第 6 章方案 8 和 10 所述。琼脂糖凝胶的每个泳道加 15～30 μg 用限制性酶消化的基因组 DNA。

杂交探针

相对于原来未经切割的片段，DNA 酶 Ⅰ 切割后的 DNA 片段会以许多不同分子量的小片段组成。产生这种情况的原因可能是由于敏感位点的不完全切割，某个核调控因子未完全结合某个结合位点，基因表达在不同细胞间有变化，或在处理组织时存在有不同基因表达谱的不同细胞。由于这些原因，在超敏感位点作图的时候必须使用高比活性的放射性探针。探针的比活性用附录 8 中所述的方法测定，它需要 $>5\times10^8$ cpm/ μg。来自噬菌体 M13 模板（第 3 章方案 4）的单链 DNA 探针是灵敏的具有高比活性的探针，它们与短区域互补（靶 DNA 中约 200 个核苷酸的区域）。所以它们用于高分辨率的超敏感图谱实验非常理想。

17.22

DNA 酶 Ⅰ 超敏感作图的对照反应

Southern 印迹完成并通过放射自显影或磷屏分析使杂交探针显影后，含有 DNA 酶 Ⅰ 消化过的 DNA 的泳道上应该看到一条或几条多出来的条带。与用标记探针检测到的未经消化的完整条带相比，这些条带较小，通常不太清晰，有时候强度也不大。这些条带在不含 DNA 酶 Ⅰ 的对照反应中（方案中的管 1 和管 2）不应该出现。如果使用的 DNA 酶 Ⅰ 浓度在正确的范围内，附加条带在核酸水解酶低浓度的时候看不到，在中浓度时看得最清楚，在高浓度时会以宽的成片条带出现。可以通过增加或减低核酸中 DNA 酶 Ⅰ 的加入量来校正消化不足或过度消化的问题，以获得最漂亮的结果。在较低 DNA 酶 Ⅰ 浓度时出现的超敏感位点有时候称为"主要"位点，而在较高 DNA 酶 Ⅰ 浓度时出现的超敏感位点称为"次要"位点（请参见例如 Tuan et al. 1985）。

为了获得此类结果，需要用恰当的探针检测基因中合适的调控区。开始对一个新基因的调控区进行分析时，最好设定一系列对照反应，其中对照基因的 DNA 酶 Ⅰ 超敏感位点用确定的限制性酶切和探针检测。理论上，对照基因应该由与靶基因相同的生理事件调控。选择探针时并不知道调控区在基因的什么地方，所以设计的探针需要能检测靶基因内的所有区域。虽然大多数调控区位于基因的近 5′端，但是还有很多时候调控序列位于基因的 5′或 3′远侧，也可能位于内含子。

DNA 酶 Ⅰ 超敏感位点作图有一些固有的局限。DNA 酶作用于复杂的哺乳动物基因组中某单个基因产生的小片段（<1kb）难以通过印迹和 Southern 杂交检测到。更有甚者，在多次实验之间，信号强度会有很多变化。有些方法通常可解决这些问题，例如实验中使用多种限制性酶和探针；使用多种细胞来源的核酸（如表达或不表达细胞、经过刺激或未经刺激的细胞以及不同的细胞系）；以及对成功的实验进行简单重复。通过使用限制性酶双切和多种探针，有可能对消化或未消化的 DNA 片段在 Southern 印迹上进行最大分辨率范围内（1～10kb）的定位。而且，在这些反应条件下可以进行精细结构作图和超敏感位点在基因图谱中的最终定位。

正如本方案导言中提到的，超敏感位点经常是对于靶基因表达很重要的序列的标志。一旦鉴定得到了超敏感位点，那么就可以使用更高分辨率的技术如 DNA 酶足迹（方案 1）和凝胶阻滞分析（方案 2）来确定结合这些 DNA 的蛋白。这些方法与使用报道基因转染的表达分析（请参见如方案 5～7）相结合，某个基因调控区的完整面貌就可以拼凑出来了。

方案 4 连缀转录分析 17.23

核连缀分析用于确定某个克隆的基因是否受转录调控。理论上，核连缀分析应该在检测稳定状态 mRNA 水平变化的杂交实验之后，而在启动子分析之前进行。

用最简单的词语解释，核连缀分析是针对受到一个或多个控制条件影响的细胞，测量给定时间内穿过某个基因的 RNA 聚合酶的数量。实验通常包括从表达感兴趣基因的细胞中分离核酸，接着与 [^{32}P] UTP 一起孵育。在细胞收获时（纯化后的核酸中很少发生转录起始反应），RNA 聚合酶仍活跃转录基因，这样放射性标记的 UTP 就掺入到新生 RNA 转录物中。在硝酸纤维素膜或尼龙膜上固定过量的靶基因，带放射标记的 RNA 和它杂交可以测量细胞核中靶基因的转录活性。与固定在膜上的 DNA 杂交的放射活性部分可以反映靶基因的转录物在细胞总转录活性中的比例（Srivastava and Schonfeld 1998）。

改变基因转录活性的控制因素可以通过核连缀实验中杂交量的增加或减少来测定。杂交量的变化一般意味着有较多或较少数量的转录复合物穿过基因以及有刺激物影响了靶基因启动子中起始事件的数量。如果得到这类结果，那么观察到基因活性变化的原因可能是存在顺式作用的 DNA 序列，而接着通过转染合适的报道基因质粒，就可能鉴定这些元件。但是，杂交的变化并不一定就意味着转录调控发生在起始水平。在某些情况下，杂交的变化也可能和更复杂的调控机制相关，如影响 RNA 聚合酶沿着基因移动的速度（减弱）（请参见如 Bentley and Groudine 1986）。

影响 mRNA 稳定性、转运或翻译等转录后事件的调控因素不会改变靶基因原初转录物的杂交量。经常可以通过分析 mRNA 自身序列对影响转录后过程的序列进行鉴定。通过构建与表达编码适当 mRNA 的基因，可以具体分析这些顺式作用元件的功能。

因为来自单拷贝基因的新生 RNA 转录物的量非常低，必须有大量的 cDNA 或基因 17.24
转到膜上，需要大量 [^{32}P] UTP 对新生 RNA 进行放射性标记，而且杂交的时间也需要延长。以下方法来自于 Dorothy Yuan、Diane Jelinek 和 Karl Normington（University of Texas Southwestern Medical Center，Dallas）提供的方案。

材料

重要：所有试管和溶液都必须不含 RNA 酶。

注意：标〈!〉的材料请参见附录 12 作适当处理。

缓冲液和溶液

贮存液、缓冲液和试剂的组分请见附录 1。

贮存液稀释到适当浓度。

氯仿〈!〉

氯仿：异戊醇〈!〉

DNA 变性溶液

2mol/L NaCl

0.1mol/L NaOH〈!〉

乙醇

甘油贮存缓冲液

50 mmol/L Tris-Cl (pH8.3)

5 mmol/L $MgCl_2$

0.1 mmol/L EDTA (pH8.0)

40% (*V/V*) 甘油

缓冲液贮存在 4 ℃。

HSB 缓冲液

10 mmol/L Tris-Cl (pH7.4)

50 mmol/L $MgCl_2$

2 mmol/L $CaCl_2$

0.5mol/L NaCl

缓冲液贮存在室温。

标记缓冲液

20 mmol/L Tris-Cl (4 ℃时 pH8.0)

140 mmol/L KCl

10 mmol/L $MgCl_2$

1 mmol/L $MoCl_2$

20% (*V/V*) 甘油

14 mmol/L β-巯基乙醇〈!〉

各 1 mmol/L ATP、GTP 和 CTP

10 mmol/L 磷酸肌氨酸

100 μg/ml 磷酸肌氨酸激酶

0.1 μmol/L [^{32}P] UTP, 500～5000 μCi/ ml〈!〉

最后 5 种组分在临用前加入，溶液保存在 4 ℃。放射性 UTP 加入后需要特别保护。

LiCl (5mol/L)

裂解缓冲液

10 mmol/L Tris-Cl (4 ℃时 pH8.4)

1.5 mmol/L $MgCl_2$

0.14mol/L NaCl

缓冲液贮存在 4 ℃。

NaCl (2mol/L)

NaOH (0.1mol/L)〈!〉

Nonidet P-40 (5% *V/V*)

17.25 细胞核洗涤缓冲液

20 mmol/L Tris-Cl (4 ℃时 pH8.0)

140 mmol/L KCl

10 mmol/L $MgCl_2$

1 mmol/L $MoCl_2$

20%（V/V）甘油

14 mmol/L β-巯基乙醇

缓冲液贮存在 4 ℃。临用前，把 β-巯基乙醇浓缩贮存液加到缓冲液中。

酚〈!〉

磷酸盐缓冲液（PBS）

预杂交液/杂交液〈!〉

核连缀实验中一般用含甲酰胺的杂交缓冲液，如 50%（V/V）甲酰胺，6×SSC，5 mmol/L 焦磷酸钠，2×Denhardt 溶液，0.5%（m/V）SDS，10 μg/ml poly(A)，100 μg/ml 鲑鱼精 DNA（请见第 6 章方案 10）。

2×反应缓冲液

10 mmol/L Tris-Cl（pH8.0）

5 mmol/L $MgCl_2$

0.3mol/L KCl

缓冲液贮存在 4 ℃。临用前在 1 ml 2×反应缓冲液中加入 5 μl 1mol/L DTT，100 μl 100 mmol/L ATP，10 μl 100 mmol/L CTP 和 10 μl 100 mmol/L GTP。

RNasin

RNasin 是大鼠肝脏 RNA 酶抑制剂蛋白的通称。有些公司提供这种酶制品（请参见第 7 章信息栏 RNA 酶抑制剂部分）。

SDS（0.5% m/V）

6×SSC

终止缓冲液

50 mmol/L Tris-Cl（pH7.5）

20 mmol/L EDTA（pH8.0）

0.8%（m/V）SDS

缓冲液贮存在室温。

组织匀浆缓冲液

10 mmol/L HEPES-KOH（pH7.6）

25 mmol/L KCl

0.15 mmol/L 精胺

0.5 mmol/L 亚精胺

1 mmol/L EDTA（pH8.0）

2mol/L 蔗糖

10%（V/V）甘油

缓冲液贮存在 4 ℃。步骤 1 临用前，加入 DTT 使终浓度为 1 mmol/L，并加入蛋白酶抑制剂（0.5 mmol/L苯甲基磺酰氟，1 μg/ml 亮抑酶肽，1 μg/ml 抑胃酶肽，或者加入其他所需试剂）。

台盼蓝染料（0.4% m/V）

取一定量染料溶于不含 Ca^{2+}、Mg^{2+} 的磷酸盐缓冲液（PBS）中。室温贮存。

酶和缓冲液

DNA 酶溶液

在 1 ml 0.0025mol/L HCl 和 50%（V/V）甘油中溶解 2mg 不含 RNA 酶的 DNA 酶（如 Worthington 公

司)。溶液贮存在 -20 ℃。

蛋白酶 K（可选）

限制性酶

请见步骤 9。

放射性化合物

[α-^{32}P] UTP（500～5000 μCi/ml）〈!〉

每个核酸样品用 100 μCi 进行放射标记。

17.26

离心机和转头

Beckman SW28 转头或类似产品

Sorvall H1000B 转头或类似产品

Sorvall SS-34 转头或类似产品

重要：所有转头预冷到 4 ℃

特殊设备

沸腾的水浴锅

带 B 型研杵的 Dounce 匀浆器

晶型塑料或超明亮型吊桶式离心管

聚丙烯管（17mm×100mm）

刀片

预设到 30 ℃ 的振荡水浴

预设到 4 ℃ 和 65 ℃ 的水浴

辅助试剂

本方案步骤 11 需要列在第 7 章方案 9 中的试剂和设备。

本方案步骤 13 需要列在第 6 章方案 8 中的试剂。

本方案步骤 14～16 需要列在第 6 章方案 8 和 10 中的试剂。

载体和菌株

非重组质粒载体

含感兴趣 cDNA 或基因的重组质粒

细胞和组织

培养细胞或新鲜组织

方法

核酸分离和 RNA 转录物放射标记

1. 从培养的细胞或新鲜组织中分离核酸。

从培养的细胞中分离核酸

a. 从培养皿中刮下细胞，用冰冷的 PBS 洗两次。在聚丙烯管（17mm×100mm）中，用 1 ml 冰冷的裂解缓冲液重悬 1×10^7 到 1×10^8 细胞。加 2～4 μl 5% Nonidet P-40，悬液冰浴 10 min。

b. 10 μl 悬液和等体积 0.4% 台盼蓝染料混合，在装有 20× 物镜的显微镜下检测溶液。裂解的细胞吸收染料显蓝色，未裂解的细胞由于染料不能透过而仍然透明。继续加入 2 μl 5% Nonidet P-40，观察细胞裂解情况直至大于 80% 的细胞裂解。

c. 用台式离心机以 1300*g*（Sorvall H1000B 转头 2500r/min）离心 1min 回收核酸。去掉上清。核酸沉淀用 1 ml 核酸洗涤缓冲液洗两次。进行步骤 2。

从组织中分离核酸 17.27

a. 解剖 10～15g 组织并切碎。用冰冷的组织匀浆缓冲液调整切碎组织的体积到 30 ml，在紧型 Dounce 匀浆器中匀浆。

b. 为了检测裂解情况，10 μl 细胞悬液和等体积 0.4% 台盼蓝染料混合，在装有 20× 物镜的显微镜下检察溶液。裂解的细胞吸收染料显蓝色，未裂解的细胞由于染料不能透过而仍然透明。继续组织匀浆直至大于 80%～90% 的细胞破裂。

c. 用冰冷的组织匀浆缓冲液稀释匀浆物到 85 ml。在晶型塑料或超明亮型吊桶式离心管中，10 ml 冰冷的匀浆缓冲液垫层上铺 27 ml 匀浆物。管子在 4 ℃ 以 103 900*g*（Beckman SW28 转头 24 000r/min）离心 40min。

d. 去掉上清，管子倒置 1～2min。管子放到冰上。用 2 ml 甘油贮存缓冲液上下吹打重悬沉淀物。

（可选）用刀片切掉管子的上部 2/3，在用甘油贮存缓冲液重悬沉淀物前，把装有核酸的 1/3 底部放在冰上。

e. 10 μl 核酸悬液与 990 μl 0.5% SDS 混合。用紫外分光光度计测 OD_{260}，用甘油贮存缓冲液稀释核酸悬液，使终浓度为 50 OD_{260}/ml。用 1.5 ml 离心管把核酸制备物分装成 200 μl 的小份，液氮快速冷冻，贮存在 −70 ℃。进行步骤 2。

2. 在纯化的核酸中对新生 RNA 进行放射标记。

对于从培养的细胞中分离的核酸，放射标记其中的转录物

a. 最后一次洗涤后（步骤 1c），尽可能多地去掉上清，用 50～100 μl 标记缓冲液重悬核酸。核酸在 30 ℃ 振荡水浴中孵育 15～20 min。

警告：放射性 UTP 加到溶液中以后，要极其小心。戴手套和眼镜并且注意不要用高放射性溶液等污染台面。

b. 在台式离心机中以 800g（Sorvall H1000B 转头 1960r/min）离心 5 min 沉淀核酸，小心去掉上清，以放射性废料处理。进行步骤 3。

如附录 8 所述，可以用三氯乙酸（TCA）沉淀法检测［^{32}P］UTP 掺入 RNA 的情况。对于一次成功的标记反应，如果含有 100 μCi 放射标记的 UTP 和 10OD_{260}核酸，那么 80%～90% ^{32}P 会掺入到可用 TCA 沉淀的物质中。

对于从组织中分离的核酸，放射标记其中的转录物

a. 把适量的细胞核制备物从 −70 ℃ 转移到冰桶中。液体溶解后，每管加 400 单位 RNasin。每管核酸中加 200 μl 补充有核苷酸和 DTT 的 2× 反应缓冲液。加入 100 μCi［α-^{32}P］UTP。

警告：放射性 UTP 加到溶液中以后，要极其小心。戴手套和眼镜并且注意不要用高放射性溶液等污染台面。

17.28 b. 核酸在 30 ℃ 振荡水浴中孵育 20min。2000r/min 离心 1～2min 回收核酸。小心去掉上清，以放射性废料处理。进行步骤 3。

如附录 8 所述，可以用三氯乙酸（TCA）沉淀法检测［^{32}P］UTP 掺入 RNA 的情况。对于一次成功的标记反应，如果有 100 μCi 放射标记的 UTP 和 10OD_{260}核酸，那么 80%～90% ^{32}P 会掺入到可用 TCA 沉淀的物质中。

3. 用 1 ml 冰冷的 HSB 缓冲液重悬细胞核沉淀物，然后加入 10 μl DNA 酶溶液。上下吹打核酸直到核酸重悬起来并且溶液的黏滞度下降（1～5 min）。加 2 ml 终止缓冲液。

DNA 酶处理可以减低溶液的黏滞度并防止新生的放射标记 RNA 转录物被基因组 DNA 捕获。黏滞度不会完全消除，也经常会留有核酸团块。

4. (可选）为了提高放射标记 RNA 的产量，在 DNA 酶处理以后，可以加入蛋白酶 K。在加入 2 ml 终止缓冲液后，加入蛋白酶 K 使其终浓度为 100 μg/ml。溶液在 42 ℃ 孵育 30 min。进行步骤 5。

更大规模的 DNA 去除和放射标记 RNA 纯化的方案请参见 Groudine 等（1981）。

5. 加 3 ml 酚，混合物在 65 ℃ 孵育 15 min，在此期间每 5 min 进行振摇。加 3 ml 氯仿/异戊醇，振荡，以 1900g 离心分离有机相和水相（Sorvall H1000B 转头 3000r/min）。再次用 3 ml 氯仿抽提水相，如前离心，并把水相转移到新管中。
6. 加 0.3 ml 5mol/L LiCl 和 2.5 倍体积的乙醇，混合均匀。以 12 000g（Sorvall SS-34 转头 10 000r/min）离心 10 min 收集核酸沉淀。
7. 用 0.4 ml H_2O 重悬沉淀物并转移到 1.5 ml 离心管中。加 40 μl 5mol/L LiCl 和 2.5 倍体积的乙醇。溶液以最高速离心 10 min。
8. 用 100 μl H_2O 重悬沉淀物，在液闪计数器中测量 cpm/ μl。

RNA 与固定的 DNA 杂交

9. 10 μg 含感兴趣 cDNA 或基因的重组质粒 DNA 以及 10 μg 空质粒载体用限制性酶线性化，使用的限制性酶切割位点必须在载体序列中存在。
10. 切割后的 DNA 用标准的乙醇沉淀法回收，分别用 20 μl DNA 变性溶液重悬沉淀物。DNA 重悬液煮 2 min，然后每管加入 180 μl 6×SSC。

11. 切一片尼龙膜或硝酸纤维素膜，大小适用于点杂交或狭缝杂交的器具。膜用水浸湿然后在6×SSC中浸泡5～10 min。湿膜夹到杂交器具上，连上真空管并接上抽气泵（请参见第7章方案9）。
12. 变性DNA分别从各个隔开的狭缝滤过，用200 μl 6×SSC洗每个狭缝。
13. 拆掉杂交器具，使膜风干，然后通过烘烤或紫外线曝光使DNA固定在膜上。 17.29
14. 膜放在预杂交液中，至少在合适的温度孵育16 h（例如，含50%甲酰胺的溶剂用42 ℃）。
15. 放射标记探针（^{32}P标记的RNA取自步骤8，$2\times10^6\sim4\times10^6$cpm/ml）直接加到预杂交液中，滤膜再孵育72 h。
16. 用高严谨性条件洗膜，对X射线胶片或磷屏板曝光。通常曝光时间对于X射线胶片是24～72 h，对于磷屏板是4～24 h。

杂交对照和疑难解析

- 标记步骤中，使反应物中含有0.5 μg/ml α-蝇蕈素（α-amanitin）〈!〉可以证实观察到的杂交信号是由于RNA聚合酶Ⅱ转录造成的（Marzluff and Huang 1984）。
- 细胞核连缀实验中应包括多个杂交对照。假杂交的阴性对照要从不表达感兴趣基因的细胞中分离和分析细胞核RNA。空质粒载体固定在尼龙/硝酸纤维素膜上充当假杂交的对照。准备2个阳性杂交对照，包括在细胞中表达但对所加的调控因素不起反应的基因（如肌动蛋白、甘油醛3-磷酸脱氢酶和亲环素）和已知对刺激物起反应的基因。
- 固定的DNA中，感兴趣的cDNA或基因不应含有重复DNA序列并应该能代表尽可能多的基因。含隔离区或基因外显子的DNA片段可用来分析延伸速率的差异（Bentley and Groudine 1986）和/或确定某个给定的杂交结果。还应该记住，在很少的情况下，DNA的两条链都可以被转录。由于这个原因，至少在一个实验中需要使用来自于一个或多个区域或外显子的单链DNA探针。
- 杂交分析的总体灵敏度可以通过以下方法提高：剪掉除了固定有DNA部分外多余的膜（即只留出有DNA的狭缝或斑点）；杂交在试管中以小量体积进行，而试管放在设定为适当温度的水浴的矿物油下。
- 有些情况下，新生RNA部分水解可使杂交增强。步骤8最终得到的RNA沉淀物重悬在100 μl 10 mmol/L Tris-Cl（pH7.4），10 mmol/L EDTA和200 mmol/L NaCl中，并加入25 μl 1mol/L NaOH。溶液冰浴15 min，然后加入25 μl 1mol/L HCl中和反应。加500 μl 1.2×Denhardt溶液，并建立杂交反应。
- 如果用这些方案产生了大量背景，就在2×SSC中用RNA酶T1（10单位/ml）和RNA酶A（20 μg/ml）在37 ℃对洗过的膜处理1 h，减轻探针和膜的非特异性结合。

报道分子测定：CAT、荧光素酶和β-半乳糖苷酶（方案5、6和7的导言） 17.30

报道基因或标记分子为鉴定和分析基因的调控元件提供了便利的方法。使用标准的重组方法把感兴趣的调控序列克隆到含有报道基因或标记分子的表达质粒中。然后把重组质粒导入适当的细胞系，测定报道分子的mRNA或蛋白就可以检测报道基因的表达情况。如果报道基因编码的是酶，通过测定其相应的催化活性也可以分析它的表达。不管用什么检测方法，这些报道基因通常都有简易的测定方法与宿主细胞的背景蛋白区分开来。平常使用的大多数检测方法都很敏感、特异、可定量、可重复及操作快速。

报道分子系统常用于测量转录活性，尤其用于研究启动子和增强子及其与顺式作用元件和反式作用蛋白的相互作用，还有它们对环境改变的反应。调控区的精细结构可以用一系列“启动子攻击实验”进行分析，就是在研究的序列中有选择地引入一些突变，接着测定其活性（或表达报道分子的能力）并与野生型或正常序列的活性相比较。

报道基因用于分析调控元件

自从 Gorman 等（1982）首先介绍以氯霉素酰基转移酶（chloramphenicol acetyltransferase, CAT）作为报道分子以后，CAT 基因就被广泛用作许多哺乳动物细胞标准培养系的报道基因。CAT 满足报道分子所需的许多标准（请见表 17-1），而且目前仍很通用。有多种不同方法测量 CAT 活性，所用的步骤和设备在大多数实验室都有。尽管有它的优点，CAT 并不是适于所有环境的理想的报道分子。为了提高检测的灵敏度并拓宽可作为宿主的细胞系范围，还发展了其他几种报道分子系统（综述请参见 Alam and Cook 1990；Bronstein et al. 1994；Groskreutz and Schenborn 1997；Naylor 1999）。

这些新的报道分子系统使用不同的检测方法，每种也都有不同的优缺点。

- 有 ATP 存在时，萤火虫荧光素酶以荧光素为底物产生荧光（de Wet et al. 1987；请参见信息栏荧光素酶部分）。因此测定荧光素酶活性需要荧光光度计或
17.31 可进行单光量子计数的液闪计数器。对于有些实验，荧光素酶作为报道分子要优于 CAT。荧光素酶灵敏度比较高，所以可用以分析弱的启动子或在培养的细胞转染效率低的时候使用。当分析受某个信号下调的启动子时，荧光素酶也可选作报道分子。在转染的细胞中，荧光素酶的半衰期较短（～3 h），所以如果启动子活性下调，荧光素酶活性会很快下降。另一方面，CAT 却非常稳定（$T_{0.5}>50$ h），在转录减弱后，酶的全部活性还能维持比较长的时间（Thompson et al. 1991）。虽然用引物延伸试验或核酸酶保护试验可以通过 mRNA 来检测 CAT 转录的下降，但工作量要比测定荧光素酶活性大得多。

表 17-1　通常使用的报道基因的比较

报道基因[a]	优点	缺点
CAT（细菌）	无内源活性；有自动的 ELISA 测定方法	线性范围窄；使用放射性同位素；稳定
β-半乳糖苷酶（细菌）	特性清楚、稳定；简单的比色法读数；有灵敏的生物或化学发光测定方法	有内源活性（哺乳动物细胞）
荧光素酶（萤火虫）	高比活性；无内源活性，动态范围宽；测定方法简单	需要底物（荧光素），需要 O_2 和 ATP 存在
荧光素酶（细菌）	非常适于测量和分析原核基因转录	灵敏度不如萤火虫荧光素酶；不适于哺乳动物细胞
碱性磷酸酯酶（人胰脏）	分泌蛋白；测定方法有便宜的比色法和高灵敏度的荧光法	某些细胞有内源活性；与某些筛选化合物有交叉反应
GFP（水母）	自身发出荧光（不需要底物）；无内源活性；有些突变体可发出不同光谱的荧光	需要转录后修饰；灵敏度低（无信号扩增）

注：[a]β-半乳糖苷酶常在植物中作为报道基因（Jefferson 1987）。

摘自 Naylor（1999 © Elsevier Science 公司），复制经过允许。

- 生长激素被分泌到培养基中，可方便地用商品化的放射免疫分析方法进行检测及精确定量。但是，使用生长激素作为报道分子需要假定分泌蛋白在培养基中积累的速度与编码前体蛋白的基因在细胞核中转录的速度是平行的。这种假定看上去是合理的，但并没有在所有情况下都得到了证实。蛋白分泌和转录控制位于构成基因表达这整个连续事件的两端，其间有很多步骤，每一步都可能是受调控的。大多数情况下，分泌状况都能很好地反映转录状况，但是在有些情况下却显然不行，例如对于某些分泌途径有缺陷的细胞系。
- 绿色荧光蛋白（GFP）及其通过蛋白质工程获得的变异体是目前最佳的非酶类报道分子系统。多种发光蛋白中，GFP 是很独特的，因为它可以自身发出荧光，即它的活性不需要任何外源辅助因子或单独的底物。而且，因为通过测量在适当波长的吸收值就可以很容易地检测 GFP，所以该系统提供了一种无损伤的方法，用以检测固定细胞和活细胞中报道基因的表达。但是，因为荧光信号不进行扩增（即使是某些较亮的 GFP 突变体），所以需要有非常强的启动子或其他
调控元件驱动 GFP 的表达，才能对它进行检测。GFP 最出色的用途是与靶蛋白 17.32
形成融合蛋白，跟着靶蛋白转运、定位和完成功能（请参见如图 17-2）。有关 GFP 进一步的信息，请参见 Tsien（1998）和本章末尾信息栏中绿色荧光蛋白的部分。

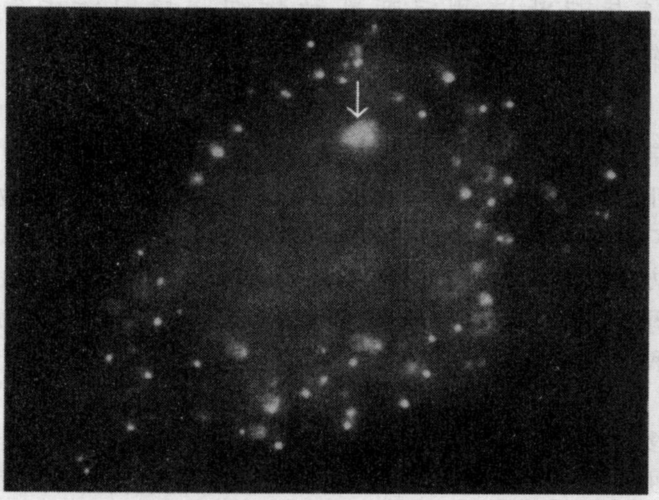

图 17-2 稳定整合的转基因及其蛋白产物的定位（本图彩版请见书后彩插）

把一个编码融合蛋白的基因克隆到四环素应答元件（TRE）调控的细胞巨病毒小启动子的下游，该融合蛋白由蓝色荧光蛋白与过氧化物酶体的靶信号构成。来自 *E. coli lacZ* 基因的 Lac 操纵基因序列位于 TRE 的上游。用该质粒转染 BHK 细胞，然后筛选稳定的细胞系，它们可由整合的转基因拷贝表达蓝色荧光蛋白。通过瞬时表达由黄色荧光蛋白和与操纵基因序列结合的 lac 阻抑蛋白两者构成的融合蛋白，可以探测活的间期细胞中染色体上的整合位点（请见图中的箭头）。在遍布于细胞质的过氧化物酶体中可以见到由转基因表达的蓝色荧光蛋白。［照片由 Toshiro Tsukamoto（Himeji 技术研究所，日本）和 David L. Spector（冷泉港实验室）慷慨提供。］

- 抗原表位标记为蛋白表达和定位提供了另一种监测方法。把一个特性清楚的表位与感兴趣的蛋白融合表达，可以使其与某个特性清楚的抗体进行免疫反应。表位标记可以用于靶蛋白的免疫定位及用商品化的放射免疫分析试剂盒进行定量分析。更多信息请参见 Jarvik 和 Telmer（1998）很好的综述以及信息栏中抗原表位标记部分。用基因工程方法构建表位附加标记物和荧光蛋白融合蛋白的详细方案可以在《细胞实验室手册》（Spector et al. 1998；分别在第 71 章和第 78 章）中找到。

转染对照

测量启动子和增强子在基因表达中的作用时必须要有内对照，这样可以区分基因表达的差异是由转录水平、转染效率或提取物制备中的哪个因素造成的。对照是用两个质粒共转染细胞：一个质粒带有需研究的基因，另一个质粒组成型表达某种蛋白，该蛋白可以在同一细胞提取物中进行测定。*E.coli* β-半乳糖苷酶是此处常用的酶，该酶在细胞提取物中的测定方法如方案 7 所述。

17.33　方案 5　薄层层析法测定哺乳动物细胞提取物中氯霉素酰基转移酶含量

对真核生物启动子中 DNA 调控序列作图的首次实验是把病毒胸腺嘧啶脱氧核苷激酶基因注入非洲爪蟾卵母细胞，然后用引物延伸法测定该基因的转录物（McKnight and Gavis 1980，McKnight and Kingsbury 1982）。虽然那时候的主流观点认为真核基因非常复杂，以当时的方法根本无法进行分析（Lewin 1974），但是 McKnight 的实验说明事实并非如此，从此开辟了真核启动子分析这个研究领域。到今天，他的方法经过修改后，已经鉴定了几百种调控元件，纯化了更大数量的与这些序列有交互作用的核蛋白，克隆了它们的基因。

随着越来越多的实验室开始进行真核启动子作图的工作，很快就明显需要一种比引物延伸法更简单快速的方法来测定启动子活性。为迎合这种需要，发展出了许多所谓的报道基因，其中细菌的氯霉素酰基转移酶（CAT）和萤火虫的荧光素酶（请见方案 6）最为普遍使用。

CAT 由原核基因编码，可以产生对抗生素氯霉素的抗性。CAT 可以把酰基基团从酰基辅酶 A（acetyl-CoA）加到氯霉素上，从而使抗生素结合原核核糖体并抑制其功能的活性丧失（更详细的内容请见信息栏氯霉素酰基转移酶部分）。因为在哺乳动物细胞中没有 CAT 基因，而且 CAT 酶活性分析具有高灵敏度和可重复性，所以原核 CAT 基因成为广泛用于真核启动子分析的报道基因。实验中通常把一段真核 DNA 放在 CAT 基因编码区的 5′上游，得到的质粒转染哺乳动物细胞。转染的基因表达一段时间后，用本方案所述的一种方法来测定 CAT 活性。如果实验设置正确，CAT 活性值与转染质粒的转录水平之间会有线性关系。对假定的启动子 DNA 片段作突变，转染后测定突变体合成 CAT 的活性，有可能以此来确定 DNA 中的调控元件。

尽管 CAT 分析具有可定量的特性，但要记住本方法并不直接测量转录情况，某些参数如 CAT 蛋白在转染细胞中的半衰期会影响结果。在研究转录抑制的时候，考虑这种情况变得尤其重要。还有个潜在的问题，CAT 活性可能由精确起始于感兴趣的启动子位置的转录物产生，也可能由起始于质粒中异常位置的转录物产生（Langner et al. 1986）。这种异常转录可能使对所测试启动子活性的估计有很大程度的夸大。有些情况下，把转录终止信号放在感兴趣启动子的上游，可以消除由假转录造成的背景（Heard et al. 1987, Araki et al. 1988）。为了减少发生错误的可能性，通过分析与 CAT（或其他任何报道分子酶活性）相连的启动子或增强子得到的结论必须通过直接测定由一个或多个嵌合的质粒编码的 mRNA 来证实。从嵌合基因起始转录的准确性也应该通过把 mRNA 的 5′末端相对于它的模板 DNA 进行精确位置的作图而得到证实。测量 mRNA 水平及 mRNA 5′末端作图的技术包括引物延伸法，用核酸酶 S1 消化 DNA-RNA 杂合体，以及用 RNA 酶 A 消化 RNA-RNA 杂合体。有关这些类型实验方案的详情在第 7 章。 17.34

本方案中，我们列出了三种不同的分析方法，可以用来测定报道基因载体 pCAT3 转染哺乳动物细胞后表达的 CAT 酶活性（请见图 17-3）：用薄层层析法测量 CAT 活性（主方案）；有机溶剂萃取后测量 CAT 活性（第一替代方案）；把产物扩散到闪烁液后测量 CAT 活性（第二替代方案）。

对　照

用于确定内源性 CAT 酶活性的对照应该包括模仿转染的细胞和用缺失启动子的 CAT 载体转染的细胞。还需用不含细胞提取物的对照，测量由薄层层析法造成的背景。用携带连有强启动子（SV40 早期或晚期区域的启动子、巨细胞病毒极早期区域或 Rous 肉瘤病毒长末端重复序列）的 CAT 基因的质粒（如请参见图17-3）转染细胞后得到的细胞抽提物，可以作为 CAT 活性和转染的阳性对照。最后，测定 CAT 获得的结果应该通过直接测定 RNA 来证实。

材料 17.36

注意：标〈!〉的材料请参见附录 12 作适当处理。

缓冲液和溶液

贮存液、缓冲液和试剂的组分请见附录 1。
贮存液稀释到适当浓度。

CAT 反应混合物 1

1 mol/L Tris-Cl (pH7.8)	50 μl
[^{14}C] 氯霉素（60 mCi/mmol，用水稀释到 0.1 mCi/ml）〈!〉	10 μl
乙酰辅酶 A（新鲜配制，水溶液浓度 3.5 mg/ml）	20 μl

每测定 50 μl 细胞裂解物需要准备 80 μl CAT 反应混合物 1。反应混合物在临用前配制。

乙酰辅酶 A 是辅酶 A 的 S-乙酰基化形式。两个碳单位以这种形式从脂肪和碳水化合物进入柠檬酸循环。乙酰辅酶 A 在很多生物反应中作为乙酰基化的辅助因子，如在本方案中，通过 CAT 使氯霉素酰基化就需要乙酰辅酶 A 作为辅助因子。

乙基乙酸〈!〉

乙基乙酸（$CH_2COOCH_2CH_3$）是用于 CAT 活性薄层层析测定的有机溶剂。1 份乙基乙酸和 19 份氯仿混合制成的溶剂可以把乙酰基化和非乙酰基化形式的氯霉素在硅胶板上分开。乙基乙酸是非常易燃（闪燃点 = -4 ℃）的挥发性酯类，有成熟水果的味道。

17.35

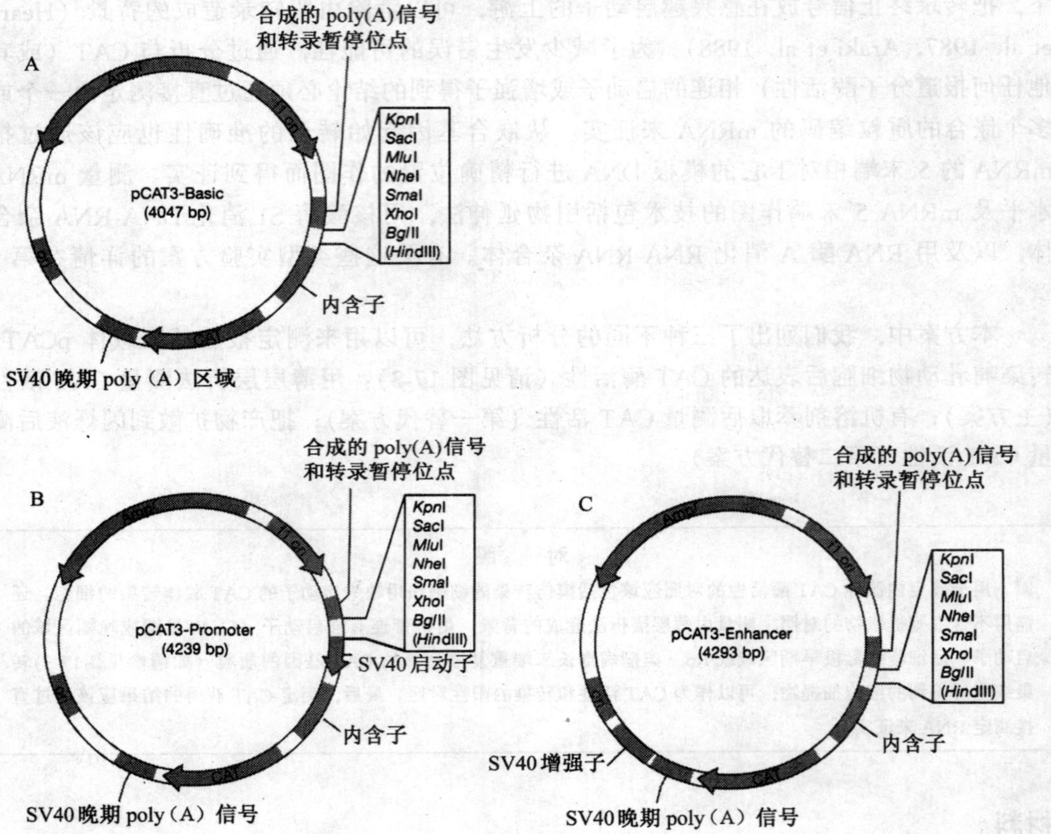

图 17-3　pCAT3 载体

此处对带有 CAT 编码序列的 pCAT3 载体的特性进行了概括(Luckow and Schutz 1987)。该系列的所有载体都包括①丝状噬菌体复制起点(f1 ori),②质粒在 *E. coli* 中的复制起点(ori),③氨苄青霉素抗性标记(Amp^R),用于原核细胞筛选,④添加 poly(A)信号和位于 CAT 基因 5′端的转录暂停位点,它可以减少上游序列转录通读造成的背景。感兴趣的序列插入多克隆位点(MCS)。(A)基本载体缺少真核启动子和增强子序列。CAT 在该载体中的表达依赖于在内含子和 CAT 基因的上游插入方向正确的有功能的启动子。假定的增强子元件也可以插入在启动子的上游或 CAT 基因下游的 *Bam*H Ⅰ 或 *Sal* Ⅰ 位点。(B)启动子载体在内含子和 CAT 基因的上游带有 SV40 启动子。带有假定增强子元件的 DNA 序列可以插入到启动子-CAT 转录单元的上游或下游。(C)增强子载体在 CAT 基因和添加 poly(A)信号序列的下游携带 SV40 增强子。增强子可以帮助鉴别有功能的启动子元件,因为增强子的存在经常使 CAT 基因有高水平的转录。(出自 Promega 公司,经过修改,重印征得同意。)

裂解缓冲液

0.1 mol/L Tris-Cl（pH7.8）

0.5%（V/V）Triton X-100

通过去污剂裂解细胞时使用（请见步骤 4）。

同样的裂解缓冲液可制备用于测量 β-半乳糖苷酶活性的细胞抽提物（请见方案 7）。

重要：细胞裂解缓冲液需用高纯度的 Triton X-100 制品。低等级的去污剂会抑制 CAT 酶活性。裂解缓冲液中可以用去污剂 0.125%（V/V）的 Nonidet P-40 代替 Triton X-100。

不含钙盐和镁盐的磷酸盐缓冲液（PBS）

薄层层析（TLC）溶剂

190 ml 氯仿〈!〉

10 ml 甲醇〈!〉

每个 TLC 槽需要准备 200 ml。每个槽可以用两个 TLC 板。

Tris-Cl（1 mol/L，pH7.8）

放射性化合物

放射性墨水〈!〉

用于作点标记，指示 TCL 板放射自显影图的方向。

特殊设备

干冰/乙醇浴〈!〉

用于冻融法裂解细胞。

使用不溶于乙醇的墨水的记号笔

旋转真空蒸发器

例如 Savant SpeedVac 牌。

橡胶棒

薄层层析板（例如 Sybron SIL G/UV254，Brinkmann 公司）

薄层层析槽（27.5cm×27.5cm×7.5cm）

科学供应品商店提供这类槽（如 Sigma-Aldrich Techware 公司）。

预设为 65 ℃ 的水浴

细胞和组织 17.37

用携带感兴趣 DNA 的 pCAT 载体转染的哺乳动物培养细胞

需要用一个 CAT 报道分子载体（如 pCAT3 系列）和带有 β-半乳糖苷酶基因（pCMV-SPORT-β-gal；请见第 16 章图 16-2）或其他适于使 CAT 测量结果标准化的报道基因的质粒共转染（使用第 16 章中的某种转染方案）细胞。pCAT 系列载体的详细情况请见图 17-3。

方法

转染细胞沉淀的制备

1. 从经过转染并在 90mm 组织培养皿中生长的单层细胞轻轻地吸掉培养液。单层细胞用 5 ml 不含钙盐和镁盐的 PBS 洗 3 次。
2. 把培养皿以某个角度放置 2～3 min，使最后残留的 PBS 流到一侧。吸掉 PBS 残液。每个培养皿加 1 ml PBS，用橡胶棒把细胞刮到离心管中。冰浴，直到所有的培养皿处理完毕。
3. 室温下以最大速度离心 10 s 收集细胞。用 1 ml 冰冷的 PBS 轻轻地重悬细胞沉淀，然后再次离心收集细胞。去掉细胞沉淀与管壁中的 PBS 残液。细胞沉淀可以贮存在 −20 ℃以作将来分析用，也可以用步骤 4 的某种方法制备细胞抽提物。

   用连有真空管的一次性吸头可以很方便地去除 PBS。吸头接触液面，缓缓地吸。当液体下降的时候，使吸头尽可能地远离细胞沉淀。然后用吸头吸掉沾附在管壁上的液滴。

制备细胞抽提物

4. 裂解细胞是用反复冻融法或用含有去污剂的缓冲液处理细胞。后一种方法快速简便，而且适用于在 96 孔板上测量 CAT、β-半乳糖苷酶和其他标记基因（方案 6）(Bignon et al. 1993)。

反复冻融法裂解细胞

   a. 在 90mm 培养皿中，用 100 μl 0.25 mol/L Tris-Cl（pH7.8）重悬细胞沉淀。剧烈振荡打散细胞团块。
   b. 细胞在干冰/乙醇浴中冻，在 37 ℃融解，共进行 3 个循环以破坏细胞。确定管子事先用不溶于乙醇的墨水进行过标记。
   c. 破碎的细胞在 4 ℃以最大速度离心 5 min。上清转移到新的离心管中。取 50 μl 上清用于测量 CAT，余下的抽提物贮存于 −20 ℃。

17.38 用含有去污剂的缓冲液裂解细胞

   a. 步骤 3 中的细胞沉淀用 500 μl 裂解缓冲液重悬。混合物在 37 ℃孵育 15 min。

      在 35 mm 培养皿中生长的细胞抽提时需要用 100 μl 裂解缓冲液。

   b. 以最大速度离心 10 min 去除细胞碎片。回收上清。选用一种本方案所述的方法来测量 CAT 活性。余下清亮的裂解物在液氮中速冻，然后贮存在 −70 ℃。

用薄层层析法测定 CAT 活性

5. 50 μl 细胞抽提物在 65 ℃孵育 10 min 使内源性的去乙酰基酶失活。如果这时候抽提物混浊不透明，在 4 ℃以最大速度离心 2 min 以去除微粒。
6. 每个待测样品用 80 μl CAT 反应混合物 1 混合，37 ℃孵育。孵育时间的长短与细胞抽提物中 CAT 的浓度有关，而 CAT 的浓度又与所研究的启动子强度和细胞类型有关。大多数情况下，孵育 30 min 到 2 h 就足够了。

如果转染的细胞中 CAT 基因表达很低，这步反应可以孵育更长的时间（最长至 16 h）。但是在这种情况下，建议每个反应孵育 2 h 后再补加 10 μl 乙酰辅酶 A。

7. 每个样品加 1 ml 乙基乙酸，振荡 3 次，每次 10 s，彻底使溶液混匀。混合物在室温下以最大速度离心 5 min。

乙酰基化的氯霉素进入到有机相（上层）中；非乙酰基化的氯霉素仍留在水相中。

8. 用移液管把 900 μl 有机相转移到新管中，小心避免水相和中间相混入。把含有下层相的管子作为放射性废物丢弃。
9. 把管子放入旋转蒸发器（如 Savant SpeedVac 牌），真空下使乙基乙酸挥发约 1 h。
10. 每个管子加 25 μl 乙基乙酸，轻轻振荡，使反应产物溶解。
11. 把 10～15 μl 已溶解的反应产物加到 25mm 硅胶 TLC 板的起点处。板上的起点用软石墨铅笔标记。每次加样 5 μl，用吹风机把样品吹干。
12. 准备盛有 200 ml TCL 溶剂的 TCL 槽。把 TCL 板放进槽中，关上容器，然后使溶剂前沿移动到板上端大约 75％的地方。

可以用许多不同的 TCL 板和溶剂来分离乙酰基化的氯霉素。我们通常用氯仿：甲醇（95:5）和 Sybron SIL G/UV254（Brinkmann 公司）TCL 板。Touchstone（1992）对 TCL 方法及其疑难问题作了很好的介绍和说明。

13. 把 TCL 板从槽中取出来，在室温下干燥。用放射性墨水在 TCL 板上作点标记以便于对齐板与胶片的位置，然后用板对 X 射线胶片曝光。或者把板放在磷屏分析的盒子里。盒子在室温下放置适当的时间。 17.39

TCL 板上不要盖 Saran 膜，因为盖上膜之后会隔断 ^{14}C 同位素发出的较弱的放射线。

14. 冲洗 X 射线胶片并与 TCL 板校对位置。此外，还可以用层析图对磷屏分析设备的图像板曝光或把 TCL 板拿去扫描。

通常可看到三个放射性斑点。从起点迁移距离最近的点是进入乙基乙酸的非乙酰基化的氯霉素。另两个迁移得稍快的斑点是两个潜在的可酰基化位置中的某一个被乙酰基化的氯霉素。只有当使用了高浓度 CAT 或用大量抽提蛋白进行长时间的孵育后，才能看到迁移得更快的第三种斑点，它是双乙酰基化的氯霉素。

15. 为了对 CAT 活性定量，需要从 TCL 板中把放射性斑点切下来，然后用液闪计数器测定放射性量（请见附录 9）。取另一份细胞抽提物（来自前面的步骤 3），用 Bradford 分析法等快速比色法确定抽提物中的蛋白浓度。测定蛋白浓度前，把 Triton X-100的浓度稀释为≤0.1％，以免发生交叉反应。CAT 活性表示为每单位时间每毫克细胞抽提物蛋白中产生乙酰基化产物的皮摩尔数。

当处理大量样品时，先硅胶薄层层析，接着切胶和对修饰过的氯霉素产物进行闪烁计数的方法会变得非常腻味。这些情况下进行产物定量的另一种方法是用磷屏设备对 TCL 板进行扫描。

在不含细胞抽提物的情况下仍然“固有”的氯霉素乙酰基化可能会形成背景。如果这会有问题，试着把实验中氯霉素的浓度降低 2～4 倍（Heard et al. 1987）。

17.40

替代方案：有机溶剂萃取法测量 CAT

本方法（Sleigh 1986）中，乙酰基化的辅酶 A 是带放射性标记的，而测量的是转移到非标记氯霉素的^{14}C-标记的乙酸基基团数。用乙基乙酸抽提，可以把乙酰基化并带放射性标记的氯霉素与未反应的乙酰辅酶 A 分开。乙酰基化的氯霉素产物进入有机相，而乙酰辅酶 A 底物仍留在水相。

注意：标〈!〉的材料请参见附录 12 作适当处理。

附加材料

CAT 反应混合物 2

8 mmol/L 氯霉素〈!〉	20 μl
0.25 mol/L Tris-Cl（pH7.8）	30 μl
[^{14}C] 乙酰辅酶 A〈!〉	20 μl

2.57 mg 氯霉素溶于 1 ml 乙醇配成 8 mmol/L 氯霉素溶液。[^{14}C] 乙酰辅酶 A（58Ci/ mmol）溶于水配成浓度为 50mCi/ml 的 [^{14}C] 乙酰辅酶 A 溶液。溶液分装成 20 μl 的小份，贮存于 -70 ℃。临反应前，用非标记的乙酰辅酶 A（0.5 mmol/L）对 [^{14}C] 乙酰辅酶 A 作 10 倍稀释。最终反应混合物中各种试剂的浓度为：2.3 mmol/L 氯霉素，0.11 mol/L Tris-Cl，129 mmol/L（1 mCi/ml）[^{14}C] 乙酰辅酶 A。

每测试 30 μl 细胞抽提物需要 70 μl CAT 反应混合物 2。

闪烁液（如 Insta-Gel，Packard 公司）

方法

1. 如主方案步骤 1～4 所述制备转染细胞抽提物。取 30 μl 抽提物用于 CAT 测定。
2. 30 μl 细胞抽提物加到 70 μl CAT 反应混合物 2 中。65 ℃孵育 10 min，使去乙酰基化酶失活，然后在 37 ℃孵育 1 h 使 CAT 酶发挥功能。
3. 样品转入冰浴，加 100 μl 冰冷的乙基乙酸。剧烈振荡使各液相混合。混合物在室温下以最大速度离心 3 min。
4. 80 μl 有机（上）相转移到新管中。原来的管子（水相）中加入 100 μl 冰冷的乙基乙酸。100 μl 有机相转移到装有 80 μl 第一次抽提的乙基乙酸中。

   特别小心不要转移走哪怕一丁点水相，里面有带放射性标记的底物。
5. 在 1.5 ml 塑料管中，1 ml 闪烁液与分两次得到的有机相溶液混合。用液闪计数器测量放射活性（请见附录 8）。用 Bradford 分析法等快速比色法测量抽提物中的蛋白浓度后，确定 CAT 的比活性。

   本方法的线性范围是每毫升反应混合物 0.03～0.25 酶单位 [1 单位 CAT 活性定义为在 37 ℃，1 min 内把 1 nmol 乙酰基基团从乙酰辅酶 A 转移到氯霉素所需的酶量（pH7.8）]。

17.41

替代方案：通过把反应产物分散到闪烁液的方法测量 CAT

本方案是由前面那个替代方案发展而来，它不包括用乙基乙酸萃取乙酰基化氯霉素的步骤。作为代替，覆盖在反应混合物上的是不溶于水的闪烁液。CAT 催化产生的乙酰基化氯霉素从水相很快地进入闪烁液（Neumann et al. 1987），然后就留在闪烁液中。乙酰辅酶 A 和非乙酰基化的氯霉素仍留在水相中。只有闪烁液中的放射性物质可以用液闪计数器测量，而这种测量工作可以在酶反应的任何步骤进行。因为这项技术不是单终点的实验，而是连续性的实验，所以它产生的是半定量动力学数据，可以用标准的数学公式分析。

本方法最初使用高浓度（100 μmol/L）非标记的乙酰辅酶 A，以保证有足量底物来满足 CAT 的 K_m 值。因此每次实验需要大量（5 μCi ^3H）昂贵的放射标记的乙酰辅酶 A。但是，省略实验中非标记的乙酰辅酶 A 以及把放射性底物的量减少到 0.1 μCi，也可以获得合适的结果（Eastman 1978）。在这些条件下，只要每次实验中 CAT 少于 0.0125 单位（1 单位 CAT 可以在 37 ℃，pH7.8 的条件下，1 min 内催化 1 nmol 氯霉素的乙酰基化），反应与酶浓度会呈线性关系。有商品化的 CAT 制品（如 Sigma 公司）可用作阳性对照和转染细胞粗提物中酶活性的标准化。

注意：标〈!〉的材料请参见附录 12 作适当处理。

附加材料

CAT 反应混合物 3

1 mol/L Tris-Cl（pH7.8）	25 μl
5 mmol/L 氯霉素〈!〉	50 μl
[^{3}H] 乙酰辅酶 A（200 mCi/mmol）〈!〉	0.1 μCi
H_2O	加到 200 μl

1.6 mg 氯霉素溶于 1 ml 乙醇配成 5 mmol/L 氯霉素溶液。[^{3}H] 乙酰辅酶 A 可以购买指定的比活性（如 New England Nuclear 公司），或用高比活性的水贮存液稀释。放射标记的乙酰辅酶 A 溶液贮存于 −70 ℃。[^{14}C] 乙酰辅酶 A（0.1 μCi）可以代替 [^{3}H] -标记的乙酰辅酶 A。最终反应混合物中各种试剂的浓度为：125 mmol/L Tris-Cl，1.25 mmol/L 氯霉素，0.35 mmol/L 乙酰辅酶 A。

每测试 30 μl 细胞抽提物需要 200 μl CAT 反应混合物 3。

玻璃闪烁瓶（7 ml）

水不溶的闪烁液（如 Econofluor，New England Nuclear 公司）

方法

1. 如主方案步骤 1～4 所述制备转染细胞抽提物。取 30 μl 抽提物用于 CAT 测定。
2. 30 μl 细胞抽提物和 20 μl 100 mmol/L Tris-Cl（pH7.8）在 7 ml 玻璃闪烁瓶中混合。65 ℃孵育 15 min，使抽提物中的去乙酰基化酶失活。闪烁瓶转移到 37 ℃水浴中。
3. 加入 200 μl 新鲜配制的 CAT 反应混合物 3。用移液管在反应混合物上小心地覆盖 5 ml 水不溶的闪烁液，然后在 37 ℃孵育。两相不需要混合。用液闪计数器测量闪烁液中的放射活性（请见附录 8）。测量抽提物中的蛋白浓度，然后计算 CAT 的比活性。

   装有反应混合物的玻璃闪烁瓶以选定的时间间隔（如每 20 min）计数 0.1 min，直到酶反应结束。或者根据前面的实验基础，对玻璃闪烁瓶在某个终点处计数。

方案 6　哺乳动物细胞抽提物中荧光素酶的测定 17.42

荧光素酶是很多实验室选用的报道基因：①荧光素酶的测定比 CAT 或其他常用报道基因更为灵敏。荧光素酶分析独有的高灵敏度使它可用于分析弱启动子及允许在转染实验中使用较少量的 DNA 和细胞。②测定荧光素酶不需要用放射性物质。③荧光素酶分析的线性范围超过 8 个数量级，因此小量转染细胞裂解物就可以测定酶活性，而且整个培养皿之间的比较变得更为容易。④裂解细胞的缓冲液可用于测定其他报道基因，如 CAT、其他荧光素酶基因和 β-半乳糖苷酶，这样使标准化过程变得简单，而且在有些情况下，可以在同一个细胞裂解物中测定两个标记基因。⑤荧光素酶分析可以在 96 孔板中进行，方便大量转染细胞的分析（请见本方案末尾的栏目替代方案：96 孔板培养细胞中荧光素酶含量的测定）。

荧光光度计或标准的闪烁计数器可以测定荧光素酶反应发出的光。这两者中，闪烁计数器测量更为灵敏（Hill et al. 1993），但比较费时。市面上有各种不同型号的荧光光度计商品（综述请见 Stanley 1992）。虽然这些设备相当昂贵（$20 000～30 000），可用它们进行测量很迅速，所以通常可以几个实验室合用一台仪器。

本方案中，我们介绍了载体（请见图 17-4）转染哺乳动物细胞后，测量荧光素酶表达的方法。用本方案所述方法制备的细胞裂解物，也可以直接测量其他如 CAT、β-

半乳糖苷酶和碱性磷酸酶的酶活性。关于荧光素酶更完整的情况请见信息栏中荧光素酶部分。

17.43

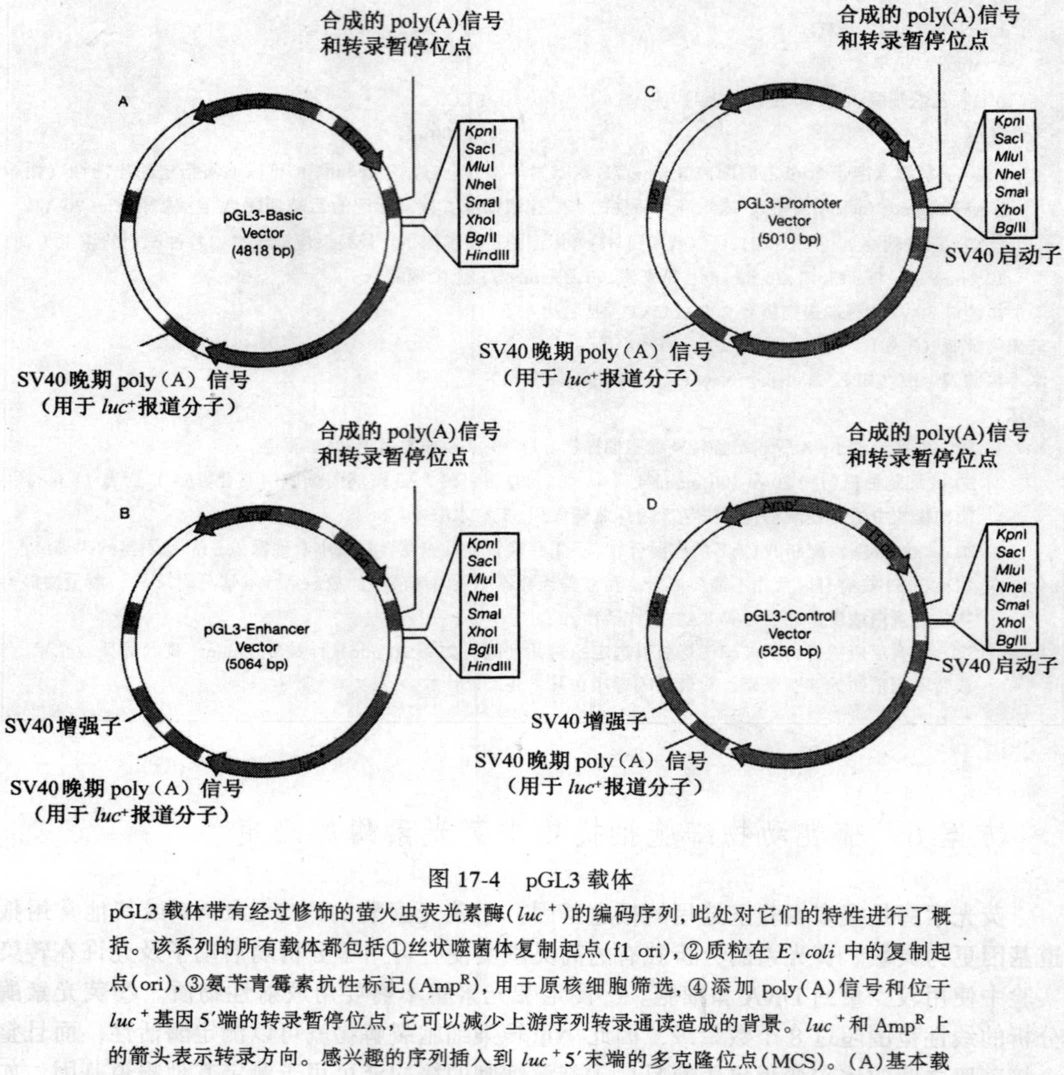

图 17-4　pGL3 载体

pGL3 载体带有经过修饰的萤火虫荧光素酶(luc^+)的编码序列，此处对它们的特性进行了概括。该系列的所有载体都包括①丝状噬菌体复制起点(f1 ori)，②质粒在 *E. coli* 中的复制起点(ori)，③氨苄青霉素抗性标记(Amp^R)，用于原核细胞筛选，④添加 poly(A)信号和位于 luc^+ 基因 5′端的转录暂停位点，它可以减少上游序列转录通读造成的背景。luc^+ 和 Amp^R 上的箭头表示转录方向。感兴趣的序列插入到 luc^+ 5′末端的多克隆位点(MCS)。(A)基本载体缺少真核启动子和增强子序列。荧光素酶在该载体中的表达依赖于在内含子和 luc^+ 基因的上游插入方向正确的有功能的启动子。假定的增强子元件也可以插入在启动子的上游或 luc^+ 基因下游的 *Bam*HI 或 *Sal*I 位点。(B)增强子载体在 luc^+ 基因和添加 poly(A)信号序列的下游携带 SV40 增强子。增强子可以帮助鉴别有功能的启动子元件，因为增强子的存在经常使 luc^+ 基因有高水平的转录。(C)启动子载体在内含子和 luc^+ 基因的上游带有 SV40 启动子。带有假定增强子元件的 DNA 序列可以插入到启动子 - luc^+ 转录单元的上游或下游。(D)对照载体带有 SV40 启动子和增强子序列，可以在许多哺乳动物细胞系中表达很强的 luc^+。该载体可用于监测转染效率，还可以作为 pGL3 重组体中启动子和增强子表达活性的简易标准对照。(出自 Promega 公司，经过修改，重印征得同意。)

材料　17.44

缓冲液和溶液

贮存液、缓冲液和试剂的组分请见附录 1。

贮存液稀释到适当浓度。

细胞裂解缓冲液

25 mmol/L 双甘氨肽（pH7.8）

15 mmol/L $MgSO_4$

4 mmol/L EGTA

1%（V/V）Triton X-100

临用前加入 1mol/L DTT 贮存液，终浓度为 1 mmol/L。

测定每个 100 mm 培养皿中的细胞大约需要 1 ml 细胞裂解缓冲液。

荧光素酶测定缓冲液

15 mmol/L 磷酸钾（pH7.8）

25 mmol/L 双甘氨肽

15 mmol/L $MgSO_4$

4 mmol/L EGTA

2 mmol/L ATP

临用前加入 1 mol/L DTT 贮存液，终浓度为 1 mmol/L。

每个荧光光度计测量管大约需要 400 μl 荧光素酶测定缓冲液。

荧光素溶液

25 mmol/L 双甘氨肽

15 mmol/L $MgSO_4$

4 mmol/L EGTA

0.2 mmol/L 荧光素

临用前加入 1mol/L DTT 贮存液，终浓度为 2 mmol/L。

每个荧光光度计测量管大约需要 200 μl 荧光素溶液。荧光素溶液中加入 1～2 μmol/L 辅酶 A 会使发光更强和更持久（Wood 1991）。

重要：荧光素是能够受荧光素酶催化发光的底物的通称。最常用的荧光素酶基因来自萤火虫，它作用于特定的荧光素底物。其他如来自海三色堇（*Renilla reniformis*）或某种海洋细菌的荧光素酶所使用的荧光素底物具有不同的化学性质。确定前面缓冲液中所用的荧光素底物确实与表达质粒中的荧光素酶基因相匹配。

不含钙盐和镁盐的磷酸盐缓冲液（PBS）

特殊设备

荧光光度计和光度计测量管

橡胶棒

细胞和组织

用感兴趣的 DNA 转染的哺乳动物培养细胞

需要用荧光素酶报道分子载体（请见图 17-4）和带有 β-半乳糖苷酶基因（pCMV-SPORT-β-gal；请见图 16-2）或其他适于使荧光素酶测量结果标准化的报道基因的质粒共转染（使用第 16 章中的某种转染方案）细胞。

17.45

荧光素酶活性测定的优化

- 不能过分强调在线性范围内测量荧光素酶的重要性。两个酶制备物在非线性范围内如果有两倍的信号差异，在线性范围内测量时，差异可能会变成 100 倍。对于每瓶转染的细胞，证实所获得的信号与加到测量反应中裂解物的体积成比例是很重要的。
- 冻融法裂解细胞会造成荧光素酶的失活，而且很难恢复活性（Brasier et al. 1989）。所以，含有 Triton X-100 等非离子型去污剂的缓冲液常用于裂解转染细胞的细胞膜，释放出细胞质中的荧光素酶。使用适当浓度的去污剂，使核膜仍保持完整，染色质不会到细胞裂解液中。
- 获得最大荧光素酶活性所需的 ATP 浓度与转染细胞的类型有关。对于 HepG2 等某些细胞，ATP 的最佳浓度是 2 mmol/L（Brasiet et al. 1989），而其他如小鼠 L 细胞，ATP 的最佳浓度是 0.3 mmol/L（Nguyen et al. 1988）。过量 ATP 会通过别构抑制作用导致酶活性的下降（DeLuca and McElroy 1984）。所以，荧光素酶分析实验中，对于每种细胞系（或缓冲液）最好都根据经验确定 ATP 的最佳浓度。
- 某个质粒转染细胞后表达荧光素酶的量，与启动子强度以及荧光素酶 mRNA 转运、翻译和酶转换动力学相关。转染后荧光素酶表达到最大值的时间可以短到 16 h，也可以长到 120 h，与细胞系有关。

方法

1. 转染后 24～72 h，室温下用不含钙盐和镁盐的磷酸盐缓冲液（PBS）洗细胞 3 次。PBS 换液时要轻缓，因为有些哺乳动物细胞（如人胎肾 293 细胞）在剧烈吹打时很容易从培养皿上脱落下来。

   通常，荧光素酶基因在转染细胞中获得最大表达量的时间是 24～72 h，请看栏目荧光素酶活性测定的优化的内容。

2. 每个 100mm 培养皿中的转染细胞，加入 1 ml 冰冷的裂解缓冲液。缓冲液轻轻旋转，然后用橡胶棒把裂解细胞从培养皿上刮下来。细胞裂解物转移到 1.5 ml 离心管中。
3. 细胞裂解物在 4 ℃以最大速度离心 5 min。把上清小心地转移到另一个新的 1.5 ml 离心管中。
4. 用 Bradford 测定等快速比色法确定裂解物的蛋白浓度。在测定蛋白浓度前，为了防止干扰，把 Triton X-100 的浓度稀释到小于等于 0.1%。

   这步中，细胞裂解液可以分成小份，贮存在 -70 ℃。虽然贮存在 4 ℃或 -20 ℃时，荧光素酶在裂解缓冲液中不稳定（Brasier et al. 1989），但是在含 15%（V/V）甘油和 1%（m/V）牛血清白蛋白的缓冲液中，该酶可以在 4 ℃安全贮存。

5. 敲打盛有裂解物的管子的管壁，轻轻使裂解物混合。室温下，在每个含有 360 μl 荧光素酶测定缓冲液的荧光光度计管中加入 5～200 μl 细胞裂解液。管子放入荧光光度计。

   除了可使用荧光光度计测量荧光素酶活性，还有另一种方法在栏目替代方案：用闪烁计数器测量荧光素酶活性。

17.46 6. 测定开始，200 μl 荧光素溶液加到荧光光度计管中，然后在室温测量 2～60 s 时间内的光输出。

测光输出时间的最佳长短要根据经验确定，而且与转染细胞的类型以及所用的特殊底物和荧光素酶有关。

7. 测定每个管子产生的相对光单位数，并确定测量的线性范围。使用适当量的细胞裂解蛋白，使它在随后测量中产生的值位于线性范围的中部。根据所研究启动子的强度以及每次实验的转染效率，所需蛋白的量会有变化。细胞裂解物中荧光素酶活性可以用相对光单位数或毫克表示。

替代方案：用闪烁计数器测量荧光素酶活性

闪烁计数器可以代替荧光光度计测定荧光素酶作用于荧光素产生的荧光（Nguyen et al. 1988，Fulton and Van Ness 1993）。闪烁计数器的灵敏度比荧光光度计稍微高一些（Hill et al. 1993）；但是用闪烁计数器测量荧光素酶需要比较多的时间。Nguyen 等（1988）报道，细胞裂解物中荧光素酶的发光强度和动力学对裂解物的 pH 和使用的特殊缓冲液敏感。如果用本方案中推荐的荧光素酶测定缓冲液不能测得稳定的酶活性值，就把所有缓冲液中的双甘氨肽组分换成 25 mmol/L Tris-磷酸盐（pH7.8）。

方法

1. 如主方案步骤 1～4 所述，用转染的细胞制备细胞裂解物。
2. 取一份细胞裂解物，转移到 1.5 ml 离心管中，加入荧光素酶测定缓冲液，接着加入荧光素溶液，轻敲管壁或振荡管子使各组分快速混合。在混合试剂的 10～15 s 时间内，把管子放到闪烁计数器上，计数 3 min。可以使用特定通道检测化学发光，也可以用宽通道检测所有的低能量发光。使试剂混合与闪烁计数之间的时间标准化是很重要的，这段时间的变化可以造成荧光强度 2%～3% 的波动（Nguyen et al. 1988）。

如果闪烁计数器有个开关可以关掉共同回路（即用于测量化学发光的专门通道），而且该回路是在对含有荧光素酶的管子进行计数前关掉，那么每分钟计数的值与细胞裂解液中荧光素酶的量是成正比的（减去由假转染细胞裂解物所获得的空白值）。如果共同回路没有关掉，那么荧光素酶的量与每分钟计数的平方根成正比，即

$$酶量 = (样品\ cpm - 空白\ cpm)^{1/2}$$

闪烁计数器中的共同回路与两个倍增管（光电倍增管）相连，倍增管在计数腔的侧面，同时记录样品发出的信号（放射活性衰减）。只有在同一时间被两个倍增管都检测到的降解事件才会被计数。这种检测方法消除了漫射光和热辐射造成的背景噪音。测量化学发光的时候，两个光发射事件在两个独立的完全随机事件中一起发生的几率等于荧光强度的平方根，而两个光发射事件同时发生的几率与它是成比例的。所以，样品中荧光素酶活性的准确值可以通过对观察到的荧光强度值（共同回路打开时的 cpm 值）开平方根而得到。

替代方案：测量 96 孔板上培养细胞的荧光素酶活性 17.47

为了实现高通量筛选，转染细胞可以在 96 孔板上培养，然后用能直接从 96 孔板上读数的荧光光度计进行筛选。下面的方案是由 Makoto Makishima 和 David Mangelsdorf（University of Texas Southwestern Medical Center, Dallas）提供的方案修改而来。

注意：标〈!〉的材料请参见附录 12 作适当处理。

附加材料

0.1 mol/L ATP

50 mmol/L CoA

10×核心缓冲液

　300 mmol/L Tricine（pH7.8）

　80 mmol/L 乙酸镁

2 mmol/L EDTA

10 mmol/L 荧光素

β-巯基乙醇〈!〉

不含钙盐和镁盐的磷酸盐缓冲液（PBS）

10%（V/V）Triton X-100

方法

1. 准备如下荧光素酶测定-裂解缓冲液：

10×核心缓冲液	2 ml
10% Triton X-100	2 ml
10 mmol/L 荧光素	1 ml
0.1 mol/L ATP	300 μl
50 mmol/L CoA	200 μl
β-巯基乙醇	140 μl
H_2O	加到 20ml

   1 个 90 mm 的细胞培养皿足够提供在 4 块 96 孔板上培养的细胞。每块 96 孔板需要约 5 ml 荧光素酶测定-裂解缓冲液。

2. 转染的细胞用 PBS 洗 3 次，每次洗之间把板子翻过来在纸巾上轻敲。
3. 每孔细胞加 50 μl 荧光素酶测定-裂解缓冲液。不要在孔中有气泡。板子在室温培养 1 min。
4. 根据制造商的说明书，在荧光光度计上测反应的光输出。收集光的最佳时间长短必须根据经验确定，而且与转染细胞的类型及使用的特殊底物和荧光素酶有关。

17.48　方案 7　哺乳动物细胞提取物中 β-半乳糖苷酶的测定

大肠杆菌 β-半乳糖苷酶基因经常在转染研究中被用作内参照（Hall et al. 1983）。通常的实验中，往往把带有真核基因启动子并连有 CAT 或荧光素酶基因的待测质粒与小量带有 β-半乳糖苷酶基因和组成型强启动子的质粒共转染哺乳动物细胞。经过一段时间的表达，在细胞裂解物中测量待测质粒和对照质粒表达的酶活性。CAT 或荧光素酶的活性值除以 β-半乳糖苷酶的活性值，可以得到标准化的表达值（请往下看）。现有的质粒中带 β-半乳糖苷酶基因，其上游的启动子可以在很多真核细胞类型中有很强的表达（如 SV40 早期启动子、Rous 肉瘤病毒长末端重复序列或巨细胞病毒的极早期启动子；这些质粒的介绍请见第 16 章导言中的图 16-2）。在大多数类型的哺乳动物培养细胞抽提物中，内源性 β-半乳糖苷酶含量比较低，转染过程中通常可以检测到酶活性的提高能达到 100 倍。通过努力，β-半乳糖苷酶也可以在某些特殊的有很高内源性 β-半乳糖苷酶活性的细胞（如肠内皮细胞和人胚肾 293 细胞）中作为内对照。因为内源性 β-半乳糖苷酶的热不稳定性通常比细菌 β-半乳糖苷酶的低，加热就可以去掉内源性 β-半乳糖苷酶，而使对照质粒中表达的 β-半乳糖苷酶仍然保留（Young et al. 1993）。而且，大多数哺乳动物 β-半乳糖苷酶与溶酶体有关，所以最佳 pH 值是酸性的。大肠杆菌 β-半乳糖苷酶的最佳 pH 值是中性或稍偏碱性的。在 pH7.5 测量 β-半乳糖苷酶活性可以减弱哺乳动物 β-半乳糖苷酶的影响。更详细的内容请参见信息栏 β-半乳糖苷酶部分。

用 CAT 或其他报道分子对 β-半乳糖苷酶活性进行标准化有多种不同的方法。例如，首先测量由一系列转染细胞制备的每个抽提物中的蛋白量，然后每次都使用标准量的蛋白分别测 CAT 和 β-半乳糖苷酶的活性。最后，CAT 活性相对于 β-半乳糖苷酶活性进行标准化处理。又如，首先测量恒定体积抽提物中的 β-半乳糖苷酶活性，然后分别用 β-半乳糖苷酶含量相同的一定体积的抽提物测定 CAT 活性。此外，可以用恒定体积的抽提物来测定两种酶，然后用一定活性水平的 β-半乳糖苷酶对结果进行标准化(即 CAT 活性值除以 β-半乳糖苷酶活性值)。对于有些如荧光素酶这样的标记基因，同时使用不同的发光底物可以确定存在于同一份细胞裂解液中 β-半乳糖苷酶和荧光素酶的量。

> 在细菌和真核细胞裂解物中测量 β-半乳糖苷酶，ONPG（*o*-硝苯基-β-D-半乳糖吡喃糖苷，*o*-nitrophenyl-β-D-galactopyranoside）是最广泛使用的底物。ONPG 无色，但是水解产生的 *o*-硝基酚在碱性溶液中是黄色的(pH10.2 时最大光吸收在 420nm)。ONPG 过量的情况下，OD_{420}值随着时间和酶浓度呈线性增加（Lederberg 1950；Hestrin et al. 1955；Pardee et al. 1959；Miller 1972，1992）。反应可以通过加入 Na_2CO_3 浓缩液终止，Na_2CO_3 浓缩液会使 pH 变到大约 11，使 β-半乳糖苷酶失活，而且使 *o*-硝基酚在 420nm 的吸收值达到最大。

本方案介绍报道分子载体（请见图 17-5）转染哺乳动物细胞后，测定表达的 β-半乳糖苷酶活性。本方法既简单快速，又可以用可见光分光光度计进行测定。请注意有多个制造商出售测定哺乳动物细胞裂解物中的 β-半乳糖苷酶的试剂盒。每个反应的平均价格通常小于等于 1 美元。这些试剂盒中，许多带有与此处及紧附于此处的方案中列出的同样的缓冲液。但是，有些试剂盒具有独特的优点，它们带有的细胞裂解缓冲液可用于测定多种酶的活性，包括 β-半乳糖苷酶、CAT（方案 5）和荧光素酶（方案 6）。

材料

注意：标〈!〉的材料请参见附录 12 作适当处理。

缓冲液和溶液

贮存液、缓冲液和试剂的组分请见附录 1。

贮存液稀释到适当浓度。

100×$MgCl_2$

0.1 mol/L $MgCl_2$

4.5 mol/L β-巯基乙醇〈!〉

临用前，加入适量的 14.7mol/L β-巯基乙醇贮存液。

Na_2CO_3（1 mol/L）

10.6g 无水固体溶于 100 ml 水中。

1×ONPG

ONPG 溶于 0.1 mol/L 磷酸钠（pH7.5）中，浓度为 4 mg/ml。

磷酸钠（0.1 mol/L，pH7.5）

混合 41 ml 0.2 mol/L $Na_2HPO_4 \cdot 2H_2O$（$M_r = 178.05$；35.61g/L），9 ml 0.2 mol/L $NaH_2PO_4 \cdot 2H_2O$（$M_r = 156.01$；31.21g/L）和 50 ml 水。

Tris-Cl（1 mol/L，pH7.8）

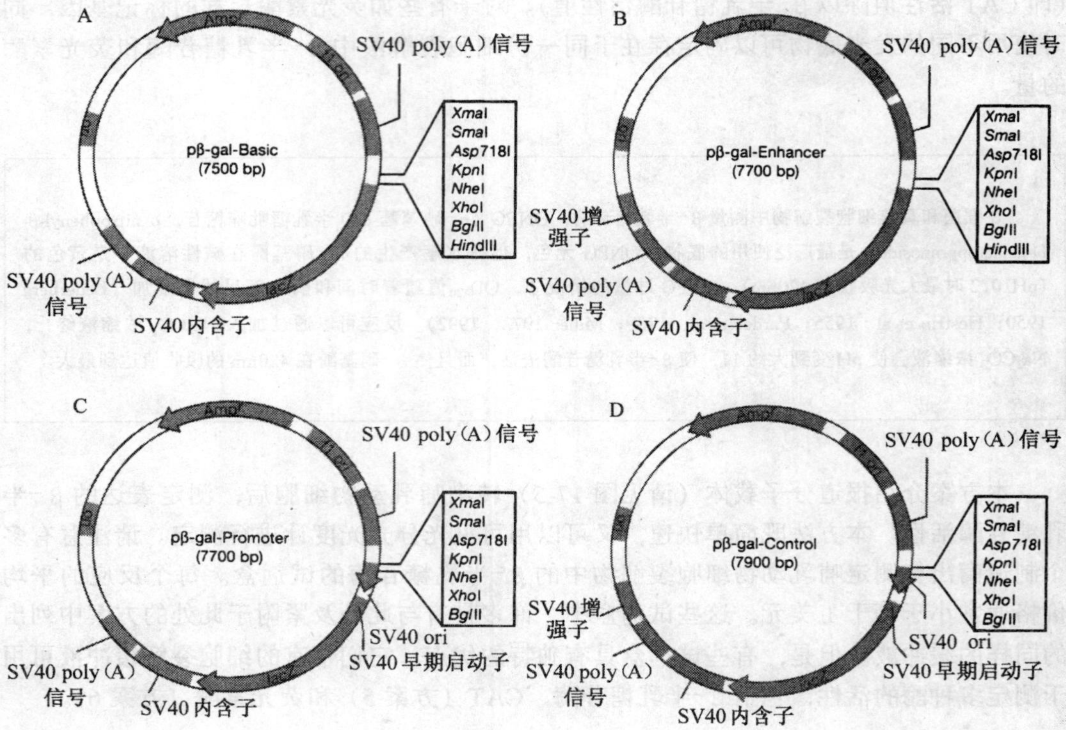

图 17-5　pβ-gal 载体

pβ-gal 报道分子载体带有 β-半乳糖苷酶的编码序列，此处对它们的特性进行概括。该系列的所有载体都包括①丝状噬菌体复制起点（f1 ori），②质粒在 *E. coli* 中的复制起点（ori），③SV40 复制起点，允许在哺乳动物细胞中进行复制，④氨苄青霉素抗性标记（Amp^R），用于原核细胞筛选，⑤位于 lacZ 5′端的 poly(A)添加信号，可以减少上游序列转录通读造成的背景。感兴趣的序列插入到 lacZ 5′末端的多克隆位点（MCS）。（A）pβ-gal-Basic 缺少真核启动子和增强子序列。该载体可用作阴性对照或用于鉴定已克隆的启动子。（B）pβ-gal-Enhancer 缺少 SV40 启动子，但是带有 SV40 增强子序列。该载体可用于研究已克隆的启动子序列。（C）pβ-gal-Promoter 缺少 SV40 增强子，但是带有 SV40 启动子。该载体可用于研究已克隆的增强子序列。（D）pβ-gal-Control 带有 SV40 启动子和增强子。该载体可用作阳性对照或在比较各种不同的启动子和增强子元件的活性时作为参照。（出自 CLONTECH 公司，经过修改，重印征得同意。）

酶和缓冲液

大肠杆菌 β-半乳糖苷酶

该酶是商品化的（如 Sigma 公司）。

附加试剂

本方案步骤 1 需要列在本章方案 5 中的试剂。

细胞和组织

转染了感兴趣 DNA 的哺乳动物培养细胞

使用第 16 章的某种转染方案，用带有 β-半乳糖苷酶报道基因的质粒（如 CLONTECH 公司的 pβ-gal 报道分子系列载体；请见图 17-5）转染细胞。

β-半乳糖苷酶的底物

本检测方法依赖于大肠杆菌 β-半乳糖苷酶有把 ONPG 水解成游离的 *o*-硝基酚和 β-D-半乳糖的能力 (Lederberg 1950)。底物 *o*-硝基酚在水溶液里是黄色的，而且在 420nm 处有光吸收。自从 Joshua Lederberg 发明这种检测方法以来，人们又发现了很多灵敏的用来检测 β-半乳糖苷酶的底物。它们包括 4-甲基伞型酮 β-D-半乳糖（4-methylumbelliferone β-D-galactoside）（Sigma 公司，商品号 M1633）和氯酚红 β-D-半乳糖吡喃糖苷 (chlorophenol red β-D-galactopyranoside)（Boehringer Mannheim 公司）。4-甲基伞型酮 β-D-半乳糖的水解产物 4-甲基伞型酮可以用荧光测定法检测（激发波长 = 364nm，发射波长 = 440nm），而且它在碱性缓冲液中是蓝色的 (Roth 1969)。氯酚红 β-D-半乳糖吡喃糖苷的水解产物可以用可见光分光光度计在 570nm 波长处检测（Eustice et al. 1991）。用 4-甲基伞型酮 β-D-半乳糖作为底物的方法比使用 ONPG 的方法灵敏 10 倍以上，而使用氯酚红 β-D-半乳糖吡喃糖苷方法的灵敏度相当于 ONPG 法的 20 多倍。最后，β-半乳糖苷酶的化学发光底物的水解产物可以用荧光光度计或闪烁计数器测定，这些仪器很多公司有售（如型号 Lumi-Gal，Lumigen 公司，Detroit，Michigan；型号 Galacto-Light，Tropix 公司，Bedford，Massachusetts）。有关这些双重分析试剂盒的综述请见 Martin 等（1996）。使用化学荧光底物的测定法比基于 ONPG 的方法灵敏 20～100 倍(Jain and Magrath 1991；Beale et al. 1992)。进一步的详情，请参见附录 9。

方法 17.51

1. 如方案 5 步骤 1～4 所述，用转染的细胞制备细胞抽提物。取约 30 μl 抽提物测定 β-半乳糖苷酶。所需抽提物的确切数量要根据驱动 β-半乳糖苷酶基因表达的启动子的强度、转染效率和测定时的孵育时间来确定。如果要用热处理灭活内源性 β-半乳糖苷酶，测定前把细胞裂解物在 50 ℃ 孵育 45～60 min。预热处理也会使荧光素酶失活，所以如果使用预热处理，荧光素酶和 β-半乳糖苷酶活性测定要分开用不同一份细胞裂解物进行。
2. 对于每个用于测定的转染细胞裂解物样品，混合：

100×Mg^{2+}溶液	3 μl
1×ONPG	66 μl
细胞抽提物	30 μl
0.1 mol/L 磷酸钠（pH7.5）	201 μl

阴性和阳性对照都是必需的，它们分别检查内源性抑制剂和 β-半乳糖苷酶是否存在。所有对照实验应该含有 30 μl 假转染细胞的裂解物。此外，阳性对照应该包括 1 μl 商品化的大肠杆菌 β-半乳糖苷酶制品（50

单位/ml)。商品化的酶制品应该溶在 0.1 mol/L 磷酸钠（pH7.5）中，浓度为 3000 单位/ml。临用前，把 1 μl β-半乳糖苷酶贮存液加到 60 μl 0.1 mol/L 磷酸钠（pH7.5）中配成 50 单位/ml 的酶工作液。每单位大肠杆菌 β-半乳糖苷酶定义为在 37 ℃，1 min 内水解 1 μmol ONPG 底物的酶量。

3. 反应液在 37 ℃孵育 30 min 或者直到淡黄色出现。大多数细胞类型中，内源性 β-半乳糖苷酶的背景非常低，允许孵育时间长到 4～6 h。

4. 每个管子加入 500 μl 1 mol/L Na_2CO_3 使反应终止。在分光光度计上读 420nm 波长的光密度值。

测量的线性范围是 0.2～0.8OD_{420}。如果测量值在线性范围外，用少一些蛋白抽提物进行重复实验。抽提物可以用 0.25 mol/L Tris-Cl（pH7.8）稀释以减低蛋白浓度。

> 生化学家用每毫升细胞蛋白多少单位酶活性来计算和表示 β-半乳糖苷酶的比活性，1 单位大肠杆菌 β-半乳糖苷酶定义为在 37 ℃，1 min 内水解 1 μmol ONPG 底物的酶量。这个值然后可以用于对已经确定比活性的标记基因的表达进行标准化。大多数分子生物学家对转染效率进行标准化的时候，只是简单地用 CAT 或荧光素酶的量除以一定体积中 β-半乳糖苷酶的活性值，所以可以不用计算比活性。

17.52

方案 8　四环素作为哺乳动物细胞中可诱导基因表达的调控物

如果认真地建立并仔细地使用四环素应答的表达系统，它是一种很好的对转染到真核细胞中的基因保持调控的方法。下面讨论的系统是经过几年发展起来的，已经成功地在很多生物中用于控制基因表达。这些生物包括培养的哺乳动物细胞、两栖类细胞、植物细胞（综述请见 Freundlieb et al. 1997）和酿酒酵母（*Saccharomyces cerevisiae*）（Gari et al. 1997，Belli et al. 1998）；转基因生物包括果蝇（*Drosophila melanogaster*）（Girard et al. 1998）、植物（Weinmann et al. 1994，Zeidler et al. 1996）、哺乳动物（Furth et al. 1994，Efrat et al. 1995，Ewald et al. 1996，Kistner et al. 1996，Redfern et al. 1999）以及直接注射了基因的哺乳动物组织（Fishman et al. 1994；Dhawan et al. 1995）。关于可诱导表达系统更多的一般信息，请见如 Kost（1997）、Saez 等（1997）、Shockett 和 Schatz（1997）、Rossi 和 Blau（1998）。

四环素

作为天然抗生素，氯四环素是于 1948 年发现的第一个四环素，它是金黄色链霉菌（*Streptomyces aureofaciens*）合成的，可以对抗广谱的革兰氏阳性和阴性菌以及原生动
17.53 物。到 1980 年，约 1000 种四环素衍生物得到了分离和/或合成，而且全球产量估计超过 500 吨(综述请见 Chopra et al. 1992)。所有这些化合物都有四个环组成的相同的碳环形骨架，5、6、7 位的碳上有多种基团，Mg^{2+} 通过氧原子结合 11 和 12 位碳(图17-6)。

四环素进入细菌细胞，首先以被动扩散的方式由孔蛋白（porin）通道跨过外膜，孔蛋白是由OmpF蛋白组成。但是，从周质空间进入细胞质并没有特殊的蛋白通道。

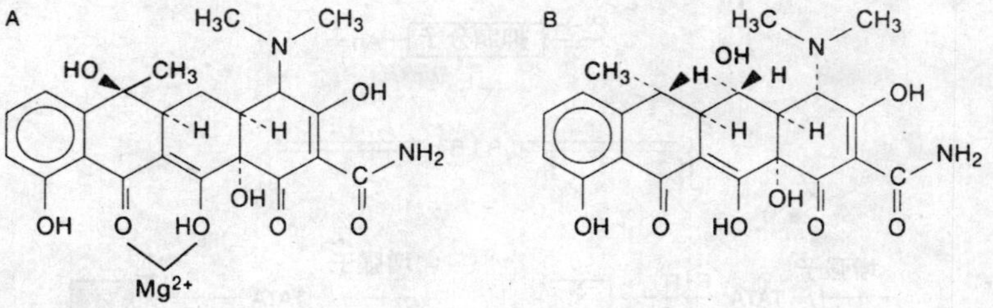

图 17-6　四环素和强力霉素的结构

多种四环素变体中，四环素骨架的碳原子上带有替代基团。化学键（箭头）在图平面的上面；离子键在图平面的下面。(A) 四环素-Mg^{2+}；(B) 强力霉素。

取而代之的是，四环素以 pH 或电势梯度驱动的协同扩散方式通过细胞质膜。四环素通过结合核糖体（$K_a \sim 10^9$L/mol）并破坏密码子-反密码子的相互作用来抑制细菌生长(综述请见 Tritton 1977，Gale et al. 1981，Chopra 1985，Chopra et al. 1992)。四环素可以特异地阻止氨酰-tRNA 结合核糖体 30S 亚单位上的受体位点。四环素紧密但可逆地结合 30S 亚基上由至少 4 个蛋白（S3，S7，S14 和 S19）上的残基组成的单个位点以及 16S rRNA 893～1054 区域的残基。

大肠杆菌抵抗高浓度四环素的主要机制是通过多亚基反向转运蛋白，即 TetA 蛋白，它位于细菌的内膜，交换质子，催化细胞质中的四环素-Mg^{2+} 复合物向外转移(Franklin 1967，McMurry et al. 1980，Kaneko et al. 1985，Hickman and Levy 1988，Yamaguchi et al. 1990，Thanassi et al. 1995)。多个已知的 Tet 反向转运蛋白类型中，转座子 Tn*10* 和质粒 pBR322 编码的 TetA 蛋白在分子克隆上是最重要的：长度 399 个氨基酸（Backman and Boyer 1983)，由两个亚基构成，每个亚基有 6 个转膜片段。这两个亚基通过细胞质中由 30～40 个氨基酸组成并且富含正电荷残基的环相连接（综述请见 Chopra et al. 1992)。

TetA 高浓度的时候，阳离子从细菌细胞转运出来的速率很高，膜去极化，细胞的生存能力受到威胁（Eckert and Beck 1989)。为了防止这种灾难，TetA 的表达受一种具有螺旋-转角-螺旋结构的抑制蛋白的严谨控制（TetR，24kDa)，这种蛋白是 *tetR* 基因的产物。没有抗生素的时候，该抑制分子的同源二聚体紧密地结合（$K_d = 10^{-11}$ mol/L) 在两个 15bp 回文操纵基因序列（*tetO1*，*2*）的大沟上，从而阻止分开转录的基因 *tetR* 和 *tetA* 的表达（Hillen et al. 1984，Heuer and Hillen 1988，Kleinschmidt et al. 1988，Hillen and Berens 1994，Hinrichs et al. 1994，Helbl et al. 1995，Orth et al. 2000)。所以 TetR 是一种很强的负调控因子，可以调控本身基因和 *tetA* 基因的转录。

四环素-Mg^{2+} 结合 TetR（$K_a = 10^9$ L/mol）会引起构象变化，从而使抑制分子对 *tetO* 的亲和力减低 9 倍（Kleinschmidt et al. 1988；Lederer et al. 1995)。结合常数的差异可以保证 *tetR* 的转录在没有四环素的时候受到抑制，当有不足以影响蛋白合成的低浓度的四环素存在时又可以诱导转录（请见图 17-7)。TetR（Orth et al. 1998)、TetR-四环素-Mg^{2+} 复合物（Hinrichs et al. 1994；Kisker et al. 1995）以及 TetR-TetO 复合物(图 17-7)（Orth et al. 2000）的晶体结构已经有了。

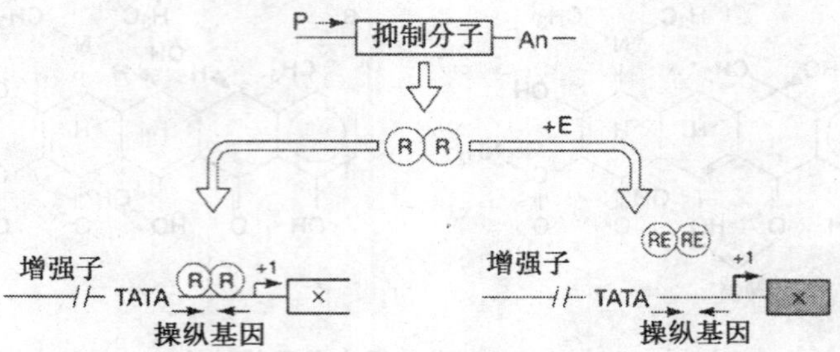

图 17-7　抑制系统的示意图

抑制系统中，抑制分子（R）的合成受合适的启动子（P）调控。当四环素或强力霉素等效应子（E）不存在的时候，抑制分子结合到启动子/增强子区域中预先有意设置的一个或多个操纵基因序列（双对称用小箭头表示）上，可以干扰转录起始（启动子中的 TATA 框和转录起始位点［+1］已经标明）。效应子存在时，抑制减轻（RE），所以受调控基因（X）的转录可以进行。［来自 Gossen et al. 1994（©Elsevier Science），重印经过允许。］

TetO 和 TetR 用于调控转染真核细胞的基因的表达

有多种形式的 TetO 和 TetR 用于调控转染真核细胞的靶基因的表达。因为抑制分子、操纵基因和效应子等所有成分都来源于原核，所以这些系统对宿主基因的表达虽然有影响，但是影响很弱。

17.54　Tet 抑制系统

该系统（最先由 Gossen 和 Bujard 介绍 1992）中，靶基因的起始转录受 Tet 抑制分子的反式调控。构建重组体时，在感兴趣基因的转录起始位点的上游和小启动子的下游包括数个串联的 *tetO* 元件。在可以表达 Tet 抑制分子的真核细胞内，从该启动子进行的表达可以被严密调控。没有四环素时，抑制分子结合顺式作用元件并干扰 RNA 聚合酶Ⅱ的转录起始（Heins et al. 1992）。有四环素时，抑制减轻，可允许感兴趣的基因进行转录。Tet 抑制分子在靶细胞中表达时，通过选择合适的启动子可以获得组织特异性。

Tet 抑制系统已经成功地用于转基因植物（Gossen and Bujard 1992，Furth et al. 1994，Wu and Chiang 1996），最好的结果是在烟草中取得的（Gatz et al. 1991，1992；综述请见 Gossen et al. 1993，1994，Gatz 1995）。但是，在哺乳动物细胞中建立应答系统的努力充其量只获得部分成功，或许是因为抑制强启动子需要很高浓度的抑制分子，高到足够使 *tetO* 元件饱和。这样的 Tet 抑制分子浓度很难在哺乳动物细胞中维持（Gossen et al. 1994）。

Tet 反式激活因子系统

把 TetR 转换成转录反式激活因子，可以更有效地控制转染真核细胞的基因的表达。TetR 融合 Ⅰ 型单纯疱疹病毒（herpes simplex virus type-1；HSV-1）VP16 蛋白酸性亚基的碳末端形成转录激活因子（tTA）（Gossen and Bujard 1992，Weinmann et al. 1994；Gossen et al. 1995），不存在四环素的时候，tTA 可以与插入小启动子的串联 *tetO* 序列结合从而诱导下游靶基因的转录。但是，强力霉素这种可溶于水的四环素类似物使 tTA 不能结合 *tetO* 序列，而且以剂量相关的方式破坏融合蛋白的反式激活能力，抑制靶基因的表达。去掉抗生素后，tTA 激活靶基因的转录。几个小时内，基因产物以线性速率积累，浓度可以提高到大于 100 000 倍。

瞬时转染的细胞中，Tet 系统的动态范围比在整合有靶基因拷贝及其反式激活因子的稳定细胞系中小得多（请见如 Freundlieb et al. 1999）。为了使抑制状态和诱导状态的差异达到 1000 倍，必须建立整合有 tTA 基因和靶基因拷贝的稳定细胞系。可以采用两种方式： 17.55

- 把感兴趣的靶基因克隆到“响应”质粒中，该质粒带有一个复合启动子，通常由 7 个串联的 TetO 拷贝和巨细胞病毒极早期启动子构成。把编码反式激活蛋白 tTA 的基因克隆到另一个“调控因子”质粒中，放在合适的哺乳动物启动子的下游。然后用这两个质粒转染选定的哺乳动物细胞，建立“双稳定”细胞系。转染通常分两个阶段。首先，调控因子质粒用于建立能组成型表达 tTA 的稳定细胞系。然后用响应质粒转染这些细胞，进一步筛选亚细胞系，使仅在不含四环素或强力霉素时才能够表达需要量的靶基因产物。有些情况下，使用已经整合有调控因子质粒拷贝的细胞系可以减少顺序转染和筛选的工作量（请见如 Gossen and Bujard 1992，Wu and Chiang 1996）。CLONTECH 公司有几个这种类型的细胞系出售。
- 此外，反式激活因子基因和靶基因可以克隆在单个质粒中。因为这样两个基因可以同时转染哺乳动物细胞，省去了一轮乏味的筛选工作。而且，由于调控因子和靶基因分别整合在不同的染色体位点而造成的表达差异也可以减低（Schultze et al. 1996）。

无论用单个质粒还是两个质粒建立的稳定细胞系，使靶基因获得最大表达并不需要所有的串联 *tetO* 序列都结合 tTA 分子。每个细胞 6 000～10 000 个 tTA 分子就足够使响应质粒的整合拷贝的表达水平提高 10^5 倍。事实上，更大量四环素依赖的反式激活因子可能是有毒性的（请见 Howe et al. 1995，Shockett et al. 1995，Saez et al. 1997）。

CLONTECH 公司的网址（www.clontech.com/tet/Refs/index.html）中有一个参考文献目录，包括几百篇文献，介绍在培养细胞和转基因生物中成功地使用四环素激活系统。但是，并不能保证一定成功。在有些细胞系中不能建立稳定的 tTA 系统，而在另一些细胞中，强力霉素不能调控 TetO 控制下的靶基因的转录（请见如 Ackland-Berglund and Leib 1995，Howe et al. 1995，Miller and Rizzino 1995）。靶基因如果整合到染色体 DNA 中的活跃转录区域，可能在非诱导状态下就会有组成型的高表达。为了避免这些及其他问题，并对系统效率进行优化，Gossen 和 Bujard（1995）以及 Yin 等（1996）对此作了讨论。此外，请见本导言后部的疑难解析栏目。

Tet 可逆转激活因子系统

惯常的 Tet 反式激活系统中，需要维持低或中浓度的强力霉素以抑制靶基因的转录，而且去掉抗生素后，诱导是缓慢的，不同步的。Tet 抑制因子（rTetR）突变体与野生型蛋白有 4 个氨基酸的差异（Gossen et al. 1995），使用这种突变体的 Tet 反向激活
17.56 因子系统可以使靶基因的诱导表达更有效率。rTetR 与 VP16 的激活结构域融合，形成“可逆转”tTA（rtTA），它在没有效应物的时候抑制转录，在有强力霉素或四环素酐时激活转录（Gossen and Bujard 1993）。所以，在系统中加入诱导物之前，受 rtTA 控制的基因可能保持抑制状态。商品化的 rtTA 系统对强力霉素或四环素酐的敏感性大约比对四环素高约 100 倍。

自身调控的 Tet 系统

为了提高靶基因的表达水平，以及抑制在哺乳动物细胞中组成型表达 tTA 造成的毒性，Shockett 和他的同伴（Shockett et al. 1995；Shockett and Schatz 1996）设法使 tTA 受 *tetO* 元件的调控。因此 tTA 在稳定转染细胞中的表达可以受自身调控，还可以受强力霉素的调控。有抗生素的时候，从巨细胞病毒小启动子组成型地表达少量 tTA，但它不能结合 tTA 和靶基因上游的 *tetO* 序列。当去除系统中的抗生素后，tTA 分别结合到两套 *tetO* 序列上，驱动它自身和靶基因的表达。

用这个系统稳定转染 3T3 细胞，重组基因 *RAG*1 和 *RAG*2 的表达水平有很大提高，可诱导的转化克隆的比例也提高了（Shockett et al. 1995）。类似地，在表达荧光素酶报道基因的转基因鼠中，自身调控系统比惯常的反式激活系统表达水平高 1 到 2 倍。

基本活性减低的 Tet 系统

靶基因可能会有高水平的基本转录，原因可能是：缺乏反式激活因子结合时的激活；四环素或强力霉素未能抑制 tTA 介导的反式激活；和/或由于靶基因整合到转录活跃的染色体位点（Furth et al. 1994；Howe et al. 1995；Kistner et al. 1996）。为了抑制基本转录，构建了四环素控制的转录沉默子（tTS），可以抑制对 rtTA 响应的启动子活性。这些沉默子是嵌合蛋白，由经过修饰的 Tet 抑制子（TetR）融合哺乳动物 Kox1 或 Kid 等蛋白（Deutschle et al. 1995；Forster et al. 1999；Freundlieb et al. 1999）的抑制子结构域构成。不存在强力霉素时，tTS 同源二聚体结合靶基因上游的 *tetO* 序列，抑制转录。有强力霉素存在时，沉默子从 *tetO* 解离，使 rtTA 同源二聚体可以结合 *tetO*，激活靶基因的转录。

因为 rtTA 与强力霉素的亲和力比它与 tTS 或 tTA 的亲和力低大约 100 倍（Gossen et al. 1995），所以本方法可能是成功的。低浓度的强力霉素可以允许 tTS 结合 *tetO* 序列，但不允许 rtTA 结合。相反，高浓度强力霉素可以允许 rtTA 结合 *tetO* 序列，但不允许 tTS 结合。当 tTS 与 rtTA 在同一个细胞中表达，不存在强力霉素时，tTS 结合靶

基因上游的 *tetO* 位点，抑制靶基因的转录。存在高浓度的强力霉素时，rtTA 结合靶基因上游的 *tetO* 位点，激活靶基因的转录。

该系统中，如果 tTS 和 rtTA 形成仍然可以结合 *tetO* 的异源二聚体，那么抑制与激活间的转换可能会互相让步。为 tTS 和 rtTA 装上不相容的来自于不同类 TetR 蛋白的二聚体形成结构域就可以避免这个问题（Rossi et al. 1998，Schnappinger et al. 1998，Baron et al. 1999，Forster et al. 1999）。

17.57

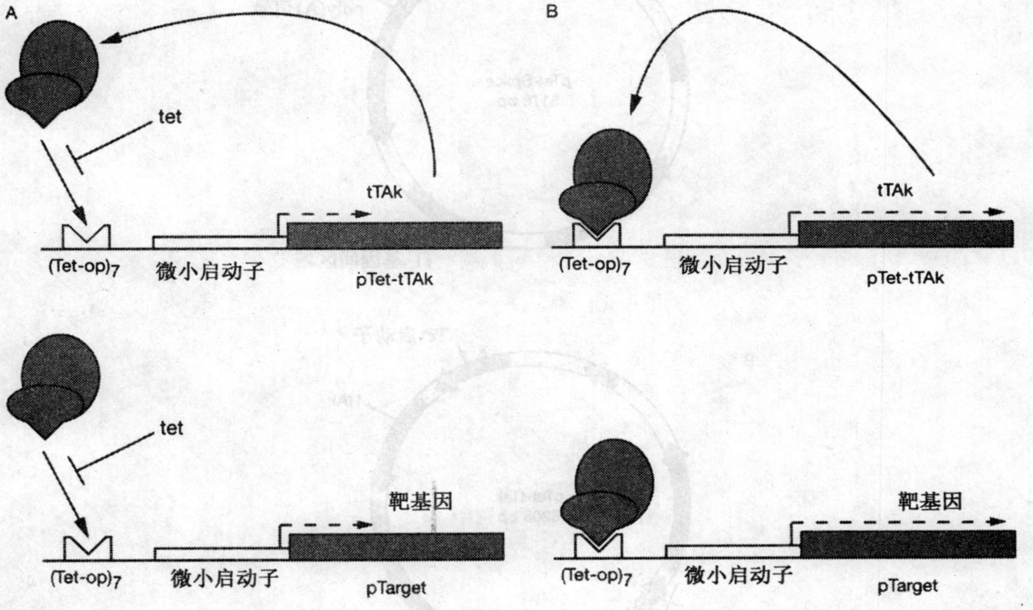

图 17-8　可诱导基因表达的自调控策略

pTet-tTak 中，tTAk 基因受 *tetP* 的控制，这样可以使 tTA 的表达实现自身调控。*tetP* 由 7 个 *tet* 操纵基因序列串联拷贝［$(Tet\text{-}op)_7$］及其下游含有 TATA 框和转录起始位点的 hCMV 小启动子区域构成。靶基因的表达同样受 *tetP* 控制。tTA 蛋白用两个相邻的椭圆表示，代表蛋白的两个结构域（用于 DNA 结合与反式激活）。(A)有四环素(Tet)存在时，hCMV 小启动子只有基本活性，表达非常低水平的 tTA 蛋白，而且 tTA 蛋白与 Tet-op 的结合被阻断。所以靶基因和 tTA 的表达都维持在低水平。(B)去掉四环素后，小量存在的 tTA 结合 Tet-op，刺激 tTA 基因的表达。更高水平的 tTA 蛋白会刺激更高水平的 tTA 基因的表达，从而刺激靶基因的表达。［摘自 Shockett 等 1995(国家科学学会，美国)，经过修改，重印经过允许。］

下面的方案使用自调控系统，它的转录反式激活因子（tTA）驱动它自身和靶基因在培养细胞中的表达。如上面所讨论的，tTA 是个融合蛋白，由大肠杆菌的四环素抑制因子和疱疹单纯病毒 VP16 蛋白的转录激活结构域构成。不存在四环素时，tTA 结合由 Tet 操纵基因序列（*tetO*）七聚体和 hCMV 小启动子构成的启动子（这儿统称为 TetP），激活基因的表达。有四环素存在时，tTA 与 TetP 的结合以及随后的基因激活都被阻断（图 17-8）。质粒 pTet-Splice（图 17-9A）含有多克隆位点，编码靶基因开放阅读框架的序列很容易插入，它的上游有 TetP，下游有 SV40 拼接和 poly（A）信号。自调控的 tTA 表达由质粒 pTet-tTAk（图 17-9B）驱动，它是把 tTA 的开放阅读框插入

pTet-Splice［包括翻译起始的最优序列，根据 Kozak（1984）］得到的。

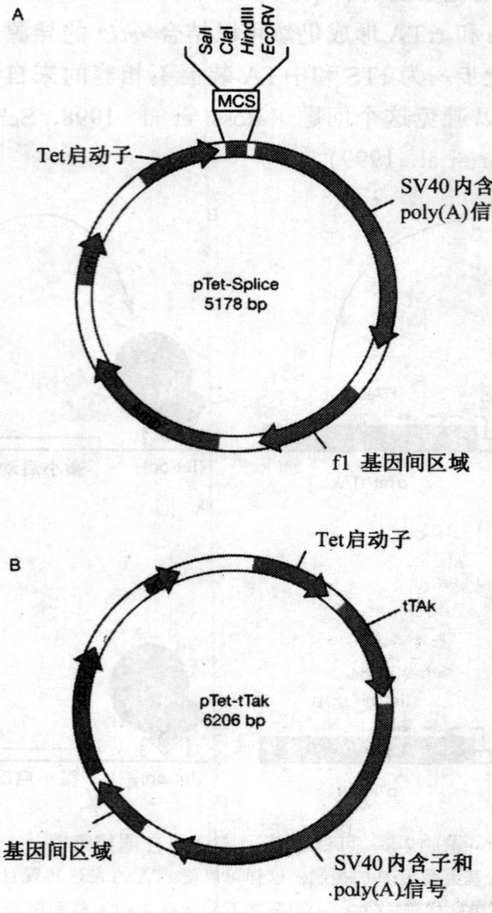

图 17-9　Tet 调控的表达载体

两个质粒用于克隆靶基因，并使靶基因受可诱导启动子的控制。这两个载体共转染哺乳动物细胞，靶基因的表达通过培养液中四环素含量的变动来控制。(A)靶基因克隆到质粒 pTet-Splice 的多克隆位点(MCS)。它的表达由 Tet 启动子序列控制。哺乳动物细胞中 SV40 内含子和 poly(A)信号的存在可以协助进行适当的转录。(B)pTet-tTAk 含有四环素反式激活因子(tTA)基因，受四环素操纵基因(TetO)和巨细胞病毒基本启动子调控。(摘自 Life Technologies 公司，征得允许并经过修改。)

下面的方案分成 3 个阶段：用 pTet-tTAk 稳定转染成纤维细胞，稳定转染可诱导表
17.58 达 tTA 的 NIH-3T3 细胞，分析转染细胞中的蛋白表达。稳定转染细胞系表达反式激活因子和靶基因分为两个阶段。阶段 1 中，pTet-tTAk 和编码选择性标记的质粒共转染非转化的细胞。筛选可诱导表达 tT A 的稳定转化体。阶段 2 中，这些克隆用两个质粒共转染，一个质粒在小启动子和串联 *tetO* 序列下游含有靶基因，另一个含有第二个可选择标记分子基因。这儿的例子中，载体 pSV2His 用于提供第一个选择标记，而 pPGKPuro 提供第二个选择标记。也可以用其他带选择标记的质粒，如 pTet-Splice-

Neo，它提供新霉素抗性（Qiu and Stavnezer 1998）。此外，pTet-tTAk 可以与表达质粒和带有单个选择性标记的质粒进行共转染。方法的选择依赖于筛选靶基因产物的可行性。虽然连续的方法更加有条理，但是有直接筛选靶基因表达的方法时，共转染方法比较快。阶段 3 介绍转染细胞中的表达分析和瞬时转染的替代方法。

表达 tTA（如果共转染，就是 tTA + 靶基因）的稳定克隆可以在大约 12～14 天内获得。这之后通常还需要 2 周时间，进行扩大培养及候选克隆的进一步测试。可诱导表达靶基因的双重转化克隆的筛选、扩大培养和测试还需要 4～6 周的工作。此外，可诱导表达 tTA 的稳定转化体可以用适当的靶基因载体进行瞬时转染。虽然诱导对表达的影响不会非常显著，但是靶基因仍可以在 48 h 内获得表达。下面的方案由 Penny Shockett 和 David Schatz 提供（Yale University School of Medicine, New Haven, Connecticut）。

疑难解析

- 巨细胞病毒小启动子的基本活性在不同细胞系之间会有不同，而且会受响应质粒中作为转录增强子或其他调节元件的 DNA 序列的影响。构建双稳细胞系之前，要进行瞬时转染实验，以比较小启动子在一种或多种靶细胞系中的基本活性，把在“标准”细胞系如 HeLa 细胞中的活性作为基本活性。理想情况下，响应质粒在转染的靶细胞中的基本活性不应该比在转染的 HeLa 细胞中高。
- 仔细筛选表达 tTA 的克隆和接着筛选靶基因表达受充分调控的“双稳”细胞系都非常重要。为了使基因表达受到高度调控，必须选择 Tet 操纵基因和小启动子整合到转录“沉默”区域，而 tTA 仍然可以结合这些调控元件的细胞克隆（Gossen and Bujard 1995）。这样的整合事件不可能事先安排，而必须靠试错法来鉴定。但是，通过筛选转染细胞群，获得基本表达水平低，而对四环素调控的启动子具有高度诱导性的细胞的技术已经有了介绍（Kirchhoff et al. 1995）。
- 表达 tTA 的稳定细胞系再用带有 *tet* 操纵基因和靶基因的质粒转染后，不要期望能获得高水平的表达。用于转染的高浓度质粒可能会中和所有已存在的 tTA，从而减少多个抑制因子结合串联操纵基因序列的机会（Gossen and Bujard 1995）。
- 有些情况下，靶基因的表达可以通过改变效应物的浓度来控制。培养液中浓度为 1～20 ng/ml 的强力霉素-HCl 通常足以使 tTA 在大多数双稳细胞系中失活。

阶段 1：pTet-tTAk 稳定转染成纤维细胞　17.60

本方案这个阶段介绍的方法，可以用于只诱导表达 tTA 的细胞系，也可用于共转染有 pTet-tTAk 和能用四环素调控表达靶基因的质粒的细胞系。本方案中，质粒导入 NIH-3T3 细胞使用磷酸钙介导的稳定转染方法。这些方案也适用于其他类型的细胞，除了要使用各自首选的转染和筛选方法（其他转染方案请见第 16 章）。

同时转染所有质粒可以得到稳定表达自调控 tTA 和靶基因的细胞系。该方法可能比顺序转染四环素调控的质粒的方法快一些，但它与首先得到以低基础水平和高诱导水平表达 tTA 的稳定系，接着再转染编码靶基因的质粒的方法相比，需要筛选更多的克隆。理论上，为了得到这些克隆，连续共转染时应该使用多种选择标记的组合。

材料

缓冲液和溶液

贮存液、缓冲液和试剂的组分请见附录 1。

贮存液稀释到适当浓度。

$CaCl_2$（2 mol/L）

溶液过滤除菌，然后以每份 5 ml 分装，贮存在 −20 ℃。

小牛血清（10%）

氯喹（10 mg/ml）

可选，请见步骤 7。

氯喹溶于水，溶液过滤除菌，然后贮存在 −20 ℃。

10 mg/ml 氯喹相当于 19 mmol/L。请见第 16 章信息栏的二磷酸氯喹部分。

甘油（15%）HEPES 缓冲液稀释

HEPES 缓冲液

磷酸缓冲液

酶和缓冲液

合适的限制性内切酶

请见步骤 2。

1× 胰酶 − EDTA

0.05% 胰酶

0.5 mmol/L EDTA（pH8.0）

17.61 培养液

DMEM 完全培养液（Dulbecco′s modified Eagle′s medium complete）

DMEM

100 单位/ml 青霉素

100 μg/ml 链霉素

2 mmol/L 谷氨酰胺

10% 供体小牛血清

含有 0.5 μg/ml 四环素-HCl 的 DMEM 完全培养液

四环素-HCl 溶于 70% 乙醇，浓度 10 mg/ml，贮存于 −20 ℃。本方案中使用的含有 0.5 μg/ml 四环素-HCl 的 DMEM 完全培养液（含有或不含有选择性试剂）在 4 ℃ 可以避光保存大约 1 个月。

含有 L−组氨醇（L-histidind）和 0.5 μg/ml 四环素的选择培养液

不含组氨酸的 DMEM

100 单位/ml 青霉素

100 μg/ml 链霉素
2 mmol/L 谷氨酰胺
10% 供体小牛血清
125、250 或 500 μmol/L L-组氨醇（准备 125 mmol/L 贮液，在 −20 ℃贮存）
0.5 μg/ml 四环素-HCl（溶于 70% 乙醇，浓度 10 mg/ml，在 −20 ℃贮存）

Irvine Scientific 公司（Santa Ana，California）出售不含组氨酸的 DMEM。含有 0.5 μg/ml 四环素-HCl 的选择培养液在 4 ℃可以避光保存大约 1 个月。

特殊设备

塑料克隆环

克隆环竖放在一薄层真空脂上高压灭菌。

聚丙乙烯管（4 ml）

组织培养皿（6cm 和 10cm）

这些方案可以缩小规模，那样需要的细胞少，使用的培养皿和培养板都小一些，并且所有组分按比例减少。

附加试剂

步骤 23 需要列在第 7 章方案 8 或附录 8 中的试剂。

载体和菌株

pSV2-His

质粒都用 CsCl-溴化乙锭梯度平衡离心（第 1 章方案 10）或层析柱纯化（第 1 章方案 9）。

关于 pSV2-His 的信息，请见 Damke 等（1995）。质粒 pTet-tTAk 和 pTet-Splice 在 Life Technologies 公司有售。其他带有选择标记的载体也有出售（如 Promega 公司有 pCI-neo，CLONTECH 公司有 pTK-HYG)。如果以其他载体代替 pSV2-His，要用适合该质粒所带选择标记的选择培养液。

带有靶基因开放阅读框的 pTet-Splice

可选，请见步骤 2。

pTet-tTAk

细胞和组织

培养的哺乳动物细胞

本方案使用 NIH-3T3 细胞，但其他细胞当然也能用。细胞在合适的培养液中生长。

方法　17.62

培养和转染细胞

1. 在 DMEM 完全培养液中培养贴壁细胞。转染前一天，把细胞换到含有 0.5 μg/ml 四环素-HCl（四环素）的DMEM完全培养液中。每个10 cm培养皿中加入足量细胞，使转染那天，细胞可以有33%的汇合度。

重要：从这时起除非特别说明，细胞都在37 ℃，5% CO_2，含有0.5 μg/ml四环素-HCl的培养液中培养。

2. 在合适的限制性内切酶位点使质粒线性化，并把每种质粒的浓度调整为≥0.5 mg/ml。10～20 μg质粒pTet-tTAk和1～2 μg pSV2-His（Tet质粒与带选择标记的质粒的摩尔比大约为10:1）与500 μl HEPES缓冲液在一个干净的4 ml聚丙乙烯管中混合。

如果要共转染靶基因，那么带有靶基因的pTet-Splice重组体的加入量与pTet-tTAk的摩尔数相等。

> 用无DNA的HEPES缓冲液作假转染对照实验。所有假转染细胞会在含有L-组氨醇但不含组氨酸的DMEM中死掉。

3. DNA混合物中加入32.5 μl 2 mol/L $CaCl_2$。立即轻轻振荡使溶液混匀。溶液在室温保存，不时地混匀。15～30 min后会形成絮状沉淀。

用磷酸钙转染细胞的更详细内容请见第16章方案2和3。

4. 吸掉步骤1准备的细胞培养皿中的所有培养液。
5. 用巴斯德吸管混合$CaCl_2$-DNA若干次。滴加混合物，使它均匀地盖在单层细胞上。
6. 细胞在37 ℃，5%CO_2条件下培养30 min，15 min后摇动培养皿，保证DNA沉淀物的均匀覆盖。
7. 每个细胞培养皿中加入10 ml含有四环素的DMEM完全培养液。细胞在37 ℃，5% CO_2条件下培养4～5 h。

如果细胞可以耐受，这时可以加入终浓度为25 μmol/L的氯喹。不同类型细胞的最佳转染培养时间会有变化。

8. 轻轻吸掉培养液。避免破坏细胞上的沉淀物。
9. 加2.5 ml含15%甘油而且预热到37 ℃的HEPES缓冲液进行甘油休克。细胞在室温放置2.5 min。甘油是滴加到培养液中。

甘油休克后，细胞看上去有些碎碎的是正常的。使用氯喹（步骤7）会进一步减低细胞的完整程度，但会提高转染效率。

17.63 10. 恰好在2.5 min的时候吸掉甘油溶液。操作得快一点，因为甘油对细胞毒性很大。

对于某些恢复能力强的细胞类型，为了优化转染效率，细胞在甘油溶液中的时间可以提高到4～5 min。作为一般规则，细胞休克的最长时间应该允许有大约50%的细胞存活。

11. 立即又轻又快地加入10 ml含有四环素的DMEM完全培养液洗细胞。立即吸掉培养液，再重复洗涤。

重要：因为甘油休克后，细胞很容易从培养皿上脱落下来，所以培养液都要在一个位置加。

12. 细胞中加入10 ml含有四环素的DMEM完全培养液，37 ℃培养过夜。
13. 转染后大约16～24 h，吸掉培养液，换上10 ml含有四环素的DMEM完全培养液。转染后一共在37 ℃培养48 h（即步骤12和13的总培养时间）。

转染细胞的筛选和克隆

14. 转染后48 h，细胞用几种稀释度分到含有125 μmol/L L-组氨醇和0.5 μg/ml四环素-HCl的培养液中。细胞密度为每个 10cm 培养皿大约 1×10^6 到 3×10^4。含有大约1×10^5 细胞的培养皿需要培养若干个。

15. 细胞在选择培养液中培养 4 天后，接着用 3～4 ml 含有 125 μmol/L L-组氨醇和 0.5 μg/ml 四环素-HCl 的选择培养液培养。

16. 集落形成后（通常经过大约 10～12 天选择培养），换成含有 250 μmol/L L-组氨醇和 0.5 μg/ml 四环素-HCl 的选择培养液。

    L-组氨醇通常对细胞有毒。所以只有当 pSV2-His 有高水平表达的细胞量达到临界值，才能提高选择培养液中 L-组氨醇浓度。

17. 集落长好以后（选择培养 12～15 天），在培养皿的底部用圆画出每个集落的边界。吸掉培养液，在培养皿的单个克隆上放置无菌的塑料克隆环。每个挑选的集落重复这个步骤。从培养皿中挑选细胞，要求单个集落隔得比较开，而且易于分辨。

    重要：用 pTet-tTAk 稳定转染后，为了防止 tTA 表达及随后筛选高表达 tTA 的克隆时的毒性作用，细胞必须在含有 0.5 μg/ml 四环素的培养液中培养。

18. 用大约 100 μl 磷酸缓冲液很快地洗克隆。为了使细胞脱落，加 2 滴 1×胰酶-EDTA（～100 μl）并放置 30～60 s。用巴斯德吸管上下吹打使细胞变松。每个集落转移到 24 孔组织培养板的一个孔中，每个孔中有 1 ml 含 250 μmol/L L-组氨醇和四环素的选择培养液。

    随后的细胞传代都用标准方法，如①PBS 快速洗涤；②1～3 min 胰酶-EDTA 消化（每个铺满细胞的 10cm 培养皿加 2 ml）；③用含四环素的选择培养液或 10% 小牛血清稀释/终止胰酶的活性。

19. 当孔中的细胞长到 80% 汇合度，把它们转移到 6 cm 组织培养皿中，用含有 500 17.64
μmol/L L-组氨醇和四环素的选择培养液培养。

    NIH-3T3 细胞可以在大约 4～7 天生长到 80% 汇合度；但是不同细胞系甚至不同克隆生长到 80% 汇合度所需的时间是不同的。

20. 细胞在含有 500 μmol/L L-组氨醇和四环素的选择培养液中扩大培养（通常细胞进行 1∶5 到 1∶10 稀释）。

细胞进行蛋白诱导表达测试

21. 当单层细胞再次生长到大约 80% 汇合度，每个细胞克隆收集一部分，在液氮中冻存。余下的细胞进行传代培养，直到数量足够用于测试蛋白的诱导表达。

    以后使用冻存细胞的时候，需要复苏，然后在含有 500 μmol/L L-组氨醇和 0.5 μg/ml 四环素-HCl 但不含组氨酸的 DMEM 培养液中培养。

22. 如果细胞用 tTA 和靶质粒共转染，可以如阶段 3 所述直接分析靶基因的产物。如果细胞只用 pTet-tTAk 质粒转染，如下进行细胞的诱导表达测试：
    a. 诱导前一天，细胞以适当的密度在含有 500 μmol/L L-组氨醇和 0.5 μg/ml 四环素-HCl 的 DMEM 培养液中培养，使它们在收获时可以达到亚汇合态。
    b. 第二天，用 PBS 洗细胞 3 次，每次都要轻轻旋转培养板。
    c. 第三次洗涤后，立即加入含有 500 μmol/L L-组氨醇但不含四环素的选择培养液。细胞在含或不含四环素的培养液中培养 6～48 h。

> 需要设立含 500 μmol/L-组氧醇和 0.5 μg/ml 四环素的选择培养液作为对照。

23. 通过 Northern 分析或免疫印迹法测试细胞中 tTA 的诱导表达。然后如阶段 2 所述，用靶质粒转染表达 tTA 的细胞系。

稳定转染的 NIH-3T3 细胞中，通常诱导 6 h 后可以观察到 tTA 和靶基因的表达，再过 6 h 后，表达量达到最大值。

17.65

阶段 2：四环素调控的靶基因稳定转染可诱导表达 tTA 的 NIH-3T3 细胞

本方法介绍用靶基因转染已经可以诱导表达 tTA 的细胞系（由阶段 1 得到）。继续用 L-组氨醇维持对 pTet-tTAk 和 pSV2-His 的选择压力，同时用编码靶基因的质粒和编码嘌呤霉素抗性（或其他选择标记）的质粒进行共转染。接着，带有这些质粒的细胞用含有 L-组氨醇和嘌呤霉素的培养液进行选择培养。

材料

缓冲液和溶液

贮存液、缓冲液和试剂的组分请见附录 1。

贮存液稀释到适当浓度。

小牛血清（10%）

HEPES 缓冲液

磷酸缓冲液

酶和缓冲液

合适的限制性内切酶

1× 胰酶-EDTA

0.05%胰酶

0.5 mmol/L EDTA（pH8.0）

培养液

含有 500 μmol/L L-组氨醇和 0.5 μg/ml 四环素的选择培养液（含或不含 3 μg/ml 嘌呤霉素）

不含组氨酸的 DMEM

100 单位/ml 青霉素

100 μg/ml 链霉素

2 mmol/L 谷氨酰胺

10%小牛血清

500 μmol/L L-组氨醇（由 125 mmol/L 贮液稀释，在 -20 ℃贮存）

0.5 μg/ml 四环素-HCl（溶于 70%乙醇，浓度 10 mg/ml，贮存于 -20 ℃。）

Irvine Scientific 公司（Santa Ana, California）出售不含组氨酸的 DMEM。含有 0.5 μg/ml 四环素-HCl 的选择培养液在 4 ℃可以避光保存大约 1 个月。

适当的时候加 3 μg/ml 嘌呤霉素。

特殊设备

塑料克隆环

克隆环竖放在一薄层真空脂上高压灭菌。

聚丙乙烯管（4 ml）

组织培养皿（6cm 和 10cm）

组织培养板（24 孔）

附加试剂 17.66

本阶段步骤 3 需要列在本方案阶段 1 中的试剂。

载体和菌株

pPGKPuro（或带有其他选择标记的载体）

所有质粒都用 CsCl-溴化乙锭梯度平衡离心（第 1 章方案 10）或层析柱纯化（第 1 章方案 9）。

关于选择标记的信息，请见 Damke 等（1995）。质粒 pTet-Splice 和 pUHC13-3 在 Life Technologies 公司有售。其他带有选择标记的载体也有出售（如 Promega 公司有 pCI-neo，CLONTECH 公司有 pTK-HYG 或 pPUR)。如果以其他载体代替 pPGKPuro，就用适合该质粒所带选择标记的选择培养液。

带有报道基因的 pTet-Splice（可选，如 pUHC13-3）

带有靶基因开放阅读框的 pTet-Splice

细胞和组织

可诱导表达自调控 tTA 的稳定细胞系（阶段 1）

方法

培养和转染细胞

1. 在含有 500 μmol/L L-组氨醇和 0.5 μg/ml 四环素-HCl 的完全选择培养液中培养可以诱导表达自身调控的 tTA 的稳定细胞系（阶段 1 中分离得到）。转染前一天，把细胞传代到含有完全选择培养液的 10cm 组织培养皿中。每个培养皿转入足量细胞，使转染那天单层细胞可以有 33％的汇合度。

重要：从这时起除非特别说明，细胞都在 37 ℃，5％ CO_2，含有 0.5 μg/ml 四环素－HCl 的培养液中培养。

2. 在合适的限制性内切酶位点使质粒线性化，并把每种质粒的浓度调整为≥0.5 mg/ml。每种靶基因质粒 10～20 μg 和 1～2 μg pPGKPuro（每种四环素质粒与带选择标记的质粒的摩尔比为 10:1）与 500 μl HEPES 缓冲液在一个干净的 4 ml 聚丙乙烯管中混合。

> 用无 DNA 的 HEPES 缓冲液作假转染对照实验。所有假转染细胞会在含有嘌呤霉素的培养液中死掉。请见表骤 4 的注意事项。

3. 进行阶段 1 中的步骤 3～13。

重要：阶段 1 中要求用含四环素的 DMEM 完全培养液的地方，在本转染中一定要换成含有 500 μmol/L L－组氨醇和 0.5 μg/ml四环素－HCl 的选择培养液。

选择和克隆转染细胞

4. 转染后 48 h，细胞用几种稀释度分到含有 500 μmol/L L－组氨醇、3 μg/ml 嘌呤霉素和 0.5 μg/ml 四环素的选择培养液中。细胞密度为每个 10 cm 培养皿大约 1×10^6 到 3×10^4。含有大约 1×10^5 细胞的培养皿需要培养若干个。

17.67 可以在几天内杀死所有未转染细胞的嘌呤霉素的最低浓度需要在转染前依靠经验确定，而且随着细胞类型不同而有不同。3 μg/ml 嘌呤霉素足以筛选转染的 NIH-3T3 细胞。嘌呤霉素在 0.1 μg/ml 到 10 μg/ml 的浓度范围内可以有效地杀死大多数类型细胞。

5. 细胞在选择培养液中培养 4 天后，接着用 3～4 ml 含有 500 μmol/L L－组氨醇、3 μg/ml 嘌呤霉素和 0.5 μg/ml 四环素的选择培养液培养。
6. 集落长好以后（选择培养 12～14 天），在培养皿的底部用圆画出每个集落的边界。吸掉培养液，在培养皿的单个克隆上放置无菌的塑料克隆环。每个挑选的集落重复这个步骤。从培养皿中挑选细胞，要求单个集落隔得比较开，而且易于分辨。
7. 用大约 100 μl 磷酸缓冲液很快地洗克隆。为了使细胞脱落，加 2 滴 1× 胰酶－EDTA（～100 μl）并放置 30～60 s。用巴斯德吸管上下吹打使细胞变松。每个集落转移到 24 孔组织培养板的一个孔中，每个孔中有 1 ml 含有 500 μmol/L L－组氨醇、3 μg/ml 嘌呤霉素和 0.5 μg/ml 四环素的选择培养液。

随后的细胞传代都用标准方法，如①PBS 快速洗涤，②1～3 min 胰酶－EDTA 消化（每个铺满细胞的培养皿加 2 ml），用 10％小牛血清（3 ml）稀释/终止胰酶的活性。

8. 当孔中的细胞长到 80％汇合度，把它们转移到 6 cm 组织培养皿中，用含有 500 μmol/L L－组氨醇、3 μg/ml 嘌呤霉素和 0.5 μg/ml 四环素的选择培养液培养。

NIH-3T3 细胞可以在大约 4～7 天生长到 80％汇合度；但是不同细胞系甚至不同克隆生长到 80％汇合度所需的时间是不同的。

9. 细胞在含有 500 μmol/L L－组氨醇、3 μg/ml 嘌呤霉素和 0.5 μg/ml 四环素的选择培养液中扩大培养（通常细胞进行 1:5 到 1:10 稀释）。
10. 当单层细胞再次生长到大约 80％汇合度，每个细胞克隆收集一部分，在液氮中冻存。余下的细胞进行传代培养，直到数量足够用于测试靶基因蛋白的诱导表达。测试方法在阶段 3 介绍。

以后使用冻存细胞的时候，需要复苏，然后在含有 500 μmol/L L-组氨醇、3 μg/ml 嘌呤霉素和 0.5 μg/ml 四环素-HCl 的选择培养液中培养。

阶段 3：分析转染细胞中的蛋白质表达 17.68

有两种策略分析靶蛋白在转染细胞中的表达。主方案中，要诱导靶基因在稳定转染的细胞（由本方案的前两个阶段得到）中表达。细胞收获与裂解后，裂解物用 SDS-聚丙烯酰胺凝胶电泳分析，靶蛋白用免疫印迹法测定。替代方案介绍瞬时转染以及瞬时转染四环素调控的质粒的诱导。

材料

注意：标〈!〉的材料请参见附录 12 作适当处理。

缓冲液和溶液

贮存液、缓冲液和试剂的组分请见附录 1。
贮存液稀释到适当浓度。

小牛血清（10%）
磷酸缓冲液
1×蛋白样品缓冲液

抗体

适于用免疫印迹法测定感兴趣的靶蛋白的抗体

凝胶

Tris-甘氨酸 SDS-聚丙烯酰胺凝胶〈!〉

灌胶所用的丙烯酰胺浓度要适于靶蛋白的观察。请见附录 8。

培养液

含有 500 μmol/L L-组氨醇、3 μg/ml 嘌呤霉素的选择培养液（含或不含 0.5 μg/ml 四环素）

不含组氨酸的 DMEM

100 单位/ml 青霉素
100 μg/ml 链霉素
2 mmol/L 谷氨酰胺
10％小牛血清
500 μmol/L L-组氨醇（由 125 mmol/L 贮液稀释，在 -20 ℃贮存）
3 μg/ml 嘌呤霉素

Irvine Scientific 公司（Santa Ana，California）出售不含组氨酸的 DMEM。

适当的时候加四环素，使浓度为 0.5 μg/ml（四环素-HCl 溶于 70％乙醇，浓度 10 mg/ml，贮存于 -20 ℃）。含 0.5 μg/ml 四环素-HCl 的选择培养液在 4 ℃可以避光保存大约 1 个月。

特殊设备

沸腾的水浴锅
聚偏二氟乙烯（polyvinylidene difluoride，PVDF）膜

附加试剂

本方案步骤 13 需要列在附录 8 中用于免疫印迹法的试剂和设备。

细胞和组织

可诱导表达自身调控的 tTA 并含有携带感兴趣靶基因的质粒的稳定细胞系

17.69
方法

细胞的生长和诱导

1. 诱导前一天晚上，细胞以适当的密度在含有 500 μmol/L L-组氨醇、3 μg/ml 嘌呤霉素和 0.5 μg/ml 四环素-HCl 的 DMEM 培养液中培养，使它们在收获时可以达到亚汇合态。
2. 第二天，用 PBS 洗细胞 3 次，每次都要轻轻旋转培养板。
3. 第三次洗涤后，立即加入含有 500 μmol/L L-组氨醇、3 μg/ml 嘌呤霉素但不含四环素的选择培养液。细胞在含或不含四环素的培养液中培养 6～48 h。

   在稳定转染的 NIH-3T3 细胞中，通常诱导 6 h 后有 tTA 和靶基因的表达，诱导大约 12 h 后表达达到峰值。

需要设立含 500 μmol/L L-组氨醇、3 μg/ml 嘌呤霉素和 0.5 μg/ml 四环素的选择培养液作为对照。

收获细胞

4. 细胞生长适当的时间后，快速收获并放到冰浴的管中。

   如果用胰酶收获细胞，先用冷的不含钙和镁盐的磷酸缓冲液洗细胞，然后用冷的含有 10％小牛血清的选择

培养液（根据需要，含或不含四环素）终止胰酶的作用。管子立即移到冰桶中。

5. 每个克隆和对照都转移 0.5×10^6 细胞到离心管中，然后所有管子在 4 ℃ 以 3000 r/min（低或中速）离心 5 min。
6. 加 1 ml 冰冷的磷酸盐缓冲液洗细胞。如步骤 5 洗细胞，轻轻吸掉上清，不要扰动细胞沉淀。
7. 细胞沉淀放在冰浴上，在离心管架上方的孔中轻快地旋动管子使沉淀变松，然后把它冻存在 -70 ℃。

准备裂解物

8. 细胞沉淀用 30 μl 蛋白样品缓冲液重悬，轻轻地吹打细胞，然后振荡管子。

   这步也可能在冻细胞前进行。
9. 细胞在蛋白样品缓冲液中煮 10 min。
10. 以最大速度离心 2 min 收集细胞碎片。
11. 在 Tris-甘氨酸 SDS-聚丙烯酰胺凝胶的每个泳道加 10 μl 细胞裂解物。

    如果细胞裂解物不立即加到凝胶上，可以在 -20 ℃ 或 -70 ℃ 贮存，但是在上样前需要再次煮沸。
12. 用合适的时间跑胶（请见附录 8）。
13. 蛋白从 SDS-聚丙烯酰胺凝胶电转移到 PVDF 膜上，用合适的抗体检测（请见附录 8）。

替代方案：用 tTA 自调控系统在瞬时转染细胞中进行四环素调控的基因诱导表达 17.70

瞬时转染四环素调控的质粒在很多情况下都有用，例如在某个细胞系中进行自调控系统的最初测试。以及筛选 tTA 表达细胞系，用于另一个 Tet 质粒的诱导表达。测试自调控系统时，tTA mRNA 的诱导通常是诱导 tTA 表达的可靠指标。此外，可以用编码受四环素调控的荧光素酶的载体 pUHC13-3（Life Technologies 公司）瞬时转染能够（或可能可以）表达 tTA 的细胞系（Damke et al. 1995）。然后，转染的细胞在含或不含四环素的条件下培养 12～48 h。细胞裂解物中的荧光素酶活性很容易测定（用 Promega 公司的试剂盒），而且相对于细胞总蛋白或转染对照的标准化处理也很容易（Damke et al. 1995）。细胞总蛋白可以用 Bradford 法测定。

重要：注意，瞬时转染质粒携带的四环素调控的基因通常比稳定转化细胞中相同基因的基础表达水平高。此外，荧光素酶测定的高灵敏度会使人对四环素调控的基因诱导表达的效率盲目乐观。但是只要小心地解释结果，用 pUHC13-3 等质粒进行瞬时转染为短时间内筛选大量克隆提供了一种快速方法。

附加材料

小牛血清（10%）

适合转染的细胞

含 0.5 μg/ml 四环素-HCl 的适于要转染细胞生长的培养液

四环素-HCl 溶于 70% 乙醇，浓度 10 mg/ml，贮存于 -20 ℃。本方案使用的所有含 0.5 μg/ml 四环素-HCl 的培养液（含或不含选择试剂）在 4 ℃ 可以避光保存大约 1 个月

pTet-tTAk

带靶基因的 pTet-Splice 质粒或带报道分子标记的 pTet-Splice 质粒

pTet-tTAk 和 pTet-Splice 质粒在 Life Technologies 公司有售。

磷酸盐缓冲液（PBS）

本方案步骤 2 需要列在第 16 章合适的转染方案中的试剂。

步骤 8 需要列在第 6 章方案 8、第 7 章方案 8 或附录 8 中的试剂。

方法

1. 转染前一天晚上，把细胞转移到含有 0.5 μg/ml 四环素-HCl 的合适的培养液中。
2. pTet-tTAk 单独或与带有靶基因序列（带有靶基因的 pTet-Splice 质粒或带有报道分子标记的 pTet-Splice 质粒）的载体一起转染已经培养到半汇合状态的细胞，转染要用最适合所研究细胞的方案（转染方案的选择请见第 16 章）。
3. 要诱导的细胞用不含四环素的培养液洗 3 次。

   不诱导的细胞要用含四环素的培养液洗涤。

4. 根据需要，用 10 ml 含或不含四环素的培养液培养细胞。细胞培养 12～48 h。
5. 细胞生长适当的时间后，快速收获，并转移到冰浴的管子中。

   如果用胰酶收获细胞，先用冷的 PBS 洗细胞，然后用冷的含有 10% 小牛血清的选择培养液（根据需要，含或不含四环素）终止胰酶的作用。管子立即移到冰桶中。

6. 加 1 ml 冰冷的 PBS 洗细胞。管子在 4 ℃ 以 3000r/min 离心 5 min 使细胞沉淀，然后轻轻吸掉上清，不要扰动细胞沉淀。
7. 细胞沉淀放在冰浴上，在离心管架上方的孔中轻快地旋动管子使沉淀变松，然后把它冻存在 -70 ℃ 或裂解后用于蛋白诱导表达的分析。
8. 用免疫印迹法、Southern 或 Northern 杂交或其他合适的测定方法分析 tTA 或靶基因的表达（实验用的或报道分子）。

稳定表达 tTA 的细胞中，通常 12 h 内可以观察到瞬时转染的靶基因的表达。在瞬时表达 tTA 和四环素敏感的荧光素酶报道分子（pUHC13-3）的细胞中，诱导后 20 h 内可以观察到荧光素酶活性增加 2 个数量级。

17.71 方案 9　蜕皮激素作为调控物诱导哺乳动物细胞中的基因表达

受类固醇调控的转录单元在很多真核生物中广泛存在。例如在果蝇（*Drosophila melanogaster*）中，蜕皮激素（ecdysone）是变态反应的诱导物。幼虫组织的蜕化和成虫结构的出现是由蜕皮激素、蜕皮激素核受体和顺式作用反应元件（ecdysone *cis*-acting response element，EcRE）之间的相互作用引起的。有功能的蜕皮激素受体（ecdysone receptor，EcR）是由蜕皮激素受体和超气孔蛋白（Ultraspiracle protein，USP）组成的异源二聚体，是核受体家族的另一个成员（Yao et al. 1992，1993）。有蜕皮激素存在时，EcR 和 USP 这两个蛋白互相作用并结合到蜕皮激素反应元件的两个反向倒转半位点上。蜕皮激素反应元件位于很多参与果蝇变态反应的基因的上游（更多信息和参考文献请见 Russell 1996；Thummel 1997；White et al. 1997）。

通过共转染 EcR 和 USP 可以在哺乳动物细胞中重建对蜕皮激素的应答反应。当这些细胞接触蜕皮激素或其类似物，如松甾酮 A（ponasterone A）或 muristerone A，就可以诱导对蜕皮激素应答的报道基因的转录（Christopherson et al. 1992，Yao et al. 1992）。通过以下工作产生更强的受体复合物可以提高重建系统的灵敏度：①用 USP 在哺乳动物中的同源蛋白类维生素 A X 受体（retinoid X receptor，RXR）代替 USP；②EcR 在氨基端截短，然后融合到 VP16 的活性结构域（Sadowski et al. 1988；Triezenberg et al. 1988a, b；Cress and Triezenberg 1991；No et al. 1996）；③EcR 的 DNA 结合结构域突变 3 个氨基酸残基，改变它对糖皮质激素受体（glucocorticoid receptor，GR）模拟物的结合特异性（Umesono and Evans 1989）。在能够表达 RXR 和修饰型 EcR 的转染细胞中，加入蜕皮激素和其类似物可以产生有功能的异源二聚体，结合可诱导的表达载体中所含的杂合应答元件（图 17-10）。

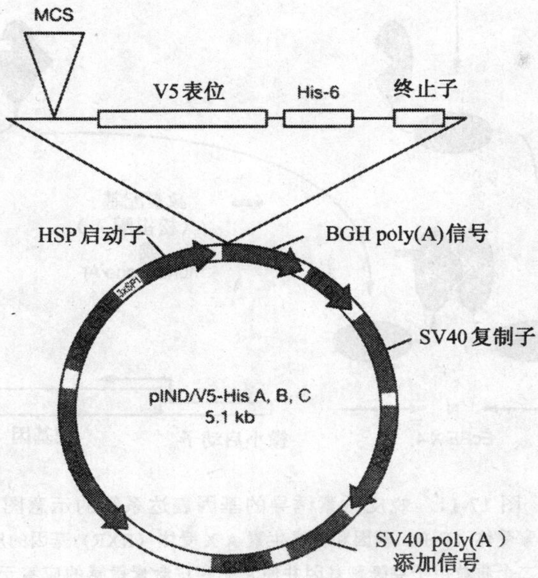

图 17-10　pIND（SP1）/V5-HisA

本载体用于克隆靶基因并使其表达受蜕皮激素敏感的应答元件调控。本载体的主要特征是有蜕皮激素/糖皮质激素应答元件（E/GRE，5 个拷贝）；SP1 增强子元件（SP1，3 个拷贝）；热休克小启动子（HSP）；来自牛生长激素（bovine growth hormone，BGH）的添加 poly（A）信号；使表达蛋白易于纯化的标记物［V5 表位和多聚组氨酸（His6）标记物］。其他特征包括①来自丝状噬菌体(f1 ori)的复制起点；②在 *E. coli* 中进行复制的 colE1 复制起点；③用于在原核细胞中进行选择的氨苄青霉素抗性标记(Amp^R)；④允许在哺乳动物细胞中进行复制的 SV40 复制起点；⑤用于在哺乳动物细胞中进行选择的新霉素抗性标记(Neo^R)。

（来自 Invitrogen 公司，经过修改，重印获得允许。）

杂合应答元件由两个不同的半位点组成，其中$^{5'}$AGGTCA$^{3'}$结合 RXR，EcR 的 GR 结合结构域识别$^{5'}$AGAACA$^{3'}$。这个杂合应答元件只对杂合的受体蛋白有应答（No et al. 1996）。异源二聚体结合应答元件后会激活克隆到可诱导表达载体中的基因的小启动子起始的转录（图 17-11）。因为哺乳动物细胞正常情况下不对蜕皮激素或其类似物产生应答，也不带有蜕皮激素受体，所以基础转录水平很低或不能测到。据报道，加入激素后，诱导水平＞1000 倍（综述请见 Clackson 1997，Saez et al. 1997，Harvey and Caskey 1998）。

No 等（1996）首次报道把蜕皮激素诱导的表达系统用于在转染的哺乳动物细胞中 17.72
选择性生产蛋白。此后该系统成功地用于研究多种蛋白的功能，包括 Smad4 在结肠细胞中的作用（Calonge and Massague 1999）；细胞凋亡前基因 *BAX* 中无义突变的作用(Gil et al. 1999)；以及肿瘤抑制分子 PTEN 磷酸酶的功能（Tamura et al. 1998）。此

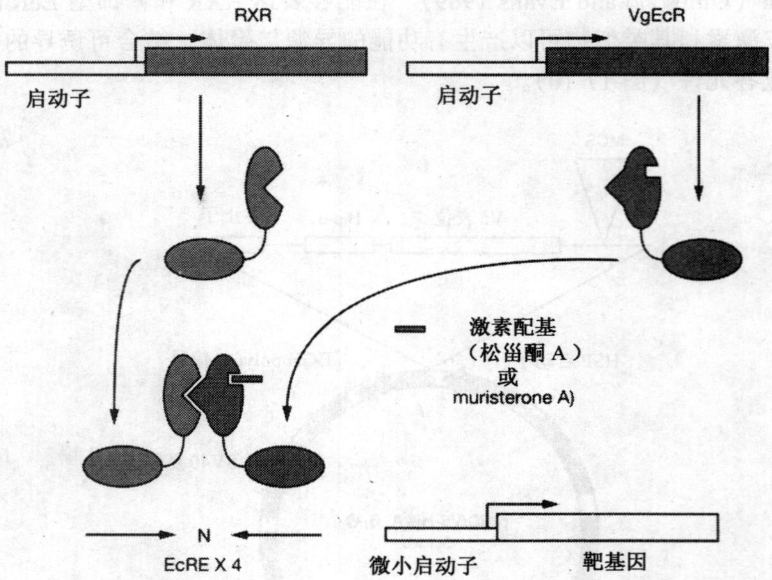

图 17-11　蜕皮激素诱导的基因表达系统的示意图

用编码蜕皮激素受体（EcR）基因和类维生素 A X 受体（RXR）基因的质粒表达这两种受体蛋白。第二个质粒用于克隆靶基因并使它受蜕皮激素敏感的应答元件(EcRE)序列的调控，EcRE 位于小启动子的上游(请见图 17-10)。把两个载体转染哺乳动物细胞，通过在培养液中加入诱导激素使靶基因表达。有激素(松甾酮 A 或 muristerone A)存在时，EcR 和 RXR 形成异源二聚体，变成有功能的蜕皮激素受体，激活靶基因从含 EcRE 的启动子处起始的转录。更详细的内容请见正文。[来自 No et al. 1996（国家科学学会，美国)，经过修改，重印获得允许]

外，该系统曾被用于分析“设计者”锌指转录因子的活性（Kang and Kim 2000）和完善通过控制转导的离子通道的表达来调节神经元兴奋性的机理（Johns et al. 1999)。下面的方案是从蜕皮激素诱导的哺乳动物表达系统（Invitrogen 公司）附带的方案修改而来。Stratagene 公司也出售相似的系统。

材料

缓冲液和溶液

贮存液、缓冲液和试剂的组分请见附录 1。

贮存液稀释到适当浓度。

新霉素

松甾酮 A

蜕皮激素的另一种类似物是 muristerone A（Sigma 公司)。

Zeocin

培养液 17.73

适合要转染的细胞生长的培养液

根据不同需要，培养液必须补充 Zeocin、新霉素和松甾酮 A。

附加试剂

本方案步骤 1、2 和 6 需要列在第 16 章适合的转染方案中的试剂。

本方案步骤 4 需要列在本章方案 6 中的试剂。

本方案步骤 8 需要列在第 6 章方案 8、第 7 章方案 8 或附录 8 中的试剂。

载体和菌株

带有荧光素酶报道基因并受蜕皮激素诱导表达的质粒（如 Invitrogen 公司的 pIND 系列）

带有感兴趣的基因并受蜕皮激素诱导表达的质粒

pVgRXR（Invitrogen 公司）

细胞和组织

培养的哺乳动物细胞

方法 17.74

1. 用 pVgRXR 稳定转染细胞，使用适合于所研究细胞的转染方法（转染方案的选择请见第 16 章）。

   如果使用 pVgRXR，就用 Zeocin 筛选带有该质粒的细胞。对于其他质粒，使用合适的抗生素获得稳定整合体集落。

   设立细胞中不加 DNA 的假转染对照，所有假转染的细胞在有 Zeocin 存在时都应该死掉。

2. 为了挑选在有蜕皮激素或其类似物存在时能够选择性诱导表达基因的克隆，用携带荧光素酶报道基因并受蜕皮激素诱导表达的质粒对步骤 1 中获得的 Zeocin 抗性集落（转染方案的选择请见第 16 章）进行瞬时转染。
3. 转染后 24～96 h，换上新鲜的含有 Zeocin、新霉素和 5 μmol/L 松甾酮 A 的培养液，诱导荧光素酶的表达。细胞在 37 ℃和 5%～7% CO_2 的潮湿培养箱中培养 20 h。

   为了最有利于报道分子的诱导表达，松甾酮 A 的量和诱导时间的长短在不同细胞系之间会有变化。为了优化条件，在 0.1～1 μmol/L 的松甾酮 A 浓度范围内以及 16～72 h 诱导时间内进行尝试。

   有必要设立不接触松甾酮 A 的对照培养细胞。这些对照培养细胞在只含 Zeocin 和新霉素的培养液中培养。

4. 按照方案 6 测量荧光素酶活性。
5. 使用的克隆要求蜕皮激素诱导的荧光素酶表达活性达到所需水平。细胞在含 Zeocin 和新霉素的培养液中放大培养。
6. 用携带感兴趣基因和潮霉素抗性标记并受蜕皮激素诱导表达的质粒稳定转染来自步骤 5 的细胞，使用适合于所研究细胞的转染方法（转染方案的选择请见第 16 章）。

> 设立细胞中不加 DNA 的假转染对照，所有假转染的细胞在有 Zeocin 存在时应该存活，但在有第二种抗生素（通常是新霉素或潮霉素）存在时都应死掉。

7. 挑选对新霉素和潮霉素这两种抗生素都有抗性的细胞集落并扩大培养。
8. 通过免疫印迹法、Northern 杂交或其他合适的方法分析靶基因的表达。

信息栏

17.75 DNA 足迹法

足迹法用于在克隆的 DNA 片段中鉴定转录因子等序列特异性 DNA 结合蛋白的识别区域。本技术中需要探明切割磷酸二酯键的试剂能否到达 DNA 特定序列中的每个核苷酸。这些试剂包括 DNA 酶 Ⅰ 等酶类（Galas and Schmitz 1978，Schmitz and Galas 1979）、羟自由基和铜-菲咯啉（copper-phenanthroline）离子等化学核酸酶类（综述请见 Sigman and Chen 1990，Sigman et al. 1993）。

使用 DNA 足迹法成功的关键在于建立一种切割条件，在这种条件下，同一种 DNA 片段在有蛋白存在或不存在这两种情况下产生的差异具有可重复性。这种方法的作用在于它可以对蛋白存在或不存在这两种情况下获得的切割产物在测序胶上进行并排直观的比较。

通常使用的切割试剂

两类用于 DNA 足迹法的切割试剂对 DNA 的作用方式差异很大。DNA 酶 Ⅰ 等酶类是利用串联的 SN-2 机制，催化亲核的攻击方式，作用于易断的磷酸二酯键上。相反，羟自由基和铜-菲咯啉离子等化学试剂是氧化还原配位复合物，氧化 DNA 的去氧核糖部分（Sigman et al. 1979，Hertzberg and Dervan 1982）。

DNA 酶 Ⅰ

DNA 酶 Ⅰ 是发明 DNA 足迹法时最先使用的试剂（Galas and Schmitz 1978，Schmitz and Galas 1979），尽管后来发现了能以序列无关的方式切割 DNA 的很好的化学方法，但目前它仍然是确定蛋白和 DNA 特异性相互作用位置的最普遍方法。很多年前就知道胰 DNA 酶 Ⅰ 在 Mg^{2+} 存在时可以在双链 DNA 的每条链中独立地引入切刻（nick）。但是令人意外的是，切刻究竟随机产生还是有序列特异性仍然是个含糊的话题，几个小组的数据互相矛盾。一方面，对 *E.coli* DNA 切割产物的生化分析表明 DNA 酶Ⅰ只有很弱的序列特异性（Ehrlich et al. 1973，Bernardi et al. 1975）。另一方面，Scheffler 等（1968）表明 DNA 足迹法在切割 poly［d(A-T)］·poly［d(A-T)］时对 5′端的 T 有很显著的偏向性，Lomonossoff 等（1981）用 poly［d（A-T)］同聚体证实了这个结果。但是，这种特异性更可能是由于同聚体 DNA 不寻常的构象造成的，而不太可能是由于酶对特定序列的偏向性（Klug et al. 1979）。DNA 酶Ⅰ和短双链寡核苷酸复合物的晶体结构显示：DNA 酶Ⅰ有个暴露的环，结合 B-DNA 的小沟，核酸的两条链都弯曲着与酶接触（Suck et al. 1984，Suck and Oefner 1986）。因为连续含有几个 A 或 T 的 DNA 区域相对比较刚性，而且小沟比较窄，所以 Suck 等（1988）认为 DNA 的 A-T 区域可能比较耐受 DNA 酶Ⅰ的切割。

由于存在这种疑惑，谨慎的做法是在放射标记的靶 DNA 还未与蛋白一起孵育前，先检查确定 DNA 酶Ⅰ在切割图谱中没有很大的偏向性。通过为寻找 DNA 酶Ⅰ切割带放射标记的靶 DNA 的最佳条件而设立的预实验，可以弄清楚 DNA 酶Ⅰ的偏向性。此处的目的是对每个 DNA 分子在放射性末端和结合位点的远侧端之间进行一次切割。结合位点与标记端的距离越远，所需的切割量就越低。预实验通常是在一定的酶浓度范围中寻找合适的条件，使裸 DNA 既不会反应不足（大部分片段未被切割，形成梯带的条带很浅），又不会过度反应（未被切割的片段剩下很少，较小的片段过多）。作为粗略的指导，我们建议 DNA 酶Ⅰ的使用量应该是可以切割反应中大约 50％的标记分子。方案的其他变化请见 Tullius 等（1987）、Hochschild（1991）、Garabedian 等（1993）和 Lakin（1993）。DNA 酶Ⅰ部分切割相关的裸 DNA 片段后，得到的部分消化产物形成梯
带。我们的目标是找到一些条件，使梯带中的相邻条带彼此长度相差一个碱基。理想情 17.76
况下，梯带中不应有缺口，而且相邻条带的粗细强度不应有很大的差异。但实际上一般不可能达到这种水平，甚至用裸 DNA 也不行。

DNA 酶Ⅰ用于 DNA 足迹法时经常出现这样的情况，样品与 DNA 结合蛋白及切割酶一起培养后，放射自显影谱中会出现很强的条带。这些所谓的超敏感位点反映了 DNA 酶Ⅰ在这些位点对 DNA 的切割比其他位点强，它可能是 DNA 双链的构象变化引起的，而 DNA 双链的构象变化又是由蛋白质结合或核酶与 DNA 结合蛋白之间的蛋白质-蛋白质相互作用诱导产生的。构象变化的本质还不非常清楚，但它可能与蛋白结合引起的转折（bends）、扭结（kinks）、碱基翻转（Klimasauskas et al. 1994）或单链凸起（Kimball et al. 1995）有关。超敏感位点的边上通常有真正的足迹。

当很短的 DNA 作为 DNA 酶Ⅰ的底物时，“末端效应”会很明显（Galas and Schmitz 1978；Lomonossoff et al. 1981）。某个磷酸二酯键与 DNA 链 5′末端的距离超过 8 个磷酸二酯键会提高它被切割的可能性，所以保证足迹区不要离 DNA 片段的 5′标记末端很近是非常重要的。

通常，足迹反应产物与 Maxam-Gilbert 反应产物在 DNA 测序胶上并排分析（请见第 12 章方案 7）。如果足迹 DNA 片段的标记在 5′端，那么这两套反应产物得到的放射自显影谱的条带并不对齐，这是因为这些放射标记产物的 3′末端所带的基团不同。碱基特异的化学反应会去掉一个碱基和它的糖基，在标记的 DNA 链上会形成 3′-磷酸化末端。DNA 酶Ⅰ切割磷酸二酯键会在放射标记的 DNA 链上留下 3′-羟基末端。所以化

学切割反应产生的片段比 DNA 酶 I 消化产生的片段电泳迁移率稍微大一些。研究 DNA 小片段时，这个问题更为严重。

真核启动子序列的 DNA 片段上经常含有单个或多个转录因子的多个结合位点。为了确定个别足迹的精确边界，最好进行两次足迹分析实验，一次实验中对 DNA 片段的 5′端进行标记，而在另一次实验中对 DNA 片段的 3′端进行标记。通过比较两次实验得到的 DNA 中受保护区域，可以测到边界处细微的情况，而且可以确定结合位点及其相互关系的更为精确的画面。使用 3′端标记的片段也消除了 Maxam-Gilbert 切割反应和足迹 DNA 之间电泳迁移率差异的问题，因为在这种情况下，所有 DNA 都有 3′-磷酸化末端。

羟自由基

羟自由基通过从脱氧核糖部分抽走一个氢原子来切割 DNA（Hertzberg and Dervan 1982，Price and Tullius 1992）。这些自由基一般通过 Fe（Ⅱ）的 EDTA 复合物与 H_2O_2 反应产生（Fenton 1894）：

$$Fe(II) + H_2O_2 \rightarrow Fe(EDTA)^+ + \cdot OH + {}^-OH$$

在反应混合物中加入抗坏血酸盐可以使 Fe（Ⅲ）重新生成 Fe（Ⅱ）。因为羟自由基会扩散，存在时间又特别短，而且它与脱氧核糖残基是在 DNA 的表面起反应，所以它的切割方式完全与核酸序列无关（Henner et al. 1982）。此外，因为羟自由基比较小，所以它们在结合位点周围与核苷酸的反应比 DNA 酶 I 的效率更高。这样就意味着可以更加精确地界定蛋白配基与其结合位点之间紧密结合的区域。如果 Fe（Ⅱ）-EDTA 复合物与 propylmethidium 等 DNA 结合配基相连（Hertzberg and Dervan 1982；Tullius et al. 1987），切割裸 DNA 的效率会提高。但是在这种情况下，methidium 部分插入双链 DNA 才能对骨架进行切割。当蛋白的结合阻止了这种插入，得到的足迹就比用游离的 Fe（Ⅱ）-EDTA 得到的足迹大，而且与 DNA 酶 I 消化得到的足迹非常相似（Van Dyke and Dervan 1983；Tullius et al. 1987）。

1，10-菲咯啉-铜

除了四面体亚铜复合物（tetrahedral cuprous complex）结合 DNA 小沟，使铜离子的
17.77 位置接近脱氧核糖残基，此反应的化学性质与 Fe（Ⅱ）-EDTA 的相似。亚铜离子被过氧化氢氧化，然后产生铜-氧络合物，从脱氧核糖中抽掉一个氢原子（Spassky and Sigman 1985，Sigman and Chen 1990）。与 Fe(Ⅱ)-EDTA 不同，1，10-菲咯啉-铜切割裸 DNA 受核苷酸序列的影响很大。这可能是 DNA 小沟结构特征的序列特异性变化造成的。

用 1，10-菲咯啉-铜切割 λ 抑制子得到的足迹与 DNA 酶 I 切割得到的足迹在长度上非常相似(Tullius et al. 1987)。明显地，结合蛋白会抑制亚铜复合物的结合，甚至抑制它与螺旋侧面无蛋白接触的部位的结合。

其他试剂

还有其他一些化学试剂可以切割 DNA，所以可用于研究 DNA-蛋白的相互作用。例

子包括：铑与1,10-菲咯啉的复合物(Chow and Barton 1992)，它以光依赖的方式切割DNA，而且它对实验室缓冲液中常用的组分如二价阳离子、EDTA、甘油和还原试剂(Sitlani et al. 1992)等不敏感；卟啉衍生物(Ward et al. 1986)；以及乙酸双氧铀、硝酸双氧铀等双氧铀盐(Nielsen et al. 1988, Gaynor et al. 1989)。这些化学核酸酶必须在实验室中合成，而且它们的使用需要较多的无机化学知识。它们中许多还不清楚是否能够在足迹实验中比1,10-菲咯啉-铜和羟自由基提供更多的信息。但是，某些铑与1,10-菲咯啉的衍生物(Chow et al. 1992)和双氧铀盐(Gaynor et al. 1989)也能切割RNA，所以可用于分析RNA-蛋白的相互作用。

切割试剂的选择

DNA切割试剂的选择主要是根据个人喜好。DNA酶Ⅰ的体积比较大（450nm×400nm×350nm；Suck et al. 1984)，而且由于结合蛋白通过位阻效应遮蔽了结合位点，DNA酶Ⅰ可能难以到达核苷酸的周围。这种限制条件可以解释为什么DNA酶Ⅰ足迹法往往得到比较大但是分辨率不高的足迹图谱，而羟自由基产生较小但是清晰的足迹图谱(Sawadogo and Roeder 1985, Tullius et al. 1987)。DNA酶Ⅰ可以画出DNA与蛋白接触区域的外部界限，而羟自由基可以分析内部紧密的核心。很明显，两方面信息都是有价值的，所以值得用两种不同的试剂进行足迹实验。选用DNA酶Ⅰ是安全的，因为它已经获得了广泛承认而且被大量实验室成功使用。但是，如果含有感兴趣区域的裸DNA用DNA酶Ⅰ部分降解后，每个碱基对之间不能识别（Galas and Schmitz 1978)，或已知或怀疑在靶区域中含有很长的连续A或T残基，那么使用1,10-菲咯啉-铜(Ⅰ)等化学试剂是更好的选择。

DNA酶Ⅰ（Papavassiliou 1993)和1,10-菲咯啉-铜（Ⅰ）（Kuwabara and Sigman 1987）都可以在分离胶基质中切割蛋白-DNA复合物的DNA部分。这就可以把足迹法直接与凝胶阻滞分析结合起来。相反，对蛋白与DNA接触区域作精确分析时选用的羟自由基经常用于游离溶液中的蛋白-DNA复合物。DNA酶Ⅰ也可以用于消化溶液中的蛋白-DNA复合物，接着通过凝胶电泳把游离的DNA与蛋白-DNA复合物分离开。然后可以从复合物中抽取出DNA，变性，在测序胶中分析。

体内DNA足迹法

许多真核基因的5′-侧区域含有数十个转录因子的结合位点。虽然用上述的DNA足迹法实验和切割试剂来证明蛋白对这些位点的结合能力比较直接，但却难以确定哪些结合位点是体内真正使用的，而哪些是由于使用了高浓度裸DNA和核蛋白制品的结果。要回答这些问题，可以进行体内足迹实验，在表达细胞中确定蛋白质结合靶基因调控区的能力。George Church和Walter Gilbert最早进行这类实验，他们用化学切割试剂研究了鼠免疫球蛋白重链基因5′-侧翼区的甲基化图谱（Church and Gilbert 1984)。为 17.78
了检测单拷贝靶基因发出的非常弱的信号和它们的甲基化差异，需要很强的测量方法，包括用很高比活的探针，用测序胶电泳分离切割后的基因组DNA，接着把DNA电转移到尼龙膜上，用 Northern 分析来检测免疫球蛋白基因切割产物中甲基化敏感的变异。

没几个实验室符合进行这些反应并把它们用于体内足迹实验所需的技术要求。如果不是 Barbara Wold 和他的同事用 PCR 方法来特异性地扩增体内足迹法产生的 DNA 片段（Mueller and Wold 1989，Pfeifer et al. 1989），这种方法可能因为遭到忽视而不再被使用。在这种被称为连接介导 PCR（ligation-mediated PCR）方法中，活细胞中的基因组 DNA 首先被硫酸二甲酯等 DNA 切割试剂切割，然后通过酚:氯仿抽提和乙醇沉淀来纯化 DNA 片段。处理后的 DNA 经过一轮引物延伸就可以确定切割终点，产生带平端的片段，然后在上面连上序列已知的接头。接着再进行一轮 PCR，一条引物与接头序列互补，第二条引物位于假想的 DNA 足迹的下游。如果没有蛋白结合，扩增后的产物用凝胶电泳分离后会出现梯带。梯带中的每个 DNA 片段表示靶基因中一个具体的切割点。但是，如果两个扩增引物之间的某个位点结合有蛋白，那么因为 DNA 受到保护而免受切割试剂的作用，所以终点在结合位点内的 DNA 片段会比较少。与不被蛋白结合的 DNA 产生的条带相比，它们在凝胶上的强度会较弱。

现在已经有了连接介导 PCR 法的具体方案（Zaret 1997），而且一般来说，这些方法在大多数分子生物学实验室中有很好的可重复性。该方法已经用于证明组织特异性转录因子的体内结合（Mueller and Wold 1989）；非活跃基因的甲基化位点作图（Pfeifer et al. 1989）；与其他酶或化学切割试剂以及交互作用试剂一起使用，说明转录基因中蛋白-DNA 的相互作用和非正常 DNA 构象的存在（Zaret 1997）。通过变换所研究细胞的培养条件或细胞从某种生物中收获的时间，可能画出具体的关于多种转录因子和靶基因调控区动态联系的足迹图。

凝胶阻滞分析

蛋白-DNA 复合物进行非变性丙烯酰胺和琼脂糖凝胶电泳是最简单，也是最常用于多种研究 DNA-结合蛋白与其靶基因相互作用的物理分析方法中。凝胶阻滞分析的步骤通常包括把蛋白加入到末端标记的双链 DNA 片段中，用电泳从裸 DNA 中分离蛋白-DNA 复合物，然后用放射自显影使 DNA 显现出来。结合蛋白后几乎总会使靶 DNA 的电泳迁移率减低，形成蛋白-DNA 复合物相应的分离条带。

凝胶阻滞最初是 Dahlberg 等（1969）和 Shaup 等（1970）作为分析核糖体蛋白和核糖体 RNA 相互作用的技术。但是现在普通使用的方法直接来自于 20 世纪 80 年代初，当时用纯化了的原核调控蛋白与其 DNA 靶序列进行结合平衡和动力学的相关研究（Fried and Crothers 1981，1983，1984 a，b；Garner and Revzin 1981；Hendrickson 1985；Hendrickson and Schleif 1985）。当然，那时候不可能认识到这种技术可用于研究哺乳动物细胞粗裂解物等复杂的混合物中序列特异的 DNA 结合蛋白。只有当发现非标记载体 DNA（见下面）可以抑制蛋白和放射性标记靶 DNA 的非特异结合后，凝胶阻滞才用于研究序列特异的 DNA 结合蛋白（Strauss and Varshavsky 1984，Carthew et al. 1985，Singh et al. 1986）。从那以后，这项技术扩展到用于分析蛋白和异常构象的 DNA 形成的复合物，包括 Holliday 连接（Parsons et al. 1990，Dunderdale et al. 1991）、错配碱基对（Jiricny et al. 1988）和 Z-DNA（Nordheim and Meese 1988；综述请见 Lane et al.

1992)。但是，这种方法到目前为止仍然主要用于研究和分析反式作用蛋白和顺式 DNA 序列形成的调控真核和原核生物基因表达的复合物。凝胶阻滞分析的优点如下： 17.79

- 快速、高灵敏度和分辨力。作用于放射性标记靶 DNA 的序列特异结合蛋白的量只要达到飞摩尔就可以测到，甚至在细胞粗抽提物等有其他 DNA 结合蛋白存在的情况下也可以。凝胶阻滞分析可以在几小时内完成，所以是监测反式转录因子和其他序列特异性结合蛋白的纯化的理想方法。
- 可以在 DNA 片段混合物中鉴别出特定 DNA 结合蛋白的靶序列。
- DNA 结合蛋白及其靶序列复合物经常会分离出几个组分条带，反映了结合蛋白有亚基的不同组合、几种不同蛋白之间有相互作用或多个蛋白竞争同一个位点。
- 本方法很容易经过修改后用于对结合速率常数、分离速率常数、协同性、丰度和特异性进行定量。

这些优点中的许多会在下面作更具体的讨论。

凝胶阻滞的机理

因为许多蛋白-DNA 复合物的半衰期比跑胶所需的时间短很多倍，所以无法预见蛋白-DNA 复合物可以作为独立的条带在胶中迁移。有两种理论解释为什么蛋白-DNA 复合物在凝胶中比在溶液中更具有动力学稳定性。第一种理论认为凝胶直接影响蛋白-DNA 复合物的分离常数。虽然早期实验数据支持这种观点，但是随后的分析未能证实凝胶能使蛋白-DNA 复合物稳定。另一种理论认为凝胶的作用像无水的笼子，防止游离的组分扩散。这种笼子效应可以维持局部组分的高浓度，有效地驱使双分子重结合反应的平衡向右。Cann（1989）为这场争论提供了强大的理论基础，他的计算表明标准凝胶阻滞分析中 DNA 的最佳浓度范围是 $1\times10^{-8}\sim5\times10^{-8}$ mol/L，这时结合常数的范围是 $10^{9}\sim10^{13}$ L/mol，结合蛋白和 DNA 的最佳比例从强相互作用的 0.5 到弱相互作用的 10 或更大值变化。

用凝胶阻滞测量蛋白-DNA 复合物的分离常数

为了测量蛋白-DNA 复合物的分离常数值 K_d，需要用很宽范围（4～6 个数量级）的蛋白浓度设立一系列结合反应。目的是找到结合一半量 DNA 所需的浓度。这个数据一般标为游离 DNA（通常由凝胶带的光密度来估计）与结合反应中蛋白浓度 $\log_{10}$值的比值。然后可以从 S 曲线估计平衡常数。S 曲线假设：①反应在中点时，蛋白与空结合位点的比例（$=K_d$）>10（Carey 1988，1991），②只要蛋白大大过量，反应中几乎所有 DNA 都可以形成复合物；③实验数据符合理论结合曲线，理论结合曲线是由说明独立的等效位点间结合情况的公式计算出来的。对于非协同相互作用，蛋白浓度的 $\log_{10}$单位值提高 1.81，需要把出现在复合物中的 DNA 比例从 10%提高到 90%。值如果有偏差，说明结合是协同的或在多个位点发生了结合。值小于 1.8 $\log_{10}$单位说明结合反应是正协同；值大于 1.8 $\log_{10}$单位说明结合反应是负协同（Carey 1991）。

蛋白-DNA 复合物的迁移率

影响蛋白-DNA 复合物在凝胶中的迁移率有 3 个主要因素：蛋白-DNA 复合物的分子量、它们的总电荷及复合物中 DNA 的构象。作为一般规则，复合物的迁移率与游离
17.80 蛋白的大小有关（Carey 1988）。因此，蛋白质分子量通常是造成延迟条带迁移率减小的惟一原因（例如请见 Hope and Struhl 1985；Betermier et al. 1989）。但是如果结合蛋白是高酸性的而且带很强的负电荷，那么复合物的迁移率可能与裸 DNA 没有明显的差异。这个问题可以通过进行低 pH 值的电泳来解决（Carey 1988）。

当蛋白结合引起 DNA 片段的弯曲，迁移率就会发生更大的偏差。"弯曲"复合物的迁移率要比单从结合蛋白分子量预测的更小（有时候量相当大）。引起弯曲的角度越大，迁移率的减少也越大（Koo and Crothers 1988）。而且，弯曲的位置离分子的中部越近，它的迁移也越慢。这种位置效应已经被用于绘制蛋白引起的 DNA 弯曲的位置（例如请见 Wu and Crothers 1984，Kim et al. 1989）。一般来说，构象引起的效应有以下性质：①电泳分析 DNA 复合物时，低温、有 Mg^{2+} 存在（Diekmann 1987）以及凝胶的孔径比较小（Marini et al. 1983）都会增大这种效应；②偏端霉素（distamycin）等 DNA-结合配基存在时，这种效应减少（Wu and Crothers 1984）。

操作事项

在上面讨论的理论事项以外，接着提一些操作上的建议可能对第一次进行凝胶阻滞分析的使用者有用。

- *凝胶基质*　分析长度大于 200 个核苷酸的 DNA 片段形成的复合物用 5% 聚丙烯酰胺凝胶；短一些的 DNA 一般用 10% 聚丙烯酰胺凝胶。除非结合蛋白或 DNA 的分子量非常大（>1kb），否则不用琼脂糖凝胶。因为琼脂糖凝胶的孔径很大，不能检测蛋白引起的 DNA 弯曲。
- *电泳缓冲液*　大多数蛋白-DNA 复合物是稳定的，而且在中性 pH 下带轻微的负电荷，所以 0.5×TBE 被选用为标准缓冲液。但是在少数情况下，复合物中的蛋白组分带有很强的负电荷或正电荷，可能需要用酸性（如 TAE，pH6.0）或碱性的缓冲液（如 50 mmol/L Tris-甘氨酸，pH9.2）。
- *加入载体 DNA*　一般在结合混合物中加入非标记载体 DNA 以消除细胞抽提物中蛋白与放射性标记靶 DNA 的非特异结合。目的是加入恰好足量的载体来吸收所有非特异性结合 DNA 的蛋白，同时不影响含有靶 DNA 的特定复合物的形成动力学或稳定性。特定环境下所需载体的量必须由经验确定，但是这个任务非常繁重，因为可接受的载体浓度范围通常非常大。如果用了太多载体，就没有靶 DNA 会形成复合物；如果用的载体太少，所有探针会非特异地结合到蛋白上，阻止它进入凝胶。

最初是把大肠杆菌 DNA 作为载体 DNA，用作凝胶阻滞分析中的非特异竞争物（Strauss and Varshavsky 1984），后来使用的是高复杂度的真核染色体 DNA（如小牛胸

腺和人 DNA)。但是，这些 DNA 可能带有所研究蛋白的特异结合位点，使它们很快被 poly(dA-dT)·poly(dA-dT)或 poly(dI-dC)·poly(dI-dC)等合成的聚合物或聚硫酸酯糖类化合物肝素代替(Carthew et al. 1985; Singh et al. 1986)。

- **辅助因子** 某些尤其是来源于原核的转录因子需要有特殊的辅助因子才能进行最佳的结合。例如 CAP 蛋白需要 cAMP 才能结合（Fried and Crothers 1983)，而色氨酸抑制物 TrpR 需要色氨酸才能有效结合（Carey 1988)。
- **抽提物** 在全细胞裂解物或细胞核制备物的抽提液的浓缩液中通常可以检测到哺乳动物 DNA 结合蛋白。制备这些抽提物的方法很早就经过了优化（请见 Dignam et al. 1983; Chodosh et al. 1986; Kadonaga and Tjian 1986; Singh et al. 1986)，没有什么地方需要进行新的和不一样的尝试，至少在鉴定新 DNA 结合蛋白的开始阶段是这样。
- **结合蛋白的大小** 测量蛋白-DNA 复合物中的蛋白大小可以先进行紫外照射交联，然后用 SDS-聚丙烯酰胺凝胶电泳分离。许多情况下，可以通过免疫分析方法来证实是否有以前鉴定的 DNA 结合蛋白存在。特异性结合特定 DNA 结合蛋白的抗体既可以防止形成特殊的蛋白-DNA 复合物，也能进一步使复合物的电泳迁移率减低（“超迁移”)(Kristie and Roizman 1986)。

杆状病毒和杆状病毒表达系统 17.81

微生物学家从 19 世纪就开始研究杆状病毒造成鳞翅类幼虫（如蚕）的“融化”病。20 世纪 40 年代，G.Bergold 博士发现许多杆状的病毒颗粒（“baculo”的意思是杆）埋在多角体中（直径约 2 μm)，这种多角体已知是融化病的病原（Bergold 1947)。而且，用例如可在昆虫宿主中肠（midgut）发现的碱性溶液处理多角体后，杆状病毒颗粒可以释放出来。

50 和 60 年代间的研究目标主要是通过电子显微镜分析来了解病毒的发病机理(Harrap and Robertson 1968; Tanada and Leutenegger 1968, 1970; Harrap 1970; Summers 1971; Stoltz and Summers 1972)。我们现在对于杆状病毒怎样致病的了解就来自于这些研究。Bergold 研究的晶体是一类被称为核型多角体病毒（nuclear polyhedrosis viruses, NPVs）的杆状病毒的包藏形式。晶体（又称为多角包涵体 polyhedral inclusion bodies or PIBs）被昆虫摄入，在昆虫中肠这个主要的感染点溶解。中肠细胞和昆虫的其他细胞产生 PIBs 和该病毒的第二种形式出芽病毒（budded virus, BV)。出芽病毒可造成宿主的系统性感染，而且是细胞培养物中的感染形式。60 年代末和 70 年代初，建立了一些昆虫细胞系，它们可以支持出芽病毒的复制以及包藏病毒的产生（Grace 1962; Goodwin et al. 1970; Hink 1970, 1972)。

1975 年，美国环境保护机构注册了第一个杆状病毒作为棉花的杀虫剂（Ignoffo 1973, 1981)。几年内，棉螟蛉病毒作为日益失效的有机磷杀虫剂的替代物在市场销售。但是到 70 年代末，基于拟除虫菊酯的杀虫剂被注册并被推向市场，消除了较为昂贵的病毒杀虫剂的市场。80 年代期间，美国森林服务机构开发了包括吉普赛蛾和草丛蛾的 NPVs 等其他杆状病毒杀虫剂，它们直到今天还用于控制公共森林的害虫（Martignoni

1984)。但是工业界的兴趣消退了，直到用遗传学方法改善杆状病毒作为杀虫剂的技术出现（McCutchen et al. 1991；O' Reilly and Miller 1991；Stewart et al. 1991；Tomalski and Miller 1991，1992）以及害虫对拟除虫菊酯的抗性增加。

杆状病毒注册为杀虫剂对杆状病毒研究和生物技术都有正面影响。这些病毒用于数百万英亩的农田和森林使人们极需要了解这些病毒如何致病及它们的天然宿主范围限制（Summers et al. 1975)。研究的增加使对这类病毒有了更多的了解，最终把杆状病毒开发成了表达载体。

杆状病毒有庞大的病毒家族，包括大于 500 种已知成员，广泛分布在陆地和海洋生态系统中（Martignoni and Iwai 1986)。每种杆状病毒都感染有限数量的节肢动物，有些造成致命的动物疫病。那些造成害虫（如黏虫）或益虫（如蚕或虾）得病的病毒得到了更多的关注，因为它们能作为潜在的杀虫剂或能造成有经济价值的节肢动物的破坏性疾病。

苜蓿银纹夜蛾（*Autographa californica*）核型多角体病毒（AcNPV 或 AcMNPV）等最常用作基因表达载体的杆状病毒也有很大的作为害虫控制剂的潜力，对付某些农田蛾类害虫（如甘蓝尺蠖 *Trichoplusia ni* 和秋季黏虫 *Spodoptera frugiperda*)。AcMNPV 是 70 年代早期从紫花苜蓿尺蠖（*A. californica*）中分离出来的（Vail et al. 1971)。因为它有作为杀虫剂的潜力，而且可以容易地在多个已建立的细胞系中繁殖，所以它被采用作分子遗传学分析（Lee and Miller 1978，1979；Smith and Summers 1978，1979；Brown et al. 1979；Carstens et al. 1979；Miller and Dawes 1979；Miller 1981)。家蚕核型多角体病毒（*Bombyx mori* nuclear polyhedrosis virus；BmNPV）也被用于作为基因表达载体（Maeda 1989)，主要在昆虫幼虫中进行表达，因为蚕的幼虫比较大。

杆状病毒有大的（大约 80～200kb）环状 DNA 基因组（Summers and Anderson 1972，1973)，有几个（包括 AcMNPV 133 894bp；Ayres et al. 1994）已经测了全序列。AcMNPV 基因组至少含有 154 个开放阅读框，其中大多数都至少有一个基本功能。

大约 20 个基因像是编码病毒的结构蛋白（Rohrmann 1992，Kool and Vlak 1993)，
17.82 相似数目的基因参与基因调控（Todd et al. 1994)。一些基因像是在进化的某些点从宿主中获得的，例如与宿主蛋白具有显著序列一致性的杆状病毒基因编码的蛋白包括过氧化物歧化酶、泛素、蛋白激酶、蛋白磷酸化酶、生长细胞核抗原、ω-芋螺毒素类似蛋白和几丁质酶（Kool and Vlak 1993，Ayres et al. 1994)。病毒广泛作用于很多细胞过程，积极阻断凋亡（Clem et al. 1991，Clem and Miller 1993，Crook et al. 1993，Birnbaum et al. 1994）这种抗病毒防御机制（Clem and Miller 1993)。病毒在整体、分子和细胞水平控制宿主。例如病毒含有编码 UDP-葡萄糖转移酶的基因，它特异性地作用于 ecdysone 这种昆虫主要的蜕皮激素，所以使病毒可以阻断它宿主的蜕皮和化蛹（O'Reilly and Miller 1989)。

杆状病毒的基因表达调控像是主要在转录水平控制。AcMNPV 基因的转录分 3 个基本阶段：早期、晚期和极晚期。早期基因像是由宿主的 RNA 聚合酶Ⅱ转录（Grula et al. 1981；Huh and Weaver 1990a，b；Hoopes and Rohrmann 1991；Glocker et al. 1993)，但是早期基因转录至少还受 3 个病毒早期基因产物的调控：*ie-1*、*ie-2* 和 *pe-38*（Guarino and Summers 1986，Carson et al. 1988，Kovacs et al. 1991，Lu and Carstens 1993)。

病毒诱导的α-蝇蕈素抗性 RNA 聚合酶参与了晚期和极晚期基因的转录（Grula et al. 1981；Huh and Weaver 1990a，b；Yang et al. 1991），而这种 RNA 聚合酶像是至少有部分是病毒编码的（Passarelli et al. 1994）。

晚期和极晚期基因的转录依赖于 DNA 复制（Gordon and Carstens 1984，Rice and Miller 1986，Lu and Carstens 1991，Lu and Miller 1994）。虽然病毒 DNA 复制起点还不清楚，但是 8 个称为“同源区”（hrs）的区域散落在病毒基因组中，而且在质粒瞬时表达分析中像是作为 DNA 复制起点（Pearson et al. 1992；Kool et al. 1993a，b）；这些同源区对于早期基因表达还有增强子类似的作用（Guarino and Summers 1986）。通过加入 10 个病毒基因，包括 3 个参与早期基因调控的基因，可以反式作用于复制起点特异性的质粒 DNA 复制（Kool et al. 1994，Lu and Miller 1994）。

晚期报道基因在瞬时表达分析中的最佳表达需要这 10 个基因和其他 8 个基因，所有这些基因都影响报道基因表达的稳定水平（Lu and Miller 1994，Todd et al. 1994）。其中两个基因编码的蛋白含有在真核和原核 RNA 聚合酶最大和第二大亚基中保守的基序（motif），表示它们在转录中起直接作用（Lu and Miller 1994，Passarelli et al. 1994）。至今只鉴定了一个特异性影响极晚期基因表达的因子，而这个因子的序列基序与 λ-整合酶家族有关（McLachlin and Miller 1994）。

虽然病毒早期启动子主要是 RNA 聚合酶Ⅱ的启动子，但是杆状病毒的晚期和极晚期启动子是不同的，似乎缺乏“上游激活”序列（综述请见 O'Reilly et al. 1992）。晚期和极晚期启动子在转录起始位点都带有必需序列 TAAG。该序列可能足够作为新的 RNA 聚合酶的“晚期启动子”，虽然 TAAG 序列的上下文，尤其最靠近 TAAG 的上下游 5bp 或 6bp 序列会影响表达水平（Morris and Miller 1994）。多角体蛋白极晚期启动子中，在 TAAG 和多角体蛋白开放阅读框翻译起始密码子之间的 50bp 序列对于感染极晚期观察到的很强的转录活性是必需的（Ooi et al. 1989）。病毒基因组中这段含有 TAAG 的序列足以驱使多角体蛋白和外源基因在感染极晚期的表达。这段 50bp 区域中的突变会影响 mRNA 的稳定水平，这是通过影响转录起始，而不是通过影响 mRNA 的转换速率（turnover rates）造成的（Ooi et al. 1989）。所以外源基因表达时启动子的选择对于在何时以及有多少基因表达是个至关重要的决定因素。

因为感染后大约 20 h 多角体蛋白启动子驱动的表达开始，而在感染后 72～94 h 细胞才裂解，所以极晚期大约有 30～50 个 h 进行很强的基因表达。这段时间中有非常高水平的多角体 mRNA 产生，当细胞裂解时，多角体蛋白大约占感染细胞总蛋白的 25%。几个编码稳定蛋白的外源基因放到杆状病毒载体中，使受到多角体蛋白启动子的调控，可以观察到有相似的表达水平。但是外源蛋白的表达水平经常比较低，通常占细胞总蛋白的 1%～10%。

杆状病毒载体 17.83

直到最近，用线性化的杆状病毒 DNA 和在很强的病毒启动子（通常是多角体蛋白启动子）后带有外源基因的转移质粒共转染昆虫培养细胞的稳定细胞系，可以产生重组杆状病毒。进入细胞后，质粒和病毒基因组进行同源重组，形成的重组体在内源多角体蛋白的位置带有外源基因（Smith et al. 1983; Maeda et al. 1984; Pennock et al. 1984; 本方法更完整的介绍请见 King and Possee 1992; O' Reilly et al. 1992; Luckow 1993; Miller 1993 ）。

用于转染的线性化杆状病毒 DNA 是通过用限制性酶消化 AcMNPV 载体的基因组，去掉报道基因（*lacZ* 或 GFP）和部分必需的杆状病毒基因后得到的。最后得到的线性 DNA 除非和转移质粒重组，否则没有感染性而且不能产生可存活的病毒后代（Kitts et al. 1990; Kitts and Possee 1993）。重组病毒是可以分辨的，因为它们在单层昆虫细胞中产生无色（*lacZ*）或无荧光（GFP）的斑点。

对于不同的用途开发了很多不同的转移质粒。例如，与谷胱甘肽 S-转移酶（GST）或组氨酸-6 标记物融合表达蛋白的质粒载体就已经有了。还有允许同时表达 2 个或多个（目前可多到 4 个）不同基因的质粒。已经开发了多种可以在病毒感染进程的不同阶段驱动表达的启动子；比多角体蛋白启动子更早引起表达的启动子往往较弱，但可以有较长的表达时间，而细胞就更能够对基因产物进行翻译后修饰。

不久前，有了直接把外源基因连接到杆状病毒载体中的方法。Ernst 等（1994）做成了一个杆状病毒，可以在单一的 *Scel* 位点线性化，所以可以用来扩增和表达具有 Scel 末端的外源基因。这种方法的实用性在 Lu 和 Miller（1996）开发了一种更加通用的载体系统后大大提高了，这种系统可以接受带有 *Eco*RI 末端的 DNA。这种技术进步的结果是使杆状病毒表达系统有了惊人的成功纪录：超过 800 种不同的基因产物得到了表达，表达水平足以进行蛋白纯化后的生化和结构分析。以前是在使用其他系统失败后才用杆状病毒载体，现在它们成了新分离的真核基因的首选表达系统。

杆状病毒表达系统的缺点

杆状病毒载体的最大优点是能够生产大量有生物活性的蛋白。如果外源基因装有信号肽序列，那就有了更大的优点。这时蛋白可以在一致序列 Asn-X-Ser/Thr 处进行 *N*-糖基化翻译修饰，然后从感染细胞中分泌出来。一般来说，真正的翻译和翻译后加工对于真核分泌蛋白的完整生物活性是必需的。最后，与哺乳动物细胞比较，昆虫培养细胞系相对更易于生长，维持费用低，而且可以大量生产。

但是，杆状病毒表达系统有些缺点。蛋白的高水平表达不连续而且时间很短：昆虫培养细胞在裂解前需要经过生长、感染和收获，这些通常都在用重组病毒感染 1 周内。为了克服这些问题，开发了基于稳定质粒的表达系统（综述请见 McCarroll and King 1997）。目前获得的昆虫细胞稳定系是令人鼓舞的，因为一些蛋白在里面有比较高的表达。但是，其他蛋白在稳定转化细胞系中的表达比在常规的急性感染细胞系统中低很多。这种变化的原因未知。昆虫细胞一般不提供“复杂”的 *N*-糖基化，如添加半乳糖和唾液酸残基。它们是把核心寡糖链修剪成 $Man_{3-5}GlcNac_2$，在 GlcNac 上添加一些海藻糖。虽然这种类型的 *N*-糖基化通常足以提供有生物活性的哺乳动物产物，但是末端缺乏复杂的糖基化可能会造成溶解性、稳定性和免疫反应等微妙的不同。此外，因为杆状病毒系统能够达到非常高的表达水平，所以细胞的翻译后机器经常跟不上表达，蛋白修饰可能效率不高（Jarvis et al. 1990）。最后，小心有些基因在杆状病毒表达系统中的表达不好。这方面，杆状病毒系统与其他真核和原核表达系统没有区别。

有售的杆状病毒表达系统 17.84

获得克隆、载体和细胞系等杆状病毒表达系统组成部分的最好方法是买个试剂盒。Invitrogen和CLONTECH公司都卖全套的试剂，提供了简单易懂的说明书和写得很清楚的技术材料。操作简单，成功率非常高，试剂盒的价格也很合理。所以快去买它！

绿色荧光蛋白

能生物发光的水母*Aequorea victoria*发出独特的绿光，看上去像一圈光围着伞的边缘（Harvey 1952)。这是由于两种蛋白的作用：钙结合的发光蛋白aequorin和绿色荧光蛋白（green fluorescent protein，GFP)。近10年中，GFP成了生化和分子生物学中最有趣的蛋白之一。除了为了解和利用蛋白结构与光谱功能的关系，GFP已经越来越成功地作为标记分子，用于研究从细菌到转基因小鼠的基因表达和细胞内过程。

GFP是Shimomura等（1962）发现的，它是有238个残基的多肽（$M_r = 26\ 888$)，由跨越2.6kb *A. victoria*基因组的3个外显子编码（Prasher et al. 1992)。该蛋白在包括热、极端pH和化学变性剂等苛刻的条件下都是稳定的（Ward and Bokman 1982)，而且用甲醛固定后会持续发出荧光（Chalfie et al. 1994)。但是，它在还原环境下荧光会很快熄灭（Inouye and Tsuji 1994)。

GFP发射光谱的峰值在508nm（Johnson et al. 1962)，波长靠近活*Aequorea*组织的发射光谱，但是与纯aequorin的化学发光距离较远，它是蓝色的，峰值靠近470nm。GFP最初纯化和结晶的时候，发现当两个蛋白共吸附在阳离子支持物中时，钙激活的aequorin可以有效地把荧光能量转移给GFP（Morise et al. 1974)。当能量以Foster类型机制从钙激活的aequorin转移给GFP时会发出绿光。激活的aequorin发出的蓝光被含有环状结构[4-(p-羟基苯亚甲基)咪唑啶-5-1]的六肽发色团（开始于GFP的64位残基）捕获，环状结构是通过位置1和2结合到肽骨架上。有趣的是，这种结构像是在所有荧光蛋白中都保守，甚至那些来自于非生物发光生物体的荧光蛋白也是如此（Matz et al. 1999)。

结构和功能

GFP晶体结构的解析为它被观察到的许多物理性质提供了解释（Ormo et al. 1996; Yang et al. 1996)。该蛋白由一个β-桶状结构封装一个位于中心的α-螺旋构成，β-桶状结构又由11条链（β片层）组成。残基Ser-65、Tyr-66和Gly-67环成的发色团含在一个短的螺旋结构内，而螺旋结构自身埋在紧密交织的11-链β-桶状结构内（Ormo et al. 1996; Yang et al. 1996; Brejc et al. 1997)。发色团隔绝在β“罐子”里赋予了GFP许多物理特性，包括抗尿素、去污剂、蛋白水解攻击、热变性以及在某些情况下进行甲醛固定。GFP的二、三级结构为该蛋白的功能提出了一种机制。Head等（2000)

报道了对来自 *Aequorea aequorea* 的 aequorin 的晶体结构的解析，为钙敏感发光蛋白的生物荧光机制提供了更进一步的细节。

GFP 发色团不需要海葵那样特殊的生物合成途径。而且，它可以在很多平常不产生荧光的细胞中形成。GFP 进行的是自身催化的细胞内反应，以翻译后的形式产生荧光，天然蛋白中的发光时间大约持续 4 h（Heim et al. 1994；Inouye and Tsuji 1994）。该反应包括三聚体 Ser - 65、脱氢- Tyr - 66 和 Gly - 67 的环化和氧化（Heim et al. 1994）。
17.85 分离的发色团、完整的 GFP 蛋白和合成的发色团都有很相似的光谱特性：它们的最大吸收光波长在约 390nm，在约 480nm 有个小一些的吸收峰（Morise et al. 1974；Ward et al. 1980；Cody et al. 1993）。但是，只有完整的 GFP 可以发出绿光（主峰在 509nm，肩峰在 540nm）（Morise et al. 1974）。因为两个吸收峰的比值对 pH、温度和离子强度等因素敏感（Ward and Bokman 1982），所以可能存在两种不同形式的发色团。最近的结构研究证实 390nm 和 480nm 这两个吸收峰代表了两种形式的发色团，分别是质子化和去质子化的酪氨酰羟基基团（Brejc et al. 1997；Palm et al. 1997）。对 GFP 野生型和 GFP-S65T、GFP-F64L/65T（EGFP）等突变型的动力学研究为这些发色团中的构象和化学变化如何影响它的功能提供了解释（Haupts et al. 1998）。

GFP 作为报道分子

GFP 在 *Aequoria* 以外的生物体中仍然保留发出荧光的能力（Chalfie et al. 1994）表明它的活性不需要抗体、辅因子或酶底物等其他介质。这些最初的发现为 GFP 作为标记分子用于秀丽线虫（*Caenorhabditis elegans*）（Chalfie et al. 1994）、细菌和酵母（Flach et al. 1994；Nabeshima et al. 1995；Yeh et al. 1995；Niedenthal et al. 1996）、果蝇（Wang and Hazelrigg 1994；Barthmaier and Fyberg 1995）、斑马鱼（Amsterdam et al. 1995）、植物（Chiu et al. 1996）以及培养的哺乳动物细胞（Marshall et al. 1995；Misteli et al. 1997）开通了道路。现在已经有了多个报道，GFP 可以有效地作为报道分子用于转基因小鼠（Ikawa et al. 1995；Chiocchetti et al. 1997；Okabe et al. 1997；Zhuo et al. 1997）。

这些早期极大成功的例子表明这种水母蛋白作为外源蛋白表达的潜在困难并非是不可克服的。尽管有这些实例，但是野生型 GFP 的一些局限性可能会影响实验设计。

- 形成发色团以及把发色团封装在 β“罐头”的深处所需的翻译后修饰会使 GFP 的合成与它能发出荧光之间有延迟（$>$1 h）。这种延迟会使需要立即读数的基因表达研究变得复杂。
- GFP 在较高等真核生物和植物中的有效表达可能需要优化编码序列。
- 不能明确预计某个特定的含有 GFP 的融合蛋白是否会产生有功能和发出荧光的蛋白。为了避免这个问题，应该建立和鉴定多种融合的构建体。
- 一般情况下，细胞中蛋白的过量表达会造成问题。例如酵母中 GFP 的高水平表达据猜测会使它在细胞中的定位发生错误。但是还不清楚这种结果是由于蛋白的过量表达还是蛋白的性质造成的。
- 在自身发出荧光的背景下检测 GFP 特异的荧光是很困难的，虽然有些情况下可以用共聚焦显微镜来克服这种困难。为了纪录下好的信号，需要使用恰当的设备，仔细挑选滤镜并对显微镜有透彻的认识。

- 对应于不同的蛋白浓度、离子强度和 pH，GFP 会有明显的光谱变化。所以在标准条件下检测 GFP 是很重要的。

所以 *Aequorea* GFP 最初在不同生物中的表达只取得了有限的成功。例如原始克隆中存在隐藏的拼接位点，造成在植物等生物中部分编码区的缺失；翻译起始位点未针对外源宿主中的表达进行优化（Kozak 1987）；有些密码子很少使用。现在已经有多个实验小组对编码 GFP 的完整 cDNA 序列用不同方法作了突变或进行了合成，改变某些或所有这些特性，大大提高了报道分子产生的信号（Haseloff and Amos 1995；Reichel et al. 1996；Zolotkin et al. 1996；Haseloff et al. 1997）。此外，通过在 GFP 编码区上游插入巨细胞病毒（CMV)、SV40 或人免疫缺陷病毒（HIV）长末端重复序列等强的组成型启动子（Gervaix et al. 1997），解决了转录水平相对较低的问题，极大提高了表达水平。

为了试图克服 GFP 检测的某些局限性，进行了大量使结构改变的点突变研究。这 17.86
些研究的结果介绍了大量不断增多的变异体，每个都有改变了的荧光激发和/或发射光谱（概要请见图 17-12）（Crameri et al. 1996；Heim and Tsien 1996；Cormack et al. 1997）。其中很多情况下，特性改变后的 GFP 在许多应用中比野生型具有显著的优点。例如，Tyr-66 的突变显著影响了 GFP，因为发色团的荧光性质主要来自于该氨基酸的 π 共轭电子结构。66 位氨基酸的替换造成激发/发射光谱波长的变化，有些情况下产生的蛋白会发出黄色、蓝色和蓝绿色的荧光。但是，Tyr-66 的突变也会把荧光输出减少到
野生型的 20%。相反，相邻位置 Thr-65 的突变，例如 S65T（Heim et al. 1995）或 17.87
S65G、S72A（Cormack et al. 1996），使激发波长比野生型 GFP 高 4～6 倍。对于有些突变体蛋白，产生荧光所需的氧化步骤发生得比野生型更快。图 17-12 说明了多个 GFP 突变体的荧光激发和发射波长。

GFP 作为融合标记物

GFP 标记分子最常作为标记物来追踪融合伙伴分子的表达水平和定位，或作为检测环境变化或蛋白相互作用的指标。在作为标记物的用途中，使用重组技术和突变技术产生的多个载体对融合蛋白的表达进行了优化。这种载体通常使用荧光蛋白的“亮”类型，密码子的利用针对特定细胞系进行了优化（请见如 Zolotkin et al. 1996），这些构建体的表达通常由巨细胞病毒启动子等强的启动子驱动。图 17-13 介绍了 pd2EGFP 系列载体，它具有多种这些特性。

可以使用多种策略把 GFP 标记融合到靶蛋白的氨基末端或羧基末端（制作融合构建体的精彩讨论请见 Hughes 1998）。有些情况下，靶蛋白不能忍受加到末端的标记物，可以试着把 GFP 标记插到靶蛋白的编码序列中。这种布置有时候能够使标记物正确折叠，产生有功能的发色团（请见如 Siegel and Isacoff 1997）。这些构建体可以用标准的方法导入细胞或生物体中进行瞬时或稳定表达（请见第 16 章）。然后可以用常规的荧光显微镜跟踪这些构建体的命运(如它们的转移或表达)。因为检测不需要细胞的渗透或

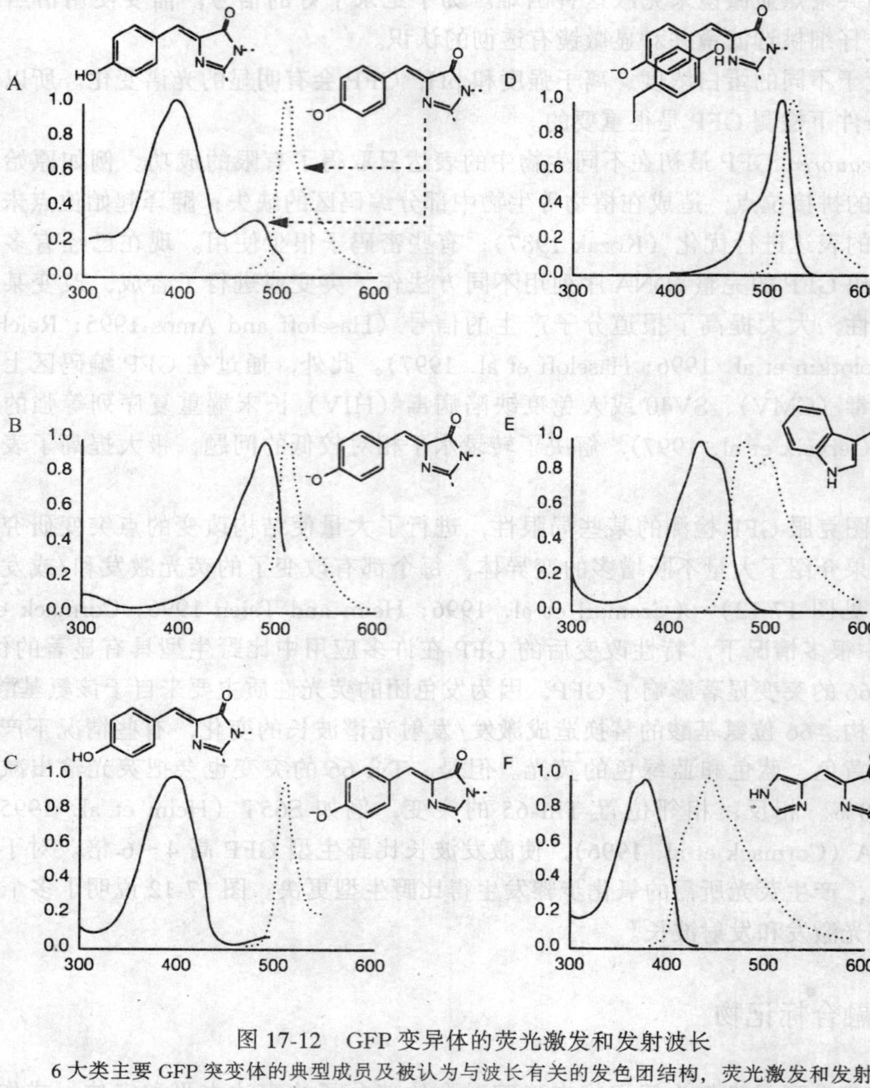

图 17-12　GFP 变异体的荧光激发和发射波长

6 大类主要 GFP 突变体的典型成员及被认为与波长有关的发色团结构，荧光激发和发射波长分别用实线和虚线表示。最大波长振幅已经标准化为 1。图中只画一种结构的，表示激发和发射波长都是由同一种发色团质子化状态所引起的。现在画的是野生型(第Ⅰ类)(A)；祖母绿(第Ⅱ类)(B)；H9-40(第Ⅲ类)(C)；黄玉(第Ⅳ类；黄色荧光蛋白)(D)；W1B(第Ⅴ类；蓝绿色荧光蛋白)(E)；P-4-3(第Ⅵ类；蓝色荧光蛋白)(F)。[来自 Tsien 1998 (年度综述)，经过修改，重印获得允许。]

固定，所以不太可能引入假象。而且，GFP 融合蛋白的表达很少对细胞有毒性，虽然融合伙伴分子定位在细胞核中会比在细胞骨架中造成更大的破坏性副作用（T. Misteli and D. Spector，未发表）。

GFP 作为标记物最成功的应用是监测融合蛋白在活细胞和生物体中的动态定位和命运。介绍在果蝇卵子生成过程中追踪核蛋白（RNP）颗粒（Wang and Hazelrigg 1994）的最初的报道中，GFP靶向到几乎每个主要的细胞器中并成功地表达。文献大

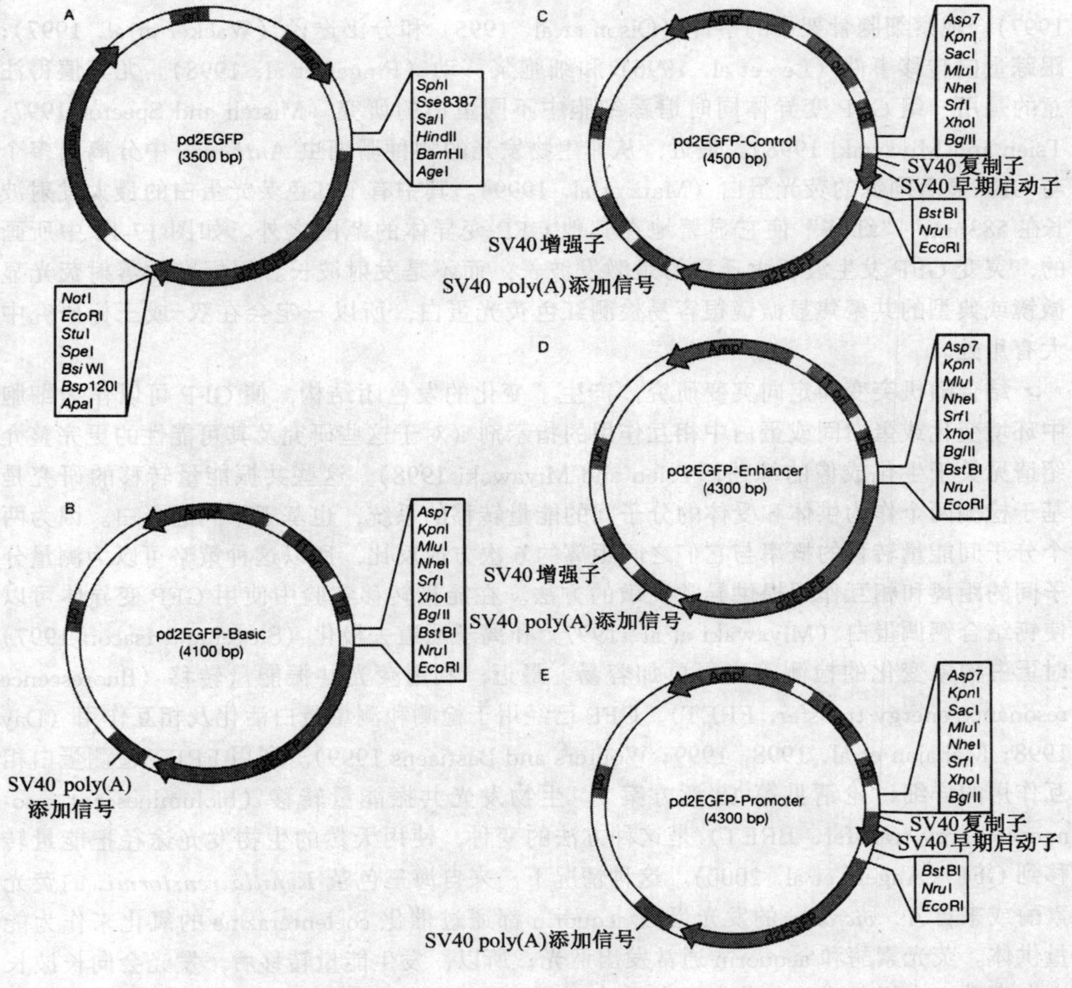

图 17-13 pd2EGFP 载体

此处概述 pdEGFP 报道分子载体的特性。该系列所有载体都带有不稳定的 GFP 增强变异体（dEGFP）的编码序列。EGFP 有单个红移的激发峰，而且荧光强度比 GFP 强约 35 倍。EGFP 使用的密码子是根据人偏爱的密码子优化的。这种不稳定的变异体在哺乳动物中的半衰期约 2 h，而 EGFP 的半衰期约为 24 h。因为 d2EGFP 能快速转换，所以它是用于测量受调控启动子瞬时 mRNA 转录动力学的有用的报道分子。该系列的所有载体都带有：①质粒在 *E. coli* 中的复制起点（pUC ori），②氨苄青霉素抗性标记（Amp^R），用于原核细胞筛选，③EGFP 序列 5′末端的多克隆位点，用于插入所研究的序列。（A）pd2EGFP 最初是打算用来作为 d2EGFP 编码序列的来源。编码序列可以通过 PCR 扩增或从 MCS 中编码序列侧翼的限制性位点切割下来。（B）pd2EGFP-Basic 缺少真核启动子和增强子序列，使克隆调控序列有最大的灵活性。EGFP 的表达依赖于内含子和 EGFP 基因上游插入的有功能的启动子及其正确的方向。（C）pd2EGFP-Enhancer 缺少 SV40 启动子，但是带有 SV40 增强子。该载体可用于研究克隆到 MCS 中的启动子序列。（D）pd2EGFP-Promoter 缺少 SV40 增强子，但是带有 SV40 早期启动子。该载体可用于研究克隆到 MCS 中的增强子序列。（E）pd2EGFP-Control 带有 SV40 早期启动子和增强子。该载体可用作阳性对照或在比较各种不同的启动子和增强子元件的活性时作为参照。（来自 CLONTECH 公司，经过修改，重印征得同意。）

量报道的研究是观察高尔基体等细胞器的动态特性（Cole et al. 1996；Presley et al. 1997）；观察细胞骨架中的事件（Olson et al. 1995）和分泌途径（Wacker et al. 1997）；跟踪蛋白转移事件（Lee et al. 1996）和细胞浆移动（Finger et al. 1998）。尤其值得注意的是用一组 GFP 变异体同时追踪细胞中不同蛋白的研究（Misteli and Spector 1997；Tsien and Miyawaki 1998）。最近，从非生物发光的物种珊瑚虫 *Anthozoa* 中分离出多个与 GFP 显著同源的荧光蛋白（Matz et al. 1999）。其中有个红色荧光蛋白的最大发射波长在 583nm，“红移”使它显著地在其他 GFP 变异体的范围之外。如图 17-12 中所画的，突变 GFP 发生波长大迁移的是激发波长，而不是发射波长。用标准的落射荧光显微镜或典型的共聚焦显微镜很容易检测红色荧光蛋白，所以一定会在双-或三标研究中大有用处。

结合随机突变和定向突变研究，产生了变化的发色团结构，使 GFP 可以作为细胞中环境变化或蛋白间或蛋白中相互作用的指示剂（对于这些研究及其可能性的更完整介绍请见关于生化成像的综述，Tsien and Miyawaki 1998）。这些共振能量转移的研究是基于检测两个作为供体和受体的分子间的能量转移的系统，也基于不同的蛋白。因为两个分子间能量转移的概率与它们之间距离的 6 次方成反比，所以这种策略可以为测量分子间的距离和相互作用提供异常灵敏的方法。在能量转移实验中使用 GFP 变异体可以使钙结合钙调蛋白（Miyawaki et al. 1997）和离子通道去极化（Siegel and Isacoff 1997）时蛋白构象变化的检测等变得更加容易。最近，利用荧光共振能量转移（fluorescence resonance energy transfer，FRET），GFP 已经用于检测和测量蛋白活化及相互作用（Day 1998；Mahajan et al. 1998，1999；Wouters and Bastiaens 1999）。利用 FRET 检测蛋白相
17.89 互作用的详细讨论请见第 18 章方案 7。生物发光共振能量转移（bioluminescent resonance energy transfer，BRET）是这种方法的变种，使用天然的生物发光途径把能量转移到 GFP（Angers et al. 2000）。这种情况下，来自海三色堇 *Renilla reniformis* 的荧光素酶或来自 *A. victoria* 的发光蛋白 aequorin 都通过催化 coelenterazine 的氧化来作为能量供体。荧光素酶和 aequorin 通常发出蓝光；所以，发生能量转移后，发光会向长波长方向变动，有绿色或黄色荧光蛋白受体分子信号的特征。

明显地，用荧光标记探测细胞奥秘的可能性是无限的。使用天然或工程的具有明确光谱性质的 GFP 变异体可以使在细胞中同时追踪多个蛋白和检测它们的生理活性及相互作用变得容易。对正在发育的生物体进行活细胞成像可能解决发育和分化过程中细胞迁移的问题。

使用 GFP 的资源

关于在很多生物中使用野生型和突变型 GFP 作为基因表达的标记分子的进一步信息可以在近几年出现的关于 GFP 蛋白的许多综述中找到（请见如 Leffel et al. 1997，Tsien 1998，Haseloff et al. 1999，Ikawa et al. 1999，Naylor 1999）。对于要在他们特定的实验生物或细胞类型中使用 GFP 作为报道分子的研究者，这些综述是必须要阅读的。

现在已经有大量商品化的 GFP 变异体（天然的和突变的）、载体和抗体。CLONTECH 公司可能有最多的载体；Chemicon Intl.、Panvera、CLONTECH 和 Alexis Corp 等许多公司

都有 GFP 抗体。提供与 GFP 研究相关信息的公司的网址和地址，请见表 17-2。

表 17-2 资源

资源	网址	注释/信息
Brookhaven 国家实验室	www.pdb.bnl.gov/browse_it	GFP 的结构(GFP PDB 文件)
NIH 图像主页	http://rsb.info.nih.gov/nih-image/	数字显微镜的信息和图像分析的共享软件
密码子使用数据库	www.kazusa.or.jp/codon	任何生物的密码子使用频率;有利于表达的优化设计
CLONTECH 公司	www.gfp.clontech.com	适于很多用途的 GFP 产品:带有发光增强而且不稳定的 GFP 的载体、重组荧光蛋白、GFP 抗体、GFP 测序引物
Quantum 生物技术公司	www.qbi.com/autofluo	自身荧光蛋白;有许多光谱性质
Invitrogen 公司	www.invitrogen.com	GFP 构建体
Life Technologies 公司	www.lifetechnologies.com	转染试剂和载体
PanVera 公司	www.panvera.com	GFP 抗体
图像分析实验室	www2.med.unipg.it/imagelab	关于用 GFP 研究靶序列的信息;关于显微镜的建议
分子运动实验室	www.yale.med.edu/ophtha/thom/tools	许多关于 Quick-time 视频、图像和 GFP 资源的有用链接

抗原表位标记（epitope tagging） 17.90

抗原表位标记：概述

把由感兴趣的氨基酸残基组成的融合蛋白的氨基端或羧基端共价结合到载体序列上。当载体序列携带有用的抗原决定簇，该融合蛋白就被称为进行了抗原表位标记。抗原表位标记是一项很有用的技术，可以鉴定未经纯化的感兴趣的蛋白。抗原表位标记的另一个主要优点是能够使用经过很好的鉴定和高度特异的抗体来研究感兴趣的蛋白，而不用经过长时间费力的过程来生产和鉴定抗体，而且还不一定能够得到。抗原表位标记在酿酒酵母（*Saccharomyces cerevisiae*）和 *Schizosaccharomyces pombe*（Bahler et al. 1998；Longtine et al. 1998）中已经成为常规操作。使用已有的 PCR 组件，可以在内源的基因座中把标记物融合到蛋白的羧基端，不用进行克隆和破坏它的内源性启动子。在哺乳动物细胞中，现在这种方法还不可行。大多数情况下，融合蛋白的表达是在异源启动子的控制下（Sells and Chernoff 1995，Chubet and Brizzard 1996，Georgiev et al. 1996，Hosfield and Lu 1998），通常会造成感兴趣基因的异常表达。所以，抗原表位标记不能用于例如细胞周期调控基因的调控研究等。

此处有个假定，添加表位标记物不影响功能、细胞内转移、修饰或靶蛋白的定位。多项研究表明大多数蛋白可以在一端或其他区域接受标记物，不严重丧失功能（Prasad and Goff 1989，Anand et al. 1993，Ross-Macdonald et al. 1997)。但这是否总是正确，则必须在可能的时候进行试验。在酵母中，把染色体基因挖出来是一项常规内容，经常有可能通过测试附加了表位的蛋白是否具有补充其空白等位基因的能力，立即就能消除任何疑问。在哺乳动物细胞中，这些事情只能无条件地相信，但是对任何获得的结果都应该存有疑问，直到它们通过其他方式得到证实。在有灵敏的功能分析方法存在的情况下，有时候能够在不含细胞的系统中合成足量带标记物的蛋白，证实它是否保留完整的活性。

抗原表位标记：操作中需要考虑的事项

表 17-3 列出了已经被用于标记的表位例子。因为这些表位大多数来自激素或癌基因，所以可能与细胞物质发生免疫交叉反应，尽管这种机会较小。大多数情况下，表位特异性的单克隆抗体可以用于免疫染色、免疫印迹、免疫沉淀和免疫纯化。

经过很好鉴定的表位的数量正在快速增加，而且现在许多商业公司出售试剂盒，其中带有材料和关于如何构建和测试多种附加了表位的融合蛋白的说明书。但是在决定使用某种抗原表位标记策略前，最好先算出所需试剂的费用。如果打算用表位进行融合蛋白的大规模亲和纯化，这一点就更为重要。有些公司对单克隆抗体收取的价格是令人不可忍受的，很快该系统的运行费用就使许多实验室不敢问津。

另一个重要的考虑事项是确定是否选择的表位已经有文献报道用于相似的目的。虽然抗原表位标记对于不同的蛋白会有变化，但是已经用特定的标记物对相似的方法进行了探索这个事实就已经提高了成功的可能性，而且可能为如何利用这个表位提供一些思路和具体的信息，这些在大多数一般的方案中是没有的。

选择适当的标记物，使其相关的抗体不会与用于表达附加了表位的蛋白的宿主细胞中的蛋白发生交叉反应是非常重要的。在靶蛋白中选择适当的标记物加入位置，使不会干扰拓扑形成序列（如疏水信号序列）或转移信号（如核转运信号或内质网保留信号）的功能。但是在可能的时候，应该把表位标记物加到靶蛋白的氨基或羧基端，那样它们最可能接近抗体，而最不可能干扰靶蛋白的功能。

17.91 当表位标记物用于免疫纯化时，最好选择一个可以从靶蛋白中移除的标记物。去除标记物有时候对于保持蛋白功能、提高溶解性或降低抗原性是必须的。虽然不能保证成功，但是或许可以通过在表位标记物和靶蛋白之间的肽接头中加入蛋白酶切割位点来完成标记物的去除（详情请见第 15 章的导言）。但是，用酶来去除标记物经常效率不高(因为不能到达切割位点)，而且有时候是破坏性的（因为切割的蛋白酶并不完全特异或污染有非特异的蛋白酶）(Nagai and Thogersen 1987；Dykes et al. 1988)。

抗原表位标记：应用

自从 Munro 和 Pelham（1984）介绍抗原表位标记技术以来，它已经被用来解决多个实验问题，包括表达蛋白的检测、定位和纯化。感兴趣的蛋白可以用直接针对表位的免疫试剂检测，而且可以在没有功能测定的情况下用亲和层析法纯化（Field et al.

1988)。此外，因为标记的蛋白可以很明确地从相关细胞蛋白中区分出来（Davis and Fink 1990），所以它的大小和定位可以通过 Western 印迹和免疫荧光确定（Munro and Pelham 1986, 1987；Geli et al. 1988；Pelham et al. 1988；Swanson et al. 1991），它的生物合成谱和翻译后修饰可以通过脉冲式标记和免疫沉淀来追踪，它与其他蛋白的相互作用可以通过免疫共沉淀来探测（Kolodziej and Young 1989；Squinto et al. 1990）。最后，随着用于多肽测序的灵敏的质谱方法的发展，抗原表位标记已经越来越多地用于纯化蛋白复合物以及鉴定蛋白复合物中的组分（Ogryzko et al. 1998；Shao et al. 1999）。虽然不可能提供一份全面的相关文献的清单，但在下面列出了最近有关抗原表位标记技术的主要应用。

- *基因表达和定位* 通过免疫印迹方法，抗原表位标记技术已经被用来研究多种生物体内的基因表达。如果因为表达水平低和蛋白不稳定使利用单个表位的融合蛋白难以检测，可以通过添加多个表位使灵敏度提高（Nakajima and Yaoita 1997)。融合蛋白一旦表达，就可以用免疫荧光检测它的定位。这个技术对于研究基因家族中同种型的定位是很有用的，这些同种型蛋白有很高的序列一致性，针对不同同种型蛋白的特异性抗体总是难以产生（Scherer et al. 1995, Toyota et al. 1998)。抗原表位标记技术还可以用来对蛋白中使蛋白靶向到特异位置的区域作图（Xu et al. 1998)。
- *相互作用* 通过免疫共沉淀和 Western 印迹检测，抗原表位标记技术广泛地用于研究体外和体内的蛋白-蛋白间相互作用（Chinnaiyan et al. 1995, Hsu et al. 1996）（详情请见第 18 章方案 2、3 和 4)。两个可能会相互作用的蛋白如果都没有抗体，可以使每个蛋白结合不同的附加标记物。然后识别一个表位的抗体用于免疫沉淀，而另一个表位的抗体用于检测免疫沉淀的蛋白。这种情况下，明智的做法是进行交互的免疫共沉淀实验来确定这种相互作用是否特异。而且，因为通过免疫沉淀确定的候选蛋白可能不直接与诱饵蛋白作用，所以明智的做法是用其他方法来证实是否存在直接的相互作用。了解这一点是非常重要的。
- *蛋白复合物的纯化* 很多情况下，生物功能不是由单个蛋白，而是由蛋白复合物执行的。所以，必须鉴定并纯化蛋白复合物中的所有组分。酵母等生物体中，存在对执行同一功能的所有组分进行确定的遗传方法，但是仍然需要纯化蛋白复合物来研究它们的生化功能。抗原表位标记技术提供了一种通过免疫亲和层析和免疫沉淀纯化蛋白复合物的方法（Chiang and Roeder 1993, Ogryzko et al. 1998, Shao et al. 1999)。现在已经有了多种生物的基因组全序列（如酿酒酵母、线虫和果蝇)，通过质谱进行多肽测序所需的材料数量也显著减少（Dukan et al. 1998, Huang et al. 2000)，所以用免疫沉淀来确定蛋白复合物中的组分可能成为蛋白质组学的主要技术之一。

17.92

表 17-3　抗原表位标记

标记物来源	表位介绍	抗体资源	参考文献
P 物质	QFFGLM 这六肽序列对应于 P 物质羧基端的一半	单抗 NCI/34 只识别 P 物质的羧基端五肽（Cuello et al. 1979）。但是，用可溶性碳二亚胺和 NH_4Cl 把靶蛋白的羧基变成氨基后，该抗体可用于 Western 印迹或免疫荧光（Munro and Pelham 1984）。	Cuello et al.（1979）；Munro and Pelham（1984）；Albers and Fuchs（1987）
人 c-Myc 蛋白	EQKLISEEDL	单抗 9E10（Evan et al. 1985）针对人 c-Myc 409～439 残基组成的合成肽。逐步去掉 c-Myc 的 409～439 残基可以确定单抗 9E10 识别的表位（Munro and Pelham 1986）。	Evan et al.（1985）；Munro and Pelham（1986，1987）；Pelham et al.（1988）；Squinto et al.（1990）；Adamson et al.（1992）；Sells and Chernoff（1995）
无名开放阅读框	KAEDESS *HGPRT* 基因末端的翻译终止密码子经过突变，允许翻译到下一个同阅读框的终止密码子。得到的蛋白具有酶活性，羧基端带有含单个负电荷的七肽。	已经制成合成肽的多抗，而且已经亲和纯化。	Yee et al.（1987）
大肠杆菌素 A 蛋白	大肠杆菌素 A 蛋白氨基端的 178 个氨基酸。	单抗 1c11 识别位于大肠杆菌素 A 蛋白前 70 个氨基酸的表位（Cavard et al. 1986）。	Cavard et al.（1986）
流行性感冒病毒红细胞凝集素	YPYDVPDYA	这些单抗最初是针对 H3 亚型流行性感冒病毒红细胞凝集素 75～110 位氨基酸相应的合成肽（Niman et al. 1983）。现在单抗 12C5 和 3F10 在 Berkeley 抗体公司（Babco）有售，它们识别有免疫原性的 36 肽的完整抗原决定簇（YPYDVPDYA）（Wilson et al. 1984）。该九肽可用于把单抗从融合蛋白中释放出来。	Niman et al.（1983）；Wilson et al.（1984）；Field et al.（1988）；Swanson et al.（1991）；West et al.（1992）；Marck et al.（1993）；Sells and Chernoff（1995）
SV40 T 抗原	SV40 T 抗原的氨基端 85 个氨基酸。	单抗 Pab 419（L19 in Harlow et al. 1981）。	Harlow et al.（1981）；Sugano et al.（1992）
FLAG 序列	DYKDDDDK FLAG 是设计成疏水而且可以用免疫纯化的标记物，可以通过蛋白水解切割从靶蛋白中去除（Hopp et al. 1988）。FLAG 表位羧基端的 5 个氨基酸是根据肠激酶对其天然底物牛胰蛋白酶原的切割位点改编而来。肠激酶是在序列 VDDDDK 的赖氨酸残基后切割（Davie and Neurath 1955），融合蛋白在免疫纯化后，可以用它消化来去除氨基末端的 FLAG 序列。	单抗 4E11（Hopp et al. 1988；Prickett et al. 1989）是 FLAG 序列特异性的，可用于免疫印迹、免疫沉淀和免疫亲和纯化。附加了 FLAG 表位的蛋白与抗体的结合是钙离子依赖性的，而且可以用 EGTA 等螯合剂或低 pH 来逆转。	Davie and Neurath（1955）；Hopp et al.（1988）；Knott et al.（1988）；Prickett et al.（1989）

17.93

续表

标记物来源	表位介绍	抗体资源	参考文献
水泡性口炎病毒（VSV）G蛋白	YTDIEMNRLGK 来自VSV G蛋白羧基端的11个氨基酸。	多抗和单抗都是针对含有VSV G蛋白羧基端15个氨基酸（497～511）的合成肽开发的（Kreis 1986）。亲和纯化后的多抗识别散布在整个15肽中的表位，而单抗PD54只与羧基端5肽反应。两类抗体都识别附加有11个残基表位的蛋白，多抗的反应更强一些（Soldati and Perriard 1991）。	Kreis（1986）；Soldati and Perriard（1991）
T7-Tag	MASMTGGQQMG	单抗T7·Tag（Novagen公司有售）。	Lutz-Freyermuth et al.（1990）；Tsai et al.（1992）
AU表位	DTYRYI（AU1）和TDFYLK（AU5）	单抗AU1和AU5是针对乳头瘤病毒主要衣壳蛋白开发的。	Lim et al.（1990）
His-6表位	HHHHHH	6-His、6×His和HIS-11的单抗都有商品出售。	
HPOL	HPOL	单抗1051c识别1-型单纯疱疹病毒DNA聚合酶（HPOL）拇指区的多肽。	Schreiner et al.（1999）
B标记物	QYPALT	针对蓝舌病毒主要核心蛋白VP7开发的两个单抗（D11和F10）可以在重组蛋白的任何区域识别BTag表位。	Wang et al.（1996）
3B3	QRQYGDVFKGD	单抗3B3是针对水痘-带状疱疹病毒的开放阅读框gE开发的，经测试可以与放在其他蛋白中的3B3表位反应。	Hatfield et al.（1997）
Glu-Glu	EYMPME或EFMPME	来自多瘤病毒中T抗原的合成肽EEEEYMPME用于产生Glu-Glu单抗。该抗体已被用于亲和纯化。	Grussenmeyer et al.（1985）
IRS	RYIRS	单抗IRS1只识别羧基端含有表位的融合蛋白。	Liang et al.（1996）；Luo et al.（1996）

氯霉素酰基转移酶 17.94

乙酰辅酶:氯霉素乙酰基转移酶（acetyl-CoA：CAT；EC 2.3.1.28）已经广泛用作报道分子，在转染的哺乳动物细胞中间接测定转录调控成分。该酶通过把一个乙酰基从乙酰辅酶A转移到氯霉素原来的羟基（C3）上，对氯霉素进行共价修饰（请见图17-14）。

该反应的产物3-乙酰氯霉素再进行一次非酶重排，把乙酰基转移到C1残基上，形

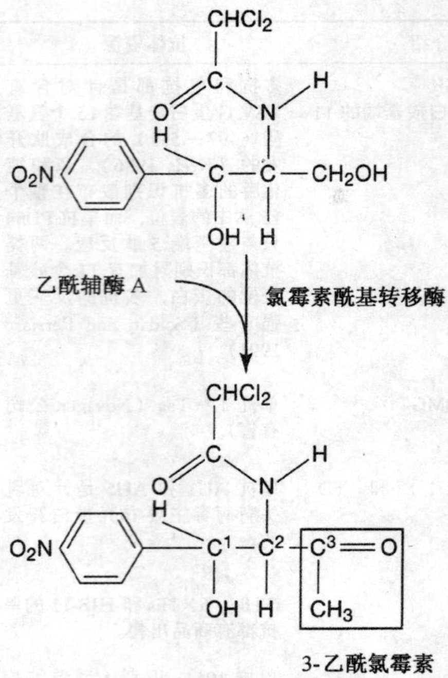

图 17-14　CAT 催化的反应

成 1-乙酰氯霉素。这次重排使 C3 羟基再次开放，可以进行第二次酰基化，产生双酰基化产物 1,3-双酰基氯霉素。

CAT 基因在氯霉素抗性菌株中负责抵抗氯霉素。单酰基化或双酰基化后，氯霉素不能结合原核核糖体的肽酰转移酶中心，而这是氯霉素作用的惟一靶位。CAT 基因在肠细菌和其他革兰氏阴性菌株中组成型表达，而且通常携带在提供多种抗性的质粒中。在葡萄球菌中，CAT 活性几乎总是由不带其他抗性标记的小质粒（<5kb）编码。革兰氏阳性菌和阴性菌中的多种 CAT 变异体都有很高的氨基酸序列同源性。所有已知的变异体都由分子质量 25 000 的相同亚基三聚体构成。由转座子 Tn*9* 中的一个 1102bp 片段编码的Ⅰ型变异体是广泛使用的报道基因。但是，大多数动力学和结构分析是用Ⅲ型变异体进行的，它形成的晶体比较适于 X 射线分析。从一个亚单位延伸到另一个亚单位的 β-折叠片层使三聚体结构变得稳定（Leslie et al. 1988）。两个底物（氯霉素和乙酰辅酶 A）通过位于分子对面的管道到达活性位点。活性位点位于亚单位的表面，带有一个可能在酰基化反应中作为一般碱催化物（Leslie et al. 1988；Shaw et al. 1988）的组氨酸残基。

17.95　CAT 在哺乳动物细胞中的表达

事实上所有 CAT 转染实验使用的都是来自于质粒 pSV2CAT 的构建体。pSV2CAT 含有 SV40 启动子/增强子、29bp 非翻译序列、CAT 编码序列和 UAA 终止密码子 3′端的 8bp DNA（Gorman 1985）。pSV2CAT 不能为细菌提供氯霉素抗性，因为其中 CAT

基因没有连接原核启动子。为了在哺乳动物细胞中分析假定的启动子，构建了 pSV2CAT 的一个衍生质粒（pSVOCAT）（Gorman et al. 1982），它允许用待测的启动子代替 SV40 启动子区域。

CAT 基因符合哺乳动物细胞中理想报道基因的许多标准。因为 CAT 是原核酶类，所以在哺乳动物细胞中没有内源性或竞争性的活性，而且 CAT 还非常稳定。但是，某些用来测定转染细胞裂解液中 CAT 活性的方法很昂贵也很费时间，而且除非极其小心，否则不很精确。许多旧一些的测定方法是从 Shaw（1975）和 Gorman 等（1982）的方法变化而来的，都是把用转染细胞制备的抽提物用^{14}C-标记的氯霉素培养。乙酰基化的产物通过薄层层析从非修饰的试剂中分离出来，用放射自显影定量，或从薄层板上把斑点挖下来，用闪烁分光镜计数。然后用氯霉素转变成单乙酰基化和双乙酰基化产物的百分比来计算 CAT 活性。但是，所有这些旧方法都很费劳力，只能半定量，而且灵敏度有限（$\sim 10^{-2}$ CAT 活性单位）。（1 个 CAT 国际活性单位定义为每分钟催化产生 1 μmol 产物的酶量。大约相当于 1.5×10^{11} 个酶分子。）

测定方法不灵敏的部分原因是转染细胞裂解物中存在水解乙酰辅酶 A 的酶。如果测定前在抽提物中加入 10 mmol/L EDTA，然后 60 ℃ 加热 10 min（Sleigh 1986；Crabb and Dixon 1987），可以大大提高测定的灵敏度和可重复性。新一些的方法不使用薄层层析，它用^{14}C-标记的乙酰辅酶 A 使非标记的氯霉素酰基化。在反应的最后，用乙酸乙酯抽提混合物。单乙酰基化和双乙酰基化的氯霉素进入有机相，而乙酰辅酶 A 仍在液相中。然后可以在液闪计数器中测量氯霉素转变成乙酰基化形式的量。后来对于该测定方法所做的改变还包括：

- 反应产物抽提到液闪荧光剂中（请见如 Eastman 1987；Neumann et al. 1987；Nielsen et al. 1989）。
- 用酶方法使放射标记的氯霉素丁酸化（Seed and Sheen 1988）。
- 使用 CAT 的荧光底物，用适当波长激发会发出很亮的荧光（Young et al. 1991）。

但是因为 CAT 反应特殊的化学性质，所有这些反应都不是真正定量的。如前所讨论的，单乙酰基化的反应产物 3-乙酰基氯霉素通过非酶重排变成 1-乙酰基氯霉素。它仍然紧密结合 CAT，然后再乙酰化变成 1,3-双乙酰基氯霉素就相对较慢了。所以单乙酰基化和/或双乙酰基化产物产出的测定不能定量。当测定时底物浓度大大低于 CAT 对氯霉素的 K_m 值时，这个问题就更为加剧。根据不同的报道，该 K_m 值在 7.5 μmol/L 和 60 μmol/L 之间（请见如 Sankaran 1992 及其参考文献）。但是可以通过两种方法使 CAT 的测定能真正定量：

- 用 1-脱氧氯霉素作为底物（Murray et al. 1991）。这种底物中，C1 原子上的残基被一个质子代替，反应只产生一个乙酰基化产物（3-乙酰基，1-脱氧氯霉素），从而使酶活性的测量简单化。放射性 1-脱氧氯霉素在 Amersham 公司有售。
- 测量酶反应的初始动力学，而不是在放射活性累积一段时间后再测。这可以保证使反应不在底物有限制的条件下进行（Desbois et al. 1992）。

CAT 活性最好表示为每毫克细胞抽提物在每单位时间内形成的产物量（即比活，

而不是简单地表示为百分转化数）。

17.96 荧光素酶

荧光素酶活性使萤火虫在夏夜的空气中跳舞时发出亮光。荧光素酶除了为孩子们提供无数小时微光的乐趣，它还帮助分子生物学家研究哺乳动物的基因转录。除了萤火虫的肠和有些海洋生物等极少数例外，在真核细胞中没发现有荧光素酶活性，所以它在启动子分析研究中可以作为很好的报道基因。目前用于启动子分析的大多数荧光素酶标记基因来自于萤火虫（*Photinus pyralis*）的 *luc* 基因（de Wet et al. 1985，1987；Bronstein et al. 1994）。萤火虫荧光素酶的效用是 de Wet 等（1987）发现的，他们分离了该基因并在哺乳动物细胞中表达出有活性的酶。他们利用多年在化学和生物发光方面的生化研究，开发了一种快速灵敏的测定方法，用来测定由转染 DNA 表达的荧光素酶活性。从这最初的报道以来，已经对荧光素酶分析技术进行了很多修改，包括开发了有更大表达水平的经过修改的荧光素酶基因；使用不同的测定试剂来改变发光动力学；使用小分子来稳定荧光素酶；从不同生物分离和表达了荧光素酶基因（de Wet et al. 1987，Bronstein et al. 1994，Himes and Shannon 2000）。关于底物特异性、发光动力学、变构调节和细胞内稳定性等方面，荧光素酶有特有的行为。荧光素酶在 Mg^{2+} 存在下催化反应：

$$\text{ATP} + \text{荧光素} + O_2 \rightarrow \text{AMP} + \text{氧化荧光素} + PP_i + \text{光 (560nm)}$$

荧光素酶由萤火虫 cDNA 编码，羧基端含有一段肽序列，可以使蛋白靶向到细胞的过氧化物酶体中。过氧化物酶体是由脂双层包围的亚细胞细胞器，含有多种参与氧化代谢和其他中间代谢方面的酶类。早期研究表明荧光素酶从某些启动子构建体的过度表达使过氧化物酶体输入蛋白的能力超负荷，形成阻滞和病态的细胞。为了消除这种及其他有关于在哺乳动物细胞系中表达昆虫酶类的问题，已经对原始的荧光素酶 cDNA 作了多处修改，包括去除过氧化物酶体靶向序列；去除可能引起 RNA 二级结构形成的序列；优化翻译起始序列（Kozak 序列）；把普遍存在的昆虫密码子换成哺乳动物常用的密码子；在荧光素酶 cDNA 上下游引入 poly(A)序列；去除 cDNA 中的限制性酶切位点。Promega 公司的 pGL 系列就是带有经大量修改的荧光素酶 cDNA 的商品化载体的例子（请见图 17-4）。

已经从不同的海洋和细菌生物中分离了其他荧光素酶基因，其中有些已经用于分子生物学分析。来自海三色堇（*Renilla reniformis*）的荧光素酶/荧光素系统就是一个例子，它的底物与萤火虫荧光素酶的不同，而且它有不同的生化特性。Promega 公司出售萤火虫和海三色堇荧光素酶一起组成了双重报道分子分析系统，它允许在同一个管子中测量两种酶（双重荧光素酶报道分子分析系统；Dual-Luciferase Reporter Assay System）。这个以及其他报道分子分析系统（如 Dual-Light 系统，Tropix 公司，Bedford，Massachusetts）的优点是可以用同一种生化方法（发光）在单管细胞裂解液中同时分析待测基因构建体（连接萤火虫荧光素酶）和转染/标准化对照（在海三色堇荧光素酶或 β-半乳糖苷酶基因前连上组成型启动子）。将来可能开发出其他荧光素酶/底物组合，会加速该系统用于转录研究。记住，不同生物荧光素酶的最佳测定组分可能会不一样。

β-半乳糖苷酶 17.97

大肠杆菌β-半乳糖苷酶（M_r=465 412；EC3.2.1.23）是由相同多肽亚单位组成的四聚体，每个亚单位由1023个氨基酸构成。该多肽由*lac*操纵子的第一个基因（*lacZ*）编码。Fowler和Zabin（1978）确定了β-半乳糖苷酶的氨基酸序列，Kalnins等（1983）报道了*lacZ*基因的核酸序列（GenBank登录号=V00296）。β-半乳糖苷酶晶体的X射线衍射分析表明该四聚体显示出222点对称（Jocobson et al. 1994）。每个多肽链折叠成5个连续的结构域，此外在氨基端还有约50个氨基酸的片段。该片段对应于α-肽，以后会更详细地介绍。β-半乳糖苷酶的合成由乳糖和其他某些半乳糖苷诱导，它催化两种酶反应：

- 水解β-D-半乳糖吡喃糖苷。该酶对于在大肠杆菌中把乳糖(1,4-O-β-D-吡喃型半乳糖-D-葡萄糖）这种二糖水解成葡萄糖和半乳糖是必须的。
- 乳糖转变成别乳糖(1,6-O-β-D-吡喃型半乳糖-D-葡萄糖）的转半乳糖苷反应。别乳糖是*lac*操纵子的真正诱导物（Muller-Hill et al. 1964，Jobe and Bourgeois 1972）。

β-半乳糖苷酶还可以与一系列乳糖的合成类似物相互作用，这些类似物是用其他东西代替葡萄糖部分。这些代替物包括：

- 生色底物*o*-硝苯基-β-D-半乳糖苷（ONPG）和5-溴-4-氯-3-吲哚-β-D-半乳糖苷（X-gal)，生荧光底物4-甲基伞形酮-β-D-半乳糖苷（MUG)。
- *p*-氨苯基-β-D-硫代半乳糖苷（*p*-aminophenyl-β-D-thio-galactoside，TPEG)，用于*lacZ*融合蛋白的亲和纯化（Germino et al. 1983；Ullmann 1984)。

β-半乳糖苷酶可以忍受对其氨基端和羧基端的氨基酸进行删减和替换。氨基端最多可以删除26个氨基酸并换上多种其他蛋白的数百或更多个残基，不会影响酶活性(Brickman et al. 1979，Fowler and Zabin 1983)。羧基端有2个氨基酸是可有可无的，能被其他编码区代替而产生有活性的嵌合β-乳糖苷酶（Ruther and Muller-Hill 1983)。

β-半乳糖苷酶还有一个特别有用的特性：产生β-半乳糖苷酶活性并不需要该酶的氨基端和羧基端在同一个分子中。两个无活性的多肽链，一个缺少氨基端区域（α-受体)，另一个缺少羧基端区域（α-供体)，无论在体内或体外它们都能形成四聚体活性酶（Ullmann et al. 1967；Ullmann and Perrin 1970)。这种异常的互补形式称为α-互补，在分子克隆中常用于检测外源DNA序列是否插入编码β-半乳糖苷酶氨基端（α-供体）片段的载体中（更详细内容请见第1章信息栏α-互补部分)。

定量分析

水解ONPG

大肠杆菌培养物中的β-半乳糖苷酶活性通常用分光光度法分析。因为该酶切割β-半乳糖苷键（请见图17-15)，所以它会水解合成的生色底物ONPG，产生*o*-硝基酚，在水溶液中是黄色的。反应的进程可以通过检测420nm处的吸光值来追踪（Lederberg

1950）。

5-溴-4-氯-吲哚 β-D-半乳糖苷酶

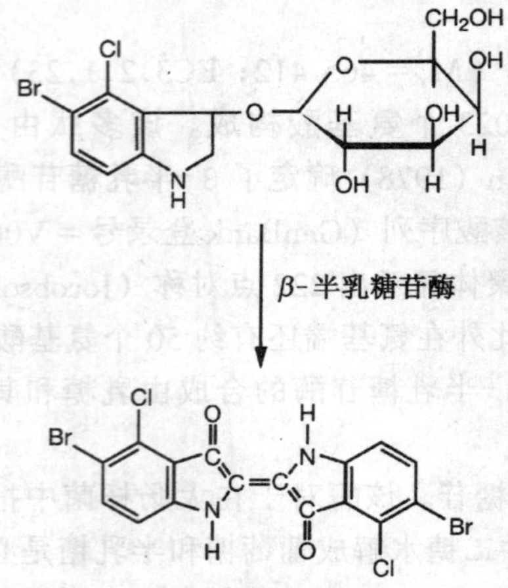

5-溴-4-氯-靛蓝

图 17-15　β-半乳糖苷酶催化的反应

细菌细胞先用甲苯或氯仿作渗透处理并用含高浓度 β-巯基乙醇的缓冲液悬浮
17.98 （Miller 1972），再进行测定。与 ONPG 一起培养一段时间后，用 Na_2CO_3 终止，然后测量 OD_{420}值。因为 420nm 吸收值包括了 *o*-硝基酚的吸收值和细菌碎片对光的散射，所以在测定 OD_{420}前，反应混合物必须进行短时间的离心（60 s）。细菌培养物中 β-半乳糖苷酶的活性用 Miller 单位表示：

β-半乳糖苷酶单位

$= F\ (1000 \times OD_{420},\ t \times v \times OD_{600})$

OD_{420}是反应混合物在 420nm 的吸光值；OD_{600}是测酶活性前，细菌培养物在 600nm 的吸光值；t 是反应时间，用 min 表示；v 是用于测定的培养物体积（ml）。Miller 单位与每分钟每个细菌增加的 *o*-硝基酚量成正比；1 ml 完全诱导的大肠杆菌野生型培养物含有约 1000 单位 β-半乳糖苷酶活性，而非诱导的培养物所含的活性小于 1 单位。

大肠杆菌 β-半乳糖苷酶还能在哺乳动物细胞中表达（请见如 Hall et al. 1983）。Miller 测定法稍作修改，就能用于测定细菌 β-半乳糖苷酶在培养的脊椎动物细胞（Norton and Coffin 1985）和酵母（Rose and Botstein 1983，Sledziewski et al. 1990）中的表达。

MUG 的水解

β-半乳糖苷酶可以水解合成的生荧光底物 MUG（Sigma 公司有售），产生 4-甲基伞形酮，在碱性溶液中发出很强的蓝色荧光。反应进程可以用荧光测定法追踪，激发波长 364nm，发射波长 440nm（Roth 1969；Youngman 1987）。

荧光测定法比分光光度测定法大约灵敏 10 倍，但是当然它需要昂贵的荧光计。荧光测定法只在特殊的情况下有用，例如对与 *lacZ* 融合并且表达很弱的基因的活性进行定量。较老的分光光度测定法很适用于几乎所有对β-半乳糖苷酶在细菌、哺乳动物和酵母培养物中的活性的常规分析。

组化染色 17.99

β-半乳糖苷酶在很多方面都是一种理想的组化标记分子。它很稳定；它在培养的哺乳动物细胞、酵母、果蝇或转基因哺乳动物中既不表现出对宿主有害，也不有益。此外，存在一种灵敏的生色测定方法（见下），可以产生非扩散的颜色很亮的产物。最后，除了少数特殊的例子，在几乎所有真核细胞中，β-半乳糖苷键的水解由溶酶体中的酶催化，它们只在酸性条件下有活性。因为这些酶在测定 *lacZ* 的中性 pH 条件下无活性，所以背景染色可以忽略。

吲哚染料在 20 世纪 50 年代首次用于酯酶的非特异性组化定位（综述请见 Burstone 1962）。可以用这些染料是因为酶反应释放出的吲哚很快氧化成不溶的靛青，很容易在酶活性位置看到。60 年代早期，通过使用 5-溴-3-吲哚-β-D-葡萄糖吡喃糖苷，"靛青原理"成功地用于哺乳动物葡萄糖苷酶的组化定位（Pearson et al. 1961）。J. Horwitz 和他的同事在底特律癌症研究所合成了一系列新的二卤代吲哚化合物（Horwitz et al. 1964）后，该项工作扩展到β-半乳糖苷酶的分析（Pearson et al. 1963）。其中一个化合物是 X-gal，可以被β-半乳糖苷酶水解成 5-溴-4-氯-靛青。

> 1967 年，在巴斯德研究所工作的 Julian Davies 试图开发出非破坏性的组化染料，使他能够区分 lac^+ 和 lac^- 克隆。该目标需要找到一种特殊的生色底物，可能被β-半乳糖苷酶水解成既不扩散又无毒的深色产物。Davies 高兴地发现苯基-β-半乳糖苷可以产生符合要求的颜色反应，但他有些不满意，因为它们会转变成有毒的硝基苯，足以杀死他试图鉴别的细胞。可以理解，这种情况使既善谈又是威尔士人的 Davies 有些受挫感。他向来访的 Mel Cohn 表达他威尔士式的愤怒，很幸运，后者记起曾读过 Horwitz 及其同事的短文，其中介绍了把二卤代吲哚化合物作为用于β-半乳糖苷酶的组织学染料（Horwitz et al. 1964）。Davies 的下一个问题是劝说巴斯德研究所的人买一些 X-gal。那时候，X-gal 还没有商品化，合成定作每克需要 1000 美金。多次讨论后，他们订购了 X-gal，合成后递交到他们手上。X-gal 不但灵敏、无毒，而且被证实是一种非常漂亮的组化试剂，在有β-半乳糖苷酶表达的所有类型的动植物中产生β-半乳糖苷酶美丽的画面。
>
> 在他们最初的文章中，Pearson 等（1963）提到脑中的β-半乳糖苷酶活性水平很低。这让巴斯德研究所的人很难理解，因为在他们的头脑中，β-半乳糖苷酶和智力有明显的联系。Jacques Monod 第一次看到诱导后细菌克隆的亮蓝色，他评论说，这证明了大肠杆菌是世界上最聪明的生物。

真核生物中，β-半乳糖苷酶组化反应的进行是在低温切片（Goring et al. 1987）、用乙醛缓冲液（Sanes et al. 1986）或非缓冲的甲醛（Login et al. 1987）固定的培养细胞和组织块、用戊二醛在微波炉中固定的切片（Murti and Schimenti 1991）。因为β-半乳糖苷酶是一种细胞质酶，在淋巴细胞等只含有少量细胞质的真核细胞中染色有些困难。这个问题可以通过使用一种β-半乳糖苷酶的修饰形式（Bonnerot et al. 1987）来消除，它带有来自于 SV40 大 T 抗原的氨基端核转运信号（PKKKRKV）。这种修饰酶迁移到细胞核周围位置，在核中心附近积累。最终使组化染色比较集中，提高了β-半乳糖苷酶检测的灵敏度，并且使它能在复杂的组织中被精确定位。

表 17-4　β-半乳糖苷酶的异源表达

生物	原始文献
细菌	Davies and Jacob（1968）
酵母	Guarente and Ptashne（1981）
果蝇	Lis et al.（1983）
培养的哺乳动物细胞	Hall et al.（1983）
转基因小鼠	Goring et al.（1987）。*lacZ* 已经被用作报道分子，由重组反转录病毒携带，注射到小鼠胚胎中（Sanes et al. 1986）。

朱旭东　译

袁清安　黄培堂　校

参考文献

17.100

Ackland-Berglund C.E. and Lieb D.A. 1995. The efficacy of tetracycline-controlled gene expression is influenced by cell type. *BioTechniques* **18:** 196–200.

Adamson P., Paterson H.F., and Hall A. 1992. Intracellular localization of the P21^{rho} proteins. *J. Cell Biol.* **119:** 617–627.

Alam J. and Cook J.L. 1990. Reporter genes: Application to the study of mammalian gene transcription. *Anal. Biochem.* **188:** 245–254.

Albers K. and Fuchs E. 1987. The expression of mutant epidermal keratins cDNAs transfected in simple epithelial and squamous cell carcinoma lines. *J. Cell Biol.* **105:** 791–806.

Amsterdam A., Lin S., and Hopkins N. 1995. The *Aequorea victoria* green fluorescent protein can be used as a reporter in live zebra fish embryos. *Dev. Biol.* **171:** 123–129.

Anand R., Bason L., Saedi M.S., Gerzanich V., Peng X., and Lindstrom J. 1993. Reporter epitopes: A novel approach to examine transmembrane topology of integral membrane proteins applied to the alpha 1 subunit of the nicotinic acetylcholine receptor. *Biochemistry* **32:** 9975–9984.

Angers S., Salahpour A., Joly E., Hilairet S., Chelsky D., Dennis M., and Bouvier M. 2000. Detection of β_2-adrenergic receptor dimerization in living cells using bioluminescence resonance energy transfer (BRET). *Proc. Natl. Acad. Sci.* **97:** 3684– 3689.

Araki E., Shimada F., Shichiri M., Mori M., and Ebina Y. 1988. pSV00CAT low background CAT plasmid. *Nucleic Acids Res.* **16:** 1627.

Ayres M.D., Howard S.C., Kuzio J., Lopez-Ferber M., and Possee R.D. 1994. The complete DNA sequence of *Autographa californica* nuclear polyhedrosis virus. *Virology* **202:** 586–605.

Backman K. and Boyer H.W. 1983. Tetracycline resistance in *Escherichia coli* is mediated by one polypeptide. *Gene* **26:** 197–203.

Bahler J., Wu J.Q., Longtine M.S., Shah N.G., McKenzie III, A., Steever A.B., Wach A., Philippsen P., and Pringle J.R. 1998. Heterologous modules for efficient and versatile PCR-based gene targeting in *Schizosaccharomyces pombe*. *Yeast* **14:** 943–951.

Baron U., Schnappinger D., Helbl V., Gossen M., Hillen W., and Bujard H. 1999. Generation of conditional mutants in higher eukaryotes by switching between the expression of two genes. *Proc. Natl. Acad. Sci.* **96:** 1013–1018.

Barthmaier P. and Fyrberg F. 1995. Monitoring development and pathology of *Drosophila* indirect flight muscles using green fluorescent protein. *Dev. Biol.* **169:** 770–774.

Beale E.G., Deeb E.A., Handley R.S., Akhavan-Tafti H., and Schaap A.P. 1992. A rapid and simple chemiluminescent assay for *Escherichia coli* β-galactosidase. *BioTechniques* **12:** 320–323.

Bellí G., Garí E., Aldea M., and Herrero E. 1998. Functional analysis of yeast essential genes using a promoter-substitution cassette and the tetracycline-regulatable dual expression system. *Yeast* **14:** 1127–1138.

Bentley D.L. and Groudine M. 1986. A block to elongation is largely responsible for decreased transcription of *c-myc* in differentiated HL60 cells. *Nature* **321:** 702–706.

Bergold G.H. 1947. Die Isolierung des polyeder-virus und die natur der polyeder. *Z. Naturforsch. Teil B* **2b:** 122–143.

Bernardi A., Gaillard C., and Bernardi G. 1975. The specificity of five DNAases as studied by the analysis of 5′-terminal doublets. *Eur. J. Biochem.* **52:** 451–457.

Bétermier M., Alazard R., Lefrère V., and Chandler M. 1989. Functional domains of bacteriophage Mu transposase: Properties of C-terminal deletions. *Mol. Microbiol.* **3:** 1159-1171.

Bignon C., Daniel D., and Djiane J. 1993. β-Galactosidase and chloramphenicol acetyltransferase assays in 96-well plates. *BioTechniques* **15:** 243–245.

Birnbaum M.J., Clem R.J., and Miller L.K. 1994. An apoptosis-inhibiting gene from a nuclear polyhedrosis virus a polypeptide with Cys/His sequence motifs. *J. Virol.* **68:** 2521–2528.

Bonnerot C., Rocancourt D., Briand P., Grimber G., and Nicolas J.-F. 1987. A β-galactosidase hybrid protein targeted to nuclei as a marker for developmental studies. *Proc. Natl. Acad. Sci.* **84:** 6795–6799.

Brasier A.R., Tate J.E., and Habener J.F. 1989. Optimized use of firefly luciferase assay as a reporter gene in mammalian cell lines. *BioTechniques* **7:** 1116–1122.

Brejc K., Sixma T.K., Kitts P.A., Kain S.R., Tsien, R.Y., Ormo M., and Remington S.J. 1997. Structural basis for dual excitation and photoisomerization of the *Aequorea victoria* green fluorescent protein. *Proc. Natl. Acad. Sci.* **94:** 2306–2311.

Brickman E., Silhavy T.J., Bassford Jr., P.J., Shuman H.A., and Beckwith J.R. 1979. Sites within gene *lacZ* of *Escherichia coli* for formation of active hybrid β-galactosidase molecules. *J. Bacteriol.* **139:** 13–18.

Briggs M.R., Yokoyama C., Wang X., Brown M.S., and Goldstein J.L. 1993. Nuclear protein that binds sterol regulatory element of low density lipoprotein receptor promoter. I. Identification of the protein and delineation of its target nucleotide sequence. *J. Biol. Chem.* **268:** 14490–14496.

Bronstein I., Fortin J., Stanley P.E., Stewart G.S.A.B., and Kricka L.J. 1994. Chemiluminescent and bioluminescent reporter gene assays. *Anal. Biochem.* **219:** 169–181.

Brown M., Crawford A.M., and Faulkner P. 1979. Genetic analysis of a baculovirus *Autographa californica* nuclear polyhedrosis virus. I. Isolation of temperature sensitive mutants and assortment into complementation groups. *J. Virol.* **31:** 190–198.

Burstone M. 1962. *Enzyme histochemistry, and its applications in the study of neoplasms*, p. 304. Academic Press, New York.

Calonge M.J. and Massagué J. 1999. *Smad4/DPC4* silencing and hyperactive Ras jointly disrupt transforming growth factor-β antiproliferative responses in colon cancer cells. *J. Biol. Chem.* **274:** 33637–33643.

Cann J.R. 1989. Phenomenological theory of gel electrophoresis of protein-nucleic acid complexes. *J. Biol. Chem.* **264:** 17032–17040.

Carey J. 1988. Gel retardation at low pH resolves *trp*-repressor-DNA complexes for quantitative study. *Proc. Natl. Acad. Sci.* **85:** 975–979.

—. 1991. Gel retardation. *Methods Enzymol.* **208:** 103–117.

Carson D.D., Guarino L.A., and Summers M.D. 1988. Functional mapping of an AcNPV immediately early gene which augments expression of the IE-1 *trans*-activated 39k gene. *Virology* **162:** 444–451.

Carstens E.B., Tjia S.T., and Doerfler W. 1979. Infection of *Spodoptera frugiperda* cells with *Autographa californica* nuclear polyhedrosis virus. I. Synthesis of intracellular proteins after virus infection. *Virology* **99:** 386–398.

17.101 Carthew R.W., Chodosh L.A., and Sharp P.A. 1985. An RNA polymerase II transcription factor binds to an upstream element in the adenovirus major late promoter. *Cell* **43:** 439–448.

Cavard D., Crozel V., Gorvel J.-P., Pattus F., Baty D., and Lazdunski C. 1986. A molecular, genetic and immunological approach to the functioning of colicin A, a pore-forming protein. *J. Mol. Biol.* **187:** 1152–1156.

Chalfie M., Tu Y., Euskirchen G., Ward W.W., and Prasher D.C. 1994. Green fluorescent protein as a marker for gene expression. *Science* **263:** 802–805.

Chiang C.M. and Roeder R.G. 1993. Expression and purification of general transcription factors by FLAG epitope-tagging and peptide elution. *Pept. Res.* **6:** 62–64.

Chinnaiyan A.M., O'Rourke K., Tewari M., and Dixit V.M. 1995. FADD, a novel death domain-containing protein, interacts with the death domain of Fas and initiates apoptosis. *Cell* **81:** 505–512.

Chiocchetti A., Tolosano E., Hirsch E., Silengo L., and Altruda F. 1997. Green fluorescent protein as a reporter of gene expression in transgenic mice. *Biochim. Biophys. Acta* **1352:** 193–202.

Chiu W.L., Niwa Y., Zeng W., Hirano T., Kobayashi H., and Sheen J. 1996. Engineered GFP as a vital reporter in plants. *Curr. Biol.* **6:** 325–330.

Chodosh L.A., Carthew R.W., and Sharp P.A. 1986. A single polypeptide possesses the binding and activities of the adenovirus major late transcription factor. *Mol. Cell. Biol.* **6:** 4723–4733.

Chopra I. 1985. Mode of action of the tetracyclines and the nature of bacterial resistance to them. In *The tetracyclines* (ed. J.J. Hlavka and J.H. Boothe), pp. 317–392. Springer-Verlag, Berlin.

Chopra I., Hawkey P.M., and Hinton M. 1992. Tetracyclines, molecular and clinical aspects. *J. Antimicrob. Chemother.* **29:** 245–277.

Chow C.S. and Barton J.K. 1992. Transition metal complexes as probes of nucleic acids. *Methods Enzymol.* **212:** 219–242.

Chow C.S., Behlen L.S., Uhlenbeck O.C., and Barton J.K. 1992. Recognition of tertiary structure in tRNAs by Rh(phen)2phi3+, a new reagent for RNA structure-function mapping. *Biochemistry* **31:** 972–982.

Christopherson K.S., Mark M.R., Bajaj V., and Godowski P.J. 1992. Ecdysteroid-dependent regulation of genes in mammalian cells by a *Drosophila* ecdysone receptor and chimeric transactivators. *Proc. Natl. Acad. Sci.* **89:** 6314–6318.

Chubet R.G. and Brizzard B.L. 1996. Vectors for expression and secretion of FLAG epitope-tagged proteins in mammalian cells. *BioTechniques* **20:** 136–141.

Church G.M. and Gilbert W. 1984. Genomic sequencing. *Proc. Natl. Acad. Sci.* **81:** 1991–1995.

Clackson T. 1997. Controlling mammalian gene expression with small molecules. *Curr. Opin. Chem. Biol.* **1:** 210–218.

Clem R.J. and Miller L.K. 1993. Apoptosis reduces both the in vitro replication and the in vivo infectivity of a baculovirus. *J. Virol.* **67:** 3730–3738.

Clem R.J., Fechheimer M., and Miller L.K. 1991. Prevention of apoptosis by a baculovirus gene during infection of insect cells. *Science* **254:** 1388–1390.

Cody C.W., Prasher D.C., Westler W.M., Prendergast F.G., and Ward W.W. 1993. Chemical structure of the hexapeptide chromophore of *Aequorea*. *Biochemistry* **32:** 1212–1218.

Cole N.B., Smith C.L., Sciaky N., Terasaki M., Edidin M., and Lippincott-Schwartz J. 1996. Diffusional mobility of Golgi proteins in membranes of living cells. *Science* **273:** 797–801.

Cormack B.P., Valdivia R.H., and Falkow S. 1996. FACS optimized mutants of the green fluorescent protein (GFP). *Gene* **173:** 33–38.

Cormack B.P., Bertram G., Egerton M., Gow N.A., Falkow S., and Brown A.J. 1997. Yeast-enhanced green fluorescent protein (yEGFP) a reporter of gene expression in *Candida albicans*. *Microbiology* **143:** 303–311.

Crabb D.W. amd Dixon J.E. 1987. A method for increasing the sensitivity of chloramphenicol acetyltransferase assays in extracts of transfected mammalian cells. *Anal. Biochem.* **163:** 88–92.

Crameri A., Whitehorn E.A., Tate F., and Stemmer W.P.C. 1996. Improved green fluorescent protein by molecular evolution using DNA shuffling. *Nat. Biotechnol.* **14:** 313–319.

Cress W.D. and Triezenberg S.J. 1991. Critical structural elements of the VP16 transcriptional activation domain. *Science* **251:** 87–90.

Crook N.E., Clem R.J., and Miller L.K. 1993. An apoptosis-inhibiting baculovirus gene with a zinc finger-like motif. *J. Virol.* **67:** 2168–2174.

Cuello A.C., Galfre G., and Milstein C. 1979. Detection of substance P in the central nervous system by a monoclonal antibody. *Proc. Natl. Acad. Sci.* **76:** 3532–3536.

Dahlberg A.E., Dingman C.W., and Peacock A.C. 1969. Electrophoretic characterization of bacterial polyribosomes in agarose-polyacrylamide composite gels. *J. Mol. Biol.* **41:** 139–147.

Damke H., Gossen M., Freundlieb S., Bujard H., and Schmid S.L. 1995. Tightly regulated and inducible expression of dominant interfering dynamin mutant in stably transformed HeLa cells. *Methods Enzymol.* **257:** 209–220.

Davie E.W. and Neurath H. 1955. Identification of a peptide released during autocatalytic activation of trypsinogen. *J. Biol. Chem.* **212:** 515–529.

Davies J. and Jacob F. 1968. Genetic mapping of the regulator and operator genes of the *lac* operon. *J. Mol. Biol.* **36:** 413–417.

Davis L.I. and Fink G.R. 1990. The NUP1 gene encodes an essential component of the yeast nuclear pore complex. *Cell* **61:** 965–978.

Day R.N. 1998. Visualization of Pit-1 transcription factor interactions in the living cell nucleus by fluorescence resonance energy transfer microscopy. *Mol. Endocrinol.* **12:** 410–419.

DeLuca M. and McElroy W.D. 1984. Two kinetically distinguishable ATP sites in firefly luciferase. *Biochem. Biophys. Res. Commun.* **123:** 764–770.

Desbois C., Massé T., and Madjar J.-J. 1992. Optimization of the CAT assay procedure by determining the initial rate of the reaction. *Trends Genet.* **8:** 300–301.

Deutschle U., Meyer W.K., and Thiesen H.J. 1995. Tetracycline-reversible silencing of eukaryotic promoters. *Mol. Cell. Biol.* **15:** 1907–1914.

de Wet J.R., Wood K.V., Helinsky D.R., and DeLuca M. 1985. Cloning of firefly luciferase cDNA and the expression of active luciferase in *Escherichia coli*. *Proc. Natl. Acad. Sci.* **82:** 7870–7873.

de Wet J.R., Wood K.V., DeLuca M., Helinsky D.R., and Subramani S. 1987. Firefly luciferase gene: Structure and expression in mammalian cells. *Mol. Cell. Biol.* **7:** 725–737.

Dhawan J., Rando T.A., Elson S.L. Bujard H., and Blau H.M. 1995. Tetracycline-regulated gene expression following direct gene transfer into mouse skeletal muscle. *Somat. Cell Mol.*

Genet. **21:** 233–240.

Diekmann S. 1987. Temperature and salt dependence of the migration anomaly of curved DNA fragments. *Nucleic Acids Res.* **15:** 247–265.

Dignam J.D., Lebovitz R.M., and Roeder R.C. 1983. Accurate transcription initiation by RNA polymerase II in a soluble extract from isolated mammalian nuclei. *Nucleic Acids Res.* **11:** 1475–1489.

Dukan S., Turlin E., Biville F., Bolbach G., Touati D., Tabet J.C., and Blais J.C. 1998. Coupling 2D SDS-PAGE with CNBr cleavage and MALDI-TOFMS: A strategy applied to the identification of proteins induced by a hypochlorous acid stress in *Escherichia coli*. *Anal. Chem.* **70:** 4433–4440.

Dunderdale H.J., Benson F.E., Parsons C.A., Sharples G.I., Lloyd R.G., and West S.C. 1991. Formation and resolution of recombination intermediates by *E. coli* RecA and RuvC proteins. *Nature* **354:** 506–510.

Dykes C.W., Bookless A.B., Coomber B.A., Noble S.A., Humber D.C., and Hobden A.N. 1988. Expression of atrial natriuretic factor as a cleavable fusion protein with chloramphenicol acetyltransferase in *Escherichia coli*. *Eur. J. Biochem.* **174:** 411–416.

Dynan W.S. and Tjian R. 1983. The promoter-specific transcription factor Sp1 binds to upstream sequences in the SV40 early promoter. *Cell* **35:** 79–87.

Eastman A. 1987. An improvement to the novel rapid assay for chloramphenicol acetyltransferase gene expression. *BioTechniques* **5:** 730–732.

Eckert B. and Beck C.F. 1989. Topology of the transposon Tn*10*-encoded tetracycline resistance protein within the inner membrane of *Escherichia coli*. *J. Biol. Chem.* **264:** 11663–11670.

Efrat S., Fusco-DeMane D., Lemberg H., Emran O.A., and Wang X. 1995. Conditional transformation of a pancreatic beta-cell line derived from transgenic mice expressing a tetracycline-regulated oncogene. *Proc. Natl. Acad. Sci.* **92:** 3576–3580.

Ehrlich S.D., Bertazzoni U., and Bernardi G. 1973. The specificity of pancreatic deoxyribonuclease. *Eur. J. Biochem.* **40:** 143–147.

Ernst W.J., Grabherr R.M., and Katinger H.W.D. 1994. Direct cloning into the *Autographica californica* nuclear polyhedrosis virus for generation of recombinant baculoviruses. *Nucleic Acids Res.* **22:** 2855–2856.

Eustice D.C., Feldman P.A., Colberg-Poley A.M., Buckery R.M., and Neubauer R.H. 1991. A sensitive method for the detection of β-galactosidase in transfected mammalian cells. *BioTechniques* **11:** 739–742.

Evan G.I., Lewis G.K., Ramsay G., and Bishop J.M. 1985. Isolation of monoclonal antibodies specific for human c-*myc* proto-oncogene product. *Mol. Cell. Biol.* **5:** 3610–3616.

Ewald D., Li M., Efrat S., Auer G., Wall R.J., Furth P.A., and Hennighausen L. 1996. Time-sensitive reversal of hyperplasia in transgenic mice expressing SV40 T antigen. *Science* **273:** 1384–1386.

Fenton H.J.H. 1894. Oxidation of tartaric acid in presence of iron. *J. Chem. Soc.* **65:** 899–910.

Field J., Nikawa J., Broek D., MacDonald B., Rodgers L., Wilson I.A., Lerner R.A., and Wigler M. 1988. Purification of a RAS-responsive adenylyl cyclase complex from *Saccharomyces cerevisiae* by use of an epitope addition method. *Mol. Cell. Biol.* **8:** 2159–2165.

Finger F.P., Hughes T.E., and Novick P. 1998. Sec3p is a spatial landmark for polarized secretion in budding yeast. *Cell* **92:** 559–571.

Fishman G.I., Kaplan M.L., and Buttrick P.M. 1994. Tetracycline-regulated cardiac gene expression *in vivo*. *J. Clin. Invest.* **93:** 1864–1868.

Flach J., Bossie M., Vogel J., Corbett A., Jinks T., Willins D.A., and Silver P.A. 1994. A yeast RNA-binding protein shuttles between the nucleus and the cytoplasm. *Mol. Cell. Biol.* **14:** 8399–8407.

Forrester W.C., Thompson C., Elder J.T., and Groudine M. 1986. A developmentally stable chromatin structure in the human β-globin gene cluster. *Proc. Natl. Acad. Sci.* **83:** 1359–1363.

Forster K., Helbl V., Lederer T., Urlinger S., Wittenburg N., and Hillen W. 1999. Tetracycline-inducible expression systems 17.102 with reduced basal activity in mammalian cells. *Nucleic Acids Res.* **27:** 708–710.

Fowler A.V. and Zabin I. 1978. Amino acid sequence of β-galactosidase. XI. Peptide ordering procedures and the complete sequence. *J. Biol. Chem.* **253:** 5521–5525.

———. 1983. Purification, structure, and properties of hybrid β-galactosidase proteins. *J. Biol. Chem.* **258:** 14354-14358.

Franklin T.J. 1967. Resistance of *Escherichia coli* to tetracyclines. Changes in permeability to tetracyclines in *Escherichia coli* bearing transposable resistance factors. *Biochem. J.* **105:** 371–378.

Freundlieb S., Schirra-Müller C., and Bujard H. 1999. A tetracycline controlled activation/repression system with increased potential for gene transfer into mammalian cells. *J. Gene Med.* **1:** 4–12.

Freundlieb S., Baron U., Bonin A., Gossen M., and Bujard H. 1997. Use of tetracycline-controlled gene expression systems to study mammalian cell cycle. *Methods Enzymol.* **283:** 159–172.

Fried M.G. and Crothers D.M. 1981. Equilibria and kinetics of *lac* repressor-operator interactions by polyacrylamide gel electrophoresis. *Nucleic Acids Res.* **9:** 6505-6524.

———. 1983. CAP and RNA polymerase interactions with the *lac* promoter: Binding stoichiometry and long-range effects. *Nucleic Acids Res.* **11:** 141–158.

———. 1984a. Equlibrium studies of the cyclic AMP receptor protein-DNA interaction. *J. Mol. Biol.* **172:** 241–262.

———. 1984b. Kinetics and mechanism in the reaction of gene regulatory proteins with DNA. *J. Mol. Biol.* **172:** 263–282.

Fulton R. and Van Ness B. 1993. Luminescent reporter gene assays for luciferase and β-galactosidase using a liquid scintillation counter. *BioTechniques* **14:** 762–763.

Furth P.A., St. Onge L., Böger H., Gruss P., Gossen M., Kistner A., Bujard H., and Hennighausen L. 1994. Temporal control of gene expression in transgenic mice by a tetracycline-responsive promoter. *Proc. Natl. Acad. Sci.* **91:** 9302–9306.

Galas D.J. and Schmitz A. 1978. DNAse footprinting: A simple method for the detection of protein-DNA binding specificity. *Nucleic Acids Res.* **5:** 3157–3170.

Gale E.F., Cundliffe E., Reynolds P.E., Richmond M.H., and Waring M.J. 1981. *The molecular basis of antibiotic action*, 2nd edition. Wiley, New York.

Garabedian M.J., LaBauer J., Liu W.-H., and Thomas J.R. 1993. Analysis of protein-DNA interactions. In *Gene transcription: A practical approach* (ed. D. Rickwood and B.D. Hames), pp. 243–294. Oxford University Press, Oxford, United Kingdom.

Garí E., Piedrafita L., Aldea M., and Herrero E. 1997. A set of vectors with a tetracycline-regulatable promoter system for modulated gene expression in *Saccharomyces cerevisiae*. *Yeast* **13:** 837–848.

Garner M.M. and Revzin A. 1981. A gel electrophoresis method for quantifying the binding of proteins to specific DNA regions: Application to components of the *Escherichia coli* lactose operon regulatory system. *Nucleic Acids Res.* **9:** 3047– 17.103 3060.

Gatz C. 1995. Novel inducible/repressible gene expression systems. *Methods Cell Biol.* **50:** 411–424.

Gatz C., Frohberg C., and Wendenberg R. 1992. Stringent repression and homogeneous derepression by tetracycline of a modified CaMV 35S promoter in intact transgenic tobacco plants. *Plant J.* **2:** 397–404.

Gatz C., Kaiser A., and Wendenberg R. 1991. Regulation of a modified CaMV 35S promoter by the Tn*10*-encoded Tet repressor in transgenic tobacco. *Mol. Gen. Genet.* **227:** 229–237.

Gaynor R., Soultanakis E., Kuwabara M., Garcia J., and Sigman D.S. 1989. Specific binding of a HeLa cell nuclear protein to RNA sequences in the human immunodeficiency virus transactivating region. *Proc. Natl. Acad. Sci.* **86:** 4858–4863.

Geli V., Baty D., and Lazdunski C. 1988. Use of a foreign epitope as a "tag" for the localization of minor proteins within a cell: The case of the immunity protein to colicin A. *Proc. Natl.*

Acad. Sci. **85:** 689–693.

Georgiev O., Bourquin J.P., Gstaiger M., Knoepfel L., Schaffner W., and Hovens C. 1996. Two versatile eukaryotic vectors permitting epitope tagging, radiolabelling and nuclear localisation of expressed proteins. *Gene* **168:** 165–167.

Germino J., Gray J.G., Charbonneau H., Vanaman T., and Bastia D. 1983. Use of gene fusions and protein-protein interaction in the isolation of a biologically active regulatory protein: The replication initiator protein of plasmid R6K. *Proc. Natl. Acad. Sci.* **80:** 6848–6852.

Gervaix A., West D., Leoni L.M., Richman D.D., Wong-Staal F., and Corbeil J. 1997. A new reporter cell line to monitor HIV infection and drug susceptibility in vitro. *Proc. Natl. Acad. Sci.* **94:** 4653–4658.

Gil J., Yamamoto H., Zapata J.M., Reed J.C., and Perucho M. 1999. Impairment of the proapoptotic activity of Bax by missense mutations found in gastrointestinal cancers. *Cancer Res.* **59:** 2034–2037.

Girard F., Bello B., Laemmli U., and Gehring W.J. 1998. In vivo analysis of scaffold-associated regions in *Drosophila:* A synthetic high-affinity SAR binding protein suppresses position effect variegation. *EMBO J.* **17:** 2079–2085.

Glocker B., Hoopers Jr., R.R., Hodges L., and Rohrmann G.F. 1993. In vitro transcription from baculovirus late gene promoters: Accurate mRNA initiation by nuclear extracts prepared from infected *Spodoptera frugiperda* cells. *J. Virol.* **67:** 3771–3776.

17.104 Goodwin R., Vaughn J., Adams J., and Louloudes S. 1970. Replication of a nuclear polyhedrosis virus in an established insect cell line. *J. Invertebr. Pathol.* **16:** 284–288.

Gordon J.D. and Carstens E.B. 1984. Phenotypic characterization and physical mapping of a temperature sensitive mutant of *Autographa californica* nuclear polyhedrosis virus defective in DNA synthesis. *Virology* **138:** 69–81.

Goring D.R., Rossant J., Clapoff S., Breitman M.L., and Tsui L.-C. 1987. In situ detection of β-galactosidase in lenses of transgenic mice with a γ-crystallin/*lacZ* gene. *Science* **235:** 456–458.

Gorman C. 1985. High efficiency gene transfer into mammalian cells. In *DNA cloning: A practical approach* (ed. D. Glover), vol. 2, pp. 143–190. IRL Press, Oxford, United Kingdom.

Gorman C.M., Moffat L.F., and Howard B.H. 1982. Recombinant genomes which express chloramphenicol acetyltransferase in mammalian cells. *Mol. Cell. Biol.* **2:** 1044–1051.

Gossen M. and Bujard H. 1992. Tight control of gene expression in mammalian cells by tetracycline-responsive promoters. *Proc. Natl. Acad. Sci.* **89:** 5547–5551.

———. 1993. Anhydrotetracycline, a novel effector for tetracycline controlled gene expression systems in eukaryotic cells. *Nucleic Acids Res.* **21:** 4411–4412.

———. 1995. Efficacy of tetracycline controlled gene expresion in influenced of cell type: Commentary. *BioTechniques* **19:** 213–215.

Gossen M., Bonin A.L., and Bujard H. 1993. Control of gene activity in higher eukaryotic cells by prokaryotic regulatory elements. *Trends Biochem. Sci.* **18:** 471–475.

Gossen M., Bonin A.L., Freundlieb S., and Bujard H. 1994. Inducible gene expression systems for higher eukaryotic cells. *Curr. Opin. Biotechnol.* **5:** 516–520.

Gossen M., Freundleib S., Bender G., Müller G., Hillen W., and Bujard H. 1995. Transcriptional activation by tetracyclines in mammalian cells. *Science* **268:** 1766–1769.

Grace T.D.C. 1962. Establishment of four strains of cells from insect tissues grown *in vitro*. *Nature* **195:** 788–789.

Groskreutz D. and Schenborn E.T. 1997. Reporter systems. *Methods Mol. Biol.* **63:** 11–30.

Gross D.S. and Garrard W.T. 1988. Nuclease hypersensitive sites in chromatin. *Annu. Rev. Biochem.* **57:** 159–197.

Grosveld F., van Assendelft G.B., Greaves D.R., and Kollias G. 1987. Position-independent, high-level expression of the human β-globin gene in transgenic mice. *Cell* **51:** 975–985.

Groudine M., Peretz M., and Weintraub H. 1981. Transcriptional regulation of hemoglobin switching in chicken embryos. *Mol. Cell. Biol.* **1:** 281–288.

Grula M.A., Buller P.L., and Weaver R.F. 1981. α-Amanitin-resistant viral RNA synthesis in nuclei isolated from nuclear polyhedrosis virus-infected *Heliothis zea* larvae and *Spodoptera frugiperda* cells. *J. Virol.* **38:** 916–921.

Grussenmeyer T., Scheidtmann K.H., Hutchinson M.A., Eckhart W., and Walter G. 1985. Complexes of polyoma virus medium T antigen and cellular proteins. *Proc. Natl. Acad. Sci.* **82:** 7952–7954.

Guarente L. and Ptashne M. 1981. Fusion of *Escherichia col lacZ* to the cytochrome *c* gene of *Saccharomyces cerevisiae*. *Proc. Natl. Acad. Sci.* **78:** 2199–2203.

Guarino L.A. and Summers M.D. 1986. Interspersed homologous DNA of *Autographa californica* nuclear polyhedrosis virus enhances delayed-early gene expression. *J. Virol.* **60:** 215–223.

Hall C.V., Jacob P.E., Ringold G.M., and Lee F. 1983. Expression and regulation of *Escherichia coli lacZ* gene fusions in mammalian cells. *J. Mol. Appl. Genet.* **2:** 101–109.

Harlow E. and Lane D. 1988. *Antibodies: A laboratory manual.* Cold Spring Harbor Laboratory, Cold Spring Harbor, New York.

Harlow E., Crawford L.V., Pim D.C., and Williamson N.M. 1981. Monoclonal antibodies specific for the SV40 tumor antigen. *J. Virol.* **39:** 861–869.

Harrap K. 1970. Cell infection by a nuclear polyhedrosis virus. *Virology* **42:** 311–318.

Harrap K. and Robertson L. 1968. A possible infection pathway in the development of a nuclear polyhedrosis virus. *J. Gen. Virol.* **3:** 221–225.

Harvey D.M. and Caskey C.T. 1998. Inducible control of gene expression: Prospects for gene therapy. *Curr. Opin. Chem. Biol.* **2:** 512–518.

Harvey E.N. 1952. *Bioluminescence.* Academic Press, New York.

Haseloff J. and Amos B. 1995. GFP in plants (erratum *Trends Genet.* [1995] **11:** 374). *Trends Genet.* **11:** 328–329.

Haseloff J., Dormand E.L., and Brand A.H. 1999. Live imaging with green fluorescent protein. *Methods Mol. Biol.* **122:** 241–259.

Haseloff J., Siemering K.R., Prasher D.C., and Hodge S. 1997. Removal of a cryptic intron and subcellular localization of green fluorescent protein are required to mark transgenic *Arabidopsis* plants brightly. *Proc. Natl. Acad. Sci.* **94:** 2122–2127.

Hatfield C., Duus K.M., Chen J., Jones D.H., and Grose C. 1997. Epitope mapping and tagging by recombination PCR mutagenesis (erratum *BioTechniques* [1999] **26:** 716). *BioTechniques* **22:** 332–337.

Haupts U., Maiti S., Schwille P., and Webb W.W. 1998. Dynamics of fluorescence fluctuation in green fluorescent protein observed by fluorescence correlation spectroscopy. *Proc. Natl. Acad. Sci.* **95:** 13573–13578.

Head J.F., Inouye S.I, Teranishi K., and Shimomura O. 2000. The crystal structure of the photoprotein aequorin at 2.3 Å resolution. *Nature* **405:** 372–376.

Heard J.-M., Herbomel P., Ott M.-O., Mottura-Rollier A., Weiss M., and Yaniv M. 1987. Determinants of rat albumin promoter tissue specificity analyzed by an improved transient expression system. *Mol. Cell. Biol.* **7:** 2425–2434.

Heim R. and Tsien R. 1996. Engineering green fluorescent protein for improved brightness, longer wavelengths and fluorescence resonance energy transfer. *Curr. Biol.* **6:** 178–182.

Heim R., Cubitt A.B., and Tsien R.Y. 1995. Improved green fluorescence. *Nature* **373:** 663–664.

Heim R., Prasher D.C., and Tsien R.Y. 1994. Wavelength mutations and posttranslation autoxidation of green fluorescent protein. *Proc. Natl. Acad. Sci.* **91:** 12501–12504.

Heins L., Frohberg C., and Gatz C. 1992. The Tn*10*-encoded Tet repressor blocks early but not late steps of assembly of the RNA polymerase II initiation complex in vivo. *Mol. Gen. Genet.* **232:** 328–331.

Helbl V., Berens C., and Hillen W. 1995. Proximity probing of Tet repressor to *tet* operator by dimethylsulfate reveals protected and accessible functions for each recognized base-pair in the major groove. *J. Mol. Biol.* **245:** 538–548.

Hendrickson W. 1985. Protein-DNA interactions studied by the gel electrophoresis-DNA binding assay. *BioTechniques* **3:** 198–207.

Hendrickson W. and Schleif R. 1985. A dimer of AraC protein contacts three adjacent major grooves of the araI DNA site. *Proc. Natl. Acad. Sci.* **82:** 3129–3133.

Henner W.D., Grunberg S.M., and Haseltine W.A. 1982. Sites and structure of gamma radiation-induced DNA strand breaks. *J. Biol. Chem.* **257:** 11750–11754.

Hertzberg R.P. and Dervan P.B. 1982. Cleavage of double helical DNA by methidiumpropyl-EDTA-iron(II). *J. Am. Chem. Soc.* **104:** 313–315.

Hestrin S., Feingold D.S., and Schramm M. 1955. Hexoside hydrolases. *Methods Enzymol.* **1:** 231–257.

Heuer C. and Hillen W. 1988. Tet repressor-*tet* operator contacts probed by operator DNA-modification interference studies. *J. Mol. Biol.* **202:** 407–415.

Hickman R.K. and Levy S.B. 1988. Evidence that TET protein functions as a multimer in the inner membrane of *Escherichia coli*. *J. Bacteriol.* **170:** 1715–1720.

Hill P.J., Rees C.E.D., Winson M.K., and Stewart G.S.A.B. 1993. The application of *lux* genes. *Biotechnol. Appl. Biochem.* **17:** 3–14.

Hillen W. and Berens C. 1994. Mechanisms underlying expression of Tn*10* encoded tetracycline resistance. *Annu. Rev. Microbiol.* **48:** 345–369.

Hillen W., Schollmeier K., and Gatz C. 1984. Control of expression of the Tn*10*-encoded tetracycline resistance operon. II. Interaction of RNA polymerase and Tet repressor with the *tet* operon regulatory region. *J. Mol. Biol.* **172:** 185–201.

Himes S.R. and Shannon M.F. 2000. Assays for transcriptional activity based on the luciferase reporter gene. *Methods Mol. Biol.* **130:** 165–174.

Hink W.F. 1970. Established insect cell line from the cabbage looper, *Trichoplusia ni*. *Nature* **226:** 466–467.

———. 1972. Invertebrate tissue culture. In *A catalog of invertebrate cell lines* (ed. C. Vago), vol. 2, pp. 363–387. Academic Press, New York.

Hinrichs W., Kisker C., Düvel M., Müller A., Tovar K., Hillen W., and Saenger W. 1994. Structure of the Tet repressor-tetracycline complex and regulation of antibiotic resistance. *Science* **264:** 418–420.

Hochschild A. 1991. Detecting cooperative protein-DNA interactions and DNA loop formation by footprinting. *Methods Enzymol.* **208:** 343–361.

Hoopes R.R. and Rohrmann G. F. 1991. In vitro transcription of baculovirus immediate early genes — Accurate messenger RNA initiation by nuclear extracts from both insect and human cells. *Proc. Natl. Acad. Sci.* **88:** 4513–4517.

Hope I.A. and Struhl K. 1985. GCN4 protein, synthesized in vitro, binds *HIS3* regulatory sequences: Implications for general control of amino acid biosynthetic genes in yeast. *Cell* **43:** 177–188.

Hopp T.P., Prickett K.S., Price V.L., Libby R.T., March C.J., Cerretti D.P., Urdal D.L., and Conlon P.J. 1988. A short polypeptide marker sequence useful for recombinant protein identification and purification. *Bio/Technology* **6:** 1204–1210.

Horwitz J.P., Chua J., Curby R.J., Tomson A.J., DaRooge M.A., Fisher B.E., Mauricio J., and Klundt I. 1964. Substrates for cytochemical demonstration of enzyme activity. I. Some substituted 3-indolyl-β-D-glycopyranosides. *J. Med. Chem.* **7:** 574–575.

Hosfield T. and Lu Q. 1998. Versatile epitope tagging vector for gene expression in mammalian cells. *BioTechniques* **25:** 306–309.

Howe J.R., Skryabin B.V., Belcher S.M., Zerillo C.A., and Schmauss C. 1995. The responsiveness of a tetracycline expression system differs in different cell lines. *J. Biol. Chem.* **270:** 14168–14174.

Hsu H., Shu H.B., Pan M.G., and Goeddel D.V. 1996. TRADD-TRAF2 and TRADD-FADD interactions define two distinct TNF receptor 1 signal transduction pathways. *Cell* **84:** 299–308.

Huang P., Wall D.B., Parus S., and Lubman D.M. 2000. On-line capillary liquid chromatography tandem mass spectrometry on an ion trap/reflectron time-of-flight mass spectrometer using the sequence tag database search approach for peptide sequencing and protein identification. *J. Am. Soc. Mass Spectrom.* **11:** 127–135.

Hughes T. 1998. Heterologous expression of the green fluorescent protein. In *Cells: A laboratory manual: Light microscopy and cell structure* (ed. D.L. Spector et al.), vol. 2, pp. 78.1–78.8. Cold Spring Harbor Laboratory Press, Cold Spring Harbor, New York. 17.105

Huh N.E. and Weaver R.F. 1990a. Categorizing some early and late transcripts directed by the *Autographa californica* nuclear polyhedrosis virus. *J. Gen. Virol.* **71:** 2195–2200.

———. 1990b. Identifying the RNA polymerases that synthesize specific transcripts of the *Autographa californica* nuclear polyhedrosis virus. *J. Gen. Virol.* **71:** 195–202.

Ignoffo C. 1973. Development of a viral insecticide: Concept to commercialization. *Exp. Parasitol.* **33:** 380–406.

———. 1981. Living microbial insecticides. In *Essays in applied microbiology* (ed. J.R. Norris and M.H. Richmond), pp. 1–31. Wiley, New York.

Ikawa M., Yamada S., Nakanishi T., and Okabe M. 1999. Green fluorescent protein (GFP) as a vital marker in mammals. *Curr. Top. Dev. Biol.* **44:** 1–20.

Ikawa M., Kominami K., Yoshimura Y., Tanaka K., Nishimune Y., and Okabe M. 1995. A rapid and non-invasive selection of transgenic embryos before implantation using green fluorescent protein (GFP). *FEBS Lett.* **375:** 125–128.

Inouye S. and Tsuji F.I. 1994. Evidence for redox forms of the *Aequorea* green fluorescent protein. *FEBS Lett.* **351:** 211–214.

Jacobson R.H., Zhang X.-J., DuBose R.F., and Matthews B.W. 1994. Three-dimensional structure of β-galactosidase from *E. coli*. *Nature* **369:** 761–766.

Jain V.K. and Magrath I.T. 1991. A chemiluminescent assay for quantitation of β-galactosidase in the femtogram range: Application to quantitation of β-galactosidase in *lacZ*-transfected cells. *Anal. Biochem.* **199:** 119–124.

Jarvik J.W. and Telmer C.A. 1998. Epitope tagging. *Annu. Rev. Genet.* **32:** 601–618.

Jarvis D.L., Oker-Blom C., and Summers M.D. 1990. Role of glycosylation in the transport of recombinant glycoproteins through the secretory pathway of lepidopteran insect cells. *J. Cell. Biochem.* **42:** 181–191.

Jefferson R.A. 1987. Assaying chimeric genes in plants: The GUS gene fusion system. *Plant Mol. Biol. Rep.* **5:** 387–405.

Jiricny J., Wu S.-S., Wood S.G., and Modrich P. 1988. Mismatch-containing oligonucleotide duplexes bound by the *E. coli MutS* protein. *Nucleic Acids Res.* **16:** 7843–7853.

Jobe A. and Bourgeois S. 1972. *lac* repressor-operator interactions. VI. The natural inducer of the *lac* operon. *J. Mol. Biol.* **69:** 397–408.

Johns D.C., Marx R., Mains R.E., O'Rourke B., and Marban E. 1999. Inducible genetic suppression of neuronal excitability. *J. Neurosci.* **19:** 1691–1697.

Johnson F.H., Shimomura O., Saiga Y., Gershman L.C., Reynolds G.T., and Waters J.R. 1962. Quantum efficiency of cypridina luminescence, with a note on that of *Aequorea*. *J. Cell. Comp. Physiol.* **60:** 85–103.

Kadonaga J.T. and Tjian R. 1986. Affinity-purification of sequence-specific DNA binding proteins. *Proc. Natl. Acad. Sci.* **83:** 5889–5893.

Kalnins A., Otto K., Rüther U., and Müller-Hill B. 1983. Sequence of the *lacZ* gene of *Escherichia coli*. *EMBO J.* **2:** 593–597.

Kaneko M., Yamaguchi A., and Sawai T. 1985. Energetics of tetracycline efflux system coded by Tn*10* in *Escherichia coli*. *FEBS Lett.* **193:** 194–198.

Kang J.S. and Kim J.S. 2000. Zinc finger proteins as designer transcription factors. *J. Biol. Chem.* **275:** 8742–8748.

Kim J., Zwieb C., Wu C., and Adhya S. 1989. Bending of DNA by gene regulatory proteins: Construction and use of a DNA bending vector. *Gene* **85:** 15–23.

Kimball A.S., Kimball M.L., Jayaram M., and Tullius T.D. 1995. Chemical probe and missing nucleoside analysis of Flp recombinase bound to the recombination target sequence. *Nucleic Acids Res.* **23:** 3009–3017.

King L.A. and Possee R.D. 1992. *The baculovirus expression system: A laboratory guide.* Chapman & Hall, London, United Kingdom.

Kirchhoff S., Köster M., Wirth M., Schaper F., Gossen M., Bujard H., and Hauser H. 1995. Identification of mammalian cell clones exhibiting highly-regulated expression from inducible promoters. *Trends Genet.* **11:** 219–220.

Kisker C., Hinrichs W., Tovar K., Hillen W., and Saenger W. 1995. The complex formed between Tet repressor and tetracycline-Mg^{2+} reveals mechanism of antibiotic resistance. *J. Mol. Biol.* **247:** 260–280.

Kistner A., Gossen M., Zimmermann F., Jerecic J., Ullmer C., Lubbert H., and Bujard H. 1996. Doxycycline-mediated quantitative and tissue-specific control of gene expression in transgenic mice. *Proc. Natl. Acad. Sci.* **93:** 10933–10938.

Kitts P.A. and Possee R.D. 1993. A method for producing recombinant baculovirus expression vectors at high frequency. *BioTechniques* **14:** 810–817.

Kitts P.A., Ayres M.D., and Possee R.D. 1990. Linearization of baculovirus DNA enhances the recovery of recombinant expression vectors. *Nucleic Acids Res.* **18:** 5667–5672.

Kleinschmidt C., Tovar K., Hillen W., and Poerschke D. 1988. Dynamics of repressor-operator recognition: The Tn*10*-encoded tetracycline resistance control. *Biochemistry* **27:** 1094–1104.

Klimasauskas S., Kumar S., Roberts R.J., and Cheng X. 1994. HhaI methyltransferase flips its target base out of the DNA helix. *Cell* **76:** 357–369.

Klug A., Viswamitra M.A., Kenneard O., Shakked Z., and Steitz T.A. 1979. A hypothesis on a specific sequence-dependent conformation of DNA and its relation to the binding of the lac repressor protein. *J. Mol. Biol.* **131:** 669–680.

Knott J.A., Sullivan C.A., and Weston A. 1988. The isolation and characterisation of human atrial natriuretic factor produced as a fusion protein in *Escherichia coli. Eur. J. Biochem.* **174:** 405–410.

Kolodziej P. and Young R.A. 1989. RNA polymerase II subunit RPB3 is an essential component of the mRNA transcription apparatus. *Mol. Cell. Biol.* **9:** 5387–5394.

Koo H.S. and Crothers D.M. 1988. Calibration of DNA curvature and a unified description of sequence-directed bending. *Proc. Natl. Acad. Sci.* **85:** 1763–1767.

Kool M. and Vlak J.M. 1993. The structural and functional organization of the *Autographa californica* nuclear polyhedrosis virus genome: An overview. *Arch. Virol.* **130:** 1–16.

Kool M., Voeten J., Goldbach R.W., and Vlak J.M. 1994. Functional mapping of regions of the *Autographa californica* nuclear polyhedrosis viral genome required for DNA replication. *Virology* **198:** 680–689.

Kool M., van den Berg P.M., Tramper J., Goldbach R.W., and Vlak J.M. 1993a. Location of two putative origins of DNA replication of *Autographa californica* nuclear polyhedrosis virus. *Virology* **192:** 94–101.

Kool M., Voeten. J., Goldbach R.W., Tramper J., and Vlak J.M. 1993b. Identification of seven putative origins of *Autographa californica* multiple nucleocapsid nuclear polyhedrosis virus DNA replication. *J. Gen. Virol.* **74:** 2661–2668.

Kost T.A. 1997. Expression systems: Gene expression systems in the genomics era. *Curr. Opin. Biotechnol.* **8:** 539–541.

Kovacs G.R., Guarino L.A., and Summers M.D. 1991. Novel regulatory properties of the IE1 and IE0 transactivators encoded by the baculovirus *Autographa californica* multicapsid nuclear polyhedrosis virus. *J. Virol.* **65:** 5281–5288.

17.106 Kozak M. 1984. Compilation and analysis of sequences upstream from the translational start site PG in eukaryotic mRNAs. *Nucleic Acids Res.* **12:** 857–872.

———. 1987. An analysis of 5′-noncoding sequences from 699 vertebrate messenger RNAs. *Nucleic Acids Res.* **15:** 8125–8148.

Kreis T.E. 1986. Microinjected antibodies against the cytoplasmic domain of vesicular stomatitis virus glycoprotein block its transport to the cell surface. *EMBO J.* **5:** 931–941.

Kristie T.M. and Roizman B. 1986. α4, The major regulatory protein of herpes simplex virus type 1, is stably and specifically associated with promoter-regulatory domains of α genes and of selected other viral genes. *Proc. Natl. Acad. Sci.* **83:** 3218–3222.

Kuwabara M.D. and Sigman D.S. 1987. Footprinting DNA-protein complexes in situ following gel retardation assays using 1,10-phenanthroline-copper ion: *Escherichia coli* RNA polymerase-*lac* promoter complexes. *Biochemistry* **26:** 7234–7238.

Lakin N.D. 1993. Determination of DNA sequences that bind transcription factors by DNA footprinting. In *Transcription factors: A practical approach* (ed. D.S. Latchman et al.), pp. 27–46. Oxford University Press, Oxford, United Kingdom.

Lane D., Prentki P., and Chandler M. 1992. Use of gel retardation to analyze protein-nucleic acid interactions. *Microbiol. Rev.* **56:** 509–528.

Langner K.-D., Weyer U., and Doerfler W. 1986. *Trans* effect of the E1 region of adenoviruses on the expression of a prokaryotic gene in mammalian cells: Resistance to 5′-CCGG-3′ methylation. *Proc. Natl. Acad. Sci.* **83:** 1598–1602.

Lederberg J. 1950. The β-D-galactosidase of *Escherichia coli* strain K-12. *J. Bacteriol.* **60:** 381–392.

Lederer T., Takahashi M., and Hillen W. 1995. Thermodynamic analysis of tetracycline-mediated induction of Tet repressor by a quantitative methylation protection assay. *Anal. Biochem.* **232:** 190–196.

Lee H.H. and Miller L.K. 1978. Isolation of genotypic variants of *Autographa californica* nuclear polyhedrosis virus. *J. Virol.* **27:** 754–767.

———. 1979. Isolation, complementation, and initial characterization of temperature sensitive mutants of the baculovirus *Autographa californica* nuclear polyhedrosis virus. *J. Virol.* **31:** 240–252.

Lee M.S., Henry M., and Silver P.A. 1996. A protein that shuttles between the nucleus and the cytoplasm is an important mediator of RNA export. *Genes Dev.* **10:** 1233–1246.

Leffel S.M., Mabon S.A., and Stewart Jr., C.N. 1997. Applications of green fluorescent protein in plants. *BioTechniques* **23:** 912–918.

Leslie A.G.W., Moody P.C.E., and Shaw W.V. 1988. Structure of chloramphenicol acetyltransferase at 1.75-Å resolution. *Proc. Natl. Acad. Sci.* **85:** 4133–4137.

Lewin B. 1974. *Gene expression.* II. *Eucaryotic chromosomes.* Wiley, London, United Kingdom.

Liang T.C., Luo W., Hsieh J.T., and Lin S.H. 1996. Antibody binding to a peptide but not the whole protein by recognition of the C-terminal carboxy group. *Arch. Biochem. Biophys.* **329:** 208–214.

Lieberman P.M. and Berk A.J. 1991. The Zta *trans*-activator protein stabilizes TFIID association with promoter DNA by direct protein-protein interaction. *Genes Dev.* **5:** 2441–2454.

Lim P.S., Jenson A.B., Cowsert L., Nakai Y., Lim L.Y., Jin X.W., and Sundberg J.P. 1990. Distribution and specific identification of papillomavirus major capsid protein epitopes by immunocytochemistry and epitope scanning of synthetic peptides. *J. Infect. Dis.* **162:** 1263–1269.

Lis J.T., Simon J.A., and Sutton C.A. 1983. New heat shock puffs and β-galactosidase activity resulting from transformation of *Drosophila* with an hsp70-*lacZ* hybrid gene. *Cell* **35:** 403–410.

Login G.R., Schnitt S.J., and Dvorak A.M. 1987. Rapid microwave fixation of human tissues for light microscopic immunoperoxidase identification of diagnostically useful antigens. *Lab. Invest.* **57:** 585–591.

Lomonossoff G.P., Butler P.J.G., and Klug A. 1981. Sequence-dependent structural variation in the conformation of DNA. *J. Mol. Biol.* **149:** 745–760.

Longtine M.S., McKenzie III, A., Demarini D.J., Shah N.G., Wach A., Brachat A., Philippsen P., and Pringle J.R. 1998. Additional modules for versatile and economical PCR-based gene deletion and modification in *Saccharomyces cerevisiae. Yeast* **14:** 953–961.

Lu A. and Carstens E.B. 1991. Nucleotide sequence of a gene essential for viral DNA replication in the baculovirus *Autographa californica* nuclear polyhedrosis virus. *Virology* **181:** 336–347.

———. 1993. Immediate-early baculovirus genes transactivate the p143 gene promoter of *Autographa californica* nuclear polyhedrosis virus. *Virology* **195:** 710–718.

Lu A. and Miller L.K. 1994. Identification of three late expression factor genes within the 33.8 to 43.4-map-unit region of *Autographa californica* nuclear polyhedrosis virus. *J. Virol.* **68:** 6710–6718.

———. 1996. Generation fo recombinant baculoviruses by direct cloning. *BioTechniques* **21:** 63–68.

Luckow B. and Schütz G. 1987. CAT constructions with unique restriction sites for the functional analysis of eukaryotic promoters and regulatory elements. *Nucleic Acids Res.* **15:** 5490.

Luckow V.A. 1993. Baculovirus systems for the expression of human gene products. *Curr. Opin. Biotechnol.* **4:** 564–572.

Luo W., Liang T.C., Li. J.M., Hsieh J.T., and Lin S.H. 1996. A universal tag for recombinant proteins. *Arch. Biochem. Biophys.* **329:** 215–220.

Lutz-Freyermuth C., Query C.C., and Keene J.D. 1990. Quantitative determination that one of two potential RNA-binding domains of the A protein component of the U1 small nuclear ribonucleoprotein complex binds with high affinity to stem-loop II of U1 RNA. *Proc. Natl. Acad. Sci.* **87:** 6393–6397.

Maeda S. 1989. Gene transfer vectors of a baculovirus, *Bombyx mori* nuclear polyhedrosis virus, and their use for expression of foreign genes in insect cells. In *Invertebrate cell system applications* (ed. J. Mitsuhashi), pp. 167–182. CRC Press, Boca Raton, Florida.

Maeda S., Kawai, T., Obinata M., Chika T., Horiuchi T., Maekawa K., Nakasuji K., Sacki T., Yamada K., and Furusawa M. 1984. Characteristics of human interferon-α produced by a gene transferred by a baculovirus in the silkworm, *Bombyx mori*. *Proc. Jpn. Acad.* **60:** 423–426.

Mahajan N.P., Harrison-Shostak D.C., Michaux J., and Herman B. 1999. Novel mutant green fluorescent protein protease substrates reveal the activation of specific caspases during apoptosis. *Chem. Biol.* **6:** 401–409.

Mahajan N.P., Linder K., Berry G., Gordon G.W., Heim R., and Herman B. 1998. Bcl-2 and Bax interactions in mitochondria probed with green fluorescent protein and fluorescence resonance energy transfer. *Nat. Biotechnol.* **16:** 547–552.

Manley J.L., Fire A., Samuels M., and Sharp P.A. 1983. In vitro transcription: Whole cell extract. *Methods Enzymol.* **101:** 568–582.

Marck C., Lefebvre O., Carles C., Riva M., Chaussivert N., Ruet A., and Sentenac A. 1993. The TFIIIB-assembling subunit of yeast transcription factor TFIIIC has both tetratricopeptide repeats and basic helix-loop-helix motifs. *Proc. Natl. Acad. Sci.* **90:** 4027–4031.

Marini J.C., Levene S.D., Crothers D.M., and Englund P.T. 1983. A bent helix in kinetoplast DNA. *Cold Spring Harbor Symp. Quant. Biol.* **47:** 279–283.

Marshall J., Molloy R., Moss G.W., Howe J.R., and Hughes T.E. 1995. The jellyfish green fluorescent protein: A new tool for studying ion channel expression and function. *Neuron* **14:** 211–215.

Martignoni M.E. 1984. Baculovirus: An attractive biological alternative. In *Chemical and biological controls in forestry* (ed. W.Y. Garner and J. Harvey, Jr.), pp. 55–67. American Chemical Society, Washington, D.C.

Martignoni M.E. and Iwai P.J. 1986. A catalog of viral diseases of insects, mites, and ticks, 4th edition (Forest Service, U.S. Department of Agriculture, Pacific Northwest Research Station, Portland, Oregon). *General Tech. Rep. PNW* **195:** 51.

Martin C.S., Wight P.A., Dobretsova A., and Bronstein I. 1996. Dual luminescence-based reporter gene assay for luciferase and β-galactosidase. *BioTechniques* **21:** 520–524.

Marzluff W.F. and Huang R.C.C. 1984. Transcription of RNA in isolated nuclei. In *Transcription and translation: A practical approach* (ed. B.D. Hames and S.J. Higgins), pp. 89-129. IRL Press, Oxford, United Kingdom.

Matz M.V., Fradkov A.F., Labas Y.A., Savitsky A.P., Zaraisky A.G., Markelov M.K., and Lukyanov S.A. 1999. Fluorescent proteins from nonbioluminescent *Anthozoa* species. *Nat. Biotechnol.* **17:** 969–973.

McCarroll L. and King L. 1997. Stable insect cultures for recombinant protein production. *Curr. Opin. Biotechnol.* **8:** 590–594.

McCutchen B.F., Choudary P.V., Crenshaw R., Maddox D., Kamita S.G., Palekar N., Volrath S., Fowler E., Hammock B.D., and Maeda S. 1991. Development of a recombinant baculovirus expressing an insect-selective neurotoxin: Potential for pest control. *Bio/Technology* **9:** 848–852.

McKnight S.L. and Gavis E.R. 1980. Expression of the herpes simplex virus thymidine kinase gene in *Xenopus laevis* oocytes: An assay for the study of deletion mutants constructed in vitro. *Nucleic Acids Res.* **8:** 5931–5948.

McKnight S.L. and Kingsbury R. 1982. Transcriptional control signals of a eukaryotic protein-coding gene. *Science* **217:** 316–325.

McLachlin J.R. and Miller L.K. 1994. Identification and characterization of vlf-1, a baculovirus gene involved in very late gene expression. *J. Virol.* **68:** 7746–7756.

McMurry L., Petrucci Jr., R.E., and Levy S.B. 1980. Active efflux of tetracycline encoded by four genetically different tetracycline resistance determinants in *Escherichia coli*. *Proc. Natl. Acad. Sci.* **77:** 3974–3977.

Miller J.H. 1972. *Experiments in molecular genetics.* Cold Spring Harbor Laboratory, Cold Spring Harbor, New York.

———. 1992. Procedures for working with *lac*. In *A short course in bacterial genetics: A laboratory manual and handbook for* E. coli *and related bacteria*, pp. 71–80. Cold Spring Harbor Laboratory Press, Cold Spring Harbor, New York.

Miller K. and Rizzino A. 1995. The function of inducible promoter systems in F9 embryonal carcinoma cells. *Exp. Cell Res.* **218:** 144–150.

Miller L.K. 1981. Construction of a genetic map of the baculovirus *Autographa californica* nuclear polyhedrosis virus by marker rescue of temperature sensitive mutants. *J. Virol.* **39:** 973–976.

———. 1993. Baculoviruses: High expression in insect cells. *Curr. Opin. Genet. Dev.* **3:** 97–101.

Miller L.K. and Dawes K.P. 1979. Physical map of the DNA genome of *Autographa-californica* nuclear polyhedrosis
virus. *J. Virol.* **29:** 1044–1045. 17.107

Misteli T. and Spector D.L. 1997. Application of the green fluorescent protein in cell biology and biotechnology. *Nat. Biotechnol.* **15:** 961–964.

Misteli T., Caceres J.F., and Spector D.L. 1997. The dynamics of a pre-mRNA splicing factor in living cells. *Nature* **387:** 523–527.

Miyawaki A., Llopis J., Heim R., McCaffery J.M., Adams J.A., Ikura M., and Tsien R.Y. 1997. Fluorescent indicators for Ca^{2+} based on green fluorescent proteins and calmodulin. *Nature* **388:** 882–887.

Morise H., Shimomura O., Johnson F.H., and Winant J. 1974. Intermolecular energy transfer in the bioluminescent system of *Aequorea*. *Biochemistry* **13:** 2656–2662.

Morris T.D. and Miller L.K. 1994. Mutational analysis of a baculovirus major late promoter. *Gene* **140:** 147–153.

Mueller P.R. and Wold B. 1989. In vivo footprinting of a muscle specific enhancer by ligation mediated PCR. *Science* **246:** 780–786.

Müller-Hill B., Rickenberg H.V., and Wallenfels K. 1964. Specificity of induction of the enzymes of the *lac* operon in *Escherichia coli*. *J. Mol. Biol.* **10:** 303–308.

Munro S. and Pelham H.R.B. 1984. Use of peptide tagging to detect proteins expressed from cloned genes: Deletion mapping of functional domains of *Drosophila* hsp 70. *EMBO J.* **3:** 3087–3093.

———. 1986. An Hsp70-like protein in the ER: Identity with the 78 kd glucose-regulated protein and immunoglobulin heavychain binding protein. *Cell* **46:** 291–300.

———. 1987. A C-terminal signal prevents secretion of luminal ER proteins. *Cell* **48:** 899–907.

Murray I.A., Lewendon A., Williams J.A., Cullis P.M., Lashford A.G., and Shaw W.V. 1991. A novel substrate for assays of gene expression using chloramphenicol acetyltransferase. *Nucleic Acids Res.* **19:** 6648.

Murti J.R. and Schimenti J.C. 1991. Microwave-accelerated fixation and *lacZ* activity staining of testicular cells in transgenic mice. *Anal. Biochem.* **198:** 92–96.

Nabeshima K., Kurooka H., Takeuchi M., Kinoshita K., Nakaseko Y., and Yanagida M. 1995. p93dis1, which is required for sister chromatid separation, is a novel microtubule and spindle pole body-associating protein phosphorylated at the Cdc2 target sites. *Genes Dev.* **9:** 1572–1585.

Nagai K. and Thøgersen H.C. 1987. Synthesis and sequence-specific proteolysis of hybrid proteins produced in *Escherichia coli*. *Methods Enzymol.* **153:** 461–481.

Nakajima K. and Yaoita Y. 1997. Construction of multiple-epitope tag sequence by PCR for sensitive Western blot analysis. *Nucleic Acids Res.* **25:** 2231–2232.

Naylor L.H. 1999. Reporter gene technology: The future looks bright. *Biochem. Pharmacol.* **58:** 749–757.

Neumann J.R., Morency C.A., and Russian K.O. 1987. A novel rapid assay for chloramphenicol acetyltransferase gene
17.108 expression. *BioTechniques* **5:** 444–448.

Nguyen V.T., Morange M., and Bensaude O. 1988. Firefly luminescence assays using scintillation counters for quantitation in transfected mammalian cells. *Anal. Biochem.* **171:** 404–408.

Niedenthal R.K., Riles L., Johnston M., and Hegemann J.H. 1996. Green fluorescent protein as a marker for gene expression and subcellular localization in budding yeast. *Yeast* **12:** 773–786.

Nielsen D.A., Chang T.-C., and Shapiro D.J. 1989. A highly sensitive, mixed-phase assay for chloramphenicol acetyltransferase activity in transfected cells. *Anal. Biochem.* **179:** 19–23.

Nielsen P.E., Jeppesen C., and Buchardt O. 1988. Uranyl salts as photochemical agents for the cleavage of DNA and probing of protein-DNA contacts. *FEBS Lett.* **235:** 122–124.

Niman H.L., Houghten R.A., Walker L.E., Reisfeld R.A., Wilson I.A., Hogle J.M., and Lerner R.A. 1983. Generation of protein-reactive antibodies by short peptides is an event of high frequency: Implications for the structural basis of immune recognition. *Proc. Natl. Acad. Sci.* **80:** 4949–4953.

No D., Yao T.-P., and Evans R.M. 1996. Ecdysone-inducible gene expression in mammalian cells and transgenic mice. *Proc. Natl. Acad. Sci.* **93:** 3346–3351.

Nordheim A. and Meese K. 1988. Topoisomer gel retardation: Detection of anti-Z DNA antibodies bound to Z-DNA within supercoiled minicircles. *Nucleic Acids Res.* **16:** 21–37.

Norton P. A. and Coffin J.M. 1985. Bacterial β-galactosidase as a marker of *Rous sarcoma* virus gene expression and replication. *Mol. Cell. Biol.* **5:** 281–290.

Ogryzko V.V., Kotani T., Zhang X., Schlitz R.L., Howard T., Yang X.J., Howard B.H., Qin J., and Nakatani Y. 1998. Histone-like TAFs within the PCAF histone acetylase complex. *Cell* **94:** 35–44.

Okabe M., Ikawa M., Kominami K., Nakanishi T., and Nishimune Y. 1997. 'Green mice' as a source of ubiquitous green cells. *FEBS Lett.* **407:** 313–319.

Olson K.R., McIntosh, J.R., and Olmsted J.B. 1995. Analysis of MAP 4 function in living cells using green fluorescent protein (GFP) chimeras. *J. Cell Biol.* **130:** 639–650.

Ooi B.G., Rankin C., and Miller L.K. 1989. Downstream sequences augment transcription from the essential initiation site of a baculovirus polyhedrin gene. *J. Mol. Biol.* **210:** 721–736.

O'Reilly D.R. and Miller L.K. 1989. A baculovirus blocks insect molting by producing ecdysteroid UDP-glucosyl transferase. *Science* **245:** 1110–1112.

———. 1991. Improvement of a baculovirus pesticide by deletion
17.109 of the egt gene. *Bio/Technology* **9:** 1086–1089.

O'Reilly D.R., Miller L.K., and Luckow V.A. 1992. *Baculovirus expression vectors: A laboratory manual.* W.H. Freeman, New York.

Ormo M., Cubitt A.B., Kallio K., Gross L.A., Tsien R.Y., and Remington S.J. 1996. Crystal structure of the *Aequorea victoria* green fluorescent protein. *Science* **273:** 1392–1395.

Orth P., Schnappinger D., Hillen W., Saenger W., and Hinrichs W. 2000. Structural basis of gene regulation by the tetracycline inducible Tet repressor-operator system. *Nat. Struct. Biol.* **7:** 215–219.

Orth P., Cordes F., Schnappinger D., Hillen W., Saenger W., and Hinrichs W. 1998. Conformational changes of the Tet repressor induced by tetracycline trapping. *J. Mol. Biol.* **279:** 439–447.

Palm G., Zdanov A., Gaitanaris G.A., Stauber R., Pavlakis G.N., and Wlodawer A. 1997. The structural basis for spectral variations in green fluorescent protein. *Nat. Struct. Biol.* **4:** 361–365.

Papavassiliou A.G. 1993. Localization of DNA-protein contact points by DMS resistance of complexes resolved in gel retardation assays. *Nucleic Acids Res.* **21:** 757–758.

Pardee A.B., Jacob F., and Monod J. 1959. The genetic control and cytoplasmic expression of "inducibility" in the synthesis of β-galactosidase by *E. coli*. *J. Mol. Bol.* **1:** 165–178.

Parsons C.A., Kemper B., and West S.C. 1990. Specificity of binding to four-way junctions in DNA by bacteriophage T7 endonuclease. *Nucleic Acids Res.* **18:** 4377–4384.

Passarelli A.L., Todd J.W., and Miller L.K. 1994. A baculovirus gene involved in late gene expression predicts a 102 kDa polypeptide with a conserved motif of RNA polymerases. *J. Virol.* **68:** 4673–4678.

Pearson B., Andrews M., and Grose F. 1961. Histochemical demonstration of mammalian glucosidase by means of 3-(5-bromoindolyl)-β-D-glucopyranoside. *Proc. Soc. Exp. Biol. Med.* **108:** 619–623.

Pearson B., Wolf P.L., and Vazquez J. 1963. A comparative study of a series of new indolyl compounds to localize β-galactosidase in tissues. *Lab. Invest.* **12:** 1249–1259.

Pearson M., Bjornson R., Pearson G., and Rohrmann G. 1992. The *Autographa californica* baculovirus genome: Evidence for multiple replication origins. *Science* **257:** 1382–1384.

Pelham H.R.B., Hardwick K.G., and Lewis M.J. 1988. Sorting of soluble ER proteins in yeast. *EMBO J.* **7:** 1757–1762.

Pennock G.D., Shoemaker C., and Miller L.K. 1984. Strong and regulated expression of *Escherichia coli* β-galactosidase in insect cells with a baculovirus vector. *Mol. Cell. Biol.* **4:** 399–406.

Pfeifer G.P. 1992. Analysis of chromatin structure by ligation-mediated PCR. *PCR Methods Appl.* **2:** 107–111.

Pfeifer G.P., Steigerwald S.D., Mueller P.R., Wold B., and Riggs A.D. 1989. Genomic sequencing and methylation analysis by ligation mediated PCR. *Science* **246:** 810–813.

Prasad V.R. and Goff S.P. 1989. Linker insertion mutagenesis of the human immunodeficiency virus reverse transcriptase expressed in bacteria: Definition of the minimal polymerase domain. *Proc. Natl. Acad. Sci.* **86:** 3104–3108.

Prasher D.C., Eckenrode V.K., Ward W.W., Prendergast F.G., and Cormier M.J. 1992. Primary structure of the *Aequorea victoria* fluorescent green protein. *Gene* **111:** 229–233.

Presley J.F., Cole N.B., Schroer T.A., Hirschberg K., Zaal K.J.M., and Lippencott-Schwartz J. 1997. ER-to-Golgi transport visualized in living cells. *Nature* **389:** 81–85.

Price M.A. and Tullius T.D. 1992. Using hydroxyl radical to probe DNA structure. *Methods Enzymol.* **212:** 194–219.

Prickett K.S., Amberg D.C., and Hopp T.P. 1989. A calcium-dependent antibody for identification and purification of recombinant proteins. *BioTechniques* **7:** 580–589.

Qiu G. and Stavnezer J. 1998. Overexpression of BSAP/Pax-5 inhibits switching to IgA and enhances switching to IgE in the I.29 μ B cell line. *J. Immunol.* **161:** 2906–2918.

Redfern C.H., Coward P., Degtyarev M.Y., Lee E.K., Kwa A.T., Hennighausen L., Bujard H., Fishman G.I., and Conklin B.R. 1999. Conditional expression and signaling of a specifically designed Gi-coupled receptor in transgenic mice. *Nat. Biotechnol.* **17:** 165–169.

Reichel C., Mathur J., Eckes P., Langenkemper K., Koncz C., Schell J., Reiss B., and Maas C. 1996. Enhanced green fluorescence by the expression of an *Aequorea victoria* green fluorescent protein mutant in mono- and dicotyledonous plant cells. *Proc. Natl. Acad. Sci.* **93:** 5888–5893.

Rice W.C. and Miller L.K. 1986. Baculovirus transcription in the presence of inhibitors and in nonpermissive *Drosophila* cells. *Virus Res.* **6:** 155–172.

Rohrmann G.F. 1992. Baculovirus structural proteins. *J. Gen. Virol.* **73:** 749–761.

Rose M. and Botstein D. 1983. Construction and use of gene fusions to *lacZ* (β-galactosidase) that are expressed in yeast. *Methods Enzymol.* **101:** 167–180.

Rosenfeld P.J. and Kelly T.J. 1986. Purification of nuclear factor 1 by DNA recognition site affinity chromatography. *J. Biol. Chem.* **261:** 1398–1408.

Rossi F.M. and Blau H.M. 1998. Recent advances in inducible gene expression systems. *Curr. Opin. Biotechnol.* **9:** 451–456.

Rossi F.M., Guicherit O.M., Spicher A., Kringstein A.M., Fatyol K., Blakely B.T., and Blau H.M. 1998. Tetracycline-regulatable factors with distinct dimerization domain allow reversible growth inhibition by p16. *Nat. Genet.* **20:** 389–393.

Ross-Macdonald P., Sheehan A., Roeder G.S., and Snyder M. 1997. A multipurpose transposon system for analyzing protein production, localization, and function in *Saccharomyces cerevisiae*. *Proc. Natl. Acad. Sci.* **94:** 190–195.

Roth M. 1969. Fluorimetric assay of enzymes. *Methods Biochem. Anal.* **17:** 189–285.

Russell S.R. 1996. Nuclear hormone receptors and the *Drosophila* ecdysone response. *Biochem. Soc. Symp.* **62:** 111–121.

Rüther U. and Müller-Hill B. 1983. Easy identification of cDNA clones. *EMBO J.* **2:** 1791–1794.

Sadowski I., Ma J., Triezenberg S., and Ptashne M. 1988. Gal4-VP16 is an unusually potent transcriptional activator. *Nature* **335:** 563–564.

Saez E., No D., West A., and Evans R.M. 1997. Inducible gene expression in mammalian cells and transgenic mice. *Curr. Opin. Biotechnol.* **8:** 608–616.

Sanes J.R., Rubenstein J.L.R., and Nicolas J.-F. 1986. Use of a recombinant retrovirus to study post-implantation cell lineage in mouse embryos. *EMBO J.* **5:** 3133–3142.

Sankaran L. 1992. A simple quantitative assay for chloramphenicol acetyltransferase by direct extraction of the labeled product into scintillation cocktail. *Anal. Biochem.* **200:** 180–186.

Sawadogo M. and Roeder R.G. 1985. Interaction of a gene-specific transcription factor with the adenovirus late promoter upstream of the TATA box region. *Cell* **43:** 165–175.

Scheffler I.E., Elson E.L., and Baldwin R.L. 1968. Helix formation by dAT oligomers. I. Hairpin and straight-chain helices. *J. Mol. Biol.* **36:** 291–304.

Scherer P.E., Tang Z., Chun M., Sargiacomo M., Lodish H.F., and Lisanti M.P. 1995. Caveolin isoforms differ in their N-terminal protein sequence and subcellular distribution. Identification and epitope mapping of an isoform-specific monoclonal antibody probe. *J. Biol. Chem.* **270:** 16395–16401.

Schmitz A. and Galas D.G. 1979. The interaction of RNA polymerase and *lac* repressor with the *lac* control region. *Nucleic Acids Res.* **6:** 111–137.

Schnappinger D., Schubert P., Pfleiderer K., and Hillen W. 1998. Determinants of protein-protein recognition by four helix bundles: Changing the dimerization specificity of Tet repressor. *EMBO J.* **17:** 535–543.

Schreiner U., Hansen J., Kuhn F.J., and Knopf C.W. 1999. A novel protein tag from herpes simplex virus type 1 DNA polymerase. *Intervirology* **42:** 17–21.

Schultze N., Burki Y., Lang Y., Certa U., and Bluethmann H. 1996. Efficient control of gene expression by single-step integration of the tetracycline system in transgenic mice. *Nat. Biotechnol.* **14:** 499–503.

Seed B. and Sheen J.Y. 1988. A simple phase extraction assay for chloramphenicol acetyltransferase. *Gene* **67:** 271–277.

Sells M.A. and Chernoff J. 1995. Epitope-tag vectors for eukaryotic protein production. *Gene* **152:** 187-189.

Shao Z., Raible F., Mollaaghababa R., Guyon J.R., Wu C.T., Bender W., and Kingston R.E. 1999. Stabilization of chromatin structure by PRC1, a Polycomb complex. *Cell* **98:** 37–46.

Shaup H.W., Green M., and Kurland G.C. 1970. Molecular interactions of ribosomal components. I. Identification of RNA binding sites for individual 30S ribosomal proteins. *Mol. Gen. Genet.* **109:** 193–205.

Shaw W.V. 1975. Chloramphenicol acetyltransferase from chloramphenicol-resistant bacteria. *Methods Enzymol.* **43:** 737–755.

Shaw W.V., Day P., Lewendon A., and Murray I.A. 1988. Tinkering with antibiotic resistance: Chloramphenicol acetyltransferase and its substrates. *Biochem. Soc. Trans.* **16:** 939–942.

Shimomura O. 1979. Structure of the chromophore of *Aequorea* green fluorescent protein. *FEBS Lett.* **104:** 220–222.

Shimomura O., Johnson F.H., and Saiga Y. 1962. Extraction, purification and properties of aequorin, a bioluminescent protein from the luminous hydromedusan, *Aequorea*. *J. Cell. Comp. Physiol.* **59:** 223–239.

Shockett P.E. and Schatz D.G. 1996. Diverse strategies for tetracycline-regulated inducible gene expression. *Proc. Natl. Acad. Sci.* **93:** 5173–5176.

———. 1997. Inducible gene expression using an autoregulatory tetracycline controlled system. In *Current protocols in molecular biology* (ed. F.A. Ausubel et al.), pp. 16.21.1–16.21.9. Wiley, New York.

Shockett P.E., Difillippantonio M., Hellmann N., and Schatz D.G. 1995. A modified tetracycline-regulated system provides autoragulatory inducible gene expression in cultured cells and transgenic mice. *Proc. Natl. Acad. Sci.* **92:** 6522–6526.

Siegel M.S. and Isacoff E.Y. 1997. A genetically encoded optical probe of membrane voltage. *Neuron* **19:** 735–741.

Sigman D.S. and Chen C.B. 1990. Chemical nucleases: New reagents in molecular biology. *Annu. Rev. Biochem.* **59:** 207–236.

Sigman D.S., Mazumder A., and Perrin D.M. 1993. Chemical nucleases. *Chem. Rev.* **93:** 2295–2316.

Sigman D.S., Graham D.R., D'Aurora V., and Stern A.M. 1979. Oxygen-dependent cleavage of DNA by the 1,10-phenanthroline.cuprous complex. Inhibition of *Escherichia coli* DNA polymerase I. *J. Biol. Chem.* **254:** 12269–12272.

Singh H., Sen R., Baltimore D., and Sharp P.A. 1986. A nuclear factor that binds to a conserved motif in transcriptional control elements of immunoglobulin genes. *Nature* **319:** 154–158.

Sitlani A., Long E.C., Pyle A.M., and Barton J.K. 1992. DNA photocleavage by phenanthrenequinone diimine complexes of rhodium(III): Shape-selective recognition and reaction. *J. Am. Chem. Soc.* **114:** 2303–2312.

Sledziewski A.Z., Bell A., Yip C., Kelsay K., Grant F.J., and MacKay V.L. 1990. Superimposition of temperature regulation on yeast promoters. *Methods Enzymol.* **185:** 351–366.

Sleigh M.J. 1986. A nonchromatographic assay for expression of the chloramphenicol acetyltransferase gene in eukaryotic cells. *Anal. Biochem.* **156:** 251–256. 17.110

Smith G.E. and Summers M.D. 1978. Analysis of baculovirus genomes with restriction endonucleases. *Virology* **89:** 517–527.

———. 1979. Restriction maps of five *Autographa californica* MNPV and *Galleria mellonella* MNPV DNAs with endonucleases *Sma*I, *KPN*I, *Bam*HI, *Sac*I, *Xho*I, and *Eco*RI. *J. Virol.* **30:** 828–838.

Smith G.E., Summers M.D., and Fraser M.J. 1983. Production of human β-interferon in insect cells infected with a baculovirus expression vector. *Mol. Cell. Biol.* **3:** 2156–2165.

Soldati T. and Perriard J.-C. 1991. Intracompartmental sorting of essential myosin light chains: Molecular dissection and in vivo monitoring by epitope tagging. *Cell* **66:** 277–289.

Spassky A. and Sigman D.S. 1985. Nuclease activity of 1,10-phenthroline-copper ion. Conformational analysis and footprinting of the *lac* operon. *Biochemistry* **24:** 8050–8056.

Squinto S.P., Aldrich T.H., Lindsay R.M., Morrisset D.M., Panayotatos N., Bianco S.M., Furth M.E., and Yancopoulos G.D. 1990. Identification of functional receptors for ciliary neurotrophic factor on neuronal cell lines and primary neurons. *Neuron* **5:** 757–766.

Srivastava R.A. and Schonfeld G. 1998. Measurements of rate of transcription in isolated nuclei by nuclear "run-off" assay. *Methods Mol. Biol.* **86:** 201–207.

Stanley P.E. 1992. A survey of more than 90 commercially available luminometers and imaging devices for low-light measurements of chemiluminescence and bioluminescence, including instruments for manual, automated, and specialized operation, for HPLC, LC, GLC and microtitre plates. 1. Descriptions. *J. Biolumin. Chemilumin.* **7:** 77–108.

Stewart L.M.D., Hirst M., Lopez Ferber M., Merryweather A.T., Cayley P.J., and Possee R.D. 1991. Construction of an improved baculovirus insecticide containing an insect-specific toxin gene. *Nature* **352:** 85–88.

Stoltz D.B. and Summers M.D. 1972. Observations on the morphogenesis and structure of hemocytic poxvirus in the midge *Chironomus attenuatus*. *J. Ultrastruct. Res.* **40:** 581–598.

Strauss F. and Varshavsky A. 1984. A protein binds to a satellite DNA repeat at three specific sites that would be brought into mutual proximity by DNA folding in the nucleosome. *Cell* **37:** 889–901.

Suck D. and Oefner C. 1986. Structure of DNase I at 2.0 Å resolution suggests a mechanism for binding to and cutting DNA. *Nature* **321:** 620–625.

Suck D., Lahm A., and Oefner C. 1988. Structure refined to 2.0 Å of a nicked DNA octanucleotide complex with DNase I. *Nature* **332:** 464–468.

Suck D., Oefner C., and Kabsch W. 1984. Three-dimensional structure of bovine pancreatic DNase I at 2.5 Å resolution. *EMBO J.* **3:** 2423–2430.

Sugano S., Kim D.W., Yu Y.-S., Mizushima-Sugano J., Yoshimoto K., Watanabe S., Suzuki F., and Yamaguchi N. 1992. Use of an epitope-tagged cDNA library to isolate cDNAs encoding proteins with nuclear localization potential. *Gene* **120:** 2227–2233.

Summers M.D. 1971. Electron microscopic observations on granulosis virus entry, uncoating and replication processes during infection of the midgut cells of *Trichplusia ni*. *J. Ultrastruct. Res.* **35:** 606–625.

Summers M.D. and Anderson D.L. 1972. Granulosis virus deoxyribonucleic acid: A closed double-stranded molecule. *J. Virol.* **9:** 710–713.

———. 1973. Characterization of nuclear polyhedrosis virus DNA. *J. Virol.* **12:** 1336–1346.

Summers M., Engler R., Falcon L.A., and Vail P. 1975. *Baculoviruses for insect pest control: Safety considerations.* American Society for Microbiology, Washington, D.C.

Swanson R.N., Conesa C., Lefebvre O., Carles C., Ruet A., Queemeneur E., Gagnon J., and Sentenac A. 1991. Isolation of TFC1, a gene encoding one of two DNA-binding subunits of yeast transcription factor tau (TFIIIC). *Proc. Natl. Acad. Sci.* **88:** 4887–4891.

Tamura M., Gu J., Matsumoto K., Aota S., Parsons R., and Yamada K.M. 1998. Inhibition of cell migration, spreading, and focal adhesions by tumor suppressor PTEN. *Science* **280:** 1614–1617.

Tanada Y. and Leutenegger R. 1968. Histopathology of a granulosis virus disease of the codling moth *Carpocapsa pomonella*. *J. Invertebr. Pathol.* **10:** 39–47.

———. 1970. Multiplication of a granulosis virus in larval midgut cells of *Trichoplusia ni* and possible pathways of invasion into the haemocoel. *J. Ultrastruct. Res.* **30:** 589–600.

Thanassi D.G., Suh G.S.B., and Nikaido H. 1995. Role of outer membrane barrier in efflux-mediated tetracycline resistance of *Escherichia coli*. *J. Bacteriol.* **177:** 998–1007.

Thompson J.F., Hayes L.S., and Lloyd D.B. 1991. Modulation of firefly luciferase stability and impact on study of gene regulation. *Gene* **103:** 171–177.

Thummel C.S. 1997. Dueling orphans — Interacting nuclear receptors coordinate *Drosophila* metamorphosis. *BioEssays* **19:** 669–672.

Todd J.W., Passarelli A.L., and Miller L.K. 1994. Eighteen baculovirus genes including lef-11, p35, 39k and p47 support late gene expression. *J. Virol.* **69:** 968–974.

Tomalski M.D. and Miller L.K. 1991. Insect paralysis by baculovirus-mediated expression of a mite neurotoxin gene. *Nature* **352:** 82–85.

———. 1992. Expression of a paralytic neurotoxin gene to improve insect baculoviruses as biopesticides. *Bio/Technology* **10:** 545–549.

Touchstone J.C. 1992. *Practice of thin layer chromatography*, 3rd edition. Wiley, New York.

Townes T.M. and Behringer R.R. 1990. Human globin locus activation region (LAR): Role in temporal control. *Trends Genet.* **6:** 219–223.

Toyota N., Uzawa H., and Shimada Y. 1998. Assembly of force-expressed troponin-I isoforms in myofibrils of cultured cardiac and fast skeletal muscle cells as studied by epitope tagging. *J. Muscle Res. Cell Motil.* **19:** 937–947.

Triezenberg S.J., Kingsbury R.C., and McKnight S.L. 1988a. Functional dissection of VP16, the *trans*-activator of herpes simplex virus immediate early gene expression. *Genes Dev.* **2:** 718–729.

Triezenberg S.J., LaMarco K.L., and McKnight S.L. 1988b. Evidence of DNA: Protein interactions that mediate HSV-1 immediate early gene activation by VP16. *Genes Dev.* **2:** 730–742.

Tritton T.R. 1977. Ribosome-tetracycline interactions. *Biochemistry* **16:** 4133–4138.

Tsai D.E., Kenan D.J., and Keene J.D. 1992. *In vitro* selection of an RNA epitope immunologically cross-reactive with a peptide. *Proc. Natl. Acad. Sci.* **89:** 8864–8868.

Tsien R.Y. 1998. The green fluorescent protein. *Annu. Rev. Biochem.* **67:** 509–544.

Tsien R.Y. and Miyawaki A. 1998. Seeing the machinery of live cells. *Science* **280:** 1954–1955.

Tuan D., Solomon W., Li Q., and London I.M. 1985. The "β-like-globin" gene domain in human erythroid cells. *Proc. Natl. Acad. Sci.* **82:** 6384–6388.

Tullius T.D. and Dombroski B.A. 1986. Hydroxyl radical "footprinting": High resolution information about DNA-protein contacts and application to lambda repressor and Cro protein. *Proc. Natl. Acad. Sci.* **83:** 5469–5473.

Tullius T.D., Dombroski B.A., Churchill M.E.A., and Kam L. 1987. Hydroxyl radical footprinting: A high resolution method for mapping protein-DNA contacts. *Methods Enzymol.* **155:** 537–558.

Ullmann A. 1984. One-step purification of hybrid proteins which have β-galactosidase activity. *Gene* **29:** 27–31.

Ullmann A. and Perrin D. 1970. Complementation in β-galactosidase. In *The lactose operon* (ed. J.R. Beckwith and D. Zipser), pp. 143–172. Cold Spring Harbor Laboratory, Cold Spring Harbor, New York.

Ullmann A., Jacob F., and Monod J. 1967. Characterization by in vitro complementation of a peptide corresponding to an operator-proximal segment of the β-galactosidase structural gene of *Escherichia coli*. *J. Mol. Biol.* **24:** 339–343.

Umesono K. and Evans R.M. 1989. Determinants of target gene specificity for steroid/thyroid hormone receptors. *Cell* **57:** 1139–1146.

Vail P.V., Sutter G., Jay D.L., and Gough D. 1971. Reciprocal infectivity of nuclear polyhedrosis viruses of the cabbage looper and alfalfa looper. *J. Invertebr. Pathol.* **17:** 383–388.

Van Dyke M.W. and Dervan P.B. 1983. Methidiumpropyl-EDTA.FE(II) and DNase I footprinting report different small molecule binding sites on DNA. *Nucleic Acids Res.* **11:** 5555–5567.

Wacker I., Kaether C., Kromer A., Migala A., Almers W., and Gerdes H.H. 1997. Microtubule-dependent transport of secretory vesicles visualized in real time with a GFP-tagged secretory protein. *J. Cell Sci.* **110:** 1453–1463.

Wallrath L.L., Lu Q., Granock H., and Elgin S.C.R. 1994. Architectural variations of inducible promoters: Preset and remodeling chromatin structures. *BioEssays* **16:** 165–170.

Wang L.F., Yu M., White J.R., and Eaton B.T. 1996. BTag: A novel six-residue epitope tag for surveillance and purification of recombinant proteins. *Gene* **169:** 53–58.

Wang S. and Hazelrigg T. 1994. Implications for *bcd* mRNA localization from spatial distribution of *exu* protein in *Drosophila* oogenesis. *Nature* **369:** 400–403.

Wang X., Briggs M.R., Hua X., Yokoyama C., Goldstein J.L., and Brown M.S. 1993. Nuclear protein that binds sterol regulatory element of low density lipoprotein receptor promoter. II. Purification and characterization. *J. Biol. Chem.* **268:** 14497–14504.

Ward B., Skorobogaty A., and Dabrowiak J.C. 1986. DNA cleavage specificity of a group of cationic metalloporphyrins. *Biochemistry* **25:** 6875–6883.

Ward W.W. and Bokman S.H. 1982. Reversible denaturation of *Aequorea* green fluorescent protein: Physical separation and characterization of the renatured protein. *Biochemistry* **21:** 4535–4550.

Ward W.W., Cody C.W., Hart R.C., and Cormier M.J. 1980. Spectrophotometric identity of the energy transfer chromophores in *Renilla* and *Aequorea* green fluoresecnt proteins. *Photochem. Photobiol.* **31:** 611–615.

Weinmann P., Gossen M., Hillen W., Bujard H., and Gatz C. 1994. A chimeric transactivator allows tetracycline-responsive gene expression in whole plants. *Plant J.* **5:** 559–569.

Weintraub H. and Groudine M. 1976. Chromosome subunits in active genes have an altered conformation. *Science* **193:** 848–856.

West A.H., Clark D.J., Martin J., Neupert W., Hartl F.-U., and Horwich A.L. 1992. Two related genes encoding extremely hydrophobic proteins suppress a lethal mutation in the yeast mitochondrial processing enhancing protein. *J. Biol. Chem.* **267:** 24625–24633.

White K.P., Hurban P., Watanabe T., and Hogness D.S. 1997. Coordination of *Drosophila* metamorphosis by two ecdysone-induced nuclear receptors. *Science* **276:** 114–117.

Wilson I.A., Niman H.L., Houghten R.A., Cherenson A.R., Connolly M.L., and Lerner R.A. 1984. The structure of an antigenic determinant in a protein. *Cell* **37:** 767–778.

Wood K.V. 1991. The origin of beetle luciferases. In *Bioluminescence and chemiluminescence: Current status* (ed. P. Stanley and L. Kricka), pp. 11–14. Wiley, Chichester, United Kingdom.

Wouters F.S. and Bastiaens P.I.H. 1999. Fluorescence lifetime imaging of receptor tyrosine kinase activity in cells. *Curr. Biol.* **9:** 1127–1130.

Wu H.-M. and Crothers D.M 1984. The locus of sequence-directed and protein-induced DNA binding. *Nature* **308:** 509–513.

Wu S.-Y. and Chiang C.-M. 1996. Establishment of stable cell lines expressing potentially toxic proteins by tetracycline-regulated and epitope-tagging methods. *BioTechniques* **21:** 718–725.

Xu L., Gonzalez-Agosti C., Beauchamp R., Pinney D., Sterner C., and Ramesh V. 1998. Analysis of molecular domains of epitope-tagged merlin isoforms in Cos-7 cells and primary rat Schwann cells. *Exp. Cell Res.* **238:** 231–240.

Yamaguchi A., Udagawa T., and Sawai T. 1990. Transport of divalent cations with tetracycline as mediated by the transposon Tn*10*-encoded tetracycline resistance protein. *J. Biol. Chem.* **265:** 4809–4813.

Yang C.L., Stetler D.A., and Weaver R.F. 1991. Structural comparison of the *Autographa californica* nuclear polyhedrosis virus-induced RNA polymerase and the three nuclear RNA polymerases from the host, *Spodoptera-frugiperda*. *Virus Res.* **20:** 251–264.

Yang F., Moss L.G., and Phillips G.N. 1996. The molecular structure of green fluorescent protein. *Nat. Biotechnol.* **14:** 1246–1251.

Yao T.-P., Segraves W.A., Oro A.E., McKeown M., and Evans R.M. 1992. *Drosophila ultraspiracle* modulates ecdysone receptor function via heterodimer formation. *Cell* **71:** 63–72.

Yao T.-P., Forman B.M., Jiang Z., Cherbas L., Chen J.-D., McKeown M., Cherbas P., and Evans R.M. 1993. Functional ecdysome receptor is the product of *EcR* and *ultraspiracle* genes. *Nature* **366:** 476–479.

Yee J.-K., Jolly D.J., Miller A.D., Willis R., Wolff J., and Friedman T. 1987. Epitope insertion into the human hypoxanthine phosphoribosyltransferase protein and detection of the mutant protein by an antipeptide antibody. *Gene* **53:** 97–104.

Yeh E., Skibbens R.V., Cheng J.W., Salmon E.D., and Bloom K. 1995. Spindle dynamics and cell cycle regulation of dynein in the budding yeast *Saccharomyces cerevisiae*. *J. Cell Biol.* **130:** 687–700.

Yin D.X., Zhu L., and Schimke R.T. 1996. Tetracycline-controlled gene expression system achieves high level and quantitative control of gene expression. *Anal. Biochem.* **235:** 195–201.

Young D.C., Kingsley S.D., Ryan K.A. and Dutko F.J. 1993. Selective inactivation of eukaryotic β-galactosidase in assays for inhibitors of HIV-1 TAT using bacterial β-galactosidase as a reporter enzyme. *Anal. Biochem.* **215:** 24–30. 17.112

Young S.L., Barbera L., Kaynard A.H., Haugland R.P., Kang H.C., Brinkley M., and Melner M.H. 1991. A nonradioactive assay for transfected chloramphenicol acetyltransferase activity using fluorescent substrates. *Anal. Biochem.* **197:** 401–407.

Youngman P. 1987. Plasmid vectors for recovering and exploiting TN917 transpositions in *Bacillus* and other gram-positive bacteria. In *Plasmids: A practical approach* (ed. K.G. Hardy), pp. 79–103. IRL Press, Oxford, United Kingdom.

Zaret K. 1997. Editorial. *Methods* **11:** 149–150.

Zeidler M., Gatz C., Hartmann E., and Hughes J. 1996. Tetracycline-regulated reporter gene expression in the moss *Physcomitrella patens*. *Plant Mol. Biol.* **30:** 199–205.

Zhuo L., Sun B., Zhang C.L., Fine A., Chiu S.Y., and Messing A. 1997. Live astrocytes visualized by green fluorescent protein in transgenic mice. *Dev. Biol.* **187:** 36–42.

Zolotkin S.M., Potter W.W., Hauswirth J.G., and Muzyczka N. 1996. A "humanized" green fluorescent protein cDNA adapted for high level expression in mammalian cells. *J. Virol.* **70:** 4646–4654.

18.1 # 第 18 章　蛋白质相互作用研究技术

Erica A. Golemis, Peter D. Adams, Philippe I. H. Bastiaens, Margret B. Einarson, Robert J. Fisher, Alisa G. Harpur, Maxine V. Medaglia, Michael Ohh, Ilya Serebriiskii

18.2 ## 导言

本书的主要目标是描述核酸的鉴定及操作方法。在第 15、16 和 17 章，关注范围扩大到感兴趣的核酸所编码的蛋白质，以及在细菌和各种真核宿主体中表达这些蛋白质的详细方法。本章则介绍一些目前用于认识蛋白质间相互作用的方法。

不同的生物学科分支对蛋白质与蛋白质的相互作用会提出不同的问题，从广义上讲，目前多数的蛋白质研究工作可分为四个类别：

• 生物化学和结构研究：涉及蛋白质与其他蛋白质或小分子配体间的相互作用。

• 机制研究：探究介导信号转导、细胞周期及基因表达的网络。

• 遗传学研究：从遗传干扰（genetic interference）或上位性（epistasis）模式方面开始推断蛋白质相互作用的线索。

• 细胞生物学研究：通常集中在动力学改组的细胞（dynamically reorganizing cell）中蛋白质的定位和共定位。

在这些生物学研究领域，有关任何一种蛋白质相互作用的许多独立问题被陆续提出来。例如，蛋白质是单独地，还是作为小的复合物（如二聚体）的部分，亦或作为大的装配蛋白质的部分而行使功能的？蛋白质是以高亲和力与单个搭档（partner）分子结合，还是蛋白质的任何作用都借助于围绕其广阔表面所形成的多种低亲和力的接触？蛋白质是利用一种典型的、可分离的结构域与搭档蛋白上确定的模式序列（motif）相互作用吗？如果是这样，又是如何赋予对搭档蛋白的特异性，以及如何阻抑对含类似模式序列的其他蛋白质的非特异性相互作用？蛋白质容易发生那种在某些激酶或其他修饰酶和底物间可能发生的短暂相互作用吗？磷酸化和糖基化这样的修饰影响蛋白质和其他搭档分子的相互作用吗？蛋白质相互作用可以调节具有酶活性的蛋白质的催化功能和底物特异性吗？影响蛋白质相互作用的突变，无论是自然发生的还是实验诱导的，会有显著的可检测到的生物学作用吗？可能研制出特异性调节蛋白质-蛋白质相互作用的治疗药物吗？两种预计有共同功能的蛋白质能够以直接相互作用的方式共同定位吗？一种在体外测得的蛋白质-蛋白质相互作用的亲和力能反映体内的相互作用强度吗？如果一种蛋白质同时与多种搭档分子作用，那么这种作用是竞争性的、相加性的还是协同性的？怎样着手确定这些搭档分子？

这样一些问题引起几类不同层次上的探索。第一类探索的目的是确定各种可能与目标蛋白相互作用的蛋白质，此时要撒大网，因此生理意义暂时不被看重。在第二类探索中，感兴趣的相互作用蛋白质已被确定，研究的目的是通过详细分析生物学功能，来确定相互作用的生理意义和影响，此时必须在尽可能接近内源性情况的条件下研究这种相互作用。在第三类探索中，某种相互作用已被发现，并且被证实是生理性的，因而道理上讲这一相互作用是明确的。这里，研究的目的是提供一种高通量的方法，以发现能够按所需的方式调节这种相互作用的试剂。没有一种单独的技术适合于解决所有这些有趣的问题，然而，将这些实验方法组合起来，就可能取得显著的进展。这里介绍的技术都是针对上述三类问题的。

分析和鉴定蛋白质相互作用的方法有许多，对这些方法的来源和性质进行全面的回顾超出了本章的范围。Phizicky 和 Fields（1995）曾详细讨论了在选择检测特定蛋白质相互作用的特异性方法时应注意的参数，并汇集了很好的参考文献。另外，本书的篇幅也不允许提供所有可能的相互作用研究技术。因而，像传统的生化共纯化这样的方法就被省掉了。一种新近建立的方法虽值得关注，但也被省掉了，这就是质谱的使用。伴随着这一技术在最近取得的令人瞩目的成功，它已被大规模地应用于生化领域中，主要是鉴定多种蛋白质构成的复合物中的成分，这些蛋白质结合在一起行使特定的功能或一组功能。对这一方法有价值的介绍，请见 Kuster 和 Mann（1998）、Rigaut 等（1999）及 Yates（2000）的描述。与蛋白质相互作用直接相关的另一领域是分子模建，它将有关蛋白质结构域、进化保守模式以及通过结构配位来预测相互作用模式的信息结合在一起。对模建方法的讨论请见 Aitken（1999），Enright 等（1999）及 Marcotte 等（1999）的描述。

本章重点介绍一些已被广泛接受的基本技术，这些技术已经经受了对特定蛋白质进行独立研究的研究人员的实践检验。

- 细菌表达的谷胱甘肽 S-转移酶（GST）融合蛋白被用于直接测定蛋白质-蛋白质间相互作用，以及亲和纯化。Far Western 分析（Blackwood and Eisenman 1999，Kaelin et al. 1992）是传统 Western 分析的一个分支，它采用标记的蛋白质探针来检测与固定在膜上的确定的或文库编码的蛋白质的相互作用。GST 沉降（Kaelin et al. 1991）也是一个相关技术，在此技术中，单一的明确在体外表达的蛋白质，或者细胞裂解蛋白混合液中存在的未知蛋白质，或者从体外翻译 cDNA 表达得到的一种未知蛋白质，均可通过与一种融合蛋白相互作用而采集到，这里的融合蛋白就是连接有 GST 成分的靶蛋白。形成的复合物可经 GST 成分与谷胱甘肽偶联球珠的结合而提取和纯化。这一技术也能用于蛋白质-蛋白质相互作用亲和性的半定量估测。
- 在噬菌体展示中（Smith 1985），蛋白质文库（Bass et al. 1990）或肽库（Cwirla et al. 1990，Scott and Smith 1990）通过与 M13 这类丝状噬菌体表面展示的外壳蛋白（coat protein）融合而表达。检测以这种方式表达的蛋白质所使用的策略，与用抗体或 GST 融合探针筛选传统的细菌表达文库时采用的策略类似。丝状噬菌体的生命周期和培养特点可以方便地产生具有极高复杂度的文库（可达 10^{10} 种不同成分），因而可以大大增加发现新的相互作用，以及影响已确定相互作用的突变的机会。有关使用噬菌体展示系统的亲和选择技术的理论和实践，请见 Barbas 等（2001）的描述以及本章结尾关于“丝状噬菌体展示”的信息栏。
- 双杂交系统（Fields and Song 1989，Chien et al. 1991，Durfee et al. 1993，Gyuris et al. 1993，Vojtek et al. 1993）也模拟自然系统。这些系统利用了酿酒酵母（*Saccharomyces cerevisiae*）的遗传机能，并将其作为分析蛋白质-蛋白质
18.4 相互作用的宿主。双杂交系统（Fields and Song 1989）是基于转录活化因子可被分为独立的区，即 DNA-结合域和转录活化域（Brent and Ptashne 1985，Hope and Struhl 1986），而实现人工模拟转录的自然过程。在标准的双杂交方法中，两个相互作用的蛋白质分别与 DNA-结合域和活化域融合，根据相互作用蛋白质提供的桥联功能，活化域与 DNA-结合域结合；大量的相互作用导致报道基因的转录活化，其产物很容易根据比色测试或根据新的反式激活因子对酵母生长所必须的基因的转录能力来评价。酵母的易操作性及遗传能力使得它可以低成本地评估大量的相互作用，并可能实现高通量，这可从近来的基因组应用研究中看到实例（例子请见 Fromont-Racine et al. 1997，Uetz et al. 2000，Walhout et al. 2000）。
- 免疫学研究长期以来使用自然产生的抗体作为工具来探究各种细胞功能（Harlow and Lane 1988）。免疫共沉淀——使用针对搭档分子的抗体进行免疫沉淀的蛋白质检测方法——已被用了至少 20 年（例子请见 Moon and Lazarides 1983），它提供了一种在体外或体内确定蛋白质缔合的直接方法。类似的，抗体还被发展成为确定特异性蛋白质在细胞超结构中位置的工具。用肌动蛋白（actin）的抗体对细胞骨架的初始分析（Lazarides and Weber 1974）发展成目前的系列化共定位策略，使可能有共同功能的蛋白质定位到相互交叠的腔室内（例子请见

Weber et al. 1982)。更新的巧妙方法包括荧光共振能量转移（fluorescence resonance energy transfer，FRET)，它是将由一种蛋白质所载的供体荧光团激发后产生的能量，转移到另一种蛋白质所载的受体荧光团，两种蛋白质间的缔合导致两种标记蛋白质探针的强度比例发生定量变化，这是一种在活细胞或固定细胞内对它们相互接近的动力学测量（Adams et al. 1991)。FRET 的一个优点是可用各种方法对蛋白质进行荧光标记，如通过与标记抗体反应或与染料直接偶联，或者通过合成一种含有绿色荧光蛋白（green fluorescent protein，GFP）的融合蛋白。

- 最后，为能够快速测量与蛋白质-蛋白质或蛋白质-肽相互作用相关的结合常数和其他物理参数而设计的生物化学方法，导致了表面胞质基因共振（surface plasmon resonance，SPR）的产生（过去对这一技术的描述请见 Place et al. 1985 和 Jonsson et al. 1991)。在这一方法中，待分析的蛋白质被固定在一个流动池中的平面传感器芯片上，然后使含有预期会有作用的搭档分子的溶液以连续流动的方式通过第一种蛋白质。光以固定角度透过芯片，测量反射光的共振角度；蛋白质-蛋白质相互作用可引起这一角度的变化。通过计算共振角度随时间的变化，可以迅速估算平衡结合常数以及结合和解离速率。此技术的高速度和高敏感性使其对各种形式的分析具有极大的吸引力。

双杂交和基于 GST -融合的筛选方法在方案 1、2 和 3 中作了描述，它们都适用于 18.5
撒大网式的应用研究。对于相互作用在生理上的证实和探索，采用内源蛋白质的免疫共沉淀（方案 4）和 FRET（方案 5）的方法显然更可取。为快速分析过去已确定的相互作用，双杂交和 GST 沉降分析具有一些明显的优势；表面胞质基因共振（方案 6）显然也有更大的潜力。

必须指出的是，特定蛋白质的内在性质在某种程度上决定了哪种技术能有效地用于分析蛋白质-蛋白质相互作用。例如，如果一种相互作用可能是由翻译后修饰介导的，因为这只能在真核系统中发生，那么噬菌体展示就不可能有用。如果一种蛋白质以复合物的方式同时与多种搭档分子相互作用，那么酵母双杂交分析可能也没有很大的价值。有必要说明的是，这里介绍的许多技术并不能证明观察到的相互作用是直接的或间接的，就是说，不排除这种相互作用是否由裂解液中存在的或酵母中表达的另外一种蛋白质所介导。如果研究目的是确定直接相互作用，最终使用的方法中必须采用纯化的蛋白质。事先预料到这些可能存在的问题可以节省大量的、可能花费在不适宜的分析系统中的时间和精力。

方案 1 双杂交和其他双成分系统 18.6

Erica A. Golemis and Ilya Serebriiskii

Fox Chase Cancer Center, Philadelphia, Pennsylvania 19111

多数蛋白质是由多个具有部分或完全独立功能的结构域构成的。值得注意的是，这些多结构域在许多情况下不需要通过共价键连在一起，但只有通过使独立的结构域紧密接触，完整蛋白质的活性才得以再现。这一基本特性被应用到筛选系统，以在体内测量蛋白质-蛋白质相互作用的亲和力和确定新的蛋白质-蛋白质相互作用。以这类方式探索蛋白质间相互作用已扩展到一系列的生物功能，包括 α-互补作用（α-complementation）（Ullmann et al. 1967）、泛素介导的定向蛋白质降解（ubiquitin-mediated targeting for protein degradation）（Johnsson and Varshavsky 1994）、阻抑物功能的重构（reconstitution of repressor function）（Hu et al. 1990），以及将 DNA-结合域与转录活化域的功能结合以生成转录活化因子（Fields and Song 1989）。最后一种方法被发展成为双杂交系统（图 18-1），并已成为一种标准的和有效的蛋白质分析工具。随着这一系统的成熟，一系列第二代相关技术已衍生出来，可能会极大地扩展其应用。

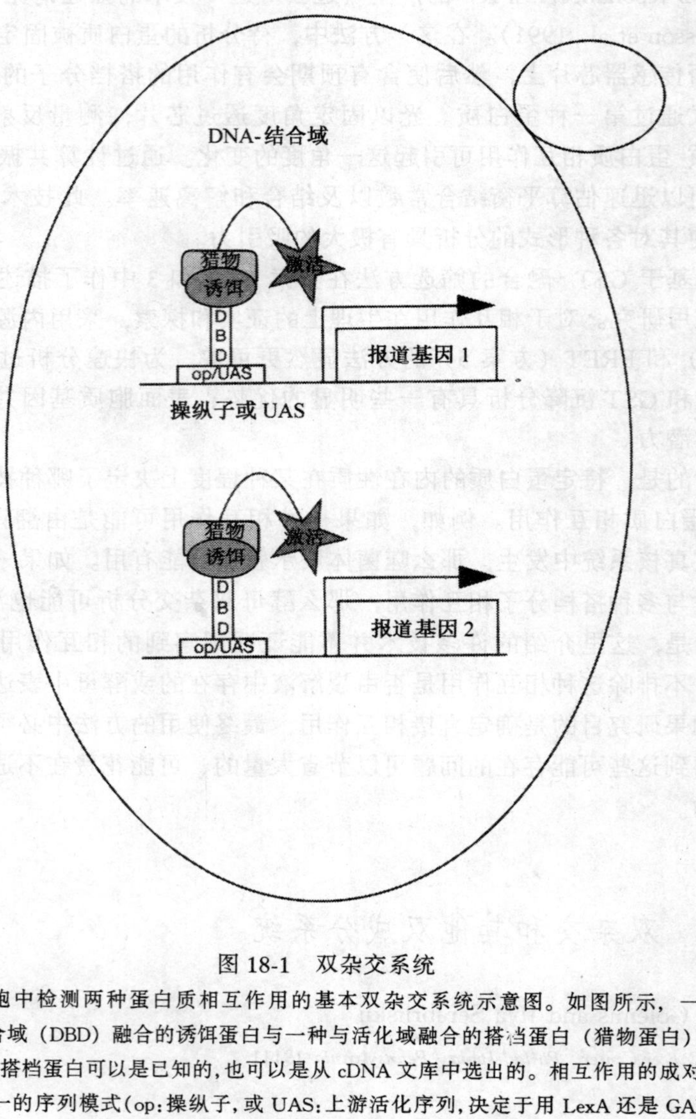

图 18-1　双杂交系统

在酵母细胞中检测两种蛋白质相互作用的基本双杂交系统示意图。如图所示，一种与 DNA-结合域（DBD）融合的诱饵蛋白与一种与活化域融合的搭档蛋白（猎物蛋白）相互作用，这种搭档蛋白可以是已知的，也可以是从 cDNA 文库中选出的。相互作用的成对分子结合于专一的序列模式（op：操纵子，或 UAS：上游活化序列，决定于用 LexA 还是 GAL4 作 DBD），从而活化两个独立的报道基因的转录。

双杂交系统

起　点

最初设计的双杂交系统是要确定和估测配对的单个蛋白质间相互作用的亲和力(Fields and Sone 1989)。但是，由于双杂交系统由许多成分构成（含诱饵基因、猎物基因和报道基因的质粒，以及一体化的报道蛋白），开始难以确定它们是否能够准确区分有生理意义的相互作用和低亲和力的有疑问的相互作用。在科学界使用了几年后，并且经过亲和力的对照试验（Estojak et al. 1995），人们认识到对多数诱饵蛋白（＞75％），双杂交方法能够有效地用来从表达文库中筛选新的相互作用蛋白，并用来研究已知搭档分子之间的相互作用。由于证实了基本双杂交系统在解决双体问题的有效性（Chien et al. 1991，Durfee et al. 1993，Gyuris et al. 1993，Vojtek et al. 1993），人们的兴趣转移到扩展双杂交系统应用范围的可能性，使其能够解决更复杂的、包含更多系统成分的相互作用。

修饰的诱饵

起初，所有双杂交系统都用酿酒酵母作为宿主细胞。由于酵母中缺乏适当的修饰酶，某些蛋白质-蛋白相互作用所必须的翻译后修饰不可能发生，这在某些高等有机体诱饵蛋白质的研究中构成一种限制。特别是用高等真核系统信号转导相关的诱饵时，问题会更加严重，例如，酪氨酸激酶特异性位点的磷酸化常作为调节蛋白质-蛋白质相互作用的手段。

为解决这一问题，Osborne 等（1995，1996）在工程化的表达哺乳动物酪氨酸激酶 Lck 的酵母菌株中建立了一种双杂交筛选方法。这使得他们能够针对源于 IgE 受体并载有磷酸化酪氨酸的诱饵，成功地从文库中筛选出能够与其特异性结合的蛋白质。类似地，其他小组也成功表达了其他哺乳动物来源的激酶，并且这已成为常用方法（图 18-2）。如果酵母中过度表达的修饰酶有毒性，就可能限制这一类方法的使用。例如，持续表达 Src 通常是有毒的，可能的原因是这一磷酸激酶的广泛特异性。一般来说，这一方 18.8
法的最成功之处是用于具有限定底物特异性的激酶或其他转录后修饰酶，或将修饰酶置于一种可诱导或可抑制的启动子的控制之下。

肽

将双杂交系统的研究范围扩展到蛋白质和很小的肽（＜16 残基）是非常有意义的，原因有几点。一个可预期的好处是，它能够确定与诱饵蛋白相互作用所需的最小保守序列。第二点好处是用来确定一些小肽，这些小肽可以通过竞争结合或阻断蛋白质与其正常搭档分子的相互作用，或干扰蛋白质内在的催化活性，来调节诱饵蛋白质的活性。

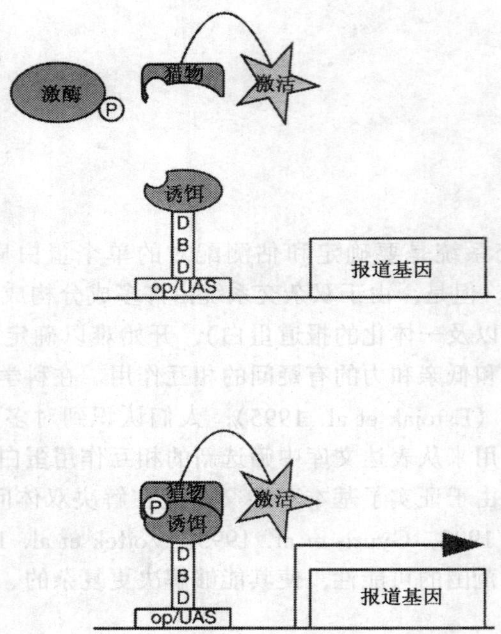

图 18-2 修饰的诱饵蛋白

不存在对诱饵蛋白的翻译后修饰时，猎物蛋白不能与诱饵蛋白相互作用。共表达激酶使诱饵蛋白磷酸化，产生对猎物蛋白的结合界面。

两个独立的实验显示，具有特异性相互作用的小肽被成功地从文库中筛选出来：M. Yang 等（1995）使用成视网膜细胞瘤（retinoblastoma，Rb）作诱饵，提取到含有与典型的 LxCxE Rb 模式序列作用的多种肽，而 Colas 等（1996）提取到与 Cdk2 作用的肽（命名为适配子〈aptamer〉），其中一些肽可抑制 Cdk2 激酶的活性。这两项研究中使用的肽库在设计上有显著的差异，一种肽是与 GAL4 活化域的羧基端融合（M. Yang et al. 1995），另一种肽的两端被限制在胞质硫氧环蛋白（cytoplasmic protein thioredoxin）表面的突环区内（Colas et al. 1996）。这两种方法都很有效，表明肽-蛋白质识别中存在很大的灵活性。肽适配子不仅能从基因筛选中确定，也可作为进一步筛选相互作用蛋白质的诱饵，从而有助于阐明复杂的遗传网络，如酵母交配信息素响应途径（the yeast mating pheromone response pathway）（Geyer et al. 1999，Norman et al. 1999）。

18.9 在一项相关的应用中，Stagljar 等（1996）描述了一种快速确定较大蛋白质内参与特异性相互作用短序列的方法。在这一方法中，编码一种已知相互作用蛋白质的 cDNA 被超声剪切，并用鸟枪法（shotgun technique）克隆到猎物蛋白载体上。形成的靶向文库与目标诱饵蛋白质共转化，能够相互作用的片段直接被选出来（Stagljar et al. 1996）。这一方法的技术含量低、费用合理，使得它成为对蛋白质功能研究的有益补充。

三元复合物

单一的蛋白质可以通过以低亲和力同时与复合物的几种不同成分相互作用，从而强烈结合到多蛋白质复合物上。一些诱饵蛋白正常情况下以多亚基复合物形式存在，因而与单个的搭档分子相互作用的亲和力不足以由双杂交系统检测到。诱饵蛋白与已经确定的搭档蛋白共表达，可能提供一种支持更强相互作用的界面，从而确定更多的复合物成
员（图 18-3）。许多研究小组证实了，一种“辅助诱饵”的共表达能够强化这种三元相 18.10
互作用（Tomashek et al. 1996，Zhang and Lautar 1996，Tirode et al. 1997）。这一简单明确的方法已经成功地用于确定凋亡酶的底物（Kamada et al. 1998，Van Criekinge et al. 1998）以及分析四亚基蛋白质复合物（Pause et al. 1999）。

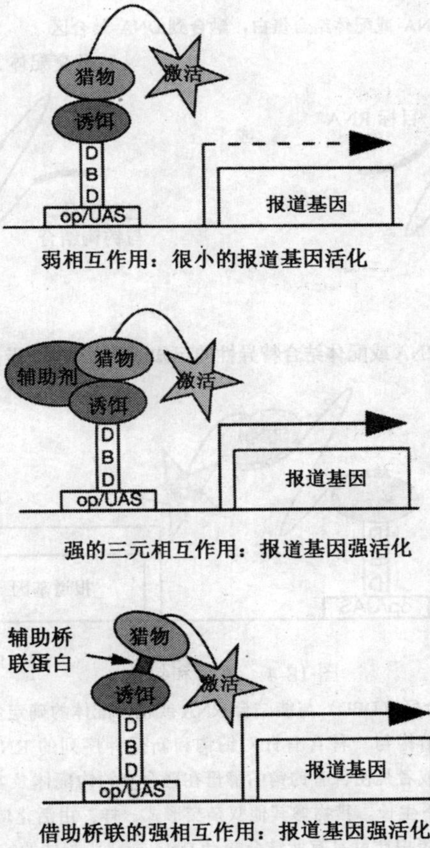

图 18-3　三元复合物

诱饵和猎物，作为同样较高等级复合物的部分，或者形成短暂的接触，或者不直接相互作用，这样导致报道基因很少活化或不活化（上）。已知与诱饵缔合并作为复合物一种成分的第三个搭档（辅助）分子的共表达，可以稳定诱饵和猎物间原先的弱相互作用（中）或作为吸引猎物到诱饵的桥梁（下）。

三成分相互作用中的三元搭档分子不一定是蛋白质，也可以是激素或药物。Chiu 等（1994）首先描述了用 FKBP12 诱饵，会同纳巴霉素（rapamycin）来从文库中确定 RAPT1 蛋白，结果显示，这种相互作用依赖于纳巴霉素的存在。在另一项研究中，Lee 等（1995）能够确定在甲状腺激素存在或缺失时，与甲状腺激素受体相互作用的蛋白质。这类双杂交系统应用中的主要限制在于酵母对所选择的三元小分子的通透性。

诱饵和钓钩

双杂交系统进一步的、被认为是更有效的应用是研究蛋白质-RNA 或蛋白质-药物间的相互作用。这些方法中，一种标准化的“钓钩”被用于将 RNA 或药物展示给前来的猎物，并形成一种通向报道基因的非蛋白质桥（图 18-4）。

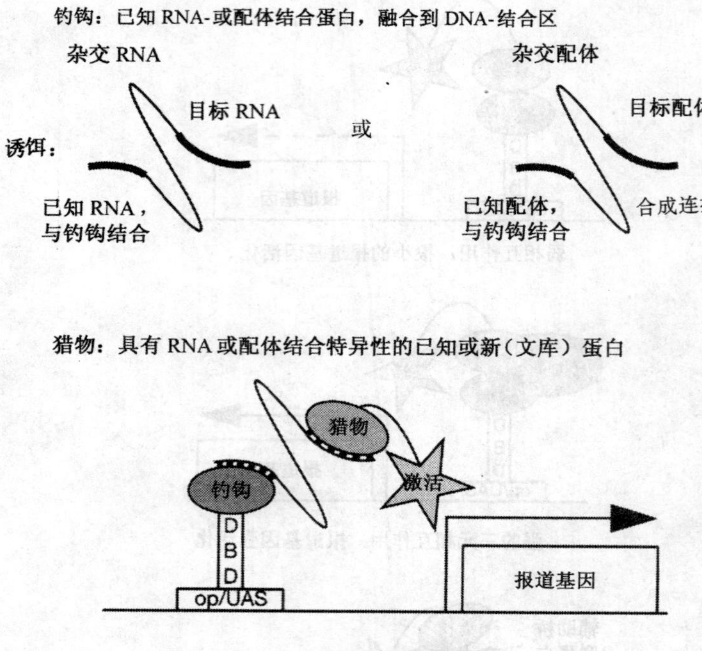

图 18-4　诱饵和钓钩

这一方法中，DNA-结合区（DBD）与能结合 RNA 或化学配体的确定蛋白质融合。这种被命名为“钓钩”的融合结构与一种含有针对钓钩和新探针序列的 RNA-结合部位的杂交 RNA（诱饵）共表达，或者是使含有钓钩的酵母在融合有钓钩配体及实际探针序列的化学合成分子（诱饵）存在下生长。猎物像其他双杂交形式一样，由活化域融合的蛋白质构成，这样，蛋白质就具有所结合探针 RNA 或化学配体的特性。

18.11　在一个鉴定与 RNA 相互作用分子的例子中，DNA 结合域与 MS2 噬菌体的外壳蛋白融合，已知这一外壳蛋白可结合一种通用的 RNA 茎环结构（stem-loop）。RNase P（聚合酶Ⅲ）启动子被用于表达高水平的合成 RNA，它是由 MS2 靶向的茎环和实际相互作用的 RNA 靶——铁应答元件（iron response element，IRE）构成的。猎物是由与活化域融合的铁调节蛋白构成的，当它结合到 IRE 序列时，能够有效地活化诱饵响应的报道基因的表达（SenGupta et al. 1996）。这一系统可以从 Invitrogen 购得。一种相似的系统也已建立，它包括了一种 DNA 结合域、一种源于人免疫缺陷病毒（HIV）Rev 蛋白的诱饵，以及与 RNA 融合的 Rev 应答元件（Rev response element，RRE）（Putz et al. 1996）。两种系统都被用于筛选文库以及确定专一的与 RNA 作用的分子（例子请见 Putz et al. 1996，Wang et al. 1996，Park et al. 1996b，SenGupta et al. 1999）。这一技术的主要问题是相对高的假阳性背景，这是由与 RNA 非特异性作用的蛋白质所引起的（Park et al. 1999a）。

为检测蛋白质和化学配体的相互作用，构建的钓钩是 DNA 结合域和糖皮质激素受体激素结合域的融合物。为生成诱饵，将地塞米松（糖皮质激素受体的配体）结合到感兴趣的化合物 FK506 上。使用这一钓钩-诱饵组合，可以分析 FK506 和它的结合搭档 FKBP12 间的相互作用。这一系统看来具有遗传学生命力，因为它已用于从 cDNA 文库中以盲筛的方式提取 FKBP12，并用于区分对 FK506 具有高亲和力及低亲和力的 FKBP12 突变体（Licitra and Liu 1996）。相似的策略适用于多种具有特定药理作用的药物，但对于某些类别的化合物来说，可能存在酵母通透性差的限制。

反向双杂交

最初的双杂交系统依赖于选择标志物的转录活化，以评价蛋白质-蛋白质相互作用。在一种相关联的方法中，双杂交可活化反向选择的标志物，这被用于分析蛋白质-蛋白质相互作用的丧失（图 18-5）。在首次报道这种方法时，Vidal 等（1996a，b）描述了快速筛选转录因子 E2F1 突变体，使其与搭档分子 DP1 的结合能力丧失的策略。在两种搭档蛋白不发生相互作用时，URA3 报道基因的转录被废除了，从而保证了酵母在 5-FOA 存在下可以生长存活，这里 5-FOA 是对尿嘧啶途径有毒的代谢物。应用第二种阳性选择可以消除导致 E2F1 诱饵的翻译完全丧失的突变。这一系统已被成功应用在配对的相互作用蛋白质上（Yasugi et al. 1997）。除了应用在突变体的猎取，这种反向选择方法在理论上也可用于筛选能够破坏蛋白质-蛋白质相互作用的药物或肽配体。Huang 和 Schreiber（1997）已发表了首例这种巧妙的设计。相似的结果也可用“分裂杂交（split-hybrid）”系统获得（Shih et al. 1996）。该系统中，蛋白质一旦发生相互作用，四环素阻遏子（TetR）的表达即被诱导，这种 TetR 与 TetR－操纵子控制的 *HIS3* 基因相结合并抑制其转录，破坏起初的蛋白质相互作用导致 TetR 转录的消除，从而恢复 *HIS3* 的合成，并使细胞在缺乏组氨酸条件下生长。这一方法被用于鉴定 cAMP 应答元件结合蛋白（cAMP response element-binding protein，CREB）的突变体，这些突变体不再与 CREB 结合蛋白相互作用（Shih et al. 1996）。

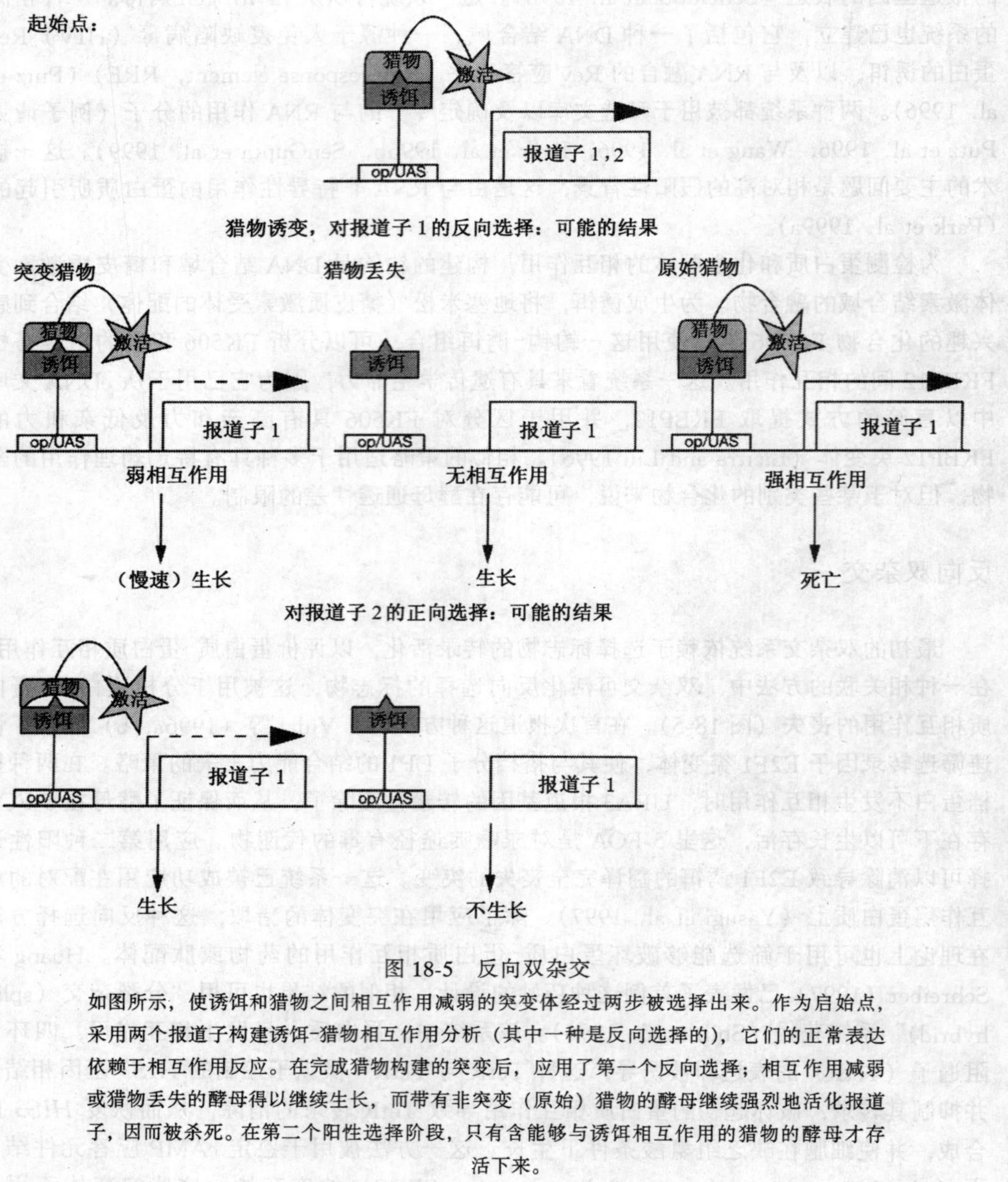

图 18-5　反向双杂交

如图所示，使诱饵和猎物之间相互作用减弱的突变体经过两步被选择出来。作为启始点，采用两个报道子构建诱饵-猎物相互作用分析（其中一种是反向选择的），它们的正常表达依赖于相互作用反应。在完成猎物构建的突变后，应用了第一个反向选择；相互作用减弱或猎物丢失的酵母得以继续生长，而带有非突变（原始）猎物的酵母继续强烈地活化报道子，因而被杀死。在第二个阳性选择阶段，只有含能够与诱饵相互作用的猎物的酵母才存活下来。

双　诱　饵

最初的双杂交系统通过活化诱饵应答的两种报道基因，来指示单诱饵-单猎物组合
18.12 的相互作用。如果系统的复杂度增加到表达单猎物和两个诱饵，其中每个诱饵都定向于独立的报道基因，就可能有新的应用（图 18-6）。在一种方案中，突变体（或共表达蛋

白或药物）可能一步就被筛选到，这种突变体可选择性地改变猎物和其两种搭档分子中的一种间的相互作用。在基因组应用方面（见下面），双诱饵能加快蛋白质相互作用模式的确定。在文库筛选时，两种独立的带有特定报道读取系统的诱饵，能够从单一的文 18.13
库转化中进行两种独立的相互作用因子的筛选；另外，每一个筛选都可被用作对照，以消除另一个筛选中的假阳性。

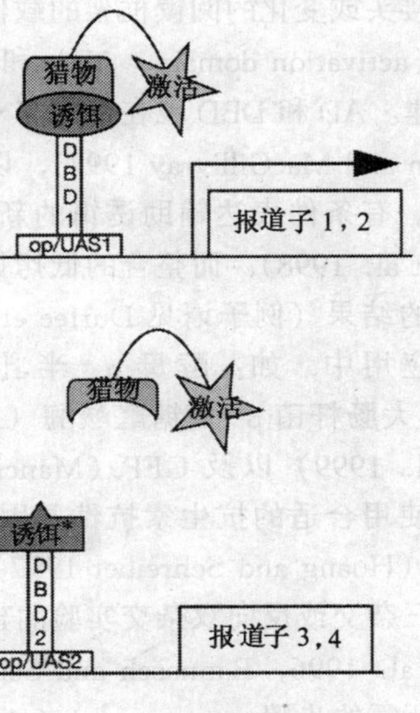

图 18-6　双诱饵

这一方法用来区分单一猎物与两种诱饵的相互作用。第一个DNA-结合域融合蛋白(DBD1-诱饵）通过 op/UAS1 使报道子 1 和 2 表达。第二个分开的 DNA 结合域与特定的诱饵融合(DBD2-诱饵*)，通过 op/UAS2 引导报道子 3 和 4 的表达。这一试剂系列可用于从文库中筛选与 DBD1-诱饵相互作用的猎物，但不能用于筛选与 DBD2-诱饵*相互作用的猎物。如果猎物与 DBD1-诱饵和 DBD2-诱饵*均能相互作用，这一系统也可用于筛选可选择性地破坏与一种诱饵相互作用的突变体或分子。

成功的双诱饵策略发展很慢，一个限制是设计标志子和报道子的组合以使所有必需成分在酵母中表达很困难。最初的双诱饵方法解决了利用单个报道子的问题，而未能解决每个诱饵的正常双报道子问题（Jiang and Carlson 1996，Inouye et al. 1997，Xu et al. 1997）。Grossel 等（1999）描述了一种稍加改进的方法，其中使用了一个诱饵的双报道子和另一个诱饵的单报道子。这一方法发展到最后的版本保持了对每个独立诱饵的两个分别的报道子，并可通过一些标准来明显区分特异性相互作用（Serebriiskii et al. 1999）。由于这种方法必须具有高度的特异性并抑制假阳性，因而对于高复杂度文库的筛选可能特别有用。双诱饵试剂已被用于确定 Pak1 激酶的突变体，这些突变体可以选择性地降低它与两个搭档分子，Cdc42 或 Rac GTPase 的亲和力（Reeder and Chernoff，个人交流）。这些技术与其他方法组合时也是有用的，如 Marykwas 和 Passmore（1995）描述的用于鉴定破坏蛋白质-蛋白质相互作用的特异性突变体。

18.14 基本技术的改进：杂录

大量的观察者推出了修改的试剂或实验方案，以改进“基本”双杂交系统的功效；其中有些试剂在新近发展起来的系统中（见前述）或下面描述的基因组研究中也可使用。改进的带有延展的多聚接头或变化的阅读框架的载体（James et al. 1996；Roder et al. 1996）应当加快活化域（activation domain，AD）和 DNA-结合域（DNA-binding domain，DBD）融合物的构建。AD 和 DBD 现在都能与专用装置在氨基端或羧基端融合（Beranger et al. 1997，Brown and MacGillivray 1997），以减小在空间上阻碍参与蛋白质相互作用结构域构成的风险。有条件表达辅助诱饵的新载体促进了三杂交分析的发展（Tirode et al. 1997，Fuller et al. 1998），而整合的低拷贝的或条件表达的载体在传统的双杂交分析中可获得更有利的结果（例子请见 Durfee et al. 1999）。可能更敏感或更方便可靠的新报道基因正在应用中，如：酵母 α-半乳糖苷酶（yeast α-galactosidase，MEL1）（Aho et al. 1997）、大肠杆菌 β-葡糖醛酸酶（*Escherichia coli* β-glucuronidase）（Hirt 1999，Serebriiskii et al. 1999）以及 GFP（Mancini et al. 1997，Cormack et al. 1998，Mayer et al. 1999）。使用合适的抗生素抗性基因（如新霉素抗性，Zeo^R 等）作为酵母中可选择的质粒标记（Huang and Schreiber 1997），可增加单个酵母中能够共表达的质粒数量，从而促进了三杂交或反向双杂交实验的建立。包含某种抗生素抗性基因的其他载体系列（Watson et al. 1996，Bannasch and Schwab 1999）减少了筛选后回收阳性文库质粒到大肠杆菌中所需的步骤。

除了载体，许多相关技术都能加快双杂交分析，包括①使用琼脂糖覆盖以评价 *LacZ* 和 β-葡糖醛酸酶报道基因的活化（Duttweiler 1996），②假定阳性克隆的聚合酶链式反应（PCR）筛选（Kaiser et al. 1994，Klebanow and Weil 1999），③基于微量滴定板的自动化复制技术的广泛使用（Buckholz et al. 1999）。

由于选择性标记的交叠使用，分别来自于 GAL4 和 LexA 的两个主要双杂交系统的试剂一直被认为是不相容的。然而，最近的报道显示，试剂有时可以组合，这样在处理不同系列的克隆时，就可减少对重新克隆诱饵/猎物的需求（Dagher and Filhol-Cochet 1997）。另外，增加使用 Zeo^R 和其他抗生素标记（Huang and Schreiber 1997）可以促进 GAL4 和 LexA 或 cl 系统间的文库交换。

Petermann 等（1998）建立了一种基于重组的、可以在酵母中快速（重新）构建双杂交质粒的技术。这一技术不需要质粒的提取和中介宿主，它能用于促进相互作用的匹配和/或通过再转化对相互作用重新测定。使用这一方法，可将从初级阳性转化子获得的、经 PCR 放大的文库插入物快速转换成质粒；这一方法也可用于构建整个双杂交文库（Hua et al. 1998，Fusco et al. 1999）或从酵母双杂交克隆和 RACE（rapid amplification of cDNA ends，cDNA 末端快速扩增）产物中生成全长 cDNA 分子（Hemenway et al. 1999）。

为了解决双杂交筛选中的假阳性问题，人们进行了大量的努力。已研究了影响双杂交筛选假阳性的因素，并且建立了一些检测假阳性的新方法（Serebriiskii et al. 2000）。
18.15 含有三种在不同 GAL4 诱导的启动子控制下的报道基因的宿主菌，能够消除 GAL4 系统中所有对启动子成分特异性的假阳性（James et al. 1996）；并且如前面讨论过的，双诱饵系统应当有助于快速检测和消除文库筛选早期的假阳性（例子请见 Serebriiskii et al. 1999）。从环球网上获得的假阳性数据库会有助于确认筛选到的 cDNA(http://www.fccc.edu/research/labs/golemis/InteractionTraplnWork.html)。互联网上的这一站点和其他站点都提供了下述各方面的大量信息：关于双杂交分析的建立和结果分析，对可用载体、文库、图谱及序列的描述，实验方案及参考文献，关于双杂交系统的重要文章的全文，甚至包括即将开始的双杂交教程（如果研究人员对各种选择和可用的试剂不知所措的话）。

解决活化诱饵问题："交换的"双杂交和基于 RNA 聚合酶-Ⅲ的双杂交系统

双杂交系统的主要限制之一是诱饵蛋白（传统上与 DBD 融合）不应自活化转录。克服这一限制的首个系统是所谓的"交换系统（swapped system）"（Du et al. 1996），它将编码目标蛋白的基因与活化域融合，然后对 DBD-融合的蛋白质文库进行筛选。在最初的工作中，大量提取的克隆是自活化的 DBD 融合物，这一问题的缓解是通过预筛选，这在"基因组学和相互作用陷阱"的信息栏中有讨论。

基于 RNA 聚合酶Ⅲ的双杂交系统提供了更为彻底的解决方法。必需的 *SNR6* 基因启动子会对聚合酶Ⅲ产生响应；也已经建立了 GAL4 结合位点插入到 *SNR6* 启动子内的报道基因。这一系统可以用于检测 GAL4-融合诱饵与一种 τ138 融合猎物蛋白质间的相互作用；相互作用一旦发生，τ138 恢复了 TFⅢC 因子的余下成分，使聚合酶Ⅲ能够转录酵母必需基因 *SNR6*。聚合酶Ⅲ尚无已知的转录活化因子，并且聚合酶Ⅱ反式活化子不能调节酵母中聚合酶Ⅲ介导的转录。事实上，正如指出的那样，强的转录活化子如 GAL4 或与 GAL4 DBD 融合的 VP16 不能活化 UAS（G）-*SNR6* 基因的转录（Marsolier et al. 1997，Marsolier and Sentenac 1999）。其他修饰可用于创建基于这一系统的单杂交和三杂交方法。

总结

过去几年里，双杂交衍生系统可能的应用已经取得了激动人心的发展。可能由于主要的系统试剂（酵母和质粒）便宜，并且相对容易操作，大量的研究人员感到容易突破这一技术的限制。革新和创造的最终结果导致产生了大量的基本工具，它们被组合用于更复杂的筛选（例子请见 Liberles et al. 1997）。如果今后几年保持前些年的步伐，那么筛选具有基因组价值的编码信息可能将不再像现在一样是一件可怕的工作（请见本章结束处关于"相互作用陷阱及相关技术"的信息栏）。

下面实施相互作用陷阱/双杂交筛选的方案被分为三个阶段：诱饵-LexA 融合蛋白的鉴定、筛选相互作用子以及阳性相互作用的二次证实。在第一阶段，描述了新诱饵的鉴定，特别注意了设置对照以增加诱饵有效工作的可能性。在第二阶段，详细描述了 cDNA 文库的转化及阳性相互作用子的筛选。第三阶段，概述了一系列初级的和后续的（first-order and subsequent）对照实验，以确定相互作用蛋白质的生物学意义。图 18-7 18.16

的流程图显示了各阶段的顺序和大概所用时间。

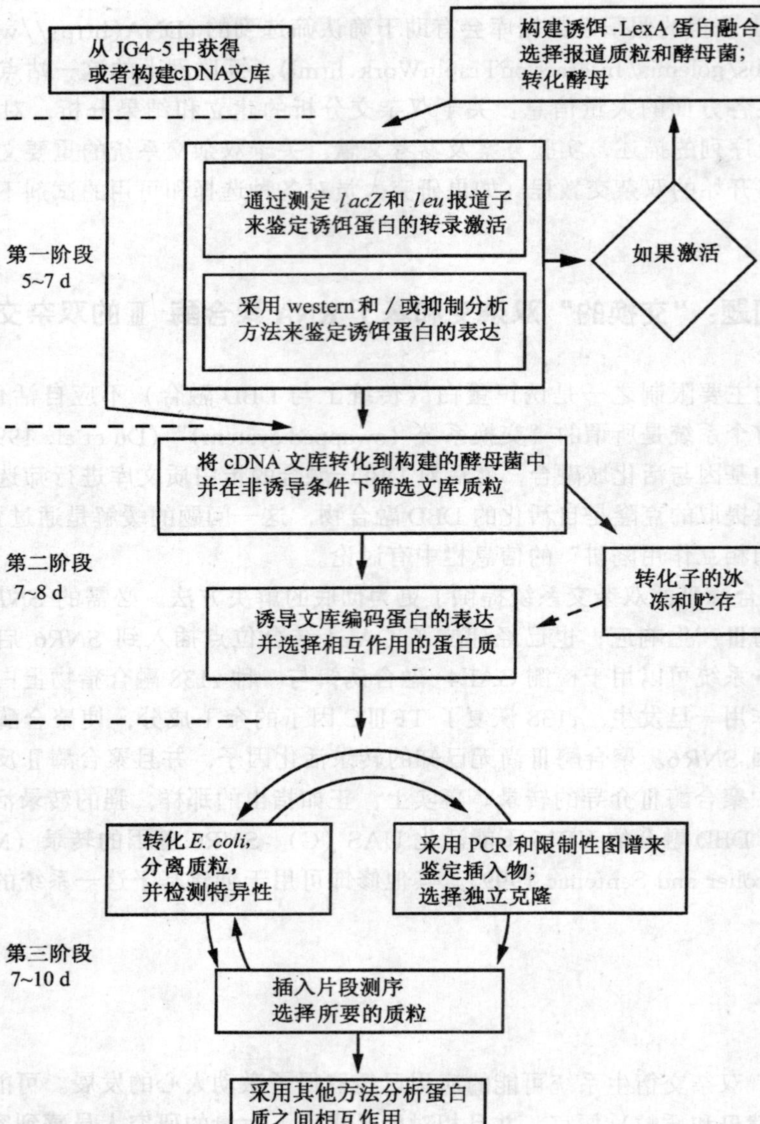

图 18-7　流程图：双杂交系统

流程图，控制及文库筛选。见文中详述。(重新绘制自 Spector et al. 1998)。

18.17

第一阶段　诱饵- LexA 融合蛋白的鉴定

相互作用子的猎取始于一种构建载体的产生，它可以表达与细菌蛋白 LexA 融合的目标蛋白（一种 pBait）。这一构建载体与 *lexAop-lacZ* 报道子质粒共转化到含有染色质整合的 *lexAop-LEU2* 报道基因上。在对照实验中分析 pBait 以确定它是否能用于双杂交筛选。这些对照决定了诱饵是否作为稳定的核蛋白并以正确的大小表达，并且它不能单独以任何有意义的程度活化基于 *lexA* 操纵子的报道基因的转录。根据这些对照实验的结果，诱饵可以在已确认条件下直接用于筛选文库。另外，也可使用不同报道子/质粒的组合，或根据提供的指导来修饰诱饵。表 18-1 和表 18-2 描述了所用质粒的特点和各种功能，这些质粒被用于构建和测试载有编码诱饵融合蛋白基因的质粒。LexA 融合载体和活化域融合载体的结构如图 18-8 所示。

在选择构建诱饵的方式时要记住，相互作用的分析决定于诱饵进入核的能力，而且要求诱饵是转录的非活化子。因此，如果选择的蛋白质有明显的与膜结合的序列，或是转录活化域的序列，就应当被去除。尽管一些研究人员已经尝试用双杂交系统去发现通常是胞外的相关搭档蛋白，但这是未被证实的策略，并具有高风险性。

下面一些方法利用了基本的酵母培养基和转化操作。最好是迅速完成下面描述的鉴定步骤。如果质粒在酵母中长时间存放，即使将此酵母置于膜封的选择性培养板上保存，蛋白质的表达水平也将逐渐降低。大约 2 个星期过后，结果可能会有很大变化。如果能预知会发生这种延误，最好的选择是在进行文库筛选前用诱饵蛋白和 *lexAop-lacZ* 报道子重复转化，或将用诱饵和报道子质粒转化的酵母储存在 −70℃，在文库筛选前可以立即融化使用。

材料

注意：对于标有〈!〉的材料请按附录 12 进行适当处理。

缓冲液和溶液

关于贮存液、缓冲液和试剂的成分，请见附录 1。
将贮存液稀释到适当浓度。

2×SDS 凝胶上样缓冲液

100 mmol/L Tris-Cl（pH 6.8）
200 mmol/L 二硫苏糖醇
4%SDS（电泳级）
0.2%溴酚蓝
20%甘油

不含二硫苏糖醇的 SDS 凝胶上样缓冲液可在室温存放。缓冲液用前在 1 mol/L 贮存液中加入二硫苏糖醇。

18.18　凝胶

SDS 聚丙烯酰胺凝胶〈!〉

制备蛋白质分离用的 SDS 聚丙烯酰胺凝胶，请见附录 18。

核酸和寡核苷酸

编码目标蛋白（诱饵）的靶 DNA

抗体

抗 LexA 的单克隆抗体（CLONTECH）或抗 LexA 的多克隆抗体（Invitrogen）或抗靶蛋白质融合域的特异性抗体（如果有的话）。

培养基

酵母培养基的成分请见附录 2。

CM 选择性培养基

用表 18-3 估计需要培养基的量，用表 18-4 制备必需的选择性培养基。

商品销售的无氨基酸的酵母氮源（YNB）有含硫酸胺和不含硫酸胺两种。表18-4 假定 YNB 含硫酸胺。如果盛酵母氮源的瓶子上指示加 1.7 g/L 来配置培养基，它就不含有硫酸胺，应当在每升培养基中加 5 g 硫酸胺。

酵母选择性 X-gal 培养基

ⅰ. 按表 18-4，以 900 ml 水制备基础培养基。将基本培养基高压灭菌并冷却到 55℃。

ⅱ. 在另一个瓶子中，以 100 ml 蒸馏水溶解 7 g 磷酸氢二钠和 3 g 磷酸二氢钠，然后高压灭菌。

ⅲ. 将两种高压灭菌的溶液混合在一起，并加入 0.8 ml 浓度为 100 mg/ml 的 X-gal（在 *N*，*N*-二甲基甲酰胺中〈!〉），铺平板。

YPD 培养基

20 g 蛋白胨

10 g 酵母提取物

20 g 葡萄糖

20 g 琼脂（如果用于平板）

加 1 L 蒸馏水并高压 20 min。铺板前将高压灭菌的培养基冷却到 55℃。

专用设备

干冰/乙醇浴锅 〈!〉

请见步骤 13。

平头牙签，灭菌的

灭菌时，将标准牙签转移到 250 ml 烧杯中，用铝铂纸包盖烧杯，在标准干燥条件下高压灭菌。

预设到 100℃ 的加热包或热循环仪，或沸水浴。

附加试剂

本方案第 1 步需要亚克隆试剂，列在第 1 章方案 17。

本方案第 2 步需要酵母转化试剂，列在 Spector 等的文献中（1998，第 21 章）。

本方案第 17 步需要免疫印迹试剂，列在附录 8。

载体和酵母菌

选择和扩增载体用的酿酒酵母菌（请见表 18-6）

带 LexA（请见表 18-1）和活化域融合序列（请见表 18-2）的载体，以及 LacZ 报道子质粒（请见表 18-5）。

表 18-1 LexA 融合质粒 18.19

质粒	选择基因		评述	联系人/来源[a,b,c]
	酵母	*E. coli*		
pMW101	HIS3	Cm^R	克隆与 LexA 融合的诱饵的基本质粒；表达由 ADH1 启动子驱动。	Serebriiskii and Golemis
pMW103	HIS3	Km^R	克隆与 LexA 融合的诱饵的基本质粒；表达由 ADH1 启动子驱动。	Serebriiskii and Golemis
pEG202	HIS3	Ap^R	克隆与 LexA 融合的诱饵的基本质粒；表达由 ADH1 启动子驱动。	OriGene CLONTECH MoBiTec Display
pJK202	HIS3	Ap^R	pEG202 的衍生质粒。核定位序列插在 LexA 和多聚接头间，增强了诱饵融合蛋白转位到核的能力。	OriGene
pNLexA	HIS3	Ap^R	多聚接头在 LexA 的上游；可使 LexA 与诱饵的羧基端融合，使诱饵的氨基端无封闭。	OriGene

续表

质粒	选择基因		评述	联系人/来源[a,b,c]
	酵母	E. coli		
PGilda	HIS3	Ap^R	GAL1 启动子取代了 pEG202 骨架上的 ADH 启动子；如果诱饵的持续表达对酵母有毒性就应当使用此质粒。	OriGene CLONTECH
pEG2021	HIS3	Ap^R	pEG202 的衍生质粒，用 *Kpn* I 消化后可被整合到酵母 *HIS*3 基因中；确保诱饵的低水平表达。	Serebriiskii and Golemis
pRFHMI (对照)	HIS3	Ap^R	Bicoid Homeodomain 克隆到 pEG202 骨架中；形成的非活化融合物建议作为活化和相互作用分析的阴性对照。	OriGene
pSH17-4 (对照)	HIS3	Ap^R	GAL4 活化域克隆到 pEG202 骨架中；建议作为转录活化的阳性对照。	OriGene
pHybLex/Zeo	Zeo^R	Zeo^R	诱饵克隆载体，最小的 ADH1 启动子表达带有延伸的多聚接头的 LexA。	Invitrogen
pCGLex/ p2GLex	Zeo^R	Zeo^R	可诱导 Gal 的诱饵载体，适用于 IT 和其他双杂交系统。GAL1 启动子表达带有延伸的多聚接头的 LexA；有高和低拷贝数两种形式。	Huang and Schreiber (1997)

注：重印自 E. A. Golemis，网址：http://www.fccc.edu/research/labs/golemis/com_sources1.html

[a]注释：

I. Serebriiski and E. A. Golemis：www.fccc.edu/research/labs/golemis/InteractionTrapInWork.html(Fox Chase Cancer Center, 7701 Burholme Avenue, Philadelphia, PA 19111)

OriGene：www.origene.com/yeast.html(re DupLEX-A Yeast Two-Hybrid System)

CLONTECH：www.clontech.com/products/catalog/MATCHMAKER/MMLexA.html(re MATCHMAKER LexA Two-Hybrid System)

MoBiTec：www.mobitec-us.com/h_nav.html(re Grow'n'Glow GFP Yeast Two-and One-Hybrid Systems)

Display Systems：www.displaysystems.com/Products/P...it_Sy/displaygreen_Two-Hybrid_Kit_Sy.html(redisplayGREEN Two-Hybrid Kit)

Invitrogen：www.invitrogen.com/catalog_project/cat_hybrid.html(re Hybrid Hunter Improved Two-Hybrid System for the Detection of Protein-Protein Interactions)

[b]致谢：相互作用陷阱（IT）试剂体现了众多提供者的工作：原始的基本试剂是在 Brent 实验室建立的（Department of Molecular Biology, MGH, Boston）。带有变化的抗生素抗性标记的质粒（all pMW plasmid）是在 Glaxo 构建的（Research Triangle Park）。特别应用目的的质粒和菌株的构建分别由下列人员完成：E. Golemis（Fox Chase Cancer Center, Philadelphia：pEG202, EG48, EG191），J. Gyuris（Mitotix, Cambridge：pJG4-5），J. Kamens（BASF, Worcester：pJK101, pJK202），I. York（Dana-Farber Cancer Center, Boston）、M. Sainz 及 S. Nottwehr（University of Oregon：pNLexA）的共同努力，D. A. Shaywitz（MIT Center for Cancer Research, Cambridge：pGilda），R. Buckholz（Glaxo, Research Triangle Park, pEG202I, pJG4-51），S. Hanes（Wadsworth Institute, Albany：pSH18-34, pSH17-4），R. Brent（Department of Molecular Biology, MGH, Boston：pRB1840），R. Finley（Wayne State University, Detroit：pRFHM1, RFY206），A. B. Vojtek 和 S. M. Holleberg（Fred Hutchinson Cancer Research Center, Seattle, Washington）。

[c]较早的筛选方法利用了 LexA 融合物和报道子质粒，它具有插入的抗氨苄青霉素（Amp^R）的基因，以便在细菌中保存（pEG202, pSH18-34；Golemis et al. 1995）。这些形式的质粒已被插有卡那霉素（Km^R）或氯霉素（Cm^R）（Watson et al. 1996）的质粒所替代。这些标志物的使用，省去了通过 KC8 细菌传代的需要，从而加快了后续步骤中文库质粒的纯化。双杂交系统中使用的基本载体的特点见图 18-8。

表 18-2　活化域融合质粒 18.20

质粒	选择基因		评述	联系人/来源[a,b,c]
	酵母	*E. coli*		
pJG4-5	TRP1	Ap^R	文库构建质粒；GAL1 启动子有效表达与盒式 DNA 组件融合的基因，此组件含有核定位序列，转录活化域以及 HA 表位标签。	OriGene CLONTECH MoBiTec Display
pJG4-5 Ⅰ	TRP1	Ap^R	pJG4-5 的衍生质粒，用 Bsu36 Ⅰ 消化后可被整合到酵母 *TRP1* 基因中；用于研究生理条件下低蛋白质浓度时发生的相互作用(与 pEE2021 组合)。	Serebriiskii and Golemis
pYESTrp	TRP1	Ap^R	GAL1 启动子表达核定位域，转录活化域，V5 表位标签，多克隆位点；含 f1 ori 和 T7 启动子/侧翼区；用于表达 cDNA 文库。	Invitrogen
pNB42 系列	TRP1	Ap^R	可与活化域的氨基端融合，使猎物的氨基端残基无封闭；各种多克隆位点；还不能得到文库。	Brown and MacGillivray(1997)
pMW102	TRP1	Km^R	与 pJG4-5 相同，但改变了抗生素抗性标记；还不能得到文库。	Serebriiskii and Golemis
pMW104	TRP1	Cm^R		
pCGB42/ p2GB42	$Genet^R$	Km^R	同样的 Tn903 编码的基因赋予在 *E. coli* 中的卡那霉素抗性和在酵母中的 geneticin 抗性；有高拷贝数和低拷贝数两种形式；多克隆位点。	Huang and Schreiber(1997)

注：重印自 E. A. Golemis，网址：http：//www.fccc.edu/research/labs/golemis/com_sources 1.html

[a,b,c]请见表 18-1。

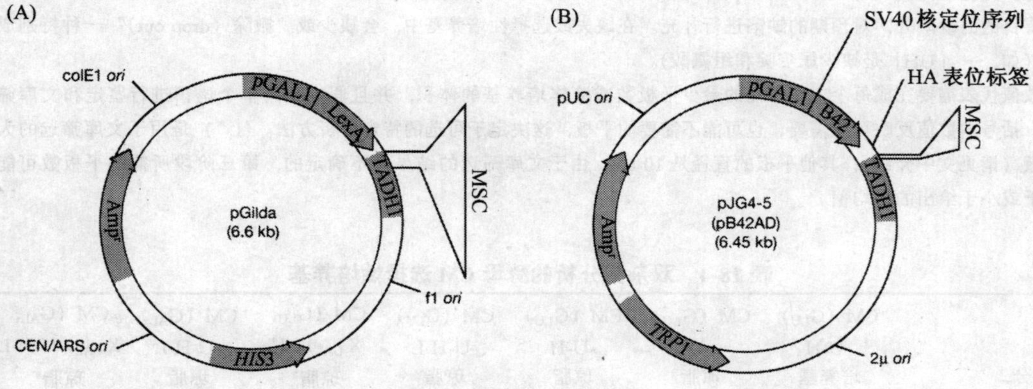

图 18-8　双杂交的基本载体

(A) LexA 融合载体 pGilda。这一载体用于（以诱饵载体为例）GAL1 诱导启动子(pGAL1) 控制下的，与 LexA 的 DNA-结合域（DBD）融合的诱饵蛋白质的表达。质粒含 *HIS*3 选择标记、2 μm 复制起点以在酵母中扩增，含一种抗生素抗性基因和 colE1 复制起点以在 *E. coli* 中扩增。Invitrogen 最近建立了一种相互作用陷阱系统，它把 *HIS*3 标记和抗生素抗性标记换成 Zeocin 抗性基因，使它在酵母和细菌中都可选择。由于这一载体骨架与特别的 LexA 融合组件合在一起，因此有可能加快双杂交的筛选。(B) pJG4-5 (pB42AD) 这一载体用于表达与 SV40 核定位序列、88 个残基的活化子 B42 以及血液凝集素（hemagglutinin, HA）表位标签融合的插入基因。融合蛋白的表达受控于 GAL1 诱导启动子 (pGAL1)。多聚接头和载体序列的详细资料可在下面网址上找到：www.fccc.edu/research/labs/golemis/ InteractionTrapInWork.html。(获许摘自 CLONTECH)。

18.21

表 18-3 双杂交分析所需的酵母 CM 选择性培养基

培养基	第一阶段	第二阶段	第三阶段
CM 选择性培养基（ml）			
CM Glu－W			(100)
CM Glu－［UH］		(100)	400
CM Gal－［UHW］		100	
CM 选择性琼脂板（数量）			
CM Glu－U	2		
CM Glu－［UH］		8～10	(3)
CM Glu－［UHL］	1		
CM Glu－［UHW］		4＋30L*	6～12
CM Glu－［UHWL］			1～6
CM Gal－U	3～4		
CM Gal－［UHL］	3～4		
CM Gal－［UHW］			2～12
CM Gal－［UHWL］		20～24	2～12
CM Gal X－gal－U	(1)		
CM Glu X－gal－U	(1)		
CM Gal X－gal－［UHW］			(2～6)
CM Glu X－gal－［UHW］			(2～6)

注：完全基础（CM）培养基含所有必需补充成分。为测试特别菌株的生长需求，可制备一系列选择培养基，除了有目的的缺陷外，对预期的缺陷进行补充。在缺失或选择性培养基中，会缺少或“撤除（drop out)”一种特别成分（如，－［UH］是缺少尿嘧啶和组氨酸）。

数值代表需要完成每个方案所需的最少平板数或液体培养基的体积，并且假定是用单个诱饵进行鉴定和文库筛选。括号内数值反映可能需要、也可能不需要的平板，这决定于可选的特定分析方法。(L*）是用于文库筛选的大平板（请见文中介绍)；其他平板的直径是 10 cm。由于文库筛选的结果是不确定的，第三阶段所需的平板数可能大于或小于给出的平均值。

表 18-4 双杂交分析的酵母 CM 选择性培养基

成分	CM（G_{LU}）-U-H 培养基	CM（G_{LU}）-U 琼脂	CM（G_{LU}）-U-H 琼脂	CM（G_{LU}）-U-H-L 琼脂	CM（G_{LU}，X_{-GAL}）-U 琼脂[a]	CM（G_{AL}）-U-H-L 琼脂	CM（G_{AL}，X_{-GAL}）-U-H-L 琼脂[a]
YNB	6.7 g	6.7 g	6.7 g	6.7 g	6.7 g	6.7 g	6.7 g
葡萄糖	20 g	20 g	20 g	20 g	20 g		
半乳糖						20 g	20 g
Dropout 混合物	2 g	2 g	2 g	2 g	2 g	2 g	2 g
亮氨酸	15 ml	15 ml	15 ml		15 ml		
色氨酸	10 ml	10 ml	10 ml	10 ml	10 ml	10 ml	10 ml
组氨酸		5 ml			5 ml		
琼脂		20 g	20 g	20 g	20 g	20 g	20 g

注：制备液体或琼脂培养基时，将各成分混合在终体积为 1L 的水中，高压灭菌 20 min。倒板前将琼脂冷却到 55℃；亮氨酸贮存液浓度为 4 mg/ml；色氨酸贮存液浓度为 4 mg/ml；组氨酸贮存液浓度为 4 mg/ml。

[a]对于含 X-gal 的培养基，先用 900 ml 水制备适当的基本培养基，然后将它用于酵母选择性 X-gal 培养基的配方。

18.22

表 18-5　报道子质粒

质粒	选择基因 酵母	选择基因 *E. coli*	操纵子数目	评述	联系人/来源[a,b,c]
pMW112	URA3	Km^R	8	由 LexA 操纵子引导的 *LacZ* 基因的转录：对转录活化最敏感的指示质粒有 8 个操纵子，中等的报道子有两个操纵子，最严格的报道子有一个操纵子。	Serebriiskii and Golemis
pMW109	URA3	Km^R	2	见 pMW112 的评述。	Serebriiskii and Golemis
pMW111	URA3	Km^R	1	见 pMW112 的评述。	Serebriiskii and Golemis
pMW107	URA3	Cm^R	8	见 pMW112 的评述。	Serebriiskii and Golemis
pMW108	URA3	Cm^R	2	见 pMW112 的评述。	Serebriiskii and Golemis
pMW110	URA3	Cm^R	1	见 pMW112 的评述。	Serebriiskii and Golemis
pSH18-34	URA3	Ap^R	8	见 pMW112 的评述。	OriGene Invitrogen CLONTECH
pJK103	URA3	Ap^R	2	见 pMW112 的评述。	OriGene
pRB1840	URA3	Ap^R	1	见 pMW112 的评述。	OriGene
pJK101 （对照）	URA3	Ap^R	（2）	*LacZ* 基因的基础活性受两个 *LexA* 操纵子控制；用于监控诱饵与操纵子序列的结合（在抑制分析中）。	OriGene
pGNGI	URA3	Ap^R	8?	*LacZ* 基因被 GFP 取代。	MoBiTec Display Systems
pLexAop-lucU	URA3	Ap^R	8	*LacZ* 基因被萤光素酶取代。	Fujita et al.（1999）

注：重印自 E. A. Golemis，网址：http：//www.fccc.edu/research/labs/golemis/com_sources1.html

[a,b,c]请见表 18-1。

表 18-6　酵母选择菌株

质粒	基因型	操纵子数目	评述	联系人/来源[a,b,c]
EGY48	*MATα*，*trp1*，*his3*，*ura3*，*lexAops-LEU2*	6	*LEU2* 基因的转录受 *lexA* 操纵子调控；EGY48 是用于从 cDNA 文库中筛选相互作用克隆的标准菌株。EGY191 提供更严格的选择，显示内在活化转录能力的诱饵产生低背景。	OriGene Invitrogen CLONTECH MoBiTec Display
EGY191	*MATα*，*trp1*，*his3* *ura3*，*lexAops-LEU2*	2	见 EGY48 的评述。	OriGene Invitrogen CLONTECH MoBiTec Display

续表

质粒	基因型	操纵子数目	评述	联系人/来源[a,b,c]
L40	*MATα*, *trp1*, *leu2*, *ade2*, *GAL4*, *lexAops-HIS3*, *lexAops-LacZ*	4 8	L40 中 GAL1 启动子驱动的表达是持续的（在 EGY 菌株中是可诱导的）。针对 *HIS* 原养型选择；整合的 *LacZ* 报道子的敏感性显著低于 EGY 菌株中 pSH18-34 带有的 *LacZ* 报道子。	Invitrogen
RFY206	*MATα*, *trp1*, *his3*, *ura3*, *leu2*, *lys2*		用于配型分析。	OriGene

注：重印自 E. A. Golemis，网址：http://www.fccc.edu/research/labs/golemis/com_sources1.html

[a,b,c]请见表 18-1。

18.23 方法

诱饵-LexA 融合蛋白的构建

（1）将编码诱饵蛋白的靶 DNA 克隆到 LexA 融合载体（如，pMW101 或 pMW103）的多聚接头处，以合成一种框架内的 LexA 融合基因。确定诱饵序列的羧基端存在翻译终止序列。形成的质粒作为 pBait。

（2）采用下列 LexA 融合基因和 *lexAop-lacZ* 报道质粒的组合，建立一系列 EGY48 *lexAop-LEU2* 选择的转化酵母菌：

a. pBait + pMW112（活化测定）

b. pSH17-4 + pMW112（活化的阳性对照）

c. pRFHM1 + pMW112（活化的阴性对照）

d. pBait + pJK101（抑制/DNA 结合测定）

e. pRFHM1 + pJK101（抑制的阳性对照）

f. pJK101 单独（抑制的阴性对照）

每种质粒功能的描述，请见表 18-1 和 18-2。

（3）将每种转化混合物铺在适宜的选择性缺陷板上：CM(Glu)-Ura-His(针对质粒组合 a～e)或 CM(Glu)-Ura(针对质粒组合 f)。将培养板在 37℃ 培养 2～3 d 以选择含有质粒的转化酵母克隆。

如果克隆在 3～4 d 内没有出现，或只有很少量的克隆（<20），则应重新转化。

（4）制备转化子的母板，从中可按步骤 5～9 描述的那样，对具有 *lacZ* 和 *LEU2* 报道子活化表型的特异性克隆进行分析。

活化和抑制活性的鉴定：X-gal 和 Leu2 表型的分析

步骤 5～9 用于测试诱饵-LexA 融合蛋白质的转录激活性，并证实诱饵的融合物不影响 DNA 结合活性（抑制分析的图示请见图 18-9）。对步骤 2 中转化的每种质粒组合，挑选几种单个克隆做分析。这对于某些诱饵的构建非常重要，因为蛋白质表达水平在不同克隆中会有变化，正如活化两种报道子转录激活的表观能力有变化一样。在第一阶段结束处的替代方案中，给出了一种替代步骤5～8的、通过氯仿交叠分析来测试活化的方法。

(5) 从a～f的每个转化（取自步骤2）中，用无菌的平头牙签挑选约8个克隆。用干净的牙签触及克隆以挑取细胞，使它们在新鲜的CM(Glu)-Ura-His或CM(Glu)-Ura板上的小格内成为1 cm长的线。通常可在一个板上形成多达60～80条线。将平板在30℃孵育过夜。

(6)第二天,从两个母板中再划线到下列每个板上： 18.24

转化a～f:划线到CM(Glu, X-gal)-Ura和CM(Gal, X-gal)-Ura上

转化a～c:划线到CM(Glu)-Ura-His-Leu和CM(Gal)-Ura-His-Leu上

在X-gal板上只有缺失尿嘧啶(组氨酸存在),才可以并列比较只有JK101质粒的转化(f)和(d, e)。对LexA-融合质粒缺失选择不会显著影响分析过程中这一阶段的转录激活。

通常来讲，在X-gal板上划上相对较粗的酵母菌线（如，可以用肉眼看到细胞），而在-Leu板上划上相对较细的线（如，肉眼几乎看不到细胞，但采用低能倒置显微镜可以测得）都是有帮助的。酵母在中性pH（缓冲至7.0来优化β-半乳糖苷酶活性）时不生长，而在正常培养基（pH约5.0～5.5）中能够生长。因此，如果在开始铺足够的细胞的话，只需要很少的细胞分裂就可以容易地测定蓝-白表型。而相反地，如果酵母在-Leu板上铺得太密的话，在细胞间将发生充分的交叉滋养，因而即使在缺乏报道子活性的条件下有些细胞也会生长，从而隐藏其真正的阳性结果。

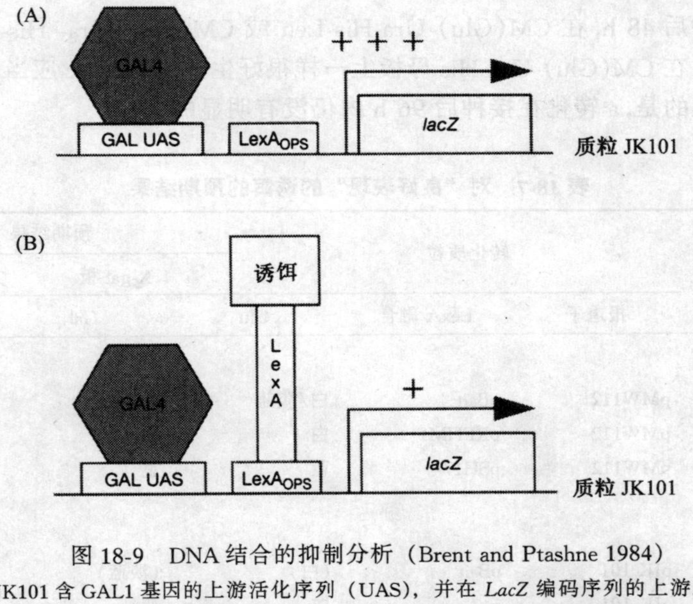

图18-9 DNA结合的抑制分析（Brent and Ptashne 1984）

质粒JK101含GAL1基因的上游活化序列（UAS），并在*LacZ*编码序列的上游跟有LexA操纵子。(A) 在含有半乳糖的培养基中，酵母GAL4基因产物聚集并结合到GAL上游活化序列（GAL_{UAS}）上。(B) LexA融合蛋白进入核内并与*lexA*操纵子序列（Lex_{OPS}）结合，从而阻断了GAL_{UAS}的活化并抑制半乳糖苷酶活性达3～5倍。注意在葡萄糖X-gal培养基中，因为GAL_{UAS}转录被抑制，含JK101的酵母呈现白色克隆。（重新绘制自Spector et al. 1998）。

在分析由新建的 LexA 诱饵蛋白诱导转录激活时，采用两种 LexA 融合质粒（pRFHM1 和 pSH17-4）作为阳性和阴性对照。pMW102 本身（或相关质粒 pEG202）并不是好的阴性对照，因为由不间断的多聚接头序列编码的肽表现为弱的转录活化子。

pMW112（和相关质粒 pSH18-34）是一种目前最敏感的 *lacZ* 报道子，可以检测任何激活 *lacZ* 转录的能力。然而，对某些诱饵来说，酵母菌 EGY48 中的 *LEU*2 报道子比 pSH18-34 报道子更敏感，所以在半乳糖苷酶分析中有弱信号或没有信号的诱饵蛋白，在- Leu 培养基上还有可能会出现一定程度的生长。如果由阳性对照质粒（pSH17-4 和 pMW112）转化得到的画线细胞，在 X-gal 板上长了 1～2 d 都不变成深蓝色，培养板就可能有问题。

18.25 (7) 在 30℃ 将平板孵育到 4 d。

(8) 对抑制和激活性进行分析：

a. 对于抑制活性，在划线接菌约 12～24 h 时观察 X-gal 表型。

b. 对于激活性，在划线接菌 18 h 到 72 h 之间观察 X-gal 表型。

c. 在 48 h 到 96 h 之间观察 Leu2 表型。在表 18-7 中给出了具有良好表现的诱饵所应得的预期结果，并总结如下。

- 最好在接种到 CM(Gal, X-gal)-Ura 12～24 h，应当能看出 d+e 转化比 f 的颜色浅。
- 在接种到 CM(Glu, X-gal)-Ura 48 h，b 转化应当是亮蓝色，c 应当是白色，而 a 应当是白或很淡的蓝色。
- 在接种后 48 h，在 CM(Glu)-Ura-His-Leu 或 CM(Gal)-Ura- His-Leu 上，b 转化应当同在 CM(Glu)-Ura-His 母板上一样很好生长，而 a 和 c 应当不生长。
- 最理想的是，a 转化在接种后 96 h 内仍没有明显的生长。

表 18-7　对"良好表现"的诱饵的预期结果

分析	转化质粒		预期结果		
			X-gal 板		生长
	报道子	LexA 融合	Glu	Gal	Leu-gal
激活					
测试	pMW112	pBait	白/淡蓝	白/淡蓝	(无)
阴性对照	pMW112	pRFHM1	白	白	无
阳性对照	pMW112	pSH17-4	蓝	蓝	有
抑制					
测试	pJK 101	pBait	(白)	(淡蓝)	
阴性对照	pJK 101	—	白	蓝	不需测试
阳性对照	pJK 101	pRFHM1	白	淡蓝	

注：详细内容请见正文。

(9) 基于抑制和激活分析的结果，选择适当的候选克隆。

在一项优化实验中，自 a～f 每个转化的克隆，在活化和抑制分析中应当具有相同的表型。然而对少量诱饵来说却不是这样。典型的例子是一些克隆在 X-gal 板上呈白色并在 Leu 培养基上不生长，而其他克隆显示某种程度的蓝色且生长。在文库筛选的起点，不要选择白色且不生长的克隆；通常这些克隆由于不合成或合成很少诱饵蛋白（由 Western 印迹确定，步骤 17）而具备这种表型。尽管其中的原因还不清楚，但这看来是诱饵特异性现象，并可能与酵母中持续表达的特定蛋白质的某种毒性有关。有必要调整分析的灵敏度以采用蓝色/生长的克隆（见下面的介绍）。对诱饵只占小部分的实验，即使表达水平很高，但抑制分析不起作用。这些情况下，一般适宜进行文库筛选。

检测诱饵蛋白质表达 18.26

(10) 在母板上，标记要分析蛋白质表达的克隆。用已证实适宜表达诱饵的克隆作为基础菌培养，供文库转化用（在第二阶段中）。

(11) 对每个新的诱饵构建，至少分析两个初级转化子。还要包括两个作为蛋白质表达阳性对照的转化子（如 pRFHMI）。

a. 用无菌牙签从 CM（Glu）-Ura-His 母板上挑取克隆，于 CM（Glu）-Ura-His 液体培养基中生长。

如果带手套，牙签可落入培养管并留在那里，不用担心污染。

b. 在滚筒或其他摇动仪器上 30℃ 培养过夜。

c. 早晨，将达饱和的培养液稀释到含 3～5 ml CM（Glu）-Ura-His 的新培养管中，使初始密度 OD_{600} 约为 0.15。30℃ 培养 4～6 h，直到光密度大约增大两倍（OD_{600} 约 0.45～0.7）。

(12) 转移 1.5 ml 培养液到一个微量离心管中，在离心机上以最大速度离心细胞 3～5 min。可见沉淀的体积应为 2～5 μl。小心倾去或吸除上清。

一些（尽管不是所有）LexA 融合蛋白随生长静止相启动，表现出可检测的蛋白质水平急剧增加。因而，不需要为了期望增加分析蛋白的产率而使培养进行到饱和。

如果预期要进行一轮以上的分析，在此阶段冰冻双份样品可能会有好处。

(13) 加入 50 μl 的 2×SDS 凝胶加样缓冲液到离心管中，快速震荡离心管以悬浮沉淀。立即将离心管放在干冰上或干冰/乙醇浴中。

样品或即刻用于分析，或在 -70℃ 冰冻，这样至少可以保持稳定 4～6 个月。

(14) 将样品从干冰或 -70℃ 直接转到 100℃，并煮沸 5 min。

设定到 100℃ 的 PCR 仪最方便，当然也可用水浴或加热器。

(15) 将样品在冰上冷却并在离心机上以最大速度离心 5～30 s 以沉淀大的细胞碎片。加 20～50 μl 样品到 SDS 聚丙烯酰胺凝胶的每个泳道中。

(16) 电泳并分析产物以确定预期大小的诱饵蛋白是否以合理的水平表达。

(17) 为防止可能出现的问题，通过免疫印迹来分析含 LexA 融合的诱饵的酵母裂解液（请见这一步的注解）。

免疫印迹可按附录 8 描述的进行。LexA 融合物可用针对融合域的抗体来检测，如果没有，也可用抗 LexA 的抗体替代。

确定一种诱饵蛋白的重要一步是直接分析诱饵是否可被检测到，以及诱饵大小是否正确。在多数情况下，上述两项都是正确的。然而，一些蛋白质（特别是融合域在约 60～80 kDa 或更大时）或者合成水平很低，或者在翻译后被蛋白酶剪断。这两种结果都可能导致在文库筛选中出现问题。低水平表达以及在转录活化分析中无表观活性的蛋白质，可在亮氨酸选择下上调到较高水平，然后突然显示转录活化的高背景。在蛋白质由于发生蛋白质水解而剪断时，对于仅与较大诱饵的氨基端融合的 LexA 来说，筛选仍然可以进行。

18.27

疑难解析及诱饵的修饰

一些基本的诱饵问题可在筛选前被确定和解决：

- 诱饵活化转录。通过构建一系列截断型蛋白质来消除活化域，可以解决这一问题。如果诱饵非常强地激活转录，就是说与阳性对照一样，那么这一步将是必要的。

  如果诱饵中度活化，简单的方法是使用不严格的报道质粒和菌株（请见表 18-5）重做对照实验，以确定活化是否能降低到可接受的水平。也可以像强活化子那样，将蛋白质截断。最后，还可能使用集合型的诱饵载体（见表 18-1），它可使蛋白质水平稳定降低。

  如果诱饵是弱活化子，一种选择是使用不很严格的报道质粒；研究人员也可以选择用测定试剂进行实验，但要承担假阳性背景可能出现的风险。通常好的办法是使用可能的最敏感的筛选条件；在某些情况下，使用非常严格的相互作用菌株可以免除生物学相关的相互作用检测（Estojak et al. 1995）。
- 诱饵质粒产生表达水平或大小不适宜的蛋白质。如果蛋白质表达差或蛋白质分子非常大，可以将蛋白质再分为两个或三个相互交叠的成分，单独测试每种成分。载体也可插入一段核定位序列，以增加有效的核内诱饵的浓度；这一方法在蛋白质不能以较高水平表达的情况下最为有效。
- 含诱饵质粒的转化子很少表达诱饵蛋白，或表达诱饵蛋白的酵母比没有任何选择的对照酵母长得更差。这些结果表明，诱饵蛋白对酵母具有某种毒性。由于毒性可以引起文库筛选的困难，可能需要将目标蛋白重新克隆到 pGilda，以使蛋白质由 GAL1 启动子诱导表达，这样限制了蛋白质表达对实际选择的时间。注意，用 pGilda 测试应当在含半乳糖作为碳原的培养基上进行。

替代方案：通过氯仿覆盖分析 β-半乳糖苷酶活性

18.28 对步骤 2 中每种转化质粒的组合，一系列独立的克隆要使用氯仿覆盖来分析测试活性（修改自 Duttweiler 1996）。尽管有些费力，这一技术通常比标准的、在上面步骤 5～8 中描述的 X-gal 板分析更敏感。下面一些步骤可以替代主方案中的步骤 5～8。

小心：请根据附录 12 对标记有〈!〉的物质进行适当处理。

其他材料

氯仿〈!〉

在 100 mmol/L $KHPO_4$（原文为 $KHPO_4$，疑有误。——编者注）（pH 7.0）中的 1% 低熔点琼脂糖，熔化并冷却到 60℃

20 mg/ml X-gal

酵母选择性培养板（配方见表 18-4）

CM（Glu）-Ura-His

CM（Glu）-Ura

CM（Gal）-Ura（使用含葡萄糖的同类配方，但用 20 g 半乳糖替代）

CM（Gal）-Ura-His-Leu

微量滴定板（96 孔）

多道移液器或接种多支管/蛙形器（如 Danka Scientific）

方法

（1）取 25～30 μl 无菌水加到 96 孔板上的 48 个孔中。

（2）对从主方案的步骤 2 中 a～f 的每一系列转化，使用无菌牙签分别转移并分散 8 个克隆到含无菌水的孔中（占 96 孔微量滴定板的一半）。

（3）使用多道移液器或使用接种用多支管/蛙形器取大约相等体积（约 3 μl）的每种酵母悬液到下列培养板中：

CM (Glu)-Ura-His	2个板
CM (Glu)-Ura	1个板
CM (Gal)-Ura	1个板
CM (Gal)-Ura-His-Leu	1个板

(4) 使用微量滴定板的另一半，将酵母悬液按 1:10 用无菌水稀释，用于活性分析。将稀释液铺到另外的 CM (Gal)-Ura-His 和 CM (Gal)-Ura-His-Leu 平板上。在进行半乳糖苷酶活性分析前，在 30℃ 培养过夜（-Ura-His 或-Ura 板）或培养 3～4 d（-Leu 板），以监控生长。

(5) 将氯仿加到转化子中。

a. 选择含酵母转化子的 CM (Gal)-Ura 和 CM (Glu)-Ura-His 平板。

b. 用氯仿（约 5 ml）轻轻覆盖每个平板，从一侧将氯仿慢慢加入，不要混肴任何克隆。

c. 用氯仿完全覆盖克隆 5 min，吸除氯仿。

(6) 用 5 ml 氯仿简单洗一下板，让板在化学气体通风橱中干燥 5 min。

(7) 对每个板，取约 7 ml 溶于 100 mmol/L $KHPO_4$（pH 7.0）的 1% 琼脂糖，熔化并冷却到约 60℃，加 X-gal 至 0.25 mg/ml。用这种琼脂糖覆盖培养板，确认所有的酵母点均完全覆盖。

在氯仿蒸发时培养板会变冷，所以难以铺盖<7 ml 的顶层琼脂糖。动作要快!

(8) 30℃ 培养并监控颜色变化。通常，20 min 后检查培养板，并在 1～3 h 后再检查是有好处的。

对活性分析，强的活化子如 LexA-GAL4 对照（pSH17-4）可能在 5～10 min 内产生蓝色，这样的诱饵蛋白（LexA 融合蛋白）可能不适合用于相互作用子的获取。弱的活化子会在 1～6 h 内产生蓝色（与阴性对照 pRFHMI 比较），这可能适合，也可能不适合（典型的结果请见图 18-10）。

如果抑制分析使用了覆盖分析/滤膜，应当在 1～2 h 内监控，因为高基础水平的 LacZ 活性将使 JK101 的差异活化不可能在长期培养后被看到。好的结果（就是真正被抑制）通常将在蓝色程度上，反映出 JK101 和诱饵比 JK101 单独在含半乳糖的板上有两到三倍的诱导。用 X-gal 板在接种后 12～24 h 检测通常更容易。

(9) 返回主方案并继续第一阶段步骤 9。

第二阶段 筛选一个相互作用子 18.30

相互作用子的筛选通常包括两个连续的初级酵母平板培养筛选。在第一轮筛选中，含有 pBait 和 *lexAop-lacZ* 报道子的酵母菌株被用来铺平板筛选文库质粒。文库通常被克隆于 pJG4-5 载体（图 18-8）或相关质粒中，它们在可诱导的 GAL1 启动子控制下，以一种具有激活域和其他成分的盒式组件形式表达 cDNAs：这一初级平板筛选是在 CM (Glu)-Ura-His-Trp 平板上，在非诱导条件下完成的。第二轮平板筛选中，文库编码蛋白质被半乳糖诱导表达，通过在 CM（Gal/Raff）-Ura-His-Trp-Leu 撤除平板上筛选，得到含有相互作用蛋白质的酵母菌。最后，在选择培养基上，呈现阳性的、编码 cD-NAs 的文库质粒通过细菌传代培养的方法得到纯化，并接下来重新转化至酵母细胞中，以验证其与 pBait 相互作用的特异性，就像在本方案第三阶段中所描述的那样。

有很多理由认为，两步筛选法具有很大优势。最重要的是，许多有生物学意义的 cDNA 编码蛋白在酵母中作为酵母的组分表达时是有毒的，由此可能在诱导培养基中通过初步的大量平板筛选来获得。另外，同时转化和半乳糖诱导后，一些相互作用蛋白不能马上表达到适当的水平，从而不能有效地与 LexA 融合的搭档蛋白结合并支持其在亮氨酸缺乏的培养基上生长。

18.29

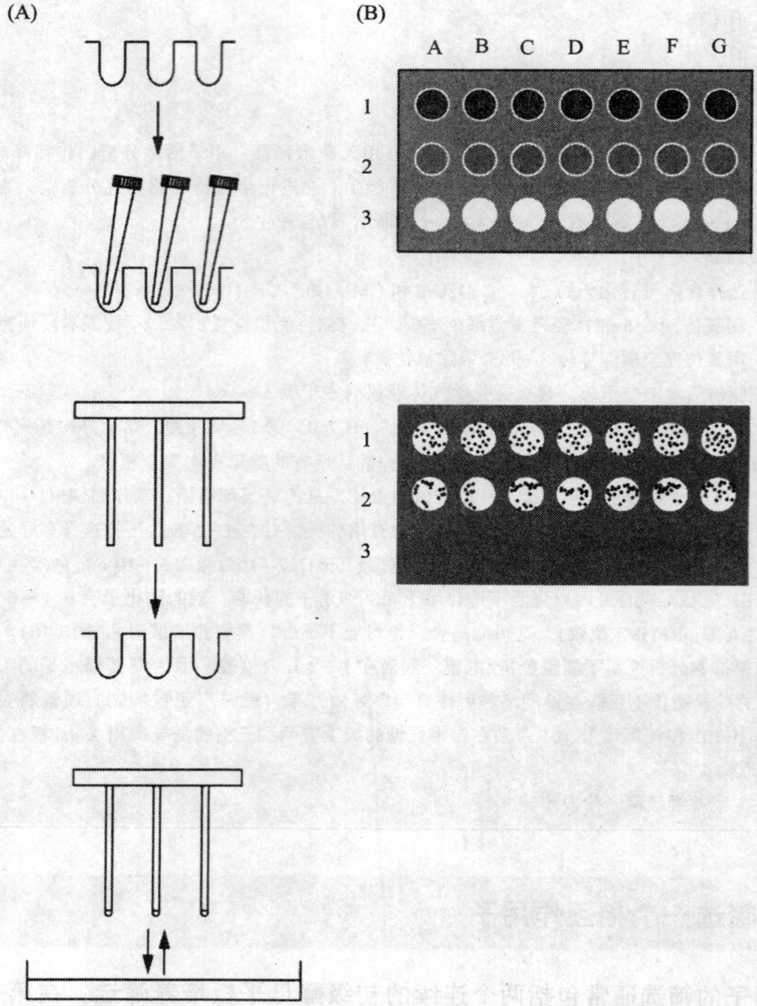

图 18-10 复制技术/栅格酵母

(A) 复制技术。用无菌牙签、塑料吸头或一种蛙形器 (frogger)，从转化板挑取酵母克隆 (直径 1～2 mm)，使其悬浮在 96 孔微量滴定板孔中的 25～30 μl 无菌水中，当所有酵母克隆被悬浮后，将其复制到适当的板上。在板上进行复制时，将蛙形器放在固相培养基表面，用循环运动的方式稍微倾斜，然后提起蛙形器。确认在表面留下的液滴大小大致相同。让液体吸附到琼脂中，然后将板倒过来放到培养箱中。接下来在主板间转移时，将蛙形器倒置在实验台上，然后将主板倒置在辐条(spokes)上，要保证辐条和克隆的正确排列。(B)典型结果。酵母悬液复制后在 CM(Gal/X-gal)-Ura(上)和 CM(Gal)-Ura-His-Trp-Leu(下)板上获得的斑点。对每个 LexA 融合显示了 7 个独立的转化子。(1A～1G)含 pMW112 加上强活化的 LexA 融合的 EGY48;(2A～2G)含 pMW112 加上中度活化的 LexA 融合的 EGY48;(3A～3G)含 pMW112 加上非激活的 LexA 融合的 EGY48。(重新绘制自 Spector et al. 1998)。

在实际的筛选中，通过初级控制的诱饵蛋白极少产生大量的“阳性结果”。经过分析得知，这些阳性克隆看来是诱饵蛋白激活转录能力的重新获得而引起的。这种现象产生的机制目前还不清楚。为了避免浪费时间和试剂，一些研究人员在进行全面筛选之前，先通过进行小型筛选试验（仅 5～10 块平板的转化子）并评估初级结果来测试新的诱饵蛋白：如果背景高得不能接受，研究人员可以转向使用低灵敏性的报道菌株和/或质粒。

在网站 www.fccc.edu/research/labs/golemis/librarysources/上，提供了与相互作用陷阱相容的文库清单。另外，CLONTECH、OriGene 和 Invitrogen 也提供了其他的一些商业用文库。下面的实验方案是针对源于哺乳动物复杂度基因组的 cDNA 文库进行饱和筛选而设计的。针对源于较低复杂度基因组生物体的文库进行筛选所需的平板数较少。

材料

注意：请参照附录 12 对标记〈!〉的材料进行适当的处理。

缓冲液和溶液

溶液贮存液、缓冲液和试剂的成分请参见附录 1。

将贮存液稀释至适当的浓度。

二甲基亚砜（DMSO）〈!〉

乙醇

可选择，请参见步骤 9。

冻存转化体用的无菌甘油溶液

65% 无菌甘油

0.1 mol/L $MgSO_4$

25 mmol/L Tris-Cl（pH 8.0）

TE（pH 7.5）（无菌） 18.31

TE（pH 7.5），含 0.1 mol/L 乙酸锂

TE（pH 7.5），含 40% PEG 4000 和 0.1 mol/L 乙酸锂（无菌）

核酸和寡聚核苷酸

载体 DNA

剪切处理的鲑精 DNA 为典型的常用载体。高质量的 DNA 是非常重要的；使用低质量的制品可能降低 1～2个数量级的转化频率。生产高质量鲑精 DNA 的简便方法请参见 Schiestl 和 Gietz（1998）的方法和第 6 章方案 10，也可选择许多公司出售的这种商品。

相互作用筛选文库

相互作用陷阱文库可以从下列公司购得，例如：CLONTECH（Match Maker System）、Invitrogen、OriGen、Display、MoBiTech（源于各个物种和组织的文库清单，请见 www.fccc.edu/research/labs/golemis/

libsource.html)。

培养基

酵母培养基成分请参见附录 2。

CM 选择培养基

利用表 18-3 估计所需培养基的量，根据表 18-8 制备所需的选择培养基。

无氨基酸的酵母氮源（YNB）分含或不含硫酸铵两类，均有销售。表 18-8 中假定 YNB 中含有硫酸铵。如果酵母氮源包装瓶上说明制备培养基需加 1.7 g/L 酵母氮源，那么它就不含有硫酸铵，配制时每升培养基中应加入 5 g 硫酸铵。

酵母选择 X-gal 培养基

ⅰ. 按照表 18-8 在 900 ml 水中制备基础培养基，高压灭菌后冷却至 55℃。

ⅱ. 在另一个瓶子中，将 7 g 磷酸氢二钠和 3 g 磷酸二氢钠溶于 100 ml 蒸馏水中，高压灭菌。

ⅲ. 将两种高压灭菌溶液混合在一起，加入 0.8 ml 浓度为 100 mg/ml 的 X-gal（溶于 *N*，*N* -二甲基甲酰胺〈!〉），铺制平板。

离心机和转子

Sorvall GSA 转子或等同物

Sorall RT6000 离心机和 H1000B 转子或等同物

专用设备

选择培养基用培养板（24cm×24 cm）（见表 18-3）

这些培养板非常昂贵，但是可以重复使用很多次（见步骤 9）。

Falcon 管（50 ml，无菌）

玻璃珠（直径 0.45 mm，无菌；Sigma）

可选，请见步骤 9。

加热块，预设至 42℃

微量滴定板（96 孔）

可选，请参见步骤 21。

多道移液器或接种多支管/蛙形器（例如 Dankar Scientific）

可选，请参见步骤 21。

用于多菌落转移的蛙形器可以购买或自己制造也很容易；蛙形器的所有辐条都有一个平坦的表面且辐条末端保持水平是很重要的。蛙形器可以通过高压或乙醇灼烧来灭菌。

载体和细菌菌株或酵母菌株

携带表达诱饵蛋白质和 *lexAop-lacZ* 报道子的载体的酿酒酵母候选菌株（来自第

一阶段）。

表 18-8　双杂交分析用酵母 CM 选择培养基 18.32

成分	CM (Glu) -U-H 培养基	CM (Glu) -U-H-T 琼脂	CM (Glu) -U-H-T-L 琼脂	CM (Glu, X-gal) -U-H-T 琼脂[a]	CM (Gal) -U-H-T 琼脂	CM (Gal, Raff) -U-H-T 培养基	CM (Gal, Raff) -U-H-T-L 琼脂	CM (Gal, Raff, X-gal) -U-H-T 琼脂[a]
酵母氮源	6.7 g	6.7 g	6.7 g	6.7 g	6.7 g	6.7 g	6.7 g	6.7 g
葡萄糖	20 g	20 g	20 g	20 g				
半乳糖					20 g	20 g	20 g	20 g
棉籽糖						10 g	10 g	10 g
撤除混合物	2 g	2 g	2 g	2 g	2 g	2 g	2 g	2 g
亮氨酸	15 ml	15 ml		15 ml	15 ml	15 ml		15 ml
色氨酸	10 ml							
琼脂		20 g	20 g	20 g	20 g		20 g	20 g

注：制备液体或琼脂培养基时，将各成分混合在终体积为 1 L 的水中，高压灭菌 20 min。倒板前将琼脂培养基冷却到 50℃；亮氨酸贮存液浓度为 4 mg/ml；色氨酸贮存液浓度为 4 mg/ml；组氨酸贮存液浓度为 4 mg/ml。

[a]对于含 X-gal 的培养基，先用 900 ml 水制备适当的基本培养基，然后将它用于酵母选择性 X-gal 培养基的配方。

方法

转化文库

1. 挑选一个在第一阶段的原始对照试验中状态最好的表达诱饵蛋白和 *lexAop-lacZ* 报道子的酵母菌落，接种于 20 ml CM（Glu）-Ura-His 液体培养基中，30℃摇动过夜培养。

   重要：应该在用文库重新转化之前 7～10 d 内，将诱饵蛋白和 *lexAop-lacZ* 报道子质粒转化到酵母中。在整个试验过程中始终保持无菌条件非常重要。

2. 稀释 20 ml 的过夜培养物于 300 ml 的 CM（Glu）-Ura-His 液体培养基中，以使稀释后培养液的 OD_{600} 约为 0.10～0.15。在旋转摇床上 30℃摇动培养，直到该培养物增殖 1～5 倍，OD_{600} 达到 0.50 左右。
3. 把培养物转移至 1 个 250 ml 的无菌离心瓶中，室温下 1000～1500 *g*（使用 Sorvall GSA 转子 2500～3000 r/min）离心 5 min。移去上清，加入 30 ml 无菌水，在工作台上轻轻拍打离心瓶重新悬浮沉淀，转移混合物至 1 个 50 ml 的无菌 Falcon 管中。
4. 1000～1500 *g*（使用 Sorvall GSA 转子 2500～3000 r/min）离心酵母细胞 5 min。倒掉水，重新悬浮酵母细胞于 1.5 ml 含 0.1 mol/L 乙酸锂的 TE（pH 7.5）中。
5. 在 30 个 1.5 ml 的无菌小离心管中分别加入 1 μg 的文库 DNA 和 50 μg 刚刚变性的载体 DNA。马上在每个小离心管中加入 50 μl 的酵母悬浮液（来自步骤 4）。

   一个成功的转化试验，每微克文库 DNA 应该产生约 10^5 个转化子。使用小体积的 DNA（最好每个转化管中少于 10 μl）通常可以提高转化效率。

   平行地进行多份小量的酵母转化有利于减少污染的概率，而且这种方法与在较少试管中采用较大体积相比，经常可以得到显著更高的转化效率。每份感受态酵母细胞悬浮液中不要加入过多的转化文库 DNA，否则每个感受态细胞可能吸收多个文库质粒，使后面的分析复杂化。

18.33 6. 在每管细胞悬浮液中加入 300 μl 含 40% PEG4000 和 0.1 mol/L 乙酸锂的无菌 TE (pH 7.5)，轻轻翻转试管若干次使混合（不要振荡），30℃培养 30～60 min。

7. 每个试管中加入 40 μl DMSO，翻转混匀悬浮液，在 42℃的加热块上加热 10 min。

8. 按照下述步骤将转化混合物铺平板：

其中的 28 管只用于产生转化子

a. 把每管中的混合物加到 24 cm×24 cm 的 CM (Glu)-Ura-His-Trp 选择平板上。

b. 将细胞涂匀，并将平板置于 30℃孵育直到菌落出现。

每个 24cm×24 cm 平板需要 250～300 ml 的培养基，应该在倒制平板后室温干燥 1～2 d 再使用。为了减少污染的机会，倒制平板后需用火烘烤平板表面。一些研究人员采取了另外的处理方法：打开平板，翻转盖子放置在标准组织培养超净台内，紫外线照射约 10 min。

剩余 2 管用来评价转化效率

a. 从每个管中取 350 μl 混合物加到 24cm×24 cm 的 CM (Glu)-Ura-His-Trp 平板上。

b. 铺平细胞，30℃培养平板直到菌落出现。

c. 吸取每管中剩余的 40 μl 混合物用无菌的 TE (pH 7.5) 或水做一系列的 1∶10 稀释（至少 3 次）。

d. 每份稀释液吸取 100 μl 铺在 100 mm CM (Glu)-Ura-His-Trp 平板上，30℃培养平板直到菌落出现。

分析稀释度能够大致估计所得转化子的数目。100 mm 指示平板上预测增加的转化子菌落数目偶尔与 24cm×24 cm 平板上的数目有显著的不同，尤其是不同批次的平板之间。一个成功的转化实验中每个大平板上应该产生 20 000～40 000 个菌落。

初级转化子的收获和富集

步骤 9～14 提供代表全套初级转化子的冻存物，可用于后面的筛选。在这个实验中，从初级转化子（约 10^6 个细胞）制备同质的细胞悬液，每一份都可以用来在选择培养基上进行平板筛选。这项技术代表了更加常规的转移酵母的方法（例如：复制平板培养），它转移了如此大量的细胞，以至于在选择培养基上可以观察到某种程度上导致虚假背景的细胞生长。如果在平板上观察到可见的霉菌斑或其他的污染，那么在收获文库转化子之前，用无菌刀片小心地切去污染物及其周围部分。

在步骤 9 中，第一种方法（摇动法）操作起来很快，可以在同一天进行文库的诱导和选择培养基上的筛选，它也缩短了平板打开的时间，从而避免源于空气传播的霉菌和细菌的污染。大约三分之一的酵母细胞悬浮液将留在平板上；然而正常情况下所使用的量不超过收集悬液的 2%，所以保证酵母菌落以大致相等的概率从平板上洗脱是很重要
18.34 的。步骤 9 中的第二种方法（刮擦法）节省试剂，而且可以方便地在已经切掉霉菌和污染物的平板上使用。

9. 使用下列方法之一收获文库。

1）通过摇动法收获文库

a. 分别在5个含有转化子的24 cm×24 cm平板上倒入10 ml无菌水和大约30粒无菌玻璃珠。

b. 把5个平板叠放在一起，紧握平板，猛烈地摇动平板直至菌落重新悬浮（1～2 min)。

c. 用无菌移液管从每个平板中吸取5 ml酵母悬液（倾斜平板)。把细胞悬液集中在50 ml的无菌锥形管中。

d. 继续下面的5个平板，重复步骤a～c。连续从30个平板中收获酵母细胞，结果得到总体积为150 ml的酵母悬液，保存在3个50 ml管中。

相同的玻璃珠可以转移到新的平板中，也可使用新的玻璃珠。同时洗脱的平板可以超过5个，只要手可以握住摇动即可。

平板可以重复使用许多次。收获酵母细胞后，弃去残余的琼脂，冲洗平板，用乙醇擦拭，暴露于紫外灯下照射10 min，存储备用。

2）通过刮擦法收获文库

a. 戴着手套，把30个含有转化体的24 cm×24 cm平板放在4℃环境中使琼脂变硬（通常需要2 h甚至过夜)。

b. 把一个显微镜载玻片在乙醇中浸泡，然后灼烧消毒，用这个玻片轻轻地把酵母细胞从转化平板上刮至50 ml的锥形管中。不断地重新灼烧玻片或换用新的玻片（每5～10个平板)。

全部30个平板上的细胞通常汇集在一或两个50 ml锥形管中。

平板可以重复使用许多次。收获酵母细胞后弃去残余的琼脂，冲洗平板，乙醇擦拭，暴露于紫外灯下照射10 min，存储备用。

10. 如果需要，在每个装有酵母细胞的锥形管中加无菌TE（pH 7.5）或无菌水至40～45 ml，振荡或翻转试管悬浮细胞。

11. 使用台式离心机1 000～1 500 g（使用Sorvall H1000B转子2 200～2 700 r/min）室温下离心试管5 min，弃去上清。

12. 重复步骤10和11。

第二轮洗涤后，源自1.5×10^6个转化体的细胞沉淀总体积应为25 ml。

13. 重新悬浮压紧的细胞沉淀于一倍体积的无菌甘油溶液中，合并不同管的内容物，彻底混合。

14. 分别转移1 ml的细胞混合物于一系列无菌小离心管中，-70℃冻存（至少1年内细胞保持稳定)。

如果直接在选择培养基上进行平板培养（完成需要5 h)，留一份不要冻存，进行下面的步骤。假设未冻存培养物的存活力100%，一般情况下，酵母冻存时间少于一年，预期存活力将大于90%。如果出现意外情况（例如：特别是在选择培养基上铺平板培养冻存细胞后没有得到菌落)，通过在CM(Glu)-Trp-His-Ura上进行一系列的有限稀释测量冻存细胞的存活力。

相互作用蛋白的筛选 18.35

转化文库的每一份铺在亮氨酸缺乏的选择培养基上来检测其能否促进*LEU2*转录。并不是所有含有相互作用蛋白质的细胞在亮氨酸缺乏的选择性培养基平板上都以100%的效率生长（Estojak et al. 1995)。为了增加检测到相互作用的概率，转化文库中获得的每一个克隆都应该在选择培养平板上出现 3～10 个能存活的酵母细胞。例如：最初得到 5×10^5 个克隆，1.5×10^6～5×10^6 个细胞就应该涂布在 2～5 块平板上。虽然这样操作可能导致过多地分离到相同的 cDNA，但是它帮助我们保证了所有的初级转化子在选择培养基平板上至少呈现 1 个细胞。事实上，在一批相对较少的阳性克隆中，一条相同的 cDNA 的重复分离可被看作为一个特殊蛋白质间相互作用的标志。

15. 解冻一份转化文库酵母细胞（来自步骤 14），用 CM（Gal-Raff）-Ura-His-Trp 培养基按 1∶10 稀释，30℃摇动培养酵母细胞 4 h 来诱导文库中 GAL1 启动子的转录。

16. 在适当数量的 100 mm CM（Gal-Raff）-Ura-His-Trp-Leu dropout 平板上分别培养 10^6个细胞（或 50 μl OD_{600}为 1.0 的培养物）。

    重要：每个平板 10^6 个细胞为通常有效使用的最高平板密度。更高密度平板培养（例如：3×10^6）可能产生酵母细胞间的共栖现象，导致很高的背景生长。

17. 30℃培养平板 5 d。

    决定于所使用的单个诱饵蛋白，好的阳性相互作用单元候选菌通常在 5 d 内长出克隆，大多数克隆在 2～4 d 间出现。

18. 观察平板的生长，出现克隆时对其加以标记。

    一个好的策略（特别是生长出大量克隆时）是每天观察平板，并不需要马上挑取克隆。而是第一天肉眼可以看到的克隆用实验室记号笔以一个特定颜色的点在平板上标记它们的位置（例如：第 3 天为红色）。每一天以不同的颜色笔标记刚刚长出的克隆（第 4 天为蓝色等）。

19. 第五天，形成一个按每天出现的不同克隆分组的主板(CM[Glu]-Ura-His-Trp)。

    如果出现许多明显的阳性克隆，就有必要按照第二天、第三天和第四天出现的克隆分别生成一些单个的平板。为了为后面的步骤制作一个阴性对照，从检测酵母细胞存活力的平板上随机挑取 3～5 个克隆（请参见步骤 14 的说明），在测试主板上平行划线培养。如果在后面的实验步骤中使用多支管/蛙形器，要确信在合适的方格网中划线以保证菌落与蛙形器上的辐条相对应（请参见图 18-10）。

20. 30℃孵育平板直到斑点/菌落形成。

疑难解析

- 平板培养超过一周出现的克隆有可能并不代表好的真实克隆。在主板的测试试验中，真正的相互作用单元趋向于在与特定的诱饵相对应的时间范围内出现，而假阳性克隆是在不同的时间点上成丛出现；因此，在克隆生长的时候根据它们出现的日期分组，可以便于确定选择哪些克隆最先进行分析。如果使用复制技术，制作另外一个含有葡萄糖的母板是很有价值的（请参见步骤 19 的说明）。
- 一般来说，单位平板上大量克隆（＞500）的快速生长（24 h 或更少）证明前面的步骤存在污染（例如：平板刮擦过程中）。如果确定为细菌污染，我们建议准备一块新的含 15 μg/ml 四环素的选择平板，重复文库诱导和平板培养试验。

18.36　阳性相互作用的初次确定：β-半乳糖苷酶活性和亮氨酸需求的检测

步骤 21 和 22 检测 *lexAop-LEU2* 和 *lexAop-lacZ* 报道基因的半乳糖诱导的转录活化。两个报道基因在半乳糖特异诱导的条件下同时表达，表明这种转录表型的出现是因为文库编码蛋白质的表达，而不是酵母宿主菌的突变。含有葡萄糖和亮氨酸的母板可用来提供检测克隆。

21．测定转录活化。

这个实验可以利用牙签重新划线培养或利用多支管/蛙形器来进行，在分析大量阳性克隆时，多支管/蛙形器是非常有用的（有关蛙形器的详细情况请参见图 18-10）。

1）通过直接划线培养测定

a．使用一个平头牙签分别在下面的 4 个平板上复制和主板上相同的栅格。使用相同的牙签在四个平板上划线培养单克隆，尽量在含有 X-gal 平板上划制粗的酵母线条，而在亮氨酸缺乏的平板上划制细的酵母线条。

CM(Glu/X-gal)-Ura-His-Trp	1 个平板
CM(Glu/Raff/X-gal)-Ura-His-Trp	1 个平板
CM(Glu)-Ura-His-Trp-Leu	1 个平板
CM(Glu/Raff)-Ura-His-Trp-Leu	1 个平板

b．平板在 30℃ 培养 3～4 d。

X-gal 平板在 48 h 之内即会产生结果，最强的相互作用甚至 18 h 就会长出斑点。48 h 到 72 h 之间亮氨酸平板上不同的生长状况通常很明显。

2）使用多支管/蛙形器测定

a．在 96 孔微量滴定板上的 48 个孔中加入 25～30 μl 无菌水。

b．使用蛙形器从预先画好栅格的主板上将菌斑同时转移至微量滴定板的孔中。轻轻摇动滴定板。

c．再次使用蛙形器从微量滴定板中将酵母转移至下面的平板上。这种方法可以把大致相同数量的细胞转移到同一块平板上。

CM(Glu)-Ura-His-Trp	2 个平板
CM(Gal)-Ura-His-Trp	1 个平板
CM(Glu)-Ura-His-Trp-Leu	1 个平板
CM(Gal/Raff)-Ura-His-Trp-Leu	1 个平板

d．平板在 30℃ 培养 3～4 d。平板在培养 1 d 后，采用氯仿覆盖法（请参见第一阶段结束处的替代方案："通过氯仿覆盖分析 β-半乳糖苷酶活性"），使用一个 CM (Glu)-Ura-His-Trp 平板和一个 CM（Gal)-Ura-His-Trp 平板测定 *lacZ* 报道基因的活化。

e．继续监控菌斑的生长：通常在 48 h 到 72 h 之间，在亮氨酸平板上的生长与在亮氨酸缺乏平板上的生长将产生明显的不同。第二块 CM（Glu）-Ura-His-Trp 平板可作为新的主板。 18.37

22．解释结果。如果具备下面的条件，菌落和它们包含的质粒被认作为第一轮的阳性克隆：

- 在 CM(Gal)-Ura-His-Trp 平板上的培养物 X-gal 分析呈现蓝色。
- 在 CM(Glu)-Ura-His-Trp 平板上的培养物 X-gal 分析呈现白色或仅是浅蓝色。
- 菌落在 CM(Gal/Raff)-Ura-His-Trp-Leu 平板上生长良好。
- 菌落在 CM(Glu)-Ura-His-Trp-Leu 平板上生长缓慢或根本不能生长。

疑难解析/分析

极少数情况下，如果发生高亲和的相互作用，而且两个蛋白质在酵母中稳定存在，那么在葡萄糖培养基中将产生微弱的生长加快和 X-gal 活性，在半乳糖培养基中情况也是一样。这种现象的产生是因为在葡萄糖培养基中，GAL1 启动子的低水平转录促进了足够水平的强烈相互作用，也检测到了稳定的相互作用单元激活域的融合。

在有些情况下，可以观察到两个 *lexAop* 报道子之一的强烈活化，然而另外一个报道子仅观察到微弱的活化。相对于 *LEU2*，一些诱饵-相互作用子结合物优先地活化 *lacZ*，或者相反（Estojak et al. 1995）。一般来说，这样的系统特异性相互作用子的可信水平都比强烈活化两个报道子的相互作用子的可信水平要低。也有特殊情况，在亮氨酸缺乏培养基上观察到明显的生长，实际却没有观察到 X-gal 的蓝色。这些分离物是否是所追寻的目的产物，这一点要留给研究人员来决定。

如果没有得到一个特定诱饵的阳性克隆，有下面几点需要考虑：①源文库不合适或没有筛选到足够数量的菌落；②诱饵蛋白不以足够检测到的亲和性与任何的单一搭档蛋白发生相互作用（Estojak et al. 1995）；③诱饵蛋白没有处于天然构象，或者是因为结构，或者是因为与融合蛋白的立体相互作用，或者是因为融合蛋白的某部分隔绝了这个蛋白质，因此诱饵蛋白不能很好地与 *lexA* 报道子相互作用（Golemis and Brent 1992）。有时候为了得到相互作用单元，可以更换诱饵蛋白和改变筛选条件，然而，单单一些诱饵蛋白不能产生相互作用单元。在这种情况下，就要依靠研究人员的判断力去决定在这方面进行什么样的努力。

18.38

第三阶段　阳性相互作用的再次确定

在相互作用单元的筛选中，所得阳性克隆的数目取决于单个的诱饵蛋白和文库的适用性。从零到几百个之间的任何数目的阳性相互作用单元都可能被确定，但事先预测通常是很困难的。如果得到了一个适当的少量（1～30）的相互作用单元，基本可以按照下面所写的详细步骤操作。在得到了大量相互作用单元的情况下，可能需要，也可能不需要马上对它们全部进行处理。一个可选的策略是，“仓储（warehouse）”大部分的阳性克隆，处理 24～48 个较快生长的克隆，它们经常带有最强的相互作用单元。这些克隆可能因为相互作用的特异性被筛选出来，并且通过严格的分类分析分组和/或测序，从而决定它们是否都是惟一的 cDNA，或是否是有限数目的 cDNA 被重复分离。在前面的实验中（特别是如果分离的 cDNA 与诱饵序列的关系没有生物学意义时），有时候重新设定原始的筛选条件，重新尝试使用结合敏感性较低的菌株和质粒是很有帮助的。如果得到许多不同的相互作用单元，则可能是一种低亲和、非特异性相互作用的标志。究竟应采取哪种方法，取决于研究者的目标与原材料。

18.39 从酵母中分离的质粒必须转化至适于正如测序操作的菌株中。标准的实验室菌株，例如 DH5α，使用效果非常好。如果使用上面推荐的含有不同于 JG4-5 药物抗性标志的质粒（pMW112、pMW102 等），需要做的工作只有一步：通过电穿孔的方法将分离的质粒 DNA 转化到大肠杆菌 DH5α 中，并在含有氨苄青霉素的培养基平板上培养转化子。只有吸收了文库质粒的细菌才能在这样的培养基平板上生长。通过电穿孔进行转化非常重要：一般来说，利用化学转化法转化酵母分离的 DNA 效果较差。

图 18-11 表述了逐步得到阳性克隆的两种方法。右边的测序步骤是更加传统的，并

且在许多实验室中得到了成功的应用：这种方法侧重于在测序前进行诱饵和文库蛋白质相互作用特异性的完全鉴定。本方案结束处的文本框介绍的“替代方案：相互作用陷阱阳性克隆的快速筛选”，它依赖于一种“颠倒”的方法，在 PCR 和自动测序使用起来都很方便有效时，推荐使用这种方法。在后面的实验条件下，这种方案快了 2～3 d，并且减少了必须检验特异性的分离物数目（这样减少了大肠杆菌和酵母转化子两者的数目）。这里最后表述的一系列特异性检验可以用来核实依赖于相互作用的表型。

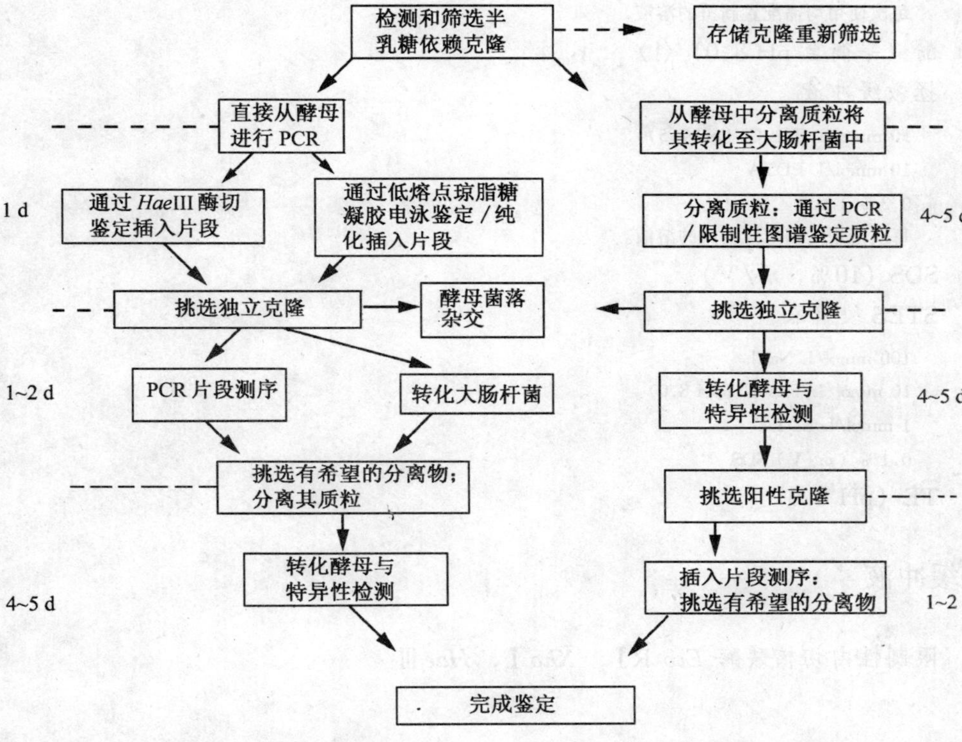

图 18-11　文库筛选流程图

见文中详述（重新绘制自 Spector et al. 1998）。

材料

注意：对于标有〈!〉的材料请按附录 12 进行适当处理。

缓冲液和溶液

贮存溶液、缓冲液和试剂的成分请参见附录 1。

将贮存溶液稀释至适当的浓度。

乙酸铵（7.5 mol/L）

氯仿〈!〉

乙醇

异丙醇

裂解液

酶解酶 100T 以 2～5 mg/ml 溶解于拯救缓冲液中

或

β-葡糖醛酸酶 100 000 单位/ml（Sigma）按 1∶50 稀释于拯救缓冲液中

每次使用均需配置新鲜的溶液。

酚（平衡至 pH 8.0）〈!〉

拯救缓冲液

50 mmol/L Tris-Cl（pH 7.5）

10 mmol/L EDTA

0.3% β-巯基乙醇〈!〉

每次使用均需配置新鲜的溶液。

SDS（10%，*m*/*V*）

STES 裂解液

100 mmol/L NaCl

10 mmol/L Tris-Cl（pH 8.0）

1 mmol/L EDTA

0.1%（*m*/*V*）SDS

TE（pH 8.0）

酶和缓冲液

限制性内切核酸酶 *Eco* RⅠ，*Xho* Ⅰ，*Hae* Ⅲ

凝胶

琼脂糖凝胶

请参见步骤 5。

18.40 培养基

酵母培养基各成分请参见附录 2。

CM 选择培养基

利用表 18-3 估计所需培养基的量，并根据表 18-9 制备所需的选择培养基。

无氨基酸的酵母氮源（YNB）分含或不含硫酸铵两类，均有销售。表 18-9 中假定 YNB 中含有硫酸铵。如果酵母氮源包装瓶上说明制备培养基需加 1.7 g/L 酵母氮源，那么它就不含有硫酸铵，配制时每升培养基中应加入 5 g 硫酸铵。

表 18-9　双杂交分析用酵母 CM 选择培养基

成分	CM (Glu) -T 培养基	CM (Glu) -U-H 琼脂	CM (Glu) -U-H-T 琼脂	CM (Glu) -U-H-T-L 琼脂	CM (Glu, X-gal) -U-H-T 琼脂[a]	CM (Gal, Raff, X-gal) -U-H-T 琼脂[a]	CM (Gal, Raff) -U-H-T-L 琼脂
酵母氮源	6.7 g	6.7 g	6.7 g	6.7 g	6.7 g	6.7 g	6.7 g
葡萄糖	20 g	20 g	20 g	20 g	20 g		
半乳糖						20 g	20 g
棉籽糖						10 g	10 g
Dropout 混合物	2 g	2 g	2 g	2 g	2 g	2 g	2 g
亮氨酸	15 ml	15 ml	15 ml		15 ml	15 ml	
色氨酸		10 ml					
组氨酸	5 ml						
尿嘧啶	5 ml						
琼脂		20 g	20 g	20 g	20 g	20 g	20 g

注：[a] 对于含 X-gal 的培养基，先用 900 ml 水制备适当的基本培养基，然后将它用于酵母选择性 X-gal 培养基的配方。

制备液体或琼脂培养基时，将各成分混合在终体积为 1 L 的水中，高压灭菌 20 min。倒板前将琼脂培养基冷却到 50℃；亮氨酸贮存液浓度为 4 mg/ml；色氨酸贮存液浓度为 4 mg/ml；组氨酸贮存液浓度为 4 mg/ml；尿嘧啶贮存液浓度为 4 mg/ml。

含 50 μg/ml 氨苄青霉素的 LB 琼脂平板

细菌基本培养基（色氨酸缺乏）

制备下列高压灭菌贮存液：

ⅰ. 20%（m/V）硫酸镁

ⅱ. 4 mg/ml 尿嘧啶

ⅲ. 4 mg/ml 组氨酸

ⅳ. 4 mg/ml 亮氨酸

ⅴ. 20%（m/V）葡萄糖

制备下列过滤除菌溶液：

ⅵ. 50 mg/ml 氨苄青霉素

ⅶ. 1% 盐酸硫胺素

分别高压灭菌下列两种溶液：

ⅷ. 15 g 琼脂溶解于 800 ml 蒸馏水中

ⅸ. 10.5 g 磷酸氢二钾

4.5 g 磷酸二氢钾

1 g 硫酸铵

0.5 g 柠檬酸钠

160 ml 蒸馏水

将溶液ⅷ和ⅸ冷却至 50℃，混合。迅速加入 1 ml 的溶液ⅰ，10 ml 的溶液ⅱ，10 ml 的溶液ⅲ，10 ml 的溶液ⅳ，10 ml 的溶液ⅴ，1 ml 的溶液ⅵ，以及 0.5 ml

的溶液ⅶ。彻底混合终溶液，马上倒制平板。

酵母选择 X-gal 培养基

ⅰ. 按照表 18-9 所述，在 900 ml 水中制备基础培养基，高压灭菌后冷却至 55℃。

ⅱ. 在另外一个瓶子中，7 g 磷酸氢二钠和 3 g 磷酸二氢钠溶于 100 ml 蒸馏水中，高压灭菌。

ⅲ. 把两种高压灭菌溶液混合在一起，加入浓度为 100 mg/ml 的 X-gal 溶液（溶于 *N*，*N*-二甲基甲酰胺〈!〉）0.8 ml，倒制平板。

18.41 离心机和转子

Sorvall RT6000 离心机，H1000B MPC 和 H6000A MPC 转子（离心微量滴定板用）

专用设备

玻璃珠（直径 0.45 mm，无菌；Sigma）

微量滴定板（24 孔或 96 孔［可选］）

重复用移液管

可选，请参见步骤 1。

附加试剂

此方案的步骤 2 需要第 1 章方案 26 中列出的电穿孔试剂。

此方案的步骤 3 和 4 需要第 1 章方案 1 中列出的小量质粒 DNA 制备用试剂。

此方案中步骤 10 需要第 4 章方案 13 中列出的酵母 DNA 测序试剂。

载体、细菌和酵母菌株

适用于电穿孔的大肠杆菌 DH5α 或大肠杆菌 KC8（pyrF leuB600 trpC hisB463；CLONTECH）

请参见第 1 章，方案 26。

非特异性诱饵质粒

请参见步骤 6 说明。

pMW112，pRFHM-1

pBait（来自第一阶段）

在CM(Glu)-Ura-His-Trp 主板上生长的具适当表型的酵母克隆（第二阶段步骤 21 已鉴定）

酵母菌株 EGY48

方法

阳性质粒的分离

提供了两种分离离散文库质粒的方法。分离少量的菌落时，将细胞在 SDS 中裂解；分离大量的菌落时，细胞用酶解酶（zymolyase）裂解。

（1）从阳性菌落中制备细胞裂解物

1）少量菌落的分离

一般来讲，即使阳性菌落的数目数以百计，一些研究人员也宁愿用这种方法去逐步处理最初得到的全套阳性菌落，而在同时处理约 24～36 个或更少的菌落时，这种方法则是最为好用的。在通常的情况下，利用这个方案结束处的替代方案从普通生长的阳性菌落中区别出单一序列，不失为一个较为有效的方法。

a. 从 CM(Glu)-Ura-His-Trp 主板开始（第二阶段步骤 21），挑取在选择培养基上呈现合适表型的菌落至 5 ml 的色氨酸缺乏的葡萄糖培养基中，30℃过夜培养。

在这种情况下省掉-Ura-His 筛选可以促进非文库质粒的丢失，使分离希望得到的文库质粒变得更为容易。

b. 室温下使用小型离心机以最大转速离心每个培养液中的 1 ml 培养物 1 min，在 200 μl 的 STES 裂解液中重新悬浮沉淀，加入 100 μl 直径 0.45 mm 的无菌玻璃珠，剧烈振荡试管 1 min。

c. 每个试管中加入 200 μl 平衡酚，再次剧烈振荡 1 min。 18.42

d. 室温下使用小型离心机以最大转速离心乳浊液 2 min，分别把水相转移至新的小离心管中。

e. 每个水相中加入 200 μl 的平衡酚和 100 μl 的氯仿，振荡 30 s。室温下使用小型离心机以最大转速离心乳浊液 2 min，分别把水相转移至新的小离心管中。

f. 每个水相中加入两倍体积（400 μl）的乙醇，翻转混合，－20℃冷冻试管20min，4℃条件下使用小型离心机以最大转速离心 15 min 来回收核酸。

g. 弃去上清。用冷的 70％乙醇洗涤沉淀，真空条件下使沉淀大致干燥后，在 5～10 μl 的 TE（pH 8.0）中重新悬浮每份沉淀。进行步骤 2。

2）大量菌落的分离

下面制备多批 DNA 的实验方法是由 Steve Kron（芝加哥大学）建立的，在它是对 Manuel Claro（巴黎基因技术分子实验室）最初建立的实验方案的一种放大。需要带有平板固定器（或托盘、支架）的冷冻离心机和可以重复使用的移液管。

a. 在 24 孔微量滴定板的每个孔中加入 2 ml 2×CM（Glu）-Trp 培养基。用牙签从主板上挑取假定的阳性克隆到微量滴定板的孔中（第 2 阶段步骤 21），30℃摇动微量滴定板培养过夜。

使用 2×基础培养基增加了酵母的产量。通常可以方便地处理 4 个平板，并在一个离心机中同时离心。

b. 使用带有平板支架的离心机，4℃、1 500 *g*（使用 Sorvall H1000B MPC 转子 3 000 r/min)离心 5 min。用手甩动平板去掉上清液，平板正面向上放置，摇动或轻轻振荡平板使细胞沉淀重新悬浮于保留的培养液中。每个孔中加入 1 ml 水轻轻摇动平板。

加入新的溶液之前，细胞沉淀最容易重新悬浮于残余的液体中。可以使用重复用移液管添加溶液。

c. 如步骤 b 般离心，甩掉上清液，重新悬浮细胞沉淀于残留的上清液中，加入1 ml 的拯救缓冲液。

d. 如步骤 b 般离心，甩掉上清液，重新悬浮细胞沉淀于平板上少量的残留上清液中，每个孔中加入 25 μl 的裂解液，摇动或振荡平板，在旋转摇床上 37℃ 培养平板（需加盖）约 1 h。

裂解液使用前不需要完全溶解。经过 1 h，酵母细胞凝结为白色的沉淀时，即明显可见裂解现象。酵母菌株对裂合酶的敏感性各不相同。如果裂解现象出现得很快，那么就使用较少的裂合酶。如果裂解处理的时间过长，过多的部分溶解细胞壁将可能污染最后的材料。可以通过在相差显微镜下检查细胞来判断裂解情况。活细胞是带有黑的晕圈的白色，死细胞是均匀的灰色。裂解会把细胞中的颗粒内容物释放到培养基中。一旦细胞大部分都变成灰色并且许多细胞已经破裂，即可假定为许多质粒已经释放了出来。

e. 每个孔中加入 25 μl 的 10% SDS。摇动平板完全溶解沉淀。室温下把平板在桌面上放置 1 min。1 min 后，平板上的孔中应为清亮的、稍微黏稠的溶液。

18.43 f. 每个孔中加入 100 μl 的 7.5 mol/L 乙酸铵。轻轻振荡平板，然后 −70℃ 或 −20℃ 放置 15 min 直到裂解物被冷冻为止。

乙酸盐的加入导致了细胞碎屑和 SDS 块状沉淀的形成。冷冻步骤促进了大肠杆菌转化抑制物的去除。

g. 从冰箱中取出平板。一旦开始融解，4℃、3 000*g*（使用 Sorvall H6000A MPC 转子 3 800 r/min）离心 15 min，转移得到的 100～150 μl 的清亮上清液至新的 24 孔板中。

要点：一般来说，沉淀材料对上清液的某些污染不能避免。然而为了保证纯度，最好牺牲部分产物。

h. 每个孔中加入约 0.7 体积的异丙醇，摇动平板混合溶液，室温下沉淀核酸 2 min。按照步骤 g 离心，用手甩动平板去掉上清液。

异丙醇加入后马上出现浑浊的细小沉淀。

i. 每个孔中加入 1 ml 70% 冷乙醇，晃动平板。然后 4℃、3 000 *g*（使用 Sorvall H6000A MPC 转子 3 800 r/min）5 min，用手甩动平板去掉上清液，翻转平板，让孔印在纸巾上，让平板在空气中干燥。

j. 每个孔中加入 100 μl 的 TE（pH 8.0）。晃动平板，然后放在桌面上放置几分钟，直到沉淀完全溶解。把制备品转移至小离心管或 96 孔板孔中 −20℃ 保存。进行步骤 2。

取每份所得制备品 1～5 μl 用来通过电穿孔转化适宜的大肠杆菌。如果没有得到足够的菌落，重新沉淀 DNAs，再溶解于 20 μl 而不是 100 μl 的 TE 中，浓缩 DNA 贮存液。

转化至大肠杆菌中

如果诱饵蛋白被克隆在携带氨苄青霉素抗性标志的特异性 lexA 融合质粒（表 18-1）中，一定比例的大肠杆菌 DH5α 转化子将不含这个文库质粒。解决这个问题的一个方法是分析每个 DNA 制备品的多个转化子。另一个行得通的方法是通过一株具有 *trpC* 突变的大肠杆菌传递质粒，通过酵母 *TRP1* 基因补足大肠杆菌 *trpC* 突变的能力来筛选文库中的质粒。

(2) 通过电穿孔的方法在感受态大肠杆菌 DH5α 或菌 KC8（pyrF leuB600 trpC hisB463）中引入 1~5 μl 的质粒 DNA 制备品，把细菌铺在含有 50 μg/ml 氨苄青霉素的 LB 琼脂板上，37℃孵育过夜。

(3) 如果质粒 DNA 转入了 DH5α 中，则进行步骤 4，如果质粒 DNA 转入了 KC8 中，则：

a. 在 LB/氨苄青霉素平板上重新划线培养，或复制平板将菌落转移至细菌用基础培养基（色氨酸缺乏），37℃孵育细菌过夜。

在这些条件下生长的菌落含有 pJG4-5 文库质粒，此质粒携带的 *TRP*1 基因有效地补足了细菌 *trpC* 9830 突变。

转化混合物一开始铺在 LB/氨苄青霉素平板上比直接铺在细菌用基础平板上的生存压力要小，增加了所得的菌落数。

b. 从一个分离的菌落制备小量的 DNA，按步骤 2 所述利用这些 DNA 转化细菌 DH5α 细胞。

KC8 DNA 的小量制备可用于酵母的限制性酶切、PCR 和重新转化。然而，我们建议在打算测序之前，使用 KC8 的小量制备 DNA 来转化更加容易接受的大肠杆菌株，如 DH5α。KC8 制备的 DNA 通常不适合用来进行双脱氧或自动测序，即使在充分的纯化之后情况也是一样。

(4) 从携带文库质粒的 DH5α 细胞制备小量的 DNA。

要点：一般来说，从原始的阳性相互作用子产生的两个或三个单独的细菌菌落制备 DNA 是一个很好的主意。相对于细菌来说，酵母能够耐受重复多次的带有相同选择标志的 2 μ 质粒。如果一个单个酵母细胞含有两个或三个不同的文库质粒，其中只有一个质粒编码了相互作用蛋白质，相关的 cDNA 克隆在质粒的分离阶段就可能丢失。再者，一般来说，这不是主要问题，平均大概 10% 的酵母细胞将含有两个或更多的文库质粒。

(5) 通过对含有相同插入片段的阳性克隆制备的重复样品来进行限制性酶切分析确证和/或确定是否重复分离到了小量的 cDNAs。

携带 *Eco*RⅠ + *Xho*Ⅰ的文库质粒分解时将释放 cDNA 的插入片段，而携带有 *Eco*RⅠ + *Xho*Ⅰ + *Hae*Ⅲ的文库质粒分解时将“指示”插入片段。仅少量 cDNAs 的独立分离物通常就能很好地揭示多个克隆之间的生物学相关性。如果得到的 cDNA 克隆不相同也不要绝望。全部阳性菌落中只有少量的生长时，或相互作用子 cDNA 在文库中的丰度很低时，真正的相互作用子已经作为单一的阳性克隆被得到。

重要：一些研究人员在这个时候会对 DNAs 进行测序。大量的钱可能浪费在了非特异性相互作用子的测序上：我们强烈建议测序之前应该完成下面所述的酵母转化和特异性检测。

阳性相互作用的第二次确证：重复表型和特异性检测

相互作用蛋白特异性的最终检测是把来自大肠杆菌的文库质粒重新转化到含有“处女型” *lexAop- LEU2*/*lexAop-lacZ*/ pBait 的菌株中。其目的是验证是否依然可以观察到依赖相互作用的表型和依然对原来的 pBait 存在特异性。这次验证将消除假阳性，包括在半乳糖培养基生长或活化转录的原始转化酵母 EGY48 中的突变、与 *lexA* DNA 结合域相互作用的文库编码 cDNAs 以及“黏稠的”并与多个 pBait 混合相互作用的文库编码蛋白。

(6) 用下面的几组质粒转化酵母株 EGY48，在 CM(Glu)-Ura-His 平板上筛选菌落。

a. pMW112 和 pBait

b. pMW112 和 pRFHM-1

c. pMW112 和一个非特异性诱饵蛋白

如果筛选中最初使用的 pBait 能够激活转录，即使很轻微，我们强烈地推荐对照诱饵也应该是能微弱地活化转录的非特异性对照诱饵。一般来说，微弱地激活转录的诱饵很难与假阳性的背景相区分。一些假阳性也通常与微弱活化的 LexA 融合蛋白发生相互作用。

(7) 2～3 d 后就可以使用由步骤 6 所得的转化酵母。使用电穿孔的方法把得自大肠杆菌 KC8 和 DH5α 的质粒引入单个的转化子 a～c 中。把转化混合物铺在 CM (Glu) -Ura-His-Trp 平板上，30℃孵育平板直至菌落长出 (2～3 d)。

重要：阴性对照也可以作为带有 pJG4-5 文库载体转化子 a～c 的电穿孔样品。

(8) 为每个需要检测的文库质粒制作一块 CM(Glu)-Ura-His-Trp 主板。通常情况下，最接近的文库质粒转化子 a～c 在平板上划线培养有助于简化非特异性相互作用单元的检测。

重要：每一个平板也应该包含转化了 pJG4-5 阴性对照的 a～c 系列。

18.45 (9) 正像第二阶段步骤 21 所描述的那样，检测 β-半乳糖苷酶活性和亮氨酸营养缺陷型。

(10) 分析这些特异性检测的结果，并对所得阳性分离物进行测序（请参见第 4 章方案 13）。

- 真正的阳性克隆应该在 CM(Gal, Raff)-Ura-His-Trp 平板上呈现蓝色，而在 CM(Glu, X-gal)-Ura-His-Trp 平板上不能呈现蓝色；而且可以在 CM(Gal, Raff)-Ura-His-Trp-Leu 平板上生长，而不能在 CM(Glu)-Ura-His-Trp-Leu 平板上生长，特别是带有原来的pBait 而不是 b 或 c。这些阳性 cDNAs（如果它们还没有测序）可以利用引物 FP1 来测序（请参见下文中"替代方案：相互作用陷阱阳性克隆的快速筛选"）。那些也编码了与 b 或 c 发生相互作用的蛋白质的 cDNAs 应该丢弃。
- 利用 β-半乳糖苷酶分析所产生的数目来大致估算相互作用单元的相对亲和性是可能的。所得克隆是否是他们所要的东西，取决于每个研究人员的判断力。
- 普通的假阳性克隆作为另外一个对照已经被编辑为数据库，并且可以在因特网上使用，网址为：

  http://www.fccc.edu/research/labs/golemis/InteractionTrapWork.html

  尤其是对于仅分离到一次的 cDNAs，或者在原来的诱饵蛋白序列中没有表现出生物学上意义的 cDNAs，向数据库请教是很有帮助的，它可以确定这个克隆没有作为一个问题被其他研究人员报道过。

后面的鉴定

如果前面的所有步骤都进行得很顺利，这个实验已经产生了一小套测序 cDNAs，编码的蛋白质可以与原来的诱饵蛋白产生特异的相互作用。下面怎么办呢？有些情况下，对于与特殊的原有诱饵蛋白序列有明显生物学意义的分离 cDNA 来说，后面的鉴定步骤是很明显的。然而一般来说，对所得到的相互作用子，无论是对应一种没有明确地与起始诱饵蛋白直接相关联的生物学活性的 cDNA，还是对应一种新的序列，这都是大量工作的真正起始点。这里有许多方法来分析这些陌生的序列，但全面的讨论将超越本章的范围。对不熟悉鉴定新蛋白质的研究人员来说，下面的问题概括了一些观点，可能在开始时对你是有帮助的。

- cDNA 是全长的吗？许多次分离到的相互作用单元与不完全 cDNA 的羧基末端相符合。因此一些研究者第一步就使用 cDNA 探针通过 northern 分析确定转录物的大小。如果分离得到的 cDNS 被截短，那么，扫描序列数据库（含有表达序列尾巴的序列是很有用的），进行常规 cDNA 文库的后期筛选（第 11 章方案 2），或者 RACE，都被用来获得全长的克隆。
- 在合适类型的细胞和/或组织部位中表达的 cDNA，能够令人信服地与诱饵蛋白相互作用吗？对于哺乳动物来说，多组织 northern 印迹探测（许多可以从 CLONTECH 或其他公司购得）将能说明这个问题。
- 全长的诱饵蛋白与全长的相互作用单元结合吗？诱饵蛋白和相互作用单元在另外一个不同于双杂交的检测体系中相互结合吗？从理想上来讲，研究人员希望从它们的宿主组织中免疫共沉淀内源的诱饵蛋白和相互作用单元。对哺乳动物来说，一个中间步骤就是用抗体合成一个附加表位的相互作用单元，再转染到正常表达诱饵蛋白的细胞中，并免疫共沉淀这个结合物。

- 在细胞内，诱饵蛋白和相互作用单元是在交叠的还是在相同的腔室内表达的？细胞的分级分离物，和/或使用抗体对天然或标记过的相互作用单元进行免疫荧光处理，可以用来研究这个问题。
- 综上所述，诱饵蛋白和相互作用单元互相影响对方的生物活性吗？在酵母中进行某些进一步的检测可能最终是有用处的，例如：使用一系列的截短蛋白质对相互作用的区域作图。从一开始，我们的主要目标就是建立原始组织中相互作用的生物学相关性。

替代方案：相互作用陷阱阳性克隆的快速筛选 18.46

这个方案是一种筛选阳性文库质粒的替代方法。这个方法的好处就是在分离质粒和细菌转化之前鉴定大量的克隆，这样在某些情况下可极大地减少了所需的工作量。然而应该详细准确地记录得到了多少类 cDNA。如果对一个特定的 cDNA 是否为群体中的部分，抑或是独特的成分产生怀疑，研究人员就应该谨慎小心，别犯错误。当需筛选的菌落数目超过 23 个时，这个快速筛选方法最有优势。

注意：请参见附录 12 对标记〈!〉的材料进行适当的处理。

其他材料

2% 的琼脂糖凝胶

β-葡糖醛酸糖苷酶（葡糖醛酸酶）裂解液

  50 mmol/L Tris-Cl (pH 7.5)

  10 mmol/L EDTA

  0.3%（V/V）β-巯基乙醇（新鲜配制）〈!〉

  1:50 HP-2 型 β-葡糖醛酸糖苷酶，粗溶液来自 *H. pomatia*（Sigma）

玻璃珠（直径 150～212 μm，Sigma）

0.7% 低熔点琼脂糖凝胶

寡核苷酸引物（溶于 TE［pH 8.0］成 20 mmol/L）

  正向引物（FP1）5′-CTG AGT GGA GAT GCC TCC

  反向引物（FP2）5′-CTG GCA AGG TAG ACA AGC CG

微量滴定板（96 孔）

通过 PCR 分析酵母菌落所用试剂（第 4 章方案 13）

从低熔点琼脂糖中纯化 DNA 所用试剂（第 5 章方案 6 或 7）

限制性内切酶 *Hae* Ⅲ

热循环仪

薄壁小离心管（0.5 ml，无菌）

方法

1. 在微量滴定板的 96 个孔中加入 25 μl 的 β-葡糖醛酸糖苷酶裂解液。
2. 从 CM (Glu) -Ura-His-Trp 母板（第二阶段步骤 21）上转移单个的阳性候选酵母菌落至加有 β-葡糖醛酸糖苷酶裂解液的孔中重新悬浮，用胶带封闭孔，37℃ 水平摇动孵育平板 1.5～3.5 h。

   重要：转移适当体积的中等大小的酵母菌落（2～3 μl 块状沉淀）；不要取太多，否则分离 DNA 的质量会受影响。主板不需要全新：使用过 4℃ 贮存 5 d 的平板已经很成功。如果情况适合，可以使用多克隆复制器/蛙形器。
3. 除去胶带，每个孔中加入约 25 μl 玻璃珠（150～212 μm），重新把孔封闭。把微量滴定板捆缚在一个带有平的上表面的振荡器上（例如采用胶带），剧烈混合 5 min。
4. 每个孔中加入 100 μl 的无菌蒸馏水。把每个孔中的混合物转移 0.8～2 μl 至新的小离心管中用作每次 PCR 的模板。再次用胶带封闭滴定板，-20℃ 冷冻保存剩余裂解物。

18.47

5. 按照下列次序在一系列的 0.5 ml 无菌薄壁小离心管（等于分析的菌落数）中混合下列试剂：

10×菌落 PCR 缓冲液	2μl
25 mmol/L $MgCl_2$	1.2μl
10 mmol/L dNTPs	0.4μl
寡核苷酸引物（FP1 和 FP2）	每个 10 pmol
Taq 聚合酶	5 单位（0.2 μl）
水	补足至 20 μl

6. 每个 PCR 管中加入 0.8～2 μl 的模板（自步骤 4）。
7. 转移 PCR 管至热循环仪中，按照下面所述编辑程序，运行程序。

循环次数	变性	退火	聚合
1	94℃ 2 min		
2～32	94℃ 45 s	56℃ 45 s	72℃ 45 s

这个实验方案的修订版延长了延伸时间，发现也能发挥作用。上面给出的修订版已经扩增了合理数量的长达 1.8 kb 大小的片段。

8. 分析 PCR 产物
   a. 把 10 μl 的 PCR 产物转移到新的小离心管中，以离心管中混合物总体积为 20 μl 的 *Hae* Ⅲ酶进行限制性酶解。
   b. 把酶解产物加到 2％的琼脂糖凝胶上，跑 DNAs 电泳至足够的距离，分离 200～1000 bp 大小范围内的酶解产物。

   通过电泳分析通常产生明确且不模糊的插入片段组，显示是否得到了少量 cDNAs 的多次分离物。
9. 与 *Hea* Ⅲ酶解产物平行，利用 0.7％的低熔点琼脂糖凝胶对每次 PCR 的剩余物进行电泳实验，确证在 *Hea* Ⅲ酶解基础上预测的各组插入片段，与通过分析非酶解的 PCR 产物预测是否相符。

   重要：有时一个单一的酵母菌落含有两个或更多的不同文库质粒，这可以直接通过 PCR 检查出来。所以细菌转化后，可以通过检测数个独立的克隆来减少丢失“真正”相互作用单元的可能性。
10. 纯化低熔点琼脂糖凝胶上的片段（第 5 章方案 6 或 7）。

    在得到了少量 cDNA 的大量分离产物时，研究人员可以选择直接进行 PCR 产物的测序。只要正向引物 FP1 就可以很好地进行 PCR 片段的测序，反向引物只在纯化质粒的测序中使用。一般情况下，pJG4-5 载体中多位点接头下游的 ADH 终止子序列的 TA 丰富特性，使得在这个区域很难设计高质量的引物。
11. 按照主方案中（第 2～5 步）描述的电穿孔的方法，转化筛选到的阳性克隆中的 DNA 至大肠杆菌（DH5α 或 KC8）中。采用 2～4 μl 的 β-葡糖醛酸糖苷酶处理过的冻存酵母作为 DNA 的来源。
12. 按照主方案描述的方法从步骤 6 开始，进行阳性相互作用的第二次确证。

18.48

方案 2　用 GST 融合蛋白进行 Far Western 印迹来检测蛋白质-蛋白质相互作用

Margret B. Einarson
Fox Chase Cancer Center, Philadelphia, Pennsylvania 19111

GST 融合蛋白作为在细菌中表达的重组蛋白，从它们被介绍以来，已用于成千上万个研究项目中（Smith and Johnson 1988）。它们常常被用于制备抗体，这些抗体可用于研究蛋白质-蛋白质相互作用以及分析生化反应。方案 2 和方案 3 描述了用 GST 融合蛋白作为探针来确定蛋白质-蛋白质相互作用，当然，其他系统也可用于生产这类重组蛋白质（详细的讨论请见第 15 章）。这里使用的技术与其他用抗体检测蛋白质的同类技术基本相似。例如，在 western 印迹分析中，抗体被用于检测结合在膜上的候选蛋白质。在 far western 印迹分析中，抗体被自细菌中产生和纯化的 GST 融合蛋白所取代。这种探针蛋白和靶蛋白在膜上的相互作用也可用 GST 沉降技术来检测，这时 GST 融合蛋白已先与溶液中的特异性搭档蛋白结合，然后根据谷胱甘肽琼脂糖球珠沉淀 GST 融合蛋白的能力来确定相互作用的蛋白质。在得到目标蛋白的抗体前，或发现抗体干扰蛋白质-蛋白质间的相互作用时，可启用 GST 沉降技术。应当指出，这些方法只是用于确定体外的相互作用，这种体外作用应当进一步在体内通过单独的方法，如免疫共沉淀来证实（方案 4）。尽管方案 2 和方案 3 得到的结果是定性的，GST 融合蛋白也可用于高度定量的和复杂的分析（例子请见 Posern et al. 1998，McDonald et al. 1999）。

最初建立的 far western 印迹分析，是用一种^{32}P 标记的 GST 融合蛋白来筛选表达文库（Blackwood and Eisenman 1991，Kaelin et al. 1992）。典型的 far western 印迹实验的示意图见图 18-12。探针蛋白首先从细菌合成并纯化（请见第 15 章方案 5）。图中，探针蛋白是一种 GST 融合物，它包含了目标蛋白框架内的 GST 成分，并跟随有蛋白酶切割位点和一种已知蛋白激酶的靶部位。结合到谷胱甘肽球珠上的纯化的融合蛋白，采用购得的蛋白质激酶进行^{32}P 标记。洗除未标记的核苷酸，然后用蛋白酶（如因子Ⅹ或凝血酶）切下标记蛋白或用谷胱甘肽洗脱标记的蛋白探针。待检测样品的制备可通过 SDS 聚丙烯酰胺凝胶分离靶蛋白，然后将蛋白质转移到膜上（例子请见 Posern et al. 1998，Grgurevich et al. 1999，Hunter et al. 1999）；或通过将蛋白质文库铺板，然后也将蛋白质转移到膜上（Macgregor et al. 1990，Blackwood and Eisenman 1991，Kaelin et al. 1991，Blanar and Rutter 1992，Ayer et al. 1993，Einarson and Chao 1995）。在加入放射性的蛋白探针前，要对膜进行清洗和封闭。在与探针孵育后，洗膜并接受放射自显影。融合蛋白的放射标记简单易行，并且由于磷酸化部位处于蛋白质的融合部分，通常对蛋白质的后续活性影响很小。多种蛋白激酶位点已被整合到融合蛋白载体中（Blanar and Rutter 1992，Kaelin et al. 1992，Ron and Dressler 1992），以实现对细菌表达的重组蛋白质的^{32}P 标记。最常用的激酶是蛋白激酶 A（cAMP 依赖的蛋白激酶）和肠激酶。这一技术在早期的不同是利用目标蛋白的内源性磷酸化部位来进行^{32}P 磷酸化（Skolnick et al. 1991，Ayer et al. 1993）。标记探针的另一种方法不需要产生融合蛋白，而是在体外转录/翻译反应中用^{35}S 来标记蛋白（Lee et al. 1991）。 18.49

检测 GST 融合蛋白与靶蛋白相互作用还常用其他两种方法：抗 GST 抗体可用于定位 far western 印迹中的非标记融合蛋白，或用组织化学的方法通过链亲和素偶联的酶来检测生物素标记的 GST。由于有试剂盒（Amersham Pharmacia Biotech 公司），蛋白质的生物素化现在相对容易了。但生物素化可能对探针蛋白质与其他蛋白质的结合能力有影响。商品化的抗 GST 抗体对检测细胞裂解液在膜上的相互作用是一种好的选择。这里提到的两种方法的优点是没有放射活性，但是，如果按计划进行文库筛选，抗 GST 抗体和检测试剂的花费可能过多。 18.50

融合蛋白的设计依赖于所选择的检测方法以及计划采用的筛选方式。对比全长的

GST 融合蛋白要考虑的一点是要用切断的形式。GST 成分可以二聚化并能产生背景。多数融合载体含切割部位，用于将 GST 部分和目标蛋白分离。但是要注意，如果融合蛋白被切断，与靶蛋白的相互作用就不能再用抗 GST 抗体来检测。要选择使用哪种切割部位，重要的是审视蛋白质并确认它不含所选蛋白酶的识别位点。另外一点要考虑的是，探针蛋白的哪一区应当嵌入 GST 融合蛋白。对于文库筛选，将尽可能大的探针蛋白包括进去可以增加检测到的相互作用的数目。另一方面，如果探针蛋白含有已知的相互作用区，并且它们是用于证实预期的相互作用，那么仅含这些结构区的融合蛋白可能更好。

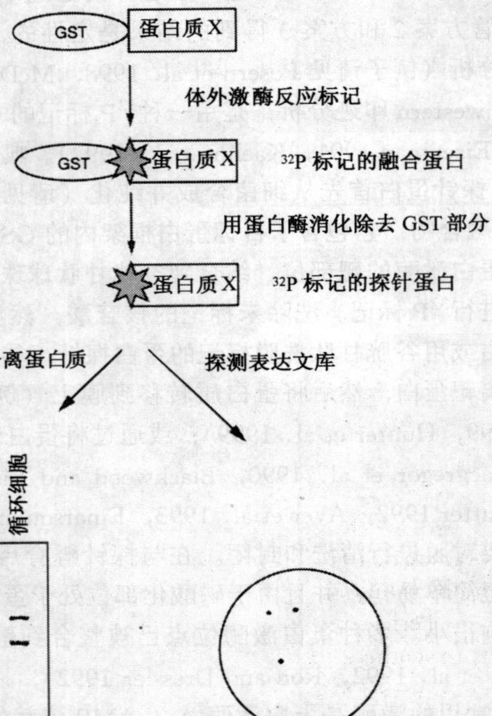

图 18-12 far western 示意图

纯化的重组 GST 融合蛋白在其融合部位的激酶共有位点被放射标记。^{32}P 标记的探针蛋白通过蛋白酶消化而与 GST 成分分离。标记的蛋白质可用于探测膜，而膜的产生可通过将经 SDS-聚丙烯酰胺凝胶分离的蛋白质进行转移（左），或将表达文库铺板（右）。这一过程的改动见文中描述。

在筹划一个 far western 印迹实验时，最重要的考虑因素也许是在没有过多降解和不溶解蛋白质的条件下合成融合蛋白的能力。如果融合蛋白在纯化过程中被过多降解，探针蛋白就会是一种降解产物的混合物。从不同融合蛋白制备物得到的结果可能有所不同，因此监控融合蛋白的状态是非常重要的，这包括纯化期间和纯化后，如果蛋白质被存放，还包括使用前。有助于确认蛋白质-蛋白质相互作用特异性的两个对照是：①用融合蛋白的突变体探测，这种突变体可以破坏相互作用；②用标记 GST 来探测膜。

最终还要确定是否用变性/复性循环来探测膜，这样设计是为了使错误折叠的蛋白质重新折叠成天然构象。从 SDS 聚丙烯酰胺凝胶转移到膜的蛋白质通常不需要变性和复性。然而，在探测表达文库覆盖印迹的滤膜时，许多研究人员发现变性和复性是必需的步骤。因此，如果在检测 SDS 聚丙烯酰胺凝胶时没有产生蛋白质-蛋白质相互作用，那么引入变性/复性过程可能产生阳性结果（详情请见本方案结束处的文本框“替代方案：膜结合蛋白的再折叠”）。

材料

注意：对于标有〈!〉的材料请按附录 12 进行适当处理。

缓冲液和溶液

关于贮存液、缓冲液和试剂的成分请见附录 1。

将缓冲液稀释到适当浓度。

碱性缓冲液

20 mmol/L HEPES（pH 7.5）

50 mmol/L KCl

10 mmol/L $MgCl_2$

1 mmol/L 二硫苏糖醇

0.1% NP-40

封闭缓冲液 18.51

5%脱脂奶粉于碱性缓冲液中

相互作用缓冲液

1%脱脂奶粉于碱性缓冲液中

2×PK 缓冲液

100 mmol/L KPO_4（英文版原书如此——译者注）

20 mmol/L $MgCl_2$

10 mmol/L NaF〈!〉

9 mmol/L 二硫苏糖醇

还原型谷胱甘肽（20 mmol/L）于 50 mmol/L Tris-Cl（pH 8.0）中

可选，请见步骤 3

洗涤缓冲液 1

磷酸缓冲盐溶液，含 0.2% Triton X-100

洗涤缓冲液 2

磷酸缓冲盐溶液，含 0.2% Triton X-100 和 100 mmol/L KCl

酶及缓冲液

蛋白酶

可选，请见步骤 3。

蛋白激酶 A

每次使用时按产品说明新鲜配制。

放射活性化合物

[γ-^{32}P] ATP (6000 Ci/mmol) 〈!〉

专用设备

与待筛选蛋白结合的膜或滤膜。

请见步骤 5。

Sephadex G-50 转柱

可选，请见步骤 4。

附加试剂

此方案步骤 3 需要一些试剂，它们可将融合蛋白从其载体上或结合的谷胱甘肽-琼脂糖上切割下来，见 15 章方案 5。

此方案步骤 5 需要含待检测蛋白质的聚丙烯酰胺凝胶（请见附录 8）或含 cDNA 表达文库的板（请见 14 章方案 2），以及附录 8 中描述的免疫印迹试剂。

单独的 GST 或一种非特异性蛋白质的阴性对照应当和靶蛋白一起加入到 SDS-聚丙烯酰胺凝胶中。如果目标蛋白是一保守家族的成员，目标蛋白的相互作用可与同一家族的其他蛋白质进行比较。

载体和菌株

结合到谷胱甘肽-琼脂糖的 GST 融合蛋白

这一方案适合于融合蛋白中含蛋白质激酶磷酸化位点的蛋白质（Ron and Dressler 1992）。还可采用含 cAMP 依赖的蛋白激酶识别序列的载体（Amersham Pharmacia Biotech 公司）。如果使用非标记的 GST 融合蛋白，请参见本方案结束处的文本框，“替代方案：用抗 GST 抗体检测蛋白质-蛋白质相互作用”。

方法 18.52

放射标记蛋白探针的制备

1. 在微量离心管中制备下列反应混合物：

[γ-^{32}P] ATP (6000 Ci/mmol)	5μl
蛋白激酶 A	1 unit/μl
在谷胱甘肽琼脂糖上的 GST 融合蛋白	1～3 μg
2×PK 缓冲液	12.5 μl
水	到 25μl

反应混合物在 37℃孵育 30 min。

在标记反应进行前融合蛋白可被蛋白酶切割。在此情形下，用切割蛋白替代标记反应中结合到谷胱甘肽琼脂糖上的蛋白质，37℃孵育 30 min，然后接续步骤 4。

GST 成分保留在融合蛋白上，要用 GST 本身（结合到谷胱甘肽琼脂糖）做对照重复此实验。在文库筛选时这可能不太实际，因此重要的是测试阳性克隆与 GST 本身结合的能力。这一对照通常在第四次纯化后、克隆鉴定前进行。

2. 标记反应完成后，加入 200 μl 的 1×PK 缓冲液到离心管中清洗琼脂糖珠，然后在微量离心机上以最大速度离心 1 min。用适当的方式将含游离放射性核酸的上清弃去，再重复清洗一次。
3. 用一种蛋白酶切下标记蛋白质，或用 20 mmol/L 还原型谷胱甘肽于 50 mmol/L Tris (pH 8.0) 中（请见 15 章方案 5）将标记的 GST 融合蛋白从琼脂糖珠上洗下。将标记蛋白存放在冰盒中，在同一天中使用。
4. 在标记反应前如果标记蛋白与 GST 成分分开（请参见步骤 1 的注意事项），就将标记蛋白上用 1×PK 缓冲液平衡的 Sephadex G-50 柱，以除去游离的标记核酸。探针蛋白一旦与游离核酸分开，就可使用。将标记蛋白存放在冰盒中，在同一天中使用。

探测膜

5. 用标准技术将蛋白质转移到膜上，制备待检测的膜。

从 SDS-聚丙烯酰胺凝胶转移的蛋白质通常可以直接被检测。如果蛋白质从 cDNA 表达文库中转移，则在进入到步骤 6 之前，可能需要进行附加方案："膜结合蛋白的再折叠"。

6. 用碱性缓冲液完全覆盖膜并在 4℃轻轻震荡清洗 10 min。
7. 弃去碱性缓冲液，用封闭缓冲液完全覆盖膜，并在 4℃轻轻震荡孵育 4 h 到过夜。
8. 加入 1～3 μg 的贮存探针（来自步骤 3 或 4）到足够的相互作用缓冲液中，使终浓度为 1～5 nmol/L，制备标记蛋白溶液。将膜转移到含稀释探针的平皿中，确认探针溶液与膜的整个表面均匀接触。4℃轻轻震荡孵育 4～5 h。
9. 以适当的方式弃去放射性探针溶液。用洗涤缓冲液 1 完全覆盖膜，并在 4℃轻轻震荡孵育 10 min。重复洗涤三次。

18.53 10. 用洗涤缓冲液 2 完全覆盖膜，并在 4℃ 轻轻震荡洗涤 10 min。重复洗涤一次。

11. 用塑料包膜小心包裹膜并曝光到 X 光片上。

结果的解释及实验问题的解决

- 检测不到任何蛋白质的相互作用也可能是正确的结果。但是如果有证据支持这不是预期的结果，就要试一试附加方案“膜结合蛋白的再折叠”，然后用标记蛋白重新探测膜。
- 过多信号的存在可能有几方面的原因。降解或不纯的探针蛋白是一种可能。可在 SDS 聚丙烯酰胺凝胶上检查探针的完整性。GST 同源二聚化可能是另一种背景。这时，可尝试切除融合蛋白的 GST 成分。如果不行，在封闭膜前或在探针孵育期间可加额外的非标记 GST（如果抗 GST 抗体用于检测相互作用，就不能用此方法）。孵育时间可以缩短以减少可能的非特异性相互作用。另外，如果探针过量，可用不同的探针浓度进行实验以确定最适浓度。
- 确定观察蛋白质相互作用特异性的最好对照，是用相互作用区的突变产生探针蛋白。用突变探针进行的实验与用野生型探针平行进行的实验做比较，相互作用的丧失是相互作用存在的最可信的证据。

附加方案：膜结合蛋白的再折叠

在某些情形下，膜上的蛋白质不能够与探针蛋白相互作用，可能是由于表达或转移时蛋白质的不正确折叠。这可能需要蛋白质的变性和缓慢复性。这一过程的完成需要在系列稀释的变性缓冲液中洗膜，以使蛋白质在清洗过程中缓慢变性。可以从碱性缓冲液制备的 6 mol/L 盐酸胍开始，在膜清洗时逐渐稀释。

注意：对于标有〈!〉的材料请按附录 12 进行适当处理。

其他材料

变性缓冲液

制备 6 mol/L 盐酸胍〈!〉于碱性缓冲液中（碱性缓冲液的配方请见主方案）。

方法

1. 蛋白质转移后，洗膜两次，每次用 50 ml 变性缓冲液在 4℃ 轻轻震荡清洗 10 min。

   这里和下面步骤中所用的缓冲液体积决定于所研究膜的大小和数目。要用足够的缓冲液完全覆盖膜。

2. 从容器中去除变性缓冲液并保留 25 ml。加入 25 ml 碱性缓冲液于 25 ml 变性缓冲液中使总体积为 50 ml。这是首次 1:1 稀释变性缓冲液。将稀释的变性缓冲液放回容器，并在 4℃ 轻轻震荡洗涤印迹膜 10 min。
3. 重复这种稀释和洗涤循环（步骤 2）4 次，因此最终的洗涤液含 187 mmol/L 的盐酸胍。
4. 回到主方案，接续步骤 6。

18.54 **替代方案：用抗 GST 抗体检测蛋白质-蛋白质相互作用**

far western 的一个非放射性方法使用了非标记的 GST 融合蛋白。商品化的抗 GST 血清被用于检测蛋白质-蛋白质相互作用。在筛选 cDNA 表达文库时使用这一方法，比蛋白质的放射性标记实际花费更大（由于抗体和检测试剂的费用）。另外，必须小心控制 GST 成分和膜结合蛋白间的非特异性相互作用。

其他材料

抗 GST 抗体

这一抗体可从 Amersham Pharmacia Biotech 公司，Santa Cruz Biotech 公司，Upstate Biotechnology 公司以及 Convance/Babco 公司购得。

孵育缓冲液

10%（m/V）脱脂奶粉

1×磷酸盐缓冲液

0.3%（V/V）吐温-20

二抗

二抗应当是一种针对用于制备抗 GST 血清的物种 IgG 的抗体（例如，如果抗 GST 抗体是从羊血清获得，则使用抗羊 IgG 抗体）。另外，二抗应当是检测系统的一部分，这种检测系统可以用于观察目标蛋白质的相互作用。如，二抗可被偶联到象辣根过氧化物酶上，它可用于化学发光检测系统。详情请见附录 9。

洗涤缓冲液

1×磷酸盐缓冲液

0.3%（V/V）吐温-20

方法

1. 始于主方案的步骤 2 并接续步骤 10。
2. 按生产厂家的建议用抗 GST 抗体与膜孵育。
3. 去除抗 GST 抗体溶液，冲洗膜两次，每次用 25 ml 洗涤缓冲液，以除去残留的不结合的抗体。
4. 洗涤膜两次，每次用 20～30 ml 洗涤缓冲液，室温轻轻混合 10 min。
5. 按生产厂家的建议用孵育缓冲液稀释二抗。
6. 将抗体-缓冲液混合液倒入含膜的容器中，室温孵育并轻轻混合 1 h。
7. 弃去抗体溶液。冲洗膜两次，每次用 25 ml 洗涤缓冲液，以除去残留的不结合的抗体。
8. 洗涤膜两次，每次用 20～30 ml 洗涤缓冲液，室温轻轻混合 10 min。
9. 用偶联二抗的适宜底物产生印迹。

方案 3　用 GST 融合蛋白沉降技术检测蛋白质-蛋白质相互作用 18.55

Margret B. Einarson

Fox Chase Cancer Center, *Philadelphia*, *Pennsylvania* 19111

GST 融合蛋白沉降技术（Kaelin et al. 1991）利用了 GST 对谷胱甘肽偶联球珠的亲和性，从非相互作用蛋白的溶液中纯化相互作用蛋白。GST 沉降实验过程的描述见图 18-13。GST 融合的探针蛋白从细菌中表达和纯化（请见 15 章方案 5），并平行制备细胞裂解液（可被 ^{35}S 标记或非标记），再将 GST 融合蛋白探针和细胞裂解液在谷胱甘肽琼脂糖球珠存在下混合并孵育，以使蛋白结合。GST 融合探针蛋白和任何结合分子被离心收集，获得的混合物经洗涤后，用过量游离的谷胱甘肽洗脱或直接在 SDS-PAGE 上样缓冲液中煮沸。蛋白质经 SDS-PAGE 分离后进行下一步的 western 印迹、放射自显影及蛋白质染色分析。GST 沉降技术对探测蛋白在溶液中的相互作用特别有用，而这种相互作用在膜的分析中可能是检测不到的。

GST 沉降实验通常有两种应用：确定融合（或探针）蛋白与未知（或靶）蛋白间新的相互作用（Kaelin et al. 1991，Orlinick and Chao 1996），以及证实探针蛋白与已知蛋白质间可疑的相互作用（例子请见 Posern et al. 1998，Grgurevich et al. 1999，Hunter et al. 1999，Sun et al. 1999）。这两种实验的设计和实施都有所不同。

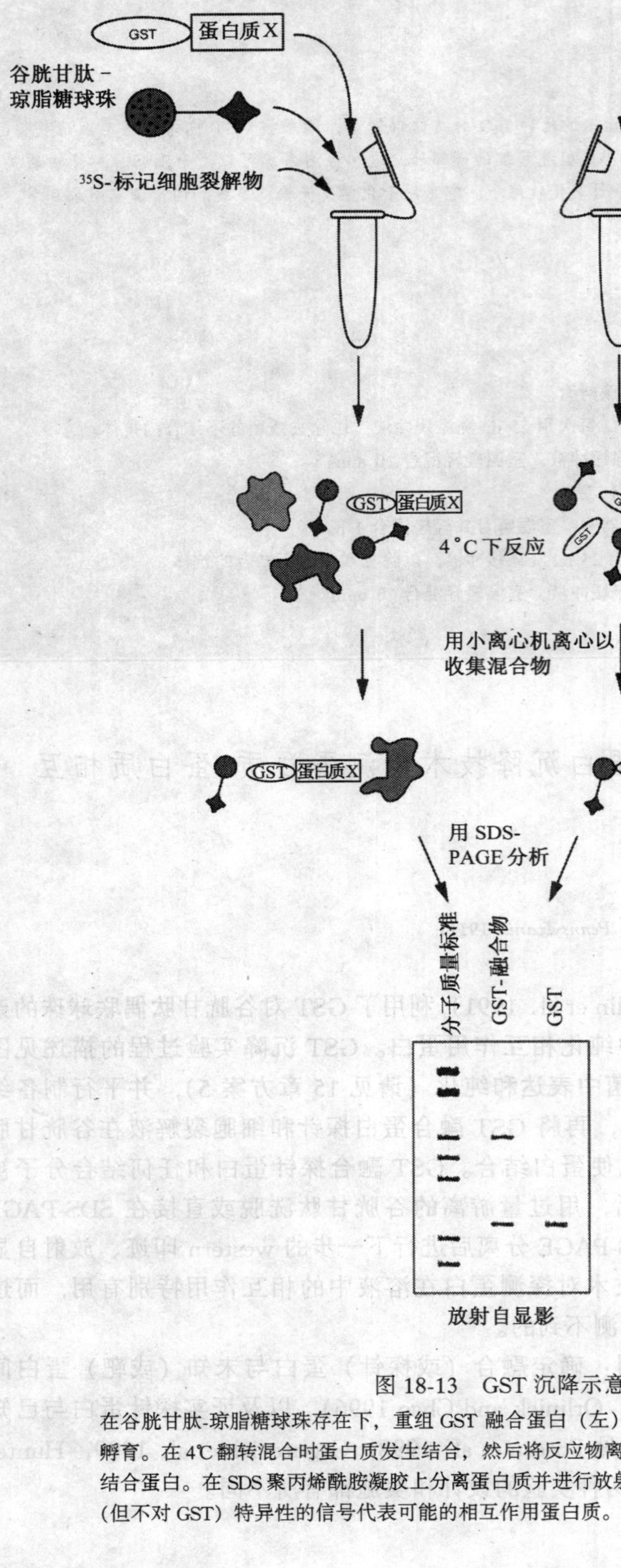

图 18-13　GST 沉降示意图

在谷胱甘肽-琼脂糖球珠存在下，重组 GST 融合蛋白（左）或对照 GST（右）与细胞裂解液孵育。在 4℃ 翻转混合时蛋白质发生结合，然后将反应物离心以收集 GST 或 GST 融合蛋白及结合蛋白。在 SDS 聚丙烯酰胺凝胶上分离蛋白质并进行放射自显影。在胶上对 GST 融合蛋白（但不对 GST）特异性的信号代表可能的相互作用蛋白质。这一方案的变动见文中描述。

当试图确定一种探针和未知蛋白质间新的相互作用时，未知蛋白质可能受浓度的限制。为确定新的相互作用，未知蛋白质必须以足够的量存在，以使这种相互作用能用所选择的检测方法观察到。对这种类型的实验来说，放射标记的细胞裂解液是最常用的蛋白质来源。在选择测试蛋白质来源前，一些重要的问题是：探针蛋白是否在那种特别的细胞或组织中正常表达？如果不是，生理相关的靶蛋白也可能不存在。实验的目的是否是比较不同类型的细胞群（如静止细胞与循环周期细胞，或者生长因子处理细胞与非处理细胞）？在早期阶段就仔细考虑这些变数将意味着成功与失败的差异。

如果在探针蛋白与另外一种蛋白质间预测的相互作用被测定，实验设计就更直接。各种蛋白质来源可用于确定和探询这种相互作用。用于检测相互作用的方法是由能否获 18.57
得对靶蛋白的抗体来决定的。如果得不到，那么就可利用 ^{35}S 标记的体外翻译蛋白或靶蛋白用表位做标签。必要时可用编码靶蛋白的质粒转染培养细胞，以增加分析蛋白质的丰度。然而，控制质量作用（如非特异性聚集）的影响，并确认探针蛋白同假定的搭档分子间结合的特异性是非常重要的。结合特异性的最好控制是包括一种带有突变相互作用域的 GST 融合蛋白。丧失与这种突变探针蛋白的结合就表明靶和探针间的正常结合是特异性的。测试假定靶蛋白与 GST 间的结合也很重要。

GST 沉降技术必须对每个蛋白质复合物的分析进行优化。一个重要的变量是发生相互作用的缓冲液。这一缓冲液通常用于制备可能的搭档蛋白，并且可能从细胞裂解缓冲液（如 RIPA）到体外翻译反应混合物都有所变化。很多种缓冲液都可用，然而相互作用的效率可能受所用缓冲液的影响。另一个应考虑的变量是与融合（探针）蛋白混合的靶蛋白的量。所需材料的量主要由靶蛋白的丰度和相互作用的亲和力决定（实验开始时两个参数通常是未知的）。最后，用于清洗球珠的条件也应当优化。本方案中，细胞裂解缓冲液被用于洗涤 GST 沉降复合物；然而，各种不同盐及变性剂浓度的缓冲液在此步可被用来消除非特异性的相互作用。GST 沉降实验与 far western（方案 2）相比有一个优点：探针蛋白是在更自然的环境下与可能的搭档蛋白孵育，因而增强了相互作用的有效性。

材料

注意：对于标有〈!〉的材料请按附录 12 进行适当处理。

缓冲液和溶液

关于贮存液、缓冲液和试剂的成分请见附录 1。

将缓冲液稀释到适当浓度。

裂解缓冲液

20 mmol/L Tris-Cl（pH 8.0）

200 mmol/L NaCl

1 mmol/L EDTA（pH 8.0）

0.5% Nonidet P-40

使用前加入蛋白酶抑制剂达到下述终浓度：2 μg/μl抑肽酶（aprotinin）、1 μg/μl白胃素（leupeptin）、0.7 μg/ml 胃酶抑素（pepstatin）及 25 μg/ml 苯甲磺酰氟（phenylmethylsulfonyl fluoride，PMSF）〈!〉。

溶于 50 mmol/L Tris-Cl（pH 8.0）中的还原型谷胱甘肽（20 mmol/L）

可选，请见步骤 8。

2×SDS-PAGE 加样缓冲液

凝胶

SDS 聚丙烯酰胺凝胶〈!〉

关于 SDS 聚丙烯酰胺凝胶电泳的详情请见附录 8。

专用设备

沸水浴

翻转样品旋转仪

谷胱甘肽琼脂糖球珠

在裂解缓冲液中制成 50％悬液。

18.58 ## 探针

GST 蛋白

带有“诱饵”或探针序列的 GST 融合蛋白

按第 15 章方案 1 描述的方法构建。

细胞和组织

细胞裂解液，其中蛋白质用^{35}S 标记

根据实验目的和所需检测方法，可用非标记的细胞裂解液。进一步的详情，请见方案介绍。

附加试剂

此方案的步骤 11 需要如附录 8 列出的蛋白质免疫印迹和染色试剂，这些蛋白质是由 SDS 聚丙烯酰胺凝胶电泳分离的。

方法

预清除细胞裂解液

1. 将细胞裂解液与 50 μl 的 50％谷胱甘肽琼脂糖球珠悬液和 25 μg GST 在 4℃ 翻转混合

孵育 2 h。需要检测相互作用的裂解液的量是高度可变的。开始用相当于 $1\times10^6\sim1\times10^7$ 个细胞的裂解液。

由于实验的目的是比较 GST 与 GST 融合蛋白，有必要对每个反应制备足够量的预清除裂解液。试剂有效地混合是成功的关键。为达到此目的，反应应在一个合理的体积中进行：一个好的起始值是 500～1000 μl。

这种预清除步骤是要从裂解液中去除与 GST 成分或球珠有非特异性相互作用的蛋白质。如果相互作用的检测主要是用针对候选相互作用蛋白质的抗体，那么用 GST 或谷胱甘肽琼脂糖球珠做预清除并不总是必需的。然而，在用 ^{35}S 标记的细胞裂解液用于确定新的蛋白质-蛋白质间相互作用时，这些步骤有助于降低本底。如果是用针对候选相互作用蛋白质的抗体来检测相互作用，包含两种对照很重要：GST 加球珠和仅有球珠。

如果相互作用的目的蛋白已知存在于专门的细胞部位，那么探针应当与对应那种细胞部位的细胞裂解液组分孵育。

2. 在微量离心机上以最大速度在 4℃ 离心混合物 2 min。
3. 将上清（就是预清除的细胞裂解液）转移到新的离心管中。

探测细胞裂解液

4. 设定两个含等量预清除细胞裂解液及 50 μl 谷胱甘肽琼脂糖球珠的微量离心管。在一管中加约 10 μg 的 GST 蛋白，另一管中加约 10 μg 的 GST 融合探针蛋白。两个反应中加入的探针和对照蛋白质的量应当是等摩尔（就是说 GST 的终浓度应当与 GST 融合探针蛋白相同）。将离心管在 4℃ 翻转混合孵育 2 h。

   重要：如果结合蛋白是通过煮沸而从球珠上去除（步骤 10），那么引入仅含谷胱甘肽琼脂糖球珠和细胞裂解液的对照是重要的，它可检测到与球珠非特异性结合的蛋白质。

5. 在微量离心机上以最大速度离心样品 2 min。
6. 在新的微量离心管中收集上清。这些样品可通过步骤 10 中的 SDS 聚丙烯酰胺凝胶电 18.59
   泳进行分析。
7. 用 1 ml 冰冷的裂解液洗球珠。在微量离心机上以最大速度离心 1 min。弃去上清。重复洗三次。
8. (可选) 加入 50 μl 20 mmol/L 的还原型谷胱甘肽（在 50 mmol/L pH 8.0 的 Tris-Cl 中）到球珠中，洗脱 GST 融合蛋白及任何与其结合的蛋白质。在微量离心机上以最大速度离心 2 min。
9. 将球珠（来自步骤 7）或洗脱蛋白质（来自步骤 8）与等体积的 2×SDS-PAGE 上样缓冲液混合。

检测相互作用蛋白质

10. 将样品煮沸 4 min 并做 SDS 聚丙烯酰胺凝胶电泳分析。
11. 检测与 GST 融合蛋白结合的蛋白的方法取决于细胞裂解液是否被 ^{35}S 标记以及实验的目的。
    - 如果目的是检测与融合蛋白结合的所有 ^{35}S 标记的蛋白，就在干胶仪上将胶抽干，并用 X 线胶片曝光进行放射自显影。
    - 如果目的是检测特异性结合的蛋白质，就将蛋白质从 SDS 聚丙烯酰胺凝胶转移到膜上，进行免疫印迹分析（附录 8）。

- 如果目的是确定与融合蛋白结合的蛋白质的大小和丰度，而这些蛋白质是来自非放射性的裂解液，就用考马斯亮蓝或硝酸银将胶染色（附录 8）。

GST 沉降实验问题的解决

解决 GST 沉降实验的问题，可通过使用 SDS-聚丙烯酰胺凝胶电泳来分析和比较各实验阶段的液体样品。例如，通过 SDS-聚丙烯酰胺凝胶电泳分离下面样品，每种样品均加入等量的（如 1%）总细胞裂解液：

- 总细胞裂解液（步骤 1）
- 在步骤 6 收集的上清
- 洗脱液（步骤 8）
- 来自含 GST 对照的洗脱液（步骤 8）
- 来自含球珠和细胞裂解液对照的洗脱液（步骤 8）
- 洗脱后的球珠（步骤 9）

比较每种样品中与 GST 融合蛋白结合的靶蛋白的量，可以提供各种问题出现的原因及补救方法。例如，尽管靶蛋白在总细胞裂解液中是丰富的，但还是出现低信号，可能表示结合条件不合适。除了增加结合反应的时间，改变盐和变性剂的浓度也可以改善结果。比较之下，由于洗脱不彻底，复合物可能被保留在谷胱甘肽琼脂糖球珠上。这可通过对"洗脱后的融合蛋白-球珠"成分进行 SDS-聚丙烯酰胺凝胶电泳分析做出判断。这种问题可通过收集多步洗脱液而补救。用 GST 和/或球珠预清除裂解液有助于降低非特异性相互作用。降低加入的裂解液的量及增加洗脱条件的强度也能减少背景。

最后，如果相互作用是通过 western 印迹分析，在用对靶蛋白质特异性的抗体探测后，用抗 GST 抗体探测膜很重要。这种对照会揭示是否所有样品都是与同样量的 GST 融合蛋白孵育，并有助于确定融合蛋白是否在与细胞裂解液孵育期间被降解。

18.60 方案 4　通过免疫共沉淀确定结合蛋白

Peter D. Adams

Fox Chase Cancer Center, Philadelphia, Pennsylvania 19111

Michael Ohh

Dana-Farber Cancer Institute and Harvard Medical School, Boston, Massachusetts 02115

当细胞在非变性条件下被裂解时，完整细胞内存在的许多蛋白质-蛋白质间结合保持下来。这一事实可被用于检测和确定生理条件下相关的蛋白质-蛋白质间相互作用。如图 18-14 所示，如果用蛋白质 X 的抗体免疫沉淀 X，那么与 X 在体内结合的蛋白质 Y 可能也沉淀下来（请见图 18-14，复合物 1）。基于与蛋白质 X 的生理性相互作用，蛋白质 Y 的免疫沉淀被归类为免疫共沉淀。这种方法最常用于测定两种目标蛋白质是否在体内结合，但也可用于确定一种特定蛋白质的新的作用搭档。后一种方法应用的例子包括：确定 p21cip1 是一种与周期素 D/Cdk4 激酶相互作用的蛋白质（Xiong et al. 1993）；确定延长素（elongin）B 和 C、Cul2 以及纤维粘连素（fibronectin）是 von Hippel-Lindau

肿瘤抑制子蛋白（pVHL）的搭档（Duan et al. 1995, Kibel et al. 1995, Pause et al. 1997, Lonergan et al. 1998, Ohh et al. 1998）；以及确定转化/转录结构域相关蛋白质（TRRAP）是与 E2F1 和 c-Myc 转录因子相互作用的蛋白质（McMahon et al. 1998）。

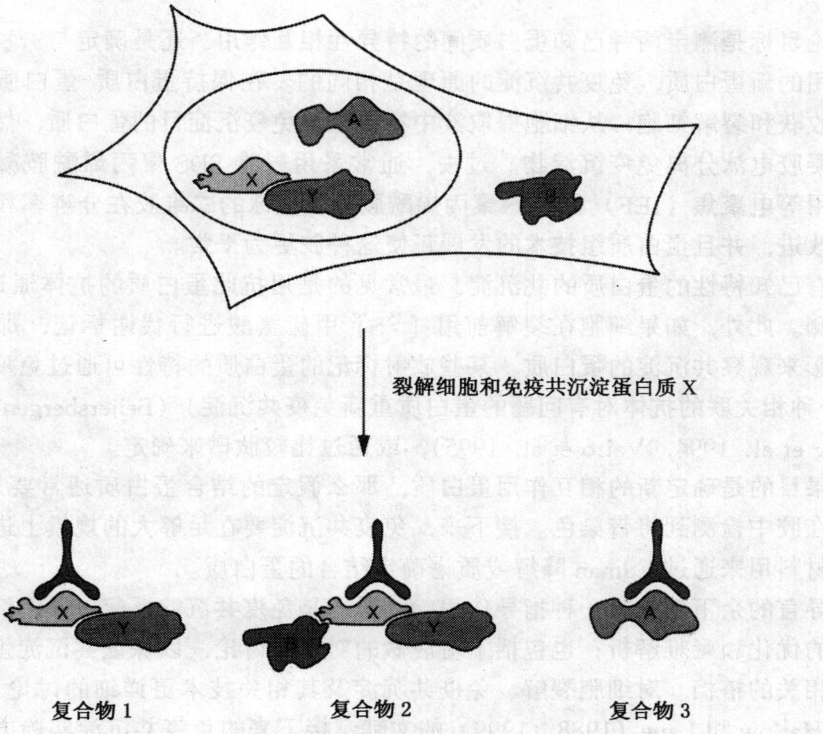

图 18-14　免疫共沉淀检测蛋白质的原理和常见问题

在完整细胞中，蛋白质 X 与蛋白质 Y 以复合物形式存在。这一复合物在细胞裂解后被保留下来，并使蛋白质 Y 能与蛋白质 X 免疫共沉淀（复合物 1）。然而，亚细胞的腔化结构可使一些蛋白质间发生人为性的相互作用，如蛋白质 X 和蛋白质 B（复合物 2）。另外，用于免疫共沉淀的抗体可与其他蛋白质，如蛋白质 A 发生非特异性的交叉反应（复合物 3）。通过免疫共沉淀确定蛋白质-蛋白质相互作用的关键是做适当的对照，以鉴定蛋白质 Y，而不是蛋白质 A 和 B。

两种蛋白质间生理性相互作用的最严格证实，也许是它们从细胞提取液中的免疫共沉淀。假定的相互作用可能首先用有效的高通量方法确定，如酵母双杂交筛选，然后用免疫共沉淀证实两种蛋白质是真正的生理性相互作用。通过用编码相关蛋白质的质粒瞬间转染细胞，然后表达蛋白质，常可加快以此方法对蛋白质-蛋白质相互作用的检测。然而，从质粒的过表达生成的蛋白质可能驱动那些非生理性的两种蛋白质间的相互作用。因此，证实两种蛋白质在它们自然的非转染细胞内的相互作用常是更好的选择。

用免疫共沉淀探询与已知蛋白质相互作用的新蛋白质，是确定完整细胞内生理性相互作用的有效方法。然而此方法的主要缺点是它相对费力、耗时，并常需要大量的培养细胞，以及可能检测不到低亲和力和瞬间的蛋白质-蛋白质相互作用。另外，免疫共沉 18.61
淀仅对从细胞溶出的、并存留在生理复合物中的蛋白质有效。因此免疫共沉淀可能不适合于检测构成巨大的、不溶性的大分子结构的蛋白质-蛋白质相互作用，如核基质。

过程概览

无论目标是测定两种已知蛋白质间的特异性相互作用，还是确定与一种已知蛋白质相互作用的新蛋白质，免疫共沉淀的原理是相同的。在保持蛋白质-蛋白质相互作用的条件下收获和裂解细胞，从细胞提取液中特异性地免疫沉淀目的蛋白质，然后通过聚丙烯酰胺凝胶电泳分离免疫沉淀物。过去，通常采用一维 SDS 聚丙烯酰胺凝胶电泳。然而，采用等电聚焦（IEF）和 SDS 聚丙烯酰胺凝胶电泳的二维胶在分辨率和敏感性两方面都有改进，并且蛋白质组技术的发展正使这种胶更为平常。

具有已知特性的蛋白质的共沉淀，最常见的是用抗此蛋白质的抗体通过 western 印
18.62 迹来检测。此外，如果细胞在裂解前用 [^{35}S] 甲硫氨酸进行代谢标记，那么可通过放射自显影来观察共沉淀的蛋白质。某些放射标记的蛋白质的特性可通过免疫学技术确定(如用一种相关联的抗体对有问题的蛋白质重新免疫共沉淀）（Beijersbergen et al. 1994, Ginsberg et al. 1994, Vairo et al. 1995），或通过比较肽谱来确定。

如果目的是确定新的相互作用蛋白质，那么假定的结合蛋白质通常要用^{35}S 标记的或首先在胶中检测到将带染色。接下来，免疫共沉淀要在足够大的规模上进行，以获得足够的材料用来通过 Edman 降解或质谱确定结合的蛋白质。

本导言的余下部分起一种指导作用，针对的是免疫共沉淀反应以及沉淀蛋白的进一步鉴定的优化和疑难解析；也包括了对应做的对照的讨论，以保证共沉淀蛋白质是真正生理性相关的搭档。对细胞裂解、免疫共沉淀及其相关技术更详细的讨论和实验方案，请参见 Harlow 和 Lane（1988, 1999）的文献。接下来的免疫共沉淀实验方案，是根据用于确定 Cul2 和纤维粘连素作为 pVHL 结合蛋白质的实验方法。pVHL 是一种肿瘤抑制蛋白，它的功能丧失引起了 von Hippel-Lindau 疾病中的肿瘤形成。实验方案最初是用 786-O 肾癌细胞进行的，它用表达带有血凝集素标签的 pVHL（786-O/HA-pVHL）质粒稳定转染。用空载体稳定转染的对照细胞进行平行处理。

VHL 基因产物和 Von Hippel-Lindau 疾病

Von Hippel-Lindau 疾病是一种遗传性癌症，其特征是产生肾癌、嗜铬细胞瘤及中枢神经系统和视网膜的血管瘤（Ohh and Kaelin 1999）。肿瘤是由于两个拷贝的 VHL 基因的功能性失活。VHL 基因的蛋白质产物 pVHL 与许多细胞蛋白质相互作用，包括延长素 B 和 C、Rbx1 以及 Cullin 蛋白家族的一个成员 Cul2（Duan et al. 1995, Kibel et al. 1995, Pause et al. 1997, Lonergan et al. 1998, Kamura et al. 1999b）。最近的工作提示 pVHL/延长素 B 和 C/Rbx1/Cul2 复合物作为一种 E3 泛素连接酶，并定向性地使某些蛋白质降解（Iwai et al. 1999, Kamura et al. 1999a, b, Lisztwan et al. 1999, Tyers and Willems 1999）。pVHL 的这种活性被认为至少是部分地发挥了其肿瘤抑制子功能。pVHL 蛋白也能与胞外基质蛋白纤维粘连素稳定地相互作用（Ohh et al. 1998）。

细胞裂解和免疫沉淀

裂解细胞时，主要考虑的是溶解条件，要提取出用于免疫共沉淀的蛋白质，但不能破坏细胞内存在的所有蛋白质-蛋白质相互作用。因此最好是事先确定有效溶解主要目的蛋白质的最温和的裂解条件。这些辅助的实验可小规模进行，对每一个免疫沉淀需要 $10^6 \sim 10^7$ 个细胞来源的细胞提取物。通常高盐浓度（200～1 000 mmol/L NaCl）及离子变性剂（0.1%～1% SDS或脱氧胆酸钠）的存在，比低盐浓度（120 mmol/L NaCl）及非离子变性剂（0.1%～1% Nondidet P-40 或 Triton X-100）的存在更具破坏性。类似地，机械处理如超声，也趋向于变性和破坏蛋白质-蛋白质相互作用。然而，必须指出的是，溶解但不解离一个特定的蛋白质复合物的条件应当是通过经验确定的。

一旦裂解条件确定，清亮的细胞裂解液就要用抗目的蛋白质的抗体进行标准的免疫共沉淀实验。用相关的对照抗体进行平行的免疫沉淀很重要（请见下面免疫共沉淀的对照）。在确定细胞裂解和蛋白质溶解的条件时要记住，高浓度的离子变性剂（如>0.2%的 SDS）以及还原剂的存在会使抗体变性并干扰免疫沉淀。 18.63

相关蛋白的检测

如果实验目的是测试两种特定蛋白质是否在体内相互作用，那么第二种蛋白质的检测通常用 western 印迹，或者如果细胞在裂解前用［^{35}S］甲硫氨酸代谢标记，也可用放射自显影。western 印迹是直接的，并且如果所用抗体得以很好鉴定，结果也是明确的。放射自显影有其优点，^{35}S 标记的目的蛋白可通过胰蛋白酶肽谱，与来源于确定 cDNA 体外转录和翻译的^{35}S 标记蛋白进行比较，从而明确蛋白质的性质（Xiong et al. 1992, 1993, Kibel et al. 1995）。

如果实验目的是发现新的结合蛋白，那么可直接对胶上蛋白质进行染色来检测。在此阶段，在放大过程前，只有灵敏的染色方法，如银染（附录 8）和咪唑-锌负染，通常才能有所需的灵敏度（Matsui et al. 1999）。另外，如果细胞在裂解前用［^{35}S］甲硫氨酸标记，那么放射标记的结合蛋白可由放射自显影或用荧光成像仪（Phosphorimager）来观察。

免疫共沉淀的对照

通过免疫共沉淀确定新的结合蛋白时遇到的常见问题是鉴定假阳性。这些假阳性来自洗过的免疫沉淀物中存在的某些蛋白质，它们在完整细胞内不与目的蛋白质正常结合。这样的污染物是由于在细胞裂解后形成非生理性的蛋白质-蛋白质相互作用（图 18-14，复合物 2），或由抗体对细胞内蛋白质的交叉反应，或非特异性结合所致（图 18-14，复合物 3）。幸运的是，可采取多种方法消除或控制这种混淆的相互作用。

使用明确的抗体

用于免疫共沉淀的任何抗体都应当很好鉴定（例子请见 Hu et al. 1991，Marin et al. 1998），就是说，应当证明抗体从细胞粗提物中免疫沉淀了它所抗的蛋白质。有许多方法可以证实这种能力：

- 显示针对同一蛋白质独立产生的多个抗体都能识别相同的多肽。
- 显示抗体不能在缺失靶蛋白质的细胞株中检测到此靶蛋白质。缺失特定蛋白质的细胞株通常可从癌症易感个体来源的人细胞株中得到（如，786-O 肾癌细胞缺失 pVHL 肿瘤抑制蛋白质），也可来自于特定的基因靶向敲除的小鼠。
- 由代谢标记细胞免疫沉淀得到^{35}S 标记蛋白，另由明确的 DNA 体外翻译得到^{35}S 标记蛋白，比较其蛋白质水解消化后的肽谱。在后一种方法中，用一种蛋白酶如 V8 蛋白或糜蛋白酶消化^{35}S 标记蛋白，并用 SDS 聚丙烯酰胺凝胶电泳将肽分离。这种^{35}S 标记的肽谱与来自已知 cDNA 体外转录和翻译的^{35}S 标记蛋白的图谱进行比较，如果来自细胞提取物的免疫沉淀蛋白质与 cDNA 编码的蛋白质相同，那么肽谱应当基本相同（Xiong et al. 1992，1993；Kibel et al. 1995）。

使用对照抗体

即使小鼠单克隆抗体与免疫原以外的蛋白质发生非特异性相互作用（图 18-14，复合物 3），任何与对照抗体和特异性抗体都免疫沉淀的假定结合蛋白，都定义为是与抗体非特异性结合。与对照抗体和特异性抗体相匹配越多，误定为非特异性相互作用蛋白质的机会就越小。对小鼠单克隆抗体来说，适宜的对照是另外一类同亚型的单克隆抗体；对兔血清来说，是同一只兔子的免疫前血清；对一种纯化的兔多克隆抗体来说，则是另一种纯化的兔多克隆抗体。

使用多种抗体

使用针对蛋白质 X 的一种以上抗体来共沉淀一种蛋白质（如图 18-14 中的蛋白质 Y），能增加蛋白质 X 和 Y 体内结合的可信度。这里需要提醒的是，不同抗体识别不同的表位，其中有些可能在特定的蛋白质复合物中被隐蔽了。因此不能指望所有抗体都可沉淀相同一组结合蛋白。

使用缺失靶蛋白的细胞株

一种细胞株如果缺失作为抗体本来靶标的蛋白质，那么共沉淀蛋白质就不应当从其裂解液中被沉淀出来（Kibel et al. 1995）。因此，应当从已知缺失靶蛋白质的细胞株中进行对照免疫沉淀。

测定生物学相关的突变体

从功能意义上讲，与免疫沉淀蛋白质结合的蛋白质可能不与沉淀蛋白质的无生物活性突变体相互作用，结果可能不被共沉淀下来。因此，如果可能的话，要获得或产生含无生物活性靶蛋白质突变体的细胞株，这些突变体可能在某些细胞株中自然表达（如含蛋白突变体的肿瘤衍生细胞株），也可能通过瞬间转染细胞以表位标签蛋白形式被表达。表位标签的突变体蛋白可以用抗表位标签的抗体特异性地免疫沉淀。例如，Cullin 家族成员 Cul2 和其他生理相关的 pVHL 结合蛋白，如纤维黏连素和延长素 B 和 C，都不能与源于肿瘤的、自然发生的 pVHL 点突变体相互作用（图 18-15）。 18.65

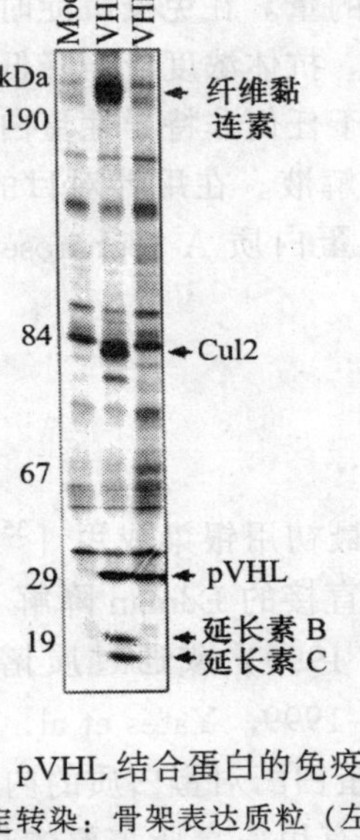

图 18-15　pVHL 结合蛋白的免疫共沉淀

786-O 肾癌细胞分别用以下质粒稳定转染：骨架表达质粒（左泳道）、编码含 HA 表位标签的野生 pVHL 的质粒（中泳道）和编码含 HA 表位标签的肿瘤衍生性 pVHL（C162F）的质粒（右泳道），然后用 [^{35}S] 甲硫氨酸标记，再裂解并用抗 HA 抗体免疫沉淀。用 NETN + 900 mmol/L NaCl 洗沉淀。结合的蛋白在 7.5%～15% 不连续 SDS 聚丙烯酰胺凝胶上进行电泳分离并通过荧光成像检测。

测定细胞裂解前后是否发生结合

细胞裂解包括大量的细胞腔室的破坏，产生许多接近的蛋白质，而在正常情况下它们可能不在相同的亚细胞位置。这给细胞裂解后的非生理性相互作用提供了机会（图 18-14，复合物 2）。道理上讲，通过在细胞裂解液中引入相关蛋白质可能抑制这种裂解后的相互作用。例如，Ohh 等（1998）在细胞裂解液中加入了纯化的非放射标记的纤维粘连素，结果显示这并不能防止裂解前存在于细胞中的内源性^{35}S 标记的纤维粘连素与 pVHL 的共沉淀。从此实验以及其他细胞裂解液混合实验，这些作者得出结论，^{35}S 标记的纤维粘连素是在细胞裂解前就与 pVHL 结合了。

减少非特异性蛋白质的背景

通过与抗体非特异性相互作用（图 18-14，复合物 3）或与抗体识别蛋白的非生理性结合（图 18-14，复合物 2）而共沉淀的蛋白质数量，可以通过仔细优化免疫共沉淀的条件而降低。通常采用以下三种操作。

- 增加免疫沉淀物洗涤缓冲液的离子强度。就像裂解缓冲液中较高浓度的盐通常可以破坏蛋白质-蛋白质的结合一样，洗涤缓冲液中的高盐浓度通常也会降低蛋白质-蛋白质相互作用。洗涤缓冲液中的盐浓度应当从 120～1 000 mmol/L NaCl 被滴定。然而，高浓度盐可以干扰 SDS 聚丙烯酰胺凝胶电泳。因此在凝胶加样前，免疫沉淀物应当用标准盐缓冲液（120 mmol/L NaCl）洗涤。
- 降低免疫沉淀时初级抗体的量。在免疫沉淀时降低初级抗体的浓度可降低非特异性共沉淀蛋白质的总数量。抗体浓度应当降低到某一点，使在这一点从任何特异性蛋白质获得的信号相对于任何非特异性蛋白质都是最大的。
- 用对照抗体预清除细胞裂解液。在用针对目的蛋白的特异性抗体进行免疫沉淀前，用过量的对照抗体及蛋白质 A-Sepharose 对细胞裂解液进行免疫沉淀处理（Harlow and Lane 1988）。

蛋白质鉴定

如果一种新的共沉淀蛋白质最初用银染或用［^{35}S］甲硫氨酸标记来检测，那么就可通过获取一级序列信息，即用直接的 Edman 降解（Aebersold et al. 1987，Kamo and Tusgita 1999，Loo and Muenster 1999）或通过质谱（Courchesne and Patterson 1999，Jensen et al. 1999，Wilkins et al. 1999，Yates et al. 1999）来对其鉴定。通常，序列信息是由肽获得的，这些肽来自胰蛋白酶对蛋白质的内水解切割。

通过 Edman 测序或质谱获取有用信息所需要的最小蛋白质量决定于多种因素，包括有关蛋白质的性质和特点，以及样品制备的方法。通常 Edman 测序需要约 10 pmol 的蛋白质来对内水解片段测序（500 ng 的 50 kDa 蛋白质）。现阶段的质谱方法更灵敏，可用于测定皮摩尔或亚皮摩尔量级的蛋白质。结果是，基于质谱的研究途径正在提供越来越多的可供选择的方法。基质辅助的激光解吸电离-飞行时间（matrix-assisted laser desorption ionization-time of flight，MALDI-TOF）质谱可用于获取肽“质量图谱”，它包含了从消化蛋白质来源的所有肽的质量（Courchesne and Patterson 1999）。这种质量图谱提供了蛋白质独特的“指纹”，它可用于与所有已知蛋白质的预测质量图谱进行比较以帮助鉴定蛋白质。一旦人类基因组计划完成，与预测序列相应的所有人类蛋白的预测质量图谱将从数据库中可以获得。另外，液相层析-串联质谱（LC-MS/MS）也可用于获取消化物内的肽的序列信息（Jansen et al. 1999，Yates et al. 1999）。这种序列信息也可用于鉴定蛋白质。至少到人类基因组计划完成前，用传统的 Edman 测序作为蛋白质鉴定的工具仍然有一定作用。

尽管可用皮摩尔量级的蛋白质来获取序列信息，但更多的蛋白质能够提供更好的和更明确的数据，因此常常需要显著放大初始的免疫沉淀反应。例如，为获得足够的蛋白（2 μg），以产生与周期素 D/Cdk4 结合的 p21cip1 的一级序列信息，Beach 及其合作者是从 400 个 15 cm 的 WI38 细胞培养板开始的（Xiong et al. 1993）。显然，所需细胞的数量决定于相关蛋白质的丰度以及免疫沉淀的效率，这里应当特别强调优化针对特定目的蛋白的免疫沉淀方案的重要性。

材料

注意：对于标有〈!〉的材料请按附录 12 进行适当处理。

缓冲液和溶液

关于贮存液、缓冲液和试剂的成分请见附录 1。

将贮存液稀释到适当浓度。

乙腈（50%）〈!〉

考马斯亮蓝 R-250

EBC 裂解缓冲液

- 50 mmol/L Tris-Cl（pH 8.0）
- 120 mmol/L NaCl
- 0.5%（V/V）Nonidet P-40
- 5 μg/ml 白胃素
- 10 μg/ml 抑肽酶
- 50 μg/ml PMSF〈!〉
- 0.2 mmol/L 正钒酸钠
- 100 mmol/L 氟化钠〈!〉

NETN

- 20 mmol/L Tris-Cl（pH 8.0）
- 1 mmol/L EDTA
- 100 mmol/L 氯化钠
- 0.5% Nonidet P-40

NETN，含 900 mmol/L NaCl

磷酸盐缓冲溶液

1×SDS 凝胶加样缓冲液

三氟乙酸（TFA）（0.1%，*m*/*V*，测序级）〈!〉

酶及缓冲液

胰蛋白酶

在 200 mmol/L 碳酸氢铵（pH 8.9）（测序级，Boehringer Mannheim 公司）溶液中制备 250 μg/ml 的牛胰蛋白酶

胰蛋白酶消化缓冲液

0.02%（V/V）吐温-20

200 mmol/L 碳酸氢铵（pH 8.9）

抗体

沉淀靶蛋白的抗体

对照抗体

凝胶

不连续的 SDS-PAGE 梯度胶〈!〉

分离胶（pH 8.8 的 7.5%～15%不连续胶）应为 20～30 cm 长，浓缩胶（pH 6.8 的 5%胶）应为 10 cm 长，孔本身应为 1～2 cm 深（胶的百分浓度会随目的蛋白而有所不同）。倒浓缩胶时不用多孔梳子，通过在玻璃板间垂直插入垫片来制作加样孔，这样可以形成足够大的加样孔。关于 SDS-PAGE 的详情请见附录 8。

专用设备

沸水浴

蛋白质 A-Sepharose

在 NETN 缓冲液中制备 1:1 悬浮的蛋白质 A-Sepharose

平板摇台

18.68 附加试剂

此方案的步骤 10 和 11 需要肽谱分析、肽纯化和测序的试剂和仪器（请见 Spector et al. 1998，62 和 63 章）

细胞和组织

培养基中生长的适宜细胞株

方法

重要：这一方案是用于确定 pVHL 结合蛋白。对目标蛋白应当进行条件优化。

1. 用磷酸盐缓冲液洗 30 块 10 cm 培养板上的适宜细胞（总共约 6×10^7 个细胞）。刮去每块板上的细胞到 1 ml 冰冷的 EBC 裂解缓冲液中。

2. 将每毫升细胞悬液转移到微量离心管中，在微量离心机上 4℃以最大速度离心 15 min。
3. 收集上清（约 30 ml）并加入 30 μg 的适当抗体，4℃摇动免疫沉淀物 1 h。
4. 加入 0.9 ml 的蛋白质 A-Sepharose 悬液，4℃再摇动免疫沉淀物 30 min。
5. 用含 900 mmol/L NaCl 的 NETN 洗蛋白 A-Sepharose 混合物，再重复洗 5 次。最后，用 NETN 洗一次。
6. 吸出混合物的液体部分。加入 800 μl 的 1×SDS 胶加样缓冲液到球珠中，煮沸 4 min。
7. 将样品加入到大孔的不连续 SDS-PAGE 梯度胶中，在 10 mA 的恒定电流下电泳过夜。
8. 通过考马斯蓝染色观察蛋白质泳带（附录 8）。
9. 从胶上切下目标带，将其放到微量离心管中，用 1 ml 50%乙腈洗两次，每次 3 min。
10. 用胰蛋白酶消化胶中的蛋白质，再将肽电洗脱。
    a. 将胶条移到一个清洁的表面，让它不完全干。
    b. 加 5 μl 胰蛋白酶消化缓冲液和 2 μl 胰蛋白酶溶液。
    c. 在胶吸附胰蛋白酶溶液后，每次加 5 μl 的胰蛋白酶缓冲液，直到胶条恢复到最初的大小。
    d. 将胶条置于微量离心管中，浸泡在胰蛋白酶消化缓冲液中并在 30℃孵育 4 h。加入 1.5 μl 的 0.1%三氟乙酸终止反应。

    蛋白质的观察和消化步骤变化很大。事实上，蛋白质还在聚丙烯酰胺凝胶中时，或蛋白质转移到硝酸纤维素或 PVDF 膜上后，都可进行消化。

11. 通过窄孔高效液相色谱分离肽。将收集的肽在 ABI 477A 或 494A 机器上进行自动 Edman 降解测序。

    供 Edman 测序或 MS 分析的样品处理也有变化，最好与操作仪器的人讨论。对方法的评述，请见 Matsudaira（1993）、Link（1999）及 Spector 等（1998，第 62 和 63 章）的文献。

方案 5　采用 GFP 和荧光共振能量转移技术测定蛋白质相互作用 18.69

Alise G. Harpur and Philippe I.H. Bastiaens
Imperial Cancer Research Fund, London

自从在维多利亚水母（*Aequorea victoria*）中发现并克隆了绿色荧光蛋白（green fluorescent protein, GFP）（Prasher et al. 1992）以后，便涌现出许多机会可以对基因功能以及蛋白质相互作用进行分析，包括按空间或时间的方式对蛋白质进行视觉跟踪，以及对 GFP 本身内在的光物理特性进行定量，从而使得 GFP 可以用作生物活性/生物过程以及蛋白质相互作用的指示剂或传感器。

GFP：对分子生物学和细胞生物学的影响以及在蛋白质相互作用中的应用

GFP 具有内在荧光性，且不需要外源性的辅助因子或底物，这一性质使它成为一种非常有用的遗传编码报道标签（请参阅第 17 章中有关“绿色荧光蛋白”的信息栏）。这一点对于采用内调控的（基因捕获）或者组织特异性的启动子来进行胚胎的以及完整生物体的基因表达分析特别有价值（Chalfie et al. 1994，Moss et al. 1996）。同时也已经证实了，GFP 还可以用于建立融合蛋白的亚细胞定位（Chalfie et al. 1994，Moss et al. 1996，Arnone et al. 1997）。细胞器特异性定位信号可以成功地融合到 GFP 的突变体中，因此可以使 GFP 靶向定位于诸如内皮网状组织、高尔基氏体（Dayel et al. 1999）、线粒体（Niwa et al. 1999）以及质膜（Okada et al. 1999）等部位。除了蛋白质的定位以外，还可以利用 GFP 的光物理特性将它用作生物活性的胞内传感器。例如，通过测定激发态反应，即荧光共振能量转移（fluorescence resonance energy transfer，FRET），GFP 可以用作蛋白质接近（protein proximity）的指示剂。迄今为止，这一技术已经被用于钙敏感结构（Miyawaki et al. 1997，1999）和蛋白酶底物（Heim and Tsien 1996，Mitra et al. 1996，Xu et al. 1998，Mahajan et al. 1998）的分析，以及用于测定许多蛋白质的相互作用（Day 1998，Mahajan et al. 1998）。另外，GFP 与 Cy3 之间的 FRET 还可以用于像胞内蛋白质和穿膜蛋白质（transmembrane proteins）的磷酸化作用等细胞过程的成像（Ng et al. 1999，Wouters and Bastiaens 1999）。在本方案中，采用荧光寿命成像显微（fluorescence lifetime imaging microscopy，FLIM）技术对实验的后一类型进行了详细的描述。

18.70 荧光共振能量转移

FRET 的光物理原理

直到最近，分子生物学家和细胞生物学家还不得不主要借助于使用化学交联剂和抗体等少量的技术方法来解决特定的蛋白质相互作用问题（请参阅本章中方案 2 到方案 4）。但是，像免疫沉淀或者亲和层析等技术并不能维持细胞内蛋白质相互作用时正常的生理条件。另外，这些方法不能提供相互作用蛋白质空间分布方面的信息。免疫细胞化学共定位（immunocytochemical colocalization）虽然可以提供相同细胞腔内两个特定蛋白质状态的非直接证据，但却不能确证所怀疑的成分是否真正地直接相互作用。测定 FRET 可以解决完整细胞中（相互作用）的特异性问题（Bastiaens and Squire 1999）。

FRET 是一种非放射性的、偶极-偶极配对的过程，借此过程，能量从激发态荧光供体以非常接近的波长（通常在 10 nm 以内）转移到荧光接受体。因此，供体的激发可以引起受体的敏化发射，但这种情况在缺乏 FRET 的条件下通常是不会发生的。如果将蛋白质融合到遗传编码的 GFP 突变体上，或者用可以具体表现供体-受体间相互作用的合成荧光材料通过共价结合对蛋白质进行化学修饰（Bastiaens and Jovin 1998，Griffin et al. 1998），由此就可以通过荧光体间的 FRET 来推断所研究蛋白质分子间的相互作用。可以由下述公式计算 Förster-型能量转移发生的速率常数（k_t；ns^{-1}）：

$$k_t = \tau_D^{-1}\left(\frac{R_0}{R}\right)^6 \tag{1}$$

由此可得

$$R_0 = (\kappa^2 \cdot J(\lambda) \cdot n^{-4} \cdot Q)^{1/6} \cdot 9.7 \cdot 10^2 \tag{2}$$

式中 R(nm) 是两个荧光体中心间的实际距离，R_0 (nm) 是能量转移效率 (E) 为 50%时两个荧光体中心间的距离（图 18-16），τ_D (ns) 是在没有受体时供体的荧光寿命。将公式 1 代入能量转移效率的定义式（公式 3）时，显示 FRET 效率 (E) 有一个很强的距离依赖性：

$$E = \frac{k_t}{(k_t + \tau_D^{-1})} = \frac{R_0^6}{(R_0^6 + R^6)} \tag{3}$$

R_0 与供体的量子产额 (Q)、荧光团瞬时偶极的相对取向 (κ^2)、干涉介质的折射指数 (n) 以及供体发射和受体吸收光谱的重叠积分 [J (λ); $cm^6 mol^{-1}$] 等因素有关 (Clegg 1996)。重叠积分 [$J(\lambda)$; $cm^6 mol^{-1}$] 由下列公式决定：

$$J(\lambda) = \frac{\int_0^\infty F(\lambda)\varepsilon(\lambda)\lambda^4 d\lambda}{\int_0^\infty F(\lambda) d\lambda} \tag{4}$$

式中 $\varepsilon(\lambda)$($L \cdot mol^{-1} \cdot cm^{-1}$)是受体的淬灭系数，$F(\lambda)$是供体在波长 λ 处的荧光强度。 18.71

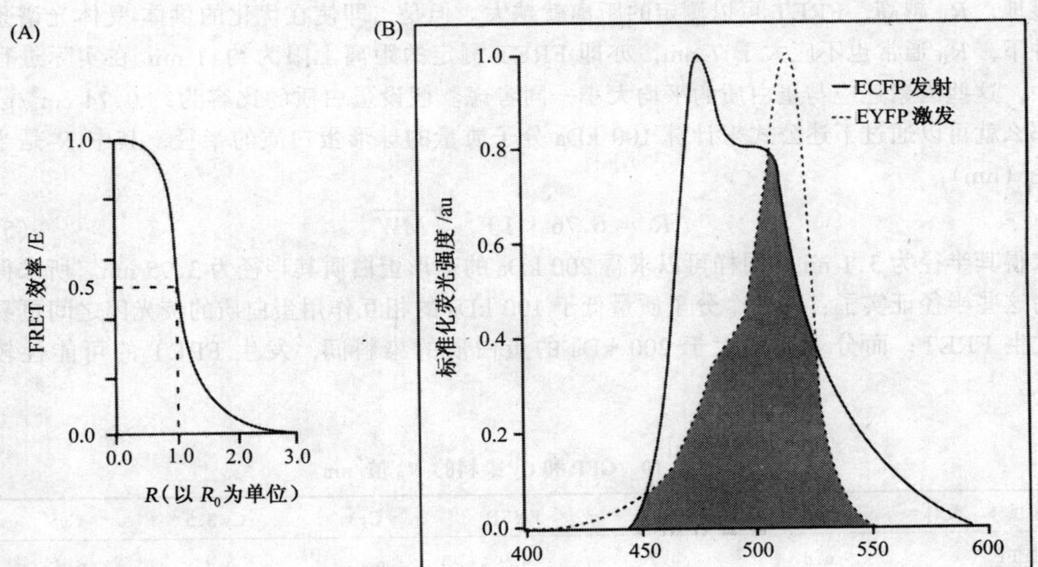

图 18-16　荧光发射光谱和吸收光谱

(A) FRET 效率 (E) 对于以 R_0 为单位的发色团间距离的函数。(B) ECFP 的荧光发射光谱和 EYFP 的荧光吸收光谱间的光谱重叠（阴影部分）。

为了选择合适的发色对进行以 FRET 为基础的蛋白质相互作用测定，在优化 R_0 时必须考虑两个主要因素，即①供体的量子产额 Q 和②通过重叠积分 $J(\lambda)$所求得的发射光谱和吸收光谱间的光谱重叠面积，$J(\lambda)$的大小取决于受体的淬灭系数 $\varepsilon(\lambda)$。除了这些考虑以外，发色对的选择还取决于发色对之间是否有足够的光谱距离，以便有适当的波带透过滤器来清楚地测定供体。最后一点考虑是方法的实用性，比如功能性融合蛋白或荧光偶联物的构建，以及它们介入细胞的可行性。因此，必须牢记要基于所检测的蛋白质系统来考虑 R_0 的优化。

像蓝绿色荧光蛋白（CFP）和红色荧光蛋白（DsRed）等 GFP 的蓝移和红移突变体的工程化，使得 GFP 突变体间的 FRET 测定更加容易（有关综述请参阅：Heim and Tsien 1996，Tsien 1998，Matz et al. 1999，Pollok and Heim 1999）（这些突变体可以从 CLONTECH 购得）。遗传编码的、具有光谱可比性的荧光组合例子是以增强型蓝绿色
18.72 荧光蛋白（ECFP）作为增强型黄色荧光蛋白（EYFP）的供体。这一发色对的 R_0 值为
4.9 nm（表 18-10），可以在 R_0 的大约 1.6 倍即 7.8 nm 范围内进行 FRET 测定，相应的检测限为 FRET 效率的 5%（图 18-16）。遗传编码的荧光 FRET 发色对的用途是明显的：它可以在不需将荧光团结合到纯化的蛋白质上再将它们引入细胞的条件下，进行蛋白质相互作用的分析。然而，如果可以使用硫代吲哚花菁（sulfoindocyanine）染料结合物，那么其较大的淬灭系数和光谱重叠使得 Cy3（Amersham Pharmacia Biotech 公司）成为一个供体 EGFP 能量转移的适当受体（Ng et al. 1999，Wouters and Bastiaens 1999）。这一发色对的 R_0 为 6 nm，可以使 FRET 测定的有效范围增大到 9.6 nm。很明显地，R_0 越高，FRET 可以测定的距离就越大。但是，即使在优化的供体-受体光谱条件下，R_0 通常也不应大于 7 nm，亦即 FRET 测定的距离上限为约11 nm。在实际进行中，这些因素还应与蛋白质的平均大小一同考虑。假设蛋白质的比容为约 0.74 cm^3/g，那么就可以通过下述公式来计算 100 kDa 分子质量的球形蛋白质的半径，其中 R 是半径（nm）：

$$R = 6.76 \times 10^{-2} \sqrt[3]{MW} \tag{5}$$

求得其半径为 3.1 nm。同样可以求得 200 kDa 的球形蛋白质其半径为 3.95 nm。所求得的这些半径证实了：在两个分子质量低于 100 kDa 的相互作用蛋白质的荧光团之间更易发生 FRET；而分子质量大于 200 kDa 的蛋白质的染料间，发生 FRET 的可能性较低。

表 18-10 GFP 和 Cy 染料的 R_0 值/nm

⇓供体 受体⇒	ECFP	EGFP	EYFP	Cy3	Cy 3.5	Cy5
ECFP	n.d.	4.7	4.9	n.d.	n.d.	n.d.
EGFP		4.6	5.5	6.0	5.7	n.d.
EYFP			5.1	n.d.	n.d.	n.d.
Cy3				4.4	5.1	5.3
Cy 3.5					4.6	6.4

注：表中数值系采用文献报道的 GFP 突变体（Tsien 1998）和 Cy 染料生产商（Amersham Pharmacia Biotech 公司）所提供的淬灭系数，按照 Bastiaens 和 Jovin（1996）介绍的方法计算而得。“n.d.”代表没有测定。

FRET 测定方法

稳态荧光强度测定

采用一系列技术，尤其是通过分析供体/受体的稳态荧光发射率，可以检测并定量 FRET（Adams et al. 1991，Miyawaki et al. 1997)。位于与适当的受体荧光团相近分子的供体荧光团的优先激发（preferential excitation)，可以导致受体的敏化发射以及供体荧光团的淬灭。在引起蛋白质偶联以后，就可以测定供体和受体发射比率的变化。但这种测定有许多限制。例如，因为所测得的比率不是 FRET 效率的绝对测定值，所以这样的测定必须要一段较长的时间，这样才能测定到因蛋白质偶联所引起的比率变化。因为荧光强度与浓度成正比，供体/受体荧光强度的比值将取决于标记蛋白质的局部浓度。而当测定过程中由于生理活性导致荧光蛋白发生差异再分布（differential redistribution）时，又会出现特定的问题。同钙敏感的“cameleons”分子一样，与浓度成比例的影响（ratiometric concentration effect）不是在相同的多肽上使用了编码供体和受体 GFP 报道探针的结果（Miyawaki et al. 1997，1999)。这些类型的探头由侧面具有“活性”-特异性模块的供体和受体组成。供体-受体的化学计量比例在所有不同方向均保持一致，因此，发射比率的任何变化都可归因于 FRET 效率的变化。然而，必须注意保证所观察到的比率变化不是由 pH 变化所引起的，因为 pH 变化也可以特异性地影响 GFP 变异体的强度（Llopis et al. 1998)。另外，单独测定受体敏化发射也可用作 FRET 的测量
(Mahajan et al. 1998，Xu et al. 1998)。当供体荧光强度低，和/或在供体光路存在高的 18.73
背景（自动）荧光污染时，就可以采用这种方法。然而，吸收光谱可能在低波长（蓝色）区域特征性地出现长的拖尾，这样会导致供体和受体分子都发生直接激发，因而造成直接发射和敏化发射相混合。相反地，荧光发射光谱易在光谱红区拖尾，从而引起供体荧光团扩散进入受体检测光路。对这些影响如何进行校正已经有报道（Gordon et al. 1998)，牵涉到在三个不同的狭缝设置条件下分别采集含有供体、受体以及两者混合物的样品的荧光图像，然后就可以得到与 FRET 效率成比例的数值。

供体淬灭和受体光漂白

也可以通过检查供体发射的淬灭来进行 FRET 测定（Bastiaens and Squire 1999)。一旦发生 FRET，那么所测定的供体发射强度就与能量转移效率成比例地减小：

$$E_i = 1 - \left(\frac{I_i}{I_{i0}}\right) \tag{6}$$

式中 I_i 和 I_{i0} 分别代表在存在和缺乏 FRET 时供体的稳态荧光强度。供体在每一个方向 i 的荧光强度（I_i）与供体浓度成正比，并需要用没有受体时的荧光强度（I_{i0}）进行校正，以便用公式（6）来计算各个方向的 FRET 效率。这一基准测定值（I_{i0}）是采用同一样品并在受体的最大吸收进行激发来特异性地使受体光漂白（photobleaching）而测得的（Bastiaens et al. 1996，Bastiaens and Jovin 1998，Wouters et al. 1998)。在实际操

作中，这一过程包括：①供体图谱的采集，②受体的光漂白，然后③第二份供体图谱的采集。将一减去在受体光漂白前后供体图像的比值来计算 FRET 效率图谱。与敏化发射测定相比，因为吸收光谱倾向于在光谱的蓝区发生拖尾而在红区则较陡，因此光漂白处理时对受体具有较高的选择性。受体光漂白 FRET 测定时必须注意，漂白受体的光化学产物在供体发射光谱中要没有残留吸收，以及更重要的，要在供体光谱区内没有荧光。光漂白需要较长时间（典型地为 1～20 min），在此过程中因为蛋白质的质量变化，这一类型的 FRET 测定最好在固定的细胞样本上进行。因为细胞寿命与探头的浓度和光路长度没有相关性，因此采用荧光寿命成像法进行活细胞的 FRET 测定更具可行性。

荧光寿命

FRET 由于减少了供体荧光团激发态数量而降低了它的荧光寿命（τ，激发态周期的测定值）（Clegg 1996），这一效果也显示为供体量子产额（激发的荧光光子数与吸收的光子数之比值）的下降。在假设 τ 是固有荧光参数——即与探头浓度和光路长度没有关系，而只受激发态过程的影响——时，可以纯粹通过供体荧光团来测定 FRET。因为不测定受体荧光，因此对受体探头的特异性没有限定，就可以采用饱和量的受体分子
18.74 或具有非功能亚群的受体标记蛋白质文库来进行实验。采用荧光寿命成像法对供体的荧光寿命成像以后，就可以在图像的每一个方向计算 FRET 效率：

$$E_i = 1 - \frac{\tau_i}{\langle \tau_R \rangle} \tag{7}$$

每一个方向 i 的 FRET 效率通过将寿命 τ_i 除以没有受体时的平均供体参照寿命 $\langle \tau_R \rangle$ 来计算，该参照寿命可以通过在实验最后使受体光漂白来测得。

荧光寿命成像显微技术

频率域 FLIM 和时间域 FLIM

作为一种在荧光探针或者细胞成分的定位和性能考察时无破坏性和非侵入性的方法，荧光寿命成像显微技术（fluorescence lifetime imaging microscopy，FLIM）已经建立成熟。当将这种测定方法扩展应用到荧光寿命检测时，就可能解决生化过程以及活性方面的问题。FLIM 可以一个方向一个方向地进行荧光寿命的定量（Lakowica and Bernde 1991，Clegg et al. 1992，Gadella et al. 1993，1994），并由所得图像进行 FRET 效率图谱的计算（Wouters and Bastiaens 1999）。总的说来，可以通过两种常规的方法来进行荧光寿命的测量：

- 时域法　在采用短脉冲光激发样品后，进行延后的、门控的（gated）荧光强度测定（Sytsma et al. 1998）。按荧光指数衰减规律在连续的时间点测量样品的荧光强度。当样品含有单个荧光样本时，将荧光强度降低至其起始值的约 37% 所需的时间计为荧光寿命。在这样的方案中，采用反复激发可以保证达到适当的

信噪比。在实际操作时，将荧光衰变的两个相等的关门时间间隔（two equally timegated segment）（Δt）除以积分强度（R）就可以计算平均寿命（τ），也即

$$\tau = \frac{\Delta t}{\ln R} \tag{8}$$

- **频域法** （Lakowica and Berndt 1991，Gadella et al. 1993，请参阅关于"时域法 FLIM 实验设置"的文框）：样品经正弦波调制的光源激发，所引起的荧光发射再按激发光源相同的频率进行正弦波调制，但其相位提前而调幅降低。荧光寿命的相（τ_i^{ϕ}）和调幅（τ_i^{M}）可以根据相位提前和调幅变化的情况按照下列公式计算：

$$\tau_i^{\phi} = \frac{\tan(\Delta\phi_i)}{\omega} \tag{9}$$

$$\tau_i^{M} = \frac{\sqrt{\dfrac{1}{M_i^2} - 1}}{\omega} \tag{10}$$

式中 $\Delta\phi_i$ 和 M_i 分别代表每一个方向 i 上的相位提前和调幅变化的大小，ω 是角调制频率。

图像处理 18.75

FLIM 资料由正弦波全循环（2π 弧度）中下陷部分的相位依赖性图像序列所组成（图 18-17，步骤 1）。由这些资料获得在每一个方向上每个下陷的相位提前（$\Delta\phi_i$）和调幅变化（M_i），用于根据公式（9）和公式（10）来计算荧光寿命。由原始资料经标准傅里叶转换来计算上述参数，相位依赖性原始 FILM 资料 D_i（k）在形式上可以用下列的傅里叶表达式来表述：

$$D_i(k) = D_{0i} + \sum_{n=1}^{N/2}[a_{ni}\cos(kn\Delta\psi) + b_{ni}\sin(kn\Delta\psi)] \tag{11}$$

通过在经强化调制的图像相位中 $\Delta\psi$ 的每一个连续点（$k = 0$、1、2、3…N-1）所获得的图像来采集信号。采用标准的计算机算法［如 Press 等（1990）描述的算法］以不连续的正弦和余弦转换来计算调谐频率 n 时的临界参数 D_{0i}、a_{ni} 以及 b_{ni}（图 18-17，步骤 2）：

$$D_{0i} = \frac{1}{N}\sum_{k=0}^{N-1} D_i(k) \tag{12}$$ 18.78

$$a_{ni} = \frac{2}{N}\sum_{k=0}^{N-1} D_i(k)\cos(kn\Delta\psi) \tag{13}$$

$$b_{ni} = \frac{2}{N}\sum_{k=0}^{N-1} D_i(k)\sin(kn\Delta\psi) \tag{14}$$

从这些参数可以确定每一个方向（i）的相位提前和调幅变化（图 18-17，步骤 3）：

$$\Delta\phi_i = \arctan(b_{1i}/a_{1i}) - \Delta\phi_R \tag{15}$$

$$M_i = \sqrt{a_{1i}^2 + b_{1i}^2}/D_{0i}M_R \tag{16}$$

式中 $\Delta\phi_R$ 和 M_R 分别为计算所得到的具有零寿命值的反射参比样品（对照品）的相位提前和调幅变化。通过将相位提前和调幅变化值代入公式（9）和公式（10），就可以分别计算得到相位和调幅的寿命图（图 18-17，步骤 4）。

18.75

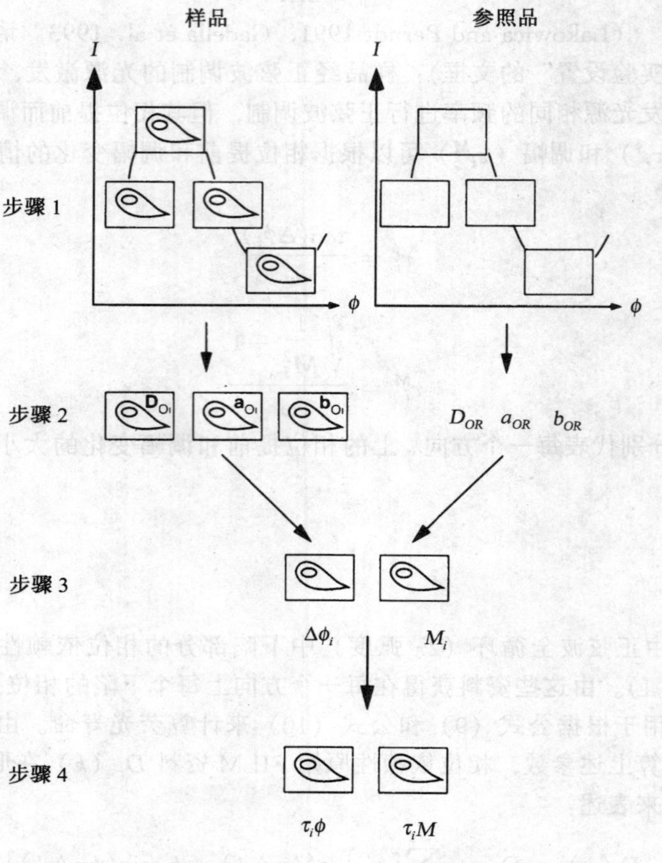

图 18-17　图像处理流程图

见文中详述。

步骤 1　图像采集：

在 360 度整个相循环中以一定的时间间隔获得相位依赖性图像系列。

步骤 2　从相位提前来进行傅里叶振幅计算：

沿图像系列每一方向的轴向进行傅里叶转换；由参照品图像系列的平均值确定三个振幅。

步骤 3　相提前和调幅变化：

根据 FLIM 资料的傅里叶振幅和参照品振幅来确定相位提前图像和调幅图像。

步骤 4　寿命计算：

根据相位提前和调幅变化值来计算相位和调幅寿命。

18.76

频域法 FLIM 的实验设置

频域法荧光寿命成像系统的主要部件包括：①调节高频激发光源强度的驻波声-光调制器（standing wave acousto-optic modulator，SW-AOM）；②频率混合装置，例如进行荧光发射时相位敏感性检测的图像增强器。

图 18-18 是一种单频 FLIM 结构的示意图。这一仪器以振动隔绝的倒置显微镜（如：Zeiss Axiovert 135 TV）为基础。基本的光源配制是具有足够输出功率的氩激光（每线＞100 mW）。对于 GFP 突变体、ECFP、EGFP 以及 EYFP，最理想的激发光分别是 457.9 nm、488.0 nm 和 514.5 nm 的光线。这一光源输出的光经 SW-AOM（Intra-Action Corp. Belwood）正弦调制，最简单的调制装置需要一个中央共振频率为 80 MHz（最好使 GFP 荧光寿命为 2 ns 左右）的 SW-AOM。距 SW-AOM 约 1.5 m 处放置的可变光圈用来选择性地从高级衍射光束中分离出中央（零级）调制光束。为了减少热所引起的相迁移，SW-AOM 配备有恒温水浴/循环器，因而显微镜室是温度恒定的。该装置可以使 SW-AOM 保持在使荧光信号和检测器的调幅放大之间产生相干涉所需温度的 ±0.1℃ 范围内。调制的中央光束再由焦距 12 cm 的透镜导入到内核 1 mm、孔数 0.37（Technical Video Ltd.）的 1.5 m 步长指数硅纤维中。通过使纤维按约 100 Hz 的频率振动来抑止激光的干涉性，结果使得对样本的散点性光照在积分测定时发生随机性移动。

将一个无色透镜（焦距 7.6cm）合并放置在显微镜照明部位的上方来采集激光，并使激光平行化，从而可以对样品板进行 Koehler 照明。这一焦距已经足够使纤维内核显示为点光源，因此可以得到平行光束并对样品平面进行平行照射。照明部位的上方另接一个 100 W 的水银灯（Zeiss HBO 100 W/2）以提供另一个照明光源。旋转反向镜可以快速地切换激光和水银灯。激光照射用于供体的荧光寿命成像，而水银灯则用于受体的成像与漂白。显微镜的大部分部件安装在一个加热至 37℃ 的防风玻璃恒温室内，以方便活细胞实验。将显微镜的大部分部件都安装在这样一个恒温室里，也可以减小显微镜部件（如接物镜）和样品之间的温度梯度。

恒温室可以随时供应 CO_2 源。直接位于样品和接物镜下方的 TV 部分与检测器相连，使得荧光发射路径最短，光损失最小。来源于样品的光在高频调制图像增强器（Hamamatsu C5825 LaVision Picostar HR）头部的光阴极形成图像。该装置使得光阴极发射的光电子最近地聚焦到微通路板（micro-channel plate，MCP）表面。MCP 输出端的电子图像激活荧光屏生成一个强化的光图像。对于单一染料的检测，按照与 SW-AOM（80 MHz）提供给光阴极的偏振正弦电压相同的频率调制即可以有效地获取放大器图像。来源于高频合成器（2023 Marconi），经放大、相锁定的输出可以提供非常稳定的正弦波电压源，通过 SW-AOM 来调节激发场以及图像放大器部分的增益。伸缩透镜的放大倍数设为 0.5 以后，将 MCP 荧光屏上的放大图像投射到科学级 CCD 照像机（Quantix, Photometrics）的芯片上。0.5 的放大倍数使 CCD 照像机芯片上的整个表面积正好对应于 MCP 荧光屏的图像面积。12 位 CCD 照像机装置了含有 1317×1035 个 6.8 μm 方格列阵的 Kodak KAF1400 集成板。在图像采集到 CCD 上时，特别采用了两格、两格的方法，以适应 MCP 的最低分辨率（12 lp/mm）。通过在全角度范围（0～360°）内按不同的相位获取并记录一系列图像，来得到图像各个方向的相位依赖性信号。

在图像序列的各个方向均采用傅里叶分析来计算荧光寿命。典型地说，FLIM 序列需要 16 张约 300 像素×300 像素的相位依赖性图像。在每秒 5 M 像素的读出速率下，每一个相位的图像可以在 20 ns 内读出。仅仅在图像采集过程中照射样品，这样可以减少光失活。这一点通过装在显微镜过滤部件和照射部件上方的外接高速快门（UNIBLITZ VS25 D122 shutter 和 driver，Vincent Associates）来实现。快门的同步传输开关由 CCD 上表明开关状态的 BNC 输出口控制。通过 PC 机的 GPIB 界面发出的命令来精密地、一步步地控制用于调节图像增幅的频率合成器的相位设置。通过相位控制将外围部分合并到 IPLab Spectrum（Scanalytics Inc.）、并从 CCD 下载图像后，就可以提供 FLIM 资料采集所需的软件界面。

采用 FLIM-FRET 成像蛋白质的磷酸化

通过目标蛋白与可以识别修饰残基的抗体相互作用，FRET 可以用作像磷酸化等蛋白质修饰的非常特异性的指示剂。通过 FRET 可以在磷酸化蛋白的发色团和抗体之间获得蛋白质修饰的特异性信号。典型地说，通常可以采用将 GFP 的一部分融合到磷蛋白（phosphorprotein，荧光蛋白）上作为供体，而 Cy3 与抗体结合作为受体来进行这一类型的实验。抗体-Cy3 结合物可以通过微注射导入活细胞，或者通过与浸透性的固定细胞孵化来导入。在这种方法中，只有当供体的量子产额发生变化，尤其是所测得荧光寿命发生变化时，才能测定 FRET。因为载有受体的抗体与供体融合蛋白质相比有更大的摩尔质量，FLIM 特别适合于活细胞的 FRET 测定。另外，并不像通常情况那样，这种抗体不必是对抗原表位具有惟一特异性的，也可以采用持有少量特异性 IgG 分子的半纯化抗体制品。我们在这里介绍下列物质间相互作用的检测：①一种遗传编码的供体成分与一种微注射的标记受体成分之间，以及②两种编码的供体/受体成分之间。

18.77

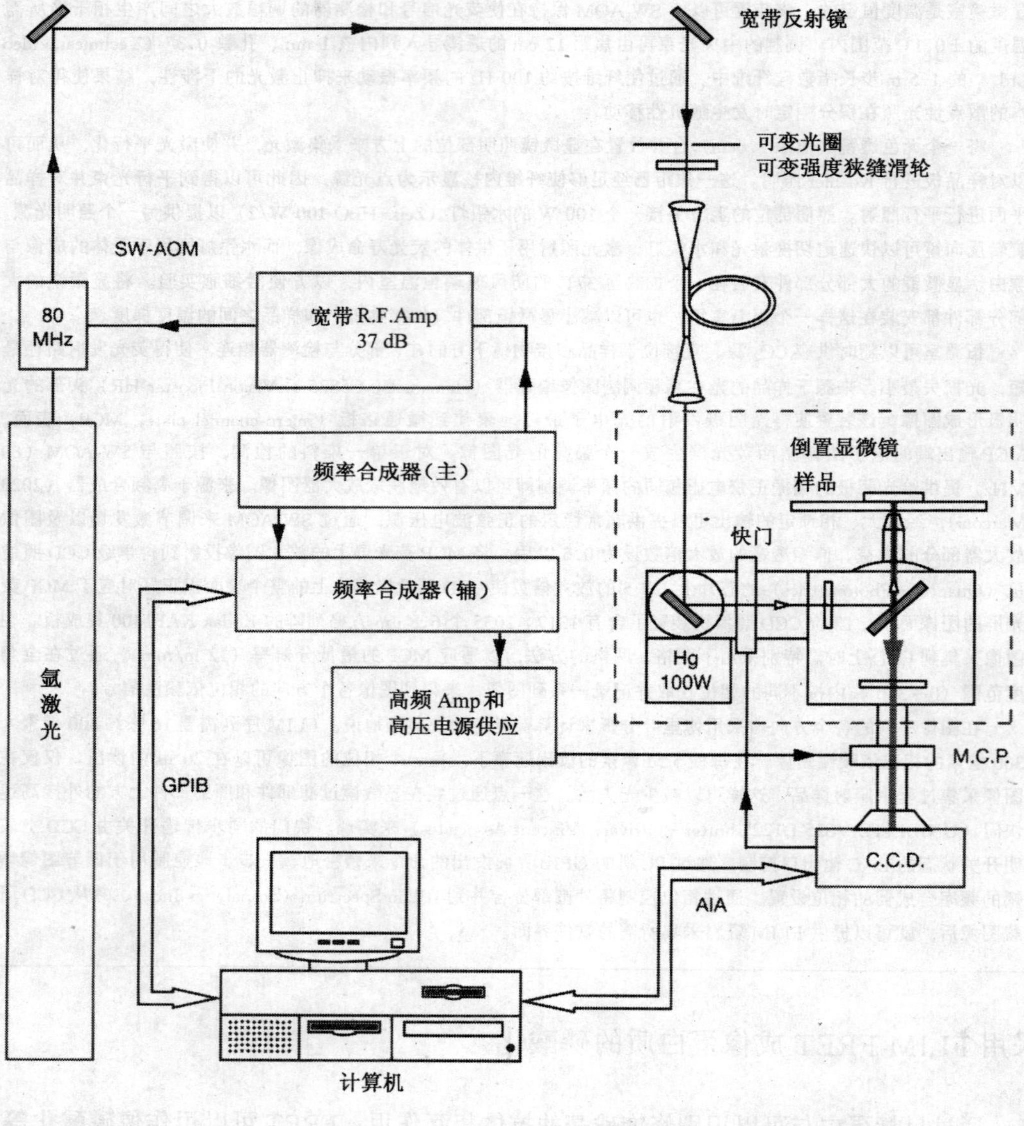

图 18-18 单频 FLIM 构造示意图

见文中详述。

18.79

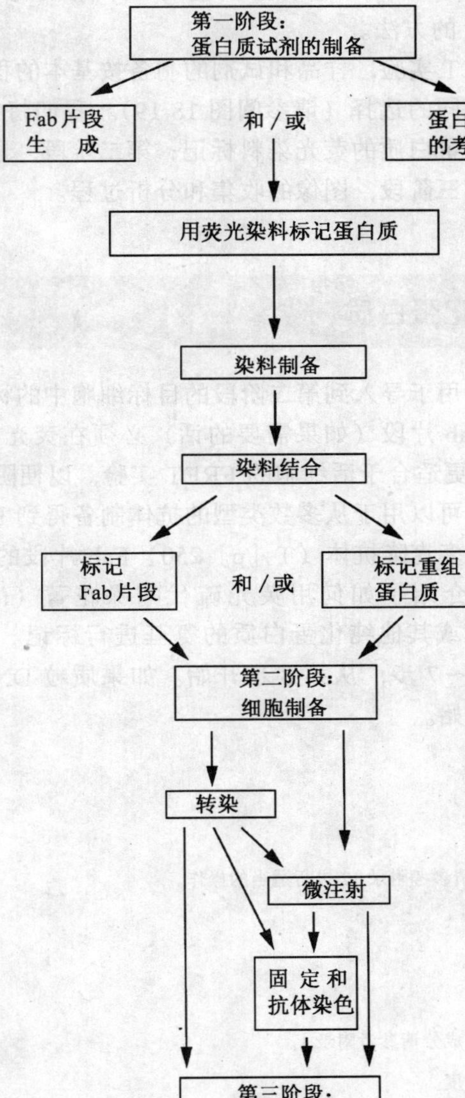

图 18-19　在进行 FLIM-FRET 实验的三个阶段中可能采用方案选项的流程图

见文中详述。

这些步骤完全符合检测两种遗传编码的探针如 ECFP 与 EYFP 之间或 EGFP 与 DsRed 之间的相互作用。虽然在这里介绍了一种蛋白激酶 Cα（PKCα）的 Thr-250 磷酸化后测定其活性态的特定方案（Ng et al. 1999），但这一方法也可以用于测定一般的共价蛋白修饰，而且本质上也能应用于蛋白质相互作用的检测。所介绍的例子包括了可以同时适用于活细胞和固定细胞实验的、采用 EGFP-标记的 PKCα 和一种特别针对 Thr-250 磷酸化

的标记抗体的方法，以及可适用于固定细胞实验的、采用两种标记抗体（一种抗
18.79 PKCα，另一种抗磷-Thr-250）的方法。

对于任意一个 FLIM-FRET 实验，样品和试剂的制备按基本的程序进行。在流程图里列出了操作过程中每一步不同的选择（请参阅图 18-19）。我们将方案分成三个阶段：第一阶段介绍蛋白质的制备及蛋白质的荧光染料标记；第二阶段，通过转染或微注射将适当的探针成分导入细胞；第三阶段，图像的收集和分析过程。

18.80 第一阶段 用荧光染料标记蛋白质

本方案的第一阶段介绍了用于导入到第二阶段的目标细胞中的标记成分（通常是抗体或其他蛋白质）的制备。Fab 片段（如果需要的话）必须在荧光标记前按照第 1～7 步的说明进行制备。Fab 片段更适合于活细胞的 FRET 实验，以便阻止抗原与完整抗体间可能的交联。虽然这一步骤可以用于从多数类型的抗体制备得到 Fab 片段，但这里所举的例子介绍的是磷-Thr-250 多克隆抗体（T［p］250）Fab 片段的制备条件。第二部分的操作步骤（10～16 步）介绍了如何用荧光硫代吲哚花菁（fluorescent sulfoindocyanine，Cy）染料对这些片段或其他纯化蛋白质的氨基进行标记。如果直接对抗体或蛋白质进行标记，则省略第 1～7 步，从第 8 步开始。如果质粒 DNA 中编码了探针成分，则可以直接从第二阶段开始。

材料

注意：对标以〈!〉的材料请参考附录 12 进行适当的操作。

缓冲液和溶液

储备溶液、缓冲液和试剂的成分请参考附录 1。

将储备溶液稀释到适当的浓度。

用 NaOH 调节的 *N*-二羟乙基甘氨酸（0.1 mol/L，pH 7.5）

用 NaOH 调节的 *N*-二羟乙基甘氨酸（1 mol/L，pH 9.0～9.5）

消化缓冲液

20 mmol/L 磷酸钠

10 mmol/L EDTA

20 mmol/L 半胱氨酸/HCl 缓冲液（pH 7.0）

N，*N*-二甲基甲酰胺（DMF）〈!〉

在存储容器中加入约 1/3 体积的吸湿性树脂用于干燥 DMF。例如，可以始终将 AG501-X8 混合床树脂（Bio-Rad）放在 DMF 原料瓶中。如果对 DMF 的完整性有任何疑问时，则可以另外加入一些新鲜树脂，或者用新鲜树脂替换老树脂。这样的操作是考虑到会出现标记蛋白质能否达到期望比例的问题，因为标记反应时水的存在（可能来源于 DMF）会竞争游离染料。

含有 10 mmol/L EDTA（pH 7.0）的磷酸钠（20 mmol/L）

磷酸盐缓冲溶液（PBS）

TE（pH 7.0）

酶和缓冲液

固定在琼脂糖颗粒上的木瓜蛋白酶（分散在消化缓冲液中的 50% 混悬液；Sigma）

标记化合物

Cy3 和 Cy5 OSu 单功能硫代吲哚花菁琥珀酰亚胺酯（Amersham）

硫代吲哚花菁（Cy）的琥珀酰亚胺酯染料共价结合到游离氨基（赖氨酸侧链 α-氨基末端或 ε-氨基）。Cy 染料以冻干态使用，所有情况下保证其处于干燥状态以避免与水反应。由于批与批之间可能存在差异，每一瓶中染料的量必须单独测定。在这里所举的例子中，用俄勒冈绿的琥珀酰亚胺酯（分子探针）来标记 MC5 PKCα 抗体。

抗体 18.81

待标记的纯化抗体，如 MC5（单克隆）或 T250（多克隆），或蛋白质

标记反应必须在没有氨基的缓冲液中进行。许多商用抗体制品中添加了含有可能竞争 Cy 染料的游离氨基添加剂（如牛血清白蛋白或明胶）。也有许多供应商可以根据要求提供不含这些化合物的抗体制品，这种情况下可以要求提供溶于磷酸盐缓冲溶液中、浓度为 1 mg/ml 的样品。

凝胶

SDS-聚丙烯酰胺凝胶〈!〉

制备 SDS-聚丙烯酰胺凝胶分离蛋白时，请参考附录 8。

专用装置

Centricon 浓缩器：YM10，YM30，YM100（分别切割 10、30、100 kDa 大小的分子；Amicon）

凝胶过滤/分子大小排阻色谱柱（预装一次性 Econo-Pac 10 DG；Bio-Rad）

蛋白 A-琼脂糖凝胶柱（Econo-Pac 的 2 ml 柱；Bio-Rad）

用装料体积 20 倍的 20 mmol/L 磷酸钠冲洗柱来使柱平衡。推荐用蛋白 G 来纯化小鼠抗体。

UV/可见吸收分光光度计

附加试剂

本方案中的第 7 步需要测定蛋白质浓度的试剂（如 Bradford 分析试剂）（Spector et al. 1998，第 56 章）。

方法

Fab 片段的制备与纯化

1. 采用像 Centricon YM100 的一次性浓缩器，以离心的方法使抗体在含 10 mmol/L EDTA的 20 mmol/L 磷酸钠溶液（pH 7.0）中的浓度浓缩至 15～20 mg/ml。
2. 向 250 μl 浓缩的抗体制品（约 4～5 mg）中加入 500 μl 消化缓冲液和 500 μl 固定在琼脂糖颗粒上的 50% 木瓜蛋白酶混悬液（分散在消化缓冲液中）。37℃ 振摇（振荡孵化器中，300～400 r/min）6～10 h 进行消化。

   重要：消化过度（如超过 16 h）将导致 Fab 片段裂解成较小的多肽。因此建议进行预试验，每隔 1 h 取少量的消化液（约 5 μl）采用还原性 SDS-聚丙烯酰胺凝胶电泳进行分析。在还原条件下，IgG 的重链和轻链会像 50 kDa 和 25 kDa 的多肽一样迁移。经木瓜蛋白酶消化的抗体按约 25 kDa 大小的分子迁移。
3. 采用蛋白质 A-琼脂糖凝胶柱从 Fc 部分和未经消化的抗体中纯化 Fab 片段。将消化混合物加到平衡过的柱上，并按每份 1 ml 立即开始收集流过液部分。

   蛋白 A 将与抗体的 Fc 部分结合，因此可以从消化混合物中除去全抗体和 Fc 部分，获得的流过液就仅仅含有 Fab 片段。注意！IgG 分子的许多亚类不与蛋白 A 结合（请参阅附录 9）。当需要制备小鼠单克隆抗体的 Fab 片段时，使用蛋白 G。

18.82 4. 为了鉴定哪些流过液部分中含有纯化的 Fab 片段，测定每一部分的 OD_{280}，收集并合并 Fab 浓度最高的三个或四个组分。

   一般来讲，可以在大约 3～4 个组分中发现 Fab 片段。
5. 使用 Centricon YM100 柱（截流值 10 kDa；Amicon）离心将合并的组分浓缩至体积 0.5 ml 以下。
6. 将样品加到 PBS 平衡的低分子质量（6 kDa 以下）凝胶滤过层析柱上，用 PBS 洗脱 Fab 片段（按照产品说明进行）。

   为了标记 Fab 片段，必须将它们交换到不含游离氨基（如消化液中必须除去游离半胱氨酸）的缓冲液中。
7. 洗脱后，采用 Centricon 浓缩器使 Fab 片段浓缩后，测定蛋白质浓度。加入 1/10 体积的 1 mol/L *N*-二羟乙基甘氨酸（pH 9.0）。

   采用 Bradford 分析法测定 IgG 浓度，以牛血清白蛋白作为标准品，并乘以系数 2。

   浓缩的 Fab 制品现在就可以准备进行荧光硫代吲哚花菁染料标记。

染料制备

8. 将各瓶冻干染料中的内容物重新混悬于 20 μl 的干 *N*，*N*-二甲基甲酰胺中，得到浓度约 10 mmol/L 的 Cy 溶液。

9. 将 1 μl 染料混合物用 PBS 按 1∶10 000 稀释，并由可见吸收峰计算染料浓度。

Cy3 和 Cy5 在 554 nm 和 650 nm 的吸光系数分别为 150 000 L·mmol^{-1}和 250 000 L·mmol^{-1}。

染料结合

10. 标记蛋白质时，将其混悬于不含游离氨基的缓冲液中。如果蛋白质溶液不是在一种适当的缓冲液中，则按上述第 6～7 步进行操作。

蛋白质如果因稳定性的考虑必须采用特定的缓冲系统，则凝胶过滤系统也采用该缓冲液平衡。注意缓冲成分中不应含有游离氨基或抑制标记反应的成分。值得注意的是，像二硫苏糖醇、β-巯基乙醇等还原剂对标记反应有干扰。然而，如果为了保持生理/蛋白质功能而必须添加还原剂时，β-巯基乙醇因为干扰较低，因此是首选的还原剂。在 0.1 mol/L *N*-二羟乙基甘氨酸（pH 9.0）中进行标记以前，T（p）250 和 MC5 均需置换到 PBS 中。

建议在标记反应过程中保持碱性 pH 条件（同时保持蛋白质的完整性），以便使赖氨酸的 ε-氨基增加质子解离性并因而能有效地结合。

11. 蛋白质样品（抗体、Fab 片段或蛋白质）与 10～40 倍过量摩尔数的 Cy3 在室温反应 30 min（按第 8～9 步所描述的进行）。将染料非常缓慢地加入到用移液管尖头搅拌的溶液中（小心操作以避免染料直接与微离心管接触）。

为了避免蛋白质因为 DMF 而变性，所加入的 Cy3/DMF 体积必须不超过总体积的 10%。

最佳的过量摩尔数以及反应时间都是根据经验来确定的。标记的目标是能使每一个蛋白质分子与 1～3 个染料分子结合（对于标记比例标准的讨论，请参阅本方案的导言部分）。对于不同的蛋白质或抗体，其标记水平有很大的变化。如果最终的标记率太低，可能可以重新标记抗体。像 T（p）250 和 MC5 等抗体，已经成功地用超过 40 倍过量摩尔数的染料进行标记。

12. 加入最终浓度为 10 mmol/L 的含有游离氨基的缓冲液，如 Tris 等来终止标记反应。 18.83

13. 采用凝胶过滤柱系统（10 DG，Bio-Rad）来交换缓冲液以除去多余的未反应染料，并将蛋白质洗脱至 PBS 中。
    a. 用三倍量填料体积的 PBS 或其他选定的缓冲液（约 30 ml）平衡柱系统。
    b. 为了达到最大分离，将标记反应的混合物直接加到树脂上，并注意使它的体积越小越好。
    c. 用 2.5 ml 缓冲液（上空体积约为 3.3 ml）清洗柱并废弃洗脱液。
    d. 另外加入 2 ml 缓冲液并收集可见蛋白质组分，将剩余物丢弃。标记产物将跑在前沿，并可以肉眼观察到，而游离染料从柱上洗脱较慢。

14. 采用 Centricon 浓缩器（可以截流适当大小的分子）再次对标记蛋白质进行浓缩。

15. 采用 SDS-聚丙烯酰胺凝胶电泳分析标记产物，以便验证蛋白质是否成功地被标记。产物经电泳分离后，直接用紫外透照仪（302 nm）检查凝胶上的可见标记产物。

荧光带迁移至蛋白质的预期分子质量部位。在电泳迁移的前沿没有游离染料的荧光。

对于大多数染料，在 302 nm 的紫外激发是较好的选择。如果对凝胶照射时不能看到条带，则可以考虑采用更短波长的激发光。

16. 标记反应以后，采用下述公式计算标记率：

$$A_\lambda \times M / [(A_{280} - f \times A_\lambda) \times \varepsilon_\lambda]$$

式中 A_λ 是染料在其最大吸收波长 λ 处的吸收度，A_{280} 是蛋白质在 280 nm 的吸收度，M 是以 kDa 为单位的蛋白质分子质量，ε_λ 是染料在波长 λ 处的摩尔消光系数，以 L·mmol^{-1}·cm^{-1}为单位。公式以染料在 280 nm 处的吸收进行校正。系数 f 是染料在 280 nm 和最大可见吸收波长 λ 的吸收度比值。例如，Cy3 标记抗体的标记率公式就变为：

$$A_{554} \times 170/[(A_{280} - 0.05 \times A_{554}) \times 150]$$

为了验证染料的结合是否会影响 Fab、整个抗体或者蛋白质的生理功能，将标记产物与相应的未标记成分进行特异性活性比较。特异性活性包括催化活性或蛋白质结合活性。这些蛋白质结合分析可以采用琼脂糖固定的肽配体或磷酸酪氨酸颗粒来进行。这种结合活性测试的标准操作规程可以参阅《抗体技术实验指南(Using Antibodies)》(Harlow and Lane 1999)。(该书中译版已由科学出版社 2002 年 9 月出版。——编者注)

18.84

第二阶段 FLIM-FRET 分析的细胞制备

为了准备进行 FLIM-FRET 分析，所研究的适当供体和受体成分必须引入活细胞或固定细胞中。引入细胞所选用的方法取决于不同成分的自然特性以及细胞的状态，如引入成分是否为编码了融合 GFP 突变体的目标蛋白质的质粒 DNA，以及蛋白质或抗体是否已经按第一阶段所介绍的方法进行标记等。对于活细胞，通过转染或者核微注射来导入质粒 DNA，而蛋白质或抗体的传递则采用微注射的方法。在研究固定细胞时，通过转染或者核微注射将质粒 DNA 导入细胞，然后在用标记蛋白质或抗体转染前，将细胞用聚甲醛固定。下面介绍了通过转染将质粒 DNA 导入活细胞的方法。在本方案结束处介绍的替代方案中，第一种替代方案介绍了在准备 FLIM-FRET 分析时固定细胞的操作以及抗体的处理，第二种替代方案介绍了采用微注射方法将质粒 DNA 或蛋白质导入细胞的方法。对每一种方法都单独进行了概述，并能适用于特定的实验方案。

GFP 克隆载体

现在已经可以从 CLONTECH 购得多种 GFP 突变体（详情请查阅网站：http://www.clontech.com/techinfo/vectors/catlc.html），包括不同光谱优化的种类（增强型绿色、黄色以及蓝绿色的荧光蛋白质），从橙红色种系分离得到的红移物 Anthozoa，以及融合到细胞内腔定位序列（如定位于血浆膜的 Ha-*ras* 的法尼基化（farnesylation）序列、核定位序列及 Golgi 复合物或内质网保留序列）等不同种类。与高水平哺乳类动物表达相比，这些克隆的载体含有增强子序列，GFP 突变体也被修饰为含有可以在哺乳动物细胞更强表达的人类密码子。按照标准的分子克隆方案（第 1 章），可以用不同的 GFP 突变体来制备目标蛋白质的氨基或羧基端融合体（请参阅第 17 章中关于绿荧光蛋白质的情况介绍）。

材料

缓冲液和溶液

贮存溶液、缓冲液和试剂的成分请参考附录 1。

将贮存溶液稀释到适当的浓度。

明胶溶液（0.1%）

可选，请参见第 1 步。

将 0.5 g 明胶（Porcine，Sigma）溶于 500 ml 1×磷酸盐缓冲溶液中。高压灭菌。

磷酸盐缓冲溶液（PBS）

聚-L-赖氨酸

可选，请参见第 1 步。

可以从 Sigma 购得 0.1%（m/V）水溶液，使用前用水按 1∶10 稀释。

核酸和寡核苷酸

载有探针的质粒 DNA

编码了目标蛋白质的 GFP 融合载体（CLONTECH）。

培养基　18.85

CO_2-非依赖性成像培养基

这种低背景的荧光培养基可以从 Life Technologies 购得，或者采用经 Dulbecco 修改的 Eagle′s 培养基的标准组成中除去下列成分以后的培养基：pH 标记物酚红、青霉素、链霉素、叶酸以及维生素 B_2。使用前，采用以 NaOH 调至 pH 7.4 的无菌 HEPES（终浓度为 50 mmol/L）来补充培养基。

成像培养基必须不含有自动荧光成分。

专用装置

组织培养板（6 孔或 12 孔）（Nunc），或者

玻璃底组织培养皿（35 mm，MatTek Corporation），或者

腔室载玻片或腔室盖玻片（Labtek，Nunc）。

附加试剂

本方案中的第 2 步需要用第 16 章中介绍的转染方法所需的试剂。

细胞和组织

进行转染的细胞株（贴壁或悬浮培养）

除了考虑细胞株是否适合所研究的系统以外，选择细胞类型惟一需要考虑的就是通过一些方法可以方便地将它们固定（请参见第 1 步说明）。

方法

1. 将细胞移植到适当的表面进行显微观察：

对于活细胞制品：将细胞铺到玻璃底平皿或腔室盖玻片中。

对于转染后固定的细胞制品：将细胞移植到置于 6 孔或 12 孔组织培养皿中的玻璃盖

玻片上。

容器的最终选择取决于细胞在转染后是否需要微注射；如果需要，则应根据针头操作需要来考虑器皿的形状和剩余空间。

对于悬浮细胞，固化可以更方便地使用像明胶（0.1%，*m/V*，PBS；高压灭菌）或聚 L-赖氨酸（0.01% 水溶液，*m/V*）等培养基。两种情况下，均采用所选择的培养基覆盖小孔、盖片或者盖玻片约 30 min 来对上述材料表面进行包覆，再吸出过剩的培养基，然后，将细胞直接移植到培养基覆盖的表面。在转染操作过程中，细胞也可以保持在混悬液中，到成像前再立即固化。细胞一旦固化后，就可以进行微注射了。

将细胞按一定的密度涂板，使约 40% 的细胞在第二天可以融合。

2. 采用第 16 章中所介绍的任意一种转染方法，用编码了 GFP 标记的目标蛋白的质粒转染细胞。
3. 转染细胞在适当条件下孵化 16～24 h，以使细胞表达目标蛋白。

18.86 在有些情况下，必须精确控制蛋白质表达水平。此时，建议在进行 FLIM 测定前先优化转染效率以及表达周期，可以采用调整的增强子来促进蛋白质的表达（请参见第 17 章），或者采用核微注射来替代转染（请参见本方案结束处的“替代方案：活细胞的微注射”）。

4. 表达了目标蛋白质的细胞的鉴别。
5. （可选）如果实验设计允许，选择第 6 步后面的替代方案，即微注射（用于活细胞）或者固定和染色（用于固定细胞），中的一种方法来导入另一探针（如：标记蛋白）。
6. 在进行显微实验以前，立即用 CO_2 非依赖性成像培养基（市售培养基或按材料项介绍的方法调整的经 Dulbecco 修改的 Eagle's 培养基）替换培养基。

在实验设计中，如果在有关的处理前需要将细胞血清饥饿，则在成像前按所介绍的时间段让细胞饥饿。但是，如果细胞在缺乏血浆时会发生凋亡的话，就应在饥饿期间将细胞置于 0.5% 的胎牛血清中，然后在成像前立即用无血清培养基替换。

18.87

替代方案：FLIM-FRET 分析时固定细胞的制备

FILM-FRET 实验中，将制备固定细胞所需的试剂进行了优化，从而可以使 GFP 突变体和荧光染料的淬灭达到最小。本方案可以方便地应用于那些不需用标记抗体处理的固定细胞样品的制备，例如那些同时含有供体和受体发色团、表达为荧光融合蛋白的样品。如果就是这种情况，则免去 Triton X-100 渗透一步（下面所述的第 5 步），进行方案中剩下的细胞固定和固封。因为聚甲醛是一种可以保证相互作用蛋白质的完整性而不会沉淀细胞蛋白的交联剂，因此在进行 FRET 实验时选用它作为固定剂。

注意：使用带〈!〉标记的材料时，请参阅附录 12 进行适当操作。

其他材料

用 1%（*m/V*）小牛血清白蛋白的 PBS 稀释 Cy3 标记的 Fab 片段或全抗体

标记蛋白按第一阶段中所介绍的方法制备。

Mowiol 固封剂

Mowiol 因为不会淬灭 GFP 荧光，所以是一种理想的固封剂。

ⅰ. 将 6 ml 甘油、2.4 g Mowiol 4-88（Calbiochem，475904）以及 6 ml 去离子蒸馏水混匀。

ⅱ. 混合物室温振摇 2 h，然后加入 12 ml 200 mmol/L 的 Tris-HCl（pH 8.5），间歇振摇下 50 ℃ 孵化至 Mowiol 溶解（约 3 h）。

ⅲ. 溶液用 0.45 μm 膜滤器过滤，等分后 4℃ 下保存数周或 -20 ℃ 下保存数月。

聚甲醛（4%）固定溶液〈!〉

ⅰ. 4 g 聚甲醛（Sigma）溶于 50 ml 去离子蒸馏水中，然后加入 1 ml 的 1 mol/L NaOH 溶液。

ⅱ. 混合液置于加热板（约 65℃）上温和搅拌至聚甲醛溶解。

ⅲ. 接下来加入 10 ml 的 10×PBS 并使混合液冷至室温。用 1 mol/L HCl（约需 1 ml）调节至 pH 7.4，然后用去离子蒸馏水将终体积加至 100 ml。

ⅳ. 溶液用 0.45 μm 膜滤器过滤以除去所有的颗粒性物质，等分后 -20 ℃ 下保存数月。避免对聚甲醛溶液进行反复冻融。

渗透溶液

0.01%（m/V）Triton X-100（Sigma）PBS。

淬灭溶液

50 mmol/L Tris-Cl（pH 8.0）

100 mmol/L NaCl

橡胶黏固剂（rubber cement）或熔化的 1%（m/V）琼脂糖

可选，请参阅第 10 步。

所监测的生理活性刺激物

方法

1. 将细胞移植到玻璃盖玻片或腔室盖玻片上，必要时按前面的方案中所介绍的方法进行转染。
2. 经过转染和孵化使转染基因表达以后，用理想的刺激剂对细胞进行适当时间的处理。
3. 细胞用 PBS 清洗两遍，吸除液体后，加入 4% 聚甲醛溶液固定细胞。细胞再室温孵化 10 min。
4. 用淬灭溶液快速清洗细胞来漂洗除去多余的固定剂，然后继续清洗 5 min 来淬灭残留的醛基。

   如果细胞中不必导入标记蛋白，接下来进行第 8 步操作。
5. 细胞在渗透溶液中孵化 15～20 min。
6. 细胞用 PBS 清洗两遍以除去渗透溶液。
7. 将盖玻片或腔室盖玻片置于用含 1% 小牛血清白蛋白的 PBS 稀释的 Cy3 标记 Fab 片段或整个抗体的标记溶液中，在湿润容器中室温孵化 1 h。 18.88

   为了减少抗体或 Fab 片段的使用量，将盖玻片含有细胞的一面倒置于 25 μl 的抗体溶液小液滴上。可以用一片石蜡或其他清洁的、非黏附性的表面进行这样的操作。为了在孵化结束时移去盖玻片，在盖玻片边缘滴加 100 μl PBS 可以使盖玻片充分垫高，以便用珠宝镊子夹住边缘。

   孵化时的典型浓度范围是 1～100 nmol/L，相当于总抗体浓度为 0.15～15 μg/ml。建议通过滴定确定最佳的稀释倍数，以使抗原表位达到饱和。例如，检测 PKCα 活性态时，用含有 10 μg/ml Cy3 标记的 T250 抗体（αT250-Cy3）以及 10 μg/ml 俄勒冈绿标记的抗-PKCα（MC5-OG）的 1% 小牛血清白蛋白 PBS 来孵化 MCF10A 细胞。
8. 盖玻片用 PBS 清洗五次。
9. 用薄绢在盖玻片边缘吸干多余的 PBS，注意不要让细胞干掉。
10. 将盖玻片粘贴于显微镜载玻片上的 10 μl Mowiol 上，并使黏附培养基 4℃ 下过夜硬化。必须在成像前使 Mowiol 固化，或者用橡胶黏固剂或熔化的琼脂糖（1% 水溶液）将盖玻片固定住。

    或者，在使用腔室盖玻片来制备细胞时，每孔细胞加 10 μl Mowiol，然后在整个载玻片上放置一长方形盖玻片，注意减少气泡。这样载玻片就可以准备进行成像了；接下来进行第三阶段。

    重要：不要用指甲油，因为它会淬灭 GFP 的荧光。

替代方案：活细胞的微注射

当所控制蛋白质的表达需要达到高水平时，可以选择微注射来将 DNA 导入细胞（微注射的详细技术性描述，请参阅 Pepperkok 等［1998］和 Spector 等［1998，第 83 章］文献）。当要进行活细胞的 FRET 实验时，像 Fab 片段或重组蛋白质等标记蛋白也必须采用微注射。标记蛋白注射进入胞浆中，并在核附近达到最高点；而 DNA 则相应地直接注射进入细胞核中。

所注射细胞的数量要根据每一个实验的经验来确定。如果用单个细胞对时间曲线来成像，则只需注射少量的细胞；但还要考虑到注射失败以及由于注射所导致的细胞伤害或死亡，因而要有所补充。

附加材料

移植到玻璃底细胞培养容器的目标细胞

GELloader 吸头（Eppendorf）

HEPES（1 mol/L）/NaOH（pH 7.4）

高纯度水（例如：HPLC 级）

配备 10×和 40×空气接物镜的倒置显微镜

微注射器（Eppendorf model 5246）

微注射针头

如果使用的是可摘式针头装置，将开口直径约 0.25 μm 的针头摘除。开口的大小可以用细丝状温度设定器调节，并可以用注射器型气泡计通过测量从管口将气泡压入液体的压力来经验性地测定。或者可用 Eppendorf 提供的商品化生产的微注射针头（Femtotip）。

显微操作器（Eppendorf model 5171）

微量加液器气泡仪（Clark Electromedical Instruments 公司）

微量加液器（Eppendorf，Femtotip）

Millex-GV4（0.22 μm）注射过滤器

Millipore 注射过滤器（0.22 μm，Millex-GV4）

注射样品（质粒 DNA 或标记蛋白）

18.89 微注射是否成功取决于所使用 DNA 的纯度以及蛋白质溶液中沉淀的去除程度。因此，我们建议 DNA 要采用氯化铯-溴乙啡啶梯度纯化（见第 1 章方案 10）或采用 Qiagen 离子交换柱（中等量制备柱或大量制备柱）纯化（见第 1 章方案 9），而且 DNA 和蛋白质溶液均应按第 2 步所述进行过滤以除去颗粒物。

方法

1. 对于质粒样品，将纯化的 DNA 用 HPLC 级纯水稀释至实验设计的适当浓度。如果放置过夜来达到理想的表达，则将样品稀释到 1 μg/ml，如果放置几小时后表达，则将样品稀释到 100 μg/ml。
2. 为了避免微注射针头的堵塞，应除去 DNA 或蛋白质溶液中的颗粒物。
   a. 将一个 0.25 μm 的 Millipore 注射过滤器置于 0.5 ml 的微离心管中，然后再将它置于一个 1.5 ml 的微离心管中。
   b. 将微离心管以最大转速离心 1 min 来过滤 DNA 或蛋白质溶液。

   采用这种方法最少可以过滤 10 μl 样品。如果没有过滤器，DNA 的净化还可以通过 25 000 *g* 离心 20 min 来进行。

   因为易于操作并具备低蛋白质吸附的特性，我们更倾向于使用 0.25 μm 的 Millipore 注射过滤器（Millex-GV4）。
3. 用 GELloader 点样管吸头使玻璃针头中载有 2 μl 的 DNA 或蛋白质溶液。在装溶液时通过将移液管的末端尽可能地靠近针头的开口处以避免形成气泡（气泡将干扰或阻止微注射进行）。再将针头直接安装到微注射装置的接头上。
4. 微注射设定的调节。

   微注射时理想的压力和注射时间的设定将根据细胞的种类和针头直径而变化；但是，一般的范围是 0.3 s 和 150～400 hPa 的注射压力。需要约 20 hPa 的支持压力来阻止培养基因为毛细管作用而进入针头。在优化注射条件时，要争取在不破坏细胞结构完整性的情况下完成微注射（如：避免过大的压力）。微注射最好在配备 10×或 40×接物镜的倒置显微镜下进行。

   在核的注射过程中，用于观察压力过大的一个指标是核从包围的细胞材料中明显分离，在核周围形成一个可见光环。
5. 为了避免培养基的酸化，在标准的 CO_2 依赖性培养基中室温下每隔约 10 min 进行一次注射。注射如果需要更长的时间，则以 CO_2 非依赖性培养基来取代。
6. 如果是注射蛋白质或抗体，进行第 7 步操作。如果是注射质粒 DNA，将转染细胞在适当的条件下孵化 16～24 h 以便让细胞表达目标蛋白质。

   根据所研究蛋白质的不同凭经验来确定表达时的时间框。
7. 在显微镜下开始实验前的瞬间，将培养基用 CO_2 非依赖性成像培养基（市售培养基或按照主方案中材料项下的介绍进行调整后的 Dulbecco's 修改的 Eagle's 培养基）来替换。

第三阶段 FLIM-FRET 测量 18.90

第三阶段给出了采用本方案中介绍的显微镜设置（请参阅第 18.76 [此处需根据最终排版页码进行修改] 页中"频域法 FLIM 实验设置"相关内容）来获得荧光寿命成像显微图像系列的基本策略。本方案特别介绍了用 EGFP 或俄勒冈绿作为供体荧光源时资料采集的方法，经过调整激发光波长和滤器设置（请参阅表 18-11）后，这些方法也可以适用于其他发色团系统作为供体荧光源时的图像采集。关于免疫荧光显微（immunofluorescence microscopy）的更详细资料，请参见 Spector 等的文献（1998，第 102 章）。

表 18-11 采用所选定的供体-受体对进行 FLIM-FRET 测定的滤器规格

FRET	供体滤光器设置			受体滤光器设置		
供体-受体对	激发装置	分光器	发射装置	激发装置	分光器	发射装置
ECFP 与 EYFP	激光线 457.9 nm	455DRLP (Omega)	480DF30 (Omega)	HQ500/40 (Chroma)	Q525LP (Chroma)	HQ555/50 (Chroma)
EGFP 与 DsRed	激光线 488 nm	Q495LP (Chroma)	HQ510/20 (Chroma)	HQ545/30 (Chroma)	HQ565LP (Chroma)	HQ610/75 (Chroma)
Cy3 与 Cy5	激光线 514.5 nm	HQ565LP (Chroma)	HQ610/75 (Chroma)	HQ620/60 (Chroma)	HQ660LP (Chroma)	HQ700/75 (Chroma)
EGFP 与 Cy3	激光线 488 nm	Q495LP (Chroma)	HQ510/20 (Chroma)	HQ545/30 (Chroma)	HQ565LP (Chroma)	HQ610/75 (Chroma)

材料

注意：使用带〈!〉标记的材料时，请参阅附录 12 进行适当操作。

专用装置

放大器（ENI 403LA 或 Intra-action PA-4）

氩激光（Coherent，Innova 70C）〈!〉

宽带绝缘反射镜（2 个；Newport Corporation）

检测器

MCP，Hamamatsu C5825 或 LaVision Picostat HR

CCD，配备 Kodak KAF 1400 芯片的 Photometrics Quantix

滤光器

GFP，OG（Q495LP，HQ510/20；Chroma）

Cy3（HQ545/30，Q565LP，HQ610/75；Chroma）

单面镀银反射镜（Zeiss）

曲镜座（2 个），透镜支架（2 个），标竿（5 个），以及后支架（5 个）（Newport)

倒置显微镜(Zeiss 135TV)

IPLab Spectrum (Signal Analytics)

可变光圈(Comar)

透镜(分别为焦距 12 和 7.6 cm、焦距 2.5 和 3.8 cm;Newport)

水银灯(100 W Zeiss;HBO 100 AttoArc)

Multimode fiber step-indexed 1-mm core(步长指数 1 mm 内核的多态纤维)(Newport)

油接物镜(100×/1.4 NA;Zeiss Fluar)

光学操作台(2×1 m;TMC)

Power meter 和 head(Ophir,Nova Display 和 2A-SH)

配备 PCI-GPIB 卡(National Instruments)的 Power PC(Macintosh)

快门(高速,Vincent Associates,Uniblitz VS25)

快门启动器(Vincent Associates,Uniblitz VS25)

驻波声-光调制器(acousto-optic modulator,AOM)(Intra-action,80 MHz)

倍频合成器(IFR 2023)

可变密度滤光器滑轮(Laser Components)

水循环冷却装置(Grant)

细胞和组织

按第二阶段所介绍的方法制备表达了蛋白质探针的细胞(活的或固定的)

18.91 ## 方法

1. 调节波长选择棱镜,选定 488 nm 的氩激光为激发波长。采用激光背面的控制旋钮微量调整高反射镜面的位置来优化输出功率。
2. 设定频率合成器来启动 AOM 至共振频率约为 40 MHz(对于这里所介绍的实验,采用的启动频率为 40.112 MHz)。这使得激光束以两倍于驱动频率(80.224 MHz)的强度振动。
3. 通过调节入射角的角度和用光度计监测非衍射零级光的强度来优化 AOM 的衍射以及调制强度。在优化的衍射角度(达到相应的最大衍射)时零级光的输出功率最小。
4. 开启 MCP 和 CCD。将光阴极电压的基底值设为 −2 V,并调整增益以匹配 CCD 的满动力范围。这取决于样品的荧光强度,并需要凭经验来确定。最理想的是,使增益值尽可能小以降低噪声。通常将 Hamamatsu C5825 的增益值设定为 1,而 Photometrics Quantix CCD 的增益值设定为 3。将 CCD 的示值读数设定为 2×2 栅格。
5. 将主频率合成器驱动 MCP 的频率设定为驱动 AOM 频率的两倍(对于上面所举的例子即为 80.224 MHz)。
6. 选择最合适的物镜来进行实验。在本例中使用的是 Zeiss Fluar 100×/1.4 NA 油物镜。

7. 为了得到零级寿命参照图像，从强扫描开始每相隔 22.5°记录整个一周 16 张相位依赖性图像（例如：将一小片铝箔置于盖玻片或玻璃底平皿的成像表面）。
   a. 将荧光滤器部件改为单面镀银反射镜，并用可变强度滤光滑轮将外来光的强度调至最小值。将聚焦点调整至铝箔表面。

      注意：当设置铝箔成像时，在将外来光源的强度调至最小值以前，千万注意不要直接用肉眼看显微镜。

   b. 照一张曝光时间约为 100 ms 的铝箔图像。这张图像是用来选择 ROI 并估计所需的最佳曝光时间的。因为此时主频率合成器的相位可能不是最大的，为了避免检测器的饱和，应该选择可以生成约 1 000 个计数的曝光时间。 18.92
   c. 每相隔 22.5°记录整个一周 16 张相图，测定图像系列中达到最大强度时的相位，并在主频率合成器上重新将该相位设为 0 度。
   d. 记录铝箔另一周十六张相图并记为零级寿命参照图像。

      当进行寿命成像时，我们建议随时监测相稳定性。我们的装置一小时内相位可以稳定在 0.3°以内。对于我们的装置，每小时记录并保存一组参照铝箔图像序列。

8. 将外来激发光源保存为最大（利用可变强度滤光滑轮）；这样系统就已经准备好可以采集细胞的图像资料。
9. 用 GFP 滤光器设置（分光器：Q495LP，激发装置：HQ510/20）获取一张供体图像。曝光时间设定为能达到 75% 的 CCD 动态范围（对于 12 位 CCD 为 3 000 个计数）。在图像中选择感兴趣的区域来测定荧光寿命。
10. 制备供体荧光寿命图谱：
    a. 获取两个邻近的、一个正相另一个反相循环的 16 张相位依赖性图像（间隔 45°相位）系列来校正相淬灭。按第 9 步的方法优化每一张相图的曝光时间设置。
    b. 在没有样品照射的情况下获取另一张图像。将这张去除背景的图像从系列的所有相图中提取出来，然后将正相和反相循环中每一对相同相位的图像进行一级加和来修正供体的淬灭。
    c. 由这些资料以及零级寿命参照图像（铝箔），按照本方案导言部分关于图像操作的讨论中所介绍的方法来计算供体荧光寿命图谱。
11. 记录受体的图像，然后将照明光源改为 100W 水银灯（Zeiss Attoarc）来淬灭受体。将 Cy3 滤光部件（激发装置：HQ545/30；分光器：Q565LP；发射装置：HQ610/75 chroma）移到检测通路中。将曝光时间优化到可以占满 CCD 整个动态范围后，获取受体图像。在不能检测到 Cy3 荧光的条件下，关闭检测器部件，照射受体。

    重要：当进行受体的光漂白实验时，明确光漂白以后，在供体通道内的受体的光产物没有荧光这一点是极为重要的。

举例：活细胞的 FLIM-FRET 实验 18.94

通过 Thr-250 的磷酸化来监测活细胞中 PKCα 活性态的 FLIM-FRET 实验的例子见图 18-20。本实验中的供体是融合到 PKCα 氨基末端的 EGFP，受体是结合于 Fab 片段来抑制 Thr-250 磷酸化的 Cy3 [αT(p)250-Cy3]。本方案可适用于活细胞中其他蛋白质系统。

1. 按第二阶段所介绍的方法通过转染 GFP-PKCα 的融合结构来制备细胞。
2. 识别表达了 GFP 标记 PKCα 的转染细胞，并按第二阶段中“替代方案：活细胞的微注射”中所介绍的方法对所选定的细胞微注射给予 αT(p) 250-Cy3（0.5 mg/ml）。
3. 微注射以后，采集一组铝箔的相位图像作为零寿命参照。

4. 在用所希望的刺激剂（对于 PKCα 为 100 nmol/L 的 PMA）处理前后，分别按第三阶段中介绍的方法采集供体的荧光相图序列（采用 GFP 滤光设置）。在所感兴趣的成像区域内，至少应包括一个未注射细胞用来作为缺乏受体时的供体参比寿命测定。
5. 按照本方案导言部分关于图像操作的讨论中所介绍的方法来计算荧光寿命图谱。

18.93

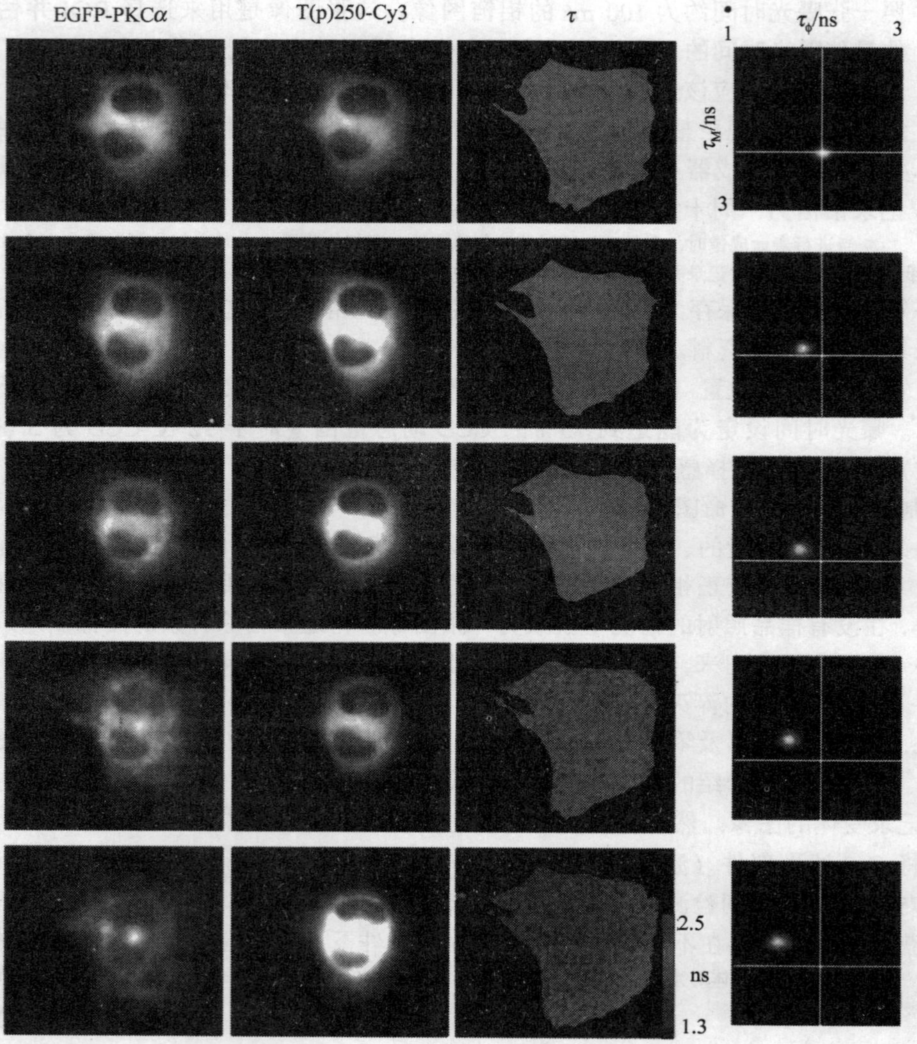

图 18-20 经 PMA 处理后监测 PKCα 活性态的活细胞 FLIM 实验（本图彩版见书后彩插）

用供体 EGFP-PKCα 转染的 COS-7 细胞经微注射给予受体抗体 T(p) 250-Cy3。在用 100 nmol/L PMA 处理前（0 min）以及处理后（10、15、23、45 min）采集 101.118 MHz 条件下的 FLIM 资料。计算每一个细胞的平均荧光寿命图谱（τ），将这些图谱描绘成分别代表平均寿命范围从 1.3 ns（深蓝色）到 2.5 ns（红色）的伪彩色（pseudo-color）图谱。相位和调变寿命（处理前后）也以二维直方图来表示。这种细胞从较高寿命（绿色和红色，0s）变为较低寿命（蓝色，45 min），证实 Thr-250 发生了连续的磷酸化作用，因此 FRET 也减小，导致供体荧光寿命降低。感谢 Tony Ng 和 Sandra Schmidt（Protein Phosphorylation and Cell Biophysics Laboratories，Imperial Cancer Research Fund）提供了本图中的实验结果。

18.95

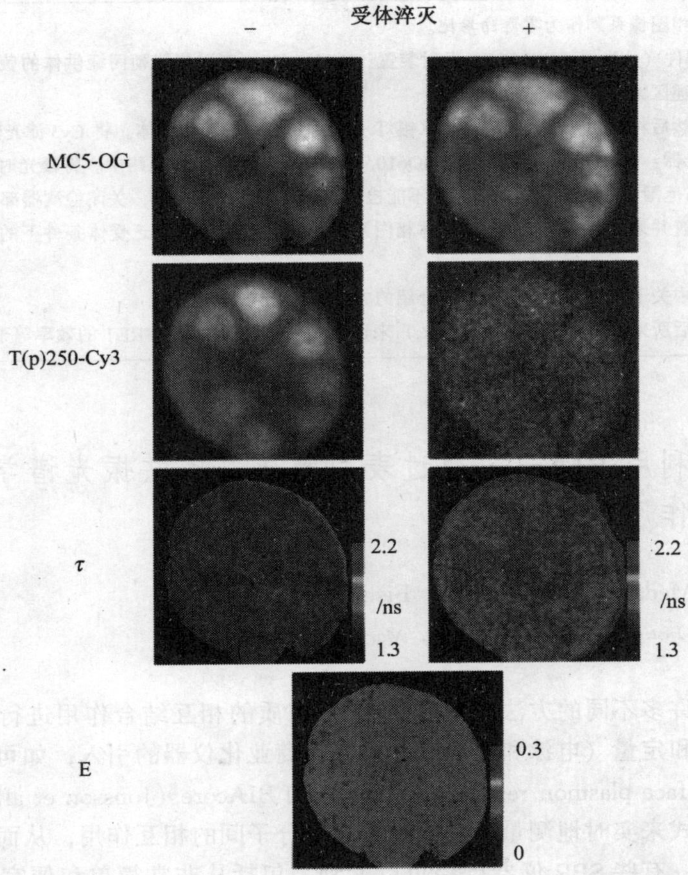

21　证实固定细胞上 PKCα 活性态的 FLIM 实验（本图彩版见书后彩插）

固定 MCF 10A 细胞并与供体，即俄勒冈绿标记的抗 PKCα 抗体（MC5-OG，10 μg/ml），以及受体，即 Cy3 标记的磷酸化 Thr-250 抗体［T（p）250-Cy3，10 μg/ml］孵化。采集在 80.244 MHz 的 FLIM 资料，从中计算受体淬灭前（左列）以及淬灭后（右列）的平均荧光寿命图谱（τ）；同时给出了计算求得的 FRET 效率图谱（E）。这里所列出的资料仅代表了一簇细胞，并可在 Cy3 和 OG 图像中看到这些细胞的核。显然地，在寿命图谱（τ）中，与受体淬灭以后相比，每一个细胞在受体淬灭前的荧光寿命较短，因此就证明了 FRET 是由 Thr-250 的磷酸化所引起的结果。感谢 Tony Ng 和 Sandra Schmidt（Protein Phosphorylation and Cell Biophysics Laboratories，Imperial Cancer Research Fund）提供了本图中的实验结果。

举例：固定细胞的 FLIM-FRET 实验　　18.94

通过 Thr-250 的磷酸化来监测固定细胞中 PKCα 活性态的 FLIM-FRET 实验的例子见图 18-21。本实验中，供体和受体成分载有两种不同的抗体；供体俄勒冈绿与 PKCα 特异性单克隆抗体（MC5-OG）结合，而受体 Cy3 与可以直接拮抗 Thr-250 磷酸化的多克隆抗体结合［αT(p) 250-Cy3］。本方案可适用于固定细胞中其他蛋白质相互作用系统的分析。

1. 按第二阶段中“替代方案：FLIM-FRET 分析时固定细胞的制备”所介绍的方法来制备细胞，完成所要求的刺激和时间安排。抗体孵化条件调整为使供体（MC5-OG）和受体［αT(p) 250-Cy3］标记的抗体比例为1:1（10 μg/ml）。

2. 采集一组铝箔的相图像系列作为零寿命参比。
3. 使用 GFP 滤光部件（分光器：Q495LP，发射装置：HQ510/20）来采集俄勒冈绿供体的荧光相图序列作为如上所述的感兴趣区域。
4. 记录受体图像，然后将照明光源改为 100W 水银灯（Zeiss Attoarc）淬灭受体。将 Cy3 滤光部件（激发装置：HQ545/30，分光器：Q565LP，发射装置：HQ610/75 chroma）移到检测通路中。将曝光时间优化到可以占满 CCD 整个动态范围后，获取受体图像。在不能检测到 Cy3 荧光的条件下，关闭检测器部件，照射受体。
5. 恢复供体滤光设置并采集第二张淬灭后的供体相图系列。这样就构成了缺乏受体条件下的供体参比寿命图像。
6. 按照本方案导言中关于图像操作的讨论中所介绍的方法计算荧光寿命图谱。
7. 代入受体淬灭前后所采集寿命图谱的比值（R_i）来计算 FRET 效率图谱。FRET 的效率等于 1-R_i。

18.96

方案 6 利用 BIAcore 通过表面胞质基因共振光谱学分析相互作用的蛋白质

Maxine V. Medaglia and Robert J. Fisher①

National Cancer Institute-FCRDC, Frederick, Maryland 21702

已经采用了许多不同的方法来对蛋白质-蛋白质的相互结合作用进行研究，包括定性（凝胶滤过）和定量（电泳和超离心）研究。商业化仪器的引入，如可以测量表面胞质基因共振（surface plasmon resonance, SPR）的 BIAcore（Jonsson et al. 1991），可以通过提供一种模式来实时地测量少量的分析样本分子间的相互作用，从而简化了大分子相互作用的研究。有些 SPR 仪器已经可以购到，包括从非常简单和便宜的型号到配备附属机器人、光学界面以及软件包的更集成的仪器。一种叫作 Spreeta 芯片的最简单的装置是由 Texas Instruments（www.ti.com/spreeta）研制的，Texas Instruments 还有一个提供资料的网址专门介绍 SPR 的物理学基础。稍微更复杂一点的仪器是由 XanTec Instruments（www.xantec.com）所提供的 IBIS Biosensor。IBIS Biosensor 采用了比色杯，但可以与 BIAcore sensor 传感芯片兼容。另有两种仪器使用比色杯而不用芯片，一种是由 BioTul（www.biotul.de）制造的、称之为 Plasmoon 的程序化生物传感器；另一种叫作 Iasys，是一种采用搅拌比色杯的光学生物传感器（www.affinity-sensors.com/iasys.htm）。

采用三种主要的定量方法来研究大分子间的相互作用：超离心分析法、等温滴定量热法以及 SPR 光谱学方法。SPR 光谱学方法的优势是可以获得动态资料，如大分子间相互作用的微观速率常数。超离心分析法可以为蛋白质的聚集态提供最佳证据，而等温滴定量热法则可以提供全面的热力学资料，包括平衡常数、反应计量、焓以及熵。从理想的角度来看，应将这些方法综合运用来全面考察分子间的相互作用。量热法和超离心分析需要毫克量的纯蛋白质，而 SPR 光谱学方法则仅需微克量的蛋白质。

① 作者在准备这份资料时得到了 Fivash M，Hixson C 及 Wilson L（National Cancer Institute -FCRDC，Frederick，Maryland）的帮助。

表面胞质基因共振光谱学 18.97

SPR 是一种光学共振效果，通过一个薄的传导镜背面来影响获得最小反射光的角度（图 18-22）。SPR 共振对与传感芯片金表面邻接培养基的介电常数变化极为敏感。通过记录达到最小反射光的角度变化来监测 SPR 信号的变化。在 BIAcore 仪器中任意将一度的 1/3000 定义为一个共振单位（resonance unit，RU）。BIA 技术手册中有一章专门讨论 SPR 现象以及分析物（游离的）和配体（结合的）分子间相互作用与 SPR 信号间的关系。关于 SPR 其他的讨论还可见于生命科学百科全书（Encyclopedia of Life Sciences）（www.els.net）。BIAcore 仪器有 4 个主要组成部分：

- 用于安装传感芯片的光学界面单元；
- 将分析物（目标分子）精确地传递到配体（连接到芯片表面的分子）的微流体系统（Sjolander and Urbaniczky 1991）；
- 将样品从样品架转移到微流体传递系统的自动进样器；
- 资料收集和资料分析的软件。

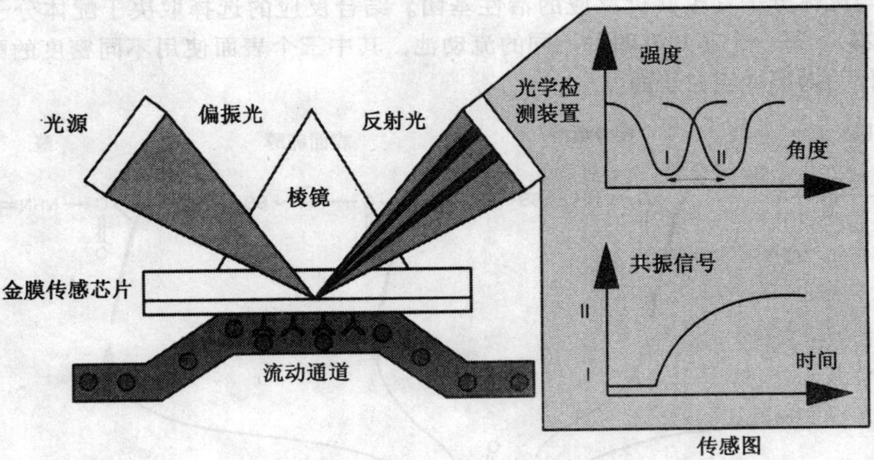

图 18-22 SPR 图解

BIA 技术是以表面胞质基因波在金属/液体表面受到激发时所形成的表面胞质基因共振（SPR）现象为基础的。光导入到不与样品接触的表面并反射时，SPR 现象会导致特定角度和波长的反射光强度降低。生物分子的相互结合可能改变表面层的这种折射参数，并以 SPR 信号的改变被检测到。（获许重新绘制自 BIAcore, Inc.）

很难预料进行一次 BIA 试验并分析所采集的资料究竟要花多长时间。在准备好适当的传感芯片，并对分析物与配体的相互作用条件优化以后，还必须测定再生条件。当这些准备工作完成以后，才能开始真正的实验，并采用 BIA 评价软件来分析资料。对于有些系统，例如抗原表位的成像，一旦确立了优化条件，实验设计和结果分析也就非常简单了。然而，设计用来阐明分子间相互作用动力学的实验，实验中可能会发现比最 18.98
初的模型要更复杂的动力学途径。BIA 模拟软件（可以从互联网获得）提供了一种方法来预测用不同的动力学模型可以得到怎样的相互作用结果。

BIA 分析已经用于分析蛋白质-蛋白质、蛋白质-小分子物质、蛋白质-核酸以及蛋白质-脂质之间的相互作用（Celia et al. 1999，Raut et al. 1999，Saenko et al. 1999）。在 www.biacore.com 的参考文献列表中可以查到超过 1300 篇关于 BIA 分析在上述领域以及其他方面的应用。这些参考文献显示了采用 BIAcore SPR 技术实验设计的广泛应用。另外，从该网址还可以学习到更多关于 SPR 和 BIAcore 仪器的技术和应用方面的知识。该公司提供了 BIAcore 和 BIA 评价软件的使用介绍，而且还可以由 BIAcore 的应用科学家来帮助解决可能遇到的疑问和难题。

传感芯片

由 BIAcore 提出的芯片技术是由一个用金包裹的、为了便于操作而包埋于塑料支持物内的 1 cm^2 的玻璃片所组成。标准的是 CM-5 传感芯片，当用于特殊需要时，还有其他品种的芯片可供选择（www.biacore.com）。CM-5 传感芯片中，有相当于 2% 羧甲基化的葡聚糖共价结合到金表面（O'Shannessy et al. 1992），这样羧甲基葡聚糖上就形成了可以与配体分子发生共价反应的活性基团。结合反应的选择取决于配体分子的性质（图 18-23）。每一个芯片有四种不同的流动池，其中三个表面使用不同密度的配体，第四面则作为对照或空白表面。

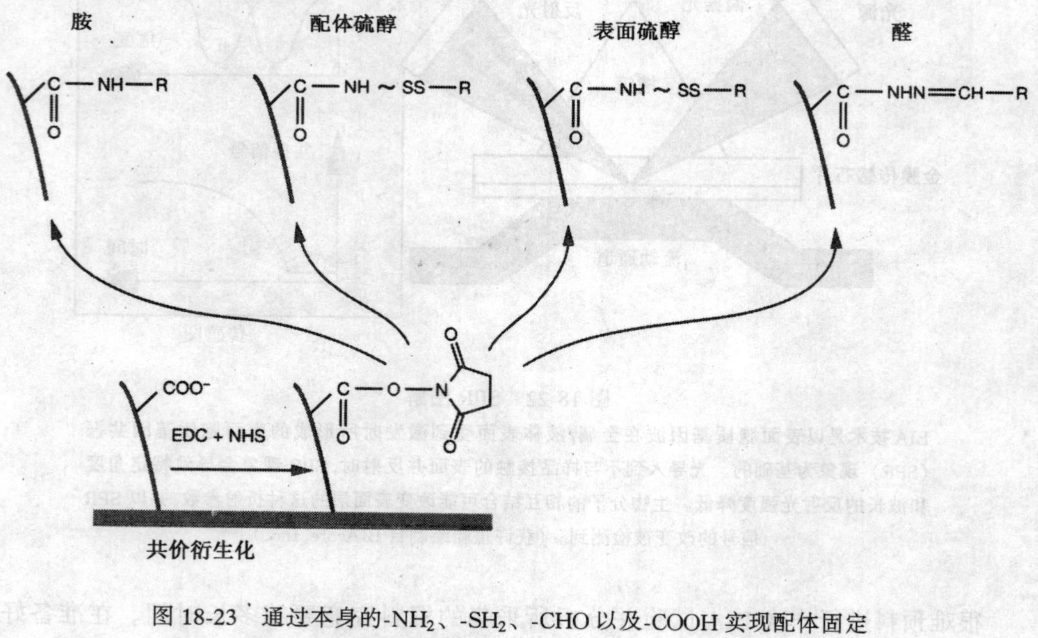

图 18-23　通过本身的-NH_2、-SH_2、-CHO 以及-COOH 实现配体固定

（获许重新绘制自 BIAcore，Inc.）

18.99　仔细地思考将配体固定到 CM-5 传感芯片上所采用的方法很重要。只要可能，所选择的方法应可以降低结合配体的异质性。通过其他分子与羧甲基葡聚糖共价结合来捕获配体的技术非常有用，因为这样可以导致配体的均一定向，并因而可以优先使配体直接结合到芯片的表面。这种捕获表面应用的成功例子包括链霉亲合素（streptavidin）（Morgan and Taylor 1992，O′Shannessy et al. 1992）、镍螯合物（nickel-chelate，NTA）（Nieba et al. 1997）、兔抗鼠 C 结构域（rabbit anti-mouse C domain，RAMc）以及抗 GST 抗体。将链霉亲合素（图 18-24A）或 NTA（图 18-24B）结合到羧甲基葡聚糖上的芯片已经可以购买到。像抗体以及链霉亲合素等捕获分子可以通过伯氨结合到芯片表面（如本方案中在下面将要介绍的）。当使用了捕获分子时，表面异质就不成问题了，因为如果是异质配体的话，将直接与羧甲基葡聚糖结合。

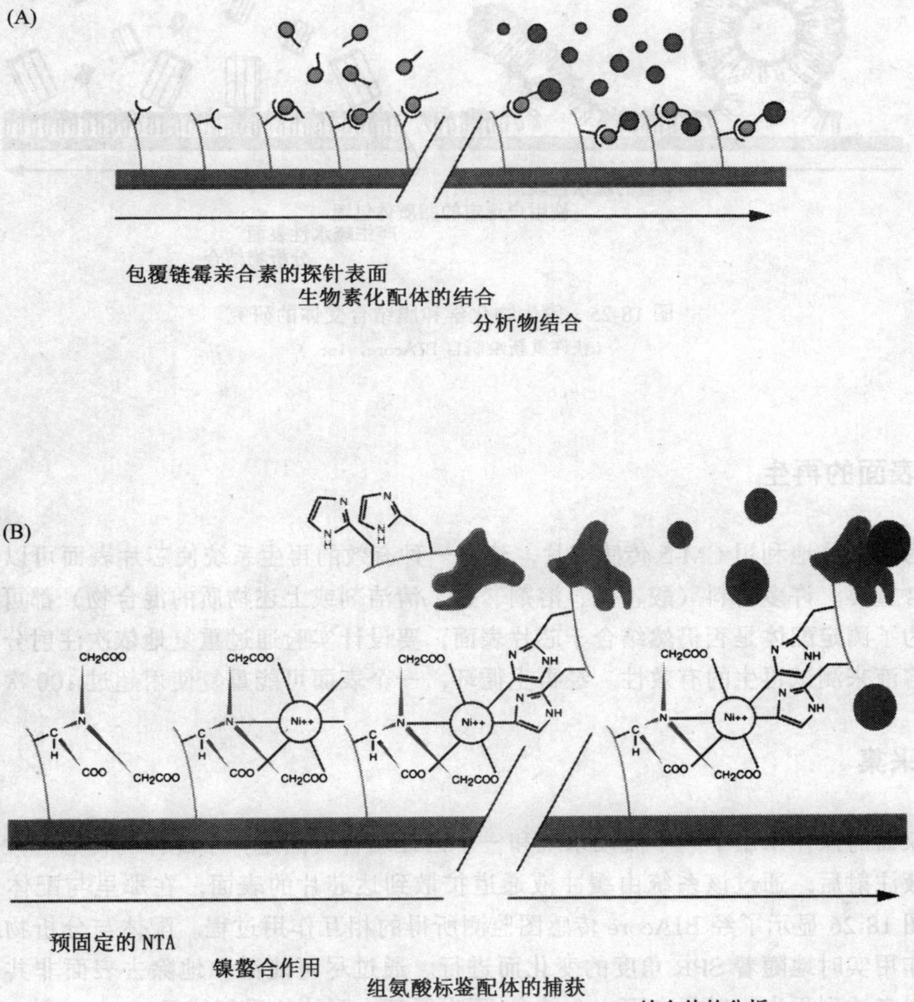

图 18-24　目标分子的捕获

（A）生物素化大分子的捕获。（B）组氨酸标鉴蛋白质的捕获。

（获许重新绘制自 BIAcore，Inc.）

也可以购得具备其他特征的芯片。例如，有的芯片可以促进脂质双分子层（HPA）　18.100

的形成（图 18-25）；其他还包括有更小的葡聚糖分子（Pioneer F1）、更低电位的葡聚糖分子（Pioneer B1）、没有葡聚糖培养基的羧甲基表面（Pioneer C1）以及没有任何结合分子的平整金表面（Pioneer J1）的芯片。

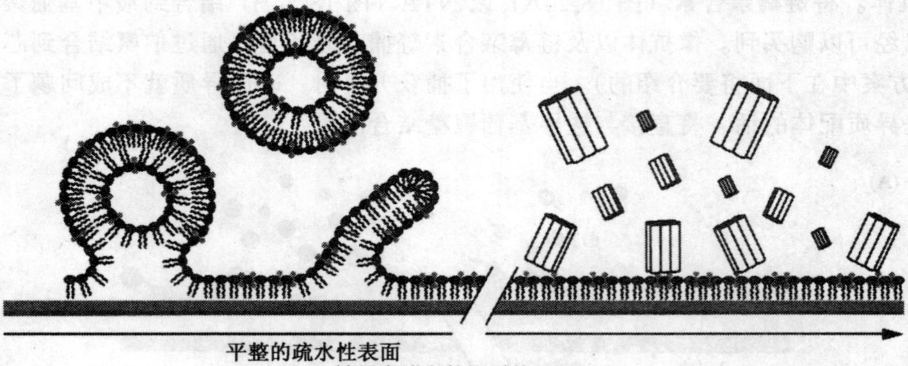

图 18-25　膜生物化学和膜结合受体的研究
（获许重新绘制自 BIAcore，Inc.）

芯片表面的再生

为了充分地利用 CM-5 传感芯片，建立一种有效的再生系统使芯片表面可以重复使用非常重要。许多材料（酸、碱、溶剂、盐、清洁剂或上述物质的混合物）都可用于再生。为了测定配体是否仍然结合于芯片表面，要设计实验通过重复地依次注射分析物和再生溶液来测试再生的有效性。经再生循环，一个表面可能重复使用超过 100 次。

资料采集

仪器的操作采用了一个流动系统和一个已经结合（固定）了配体的传感芯片。分析物溶液注射后，通过该系统由缓冲液通道扩散到达芯片的表面，在那里与配体发生反应。图 18-26 显示了经 BIAcore 传感图监测所得的相互作用过程。配体与分析物之间的相互作用实时地随着 SPR 角度的变化而进行。通过尽可能温和地除去表面非共价结合的材料来达到再生，以便在下一个结合-再生循环中配体的重复使用。

分析物扩散的过程叫作质料转移，所有结合系统在一定程度上均受这种现象影响。BIAcore 研究时，部分的实验设计用来发现足够低的表面配体密度以及足够高的流速以减小转移效果。实验时，在达到令人满意的较低标准以后，再采集资料并用适当的结合模型进行适配。我们强烈建议要调整使传感芯片的三个通道（也指流动池）含有不同的
18.101 配体水平，并将第四通道用作适当修饰后的对照表面。Myszka（1999）建议从低密度配体表面所获得的资料应采用二份参照品来校正。要从活性表面上的分析物注射液所得

到的特异性结合信号中减去从对照通道的分析物注射液所得到的信号；为了减少机器对结果的影响，另外还要在分析物的每一次注射中减去缓冲液注射的信号。在应用这些技术，尤其是当噪声信号比结合信号本身更大时，必须要小心谨慎。如果参比通道（对照表面）存在非特异性结合时，应用这种从活性表面信号减去参比通道信号的技术时必须慎重。

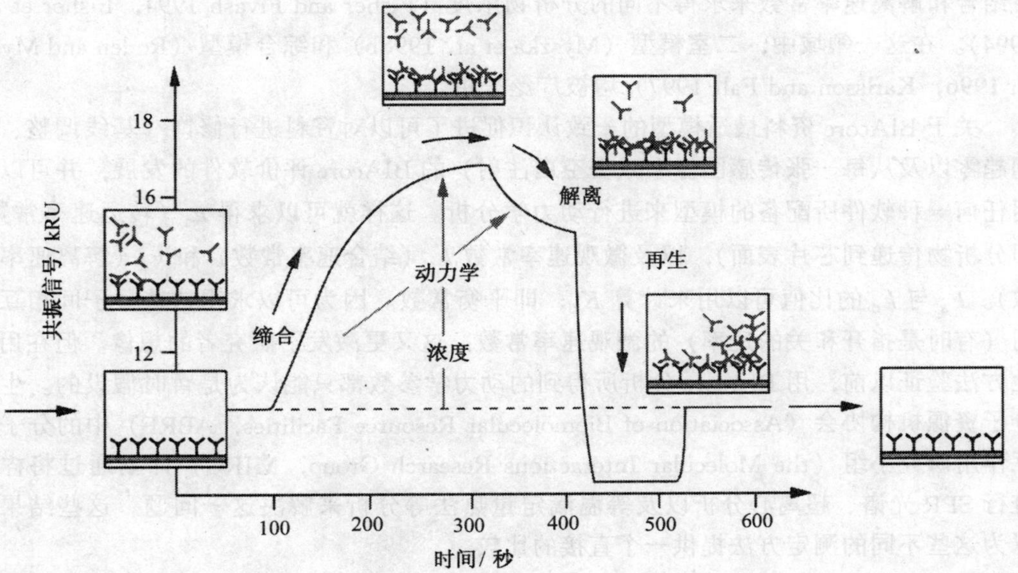

图 18-26　用传感图来监测相互作用的过程

在样品注射过程中分析物结合到表面接触的配体，导致信号增强。在注射最后，样品经连续的缓冲液置换后，信号的减弱反映了表面结合的复合物由相互作用到解离的过程。仪器 1000 RU 的响应相当于表面浓度改变了 1 ng/mm^2。（获许重新绘制自 BIAcore，Inc.）

所得传感图谱或传感图谱系列，可以采用 BIA 评价软件本身所提供的几种结合模型，或者使用者自定义的模型中的一种来作为模型。在分析 BIAcore 所获得的资料时，要谨记仪器的敏感性会导致对非常低的噪音信号有响应，如阀门的开与关、注射噪声、温度、压力以及流动缓冲液与样品本身不匹配引起的折射系数等，这对仪器的效能会有很大的影响。因为存在这些通常不可避免的干扰，对结合信号的解释可能会变得复杂化。在使用 BIAcore 时进行基础训练，以及使用 BIA 评价软件时进行专门的训练，这是学习仪器操作、实验设计以及资料评估的一种很好策略。

动力学测定

在 BIA 仪器的开始阶段只有极少的应用，而且只有一些初步的方法用来进行资料分析。这种情况下引发了一些讨论，包括所获得的资料是应该采用非线性方法来进行分析（O′Shannessy et al. 1993)，还是应该用线性的方法来进行分析（Karlsson et al. 1991，Altschuh et al. 1992，Pellequer and Van Regenmortel 1993)。现在采用的方法是 18.102

非线性的，而且不像线性模型那样使用重新绘图后的资料，而是直接使用实际数据。在 Fisher 和 Fivash（1994）提出二室模型来描述分析物由流动缓冲液（第一室）传递到芯片的结合区（第二室）的过程以后，动力学资料模型得到了很大的发展。他们的工作还将一种新的分析方法引入到 BIAcore 的应用中。在这种我们已经知道叫做综合分析（global analysis）的方法中，根据不同的表面配体密度来绘制一系列的传感图，仅用一对结合和解离速率常数来求得不同的分析物浓度（Fisher and Fivash 1994，Fisher et al. 1994）。在这一领域中，二室模型（Myszka et al. 1998b）和综合模型（Roden and Myszka 1996，Karlsson and Falt 1997）均被广泛采用。

关于 BIAcore 资料最适模型的一致认识促进了可以对资料进行修饰（基线调整、时间趋零以及从每一张传感图像中减去空白注射）的 BIAcore 评价软件的发展，并可以利用任何一种软件所配备的模型来进行动力学分析。这样就可以求得 k_t（转运速率常数，即分析物传递到芯片表面），以及微观速率常数 k_a（结合速率常数）和 k_d（解离速率常数）。k_a 与 k_d 的比值可以用来计算 K_d，即平衡常数。因为可以求得这些分子间相互作用（有时是指开和关的速率）的微观速率常数，这又更激发了研究者的想像。但在用其他方法验证以前，用 BIAcore 分析所得到的动力学参数都只能认为是暂时假设的。生物分子资源机构协会（Association of Biomolecular Resource Facilities，ABRF）中的分子相互作用研究小组（the Molecular Interactions Research Group，MIRG）计划通过将样本进行 SPR 光谱、超离心分析以及等温滴定量热法等分析来解决这一问题。这些结果可以为这些不同的测定方法提供一个直接的比较。

说到底，SPR 测定的结果是来自于测定存在于溶液中、并与由混合相（固体相与溶液相）组成的表面培养基进行结合的分析物，这样使用混合相所进行的测定与使用单相所进行的测定之间的关系，已经是，并将继续是争论的起因（Ladbury et al. 1995，Nieba et al. 1996，Muller et al. 1998）。

浓度测定

当分析物与表面的结合受材料（质量）转移所限制的情况下，结合曲线的初始斜率将与分析物的浓度呈线性相关（Karlsson et al. 1993，Nieba et al. 1996，Christensen et al. 1997）。当分析物和游离配体分子在注射前共孵育（以使整个系统达到平衡）时，初始斜率代表了游离（非结合型）分析物的量。上述概念极为有用，因为这样就可以在不用假定是特异性结合模型的前提下，计算配体-分析物相互作用的平衡常数。基于这一技术，也就可以用标准曲线来测定溶液中分析物的浓度。

不需凭借模型就可以至少通过三种途径来求得平衡结合常数。一种有用的方法是通过竞争性实验来求得分析物浓度（参见上面）。用这种方法求得的常数是溶液常数。而对于表面常数，我们可以通过注射足够的分析物来显示出平衡信号的半数值，然后接着注射确定浓度的分析物来使信号维持平稳，从而证明平衡结合常数。除了这种方法以外，还有一种方法是使分析物在流动缓冲液中长时间地真正循环来达到平衡（Myszka et al. 1998a，Schuck et al. 1998）。

方案的设计 18.103

要想建立一种可靠的实验方案，除了有些问题必须注意外，还必须进行一些预试验来确定试剂的性质。这里我们给出了分析典型的抗体-抗原系统的操作步骤，并列举了进行 BIAcore 实验时的一些细节。抗体和抗原均可以购得，并可以重现下面的结果来优化研究时系统各参数。

整个方案分成两个阶段：第一阶段介绍了 RAMc 捕获表面的制备，接下来介绍特异性抗体（抗-TSH）与 RMAc 表面的结合以及抗原（TSH）与抗体（抗-TSH）的结合。第二阶段列举了一系列用于测定这种相互作用平衡常数的方法模块或分析程序。简要地讲，即

第一阶段：

(1) 在 CM5 芯片上制备 RAMc 捕获表面。

(2) 检测抗-TSH 与 RMAc 表面的结合。

(3) 检测 TSH 与抗-TSH 表面的结合；再生并重复。

第二阶段：

(1) 运行分析程序来准备三种水平的抗- TSH 并与不同浓度 TSH 的结合。

(2) 测定这种相互作用的平衡常数。

第一阶段　捕获表面的制备和结合试验 18.104

下面的方案介绍了如何在兔抗小鼠 C 结构域（RAMc）表面捕获抗甲状腺刺激激素(antithyroid- stimulating hormone，抗-TSH)，并制备抗-TSH 表面以用于随后的甲状腺刺激激素（TSH）与抗-TSH 结合的动力学分析实验。RMAc 通过伯氨基偶合固定在传感芯片的羧甲基葡聚糖上，然后在用作抗体的捕获分子时，形成每个抗体分子结合两个抗原分子模式的双价抗体分子。制备用于动力学分析表面的另一个方法是将反应物之一直接与传感芯片通过伯氨基进行配对。如果这一方法被用于某抗体时，所得表面的异质性将导致每个抗体分子结合的抗原分子要少于两个。

材料

注意：对标以〈!〉的材料请参考附录 12 进行适当的操作。

缓冲液和溶液

贮存溶液、缓冲液和试剂的成分请参考附录 1。

将贮存溶液稀释到适当的浓度。

EDC [0.2 mol/L 的 *N*- 乙基-*N′*-（二甲氨基丙基）-碳化二亚胺的水溶液]〈!〉

氨基乙醇（1 mol/L 盐酸乙醇胺，用 NaOH 调节至 pH 8.5）〈!〉

Extraclean

Extraclean 是一种用于表面再生的溶液，可由 BIAcore 购得。

HEPES 缓冲的盐水缓冲液〈!〉

10 mmol/L HEPES（pH 7.4）

150 mmol/L NaCl

3 mmol/L EDTA

0.005%（*V*/*V*）吐温-20

该缓冲液可以从 BIAcore 购得。

HCl（20 mmol/L）〈!〉

NHS（0.05 mol/L 的 *N*-羟基琥珀酰亚胺水溶液）

EDC，氨基乙醇以及 NHS 是由 BIAcore 购得的 Amine-coupling Kit 中的一部分。

抗体

> 生物分子资源机构委员会（Association of Biomolecular Resource Facilities，ABRF）（www.abrf.org）的分子相互作用研究小组（Molecular Interactions Research Group，MIRG）建议，制备用于 BIAcore 分析的蛋白质样品时，要用缓冲液交换透析（500 倍体积三次）以除去 HEPES 缓冲的盐溶液，然后装在冷冻微型离心管中以最大速率离心，并经 0.22 μm 滤膜滤过。根据所求得的待测特定蛋白质或肽的消光系数，在 280 nm 测定吸收度来计算最终的蛋白质浓度。

小鼠抗-TSH 单克隆抗体（1 mg/ml，溶于 HEPES 缓冲盐水）

该抗体可以从 Alexon Trend，Inc. 购得。

兔抗小鼠-Fc 结构域（RAMc）（30 μg/ml，溶于 10 mmol/L 的 pH 5.0 醋酸钠溶液）

该抗体可以从 BIAcore 购得。

TSH（20 μmol/L，溶于 HEPES 缓冲盐水）

TSH 可以从 Alexon Trend，Inc. 购得。

18.105 专用装置

BIAcore 仪器

该仪器包括 BIAcore 控制软件和 BIA 评价软件。

设备和软件可以从 BIAcore，Inc. 购得，相关的信息可查阅 www.biacore.com。

CM-5 传感芯片

方法

RAMc 通过伯氨基与 CM-5 传感芯片表面的结合

这一步要用约 45 min。通过下拉菜单或 BIAcore 控制软件工具栏中的图标来执行操作命令。

1. 将 CM-5 传感芯片模块嵌入 BIAcore 仪器。
2. 全部采用过滤并除气的 HEPES 缓冲盐溶液。
3. 将分别含有 NHS、EDC、乙醇胺和 RAM Fc 以及 20 mmol/L HCl 各 100 μl 的小管置于 BIAcore 自动进样器架的适当位置。
4. 将一个空管置于 BIAcore 自动进样器架上。

   如果采用的是 Immobilization Wizard，则可以进行这一步。(Wizards 是 BIA2000 和 BIA3000 中 BIAcore 控制软件 3.0 版本或更高版本的标准配制。) 使用 Wizard 的话，按规定体积添加样品。结合 RAM Fc 的 RUs 目标数为 13 000。

5. 开动仪器，以 5 μl/ min 的流速流过一个流动池。
6. 将 75 μl 的 NHS 加入到一个空管中。
7. 在同一管中再加入 75 μl 的 EDC。
8. 将含有 NHS 和 EDC 的小管中的成分混匀。
9. 注射 35 μl NHS/EDC 混合物使表面活化。
10. 注射 35 μl RAM Fc 到活化表面与抗体结合。
11. 注射 35 μl 乙醇胺使过量的反应基团失活。
12. 快速注射 10 μl 的 20 mmol/L HCl，然后用 Extraclean 除去非共价结合型材料。
13. 通过在开始注射 RAMc 前放置一个基线报道点，并在注射 20 mmol/L HCl 结束后 2 min放置第二个报道点，来测定结合 RAMc 的水平。

    固定 RAMc 的最终 RUs 值应该介于 10 000 到 13 000 之间；如果所得值偏低，可能是由于所用的 RAMc 浓度太低，或使用了贮存期超过 2 个月的 NHS 或 EDC 溶液。RAMc 的 RUs 值较低的表面仍然可以使用，但抗 TSH 的体积必须按经验进行调整；通常地，需要更多的抗-TSH 以达到期望的结合水平。

14. 关闭流动液，关闭命令窗口，保存报道文件。

    在这时 BIAcore 可以处于预备（继续）状态，也可以在下一阶段直接使用表面。当缓冲液在仪器内保持流动时，RAMc 表面在机器里是非常稳定的。另外，芯片也可以拿出来保存在 4 ℃、含有少量水的 50 ml 锥形管中；以这种方式保存时表面可以稳定几个星期。

检测抗-TSH 与 RAMc 表面的结合 18.106

这一步要用约 20 min。通过下拉菜单或 BIAcore 控制软件工具栏中的图标来执行操作命令。

15. 开动仪器，使含有结合 RAMc 的流动池的流速为 10 μl/ min。
16. 注射 10 μl 的 2 μg/ml 抗-TSH（这需要总共 40 μl 的抗-TSH 溶液）。

    10 μl 的抗-TSH 可以提高约 250 个 RUs。如果 RAMc 表面的结合不能达到这种水平，再生（见第 17 步）并重复注射不同体积的抗-TSH，直至确定所需的注射体积。

17. 快速注射 10 μl 的 20 mmol/L HCl，然后用 Extraclean 再生 RAMc 表面。
18. 为了测定结合到 RAMc 表面的重现性，用可以与抗 TSH 结合引起 250 RUs 所需的体积重复注射抗 TSH。
19. 快速注射 10 μl 的 20 mmol/L HCl，然后用 Extraclean 再生 RAMc 表面。
20. 关闭流动液体，关闭命令窗口，保存报道文件。

检测 TSH 与捕获抗-TSH 表面的结合

这一步要用约 20 min。通过下拉菜单或 BIAcore 控制软件工具栏中的图标来执行操作命令。

21. 开动仪器，使含有结合 RAMc 的流动池的流速为 10 μl/min。
22. 注射 10 μl 的 2 μg/ml 抗-TSH（或者注射第 15～20 步所测得的、与抗-TSH 结合引起 250 RUs 所需的体积）。
23. 注射 25μl 的 200 nmol/L TSH，限定 120 s 的解离时间（这需要总共 65 μl 的 TSH 溶液）。120 s 的解离时间就可以测得抗原-抗体复合物解离的速率。

    注射约 20 μl 的 200 nmol/L TSH 以后，曲线会变平（斜率达到零），表示在抗原和抗体分子间的相互作用达到瞬时稳态。如果曲线没有变平，就再生表面，并将第 23 步中 TSH 的浓度改为 400 nmol/L 后，重复第 21～23步（见图 18-26 和图 18-27）。

24. 快速注射 10 μl 的 20 mmol/L HCl，然后用 Extraclean 再生 RAMc 表面。
25. 关闭流动流，关闭命令窗口，保存报道文件。

原理的讨论

因为抗体的双价特性，预测 TSH 与抗-TSH 以 2∶1 的摩尔比结合。为了测定 TSH（M_r = 50 000）与抗-TSH（M_r = 150 000）结合的效率，计算能与捕获抗体相结合的分析物的共振单位（RUs）最大数量。

=（MW 分析物）/（MW 配体）×（配体 RUs）×2

= 2/3 × 抗-TSH 结合 RUs

如果所有的抗体均为活性态，那么当 RAMc 表面捕获的抗-TSH 为 250 RUs 时，预计将结合 167 RUs 的 TSH。

18.107

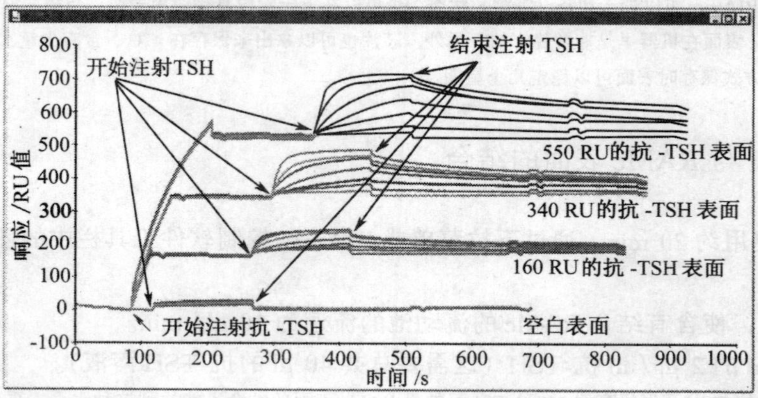

图 18-27　与 RAM Fc 结合的抗-TSH

该图显示了相同浓度系列的 TSH 注射到捕获了三个不同水平的抗-TSH 的 RAM Fc 表面以及 RAM Fc 表面本身时的结果。图中资料经过了 Y-转换，并在每一个循环中除去了再生注射的影响。抗-TSH 与 RAM Fc 表面的结合很明显地具有良好的重现性，亦即体现了这两种分子间相互作用的稳定性。本图还显示了 TSH 与 RAM Fc 表面之间低水平条件下的相互作用。

第二阶段　抗原-抗体相互作用的动力学分析 18.108

实验进行

本实验设计用来在每一个循环开始时使 RAMc 表面捕获已知数量的抗-TSH 共振信号（RUs），然后再注射 TSH。在每一个循环结束时注射 20 mmol/L HCl 使 RAMc 表面再生。总共六个不同浓度的 TSH（通过一系列稀释来制备）注射到按相同方法制备的抗-TSH 表面。抗体与捕获表面结合的高度重现性，本质上可以使得在每一个循环所注射的不同浓度 TSH 与相同的抗 TSH 表面进行相互作用。

使用 Interaction Wizard（在 BIA2000 和 BIA3000 所配备的 BIA 控制软件 3.0 版本以及更高版本中含有该程序）的“动力学分析”、“浓度系列”、“采用捕获分子结合”中的选项，就可以用来设计这种试验。但是，如果采用的是 Wizard，实验中就只能采用一种抗-TSH 表面密度。而直接编写方法的优点是可以生成不同的抗-TSH 表面密度，然后再与相同浓度系列的 TSH 接触，从而可以满足进行综合分析的资料需要。BIAcore 仪器手册中对采用 BIAcore 的方法定义语言（Method Definition Language，MDL）进行写作的方法进行了深入的讨论。值得花时间去熟悉 MDL，以便在使用编写 BIAcore 方法进行实验设计时具备更大的灵活性。

样品的制备与注射

下列方案包含四个不同的分析程序（aprog），每一个程序需要用不同体积的小鼠抗-TSH 单克隆抗体注射到相同的 RAMc 表面。注射完每体积的抗-TSH 以后，接着注射不同系列的 TSH 稀释液。如果考虑重复注射 TSH 样品，则需要添加适当的样品循环的线路。方法编写完以后，需要 1000 μl 的抗-TSH 稀释液：400 μl 用于 APROG1（要注射 20 μl 样品 8 次，每次需用 50 μl），320 μl 用于 APROG2（要注射 10 μl 样品 8 次，每次需要 40 μl），以及 280 μl 用于 APROG3（要注射 5 μl 样品 8 次，每次需要 35 μl）。如果需要不同体积的抗-TSH 以达到理想的 RUs 值，则需要对分析程序进行修改，所需的抗体总体积也会不同。重要的一点是，要记住每一次注射命令中，每次注射时均需要特定的体积再外加 30 μl 样品。在对每一个抗-TSH 水平注射 TSH 系列以前，要注射两次缓冲液以使抗体的结合水平达到稳定。

材料

缓冲液和溶液

贮存溶液、缓冲液和试剂的成分请参考附录 1。
将贮存溶液稀释到适当的浓度。

HEPES 缓冲的盐水缓冲液或适当的冲洗缓冲液

10 mmol/L HEPES（pH 7.4）

150 mmol/L NaCl

3 mmol/L EDTA

0.005%（V/V）吐温-20

该缓冲液可以从 BIAcore 购得。

18.109 抗体

小鼠抗-TSH 单克隆抗体（1 mg/ml，溶于 HEPES 缓冲盐溶液）

该抗体可以从 Alexon Trend，Inc. 购得。

将抗体稀释到 2 μg/ml 并制备 1000 μl（或所需体积）来达到第一阶段第 15～20 步所测得的目标共振单位。

TSH（20 μmol/L，溶于 HEPES 缓冲盐溶液）

TSH 可以从 Alexon Trend，Inc. 购得。

制备一系列注射用 TSH 稀释液：

ⅰ 制备浓度为 200、100、50、25、10 以及 5 nmol/L 的不同稀释液，每一份均溶于 280 μl 的流动缓冲液中用于实验。

ⅱ 每个浓度按每份 70 μl 分装于四个 7 mm 塑料小瓶中，每个小瓶加盖。

ⅲ 将小瓶按样品循环参数的指示放置在 BIAcore 管架的适当位置。

专用装置

BIAcore 仪器

该仪器包括 BIAcore 控制软件和 BIA 评价软件。

设备和软件可以从 BIAcore，Inc. 购得，相关的信息可查阅 www.biacore.com。

CM-5 传感芯片，按第一阶段的介绍与 RAMc 结合。

方法

下列程序由三种方法模块或小段所组成：主程序、定义分析程序（DEFINE APROG）以及定义样品。注意一共有四个定义分析程序模块，在这四个程序中每一个均代表了主程序中的一部分（模块 1、模块 2、模块 3 以及模块 4）。当用软件编辑一个方法时，方法命令应采用大写字母书写，用户所定义的参数用小写字母书写。

后跟感叹号（!）的部分注释仪器会认为是文字而非命令代码，会插入解释前一条命令的含义。

1.

```
MAIN
RACK 1 thermo _ a
LOOP sample1 STEP                 ! Specifies instrument block to be used.
APROG bind1 %p1 %conc
ENDLOOP                           ! anti-TSH; final RUs = 500 ~ 600
LOOP sample1 STEP
APROG bind1 %p1 %conc
ENDLOOP                           ! anti-TSH; final RUs = 100 ~ 200
LOOP sample3 STEP
APROG bind3 %p3 %conc
ENDLOOP                           ! anti-TSH; final RUs = 250 ~ 350
LOOP sample2 STEP
APROG bind2 %p2 %conc
ENDLOOP                           ! Reference surface
LOOP sample4 STEP
APROG bind4 %p4 %conc             ! Keeps the running buffer flowing through
ENDLOOP                           ! instrument after the end of run.
APPEND continue
END
```

2.1. 18.110

```
DEFINE APROG bind1
    PARAM %p1% conc
    KEYWORD CONC %conc
    FLOW      10
    *INJECT     r2a1 20                  ! anti-TSH; final RUs = 500 ~ 600
    -0: 05 RPOINT Baseline-b             ! sets a baseline report point
    1: 55 RPOINT Anti-TSH _ Peak         ! sets a response report point
    *KINJECT     %p1 25 240              ! TSH
    -0: 05 RPOINT Anti-TSH _ bound-b
    2: 25 RPOINT TSH _ peak
    *QUICKINJ ECT R2f3 10                ! 20mM HCl to regenerate RAMc surface
    EXTRACLEAN
    -0: 05 RPOINT TSH _ Washout
    3: 00 RPOINT Regeneration
    END
```

2.2.

```
DEFINE APROG bind2
    PARAM %p2% conc
    KEYWORD CONC %conc
    FLOW    10
    *INJECT     r2b1 10
    -0:05 RPOINT Baseline-b
    -0:55 RPOINT Anti-TSH_Peak          ! anti-TSH; final RUs = 250 ~ 350
    *KINJECT     %p2 25 240
    -0:05 RPOINT Anti-TSH_bound-b
    2:25 RPOINT TSH_peak                ! 20mM HCl to regenerate RAMc surface
    *QUICKINJ ECT R2f3 10
    EXTRACLEAN
    -0:05 RPOINT TSH_Washout
    3:00 RPOINT Regeneration
    END
```

2.3.

```
DEFINE APROG bind3
    PARAM %p3% conc
    KEYWORD CONC %conc
    FLOW    10
    *INJECT     r2c1 5
    -0:05 RPOINT Baseline-b
    0:25 RPOINT Anti-TSH_Peak           ! anti-TSH; final RUs = 100 ~ 200
    *KINJECT     %p3 25 240
    -0:05 RPOINT Anti-TSH_bound-b
    2:25 RPOINT TSH_peak                ! 20mM HCl to regenerate RAMc surface
    *QUICKINJ ECT R2f3 10
    EXTRACLEAN
    -0:05 RPOINT TSH_Washout
    3:00 RPOINT Regeneration
    END
```

18.111 2.4.

```
DEFINE APROG bind4
    PARAM %p4% conc
    KEYWORD CONC %conc
    FLOW    10
    *KINJECT     %p4 25 240
    -0:05 RPOINT Baseline-b
    2:25 RPOINT TSH_Peak                ! 20mM HCl to regenerate RAMc surface
    *QUICKINJ ECT R2f3 10
    EXTRACLEAN
    -0:05 RPOINT TSH_Washout
    3:00 RPOINT Regeneration
    END
```

3.1.

```
DEFINE LOOP sample1
    LPARAM %p1% conc
        rla9    0n
        rla10   0n          ! buffer
        rla1    200n        ! buffer
        rla6    5n          ! 200nM TSH
        rla2    100n
        rla5    10n
        rla3    50n
        rla4    25n
    END
```

3.2.

```
DEFINE LOOP sample2
    LPARAM %p2% conc
        rlb9    0n
        rlb10   0n          ! buffer
        rlb1    200n        ! buffer
        rlb6    5n
        rlb2    100n
        rlb5    10n
        rlb3    50n
        rlb4    25n
    END
```

3.3.

```
DEFINE LOOP sample3
    LPARAM %p3% conc
        rlc9    0n
        rlc10   0n          ! buffer
        rlc1    200n        ! buffer
        rlc6    5n
        rlc2    100n
        rlc5    10n
        rlc3    50n
        rlc4    25n
    END
```

3.4.

```
DEFINE LOOP sample4
    LPARAM %p4% conc
        rld9    0n
        rld10   0n          ! buffer
        rld1    200n        ! buffer
        rld6    5n
        rld2    100n
        rld5    10n
        rld3    50n
        rld4    25n
    END
```

数据分析

在运行完成以后，打开 BIA 评价软件以及报道文件的输入循环。如果所运行的方法是和上面提出的一样，那么文件中包含 64 个循环。当进行资料的总体评估时，将所有循环（传感图谱）导入一张图中，并在开始注射抗-TSH 以前进行曲线的 Y-转换。这样可以显示，在三个不同抗-TSH 密度的表面以及对照表面注射不同浓度的 TSH 以后所显示的结果（图 18-27）。

当进行更详细的评价时，将与每一个抗-TSH 表面密度相对应的循环作为单独的曲线，就可以得到 4 条曲线，它们分别对应于 RAMc 表面所捕获的三个不同水平的抗-TSH 以及对照表面。一次处理一条曲线，除去再生注射和可能存在的空气脉冲。除去对应于抗-TSH 结合的区域也是有帮助的。然后应该在开始注射 TSH 以前对传感图谱（曲线）进行 Y-转换。最后，传感图谱还应进行 X-转换，以便每一次注射都可以在相同的时间点开始。当检查这些曲线时，TSH 与抗体表面的结合水平，很明显要比根据分子的摩尔重量比值采用化学计算法来预测的要低。例如，按超过 340 RUs 的捕获抗-TSH 来注射不同浓度的 TSH，所得相应曲线（图 18-28）的最大响应在约 140 RUs，而预计值为 230 RUs（$\frac{2}{3}\times 340 = 227$）。这其中的差异反应了抗原和抗体间结合的程度低于 2:1。

完成上述步骤以后，通过从注射每个浓度的 TSH 到抗-TSH 表面所得到的图谱中，减去注射相同浓度的 TSH 到 RAMc 表面所得到的图谱来进行参比校正。因为 TSH 不能与 RAMc 的空白对照表面相结合，因此这种减法是可以采用的。必须注意，当采用 BIA2000 和 BIA3000 进行图谱的在线减法时，必须在对减去的资料进行进一步的分析之前，对每一个流动池的响应进行检查。对于代表抗-TSH 与 TSH 相互作用的三条曲线的任何一条，要通过从那些由 TSH 浓度系列所得到的曲线减去缓冲液注射传感图谱来进行进一步的校正（图 18-29）。这样相减以后，可以去除所有曲线中普遍存在的一些变化，如漂移以及机器的影响等。

现在，所得到的曲线就可以用于拟合能够最恰当地描述反应动力学的动力学模型，并用来计算它们的 k_{a} 和 k_{d}。BIA 评价软件本身附带了许多模型，用户还可以对它们进行修改或添加其他模型。对于 TSH 在流动态下与 RAMc 表面所捕获的 TSH 结合这一情况，虽然每一个抗体都是双价的，但两个 TSH 分子中每一个的结合受另一个影响，因此，可以采用的适当模型是 1:1 Langmuir 结合模型（A + B↔AB）。再用 BIA 评价软件中所提供的其他预先设定的模型来进行尝试，以便发现在拟合数据时不同的修改所引起的变化。

选择 Langmuir 模型用来描述拟合的情况，并结合注射开始时和结束时质量转移和折射参数的不同进行修正。该模型通过对 k_a 和 k_d 的综合设定来拟合未经修正（原始）的资料（图 18-28），以及经双重修正后的资料（图 18-29）。在分析原始资料和修正资料时的惟一差别是，原始资料的 k_t 值固定为 1×10^8（默认值）；对于该参数这是一个可信值。而 k_t 的真实值取决于分子质量和流速；对于 TSH 且流速为 10 μl/ min 时，其值为 5.4×10^8。如果不固定 k_t，所得值将大于扩散的最大可能速率。该模型拟合修正资料时效果比原始资料更好，因为代表拟合数据的曲线与实际数据的曲线之间的偏离（图 18-28）要比与原始数据的曲线之间的偏离（图 18-29）更小。残留曲线显示了每条曲线的实验数据与拟合数据之间的差异，同时也是评定拟合优劣的另一种手段。修正资料的残留曲线（图 18-29）与原始资料的（图 18-28）相比，显示出较小的偏离，证实了进行双重修正的必要性。

对资料的综合拟合进行考察时，对 5、50 和 100 nmol/L 三个浓度的 TSH 注射到三个抗-TSH 表面后所得到的曲线进行综合分析。该模型与复合修正传感图谱适配的程度与个别修正表面的适配度（图 18-30）相似。

在表 18-12 中，所有三个水平的抗-TSH 所得到的动力学速率常数的数值用来与校正前后的资料进行比较，对由复合资料所得的数值也进行了相同的比较。对于 340 RU 表面，两类资料所得的常数值相互间的差异在 30%之内，表明该模型与两类资料的适配度相似。当检查复合资料的数据时，原始资料和修正资料的常数相互间的差异在 20%以内。复合的与单个抗-TSH 表面的速率常数之间高度的一致性，反映了所选的模型是恰当的。

18.113

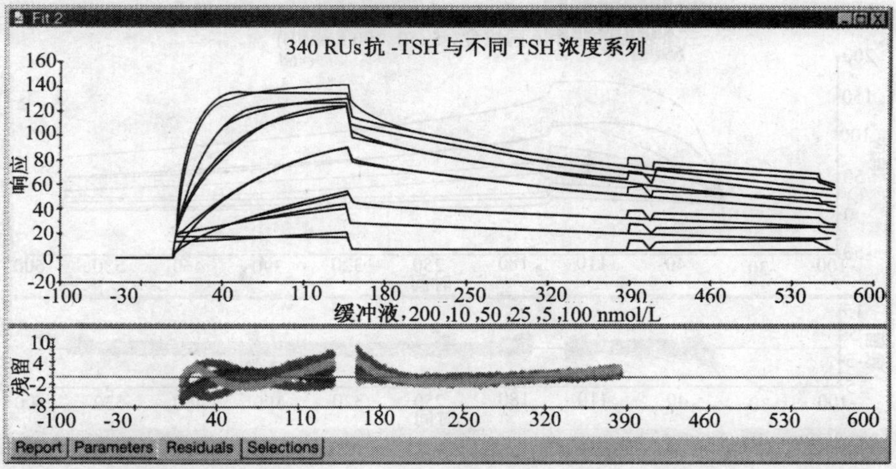

图 18-28　Langmuir 结合模型

该图显示了在注射开始时和结束时，质量转移和折射参数的差异经修正后，按 1∶1 Langmuir 结合模型对从原始资料所得到的传感图谱进行拟合的结果。由于在传感图谱中较后面的解离部分在高 RUs 时出现明显的机器影响，所分析的资料仅包括最初 380 s 的部分。在曲线和残留曲线中，试验资料和拟合资料之间的差异是明显的，两者均显示了在结合和解离相中的系统偏差。

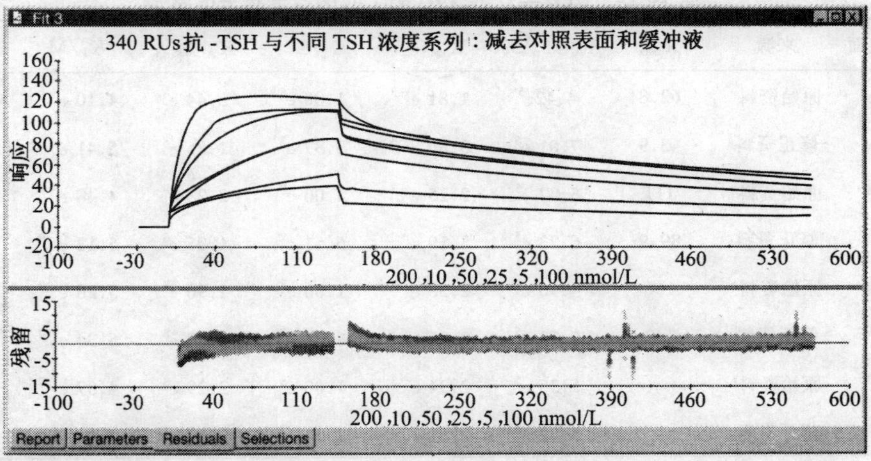

图 18-29　修正的 Langmuir 结合模型

该图显示了将双重校正消减后的资料按图 18-28（按 1∶1 Langmuir 模型结合，并且对注射开始时和结束时质量转移和折射参数的差异进行修正）相同的模型所拟合的结果。修正资料和残留曲线均显示与曲线的拟合度更好。

18.114

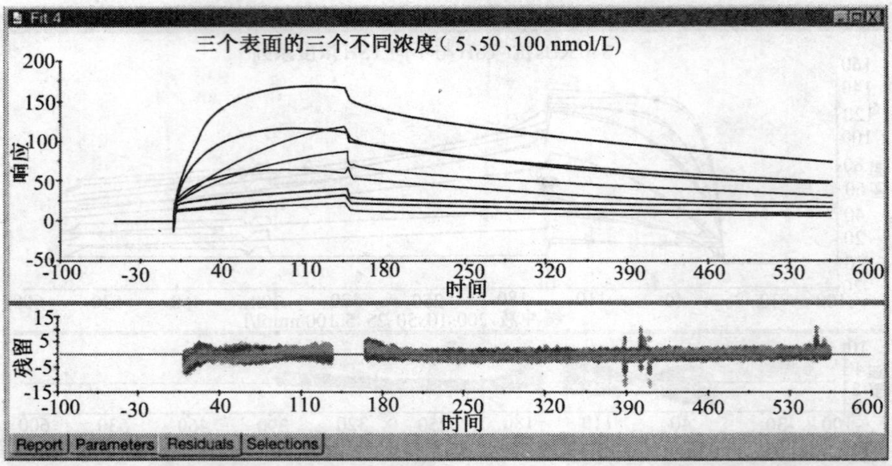

图 18-30　结合模型的综合拟合

为了显示综合拟合的近似值，本图中对相同的三个不同浓度（5、50 和 100 nmol/L）TSH 注射到三个不同水平抗-TSH 的表面（160、340 和 550 RUs）后所得的曲线进行了复合，并在拟合过程中，将单个表面拟合所求得的 R_{max}值作为一个固定的参数。从复合资料所求得的值与单个表面所求得的值非常接近，表明抗原与抗体间相互作用的速率常数对于不同的配体和分析物浓度是固定的。

表 18-12　所有三种抗-TSH 水平的动力学速率常数

抗-TSH 表面	来源	R_{max}	$K_A/M^{-1}S^{-1}$	K_D/S^{-1}	K_T/S^{-1}	K_A/M^{-1}	K_D/M	χ^2
160 RUs	原始资料[a]	62.8	$4.42e^5$	$1.81\ e^{-3}$	$1.00\ e^8$	$2.44\ e^8$	$4.10\ e^{-9}$	1.18
	修正资料	43.9	$7.01\ e^5$	$3.80\ e^{-3}$	$3.37\ e^7$	$1.85\ e^8$	$5.41\ e^{-9}$	1.08
340 RUs	原始资料[a]	111	$5.02\ e^5$	$2.25\ e^{-3}$	$1.00\ e^8$	$2.23\ e^8$	$4.48\ e^{-9}$	2.71
	修正资料	89.9	$6.23\ e^5$	$3.19\ e^{-3}$	$6.51\ e^7$	$1.95\ e^8$	$5.12\ e^{-9}$	1.74
550 RUs	原始资料[a]	166	$4.90\ e^5$	$2.58\ e^{-3}$	$1.00\ e^8$	$1.90\ e^8$	$5.26\ e^{-9}$	3.35
	修正资料	142	$5.73\ e^5$	$3.06\ e^{-3}$	$8.08\ e^7$	$1.87\ e^8$	$5.34\ e^{-9}$	2.28
复合	原始资料[a]		$5.35\ e^5$	$2.34\ e^{-3}$	$1.00\ e^8$	$2.29\ e^8$	$4.37\ e^{-9}$	2.06
	修正资料		$5.72\ e^5$	$2.82\ e^{-3}$	$8.34\ e^7$	$2.03\ e^8$	$4.93\ e^{-9}$	1.45

注：表中所示为所有三种抗-TSH 表面水平由原始和修正资料所求得的动力学常数和 χ^2 值，以及经综合拟合以后的复合值。对于原始数据的拟合，K_t 固定在 1 e^8，经平方根对数处理后可以很好地估计并消除数量级的困扰。在复合与单个抗-TSH 表面的速率常数之间具有高度的一致性，这反映了所选模型是恰如其分的。原始资料经两次参比校正后，尽管在拟合效果以及残留值方面有改善，但动力学参数仍非常近似，又一次表明所选模型是恰当的。χ^2 值与仪器噪声（一般小于 2 RU）为同一个数量级，这与良好的适配性结果相一致。

[a]在拟合原始资料时，将转运速率常数（K_t）设定为 1 e^8。

信息栏 18.115

丝状噬菌体展示

自从 George Smith（1985）首次描述外源性肽和蛋白质在丝状细菌噬菌体表面的展示以来，这一方法已经成为观察分子间相互作用的技术基础，尤其是对于那些牵涉到蛋白质表面结构的相互作用。噬菌体展示可以用于：

• 鉴定和分析与其他蛋白质相互作用的蛋白质的表面特征。

• 分离与特定氨基酸序列结合的新配体。这些配体可以是抗原表位、抑制剂、拮抗剂、激动剂或者底物。

• 提高配体与靶结构之间相互作用的亲和力和特异性。

噬菌体展示系统的作用来自亲和选择和生物学扩增能力的有效结合。由于丝状噬菌体可以以每毫升超过 10^{13} 颗粒的浓度暴露于配体，因此大量的外源蛋白质可以展示在这些病毒颗粒的表面，以测定它们与靶配体之间相互作用的能力。虽然与靶结合的细菌噬菌体的最初数量可能很少，但通过反复的亲和性选择和生长它们可以被回收和富集。

丝状噬菌体

在丝状噬菌体展示中，外源 DNA 片段插入到噬菌粒或感染性噬菌体基因组中，其位置介于编码的引导肽序列与 gpIII 或 gpVIII 蛋白的成熟序列之间。如第三章导言中所详细讨论的，细菌噬菌体 fd 的基因 III 所编码的蛋白质只是病毒颗粒中很小的一部分：在线状病毒颗粒的一端有 3～5 个蛋白质拷贝（$M_r = 43\ 000$）（Pratt et al. 1969，Grant et al. 1981，Zaman et al. 1992），它们参与噬菌体颗粒与位于 F 菌毛末端的受体的吸附（Armstrong et al. 1981，综述请参阅 Model and Russel 1988，Russel 1991）。成熟的 pIII 来源于 424 个残基的前体蛋白，这一前体含有 18 个残基的疏水性氨基端信号序列，在翻译后被细菌信号肽酶 I 切除。成熟蛋白质折叠成由三个结构域组成的节杆状结构：氨基末端的结节（Crissman and Smith 1984）是到达并渗透进入 F 绒毛所必需的；中央的链接域包含几个通过二硫键固定的富含甘氨酸的片段；羧基末端结构域将成熟蛋白质固定在颗粒的外壳中（Hollinger and Riechmann 1997，Lubkowski et al. 1998）。

噬菌体 f1 的基因 VIII（pVIII）编码了病毒颗粒的主要壳体蛋白。只有 50 个氨基酸长度的成熟 pVIII 来源于一个含有 23 个残基的氨基末端引导序列的前体蛋白。在转染透过细菌膜以后，引导序列被细菌信号肽酶 I 切除。噬菌体 f1 颗粒含有约 2 700 个拷贝的 pVIII，它们通过碱性的羧基末端残基与核酸接触而聚集在单链病毒 DNA 周围。pVIII 中央的疏水性残基参与同周围 pVIII 分子的接触，而它们的酸性氨基末端则暴露给溶剂分子（Marvin 1990）。在 pVIII 氨基末端的氨基酸残基对于转位不是决定性的，但对于噬菌体的装配是重要的。

用于噬菌体展示的载体

在细菌噬菌体展示系统中，外源 DNA 片段插入到基因 III 或基因 VIII 中位于切割部位下游的几个核苷酸处。用重组病毒 DNA 转染的 *E.coli* 合成并分泌单一成分的感染性“融合噬菌体”颗粒，其表面展示有外源 DNA 编码的氨基酸（Smith 1985，Parmley and Smith 1988）。因为在转染细菌噬菌体颗粒表面的每一份 pIII 或 pVIII 拷贝均载有外源 DNA 编码的序列，因此它们是以紧密装配的多价方式来展示。

噬菌粒展示系统中含有单拷贝基因 III 或基因 VIII，以及 DNA 复制病毒起始点的质粒。与传统的噬菌体展示一样，在噬菌粒展示中，外源 DNA 片段插入到基因 III 或基因 VIII 的位置正好位于切割位点下游，这一位点将疏水性信号序列与成熟蛋白质分
18.116 隔开来。然后将重组质粒转化适当的 *E.coli* 株。通过用辅助噬菌体（如 VCSM13 或 M13KO7，详细的资料请参阅第 3 章及附录 3）超感染转化细胞，来获得展示有外源 DNA 片段编码的氨基酸序列的噬菌体颗粒。因为辅助噬菌体复制与装配不如噬菌粒有效，因此在超感染细胞所分泌的噬菌体中，含有压倒性多数的展示克隆靶序列的颗粒。然而，其展示形式与用克隆到传统的感染噬菌体基因组所得到的展示略有不同。噬菌粒所生成的非感染颗粒的表面含有 pIII 或 pVIII 两种类型：一种由含有外源序列的噬菌粒编码，另一种由辅助病毒编码，但缺乏外源序列。因此，由超感染细胞所分泌的病毒颗粒在表型上是混合的，并且形成嵌合体表面。至少有一些外源序列将被以“单价”的方式来展示，这在选择以高亲和力结合到靶序列的配体时是有益的。

针对特定目的，已经建立了特殊的噬菌粒展示载体。其中最著名的是含有一个琥珀（UAG）链终止突变的噬菌粒载体，这一突变位于外源性 DNA 插入片段的下游，pIII 或 pVIII 结构的上游。当重组噬菌粒用来转化 *E.coli* 的非抑制性菌株（如 HB2151）时，由外源 DNA 编码的蛋白质在琥珀密码子位置终止，并分泌进入培养基中。当采用载有免疫球蛋白基因片段的噬菌粒时，从各个抑制基因阴性的转化子的上清液中，可以筛选到能够与抗原结合的可溶性抗体片段（相关综述请参阅 Winter et al. 1994）。然而，当噬菌粒用来转化表达琥珀抑制子的细胞时，可以合成整个融合蛋白，抗体片段按正常方式展示在所分泌的噬菌体颗粒的表面。

肽的噬菌体展示

将序列不同而长度相同的合成寡核苷酸插入基因 III 或基因 VIII 中，就可能生成巨大的、可以展示数千万个肽的重组噬菌体文库（Cwirla et al. 1990，Devlin et al. 1990，Scott and Smith 1990，Houghten et al. 1991；综述请参阅 Hoess 1993；Schatz 1994；Cortese et al. 1995；Rader and Barbs 1997；Smith and Petrenko 1997；Rodi and Makowski 1999）。就像上面所讨论的，带有针对受体、抗体或其他功能蛋白质的专一目标肽的噬菌体，可以通过亲和性富集和噬菌体生长的交互循环来从文库中纯化分离。因为编码了目标的基因是细菌噬菌体基因组的一部分，那么通过其蛋白质产物的亲和选择，细菌噬菌体肽展示就可以用来分离特定的 DNA 序列。获益于噬菌体肽展示的广泛的生物系

统，包括抗原表位定位、蛋白质-蛋白质相互作用分析以及抑制剂、激动剂和拮抗剂的分离。

底物噬菌体

用于分析和提高蛋白水解酶切割位点的底物噬菌体，可以在 pIII 和一种标签间展示随机肽序列。噬菌体颗粒文库首先被捕获到与标签结合的固定配体上，然后与蛋白水解酶孵育。少量载有被蛋白水解酶裂解的肽的噬菌体从培养基中释放并扩增。在经过两个或三个循环的筛选/扩增以后，测定各个噬菌体中编码肽的序列。通过这种方法，可以用于鉴别蛋白水解酶中新的或改进的切割位点，如用于组织纤维蛋白溶酶原激活剂（Ke et al. 1997，Coombs et al. 1998）、胶原酶（Deng et al. 2000）以及溶培养基素（Smith et al. 1995）等.

随机肽库

大多数随机肽库构建于成熟基因 III 蛋白的氨基末端或其附近，而较大的蛋白质则
表达在氨基端和羧基端结构域之间的柔性铰链部位（Smith 1985，Cwirla et al. 1990，
Devlin et al. 1990，Scott and Smith 1990，综述请参阅 Gallop et al. 1994，Gordon et al.
1994，Schatz 1994）。因为在生成感染性的噬菌体颗粒时需要切割信号，以及切割位点 18.117
下游的残基可能影响处理效率，因此人们倾向于将随机肽插入成熟氨基末端几个残基的
下游。在 Devlin 等（1990）所介绍的 fd 噬菌体基因 III 展示系统中，将合成寡核苷酸克
隆到切割位点下游两个或三个氨基酸残基的位置，因此由插入寡核苷酸编码的肽就可以
展示在成熟 pIII 的氨基末端附近 [^{NH_2}Ala-Glu-（XXX）$_n$-Pro-Ala-Glu^{COOH}]，它位于病毒
颗粒表面延伸而出的结节样结构内（Crissman and Smith 1984），易与抗体和其他大的配
体接近。虽然基因 III 蛋白可以直接与 F 绒毛相互作用，但外源性短肽在氨基末端或其
附近的存在并不一定会引起噬菌体产率或感染性的降低（Parmley and Smith 1988，
Cwirla et al. 1990，Devlin et al. 1990，Houghten et al. 1991）。

在理想状况下，对于表面表达特定肽的噬菌体应当没有正或负的选择压力。然而，pIII 蛋白质构建的肽库样本表明，半胱氨酸和谷氨酰胺是低表达的，而脯氨酸则在紧靠信号序列断裂位点的羧基末端缺失（Cwirla et al. 1990；Blond-Elguindi et al. 1993；DeGraaf et al. 1993；Kay et al. 1993）。而且，编码含有较高比例阳性电荷残基的重组 pIII 蛋白质的噬菌体生长很慢——大概是由于 pIII 前体蛋白（preprotein）插入细菌膜时效率低的缘故（Peters et al. 1994）。

在成熟氨基酸末端载有外源性五肽的 pVIII 分子可以形成一个完整的噬菌体壳体（Ilyichev et al. 1992），而那些载有八肽的分子中至少有一些是不能这样的（Felici et al. 1991）。这些结果提示，含有 8 个或更多氨基酸残基的肽可能损伤 pVIII 蛋白，导致其功能的丧失。这一问题可以通过形成混合壳体来解决，它主要由野生型 pVIII（由辅助噬菌粒提供）以及部分在氨基酸末端载有外源肽的杂合 pVIII 组成（Felici et al. 1991，Greenwood et al. 1991，Kang et al. 1991）。根据外源肽序列的不同，在这些表型混合颗粒中，野生型和杂合型 pIII 的比例介于 30～300 之间（Felici et al. 1991）。另一个解决办法是，制备载有插入到内源区域序列的第二份拷贝的基因 VIII 的载体（Haaparanta and Huse 1995）。因为在载体的这一区域插入基因以及随后克隆序列的表达都不会对复

制产生有害影响，因此重组载体可以正常生长，生成野生型噬菌斑。

在 pIII 或 pVIII 的氨基末端展示外源肽的噬菌体，可以与特定的抗外壳蛋白的单克隆或多克隆抗体相互作用，因此这些抗体可以用来测定表达了特定配体并已经被适当的亲和培养基捕获的细菌噬菌体。这种分析方法已经成功地用于研究像展示了葡萄球菌蛋白 A 的 IgG-结合域的噬菌体与不同亚类的人 IgG 之间的相互作用（Kushwaha et al. 1994，Bhardwaj et al. 1995）。总的来说：

• 外源肽可以在丝状噬菌体的次要或主要外壳蛋白的氨基末端表达。

• 这些改变了的蛋白质可以嵌入到感染性病毒颗粒中，从而将外源肽展示在它们的表面。两种情况下，这些肽均可以被抗体、酶和其他专一配体识别。

• 基因 III 蛋白是噬菌体外壳的一种次要成分，但它在形态发生和转染中的功能并不受氨基末端存在的外源性肽的影响。相反，6 个或更多残基的肽插入 pVIII 的氨基末端可以干扰其构象，从而阻止病毒外壳的装配（Ilyichev et al. 1989，1992，Greenwood et al. 1991）。然而，外源性肽可以展示在表型混合的颗粒上，它们的外壳主要由野生型 pVIII 构成，也含有少量杂合的 pVIII 分子。

常用作肽展示的丝状噬菌体的各种载体的特征归纳于表 18-13，Smith 和 Petrenko (1997) 的综述给予了详细的描述。

肽展示文库的构建

建立肽展示文库的步骤原理上很简单：合成正确长度的随机寡核苷酸，采用 PCR 转换成双链分子，用限制酶消化，连接到已经在细菌噬菌体基因 III 或 VIII 中的适当位
18.118 置构建好的相应的限制位点上。连接产物转染到 *E. coli*，并收集经培养产生的噬菌体。许多噬菌体展示载体，比如像 fUSE 系列的载体（Parmley and Smith 1988，Scott and Smith 1990)，都载有四环素抗性基因（Tc^R），这可以在含有抗生素的培养基上对转染细胞作为克隆选择和维持。然后，噬菌体基因组就可像质粒一样繁殖。这种选择减少了多轮感染期间对 pIII 功能的需求。细胞在液体培养基中生长几个小时后，可以随时收集噬菌体。

插入到展示载体中的全部合成核苷酸由寡核苷酸混合物构成，在这些寡核苷酸的异源中心部分的 5′端和 3′端两侧接有限制性内切酶识别的序列。具有确定长度和组成的完全随机的寡核苷酸，可以在简并区合成期间用四种核苷酸前体的混合物来合成。这种方法可以得到一群寡核苷酸，其中的每一个简并位置都含有大致相等比例的所有 64 种密码子。但该法有两个缺点：首先，在 64 个密码子中有 3 个是链终止因子。在随机寡聚体较小的时候这个问题不很严重，但 24 个寡聚体（编码随机八肽）中超过三分之一，或者 48 个寡聚体（编码随机十六肽）中超过三分之二，将至少含有一个链终止密码。其次，由于遗传密码的简并性，展示肽中的氨基酸将以不同的频率出现。例如，每个都含有六个密码子的亮氨酸、丝氨酸和精氨酸，其出现频率是色氨酸和蛋氨酸的六倍。目前，合成简并寡核苷酸的惟一可行方法是采用脱氧核苷的混合物作为前体。但采用这样的混合物，就不可能合成一套简并寡核苷酸，它编码的肽在每一位置上都以相同频率展示所有 20 种氨基酸。

表 18-13 噬菌体展示载体分类

载体类型[a]	展示用外壳蛋白	基因数量	拷贝展示	例子	参考文献
3 型(噬菌体)	pIII	1	全部	M13KE	Cwirla et al. 1990; Scott and Smith 1990; Kay et al. 1993
8 型(噬菌体)	pVIII	1	全部	f1	Ilyichev et al. 1992; Petrenko et al. 1996
33 型(噬菌体)	pIII	2	部分	—	(不经常使用)
88 型(噬菌体)	pVIII	2	部分	f88-4	McLafferty et al. 1993; Haaparanta and Huse 1995; Blancafort et al. 1999
3+3 型(噬菌粒)	pIII	2	部分	pCOMB3H	Barbas et al. 1991
8+8 型(噬菌粒)	pVIII	2	部分	pCOMB8	Kang et al. 1991; Wrighton et al. 1996

注：[a]分类系统以 Smith (1993) 所报道的为基础。可以构建文库使得插入序列要么带有基因 III 并在 pIII 上展示(3 型)，要么基因 VIII 并在 pVIII 展示 (8 型)；在这些情况下，插入序列可以展示在外壳蛋白质的所有拷贝上部展示。或者，引入第二外壳蛋白基因，导致外源蛋白质仅仅在外壳蛋白的部分拷贝上展示。如果天然外壳蛋白基因和载有插入序列的基因均存在于噬菌体基因组中，这样的文库（或载体）就定义为“33 型”或“88 型”。如果噬菌粒载有重组外壳蛋白的基因，而且辅助噬菌体载有天然基因，这些系统就定义为“3+3 型”或“8+8 型”。(获许修改自 Scott and Barbas 2001。)

因为可能得到的肽的数目太大（参见表 18-14），因此使简并寡核苷酸的序列复杂度保持在最小是很重要的，这样能更有效地搜索肽的“序列空间”。有两种可能的方法来减小寡核苷酸的序列复杂度：①在肽的某些或所有位置接受限定的氨基酸；②采用核苷酸“掺入（doping)”方案，即限定每一个密码子的第三个核苷酸为 G 或 C（Reidhaar-Olson et al. 1991)，或者 G 或 T（Scott and Smith 1990)。这些限制产生了不完整形式的遗传密码，它们只用半数的密码子编码一整套氨基酸（参见表 18-15)。32 个密码子只有 1 个是链终止密码，富密码子（codon-rich）与穷密码子（codon-poor）氨基酸的最大比例也从六减小到三。

18.119

表 18-14 编码不同长度的所有可能的肽所需寡核苷酸数量

肽的长度（氨基酸残基）	简并寡核苷酸数量
4	$20^4 = 1.6\times10^5$
5	$20^5 = 3.2\times10^6$
6	$20^6 = 6.4\times10^7$
7	$20^7 = 1.28\times10^9$
8	$20^8 = 2.56\times10^{10}$
10	$20^{10} = 1.024\times10^{13}$
12	$20^{12} = 4.096\times10^{15}$*

* 原文此处为 2.028×10^{14}。——译者注

表 18-15　每一个密码子的第三位仅使用 G 或 C 的限制性遗传密码子

	T		C		A		G	
T	TTC	Phe	TCC	Ser	TAC	Tyr	TGC	Cys
	TTG	Leu	TCG	Ser	TAG	Stop	TGG	Trp
C	CTC	Leu	CCC	Pro	CAC	His	CGC	Arg
	CTG	Leu	CCG	Pro	CAG	Gln	CGG	Arg
A	ATC	Ile	ACC	Thr	AAC	Asn	AGC	Ser
	ATG	Met	ACG	Thr	AAG	Lys	AGG	Arg
G	GTC	Val	GCC	Ala	GAC	Asp	GGC	Gly
	GTG	Val	GCG	Ala	GAG	Glu	GGG	Gly

注：如果密码子限定为 NN\F（G，C）而不是 NN\F（G，T），可以得到相同的遗传密码。

已经建立多种算法和计算机程序，用以制定更复杂的掺入方案，来合成编码特定类别的氨基酸而排除其他氨基酸的简并寡核苷酸（Arkin and Youvan 1992）。理论上讲，展示肽的整个氨基酸组成在编码上应该与采用掺入算法所预测的氨基酸分布相对应，这可以（且应该）通过对有统计学意义的随机选择的噬菌体进行测序来验证（Cwirla et al. 1990，Blond-Elguindi et al. 1993）。如果与预测的氨基酸组成有显著差异，则表明或者掺入方案不完善，或者在噬菌体的增殖过程有利或不利于某些种类的肽的选择，或者兼而有之。

到目前为止，只要采用最简单的掺入方案就可以产生噬菌体展示文库。Devlin 等（1990）介绍了表达随机 15 个残基肽的 2×10^7 噬菌体文库的构建和使用；Scott 和 Smith（1990）构建了展示大约 4×10^7 个不同六肽抗原表位文库；Cwirla 等（1990）介绍了也是表达六肽的含 3×10^8 个重组子的文库。后两种展示文库中所展示的肽可能涵盖了六肽序列空间的绝大部分，通过亲和淘洗从这些肽库中筛选的克隆已经被用来确定和探究专一性的抗原表位及其他配体。然而，噬菌体展示系统的潜力还不能完全地得到发挥，还需要构建更大的文库，以探索更长肽的序列空间。采用现有技术已经可以构建并筛选完全的七肽展示库。例如，New England Biolabs 提供由随机七肽构成的文库试剂盒；这些文库含有约 3×10^9 个独立的克隆，这一数量足够编码即使不是全部，也是 20^7 个可能的七肽序列（1.28×10^9）中的绝大多数。Christian 等（1992）对构建细菌噬菌体展示文库以及评估其完整性的方法进行了讨论，Smith 和 Petrenko（1997）以及 Rodi 和 Makowski（1999）对此进行了综述。

18.120　限制性文库

在噬菌体表面展示的线性肽，其氨基酸序列可能和“天然”肽相同，但可能采取完全不同的三维构型。解决这一问题的方法是，在随机肽序列的两侧引入半胱氨酸残基，从而限制展示肽的运动和构型。这一想法是因为半胱氨酸残基会形成刚性二硫键构架，从而可以使肽稳定在有利的结构（Felici et al. 1991，McLafferty et al. 1993）。采用这一策略，有几个研究小组已经可以从限制文库筛选能够与所选定分子相互结合的肽，但采用相同复杂性的非限制性文库却没有做到这一点（请参阅 Folgori et al. 1994，Hoess et al. 1994）。然而，该方法对于结构困难的问题也不是一个普遍适用的万灵药，因为在展示肽中插入半胱氨酸残基会显著减小丝状噬菌体的感染性，并因而大大降低限制性展示文库的效价。

寻找用于使限制性肽可以进行适当的二级或三级结构展示的其他骨架系统还包括：利用 α 螺旋（Wu et al. 1989；Bianchi et al. 1995；Nord et al. 1995），直链淀粉抑制剂淀粉酶抑肽的 β-片层结构（McConnell and Hoess 1995），锌指蛋白（Wu et al. 1989；Rebar and Pabo 1994），甚至采用称之为“载肽珠（peptide on bead)”的合成性载体（Needels et al. 1993）。Smity 和 Petrenko（1997）的综述中提供了相当全面的限制性肽库列表。 18.121

噬菌体的亲和选择和纯化

在选择表达特定肽的噬菌体的多数方案中，都是采用靶蛋白或其他配体来筛选展示文库，这一步骤称之为“淘洗（panning)”。在有代表性的方案中，将文库与生物素化的抗体或其他配体接触过夜，然后在塑料表面（平板或免疫小珠）或包有链亲合素的磁性小珠上淘洗数分钟（Parmley and Smith 1988)。未结合细菌噬菌体用含有洗涤剂的缓冲液洗除，结合的噬菌体再通过用盐酸甘氨酸缓冲液（pH 2.2）洗脱或者采用磁性分离器来回收。原则上，采用含有可以促使特定类型相互作用解离的配体或辅因子的缓冲液可能提高回收的特异性。例如，Blond-Elguindi 等（1993）从展示文库中来筛选那些能够表达与固定哺乳类动物伴侣蛋白（chaperone）相结合的肽的噬菌体。这种噬菌体可以加入 ATP 洗脱，ATP 使伴侣蛋白从变性蛋白质底物上解离。

不管解离的方法是什么，表达高亲和力配体的噬菌体与表达低亲和力配体的噬菌体相比，可以更慢地从靶蛋白中洗脱。然而，由于细菌噬菌体表面多价拷贝肽的存在，使得细菌噬菌体与靶蛋白之间发生多位点接触，在洗脱过程中，几乎所有的这些接触都必需同时断裂才能回收得到噬菌体。可以采用 3+3 或 8+8 的单价体展示系统来促进以高亲和力结合的噬菌体的回收（请参阅表 18-13）。然而，在实际操作时，要区分以不同的亲和力与靶蛋白相结合的噬菌体通常是不可能的（Barrett et al. 1992，Hawkins et al. 1992）。

中和并浓缩以后，洗脱的噬菌体按常规进行多次的扩增和淘洗。根据配体的不同，经过两轮的淘洗和扩增以后，加合一起的富集可能达到 10^6 或更多。最后，少量的噬菌斑，或者用噬菌粒载体时得到的转化细菌克隆，可以按照 Young 和 Davis（1983）最初介绍的方法用配体进行筛选。然后制备每个克隆噬菌体的单链 DNA，并测序来确定与抗体或配体结合的肽的氨基酸序列。

商品化的展示系统和试剂盒

现在已经可以购得许多商品化的系统，它们提供了多种来源的肽库构建、展示以及分析系统，从细菌噬菌体到酵母、到哺乳类动物细胞。这些系统归纳于表 18-16。除非有特殊强调的科学理由需要选择更为神奇的展示系统，我们建议采用标准的丝状噬菌体展示文库（例如，New England Biolabs 出售的那些文库）来摸索淘洗、筛选以及扩增的条件。制造商对于这些文库具备丰富的使用知识，并可以提供在使用中所出现的大多数问题的可能解决方案。

外源蛋白质的细菌噬菌体展示

18.120　**表 18-16　商品化的噬菌体展示系统**

来源/公司	噬菌体展示系统/试剂盒	载体/系统组成	备注
Amersham-Pharmacia Biotech www.apbiotech.com	重组噬菌体抗体系统	pCANTAB5 噬菌粒	该系统包括一系列用于克隆、筛选以及表达单链可变区片段(ScFv)抗体的模块
Display Systems Biotech www.displaysystem.com	展示噬菌体系统	pSKAN(pIII 噬菌体外壳融合蛋白)。	展示系统提供三个文库(6-, 7-, 8 肽)，三至四轮生物淘洗以及经 ELISA 和 DNA 测序证明的阳性克隆。
Invitrogen www.invitrogen.com	FliTrx 随机肽展示文库	pFliTrx 载体(鞭毛[Fli]-硫氧还蛋白[Trx]融合蛋白并组合成部分功能的鞭毛)。	采用连续的循环从肽克隆中筛选目标诱饵或蛋白质；阳性克隆进行再筛选并测序。
	pDisplay 表达载体	pDisplay(哺乳类动物表达载体)含有 SV40 复制起点，T7 启动子/启动位点，以及从哺乳动物细胞进行稳定筛选所需的新霉素抗性标记。	该载体设计用来使重组蛋白质定位于哺乳动物细胞的表面。由载体编码的重组蛋白质载有 PDGF 的氨基末端细胞表面靶向信号以及羧基末端跨膜锚定域。
	pYD1 酵母展示载体试剂盒	pYD1(酵母表达载体)载有 GAL1 启动子，T7 启动子/启动位点。	该载体设计用来通过 α-凝集素酵母粘合受体使重组蛋白质定位于酿酒酵母的表面。经载体编码的重组蛋白质载有 Aga2 亚单位，它们与宿主细胞表达的 Aga1 结合。
New England Biolabs www.neb.com	Ph.D. 噬菌体展示肽库试剂盒	M13KE 载体(带有 Gly-Gly-Gly-Ser 接头的 pIII 噬菌体外壳融合蛋白质)。	含有三个随机肽库：2 个为 7 个残基、另一个为 12 个残基。一个七肽库(C7C)表达半胱氨酸残基为侧翼的随机插入序列。
Novagen www.novagen.com	T7 选择性噬菌体展示系统	T7(表达融合到 10B 病毒壳蛋白羧基末端的肽/蛋白质)	该系统对 cDNA 的原料特别有用。成熟噬菌体颗粒的展示产物经细胞溶解而释放。
Syncomm Biotechnology Development Labs www.syncommbdl.com	噬菌体展示系统/服务	丝状噬菌体克隆载体；根据要求构建肽库。	咨询服务；顾客提供诱饵(目标的靶点)，Syncomm 提供文库(如果需要)；完整的三轮淘洗和扩增，以及经 ELISA 和 DNA 测序对阳性克隆进行鉴定。

像肽一样，外源蛋白也可以通过将编码序列融合到基因 III 或基因 VIII 上，从而在丝状噬菌体颗粒的表面以功能形式展示（相关的综述请参阅 Hoess 1993）。

插入到基因 VIII 的优点是，每一个噬菌体颗粒可以表达数千个目标蛋白拷贝，但也存在对插入大小有严格限制的显著缺点。然而，除非用编码野生型基因 VIII 蛋白的辅助噬菌体转染细胞（Willis et al. 1993），否则插入编码超过 6 个氨基酸时，就不可能形成可成活的噬菌体颗粒（Greenwood et al. 1991）。这将导致生成表型混合颗粒，在这样的颗粒中，只有少数的基因 VIII 外壳蛋白分子载有所希望的插入部分。

位于 gIII 蛋白氨基末端附近的克隆位点已经用于表达一些哺乳类动物分泌蛋白的结构域，而且不会危及重组噬菌体的转染性。所得到的融合蛋白至少部分保留了它们原来的生化和酶活性。在表面展示了融合蛋白的噬菌体颗粒，可以通过亲合淘洗，或者采用与同源蛋白以高亲和性结合的特异性配体的层析系统来捕获。对于这些配体，在展示酶时包括了酶抑制剂和底物，展示抗体时为抗原表位，展示多肽配体时则为受体。 18.122

抗体的噬菌体展示

丝状噬菌体颗粒以及噬菌粒可以用来展示抗体（通常以 scFv 或 Fab′片段的形式）。如果以噬菌粒作为载体，则将 V_H-CH1 或者 V_L-CL 链与 pIII 融合，而另外的链不与 pIII 融合表达。采用含有天然的或半合成的种系可变基因（germline variable genes）文库时，可以生成亲和性与二次免疫应答相比的、针对外源性和自身抗原的抗体。噬菌体展示的单个抗体的亲合性可以通过随机诱变、定点诱变（Gram et al. 1992；W.-P. Yang et al. 1995）以及片段或链的改组（shuffling）（Burton 和 Barbas 1994；Winter et al. 1994）等方法来进一步提高。关于丝状噬菌体中抗体文库的构建和分析的精采描述请参阅 Barbas 等（2001）的文献。

丝状噬菌体展示系统通过配体结合活性，来为选择编码蛋白质的稀有基因提供了一种强有力的手段。例如，通过亲和层析可以从表达单链 Fv 抗体（McCafferty et al. 1990；Verhaar et al. 1995）和双链 Fab 文库（Kang et al. 1991）的噬菌体种群中，筛选到与抗原结合的噬菌体。该系统的其他用途还包括：筛选与人生长激素受体具有高亲和性的人生长激素变体（Bass et al. 1990，Lowman et al. 1991）；在噬菌体表面组装成组合 Fab 文库（Hoogenboom et al. 1991，Kang et al. 1991，相关综述请参阅 Johnson and Chiswell 1993，Winter et al. 1994）；筛选表达弹性蛋白酶强效抑制剂的噬菌体（Roberts et al. 1992 a，b）；筛选特异性改变的 DNA -结合蛋白（Choo and Klug 1995）；在噬菌体表面表达各种功能活性蛋白质变种，包括碱性磷酸酶（McCafferty et al. 1991）、BPTI（Roberts et al. 1992 a，b）、蓖麻毒蛋白 B 链（Swimmer et al. 1992）、胰蛋白酶（Corey et al. 1993）、纤溶酶原激活剂抑制因子 I（Pannekoek et al. 1993，van Meijer et al. 1996）以及纤毛状神经营养因子（Saggio et al. 1995）。

相互作用拯救（rescue）

如上面所讨论的，缺乏 pIII 氨基末端结构域的细菌噬菌体不能识别 F 绒毛，也就没有感染性。但当结构域重新引入到噬菌体上时，感染性也可以恢复。相互作用拯救是将 pIII 氨基末端结构域融合到可溶性蛋白质上，而这些蛋白质的二聚化搭档分子则融合到截断型的 pIII，并在细菌噬菌体的表面展示。当异种蛋白质的相互作用域（如亮氨酸拉链）克隆到 gIIIp 基因的两个部位时，所得到的融合蛋白就可以结合，并因而恢复 gIIIp 的活性和噬菌体后代的感染性（Duenas and Borrebaeck 1994，Gramatikoff et al. 1994）。相互作用拯救有希望成为一种从 cDNA 文库中选择编码功能性相互作用蛋白质域克隆的方法。

到目前为止，丝状噬菌体系统主要成功地用于小的和中等大小的分泌蛋白质——大概是因为这些蛋白质能够有效地从 *E. coli* 的内膜分泌，在胞质间折叠成正确的三维结构，并且在噬菌体颗粒表面暴露于氧化环境后能够保持正确的构型。因此，噬菌体展示系统能否成功地应用于更大的细胞内蛋白质还很难说。

18.123 基因组学和相互作用陷阱

基因组计划进行到目前阶段，已经获得了大量的基因和蛋白质序列资料。这些信息中极大部分属于新的序列，还没有通过同源性特征来发现其潜在的细胞功能的线索。正在建立中的赋予大量预测蛋白以功能的多重补充方法中，系统地应用双杂交系统来建立新基因和以前已经鉴定的蛋白之间直接的物理性相互作用，有望成为一种特别有用的方法。到目前为止，已经确立了许多的策略。

相互作用交配、矩阵文库以及诱饵文库

早期进入基因组分析领域的双杂交研究是描述相互作用交配的（Finley and Brent 1994）。这一构思是基于这样一个事实，即含有诱饵平板或猎物平板的酵母可以在一定的栅格中交配，从而可以快速评估相对较大数量的确定的目标诱饵间的相互作用；而且，因为栅格可以方便以微量滴定板形式排列，该技术就可以适用于基因组研究所要求的高通量分析的规模。这一构思很快地发展到将全 cDNA 文库分组为子文库（pooled subset），从而可以对资料进行电子化处理［例如，包括用于示踪从排列高度复杂性的标准化 EST 文库（Hua et al. 1998）或 Unigen 文库（Weiner 1998）得到的克隆的一致性］，可以从文库中功能性地除去相互作用物质中的“混杂阳性”成分，并可以促进样品的自动化操作程度，这样可以促进大规模的蛋白质组分析（Buckholz et al. 1999）。

另一个发展是与猎物的标准文库相结合的诱饵蛋白文库的应用。通常来讲，要避免采用随机生成的诱饵文库，因为很高百分比的插入 cDNAs（估计为 5%～10%）具有内在的转录激活能力，导致在传统的双杂交筛选分析中出现高背景。然而，通过采用可以避免这种活化融合（例子请参阅 Bartel et al. 1996）的方法，或在预筛选步骤中有效地负筛选（Vidal et al. 1996a，b，Walhout and Vidal 1999），这些文库就可以用于对基因

组复杂度的 cDNAs 组别进行分析所要求的、大规模的相互作用交配研究（图 18-31）。

所有可能相互作用的图谱

有些研究者已经开始试验性的课题来探索双杂交基因组分析的应用。这些努力的目标是在某些大的范围内，对一个给定的基因组的所有可能的蛋白质-蛋白质相互作用给出解释。在其他方面，更局限的目标还包括画出参与调节特异性细胞过程的独立的多蛋白复合物的所有蛋白质之间相互作用的图谱。

在两篇主要论文中例举了两种策略。第一篇中，Bartel 等（1996）采用一系列的方法，将限定的及随机生成的诱饵和猎物融合物的相互作用交配以及文库筛选相结合，试图解决 *E. coli* 噬菌体 T7 中约 55 个已知蛋白的所有蛋白质相互作用的网络。他们的努力为不同蛋白质之间的相互作用，以及对那些可能用于预测蛋白质折叠过程中单倍体之间相互作用的、发生在单个蛋白质各结构域之间的相互作用，提供了丰富的信息。然而，即使不去考虑大量发生在 T7 蛋白质之间的已知相互作用无法检测到，但这一方法费时费力，人们仍不清楚这种耗力的相互作用解决方案转到具有较高基因组复杂性的有机体时，能在多大程度上行得通。

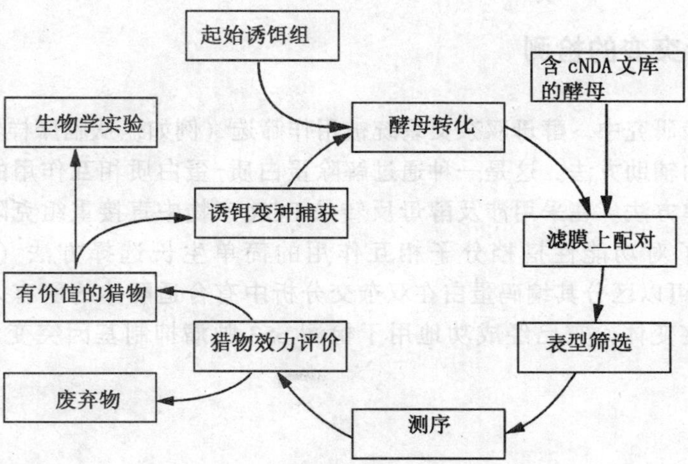

图 18-31 基因组分析策略

基因组策略包括在诱饵与猎物间进行反复筛选或交叉筛选来鉴定相互作用网络。一种潜在的途径是，诱饵膜首先全部与活化域融合的 cDNA 文库配对；再选择其中的阳性点并标记后，将它们作为起点进行第二轮筛选，并按照相互作用的实验结果进行直接生物学实验。

在另一种方法中，Fromont-Racine 等（1997）将他们的努力集中在确定在剪接体（spliceosome）这一细胞机械的各部件中发挥作用的一整套蛋白质。到目前为止，这些作者从牵涉到前 mRNA 剪接的各个酿酒酵母（*Saccharomyces cerevisiae*）蛋白中建立了十个目标诱饵，其中的每一个都用来进行文库筛选。将在筛选中分离出来的猎物在考虑 cDNA 特性及分离频率的尺度上进行“定级”；达到最高级别的猎物被用于反复筛选以 18.124
分离新的猎物。最后，诱饵和猎物在整个组系中系统地检查其交互作用；另外，将过去未确定的可读框的序列进行分解，并随后进行与已知拼接因子有关的基因分析。这一方法在预测已知的与新的拼接因子的相互作用网络时极为成功，并可以为研究其他细胞“机器”时作为直接的物理分析系统，如质谱分光光度分析法的补充，提供一种极为有用的范例。

描绘酿酒酵母基因编码的所有蛋白质之间的相互作用的大规模实验正在进行中，这些实验是基于全套的融合蛋白的建立，即将 DNA 结合域及活化域与约 6000 个酵母基因中每一个进行融合（Hudson et al. 1997，Uetz et al. 2000），两种文库全部阵列后使相互交配。这一方法也是作为一种更高通量应用的原型，例如描绘人类蛋白质组的相互作用。最近有报道证实了将这种功能性靶向双杂交基因组分析与代表酿酒酵母中全部互补基因的寡核苷酸列阵的应用相结合的可能性（Cho et al. 1998），这是一种可以大大加快常规分析速度的进步。最后，另一种模型方案是针对秀丽新小杆线虫（*Caenorhabditis elegans*）进行的，该方案采用大规模双杂交分析，来从功能上解释大量的由全基因组序列预测的未鉴定蛋白质。从参与外阴发育的 27 种蛋白质开始，已经得到了对约 100 种未鉴定的基因产物的功能解释。所得到的相互作用序列标签（ISTs）图谱揭示了已知的和新的可能的相互作用（Walhout et al. 2000），并有效地与通过 ACeDB 数据库方案得到的其他形式的对秀丽新小杆线虫的解释进行了整合。

人类基因失活突变的检测

在一项边缘研究中，酵母双杂交系统被用作筛选（例如，从临床样本中）与疾病有关的人类基因的辅助方法。这是一种通过解除蛋白质-蛋白质相互作用的能力来检测功能性突变的简单方法。在采用涉及酵母反转录 PCR 产物中直接重组克隆的高通量方法以后，又采用了对功能性搭档分子相互作用的简单生长选择方法（Schwartz et al. 1998）。该方法可以区分其编码蛋白在双杂交分析中有合适配体的所有人类基因中的纯合子和杂合子突变体，它已经成功地用于检测 p53 肿瘤抑制基因突变体（Schwartz et al. 1998）。

18.125 相互作用陷阱和相关技术

虽然酵母双杂交系统及其衍生的系统有明显的应用效果，仍有大量的补充技术不断被推出。特别地，不以转录调控为基础的系统（将在下面讨论）克服了双杂交应用的一些内在限制，包括不能容易地处理自身激活剂以及核以外的蛋白质。在这些系统中，许多仍处于早期的评估阶段。

单杂交、单半杂交及单双杂交

在本章方案 1 中的导言部分所讨论的双杂交技术强调了蛋白质与蛋白质、肽、药物以及 RNA 之间的相互作用。单杂交（one-hybrid）系统则用来鉴定与 DNA 相互作用的蛋白质。许多研究小组各自独立地介绍了这些方法的发展（Wilson et al. 1991，Li and Herskowitz 1993，Wang and Reed 1993，Dowell et al. 1994，Inouye et al. 1994，Chong et al. 1995）。在常规策略中，具有生物学意义的DNA序列（已知包含了与一种蛋白特异性结合的基序）以报道基因上游的单拷贝或多倍体的形式被克隆，这与双杂交系统中使用的方式类似（图18-32）。然后，质粒中整合或包含有结合基序-报道子的特异选择性菌株得以产生，再用与双杂交筛选中基本相同的活化域文库来确定能结合并激活转录的蛋白质。尽管构建特异性基序-报道子的菌株使得筛选试剂的研发更加费力，但单杂交筛选用于许多蛋白质时效果都非常好。可以反映这种策略正在变得越来越流行，Wolf等（1996）报道了一系列报道子结构的构建，这使单杂交方法在使用来自GAL4或LexA双杂交系统的文库时，具有更大的灵活性。

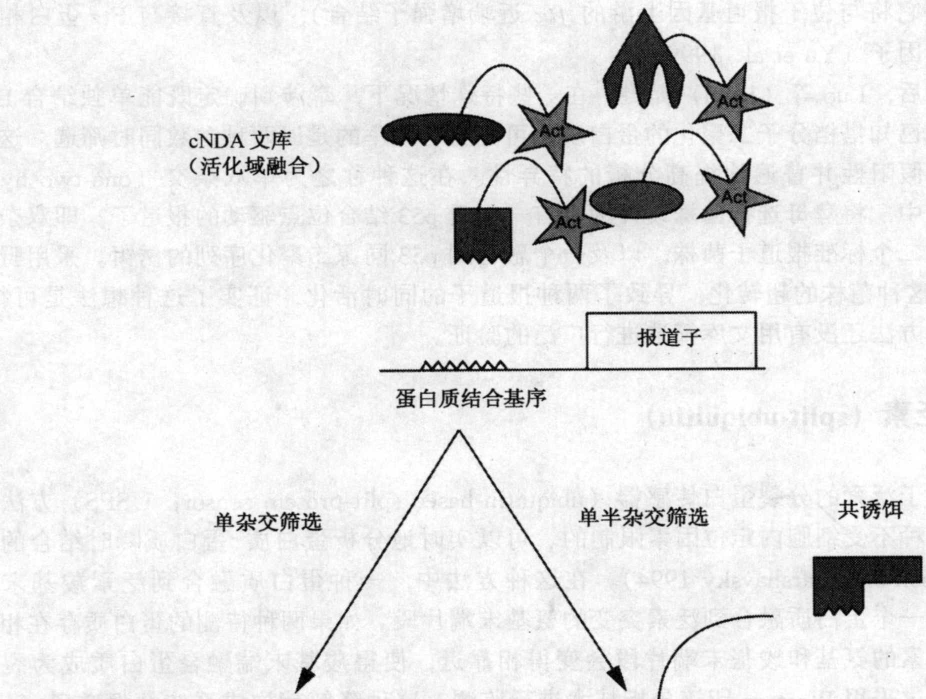

图 18-32 单杂交、单半杂交

用一种或多种转录应答特定蛋白质结合基序的报道子构建特异性酵母菌株。在单杂交筛选中，将活化域融合的cNDA文库转化选择菌株，其中可以激活报道子转录的猎物被直接筛选（左下部分）。单半杂交筛选依赖于使用只有在含DNA结合域和双倍域（图中称之为共诱饵）的辅因子存在时才结合的已知猎物。在这种情况下，以能激活共诱饵存在时报道子转录的能力来从活化域文库中筛选猎物。

还有一种相关的筛选DNA结合蛋白的方法，它结合了单杂交系统和双杂交系统的特点。这种被称为单半杂交（one-and-a-half hybrid）的方法，可以用来鉴别那些只有在与第二个已知配体以异二聚体形式复合时才结合 DNA 的蛋白质，或者用来鉴别那些不能自主结合 DNA、但在有附属蛋白质存在时可以形成稳定的三维复合物的蛋白质。首先构建的报道子采用异二聚体结合位点来以引导转录，然后在表达已知异二聚体搭档分子的酵母中进行文库转化。这种方法首先用于识别 SAP-1，它与血清应答因子（serum response factor，SRF）一起来结合 *c-fos* 血清应答元素（serum response element，SRE）(Dalton and Treisman 1992)；这一方法也已经成功地被其他小组所采用（Naya et al. 1995)。一种有些相似的方法被用于双重相互作用筛选（double interaction screen, DIS)。DIS 被成功地用于同时确定 *ftz* 基因表达的 DNA 结合反式调节子（transregulators)（它将与位于报道基因上游的 *ftz* 近端增强子结合），以及直接与 Ftz 蛋白相互作用的辅因子（Yu et al. 1999)。

最后，Luo 等（1996）提出，在一些特殊情况下，牵涉到确定既能单独结合 DNA，也能与已知搭档分子二聚化的蛋白质，可能更有效率的是以两种参数同时筛选，这样可以消除假阳性并普遍地提高分析的特异性。在这种称之为单双杂交（one-two hybrid）的策略中，将酵母选择菌株设计为含有一个受 p53 结合位点驱动的报道子，即双杂交系统的第二个标准报道子菌株，以及一个融合到 p53 同源二聚化序列的诱饵。采用野生型 p53 对这种菌株的超转化，导致了两种报道子的同时活化，证实了这种想法是可行的；但这种方法还没有用文库筛选进行广泛的验证。

分裂泛素（split-ubiquitin）

基于泛素的分裂蛋白传感器（ubiquitin-based split-protein sensor，USPS）方法被认为是一种不受细胞内定位因素限制的、可以实时地分析蛋白质-蛋白质瞬时结合的方法 (Johnsson and Varshavsky 1994)。在这种方法中，一种蛋白质融合到泛素羧基末端片段，另一个蛋白质融合到泛素突变的氨基末端片段。如果两种待测的蛋白质存在相互作用，泛素的氨基和羧基末端片段会变得相靠近，使得羧基末端融合蛋白质成为裂解目标。通过采用 Western 印迹分析技术进行监测，这种降解就构成系统的报道子（Johnsson and Varshavsky 1994，Dunnwald et al. 1999)。该系统在科学界还没有得到广泛的应
18.126 用，也缺乏这种方法在多种蛋白质中应用的资料。这种方法的有些特点在某些应用中很有吸引力，包括在体内分析或体外分析之间转换的能力。为了建立更实际的具体方案，人们设计了一种系统（Stagljar et al. 1998)，一旦发生相互作用介导的泛素重构，裂解反应会释放出能激活细胞核报道基因的转录因子。结果，可以通过营养缺陷选择和比色测定来分析外壳蛋白间的相互作用。

Sos/Ras 恢复

有的蛋白质或者因为它们强烈地激活转录，或者是因为强烈地与膜结合而不能有效地定位于细胞核，因而不适于采用双杂交筛选。最近发展起来的 Sos 恢复系统（Sos re-

cruitment system，SRS）就是设计用来研究上述蛋白质的蛋白质-蛋白质之间相互作用（Aronheim 1997，Aronheim et al. 1997）。这种策略利用了信号转导的基本性作为选择策略。酵母需要 Ras 功能来存活；Ras 活性取决于鸟苷酸交换因子（guanyl nucleotide exchange factor，GEF）的活性，这种活性可以使 Ras 转换为活化的 GTP-结合形式。作用于 Ras 的正常酿酒酵母 GEF 为 Cdc25；如果哺乳动物的 Cdc25 同类物 Sos 有效地定位 18.127
于细胞膜上，则 Cdc25 突变体可以由 Sos 所补充。在 SRS 策略（可以从 Stratagene 购得）中，用于选择的酿酒酵母菌株包含 Cdc25 的温度敏感性突变体。诱饵蛋白作为肉豆蔻化（myristylation）（膜定向）信号的融合体来表达，而相互作用搭档，不管是确定的还是来源于 cDNA 文库的，都作为 Sos 的融合物表达。如果这两种蛋白质成分相互作用，Sos 将被带到细胞膜，并在 Cdc25 的限定温度下保持存活。

这一技术在运用过程中遇到了一些困难。在试图解决使用 SRS 遇到的一些问题时，研究者对蛋白质恢复系统进行了改进。改进的系统被称作 Ras 恢复系统（Ras recruitment system，RRS），它基于 Ras 要发挥功能就必须定位于质膜（Broder et al. 1998）。Ras 膜的定位与激活可以通过双杂交蛋白质之间的相互作用来重新实现。SRS 和 RRS 系统均被有效地应用于检验已知的相互作用，以及从文库中分离新的相互作用蛋白质（Aronheim et al. 1997，1998，Broder et al. 1998，Yu et al. 1998）；它们是对现有相互作用分析策略的一种有价值的补充。

非酵母双杂交系统

因为酵母基因健全且易于使用，酵母被选定为建立双杂交系统的生物体，而且还可能继续维持下去。然而，某些应用还是得益于与酵母双杂交系统相似的哺乳动物系统，其中最主要的是药理化合物的分析方面，一些研究小组在这一方面已经研制了基础的试剂（Dang et al. 1991，Vasavada et al. 1991，Fearon et al. 1992，Luo et al. 1997）。为了提高哺乳动物双杂交系统的敏感性，从而可以检测低表达蛋白质之间的相互作用，最近发展了一种“集束”（bundling）激活剂的策略。四倍体结构域［来源于乳糖阻抑物（lactose repressor）］的组装可以使活化域融合蛋白以非共价的四聚体“集束”形式表达，它的表达水平与简单的单倍体活化剂相似，但具有显著的高活性（Natesan et al. 1999）。通常来讲，已经证实了这些系统在分析预先确定的蛋白质之间相互作用时是非常有用的。

Rossi 等（1997）最近介绍了一种利用双杂交原理，但结果极为不同的哺乳动物策略，试图以生物学相关内涵对二聚体作出评估。该系统探讨了在原核生物中运用许多年的称之为 α-互补的现象（例如，在克隆时使用的蓝-白选择载体）。带有 β-半乳糖苷酶的 α（氨基末端）片段或 ω（羧基末端）片段（分别由 3′端或 5′端缺失的细菌 *lacZ* 基因编码）的细胞不表现酶活性。但如果细胞同时表达 α 和 ω 片段，它们就可以装配成有活性的酶（Ullmann et al. 1967）。一些降低了 α 和 ω 片段相互间亲和性的 β-半乳糖苷酶突变体不能重新构成活性酶；但如果这种相互作用力是人为施予的，就可以解决这一问题。将相互作用的蛋白质融合到这种非相互作用的 α 和 ω 突变体片段上，就提供了一种施力（reforcement）工具，这样重构酶的 β-半乳糖苷酶活性可以用于测量蛋白质-蛋白质相互作用（Rossi et al. 1997）。这种应用的检验，是通过表达 FRAP 和 FKBP12（已知它们在纳巴霉素存在下可以形成复合物）与 *lacZ* 缺失体构成的嵌合体，然后监测 β-半乳糖苷酶活性来反映 FRAP-FKBP12 复合物形成。

虽然细菌系统明显地具备遗传优势，且酵母双杂交系统具有成本效应，但直到最近，人们才作出些许努力来发展以 *E. coli* 为基础的筛选技术。这可能部分是由于所研究的大量蛋白质来自于高等真核生物这一事实，这些蛋白质预期在酵母中可以比在细菌中更适宜地进行翻译后修饰或者折叠，因而增加了获得有生物学意义的结果的机会。然而，一些适于采用双杂交关联的步骤来研究蛋白质-蛋白质相互作用的试剂系统已经建立，并且对于从事原核蛋白质研究的人员可能特别有用：有些系统过去已经介绍过（Hu et al. 1990，Bunker and Kingston 1995，Hu 1995，Dmitrova et al. 1998，Kornacker et al. 1998，Di Lallo et al. 1999）。目前所能得到的最复杂的系统（Karimova et al. 1998）可能是基于 *E. coli* 中腺苷酰环化酶信号功能的重构。由这种酶所生成的 cAMP 先激活 CAP，然后启动由 *lac* 或 *mal* 操纵子控制的转录，导致在所选择的平板上生长，并在指示培养基上产生特定显色。该系统包含一种信号转导途径，使得在相互作用的杂合蛋白之间有空间上的分离并读出转录激活的结果。但到目前为止，采用该系统仅仅进行了一种“模式筛选”（model screening）。

一种基于对组氨酸异养（histidine heterotrophy）进行选择的更具活力的系统，被设计用来测定蛋白质-蛋白质或者蛋白质-DNA 之间的相互作用（Joung et al. 2000）。在这个例子中，诱饵是 *E. coli* RNA 聚合酶 α-亚单位的修饰变体。猎物则选自于编码不同蛋白质或者 DNA 结合域的文库。

胡宝成　陆　兵　薛沿宁　译

胡宝成　陆　兵　薛沿宁　陈惠鹏　校

参考文献

18.128

Adams S.R., Harootunian A.T., Buechler Y.J., Taylor S.S., and Tsien R.Y. 1991. Fluorescence ratio imaging of cyclic AMP in single cells. *Nature* **349:** 694–697.

Aebersold R.H., Leavitt J., Saavedra R.A., Hood L.E., and Kent S.B.H. 1987. Internal amino acid sequence analysis of proteins separated by one- or two-dimensional electrophoresis after in situ protease digestion on nitrocellulose. *Proc. Natl. Acad. Sci.* **84:** 6970–6974.

Aho S., Arffman A., Pummi T., and Uitto J. 1997. A novel reporter gene MEL1 for the yeast two-hybrid system. *Anal. Biochem.* **253:** 270–272.

Aitken A. 1999. Protein consensus sequence motifs. *Mol. Biotechnol.* **12:** 241–253.

Altschuh D., Dubs M.C., Weiss E., Zeder-Lutz G., and Van Regenmortel M.H. 1992. Determination of kinetic constants for the interaction between a monoclonal antibody and peptides using surface plasmon resonance. *Biochemistry* **31:** 6298–6304.

Arkin A.P. and Youvan D.C. 1992. Optimizing nucleotide mixtures to encode specific subsets of amino acids for semi-random mutagenesis. *Bio/Technology* **10:** 297–300.

Armstrong J., Perham R.N., and Walker J.E. 1981. Domain structure of bacteriophage fd adsorption protein. *FEBS Lett.* **135:** 167–172.

Arnone M.I., Bogarad L.D., Collazo A., and Kirchhamer C.V. 1997. Green fluorescent protein in the sea urchin: New experimental approaches to transcriptional regulatory analysis in embryos and larvae. *Gene* **124:** 4649–4659.

Aronheim A. 1997. Improved efficiency sos recruitment system: Expression of the mammalian GAP reduces isolation of Ras GTPase false positives. *Nucleic Acids Res.* **25:** 3373–3374.

Aronheim A., Zandi E., Hennemann H., Elledge S.J., and Karin M. 1997. Isolation of an AP-1 repressor by a novel method for detecting protein-protein interactions. *Mol. Cell. Biol.* **17:** 3094–3102.

Aronheim A., Broder Y.C., Cohen A., Fritsch A., Belisle B., and Abo A. 1998. Chp, a homologue of the GTPase Cdc42Hs, activates the JNK pathway and is implicated in reorganizing the actin cytoskeleton. *Curr. Biol.* **8:** 1125–1128.

Ayer D.E., Kretzner L., and Eisenman R.N. 1993. Mad: A heterodimeric partner for Max that antagonizes Myc transcriptional activity. *Cell* **72:** 211–222.

Bannasch D. and Schwab M. 1999. A versatile bait vector allowing rapid isolation of prey vectors in Gal4-dependent yeast two-hybrid screens. *Plasmid* **42:** 139–143.

Barbas III, C.F., Burton D.R., Scott J.K., and Silverman G.J., eds. 2001. *Phage display: A laboratory manual.* Cold Spring Harbor Laboratory Press, Cold Spring Harbor, New York.

Barbas III, C.F., Kang A.S., Lerner R.A., and Benkovic S.J. 1991. Assembly of combinatorial antibody libraries on phage surfaces: The gene III site. *Proc. Natl. Acad. Sci.* **88:** 7978–7982.

Barrett R.W., Cwirla S.E., Ackerman M.S., Olson A.E., Peters E.A., and Dower W.J. 1992. Selective enrichment and characterization of high affinity ligands from collections of random peptides on filamentous phage. *Anal. Biochem.* **204:** 357–364.

Bartel P.L., Roecklein J.A., SenGupta D., and Fields S. 1996. A protein linkage map of *Escherichia coli* bacteriophage T7. *Nat. Genet.* **12:** 72–77.

Bass S., Greene R., and Wells J.A. 1990. Hormone phage: An enrichment method for variant proteins with altered binding properties. *Proteins* **8:** 309–314.

Bastiaens P.I.H. and Jovin T.M. 1996. Microspectroscopic imaging tracks the intracellular processing of a signal-transduction protein fluorescent labeled protein kinase C beta I. *Proc. Natl. Acad. Sci.* **93:** 8407–8412.

———. 1998. Fluorescence resonance energy transfer microscopy. In *Cell biology: A laboratory handbook*, 2nd edition (ed. J.E. Celis), vol. 3, pp. 136–146. Academic Press, New York.

Bastiaens P.I.H. and Squire A. 1999. Fluorescence lifetime imaging microscopy: Spatial resolution of biochemical processes in the cell. *Trends Cell Biol.* **9:** 48–52.

Bastiaens P.I.H., Majoul I.V., Verveer P.J., Soling H.D., and Jovin T.M. 1996. Imaging the intracellular trafficking and state of the AB(5) quaternary structure of cholera-toxin. *EMBO J.* **15:** 4246–4253.

Beijersbergen R.L., Kerkhoven R.M., Zhu L., Carlee L., Voorhoeve P.M., and Bernards R. 1994. E2F-4, a new member of the E2F gene family, has oncogenic activity and associates with p107 in vivo. *Genes Dev.* **8:** 2680–2690.

Beranger F., Aresta S., de Gunzburg J., and Camonis J. 1997. Getting more from the two-hybrid system: N-terminal fusions to LexA are efficient and sensitive baits for two-hybrid studies. *Nucleic Acids Res.* **25:** 2035–2036.

Bhardwaj D., Singh S.S., Abrol S., and Chaudhary V.K. 1995. Monoclonal antibodies against a minor and the major coat proteins of filamentous phage M13: Their application in phage display. *J. Immunol. Methods.* **179:** 165–175.

Bianchi E., Folgori A., Wallace A., Nicotra M., Acali S., Phalipon A., Barbato G., Bazzo R., Cortese R., Felici F., et al. 1995. A conformationally homogeneous combinatorial peptide library. *J. Mol. Biol.* **247:** 154–160.

Blackwood E.M. and Eisenman R.N. 1991. Max: A helix-loop-helix zipper protein that forms a sequence-specific DNA-binding complex with Myc. *Science* **251:** 1211–1217.

Blanar M.A. and Rutter W.J. 1992. Interaction cloning: Identification of a helix-loop-helix zipper protein that interacts with c-Fos. *Science* **256:** 1014–1018.

Blancafort P., Steinberg S.V., Paquin B., Klinck R., Scott J.K., and Cedergren R. 1999. The recognition of a noncanonical RNA base pair by a zinc finger protein. *Chem. Biol.* **6:** 585–597.

Blond-Elguindi S., Cwirla S.E., Dower W.J., Lipschutz R.J., Sprang S., Sambrook J.F., and Gething M.-J.H. 1993. Affinity panning of a library of peptides reveals the binding specificity of BiP. *Cell* **75:** 717–728.

Brent R. and Ptashne M. 1984. A bacterial repressor protein or a yeast transcriptional terminator can block upstream activation of a yeast gene. *Nature* **312:** 612–615.

———. 1985. A eukaryotic transcriptional activator bearing the DNA specificity of a prokaryotic repressor. *Cell* **43:** 729–736.

Broder Y.C., Katz S., and Aronheim A. 1998. The ras recruitment system, a novel approach to the study of protein-protein interactions. *Curr. Biol.* **8:** 1121–1124.

Brown M.A. and MacGillivray R.T. 1997. Vectors for expressing proteins at the amino-terminus of an activation domain for use in the yeast two-hybrid system. *Anal. Biochem.* **247:** 451–452.

Buckholz R.G., Simmons C.A., Stuart J.M., and Weiner M.P. 1999. Automation of yeast two-hybrid screening. *J. Mol. Microbiol. Biotechnol.* **1:** 135–140.

Bunker C.A. and Kingston R.E. 1995. Identification of a cDNA for SSRP1, an HMG-box protein, by interaction with the c-Myc oncoprotein in a novel bacterial expression screen. *Nucleic Acids Res.* **23:** 269–276.

18.129 Burton D.R. and Barbas III, C.F. 1994. Human antibodies from combinatorial libraries. *Adv. Immunol.* **57:** 191–280.

Celia H., Wilson-Kubalek E., Milligan R.A., and Teyton L. 1999. Structure and function of a membrane-bound murine MHC class I molecule. *Proc. Natl. Acad. Sci.* **96:** 5634–5639.

Chalfie M., Tu Y., Euskirchen G., Ward W.W., and Prasher D.C. 1994. Green fluorescent protein as a marker for gene expression. *Science* **263:** 802–805.

Chien C.T., Bartel P.L., Sternglanz R., and Fields S. 1991. The two-hybrid system: A method to identify and clone genes for proteins that interact with a protein of interest. *Proc. Natl. Acad. Sci.* **88:** 9578–9582.

Chiu M.I., Katz H., and Berlin V. 1994. RAPT1, a mammalian homolog of yeast Tor, interacts with the FKBP12/rapamycin complex. *Proc. Natl. Acad. Sci.* **91:** 12574–12578.

Cho R.J., Fromont-Racine M., Wodicka L., Feierbach B., Stearns T., Legrain P., Lockhart D.J., and Davis R.W. 1998. Parallel analysis of genetic selections using whole genome oligonucleotide arrays. *Proc. Natl. Acad. Sci.* **95:** 3752–3757.

Chong J.A., Tapia-Ramirez J., Kim S., Toledo-Aral J.J., Zheng Y., Boutros M.C., Altshuler Y.M., Frohman M.A., Kraner S.D., and Mandel G. 1995. REST: A mammalian silencer protein that restricts sodium channel expression to neurons. *Cell* **80:** 949–957.

Choo Y. and Klug A. 1995. Designing DNA-binding proteins on the surface of filamentous phage. *Curr. Opin. Biotechnol.* **6:** 431–436.

Christensen L.L. 1997. Theoretical analysis of protein concentration determination using biosensor technology under conditions of partial mass transport limitation. *Anal. Biochem.* **249:** 153–164.

Christian R.B., Zuckermann R.N., Kerr J.M., Wang L., and Malcolm B.A. 1992. Simplified methods for construction, assessment and rapid screening of peptide libraries in bacteriophage. *J. Mol. Biol.* **227:** 711–718.

Clegg R.M. 1996. Fluorescence resonance energy transfer spectroscopy and microscopy. In *Fluorescence imaging spectroscopy and microscopy* (ed. X.F. Wang and B. Herman), pp. 179–251. Wiley, New York.

Clegg R.M., Feddersen B.A., Gratton E., and Jovin T.M. 1992. Time resolved imaging fluorescence microscopy. *Proc. SPIE* **1640:** 448–460.

Colas P., Cohen B., Jessen T., Grishina I., McCoy J., and Brent R. 1996. Genetic selection of peptide aptamers that recognize and inhibit cyclin-dependent kinase 2. *Nature* **380:** 548–550.

Coombs G.S., Bergstrom R.C., Madison E.L., and Corey D.R. 1998. Directing sequence-specific proteolysis to new targets. The influence of loop size and target sequence on selective proteolysis by tissue-type plasminogen activator and urokinase-type plasminogen activator. *J. Biol. Chem.* **273:** 4323–4328.

Corey D.R., Shiau A.K., Yang Q., Janowski B.A., and Craik C.S. 1993. Trypsin display on the surface of bacteriophage. *Gene* **128:** 129–134.

Cormack R.S., Hahlbrock K., and Somssich I.E. 1998. Isolation of putative plant transcriptional coactivators using a modified two-hybrid system incorporating a GFP reporter gene. *Plant J.* **14:** 685–692.

Cortese R., Monaci P., Nocosia A., Luzzago A., Felici F., Galfré G., Pessi A., Tramontano A., and Sollazzo M. 1995. Identification of biologically active peptides using random libraries displayed on phage. *Curr. Opin. Biotechnol.* **6:** 73–80.

Courchesne P.L. and Patterson S.D. 1999. Identification of proteins by matrix-assisted laser desorption/ionization mass spectrometry using peptide and fragment ion masses. *Methods Mol. Biol.* **112:** 487–511.

Crissman J.W. and Smith G.P. 1984. Gene III protein of filamentous phages: Evidence for a carboxyl-terminal domain with a role in morphogenesis. *Virology* **132:** 445–455.

Cwirla S.E., Peters E.A., Barrett R.W., and Dower W.J. 1990. Peptides on phage: A vast library of peptides for identifying ligands. *Proc. Natl. Acad. Sci.* **87:** 6378–6382.

Dagher M.C. and Filhol-Cochet O. 1997. Making hybrids of two-hybrid systems. *BioTechniques* **22:** 916–922.

Dalton S. and Treisman R. 1992. Characterization of SAP-1, a protein recruited by serum response factor to the c-*fos* serum response element. *Cell* **68:** 597–612.

Dang C.V., Barrett J., Villa-Garcia M., Resar L.M.S., Kato G.J., and Fearon E.R. 1991. Intracellular leucine zipper interactions suggest c-*Myc* hetero-oligomerization. *Mol. Cell. Biol.* **11:** 954–962.

Day R.N. 1998. Visualization of Pit-1 transcription factor interactions in the living cell nucleus by fluorescence resonance energy transfer microscopy. *Mol. Endocrinol.* **12:** 1410–1419.

Dayel M.J., Hom E.F., and Verkman A.S. 1999. Diffusion of green fluorescent protein in the aqueous-phase lumen of endoplasmic reticulum. *Biophys. J.* **76:** 2843–2851.

DeGraaf M.E., Miceli R.M., Mott J.E., and Fisher H.D. 1993. Biochemical diversity in a phage display library of random decapeptides. *Gene* **128:** 13–17.

Deng S.-J., Bickett D.M., Mitchell J.L., Lambert M.H., Blackburn R.K., Carter III, H.L., Neugebauer J., Pahel G., Weiner M.P., and Moss M.L. 2000. Substrate specificity of human collagenase-3 assessed using a phage displayed peptide library. *J. Biol. Chem.* (in press).

Devlin J.J., Panganiban L.C., and Devlin P.E. 1990. Random peptide libraries: A source of specific protein binding molecules. *Science* **249:** 404–406.

Di Lallo G., Ghelardini P., and Paolozzi L. 1999. Two-hybrid assay: Construction of an *Escherichia coli* system to quantify homodimerization ability in vivo. *Microbiology* **145:** 1485–1490.

Dmitrova M., Younes-Cauet G., Oertel-Buchheit P., Porte D., Schnarr M., and Granger-Schnarr M. 1998. A new LexA-based genetic system for monitoring and analyzing protein heterodimerization in *Escherichia coli. Mol. Gen. Genet.* **257:** 205–212.

Dowell S.J., Romanowski P., and Diffley J.F. 1994. Interaction of Dbf4, the Cdc7 protein kinase regulatory subunit, with yeast replication origins in vivo. *Science* **265:** 1243–1246.

Du W., Vidal M., Xie J.E., and Dyson N. 1996. RBF, a novel RB-related gene that regulates E2F activity and interacts with cyclin E in *Drosophila. Genes Dev.* **10:** 1206–1218.

Duan D.R., Pause A., Burgess W.H., Aso T., Chen D.Y., Garrett K.P., Conaway R.C., Conaway J.W., Linehan W.M., and Klausner R.D. 1995. Inhibition of transcription elongation by the VHL tumor suppressor protein. Science **269:** 1402–1406.

Dueñas M. and Borrebaeck C.A.K. 1994. Clonal selection and amplification of phage displayed antibodies by linking antigen recognition and phage replication. *Bio/Technology* **12:** 999–1002.

Dunnwald M., Varshavsky A., and Johnsson N. 1999. Detection of transient in vivo interactions between substrate and transporter during protein translocation into the endoplasmic reticulum. *Mol. Biol. Cell* **10:** 329–344.

Durfee T., Draper O., Zupan J., Conklin D.S., and Zambryski P.C. 1999. New tools for protein linkage mapping and general two-hybrid screening. *Yeast* **15:** 1761–1768.

Durfee T., Becherer K., Chen P.L., Yeh S.H., Yang Y., Kilburn A.E., Lee W.H., and Elledge S.J. 1993. The retinoblastoma protein

18.130

associates with the protein phosphatase type 1 catalytic subunit. *Genes Dev.* **7:** 555–569.

Duttweiler H.M. 1996. A highly sensitive and non-lethal β-galactosidase plate assay for yeast. *Trends Genet.* **12:** 340–341.

Einarson M.B. and Chao M.V. 1995. Regulation of Id1 and its association with basic helix-loop-helix proteins during nerve growth factor-induced differentiation of PC12 cells. *Mol. Cell. Biol.* **15:** 4175–4183.

Enright A.J., Iliopoulos I., Kyrpides N.C., and Ouzounis C.A. 1999. Protein interaction maps for complete genomes based on gene fusion events. *Nature* **402:** 86–90.

Estojak J., Brent R., and Golemis E.A. 1995. Correlation of two-hybrid affinity data with *in vitro* measurements. *Mol. Cell. Biol.* **15:** 5820–5829.

Fearon E.R., Finkel T., Gillison M.L., Kennedy S.P., Casella J.F., Tomaselli G.F., Morrow J.S., and Dang C.V. 1992. Karyoplasmic interaction selection strategy: A general strategy to detect protein-protein interactions in mammalian cells. *Proc. Natl. Acad. Sci.* **89:** 7958–7962.

Felici F., Castagnoli L., Musacchio A., Jappelli R., and Cesareni G. 1991. Selection of antibody ligands from a large library of oligopeptides expressed on a multivalent exposition vector. *J. Mol. Biol.* **222:** 301–310.

Fields S. and Song O. 1989. A novel genetic system to detect protein-protein interaction. *Nature* **340:** 245–246.

Finley R. and Brent R. 1994. Interaction mating reveals binary and ternary connections between *Drosophila* cell cycle regulators. *Proc. Natl. Acad. Sci.* **91:** 12980–12984.

Fisher R.J. and Fivash M. 1994. Surface plasmon resonance based methods for measuring the kinetics and binding affinities of biomolecular interactions. *Curr. Opin. Biotechnol.* **5:** 389–395.

Fisher R.J., Fivash M., Casas-Finet J., Erickson J.W., Kondoh A., Bladen S.V., Fisher C., Watson D.K., and Papas T. 1994. Real-time DNA binding measurements of the ETS1 recombinant oncoproteins reveal significant kinetic differences between the p42 and p51 isoforms. *Protein Sci.* **3:** 257–266.

Folgori A., Tafi R., Meola A., Felici F., Galfré G., Cortese R., Monaci P., and Nicosia A. 1994. A general strategy to identify mimotopes of pathological antigens using only random peptide libraries and human sera. *EMBO J.* **13:** 2236–2243.

Fromont-Racine M., Rain J.-C., and Legrain P. 1997. Toward a functional analysis of the yeast genome through exhaustive two-hybrid screens. *Nat. Genet.* **16:** 277–282.

Fujita A., Tonouchi A., Hiroko T., Inose F., Nagashima T., Satoh R., and Tanaka S. 1999. Hsl7p, a negative regulator of Ste20 p protein kinase in the *Saccharomyces cerevisiae* filamentous growth-signaling pathway. *Proc. Natl. Acad. Sci.* **96:** 8522–8527.

Fuller K.J., Mors M.A., White J.H., Dowell S.J., and Sims M.J. 1998. Development of a yeast trihybrid screen using stable yeast strains and regulated protein expression. *BioTechniques* **25:** 85–92.

Fusco C., Guidotti E., and Zervos A.S. 1999. In vivo construction of cDNA libraries for use in the yeast two-hybrid system. *Yeast* **15:** 715–720.

Gadella T.W.J., Clegg R.M., and Jovin T.M. 1994. Fluorescence lifetime imaging microscopy: Pixel-by-pixel analysis of phase-modulation data. *Bioimaging* **2:** 139–159.

Gadella T.W.J., Jovin T.M., and Clegg R.M. 1993. Fluorescence lifetime imaging microscopy (FLIM) — Spatial-resolution of microstructures on the nanosecond time-scale. *Biophys. Chem.* **48:** 221–239.

Gallop M.A., Barrett R.W., Dower W.J., Fodor S.P.A., and Gordon E.M. 1994. Applications of combinatorial technologies to drug discovery. 1. Background and peptide combinatorial libraries. *J. Med. Chem.* **37:** 1233–1251.

Geyer C.R., Colman-Lerner A., and Brent R. 1999. "Mutagenesis" by peptide aptamers identifies genetic network members and pathway connections. *Proc. Natl. Acad. Sci.* **96:** 8567–8572.

Ginsberg D., Vairo G., Chittenden T., Xiao Z.X., Xu G., Wydner K.L., DeCaprio J.A., Lawrence J.B., and Livingston D.M. 1994. E2F-4, a new member of the E2F transcription factor family interacts with p107. *Genes Dev.* **8:** 2665–2679.

Golemis E.A. and Brent R. 1992. Fused protein domains inhibit DNA binding by LexA. *Mol. Cell. Biol.* **12:** 3006–3014.

Golemis E.A., Gyuris J., and Brent R. 1995. Interaction trap/two-hybrid system to identify interacting proteins. In *Current protocols in molecular biology* (ed. F.A. Ausubel et al.), pp. 20.1.1–20.1.28. Wiley, New York.

Gordon E.M., Barrett R.W., Dower W.J., Fodor S.P.A., and Gallop M.A. 1994. Applications of combinatorial technologies to drug discovery. 2. Combinatorial organic synthesis, library sceening strategies and future directions. *J. Med. Chem.* **37:** 1385–1401.

Gordon G.W., Berry G., Liang X.H., Levine B., and Herman B. 1998. Quantitative fluorescence resonance energy transfer measurements using fluorescence microscopy. *Biophys. J.* **74:** 2702–2713.

Gram H., Marconi L.A., Barbas III, C.F., Collet T.A., Lerner R.A., and Kang A.S. 1992. In vitro selection and affinity maturation of antibodies from a naive combinatorial immunoglobulin library. *Proc. Natl. Acad. Sci.* **89:** 3576–3580.

Gramatikoff K., Georgiev O., and Schaffner W. 1994. Direct interaction rescue, a novel filamentous phage technique to study protein-protein interactions. *Nucleic Acids Res.* **22:** 5761–5762.

Grant R.A., Lin T.C., Konigsberg W., and Webster R.E. 1981. Structure of the filamentous bacteriophage f1. Location of the A, C, and D minor coat proteins. *J. Biol. Chem.* **256:** 539–546.

Greenwood J., Willis A.E., and Perham R.N. 1991. Multiple display of foreign peptides on a filamentous bacteriophage. Peptides from *Plasmodium falciparum* circumsporozoite protein as antigens. *J. Mol. Biol.* **220:** 821–827.

Grgurevich S., Mikhael A., and McVicar D.W. 1999. The Csk homologous kinase, Chk, binds tyrosine phosphorylated paxillin in human blastic T cells. *Biochem. Biophys. Res. Commun.* **256:** 668–675.

Griffin A.B., Adams S.R., and Tsien R.Y. 1998. Specific covalent labeling of recombinant protein molecules inside live cells. *Science* **281:** 269–272.

Grossel M.J., Wang H., Gadea B., Yeung W., and Hinds P.W. 1999. A yeast two-hybrid system for discerning differential interactions using multiple baits. *Nat. Biotechnol.* **17:** 1232–1233.

Gyuris J., Golemis E.A., Chertkov H., and Brent R. 1993. Cdi1, a human G1 and S phase protein phosphatase that associates with Cdk2. *Cell* **75:** 791–803.

Haaparanta T. and Huse W.D. 1995. A combinatorial method for constructing libraries of long peptides displayed by filamentous phage. *Mol. Divers.* **1:** 39–52.

Harlow E. and Lane D. 1988. *Antibodies: A laboratory manual.* Cold Spring Harbor Laboratory, Cold Spring Harbor, New York.

———. 1999. *Using antibodies: A laboratory manual.* Cold Spring Harbor Laboratory Press, Cold Spring Harbor, New York.

Hawkins R.E., Russell S.J., and Winter G. 1992. Selection of phage antibodies by binding affinity: Mimicking affinity maturation. *J. Mol. Biol.* **226:** 889–896.

Heim R. and Tsien R.Y. 1996. Engineering green fluorescent pro-

18.131 tein for improved brightness, longer wavelengths and fluorescence resonance energy transfer. *Curr. Biol.* **6:** 178–182.

Hemenway C.S., Halligan B.W., and Gould G.C. 1999. A method to generate full-length cDNA molecules from yeast two-hybrid clones and RACE products. *Anal. Biochem.* **268:** 161–162.

Hirt H. 1991. A novel method for in situ screening of yeast colonies with the β-glucuronidase reporter gene. *Curr. Genet.* **20:** 437–439.

Hoess R.H. 1993. Phage display of peptides and protein domains. *Curr. Opin. Struct. Biol.* **3:** 572–579.

Hoess R.H., Mack A.J., Walton H., and Reilly T.M. 1994. Identification of a structural epitope using a peptide library displayed on filamentous bacteriophage. *J. Immunol.* **153:** 724–729.

Hollinger P. and Riechmann L. 1997. A conserved infection pathway for filamentous bacteriophages is suggested by the structure of the membrane penetration domain of the minor coat protein g3p from phage fd. *Structure* **5:** 265–275.

Hoogenboom H.R., Griffiths A.D., Johnson K.S., Chiswell D.J., Hudson P., and Winter G. 1991. Multi-subunit proteins on the surface of filamentous phage: Methodologies for displaying antibody (Fab) heavy and light chains. *Nucleic Acids Res.* **19:** 4133–4137.

Hope I.A. and Struhl K. 1986. Functional dissection of a eukaryotic transcriptional activator protein, GCN4 of yeast. *Cell* **46:** 885–894.

Houghten R.A., Pinilla C., Blondell S.E., Appel J.R., Dooley C.T., and Cuervo J.H. 1991. Generation and use of synthetic peptide combinatorial libraries for basic research and drug discovery. *Nature* **354:** 84–86.

Hu J.C. 1995. Repressor fusions as a tool to study protein-protein interactions. *Structure* **3:** 431–433.

Hu J.C., O'Shea E.K., Kim P.S., and Sauer R.T. 1990. Sequence requirements for coiled-coils: Analysis with lambda repressor-GCN4 leucine zipper fusions. *Science* **250:** 1400–1403.

Hu Q.J., Bautista C., Edwards G.M., Defeo-Jones D., Jones R.E., and Harlow E. 1991. Antibodies specific for the human retinoblastoma protein identify a family of related polypeptides. *Mol. Cell. Biol.* **11:** 5792–5799.

Hua S.B., Luo Y., Qiu M., Chan E., Zhou H., and Zhu L. 1998. Construction of a modular yeast two-hybrid cDNA library from human EST clones for the human genome protein linkage map. *Gene* **215:** 143–152.

Huang J. and Schreiber S.L. 1997. A yeast genetic system for selecting small molecule inhibitors of protein-protein interactions in nanodroplets. *Proc. Natl. Acad. Sci.* **94:** 13396–13401.

Hudson Jr., J.R., Dawson E.P., Rushing K.L., Jackson C.H., Lockshon D., Conover D., Lanciault C., Harris J.R., Simmons S.J., Rothstein R., and Fields S. 1997. The complete set of predicted genes from *Saccharomyces cerevisiae* in a readily usable form. *Genome Res.* **7:** 1169–1173.

Hunter S., Burton E.A., Wu S.C., and Anderson S.M. 1999. Fyn associates with Cbl and phosphorylates tyrosine 731 in Cbl, a binding site for phosphatidylinositol 3-kinase. *J. Biol. Chem.* **274:** 2097–2106.

Ilyichev A.A., Minenkova O.O., Tat'kov S.I., Karpyshev N.N., Eroshkin A.M., Petrenko V.A., and Sandakhchiev L.S. 1989. Production of a viable variant of the M13 phage with a foreign peptide inserted into the basic coat protein. *Dokl. Akad. Nauk SSSR* **307:** 481–483.

Ilyichev A.A., Minenkova O.O., Kishchenko G.P., Tat'kov S.I., Karpishev N.N., Eroshkin A.M., Ofitzerov V.I., Akimenko Z.A., Petrenko V.A., and Sandakhchiev L.S. 1992. Inserting foreign peptides into the major coat protein of bacteriophage M13. *FEBS Lett.* **301:** 322–324.

Inouye C., Remondelli P., Karin M., and Elledge S. 1994. Isolation of a cDNA encoding a metal response element binding protein using a novel expression cloning procedure: The one hybrid system. *DNA Cell Biol.* **13:** 731–742.

Inouye C., Dhillon N., Durfee T., Zambryski P.C., and Thorner J. 1997. Mutational analysis of STE5 in the yeast *Saccharomyces cerevisiae:* Application of a differential interaction trap assay for examining protein-protein interactions. *Genetics* **147:** 479–492.

Iwai K., Yamanaka K., Kamura T., Minato N., Conaway R.C., Conaway J.W., Klausner R.D., and Pause A. 1999. Identification of the von Hippel-Lindau tumor-suppressor protein as part of an active E3 ubiquitin ligase complex. *Proc. Natl. Acad. Sci.* **96:** 12436–12441.

James P., Halladay J., and Craig E.A. 1996. Genomic libraries and a host strain designed for highly efficient two-hybrid selection in yeast. *Genetics* **144:** 1425–1436.

Jensen O.N., Wilm M., Shevchenko A., and Mann M. 1999. Peptide sequencing of 2D gel isolated nanoelectrospray tandem mass spectrometry. *Methods Mol. Biol.* **112:** 571–588.

Jiang R. and Carlson M. 1996. Glucose regulates protein interactions within the yeast SNF1 protein kinase complex. *Genes Dev.* **10:** 3105–3115.

Johnson K.S. and Chiswell D.J. 1993. Human antibody engineering. *Curr. Opin. Struct. Biol.* **3:** 564–571.

Johnsson N. and Varshavsky A. 1994. Split ubiquitin as a sensor of proteins interactions in vivo. *Proc. Natl. Acad. Sci.* **91:** 10340–10344.

Jonsson U., Fagerstam L., Ivarsson B., Johnsson B., Karlsson R., Lundh K., Lofas S., Persson B., Roos H., Ronnberg I., Sjolander S., Stenberg E., Sahlberg R., Urbaniczky C., Ostlin H., and Malmqvist M. 1991. Real-time biospecific interaction analysis using surface plasmon resonance and a sensor chip technology. *BioTechniques* **11:** 620–627.

Joung J.K., Ramm E.I., and Pabo C.O. 2000. A bacterial two-hybrid selection system for studying protein–DNA and protein–protein interactions. *Proc. Natl. Acad. Sci.* **97:** 7382–7387.

Kaelin Jr., W.G., Pallas D.C., DeCaprio J.A., Kaye F.J., and Livingston D.M. 1991. Identification of cellular proteins that can interact specifically with the T/E1A-binding region of the retinoblastoma gene product. *Cell* **64:** 521–532.

Kaelin Jr., W.G., Krek W., Sellers W.R., DeCaprio J.A., Ajchenbaum F., Fuchs C.S., Chittenden T., Li Y., Farnham P.J., Blanar M.A., Livingston D.M., and Flemington E.K. 1992. Expression cloning of a cDNA encoding a retinoblastoma-binding protein with E2F-like properties. *Cell* **70:** 351–364.

Kaiser C., Michaelis S., and Mitchell A. 1994. *Methods in yeast genetics: A laboratory course manual.* Cold Spring Harbor Laboratory Press, Cold Spring Harbor, New York.

Kamada S., Kusano H., Fujita H., Ohtsu M., Koya R.C., Kuzumaki N., and Tsujimoto Y. 1998. A cloning method for caspase substrates that uses the yeast two-hybrid system: Cloning of the antiapoptotic gene gelsolin. *Proc. Natl. Acad. Sci.* **95:** 8532–8537.

Kamo M. and Tsugita A. 1999. N-terminal amino acid sequencing of 2-DE spots. *Methods Mol. Biol.* **112:** 461–466.

Kamura T., Conrad M.N., Yan Q., Conaway R.C., and Conaway J.W. 1999a. The Rbx1 subunit of SCF and VHL E3 ubiquitin ligase activates Rub1 modification of cullins Cdc53 and Cul2. *Genes Dev.* **13:** 2928–2933.

Kamura T., Koepp D.M., Conrad M.N., Skowyra D., Moreland R.J., Iliopoulos O., Lane W.S., Kaelin Jr., W.G., Elledge S.J., Conaway R.C., Harper J.W., and Conaway J.W. 1999b. Rbx1, a component of the VHL tumor suppressor complex and

SCF ubiquitin ligase. *Science* **284:** 657–661.

Kang A.S., Barbas C.F., Janda K.D., Benkovic S.J., and Lerner R.A. 1991. Linkage of recognition and replication functions by assembling combinatorial Fab libraries along phage surfaces. *Proc. Natl. Acad. Sci.* **88:** 4363–4366.

Karimova G., Pidoux J., Ullmann A., and Ladant D. 1998. A bacterial two-hybrid system based on a reconstituted signal transduction pathway. *Proc. Natl. Acad. Sci.* **95:** 5752–5756.

Karlsson R. and Falt A. 1997. Experimental design for kinetic analysis of protein-protein interactions with surface plasmon resonance biosensors. *J. Immunol. Methods* **200:** 121–133.

Karlsson R., Michaelsson A., and Mattsson L. 1991. Kinetic analysis of monoclonal antibody-antigen interactions with a new biosensor based analytical system. *J. Immunol. Methods* **145:** 229–240.

Karlsson R., Fagerstam L., Nilshans H., and Persson B. 1993. Analysis of active antibody concentration. Separation of affinity and concentration parameters. *J. Immunol. Methods* **166:** 75–84.

Kay B.K., Adey N.B., He Y.-S., Manfredi J.P., Mataragnon A.H., and Fowlkes D.M. 1993. An M13 phage library displaying random 38-amino acid peptides as a source of novel sequences with affinity to selected targets. *Gene* **128:** 59–65.

Ke S.H., Coombs G.S., Tachias K., Corey D.R., and Madison E.L. 1997. Optimal sunsite occupancy and design of a selective inhibitor or urokinase. *J. Biol. Chem.* **272:** 20456–20462.

Kibel A., Iliopoulos O., DeCaprio J.A., and Kaelin Jr., W.G. 1995. Binding of the von Hippel-Lindau tumor suppressor protein to Elongin B and C. *Science* **269:** 1444–1446.

Klebanow E.R. and Weil P.A. 1999. A rapid technique for the determination of unknown plasmid library insert DNA sequence directly from intact yeast cells. *Yeast* **15:** 527–531.

Kornacker M.G., Remsburg B., and Menzel R. 1998. Gene activation by the AraC protein can be inhibited by DNA looping between AraC and a LexA repressor that interacts with AraC: Possible applications as a two-hybrid system. *Mol. Microbiol.* **30:** 615–624.

Kushwaha A., Choudhury P.S., Arora K., Abrol S., and Chaudhary V.K. 1994. Construction and characterization of M13 bacteriophages displaying functional IgG-binding domains of staphlyococcal A protein. *Gene* **151:** 45–51.

Kuster B. and Mann M. 1998. Identifying proteins and post-translational modifications by mass spectrometry. *Curr. Opin. Struct. Biol.* **8:** 393–400.

Ladbury J.E., Lemmon M.A., Zhou M., Green J., Botfield M.C., and Schlessinger J. 1995. Measurement of the binding of tyrosyl phosphopeptides to SH2 domains: A reappraisal. *Proc. Natl. Acad. Sci.* **92:** 3199–3203.

Lakowicz J.R. and Berndt K. 1991. Lifetime-selective fluorescence imaging using an rf phase-sensitive camera. *Rev. Sci. Instrum.* **62:** 1727–1734.

Lazarides E. and Weber K. 1974. Actin antibody: The specific visualization of actin filaments in non-muscle cells. *Proc. Natl. Acad. Sci.* **71:** 2268–2272.

Lee J.W., Choi H.S., Gyuris J., Brent R., and Moore D.D. 1995. Two classes of proteins dependent on either the presence or absence of thyroid hormone for interaction with the thyroid hormone receptor. *Mol. Endocrinol.* **9:** 243–254.

Lee W.S., Kao C.C., Bryant G.O., Liu X., and Berk A.J. 1991. Adenovirus E1A activation domain binds the basic repeat in the TATA box transcription factor. *Cell* **67:** 365–376.

Li J.J. and Herskowitz I. 1993. Isolation of ORC6, a component of the yeast origin recognition complex by a one-hybrid system. *Science* **262:** 1870–1874.

Liberles S.D., Diver S.T., Austin D.J., and Schreiber S.L. 1997. Inducible gene expression and protein translocation using 18.132
nontoxic ligands identified by a mammalian three-hybrid screen. *Proc. Natl. Acad. Sci.* **94:** 7825–7830.

Licitra E.J. and Liu J.O. 1996. A three-hybrid system for detecting small ligand-protein receptor interactions. *Proc. Natl. Acad. Sci.* **93:** 12817–12821.

Link A.J., ed. 1999. 2D proteome analysis protocols. *Methods Mol. Biol.*, vol. 112.

Lisztwan J., Imbert G., Wirbelauer C., Gstaiger M., and Krek W. 1999. The von Hippel-Lindau tumor suppressor protein is a component of an E3 ubiquitin-protein ligase activity. *Genes Dev.* **13:** 1822–1833.

Llopis J., McCaffery J.M., Miyawaki A., Farquhar M.G., and Tsien R.Y. 1998. Measurement of cytosolic, mitochondrial, and Golgi pH in single living cells with green fluorescent proteins. *Proc. Natl. Acad. Sci.* **95:** 6803–6808.

Lonergan K.M., Iliopoulos O., Ohh M., Kamura T., Conaway R.C., Conaway J.W., and Kaelin Jr., W.G. 1998. Regulation of hypoxia-inducible mRNAs by the von Hippel-Lindau tumor suppressor protein requires binding to complexes containing elongins B/C and Cul2. *Mol. Cell. Biol.* **18:** 732–741.

Loo J.A. and Muenster H. 1999. Magnetic sector-ion trap mass spectrometry with electrospray ionization for high sensitivity peptide sequencing. *Rapid Commun. Mass Spectrom.* **13:** 54–60.

Lowman H.B., Bass S.H., Simpson N., and Wells J.A. 1991. Selecting high-affinity binding proteins by monovalent phage display. *Biochemistry* **30:** 10832–10838.

Lubkowski J., Hennecke F., Pluckthun A., and Wlodawer A. 1998. The structural basis of phage display elucidated by the crystal structure of the N-terminal domains of g3p. *Nat. Struct. Biol.* **5:** 140–147.

Luo Y., Batalao A., Zhou H., and Zhu L. 1997. Mammalian two-hybrid system: A complementary approach to the yeast two-hybrid system. *BioTechniques* **22:** 350–352.

Luo Y., Vijaychander S., Stile J., and Zhu L. 1996. Cloning and analysis of DNA-binding proteins by yeast one-hybrid and one-two-hybrid systems. *BioTechniques* **20:** 564–568.

Macgregor P.F., Abate C., and Curran T. 1990. Direct cloning of leucine zipper proteins: Jun binds cooperatively to the CRE with CRE-BP1. *Oncogene* **5:** 451–458.

Mahajan N.P., Harrison-Shostak D.C., Michaux J., and Herman B. 1999. Novel mutant green fluorescent protein protease substrates reveal the activation of specific caspases during apoptosis. *Chem. Biol.* **6:** 401–409.

Mahajan N.P., Linder K., Berry G., Gordon G.W., Heim R., and Herman B. 1998. Bcl-2 and bax interactions in mitochondria probed with green fluorescent protein and fluorescence energy transfer. *Nat. Biotechnol.* **16:** 547–552.

Mancini A., Niedenthal R., Joos H., Koch A., Trouliaris S., Niemann H., and Tamura T. 1997. Identification of a second Grb2 binding site in the v-Fms tyrosine kinase. *Oncogene* **15:** 1565–1572.

Marcotte E.M., Pellegrini M., Ng H.L., Rice D.W., Yeates T.O., and Eisenberg D. 1999. Detecting protein function and protein-protein interactions from genome sequences. *Science* **285:** 751–753.

Marin M.C., Jost C.A., Irwin M.S., DeCaprio J.A., Caput D., and Kaelin Jr., W.G. 1998. Viral oncoproteins discriminate between p53 and the p53 homolog p73. *Mol. Cell. Biol.* **18:** 6316–6324.

Marsolier M.C. and Sentenac A. 1999. RNA polymerase III-based two-hybrid system. *Methods Enzymol.* **303:** 411–422.

Marsolier M.C., Prioleau M.N., and Sentenac A. 1997. A RNA poly-

18.133 merase III-based two-hybrid system to study RNA polymerase II transcriptional regulators. *J. Mol. Biol.* **268:** 243–249.

Marvin D.A. 1990. Model-building studies of Inovirus: Genetic variations on a geometric theme. *Int. J. Biol. Macromol.* **12:** 125–138.

Marykwas D.L. and Passmore S.E. 1995. Mapping by multifragment cloning in vivo. *Proc. Natl. Acad. Sci.* **92:** 11701–11705.

Matsudaira P., ed. 1993. *A practical guide to protein and peptide purification for microsequencing.* Academic Press, San Diego, California.

Matsui N.M., Smith-Beckerman D.M., and Epstein L.B. 1999. Staining of preparative 2D gels. *Methods Mol. Biol.* **112:** 307–311.

Matz M.V., Fradkov A.F., Labas Y.A., Savitsky A.P., Zaraisky A.G., Markelov M.L., and Lukyanov S.A. 1999. Fluorescent proteins from nonbioluminescent Anthozoa species. *Nat. Biotechnol.* **17:** 969–973.

Mayer G., Launhardt H., and Munder T. 1999. Application of the green fluorescent protein as a reporter for Ace1-based, two-hybrid studies. *BioTechniques* **27:** 86–94.

McCafferty J., Jackson R.H., and Chiswell D.J. 1991. Phage-enzymes: Expression and affinity chromatography of functional alkaline phosphatase on the surface of bacteriophage. *Protein Eng.* **4:** 955–961.

McCafferty J., Griffiths A.D., Winter G., and Chiswell D.J. 1990. Phage antibodies: Filamentous phage displaying antibody variable domains. *Nature* **348:** 552–554.

McConnell S.J. and Hoess R.H. 1995. Tendamistat as a scaffold for conformationally constrained phage peptide libraries. *J. Mol. Biol.* **250:** 460–470.

McDonald O.B., Chen W.J., Ellis B., Hoffman C., Overton L., Rink M., Smith A., Marshall C.J., and Wood E.R. 1999. A scintillation proximity assay for the Raf/MEK/ERK kinase cascade: High-throughput screening and identification of selective enzyme inhibitors. *Anal. Biochem.* **268:** 318–329.

McLafferty M.A., Kent R.B., Ladner R.C., and Markland W. 1993. M13 bacteriophage displaying disulfide-constrained microproteins. *Gene* **128:** 29–36.

McMahon S.B., Van Buskirk H.A., Dugan K.A., Copeland T.D., and Cole M.D. 1998. The novel ATM-related protein TRRAP is an essential cofactor for the c-Myc and E2F oncoproteins. *Cell* **94:** 363–374.

Mitra R.D., Silva C.M., and Youvan D.C. 1996. Fluorescence resonance energy transfer between blue-emitting and red-shifted excitation derivatives of the green fluorescent protein. *Gene* **173:** 13–17.

Miyawaki A., Griesbeck O., Heim R., and Tsien R.Y. 1999. Dynamic and quantitative Ca^{2+} measurements using improved cameleons. *Proc. Natl. Acad. Sci.* **6:** 2135–2140.

Miyawaki A., Llopis J., Heim R., McCaffery J.M., Adams J.A., Ikura M., and Tsien R.Y. 1997. Fluorescent indicators for Ca^{2+} based on green fluorescent proteins and calmodulin. *Nature* **388:** 882–887.

Model P. and Russel M. 1988. Filamentous bacteriophage. In *The bacteriophages* (ed. R. Calendar), vol. 2, pp. 375–456. Plenum Press, New York.

Moon R.T. and Lazarides E. 1983. Synthesis and post-translational assembly of intermediate filaments in avian erythroid cells: Vimentin assembly limits the rate of synemin assembly. *Proc. Natl. Acad. Sci.* **80:** 5495–5499.

Morgan H. and Taylor D.M. 1992. A surface plasmon resonance immunosensor based on the streptavidin-biotin complex. *Biosens. Bioelectron.* **7:** 405–410.

Moss J.B., Price A.L., Raz E., Driever W., and Rosenthal N. 1996. Green fluorescent protein marks skeletal muscle in murine cell lines and zebrafish. *Gene* **173:** 89–98.

Muller K.M., Arndt K.M., and Pluckthun A. 1998. Model and simulation of multivalent binding to fixed ligands. *Anal. Biochem.* **261:** 149–158.

Myszka D.G. 1999. Improving biosensor analysis. *J. Mol. Recognit.* **12:** 1–6.

Myszka D.G., Jonsen M.D., and Graves B.J. 1998a. Equilibrium analysis of high affinity interactions using BIACORE. *Anal. Biochem.* **265:** 326–330.

Myszka D.G., He X., Dembo M., Morton T.A., and Goldstein B. 1998b. Extending the range of rate constants available from BIACORE: Interpreting mass transport-influenced binding data. *Biophys. J.* **75:** 583–594.

Natesan S., Molinari E., Rivera V.M., Rickles R.J., and Gilman M. 1999. A general strategy to enhance the potency of chimeric transcriptional activators. *Proc. Natl. Acad. Sci.* **96:** 13898–13903.

Naya F.J., Stellrecht C.M.M., and Tsai M.-J. 1995. Tissue-specific regulation of the insulin gene by a novel basic helix-loop-helix transcription factor. *Genes Dev.* **9:** 1009–1019.

Needels M.C., Jones D.G., Tate E.H., Heinkel G.L., Kochersperger L.M., Dower W.J., Barrett R.W., and Gallop M.A. 1993. Generation and screening of an oligonucleotide-encoded synthetic peptide library. *Proc. Natl. Acad. Sci.* **90:** 10700–10704.

Ng T., Squire A., Hansra G., Bornancin F., Prevostel C., Hanby A., Harris W., Barnes D., Schmidt S., Mellor H., Bastiaens P.I.H., and Parker P.J. 1999. Imaging protein kinase C alpha activation in cells. *Science* **283:** 2085–2089.

Nieba L., Krebber A., and Pluckthun A. 1996. Competition BIAcore for measuring true affinities: Large differences from values determined from binding kinetics. *Anal. Biochem.* **234:** 155–165.

Nieba L., Nieba-Axmann S.E., Persson A., Hamalainen M., Edebratt F., Hansson A., Lidholm J., Magnusson K., Karlsson A.F., and Pluckthun A. 1997. BIACORE analysis of histidine-tagged proteins using a chelating NTA sensor chip. *Anal. Biochem.* **252:** 217–228.

Niwa Y., Hirano T., Yoshimoto K., Shimizu M., and Kobayashi H. 1999. Non-invasive quantitative detection and applications of non-toxic, S65T-type green fluorescent protein in living plants. *Plant J.* **18:** 455–463.

Nord K., Nilsson J., Nilsson B., Uhlén M., and Nygren P.A. 1995. A combinatorial library of an alpha-helical bacterial receptor domain. *Protein Eng.* **8:** 601–608.

Norman T.C., Smith D.L., Sorger P.K., Drees B.L., O'Rourke S.M., Hughes T.R., Roberts C.J., Friend S.H., Fields S., and Murray A.W. 1999. Genetic selection of peptide inhibitors of biological pathways. *Science* **285:** 591–595.

Ohh M. and Kaelin Jr., W.G. 1999. The von Hippel-Lindau tumour suppressor protein: New perspectives. *Mol. Med. Today* **5:** 257–263.

Ohh M., Yauch R.L., Lonergan K.M., Whaley J.M., Stemmer-Rachamimov A.O., Louis D.N., Gavin B.J., Kley N., Kaelin Jr., W.G., and Iliopoulos O. 1998. The von Hippel-Lindau tumor suppressor protein is required for proper assembly of an extracellular fibronectin matrix. *Mol. Cell* **1:** 959–968.

Okada A., Lansford R., Weimann J.M., Fraser S.E.. and McConnell S.K. 1999. Imaging cells in the developing nervous system with retrovirus expressing modified green fluorescent protein. *Exp. Neurol.* **156:** 394–406.

Orlinick J.R. and Chao M.V. 1996. Interactions of the cellular polypeptides with the cytoplasmic domain of the mouse Fas antigen. *J. Biol. Chem.* **271:** 8627–8632.

Osborne M., Dalton S., and Kochan J.P. 1995. The yeast tribrid system: Genetic detection of *trans*-phosphorylated ITAM-SH2 interactions. *Bio/Technology* **13:** 1474–1478.

Osborne M.A., Zenner G., Lubinus M., Zhang X., Songyang Z., Cantley L.C., Majerus P., Burn P., and Kochan J.P. 1996. The inositol 5′-phosphatase SHIP binds to immunoreceptor signaling motifs and responds to high affinity IgE receptor aggregation. *J. Biol. Chem.* **271:** 29271–29278.

O'Shannessy D.J., Brigham-Burke M., and Peck K. 1992. Immobilization chemistries suitable for use in the BIAcore surface plasmon resonance detector. *Anal. Biochem.* **205:** 132–136.

O'Shannessy D.J., Brigham-Burke M., Soneson K.K., Hensley P., and Brooks I. 1993. Determination of rate and equilibrium binding constants for macromolecular interactions using surface plasmon resonance: Use of nonlinear least squares analysis methods. *Anal. Biochem.* **212:** 457–468.

Pannekoek H., van Meijer M., Schleef R.R., Loskutoff D.J., and Barbas III, C.F. 1993. Functional display of human plasminogen activator-inhibitor 1 (PAI-1) on phages: Novel perspectives for structure-function analysis by error-prone DNA synthesis. *Gene* **128:** 129–134.

Park Y.W., Tan S.L., and Katze M.G. 1999a. Differential sensitivity to 5-fluoro-orotic acid as a screen for bait RNA-independent false positives in a yeast three-hybrid system. *BioTechniques* **26:** 1102–1106.

Park Y.W., Wilusz J., and Katze M.G. 1999b. Regulation of eukaryotic protein synthesis: Selective influenza viral mRNA translation is mediated by the cellular RNA-binding protein GRSF-1. *Proc. Natl. Acad. Sci.* **96:** 6694–6699.

Parmley S.F. and Smith G.P. 1988. Antibody-selectable filamentous fd phage vectors: Affinity purification of target genes. *Gene* **73:** 305–318.

Pause A., Peterson B., Schaffar G., Stearman R., and Klausner R.D. 1999. Studying interactions of four proteins in the yeast two-hybrid system: Structural resemblance of the pVHL/elongin BC/hCUL-2 complex with the ubiquitin ligase complex SKP1/cullin/F-box protein. *Proc. Natl. Acad. Sci.* **96:** 9533–9538.

Pause A., Lee S., Worrell R.A., Chen D.Y., Burgess W.H., Linehan W.M., and Klausner R.D. 1997. The von Hippel-Lindau tumor-suppressor gene product forms a stable complex with human CUL-2, a member of the Cdc53 family of proteins. *Proc. Natl. Acad. Sci.* **94:** 2156–2161.

Pellequer J.L. and Van Regenmortel M.H. 1993. Measurement of kinetic binding constants of viral antibodies using a new biosensor technology. *J. Immunol. Methods* **166:** 133–143.

Pepperkok R., Saffrich R., and Ansorge W. 1998. Computer-automated and semiautomated capillary microinjection of macromolecules into living cells. In *Cell biology: A laboratory handbook*, 2nd edition (ed. J.E. Celis), vol. 4, pp. 23–30. Academic Press, New York.

Petermann R., Mossier B.M., Aryee D.N., and Kovar H. 1998. A recombination based method to rapidly assess specificity of two-hybrid clones in yeast. *Nucleic Acids Res.* **26:** 2252–2253.

Peters E.A., Schatz P.J., Johnson S.S., and Dower W.J. 1994. Membrane insertion defects caused by positive charges in the early mature region of protein pIII of filamentous phage fd can be corrected by *prlA* suppressors. *J. Bacteriol.* **176:** 4296–4305.

Petrenko V.A., Smith G.P., Gong X., and Quinn T. 1996. A library of organic landscapes on filamentous phage. *Protein Eng.* **9:** 797–801.

Phizicky E.M. and Fields S. 1995. Protein-protein interactions: Methods for detection and analysis. *Microbiol. Rev.* **59:** 94–123.

Place J.F., Sutherland R.M., and Dahne C. 1985. Opto-electronic 18.134
immunosensors: A review of optical immunoassay at continuous surfaces. *Biosensors* **1:** 321–353.

Pollok B.A. and Heim R. 1999. Using GFP in FRET-based applications. *Trends Cell Biol.* **9:** 57–60.

Posern G., Zheng J., Knudsen B.S., Kardinal C., Muller K.B., Voss J., Sishido T., Cowburn D., Cheng G., Wang B., Kruh G.D., Burrell S.K., Jacobson C.A., Lenz D.M., Zamborelli T.J., Adermann K., Hanafusa H., and Feller S.M. 1998. Development of highly selective SH3 binding peptides for Crk and CRKL which disrupt Crk-complexes with DOCK180, SoS, and C3G. *Oncogene* **16:** 1903–1912.

Prasher D.C., Eckenrode V.K., Ward W.W., and Prendergast F.G. 1992. Primary structure of the *Aequorea victoria* green-fluorescent protein. *Gene* **111:** 229–233.

Pratt D., Tzagoloff H., and Beaudoin J. 1969. Conditional lethal mutants of the small filamentous coliphage M13. II. Two genes for coat proteins. *Virology* **39:** 42–53.

Press W.H., Flannery B.P., Teukolky S.A., and Vetterling W.T. 1990. *Numerical recipes in C: The art of scientific computing.* Aca-demic Press, Cambridge, Massachusetts.

Putz U., Skehel P., and Kuhl D. 1996. A tri-hybrid system for the analysis and detection of RNA-protein interactions. *Nucleic Acids Res.* **24:** 4838–4840.

Rader C. and Barbas III, C.F. 1997. Phage display of combinatorial antibody libraries. *Curr. Opin. Biotechnol.* **8:** 503–508.

Raut S., Weller L., and Barrowcliffe T.W. 1999. Phospholipid binding of factor VIII in different therapeutic concentrates. *Br. J. Haematol.* **107:** 323–329.

Rebar E.J. and Pabo C.O. 1994. Zinc phage finger: Affinity selection of fingers with new DNA-binding specificities. *Science* **263:** 671–673.

Reidhaar-Olson J.F., Bowie J.U., Breyer R.M., Hu J.C., Knight K.L., Lim W.A., Mossing M.C., Parsell D.A., Shoemaker K.R., and Sauer R.T. 1991. Random mutagenesis of protein sequences using olgonucleotide cassettes. *Methods Enzymol.* **208:** 564–586.

Rigaut G., Shevchenko A., Rutz B., Wilm M., Mann M., and Seraphin B. 1999. A generic protein purification method for protein complex characterization and proteome exploration. *Nat. Biotechnol.* **17:** 1030–1032.

Roberts B.L., Markland W., Siranosian K., Saxena M.J., Guterman S.K., and Ladner R.C. 1992a. Protease inhibtor display M13 phage: Selection of high-affinity neutrophil elastase inhibitors. *Gene* **121:** 9–15.

Roberts B.L., Markland W., Ley A.C., Kent R.B., White D.W., Guterman S.K., and Ladner R.C. 1992b. Directed evolution of a protein: Selection of potent neutrophil elastase inhibitors displayed on M13 fusion phage. *Proc. Natl. Acad. Sci.* **89:** 2429–2433.

Roden L.D. and Myszka D.G. 1996. Global analysis of a macromolecular interaction measured on BIAcore. *Biochem. Biophys. Res. Commun.* **225:** 1073–1077.

Roder K.H., Wolf S.S., and Schweizer M. 1996. Refinement of vectors for use in the yeast two-hybrid system. *Anal. Biochem.* **241:** 260–262.

Rodi D.J. and Makowski L. 1999. Phage-display technology — Finding a needle in a vast molecular haystack. *Curr. Opin. Biotechnol.* **10:** 87–93.

Ron D. and Dressler H. 1992. PGSTag — A versatile bacterial expression plasmid for enzymatic labeling of recombinant proteins. *BioTechniques* **13:** 866–869.

Rossi F., Charlton C.A., and Blau H.M. 1997. Monitoring protein-

18.135 protein interactions in intact eukaryotic cells by β-galactosidase complementation. *Proc. Natl. Acad. Sci.* **94:** 8405–8410.

Russel M. 1991. Filamentous phage assembly. *Mol. Microbiol.* **5:** 1607–1613.

Saenko E., Sarafanov A., Greco N., Shima M., Loster K., Schwinn H., and Josic D. 1999. Use of surface plasmon resonance for studies of protein-protein and protein-phospholipid membrane interactions. Application to the binding of factor VIII to von Willebrand factor and to phosphatidylserine-containing membranes. *J. Chromatogr. A* **852:** 59–71.

Saggio I., Gloaguen I., and Laufer R. 1995. Functional phage display of ciliary neurotrophic factor. *Gene* **152:** 35–39.

Schatz P.J. 1994. Construction and screening of biological peptide libraries. *Curr. Opin. Biotechnol.* **5:** 487–494.

Schiestl R.H. and Gietz R.D. 1989. High efficiency transformation of intact yeast cells using single stranded nucleic acids as a carrier. *Curr. Genet.* **16:** 339–346.

Schuck P., Millar D.B., and Kortt A.A. 1998. Determination of binding constants by equilibrium titration with circulating sample in a surface plasmon resonance biosensor. *Anal. Biochem.* **265:** 79–91.

Schwartz H., Alvares C.P., White M.B., and Fields S. 1998. Mutation detection by a two-hybrid assay. *Hum. Mol. Genet.* **7:** 1029–1032.

Scott J.K. and Barbas III, C.F. 2001. Phage-display vectors. In *Phage display: A laboratory manual* (eds. C.F. Barbas III et al.), pp. 2.1–2.19. Cold Spring Harbor Laboratory Press, Cold Spring Harbor, New York.

Scott J.K. and Smith G.P. 1990. Searching for peptide ligands with an epitope library. *Science* **249:** 386–390.

SenGupta D.J., Wickens M., and Fields S. 1999. Identification of RNAs that bind to a specific protein using the yeast three-hybrid system. *RNA* **5:** 596–601.

SenGupta D.J., Zhang B., Kraemer B., Pochart P., Fields S., and Wickens M. 1996. A three-hybrid system to detect RNA-protein interactions in vivo. *Proc. Natl. Acad. Sci.* **93:** 8496–8501.

Serebriiskii I., Khazak V., and Golemis E.A. 1999. A two-hybrid dual bait system to discriminate specificity of protein interactions. *J. Biol. Chem.* **274:** 17080–17087.

Serebriiskii I., Estojak J., Berman M., and Golemis E. 2000. Approaches to detecting false positives in yeast two-hybrid systems. *BioTechniques* **28:** 328–336.

Shih H.M., Goldman P.S., DeMaggio A.J., Hollenberg S.M., Goodman R.H., and Hoekstra M.F. 1996. A positive genetic selection for disrupting protein-protein interactions: Identification of CREB mutations that prevent association with the coactivator CBP. *Proc. Natl. Acad. Sci.* **93:** 13896–13901.

Sjolander S. and Urbaniczky C. 1991. Integrated fluid handling system for biomolecular interaction analysis. *Anal. Chem.* **63:** 2338–2345.

Skolnick E.Y., Margolis B., Mohammadi M., Lowenstein E., Fischer R., Drepps A., Ullrich A., and Schlessinger J. 1991. Cloning of PI3 kinase associated p85 utilizing a novel method for expression/cloning of target proteins for receptor tyrosine kinases. *Cell* **65:** 83–90.

Smith D.B. and Johnson K.S. 1988. Single-step purification of polypeptides expressed in *Escherichia coli* as fusions with glutathione-S-transferase. *Gene* **67:** 31–40.

Smith G.P. 1985. Filamentous fusion phage: Novel expression vectors that display cloned antigens on the virion surface. *Science* **228:** 1315–1317.

———. 1993. Surface display and peptide libraries. *Gene* **128:** 1–2.

Smith G.P and Petrenko V.A. 1997. Phage display. *Chem. Rev.* **97:** 391–410.

Smith M.M., Shi L., and Navre M. 1995. Rapid identification of highly active and selective substrates for stromelysin and matrilysin using bacteriophage peptide display libraries. *J. Biol. Chem.* **270:** 6440–6449.

Spector D.L., Goldman R.D., and Leinwand L.A. 1998. *Cells: A laboratory manual*, vols. 1–4. Cold Spring Harbor Laboratory Press, Cold Spring Harbor, New York.

Stagljar I., Bourquin J.P., and Schaffner W. 1996. Use of the two-hybrid system and random sonicated DNA to identify the interaction domain of a protein. *BioTechniques* **21:** 430–432.

Stagljar I., Korostensky C., Johnsson N., and te Heesen S. 1998. A genetic system based on split-ubiquitin for the analysis of interactions between membrane proteins in vivo. *Proc. Natl. Acad. Sci.* **95:** 5187–5192.

Sun Y., Liu X., Ng-Easton E., Lodish H.F., and Weinberg R.A. 1999. SnoN and Ski protooncoproteins are rapidly degraded in response to transforming growth factor β signaling. *Proc. Natl. Acad. Sci.* **96:** 12442–12447.

Swimmer C., Lehar S.M., McCafferty J., Chiswell D.J., Blattler W.A., and Guild B.C. 1992. Phage display of ricin B chain and its single binding domains: System for screening galactose-binding mutants. *Proc. Natl. Acad. Sci.* **89:** 3756–3760.

Sytsma J., Vroom J.M., Degrauw C.J., and Gerritsen H.C. 1998. Time-gated fluorescence lifetime imaging and microvolume spectroscopy using two-photon excitation. *J. Microsc.* **191:** 39–51.

Tirode F., Malaguti C., Romero F., Attar R., Camonis J., and Egly J.M. 1997. A conditionally expressed third partner stabilizes or prevents the formation of a transcriptional activator in a three-hybrid system. *J. Biol. Chem.* **272:** 22995–22999.

Tomashek J.J., Sonnenburg J.L., Artimovich J.M., and Klionsky D.J. 1996. Resolution of subunit interactions and cytoplasmic subcomplexes of the yeast vacuolar proton-translocating ATPase. *J. Biol. Chem.* **271:** 10397–10404.

Tsien R.Y. 1998. The green fluorescent protein. *Annu. Rev. Biochem.* **67:** 509–544.

Tyers M. and Willems A.R. 1999. One ring to rule a superfamily of E3 ubiquitin ligases. *Science* **284:** 601–604.

Uetz P., Giot L., Cagney G., Mansfield T.A., Judson R.S., Knight J.R., Lockshon D., Narayan V., Srinivasan M., Pochart P., Qureshi-Emili A., Li Y., Godwin B., Conover D., Kalbfleish T., Vijayadamodar G., Yang M., Johnston M., Fields S., and Rothberg J.M. 2000. A comprehensive analysis of protein–protein interactions in *Saccharomyces cerevisiae*. *Nature* **403:** 623–627.

Ullmann A., Jacob F., and Monod J. 1967. Characterization by *in vitro* complementation of a peptide corresponding to an operator-proximal segment of the β-galactosidase structural gene of *Escherichia coli*. *J. Mol. Biol.* **24:** 339–343.

Vairo G., Livingston D.M., and Ginsberg D. 1995. Functional interaction between E2F-4 and p130: Evidence for distinct mechanisms underlying growth suppression by different retinoblastoma protein family members. *Genes Dev.* **9:** 869–881.

Van Criekinge W., van Gurp M., Decoster E., Schotte P., Van de Craen M., Fiers W., Vandenabeele P., and Beyaert R. 1998. Use of the yeast three-hybrid system as a tool to study caspases. *Anal. Biochem.* **263:** 62–66.

van Meijer M., Roelofs Y., Neels J., Horrevoets A.J., van Zonnefeld A.J., and Pannekoek H. 1996. Selective screening of a large phage display library of plasminogen activator inhibitor 1 mutants to localize interaction sites with either thrombin or the variable region of tissue-type plasminogen activator. *J. Biol. Chem.* **271:** 7423–7428.

Vasavada H.A., Ganguly S., Germino F.J., Wang Z.X., and Weissman S.M. 1991. A contingent replication assay for the detection of protein-protein interactions in animal cells. *Proc. Natl. Acad. Sci.* **88:** 10686–10690.

Verhaar M.J., Chester K.A., Keep P.A., Robson L., Pedley R.B., Boden J.A., Hawkins R.E., and Begent R.H. 1995. A single chain Fv derived from a filamentous phage library has distinct tumor targeting advantages over one derived from a hybridoma. *Int. J. Cancer* **61:** 497–501.

Vidal M., Brachmann R.K., Fattaey A., Harlow E., and Boeke J.D. 1996a. Reverse two-hybrid and one-hybrid systems to detect dissociation of protein-protein and DNA-protein interactions. *Proc. Natl. Acad. Sci.* **93:** 10315–10320.

Vidal M., Braun P., Chen E., Boeke J.D., and Harlow E. 1996b. Genetic characterization of a mammalian protein-protein interaction domain by using a yeast reverse two-hybrid system. *Proc. Natl. Acad. Sci.* **93:** 10321–10326.

Vojtek A.B., Hollenberg S.M., and Cooper J.A. 1993. Mammalian Ras interacts directly with the serine/threonine kinase Raf. *Cell* **74:** 205–214.

Walhout A.J. and Vidal M. 1999. A genetic strategy to eliminate self-activator baits prior to high-throughput yeast two-hybrid screens. *Genome Res.* **9:** 1128–1134.

Walhout A.J., Sordella R., Lu X., Hartley J.L., Temple G.F., Brasch M.A., Thierry-Mieg N., and Vidal M. 2000. Protein interaction mapping in *C. elegans* using proteins involved in vulval development. *Science* **287:** 116–122.

Wang M.M. and Reed R.R. 1993. Molecular cloning of the olfactory neuronal transcription factor Olf-1 by genetic selection in yeast. *Nature* **364:** 121–126.

Wang Z.F., Whitfield M.L., Ingledue III, T.C., Dominski Z., and Marzluff W.F. 1996. The protein that binds the 3′ end of histone mRNA: A novel RNA-binding protein required for histone pre-mRNA processing. *Genes Dev.* **10:** 3028–3040.

Watson M.A., Buckholz R., and Weiner M.P. 1996. Vectors encoding alternative antibiotic resistance for use in the yeast two-hybrid system. *BioTechniques* **21:** 255–259.

Weber E., Roth K.A., and Barchas J.D. 1982. Immuno-histochemical distribution of alpha-neo-endorphin/dynorphin neuronal systems in rat brain: Evidence for colocalization. *Proc. Natl. Acad. Sci.* **79:** 3062–3066.

Weiner M.P. 1998. Use of a high-throughput yeast two-hybrid system in a pharmaceutical setting. In *Exploiting yeast molecular biology for therapeutics.* Cambridge Healthtech Institute, Orlando, Florida.

Wilkins M.R., Gasteiger E., Bairoch A., Sanchez J.-C., Williams K.L., Appel R.D., and Hochstrasser D.F. 1999. Protein identification and analysis tools in the ExPASy server. *Methods Mol. Biol.* **112:** 531–552.

Willis A.E., Perham R.N., and Wraith D. 1993. Immunological properties of foreign peptides in multiple display on a filamentous bacteriophage. *Gene* **128:** 79–83.

Wilson T.E., Fahrner T.J., Johnston M., and Milbrandt J. 1991. Identification of the DNA binding site for NGFI-B by genetic selection in yeast. *Science* **252:** 1296–1300.

Winter G., Griffiths A.D., Hawkins E., and Hoogenboom H.R. 1994. Making antibodies by phage display technology. *Annu. Rev. Immunol.* **12:** 433–455.

Wolf S.S., Roder K., and Schweizer M. 1996. Construction of a reporter plasmid that allows expression libraries to be exploited for the one-hybrid system. *BioTechniques* **20:** 568–574.

Wouters F.S. and Bastiaens P.I.H. 1999. Fluorescence lifetime imaging of receptor tyrosine kinase activity in cells. *Curr. Biol.* **9:** 1127–1130. 18.136

Wouters F.S., Bastiaens P.I.H., Wirtz K.W.A., and Jovin T.M. 1998. FRET microscopy demonstrates molecular association of non-specific lipid transfer protein (nsL-TP) with fatty acid oxidation enzymes in peroxisomes. *EMBO J.* **17:** 7179–7189.

Wrighton N.C., Farrell F.X., Chang R., Kashyap A.K., Barbone F.P., Mulcahy L.S., Johnson D.L., Barrett R.W., Jollife L.K., and Dower W.J. 1996. Small peptides as potent mimetics of the protein hormone erythropoietin. *Science* **273:** 458–463.

Wu J.Y., Newton S., Judd A., Stocker B., and Robinson W.S. 1989. Expression of immunogenic epitopes of hepatitis B surface antigen with hybrid flagellin proteins by a vaccine strain of *Salmonella*. *Proc. Natl. Acad. Sci.* **86:** 4726–4730.

Xiong Y., Zhang H., and Beach D. 1992. D type cyclins associate with multiple protein kinases and the DNA replication and repair factor PCNA. *Cell* **71:** 505–514.

Xiong Y., Hannon G.J., Zhang H., Casso D., Kobayashi R., and Beach D. 1993. p21 is a universal inhibitor of cyclin kinases. *Nature* **366:** 701–704.

Xu C.W., Mendelsohn A.R., and Brent R. 1997. Cells that register logical relationships among proteins. *Proc. Natl. Acad. Sci.* **94:** 12473–12478.

Xu X., Gerard A.L., Huang B.C., Anderson D.C., Payan D.G., and Luo Y. 1998. Detection of programmed cell death using fluorescence energy transfer. *Nucleic Acids Res.* **26:** 2034–2035.

Yang M., Wu Z., and Fields S. 1995. Protein-peptide interactions analyzed with the yeast two-hybrid system. *Nucleic Acids Res.* **23:** 1152–1156.

Yang W.-P., Green K., Pinz-Sweeney S., Briones A.T., Burton D.R., and Barbas III, C.F. 1995. CDR walking mutagenesis for the affinity maturation of a potent human anti-HIV-1 antibody into the picomolar range. *J. Mol. Biol.* **254:** 392–403.

Yasugi T., Vidal M., Sakai H., Howley P.M., and Benson J.D. 1997. Two classes of human papillomavirus type 16 E1 mutants suggest pleiotropic conformational constraints affecting E1 multimerization, E2 interaction, and interaction with cellular proteins. *J. Virol.* **71:** 5942–5951.

Yates III, J.R. 2000. Mass spectrometry. From genomics to proteomics. *Trends Genet.* **16:** 5–8.

Yates III, J.R., Carmack E., Hays L., Link A.J., and Eng J.K. 1999. Automated protein identification using microcolumn liquid chromatography-tandem mass spectrometry. *Methods Mol. Biol.* **112:** 553–569.

Young R.A. and Davis R.W. 1983. Efficient isolation of genes by using antibody probes. *Proc. Natl. Acad. Sci.* **80:** 1194–1198.

Yu X., Wu L.C., Bowcock A.M., Aronheim A., and Baer R. 1998. The C-terminal (BRCT) domains of BRCA1 interact in vivo with CtIP, a protein implicated in the CtBP pathway of transcriptional repression. *J. Biol. Chem.* **273:** 25388–25392.

Yu Y., Yussa M., Song J., Hirsch J., and Pick L. 1999. A double interaction screen identifies positive and negative ftz gene regulators and ftz-interacting proteins. *Mech. Dev.* **83:** 95–105.

Zaman Jr., G., Kaan A.M., Schoenmakers J.G.G., and Konings R.N.H. 1992. Gene-V-protein-mediated translational regulation of the synthesis of gene-II protein of the filamentous bacteriophage M13 — A dispensable function of the filamentous phage genome. *J. Bacteriol.* **174:** 595–600.

Zhang J. and Lautar S. 1996. A yeast three-hybrid method to clone ternary protein complex components. *Anal. Biochem.* **242:** 68–72.

附 录

A.1

A1.1

附录 1 分子克隆中使用的缓冲液和试剂的配制

缓冲液 A1.2

Tris 缓冲液

生物学反应仅在氢离子很窄的浓度范围内充分进行。但是，自相矛盾的是许多这样的反应自身在产生或消耗质子。缓冲液是一类在特定的 pH 范围内耐受可逆质子化作用的物质，因此它在容许的极限内可维持氢离子浓度。完善的缓冲液像圣杯一样，总是可望而不可即的。理想的生物学缓冲液应是：

- pK_a 在 pH 6.0 和 pH 8.0 之间
- 对多种化学试剂和酶是惰性的
- 高度极性，也就是说在水溶液中能完全溶解而又未必会扩散进生物膜，从而影响胞内 pH
- 非毒性的
- 廉价
- 不易受盐和温度效应的影响
- 不吸收可见光或紫外光

在分子生物学中所用的缓冲液没有一种完全达到这些标准。已知数量有限的弱酸具有 10^{-7}～10^{-9}之间的解离常数。在无机盐中，仅有硼酸盐、碳酸氢盐、磷酸盐和铵盐处于这种范围之内。但是，它们在某种程度上与生理介质是不相容的。

在 1946 年，G. Gomori 提出，有机多胺可用来将 pH 控制在 6.5～9.7 之间的范围内。他研究的三种化合物中的一种是 Tris（2-氨基-2-羟甲基-1,3-丙二醇），其实早在 1897 年，Piloty 和 Ruff 已经首次描述过。对于许多生物化学目的而言，Tris 成为了非常满意的缓冲液，迄今 Tris 仍是用于分子克隆中大多数酶反应的标准缓冲液。

表 A1-1　各种 pH 值的 Tris 缓冲液的配制

所需 pH 值（25℃）	所需 0.1mol/L HCl 的体积/ml
7.10	45.7
7.20	44.7
7.30	43.4
7.40	42.0
7.50	40.3
7.60	38.5
7.70	36.6
7.80	34.5
7.90	32.0
8.00	29.2

续表

所需 pH 值（25℃）	所需 0.1mol/L HCl 的体积/ml
8.10	26.2
8.20	22.9
8.30	19.9
8.40	17.2
8.50	14.7
8.60	12.4
8.70	10.3
8.80	8.5
8.90	7.0

某一特定 pH 的 0.05 mol/L Tris 缓冲液的配制：将 50 ml 0.1 mol/ L Tris 碱溶液与上表所示相应体积（ml）的 0.1mol/L HCl 混合，加水将体积调至 100 ml。

A1.3

Tris 缓冲液

Tris 初次引起广泛注意的商业的成功之一是在鱼的运输时降低了鱼的死亡率。在 20 世纪 40 年代，活鱼是在盛有海水的桶里运往市场的。不幸的是，许多鱼因 CO_2 的积聚使 pH 下降而致死。为了解决这个问题，在水中加入麻醉剂以便使鱼的代谢活动降至最低限度，即使这样也只能部分地得到缓解。这些麻醉剂对那些吃了这种鱼的人到底有什么作用没有记载。1958 年，McFarland 和 Norris 在海水中加入 Tris 稳定其 pH，的确降低了鱼的死亡率并使食鱼者愈加爱吃。Tris 也成了用于许多生化目的非常满意的缓冲液，也是目前用于分子克隆中大多数酶反应的标准缓冲液。

Tris（羟基甲基氨基甲烷）有很高的缓冲能力，在水中高度溶解，对很多种酶反应是惰性的。但是，Tris 也有许多不足之处：

- Tris 的 pK_a 值是 pH 8.0（20℃），这就意味着在 pH 值小于 7.5 和大于 9.0 时，Tris 的缓冲能力是非常低的。
- 温度对 Tris 的解离有显著影响。温度每升高 1℃，Tris 溶液的 pH 值则降低约 0.03 pH 单位。例如，0.05 mol/LTris 在 5℃，25℃，37℃时，其 pH 值分别为 9.5，8.9 和 8.6。科学文献中 Tris 溶液的 pH 指的是在 25℃测定的 pH。配制 Tris 的贮存液时，最好是将 pH 调到所希望的范围，然后使之冷却至 25℃再进行最终校正。
- Tris 与许多类型含有亚麻纤维接头的 pH 电极起反应，显然 Tris 能与亚 麻纤维起反应。这种影响表现在电动势（emf）漂移，平衡时间加长。因此，具有亚麻纤维接头的电极不能精确测定 Tris 溶液的 pH 值。只能使用具有陶瓷或玻璃接头的电极测定 Tris 溶液的 pH 值。
- 浓度对 Tris 解离有显著影响。例如，10 mmol/L 和 100 mmol/L Tris 溶液的 pH 值会相差 0.1pH 单位，溶液的浓度越大则其 pH 值越高。
- Tris 对许多哺乳动物有毒性。
- Tris 作为伯胺，不能用于像戊二醛和甲醛这样的固定剂。Tris 也与乙二醛反应。通常用磷酸盐或 MOPS 缓冲液替代 Tris，用于这些试剂。

Good 缓冲液

Tris 是一种在 pH 7.5 以下缓冲能力很差的缓冲液。在 20 世纪 60 年代中期，为了获得在 pH 7.5 以下具有更好缓冲能力的缓冲液，N. Good 和他的同事研制一系列 N-取代的氨基磺酸作为生物学上相关 pH 值的强两性离子。如果没有这些缓冲液，对于分子克隆极为重要的一系列技术要么全然不会存在，要么大大降低工作效率。这些技术包括：哺乳细胞的高效转染（HEPES，Tricine 和 BES），RNA 的凝胶电泳（MOPS）和细菌的高效转化（MES）。

表 A1-2 Good 缓冲液的配制 A1.4

缩写词	化学名称	FW	pK_a	使用 pH 值范围
MES	2-（*N*-吗啉代）乙磺酸	195.2	6.1	5.5～6.7
Bis-Tris	二（2-羟乙基）亚氨基 Tris（羟甲基）甲烷	209.2	6.5	5.8～7.2
ADA	*N*（2-乙酰氨基）-2-亚氨基双乙酸	190.2	6.6	6.0～7.2
ACES	2［（2-氨基-2 氧代乙基）氨基］乙磺酸	182.2	6.8	6.1～7.5
PIPES	哌嗪-*N*，*N*-bis 二（2-乙磺酸）	302.4	6.8	6.1～7.5
MOPSO	3-（*N*-吗啉代）-2-羟基丙磺酸	225.3	6.9	6.2～7.6
Bis-Tris Propane	1，3-二［tris（羟甲基）甲基氨基］丙烷	282.3	6.8*	6.3～9.5
BES	*N*，*N*-二（2-羟乙基）-2-氨基乙磺酸	213.2	7.1	6.4～7.8
MOPS	3-（*N*-吗啉代）丙磺酸	209.3	7.2	6.5～7.9
HEPES	*N*-（2-羟乙基）哌嗪-*N*′-（2-乙磺酸）	238.3	7.5	6.8～8.2
TES	*N*-tris（羟甲基）甲基-2-氨基乙磺酸	229.2	7.4	6.8～8.2
DIPSO	3-［*N*，*N*-二（羟乙基）氨基］-2-羟基丙磺酸	243.3	7.6	7.0～8.2
TAPSO	3-［*N*-tris（羟甲基）甲基氨基］-2-羟基丙磺酸	259.3	7.6	7.0～8.2
TRIZMA	tris（羟甲基）氨基甲烷	121.1	8.1	7.0～9.1
HEPPSO	*N*-（2-羟乙基）哌嗪-*N*′-（2-羟基丙磺酸）	268.3	7.8	7.1～8.5
POPSO	哌嗪-*N*，*N*′-二（2-羟基丙磺酸）	362.4	7.8	7.2～8.5
EPPS	*N*-（2-羟乙基）哌嗪-*N*′-（3-丙磺酸）	252.3	8.0	7.3～8.7
TEA	三乙醇胺	149.2	7.8	7.4～8.3
Tricine	*N*-tris（羟甲基）甲基甘氨酸	179.2	8.1	7.4～8.8
Bicine	*N*，*N*-二（2-羟乙基）甘氨酸	163.2	8.3	7.6～9.0
TAPS	*N*-tris（羟甲基）甲基-3-氨基丙磺酸	243.3	8.4	7.7～9.1
AMPSO	3-［(1，1-二甲基-2-羟乙基）氨基］-2-羟基丙磺酸	227.3	9.0	8.3～9.7
CHES	2-（*N*-环己基氨基）乙磺酸	207.3	9.3	8.6～10.0
CAPSO	3-（环己基氨基）-2-羟基-1-丙磺酸	237.3	9.6	8.9～10.3
AMP	2-氨基-2-甲基-1-丙醇	89.1	9.7	9.0～10.5
CAPS	3-（环己基氨基）-1-丙磺酸	221.3	10.4	9.7～11.1

注：以上资料汇编出自包括 1994 年 Sigma-Aldrich 公司的 Biochemical and Reagents for Life Science Research 及其参考文献在内的多种来源。

*第二解离阶段的 $pK_a=9.0$。

磷酸缓冲液（Gomori 缓冲液） A1.5

最通用的磷酸盐缓冲液是以其发明者 Gomori 命名的。该缓冲液是由单价磷酸二氢盐和双价磷酸一氢盐的混合物组成的。通过变化每种盐的量，就可配制出 pH 5.8 至 pH8.0 之间缓冲液（见表 A1-3A 和 A1-3B）。磷酸盐有很高的缓冲能力，在水中高度可溶。但是，它们也有不少潜在的缺点：

- 磷酸盐缓冲液抑制许多酶促反应和步骤，而这些酶促反应和步骤恰恰是分子克隆的基础，其中包括许多限制酶对 DNA 的切割，DNA 的连接和细菌转化等。
- 因为磷酸盐在乙醇中沉淀，不能用于沉淀 DNA 和 RNA。
- 磷酸盐螯合像 Ca^{2+} 和 Mg^{2+} 这样的阳离子。

表 A1-3A　25℃下 0.1 mol/L 磷酸钾缓冲液的配制

pH	1 mol/L K_2HPO_4 的体积/ml	1 mol/L KH_2PO_4 的体积/ml
5.8	8.5	91.5
6.0	13.2	86.8
6.2	19.2	80.8
6.4	27.8	72.2
6.6	38.1	61.9
6.8	49.7	50.3
7.0	61.5	38.5
7.2	71.7	28.3
7.4	80.2	19.8
7.6	86.6	13.4
7.8	90.8	9.2
8.0	94.0	6.0

注：根据 Green（1933）的资料汇编。

用蒸馏水将混合的两种 1 mol/L 的贮存液稀释至 1000 ml。根据 Henderson-Hasselbalch 方程计算其 pH 值：

$$pH = pK' + \text{Log}\left\{\frac{\text{质子受体}}{\text{质子供体}}\right\}$$

在此，$pK' = 6.86$（25℃）

表 A1-3B　25℃下 0.1 mol/L 磷酸钠缓冲液的配制

pH	1 mol/L Na_2HPO_4 的体积/ml	1 mol/L NaH_2PO_4 体积/ml
5.8	7.9	92.1
6.0	12.0	88.0
6.2	17.8	82.2
6.4	25.5	74.5
6.6	35.2	64.8
6.8	46.3	53.7
7.0	57.7	42.3
7.2	68.4	31.6
7.4	77.4	22.6
7.6	84.5	15.5
7.8	89.6	10.4
8.0	93.2	6.8

注：根据 ISCO（1982）的资料汇编。

用蒸馏水将混合的两种 1 mol/L 贮存液稀释至 1000 ml。根据 Henderson-Hasselbalch 方程计算其 pH 值：

$$pH = pK' + \text{Log}\left\{\frac{\text{质子受体}}{\text{质子供体}}\right\}$$

在此，$pK' = 6.86$（25℃）

酸和碱　　A1.6

表 A1-4　常见的市售酸碱的浓度

溶质	分子式	相对分子质量	mol/L*	g/L	质量分数/%	比重	配制 1 mol/L 的加入量/mL
冰乙酸	CH_3COOH	60.05	17.4	1045	99.5	1.05	57.5
乙酸		60.05	6.27	376	36	1.045	159.5
甲酸	HCOOH	46.02	23.4	1080	90	1.20	42.7
盐酸	HCl	36.5	11.6	424	36	1.18	86.2
			2.9	105	10	1.05	344.8
硝酸	HNO_3	63.02	15.99	1008	71	1.42	62.5
			14.9	938	67	1.40	67.1
			13.3	837	61	1.37	75.2
高氯酸	$HClO_4$	100.5	11.65	1172	70	1.67	85.8
			9.2	923	60	1.54	108.7
磷酸	H_3PO_4	80.0	18.1	1445	85	1.70	55.2
硫酸	H_2SO_4	98.1	18.0	1766	96	1.84	55.6
氢氧化铵	NH_4OH	35.0	14.8	251	28	0.898	67.6
氢氧化钾	KOH	56.1	13.5	757	50	1.52	74.1
			1.94	109	10	1.09	515.5
氢氧化钠	NaOH	40.0	19.1	763	50	1.53	52.4
			2.75	111	10	1.11	363.6

注：*对于某些酸和碱来说，不同摩尔浓度/当量浓度的贮存液是通用的。浓的贮存液常常缩写成“conc”，稀释的贮存液常缩写为“dil”。

表 A1-5　各种浓度的酸碱贮存液的近似 pH 值

溶质	1N*	0.1N	0.01N	0.001N
乙酸	2.4	2.9	3.4	3.9
盐酸	0.10	1.07	2.02	3.01
硫酸	0.3	1.2	2.1	
柠檬酸		2.1	2.6	
氢氧化铵	11.8	11.3	10.8	10.3
氢氧化钠	14.05	13.07	12.12	11.13
碳酸氢钠		8.4		
碳酸钠		11.5	11.0	

注：* N 为当量浓度［1 N≌（1 mol/L）×离子价数］。——译者注

用于分子生物学中使用的缓冲液和贮存液的配制　　A1.7

注意：对于标记有〈!〉的物质的正确使用参见附录 12。

pH 缓冲液

磷酸缓冲盐溶液（PBS）

137 mmol/L NaCl

2.7 mmol/L KCl

10 mmol/L Na_2HPO_4

2 mmol/L KH_2PO_4

用 800 ml 蒸馏水溶解 8 g NaCl，0.2 g KCl，1.44 g Na_2HPO_4 和 0.24 g KH_2PO_4。用 HCl 调节溶液的 pH 值至 7.4，加水至 1 L。分装后在 15 psi（1.05 kg/cm^2）高压蒸汽灭菌 20 min，或通过过滤除菌，保存于室温。

PBS 是一种通用试剂。值得指出的是本文列出的配方缺乏双价阳离子，如果需要，PBS 可以补加成 1 mmol/L $CaCl_2$ 和 0.5 mmol/L $MgCl_2$。

10×Tris EDTA（TE）

pH 7.4

100 mmol/L Tris-Cl（pH 7.4）

10 mmol/L EDTA（pH 8.0）

pH 7.6

100 mmol/L Tris-Cl（pH 7.6）

10 mmol/L EDTA（pH 8.0）

pH 8.0

100 mmol/L Tris-Cl（pH 8.0）

10 mmol/L EDTA（pH 8.0）

分装后在 15psi（1.05 kg/cm^2）的高压下蒸汽灭菌 20 min，在室温保存。

Tris-Cl（1 mol/L）

用 800 ml 蒸馏水溶解 121.1 g Tris 碱，加浓盐酸〈!〉调 pH 至所需值。

pH	HCl
7.4	70 ml
7.6	60 ml
8.0	42 ml

应使溶液冷至室温后，方可最后调定 pH 值。加水定容至 1 L。分装后高压蒸汽灭菌。

如果 1 mol/L 溶液呈现黄色，应予丢弃。并使用质量更好的 Tris。Tris 溶液的 pH 值因温度而异，温度每升高 1℃，pH 值大约降低 0.03 单位，0.05 mol/L 溶液在 5℃，25℃和 37℃时的 pH 值分别为 9.5，8.9 和 8.6。

A1.8 Tris 镁盐缓冲液（TM）

50 mmol/L Tris-Cl（pH7.8）

10 mmol/L $MgSO_4$

Tris 缓冲盐溶液（TBS）

用 800 ml 蒸馏水溶解 8 g NaCl，0.2 g KCl 和 3 g Tris 碱，加入 0.015 g 酚红并用 HCl 调 pH 值至 7.4，用蒸馏水定容至 1 L。分装后在 15 psi（1.05 kg/cm^2）高压下蒸汽灭菌 20 min，保存于室温。

酶贮存液和缓冲液

酶贮存液

溶菌酶（10 mg/ml）

使用前用 10 mmol/L Tris-Cl (pH 8.0) 即刻溶解溶菌酶，配制成 10 mg/ml 浓度的贮存液。配制时要确保 Tris 的 pH 值为 8.0，如果溶液的 pH 值低于 8.0 则溶菌酶则不能有效的工作。

溶细胞酶（67 mg/ml）

溶细胞酶购自 Sigma 公司。用前用含有 50%甘油的 0.01 mol/L 磷酸钠配制成 67 mg/L（900 U/ml）。

胰 DNase I（1 mg/ml）

用 1 ml 下述溶液溶解 2 mg 粗制胰 DNase I：

10 mmol/L Tris-Cl（pH7.5）

150 mmol/L NaCl

1 mmol/L $MgCl_2$

当 DNase I 溶解时，加入 1 ml 甘油，盖紧管口轻轻颠倒几次，加以混合。避免产生气泡和泡沫。分装后保存于 −20℃。

胰 RNase (1 mg/ml)

用 2 ml TE（pH7.6）溶解 2 mg 粗制胰 RNase I (Sigma 公司或相当产品)。

蛋白酶 K (20 mg/ml)

购来的蛋白酶 K 是冷冻干燥的粉末状物质，用灭菌的 50 mmol/L Tris（pH8.0），1.5 mmol/L 乙酸钙溶解，配制成浓度为 20 mg/ml 的溶液。将贮存液分装，在 −20℃下保存。不像许多蛋白水解酶（如链霉蛋白酶）那样，用前蛋白酶 K 无须处理（参见附录 4 中蛋白酶 K 条目）。

胰蛋白酶

用 200 mmol/L 碳酸氢铵（pH8.9）配制成 250 μg/ml 浓度。分装后在 −20℃下保存。

酶解酶 5000（2 mg/ml）

购自 Kirin Bereweries 公司。使用前用含有 50%甘油的 0.01 mol/L 磷酸钠缓冲液配制成浓度为 2 mg/ml 的溶液。

酶稀释缓冲液 A1.9

DNase I 稀释缓冲液

10 mmol/L Tris-Cl (pH 7.5)
150 mmol/L NaCl
1 mmol/L $MgCl_2$

聚合酶稀释缓冲液

50 mmol/L Tris-Cl (pH 8.1)
1 mmol/L 二硫苏糖醇（DTT）
0.1 mmol/L EDTA（pH8.0）
0.5 mg/ml 牛血清白蛋白
5%（*V*/*V*）甘油
现用现配。

测序酶稀释缓冲液

10 mmol/L Tris-Cl (pH 7.5)
5 mmol/L 二硫苏糖醇（DTT）
0.5 mg/ml BSA
贮存于 -20℃

***Taq* 稀释缓冲液**

25 mmol/L Tris-Cl (pH 8.8)
0.01 mmol/L EDTA（pH8.0）
0.15%（*V*/*V*）Tween-20
0.15%（*V*/*V*）乙基苯基聚乙二醇（NP4O）

酶反应缓冲液

重要:尽可能使用由厂家提供的 10×反应缓冲液。否则，使用下列配方。

10×扩增缓冲液

500 mmol/L KCl
100 mmol/L Tris-Cl（pH8.3，室温下）
15 mmol/L $MgCl_2$
在 15 psi（1.05 kg/cm^2）高压下蒸汽灭菌 10 min。分装后贮存在 -20℃。

10×噬菌体 T4 DNA 连接酶缓冲液

200 mmol/L Tris-Cl（pH7.6）
50 mmol/L $MgCl_2$
50 mmol/L 二硫苏糖醇（DTT）
分装成若干小份，贮存在 -20℃。要进行反应时加入 ATP 至合适的浓度（如 1 mmol/L)。

A1.10 **10×噬菌体 T4 DNA 聚合酶缓冲液**

330 mmol/L Tris-乙酸（pH8.0）
660 mmol/L 乙酸钾

100 mmol/L 乙酸镁
5 mmol/L 二硫苏糖醇（DTT）
1 mg/ml 牛血清白蛋白（组分 V，Sigma 公司产品）

分装成小份，冷冻贮存在 -20℃。

10×噬菌体 T4 多核苷酸激酶缓冲液

700 mmol/L Tris-Cl（pH7.6）
100 mmol/L $MgCl_2$
50 mmol/L 二硫苏糖醇（DTT）

分装成小份，冷冻贮存在 -20℃。

5×BAL31 缓冲液

3 mol/L NaCl
60 mmol/L $CaCl_2$
60 mmol/L $MgCl_2$
100 mmol/L Tris-Cl（pH8.0）
1 mmol/L EDTA（pH8.0）

10×去磷酸化缓冲液（用于 CIP）

100 mmol/L Tris-Cl（pH8.3）
10 mmol/L $MgCl_2$
10 mmol/L $ZnCl_2$

10×去磷酸化缓冲液（用于 SAP）

200 mmol/L Tris-Cl（pH8.8）
100 mmol/L $MgCl_2$
10 mmol/L $ZnCl_2$

1×*Eco*RⅠ甲基化酶缓冲液

50 mol/L NaCl
50 mmol/L Tris-Cl（pH8.0）
10 mol/L EDTA
80 μmol/L *S*-腺苷甲硫氨酸

分装成小份，贮存于 -20℃。

10×外切核酸酶Ⅲ缓冲液

660 mmol/L Tris-Cl（pH8.0）
66 mmol/L $MgCl_2$
100 mmol/L β-巯基乙醇〈!〉

用时才加β-巯基乙醇。

10×Klenow 缓冲液

0.4 mol/L 磷酸钾（pH7.5）

66 mmol/L $MgCl_2$

10 mmol/L β-巯基乙醇〈!〉

A1.11 **10×接头激酶缓冲液**

600 mmol/L Tris-Cl（pH7.6）

100 mmol/L $MgCl_2$

100 mmol/L 二硫苏糖醇（DTT）

2 mg/ml 牛血清白蛋白

使用时现配。

核酸酶 S1 消化缓冲液

0.28 mol/L NaCl

0.05 mol/L 乙酸钠（pH4.5）

4.5 mmol/L $ZnSO_4 \cdot 7H_2O$

分装成小份，贮存于－20℃。用前加核酸酶 S1 至浓度为 500 U/ml。

10×蛋白酶 K 缓冲液

100 mmol/L Tris-Cl（pH8.0）

50 mmol/L EDTA（pH8.0）

500 mol/L NaCl

10×反转录酶缓冲液

500 mmol/L Tris-Cl（pH8.3）

750 mmol/L KCl

30 mmol/L $MgCl_2$

RNA 酶 H 缓冲液

20 mmol/L Tris-Cl（pH7.6）

20 mmol/L KCl

0.1 mmol/L EDTA（pH8.0）

0.1 mmol/L 二硫苏糖醇（DTT）

用时现配制。

5×末端转移酶缓冲液

大多数厂家都提供5×反应缓冲液，典型的缓冲液含有下列试剂：

500 mmol/L 二甲胂酸钾（pH7.2）〈!〉

10 mmol/L $CoCl_2 \cdot 6H_2O$

1 mmol/L 二硫苏糖醇（DTT）

5×末端转移酶缓冲液（或加尾）缓冲液

可按照下列方法（Eschenfeldt et al. 1987）配制：

1. 用 10 ml 3 mol/L 乙酸钾在室温下平衡 5g Chelex 100（Bio-Rad）。
2. 5 min 后，抽气过滤除去过剩的液体。用 10 ml 无离子水洗 Chelex3 次。
3. 配制 1 mol/L 二甲胂酸钾溶液。用处理过的 Chelex 树脂平衡二甲胂酸盐溶液。
4. 借以通过配有 Whatman 1# 滤纸的漏斗回收二甲胂酸盐溶液。
5. 依次将水、二硫苏糖醇和 $CoCl_2$ 加入回收的二甲胂酸盐溶液中，配制成终浓度为 500 mmol/L 二甲胂酸钾，1 mmol/L 二硫苏糖醇和 20 mmol/L $CoCl_2$ 的溶液。 A1.12

10×通用 KGB（限制性内切核酸酶）缓冲液

1 mol/L 乙酸钾

250 mmol/L Tris-乙酸（pH7.6）

100 mol/L 四氢乙酸镁

5 mmol/L β-巯基乙醇〈!〉

0.1 mg/ml 牛血清白蛋白

分装成小份，贮存于 -20℃。

杂交缓冲液

碱性转移缓冲液（用于将 DNA 碱转移至尼龙膜上）

0.4 mol/L NaOH〈!〉

1 mol/L NaCl

Church 缓冲液

1%（*m*/*V*）牛血清白蛋白

1 mmol/L EDTA

0.5 mol/L 磷酸盐缓冲液*

7%（*m*/*V*）SDS

变性缓冲液（中性转移，仅用于双链 DNA）

1.5 mol/L NaCl

0.5 mmol/L NaOH〈!〉

---

* 0.5 mol/L 磷酸盐缓冲液：134 g $Na_2HPO_4 \cdot 7H_2O$，4 ml 85%的 H_3PO_4〈!〉（浓磷酸），用水定容至 1 L。

HCl（2.5 mol/L）

加 25 ml 浓 HCl〈!〉（11.6 mol/L）到 91 ml 蒸馏水中。于室温保存。

用于 RNA 的含甲酰胺的杂交缓冲液

40 mmol/L PIPES（pH 6.8）

1 mmol/L EDTA（pH 8.0）

0.4 mol/L NaCl

80%（V/V）去离子甲酰胺〈!〉

用 PIPES 的二钠盐配制缓冲液，用 1 mol/L HCl 调 pH 至 6.4。

用于 RNA 的不含甲酰胺的杂交缓冲液

40 mmol/L PIPES（pH 6.4）

0.1 mmol/L EDTA（pH 8.0）

0.4 mol/L NaCl

用 PIPES 的二钠盐配制缓冲液，用 1 mol/L HCl 调 pH 至 6.4。

A1.13 **中和缓冲液Ⅰ（用于将 DNA 转移至不带电荷的膜上）**

1 mol/L Tris-Cl（pH7.4）

1.5 mol/L NaCl

中和缓冲液Ⅱ（用于将 DNA 碱性转移至尼龙膜上）

0.5 mol/L Tris-Cl（pH7.2）

1 mol/L NaCl

中和液（适于中性转移，仅用于双链 DNA）

0.5 mol/L Tris-Cl（pH7.4）

1.5 mol/L NaCl

预杂交液（用于斑点、狭缝和 RNA 杂交）

0.5 mol/L 磷酸钠（pH7.2）*

7%（m/V）SDS

1 mmol/L EDTA（pH7.0）

预杂交和杂交溶液

预杂交/杂交溶液（用于噬菌斑和菌落）

50%（V/V）甲酰胺（可任意选择）〈!〉

---

* 0.5 mol/L 磷酸缓冲液：134 g Na_2HPO_4，4 ml 85% H_3PO_4〈!〉（浓磷酸），用水定容至 1 L。

6×SSC（或 6×SSPE）

0.05×BLOTTO

使用 Church 缓冲液，可以替代上述溶液。

使用何种杂交溶液，请参看第1章方案32第5步骤中有关“预杂交和杂交溶液”。甲酰胺的使用参看有关第6章内的“分子克隆中的甲酰胺及其使用”的信息。

预杂交/杂交液（适用于液体缓冲液中的杂交）

6×SSC（或 6×SSPE）

5×Denhardt's 液（见 A1-15）

0.5%（*m*/*V*）SDS

1 μg/ml poly(A)

100 μg/ml 鲑鱼精 DNA

预杂交/杂交（适用于甲酰胺缓冲液中的杂交）

6×SSC（或 6×SSPE）

5×Denhardt's 液（见 A1-15）

0.5%（*m*/*V*）SDS

1 μg/ml poly(A)

100 μg/ml 鲑鱼精 DNA

50%（*V*/*V*）甲酰胺〈!〉

充分混合后，用 0.45 μm 乙酸纤维素膜过滤。为降低在非严格条件下（如 20%～30% 甲酰胺）杂交的背景，重要的是使用的甲酰胺要尽量的纯。

预杂交/杂交液（适用于磷酸-SDS 缓冲液中的杂交） A1.14

0.5 mol/L 磷酸缓冲液（pH7.2）*

1 mmol/L EDTA（pH8.0）

7%（*m*/*V*）SDS

1%（*m*/*V*）牛血清白蛋白

使用电泳级的牛血清白蛋白。使用这种特殊的预杂交/杂交溶液不需要封闭剂或杂交率增强剂。

20×SSC

用 800 ml H_2O 溶解 175.3 g NaCl 和 88.2 g 柠檬酸钠，用几滴 14N HCl〈!〉调 pH 值至 7.0，用水定容至 1 L。分装后高压灭菌。该试剂的终浓度为 3.0 mol/L NaCl 和 0.3 mol/L 柠檬酸钠（原文为 0.3 mol/L 乙酸钠。——译者注）

20×SSPE

用 800 ml H_2O 溶解 175.3 g NaCl，27.6 g $NaH_2PO_4 \cdot H_2O$ 和 7.4 g EDTA。用 NaOH〈!〉调 pH 值至 7.4，用水定容至 1 L。分装后高压灭菌。该试剂的终浓度为 3.0 mol/L NaCl，0.2 mol/L NaH_2PO_4 和 0.02 mol/L EDTA。

---

* 0.5 mol/L 磷酸缓冲液：134 g $Na_2HPO_4 \cdot 7H_2O$，4 ml 85% H_3PO_4〈!〉（浓磷酸），用 H_2O 定容至 1L。

封闭剂

封闭剂防止配体黏附于表面。在分子克隆中使用封闭剂是阻止在 DNA 印迹法，RNA 印迹法和蛋白质印迹法中的探针的非特异结合。如果不封闭，这些探针会非特异牢固地结合在硝酸纤维素膜或尼龙膜上。没有封闭剂除非是最强的靶大分子，否则不可能检测出任何分子。

没有人确切知道探针非特异结合的原因。疏水性的碎屑、木质素杂质、探针过高的浓度、纤维素膜烘烤过头或烘烤不足以及核酸探针中的同聚核苷酸序列有时都被认为是非特异结合的原因，另外尚有一些没有料到的因素。无论什么原因，解决办法一般说来是简单的：用含有混合物的封闭液处理滤膜就会与在固体支持物上的探针的非特异性结合位点竞争。封闭剂凭借蛮力发生作用。封闭剂使用的浓度很高而且一般由高分子质量的多聚物（肝素、聚乙烯吡咯烷酮、核酸）、蛋白质（牛血清白蛋白，脱脂奶粉）和去垢剂（SDS 或 Nonidet P-40）的混合物组成。下述的推荐仅是应用于尼龙滤膜和硝酸纤维素滤膜。带电荷的尼龙滤膜应按厂商推荐的方法处理。

用于核酸杂交的封闭剂：在核酸杂交中通用的两种封闭剂是Denhardt's（Denhardt 1996）和 BLOTTO（Bovine Lacto Transfer Technique Optimizer，牛乳转移技术最优化，Johnson et al. 1984）。带有固定了靶分子的滤膜通常在探针加入之前，先与封闭剂温育 1～2 h。大多数情况下，当滤膜与由含有 5 × Denhardt's 试剂的 6 × SSC（或 SSPE），1.0% SDS 和 100 mg/ml 变性鲑鱼精 DNA 组成的封闭液温育时，背景杂交会完全被抑
A1.15 制。每当预期的信噪比较低时，例如，当低丰度的 RNA 进行 RNA 分析或对哺乳动物 DNA 单拷贝序列进行 DNA 分析时，应当用这种封闭剂。但是，在许多其他环境［Grunstei-Hogness 杂交（菌落原位杂交），Benton-Davis 杂交（噬斑原位杂交）及丰度 DNA 序列的 DNA 杂交等等］下，可用较廉价的含有 0.25%～0.5%脱脂奶粉的 6 × SSC 或 SSPE（BLOTTO，Johnson et al. 1984）替代上述的封闭液。

当用硝酸纤维素膜时，封闭剂通常包含在预杂交和杂交液中。但是，当靶核酸分子固定在尼龙膜上时，在杂交液中往往省掉封闭剂。这是由于高浓度的蛋白质会干扰探针与其靶分子的退火，特别值得注意的是，当用寡核苷酸作为探针时，封闭液会抑制杂交信号。这个问题通过在含有高浓度 SDS（6%～7%）、磷酸钠（0.4 mol/L）、牛血清白蛋白（1%）和 EDTA（0.02 mol/L）的溶液（Church and Gilbert 1984）中进行杂交往往能够解决。

当杂交在有促进剂葡聚糖硫酸酯进行杂交时，肝素有时取代Denhardt's 液或 BLOTTO。在含有葡聚糖硫酸酯的杂交液中，肝素使用浓度为 500 μg/ml。在不含葡聚糖硫酸酯的杂交液中，肝素的使用浓度为 50 μg/ml（Singh and Jones 1984）。肝素（Sigma 公司，猪源Ⅱ级或相当规格的产品）用 4 × SSPE 或 SSC 配制成浓度为 50 mg/ml 的溶液，贮存于 4℃。

用于 Western 印迹的封闭剂：脱脂奶粉是最好且最便宜的封闭剂（Johnson et al. 1984）。易于使用且适于所有普通的免疫检测系统。只有当用 Western 印迹法探测可能存在于牛乳中的蛋白质时，脱脂奶粉不应用作封闭剂。

Denhardt's 试剂

Denhardt's 试剂用于：

- RNA 杂交
- 单拷贝序列的 DNA 杂交
- 将 DNA 固定在尼龙膜上的杂交

Denhardt's 试剂通常配制成 50×贮存液，过滤后保存在 -20℃。将贮存液 10 倍稀释于杂交缓冲液（通常是含有 1.0% SDS 和 100 μg/ml 变性鲑鱼精 DNA 的 6×SSC 或 SSPE）中。50×Denhardt's 试剂用水配制（Denhardt 1996）其成分为：

1%（*m/V*）聚糖体 400（Ficoll 400）

1%（*m/V*）聚乙烯吡咯烷酮（PVP）

1%（*m/V*）牛血清白蛋白（Sigma，组分 V）

BLOTTO〈!〉

BLOTTO 用于：

- Grunstein-Hogness 杂交（菌落原位杂交）
- Benton-Davis 杂交（噬菌斑原位杂交）
- 除单拷贝序列 DNA 杂交外的所有 DNA 杂交和狭线印迹

1×BLOTTO 是含有 5%（*m/V*）脱脂奶粉和 0.02% 叠氮钠〈!〉的水溶液，贮存于 4℃。使用前可 10~25 倍稀释于预杂交缓冲液中。BLOTTO 不应与高浓度的 SDS 并用，因为后者会导致牛奶中的蛋白质析出。如果背景杂交不符合要求，可在杂交液中加 NP-40 至终浓度 1%（*V/V*）。

BLOTTO 可能含有高水平的 RNase，当用在 RNA 杂交和用 RNA 作探针时，应将 BLOTTO 用焦碳酸二乙酯处理（Siegel and Bresnik 1986）或在 72℃ 保温过夜（Monstein et al. 1992）。当靶 DNA 固定在尼龙滤膜上时，BLOTTO 不如 Denhardt's 液有效。

下述的配方之一可用来配制封闭缓冲液。用于蛋白质印迹法的封闭液是含有 5%（*m/V*）脱脂奶粉，0.01% 消泡剂和 0.02% 叠氮钠的磷酸盐缓冲液。 A1.16

封闭缓冲液（含有封闭剂的 TNT 缓冲液）

10 mmol/L Tris-Cl（pH8.0）

150 mmol/L NaCl

0.05%（*V/V*）Tween-20

封闭剂［1%（*m/V*）明胶，3%（*m/V*）牛血清白蛋白或 5%（*m/V*）脱脂奶粉］

使用何种封闭剂最好因实验室而异。我们建议先做预实验来确定用何种封闭剂最好。封闭剂可贮存于 4℃ 并可反复使用几次。叠氮钠〈!〉的最终浓度应是 0.05%（*m/V*）以防止微生物生长。

抽提/裂解缓冲液和溶液

碱裂解溶液 Ⅰ（制备质粒）

50 mmol/L 葡萄糖

25 mmol/L Tris-Cl（pH8.0）

10 mmol/L EDTA（pH8.0）

溶液Ⅰ一次可配制 100 ml，在 15 psi（1.05 kg/cm^2）压力下蒸汽灭菌 15 min，保存于 4℃。

碱裂解溶液Ⅱ（制备质粒）

0.2 N NaOH（从10N贮存液中现用现稀释）

1%（*m*/*V*）SDS

溶液Ⅱ要现用现配制，室温下使用。

碱性裂解溶液Ⅲ（制备质粒）

5 mol/L 乙酸钾	60.0 ml
冰乙酸〈!〉	11.5 ml
H_2O	28.5 ml

所配成的溶液中钾的浓度为3 mol/L，乙酸根的浓度为5 mol/L。保存于4℃，用时置于冰浴中。

STET

10 mmol/L Tris-Cl（pH8.0）

0.1 mol/L NaCl

1 mmol/L EDTA（pH8.0）

5%（*V*/*V*）Triton X-100

所有的成分加完后，确保STET的pH值为8.0。用前STET不需要灭菌。

电泳和凝胶加样缓冲液

常用电泳缓冲液

A1.17 常用电泳缓冲液

缓冲液	工作液	贮存液/L
Tris-乙酸（TAE）	1×	50×
	40 mmol/L Tris-乙酸	242g Tris碱
	1 mmol/L EDTA	57.1 ml 冰乙酸〈!〉
		100 ml 0.5 mol/L EDTA（pH8.0）
Tris-硼酸*（TBE）	0.5×	5×
	45 mmol/L Tris-硼酸	54g Tris碱
	1 mmol/L EDTA	27.5g 硼酸
		20 ml 0.5 mol/L EDTA（pH8.0）
Tris-磷酸（TPE）	1×	10×
	90 mmol/L Tris-磷酸	108g Tris碱
	2 mmol/L EDTA	15.5 ml 磷酸〈!〉（85%，1.679g/ml）
		40 ml 0.5 mol/L EDTA（pH8.0）
Tris-甘氨酸**	1×	5×
	25 mmol/L Tris-Cl	15.1g Tris碱
	250 mmol/L 甘氨酸	94g 甘氨酸（电泳级）
	0.1%SDS	50 ml 10% SDS（电泳级）

注：* TBE通常配制成5×或10×贮存液。浓的贮存液的pH值应为8.3，用前稀释。由同一浓度贮存液配制凝胶液和电泳缓冲液。某些人喜欢使用更浓的TBE贮存液（10×而不是5×）。但是，5×贮存液更稳定，在存放时不会出现沉淀。用0.22 μm滤膜将5×或10×贮存液过滤可防止或推迟沉淀的形成。

** Tris-甘氨酸缓冲液用于SDS-聚丙烯酰胺凝胶（见附录8）。

特殊的电泳缓冲液

10×碱性琼脂糖凝胶电泳缓冲液

500 mmol/L NaOH〈!〉

10 mmol/L EDTA

将 50 ml 10N NaOH 和 20 ml 0.5 mol/L EDTA（pH8.0）加到 800 ml 水中，然后定容至 1L。用前即刻将 10×碱性琼脂糖凝胶电泳缓冲液用水稀释成 1×工作液。使用同一 10×贮存液配制碱性琼脂糖凝胶和电泳工作液。

10×BPTE 电泳缓冲液

100 mmol/L PIPES

300 mmol/L Bis-Tris

10 mmol/L EDTA

10×缓冲液的最终 pH 值是～6.5。10×缓冲液的配方如下：将 3 g PIPES（游离酸）、6 g Bis-Tris（游离碱）和 2 ml 0.5 mol/L EDTA 加到 90 ml 蒸馏水中，然后用焦碳酸二乙酯〈!〉处理（终浓度为 0.1%；详情见第 7 章有关焦碳酸二乙酯的资料。）

A1.18

10×MOPS 电泳缓冲液

0.2 mol/L MOPS（pH7.0）〈!〉

20 mmol/L 乙酸钠

10 mmol/L EDTA（pH8.0）

用 700 ml 用 DEPC 处理灭菌水溶解 41.8 g MOPS。用 2mol/L NaOH 调 pH 值至 7.0。加 20 ml DEPC 处理的 1 mol/L 乙酸钠和 20 ml DEPC 处理的 0.5 mol/L EDTA（pH8.0）。用 DEPC 处理的水定容至 1L。用 0.45 μm 的滤膜过滤除菌，室温避光保存。如果缓冲液暴露于可见光或被高压灭菌则会变黄。淡黄色的缓冲液完全可用，但颜色变深的缓冲液不能使用。

MOPS（3-［*N*-吗啉代］丙磺酸）

FW	pK_a（20℃）	ΔpK_a/℃	0℃饱和液的摩尔强度
209.3	7.15	−0.013	3.1

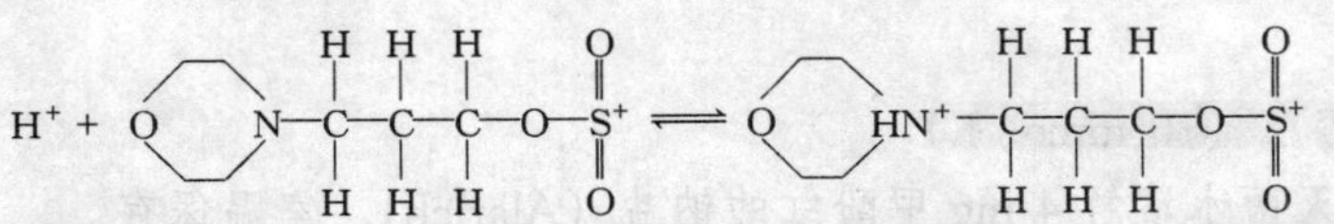

MOPS 是 1970 年由 Robert Good 实验室为便于分离叶绿体和其他植物细胞器而研制的一种缓冲液（有关 MOPS 的综述见 Good and Izawa 1972，Ferguson et al. 1980；也见上图）。在分子克隆中，MOPS 是用于 RNA 进行琼脂糖凝胶电泳的缓冲液的一种成分（Lehrach et al. 1977，Goldberg 1980）。

TAFE 凝胶电泳缓冲液

20 mmol/L Tris-乙酸（pH8.2）

0.5 mmol/L EDTA

用乙酸调 pH 值至 8.2，使用 EDTA 的游离酸而不是钠盐。浓的 TAFE 缓冲液可以购买（如从 Beckman 公司可以买到）。

重要：TAFE 凝胶缓冲液在用前必须冷却至 14℃。

凝胶加样缓冲液

6×碱性凝胶加样缓冲液

300 mmol/L NaOH 〈!〉

6 mmol/L EDTA

18%（*m/V*）聚糖体（Ficoll）（400 型，Pharmacia）

0.15%（*m/V*）溴甲酚绿

0.25%（*m/V*）二甲苯青

溴酚蓝溶液（0.4%，*m/V*）

用 1 ml 灭菌水溶解 4 mg 固体溴酚蓝。室温保存。

A1.19

表 A1-6 6×凝胶加样缓冲液

缓冲液类型	6×缓冲液	贮存温度
Ⅰ	0.25%（*m/V*）溴酚蓝 0.25%（*m/V*）二甲苯青 FF 40%（*m/V*）蔗糖水溶液	4℃
Ⅱ	0.25%（*m/V*）溴酚蓝 0.25%（*m/V*）二甲苯青 FF 15%（*m/V*）聚糖体（Ficoll）（400 型，Pharmacia）水溶液	室温
Ⅲ	0.25%（*m/V*）溴酚蓝 0.25%（*m/V*）二甲苯青 FF 30%（*m/V*）甘油水溶液	4℃
Ⅳ	0.25%（*m/V*）溴酚蓝 40%（*m/V*）蔗糖水溶液	4℃

溴酚蓝蔗糖溶液

0.25%（*m/V*）溴酚蓝

40%（*m/V*）蔗糖

甲酚红溶液（10 mmol/L）

用 1 ml 灭菌水溶解 4 mg 甲酚红的钠盐（Alarich），室温保存。

10×甲醛凝胶加样缓冲液

50%（*V/V*）甘油（用 DEPC 处理 〈!〉 的水稀释）

10 mmol/L EDTA（pH8.0）

0.25%（*m/V*）溴酚蓝

0.25%（*m/V*）二甲苯青 FF

甲酰胺加样缓冲液

80%（*m*/*V*）去离子化甲酰胺〈!〉
10 mmol/L EDTA（pH8.0）
1 mg/ml 二甲苯青 FF
1 mg/ml 溴酚蓝

购买蒸馏的去离子化甲酰胺，分装成小份充氮贮存于 -20℃。或购买附录 8 中叙述的去离子化试剂级的甲酰胺。

RNA 凝胶加样缓冲液

95%（*V*/*V*）去离子化甲酰胺〈!〉
0.025%（*m*/*V*）溴酚蓝
0.025%（*m*/*V*）二甲苯青 FF
5 mmol/L EDTA（pH8.0）
0.025%（*m*/*V*）SDS

2×SDS 凝胶加样缓冲液 A1.20

100 mmol/L Tris-Cl（pH6.8）
4%（*m*/*V*）SDS（电泳级）
0.2%（*m*/*V*）溴酚蓝
20%（*V*/*V*）甘油
200 mmol/L 二硫苏糖醇（DTT）或 β-巯基乙醇〈!〉

不含硫代试剂的 1× 和 2×SDS 凝胶加样缓冲液可在室温保存。二硫苏糖醇或 β-巯基乙醇分别配成 1 mol/L 或 14 mol/L 的贮存液，临用前加入。

2.5×SDS-EDTA 染料混合液

0.4%（*m*/*V*）SDS［原文为 0.4%（*V*/*V*）SDS。——译者注］
30 mmol/L EDTA
0.25%溴酚蓝
0.25%二甲苯青 FF
20%（*m*/*V*）蔗糖

特殊的缓冲液和溶液

洗脱缓冲液（Qiagen）

50 mmol/L Tris-Cl（pH8.1～8.2）
1.4 mol/L NaCl
15%（*V*/*V*）乙醇

KOH/甲醇溶液

这种溶液是用来清洗序列分析用的玻璃板的。配制方法：用 100 ml 甲醇〈!〉溶解 5 g KOH〈!〉颗粒。在磨口玻璃瓶中室温保存。

λ 退火缓冲液

100 mmol/L Tris-Cl（pH7.6）
10 mmol/L $MgCl_2$

LB 冷冻缓冲液

36 mmol/L K_2HPO_4（无水的）
13.2 mmol/L KH_2PO_4
1.7 mmol/L 柠檬酸钠
0.4 mmol/L $MgSO_4 \cdot 7H_2O$
6.8 mmol/L 硫酸铵
4.4%（V/V）甘油
用 LB 肉汤培养基配制

LB 冷冻缓冲液（Zimmer and Verrinder Gibbins 1997）最好是用 100 ml LB 溶解上述的盐配成特定的浓度。取其中 95.6 ml 放到另一个容器中，然后加入 4.4 ml 甘油。混匀后用 0.45 μm 的一次性 Nalgene 除菌滤器除菌过滤。在可控室温（15～25℃）下贮存无菌的冷冻培养基。

A1.21 **$MgCl_2$-$CaCl_2$ 溶液**

80 mmol/L $MgCl_2$
20 mmol/L $CaCl_2$

P3 缓冲液（Qiagen）

3 mol/L 乙酸钾（pH5.5）

PEG-$MgCl_2$ 溶液

40%（m/V）聚乙二醇（PEG8000）
30 mmol/L $MgCl_2$

用 H_2O 溶解 40 g PEG8000，最终体积定容至 100 ml 并使 $MgCl_2$ 的浓度为 30 mmol/L。用 0.22 μm 的滤膜除菌过滤，室温保存。

QBT 缓冲液（Qiagen）

750 mmol/L NaCl〈!〉
50 mmol/L MOPS（pH7.0）〈!〉
15%（V/V）异丙醇
0.15%（V/V）Triton X-100

放射性墨水〈!〉

放射性墨水是通过将少量^{32}P与不透水的黑色绘画墨水混合而成。我们发现便于配制 3 种级别的放射性墨水：放射性很强的［>2000计数/s（CPS）］，用手提式小型探测器测定，放射性强的（>500计数/s）和放射性弱的（>50计数/s）。用纤维尖笔把所需要的放射性活性的墨水加到胶带上。纤维尖笔应贴上放射性物质专用提示胶带，妥善保管。

聚丙烯酰胺葡聚糖平衡缓冲液

50 mmol/L Tris-Cl（pH8.0）

5 mmol/L EDTA

0.5 mol/L NaCl

SM和SM加明胶

每升含

NaCl	5.8g
$MgSO_4 \cdot 7H_2O$	2g
1 mol/L Tris-Cl（pH7.5）	50 ml
2%（*m*/*V*）明胶溶液	5 ml
加水至1L	

在15 psi（1.05 kg/cm^2）高压下蒸汽灭菌20 min，冷却后分成50 ml小份，贮存在无菌容器内。SM可在室温无限期存放。为了避免污染，每一小份用后则丢弃。

山梨糖醇缓冲液

1 mol/L 山梨糖醇

0.1 mol/L EDTA（pH7.5）

STE A1.22

10 mmol/L Tris-Cl（pH8.0）

0.1 mol/L NaCl

1 mmol/L EDTA（pH8.0）

在15psi（1.05 kg/cm^2）高压下蒸汽灭菌15 min。贮存于4℃。

10×TEN缓冲液

0.1 mol/L Tris-Cl（pH8.0）

0.01 mol/L EDTA（pH8.0）

1 mol/L NaCl

TES

10 mmol/L Tris-Cl（pH7.5）

1 mmol/L EDTA（pH7.5）

0.1%（*m*/*V*）SDS

Triton/SDS 溶液

10 mmol/L Tris-Cl（pH8.0）

2%（V/V）Triton X-100

1%（m/V）SDS

100 mmol/L NaCl

1 mmol/L EDTA（pH8.0）

用 0.22 μm 滤器过滤除菌，室温保存。

Tris-蔗糖

50 mmol/L Tris-Cl（pH8.0）

10%（m/V）蔗糖

用 0.22 μm 的滤器过滤除菌，保存于室温。含有蔗糖的溶液不应高压蒸汽灭菌，因为糖在高温下会碳化。

洗涤缓冲液（Qiagen）

50 mmol/L MOPS-KOH〈!〉（pH7.5～7.6）

0.75 mol/L NaCl

15%（V/V）乙醇

在配制此缓冲液时，加乙醇前调整 MOPS/NaCl 溶液的 pH 值。

酵母重悬浮缓冲液

50 mmol/L Tris-Cl（pH7.4）

20 mmol/L EDTA（pH7.5）

A1.23　有机试剂的配制

注意：处理标记〈!〉符号的材料时，注意事项参见附录 12。

酚

大多数市售液化酚〈!〉是清亮无色的，无须重蒸即可用于分子克隆。偶而有些批次的液态酚呈粉红或黄色，应拒收或退回生产厂家。不主张用结晶酚，因为必须在160℃对之进行重蒸以除去诸如醌这样的氧化物，这些产物能引起磷酸二酯键的断裂或导致 RNA 和 DNA 的交联。

酚的平衡

因为在酸性 pH 条件下 DNA 分配于有机相，因此，使用前必须对酚进行平衡，使其 pH 值在 7.8 以上。在平衡酚时要带上橡皮手套、防护面具和工作服。

(1) 液化酚贮存于 -20℃。用前从冰箱中取出，使其温度升至室温，然后在 68℃ 使之熔化。加羟基喹啉至终浓度为 0.1%。羟基喹啉是一种抗氧化剂，RNase 的不完全抑制剂及金属离子的弱螯合剂（Kirby 1956)。另外，其黄颜色有助于方便地识别有机相。

(2) 将等体积缓冲液（通常是 0.5 mol/L Tris-Cl [pH8.0]，室温）加到熔化的酚中。用磁力搅拌器将混合物搅拌 15 min。关上搅拌器，待两相分开后，使用与装有抽滤瓶的真空装置（见附录 8，图 A8-2）相连的玻璃管尽可能彻底地吸出上 [水] 相。

(3) 加入等体积的 0.1 mol/L Tris-Cl（pH8.0）到酚中。在磁力搅拌器上搅拌 15 min。关掉搅拌器，按步骤 2 所述除去上层液相。重复抽提过程，直到酚相的 pH 值大于 7.8（用 pH 试纸测定)。

(4) 酚达到平衡并最后一次移出液相后，加入 0.1 体积的含有 0.2% β-巯基乙醇的 0.1 mol/L Tris-Cl（pH8.0)。这种形式的酚溶液可装在不透光的瓶中并处于 100 mmol/L Tris-Cl（pH8.0）之下，于 4℃ 可保存长达 1 个月。

酚:氯仿:异戊醇（25:24:1）

从核酸样品中去除蛋白质常用等体积的平衡酚和氯仿:异戊醇〈!〉（24:1）组成的混合物。其中氯仿可使蛋白质变性并有助于水相和有机相的分离，异戊醇则有助于减少抽提过程中泡沫的形成。无论是氯仿还是异戊醇，使用前均无需处理。酚:氯仿:异戊醇混合物在 100 mmol/L Tris-Cl（pH8.0）缓冲液下，在不透光的瓶子里可在 4℃ 保存达 1 月之久。

甲酰胺的去离子化　　A1.24

许多批号的试剂级甲酰胺〈!〉已足够的纯，无须进一步处理即可使用。但是，如果呈现黄色，应加入 Dowex XG8 混合床树脂，在磁力搅拌器上搅拌 1 h，然后用 Whatman 1 号滤纸过滤 2 遍，以作去离子处理。去离子甲酰胺应分装成小份，充氮贮存于 -70℃。

乙二醛的去离子化

市售乙二醛（40%或 6 mol/L）含有乙二醛的各种水合物和诸如乙醛酸、甲酸的氧化产物以及破坏 RNA 的其他成分。使用前必须通过混合床树脂（Bio-Red AG-510-X8）处理，直至树脂中的指示剂的染色耗尽，以便去除这些污染物。乙二醛去离子处理的步骤如下：

(1) 使用即刻，将乙二醛与等体积的混合床离子交换树脂（Bio-Red AG-510-X8）混合。或者，使乙二醛过一个混合床树脂小柱，然后进行步骤 3。

(2) 通过过滤将去离子物质与树脂分离（如使用 Uniflow plus 滤器；Schleichex &

Schnell)。

(3) 将 200 μl 乙二醛与 2 μl 10 mg/ml 的溴甲酚绿的水溶液混合，并观察混合液的颜色变化，据此检测乙二醛的 pH 值。溴甲酚绿在 pH＜4.8 时呈黄色，在 pH＞5.2 时呈蓝绿色。

(4) 重复去离子化程序（步骤 1～2）直至乙二醛的 pH＞5.5。去离子的乙二醛在充氮气的密闭小管中 −20℃下可无限期的存放。每一份只能用一次。

A1.25 化学贮存液

注意：操作标有〈!〉的材料的适宜方法见附录 12。

45%（m/V）丙烯酰胺溶液

丙烯酰胺（DNA 序列分析级）〈!〉	434 g
N，N′-亚甲双丙烯酰胺〈!〉	16 g
加水至 600 ml	

加热至 37℃使之溶解，用蒸馏水定容至 1L。

用硝酸纤维素滤膜（如 Nalge 滤器，0.45 μm 孔径）过滤。避光保存于室温。

放线菌素 D（5 mg/ml）

用甲醇〈!〉配制成 5 mg/ml 放线菌素 D〈!〉的贮存液，避光保存于 −20℃（见第 7 章中有关放线菌素 D 的资料）。

腺苷二磷酸（ADP）（1 mmol/L）

用无菌的 25 mmol/L Tris-Cl（pH8.0）溶解固体的腺苷二磷酸。分装成小份（～20 μl）贮存于 −20℃。

乙酸铵（10 mol/L）

用 800 ml 水溶解 770 g 乙酸铵，用水定容至 1 L。过滤除菌。或者，用 70 ml 温度为室温的水溶解 77 g 乙酸铵，定容至 100 ml，用 0.22 μm 滤器过滤除菌。装在密封的瓶子里室温保存。乙酸铵在热水中分解，含有乙酸铵的溶液不能高压蒸馏灭菌。

过硫酸铵（10% m/V）

过硫酸铵〈!〉	1 g
加水定容至 10 ml	

在 10 ml 水中溶解 1 g 过硫酸铵，贮存于 4℃。过硫酸铵在溶液中会慢慢衰变，故贮存液只能存放 2～3 周。过硫酸铵用作丙烯酰胺和亚甲双丙烯酰胺共聚合作用的催化剂。聚合反应是通过由氧化-还原反应产生的自由基驱动的，在氧化-还原反应中二胺氧化酶（如 TEMED）是附加催化剂（Chrambach and Rodbard 1972）。

ATP（10 mmol/L）

用 25 mmol/L Tris-Cl（pH8.0）溶解适量 ATP 配制。分成小份贮存于 −20℃。

氯化钙（2.5 mol/L）

用蒸馏水溶解 11 g $CaCl_2 \cdot 6H_2O$，定容至 20 ml。用 0.22 μm 滤器过滤除菌，分成 1 ml 的小份，贮存于 4℃。

考马斯亮蓝染色液 A1.26

在 90 ml 甲醇:水〈!〉（1:1，V/V）和 10 ml 冰乙酸〈!〉混合液中溶解 0.25 g 考马斯亮蓝 R-250。用 Whatman 1 号滤纸过滤以去除颗粒状物质。室温保存，见附录 8 中考马斯蓝染色。

脱氧核苷三磷酸（dNTPs）

把每种 dNTP 分别用水溶解至浓度近似 100 mmol/L。用微量移液器吸取 0.5 mol/L Tris 碱，将每一种 dNTP 溶液的 pH 值调整至 7.0（用 pH 试纸检测）。把中和后的每种 dNTP 溶液各取一份作适当稀释，在下列给出的波长下读出光密度，计算出每种 dNTP 的实际浓度。然后用水稀释成终浓度为 50 mmol/L 的 dNTP。各自分装成小份，贮存于 −70℃。

碱基	波长/mm	消光系数（E）/$mol \cdot L^{-1} \cdot cm^{-1}$
A	259	1.54×10^4
G	253	1.37×10^4
C	271	9.10×10^3
T	267	9.60×10^3

比色杯光径为 1cm 时，吸光度＝EM。每种 dNTP 的 100 mmol/L 贮存液均有商品出售（Pharmacia 公司）。

用于 PCR 的 dNTP，要用 2 mol/L NaOH 将 dNTP 溶液的 pH 调节到 8.0。从公司购得的 PCR 级的 dNTP 溶液不需要调 pH 值。

二甲亚砜（DMSO）

购买高级的 DMSO〈!〉（HPLC 级或更好）。将所购买的试剂用灭菌管分装成 1 ml 一份，盖紧盖后贮存于 −20℃。一份只能用一次。

二硫苏糖醇（DTT，1 mol/L）

用 20 ml 0.01 mol/L 乙酸钠溶液（pH5.2）溶解 3.09 g DTT，过滤除菌后分装成小份，贮存于 −20℃。

EDTA（0.5 mol/L，pH8.0）

将 186.1 g 二水乙二胺四乙酸二钠（$EDTA\text{-}Na \cdot 2H_2O$）加入 800 ml 水中，在磁力搅拌器上剧烈搅拌。用 NaOH 调节溶液的 pH 值至 8.0（约需 20 g NaOH 颗粒〈!〉，定容至 1L。分装后高压蒸汽灭菌。EDTA 二钠盐需加入 NaOH 将溶液的 pH 值调至接近 8.0 时，才会溶解。

EGTA（0.5 mol/L，pH8.0）

EGTA 是乙二醇双乙胺醚－N，N'四乙酸。EGTA 溶液的配制基本上按上述的 EDTA 的配制方法。通过高压蒸汽灭菌或过滤除菌。室温保存。

溴化乙锭（10 mg/ml）

在 100 ml 水中加入 1 g 溴化乙锭〈!〉。磁力搅拌数小时，以确保其完全溶解。然后用铝箔包裹容器或将溶液转移至棕色瓶中，保存于室温。

A1.27

明胶（2%，*m/V*）

加 2 g 明胶于终体积为 100 ml 的水中，在 15 psi（1.05 kg/cm^2）高压下蒸汽灭菌 15 min。

甘油（10%，*V/V*）

用 9 体积的灭菌纯水稀释 1 体积的分子生物学级的甘油。用 0.22 μm 滤器除菌。200 ml 一份贮存于 4℃。

IPTG（20%，*m/V*，0.8 mol/L）

IPTG 为异丙基硫代-β-D 半乳糖苷。用 8 ml 蒸馏水溶解 2 g IPTG 配制成 20% 的溶液，用蒸馏水定容至 10 ml。用 0.22 μm 过滤器过滤除菌。分装成 1 ml 小份，贮存于 -20℃。

KCl（4 mol/L）

用水溶解适量的固体 KCl。高压蒸汽灭菌 20 min，贮存于室温。理想的做法是将配好的溶液分装在灭菌管内，每一小份约 100 μl，每份只使用一次。

氯化锂（LiCl，5 mol/L）

用 90 ml 的水溶解 21.2 g LiCl。定容至 100 ml。用 0.22 μm 滤器过滤除菌或在 15 psi（1.05 kg/cm^2）高压下蒸汽灭菌。贮存于 4℃。

$MgCl_2 \cdot 6H_2O$（1 mol/L）

用 800 ml 水溶解 203.3 g 六水氯化镁，定容至 1 L。分装后高压蒸汽灭菌。$MgCl_2$ 极易潮解，应选购小瓶（如 100 g）试剂，启用后勿长期存放。

$MgSO_4$（1 mol/L）

用水溶解 12 g 硫酸镁，定容至 100 ml。高压或过滤除菌。保存于室温。

麦芽糖（20%，*m/V*）

用水溶解 20 g 麦芽糖，定容至 100 ml。用 0.22 μm 滤器过滤除菌，室温保存。

NaOH（10 mol/L）

10N NaOH 的配制涉及高度放热反应，可能会引起玻璃容器的破裂。要特别小心地用塑料烧杯配制这种溶液。将 400 g NaOH 颗粒慢慢加到 800 ml 水中，边加边连续搅拌。作为一种预防措施，将烧杯置于冰上。当颗粒完全溶解后，用水定容至 1 L。在塑料容器中室温保存。无须除菌。

NaCl（5 mol/L）

用 800 ml 溶解 292 g NaCl，定容积至 1 L。分装后高压蒸汽灭菌。室温保存。

PEG8000 A1.28

PEG〈!〉的工作浓度范围从13%至40%（m/V）。用灭菌水溶解PEG配制适当浓度，配制时若需要可加温。用0.22 μm滤器过滤除菌。室温保存。

聚乙二醇（PEG）是一单一重复单位$H(OCH_2CH_2)_nOH$的直链多聚物。PEG的分子质量范围的命名反映了在每个分子中重复单位的数量（n）。例如，PEG400中，$n=8\sim9$，而在PEG 4000中，n的范围从68～84。PEG导致水溶液中溶质大分子凝聚（Zimmerman and Minton 1993），在分子克隆中有一个使用范围，其中包括：

- 根据其分子质量大小沉淀DNA。测定DNA所需的PEG浓度与DNA片段的大小成反比（Li and Schleif 1975a，b，Ogata and Gilbert 1977，Lis 1980）。见第1章方案8和第2章方案6。
- 噬菌体颗粒的沉淀和纯化（Yamameto et al. 1970）。
- 提高杂交时核酸互补链重新组合、DNA分子平端连接和用噬菌体T4多核苷酸激酶的末端标记的效率（Zimmerman and Minton 1993，见第1章中有关Condensing and crowding Zeagents的有关资料）。

乙酸钾（5 mol/L）

5 mol/L 乙酸钾	60 ml
冰乙酸〈!〉	11.5 ml
水	28.5 ml

所得溶液的钾浓度为3 mol/L，乙酸浓度为5 mol/L。室温保存。

SDS（20%，m/V）

十二烷基磺酸钠（SDS）亦称十二烷基硫酸钠。用900 ml水溶解200 g电泳级SDS〈!〉。加热到68℃并用磁力搅拌器搅拌有助于溶解。如果需要，加几滴浓HCl〈!〉调节pH值至7.2。用水定容至1 L。室温保存。无须灭菌，不要蒸汽高压。

银染。见染色部分（附录8）。

乙酸钠（3 mol/L，pH5.2和pH7.0）

用800 ml水溶解408.3 g三水乙酸钠，用冰乙酸〈!〉调节pH值至5.0或用稀乙酸调pH值至7.0。用水定容至1 L。分装成小份，高压蒸汽灭菌。

亚精胺（1 mol/L）

用10 ml无离子水溶解1.45 g亚精胺（游离碱形式）并用0.22 μm滤器滤除菌。分装成小份贮存于－20℃。贮存时间不能超过1个月。

SYBR金染色液 A1.29

SYBR金〈!〉（分子探针）是作为一种未知浓度的二甲亚砜的贮存液提供的。用SYBR金的工作浓度染琼脂糖凝胶，其工作浓度是用电泳缓冲液按1:10 000将SYBR金核酸染液稀释而成。每天配制SYBR金的工作贮存液并保存在可控温度的暗处。有关琼脂糖凝胶染色的讨论见第5章方案2。

三氯乙酸（TCA；100%溶液）

在装有 500 g TCA 〈!〉 的从未开封的瓶内加入 227 ml 水。所形成的溶液含有 100% （*m*/*V*） TCA。

X-gal 溶液（2%，*m*/*V*）

X-gal 是 5-溴-4-氯-3-吲哚-β-D-半乳糖苷。用二甲基甲酰胺溶解 X-gal 配制成 20 mg/ml 的贮存液。使用玻璃管或聚丙烯管保存贮存液。装有 X-gal 溶液的试管须用铝箔包裹以防因光照而被破坏，并应贮存于 –20℃。X-gal 溶液无须过滤除菌。见第 1 章中有关 X-GaL 的信息。

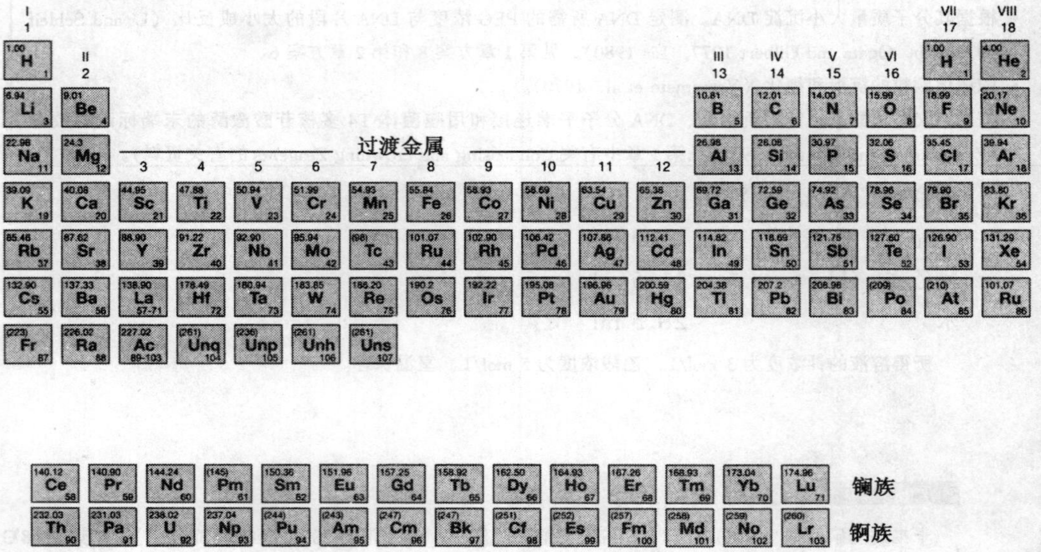

图 A1-1　元素周期表

圆括号中的数字是该元素最稳定的同位素的质量数

A1.30　试剂和缓冲液索引

张兆山　译
周建光　王嘉玺　校

附录2　培　养　基

A2.1

A2.2

用于大肠杆菌的液体培养基

重要：配制培养基时均使用蒸馏的去离子水，除非另有说明，灭菌培养基可以贮存于室温。

GYT 培养基（Tung and Chow 1995）

10%（*V*/*V*）甘油

0.125%（*m*/*V*）酵母提取物

0.25%（*m*/*V*）胰化蛋白胨

使用 0.22 μm 滤器过滤除菌，分装成 2.5 ml 一份，保存于 4℃。

LB（Luria-Bertani）培养基

配制每升培养基，应在 950 ml 去离子水中加入：

胰化蛋白胨	10 g
酵母提取物	5 g
NaCl	10 g

摇动容器直至溶质溶解。用 5mol·L^{-1} NaOH（约 0.2 ml）调 pH 值至 7.0。用去离子水定容至 1 L。在 15 psi（1.05 kg/cm^2）高压下蒸汽灭菌 20 min。

M9 基本培养基

配制 1L 培养基，应在 750 ml 无菌去离子水（冷至 50℃ 或 50℃ 以下）中加入：

5×M9 盐溶液※	200 ml
1 mol/L $MgSO_4$	2 ml
适当碳源的20%溶液（如20%葡萄糖）	20 ml
1 mol/L $CaCl_2$	0.1 ml

灭菌的去离子水至 980 ml。

如果需要，可在 M9 培养基中补加适当氨基酸和维生素的贮存液。

※5×M9 盐溶液配制：用无离子水溶解下列盐类，终体积为 1 L：

$Na_2HPO_4 \cdot 7H_2O$	64 g
$KHPO_4$	15 g
NaCl	2.5 g
NH_4Cl	5.0 g

分装成 200 ml 一份，在 15 psi（1.05 kg/cm^2）高压下蒸汽灭菌 15 min。

分别配制 $MgSO_4$ 溶液和 $CaCl_2$ 溶液，高压灭菌。用无菌水将 5×M9 盐溶液稀释至 980 ml 后，加入 $MgSO_4$和 $CaCl_2$ 溶液。葡萄糖溶液在加到稀释的 M9 盐溶液之前，用 0.22 μm 滤器过滤除菌。当使用含有染色体上脯氨酸生物合成操纵子缺陷［Δ（*lac-pro*AB）］的大肠杆菌以及互补的 *pro*AB 基因在 F′质粒上时，在 M9 基本培养基中补加下列成分：

0.4%（*m/V*）葡萄糖（右旋糖）

5 mM $MgSO_4 \cdot 7H_2O$

0.01%硫胺

A2.3

NZCYM 培养基

配制每升培养基，在 950 ml 去离子水中加入：

NZ 胺	10g
NaCl	5 g
酵母提取物	5 g
酪蛋白水解物	1 g
$MgSO_4 \cdot 7H_2O$	2 g

摇动容器直至溶质完全溶解。用 5 mol/L NaOH（约 0.2 ml）调 pH 值至 7.0。用去离子水定容至 1 L。在 15psi（1.05 kg/cm^2）高压下蒸汽灭菌 20 min。

NZ 胺：酪蛋白酶促水解物（ICN Biochemicals 公司）。

NZCYM、NZYM 和 NZM 也可用 BD Bisciences 公司的脱水培养基。

NZYM 培养基

NZYM 培养基除不含酪蛋白水解物外，其他成分与 NZCYM 培养基相同。

NZM 培养基

NZM 培养基除不含酵母提取物外，其他成分与 NZYM 培养基相同。

SOB 培养基

配制每升培养基，在 950 ml 去离子水中加入：

胰化蛋白胨 20 g
酵母提取物 5 g
NaCl 0.5 g

摇动容器使溶质完全溶解。加 10 ml 250 mmol/L KCl 溶液（将 1.86 g KCl 用 100 ml 去离子水溶解即配成 250 mmol/L KCl 溶液）。用 5mol·L^{-1} NaOH〈!〉调 pH 值至 7.0。用去离子水定容至 1 L。在 15 psi（1.05 kg/cm^2）高压下蒸汽灭菌 20 min。该溶液在使用前，加入 5 ml 灭菌的 2 mol/L $MgCl_2$（2 mol/L $MgCl_2$ 溶液的配制方法如下：用 90 ml 去离子水溶解 19 g $MgCl_2$，用去离子水调整体积为 100 ml，在 15psi［1.05 kg/cm^2］高压下蒸汽灭菌 20 min）。

SOC 培养基

SOC 培养基除含有 20 mmol/L 葡萄糖外，其他成分与 SOB 培养基相同。SOB 培养基经高压灭菌后冷至 60℃或 60℃以下，加 20 ml 除菌的 1 mol/L 葡萄糖溶液（1 mol/L 葡萄糖溶液的配制方法是：用 90 ml 去离子水溶解 18 g 葡萄糖，完全溶解后，用去离子水定容至 100 ml，用 0.22 μm 滤器过滤除菌）。

Terrific 肉汤（又称 TB 培养基，Tartof and Hobbs 1987） A2.4

配制每升培养基，在 900 ml 去离子水中加入：

胰化蛋白胨 12 g
酵母提取物 24 g
甘油 4 ml

摇动容器使溶质完全溶解。然后在 15 psi（1.05 kg/cm^2）高压下蒸汽灭菌 20 min。当溶液冷至 60℃或 60℃以下时加入 100 ml 无菌的 0.17 mol/L KH_2PO_4，0.72 mol/L K_2HPO_4［溶液（该溶液的配制方法是：用 90 ml 去离子水溶解 2.31 g KH_2PO_4 和 12.54 g K_2HPO_4，完全溶解后，用去离子水定容至 100 ml 并在 15 psi（1.05 kg/cm^2）高压下蒸汽灭菌 20 min］。

2×YT 培养基

配制每升培养基，在 900 ml 去离子水中加入：

胰化蛋白胨 16 g
酵母提取物 10 g
NaCl 5 g

摇动容器直至溶质溶解，用 5N NaOH 调 pH 值至 7.0，用去离子水定容至 1 L。在 15psi（1.05 kg/cm^2）高压下蒸汽灭菌 20 min。

含有琼脂或琼脂糖的培养基 A2.5

重要：在所有配方中均使用蒸馏去离子水。

按照上述配方配制液体培养基，高压灭菌前加入下列试剂中的一份：

细菌培养用琼脂（Bacto-Agar） 15 g/L（铺制平板用）
细菌培养用琼脂（Bacto-Agar） 7 g/L（配制顶层琼脂用）
琼脂糖 15 g/L（铺制平板用）

琼脂糖 7 g/L（配制顶层琼脂糖用）

在 15 psi（1.05 kg/cm²）高压下蒸汽灭菌 20 min。从高压锅中取出培养基时应轻轻旋动以使熔解的琼脂或琼脂糖能均匀分布在整个培养基溶液中。必须小心，此时培养基溶液可能过热，旋动液体可能会发生暴沸。应使培养基降温至 50～60℃，方可加入不耐热的物质（如抗生素）。为避免产生气泡，混匀培养基时应采用旋动的方式。然后可直接从烧瓶中倒置平板。90 mm 直径的培养皿每个约需 30～50 ml 培养基。如果平板上的培养基有气泡形成，可在琼脂或琼脂糖凝结前用本生煤气喷灯灼烧培养基表面以除去之。设定颜色记号在相应平板的边缘作标记以区别不同的培养平板（如两条红杠表示 LB-氨苄青霉素平板，一条黑杠代表 LB 平板等等）。

培养基完全凝固后，应倒置平板并贮存于 4℃ 备用。使用前 1～2 h 应取出贮存的平板。如果平板是新配制的，在 37℃ 温育时会“发汗”，便会导致细菌菌落或噬菌体噬斑在平板表面扩散而增加交叉污染的机会。为避免这一问题，可以拭去平皿内部的冷凝水并把平板倒置，37℃ 温育数小时方予使用，也可快速甩一下平皿盖以除去冷凝水，为尽可能减少污染，除去盖上的水滴时，应把开盖的平板呈倒置状态拿着。

A2.6 保存培养基

重要：在所有配方中均使用蒸馏去离子水。

液体培养物

生长在平板上或液体培养的细菌可在含有 30%（*V*/*V*）无菌甘油的 LB 培养基中保存。制备成 1 ml 一份的含有甘油的 LB 培养基，为确保甘油均匀分布需涡旋振荡。作为一种替代方法，细菌也可保存在 LB 冷冻缓冲液中。

LB 冷冻缓冲液：
36 mmol/L KH_2PO_4（无水的）
13.2 mmol/L KH_2PO_4
1.7 mmol/L 柠檬酸钠
0.4 mmol/L $MgSO_4 \cdot 7H_2O$
6.8 mmol/L 硫酸铵
4.4%（*V*/*V*）甘油
用 LB 配制。

LB 冷冻缓冲液（Zimmer and Verrinder Gibbins 1997）的最好配制方法是，用 100 ml LB 溶解上述盐类试剂，达到规定的浓度。取 95.6 ml 所得的盐溶液置于干净的容器内，然后加 4.4 ml 甘油。混匀后用 0.45 μm 一次性 Nalgene 滤器过滤除菌。有关细菌培养物保存的更多的信息见附录 8。

穿刺培养物

使用容量为 2～3 ml 并带有螺旋盖和橡皮热圈的玻璃小瓶，加入相当于约 2/3 容量的熔化 LB 琼脂，旋上盖子，但不拧紧。在 15 psi（1.05 kg/cm²）高压下蒸汽灭菌 20 min。从高压蒸汽灭菌器中取出试管，冷却至室温后拧紧盖子。放室温保存备用。

A2.7

抗生素

表 A2-1 普通使用的抗生素溶液

抗生素	贮存液*		工作浓度	
	浓度	保存条件	严紧型质粒	松弛型质粒
氨苄青霉素	50 mg/ml（溶于水）	−20℃	20 μg/ml	60 μg/ml
羧苄青霉素	50 mg/ml（溶于水）	−20℃	20 μg/ml	60 μg/ml
氯霉素	34 mg/ml（溶于乙醇）	−20℃	25 μg/ml	170 μg/ml
卡那霉素	10 mg/ml（溶于水）	−20℃	10 μg/ml	50 μg/ml
链霉素	10 mg/ml（溶于水）	−20℃	10 μg/ml	50 μg/ml
四环素**	5 mg/ml（溶于乙醇）	−20℃	10 μg/ml	50 μg/ml

注：镁离子是四环素的拮抗剂。对于以四环素为筛选抗性的细菌，应使用不含镁盐的培养基（如 LB 培养基）。

*以水为溶剂的抗生素贮存液应用 0.22 μm 滤器过滤除菌。

**用乙醇溶解的抗生素溶液无须除菌处理，所有抗生素贮存液都应放于不透光的容器中保存。

表 A2-2 抗生素的作用方式

抗生素	相对分子质量	作用方式	更多的信息
放线菌素 C_1（放线菌素 D）	1255.4	通过结合双链 DNA 抑制 RNA 的合成	
两性霉素	924.1	来自链霉菌的广谱抗真菌剂	
氨苄青霉素	349.4	因干扰肽聚糖交联而抑制细胞壁的合成	参见第 1 章结尾处有关氨苄青霉素和卡唑霉素的信息。
博来霉素	n.a.*	抑制 DNA 合成，切割单链 DNA	
卡唑霉素（钠盐）	422.4	抑制细菌壁的合成	
氯霉素	323.1	通过阻断在 50S 核糖体亚基上的肽基转移酶而抑制翻译；高浓度下能抑制真核 DNA 的合成	见第 1 章结尾处的氯霉素的资料
遗传霉素（G418 遗传霉素二硫酸盐）	692.7	氨基糖苷对许多细胞类型（细菌、高等植物、酵母、哺乳动物、原生动物、蠕虫）是有毒性的；用于筛与新霉素抗性基因转化的真核细胞。	
庆大霉素	692.7	通过与 50S 核糖体亚基的 L6 蛋白结合而抑制蛋白质的合成	
潮霉素 B	527.5	抑制蛋白质合成	
卡那霉素单磷酸盐	582.6	广谱抗生素；与 70S 核糖体亚基结合并抑制革兰氏阳性和革兰氏阴性细菌以及支原体生长	见第 1 章结尾处的卡那霉素的资料

续表

抗生素	相对分子质量	作用方式	更多的信息
氨甲蝶呤	454.45	一种叶酸的类似物；二氢叶酸还原酶的强抑制剂。	
丝裂霉素 C	334.33	抑制 DNA 合成；对革兰氏阳性菌、革兰氏阴性菌和耐酸杆菌有抗菌作用。	
新霉素 B 硫酸盐	908.9	与 30S 核糖体亚基结合，抑制细菌蛋白质的合成	
新生霉素钠盐	634.62	抑菌抗生素；抑制革兰氏阳性菌的生长	
青霉素 G 钠盐	356.4	抑制细菌细胞壁中的肽聚糖的合成	
嘌呤霉素二氢氯化物	544.4	作为氨酰基 tRNA 的类似物抑制蛋白质的合成(引起早期链的终止)	
利福平	823.0	强烈抑制原核的 RNA 聚合酶和哺乳动物 RNA 聚合酶	
链霉素硫酸盐	1457.4	抑制蛋白质合成；与 30S 核糖体亚基结合	
四环素氢氯化物	480.9	抑制细菌蛋白质合成；阻断氨酰基 tRNA 与核糖体的结合	见第 1 章结尾处有关四环素的信息

注：* n.a. 表示未得到确切的相对分子质量。

A2.8 用于 λ 噬菌体操作的溶液

重要：在所有配方中均使用蒸馏去离子水

麦芽糖

麦芽糖是一种编码 λ 噬菌体受体的基因（LamB）的诱导物，培养用于铺制 λ 噬菌体平板的细菌时，通常在培养基中加入麦芽糖。每 100 ml 培养基中加入 1 ml 20％的灭菌麦芽糖溶液。有关使用麦芽糖的进一步讨论请见第 2 章程序 1 所列的材料部分。

20％的麦芽糖无菌贮存液的制备方法如下：

麦芽糖 20 g

加水至 100 ml

使用 0.22 μm 滤器过滤除菌，将无菌溶液保存于室温。

SM

这一缓冲液用于 λ 噬菌体原种的保存和稀释：

每升含：

NaCl	5.8g
$MgSO_4 \cdot 7H_2O$	2g
1 mol/L Tris-Cl (pH7.5)	50 ml
2％明胶溶液	5 ml
加水至 1L	

在15psi（1.05 kg/cm^2）高压下蒸汽灭菌20 min。溶液冷却后分成50 ml小份，贮存于无菌容器中。SM可于室温无限期保存。

2%明胶溶液的配制：明胶溶于终体积为100 ml的水中，在15psi（1.05 kg/cm^2）高压下蒸汽灭菌15 min。

TM

每升含：

1 mol/L Tris-Cl（pH7.5）	50 ml
$MgSO_4 \cdot 7H_2O$	2 g
加水至1L	

在15psi（1.05 kg/cm^2）高压下蒸汽灭菌20 min。溶液冷却后分成50 ml的小份，贮存于无菌容器中。TM可于室温无限期保存。

用于酵母繁殖和筛选的培养基 A2.9

注意：有关标记〈!〉符号的材料的恰如其分的操作见附录12。

重要：在所有配方中使用蒸馏去离子水。除非另有说明，培养基和溶液在15 psi（1.05 kg/cm^2）高压下蒸汽灭菌15～20 min。

完全基本培养基（CM）或合成完全培养基（SC）和营养缺陷型培养基

为了确定菌株生长的必需条件，采用相应的营养缺陷型培养基是非常有用的。培养基补料的干粉是各自分开保存的，可以方便地配制相应的营养缺陷型培养基。CM（或SC）是含有所有生长成分的培养基（也就是说，没有一种营养成分缺陷）。

无氨基酸酵母氮源①	6.7 g
葡萄糖	20 g
琼脂粉	20 g
营养缺陷混合物	2 g
H_2O	to 1000 ml

营养缺陷混合物（Drop-out Mix）

减去有关的补料，混合适当的成分，在密封的容器中混合。来回倒置转动容器至少15 min；

加入几粒干净的大理石，以助于固体的混合。

腺嘌呤（Adenine）	0.5 g
丙氨酸（Alanine）	2.0 g
精氨酸（Arginine）	2.0 g
天冬酰胺（Asparagine）	2.0 g
天冬氨酸（AsPartic acid）	2.0 g

① 市售的无氨基酸酵母氨源（YNB）分含硫酸胺和不含硫酸胺两种。此配方所用YNB系含硫酸胺的。如果你手头的YNB不含硫酸胺，则只加1.7 g YNB，另加5 g硫酸胺即可。

半胱氨酸（Cysteine）	2.0 g
谷氨酰胺（Glatamine）	2.0 g
谷氨酸（Glutamic acid）	2.0 g
甘氨酸（Glycine）	2.0 g
组氨组（Histidine）	2.0 g
肌醇（Inositol）	2.0 g
异亮氨酸（Isoleucine）	2.0 g
亮氨酸（Leucine）	10.0 g
赖氨酸（Lysine）	2.0 g
甲硫氨酸（Methionine）	2.0 g
对氨基苯甲酸（para-Aminobenzoic acid）	0.2 g
苯丙氨酸（Phenylalanine）	2.0 g
脯氨酸（Proline）	2.0 g
丝氨酸（Serine）	2.0 g
苏氨酸（Threonine）	2.0 g
色氨酸（Tryptophan）	2.0 g
酪氨酸（Tyrosine）	2.0 g
尿嘧啶（Uracil）	2.0 g
缬氨酸（Valine）	2.0 g

摘录于 Adams 等人（1998）的资料。

A2.10

表 A2-3　补加基本培养基的成分

成　分	贮存液浓度/（g/100 ml）	1 L 中所加贮存培养基的体积/ml	培养基中最终浓度/（mg/L）	涂布在平板上所需贮存液的体积/ml
腺嘌呤硫酸盐	0.2[a]	10	20	0.2
尿嘧啶	0.2[a]	10	20	0.2
L-色氨酸	1	2	20	0.1
L-组氨酸 HCl	1	2	20	0.1
L-精氨酸 LiCl	1	2	20	0.1
L-甲硫氨酸	1	2	20	0.1
L-酪氨酸	0.2	15	30	0.2
L-亮氨酸	1	10	100	0.1
L-异亮氨酸	1	3	30	0.1
L-赖氨酸 HCl	1	3	30	0.1
L-苯丙氨酸	1[a]	5	50	0.1
L-谷氨酸	1[a]	10	100	0.2
L-天冬氨酸	1[a,b]	10	100	0.2
L-缬氨酸	3	5	150	0.1
L-苏氨酸	4[a,b]	5	200	0.1
L-丝氨酸	8	5	400	0.1

注：[a]室温保存；

[b]在培养基高压灭菌后再加入。

补加的基本培养基（SMM）

SMM是加入各种生长补料的合成葡萄糖基本培养基（SD)。这些溶液可长期存放。某些溶液应在室温保存以防发生沉淀，而其他的溶液可能需要冷冻。无论如何，应优先选用氨基酸的盐酸盐。

将适当体积的贮存液加到SD培养基的配料中以配制培养基，而后用蒸馏水调节终体积至1L。高压灭菌后分别加苏氨酸和天冬氨酸溶液。

通常方便的配制SMM培养基的替代办法是，将少量补料涂布在SD平板的表面。补料液在平板上完全干燥后再接种酵母菌。

表A2-3给出了贮存液的浓度，配制1L培养基所需的贮存液的体积，涂在SD平板上所需贮存液的体积以及在SMM中每种成分的最终浓度。

合成的葡萄糖基本培养基（SD）

SD是含有盐类、微量元素、维生素、氮源（不含氨基酸的酵母氮碱）和葡萄糖的合成基本培养基。

不含氨基酸酵母氮源①	6.7 g
葡萄糖	20 g
细菌培养用琼脂	20 g
加水	至1000 ml

用于酵母的X-gal指示平板

因为在SD培养基的正常酸性pH条件下，5-溴-4-氯-3-吲哚-β-D-半乳糖苷（X-gal〈!〉）对酵母菌不起作用，故使用中性pH的培养基。这种选择完全是一种权宜之计。因为许多酵母菌株在中性pH时生长不好。为配制每升X-gal指示平板，需制备下述溶液。 A2.11

溶液Ⅰ

10×磷酸缓冲液贮存液	100 ml
1000×无机盐贮存液（见下面配方）	1 ml
drop-out 混合物（见上述）	2 g

如果培养基中含有葡萄糖，用蒸馏水调节体积至450 ml；若培养基中含有半乳糖，用蒸馏水调节体积至400 ml。

10×磷酸缓冲液贮存液

KH_2PO_4（1 mol/L）	136.1 g
$(NH_4)_2SO_4$（0.15 mol/L）	19.8 g
KOH（0.75mol/L）〈!〉	42.1 g
加水至1 000 ml	

调pH值至7.0并高压灭菌。

1000×无机盐贮存液

$FeCl_3$（2 mmol/L）	32 mg
$MgSO_4 \cdot 7H_2O$（0.8 mol/L）	19.72 g

① 见在A2.9上的CM配方的说明。

加水至 100 ml

高压灭菌并贮存备用。这种溶液会出现细小的黄色沉淀，用前应重新悬浮。

溶液Ⅱ

在一个 2 L 的烧瓶中混合：

细菌培养用琼脂 20 g

蒸馏去离子水 500 ml

- 溶液Ⅰ和溶液Ⅱ分开高压。
- 冷却至 65℃以下时将下述成分加到溶液Ⅰ中：

葡萄糖或其他糖类加至终浓度为 2%

X-gal (20 mg/ml，用二甲基甲酰胺〈!〉溶解) 2 ml

100×维生素贮存液 10 ml

- 这时包含任何其他的热敏感补料。
- 将溶液Ⅰ和溶液Ⅱ混合在一起，每个平板铺 30 ml 左右。

100×维生素贮存液

维生素 B_1（硫胺素）(0.04 mg/ml) 4 mg

生物素 (2 μg/ml) 0.2 mg

维生素 B_6 (0.04 mg/ml) 4 mg

肌醇 (0.2 mg/ml) 20 mg

维生素 B_3（泛酸）(0.04 mg/ml) 4 mg

H_2O 100 ml

用 0.22 μm 的滤器过滤除菌。

A2.12 **用于在滤膜上裂解酵母细胞的 X-gal 平板**

这些平板是用来检测在 Whatman 3MM 滤纸上裂解和固定的细胞中的 β-半乳糖苷酶的活性。

细菌培养用琼脂 20 g

1 mol/L Na_2HPO_4 57.7 ml

1 mol/L NaH_2PO_4 42.3 ml

$MgSO_4$ 0.25 g

H_2O 900 ml

高压灭菌后，加 6 ml X-gal 溶液 (20 mg/ml，用二甲基甲酰胺配置)。

YPD (YEPD) 培养基

YPD 是用于酵母常规生长的复合培养基。

酵母提取物 10 g

蛋白胨 20 g

葡萄糖 20 g

加水至 1 000 ml

制备平板时，在高压灭菌前加入 20 g 细菌培养用琼脂（终浓度为 2%）。

张兆山 译

周建光 王嘉玺 校

附录 3　载体和细菌菌株 A3.1

A3.2

表 A3-1　载体

表 A3-1-1　质粒/噬菌粒

质粒/噬菌粒	供应厂商	适用性	选择标记	启动子
pACYC	NEB	克隆（低拷贝数）	Kan，Amp	
pBC KS+/−	Stratagene	DNA 测序；体外转录	Cam	T3，T7
pBluescript Ⅱ	Stratagene	DNA 测序；体外转录	Amp	T3，T7
pBluescript SK⁻（第 11 章图 11-7）	Stratagene	克隆；表达；体外转录	Amp	T3，T7
pBR313	ATCC	克隆	Amp	
pBR322（第 8 章图 8-11）	多家厂商（NEB）	分子大小标准；亚克隆（低拷贝数）	Amp/Tet	
pBR327	ATCC	克隆	Amp	（pBR322 的衍生质粒）
pBS	Stratagene	DNA 拯救；DNA 测序；融合蛋白的表达	Amp	T7，T3
pCR1000	Invitrogen	克隆	Amp	（pUC19 的衍生质粒）
pET 系列（第 15 章）	多家厂商（Novagen）	蛋白质表达；蛋白质纯化	Amp	T7
pGEM 系列	Promega	DNA 测序；体外突变		T7/SP6
pGEM T	Promega	克隆 PCR 产物	Amp	T7/SP6
pGEM-3Z（第 17 章图 17-5）	Promega	一般克隆；体外转录	Amp	
pGEMZF	Promega	一般克隆；体外转录；单链 DNA 的产生	Amp	
pGEX 系列	ATCC	克隆；GST 融合载体	Amp	Ptac
pMAL 系列（第 15 章）	NEB	蛋白质表达	Amp	Ptac
pMB1	−	克隆	Tet	
pMB1/colE1	−	克隆	Tet	
pMOB45	ATCC	克隆	Cam	
pPCR-Script Direct	Stratagene			

续表

A3.3

质粒/噬菌粒	供应厂商	适用性	选择标记	启动子
pSC101	ATCC	克隆	Tet	
pSE280	Invitrogen			
pSP18/19	–	克隆	Amp	T7/SP6
pSPORT1	Life Technologies	cDNA 克隆；体外转录和扣除文库法	Amp	T7/SP6，*LacI*
pTrx（第 15 章）		大肠杆菌表达；硫氧还蛋白融合载体	β-内酰胺酶	λp_L
pTrxFus（第 15 章）	–	大肠杆菌表达；硫氧还蛋白融合载体	β-内酰胺酶	λp_L
pTZ18	Pharmacia，USB	克隆；突变；转录	B/W 筛选	
pUC 载体	多家厂商	一般克隆	Amp	
pUC17	Stratagene	一般克隆	Amp	
pUC19（第 1 章图 1-11）	多家厂商	一般克隆	Amp	
pXf3	ATCC	克隆	Amp	
pZL1（第 11 章图 11-9）	Life Technologies	克隆；cDNA 表达；转录	Amp	
R6K	ATCC	克隆	Amp	

表 A3-1-2　λ 载体

λ 载体	供应厂商	适用性	容量	特性
λ2001	ATCC	克隆（置换型载体）	10～23 kb	产生 $Spi^- CI^- Gam^- Int^- Red^-$ 重组子
λDASH	Stratagene	基因组文库；限制图谱；染色体步查	9～23 kb	T3/T7 启动子
λEMBL 系列	多家厂商	克隆；文库构建		对非重组子的 Spi/p2 的筛选
λFIX	Stratagene	基因组文库；限制图谱；染色体步查	9～23 kb	T3/T7 启动子
λgt10	NEB，Stratagene	cDNA 文库	7.6 kb	携带 *imm434cI*（插入破坏）
λgt11～23	多家厂商（NEB，Stratagene）	cDNA 文库	7.6 kb	在 *lac* 启动子控制下的融合蛋白
λZAP Express	Stratagene	cDNA 文库	12 kb	
λZipLox	life Technologies	cDNA 文库	7 kb	*lac* 启动子；*lox*P 序列
ΦX174	NEB	用于电镜的最好的分子量标准	n.a.*	
Charon32～35 和 40	–	克隆重组序列		$red^- gam^+$ 重组子
SurfZAP	Stratagene	肽呈现；表达；体外转录		T3/T7，*lac* 启动子

注：* n.a. 表示没有得到相关资料。

表 A3-1-3　哺乳动物载体

哺乳动物载体	供应厂商	适用性	特性
pBK-CMV（第 11 章图 11-8）	Stratagene	cDNA 文库的构建	CMV 启动子，T3/T7 启动子
pβ-gal 系列（第 17 章图 17-5）	CLONTECH	表达；β-半乳糖苷酶报道基因；克隆调控元件的分析	SV40 早期启动子和增强子
pCAT3 系列（第 17 章图 17-3）	Stratagene	表达；氯霉素乙酰转移酶报道基因；克隆调控元件的分析	SV40 启动子和增强子
pcDNA3.1（+/-）（第 11 章图 11-13）	Invitrogen	高水平表达	CMV 启动子；Neo 选择
pCMV1,2,3,4,5,6	ATCC	cDNA 表达文库的构建，高水平表达	CMV 启动子；SV40 早期启动子和增强子
pCMVScript（第 11 章图 11-12）	Stratagene	表达	CMV 中早期启动子
pCMV-SPORT-β-gal（第 16 章图 16-2）	Life Technologies	监测转染效率的报道基因载体	位于大肠杆菌 β-半乳糖苷酶基因前的 CMV 启动子
pd2EGFP 系列（第 17 章图 17-13）	CLONTECH	表达；GFP 报道基因；克隆的调控元件分析	SV40 早期启动子和增强子
pGL3 系列（第 17 章图 17-4）	Promega	表达；萤光素酶报道基因；克隆的调控元件分析	SV40 早期启动子和增强子
pIND(SP1)/V5-HisA（第 17 章图 17-10）	Invitrogen	诱导型表达；蜕皮激素调节；由修饰的蜕皮激素（糖皮质激素）受体控制的靶基因的表达	热休克最小和 SV40 启动子；蜕皮激素（糖皮质激素）效应元件；SP1 增强子
pSPL3（第 11 章图 11-17）	Life Technologies	外显子截留	剪接供体/剪接受体序列
pTet-Splice（第 17 章图 17-9）	Life Technologies	诱导型表达；四环素调节	Tet 启动子
pTet-Splice（第 17 章，图 17-9）	Life Technologies	诱导型表达；产生四环素反式激活蛋白	基本的 CMV 启动子和 Tet 操纵子
pVgRXR	Invitrogen	诱导型表达；蜕皮激素调节；产生修饰的蜕皮激素（糖皮质激素）报道基因	RSV，CMV 和 SV40 启动子

A3.4

表 A3-1-4 酵母载体

酵母载体	供应厂商	适用性	选择标记	调节元件
pB42AD (pJG-4)	CLONTECH	双杂交选择；与 B42 激活功能域融合的基因文库的构建	*TRP*1	GAL1 启动子
pEG202	OriGene CLOTECH	双杂交选择；LexA DNA 结合域与诱饵的融合	*HIS*3	ADH1 启动子
pGILDA	CLONTECH	双杂交选择；LexA DNA 结合域与诱饵的融合	*HIS*3	GAL1 启动子
pRFHM1	OriGene	双杂交（控制）；bicoid 同源异型结构域与 LexA 的非激活融合	*HIS*3	ADH1 启动子
pSH17-4	OriGene	双杂交（控制）；GAL4 与 LexA 的激活融合	*HIS*3	ADH1 启动子
YAC(例如 pYAC4) (第 4 章图 4-12)	ATCC, Sigma	人工染色体克隆载体	Amp，*ARS*1	四膜虫端粒序列

表 A3-1-5 穿梭载体（在大肠杆菌和啤酒八叠球菌中都能复制）

穿梭载体	供应厂商	适应用	选择标记	调节元件
YIp(酵母整合质粒;例如 pRS303, 304, 305, 306)	ATCC	质粒必须整合进染色体	酵母:分别是 *HIS*3, *TRP*1, *LEU*2, *URA*3; 大肠杆菌:Amp	大肠杆菌:pBluescript 主链(f1 +/- 起始点; colE 起始点)
A3.5 YCp(酵母着丝质粒; 例如 pRS313, 314, 315, 316)	ATCC	维持在低拷贝数;非常稳定的繁殖	酵母:分别是 *HIS*3, *TRP*1, *LEU*2, *URA*3; 大肠杆菌:Amp	酵母:由于着线粒拷贝数低;大肠杆菌:pBluescript 主链(f1 +/- 起始点;colE 起始点)
YEp(酵母着丝质粒; 如 pRS323, 324, 325, 326)	ATCC	克隆基因的高拷贝数繁殖	酵母:分别是 *HIS*3, *TRP*1, *LEU*2, *URA*3; 大肠杆菌:Amp	大肠杆菌:pBluescript 主链(f1 +/- 起始点; colE 起始点)
YRp(酵母复制质粒) pJK101	ATCC OriGene	酵母遗传分析 双杂交选择:阻遏分析试验	酵母:*URA*3 大肠杆菌:Amp	
pSH18～34 (或 pMW111, 112)	OriGene, Invitrogen, CLONTECH	双杂交选择:转录激活分析试验	酵母:*URA*3 大肠杆菌:Amp (pMW-Kan)	

表 A3-1-6　其他载体

其他载体	供应厂商	适用性	选择标记	特性
BAC（例如，pBeloBAC11）（第 4 章图 4-2）	NEB	基因组克隆：120～300 kb	Cam	*lox P*，*cosN* 位点
Cosmid（例如，Super Cos1）（第 4 章图 4-4 和 4-8）	Stratagene	基因组克隆：30～45 kb	Amp，Neo	T3，T7 启动子 SV40 起始点
Cosmid（例如，pJB8）（第 4 章图 4-7）	ATCC	基因组克隆：30～45 kb	Amp	
M13（Phagescript SK）（第 3 章图 3-1）	Stratagene	克隆；测序；突变		T3，T7 启动子
P1（例如，pAD10SacBⅡ）（第 4 章图 4-3）	–	基因组克隆：70～100 kb	Kan	*lox*P 位点
PAC（例如 pCYPAC1）（第 4 章图 4-4）	–	基因组克隆：130～150 kb	Kan，*sacB*	*loxP* 位点

注：表 A3-1 中的内容根据不同来源的资料汇编而成，其中包括 American Type Culture Collection（ATCC）Web Site（www.atcc.org），Vector Database（www.vectordb. atcy.com）和多家公司（供应商）网站。注意的是由不同公司销售的载体，即使名字相同也可能有所不同。本手册中的载体图是引用的；其他的载体图见供应商提供的资料。

A3.6

表 A3-2　细菌菌株

菌株	相关基因型	说　明
71/18	*SupEthi*Δ(*lac-proAB*) F′[*ProABb*$^+$ *lacI*^{q} *lacZ*ΔM15]	用于培养噬菌粒的一种菌株。该菌株中的 F′携带 *lacZ*ΔM15，后者与 λZAP 中编码的 β-半乳糖苷酶的氨基端 α-互补。该菌株可高水平产生 Lac 阻遏物，能用于 *lac* 启动子控制下的基因的诱导型表达以及表达 β-半乳糖苷酶融合蛋白的重组子的选择（Messing et al. 1977；Dente et al. 1983；Rüther and Müller-Hill 1983）。
BB4	*supF*58 *supE*44 *hsdR*514 *galK*2 *galT*22 *trpR*55 *metB*1 *ton A*Δ*lacU*169 F′[*ProAB*$^+$ *lacI*^{q}*lacZ* ΔM15 Tn10 (*tet*^{r})]	用于培养 λZAP 和其他 λ 噬菌体的一种 *recA*$^+$ 菌株，该菌株的 F′因子有 *lacZ*ΔM15，后者能与 λZAP 编码的 β-半乳糖苷酶氨基端实现 α-互补。F′因子使得用 M13 辅助噬菌体可进行超感染，而超感染是把重组 λZAP 转变为 pBluescript 质粒的必要步骤（Bullock et al. 1987）
BHB2688	(N205*recA* [*λimm*434λcI*ts*b2 *red Eam Sam*/*λ*])	是一种 λ 噬菌体溶原菌，用于制备包装提取物（Hohn and Murray 1977；Hohn 1979）。
BHB2690	(N205*recA* [*λimm*434 c*Its b2 Dam Sam*/*λ*])	是一种 λ 噬菌体溶原菌，用于制备包装提取物（Hohn and Murray 1977，Hohn 1979）。
BL21 (DE3 a. k. a "Origami")	*hsd*S *gal* (λcI*ts*857 *ind*1 *Sam*7 *nin*5 *lac UV-5-T7* 基因 1)	该菌株用于高效表达克隆于含有噬菌体 T7 启动子的表达载体（如 pET 系列）的基因。T7 噬菌体 RNA 聚合酶位λ 噬菌体 DE3 区，该区整合于 BL21 的染色体上（Studier and Moffatt 1986）。
BNN102 (C600*hflA*)	*supE*44 *hsdR thi*-1 *thr* – 1 *leuB*6 *lacY*1 *tonA*21 *hflA* 150 [*chr*∷Tn10 (*tet*^{r})]	是用于选择 λgt10 重组体的一种 *hfLA* 菌种。*hfLA* 突变抑制 *cI*$^+$ 噬菌体的噬斑形成，而允许 *cI*$^-$ 重组噬菌体形成噬斑（Young and Davis 1983a）。

续表

菌株	相关基因型	说　明
C-1a	野生株	是在基本培养基上留存多年的野生型大肠杆菌 C 株的一个克隆。大肠杆菌 C 株是 F^- 株，缺乏宿主的限制和修饰活性。本菌株是用于 λ 噬菌体琥珀突变体互补试验的一种非抑制型宿主菌(Bertani and Weigle 1953;Borck et al. 1976)。
C600(BNN93)	*supE*44 *hsdR thi*-1 *thr*-1 *leuB*6 *lacY*1 *tonA*21	常用来制备裂解物(Appleyard 1954)和增殖 λgt10(Young and Davis 1983a)的琥珀抑制型菌株。
CES200	*sbcB*15 *recB*21 *recC*22 *hsdR*	用于培养 spi^- 噬菌体的菌株(Nader et al. 1985)。
CES201	*recA sbcB*15 *recB*21 *recC*22 *hsdR*	用于培养 spi^- 噬菌体的一种重组缺陷型菌株(Wyman and Wertman 1987)。
CJ236	*dut*1 *ung*1 *thi*-1 *relA*1/pCJ105 (cam^rF′)	用来制备用于体外突变含有尿嘧啶模板 DNA 的 *dut ung* 菌株(Kunkel et al. 1987)。pCJ105 带有 F′因子和 cam^r 基因，培养 CJ236 时，可加氯霉素作为保留 F′的选择压力。
CSH18	*supE thi*Δ(*lac-pro*) F′[*ProAB*$^+$ *lacZ*$^-$]	一种用于筛选在 λ 噬菌体载体中所构建的重组体的琥珀抑制型菌株，而所用载体在填充片段中带有 *lacZ* 基因。这类载体在含有产色底物 X-gal 的培养基上能产生蓝色噬斑，而重组体因填充片段被外源 DNA 取代而产生白色噬斑(Miller 1972;Williams and Blattner 1979)。
DE3(Origami)	见 BL21	
DH1	*snpE*44 *hsdR*17 *recA*1 *endA*1 *gyrA*96 *thi*-1 *relA*1	用于铺制平板培养及由质粒和黏粒转化的细菌的一种重组缺陷琥珀抑制型菌株(Low 1968, Meselson and Yuan 1968, Hanahan 1983)。
DH5	*supE*44 *hsdR*17 *recA*1 *endA*1 *gyrA*96 *thi*-1 *relA*1	用于铺制平板培养由质粒和黏粒转化菌的一种重组缺陷琥珀抑制型菌株(Low 1968, Meselson and Yuan 1968, Hanahan 1983)。这个菌株的转化效率高于 DH1。
A3.7 DH5α	*supE*44Δ*lacU*169 (ϕ80 *lacZ*ΔM15) *hdsR*17 *recA*1 *endA*1 *gyrA*96 *thi*-1 *relA*1	一种用于铺制平板培养质粒和 *hsdR*17 *recA*1 *endA*1 *gyrA*96 *thi*-1 *relA*1 黏粒的重组缺陷琥珀抑制型菌株。其中ϕ80 *lacZ*ΔM15 突变可与 pUC 载体编码的 β-半乳糖苷酶氨基端实现 α 互补(Hanahan 1983)。
DH5αMCR	F^- *mcrA*Δ (*mrr-hsdRMS-mcrBC*) ϕ80 Δ*lacZ*ΔM15 (Δ*lac ZYA-argF*) *supE*44 *hsdR*17 *recA*1 *endA*1 *gyrA*96 *thi*-1 *relA*1	一种用于 pUC 和其他 α-互补载体的宿主菌株。用来制备含有甲基化胞嘧啶和腺嘌呤残基的基因组文库。
DH10B	Δ(*mrr-hsdRMS-mcrBC*) *mcrA recA*1	用于培养 BACs 的重组缺陷菌株。
DH11S	Δ(*lac-proAB*) Δ(*recA*1398) Δ(*mrr-hsd RMS-mcrBC mcrA deoR rpsL srl*$^-$) F′[*proAB lacI*^{q} *lacZ*ΔM15]	用于培养噬菌粒的重组缺陷菌株。该菌株便于甲基化基因组 DNA 的克隆并增加大质粒的转化效率。

续表

菌株	相关基因型	说明
DP50*supF*	*supE*44 *supF*58 *hsdS*3 (r_B^- m_B^-) *dapD*8 *lacY*1 *glnV*44 Δ(*gal-uvrB*) 47 *tyrT*58 *gyrA*29 *tonA* Δ(*thyA*57)	一种用于分离和增殖λ噬菌体重组体的菌株(Leder et al. 1977, B. Backmann 个人通讯)。
ED8654	*supE supF hsdR metB lacY gal trpR*	一种通用于增殖λ噬菌体载体及其重组体的琥珀抑制型菌株(Borck et al. 1976, Murray et al. 1977)。
DE8767	*supE*44 *supF*58 *hsdS*3(r_B^- m_B^-) *recA*56 *galK*2 *galT*22 *metB*1	一种用于增殖λ噬菌体载体的重组缺陷抑制型菌株(Murray et al. 1977)。
HB101	*supE*44 *hsdS*20 (r_B^- m_B^-) *recA*13 *ara*-14 *proA*2 *lacY*1 *galK*2 *rpsL*20 *xyl*-5 *metl*-1	一种共同用于大批制备质粒的琥珀抑制型菌株。该杂交株是由 *E. coli* K112 与 *E. coli* B 杂交后分离的,能被质粒有效的转化(Boyer and Roulland-Dussoix 1969, Bolivar and Backman 1979)。
HMS174	*recA*1 *hsd R rif*ʳ	一种重组缺陷的非抑制型菌株,用于高效表达克隆在带有T7启动子的表达载体上的基因。用带有T7噬菌体基因1的λ噬菌体感染该菌来提供T4噬菌体RNA聚合酶(Campbell et al. 1978, Studier and Moffatt 1986)。
JM101[a]	*supE thi* Δ(*lac-proAB*) F′[*traD*36 *proAB*$^+$ *lacI*^{q} *lacZ* ΔM15]	一种琥珀抑制型F′菌株,该菌株支持M13噬菌体载体的生长(Messing 1979)。
JM105	*supE endA sbcB*15 *hsdR*4 *rpsL thi* Δ(*lac-proAB*)	一种琥珀抑制型F′菌株,该菌株支持M13噬菌体载体的生长,对转染的DNA有修饰作用而无限制作用(Yanisch-Perron et al. 1985)。该菌株中的F′带有*lacZ*ΔM15,后者可使得与在λZAP中编码的β-半乳糖苷酶的氨基端进行α-互补。
JM107[b]	*supE*44 *endA*1 *hsdR*17 *gyrA*96 *relA*1 *thi* Δ(*lac-proAB*) F′[*traD*36 *proAB*$^+$ *lacI*^{q} *lacZ*ΔM15]	一种琥珀抑制型F′菌株,该菌株支持M13噬菌体载体的生长,对转染的DNA有修饰作用但无限制作用(Yanisch-Perron et al. 1985)。该菌株中的F′带有*lacZ*ΔM15,后者可使得与在λZAP中编码的β-半乳糖苷酶的氨基端进行α-互补。
JM109	*recA* *supE*44 *endA*1 *hsdR*17 *gyrA*96 *relA*1 *thi* Δ(*lac-proAB*) F′[*traD*36 *proAB*$^+$ *lacI*^{q}*lacZ*ΔM15]	一种琥珀抑制型F′重组缺陷菌株。该菌株支持M13噬菌体载体的生长,对转染的DNA有修饰作用但无限制作用(Yanisch-Perron et al. 1985)。该菌株中的F′带有*lac*ZΔM15,后者使得与在λZAP中编码的β-半乳糖苷酶的氨基端进行α-互补。
JM110	*dam dcm supE*44 *hsdR*17 *thi leu rpsL lacY galK galT ara tonA thr tsx* Δ(*lac-proAB*) F′[*traD*36 *proAB*$^+$ *lacI*^{q} *lacZ*ΔM15]	一种琥珀抑制型F′菌株,该菌株对GATC序列的腺嘌呤不甲基化,支持M13噬菌体载体的生长(Yanisch-Perron et al. 1985)。该菌株中的F′带有*lacZ*ΔM15,后者可使得与在λ*ZAP*中编码的β-半乳糖苷酶的氨基端进行α-互补。

续表

A3.8

菌株	相关基因型	说　明
K802	*supE hsdR gal metB*	一种琥珀抑制型菌株,用来增殖λ噬菌体载体及其重组体(Wood 1966)。
KC8	*hsdR leuB*600 *trpC*9830 *pyrF*::Tn5 *hisB*463 *lac*ΔX74 *strA galU galK*	一种用来有选择地援救GAL4衍生的带有激活结构域或DNA结合域的酵母质粒的菌株,或者用于LexA双杂交筛选。KC8带有*trpC*,*leuB*,和*hisB*突变,这些突变可用于与酵母*TRP*1,*LEU*2和*HIS*3野生标记互补。注意:Tn5转座子使菌株有卡那霉素抗性。
KK2186	*supE sbcB*15 *hsdR*4 *rpsL thi* Δ(*lac-proAB*) F′[*traD*36 *proAB*$^{+}$ *lacI*^{q} *lacZ* ΔM15]	一种支持带有琥珀突变载体生长的菌株,对被转染的DNA有修饰作用但无限制作用(Zagursky and Berman 1984)。
KW215	*supE hsdR mcrB mcrA recD*	一种适宜于带有琥珀突变载体的重组缺陷菌株。用于增殖高滴度的λ噬菌体。在*Eco*RⅠ位点修饰DNA但没有限制作用。允许胞嘧啶修饰的DNA增殖。
LE392	*supE*44 *supF*58 *hsdR*514 *galK*2 *galT*22 *metB*1 *trpR*55 *lacY*1	一种通常用于增殖λ噬菌体载体及其重组体的琥珀抑制型菌株。LE392是ED8654的衍生株(Borck et al. 1976, Murray et al. 1977)。
LG90	Δ(*lac-proAB*)	一种*lacZ*缺陷的菌株,用于检测表达β-半乳糖苷酶融合蛋白的重组体(Guarente and Ptashne 1981)。
M5219	*lacZ trpA rpsL* (λ*bio*252 *cIts*857 ΔH1)	一种用于对克隆在λ噬菌体P_L启动子下游的基因进行可调型表达的菌株,它含有编码λ噬菌体*cIts*857阻遏物和N蛋白的缺陷型λ原噬菌体,N蛋白是一种转录终止的拮抗物(Remaut et al. 1981, Simatake and Rosenberg 1981)。
MBM7014.5	*hsdR*2 *mcrB*1 *zjj*202::Tn10(*tet*^{r}) *ara*D139 *ara*CU25am Δ*lac*U169	一种用于在λORF8中构建文库的*mcrB*株。用于构建文库的DNA先用甲基化酶处理以保护*Hin*dⅢ和*Bam*HⅠ位点。用M·*Alu*Ⅰ甲基化酶在保护*Hin*dⅢ位是由于没有M·*Hin*dⅢ甲基化酶的商品供应,该菌株识别*Alu*Ⅰ甲基化位点的限制系统缺陷(Raleigh and Wilson 1986)。
MC1061	*hsdR mcrB ara*D139Δ(*araABC-leu*)7679 Δ*lac*X74 *galU galK rpsL thi*	一种用于在λORF8中建立初级文库的*mcrB*菌株。参见MBM7014.5菌株的说明(Meissner et al. 1987)。
MM294	*supE*44 *hsdR endA*1 *pro thi*	一种用于大规模制备质粒的琥珀抑制型菌株,质粒的转化效率高(Meselson and Yuan 1968)。
MV1184[d]	*ara*Δ(*lac-proAB*) *rpsL thi* (ϕ80 *lacZ*ΔM15) Δ(*srl-recA*)306::Tn10(*tet*^{r}) F′[*traD*36 *proAB*$^{+}$ *lacI*^{q}*lacZ* ΔM15]	一种用于增殖pUC18/pUC19噬菌粒并获得单链噬菌粒的重组缺陷菌株(Vieira and Messing 1987)。

续表

菌株	相关基因型	说明
MV1193	Δ(*lac-proAB*) *rpsL thi endA spcB*15 *hsdR*4Δ(*srl-recA*)306::Tn10 (*tet*^{r}) F′[*traD*36 *proAB*$^+$ *lacI*^{q}*lacZ* ΔM15]	一种用于增殖 pUC18/pUC19 噬菌粒并获得单链噬菌粒的重组缺陷菌株(Zoller and Smith 1984, 1987)。
MZ-1	*galK*Δ8*ttL*Δ*BamN*$_7$*N*$_{53}$ c*Its*857 ΔH1 *his ilv bioN*$^+$	一种温度敏感的溶源性菌株,用含有 λ 噬菌体 P_L 启动子的质粒的宿主菌(Nagai and Thogersen 1984)。
NM519	*hsdR recBC sbcA*	一种用于增殖 Spi$^-$ λ 噬菌体的重组缺陷菌株;在 *Eco*R Ⅰ位点修饰 DNA 但没有限制作用(Arber et al. 1983)。
NM522	*supE*Δ(*lac-proAB*)Δ(*merB-hsd SM*) 5 F′[*proAB*$^+$ *lacI*^{q}*lacZ*ΔM15]	一种用于培养噬菌粒的在修饰和限制上缺陷的菌株,可提高甲基化基因组 DNA 的克隆效率(Gough and Murray 1983)。
NM531	*supE supF hsdR trpR lacY recA*13 *metB gal*	一种用于增殖 λ 噬菌体载体的重组缺陷抑制型菌株(Arber et al. 1983)。
NM538	*supF hsdR trpR lacY*	一种用于分析和增殖 λ 噬菌体的菌株(Frischauf et al. 1983)。
NM539	*supF hsdR lacY*(P2cox)	一种用于选择 Spi$^-$ 噬菌体的菌株,为 NM538 的衍生株(Frischauf et al. 1983)。
NM554	*AraD*139 *galK galU hsdR*2 (*rK*$^-$ *Km*$^+$)*recA*13 *rpsL thi*-1 Δ(*ara-leu*) 7696Δ*lacX*74*F*$^-$	一种用于为铺种非扩增黏粒文库的菌株,用来筛选。
NS3516	NS3529 的 *Cre*$^-$亲本株	用于大量制备克隆在 P1 噬菌体中的重组 DNA 的 Cre$^-$宿主菌(Sternberg et al. 1994)。
NS3529	*recA mcrA*Δ(*mrr-hsdRMS-mcrBC*) (λ*imm*434 *nin*5*X*1-*Cre*) (λ*imm*λ*LP*1)	用于制备 P1 噬菌体文库的宿主菌株。*imm*434 原噬菌体组成型产生 Cre;*imm*λ 原噬菌体组成型地产生 *lacI*^{q} 阻遏物(Sternberg et al. 1994)。
Q358	*supE hsdR* $_\phi$80^r	一种用于培养 λ 噬菌体载体的琥珀抑制型宿主菌(Karn et al. 1980)。
Q359	*supE hsdR* $_\phi$80^r(P2)	一种用于选择 Spi$^+$λ 重组体的琥珀抑制型宿主菌(Karn et al. 1980)。
R594	*galK*2 *galT*22 *rpsL*179 *lac*$^-$	一种非抑制型菌株,用作含有琥珀或赭石突变的 λ 噬菌体载体的非许可性宿主菌(Campbell 1965)。
RB791	W3110 *lacI*^{q}L8	一种高水平产生 Lac 阻遏物的菌株,用于在 *lac* 和 *tac* 启动子控制下的基因的可诱导型表达(Brent and Ptashne, 1981)。
RR1	*supE*44 *hsdS*20 (r_b^- m_b^-) *ara*-14 *proA*2 *lacY*1 *galK*2 *rpsL*20 *xyL*-5 *metl*-1	是 HB101 的 recA$^+$ 衍生株,转化效率高(Bolivar et al. 1977, Peacock et al. 1981);B. Bachmann 个人通讯)。

A3.9

续表

菌株	相关基因型	说　明
SMR10	大肠杆菌 C(λ*cos*2ΔB *xis*1*red*3 *gam* am210 cI*ts*857 *min*5 Sam7/λ)	一种用于制备包装提取物的λ噬菌体溶源菌株。
TAP90	*supE*44 *supF*58 *hsdR pro leuB thi*-1 *rpsL lacY*1 *tonA*1 *recD* 1903::mini-*tet*	一种用于制备高滴度λ噬菌体裂解物的菌株,这种限制系统缺陷的 *supE supF* 菌株在 *recD* 区插入了一个 mini-*tet* 片段后促进 Spi⁻λ 噬菌体的生长(Patterson and Dean 1987)。
TG1	*supE hsd*Δ5 *thi*Δ(*lac-proAB*) F′[*traD*36 *proAB*⁺ *lacI*^{q}*lacZ*ΔM15]	JM101 的 *Eco*K⁻衍生株,对转化的 DNA 既无修饰作用又无限制作用(Gibson 1984)。
TG2	*supE hsdR*Δ5 *thi* Δ(*lac-proAB*)Δ(*srL-recA*)306::Tn 10(*tet*^{r})	TG1 的一种重组缺陷的衍生株(M. Biggin 个人通讯)。
XL1-Blue	*supE*44 *hsdR*17 *recA*1 *endA*1 *gyrA*46 *thi relA*1 *lac*⁻ F′[*proAB*⁺ *lacI*^{q} *lacZ*ΔM15 Tn10 (*tet*^{r})]	一种重组缺陷菌株,可支持带有某些琥珀突变的载体生长,但不支持带 Sam100 突变的载体(如 λZAP)的生长。对转染的 DNA 有修饰作用但无限制作用。该菌株可用于增殖在 BB4 菌株中不稳定的 λZAPⅡ重组体,该菌株的 F′因子可以利用 X-gal 进行蓝-白斑筛选并容许菌体的超感染(Bullock et al. 1987)。
A3.10 XL1-Blue MRF′	*supE*44 *hsdR*17 *recA*1 *endA*1 *gyrA*46 *thi relA*1 *Lac*⁻Δ(*mcrA*)183Δ(*mcrCB-hsd SMR-mrr*)173 F′[*proAB*⁺ *lacI*^{q}*lacZ*ΔM15 Tn10 (*tet*^{r})]	一种容许含有琥珀突变载体生长的重组缺陷菌株。在 *Eco*RⅠ位能修饰 DNA 但无限制作用;在一种 *recA*⁻菌株(Jerpseth et al. 1992)中能与β-半乳糖酶α-互补。对四环素有抗性。
XS101	*recA*1 *hsdR rpoB*331 F′[*kan*]	一种重组缺陷菌株,对转染的 DNA 有修饰作用但无限制作用。它带有可产生卡那霉素抗性的附加体;该菌株可用于噬菌粒的生长(Levinson et al. 1984)。
XS127	*gyrA thi rpoB*331Δ(*lac-proAB*)*argE* F′[*traD*36 *proAB*⁺ *lacI*^{q} *lacZ*Δm15]	一种用于培养噬菌粒的菌株(Levinson et al. 1984)。
Y1089	*araD*139Δ*Lac*U169 *proA*⁺Δ*lon rpsL hflA*150[*chr*::Tn10(*tet*^{r})]pMC9	一种用于由 λgt11 和 λgt18～23 的重组体生产蛋白质的菌株。外源蛋白的表达受带有 *LacI*^{q} pMC9 产生的高水平的 Lac 阻遏物的控制。该菌株是 Lon 蛋白酶缺陷型,故可增加外源蛋白的稳定性。在该菌株中形成溶原菌的频率很高(Young and Davis 1983b)。
Y1090 hsdR	*supF hsdR araD*139Δ*Lon* Δ*lac*U169 *rpsL trpC*22::Tn10 (*tet*^{r})pMC9	一种用于表达文库的免疫学筛选和增殖 λgt11 和 λgt18～23 原噬菌体的菌株(Young 和 Davis 1983b;Jendrisak et al. 1987)。外源蛋白的表达受带有 *lacI*^{q} 的 pMC9 产生的高水平的 Lac 阻遏物的控制。在噬菌斑开始形成数小时后,加入 IPTG 可检出对大肠杆菌有毒性作用的蛋白质,某些蛋白质在大肠杆菌中不稳定;由于该菌株是 Lon 蛋白酶缺陷菌株,可提高抗原的稳定,有助于抗体筛选。*supF* 标记可抑制 Sam100 而使细胞裂解(Young and Davis 1983b)。

续表

菌株	相关基因型	说 明
YK537	*supE*44 *hsdR* *hsdM* *recA*1 *proA*8 *leuB*6 *thi* *lacY* *rpsL*20 *galK*2 *ara*-14 *xyl*-5 *mtl*-1	一种重组缺陷的抑制型菌株，用于对克隆在 phoA 启动子下游的基因进行可控型表达（Oka et al. 1985）。

注：[a]菌株 JM103（Messing et al. 1981）是 JM101 的非限制性衍生株，用于增殖 M13 噬菌体的重组体。但是，有一些 JM103 培养菌已经失去了 *hsdR*4 突变（Felton 1983），而且对 P1 噬菌体具有溶源性（噬菌体可编码自己的限制－修饰系统）。因此，现在已不再主张用 JM103 作为 M13 噬菌体载体的宿主菌。KK2186 菌株（Zagursky and Berman 1984）除对 P1 噬菌体是非溶源性外，基因型与 JM103 相同。

[b]除不带 F′附加体外，JM106 和 JM108 分别与 JM107 和 JM109 相同。这些菌株不能支持 M13 噬菌体的生长但可用于增殖质粒。但是，JM106 和 JM108 不带 $lacI^q$ 标记（$lacI^q$ 通常存在于 F′附加体上），因此不能有效地抑制可能具有毒性作用的表达产物的合成，这些可能出现的毒性产物是由克隆在带有 *lacZ* 启动子的质粒中的外源 DNA 所编码的。

[c]JM108 和 JM109 菌株对于细菌细胞壁的合成是缺陷的，在基本培养基上形成黏液样菌落，这种特性并不影响它支持 M13 噬菌体生长的能力。

[d]M. Volkert（个人通讯）构建的 MV1184 原始菌株并不带 F′附加体。但是，由 Messing 实验室分发的 MV1184 菌株显然带有 F′附加体。因此，建议拿到 MV1184 菌株后，务必首先检查其支持雄性噬菌体生长的能力。

张兆山 译

周建光 王嘉玺 校

A4.1

附录 4　分子克隆所用的酶

大肠杆菌的修饰/限制系统

- 大肠杆菌的甲基化酶
  - *dam* 甲基转移酶
  - *dcm* 甲基转移酶
- 修饰/限制系统的修饰成分
- A4.2 大肠杆菌甲基化依赖性限制系统
- 通过 DNA 甲基化修饰限制酶切位点
- 甲基化对 DNA 图谱的影响
- 限制性内切酶

DNA 聚合酶

- DNA 聚合酶 Ⅰ（全酶）
- 大片段 DNA 聚合酶（Klenow 片段）
- T4 噬菌体 DNA 聚合酶
- T7 噬菌体 DNA 聚合酶
- 热稳定 DNA 依赖性 DNA 聚合酶
- 反转录酶（依赖于 RNA 的 DNA 聚合酶）
- 末端转移酶（末端脱氧核苷酸转移酶）

依赖于 DNA 的 RNA 聚合酶

- SP6 噬菌体及 T7 和 T3 噬菌体 RNA 聚合酶

连接酶、激酶及磷酸酶

- T4 噬菌体 DNA 连接酶
- 大肠杆菌 DNA 连接酶
- T4 噬菌体 RNA 连接酶
- 热稳定 DNA 连接酶
- T4 噬菌体多核苷酸激酶
- 碱性磷酸酶

核酸酶

- 核糖核酸酶 H
- 核糖核酸酶 A（胰）
  - 制备不含 DNA 酶的核糖核酸酶
- 核糖核酸酶 T1
- 脱氧核糖核酸酶 Ⅰ（胰）
  - 制备不含核糖核酸酶的 DNA 酶
- BAL 31 核酸酶
- S1 核酸酶
- 绿豆核酸酶
- 外切核酸酶 Ⅲ
- λ 噬菌体外切核酸酶

蛋白水解酶

- 蛋白酶 K

其他酶

- 溶菌酶
- 琼脂酶（Agarase）
- 尿嘧啶 DNA 糖基化酶
- 拓扑异构酶 Ⅰ

A4.3　大肠杆菌中的修饰/限制系统

DNA 修饰是用来区分大肠杆菌自身基因组与由噬菌体感染、质粒转化或转染导入的外源基因组的。大肠杆菌 DNA 在腺苷酸或胞嘧啶残基甲基化后被保护而免受攻击，未甲基化的 DNA 及不可识别的甲基化方式的 DNA 被标记而被内源性限制酶降解。

大肠杆菌的甲基化酶

野生型大肠杆菌表达 DNA 甲基转移酶，后者将甲基从 *S* -腺苷甲硫氨酸转到一个腺嘌呤或胞嘧啶特定靶序列残基内。以下介绍不同类型的甲基化酶。

dam 甲基转移酶

在大肠杆菌 *dam*$^+$ 株中，埋在序列 5′…GATC…3′的腺嘌呤残基携带贴附在 N^6 原子上的甲基（Hatman et al. 1978）。存在于两条回文识别序列的这些修饰的腺嘌呤碱基 99％以上就是由 DNA 腺嘌呤甲基酶的作用形成的，即 *dam* 基因的产物。DNA 腺嘌呤甲基酶是单一-亚单位非核苷酸依赖的（Ⅱ型）DNA 甲基转移酶它可将一个甲基从 S-腺苷甲硫氨酸转移到识别序列 5′…GATC…3′中的腺嘌呤残基上（Marinus 1987，Palmer and Marinus 1994）。在大肠杆菌，*dam* 甲基化是有效 DNA 错配修复、在 oriC 位点准确启动 DNA 复制、携带 oriC 的染色体分离与分配以及基因表达进行的调节所必需的（Palmer and Marinus 1994）。甲基向腺嘌呤 N^6 原子的转移在 B-类 DNA 大沟中安置了一个大烷基，防止了体外被某些识别位点含有 5′…GATC…3′的限制酶的降解。相反，其他限制性酶需要在-TATC-残基甲基化以切割 DNA。

一些限制性酶（*Pvu* Ⅰ，*Bam*HⅠ，*Bcl* Ⅰ，*Bgl* Ⅱ，*Xho* Ⅱ，*Mbo* Ⅰ和 *Sau*3AⅠ）的识别位点含有 5′…GATC…3′序列，另一些限制酶的识别位点也有一部分含有 5′…GATC…3′序列，如被 *Cla* Ⅰ（1/4，4 个识别序列位点中有一个含有 5′…GATC…3′），*Xba* Ⅰ（1/16），*Tag* Ⅰ(1/16)，*Mbo* Ⅱ（1/16），*Hph* Ⅰ（1/16）。原核 DNA 被 *Mbo* Ⅰ消化时受 *dam* 甲基化酶的抑制，这在实践应用中并无大问题。因为限制性酶 *Sau*3AⅠ的识别序列与 *Mbo* Ⅰ一样，但是其作用不受 *dam* 甲基化酶的影响。（注意：哺乳动物 DNA 不会在腺嘌呤 N^6 位点甲基化，因此，*Mbo* Ⅰ和 *Sau*3AⅠ均可有效地使用）。但是，当需要在 *Cla* Ⅰ，*Xba* Ⅰ，*Tag* Ⅰ，*Mbo* Ⅱ或 *Hph* Ⅰ每一个位点处切割原核 DNA 或以 *Bcl* Ⅰ完全消化原核 DNA 时，必须从 *dam*$^-$大肠杆菌菌株提取 DNA（Marinus 1973，Backman 1980，Roberts et al. 1980，McClelland 1981）。

Kessler 和 Manta（1990）以及 McCelland 和 Nelson（1992）已列出了切割模式受 *dam* 甲基化影响的限制性酶谱，一些其他可利用的信息见于大多数酶供应商的使用手册和限制性/修饰酶数据库（REBASE），后者在 rebase.neb.com/rebase 登录。

A4.4

dcm 甲基转移酶

dcm 在序列 5′…CCAGG…3′或 5′…CCTGG…3′中的胞嘧啶 C^5 位点引入甲基，因此防止或抑制诸如 *Eco*RⅠ限制酶切割（Marinus and Morris 1973；May and Hattman 1975）。大多数情况下，可以使用 *Bst*NⅠ而避免这一影响，后者识别的序列与 *Eco*RⅡ完全一致（虽然它在该序列不同位点切断 DNA）。如果不能用 *Bst*NⅠ替换 *Eco*RⅡ，那么 DNA 必须从 *dcm*$^-$大肠杆菌的菌株制备（Marinus 1973；Backman 1980；Roberts 等 1980）。某些其他酶的识别序列可能与经修饰的 *dcm* 识别序列部分重叠。详细的关于每一个限制性酶的甲基化敏感性信息已在 REBASE 网站提供（rebase.neb.com/rebase）。*dcm*$^-$大肠杆菌突变株未显示表型，*dcm* 甲基化的生物学意义也不甚清楚（综述，请参阅 Palmer 和 Marinus 1994）。

修饰/限制系统的修饰成分

Ⅰ型修饰/限制系统

在许多野生型大肠杆菌菌株中的经典的Ⅰ型修饰/限制系统是由 3 个 *hsd*（*Eco*K）基因编码的。两个由这些基因（*hsd*M；*hsd*S）编码的多肽是将甲基转移到 5′AAC（N^6）-GTGC3′识别序列两个腺嘌呤的 N^6 位置所需要的（Kan et al. 1979）。这一类型修饰约占大肠杆菌 N^6 腺嘌呤甲基化的 1%，保护 DNA 不被异三聚体 *Eco*K 限制性内切酶切割（由 *hsdRMS* 基因编码）。这是一种Ⅰ型限制性内切酶，通过 ATP 水解在识别位点不同距离处断开双链（Bickle 1987）。许多在 *hsd* 基因带有突变的大肠杆菌菌株用于分子克隆。

Ⅱ型修饰/限制系统

经典（Ⅱ型）修饰//限制系统有两个成分，一个限制内切酶和一个 DNA 甲基转移酶；两个成分均识别同一个靶序列。体内，Ⅱ型限制内切酶切割未甲基化的序列，而甲基转移酶偏向在 DNA 复制时产生半甲基化底物。许多原核Ⅱ型修饰//限制系统的修饰酶是单体，将甲基转到胞嘧啶嘌呤环的 5-碳原子上，产生 5-甲基胞嘧啶。这个反应的催化机制涉及被半胱氨酸残基对靶胞嘧啶 C^6 上的亲核攻击，产生一个共价中间产物。亲核物的加入使得甲基从 *S*-腺苷甲硫氨酸转移到活化的 5-碳原子。5-位质子的分离产生的酶，经历接合清除产生 5-甲基胞嘧啶产物（Wu and Santi 1987，综述请参阅 Kumar et al. 1994，Verdine 1994，Winkler 1994）。

Ⅱ型限制酶与其识别序列的联系涉及在蛋白一级序列上完全分开的氨基酸，导致靶 DNA 的弯曲和扭结（Kim et al. 1990，Winkler et al. 1993）。Ⅱ型甲基化酶使 DNA 结构上产生一根本的变化可驱使靶胞嘧啶翻转 DNA 螺旋的平面并进入酶的活性部位。翻转的机制首次以 M·*Hha*Ⅰ而建立（Klimasauskas et al. 1994），并确信在 5-甲基胞嘧啶转移酶中是通用的，它们都含有相当保守的序列特征和共同的结构（请参阅 Winkler 1994）。

大肠杆菌甲基化依赖性限制系统

大肠杆菌 K 至少含有 3 种不同的甲基化依赖限制系统，它们识别不同的靶序列，但仅识别经过甲基化的靶序列：*mrr*（6-甲基腺嘌呤［^{m6}A］，*mcr*A（^{m5}CG［^{m5}C=5-

A4.5 甲基胞嘧啶］，和 *mcr*B（Pu ^{m5}C）（Raleign and Wilson 1986，Heitman and Model 1987，Raleigh et al. 1988）。在这些位置上甲基化的 DNA 不能有效地克隆到大肠杆菌野生株中（Whittaker et al. 1988）。例如，体内得到的^{m5}CG 彻底甲基化的人类 DNA 会受到 mcrA 的限制。因此大肠杆菌限制系统缺陷性菌株（Raleigh and Wilson 1986，Raleigh et al. 1988）更有利于甲基化 DNA 的转化和克隆。

M·*Eco*RⅠ甲基化酶催化 *S*-腺苷 L-蛋氨酸（SAM）的甲基转移到*Eco*RⅠ识别序列标有 * 的腺嘌呤位点。腺嘌呤甲基化后形成的 6-甲基氨基嘌呤，能够保护 DNA 不被 *Eco*RⅠ切割（Greene et al. 1975）。

```
     *
GAATTC
CTTAAG
     *
```

通过 DNA 甲基化修饰限制酶切位点

就许多Ⅱ型限制酶而言，已分离到与其相对应的甲基化酶，后者可修饰同源的修饰酶识别序列，使之不被相应的限制酶切割。这些甲基化酶中已有一些得到商品化供应。它们在分子克隆的多个方面有用武之地。例如，在构建基因组文库时（Maniatis et al. 1978），用限制酶 *Alu* 和 *Hae*Ⅲ 部分消化基因组 DNA 所得随机片段可被 M·*Eco*RⅠ甲基化酶处理，然后加上合成的*Eco*RⅠ接头。当再用*Eco*RⅠ消化接在基因组 DNA 上的接头时，基因组 DNA 上的天然*Eco*RⅠ限制酶切点则受到保护而不被切割。当制备克隆用的双链 cDNA 时，可用同一策略保护天然存在的限制酶切位点不被切割。

甲基化酶还可用于改变某些限制酶的表观切割特异性（Nelson et al. 1984, Nelson and Schildkraut 1987）。在体外，这些改变可通过某些限制酶识别序列中亚类的甲基化来实现。只有经过甲基化的 次基序列才不被限制酶切割。例如，限制性酶*Hin*cⅡ识别简并序列 GTPyPuAC，因此可切割图内所示的 4 种序列。

G**TCGA**C
GTCAAC
GTTGAC
GTTAAC

M·*Taq*Ⅰ甲基化酶仅识别 TCGA 序列并使腺嘌呤残基甲基化（McClelland 1981）。被 M·*Taq*Ⅰ甲基化*Hin*cⅡ的 TCGA 的次级序列可对抗*Hin*cⅡ切割，而其他 3 个识别序列将依然对*Hin*cⅡ敏感。

甲基化和限制性位点发生重叠的另一种情况是，这种重叠发生在一种限制性酶的识别序列与另一种甲基化酶的识别序列交界处。例如，一个 *Bam*HⅠ识别序列为 GGATCC，如果该序列前恰好是 CC 或其后面是 GG，部分与（CCGG）重叠，则可被 M·*Msp*Ⅰ酶所甲基化。因为 M·*Msp*Ⅰ可使该识别序列 5′胞嘧啶甲基化（^{m5}CCGG)，此 *Bam*HⅠ位点即在其内部胞嘧啶残基处被甲基化（GGAT^{m5}CCGG）而抵抗*Bam*HⅠ的切割。另一个例子是提供在下方的*Bgl*Ⅰ和 M·*Hae*Ⅲ：

M·*Hae*Ⅲ
GCCNNNNNGGCC
*Bgl*Ⅰ

在*Hin*cⅡ-M·*Taq*Ⅰ和*Bam*HⅠ-M·*Msp*Ⅰ这两种情况中，甲基化作用可使原先存在的限制酶切位点受到保护。最后，某些腺嘌呤甲基化酶可与依赖于甲基化的限制性酶 *Dpn*Ⅰ联合应用，在长度为 8～12bp 的序列内产生高特异性切割（McCelland et al.

1984，McCelland and Nelson 1987，Weil and McClelland 1989)。

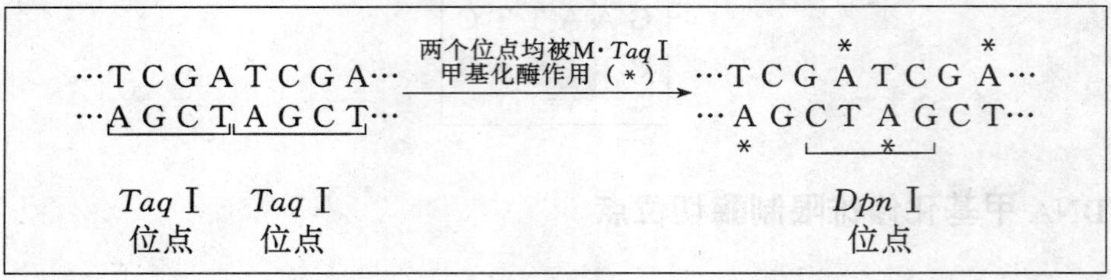

A4.6 **表 A4-1　对序列特异性的甲基化敏感性不同的同裂酶对**

甲基化的序列**	同裂酶对*	
	可切割的酶	不可切割的酶
T^{m5}CCGGA	*Acc*Ⅲ	*Bsp*MⅡ
TC^{m5}CGGA	*Acc*Ⅲ	*Bsp*MⅡ
GGWC^{m5}C	*Afl*Ⅰ	*Ava*Ⅱ（*Eco*47Ⅰ）
TCCGG^{m6}A	*Bsp*MⅡ	*Acc*Ⅲ
C^{m5}CWGG	*Bst*NⅠ（*Mva*Ⅰ）	*Eco*RⅡ
GGTAC^{m5}C	*Kpn*Ⅰ	*Asp*718Ⅰ
C^{m5}CGG	*Msp*Ⅰ	*Hpa*Ⅱ（*Hap*Ⅱ）
C^{m4}CGG	*Msp*Ⅰ	*Hpa*Ⅱ
G^{m6}ATC	*Sau*3AⅠ（*Fnu*EⅠ）	*Mbo*Ⅰ（*Nde*Ⅱ）
TCGCG^{m6}A	*Sbo*13Ⅰ	*Nru*Ⅰ
RG^{m6}ATCY	*Xho*Ⅱ	*Mfl*Ⅰ
CC^{m5}CGGG	*Xma*Ⅰ（*Cfr*9Ⅰ）	*Sma*Ⅰ

注：左竖列为甲基化序列，中间为能切割此甲基化序列的同裂酶，最右竖列为不能切割此甲基化序列的同裂酶。请参考相关文献（McClelland and Nelson　1988）。

*如果一个酶对甲基化序列的切割速率至少有切割非甲基化序列速率的十分之一，应将此酶归入对甲基化不敏感的酶一类。如此酶的切割速率受甲基化所抑制，使其切割速率最多不超过切割未甲基化序列的速率的1/20时，将此酶归入对甲基化敏感的一类。

**序列以5′→3′的排序。R＝G或A；Y＝C或T；W＝A或T；^{m4}C＝4-甲基胞嘧啶，^{m5}C＝5-甲基胞嘧啶，^{m6}A＝6-甲基胞嘧啶。

这种情况与上述几种情况有所不同，它可使DNA上产生*Dpn*Ⅰ原来不能切割的酶切位点。已经采用这种把甲基化酶与限制酶合并应用的通用策略产生了60多个新的特异性酶切位点，并且有可能产生更多的新酶切位点（McClelland and Nelson 1988）。每个限制性酶对位点特异修饰的敏感性的汇编可见REBASE的网站rebase. neb. com/rebase。

一些同裂酶对位点特异甲基化作用的敏感性不同（参考表A4-1）。在研究细胞DNA中位点特异性甲基化的水平和分布时，如研究哺乳动物^{m5}CG、植物^{m5}CG和^{m5}CNG及肠道细菌中的G^{m6}ATC时，这几对内切酶是很有用的（Waalwijk and Flavell 1978，McClelland 1983，Bird et al. 1985)。

很明显，对位点特异性的DNA甲基化作用敏感的并不局限于限制酶，这是DNA结合蛋白的一种普遍性质（见Sterberg 1985，Wang et al. 1986)。在不规则位点发生^{m4}C，^{m5}C，^{hm5}C，及^{m6}A位点特异性修饰，将抑制一些Ⅱ型甲基化酶的作用。有关资料归纳在表 A4-2。

表 A4-2 Ⅱ型 DNA 甲基化酶对甲基化的敏感性

甲基化酶(特异性)*	不影响甲基化酶活性的甲基化位置**	影响甲基化酶活性的甲基化位置***
M·*Alu* Ⅰ(AG^{m5}CT)		AG^{m4}CT
M. *Bam* HⅠ(GGAT^{m4}CC)	GG^{m6}ATCC	GGATC^{m5}C
M. *Cfr*6Ⅰ(CAG^{m4}CTC)		CAG^{m5}CTG
M. *Cla* Ⅰ(ATCG^{m6}AT)	^{m6}ATCGAT AT^{m5}CGAT	
M. *Cvi*BⅢ(TCG^{m6}A)	T^{m5}CGA	
M. *Eco*RⅠ(GA^{m6}ATTC)	GATT^{m5}C	G^{m6}AATTC
M. *Eco*RⅡ(C^{m5}CWGG)		C^{m4}CWGG
大肠杆菌 *dam*(G^{m6}ATC)	GAT^{m5}C^{c} GAT$^{h\ m5}$C	
M. *Fok* Ⅰ A(GG^{m6}ATG)	CATC^{m5}C	CAT^{m5}CC
M. *Hha* Ⅰ(G^{m5}CGC)	GCG^{m5}C	
M. *Hha* Ⅱ(G^{m6}ANTC)	GANT^{m5}C	
M. *Hpa* Ⅱ(C^{m5}CGG)		^{m5}CCGG
M. *Hph* Ⅰ(T^{m5}CACC)	GGTG^{m6}A	
M. *Mbo* Ⅰ(G^{m6}ATC)	GAT^{m5}C	
M. *Mbo* Ⅱ(GAAG^{m6}A)	T^{m5}CTT^{m5}C	
M. *Msp* Ⅰ(^{m5}CCGG)		C^{m5}CGG
M. *Mva* Ⅰ(C^{m4}CWGG)	C^{m5}CWGG	
M. *Pvu* Ⅱ(CAG^{m4}CTG)		CAG^{m5}CTG
M. T2*dam*(G^{m6}ATC)	GAT^{hm5}C	
M. T4*dam*(G^{m6}ATC)	GAT$^{h\ m5}$C	
M. *Taq* Ⅰ(TCG^{m6}A)	T^{m5}CGA	

注：本表经惠许引自 McClelland 和 Nelson (1998)，可参阅 McClelland 和 Nelson (1998) 的文献。

*序列按 5′→3′排列。W＝A 或 T；N＝A 或 C 或 G 或 T；^{m4}C＝4-甲基胞嘧啶；^{m5}C＝5-甲基胞嘧啶；^{hm5}C＝5-羟甲基胞嘧啶；^{m6}A＝6-甲基腺嘌呤。

**如果一个酶对甲基序列的切割速率至少有切割非甲基化序列的速率的 1/10，将此酶归入对甲基化不敏感的一类．如果此酶的切割速率受甲基化所抑制，使其切割速率最多不超过切割未甲基化序列的速率的 1/20 时，将此酶归入对甲基化敏感的一类。

***大肠杆菌 *dam* 修饰 GAT^{m5}C 位点的速率有所降低。

甲基化对 DNA 图谱的影响

除 4 种正常碱基外，哺乳动物 DNA 还含有 C^{m5}残基。这些残基基本上都位于 G 残基的 5′端。尽管只有一部分 CpG 二核苷酸被甲基化，但这种甲基化具有高度的细胞类型特异性（Bird and Southern 1978）；任何已知 CpG 双体在某一类细胞的大多数细胞中被甲基化，也可能只在其中少数细胞中被甲基化。

表 A4-3 限制性酶切割 DNA 片段的平均大小

酶	序列	线虫	果蝇	大肠杆菌	人	小鼠	酵母	爪蟾
Apa Ⅰ	GGGCCC	40 000	6 000	15 000	2 000	3 000	20 000	5 000
Asc Ⅰ	GGCGCGCC	400 000	60 000	20 000	80 000	100 000	500 000	200 000
Avr Ⅱ	CCTAGG	20 000	20 000	150 000	8 000	7 000	20 000	15 000
*Bam*HⅠ	GGATTC	9 000	4 000	5 000	5 000	4 000	9 000	5 000
Bgl Ⅰ	GCCN$_5$GGC	25 000	4 000	3 000	3 000	4 000	15 000	6 000
Bgl Ⅱ	GCGCGC	4 000	4 000	6 000	3 000	3 000	4 000	3 000
*Bss*HⅡ	GCGCGC	30 000	6 000	2 000	10 000	15 000	30 000	20 000
Dra Ⅰ	TTTAAA	1 000	1 000	2 000	2 000	3 000	1 000	2 000
Eag Ⅰ	CGGCCG	20 000	3 000	4 000	10 000	15 000	20 000	15 000
*Eco*RⅠ	GAATTC	2 000	4 000	5 000	5 000	5 000	3 000	4 000
*Hin*dⅢ	AAGCTT	3 000	4 000	5 000	4 000	3 000	3 000	3 000
Nae Ⅰ	GCCGGC	15 000	3 000	2 000	4 000	6 000	15 000	6 000
Nar Ⅰ	GGCGCC	15 000	3 000	2 000	4 000	6 000	15 000	7 000
Nhe Ⅰ	GCTAGC	30 000	10 000	25 000	10 000	10 000	10 000	10 000
Not Ⅰ	GCGGCCGC	600 000	30 000	200 000	100 000	200 000	450 000	200 000
Pac Ⅰ	TTAATTAA	20 000	25 000	50 000	60 000	100 000	15 000	50 000
Pme Ⅰ	GTTTAAAC	40 000	40 000	40 000	70 000	80 000	50 000	50 000
Rsr Ⅱ	CGGWCCG	50 000	15 000	10 000	60 000	60 000	60 000	70 000
Sac Ⅰ	GAGCTC	4 000	4 000	10 000	3 000	3 000	9 000	4 000
Sac Ⅱ	CCGCGG	20 000	5 000	3 000	6 000	8 000	20 000	15 000
Sal Ⅰ	GTCGAC	8 000	5 000	5 000	20 000	20 000	10 000	15 000
Sfi Ⅰ	GGCCN$_5$GGCC	1 000 000	60 000	150 000	30 000	40 000	350 000	100 000
*Sgr*AⅠ	CXCCGGXG	100 000	20 000	8 000	70 000	80 000	90 000	90 000
Sma Ⅰ	CCCGGG	30 000	10 000	6 000	4 000	5 000	50 000	5 000
Spe Ⅰ	ACTAGT	8 000	9 000	60 000	10 000	15 000	6 000	8 000
Sph Ⅰ	GCATGC	15 000	5 000	4 000	6 000	6 000	10 000	6 000
Srf Ⅰ	GCCCGGGC	1 000 000	90 000	50 000	50 000	90 000	600 000	100 000
Sse Ⅰ	CCTGCAGG	200 000	50 000	40 000	15 000	15 000	150 000	30 000
Ssp Ⅰ	AATATT	1 000	1 000	2 000	2 000	3 000	1 000	2 000
Swa Ⅰ	ATTTAAAT	9 000	15 000	40 000	30 000	60 000	15 000	30 000
Xba Ⅰ	TCTAGA	4 000	9 000	70 000	5 000	8 000	4 000	6 000
Xho Ⅰ	CTCGAG	5 000	4 000	15 000	7 000	7 000	15 000	10 000

注：从线虫（CEL）、果蝇（DRO）、大肠杆菌（ECO）、人（HUM）、小鼠（MUS）、酵母（YSC）和爪蟾预测的平均片段大小。

表中列举 7 种普通常用于基因组研究的常用或不常用的限制酶，影响限制酶切割特定基因组的因素有① G+C 含量百分比；② 特殊的二核苷酸、三核苷酸或四核苷酸的频率；③甲基化程度，使用以上信息结合 DNA 序列的大小则可对限制酶潜在的切割能力做预测。

几乎所有用于哺乳动物染色体 DNA 长距绘图的限制性酶所识别的序列都含有
A4.7 CpG。由于这种二核苷酸在哺乳动物 DNA 中出现的频率大约只有预计的 1/5（Normore 1976，Setlow 1976，Shapiro 1976），含有 CpG 二核苷酸限制性酶识别序列极其稀少(Lindsay and Bird 1987，McCelland and Nelson 1987)，而且 CpG 大多数发生甲基化。所

以几乎所有在识别序列含有 CpG 的限制酶均不能切割^{m5}CpG 甲基化的 DNA（Nelson and McClelland 1987）；例如，*Bsp*MⅠ，*Cla*Ⅰ，*Eag*Ⅰ，*Mlu*Ⅰ，*Nae*Ⅰ，*Nar*Ⅰ，*Not*Ⅰ，*Nru*Ⅰ，*Pvu*Ⅰ，*Rsr*Ⅱ，*Sal*Ⅰ，*Xho*Ⅰ，*Xor*Ⅱ均对^{m5}CpG 甲基化敏感。最后，在哺乳动物 DNA 制备中，CpG 二核苷酸甲基化在绝大多数情况下都不完全。对于酶切位点稀少的限制酶来说，由于在其识别的甲基化位点上的甲基化具有可变性，因此给应用脉冲电场凝胶电泳作哺乳动物 DNA 酶切图分析中带来极大的困难。在已知可适于将哺乳动物 DNA 切成极大的片段的限制性酶中，只有*Acc*Ⅲ，*Asu*Ⅱ，*Cfr*9Ⅰ，*Sfi*Ⅰ和*Xma*Ⅰ能切割在^{m5}CpG 二核苷酸上得到修饰的 DNA。在大肠杆菌中增殖哺乳动物基因组 DNA 可使^{m5}CpG 二核苷酸去甲基化。因此，在克隆化的与未克隆化的 DNA 制备中，哺乳动物基因组 DNA 的同一区段将在切割形式上有所差异。

在其他许多生物中，CpG 二核苷酸并不像在哺乳动物中那么稀少，果蝇和线虫 A4.8
Caenorhabditis 的 DNA 中 CpG 不被甲基化。因此，用酶切位点稀少的限制酶切割这些 DNA 所产生的片段尚不足用同种酶切割哺乳动物 DNA 所得片段数的 1/2（参看表
A4-3）。对某些位点特异性甲基化作用不敏感的限制酶，尤其适用于对修饰的 DNA 进行 A4.9
完全消化。例如对甲基化程度很高的植物 DNA 进行物理图谱分析时，就要求选用对^{m5}CG和^{m5}CNG 不敏感的限制酶。例如：*Bcl*Ⅰ，*Bst*EⅡ，*Bst*NⅠ，*Cvi*QⅠ，*Eco*RV，*Hinc*Ⅱ，*Hpa*Ⅰ，*Kpn*Ⅰ，*Mob*Ⅱ，*Nde*Ⅰ，*Nde*Ⅱ，*Rsa*Ⅰ，*Spe*Ⅰ，*Sph*Ⅰ，*Taq*Ⅰ，*Tth*HBⅠ，和*Xmn*Ⅰ等。而*Ase*Ⅰ，*Dra*Ⅰ，*Mse*Ⅰ，*Ssp*Ⅰ酶识别序列中不含胞嘧啶，因此也可用于切割胞嘧啶甲基化程度高的 DNA。

限制性内切酶

限制酶特异性结合于一段所谓的限制酶识别序列的特殊 DNA 序列之内或其附近的特异位点上，并在此切割双链 DNA。它可分成三类。Ⅰ类和Ⅲ类限制酶在同一蛋白分子中兼有修饰（甲基化）作用和依赖 ATP 的限制（切割）活性。Ⅲ类酶在识别位点切割 DNA 然后与底物解离。然而，Ⅰ类限制酶结合于识别位点，但却随机切割回转到被结合酶处的 DNA。在分子克隆中Ⅰ类和Ⅲ类限制酶都不常用。

Ⅱ型修饰/限制性酶系统是由两种酶分子组成的二元系统，一种为限制性内切核酸酶（限制酶），它切割某一特异性核苷酸序列；另一个为独立的甲基化酶，它修饰同一识别序列。迄今人们已分离大量Ⅱ类限制性内切酶，其中有许多对于分子克隆和其他分子生物学技术是很有用的。

绝大多数Ⅱ类限制酶识别长度为 4、5、6 个核苷酸且呈二重对称的特异性序列。然而，极少酶能识别更长或简并序列。切割位点的部位相对于二重对称轴的位置因酶而异：有些酶是恰在对称轴处同时切割两条链，则产生带有平端 DNA 片段；而另一些酶则在对称轴两侧相类似的位置分别切割两条链，产生带有单链突出端的 DNA 片段。

限制性酶的数据，REBASE 含有已知的所有限制性内切酶的完整表，包括识别的序列、甲基化的敏感性、商业信息和参考文献。这个数据库每天更新，可见于rebase.neb.com/rebase。

A4.10 # DNA 聚合酶

A4.11 **表 A4-4　模板依赖性 DNA 聚合酶的比较**

	大肠杆菌 DNA 聚合酶Ⅰ(全酶)	大肠杆菌 DNA 聚合酶Ⅰ的 Klenow 片段	T4 噬菌体 DNA 聚合酶	T7 噬菌体 DNA 聚合酶测序酶[a]	*Taq* DNA 聚合酶(AMPLITAQ)	反转录酶
反应						
DNA 聚合酶 5′→3′	+	+	+	+	+	+
外切酶						
双链 DNA 5′→3′	+	−	−	−	+[b]	−
子链 DNA 3′→5′	+	+	+	−	−	−
双链 DNA 3′→5′	+	+	+	−	−	−
RNA 酶 H 活性	+	−	−	−	n.i.[c]	+
从双链片段的链置换	+	+	−	−	n.i.	n.i.
缺口翻译	+	−	−	−	n.i.	−
交换	+	+	+	−	−	−
模板						
完整双链 DNA	−	−	−	−	−	−
带引物的子链 DNA	+	+	+	+	+	+
带缺口的双链或子链突出 5′端	+	+	+	+	+	+
带缺口的双链 DNA	+	+	−	−	n.i.	−
不带引物的单链 DNA(发卡)	+	+	n.i.	n.i.	n.i.	+
单链 RNA	+[d]	+[d]	−	−	n.i.	+
条件要求						
二价阳离子	Mg^{2+}	Mg^{2+}	Mg^{2+}	Mg^{2+}[c]	Mg^{2+}[c]	Mg^{2+}
最佳 pH 值	7.4	7.4(phosphate) 8.4(Tris)	8.0～9.0 (50% as active at pH 7.5)	7.6～7.8	8.3 at room temp.(Tris) (50% as active in phosphate[pH 7])	7.6(Mo-MLV) 8.3(AMV)
硫氢化物试剂	+	+	+	+	−	+
结构						
分子质量(kDa)	109	76	114	92	94	84(Mo-MLV) 170(AMV)
孔粒(数目)	1	1	1	2	1	1(Mo-MLV) 2(AMV)

注：[a]T7 噬菌体聚合酶的衍生序列，已被化学方法所修饰的测序酶(sequenase)，或被基因工程所修饰的测序酶 2.0，用以压制 3′→5′核酸外切酶活性。后者具有野生型 T7 噬菌体聚合酶的潜在成分。所以，上述两种类型的测序酶切不能用于交换反应。

[b] AmpliTaq 和 *Taq* DNA 聚合酶具有聚合依赖性的 5′→3′核酸外切酶活性。

[c] n.i. 指无可用信息。

[d]指在存有 Mn^{2+} 而不是 Mg^{2+} 时具有更大的活性。

[e]Mn^{2+} 可以取代 Mg^{2+}，尽管速率低些且聚合酶的特异性可能有些改变。

分子克隆的许多步骤都涉及在 DNA 聚合酶催化下的 DNA 体外合成反应。这些酶作用时大多需要模板，合成产物的序列则与模板互补。大多数聚合酶优先作用于 DNA 模板，但也可拷贝 RNA，尽管这时效率不高。最常用的依赖于 DNA 的 DNA 聚合酶是大肠杆菌 DNA 聚合酶Ⅰ（全酶），大肠杆菌 DNA 聚合酶Ⅰ大片段（Klenow 片段），T4 和 T7 噬菌体编码的 DNA 聚合酶，经修饰的 T7 噬菌体 DNA 聚合酶（测序酶和测序酶 2.0 版本），以及耐热 DNA 聚合酶。有一种聚合酶，即反转录酶（依赖 RNA 的 DNA 聚合酶），可优先拷贝 RNA；但也可接受 DNA 模板，因此也能以 RNA 模板催化合成双链 DNA。最后还有一种 DNA 聚合酶，它根本不对模板进行拷贝，而只是将核苷酸加到已有的 DNA 分子的末端，这种 DNA 聚合酶叫做末端转移酶（末端脱氧核苷核酸转移酶）。

依赖于模板的聚合酶的特性归纳在表 A4－4 并在下述文内详细描述。在这个表内展示的数据是从多个出版物中收集而来。然而，最佳反应条件总是因酶制剂（纯度）及 DNA 制品的不同或因在同一个反应液中进行一系列酶反应而有所出入。关于各种不同 DNA 聚合酶在测序反应中的相对优点，请参看第 12 章的讨论。

DNA 聚合酶Ⅰ（全酶） A4.12

DNA 聚合酶Ⅰ由单条多肽链（相对分子质量为 109 000）组成，它具有三种活性，即 5′→3′DNA 聚合酶活性，5′→3′外切酶和一个 3′→5′的外切核酸酶活性（Kelley and Stump 1979）。同时它还兼有 RNA 酶Ⅱ的活性。RNA 酶Ⅱ活性是大肠杆菌细胞存在所必需的，但在分子克隆中未用到此活性。对更详细的内容请参考第 9 章“大肠杆菌 DNA 聚合酶Ⅰ和 Klenow 片段”。

大肠杆菌 DNA 聚合酶Ⅰ（全酶）

活性：5′→3′DNA 聚合酶

底物：单链 DNA 模板及带 3′羟基的 DNA 引物

反应：

$$DNA_{OH} \xrightarrow[\substack{Mg^{2+} \\ dATP,\ dTTP,\ dGTP,\ dCTP}]{\text{大肠杆菌 DNA 聚合酶 I}} DNA-({}_{p}dN)_{n} + nPP_{i}$$

例如：

$$\begin{array}{l} 5'\cdots {}_{p}C_{p}C_{p}G_{OH}3' \\ 3'\cdots G_{p}G_{p}C_{p}T_{p}A_{p}T_{p}C_{p}G_{p}A_{p}\cdots 5' \end{array}$$

$$\Big\downarrow \; Mg^{2+},\ dATP,\ dTTP,\ dGTP,\ dCTP;\ \text{大肠杆菌 DNA 聚合酶 I}$$

$$\begin{array}{l} 5'\cdots {}_{p}C_{p}C_{p}G_{p}A_{p}T_{p}A_{p}G_{p}C_{p}T\cdots 3' \\ 3'\cdots G_{p}G_{p}C_{p}T_{p}A_{p}T_{p}C_{p}G_{p}A_{p}\cdots 5' \end{array}$$

活性：5′→3′外切核酸酶

底物：双链 DNA 或 RNA-DNA 杂交体。从 5′端降解双链 DNA，也降解 RNA-DNA 杂交体的 RNA 成分（即本核酸酶具有内在的 RNA 酶 H 活性)。

反应:

$$\text{双链 DNA} \xrightarrow[Mg^{2+}]{\text{大肠杆菌 DNA 聚合酶 I}} 5'{}_pN_{OH} + 5'{}_pN({}_pN)_{np}N_{OH} + \text{单链 DNA}$$

例如:

$$\begin{array}{c} 5'{}_pC_pG_pC_pA_pT_pC_pT\cdots 3' \\ 3'G_pC_pG_pC_pG_pT_pA_pG_pA_p\cdots 5' \\ \Big\downarrow Mg^{2+}\ \text{大肠杆菌 DNA 聚合酶 I} \\ 5'{}_pC_pA_pT_pC_pT\cdots 3' \\ 3'G_pC_pG_pC_pG_pT_pA_pG_pA_p\cdots 5' \\ +5'{}_pC + 5'{}_pG\text{or}5'{}_pC_pG \end{array}$$

活性:3′→5′外切核酸酶

底物:带 3′羟基端的双链或单链 DNA。从 3′羟基端降解 DNA。对双链 DNA 的外切核酸酶活性可被 5′→3′DNA 聚合酶活性所封闭,又可被带 5′磷酸的 dNMP 所抑制。

反应:

$$\text{双链或单链 DNA} \xrightarrow[Mg^{2+}]{\text{大肠杆菌 DNA 聚合酶 I}} 5'{}_pN_{OH}$$

例如:

$$\begin{array}{l} ^{5'}\cdots{}_pC_pG_pC_pA_pT_pC_pT^{3'} \\ _{3'}\cdots G_pC_pG_{p\,5'} \\ \Big\downarrow Mg^{2+}\ \text{大肠杆菌 DNA 聚合酶 I} \\ ^{5'}\cdots{}_pC_pG_pC_{OH}{}^{3'} \\ _{3'}\cdots G_pC_pG_{p\,5'} + {}^{5'}{}_pA + {}^{5'}{}_pC + {}^{5'}{}_pT \end{array}$$

活性:交换(置换)反应

底物:如果只有一种 dNTP 存在,3′→5′外切核酸酶活性将从 3′羟基端降解双链 DNA,直到露出与 dNTP 互补的碱基,然后在该位置发生一系列连续的合成和交换反应。

反应:

$$\left.\begin{array}{l} ^{5'}\cdots{}_pC_pG_pT_pC_pG_pC_{OH}{}^{3'} \\ _{3'}\cdots G_pC_pA_pG_pC_pG_{p\,5'} \\ \Big\downarrow Mg^{2+},\ [\alpha\text{-}^{32}P]dTTP\ \text{大肠杆菌 DNA 聚合酶 I} \end{array}\right\}\text{外切核酸酶活性}$$

$$\left.\begin{array}{l} ^{5'}\cdots{}_pC_pG_p{}^{3'} \\ _{3'}\cdots G_pC_pA_pG_pC_pG_{p\,5'} \\ \quad\updownarrow \\ ^{5'}\cdots{}_pC_pG_p^{*}T_{OH}{}^{3'} \\ _{3'}\cdots G_pC_pA_pG_pC_pG_{p\,5'} \end{array}\right\}\text{DNA 聚合酶活性}$$

用途

(1)用缺口平移方法标记 DNA(请看图 A4-1)。在所有聚合酶中仅有大肠杆菌 DNA 聚合酶Ⅰ能用于此反应,因为它具有 5′→3′外切核酸酶活性,可以在聚合酶沿 DNA 链推进之前,从 DNA 链上去除核苷酸。

(2)此全酶原用于 cDNA 克隆中合成第二条链(Efstratiadis et al. 1976),但后来已让位于反转录酶和(或)大肠杆菌 DNA 聚合酶Ⅰ的大片段(Klenow)片段。因为后二者不含 5′→3′外切核酸酶活性。大肠杆菌 DNA 聚合酶Ⅰ的 5′→3′外切核酸酶活性可以降解寡核苷酸,而后者常作为合成 cDNA 第二链的引物。

(3)用于对 DNA 分子的 3′突出尾进行末端标记。这个反应包括两步,首先利用 3′→5′外切核酸酶活性去除 DNA 的 3′端突出尾而产生 3′凹端。然后,在高浓度的放射性标记前体的存在下,外切降解反应与 dNTP 掺入 3′端的反应达到平衡。上述反应包括从凹端或平端 DNA 上周而复始地去除并置换 3′核苷酸,故有时称为交换反应或置换反应。如果计划用这类反应进行末端标记,T4 噬菌体 DNA 聚合酶是首选的酶。虽然大肠杆菌 DNA 聚合酶Ⅰ和 T4 噬菌体 DNA 聚合酶都可进行上述反应,但后者具有更强的 3′→5′外切核酸酶的活性。

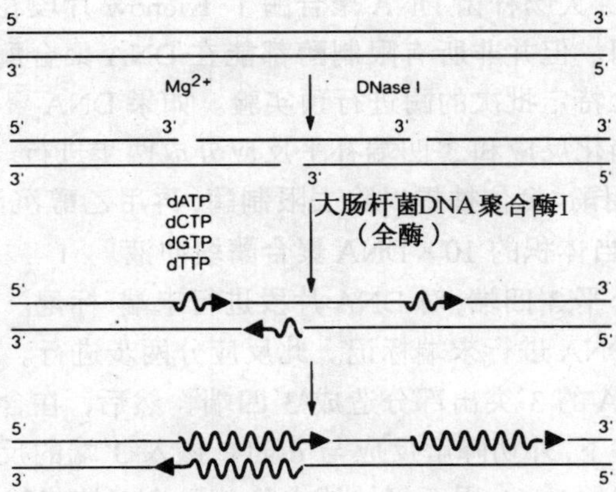

图 A4-1　利用大肠杆菌 DNA 聚合酶Ⅰ进行切口平移

DNA 酶Ⅰ处置的单链切口可被导入 DNA。大肠杆菌 DNA 聚合酶(*Pol* Ⅰ)结合切口或在双链 DNA 短的切口,DNA 聚合酶Ⅰ的 5′→3′外切酶活性可从 DNA 的一条链移走核苷酸,创建一条模板并同时合成不断增长的 DNA 链。原来的缺口沿着 DNA 分子被结合的 5′→3′外切酶活性和 5′→3′聚合酶活性所翻译。在此所展示的反应,双链 DNA 的上链,缺口从左到右被大肠杆菌 DNA 聚合酶在 dNTP 存在的情况下翻译。双链 DNA 的下链,缺口翻译从右到左进行。新合成 DNA 的延伸用带色箭头表示。

在许多情况下,可用单一的缓冲液进行限制酶切割 DNA 及其后的末端标记。但用于 DNA 聚合酶反应的缓冲液并不适于所有限制酶,所以劝你先进行预实验。如果限制酶在 DNA 聚合酶缓冲液不能进行限制酶消化反应,那么就必须将限制酶反应和末端标记分两步进行。在这种情况下,先在适当的限制性酶缓冲液切割 DNA,然后用酚:氯仿抽提以除限制酶,再用乙醇沉淀 DNA 并溶于 TE,最后加适当体积的 10×DNA 聚合酶缓冲液。

A4.15 ## 大片段 DNA 聚合酶(Klenow 片段)

大肠杆菌 DNA 聚合酶Ⅰ的 5′→3′外切核酸酶活性在使用时常引起一些麻烦,因为它可以降解结合在 DNA 模板引物的 5′端,而且从作为连接反应底物的 DNA 片段的末端除去 5′磷酸。利用蛋白水解作用可从全酶中去除 5′→3′外切核酸酶活性,而聚合酶活性或 3′→5′外切核酸酶活性均不受影响(Klenow and Henningsen　1970)。目前作为商品提供的大肠杆菌 DNA 聚合酶 Klenow 片段是用枯草杆菌蛋白酶裂解完整 DNA 聚合酶Ⅰ或者通过克隆技术而得到的单一多肽链(分子质量 76 000Da)组成(Jacobsen et al. 1974, Joyce and Grindley 1983)。详见第 9 章"大肠杆菌 DNA 聚合酶Ⅰ和 Klenow 片段"。

用途

(1) 补平限制酶切割 DNA 产生的 3′凹端。在许多情况下,用限制酶消化 DNA 并用 Klenow 片段补平 3′凹端或对突端的 DNA 进行末端标记[见用途 3]均可在同一缓冲液进行。事实上,大肠杆菌 DNA 聚合酶Ⅰ Klenow 片段在所有限制酶缓冲液中均能良好地发挥作用。但并非所有限制酶都能在 DNA 聚合酶的缓冲液中发挥作用,因此建议用手头上特定批次的酶进行预实验。如果 DNA 聚合酶缓冲液不适于限制酶,可把限制性酶消化反应和 3′凹端补平反应分成两步进行。先在限制性酶缓冲液中消化 DNA,然后用酚:氯仿抽提以除去限制酶,再用乙醇沉淀干燥 DNA,并重溶于 TE 中,最后加入适当体积的 10×DNA 聚合酶缓冲液。

(2) 用[^{32}P]dNTP 补平 3′凹端,对 DNA 片段进行末端-标记。

(3) 对带 3′突端的 DNA 进行末端标记。此反应分两步进行。首先,利用 3′→5′外切核酸酶活性降解 DNA 的 3′突出部分造成 3′凹端。然后,在含高浓度的放射标记核苷酸前体存在的条件下,外切降解反应与 dNTP 掺入 3′端的反应达到平衡。上述反应包括从凹端或平端的 DNA 周而复始地去除并置换 3′核苷酸,故有时称为交换反应或置换反应。如果计划用这类反应进行末端标记,T4 噬菌体 DNA 聚合酶是首选的酶。虽然,大肠杆菌 DNA 聚合酶Ⅰ和 T4 噬菌体 DNA 聚合酶都可进行上述反应,但后者具有更强的 3′→5′外切核酸酶活性。

(4) 在 cDNA 克隆中,用于合成 cDNA 的第二链。

(5) 体外诱发突变中,用于从单链模板合成双链 DNA。大肠杆菌 DNA 聚合酶Ⅰ Klenow 片段可从模板上置换已杂交的寡核苷酸引物,从而导致诱变率下降。应用不会引起置换反应的 T4 噬菌体 DNA 聚合酶可避免这一问题。(Nossal　1974)。

(6) 使用 Sanger 双脱氧链末端终止法进行 DNA 测序(Sanger et al. 1997)。

A4.16 (7) 过去曾利用大肠杆菌 DNA 聚合酶Ⅰ Klenow 片段的 3′→5′外切核酸酶活性来消化某些限制酶作用后产生的 3′突端。近来,T4 噬菌体 DNA 聚合酶由于具有更强的 3′→5′外切核酸酶活性,因而已成为这一用途的首选酶。

(8) 大肠杆菌 DNA 聚合酶 Ⅰ 的 Klenow 片段也可用于聚合酶链式反应，以体外扩增基因组 DNA 序列。扩增产物可用做探针或用于直接克隆已知基因的等位突变体。然而 *Tag* DNA 聚合酶已成为这一用途的首选酶，因为它耐热，因而不必在每一轮合成和变性后补加新酶。

- 用大肠杆菌 DNA 聚合酶 Ⅰ Klenow 片段进行末端标记，可替代 T4 噬菌体多核苷激酶的方法，用于制备 DNA 标记片段，作为凝胶电泳的分子量标准参照物。由于 DNA 片段标记的强弱与 DNA 的摩尔数而不是与其大小成比例，因此限制酶切消化中产生的片段与大片段的标记程度相同。因此用溴化乙锭染色不能观察到的过小 DNA 片段可用放射自显影或 SYBR 染料确定其条带的位置。
- 用较为粗制的 DNA(如小量提取的质粒 DNA)进行末端补平及标记反应同样可行。

大肠杆菌 DNA 聚合酶 Ⅰ　Klenow 片段

活性：5′→3′DNA 聚合酶

底物：单链 DNA 模板及带 3′自由羟基的引物。

反应：

$$DNA_{OH} \xrightarrow[\substack{Mg^{2+} \\ dATP,\ dTTP,\ dGTP,\ dCTP}]{\text{大肠杆菌 DNA 聚合酶 Ⅰ Klenow 片段}} DNA-({}_{p}dN)_{n}+nPP_{i}$$

例如：

$$\begin{array}{l} ^{5'}\cdots {}_{p}C_{p}C_{p}G_{OH}{}^{3'} \\ _{3'}\cdots G_{p}G_{p}C_{p}T_{p}A_{p}T_{p}C_{p}G_{p}A_{p}\cdots {}_{5'} \end{array}$$

$$\Big\downarrow \; \text{Mg}^{2+};\ \text{dATP, dTTP, dGTP, dCTP};\ \text{大肠杆菌 DNA 聚合酶 Ⅰ Klenow 片段}$$

$$\begin{array}{l} ^{5'}\cdots {}_{p}C_{p}C_{p}G_{p}A_{p}T_{p}A_{p}G_{p}C_{p}T\cdots {}^{3'} \\ _{3'}\cdots G_{p}G_{p}C_{p}T_{p}A_{p}T_{p}C_{p}G_{p}A_{p}\cdots {}_{5'} \end{array}$$

活性：3′→5′外切核酸酶活性

底物：从自由的 3′羟基端降解双链或单链 DNA，对双链 DNA 的外切核酸酶活性可被 5′→3′聚合酶活性封闭。

反应：

$$\text{双链或单链 DNA} \xrightarrow[Mg^{2+}]{\text{大肠杆菌 DNA 聚合酶 Ⅰ Klenow 片段}} {}^{5'}{}_{p}N_{OH}$$

例如：

$$\begin{array}{l} ^{5'}\cdots {}_{p}C_{p}G_{p}C_{p}A_{p}T_{p}C_{p}T^{3'} \\ _{3'}\cdots G_{p}C_{p}G_{p}\,{}_{5'} \end{array}$$

$$\Big\downarrow \; \text{Mg}^{2+};\ \text{大肠杆菌 DNA 聚合酶 Ⅰ Klenow 片段}$$

$$\begin{array}{l} ^{5'}\cdots {}_{p}C_{p}G_{p}C_{OH}{}^{3'} \\ _{3'}\cdots G_{p}C_{p}G_{p}\,{}_{5'} \\ +{}^{5'}{}_{p}A+{}^{5'}_{p}C+{}^{5'}_{p}T \end{array}$$

活性：交换(置换)反应

底物：如果只有一种 dNTP 存在，那么 3′→5′外切核酸酶活性将从 3′羟基端降解双链 DNA，直到露出与此 dNTP 互补的碱基，然后在此位置发生一系列连续的合成和交换反应。

反应：

$5' \cdots {}_pC_pG_pT_pC_pG_pC_{OH}{}^{3'}$
$3' \cdots G_pC_pA_pG_pC_pG_p{}_{5'}$

$\xrightarrow[{[\alpha\text{-}^{32}P]dTTP}]{Mg^{2+}}$ 大肠杆菌 DNA 聚合酶 I Klenow 片段（外切核酸酶活性）

$5' \cdots {}_pC_pG_p{}^{3'}$
$3' \cdots G_pC_pA_pG_pC_pG_p{}_{5'}$

$\updownarrow$（DNA 聚合酶活性）

$5' \cdots {}_pC_pG_p^* T_{OH}{}^{3'}$
$3' \cdots G_pC_pA_pG_pC_pG_p{}_{5'}$

噬菌体 T4 DNA 聚合酶

活性：5′→3′ DNA 聚合酶

底物：3′端为羟基的单链 DNA 模板一引物聚合体。此酶不能从切口开始向前进行链置换。但是加入噬菌体 T4 的基因 32 蛋白，并用低离子强度的缓冲液，此酶能在切口处合成。

反应：

$$DNA_{OH} \xrightarrow[\substack{Mg^{2+} \\ dATP,\ dTTP,\ dGTP,\ dCTP}]{\text{噬菌体 T4 DNA 聚合酶}} DNA-({}_pdN)_n + nPP_i$$

例如：

$5' \cdots {}_pC_pC_pG_{OH}{}^{3'}$
$3' \cdots G_pG_pC_pT_pA_pT_pC_pG_pA_p \cdots {}_{5'}$

$\downarrow$ Mg^{2+}，dATP, dTTP, dGTP, dCTP　噬菌体 T4 DNA 聚合酶

$5' \cdots {}_pC_pC_pG_pA_pT_pA_pG_pC_pT \cdots {}^{3'}$
$3' \cdots G_pG_pC_pT_pA_pT_pC_pG_pA_p \cdots {}_{5'}$

活性：3′→5′外切核酸酶活性

底物：对单链 DNA 的活性比对双链 DNA 的活性要强得多；且对双链 DNA 的外切核酸酶活性可被 5′→3′聚合酶活性所封闭。

反应：

$$\text{单链 DNA} \xrightarrow[Mg^{2+}]{\text{噬菌体 T4 DNA 聚合酶}} {}^{5'}{}_pN_{OH}$$

例如：

$5' \cdots {}_pC_pG_pC_pA_pT_pC_pT^{3'}$
$3' \cdots G_pC_pG_p{}_{5'}$

$\downarrow$ Mg^{2+}　噬菌体 T4 DNA 聚合酶

$5' \cdots {}_pC_pG_pC_{OH}{}^{3'}$
$3' \cdots G_pC_pG_p{}_{5'}$
$+ 5'{}_pA + 5'{}_pC + 5'{}_pT$

噬菌体 T4 DNA 聚合酶

活性：交换（置换）反应

底物：如果只有一种 dNTP 存在，那么 3′→5′ 外切核酸酶活性将 3′羟基端降解双链 DNA，直到露出与此 dNTP 互补的碱基，然后在该位置发生一系列连续的合成和交换反应。

反应：

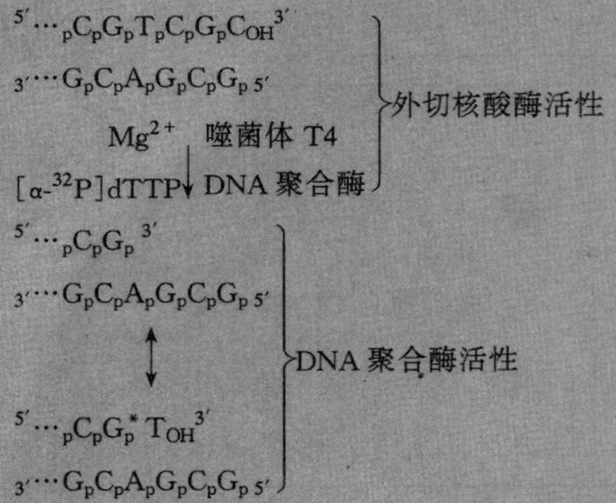

T4 噬菌体 DNA 聚合酶 A4.18

（来源于 T4 噬菌体感染的大肠杆菌）

T4 噬菌体 DNA 聚合酶（相对分子质量为 114 000）与大肠杆菌 DNA 聚合酶 Ⅰ Klenow 片段相似的是：它们都具有 5′→3′外切核酸酶活性。而且 3′→5′外切核酸酶活性对单链 DNA 的作用比对双链 DNA 更强。然而，T4 噬菌体 DNA 聚合酶的外切核酸酶活性要比 Klenow 片段强 200 倍。由于 T4 噬菌体 DNA 聚合酶不从单链 DNA 模板上置换寡核苷酸引物，因此在体外诱变反应中，它的效率比大肠杆菌 DNA 聚合酶 Ⅰ Klenow 片段更强（Nossal 1974）。

用途

(1) 补平或标记限制酶消化 DNA 后产生的 3′凹端。标记反应必需在高浓度的 dNTP 存在下进行，以使聚合（补平）反应压倒 3′→5′外切核酸酶的活性。

(2) 对带有 3′突出端的 DNA 分子进行末端标记。此反应分两步进行。首先利用 3′→5′外切核酸酶活性切除 DNA 3′突出尾，从而产生 3′凹端，然后在高浓度的某一种放射性标记的 dNTP 前体的存在下，外切降解反应与 dNTP 掺入 3′端的反应达到平衡。这一从凹端或平端上循环往复地去除和置换 3′端核苷酸的反应又称作交换或置换反应。

许多情况下，可用同一种缓冲液进行 DNA 的限制酶消化反应及其后的末端标记反应。在常用的所有限制酶缓冲液中 T4 噬菌体 DNA 聚合酶都可发挥其最大活性的 50%左右。然而并非所有限制酶都能在 DNA 聚合酶缓冲液中发挥作用。

(3) 标记用做探针的 DNA 片段,利用此酶的 3′→5′外切核酸酶活性部分消化双链 DNA 后产生的 3′凹端可用[[^{32}P]dNTP 补平(置换合成)(O'Farrell et al. 1980)。与利用缺口平移法得到的探针相比,用这种技术制备的探针有两大优点,首先,它不会出现平移时可能产生的发夹结构假象,其次经适当的限制酶切割后很容易转变成链特异性探针(见图 A4-2)。

A4.19

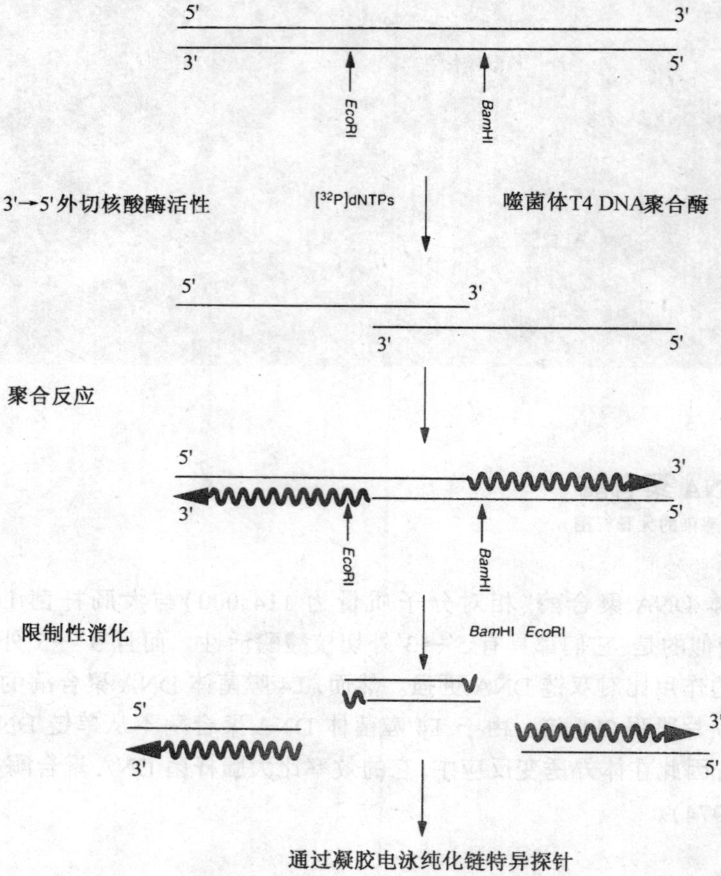

图 A4-2 链特异杂交探针的生成

然而与切口平移法截然不同的是,它不能在整条 DNA 链上形成均匀标记。而且 3′外切核酸酶活性对单链 DNA 的降解要比对双链 DNA 快得多。所以当一个分子被消化到其中点时,它就一分为二断为两条半长的单链,并且很快被降解。所以在酶作用到 DNA 链的中点以前就务必终止外切核酸酶反应。结果,这种置换合成法将产生一组末端完全标记,而从末端到中点其标记量递减的分子。

(4) 将双链 DNA 的末端转化成平端。T4 噬菌体 DNA 聚合酶强劲的 3′→5′外切核酸酶活性可将双链 DNA 的突出端去除。在高浓度的 dNTP 存在时,模板中双链区的进一步降解将与合成反应达到平衡。将 3′突出端转化成平端是一种极有价值的反应。制备加入合成接头的 DNA 时,经常使用这一方法。如上所述,带 3′凹端的分子可通过类似由大肠杆菌 DNA 聚合酶Ⅰ Klenow 片段所催化的补平反应，用 T4 噬菌体 DNA 聚合酶进行修补。在高浓度 dNTP 存在下，带有混合的 5′及 3′突出端的 DNA（如以 RNA 为模板合成的双链 cDNA）可由 T4 噬菌体 DNA 聚合酶催化转化成平端分子。

(5) 使结合于单链 DNA 模板上的诱变寡核苷酸引物得到延伸。在此反应中选用 T4 噬菌体 DNA 聚合酶Ⅰ Klenow 片段效果更佳。因为 T4 噬菌体 DNA 聚合酶不会置换模板上小段寡核苷酸，因此诱变率约提高一倍。

T7 噬菌体 DNA 聚合酶 A4.22

（来源于 T7 噬菌体感染的大肠杆菌）

T7 噬菌体感染的大肠杆菌诱生的 DNA 聚合酶是两种紧密结合的复合体，这两种蛋白质一个是 T7 噬菌体基因 5 蛋白，另一个是宿主蛋白的硫氧还原蛋白。这个复合体是所有已知 DNA 聚合酶中持续结合能力最强的一个。T7 噬菌体 DNA 聚合酶所催化的合成的 DNA 的平均长度要比其他 DNA 聚合酶催化合成的 DNA 的平均长度大得多。在这种情况下，例如在用 Sanger 双脱氧链终止法测定 DNA 序列（Sanger et al. 1977）(见第 12 章）时，具有很大的优势。类似于大肠杆菌 DNA 聚合酶Ⅰ Klenow 片段，大肠杆菌 DNA 聚合酶Ⅰ全酶及 T4 噬菌体 DNA 聚合酶，T7 噬菌体 DNA 聚合酶也具有 3′→5′外切核酸酶活性（由 T7 噬菌体基因 5 所编码)。像 T4 噬菌体 DNA 聚合酶一样，T7 噬菌体 DNA 聚合酶的 3′→5′外切核酸酶活性也很强，约为大肠杆菌 DNA 聚合酶Ⅰ Klenow 片段的 1000 倍。T7 噬菌体 DNA 聚合酶没有 5′→3′外切核酸酶活性（Tabor et al. 1987）有关 T7 噬菌体 DNA 聚合酶的编码的 5′→3′外切核酸酶活性及交换反应，可参考有关 T4 噬菌体 DNA 聚合酶的反应式。

用途

(1) 用于拷贝长段模板的引物延伸反应。

(2) 如讨论 T4 噬菌体 DNA 聚合酶时所述，通过补平或交换（置换）反应进行快速末端标记。

热稳定 DNA 依赖性 DNA 聚合酶

热稳定 DNA 依赖性 DNA 聚合酶已经从多种生物，最早从亲热和嗜高温真细菌类弓形菌中纯化和鉴定，它们所含的最丰富的 DNA 聚合酶是嗜常温菌的 DNA 聚合酶Ⅰ；而嗜热弓形菌，它的主要 DNA 聚合酶属于聚合酶 α 家族。虽然热稳定 DNA 聚合酶结构上有相当的变异，但所有都是分子质量从 60 kDa 到 100 kDa 范围的单体。热稳定 DNA 聚合酶特点及活性见表 A4-5。

第一个被发现的热稳定 DNA 聚合酶是从极度嗜热的栖热水生菌 *Thermus aquaticus* 中纯化而来的（Chien et al. 1976)。其中最早分离出来的一个是 *Taq* DNA 聚合酶，随同一系列基因工程方式生产的变异体已成为一种在体外用多聚酶链反应扩增特定的DNA序列及对DNA进行测序时的必不可少的反应成分（请分别参看第8，12章的介绍）。*Taq* 和它的衍生物具有依赖于聚合作用的 5′→3′外切核酸酶活性。对核苷酸的掺入反应而言，该酶的具体作用温度取决于靶序列。最佳作用温度为75～80℃，于60℃时聚合酶活性仅剩1/2，于37℃时活性仅剩1/10。然而在许多情况下，需要在低于最适温度的条件下启始聚合反应，以免引物从模板上解离。请看第8章的介绍和第8章中 *Taq* DNA 聚合酶的部分。

A4.23

表 A4-5 热稳定 DNA 聚合酶的特点

酶	厂家*	物种	最佳温度/℃	外切核酸酶活性	错误率 $\times10^{-6}$	稳定性(在特定温度的时间)	K_m dNTP /μM	K_m DNA /NM
Taq	BM, LT, Pro Strat, P-E, T	*T. aquaticus*	75～80	5′→3′	20～100	97.5℃时 9 min	10～16	2
Taq Stffel 片段	P-E	*T. aquaticus*	75～80	无	50	97.5℃时 21 min	–	2
rTth	BM, ET, P-E	*T. thermophilus*	75～80	5′→3′	–20	95℃时 20 min	115	–
Tfl	Pro	*T. flavus*	70	无	100	70℃时 120 min	63	–
Hot Tub	Amr	*T. ubiquitus*	–	无	–	–	–	–
Tbr	Amr Finnz	*T. brockianus*	75～80	5′→3′	–	96℃时 150 min	–	–
UlTma	P-E, Roche	*Thermotoga maritima*	75～80	3′→5′	–	95℃时 50 min	–	–
rBst	ET	*Bacillus*	60～65	5′→3′ (3′→5′)**	–	–	–	–
Isotherm *Bst* 大片段	ET, Bio-Red	*Bacillus sterothermophilus*	60～65	无	–	–	78～85	–
Pwo	BM	*Pyrococcus*	60～65	3′→5′	3.2	100℃时>2h	–	–
Tli	Pro	*Thermococcus*	70～80	3′→5′	20～45	100℃时 100 min	66	0.1
DeepVent	NEB	*Pyrococcus* (GB-D 株)	70～80	3′→5′	20～45	100℃时 480 min	50	0.01
Pfu	Strat	*Pyrococcus furiosus*	72～78	3′→5′	1.6	95℃时 240 min	–	–

注：对于具体酶的最佳反应条件详细材料请参阅酶的制造商的产品说明书。

*(BM) Boehringer Mannheim;(ET) Epicentre Technologies;(LT) Life Technologies;(Pro) Promega;(NEB) New England Biolabs;(P-E) Perkin-Elmer;(T) TaKaRa;(Strat) Stratagene; (Amr) Amresco; (Finnz) Finnzymes OY.

**可能有活性

***TAQ* DNA 聚合酶**

活性：5′→3′ DNA 聚合酶

底物：单链 DNA 模板及带 3′羟基的引物。

反应：

$$DNA_{OH} \xrightarrow[\substack{Mg^{2+} \\ dATP,\ dTTP,\ dGTP,\ dCTP}]{Taq\ DNA\ 聚合酶} DNA-({}_pdN)_n + nPP_i$$

反转录酶

活性：5′→3′ DNA 聚合酶

底物：RNA 或 DNA 模板及带 3′羟基的 RNA 或 DNA 引物。

反应：

$$DNA_{OH}\ or\ RNA_{OH} \xrightarrow[\substack{Mg^{2+} \\ dATP,\ dTTP,\ dGTP,\ dCTP}]{反转录酶} \begin{matrix} DNA-({}_pdN)_n + nPP_i \\ RNA-({}_pdN)_n + nPP_i \end{matrix}$$

例如：

$$\begin{matrix} {}^{5'}\cdots{}_pT_pT_pT_pT_pT_{OH}{}^{3'} \\ {}_{3'}\cdots A_pA_pA_pA_pA_pU_pC_pU_pG_pU_pC_pC_pU_pA_{p\,5'} \end{matrix}$$

$$\Big\downarrow \text{Mg}^{2+},\ \text{dATP, dTTP, dGTP, dCTP; 反转录酶}$$

$$\begin{matrix} {}^{5'}\cdots{}_pT_pT_pT_pT_pT_pA_pG_pA_pC_pA_pG_pG_pA_pT_{OH}{}^{3'} \\ {}_{3'}\cdots A_pA_pA_pA_pA_pU_pC_pU_pG_pU_pC_pC_pU_pA_{p\,5'} \end{matrix}$$

活性：RNA 酶 H 活性（5′→3′ 及 3′→5′ 外切核糖核酸酶活性）

底物：反转录酶持续地、特异地降解 RNA-DNA 杂交体中的 RNA。

反应：降解带游离末端的底物，产生含 5′磷酸及 3′羟基的 4～20 个核苷酸长的核糖核苷酸。

$$\begin{matrix} RNA\ {}^{5'}\cdots{}_pU_pC_pC_pG_pU_pA^{3'} \\ DNA\ {}_{3'}\cdots A_pG_pG_pC_pA_pT_{5'} \end{matrix} \xrightarrow[反转录酶]{} \begin{matrix} {}^{5'}\cdots{}_pU_pC^{3'} \\ {}_{3'}\cdots A_pG_pG_pC_pA_pT_{5'} \\ +\ {}^{5'}{}_pC_pG_pU_pA^{3'} \end{matrix}$$

反转录酶（依赖于 RNA 的 DNA 聚合酶）

(来源于鼠反转录病毒及禽反转录病毒) A4.24

有两种反转录酶已经商品化：一种来自纯化的成髓细胞瘤病毒（AMV）；另一种则是从一株能表达克隆化的 Moloney 鼠白血病病毒（Mo-MLV）反转录酶基因的大肠杆菌中分离得到的。两种酶都无 3′→5′外切核酸酶活性，但能催化如反应式所示的逆转录反应。

鼠源反转录酶及禽源反转录酶在诸多方面有所区别。

1. 禽源反转录酶包括两条多肽链。它具有聚合酶活性及很强的 RNase H 活性（Verma，1981）。鼠源反转录酶则是分子质量为 84 000 的单链多肽，它具有聚合酶活性及相
A4.25 对较弱的 H 活性（Gerard，1983）。当合成与长段 RNA 互补的 cDNA 时，这种较弱的 RNA 酶活性大有好处。在反应开始时，引物和mRNA模板的杂交体可成为 RNA 酶 H 的底物，这样，cDNA 合成启始时，mRNA 模板降解和合成酶 DNA 的启始相竞争（Berger et al. 1983）。另外在合成中如反转录酶暂停作用，RNase H 即可在正在增长的 DNA 链的近 3′端切割模板（Kotewicz et al. 1988）。因此禽源反转录酶制剂中高水平的 RNase H 活性往往趋向于抑制 cDNA 的产量并限制 cDNA 合成的长度。
2. 禽源反转录酶在 42℃（鸡的正常体温）能有效发挥作用。而鼠源反转录酶在 42℃时则迅速失活。与鼠源反转录酶相比，禽源反转录酶能更有效地拷贝较复杂的 mRNA。然而禽源反转录酶制剂可被能切割 DNA 的内切核酸酶所污染。在 20 世纪 80 年代初，用相对不纯的禽源反转录酶制剂所建立的 cDNA 文库中，cDNA 长度很少超过 1 kb，相比之下，现今这已不太成为问题。
3. 禽源反转录酶在 pH8.3 的活性要比在 pH7.6 时更高。但后一种 pH 值更有利于鼠源反转录酶。当反应的 pH 值离开最佳 pH 值仅差 0.2 时，这两种酶催化合成的 cDNA 长度就将大大降低。由于 Tris 的 pH 值随温度发生变化，因此有必要检查在所选用的温育温度下反应混合物的 pH 值。

更详细的内容请看第 11 章有关鼠-禽反转录酶信息栏的介绍。

用途

(1) 反转录酶主要用于将 mRNA 转录成双链 cDNA。而后者可再插入到原核载体中。在单链 DNA 或 RNA 模板参与下，也可用反转录酶制备杂交用探针。在此反应中可用 3 种类型的引物：
  a. 寡核苷酸脱氧胸苷 12～18 聚体 [oligo（dT）12～18]。它结合于哺乳动物mRNA 3′端的多聚腺苷酸 [poly（A）] 上，作为合成 cDNA 第一链的引物。合成时，模板 3′端的序列有可能被过量拷贝，从而在 cDNA 中所占比例过大，这取决于反转录酶的质量及反应条件。
  b. 随机序列的寡核苷酸（Taylor et al. 1976）。旨在使用序列极为多样的一个寡核苷酸集群，以期至少能有一些寡核苷酸与模板退火并作为反转录的引物。由于不同寡核苷酸结合于不同的序列上，这样在反转录酶作用下，大部分序列都将得到拷贝，而且假如所有引物的浓度相同，则模板的所有序列得到的拷贝的频率也相同。随机序列的寡核苷酸可用自动 DNA 合成仪合成，也可以通过水解大分子 DNA 获得。
  c. 特定序列的寡核苷酸。它可作为合成与某一段特定的 mRNA 相对应的 cDNA 的引物。由于新合成的 DNA 与位于引物上游 mRNA 序列互补，因此这一方法（引物延伸法）可准确测出 mRNA 上某一固定点与其 5′端之间的距离。
(2) 标记带 5′突出端的 DNA 片段（补平反应）。
(3) 当其他酶（如大肠杆菌 DNA 聚合酶Ⅰ Klenow 片段或测序酶）的使用结果不理想

时，反转录酶也可用于双脱氧链终止法测序（Sanger et al. 1977）。

【注】 A4.26

ⅰ 大肠杆菌 DNA 聚合酶Ⅰ的 3′→5′外切核酸酶活性具有校对功能；但反转录酶没有 3′→5′外切核酸酶活性，因此容易出错。在高浓度 dNTP 和 Mn^{2+}存在下，大约每 500 个碱基会出现一个碱基的错误掺入。

ⅱ 反转录酶对其 dNTP 的 K_m 值非常高（在毫摩尔范围内），为防止新合成的 DNA 的提前终止，有必要在反应体系中加入高浓度的 dNTP。

ⅲ 以寡核苷酸作引物，反转录酶可用于合成单链 DNA 模板。但是，从 RNA 模板合成的 cDNA 即可是单链也可是双链。以自身序列为引物进行合成时，效率远不如以外加寡核苷酸为引物时高。因此，自身互补的发夹型在所合成的双链 cDNA 中所占比例往往非常小。如有必要，在反应体系中加入终浓度为 50 μg/ml 的放线菌素 D，可同时抑制沿自身引物及外加引物合成第二链的反应。

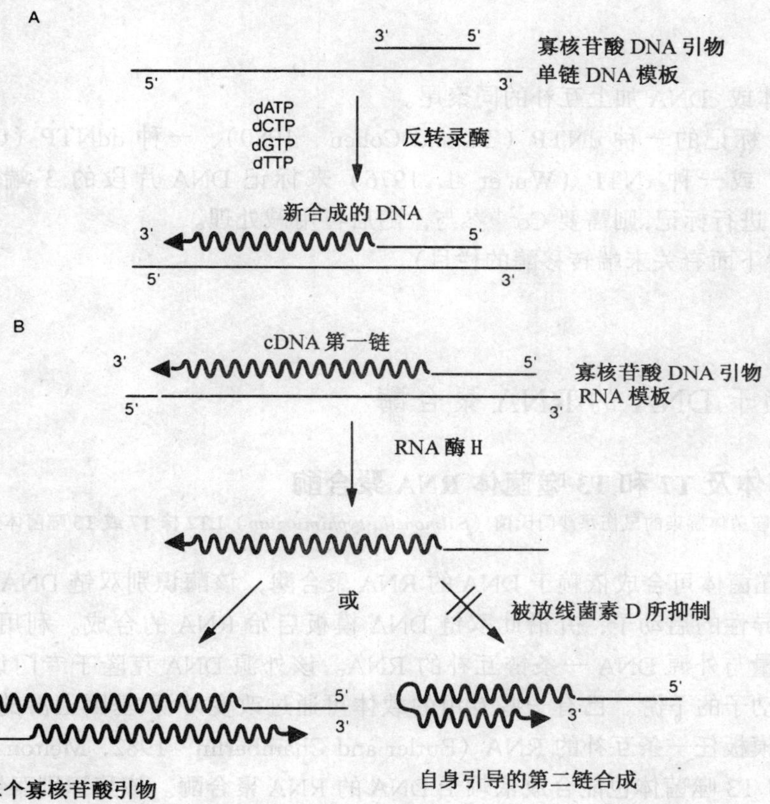

图 A4-3　应用反转录酶以 DNA（A）模板和以 RNA（B）模板制有探针

末端转移酶（末端脱氧核苷酸转移酶）

（来源于小牛胸腺）

末端转移酶相对分子质量为 60 000，是仅存在于前淋巴样细胞内的一种不寻常的 DNA 聚合酶（Chang and Bollum　1986）。在二价阳离子存在下，末端转移酶催化 dNTP 加于 DNA 分子的 3′羟基端（Bollum　1974）。若加入的核苷酸为嘧啶核苷酸则 Co^{2+}为首选阳离子，若加入的核苷酸为嘌呤核苷酸，则 Mg^{2+} 为首选阳离子。受体

DNA 可短至 3 个核苷酸。如受体 DNA 与核苷酸的比例得当，则可掺入数千个核苷酸。如果作为底物的核苷酸经过修饰（如 ddNTP 或 3′-脱氧腺苷三磷酸），则可以在 DNA 的 3′末端上仅加上一个核苷酸。在 Co^{2+} 的存在下，也可在 DNA 分子的 3′突出端合成 rNTP 同聚体（参考文件见 Chang and Bollum，1986）。此酶强烈偏向于以带 3′突出端的 DNA 作为受体。然而末端转移酶也能在含有 Co^{2+}、Mg^{2+}、Mn^{2+} 的低离子强度缓冲液中以带 3′平端或 3′凹端的 DNA 作为受体，但此时效率相对较低（Roychoudhury et al. 1976，Nelson and Brutlag 1979，Roychoudhury and Wu 1980，Michelson and Orkin 1982，Deng and Wu 1983）。要知更进一步情况，请看第 8 章有关末端转移酶的信息栏。

用途

(1) 给载体或 cDNA 加上互补的同聚尾。
(2) 给 ^{32}P 标记的一种 dNTP（Tu and Cohen 1980）、一种 ddNTP（Cozzarelli et al. 1969）或一种 rNTP（Wu et al. 1976）来标记 DNA 片段的 3′端。如用[α-^{32}P] rNTP 进行标记，则需要 Co^{2+} 参与，随后再用碱处理。
(请看下面有关末端转移酶的栏目)。

依赖于 DNA 的 RNA 聚合酶

A4.28

SP6 噬菌体及 T7 和 T3 噬菌体 RNA 聚合酶

[来源于 SP6 噬菌体感染的鼠伤寒沙门氏菌（*Salmonella typhimurium*）LT2 株 T7 或 T3 噬菌体感染的大肠杆菌]

SP6 噬菌体可合成依赖于 DNA 的 RNA 聚合酶，该酶识别双链 DNA 模板上相应的噬菌体特异性的启动子，并沿此双链 DNA 模板启始 RNA 的合成。利用该酶可以在体外合成大量与外源 DNA 一条链互补的 RNA。该外源 DNA 克隆于专门设计的载体中，并位于启动子的下游。已有一些专用的载体可通过改变外源 基因上游的启动子的方向而合成与模板任一条互补的 RNA（Butler and Chamberlin 1982，Melton et al. 1984）。

T7 和 T3 噬菌体也能合成依赖于 DNA 的 RNA 聚合酶。该酶识别双链 DNA 模板上适当的噬菌体特异性启动子，并沿此双链 DNA 模板启始 RNA 的合成。T7 和 T3 噬菌体依赖于 DNA 的 RNA 聚合酶在体外的应用与 SP6 噬菌体 RNA 聚合酶完全一样。T7 和 T3 噬菌体 RNA 聚合酶已经在大肠杆菌中克隆并表达（Davanloo et al. 1984，Tabor and Richardson 1985，Morris et al. 1986）。而且 T7 噬菌体 RNA 聚合酶也已在酵母中得到克隆和表达（Chen et al. 1987）。这样，带有 T7 噬菌体启动子的载体就可用于在体内表达克隆化基因。

末端转移酶

活性：末端转移酶

底物：带 3′羟基端单链 DNA，或双链 DNA，或带 3′羟基凹端 DNA 作模板，在有 C_0^{2+} 为辅助因子时（Roychoudhury et al. 1976；Nelson and Brutlag 1979；Roychoudhury and Wu 1980；Michelson and Orkin 1982；Deng and Wu 1983）.

反应：

单链 DNA_{OH}

↓ Mn^{2+} 或 Mg^{2+}，dATP，dTTP，dGTP，dCTP；末端转移酶

DNA－ $({}_{p}dN)_{n} + nPP_{i}$

噬菌体 SP6，T3 和 T7 依赖于 DNA 的 RNA 聚合酶

活性：5′→3′ RNA 聚合酶

底物：含噬菌体 SP6，T3 或 T7 启动子的双链 DNA 分子。

反应：

双链 DNA —（噬菌体 SP6，T3 或 T7 RNA 聚合酶；Mg^{2+}；rATP，rUTP，rGTP，rCTP）→ RNA + PP_i + 模板

例如：

5′ [SP6 启动子] GATCATCATCATCGATCGGG…3′
3′ 　　　　　　 CTAGTAGTAGTAGCTAGCCC…5′

↓ Mg^{2+}，rATP，rUTP，rGTP，rCTP；噬菌体 SP6 RNA 聚合酶

5′ ${}_{ppp}$GAUCAUCAUCAUCGAUCGGG…3′

用途

(1) 合成单链 RNA 以作为杂交用探针、体外翻译系统中的功能性 mRNA 或体外剪接反应的底物。以上 3 种 RNA 聚合酶都对其相应的启动子呈现高度的特异性。

(2) 已用 T7 噬菌体转录系统在大肠杆菌（Tabor and Richardson　1985，Studier and Moffatt et al. 1986）酵母（Chen et al. 1987）中表达克隆化基因。

已在大肠杆菌中研制了两种类型的 T7 噬菌体表达系统。在第一种系统中，T7 噬菌体 RNA 聚合酶基因置于大肠杆菌 *lac*UV5 启动子的控制下，并用携带此 *lac*UV5 启动子和 T7 噬菌体 RNA 聚合酶基因的 λ 噬菌体建立稳定的溶原菌。随后再将携带处于 T7 噬菌体启动子控制下的目的基因的质粒导入含 T7 噬菌体 RNA 聚合酶基因的溶原菌中。用异丙基硫代－β－D－半乳糖苷对控制 T7 噬菌体 RNA 聚合酶基因表达的 *lac*UV5 启动子进行诱导，使 T7 噬菌体启动子得到活化。在第二种系统中，将含有 T7 噬菌体启动子及目的基因的质粒导入细菌后，用含 T7 噬菌体 RNA 聚合酶基因的 λ 噬菌体感

染上述细菌，从而激活 T7 噬菌体启动子。

在酵母中，可把 T7 噬菌体 RNA 聚合酶基因置于一种酵母启动子的控制下，然后通过一个自主复制的载体将之稳定地导入酵母细胞。将含 T7 噬菌体启动子和在它控制下的第二种载体导入上述酵母细胞后即可使目的基因得到表达（Chen et al. 1987）。

A4.30 连接酶、激酶及磷酸酶

用于将两段 DNA 拼接起来的酶叫连接酶。分子克隆中最常用的连接酶由 T4 噬菌体编码。未受感染的大肠杆菌中还有一种用途较窄的连接酶。这两种酶主要作用于 5′端带磷酸基团的 DNA 底物。

RNA 连接酶也是一种 T4 噬菌体编码的酶。该酶能使含 5′磷酸末端及 3′羟基端的单链 RNA（或 DNA）共价连接起来。然而此酶的主要用途是对 RNA 进行 3′末端标记，也就是将^{32}P 标记的 3′，5′-二磷酸单核苷（pNp）加到 RNA 的 3′羟基端。

用于分子克隆的 RNA 连接酶性质上不同于对非正规物质的连接，如钝端复合物、DNA-RNA 杂合体或单链 DNA 等。这些性质总结在第 1 章的表 1-12 及以下的讨论中。对于 DNA 连接酶的其他信息请看第 1 章有关 DNA 连接酶的部分。

连接前，如果 DNA 缺乏所需的磷酸基团，可用 T4 噬菌体多核苷酸激酶处理，使 DNA 磷酸化。相反，用酶除去 5′磷酸基团后，DNA 便不再能够连接起来。

表 A4-6 噬菌体多核苷酸激酶的特性

	正向反应	交换反应
核酸底物	双链 DNA 单链 RNA 或 DNA 切口或缺口 寡核苷酸 3′dNMP	双链 DNA 单链 RNA 或 DNA 切口或缺口 寡核苷酸
K_m	双链 DNA，7.6 μmol/L 5′dNMP，22～143 μmol/L ATP，14～140 μmol/L**	ADP，300 μmol/L* ATP，10 μmol/L*
最佳 pH	7.4～8.0（Tris-Cl）	6.4（咪唑）
对巯基的要求	+	+
对 Mg^{2+} 的要求	+	+
离子强度的影响	NaCl 和 KCl 可提高其活性 过量 KCl 抑制所有底物， 但单链 DNA 除外	无资料
抑制剂（50%抑制）	$(NH_4)_2SO_4$，7 mmol/L P_i，20 mmol/L PP_i，5 mmol/L	 P_i，50 mmol/L
激活剂	多胺，2 mmol/L，300%	无资料

注：*这是在 pH6.4 时能使酶活性达到最高的底物浓度，而并不是 K_m。

**对 ATP 的 K_m 因底物而不同。

T4 噬菌体 DNA 连接酶及 T4 噬菌体多核苷酸激酶的特性总结于表 A4-6，并将详述于后。表 A4-6 的资料收集了过去许多年间发表的文献，可作为使用这些酶的准确指南。但对每次制备的酶（纯度不同）和 DNA，最佳反应条件稍有出入。最佳反应条件也会因为在一个反应混合液中进行一系列酶反应（如消化、末端补平和连接）而稍有变化。

T4 噬菌体 DNA 连接酶 A4.31

（来源于 T4 噬菌体感染的大肠杆菌）

T4 噬菌体 DNA 连接酶为一相对分子质量为 68 000 的多肽。它催化 DNA 5′磷酸基与 3′羟基之间形成磷酸二酯键（Weiss et al. 1968）。它的特性总结于第 1 章的表 1-12。

用途

(1) 连接带匹配黏端的 DNA 分子。聚乙二醇（PEG）可增强水溶液中大分子间的有效作用，因而此类试剂在低浓度下可促进 DNA 的分子间连接。

(2) 使平端的双链 DNA 分子互相连接或与合成接头相连接。这类反应要比黏端连接慢得多。但单价阳离子（150～200 mmol/L NaCl）及低浓度的 PEG 可大大提高平端连接的速率（Pheiffer 和 Zimmerman，1983，Hayashi et al.，1986）。

(1) 至少有 3 种不同的方法可用来表示 T4 噬菌体 DNA 连接酶的活性。大多数制造厂商（除 New England Biolabs 公司外）现在都用 Weiss 单位等对该酶进行标化。一个 Weiss 单位是在 37℃ 下 20 min 内催化 1 mmol ^{32}P从焦磷酸根置换到［γ，β-^{32}P］ATP 所需酶量。一个 Weiss 单位相当于 0.2 个用外切核酸酶耐受实验来定义的单位（Modrich and Lehman　1970）或者 60 个黏端单位（如 New England Biolabs 公司所定义）。因此，0.015Weiss 单位的 T4 噬菌体 DNA 连接酶在 16℃ 下 30 min 内可使 50% 的噬菌体 *Hin*dⅢ片段（5 μg）得以连接。在本书中，T4 噬菌体 DNA 连接酶一律用 Weiss 单位表示。

(2) T4 噬菌体 DNA 连接酶不受 dNTP 抑制。并且，实际上它在所有限制酶缓冲液中均能较好地发挥作用。

噬菌体 T4 DNA 连接酶

活性：黏端 DNA 或切口间的连接

底物：作用于带互补黏端的双链 DNA，而这些粘端形成碱基配对后可将 3′羟基端和 5′磷酸末端维系在一起。此酶亦可作用于带切口的 DNA。还可作用于 RNA 底物，但其效率要低得多。（对于更多的底物方面的介绍，见 Engler 和 Richardson 1982。）

反应：

$$
\begin{array}{l}
5'\cdots {}_pA_pC_pG_{OH}\quad {}_pA_pA_pT_pT_pC_pG_pT\cdots 3' \\
3'\cdots T_pG_pC_pT_pT_pA_pA_p\quad {}_{HO}G_pC_pA_p\cdots 5'
\end{array}
$$

$$
\xrightarrow[\text{ATP}]{\text{Mg}^{2+}}\ \text{噬菌体 T4 DNA 连接酶}
$$

$$
\begin{array}{l}
5'\cdots {}_pA_pC_pG_pA_pA_pT_pT_pC_pG_pT\cdots 3' \\
3'\cdots T_pG_pC_pT_pT_pA_pA_pG_pC_pA_p\cdots 5'
\end{array}
$$

活性：平端连接

底物：高浓度的带 5′磷酸基及 3′羟基的平端双链 DNA。

反应：

$$5'\cdots {}_{p}C_{p}G_{p}A_{OH} \quad {}_{p}C_{p}G_{p}T_{p}A\cdots 3'$$
$$3'\cdots G_{p}C_{p}T_{p} \quad {}_{HO}G_{p}C_{p}A_{p}T_{p}\cdots 5'$$

Mg^{2+} ATP ↓ 噬菌体 T4 DNA 连接酶

$$5'\cdots {}_{p}C_{p}G_{p}A_{p}C_{p}G_{p}T_{p}A\cdots 3'$$
$$3'\cdots G_{p}C_{p}T_{p}G_{p}C_{p}A_{p}T_{p}\cdots 5'$$

A4.23　大肠杆菌 DNA 连接酶

大肠杆菌 DNA 连接酶可催化含互相匹配的 5′突出端和 3′突出端的双链 DNA 之间形成磷酸二酯键（Panasenko et al. 1977，1978），该反应需 NAD^+ 参与催化。最初的研究表明，该酶不能催化平端双链 DNA 间的连接。但随后发现，在聚乙二醇或 Ficoll（聚蔗糖）存在下，该酶能催化平端连接。聚乙二醇和 Ficoll 在这里可起到占据体积的作用(请看第 1 章浓缩和富集试剂栏目)，从而有效地提高了平端 DNA 及酶的浓度（Zimmerman and Pheiffer　1983）。由于合成 cDNA 第二链时出现的 RNA 和 DNA 不会被大肠杆菌 DNA 连接酶连接，因此用置换合成法作 cDNA 克隆时可使用大肠杆菌 DNA 连接酶，如 Okayama and Berg（1982）所述。但在其他分子克隆操作中，此酶并不常用，这是因为 T4 噬菌体 DNA 连接酶在没有体积占据剂时也能有效地连接平端。大肠杆菌 DNA 连接酶不能连接 RNA。

大肠杆菌 DNA 连接酶

活性：黏端 DNA 或切口间的连接

底物：作用于带互补黏端的双链 DNA，而这些粘端形成碱基配对后可将 3′羟基端和 5′磷酸末端维系在一起。此酶亦可作用于带切口的 DNA。在试剂充分时，平端亦可被连接。

反应：

$$5'\cdots {}_{p}A_{p}C_{p}G_{OH} \quad {}_{p}A_{p}A_{p}T_{p}T_{p}C_{p}G_{p}T\cdots 3'$$
$$3'\cdots T_{p}G_{p}C_{p}T_{p}T_{p}A_{p}A_{p} \quad {}_{HO}G_{p}C_{p}A_{p}\cdots 5'$$

Mg^{2+} ATP ↓ 大肠杆菌 DNA 连接酶

$$5'\cdots {}_{p}A_{p}C_{p}G_{p}A_{p}A_{p}T_{p}T_{p}C_{p}G_{p}T\cdots 3'$$
$$3'\cdots T_{p}G_{p}C_{p}T_{p}T_{p}A_{p}A_{p}G_{p}C_{p}A_{p}\cdots 5'$$

噬菌体 T4 RNA 连接酶

活性：RNA 连接酶

底物：单链 DNA 或 RNA 可作为 5′磷酸的受体。而单链 DNA、单链 RNA 及诸如 pNp 的核苷酸可作为磷酸供体。

反应：

DNA 或 RNA　　　RNA 或 DNA

$$5'\cdots{}_pA_pC_pG_{OH}{}^{3'} \quad {}^{5'}{}_pA_pA_pT_pT_pC\cdots{}_{OH}{}^{3'} \xrightarrow[\text{ATP}]{\text{噬菌体 T4 DNA 连接酶}} 5'\cdots{}_pA_pC_pG_pA_pA_pT_pT_pC\cdots{}_{OH}{}^{3'}$$

T4 噬菌体 RNA 连接酶 A4.34

T4 噬菌体 RNA 连接酶催化单链 DNA 或 RNA 5′-磷酸与另一单链 DNA 或 RNA 的 3′-羟基之间的共价键连接（Uhlenbeck and Gumport　1982）。

用途

(1) 由于小分子（如 pNp）可作为 T4 噬菌体 RNA 连接酶的有效底物，因此该酶可用于 RNA 分子 3′端的体外放射性标记。

(2) 连接寡脱氧核糖核苷酸。

(3) 据报道，T4 噬菌体 RNA 连接酶可增强 T4 噬菌体 DNA 连接酶的活性（Sugino et al. 1977）。然而，使用聚乙二醇等促进大分子群集作用的试剂可异曲同工，而且要经济得多。

热稳定 DNA 连接酶

编码热稳定 DNA 连接酶的基因已从一些嗜热细菌中克隆出来，并进行了测序，而且还在大肠杆菌中达到高效表达（Takahashi et al. 1984，Barany and Gelfand　1991，Lauer et al. 1991，Jòssen et al. 1994）。其中一些酶有商品化供应。几乎所有热稳定 DNA 连接酶像大肠杆菌酶一样使用 NAD^+ 作为协同因子，特别在双链 DNA 缺口发挥作用。此外，热稳定 DNA 连接酶像它们的嗜中性同源体，在富集的试剂存在时，即使温度较高时也能催化钝端的连接（Takahashi and Uchida 1986）。由于热稳定 DNA 连接酶在多轮热循环后仍能保持活性，它们被广泛用于连接酶扩增反应以检测哺乳动物 DNA 中的突变。

T4 噬菌体多核苷酸激酶 A4.35

（来源于 T4 噬菌体感染的大肠杆菌）

T4 噬菌体多核苷酸激酶催化 ATP 的 γ-磷酸基转移至 DNA 或 RNA 的 5′末端

(Richardson　1971)。它常用于以下两种反应：在正向反应中，ATP 的 γ-磷酸基被转移到去磷酸化的 DNA 的 5′端（Richardman　1971)。在交换反应中，过量的 ATP 可使 T4 噬菌体多核苷酸激酶将磷酸化 DNA 的 5′端磷酸转移给 ADP，然后 DNA 从［γ-^{32}P］ATP 中获得放射性标记的 γ-磷酸而重新磷酸化（Berkner and Folk　1977)。除磷酸化活性外，T4 噬菌体多核苷酸激酶还具有 3′磷酸酶活性（Richardson　1981)。T4 噬菌体多核苷酸激酶的特性总结于表（Richardson　1981)。

用途

(1) 标记 DNA 5′末端，以供下一步的 Maxam-Gilbert 法测序（Maxam and Gilbert 1977)。S1 核酸酶分析及其他须使用末端标记 DNA 的步骤。

(2) 对准备连接但缺乏 5′-磷酸的 DNA 或合成接头进行磷酸化。

（ⅰ）从感染细胞中纯化 T4 噬菌体多核苷酸激酶非常困难。该酶的不纯制品并非绝无仅有。因此尽可能使用从高效表达 T4 噬菌体的克隆化基因的细胞中纯化的 T4 噬菌体多核苷酸激酶。

（ⅱ）建立涉及核酸分子末端的反应时，可参考下表：

表 A4-7　计算参与激酶反应的末端浓度

双链 DNA 的大小/bp	提供 1 pmol 5′末端所需 DNA 的量/μg
50	1.7×10^{-2}
100	3.3×10^{-2}
250	8.4×10^{-2}
500	1.7×10^{-1}
1000	3.3×10^{-1}
2500	8.4×10^{-1}
5000	1.7

T_4 噬菌体多核苷激酶

活性：激酶活性（正向反应）

底物：带 5′羟基端的单链或双链 DNA 以及带 5′羟基端的 RNA。该酶催化 5′突出端磷酸化的速度比催化平端或 5′凹端磷酸化时快得多。然而只要有足够的酶和 ATP，后两种末端也能得到完全磷酸化。在双链 DNA 切口或缺口处进行磷酸化的效率比单链末端的磷酸化效率要低，但用足够浓度的酶及 ATP，缺口也能得到完全磷酸化，而切口的磷酸化程度可达 70%。

反应：

$$DNA_{OH}^{5'}\text{或 }RNA_{OH}^{5'}\xrightarrow[\text{[γ-}^{32}\text{P] ATP, 二硫苏糖醇, Mg}^{2+}]{\text{T4 噬菌体多核苷酸激酶}}{}^{5'}[^{32}P]\ DNA\text{ 或 }{}^{5'}[^{32}P]\ RNA + ADP$$

例如：

$$^{5'}{}_{HO}C_pG_pC\cdots^{3'}$$

$[\gamma\text{-}^{32}P]$ dATP，二硫苏糖醇，Mg^{2+} ↓ T4 噬菌体多核苷酸激酶

$$^{5'}{}_{p}^{*}C_pG_pC\cdots^{3'} + ADP$$

活性：激酶活性（交换反应）

底物：含 5′-磷酸末端的单链 DNA 得到标记的效率最高（96%）。用足量的酶，70%的 5′-磷酸凹端能得到标记。切口处的 5′-磷酸的标记效率仅是单链 5′-磷酸末端的标记效率的 1/30。

反应：

$$^{5'}{}_{p}C_pG_pC\cdots^{3'} + \text{过量 } ADP$$

$[\gamma\text{-}^{32}P]$ dATP，二硫苏糖醇，Mg^{2+} ↓ T4 噬菌体多核苷酸激酶

$$^{5'}{}_{p}^{*}C_pG_pC\cdots^{3'} + ADP + ATP$$

ⅲ 亚精胺能促进［γ-^{32}P］ATP 的掺入，并可抑制存在于某些 T4 噬菌体多核苷酸激酶制剂中的核酸酶。

ⅳ ATP 的浓度在正向反应中至少应有 1 μmol/L，而交换反应至少应有 2 μmol/L。该酶要求更高浓度的 ATP 才能发挥最佳活性（见表 A4-6）。

ⅴ 待磷酸化 DNA 必须用凝胶电泳，密度梯度离心或 Sepharose CL-4B 柱层析进行严格纯化以去除低相对分子质量核酸。尽管这些污染物可能只占核酸样品的很小一部分，但它们可提供大量的 5′末端。除非采取措施去除这些低相对分子质量 DNA 和 RNA，否则它们可能成为 T4 噬菌体多核苷酸激酶催化的标记反应的主要底物。

ⅵ 铵离子是 T4 噬菌体多核苷酸激酶的强烈抑制剂，因此用激酶处理前，DNA 不要溶于含铵离子的溶液或从含铵盐的缓冲液中沉淀出来。

ⅶ 低浓度的磷酸也抑制 T4 噬菌体多核苷酸激酶。所以，交换反应的首选缓冲液是咪唑缓冲液（pH6.4），而 Tris 缓冲液则是正向反应的首选缓冲液。

碱性磷酸酶

(来源于大肠杆菌及牛小肠)　A4.37

细菌碱性磷酸酶（BAP）和牛小肠碱性磷酸酶（CIP），虾碱性磷酸酶（SAP）均能催化去除 DNA，RNA，rNTP 和 dNTP 的 5′磷酸的反应。对于更详细的内容，请见第 9 章碱性磷酸酶一栏。

用途

(1) 在用^{32}P 标记 5′末端前，去除 DNA 或 RNA 的 5′磷酸。

(2) 去除 DNA 片段 5′磷酸以防止自身环化。

- 两种碱性磷酸酶中，BAP 活性较高，且对高温和去污剂的耐受性更强。因此，在去磷酸化反应结束后，欲完全抑制 BAP 的活性就比较困难。
- 可用蛋白酶 K 消化 CIP，以便使随后的连接反应能够有效地进行。另外一种灭活 CIP 的方法是在 5 mmol/L

EDTA（pH8.0）参与下于 65℃ 加热 1h（或于 75℃ 加热 10 min），然后再用酚：氯仿抽提纯化去磷酸化。

- SAP 是极端热依赖的，在 65℃ 15 min 它能完全且不可逆地被变性。

碱性磷酸酶

活性：磷酸酶活性

底物：单链或双链 DNA 及 RNA，rNTPs 及 dNTP。

反应：

$$5'_{p}\text{DNA 或 }5'_{p}\text{RNA} \xrightarrow{\text{碱性磷酸酶}} 5'_{OH}\text{DNA 或 }5'_{OH}\text{RNA}$$

核酸酶

核糖核酸酶 H

核糖核酸酶 H（RNase H）催化 DNA-RNA 杂合体的 RNA 部分的核内降解，产生不同链长带 3′羟基和 5′磷酸末端的寡核糖核酸。核糖核酸酶 H 是从小牛胸腺中发现而被分离的（Stein and Hausen 1969，Hausen and Stein 1970），但该酶现已知广泛存在于哺乳动物细胞、酵母、原核生物及病毒颗粒中。所有类型细胞均含有不止一种核糖核酸酶 H。

在许多反转录病毒中与多功能酶的反转录酶有关，在病毒基因组进入 DNA 转录的不同阶段执行重要的功能。在真细菌中，核糖核酸酶 H 确信在以下方面是所必需的：从 Okazaki 片段去除 RNA 引物时、在转录子进入 DNA 聚合酶Ⅰ启动 DNA 合成所用引物的转录过程时，以及在去除 R－环为在大肠杆菌染色体复制起点提供不规则 DNA 合成的条件性启始位点。在真核细胞中核糖核酸酶 H 也可能执行类似的功能。

已有报告讲核糖核酸酶 H 可明显增加反义寡脱氧核糖核酸对基因表达的抑制。这些寡核苷酸和 mRNA 中的特定序列的杂合子对此酶的降解敏感。核糖核酸酶 H 在体外起动对在 colicin E1（col E1）型质粒的原始部位（Ori）的复制是必须的。此酶似乎也抑制启动非 Ori 部位的 DNA 合成。

X 射线晶体成像分析显示：大肠杆菌核糖核酸酶 H 含有两个功能区；其中一个含 Mg^{2+} 结合位点，与一种前不久在 DNA 酶Ⅰ被认识的折叠 β 链吻合。详细请看 Crouch（1990），Wintersberger（1990），Hostomskideng 等（1993），Jung 和 Lee（1995），Kanaya 和 Ikehara（1995），Rice 等（1996），Crooke（1998）和第 8 章的核糖核酸酶 H 栏目。

A4.39 核糖核酸酶 A（胰）

（来源于牛胰）

RNA 酶 A 是内切核糖核酸酶，可特异地攻击 RNA 上嘧啶残基的 3′端，切割与相邻核苷酸形成的磷酸二酯键。反应终产物是嘧啶 3′磷酸及末端带嘧啶 3′磷酸的寡核苷酸（Davidson 1972）。无辅因子及二价阳离子存在时，RNA 酶 A 的作用可被胎盘 RNA 酶抑制剂（Blackburn et al. 1977）或氧钒-核糖核苷复合物（Puskas et al. 1982）所抑制。

$$5'\ {}_pA_pG_pG_pC_pC_pG_pA_pA_pG_pU_pG_pC_pA_pG_pG\ 3'$$

$$\downarrow \text{RNase A}$$

$$5'\ {}_pA_pG_pG_pC_p + C_p + G_pA_pA_pG_pU_p + G_pC_p + A_pG_p\ G\ 3'$$

用途

(1) 从 DNA-RNA 或 RNA-RNA 杂合体中去除未杂合的 RNA 区。

(2) 确定 DNA 或 RNA 中单碱基突变的位置（Myers et al. 1985, Winter et al. 1985）。在此方法中，RNA-DNA 或 RNA-RNA 杂合体上的单碱基错配可被 RNA 酶 A 识别并切割。利用含 SP5 或 T7 噬菌体启动子的质粒，在体外合成与野生型 DNA 或 RNA 互补的 ^{32}P 标记 RNA 探针，然后与待检含单碱基置换的 DNA 或 RNA 退火，所产生的单碱基错配可用 RNA 酶 A 切割，通过凝胶电泳分析切割产物的大小即可确定错配的位置。在所有各种可能的单碱基错配中，大约 50％可用此法确定。

制备不含 DNA 酶的核糖核酸酶

将胰核糖核酸酶（RNase A）溶解在 0.01 mol/L 醋酸钠（pH5.2）中，使终浓度为 10 mg/ml，加热到 100℃，15 min，在室温下缓慢冷却。用 0.1 体积的 1M 的 Tris-Cl 调整 pH 至 7.4 后，分装小管保存在 −20℃ 备用。当浓缩的溶液在中性 pH 条件下加热到 100℃时，核糖核酸酶产生沉淀。

核糖核酸酶 T1

RNA 酶 T1 为一内切核糖核酸酶。它特异地作用于鸟嘌呤核苷酸 3′端磷酸并切割与相邻核苷酸相连的磷酸二酯键。反应的终产物为鸟嘌呤核苷 3′磷酸及末端带鸟嘌呤核苷 3′磷酸的寡核苷酸（Davidson 1972）。

用途

去除 DNA-RNA 杂交体中未杂交的 RNA 区。

$$5'\ {}_pA_pG_pG_pC_pC_pG_pA_pA_pG_pU_pG_pC_pA_pG_pG_pC\ 3'$$

$$\downarrow \text{RNase T1}$$

$$5'\ {}_pA_pG_p + G_p + C_pC_pG_p + A_pA_pG_p + U_pG_p + C_pA_pG_p + C\ 3'$$

A4.40 ## 脱氧核糖核酸酶Ⅰ（胰）

（牛胰）

从牛胰腺来的内切核酸酶DNA酶Ⅰ是一种糖蛋白，借助链内SN-2机制，通过亲核攻击易分开的磷酸二酯键降解双链DNA。磷酸盐集团保留贴附在新的5′端。DNA酶Ⅰ需要二价金属离子用于DNA的水解（Kmitz　1950）并在有Ca^{2+}和Mg^{2+}或Mn^{2+}之一呈现最大活性（Price　1972）。这些阳离子的协同作用，在Ca^{2+}（0.1 mol/L）和Mg^{2+}（10 mol/L）二者共同存在时，水解的速率要比单个阳离子的总和还要大得多。然而，高浓度的Mg^{2+}（>50 mol/L）而不是Ca^{2+}是起抑制作用的。

酶的作用方式和特点受二价阳离子使用类型的影响，在Mn^{2+}存在时或在很高浓度的酶却缺少单价阳离子存在时，DNA酶Ⅰ几乎在同一位点上同时断裂超螺旋双链DNA（Melgar and Goldwait 1968，Campbell and Jackson　1980）。

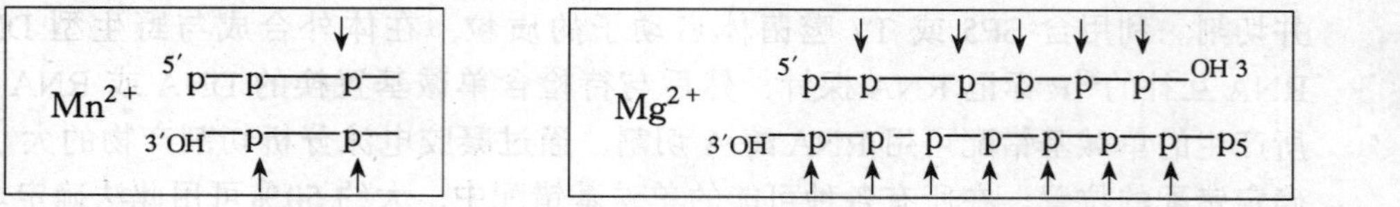

在存在Mg^{2+}时，DNA酶Ⅰ以一种完全不同的方式，可独自在双链DNA的每条链上引入缺口。当越来越多缺口累积时，在相对链相临缺口逐渐减少，最后不足以保持分子的聚拢。这一反应的最终产物是个复合的酸溶性5′端磷酸化的寡核苷酸混合体。

是否DNA酶Ⅰ这种缺口活性为序列特异性仍是个不确定的课题，不同单位来的数据彼此常相互矛盾。另外，批量大肠杆菌DNA消化产物的生化分析显示仅有微弱的序列特异性（Ehrlich et al. 1973，Bernardi et al. 1975）。另一方面，用DNA酶Ⅰ消化的双链产生的“足印”常证明有被此酶优先切割的证据。此外，Scheffler等（1968）显示了DNA酶Ⅰ有明显对poly（d［A-T］）。poly（d［A-T］）从T残基的5′端优先切割的趋向，此结果进一步被Lomonossoff等（1981）以单聚体poly（d［A-T］）所证实。然而，这种明显的特异性可能更多地由于B结构的特异性改变，所以认为这与单聚体相关连，并非是酶对特异性序列的亲和所致（Klug et al. 1979）。支持的证据还来自DNA酶Ⅰ和短双链寡核苷酸复合物的晶体结构分析（Suck et al. 1984，Suck and Oefiner　1986）。酶的一个暴露的环在B-DNA的小沟内，与核酸的两条链相结合转折而与酶接触。Suck（1988）建议对照Scheffler等（1968）和Lomonossoff等（1981）的结果，双链DNA的A-T段可能相对耐受DNA酶Ⅰ的切割。

总的来看，是否DNA酶Ⅰ在双链DNA以序列依赖方式打开缺口似乎受模板结构的影响。酶在复杂DNA上打开缺口与序列有关。然而，对合成特定序列的寡核苷酸，此酶显示了较高程度的亲和性，可能因为这些底物的结构限制了酶接近某些类型的磷酸二酯键。

A4.41 当用非常短的双链DNA用为底物时，DNA酶Ⅰ也展现了拓扑图像特异性，此即为所谓的“终末作用”。一个特定的磷酸二酯键被切割的概率随它距DNA链5′端的距离而增加，至少距离第 8 个磷酸二酯键（Galas and Schmitz 1978，Lomonossoff et al. 1981）。这种倾向的存在是因为酶仅仅在距离位于 5′端 3～4 个核苷酸时才能有效地切割。完全切割的双链 DNA 多数产物因此是 5′磷酸化的四核苷酸（Bernardi et al. 1975）。在分子克隆中有两种方法限制 DNA 酶 Ⅰ对每个模板 DNA 分子仅一个核酸内切作用。

- 正如上面的讨论，有一过性金属离子如 Mn^{2+} 存在时，DNA 酶 Ⅰ可在大致同一位置上切割超螺旋 DNA 的双链（Melgar and Goldthwait 1968），产生平端 DNA 片段或只带有 1～2 个核苷酸长度突出端的 DNA 片段。所产生的线性分子对进一步被此酶切割有相对的耐受性。这一反应已被用于克隆进质粒或 M13 载体噬菌体中的靶 DNA 片段随机缺失（Frischauf et al. 1980，Anderson 1981，Hong 1982）。因为双链切割的位点以统计学随机方式分布，闭环 DNA 的数目可转换成线性化分子的排列方式。然后可被限制酶消化，这些限制酶独特的酶切点在靶 DNA 的一端。产生的多数片段再环化，这些克隆均为缺少 DNA 酶Ⅰ与限制酶切点间的序列。
- 在存在亚饱和量插入性染料如溴化乙锭时，DNA 酶Ⅰ在闭环 DNA 中的一条链随机导入单一缺口，产生的松弛环状分子是相对耐受进一步被此酶酶解。在进行亚硫酸氢盐介导的诱变前，可用 DNA 酶Ⅰ在闭环 DNA 上引入单切口以便将分子截断（Greenfield et al. 1975）。

用途

(1) 从体外转录反应及从 mRNA 制备物中移去模板。由于这些 RNA 被 DNA 大量污染，在进行 Northern 杂交前、构建 cDNA 文库前、反转录酶（RT-）PCR 前等除去 DNA 污染是很重要的，特别在从转染细胞或由病毒感染细胞中纯化 RNA 的时候。不幸的是，许多商品化 DNA 酶Ⅰ被 RNA 酶大量污染。尽管无 RNA 酶的 DNA 酶Ⅰ能从市场购得，但十分昂贵。如果无 RNA 酶的 DNA 酶用于常规条件时，请参考下面有关“制备不含 RNase 的 DNase”一栏。

(2) 消化与蛋白结合的未被保护的 DNA（DNA“足迹”）（Galas and Schmitz 1978，Schmitz and Galas 1979）。DNA 酶Ⅰ是最初用于开展 DNA“足迹”的试剂，尽管后来发现更好的以序列非依赖方式切割 DNA 的化学试剂。DNA 酶Ⅰ进行 DNA 酶足迹法分析蛋白 DNA 复合物仍是最通用的方式。

(3) 在双链 DNA 上随机性导入单链性缺口，用于切口翻译的模板（Maniatis et al. 1975，Rigby et al. 1977）。在此种情况下，仅用少量酶，可防止模板 DNA 被无选择地破坏。 A4.42

制备不含 RNase 的 DNase

从未被感染的哺乳动物细胞中制备的 mRNA 含有极少量 DNA，一般不影响 Norhtern 杂交或其他类型的 RNA 分析。然而，从转染的哺乳动物细胞或从感染 DNA 病毒的细胞中制备的 mRNA 含有大量 DNA，必须用

DNA酶消化去除。不幸的是，许多商品化的胰DNA酶制品，即便声称不含核糖核酸酶的，往往有相当量的核糖核酸酶污染。此外，使用商品化的不含核糖核酸酶的DNA酶Ⅰ制品，在用量大时是很昂贵的。DNA酶Ⅰ在含有醋酸碘时经热处理可减少核糖核酸酶大约98%。除了要求苛刻的应用外，这种DNA酶处理后的样品被绝大多数用户所接受（这种方法不适于构建cDNA文库时从RNA中去除DNA）。以此种方式纯化的DNA酶应一定在有核糖核酸酶的蛋白抑制剂存在时使用（请看第7章，核糖核酸酶抑制剂一栏）。

(1) 溶解10 mg胰DNA酶（Sigma）于10 ml含0.1 mol/L的醋酸碘酸和0.15 mol/L醋酸钠中（pH5.2）。

(2) 55℃加热45 min，冷却此溶液到0℃，加入1 mol/L $CaCl_2$ 使终浓度到5 mol/L。

(3) 将此DNA酶Ⅰ分装于小管内，－20℃存储备用。

A4.43 BAL 31核酸酶

（来源于 *Alteromonas espejiana* BAL 31）

BAL 31的主要活性为3′外切核酸酶活性。它可从线状DNA两条链的3′端去除单核苷酸。BAL 31还是一个内切核酸酶，因此利用其3′外切酶活性连续去除3′端单核苷酸后形成的单链DNA，可被BAL 31的内切酶活性所降解。此反应机理比较复杂，试总结如下：

BAL 31降解DNA绝对依赖于钙离子的存在。因此可以在反应的不同阶段加入螯合剂EGTA而使反应终止。由于BAL 31从末端降解DNA的作用相对比较均匀，因此BAL 31可用于确定DNA小片段的限制酶切图（Legerski et al. 1978）。用BAL 31降解DNA，在不同反应时间取出反应物，置于含EGTA的溶液中，各样品用相应限制酶消化后，可看到限制酶切片段按一定的顺序消失。利用一端含载体序列（其限制酶切图已知）而另一端序列不明的DNA，有可能区分两个末端并推出未知序列中限制酶切位点的排列顺序。

BAL 31还可用于在克隆前去除DNA末端上不需要的序列。用此外切核酸酶/内切核酸酶处理后，DNA末端可用T4噬菌体DNA聚合酶或大肠杆菌DNA聚合酶Ⅰ Klenow片段补平，再加入合成接头，即可插入适当载体。用此方法，我们可以在DNA上生成一系列终点确定的缺失突变体。

尽管BAL 31的主要活性为3′外切核酸酶活性，但它同时还具有DNA内切酶活性，即从内部切割DNA的单链区或螺旋构象有所改变的双链区的活性（Lau and Gray 1979, Gray et al. 1981, Wei et al. 1983）。虽然BAL 31也能消化，但活性很低。

用途

(1) 通过可控方式去除双链DNA的末端核苷酸。缩短后的分子具有多种用途，如产生缺失、对启动子或其他调控序列附近进行定位，或将合成接头插入DNA上的某一目标位点。

(2) DNA的限制酶切作图。

(3) 确定DNA的二级结构，例如B-DNA和Z-DNA间的结合部位或双链DNA中共价与非共价修饰的位点（Gray et al. 1981，Wei et al. 1983）。

(4) 在制备重组 RNA 时，从双链 RNA 上去除核苷酸（Miele et al. 1983）。

注释

- 连接 BAL31 的消化产物时，必须考虑到 BAL31 的 3′外切酶活性大约为它的单链特异性内切酶活性的 20 倍。因而，通过消化线状双链 DNA 而产生的单链尾区的平均长度取决于酶浓度。酶浓度高（2～5 单位/ml）时，平均每个末端可保留 5 个核苷酸的单链 DNA，大约 10％～20％的分子不经进一步处理即可与平端 DNA 相连接．酶浓度低（0.1～0.2 单位/ml）时，单链末端可能很长而平端连接的效率很低。无论所用 A4.44
的 BAL31 浓度是高是低，用 T4 噬菌体 DNA 聚合酶（以及在某些情况下用大肠杆菌 DNA 聚合酶Ⅰ Klenow 片段）进行修补以利于平端连接，都是必不可少的措施。
- 大多数市售 BAL31 制剂都含有两种动力学特性截然不同的酶活性形式，一种是作用得快的形式（快形式），而另一种是作用得慢的形式（慢形式），后者是前者的降解产物。快形式的 BAL31 纯制剂也可得到（Wei et al. 1983），但太昂贵。用快形式和慢形式的 BAL31 混合酶制剂消化 DNA 的结果，取决于这两种形式的相对含量以及在实验中快形式酶转化成慢形式酶的速率。

  在以下诸方面，可优先考虑使用富含快形式 BAL31 的酶制剂：从双链 DNA 末端去除长段核苷酸（＞1000bp)。双链 RNA 的降解，作 DNA 的限制酶切图，确定 B-DNA 与 Z-DNA 结合区及双链 DNA 的损伤部位等。慢形式的酶则应用于从双链 DNA 末端去除短段核苷酸（10～100bp)。慢形式和快形式的 BAL31 混合制剂可用于以上任何一种目的，但其结果不尽相同，前已述及。
- BAL31 的作用不同步，因而产生一个末端被切割的程度各异而单链尾的长度不一的 DNA 分子集群。用 BAL31 消化及 T4 噬菌体 DNA 聚合酶（或大肠杆菌 DNA 聚合酶Ⅰ Klenow 片段）修补 DNA 后，最好通过凝胶电泳分离所需大小的 DNA，这常常比直接从一大批随机产生的克隆中进行筛选更为有效。
- BAL31 降解 AT 丰富序列显然要比降解 GG 丰富序列快得多。因此 BAL31 消化 DNA 后，DNA 分子集群中末端落后于 AT 丰富区的分子较少。
- BAL31 应放 4℃保存，不能冷冻。

BAL31 核酸酶

活性：外切核酸酶及内切核酸酶活性

底物：BAL31 从 DNA 两端连续降解双连 DNA，其机理被认为是，BAL31 以外切核酸酶活性迅速降解一条链，随后在互补链上进行缓慢的内切反应，带平端或 3′羟基突出端的双链 DNA 被降解成更短的双链分子。该酶也可作用于双链 DNA 的切口。带 3′羟基端的单链 DNA 及双链 RNA 分子。

反应：

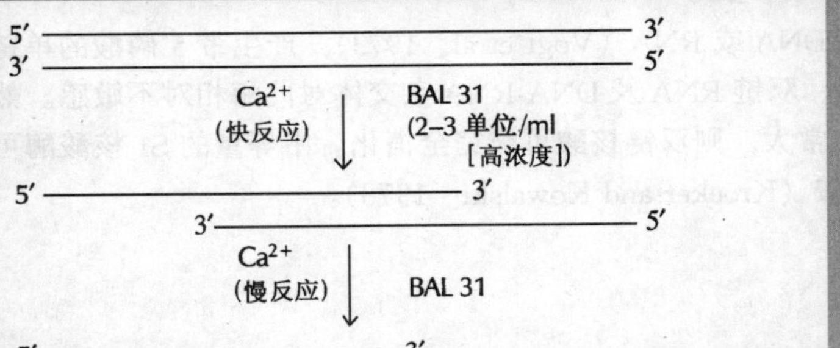

BAL31 核酸酶

活性：外切核酸酶活性（截短单链 DNA）

底物：带 3′羟基端的单链 DNA。

反应：

5′————————3′

Ca^{2+} ↓ BAL 31

5′——————3′

活性：内切核酸酶活性。

底物：单链 DNA，超螺旋 DNA，带有 B-DNA 与 Z-DNA 的接合区及其他非 B 型构象的 DNA。

反应：单链 DNA $\xrightarrow[Ca^{2+}]{\text{BAL 31}}$ 单核苷酸

超螺旋双链 DNA

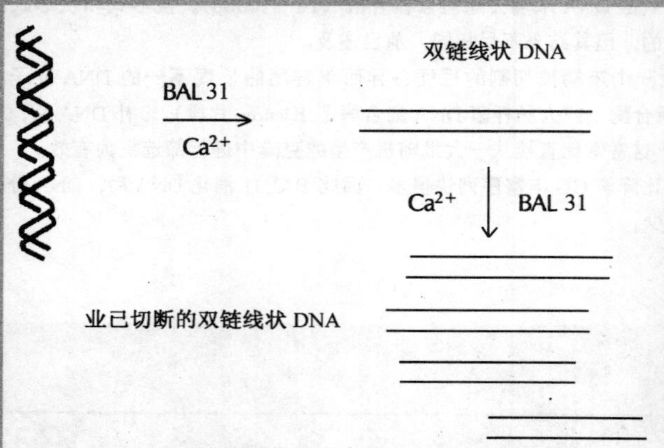

S1 核酸酶

A4.46 [来源于米曲霉（*Aspergillus oryzae*）]

S1 核酸酶降解单链 DNA 或 RNA（Vogt et al. 1973），产生带 5′磷酸的单链核苷酸或寡核苷酸。双链 DNA、双链 RNA 及 DNA-RNA 杂交体对此酶相对不敏感。然而如果所用 S1 核酸酶的酶量非常大，则双链核酸可被完全消化。中等量的 S1 核酸酶可在切口或小缺口处切割双链核酸（Kroeker and Kowalski　1978）。

用途

(1) 分析 DNA-RNA 杂交体的结构（Berk and Sharp　1977，Favaloro et al. 1980）。
(2) 去除 DNA 片段中突出的单链尾以产生平端。
(3) 打开双链 cDNA 合成中产生的发夹环。

由于 S1 核酸酶在低 pH 值环境下作用，因此时常发生脱嘌呤现象，故而局限了该酶在某些方面的用途。

S1 核酸酶

活性：单链特异性核酸酶的活性。

底物：单链 DNA 或单链 RNA，对单链 DNA 的活性比对单链 RNA 更强。

反应：

$$\text{单链 DNA 或 RNA} \xrightarrow[\substack{Zn^{2+} \\ (pH\ 4.5)}]{\text{S1 核酸酶}} 5'_{p}dN \text{ 或 } 5'_{p}rN$$

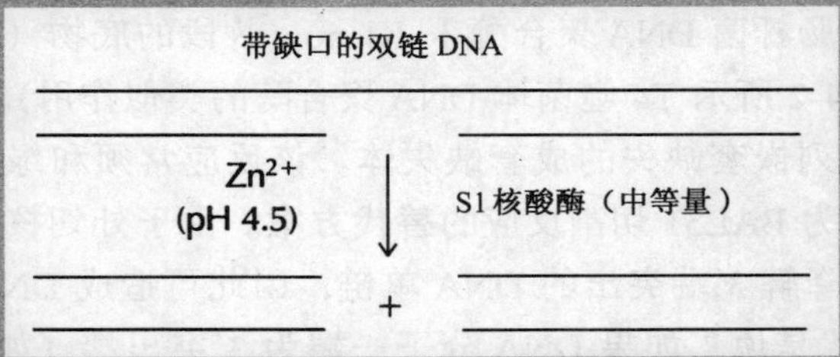

绿豆核酸酶

（来源于绿豆芽）

绿豆核酸酶将单链 DNA 降解为 5′端带磷酸基团的单核苷酸或寡核苷酸（Laskowski 1980)，双链 DNA，双链 RNA 及 DNA-RNA 杂交体对绿豆核酸酶相对不敏感。然而大量绿豆核酸酶能将双链核酸完全降解（Kroeker and Kowalski 1978)。

绿豆核酸酶的物理及催化性质与 S1 核酸酶相似。但绿豆核酸酶的作用比 S1 核酸酶更温和。例如，S1 核酸酶可在双链上与切口相对处切割 DNA，而绿豆核酸酶则仅当切口扩大成数个核苷酸的缺口后才能切割 DNA（Kroeker and Kowaski 1978)。要知更进一步信息，请看第 7 章有关绿豆核酸酶的栏目。

用途

(1) 使 DNA 突出端转变为平端。

(2) 分析 DNA-RNA 杂交体的结构。

外切核酸酶Ⅲ

（来源于大肠杆菌）

外切核酸酶Ⅲ可催化从双链 DNA 的 3′羟基端逐一去除单核苷酸的反应（Weiss 1976)。其底物为线状双链 DNA 及带切口或缺口的环状 DNA。该酶作用的结果是在双链 DNA 上产生长的单链区，此外，该酶还有以下 3 种活性：对无嘌呤 DNA 特异的内切核酸酶活性，RNA 酶 H 活性（Rogers and Weiss 1980）及 3′磷酸酶活性。3′磷酸酶活性可去除 3′-末端磷酸，但并不切割核酸内的磷酸二酯键，外切核酸酶活性并不降解单链 DNA 及带 3′突出端的双链 DNA（Rogers and Weiss　1980）。

外切核酸酶Ⅲ的持续作用不强，因此产物一般为一个被切割的程度不相上下的 DNA 分子集群。此特性使分离所需长度的 DNA 产物的工作更为简化。请看第 13 章有关外切核酸酶的栏目。

A4.47　用途

(1) 制备部分截断的 DNA 以作为大肠杆菌 DNA 聚合酶Ⅰ Klenow 片段的底物（如在制备链特异性探针时）（参见图 A4-2 所示 T4 噬菌体 DNA 聚合酶的类似作用）。

(2) 在双链线状 DNA 上产生末端序列嵌套缺失的成套缺失体。该反应常须和绿豆核酸酶或 S1 核酸酶联合应用，可作为 BAL31 切割反应的替代方案。由于外切核酸酶Ⅲ只降解带 3′凹端的 DNA，而不降解 3′端突出的 DNA 单链，因此可造成 DNA 的单向缺失（Henikoff　1984）。也就是说，如果 DNA 分子一端为 3′突出端（如 *Pst* Ⅰ消化后）而另一端为 3′凹端，则外切核酸酶Ⅲ只能从一端（3′凹端）消化 DNA。反应后再用 S1 核酸酶或绿豆核酸酶切除产生的单链或用 T4 噬菌体 DNA 聚合酶修补，则单向缺失的 DNA 分子就能以平端连接的方式插入到适当的载体中。

(3) 一些定点诱变方案选用的 dNTP 磷酸酯衍生物在诱变引物引导下合成第二条链。这时，可用外切核酸酶Ⅲ特异性地降解模板链（外切核酸酶Ⅲ不切割硫酯键），以提高转化大肠杆菌后所得到得突变率。请看第 13 章有关从野生型 DNA 中筛选定点诱变栏目。

外切核酸酶Ⅲ

活性：3′外切核酸酶

底物：该酶可作用于带平端或带不配对的 5′或 3′凹端的双链 DNA 的 3′羟基端。双链 DNA 切口处的 3′羟基端也是它的作用底物。DNA 必须含磷酸二酯键，硫脂不能被裂解。

反应：

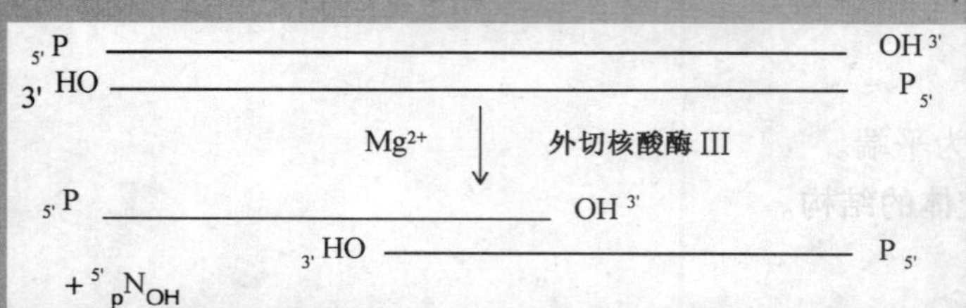

例如：

$^{5'}\cdots{}_pC_pG_pA_pT_pT_pA_pG_pC_{OH}{}^{3'}$

$_{3'}\cdots G_pC_pT_pA_pA_pT_pC_pG_p{}_{5'}$

$Mg^{2+}\downarrow$ 外切核酸酶Ⅲ

$^{5'}\cdots{}_pC_{OH}{}^{3'}$

$_{3'}\cdots G_pC_pT_pA_pA_pT_pC_pG_p{}_{5'} + {}^{5'}{}_pA_{OH} + {}^{5'}{}_pT_{OH} + {}^{5'}{}_pG_{OH} + {}^{5'}{}_pC_{OH}$

活性：3′磷酸酶活性。

底物：带有3′磷酸末端的双链或单链DNA分子。但是核酸内部的磷酸二酯键不被切割。

反应：

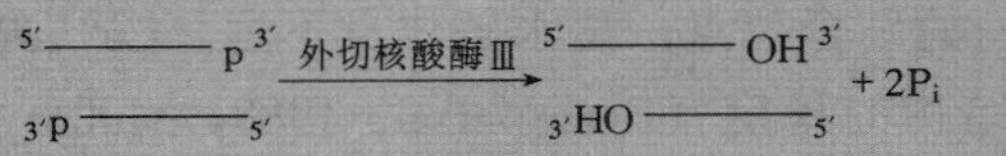

λ噬菌体外切核酸酶 A4.49

(来源于λ噬菌体感染的大肠杆菌)

λ噬菌体外切核酸酶可以催化从双链DNA中持续地释放5′单链核苷酸的反应。尽管该酶的最适底物为5′带磷酸末端的双链DNA（Little et al. 1967），但它还可作用于单链DNA（其效率只有前者的1/100)。带切口或缺口的双链DNA不能作为λ噬菌体外切核酸酶的底物。

λ噬菌体外切核酸酶

活性：5′外切核酸酶活性。

底物：带5′磷酸或5′突出端的双链DNA。

反应：

$$5'\cdots{}_pC_pG_pA_pT_pG_pG_pC_pT_pA_pC_{OH}{}^{3'}$$
$${}_{3'}\cdots G_pC_pT_pA_pC_pC_pG_pA_pT_pG_p{}_{5'}$$
$$\mathrm{Mg^{2+}}\downarrow \text{λ噬菌体外切核酸酶}$$
$$5'\cdots{}_pC_pG_pA_pT_pG_pG_pC_pT_pA_pC_{OH}{}^{3'}$$
$${}_{3'}\cdots G_pC_pT_pA_p{}_{5'}$$
$$+{}^{5'}{}_pG_{OH}+{}^{5'}{}_pC_{OH}+{}^{5'}{}_pT_{OH}+{}^{5'}{}_pA_{OH}$$

用途

在分子克隆工作的早期，λ噬菌体外切核酸酶一度用途较广（综述见 Little et al. 1981）目前，它主要用于修饰DNA的5′磷酸末端，以便为其他酶（例如末端转移酶）提供作用底物。

蛋白水解酶 A4.50

蛋白酶 K

蛋白酶K是枯草杆菌类的高活性丝氨酸蛋白酶（参看 Siezen et al. 1991 和 Siezen

and Leunissen 1997）由静止培养的温和的霉菌（*Thitirachium album*）菌种分泌产生。在酶的命名中的 K 表示该酶能通过水解角蛋白（keratin），供应此霉菌对碳和氮的需求。蛋白酶 K 催化水解多种多肽键，对芳香类和去电荷的氨基酸多肽键的羧基端尤甚。

成熟的酶含有 279 个氨基酸残基（相对分子质量＝28 930）（Jany et al. 1986，Gunkle and Gassen 1989）并含有两个与 Ca^{2+} 的结合位点，离水解位点不远。Ca^{2+} 离子并非直接涉及催化过程，但是它们促进酶结构的稳定（Betzel et al. 1988，Muller et al. 1994。将 Ca^{2+} 从酶中移去后，因为长范围的结构变化，一些催化活性就失去了（Bajorath et al. 1988，1989）。因残基活性足以降解大多数蛋白，用蛋白酶 K 消化通常是在 EDTA 存在条件下进行的。此外，蛋白酶 K 在尿素（1～4mol/L）和通常用于消化哺乳类细胞的除垢剂（即 0.5％SDS 或 1％Triton X-100）存在时仍保留活性。因蛋白酶 K 足以消化天然蛋白，它能快速灭活细胞溶液中的 DNA 酶和 RNA 酶，这就便于高相对分子质量 DNA 和完整 RNA 的分离。（Wiegers and Hilz 1971，1972，Hilz et al. 1975）。

以可溶性粉剂购入的蛋白酶 K 应以 20 mg/ml 的浓度溶解在无菌的 50 mol/L Tris-Cl（pH8.0），1.5 mol/L 醋酸钙中。备用的溶液应当分成小包装存储在－20℃。小包装可以反复冻融多次，但随后应弃去。与大多数蛋白酶粗制品不同（即 pronase 链酶蛋白酶），蛋白酶 K 用前不必自身消化。蛋白酶 K 的活性在 50℃ 要比 37℃ 高出数倍。请看表 A4-8。

表 A4-8 蛋白水解酶

	备用的溶液	贮存温度	反应浓度	反应缓冲液	温度	预处理
pronase[a] 链酶蛋白酶	20 mg/ml 水溶液	－20℃	1 mg/ml	0.01 mol/L Tris-Cl (pH7.8) 0.01 mol/L EDTA 0.5％SDS	37℃	自身消化[b]
蛋白酶 K	20 mg/ml 水溶液	－20℃	50 μg/ml	0.01 mol/L tris-Cl (pH7.8) 0.005 mol/L EDTA 0.5％ SDS	37～56℃	不必自身消化

注：[a]链酶蛋白酶（pronase）是丝氨酸和从灰色链霉菌分离的酸性蛋白酶的混合物。

[b]自身消化可排除 DNA 酶和 RNA 酶的污染。自身消化的链酶蛋白酶制备是将粉末状的链酶蛋白酶溶在 10 mol/L Tris-Cl（pH7.5），10 mol/L NaCl 达到最后浓度 20 mg/ml，并在 37℃ 温育 1h。将自身消化的链酶蛋白酶以小包装严密加盖的容器内于－20℃ 保存备用。

A4.51 其他酶

溶菌酶

溶菌酶（lysozyme）是一大类酶的家族，催化在细菌细胞壁的蛋白多糖 *N*－乙酰葡

糖胺和 N-乙酰胞壁酸残基间的 β-(1, 4)键的酸-碱水解（Blake et al. 1967, Fursht 1985）。它们是被 Alexander Fleming（1922）发现的，他鉴定了可迅速消化细菌悬液的一种酶活性。脊椎动物溶菌酶消化的细菌细胞壁的产物迟至 1950 年才被鉴定，从而使底物的结构和组成能被推断出来（请看 Jollés 1960）。

溶菌酶广泛分布在自然界，而且凡有需要溶菌之处都有表达，例如，当噬菌体从感染的细胞释放时，在脊椎动物的黏膜表面，以及各种不同类型的动物包括脊椎动物和无脊椎动物的分泌物中。脊椎动物之间和噬菌体编码的溶菌酶，如 λ 噬菌体的内溶素和 T4 噬菌体的内乙酰胞壁酸酶均无结构上的相似性。

在分子克隆时，脊椎动物溶菌酶（如蛋白溶菌酶）在 pH7.8 时与 EDTA 和除垢剂联合应用，从它们的细菌宿主中释放黏粒和质粒 DNA（Godson and Vapnek 1973）。详见第 1 章。

琼脂酶（Agarase）

琼脂酶消化熔化的琼脂糖产生可溶性的单体和低聚糖。它被用于分离琼脂糖凝胶中的 DNA 片段。此酶可从不同厂商处获得，在 Tris-醋酸和 Tris-硼酸缓冲液均有活性。最佳活性是在 pH6.0。用琼脂酶分离 DNA 是很温和的方法，使之适于纯化大片段。琼脂酶消化后从脉冲电泳凝胶纯化 DNA 的操作流程，请看第 5 章，方案 19。

尿嘧啶 DNA 糖基化酶

尿嘧啶 DNA 糖基化酶（UDG）酶解介于 DNA 的尿嘧啶碱基和磷酸二酯主链间的 N-糖苷键。UDG 在不破坏磷酸二酯主链的前提下从单链和双链 DNA 的糖组分移去尿嘧啶残基，从而防止它成为杂交的靶分子或 DNA 聚合酶的模板。脱嘧啶的 DNA 在高温下对水解的作用敏感，UDG 能从 RNA 移去尿嘧啶，它专一攻击含尿嘧啶的 DNA。

用 UDG 处理含尿嘧啶的 DNA 终止双体 DNA 的碱基配对。在扩增反应中用 dUTP 在腺嘌呤相对的位点上引入尿嘧啶。随后用 UDG 处理双体 DNA 造成单链末端，可以用于克隆扩增 DNA 片段。

5′-CUACUCAUCAA ———— ATGATGAGATGAT-3′
3′-GATGAGTAGTT ———— UACUACUCUACUA-5′
+ UDG
5′-C-AC-CA-CAA ———— ATGATGAGATGAT-3′
3′-GATGAGTAGTT ————-AC-AC-C-AC-A-5′

拓扑异构酶 I　A4.52

拓扑异构酶 I（Topo I）是 DNA 复制所必须的成分。此酶借导入瞬时缺口进入正、负超螺旋 DNA 主链中的一条链，使其解链，随后弥合缺口（参看 Wang 1996）。当此反应过程被拓扑异构酶 I 催化时，一个瞬时共价中间体在此酶特定的酪氨酸残基和其底物 DNA 断裂处之间形成。介于此酶和底物之间的键被酪氨酸-DNA 磷酸二酯键的活化所破坏。此基因已被克隆，并在真核生物中高度保守（Pouliot et al. 1999）。

在缺乏 Mg^{2+} 时，拓扑异构酶Ⅰ作用产生松弛的、共价闭环（请看 Kornberg and Baker 1992）。有时此酶在分子克隆中用于促进质粒 DNA 在电泳中的分离。这样，已被拓扑异构酶Ⅰ作用而完全松弛的闭环 DNA 在电泳中可分辨单碱基对的长度差异。拓扑异构酶Ⅰ在 Life Technologies 公司有售，也可按 Prell 和 Vosberg（1980）的方法直接从小牛胸腺纯化得到。

陆应麟　译

范　明　张成岗　周建光　校

附录5 酶的抑制物

表 A5-1 蛋白酶抑制物

蛋白酶抑制物	相对分子质量	能够抑制	不能抑制
二盐酸抗蛋白酶	677.6	抑制木瓜蛋白酶、胰酶、组织蛋白酶A，B对小部分纤溶酶有抑制作用	
抗凝血酶Ⅲ	58 000	抑制所有血凝系统的丝氨酸蛋白酶、胰酶和糜蛋白酶	不能抑制半胱氨酸蛋白酶、亮氨酸蛋白酶或金属蛋白酶
APMSF	252.7	丝氨酸蛋白酶特异和不可逆的抑制物	不能抑制糜蛋白酶或乙酰胆碱脂酶
抑肽酶	~6 500	丝氨酸蛋白酶抑制物；抑制纤溶酶、糜蛋白酶、激肽释放酶和胰酶	不能抑制凝血酶或第十因子
苯丁抑制素	344.8	抑制金属蛋白酶，即原始的氨基肽酶	不能抑制羧肽酶
（需）钙蛋白酶抑制剂Ⅰ	383.5	强烈竞争抑制（需）钙蛋白酶Ⅰ，对（需）钙蛋白酶Ⅱ较弱；也抑制木瓜蛋白酶，组织蛋白酶B和L，对组织蛋白酶H较弱；对α糜蛋白酶弱抑制	不抑制胰酶
（需）钙蛋白酶抑制剂Ⅱ	401.6	强烈竞争抑制（需）钙蛋白酶Ⅰ，对（需）钙蛋白酶Ⅱ较弱；也抑制木瓜蛋白酶，组织蛋白酶B和L，对组织蛋白酶H较弱；对α糜蛋白酶弱抑制	不抑制胰酶
胰凝乳蛋白酶抑制剂	607.7	抑制丝氨酸、半胱氨酸蛋白酶，α-，β-，γ-，δ-糜蛋白酶，胰酶和组织蛋白酶A，B，C. 的特异性抑制	
3，4-二氯异香豆素	215.0	抑制丝氨酸蛋白酶	
弹性蛋白酶抑制剂	512.6	不可逆抑制弹力蛋白酶	
水蛭素	6 963.5	抑制凝血酶	
碘乙酸	186.0	抑制半胱氨酸蛋白酶	
亮抑酶肽	475.6	抑制丝氨酸和半胱氨酸蛋白酶	不抑制某些特定的对一种或限定数量序列的内源性蛋白酶如：组织激肽释放酶、尿激酶、凝血因子ⅫA和内源性蛋白酶Lys-C
α_2-巨球蛋白	~725 000	通用蛋白酶抑制物，抑制阻断所有类型的内源性蛋白酶	
Pefabloc SC，AEBSF，4-(2-Amiethyl)-benzenesulfonyl Fluoride hydrochloride	239.5	抑制丝氨酸蛋白酶和防止蛋白的非共价修饰	

续表

蛋白酶抑制物	相对分子质量	能够抑制	不能抑制
抑胃肽 Pepstatin A	685.9	抑制酸性蛋白酶如木瓜蛋白酶、血管紧张肽原酶、组织蛋白酶 D、凝乳酶和其他微生物的酸性蛋白	
苯甲基磺酰氟 PMSF (phenylmethyl-sulfonyl Fluoride)	174.2	抑制丝氨酸蛋白酶如糜蛋白酶、凝血酶和木瓜蛋白酶	
金属蛋白酶组织抑制剂 TIMP-2		抑制间质金属蛋白酶活性酶学分析和体外恶性侵袭分析	
甲苯磺酰赖氨酰氯甲酮 TLCK; 1-choro-3-tosylamido-7-amino-L-lysine chloro-methyl ketone hydrochlroride	369.3	不可逆抑制胰酶和其他丝氨酸、半胱氨酸蛋白酶如菠萝蛋白酶、无花果蛋白酶或木瓜蛋白酶	不抑制糜蛋白
甲苯磺酰苯丙氨酰氯甲酮 TPCK; 1-chlro-3-(4-tosyl-Amono)-4-phynyl-2-butanone; N-tosyl-L-phenylalanine Chloromethyl ketone	351.9	不可逆抑制糜蛋白酶和许多其他丝氨酸、半胱氨酸蛋白酶如菠萝蛋白酶、无花果蛋白酶或木瓜蛋白酶	不抑制胰酶

陆应麟　译

范　明　张成岗　周建光　校

附录 6 核 酸

表 A6-1 基因组比较 A6.2

物种	DNA 大小/bp	DNA 质量/Da	参考文献
哺乳动物	$\sim 3.0\times10^{9}$	$\sim 1.9\times10^{12}$	
黑色果蝇(*Drosophila melanogaster*)	$\sim 1.8\times10^{8}$	$\sim 7.8\times10^{10}$	Adams et al (2000)
秀丽隐杆线虫(*Caneorhabditis elegans*)	$\sim 9.70\times10^{7}$	6.59×10^{6}	*C. elegans* 测序国际协议(1998)
酿酒酵母(*Saccharomyces cervisiae*)	1.30×10^{7}	8.44×10^{9}	Goffeau et al. (1996)
嗜血流感(*Haemophilus influenzae* Rd)	1.83×10^{6}	1.19×10^{9}	Fleischmann et al. (1995)
生殖道支原体(*Mycoplasma genitalium*)	0.58×10^{6}	3.76×10^{8}	Fraser et al. (1995)
甲烷球菌(*Methanococcus janaschii*)	1.66×10^{6}	1.08×10^{9}	Bult et al. (1996)
黏菌(*Synechocystis* sp.)	3.57×10^{6}	2.32×10^{9}	Kaneko et al. (1996)
肺支原体(*Mycoplasma pneumoniae*)	8.10×10^{5}	0.53×10^{8}	Himmelreich et al. (1996)
幽门螺杆菌(*Helicobacterium pylori*)	1.66×10^{6}	1.08×10^{9}	Tomb et al. (1997)
大肠杆菌(*Escherichia coli*)	4.60×10^{6}	3.00×10^{9}	Blattner et al. (1997)
自控温甲烷球菌(*Mythanobacterium thermoautotrophicum*)	1.75×10^{6}	1.14×10^{9}	Smith et al. (1997)
枯草芽孢杆菌(*Bacillus subtilis*)	4.20×10^{6}	2.73×10^{9}	Kunst et al. (1997)
火焰色古球菌(*Archaeoglobus fulgidus*)	2.18×10^{6}	1.40×10^{9}	Klenk et al. (1997)
疏螺旋体属(*Borrelia subtitis*)	1.44×10^{6}	9.35×10^{8}	Fraser et al. (1997)
Aquifex aeolicus	$\sim 1.50\times10^{6}$	9.74×10^{9}	Deckert et al. (1998)
Pyrococcus horikoshii	1.80×10^{6}	1.17×10^{9}	Kawarabayasi et al. (1998)
结节真菌(*Mycobacterium tuberculosis*)	4.40×10^{6}	2.90×10^{9}	Cole et al. (1998)
梅毒密螺旋体(*Treponema pallidum*)	1.14×10^{6}	7.40×10^{8}	Fraser et al. (1998)
沙眼衣原体(*Chlamydia trachomatis*)	1.05×10^{6}	6.80×10^{8}	Stephens et al. (1998)

续表

物种	DNA 大小/bp	DNA 质量/Da	参考文献
普氏立克次体(*Rickettsia prowazekii*)	1.10×10^{6}	7.10×10^{8}	Andersson et al. (1998)
幽门螺杆菌(*Helicobacter pylori*)	1.64×10^{6}	1.06×10^{9}	Alm et al. (1999)
肺炎衣原体(*Chlamydia pneumoniae*)	1.23×10^{6}	7.98×10^{8}	Kalman et al. (1999)
Deinococcus radiodurans	3.28×10^{6}	2.13×10^{9}	White et al. (1999)
Thermotoga maritime	1.80×10^{6}	1.17×10^{9}	Nelson et al. (1999)
T2 噬菌体	$\sim2.0\times10^{5}$	$\sim1.3\times10^{8}$	
λ 噬菌体	48 514	3.1×10^{7}	Daniels et al. (1983)
PBR322	4 363	2.8×10^{6}	Sutcliffe (1978, 1979)
PUC18/pUC19	2 686	1.7×10^{6}	Yanisch-Perron et al. (1985)

注：来源：www.tigr.org；要知近期情况请看 TIGR 网站（www.tigr.org）

A6.3

表 A6-2　在人类基因组中限制酶位点的频率

酶	序列	平均片段大小/kb	估计位点数
Apa Ⅰ	GGGCC	2	1.5×10^{6}
Asc Ⅰ	GGCGCGCC	80	3.75×10^{4}
Avr Ⅱ	CCTAGG	8	3.75×10^{5}
Bam H	GGATCC	5	6×10^{5}
Bgl Ⅰ	GCCN$_5$GGC	3	1×10^{6}
Bgl Ⅱ	AGATCT	3	1×10^{6}
BssH Ⅱ	GCGCGC	10	3×10^{5}
Dra Ⅰ	TTTAAA	2	1.5×10^{6}
Eag Ⅰ	CGGCCG	10	3×10^{5}
Eco RⅠ	GAATTC	5	6×10^{5}
Hin dⅢ	AAGCTT	4	7.5×10^{5}
Nae Ⅰ	GCCGGC	4	7.5×10^{5}
Nar Ⅰ	GGCGCC	4	7.5×10^{5}
Nhe Ⅰ	GCTAGC	10	3×10^{4}
Not Ⅰ	GCGGCCGC	100	3×10^{4}
Pac Ⅰ	TTAATTAA	60	5×10^{5}
Pme Ⅰ	GTTTAAAC	70	4.3×10^{4}
Rsr Ⅰ	CGGWCCG	60	5×10^{5}
Sac Ⅰ	GAGCTC	3	1×10^{6}
Sac Ⅱ	CCGCGG	6	5×10^{5}
Sal Ⅰ	GTCGAC	20	1.5×10^{5}
Sbf Ⅰ	CCTGCAGG	15	5.33×10^{5}
Sfi Ⅰ	GGCCN$_5$GGCC	30	1×10^{5}
Sgr AⅠ	CRCCGGYC	70	4.3×10^{4}
Sma Ⅰ	CCCGGG	4	7.5×10^{5}
Spe Ⅰ	ACTAGC	10	3×10^{5}
Sph Ⅰ	GCATGC	6	5×10^{5}
Srf Ⅰ	GCCCGGGC	50	6×10^{4}
Ssp Ⅰ	AATATT	2	1.5×10^{6}
Swa Ⅰ	ATTTAAAT	30	1×10^{5}
Xba Ⅰ	TCTAGA	5	6×10^{5}
Xho Ⅰ	CTCGAG	7	4.3×10^{5}

注：获准采用 1998/1999 New England Biolabs Catalog [©NEB]

A6.4

表 A6-3　在 DNA 片段的末端限制性内切酶的切割

酶	从末端的碱基对	切割效率/%	酶	从末端的碱基对	切割效率/%
Aat Ⅱ	3	88	*Kpn* Ⅰ	2	100
	2	100		2	100
	1	95		1	99
*Acc*65	2	99	*Mlu* Ⅰ	2	99
	1	75			
Afi Ⅱ	1	13	*Mun* Ⅰ	2	100
Age Ⅰ	1	100	*Nco* Ⅰ	2	100
	1	100			
Apa Ⅰ	2	100	*Ngo*MⅣ	2	100
Asc Ⅰ	1	97	*Nhe* Ⅰ	1	100
				2	82
Avr Ⅱ	1	100	*Not* Ⅰ	7	100
				4	100
				1	98
*Bam*HⅠ	1	97	*Nsi* Ⅰ	3	100
				3	77
				2	95
Bgl Ⅱ	3	100	*Pac* Ⅰ	1	76
*Bsl*WⅠ	2	100	*Pme* Ⅰ	1	94
*Bsp*EⅠ	2	100	*Pst* Ⅰ	3	98
	1	8		2	50
				1	37
*Bsr*GⅠ	2	99	*Sac* Ⅰ	1	99
	1	88			
*Bss*HⅡ	2	100	*Sal* Ⅰ	3	89
				2	23
				1	61
Eag Ⅰ	2	100	*Spe* Ⅰ	2	100
				2	100
*Eco*RⅠ	1	100	*Sph* Ⅰ	2	99
	1	88		2	97
	1	100		1	92
*Eco*RⅤ	1	100	*Xba* Ⅰ	1	99
				1	94
*Hin*dⅢ	3	90	*Xho* Ⅰ	1	97
				1	91
	1	0			
Kas Ⅰ	2	97	*Xma* Ⅰ	2	98
	1	93		2	92

注：结果展示不同的限制性内切酶切割邻近 DNA 片段末端的能力。对于线性化载体末端 3 碱基的特异性识别位点的切割效率已在表上给出。作为通常的规则，表中未列出的酶在识别位点两侧需要 6 个碱基对才能有效切割。(Reproduced, with permission, 1998/99 New England Biolabs Catalog [©NEB])

A6.5

表 A6-4 溶液中双链 DNA 的浓度

双链 DNA / (50 μg/ml)	bp /分子	DNA 分子质量 /Da	50 μg/ml 溶液 DNA 分子数/ml	50 μg/ml 溶液 摩尔数/ml	摩尔浓度 DNA	摩尔浓度 磷酸	摩尔浓度 末端
λ 噬菌体	48 514	3.20×10^{7}	9.41×10^{11}	1.56×10^{-12}	1.56 nmol/L	157 μmol/L	3.12 nmol/L
pAd10SacBⅡ	30 300	2.00×10^{7}	1.51×10^{12}	2.50×10^{-12}	2.50 nmol/L	157 μmol/L	5.00 nmol/L
pCYPAC1	19 600	1.29×10^{7}	2.33×10^{12}	3.88×10^{-12}	3.88 nmol/L	1.57 μmol/L	7.76 nmol/L
pYAC4	11 400	7.52×10^{6}	4.00×10^{12}	6.65×10^{-12}	6.65 nmol/L	157 μmol/L	13.1 nmol/L
pBeloBACⅡ	7 400	4.88×10^{6}	6.17×10^{12}	1.03×10^{-11}	10.3 nmol/L	157 μmol/L	20.6 nmol/L
pBR322	4 363	2.88×10^{6}	1.05×10^{13}	1.74×10^{-11}	17.4 nmol/L	157 μmol/L	34.8 nmol/L
pUC18/pUC19	2 686	1.77×10^{6}	1.70×10^{13}	2.83×10^{-11}	28.3 nmol/L	157 μmol/L	56.6 nmol/L
DNA 片段（1 kb）	1 000	6.60×10^{5}	4.56×10^{13}	7.58×10^{-11}	75.8 nmol/L	157 μmol/L	152 nmol/L
八碱基双链连体接头	8	5.28×10^{3}	5.70×10^{15}	9.47×10^{-9}	9.47 μmol/L	1.57 μmol/L	18.9 nmol/L

嘌呤环系统　　嘧啶环系统

图 A6-1 嘌呤环和嘧啶环的原子编号

A6.6

表 A6-5 腺嘌呤及其有关化合物

名称	结构*	相对分子质量	λ_{max} /nm	E_{max} /$\times10^{-3}$	OD_{280}/OD_{260}
腺嘌呤	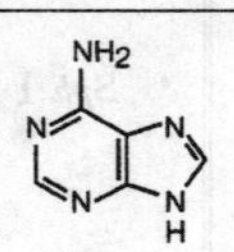	135.1	260.5	13.4	0.13
腺苷	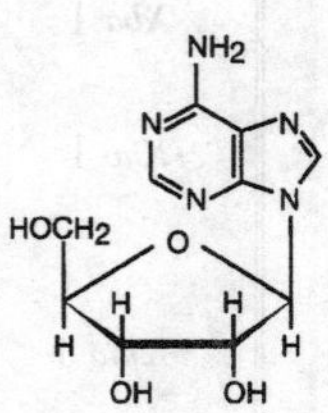	267.2	260	14.9	0.14
腺苷 5′-磷酸 (5′-AMP)	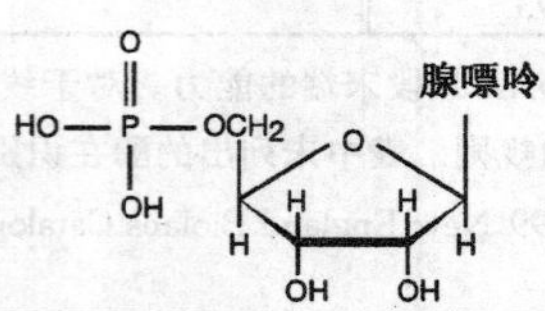	347.2	259	15.4	0.16

续表

名称	结构*	相对分子质量	λ_{max} /nm	E_{max} /×10^{-3}	OD_{280}/OD_{260}
脱苷 5′二磷酸 (5′-ADP)	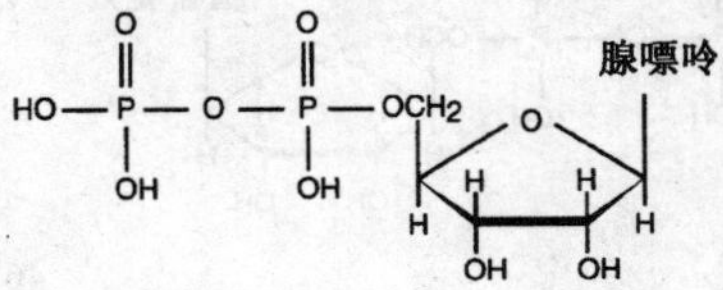	427.2	259	15.4	0.16
腺苷 5′三磷酸 (5′-dCTP)	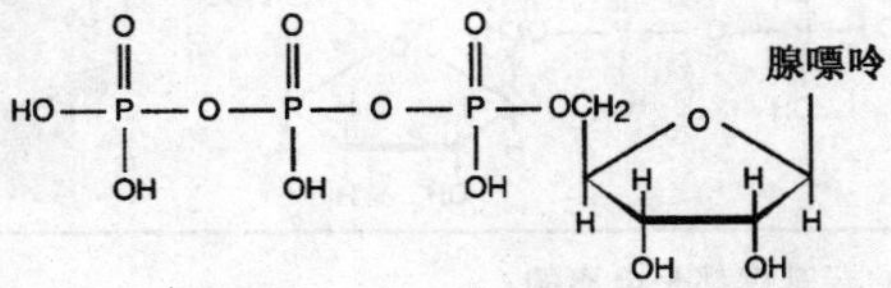	507.2	259	15.4	0.15
2′-脱氧腺苷 5′-三磷酸 (5′-dATP)	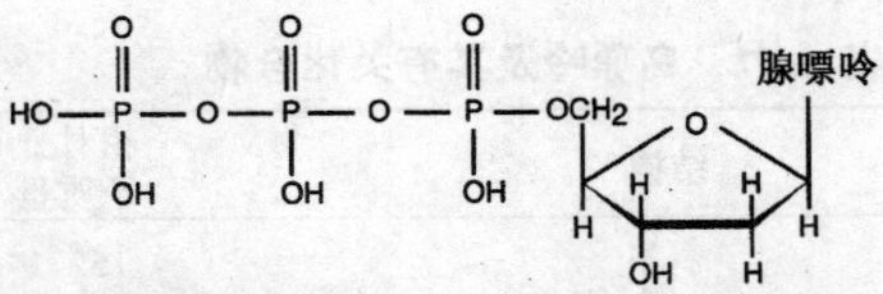	491.2	259	15.4	0.15

注：* 生理 pH 值时，所有与磷酸相连的羟基键都是电离的。 A6.7

表 A6-6 胞嘧啶及其有关化合物

名称	结构*	相对分子质量	λ_{max} /nm	E_{max} /×10^{-3}	OD_{280}/OD_{260}
胞嘧啶	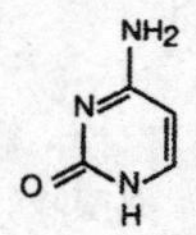	111.1	267	6.1	0.58
胞苷	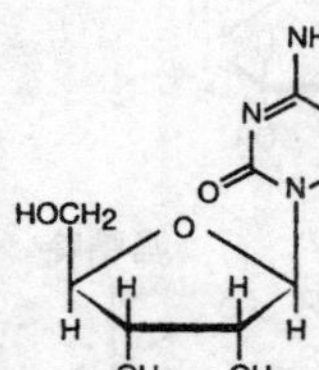	243.2	271	8.3	0.93
胞苷 5′磷酸 (5′-CMP)	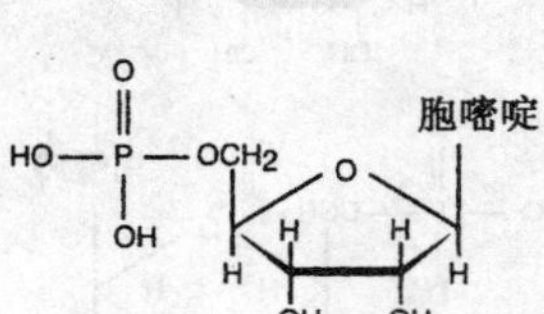	323.2	271	9.1	0.98
胞苷 5′二磷酸 (5′-CDP)	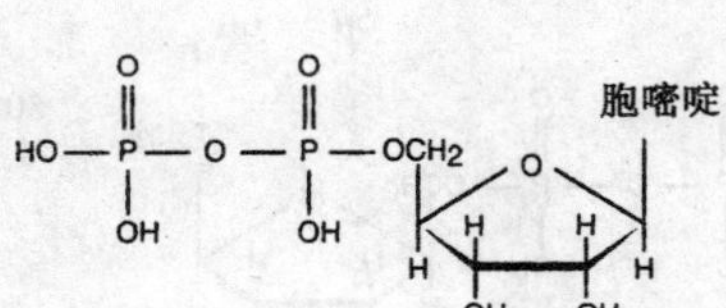	403.2	271	9.1	0.98

续表

名称	结构*	相对分子质量	λ_{max} /nm	E_{max} /×10^{-3}	OD_{280}/ OD_{260}
胞苷 5′-三磷酸 (5′-CTP)	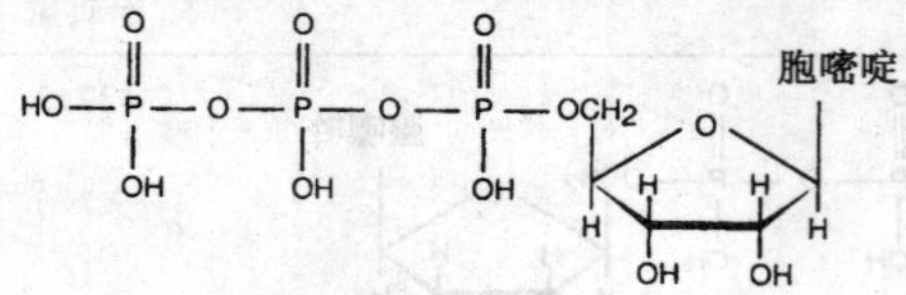	483.2	271	9.0	0.97
2′-脱氧胞苷 5′-三磷酸 (5′-dCTP)	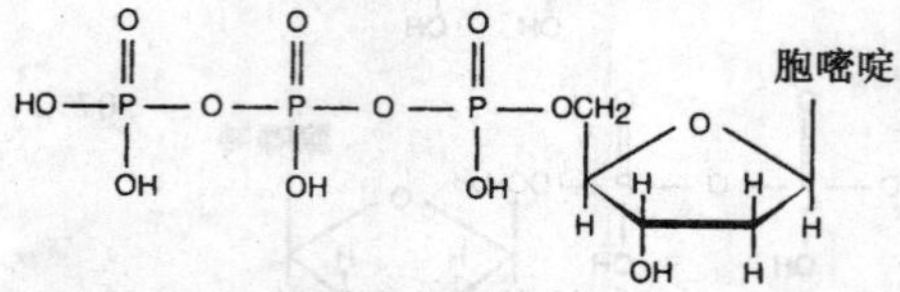	467.2	272	9.1	0.98

注：* 生理 pH 值时，所有与磷酸相连的羟基键都是电离的。

A6.8

表 A6-7　鸟嘌呤及其有关化合物

名称	结构*	相对分子质量	λ_{max} /nm	E_{max} /×10^{-3}	OD_{280}/ OD_{260}
鸟嘌呤	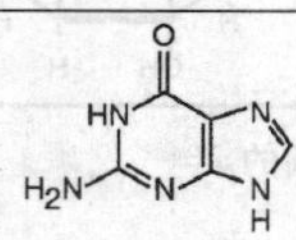	151.1	276	8.15	1.04
鸟苷	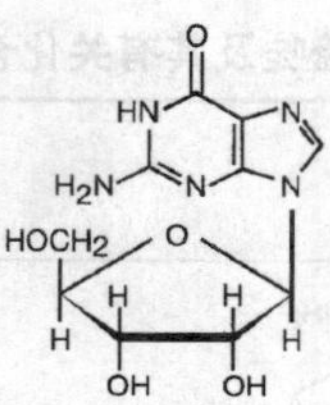	283.2	253	13.6	0.67
鸟苷 5′磷酸 (5′-GMP)	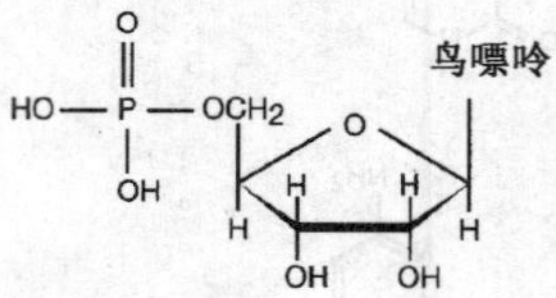	363.2	252	13.7	0.66
鸟苷 5′-二磷酸 (5′-GDP)	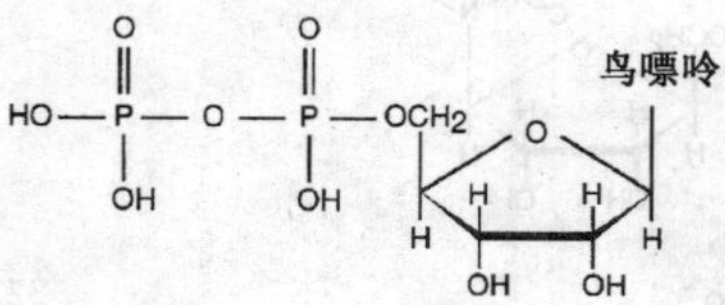	443.2	253	13.7	0.66
鸟苷 5′-三磷酸 (5′-GTP)	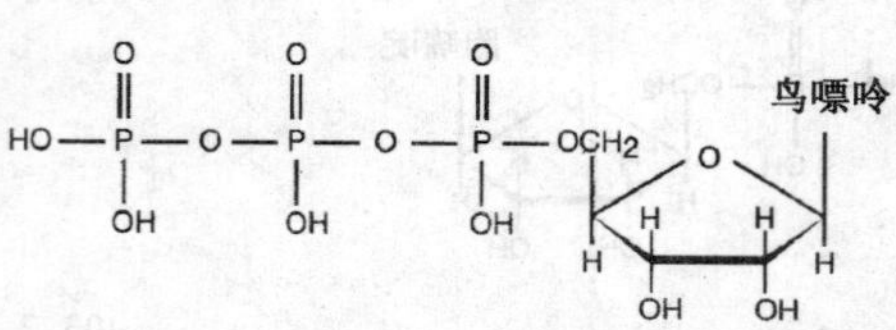	523.2	253	13.7	0.66
2′-脱氧鸟苷 5′-三磷酸 (5′-dGTP)	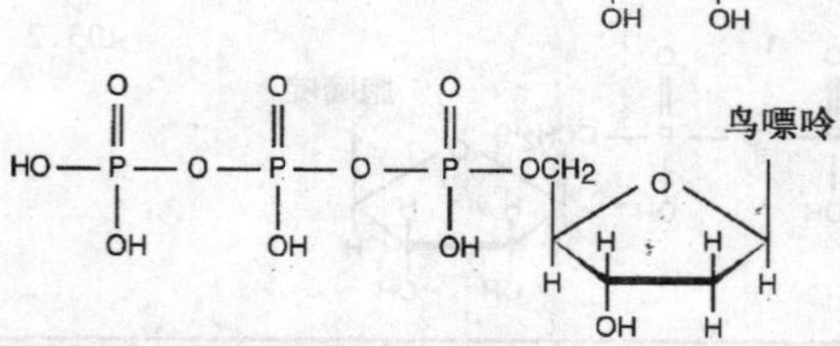	507.2	253	13.7	0.66

注：* 生理 pH 值时，所有与磷酸相连的羟基键都是电离的。

A6.9

表 A6-8　胸腺嘧啶及其有关化合物

名称	结构*	相对分子质量	λ_{max} /nm	E_{max} /×10^{-3}	OD_{280}/OD_{260}
胸腺嘧啶	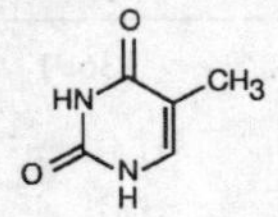	126.1	264.5	7.9	0.53
2′-脱氧胸苷	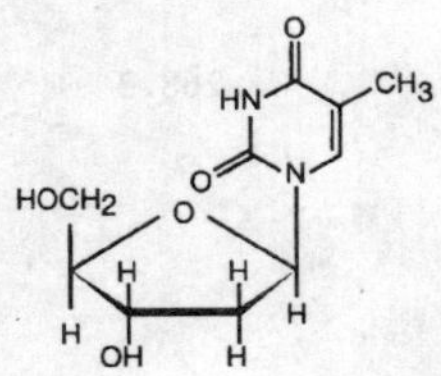	242.2	267	9.7	0.70
2′-脱氧胸苷 5′-磷酸 (5′-TMP)	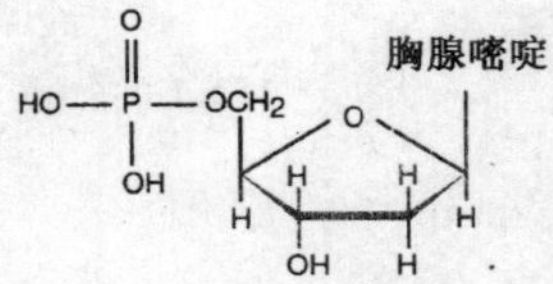	322.2	267	9.6	0.73
2′-脱氧胸苷 5′-三磷酸 (5′-TTP)	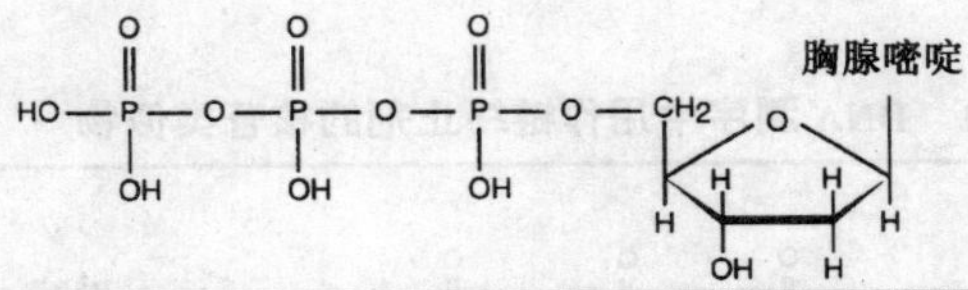	482.2	267	9.6	0.71

注：* 生理 pH 值时，所有与磷酸相连的羟基键都是电离的。

表 A6-9　尿嘧啶及其有关化合物

名称	结构*	相对分子质量	λ_{max} /nm	E_{max} /×10^{-3}	OD_{280}/OD_{260}
尿嘧啶	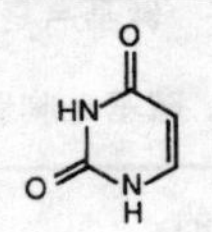	112.1	259	8.2	0.17
尿苷	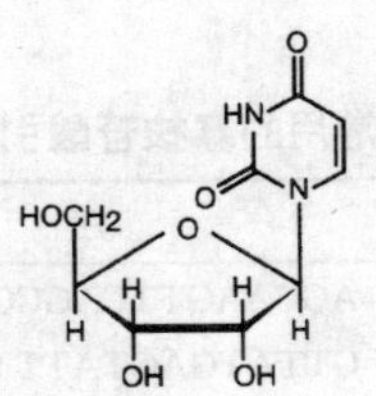	244.2	262	10.1	0.35
尿苷 5′-磷酸 (5′-UMP)	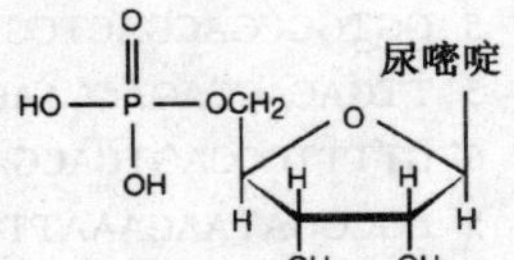	324.2	260	10.0	0.38
尿苷 5′-三磷酸 (5′-UTP)	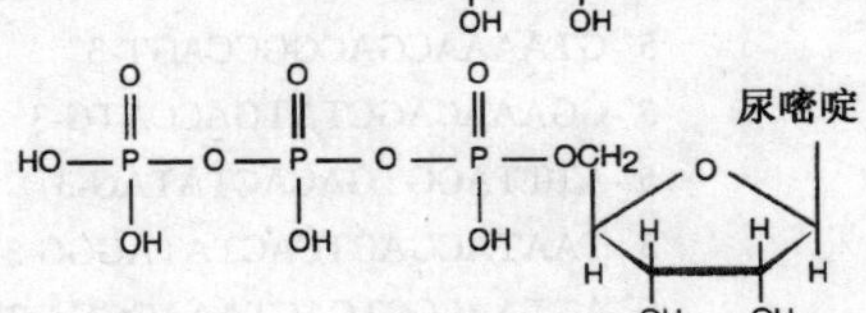	484.2	260	10.0	0.38

注：* 生理 pH 值时，所有与磷酸相连的羟基键都是电离的。

A6.10

表 A6-10　稀有碱基

名称	结构	相对分子质量	λ_{max} /nm	E_{max} /$\times 10^{-3}$	OD_{280}/OD_{260}
次黄嘌呤	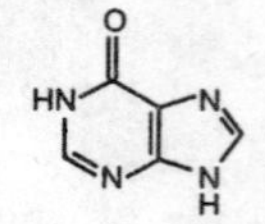	136.1	249.5	10.7	0.09
次黄苷	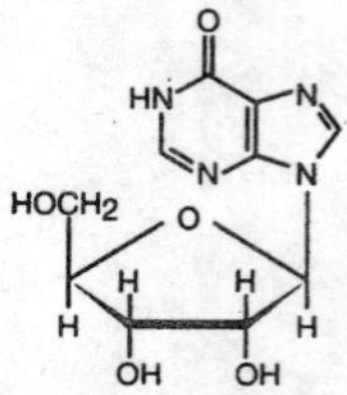	268.2	248.5	12.3	0.25
黄嘌呤	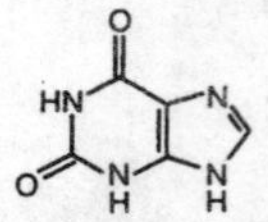	152.1	267	10.3	0.61

表 A6-11　DNA 测序中用作链终止剂的核苷类似物

2′-3′-双脱氧核糖核苷 5′-三磷酸	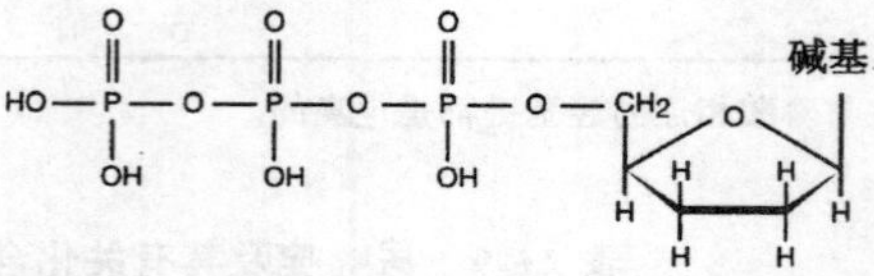	相对分子质量
2′,3′-双脱氧腺苷 5′-三磷酸	碱基 = 腺嘌呤	475.2
2′,3′-双脱氧胞苷 5′-三磷酸	碱基 = 胞嘧啶	451.2
2′,3′-双脱氧鸟苷 5′-三磷酸	碱基 = 鸟嘌呤	491.2
2′,3′-双脱氧胸苷 5′-三磷酸	碱基 = 胸腺嘧啶	466.2 $Na_4 \cdot H_2O$, 608.2

注：* 生理 pH 值时，所有与磷酸相连的羟基键都是电离的。

A6.11

表 A6-12　常用的寡核苷酸引物

引　　物	序　　列
λgt10 正向引物	5′-AGCAAGTTCAGCCTGGTTAAG-3′
λgt10 反向引物	5′-CTTATGAGTATTTCTTCCAGGGTA-3′
λgt11 正向引物	5′-GGTGGCGACGACTCCTGGAGCCCG-3′
λgt11 反向引物	5′-TTGACACCAGACCAACTGGTAATG-3′
pUC/M13-40 正向引物	5′-GTTTTCCCAGTCACGACG-3′
pUC/M13-48 反向引物	5′-AGCGGATAACAATTTCACACAGG-3′
pUC/M13-20 正向引物	5′-GTAAAACGACGGCCAGT-3′
pUC/M13-20 反向引物	5′-GGAAACAGCTATGACCATG-3′
SP6 通用引物	5′-ATTTAGGTGACACTATAG-3′
T7 通用引物	5′-TAATACGACTCACTATAGGG-3′
T3 启动子引物	5′-ATTAACCCTCACTAAAGGGA-3′

注：对客户引物设计的建议请查看第 10 章。

A6.12

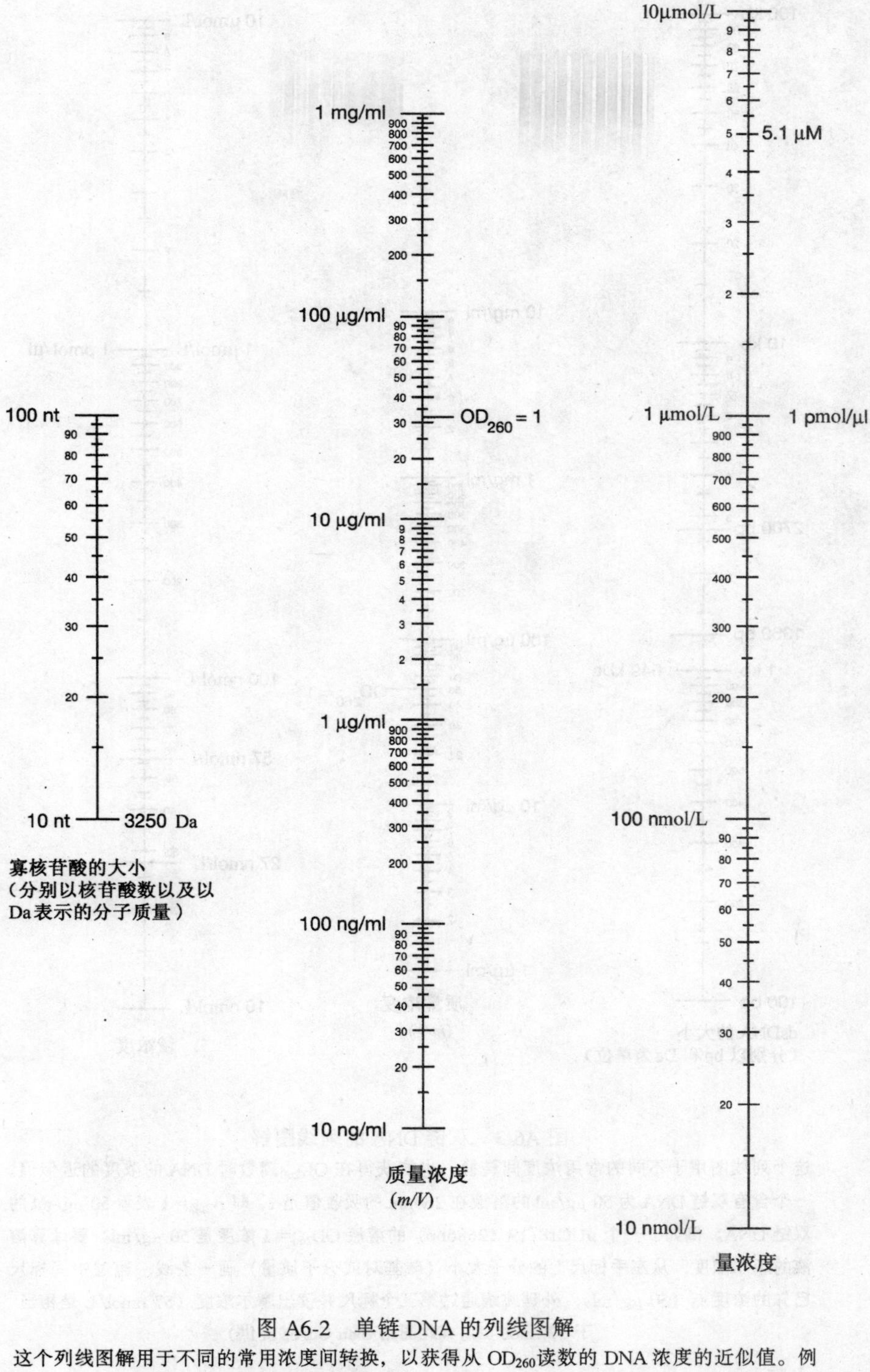

图 A6-2 单链 DNA 的列线图解

这个列线图解用于不同的常用浓度间转换，以获得从 OD_{260}读数的 DNA 浓度的近似值。例如，一个长度为 20 个核苷酸的寡核苷酸溶液在 $OD_{260}=1$ 所产生的浓度为 33 μg/ml。要计算溶液的摩尔数，从左手的标尺的分子大小画一条线（以核苷酸或分子量），通过在中间标尺已知的浓度的点（33 μg/ml），外延此线通过第三个标尺并读出摩尔浓度（5.1 μmol/L 相当于 5.1 pmol/μl）。（此图由 Sian Curtis 提供）

A6.13

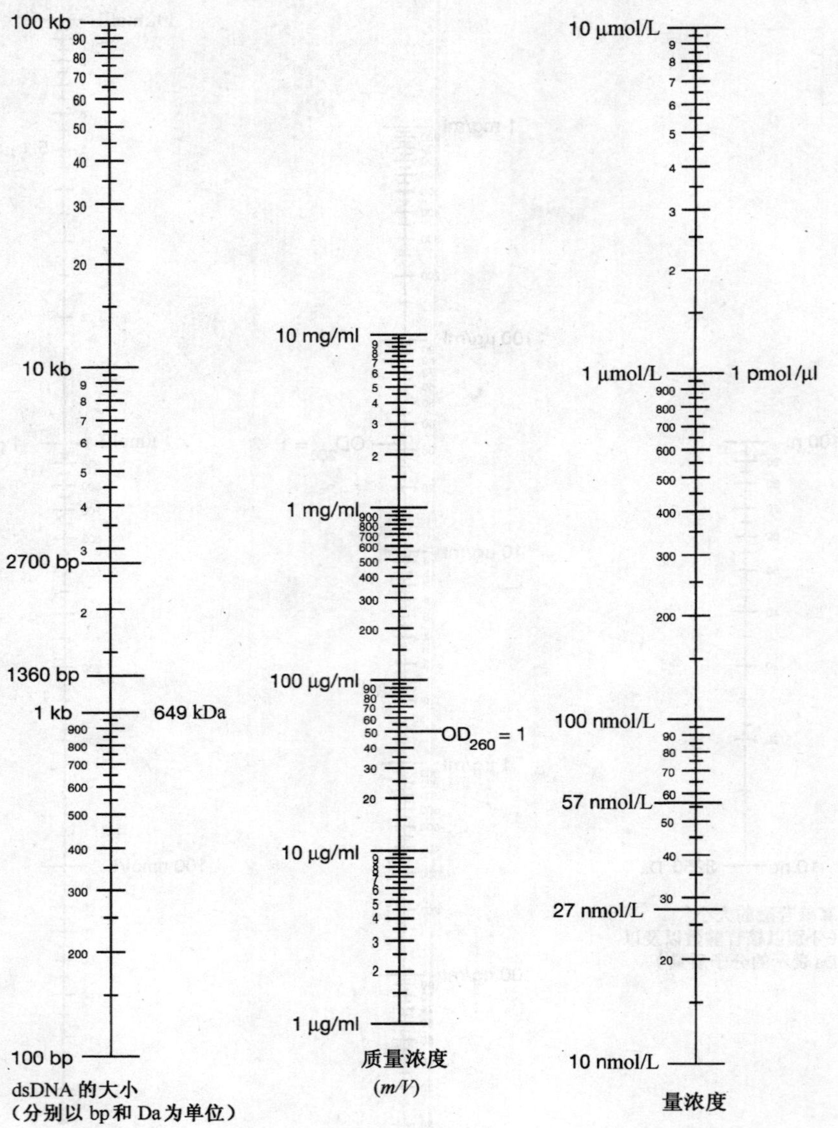

图 A6-3　双链 DNA 的列线图解

这个列线图用于不同的常用浓度间转换，也能获得在 OD_{260}读数时 DNA 的浓度的近似值。一个含有双链 DNA 为 50 μg/ml 的溶液在 260nm 的吸收值是 1，即 $A_{260}=1$ 表示 50 μg/ml 的双链 DNA。例如，一个 pUC18/19（2686bp）的溶液 $OD_{260}=1$ 浓度是 50 μg/ml。要计算溶液的摩尔浓度，从左手标尺上的分子大小（碱基对或分子质量）画一条线，通过中间标尺已知的浓度点（50 μg/ml），外延此线通过第三个标尺并读出摩尔浓度（57 nmol/L 是相当于 57 fmol/μl）。（此图由 Sian Curtis 提供）

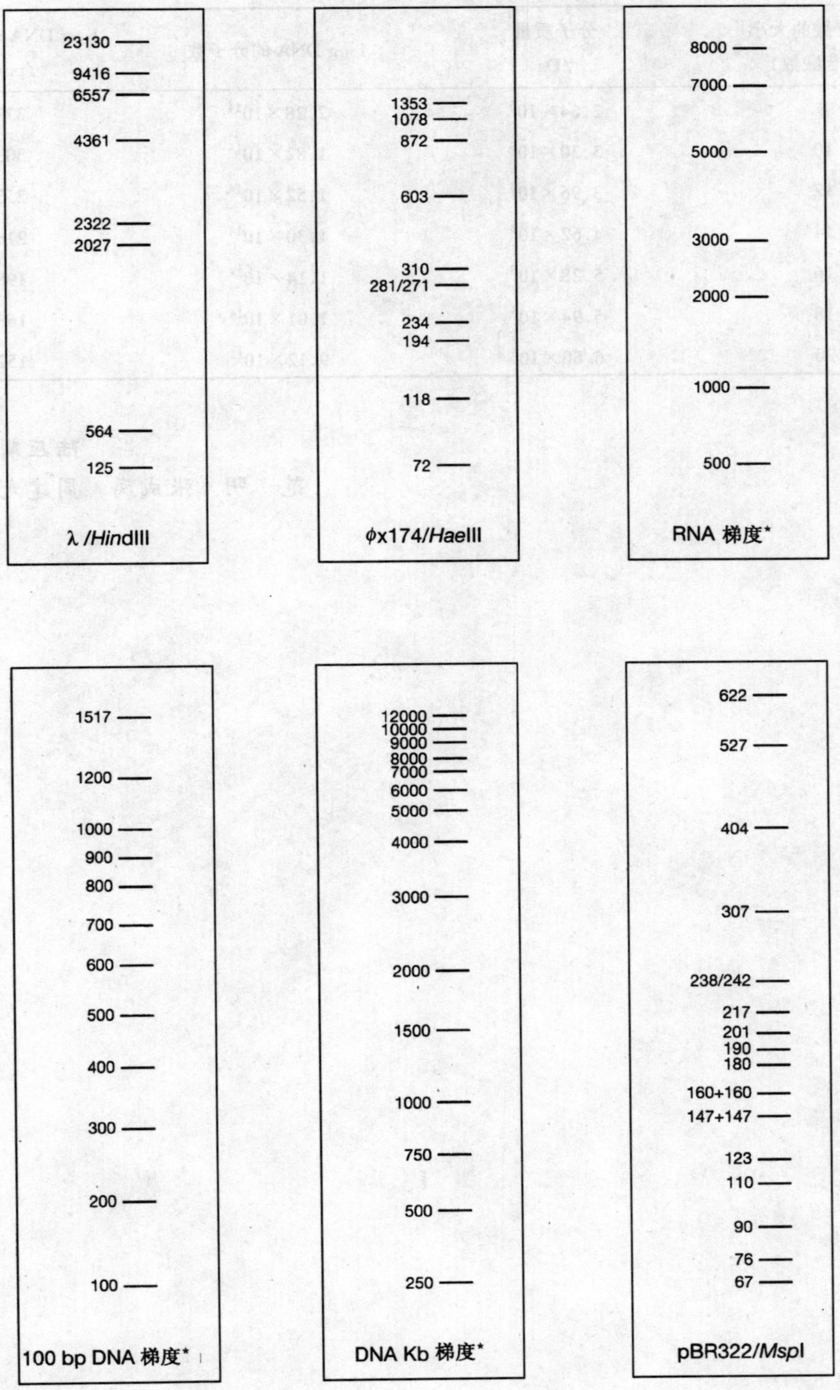

图 A6-4 DNA 大小标准

(100 bp DNA 梯度、RNA 梯度和 pBR322/*Msp* I 获准从 1998/99 New England Biolabs Catalog [©NEN] 复制)。(DNA 大小标准由 Stratagene 获准复制，Copyright 1999，Stratagene)

A6.11

表 A6-13　对于寡核苷酸的分子转换

寡核苷酸的大小（核苷酸数）	分子质量/Da	1 μg DNA 的分子数	1 μg DNA 的摩尔数/pmol
8	2.64×10^3	2.28×10^{14}	379
10	3.30×10^3	1.82×10^{14}	303
12	3.96×10^3	1.52×10^{14}	253
14	4.62×10^3	1.30×10^{14}	216
16	5.28×10^3	1.14×10^{14}	198
18	5.94×10^3	1.01×10^{14}	168
20	6.60×10^3	9.12×10^{13}	152

陆应麟　译

范　明　张成岗　周建光　校

附录 7　密码子和氨基酸 A7.1

密码子和密码子的使用　　氨基酸
琥珀突变和琥珀抑制基因

密码子和密码子的使用 A7.2

遗传密码子是冗余的，用 61 个密码子编码 20 个氨基酸。仅两个氨基酸（Met 蛋氨酸和 Trp 色氨酸）用单独的密码子限定，其他 18 个氨基酸均被多个密码子所限定。限定某个氨基酸的同义密码子以不同的频率使用（Grantham et al. 1980，1981）。而在所有种系生物和在大多数基因中偏性同义密码子的使用是普遍规律。此外，某一种系中的基因在密码子使用上也相当的不同（Bennetzen and Hall 1982，Gouyand Gautier 1982）。这种情况源于基因间同义密码子第三位点 G＋C 含量的不同（Ikemura 1985，Mirouchoud and Gautier 1988）。密码子使用的差异是由于选择性压力、突变偏向和遗传漂移造成的。例如：

- 选择性翻译使得所用的密码子经常去和最富集的 tRNA 匹配。高表达和低表达基因在原核和真核细胞展示不同的密码子使用形式。（Shieds and Sharp 1987，Sharpand Devine 1989，Sharp and Cowe 1991）。对 mRNA 的翻译能力的直接分析进一步支持了这一观点（请参考 Ikemura 1982，Sørensen et al. 1989）。
- "knock on"或邻近效应，一个碱基的突变将影响相邻的其他碱基（Bulmer 1990，Eyre-Walker 1991）。
- 任何可以导致密码子 GC 含量改变的选择。Bernardi 和 Bernardi（1986）曾对基因组中 GC 含量多的区域在热动力学上更加稳定；富于 G＋C 的 mRNA 更富于二级结构因而更加稳定的说法有争议。如果这个论点正确，这一相关性不仅将对蛋白的氨基酸结构而且对密码子的使用有影响。这将有利于选择在头两个位置含有 G 和 C 的"强"密码子（Gly，Ala，Pro）而非含有 A 和 T 的"弱"密码子（Phe，Ile，Lys，Asn，Tyr）（Karlin and Bucher 1992）。此外，有用 G 和 C 替换在第三位点的 A 和 T 的缓慢飘移。在这一过程，进化的微风将密码子像落叶样吹到单一基因或有机体局部区域中。然而，也还有保护富于（A＋T）的密码子的稳定力量。其中主要的是针对在哺乳动物基因组中 CG 的强选择。这一序列的胞嘧啶有被甲基化的倾向，而易于突变。结果是第三位点 C 的密码子倾向领先于以 G 打头的密码子（请参照 Zhang et al. 1991）。

倘若以一条氨基酸序列设计用于筛选 cDNA 或基因组文库的寡核苷酸，密码子的使用是非常重要的。尚无确保在一模棱两可位点上选择正确密码子的规则。然而，即使所有密码子都是在完全随机的基础上选择的（Lathe 1985），30 或更多的寡核苷酸探针可望有 76％与其靶序列同源。假如选择在统计基础上优化的常用密码子，预期的同源性将增加至 82％；如选择区域中缺失 Leu，Arg 和 Ser（每种氨基酸由 6 个密码子所限定）可进一步升高至 86％。在酵母如考虑该基因是否是高表达或低表达则能取得更高的准确性。在哺乳动物细胞因不同组织的基因表达水平变异太大，这种方式并不常用。

A7.3　在不同物种使用的密码子数据库可见于http://www.kazusa.or.jp/codon/。这是参酌 Genbank 全部编码顺序的分析数据（Nakamura et al. 1999)。对于在不同的酵母基因更详细密码子使用的变化请看 Sharp 和 Cowe（1991)。对于人类密码子使用见于表 A7-1。

表 A7-1　用于人类的编码

氨基酸	人类蛋白的频率 /％*	编码及其在人类蛋白的应用/％**	
丙氨酸	6.99	GCU (28.0)	GCC (41.6)
		GCA (20.0)	GCG (10.3)
精氨酸	5.28	CGU (8.9)	CGC (21.4)
		CGA (5.4)	CGG (10.4)
		AGA (9.9)	AGG (11.1)
天冬酰氨	3.92	AAU (42.3)	AAC (57.7)
天冬氨酸	5.07	GAU (42.8)	GAC (57.2)
半胱氨酸	2.44	UGU (40.6	UGC (59.4)
谷氨酸	6.82	GAA (39.2)	GAG (60.7)
谷氨酰胺	4.47	CAA (24.8)	CAG (75.2)
甘氨酸	7.10	GGU (15.8)	GGC (35.8)
		GGA (24.1)	GGG (24.3)
组氨酸	2.35	CAU (39.6)	CAC (60.4)
异光氨酸	4.50	AUU (33.1)	AUC (54.0)
		AUA (12.9)	
亮氨酸	9.56	UUA (5.5)	UUG (11.5)
		CUU (11.1)	CUC (20.8)
		CUA (6.5)	CUG (44.5)
赖氨酸	5.71	AAA (38.9)	AAG (61.1)
甲硫氨酸	2.23	AUG (100)	
苯丙氨酸	3.84	UUU (41.1)	UUC (58.2)
脯氨酸	5.67	CCU (27.3)	CCC (35.2)
		CCA (25.7)	CCG (11.6)
丝氨酸	7.25	UCU (18.3)	UCC (23.7)
		UCA (12.9)	UCG (5.9)
		AGU (13.2)	AGC (25.9)
苏氨酸	5.68	ACU (22.4)	ACC (40.5)
		ACA (25.4)	ACG (11.8)
色氨酸	1.38	UGG (100)	
酪氨酸	3.13	UAU (40.0)	UAC (60.0)
缬氨酸	6.35	GUU (16.4)	GUC (25.7)
		GUA (9.3)	GUG (48.7)

注：*由 Wada 等人（1992）对 1490 个人类基因（601683 个密码子）的分析计算而来。密码子对其他哺乳动物的功用与所列的这些人类基因的密码子没有太大差别。

**括号中的数字表示用于表征一个特定氨基酸的一个专一密码子所出现的频率。例如，在 1490 个人类蛋白质中，丙氨酸残基的 28％由 GCU 专一编码，41.6％由 OCC 编码，等等。

A7.4

密码子的第二位

密码子的第一位（5′端）	U	C	A	G	密码子的第三位（3′端）
U	UUU Phe	UCU Ser	UAU Tyr	UGU Cys	U
	UUC Phe	UCC Ser	UAC Tyr	UGC Cys	C
	UUA Leu	UCA Ser	UAA 终止（赭石）	UGA 终止	A
	UUG Leu	UCG Ser	UAG 终止（琥珀）	UGG Trp	G
C	CUU Leu	CCU Pro	CAU His	CGU Arg	U
	CUC Leu	CCC Pro	CAC His	CGC Arg	C
	CUA Leu	CCA Pro	CAA Gln	CGA Arg	A
	CUG Leu	CCG Pro	CAG Gln	CGG Arg	G
A	AUU Ile	ACU Thr	AAU Asn	AGU Ser	U
	AUC Ile	ACC Thr	AAC Asn	AGC Ser	C
	AUA Ile	ACA Thr	AAA Lys	AGA Arg	A
	AUG Met	ACG Thr	AAG Lys	AGG Arg	G
G	GUU Val	GCU Ala	GAU Asp	GGU Gly	U
	GUC Val	GCC Ala	GAC Asp	GGC Gly	C
	GUA Val	GCA Ala	GAA Glu	GGA Gly	A
	GUG Val	GCG Ala	GAG Glu	GGG Gly	G

图 A7-1　遗传密码

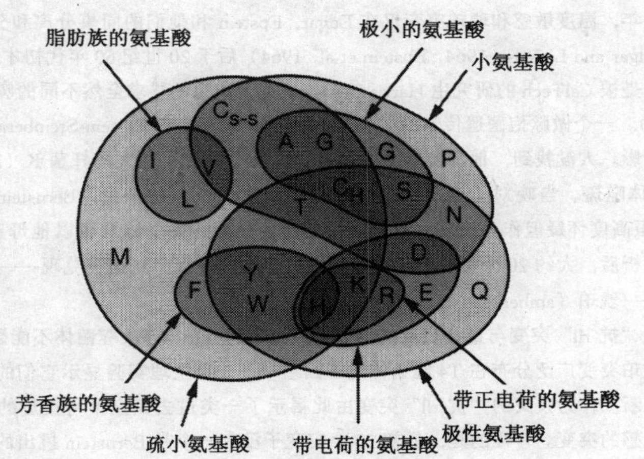

图 A7-2　Venn 图

显示 20 种普通氨基酸之间关系的 Venn 图。

（经允许，重绘自 Taylor 1986）

琥珀突变和琥珀抑制基因 A7.5

对于琥珀突变，在某一蛋白针对特定氨基酸的密码子被终止密码子 UAG 所取代。因无 tRNA 识别 UAG，mRNA 的翻译终止于终止密码子的位置，因此产生一个不完全的蛋白片段。

某些大肠杆菌菌株能抑制终止琥珀密码子表型，不管琥珀突变位于基因何处。这些菌株携带一种突变，改变特殊 tRNA 种类反义密码子环的序列。抑制 tRNA 识别琥珀密码子并在同族的终止密码上插入氨基酸，可让蛋白合成继续。这一过程的效率并非绝对的。对于一个携带强琥珀抑制子的菌株，多肽链终止的抑制发生率为 50%。对于弱抑制子菌株，效率可以是 10%或更少。所有用于分子克隆的抑制菌株都是强抑制子。不同的抑制子 tRNA 在终止 UAG 密码插入不同的氨基酸。因为摆动在第三密码子位点上极少的琥珀抑制子也能抑制赭石（UAA）突变。

过去曾强制性的使 λ 噬菌体载体在编码包被蛋白的基因中携带琥珀突变。当时人们相信这种突变可以减少重组噬菌体从实验室向野生大肠杆菌播散的危险。对于这些携带一个或两个强琥珀抑制子 *supE* 和 *supF* 的宿主分别在 UAG 密码位点插入谷氨酸和酪氨酸。这些抑制子并非不可相互交换。在 λ 噬菌体的某些琥珀突变仅仅被 *supE*（Pam3）所抑制；而其他仅被 *supF*（Sam7 和 Sam10）所抑制。抑制子的存在一般并不能影响不携带琥珀突变的 λ 噬菌体载体的生长。大多数 λ 噬菌体载体因此能被分析并在一些大肠杆菌菌株如携带 *supE* 和 *supF* 的 LE392 株中繁殖。

发展简史

条件突变是一特定类型的突变，发生在单一有机体不同基因中。虽然果蝇、脉孢菌、大肠杆菌中的温度敏感突变已分离鉴定多年，温度敏感和琥珀突变仅在 Edgar，Epstein 和他们的同事分离和分析了大量 T4 噬菌体的条件致死突变（Edgar and Lielausis 1964，Epstein et al. 1964）后于 20 世纪 60 年代初才最终明确。首例 T4 噬菌体的条件致死突变是被 CalTech 的研究生 Harris Bernstein 在无成果的寻求全然不同的噬菌体突变株时偶然分离到的（Edgar 1966）。一个做脉孢菌遗传学的学生 Bernstein 一天傍晚在 Epstein-Steinberg 的实验室闲逛，想寻找什么人同他去看电影。人没找到，他却挑出发现作为“抗-rll”突变可在大肠杆菌 K（λ）生长而不在大肠杆菌 B 生长的 T4 噬菌体噬斑。当晚对于这类突变是否存在引发了长久的争论，Bernstein 强辩它们是存在的。Epstein 和 Steinberg 虽高度怀疑但作为鼓励，他们答应任何他分离的突变体均可以他母亲的名字命名。次日，当将实验结果拿去分析后，大约 20 个带有所期待表型的突变体被发现。允诺被兑现——由德文的 Bernstein 翻译成英文的同一词——琥珀（amber）命名。

后来的工作证明“抗-rll”突变与最初表现的不同，因为它们可在许多 λ 噬菌体不能裂解的大肠杆菌菌株生长。遗传图谱显示琥珀突变广泛分布在 T4 噬菌体的基因组中，并且生理实验显示它们的复制在许多非特许宿主中的不同阶段被阻断。作为狭义的“抗-rll”突变由此揭示了一类过去完全不可接近的位于噬菌体基因内条件致死性，抑制子敏感的突变。奇怪的是，最初 20 个突变子没有一个是 Bernstein 挑出的。须指出他过度灼烧他的细菌接种环以致杀死了所有的噬菌体。

A7.6

表 A7-2　在分子克隆中使用的琥珀抑制子

抑制基因	识别的密码子	插入的氨基酸	抑制子产生的 tRNA
supD（*su*）Ⅰ	琥珀（UAG）	丝氨酸	*serU*
supE（*su*）Ⅱ	琥珀（UAG）	谷氨酸	*glnU*
supF（*su*）Ⅲ	琥珀（UAG）	酪氨酸	*tyrT*
supB（*su*B）	琥珀（UAG）和赭石（UAA）	谷氨酸	*glnU*
supC（*su*C）	琥珀（UAG）和赭石（UAA）	酪氨酸	*tyrT*

氨基酸

可整合进蛋白质的 20 种标准的 α 氨基酸（表 A7-3）中 19 种具有右图所示的标准结构 R 代表氨基酸的侧链。第 20 号氨基酸-脯氨酸（proline）是真正的侧链结合多肽的氮基团的一种氨基酸，除了侧链是氢原子的甘氨酸（glycine），α 碳原子总是非对称的而且总是 L-异构体。依照它们侧链的化学性质（表 A7-4）α 氨基酸可被分成在不同的组别。

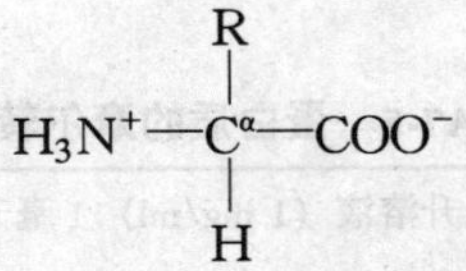

氨基酸也可依照其他不同指标，包括大小和亲水性等分组（Chothia 1976，Kyte and Doolittle 1982，Taylor 1986）。这些不同组氨基酸间的关系可以所谓 Venn 图表示（图 A7-2），该图是根据 Dayhoff（1972）的突变距阵绘成的。Venn 图显示了 20 个氨基酸的关系。半胱氨酸出现在两个位置：其还原型，胱氨酸（CH），含有一个极性 S—H 键，因此某些方面类似丝氨酸（它携带一个 O—H 键）。氧化型的半胱氨酸（CS—S），不含极性键，因此在性质上更疏水。

表 A7-3 20 种标准 α 氨基酸的命名 A7.7

氨基酸	三字标	一字标	一字标记忆辅助
丙氨酸	Ala	A	**A**lanine
精氨酸	Arg	R	A**R**ginine
天冬酰胺	Asn	N	AsparagiNe
天冬氨酸	Asp	D	Aspar**D**ic
半胱氨酸	Cys	C	**C**ysteine
谷氨酰胺	Glu	E	Glu**E**tamic
谷氨酸	Gln	Q	**Q**-tamine
甘氨酸	Gly	G	**G**lycine
组氨酸	His	H	**H**istidine
异亮氨酸	Ile	I	**I**soleucine
亮氨酸	Leu	L	**L**eucine
赖氨酸	Lys	K	before **L**
蛋氨酸	Met	M	**M**ethionine
苯丙氨酸	Phe	F	**F**enylalanine
脯氨酸	Pro	P	**P**roline
丝氨酸	Ser	S	**S**erine
苏氨酸	The	T	**T**hreonine
色氨酸	Trp	W	T**W**ypophen
酪氨酸	Tyr	Y	T**Y**rosine
缬氨酸	Val	V	**V**aline

表 A7-4　L α-氨基酸的性质

侧链的主要性质	氨基酸
无侧链	Gly
脂肪	Ala, Val, Leu, Ile, Pro
羟基	Ser, Thr
酸性基团	Asp, Glu
酰胺基团	Asn, Gln
碱基	Lys, Arg
咪唑基团	His
芳香基团	Phe, Tyr, Trp
含硫	Met, Cys

表 A7-5　蛋白质的摩尔转换

未修饰蛋白质的相对分子质量	大约的残基数	1 毫升溶液（1 mg/ml）中蛋白质的分子数	1 毫升溶液（1 mg/ml）中蛋白质的摩尔数	1 mg/ml 蛋白溶液的摩尔浓度/（mol/L）
100 000	917	6×10^{15}	10^{-8}	10^{-5}
80 000	734	7.5×10^{15}	1.25×10^{-8}	1.25×10^{-5}
60 000	550	10^{16}	1.66×10^{-8}	1.66×10^{-5}
40 000	367	1.5×10^{16}	2.50×10^{-8}	2.5×10^{-5}
20 000	183	3×10^{16}	50×10^{-8}	5.0×10^{-5}
10 000	92	6×10^{16}	10^{-7}	10^{-4}

A7.8 **表 A7-6　氨基酸的特性**

氨基酸	蛋白质在 pH7.0 时残基的相对分子质量	FW	pK_a —COOH	pK_a —NH_2	pK_a R-GROUP	亲水性指数	结构
丙氨酸	71	89.10	2.35	9.87		1.8	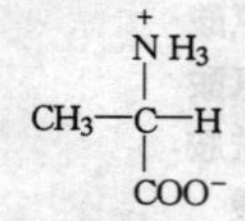
精氨酸	157	174.20	1.82	8.99	12.48	−4.5	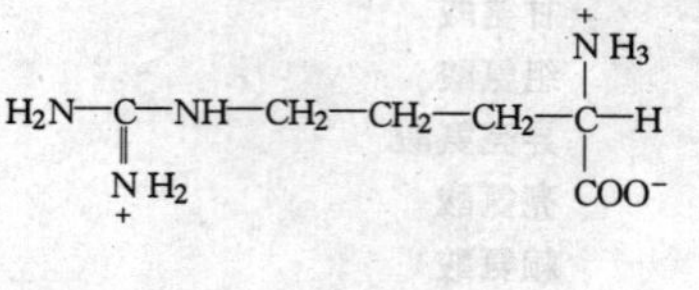
天冬酰胺	114	132.12	2.14	8.72		−3.5	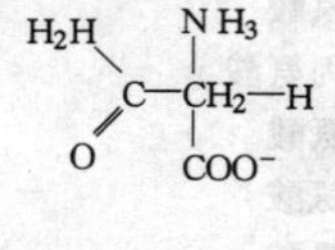
天冬氨酸	115	133.11	1.99	9.90	3.90	−3.5	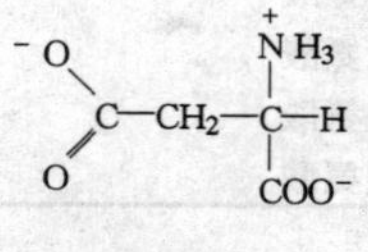

续表

氨基酸	蛋白质在 pH7.0 时残基的相对分子质量	FW	pK_a —COOH	pK_a —NH_2	pK_a R-GROUP	亲水性指数	结构
半胱氨酸	103	121.16	1.92	10.70	8.37	2.5	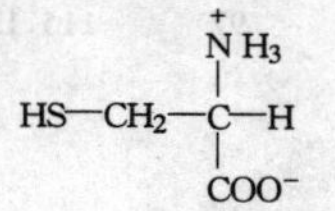
谷氨酸	129	147.13	2.10	9.47	4.07	−3.5	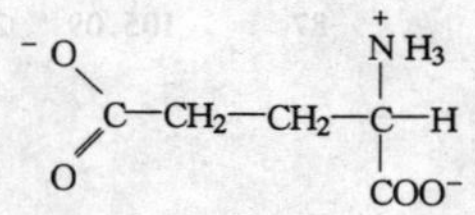
谷氨酰胺	128	146.15	2.17	9.13		−3.5	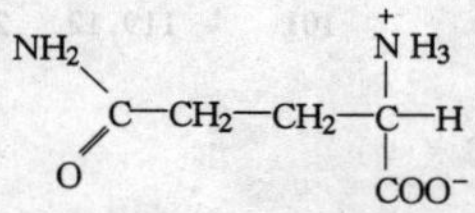
甘氨酸	57	75.07	2.35	9.78		−0.4	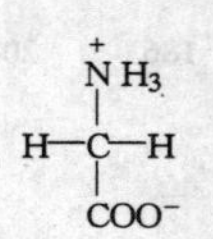
组氨酸	137	155.16	1.80	9.33	6.04	−3.2	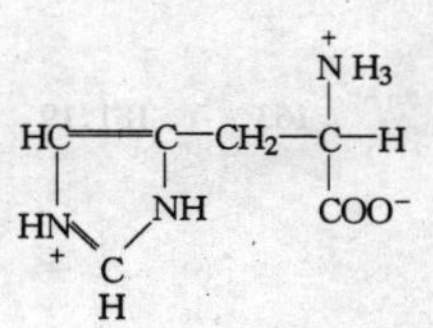
异亮氨酸	113	131.18	2.32	9.76		4.5	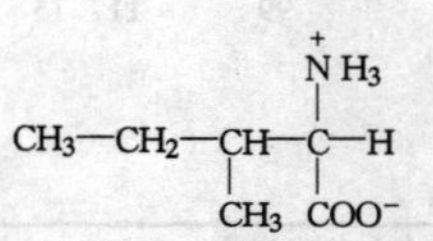
亮氨酸	113	131.18	2.33	9.74		3.8	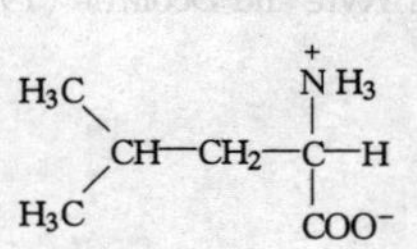
赖氨酸	128	146.19	2.16	9.06	10.54	−3.9	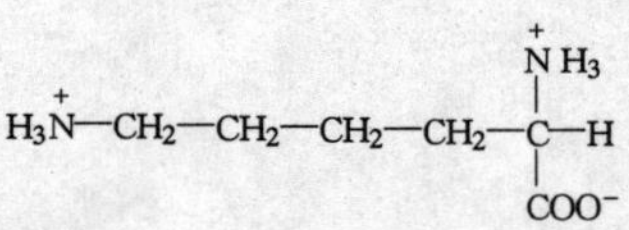
甲硫氨酸	131	149.21	2.13	9.28		1.9	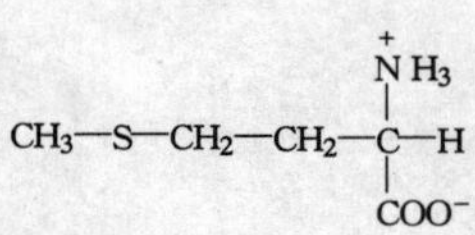
苯丙氨酸	147	165.19	2.20	9.31		2.8	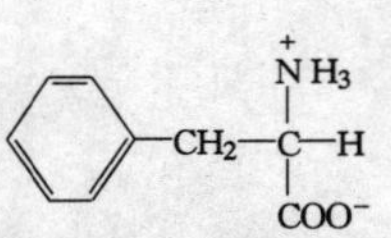

A7.9

续表

氨基酸	蛋白质在 pH7.0 时残基的相对分子质量	FW	pK_a —COOH	pK_a —NH_2	pK_a R-GROUP	亲水性指数	结构
脯氨酸	97	115.13	1.95	10.64		−1.6	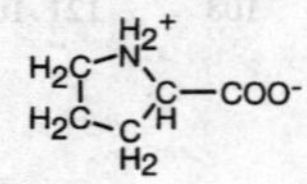
丝氨酸	87	105.09	2.19	9.21		−0.8	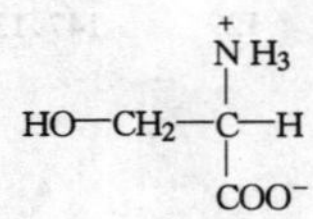
苏氨酸	101	119.12	2.09	9.10		−0.7	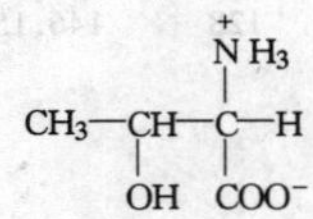
色氨酸	186	204.23	2.46	9.41		−0.9	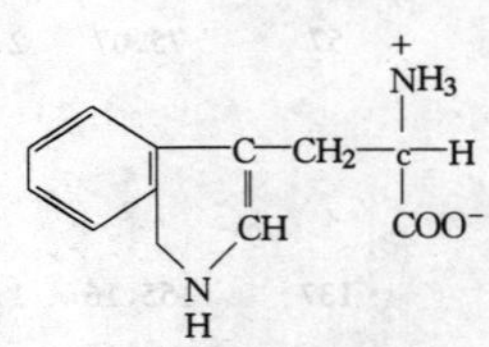
酪氨酸	163	181.19	2.20	9.21	10.46	−1.3	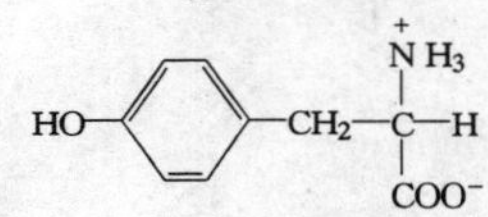
缬氨酸	99	117.15	2.29	9.74		4.2	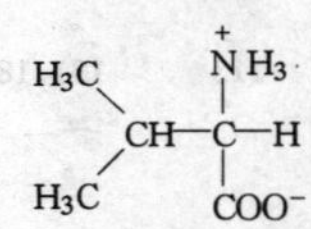

注：引自 Kyte and Doolittle (1982)。

陆应麟 译

范 明 张成岗 周建光 校

附录 8　分子克隆中的常用技术 A8.1

玻璃制品和塑料制品 A8.3

注意：在注有〈!〉处材料的正确使用参见附录 12。

所有玻璃制品均需高压或烘烤灭菌。有些塑料制品是可以高压灭菌的，但并非所有塑料制品都能高压，这取决于塑料的种类。市场上还售有许多灭好菌的塑料制品。所有分子克隆的常规操作均需使用灭菌的玻璃或塑料制品。容器表面的吸附作用所造成实验材料的损失一般不大，然而对于某些操作（如处理极小量单链DNA或用Maxam-Gilbert法进行测序时）还是使用涂有硅氧烷薄层的玻璃或塑料制品为好。下面介绍的简便方法可用于吸头、试管和烧杯等小件物品的硅烷化。大件物品的硅烷化参见操作方案结尾处的加注。

玻璃制品、塑料制品和玻璃棉的硅烷化

以下方法系由 Brain Seed（麻省总医院）提供。

(1) 将待硅烷化的物品放入一个大的玻璃干燥器内。

(2) 在干燥器内放置一小烧杯，加 1 ml 二氯二甲硅烷 〈!〉。

(3) 通过真空阱将干燥器与真空泵相连，开启真空泵抽气至二氯二甲硅烷开始沸腾，立即用夹子夹住真空泵和干燥器之间的连接管，并关闭真空泵。应使干燥器保持在真空状态。

二氯二甲硅烷一开始沸腾时就应立即关闭真空泵，否则这种挥发性试剂会抽入泵内不可挽回地破坏真空密封。

(4) 二氯二甲硅烷挥干后（1～2 h），在化学通风橱内打开干燥器，待二氯二甲硅烷的气雾挥散，取出塑料或玻璃制品。玻璃制品或玻璃棉在使用前要在 180℃ 烘烤 2 h。塑料制品不要高压灭菌，用前应用水彻底冲洗。

【注】

ⅰ 大件玻璃物品的硅烷化可将物品在溶于氯仿或庚烷的 5% 二氯二甲硅烷溶液中浸泡。另外也有市售的硅烷化产品（如 Sigmacoat）。

ⅱ 随有机溶剂的挥散，二氯二甲硅烷即沉积在玻璃物品上，用前须用水反复冲洗多次或于 180℃ 烘烤 2 h。

无 RNA 酶的玻璃制品

处理 RNA 操作用玻璃制品的指导原则在第 7 章如何对付 RNA 酶一节的信息栏中已有叙述。

A8.4 透析袋的处理

分子在半透膜间的分离是由膜两侧溶液的浓度差驱动的，受相对于膜内微孔尺寸的分子大小（分子质量）的限制。微孔尺寸决定着截留分子质量，截留分子质量的定义是当 90% 的溶质分子可被膜所截留的分子质量。实际某一溶质的通透性不仅取决于分子的大小，还取决于分子的形状、分子的水化程度及其所带的电荷。这些参数均受溶剂的性质、pH 以及离子强度的影响。因此截留分子质量只能作为参考，而不能绝对地用来预测在各种溶质和溶剂下的透析行为。市售的透析膜孔径范围很大（从 100Da 到 2 000 kDa）。在透析大多数质粒 DNA 和许多蛋白质时，截留分子质量在 12 000～14 000 Da 之间比较适合。

(1) 将透析管剪成适当长度（10～20 cm）的小段。
(2) 在大体积的2%（*m*/*V*）碳酸氢钠和1mmol/L EDTA（pH 8.0）中将透析管煮沸10 min。
(3) 将透析管用蒸馏水彻底漂洗。
(4) 将透析管置1 mmol/L EDTA（pH 8.0）中煮沸10 min。
(5) 待透析管冷却，存放于4℃，应确保透析管始终浸没在液体中。

重要：从此步起用透析带时一定要戴手套操作。

(6) 在使用之前要用蒸馏水将透析带里外加以清洗。

【注】

也可将透析带放在广口瓶中充满水，松动瓶盖，于20 psi（1.40 kg/cm^2）高压灭菌10 min，代替第4步用1 mmol/L EDTA（pH 8.0）煮沸10 min的操作。

细菌培养物的保存　A8.5

穿刺培养

用固体培养基保藏菌株时，可用灭菌的接种针挑取分离良好的单菌落，刺入穿刺培养小瓶，使接种计穿过琼脂至瓶底数次（穿刺培养小瓶的制备参见附录2）。盖上并旋紧瓶盖，在小瓶和盖上作好标记，室温下暗处存放。

含甘油的培养物

保藏液体培养基中生长的培养物

(1) 在1.5 ml培养物中加0.5 ml灭菌的60%甘油（经15 psi［1.05 kg/cm^2］20 min灭过菌）。
(2) 用旋涡混合器混合确保甘油分散均匀。
(3) 将培养物转移到已贴好标签并带有螺盖和空气密封圈的保存管内。
(4) 将培养物在乙醇-干冰或液氮中冻结，再置－70℃长期保藏。
(5) 菌种复苏时，用灭菌的接种环刮拭冻结的培养物表面，立即将粘附在接种环上的细菌划在含有适当抗生素的LB琼脂平板表面。将冻结的培养物放回－70℃冻存，平板于37℃培养过夜。

保藏琼脂平板上生长的培养物

(1) 刮下琼脂平板表面生长的细菌，转移至含2 ml LB培养基的无菌试管中，再加等体积灭菌的含30%甘油的LB。
(2) 用旋涡混合器混合确保甘油分散均匀。
(3) 将含甘油的培养物分装到带有螺盖和空气密封圈的保存管内，按上述方法冻结。

这一方法在保藏用质粒载体构建的cDNA文库的拷贝时也很有用（具体讨论参见Hanahan 1985）。

A8.6 细胞数目的估算[①]

在某一特定体积培养基中哺乳动物细胞的数目可以通过血细胞计数板测定。当需要测定样品的数目较大时可使用细胞计数仪之类的自动测定方法，比如 Coulter 公司就生产这种仪器。这里还介绍了采用活体染料染色估算某一群体中活细胞数目的方法。

用血细胞计数板计数

血细胞计数板有两个计数室，每个计数室充满液体并盖上盖玻片后总容积为 9 μl。每个计数室分为 9 个大方格，每个方格为 1 mm×1 mm，深度为 0.1 mm，故盖上盖玻片后每个方格的体积为 0.1mm^3，即 0.1 μl。作细胞计数时可无视小格的存在，不必再将 9 个大方格细分。图 A8-1 为血细胞计数板上纹格的示意图。

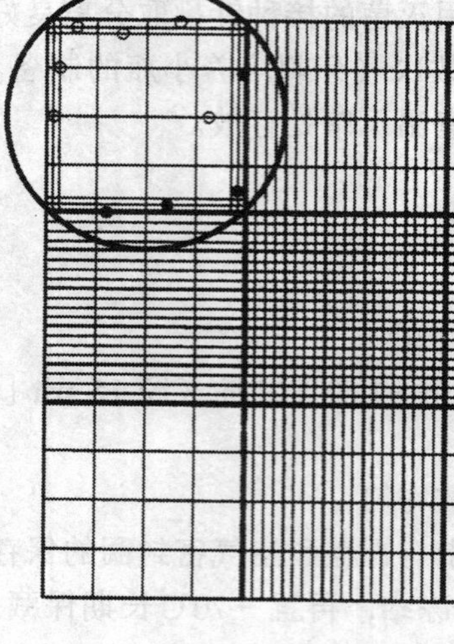

图 A8-1 标准血细胞计数板计数室

大圆圈表示 100×放大倍数下（10×物镜和 10×目镜）显微镜视野大致可覆盖的区域。计数上边和左边压着中线的细胞（空心小圆圈），下边和右边压着中线的细胞（实心小圆圈）不要计数。计数两个计数室 4 个角及中央的方格。图中仅画出了一个计数室。

(1) 用胰酶处理细胞（见第 17 章方案 8，步骤 1，第 18 步）并重悬于生长培养基中。

(2) 用巴斯德移液管移取两份待计数的细胞悬液样品，通过毛细作用分别加到血细胞计数板的两个计数室中。

要使液体刚好充满计数室，勿使其溢到计数室外的凹槽内，将第一份样品加至一个计数室，第二份样品加至另一个计数室。

① 采自 Spector et al. 1998. Cells：A Laboratory Manual。

(3) 分别从两个计数室的 9 个方格中数出 5 个方格中细胞的数目，共数 10 个方格。

10×物镜和 10×目镜的显微镜视野能够包容计数室 9 个方格中 1 个方格的大部分，用此放大倍数计数起来较为容易。对压在格线上的细胞只能计数两个边，另两个边的细胞不要计数。若初始的细胞稀释液每个方格细胞数达 50～100 个细胞，可作进一步稀释，以提高计数的准确性和细胞计数的速度。

(4) 把 10 个方格（每个计数室 5 个共 10 个）中的细胞数目加在一起，得到 1×10^{-3} ml（1×10^{-4} ml/方格×10 个方格＝10^{-3}ml 体积）的体积中细胞的数目，再乘以 1 000 即为每 ml 计数样品中的细胞数目。 A8.7

若对原始样品作了稀释，计算时还应乘以稀释倍数。

实　例

从 10 ml 细胞悬液中取出 1 ml，用 4 ml 培养基稀释，分两次用巴斯德移液管移取稀释液，将第一份样品加到血细胞计数板的一个计数室中，将第二份样品加到另一计数室中。计数每侧计数室中五个方格内的细胞数。

每方格内的细胞数目：45，37，52，40，60，48，54，70，58，60

总数：524

稀释倍数：(1＋4)/1＝5

原始细胞悬液中的细胞数目（细胞/ml）：$524\times10^3\times5=2.62\times10^6$ 细胞/ml

(5) 计数完毕，立即将血细胞计数板和盖玻片用蒸馏水清洗，再浸泡在 70% 乙醇中，用镜头纸拭干。

重要：不要让细胞悬液干结在血细胞计数板上。

【注】

以下因素可能引起血细胞计数板计数结果出现误差：

ⅰ 从原始细胞悬液中取样的不定性。应将细胞悬液搅匀，勿使细胞沉降到容器底部。

ⅱ 在血细胞计数室中加样方法不当或过量。计数室的体积是由架在计数板两侧的盖玻片决定的，细胞样品悬液溢出则计数体积偏高。

ⅲ 细胞结团。大的细胞团可能太大不能通过毛细作用渗入计数室内而逃过计数，能够进入计数室的小细胞团也难以准确地进行计数。为确保计数准确，应使细胞悬液分散成单个细胞，细胞应充分混合以达到均匀。

活体染色

各种细胞操作，包括传代、冷冻及从原始组织上分离，都会引起细胞死亡。借助细胞对染料台酚蓝的排斥作用可以测定细胞群体中活细胞的数目（Phillips　1973）。正常健康的细胞能够排斥台酚蓝，而这种染料却能够扩散到细胞膜完整性丧失的细胞中。染料排斥法是一个的粗略估算细胞存活率的方法，常常在差异小于10%～20%时无法加以区分。此外，能够排斥染料的细胞也并不一定都有贴壁及长期生存或繁殖的能力。

(1) 用胰酶处理细胞（见第 17 章方案 8，步骤 1，第 18 步）并在无菌操作下将 0.5 ml 细胞稀释至磷酸缓冲盐中，使细胞浓度在 2×10^5～4×10^5 细胞/ml 之间。

(2) 在无菌操作下将 0.5 ml 上述稀释的细胞转移到一支新试管中，加 0.5 ml 台酚蓝溶液（0.4% m/V）。

A8.8 (3) 细胞在染料溶液中滞留的时间不要短于 3 min 也不要长于 10 min，用巴斯德移液管从染液中取样通过毛细作用加到血细胞计数板上。

(4) 数不少于 500 个细胞，蓝色的细胞要分别计数，确定蓝色细胞即没有染料排斥作用细胞的频率。

(5) 由不具染料排斥作用细胞的数目确定百分存活率。

实　例

将一份单层细胞培养物用胰酶处理后重悬于 5 ml 培养基中，取 0.5 ml 细胞悬液与 4.5 ml PBS 混合，将 0.5 ml 悬于 PBS 的细胞转移到一支小试管中，与 0.5 ml 台酚蓝溶液混合。在加到计数室的样品中计数了 540 个细胞，其中有 62 个细胞不能排斥染料而呈蓝色，其百分存活率则为 88.5%。

540－62＝排斥细胞染料细胞的数目

540＝计数的总细胞数目

（540－62）×100/540＝88.5%的存活率

A8.9 核酸的纯化

注意：在注有〈!〉处材料的正确使用参见附录 12。

在分子克隆的所有操作中，最基本的操作也许要算核酸的纯化了。其关键步骤是去除蛋白质，通常只要用酚:氯仿〈!〉和氯仿〈!〉抽提核酸的水溶液即可。每当在进行下一步操作之前需要把这一步克隆操作所用的酶灭活并去除时，都可采用这种抽提的方法。然而如果要从各种复杂分子的混合物如细胞裂解液中纯化核酸，则需一些附加办法。在这些情况下，通常是在有机溶剂抽提之前先用某些蛋白水解酶去掉大部分蛋白质，这些广谱的蛋白水解酶包括链霉蛋白酶及蛋白酶 K（见附录 4，表 A4-8）。

用酚:氯仿抽提

从核酸溶液中去除蛋白质的标准方法是先用酚:氯仿（可含有 0.1%的 8-羟基喹啉）抽提后再用氯仿抽提。这个方法的好处是使用两种不同有机溶剂去除蛋白质比用单一有机溶剂效果更佳。此外，酚虽能有效地使蛋白质变性，却不能完全抑制 RNA 酶的活性，酚还能溶解带有长 poly（A）的 RNA 分子（Brawerman et al. 1972）。用酚:氯仿:异戊醇（25:24:1）混合液抽提能够使这两个问题同时得以解决。随后用氯仿抽提则可去除残留在核酸制品中痕量的酚。通过乙醚抽提去除酚已广泛沿用多年，看来在目前的常规操作中已不必要或者不推荐使用。

(1) 将样品转移到一只聚丙烯离心管中，加入等体积的酚:氯仿。

如果酚未被充分平衡至 pH 值为 7.8～8.0，核酸将趋于分配到有机相。

(2) 混合管中的内容物使之成为乳浊液。

(3) 室温下用离心管可承受最大转速的 80%的速度离心 1 min，若有机相与和水相不能充分分开，延长时间重新离心。

一般情况下水相处于上层，然而当水相中盐浓度（>0.5 mol/L）或蔗糖浓度（>10%）过高而密度较大时，水相可能会在下层。由于在平衡酚时加了 8-羟基喹啉（见附录 1），其黄颜色可使有机相易于辨别。

(4) 用移液管把水相转移到另一离心管中，体积较小（< 200 μl）时可用带一次性吸头的自动移液器操作。弃去两相间的界面层和有机相。

为了获得最高的收率，可按下法对有机相和介面层进行“回提”：按上述方法第一次移出水相后，在剩余的有机相和介面层中加入等体积 TE（pH 7.8），充分混匀，按第 3 步离心分离两相，合并两次得到的水相，继续按第 5 步操作。

(5) 重复 1～4 步，直至有机相和水相之间的界面上看不到蛋白质。 A8.10

(6) 加入等体积的氯仿并重复 2～4 步。

(7) 用乙醇沉淀的标准方法回收核酸。

偶尔也使用乙醚〈!〉从高分子质量 DNA 制品中去除痕量的氯仿（见下面的加注）。

【注】

有机相与水相的混合，在分离小分子 DNA（< 10kb）时可使用旋涡混合器，分离中等大小 DNA 分子（10～30 kb）时可轻轻摇动，而当分离大分子（> 30kb）时则须注意以下事项，以避免对 DNA 的剪切作用（可参见第 6 章）。

ⅰ 在转鼓上缓慢转动（20 r/min）离心管，使有机相与水相混匀。

ⅱ 将 DNA 从一管转移到另一管时应使用大口径吸管。

关于酚（C_6H_6O，F. W. = 94.11）抽提的历史小记

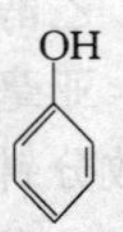

直到 20 世纪 50 年代，纯化 DNA 的标准操作方法还是用去污剂和强盐（如高氯酸盐）溶液从蛋白质上脱下核酸，最终去除蛋白是用含有异戊醇的氯仿多次抽提实现的（Sevag 1934，Sevag et al. 1938）。利用酚纯化核酸是 Kirty 首次报道的（1956），这时他得知酚具有从水相中抽提蛋白的能力（Grassmann and Deffner 1953）。在 Kirty 最初的论文中，是用酚-水两相混合液在室温下提取哺乳动物匀浆，结果 RNA 分配到了水相，而 DNA 结合在蛋白上留在两相界面上。Kirty 很快意识到用阴离子盐的溶液代替水就能将 RNA 和 DNA 同时释放到水相（Kirty 1957，综述见 Kirty 1964）。用阴离子盐从 DNA 中释放蛋白质的方法很快被废弃，而代之以 SDS 等强阴离子去污剂。尽管如此，Kirty 最初描述的酚抽提法奠定了今天常用的许多纯化方法的基础。酚的作用可能与蛋白质溶剂相同，可以把阴离子盐或去污剂从核酸上解离下来的蛋白质抽提出来。这个过程如此高效，以至于仅仅经过两三次酚抽提就能得到纯的核酸制品。

纯酚的比重为 1.07，因此在与水混合时应处于下层。然而有机相和水相会难于分开，甚至当从溶质浓度较高的水相中抽提蛋白时会发生两相颠倒的情况。若使用 50∶50 的酚∶氯仿混合物抽提，由于氯仿的比重较大（1.47），可在很大程度上解决这个问题，促进两相的分离。变性蛋白一般集中在两相之间的界面层，而脂类则有效地分配在有机相中。一般在酚∶氯仿混合物中加一些异丙醇以减少泡沫的产生。

纯的酚为白色结晶状（mp 为 43℃），但酚暴露在空气和光线下会趋于变红，碱性条件能够加速这种变化。不主张使用结晶酚，因为结晶酚必须在 182℃ 下重蒸去除诸如醌类等氧化产物，这些物质能够引起磷酸二酯键断裂或促进核酸交联。

许多供应商提供的液态酚含有大约 8% 的水，可于 −20℃ 冷冻保藏。液化酚若为无色可不经蒸馏用于分子克隆。现在只有偶尔批次的液态酚会呈粉色或黄色，可拒收这些产品，退回厂家。

酚在使用前必须用水饱和并用 Tris 平衡至 pH > 7.8，以防 DNA 分配到有机相，这种情况在酸性 pH 下会发生。

A8.11 点滴透析

低分子质量杂质能抑制限制酶的消化作用或妨碍 DNA 测序，可通过点滴透析从溶液中除去这些杂质。

(1) 在 Millipore Series V 膜（0.025 μm）上涂一滴（约 50 μl）DNA，在 10 cm 直径的 Petri 培养皿中内盛 10 ml 无菌水，将膜的光亮面朝上漂浮在水上。

(2) 使 DNA 透析 10 min。

(3) 将液滴转移到一只干净的微型离心管中，从透析的 DNA 中取一小份进行限制酶消化及 DNA 测序。

A8.12 **核酸的浓缩**

注意：在注有〈!〉处材料的正确使用参见附录 12。

乙醇沉淀

乙醇沉淀是从水溶液中回收核酸的标准方法。该方法具有快速、简便、高效的优点，亚毫微克量的 DNA 和 RNA 可由乙醇定量地沉淀下来。然后可通过离心收集，并在数分钟内重新溶解。

乙醇能够消除核酸的水化层，使带负电荷的磷酸基团暴露出来。Na^+ 之类的平衡离子能够与这些带电基团结合，在沉淀形成部位降低多核苷酸链之间的排斥作用。因此只有在阳离子的量足以中和暴露的磷酸残基的电荷时才会发生乙醇沉淀。最常用的阳离子见表 A8-1 及以下的叙述。

表 A8-1 盐溶液

盐类	贮存液/（mol/L）	终浓度/（mol/L）
醋酸铵	10.0	2.0～2.5
氯化锂	8.0	0.8
氯化钠	5.0	0.2
醋酸钠	3.0（pH5.2）	0.3

(1) 醋酸铵　常用于减少多余的杂质（如 dNTP 及多糖）与核酸的共沉淀。例如在 2 mol/L 醋酸铵存在下连续两次 DNA 沉淀可从 DNA 制品中除去＞99％的 dNTP（Okayama and Berg 1982）。在通过琼脂糖酶消化琼脂糖之后沉淀核酸时，使用醋酸铵也是最佳选择，这种阳离子可减少寡糖消化产物共沉淀的可能性。然而若用沉淀的核酸进行磷酸化时，就不要用醋酸铵沉淀核酸，因为铵离子能抑制T4噬菌体多核苷酸激酶。

(2) 氯化锂　　常用于需高浓度乙醇进行的沉淀（如沉淀 RNA）。LiCl 在乙醇溶液中的溶解度很高而且不随核酸共沉淀。小分子 RNA（如 tRNA 及 5S RNA）在高离子强度下（没有乙醇时）是可溶的，而大分子 RNA 则不溶。可以利用这个差异在高浓度 LiCl（0.8 mol/L）中纯化大分子 RNA。

(3) 氯化钠　　（0.2 mol/L）用于 DNA 样品中存在 SDS 时。这种去污剂在 70% 乙醇中仍为可溶。

(4) 醋酸钠　　（0.3mol/L，pH 5.2）在 DNA 和 RNA 的常规沉淀中最为常用。

直到几年前，常规的乙醇沉淀还是在低温下（如在干冰-甲醇浴中）进行，现在知道这并无必要。在 0℃ 且没有载体存在的情况下，即使浓度低至 20 ng/ml 的 DNA 也能形成沉淀，并可在微型离心管中通过离心定量地加以回收。然而在沉淀低浓度的 DNA 或很小的片段（长度＜100 核苷酸）时，则需延长离心时间，使核酸沉淀更紧密地附着在离心管上。在没有载体存在的情况下，于 100 000 *g* 离心 20～30 min 可回收到皮克级的核酸。

在处理少量 DNA 时，一种谨慎的做法是留下是每一步操作中含乙醇的上清液，直到把所有 DNA 回收回来。在用 70% 乙醇洗涤 DNA 沉淀时这种留样的做法尤为重要，因为洗涤过程往往使沉淀在管壁上的 DNA 变松散。 A8.13

DNA 沉淀的溶解

直到几年之前，回收的 DNA 沉淀在溶解以前还是经过真空干燥。这种做法现已废弃，这是因为：① 干燥的 DNA 沉淀溶解缓慢且效率较低；② 双链小分子 DNA（＜400 bp）在干燥时会变性，原因可能是在干燥过程中失去了起到稳定作用的结合水分子外层 (Svaren et al. 1987)。

目前最好的办法是通过轻轻吸气移出 DNA 沉淀和离心管边缘上的乙醇，在实验台上敞口放置约 15 min 挥去残余的乙醇，当 DNA 沉淀仍有些潮湿的时候用适当缓冲液溶解便可溶得快速而且完全。必要时可将重溶了 DNA 的离心管敞口放在 45℃ 加热块上保温 2～3 min 挥尽残留的乙醇。

固定角度转头离心所得的 DNA 沉淀不一定都在离心管的底部。例如，在使用微型离心管的情况下，至少 40% 的 DNA 沉淀是贴在管壁上。为了提高 DNA 的回收率，可用吸枪头带动溶剂的液滴在管壁适当部位来回滚动数次。如果 DNA 样品具有放射性，可在移出溶解的 DNA 之后加以检测确定检不出残留的放射性。

载体

载体（或共沉淀剂）是在乙醇沉淀中用来提高少量核酸回收率的一种惰性物质。载体不溶于乙醇，形成的沉淀能够捕获目标核酸。离心时，载体能够产生可见的沉淀，有助于对目标核酸的操作。这大概是载体的主要优点。如上所述，乙醇沉淀效率极高，即使对于稀溶液中的少量核酸仍是如此，载体除了为目标核酸提供可见的线索之外并起不到多少实际作用。常用的载体有三种：酵母 tRNA、糖原及线状聚丙烯酰胺。它们各自的优缺点列于表 A8-2。

表 A8-2　载体

载体	工作浓度	优缺点
酵母 tRNA	10～20 μg/ml	酵母 tRNA 比较便宜，缺点是沉淀的核酸若用作多核苷酸激酶或末端转移酶的底物时则不能选用。酵母 RNA 的末端是这些酶的良好底物，将与目标核酸的末端发生竞争
糖原	50 μg/ml	糖原常用在用 0.5 mol/L 醋酸铵和异丙醇进行沉淀的场合。糖原不是核酸，因此不会在以后的反应中与目标核酸竞争。但糖原能够干扰 DNA 和蛋白质之间的相互作用（Gaillard and Strauss 1990）
线状聚丙烯酰胺	10～20 μg/ml	线状聚丙烯酰胺是一种有效的中性载体，可用于皮克级核酸的乙醇沉淀或蛋白的丙酮沉淀（Strauss and Varshavsky 1984，Gaillard and Strauss 1990）。

历史小记

乙醇沉淀的方法比分子克隆的出现要早大约50年，这种方法最早是 J. Lionel Alloway 用来浓缩生物活性核酸。Alloway 于 20 世纪 30 年代早期在洛克菲勒学院工作，他计划由 S 型肺炎链球菌制备能够在体外转化 R 型菌株的无细胞提取物。那时转化还只是通过加热灭活的完整细胞实现的。经过多次挫败之后，他在 1932 年报道能够把起转化作用的物质转移到溶液中，其做法是将冻融的 S 型菌株提取物加热到 60℃，通过离心去除颗粒物，再将溶液通过多孔陶瓷滤器过滤（Alloway 1932）。上述最后一步操作的目的是为了消除这样一个疑虑，即转化是由提取过程中偶尔存活的 S 型菌株所造成的假象。

Alloway 不用加热致死的供体细胞实现了转化，这一成功在走向最终发现 DNA 是转化物质的道路上迈出了一大步（Avery 1944）。然而并不是 Alloway 制备的所有无细胞提取液均有转化作用，即使有转化作用的制备物转化效率也很低。可能 Alloway 意识到这个问题由于提取物的浓度太稀的缘故，他开始寻找各种裂解肺炎球菌的途径以及浓缩转化活性物质的方法（Alloway 1933）。MaClyn McCarty（1985）这样描述了 Alloway 发现乙醇沉淀方法的过程：

> 这时 Alloway 采用了一种新的方法，这个方法从此成为所有有关转化物质研究工作中不可缺少的操作方法。他加入 5 倍于提取物体积的纯乙醇时，结果从肺炎球菌释放出来的大部分物质都沉淀下来……。沉淀物能重新溶于盐溶液，并通过转化实验证实其中含有转化活性物质，乙醇沉淀和重新溶解可以任意重复而未引起活性丧失。

当然 Alloway 并非用乙醇沉淀核酸的第一人，这个方法已被几代为 DNA 碱基结构所困惑的有机化学家们在纯化步骤中采用。Alloway 却是用乙醇沉淀制备能够改变受体表型物质的第一位科学家。最终证实转化因子是 DNA 还延迟了十多年时间，但应该公正地承认 Alloway 是今天我们已经习以为然的一项操作技术的发明者。

A8.14　在微型离心管中乙醇沉淀的标准方法

(1) 估计 DNA 溶液的体积。

(2) 调整单价阳离子的浓度。若 DNA 溶液中含有高浓度的盐，可用 TE（pH 8.0）稀释，否则加入表 A8-1 列出的一种盐。

如果 DNA 溶液的体积不超过 400 μl 可在单个微型离心管中进行沉淀，体积较大时可分成数管，或者在适宜于中速离心或超离心的离心管中进行离心。

(3) 充分混匀溶液，准确加入 2 倍体积的冰冷乙醇，再充分混匀溶液。将此含乙醇的溶液置冰上使 DNA 沉淀形成。

一般放置 15～30 min 就足够了。但如果 DNA 分子太小（小于 100 个核苷酸）或者 DNA 的含量太低（低于 0.1 μg/ml）则需把在冰上放置的时间延长到 1h 以上并加入 $MgCl_2$ 至终浓度 0.01 mol/L。

DNA 可在含乙醇的溶液中于 0℃ 或 −20℃ 无限期地保存。

(4) 于 0℃ 离心回收 DNA。

在多数情况下于最大转速离心 10 min 就足够了。然而如以上所述，在沉淀低浓度 DNA（低于 20 ng/ml）或非常小的片段时则需要延长离心的时间。

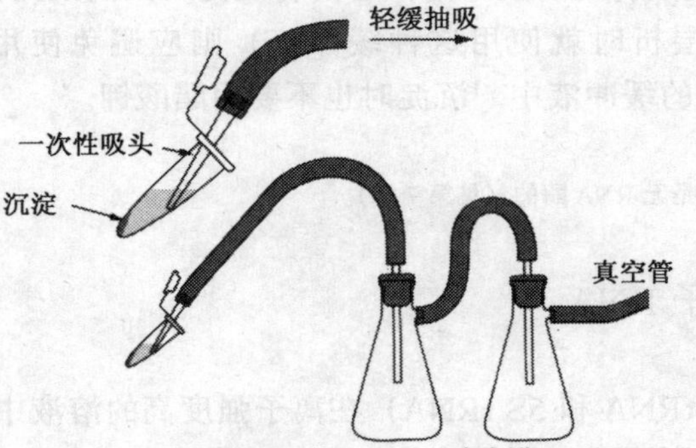

图 A8-2　吸出上清液

手持打开盖子的微型离心管成一定角度，使沉淀物在上侧，将一个一次性吸头连至真空管道，从管内抽吸液体。把吸头置于离心管下侧，恰好在液体的凹面以下。随着液体的吸出，可将吸头移向管底。抽吸要温和，以免沉淀吸入吸头，并应使吸头的尖部离开沉淀。最后吸尽附着于管壁的液滴。

(5) 用自动微量移液器或连于真空管道的一次性吸头（见图 A8-2）小心移出上清液，注 A8.15
意不要扰动沉淀（有时沉淀是看不见的）。用吸头吸尽附于管壁的所有液滴。

在沉淀比较珍贵的 DNA 样品时，最好暂时留存上清液，直至确定已回收到沉淀的 DNA 后再废弃。

(6) 加半管 70% 乙醇，于 4℃ 以最高转速离心 2 min。

(7) 重复第 5 步。

(8) 将离心管于室温下敞口放置在实验台上，直至残留的液体挥干。

过去常用冻干机干燥沉淀，这一步不仅没有必要，而且也不适当，因为这样会引起小片段 DNA（小于 400 个核苷酸）的变性（Svaren et al. 1987），还大大降低大片段 DNA 的收率。

(9) 将 DNA 沉淀（沉淀常常是看不见的）重新溶解于适当体积的缓冲液（一般为 pH 7.6～8.0 的 TE），用缓冲液充分漂洗管壁。

【注】

ⅰ 在微型离心管中离心之后，并非所有 DNA 沉淀都沉积在管底，沉积在管壁的 DNA 最多可达 50%。为了回收到所有 DNA，应使液滴在管壁的适当部位来回滚动，可用微量加液器上的一次性吸头推动液滴。

ⅱ 可用 1 倍体积的异丙醇〈!〉代替 2 倍体积的乙醇沉淀 DNA。异丙醇沉淀的优点是离心液体的体积较小，但异丙醇挥发性较乙醇差而难于去除，另外有些溶质如蔗糖和氯化钠等在用异丙醇时更容易共沉淀。总之，除非必须降低液体的体积，一般最好用乙醇沉淀。

ⅲ 一般用乙醇从溶液中沉淀出来的 DNA 重溶于低离子强度的缓冲液如 TE（pH 8.0）中比较容易，偶尔在用含 $MgCl_2$ 或浓度高于 0.1 mol/L NaCl 的缓冲液直接溶解 DNA 沉淀时可能要遇到一点困难。因此最好是先 A8.16

用少量低离子强度的缓冲液将 DNA 溶解后再调节缓冲液的成分。若样品不易溶于较小体积的缓冲液，可用多一些缓冲液溶解，再重新用乙醇沉淀。第二次沉淀有助于去除多余的盐及可能妨碍 DNA 溶解的其他成分。

用乙醇沉淀 RNA

RNA 可以用含 2.5～3.0 倍体积的乙醇从含有 0.8 mol/L LiCl、5 mol/L 醋酸铵或 0.3 mol/L 醋酸钠的溶液中有效地沉淀下来。选择上述哪一种盐要取决于其后 RNA 的用途。由于十二烷基硫酸钾盐的极难溶，若要将沉淀得到的 RNA 溶于含 SDS 的缓冲液（如用寡聚 dT-纤维素层析时就使用这种缓冲液）则应避免使用醋酸钾。同样，如果 RNA 已溶于含有 SDS 的缓冲液中，沉淀时也不要用醋酸钾。

【注】

用于沉淀 RNA 的溶液应是无 RNA 酶的（见第 7 章）。

用氯化锂沉淀大分子 RNA

小分子 RNA（如 tRNA 和 5S rRNA）在离子强度高的溶液中可溶，而大分子 RNA（如 rRNA 和 mRNA）则不溶，可通过离心沉淀下来。

(1) 测量样品的体积，加 0.2 倍体积无 RNA 酶的 8 mol/L LiCl，充分混匀，置冰浴中至少 2 h。

(2) 于 0℃ 以 15 000 *g* 离心 20 min，弃上清，将沉淀下来的大分子 RNA 重溶于 0.2 倍体积水中。

(3) 重复 1 和 2 步。

(4) 用 2 倍体积乙醇沉淀，从重悬的沉淀物中回收大分子 RNA。

用微量浓缩器进行核酸的浓缩及脱盐

除乙醇沉淀外，超滤也是核酸溶液浓缩和脱盐的一种可供选择的方法。这种方法不需要相的变化，在处理低浓度核酸时特别有用。Millipore 公司供有一种称为 Microcon 滤筒的离心超滤装置，可以有效地进行核酸的脱盐和浓缩。下述方案及加注采自 Millipore 公司的网站（www.millipore.com），详细说明可从该网站上查找。

(1) 选择一种型号的 Microcon，其核苷酸截留值等于或小于待分离核酸的大小（见表 A8-3）。

(2) 如图 A8-3 所示，从提供的两只小管中取出一只，将 Microcon 滤筒插入其中。

(3) 浓缩时（不影响盐的浓度），可移取最多达 500μl 的样品（DNA 或 RNA）加到样品池中，按说明书推荐的时间离心，转速不要超过表 A8-3 列出的离心力。

A8.17 (4) 若进行盐的交换，加适量适当的稀释液，使浓缩样品的体积至 500 μl。按说明书推荐的时间离心，转速不要超过表 A8-3 列出的离心力。欲使盐的浓度更低，必要时可重复整个步骤。见表 A8-3 的脚注。

重要：样品池不要加得太满。

(5) 从小管上取下样品池，倒置插入另一只小管中（在分析样品之前要留存滤液）。

(6) 在一只微型离心管中于 500～1 000 *g* 离心 2 min 回收小管中的核酸。

(7) 取下样品池，盖紧管盖保藏样品。

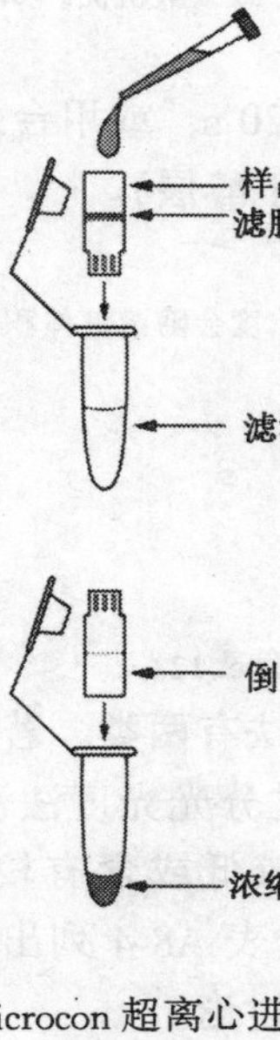

图 A8-3 用 Microcon 超离心进行核酸溶液的浓缩及脱盐

表 A8-3 微型浓缩器 Microcon 的核苷酸截留值

Microcon 型号	颜色标志	核苷酸截留值*		建议最大离心力	离心时间/min	
		SS	DS	(×*g*)	4℃	25℃
3	黄	10	10	14 000	185	95
10	绿	30	20	14 000	50	35
30	透明	60	50	14 000	15	8
50	玫瑰红	125	100	14 000	10	6
100	蓝	300	125	500	25	15

注：注意单纯超滤是不会改变缓冲液组成的。在 Microcon 中离心浓缩样品的盐浓度与原始样品的盐浓度相同。脱盐时可在浓缩的样品中加水或缓冲液至原先体积，再重新离心（称作不连续渗滤）。这种脱盐的方式与超滤的浓缩系数有关。举例来说，一份含 100 mmol/L 盐的 500 μl 样品浓缩至 25 μl 时（浓缩系数为 20），则样品中 95% 的盐被去除，而样品中的盐浓度仍为 100 mmol/L。再将样品用水稀释至 500 μl 时盐的浓度降至 5 mmol/L，再将此稀释的样品浓缩至 25 μl 可去除原先总量的 99% 的盐，这时浓缩样品盐浓度为0.25 mmol/L（译者注：原文有误，0.25 mmol/L 是再将此浓缩样品用水稀释至 500 μl 后的浓度）。若欲脱盐更彻底一些，可再进行一次溶解和离心的循环，即可脱去原先 99.9% 的盐量。

* ss 表示单链，ds 表示双链。

用丁醇抽提法浓缩核酸 A8.18

在用仲丁醇（异丁醇）或正丁醇〈!〉抽提水溶液时，一些水分子会分配到有机相中，抽提数轮之后能够显著降低核酸溶液的体积。这个方法可降低稀核酸溶液的体积，以致容易通过乙醇沉淀加以回收。

(1) 测量核酸溶液的体积，加等体积异丁醇，用旋涡混合器混匀。

加入过多异丁醇会除去溶液中的全部水分而导致核酸沉淀。如果发生这种情况，可在有机相中加水，直到重新出现水相（其中含有核酸)。

(2) 在微型离心管中以最高转速室温离心 20 s，或用台式离心机 1600 *g* 离心 1 min。用自动微量移液器移出并弃掉上层（异丁醇层)。

(3) 重复 1 和 2 步直至水相达到所需体积。

由于异丁醇抽提并不能除盐，水溶液中的盐浓度会随溶液体积减小而成比例地增高。可通过离心柱层析或乙醇沉淀将核酸转换到所需的缓冲液中。

A8.19 核酸的定量

注意：在注有〈!〉处材料的正确使用参见附录 12。

广泛用于测定制备物中核酸含量的方法有两类。若样品较纯（即蛋白质、酚、琼脂糖及其他核酸等杂质含量较低时)，可通过分光光度法测定碱基吸收紫外线的量，既简便又准确。若样品中 DNA 或 RNA 含量较低或含有较多杂质，则可通过溴化乙锭或 Hoechst 33258 发出的荧光估测核酸含量。表 A8-4 列出了测定溶液中 DNA 浓度的一些常用方法，表后还有关于这些方法的详细讨论。

表 A8-4 核酸浓度的测定

方法	仪器	评价
测定 260 nm 处吸光度	分光光度计	由于该法能够检测任何在 260 nm 处有强吸收的化合物，如 DNA、RNA、EDTA 和酚等，故仅适用于高度纯化的核酸制品。常用 260 nm 和280 nm 处吸光度的比值检查 DNA 和 RNA 制品中蛋白类杂质的污染程度。尽管这种检查方法用得很普遍，但并不可靠。核酸在 260 nm 处的吸收很强，只有存在高水平蛋白杂质时才会引起这两个波长下吸光度的比值发生明显改变（Warburg and Christian 1942，Glasel 1995，Manchester 1995，1996，Wilfinger et al. 1997。见下页专栏：核酸的吸收光谱)。 DNA 和 RNA 的比吸光系数均受溶液中离子强度和 pH 值的影响（Beaven et al. 1955，Wilfinger et al. 1997)，因此只有在仔细控制 pH 下且离子强度较低时才能测定准确。 溶液体积较小时吸光度难以测定。该方法仅在很窄的浓度范围内（5～90 μg/ml）可靠。

续表

方法	仪器	评价
测定 Hoechst 33258 存在下 458 nm 处的发光	荧光计	Hoechst 33258 是一种双苯并咪唑荧光染料，可高度特异地与双链 DNA 非嵌入性结合，结合后其荧光率（fluorescent yield）由 0.01 增至 0.6（Latt and Wohlleb 1975）。因此 Hoechst 33258 是进行双链 DNA 荧光检测和定量测定的一种有用的荧光染料。Hoechst 33258 优先与富含 A/T 的区域相互作用，荧光强度的 $\log_{10}$ 与 DNA 中的 A + T 含量成正比地增加（Daxhelet et al. 1989）。Hoechst 33258 在测定单链 DNA 时荧光率大约低 3 倍（Hilwig and Gropp 1975）。 不能在极端 pH 下用 Hoechst 33258 进行荧光分析，去污剂和盐对分析结果也有影响（Van Lancker and Gheyssens 1986）。因此通常是在 0.2 mol/L NaCl 和 10 mmol/L EDTA 的溶液中在 pH7.4 下进行分析。未知样品的 DNA 浓度可以从用一系列参比 DNA（10～250 ng/ml）建立的标准曲线上估计出来，这些参比 DNA 要与未知样品的组成相同。在 DNA 浓度相差 1000 倍的跨度下发光强度接近线性。 待测 DNA 应为大分子，因为 Hoechst 33258 不能与小片段 DNA 结合。所有 DNA 和溶液不应有溴化乙锭，因溴化乙锭会减弱 Hoechst 33258 发出的荧光。然而由于 Hoechst 33258 几乎不能结合蛋白质和 rRNA，可以用细胞裂解液或纯的 DNA 制品进行测定（Cesarone et al. 1979，1980；Labarca and Paigen 1980）。
Dipstick（Invitrogen 公司的一种试剂盒）		本法适宜于浓度较低的 DNA 和 RNA 溶液（低于 10 μg/ml），此法费用较高耗时也较长（30～40 min）。
溴化乙锭斑点试验	紫外透射仪	本法是利用嵌入的溴化乙锭分子在紫外下发出的荧光进行检测，具有快速、灵敏的优点。将待测 DNA 制品点在含 0.5 μg/ml 溴化乙锭的琼脂糖凝胶板上，用一系列浓度已知的 DNA 作标准，由于荧光强度与 DNA 量成正比，通过比较样品和标准品 590 nm 的发光即可估测 DNA 的含量。分析结果可以拍照记录。1970 年代发展起来一种的较早的类似做法是，将 DNA 样品和标准品点在一张莎伦包装膜上，与稀溴化乙锭溶液混合再拍照。 该法的主要问题是易受 RNA 干扰。

DNA 或 RNA 的分光光度法测定　　A8.20

定量测定 DNA 或 RNA 时需要读取 260 nm 和 280 nm 两个波长下的读数。根据在 260 nm 处的读数可计算出样品中的核酸浓度，1 个 OD 值相当于约 50 μg/ml 双链 DNA、40 μg/ml 单链 DNA 和 RNA 及 33 μg/ml 单链寡核苷酸。利用 260 nm 和 280 nm 两处读数的比值（OD_{260}:OD_{280}）可估计核酸的纯度。DNA 和 RNA 纯制品的 OD_{260}:OD_{280} 值分别为 1.8 和 2.0，若样品中蛋白或酚的污染较严重则 OD_{260}:OD_{280} 低于上述两个数值，就不可能通过分光光度法进行精确定量。

由于吸收光谱测定法快速简便且不破坏样品，故长期以来是定量测定浓度较高的纯 DNA 和 RNA 溶液的首选方法。但吸收光谱测定法相对灵敏度低，多数实验室的分光光度计需要核酸浓度至少达 1 μg/ml 才能可靠地测量 A_{260}。此外，吸收光谱测定法不能区别 DNA 和 RNA，也不能用于核酸粗制品的测定。由于存在这些限制因素，设计了一些其他方法来测定 DNA 和 RNA 浓度（见表 A8-4）。

核酸的吸收光谱测定法

核酸中的嘌呤和嘧啶能够吸收紫外光。按照比尔-朗伯定律，在特定波长下吸收的能量是可吸收物质浓度的函数：

$$I = I_0 10^{-\varepsilon dc}$$

式中，I——发射光强度

I_0——入射光强度

ε——摩尔消光系数（亦称摩尔吸收系数）

d——光程（cm）

c——光吸收物质的浓度（mol/L）

ε 在数值上等于光程为 1 cm 时 1 mol/L 溶液的吸光度，因此表示为 L/（mol·cm）。通常用紫外分光光度计测定的光吸收数据表示为吸光度 A（$\log I/I_0$）。把 $d=1$ cm 时的 A 值称为特定波长 λ 下的光密度或 OD。

$$OD_\lambda = \varepsilon c$$

由于 DNA 和 RNA 吸收光谱的最大值位于 260 nm，所以几乎总是把核酸的吸光度数值表示为 A_{260}或 OD_{260}的单位数。双链 DNA 的一个 A_{260}或 OD_{260}单位相当于 50 μg/ml 的浓度。比尔-朗伯定律至少在 OD = 2 时有效，因此可简单地推算出核酸的浓度。例如，$OD_{260} = 0.66$ 的溶液双链 DNA 的含量即为 33 μg/ml。对核酸来说，ε 会随着多核苷酸链中相邻嘌呤和嘧啶环的堆积下降，因此 ε 值将按以下顺序递减：

游离碱基

↓

小寡核苷酸

↓

单链核酸

↓

双链核酸

这就是说，单链核酸在 260 nm 处的吸光度要高于双链核酸，因此双链 DNA 在 260 nm 处的摩尔消光系数为 6.6，而单链 DNA 和 RNA 的消光系数约为 7.4。但应注意的是，无论 DNA 还是 RNA，消光系数均会受到溶液离子强度和 pH 的影响（Beaven et al. 1955，Wilfinger et al. 1997），只有在仔细控制 pH 且溶液离子强度较低的情况下才能精确进行测定。

核酸的消光系数是构成该核酸的各个核苷酸消光系数的总和。对于大分子核酸来说，将所有核苷酸的消光系数进行加和既不实际也无必要，可采用平均消光系数。双链 DNA 的平均消光系数为 50 $(\mu g/ml)^{-1}$ cm^{-1}；单链 DNA 或 RNA 的平均消光系数为 38 $(\mu g/ml)^{-1}$ cm^{-1}。这就是说，

1 个 OD_{260nm}单位等于

50 μg/ml 双链 DNA

或

38 μg/ml 单链 DNA 或 RNA

对于较小分子如寡核苷酸，最好是由碱基组成精确计算出消光系数。由于寡核苷酸的浓度一般是以 mmol/L 表示，通常在比尔-朗伯公式中采用毫摩尔消光系数（E）。

$$E = A(15.3) + G(11.9) + C(7.4) + T(9.3)$$

式中 A、G、C 和 T 代表寡核苷酸序列中每个核苷酸的个数。括号中的数字是在 pH 7.0 下每个脱氧核苷酸的摩尔消光系数。

OD_{260}:OD_{280}比值

尽管通过测定单波长（260 nm）处的光吸收来估测核酸和寡核苷酸溶液的浓度是可行的，但这样做并不好。由于在 260 nm 下吸光度与其他波长下吸光度的比值可以很好地指示制备物的纯度，所以应在几个波长下测定吸光度。在 230 nm 处的强吸收提示污染有酚盐离子、硫氰酸盐或其他有机化合物（Stulnig and Amberger 1994），而在较长波长下（330 nm 或更长）的吸收则通常是由光散射引起，提示有颗粒状物质。在 280 nm 下的吸收提示有蛋白存在，因为芳族氨基酸在 280 nm 处有强吸收。

用 260 nm 和 280 nm 两处吸光度的比值来度量所分离核酸制品的纯度已沿用多年。这个方法是 Warburg 和 Christian（1942）最早采用的，他们提出这个比值是蛋白制品被核酸所污染程度的很好的指标。但反过来做却不一定正确！因为核酸在 260 nm 和 280 nm 处的消光系数比蛋白质高得多，即使有明显的蛋白污染也不会大幅度改变核酸溶液的 OD_{260}:OD_{280}比值（见表 A8-5）。核酸在 260 nm 处的吸收非常强，只有存在高水平蛋白污染的情况下才会引起两个波长下吸光度比值的大幅度改变（Warburg and Christian 1942；Glasel 1995；Manchester 1995，1996；Wilfinger et al. 1997）。

表 A8-5 核酸和蛋白质的吸光度

蛋白质/%	核酸/%	OD_{260}:OD_{280}	蛋白质/%	核酸/%	OD_{260}:OD_{280}
100	0	0.57	45	55	1.89
95	5	1.06	40	60	1.91
90	10	1.32	35	65	1.93
85	15	1.48	30	70	1.94
80	20	1.59	25	75	1.95
75	25	1.67	20	80	1.97
70	30	1.73	15	85	1.98
65	35	1.78	10	90	1.98
60	40	1.81	5	95	1.99
55	45	1.84	0	100	2.00
50	50	1.87			

注：Glasel（1995）用本表数据总结了一个经验公式来描述%N 与一定范围 OD_{260}:OD_{280}比值的关系：$\%N = F([11.16R - 6.32], [2.16 - R])$，式中 $R = OD_{260}:OD_{280}$。注意用 OD_{260}:OD_{280}比值估计核酸纯度仅在制备物中没有酚时才准确，水饱和酚在 270 nm 处有特征性吸收，其 OD_{260}:OD_{280}比值为 2（Stulnig and Amberger 1994）。无酚的核酸制品 OD_{260}:OD_{270}比值约为 1.2。

用 Hoechst 33258 进行荧光测定 A8.22

用荧光测定法分析核酸浓度操作简便而且比分光光度法灵敏，可测定纳克级水平的 DNA。由于 Hoechst 33258 对小分子 DNA 的结合能力较弱，这种方法只能用来测定长度超过 1 kb 的 DNA 溶液的浓度。测定时，将浓度已知和未知的 DNA 制品与荧光染料 Hoechst 33258 保温，把未知样品的吸收值与一系列浓度已知样品的吸收值相比较，通过内推法可得未知样品的浓度。

Hoechst 33258

Hoechst 33258 是一种双苯并咪唑荧光染料，可非嵌入性地与双链 DNA 的小沟高度特异结合。结合后荧光率由 0.01 增至 0.6（Latt and Wohlleb 1975），因此可用 Hoechst 33258 通过荧光测定法检测和定量测定双链 DNA 溶液的浓度。因为 Hoechst 33258 区分 DNA 和 RNA 及单链 DNA 的能力较强，就这一目的而言要优于溴化乙锭（Loontiens et al. 1990）。

如同其他非嵌入性染料（Müller and Gautier 1975）一样，Hoechst 33258 可与 DNA 双螺旋的 A/T 富含区优先结合（Weisblum and Haenssler 1974），荧光强度的 $\log_{10}$ 与 DNA 中的 A+T 含量成正比地增加（Daxhelet et al. 1989）。Hoechst 33258 对单链 DNA 的荧光率大约低 3 倍（Hilwig and Gropp 1975）。

事实和数字

- 溶液中游离的 Hoechst 33258 最大激发波长约为 356 nm，最大发射波长为 492 nm，而与 DNA 结合后其最大吸收波长变为 365 nm，最大发射波长变为 458 nm（Cesarone et al. 1979，1980）。
- 不能在极端 pH 下用 Hoechst 33258 进行荧光分析，去污剂和盐对分析也有不利影响（Van Lancker and Gheyssens 1986）。因此通常是在标准条件下（0.2 mol/L NaCl，10 mmol/L EDTA，pH 7.4）进行分析。但需要区分双链 DNA 和单链 DNA 及 RNA 时则要使用两个不同的盐浓度（Labarca and Paigen 1980）。未知样品的 DNA 浓度可用一系列参比 DNA（10～250 ng/ml）建立标准曲线来估计，这些参比 DNA 要与未知样品的组成相同。待测 DNA 应为大分子，因为 Hoechst 33258 不能与小片段 DNA 结合。测定应快速，以减少光褪色和由于温度变化引起发射荧光的迁移。测定时可使用固定波长的荧光计（如 HoeferTKO 100 型），也可使用扫描荧光分光光度计（如 Hitachi Perkin-Elmer 的 MPF-2A 型）。
- 反应液中 Hoechst 33258（M_r = 533.9）的浓度水平应低一些（5×10^{-7}～2.5×10^{-6} mol/L），因为染料和 DNA 的比率较高时会发生荧光淬灭（Stokke and Steen 1985）。但有时可采用两个浓度的染料以扩大有效测定范围。
- 所有 DNA 和溶液不应有溴化乙锭，因溴化乙锭会减弱 Hoechst 33258 发出的荧光。然而由于 Hoechst 33258 几乎不能结合蛋白质和 rRNA，可以用细胞裂解液或纯化的 DNA 制品进行测定（Cesarone et al. 1979，1980，Labarca and Paigen 1980）。
- 与溴化乙锭不同，Hoechst 类染料具有细胞可透过性。

(1) 提前 1h 打开荧光计使仪器预热并稳定。

Hoechst 33258 结合大分子双链 DNA 后最大吸收在 365nm 处，最大发射波长在 458 nm 处。

(2) 在 100 ml 荧光测定缓冲液（见附录 1）中加 50 μl Hoechst 33258 浓染料溶液，每只分析 DNA 的试管需 3 ml Hoechst 33258 稀释液。将 3 ml 稀释的染料溶液转移至适当数量干净的玻璃试管中，其中包括 6 支作空白和标准曲线的试管。

A8.23 Hoechst 33258 染料的浓溶液系用水配成 0.2 mg/ml 的浓度，可于室温下在金属箔纸包装的试管内储藏。

(3) 从参比溶液的母液中取 100，200，300，400 和 500ng DNA 分别加到每只试管中，每只试管加入 DNA 后立即混匀并在预热好的荧光计上读取吸光度。(原文有误，应为荧光强度。——译者注)

参比 DNA 母液系用 TE 配成 100 μg/ml 的浓度。由于 Hoechst 33258 与 DNA 结合受碱基组成影响，建立标准曲线用的 DNA 应与样品来自同一物种。

(4) 在含稀释染料的试管中分别加 0.1 μl（即 1 μl 1∶10 稀释液），1.0 μl 及 10 μl 待测 DNA 样品，立即读取荧光强度。

(5) 以荧光强度为纵坐标，以参比 DNA 的重量（单位为 ng）作横坐标，建立标准曲线。通过内推法确定未知样品的 DNA 浓度。

若未知 DNA 溶液测定值在标准曲线之外，可采用浓度更高的标准品或对样品作适当稀释再进行测定。

注释

- 极端 pH、去污剂浓度接近或高于临界胶束浓度和盐浓度高于 3 mol/L 时，均不利于 Hoechst 33258 的结合。如在制备 DNA 过程中采用了这些条件或试剂致使荧光分析结果不确定时，可取一小份 DNA 进行乙醇沉淀，用 70% 乙醇漂洗，将干燥的沉淀物溶于 TE，再重新加以分析。
- 若待测的 DNA 制品很黏，用标准的黄色吸头取样时就可能不准确，以至于用未知 DNA 样品的稀释液测定结果与标准曲线不吻合。这时最好的解决办法是用一支切去尖头的黄色吸头吸取两份样品（10～20 μl），每份样品用约 0.5 ml TE（pH 8.0）稀释，用旋涡混合器剧烈混合 1～2 min，取不同量的稀释样品加至含稀释染料的试管中。从两组样品得到的结果应一致。
- 可用剪刀或犬用指甲刀（如 Fisher 牌）做切去尖头的黄色吸头，也可用快刀片来切。切去尖头的吸头用前应灭菌，可高压灭菌或在 70% 乙醇中浸泡 2 min 再于空气中干燥。还可从许多公司（如 Bio-Rad）购买灭菌好的特制大孔径吸头。

用溴化乙锭定量测定双链 DNA

有时样品中 DNA 含量（低于 250 ng/ml）不足以通过分光光度法测定，有时 DNA 严重污染有吸收紫外射线的其他杂质而妨碍准确测定，一个快速的办法是利用溴化乙锭〈!〉嵌入 DNA 分子中后由紫外激发的荧光来估测这种样品中的 DNA 含量。由于荧光强度与 DNA 总量成正比，可通过比较样品和一系列标准溶液产生的荧光估测 DNA 含量。这个方法可检测到低至 1～5 ng 的 DNA 含量。有关溴化乙锭的更详细资料见附录 9 及第 5 章的方案 2。

用溴化乙锭或 SYBR 金的莎伦包装膜法 A8.24

(1) 将一张莎伦包装膜铺在紫外透射仪或黑纸上。

(2) 在莎伦包装膜上点加 1～5 μl DNA 样品。

(3) 在莎伦包装膜上按一定顺序点涂等体积一系列浓度的 DNA 标准溶液（0.1μg/ml，2.5μg/ml，5μg/ml，10μg/ml 及 20μg/ml ）。

标准 DNA 溶液应仅含同种 DNA，且与未知样品的 DNA 大小大致相当，DNA 标准溶液在 -20℃ 下可储存数月。

(4) 在每个液点上加等体积含 2 μg/ml 溴化乙锭的 TE（pH 7.6）或等体积 1∶5000 稀释的二甲亚砜〈!〉-SYBR 金〈!〉母液，用吸枪头上下抽吸使液体混匀。

(5) 用溴化乙锭染色的样品可在短波长紫外光下拍照，用 SYBR 金染色的样品可在 300 nm下透照（见第 5 章方案 2），通过与标准溶液荧光强度的比较估测 DNA 样品的浓度。

琼脂糖平板法

DNA 样品中存在的杂质可能对荧光有加强或淬灭作用。为避免出现这个问题，可将 DNA 样品和标准品点涂在含溴化乙锭（0.5 μg/ml）的 1% 琼脂糖凝胶板上，将该凝胶板于室温下放置数小时使小分子杂质扩散掉。按第 5 章所述方法进行拍照。

小型凝胶法

小型凝胶电泳（见第5章）提供了一种定量测定DNA并分析其物理状态的便捷方法。若样品中可能含有较多RNA时可选用这个方法。

(1) 将2 μl DNA样品与0.4 μl凝胶上样缓冲液Ⅳ（仅含溴酚蓝，见附录1中的表A1-6）相混合，加至含溴化乙锭（0.5 μg/ml）的0.8%琼脂糖小型凝胶的上样槽内。

在这种方法中使用SYBR金进行日常的测定就太浪费了。

(2) 从一系列标准DNA溶液（0，2.5，5，20，30，40，50 μg/ml）中各取2 μl，与0.4 μl凝胶上样缓冲液Ⅳ混合，把样品加到凝胶的上样孔内。

标准DNA溶液应是仅含同种DNA，且与未知样品的DNA大小大致相当，DNA标准溶液在−20℃下可储存数月。

(3) 电泳，至溴酚蓝迁移大约1～2 cm。

(4) 将凝胶置于含0.01 mol/L $MgCl_2$的电泳缓冲液中脱色5 min。

(5) 在短紫外光下拍照（见第5章）。与DNA标准溶液的荧光强度比较估测样品中DNA含量。

A8.25 核酸中放射性的测定

注意：在注有〈!〉处材料的正确使用参见附录12。

放射性同位素〈!〉可作为一种示踪物用来监视许多DNA和RNA合成反应的进程。在计算这些反应的效率时，需要精确测定放射性前体掺入到目标产物的比例。可通过两种方法进行：① 用三氯乙酸（TCA）〈!〉对核酸产物进行分级沉淀；② 将产物分级吸附到带正电荷的表面（如DE-81纸）。

核酸的三氯乙酸沉淀

(1) 用软芯铅笔在适当数目的Whatman GF/C玻璃纤维滤膜（直径为2.4 cm）上作标记，把每张滤膜用大头针固定于一聚苯乙烯支持物上。

(2) 取已知体积（最多5 μl）的各份待测样品分别点在两张标记好的滤膜上。

一张滤膜用于测定总的放射性（即酸溶性和酸沉淀物的放射性），另一张用来测定酸沉淀物的放射性。在本实验条件下，50个核苷酸以上的DNA和RNA分子将沉淀到滤膜表面上。

(3) 将滤膜置于室温至所有液体挥干，可用加热灯加速蒸发，但通常并无此必要。

(4) 用一平头镊子（如Millipore镊子）从每对滤膜中取一张转移到装有200～300 ml冰冷的5% TCA和20 mmol/L焦磷酸钠的烧杯中，在此酸溶液中旋动滤膜2 min，再将滤膜转移到一只新的装有同样体积冰冷5% TCA和焦磷酸钠混合液的烧杯中，重复浸洗两次。

浸洗过程中未掺入的核苷酸前体被洗脱下来，含放射性的核酸则被固定在膜上。

市售一种真空驱动的复式滤器，可同时容纳的滤膜达24张，亦可用于漂洗滤膜。

(5) 将漂洗过的滤膜转移到一只装有70%乙醇的烧杯中并放置片刻，再于室温或加热灯下使之干燥。

(6) 将每对滤膜（漂洗和未漂洗过的）的每一张置于闪烁瓶中，测定每张滤膜的放射性强度。

Cerenkov 计数器亦可测定^{32}P（使用液体闪烁计数仪的^{3}H通道）。Cerenkov 辐射的效率在用不同仪器测量时可能有所不同，还与闪烁瓶的几何性状和残留在滤膜上水的量有关。滤膜干燥时 Cerenkov 计数器的计数效率约为 25%（在 4 次放射性衰变中只测到 1 次）。如在干燥滤膜上加数毫升含甲苯的闪烁液则在^{32}P通道上液闪仪的计数效率可达 100%。

测定其他同位素（^{3}H、^{14}C、^{35}S 及^{33}P 等）时，应使用含甲苯的闪烁液并选用液闪仪的适当通道。不同仪器对这些同位素的计数效率会有所不同，应首先确定每台仪器的计数效率。

(7) 将漂洗滤膜上的放射性与未漂洗滤膜上的放射性加以比较，用下面框图给出的方法计算掺入放射性前体的比率。 A8.26

放射性标记探针比活性的计算

可用下列公式计算放射性标记探针的比活性：

$$比活性 = \frac{L(2.2\times10^9)(PI)}{m+[(1.3\times10^3)(PI)(L/S)]}$$

式中，

L——放射性标记的输入值（μCi）

PI——掺入放射性前体的比率（漂洗滤膜上的每分钟计数值/未漂洗滤膜上的每分钟计数值，见上述）

m——DNA 模板的质量（ng）

S——输入放射性标记的比活度（μCi/nmole）

上式中的分子项是以下 3 个因数的乘积：① 反应物的总 dpm [（L）（2.2×10^6 dpm/μCi）]；② 这些 dpm 的掺入率（PI）；③ 将最后比活性得数由 dpm/ng 转换为 dpm/μg 的因数（10^3）。

式中的分母项表示反应结束 DNA 的总量（以 ng 计），这个值等于起始的量（m）加上反应过程中合成的量（以 ng 计）。后者可由掺入 dNMP 的纳摩尔数 [（PI）（L/S）] 乘以 4 倍四种 dNMP 的平均分子质量得出（4×325 ng/nmol$=1.3\times10^3$ ng/nmol）。

实例

在一个随机引物反应中，50% 的放射性掺入到 TCA 沉淀物，反应起始物中含有 25 ng 模板 DNA 及 50 μCi 放射性标记的 dNTP（比活性为 3000 μCi/mmol）。即 $L=50$ μCi，$PI=0.5$，$m=25$ ng，$S=3000$ Ci/mmol，则

$$探针的比活性 = \frac{50(2.2\times10^9)(0.5)}{25+[(1.3\times10^3)(0.5)(50/3000)]} = 1.5\times10^9 \text{ dpm}/\mu g$$

DE-81 滤膜吸附

DE-81 滤膜带正电荷，可强烈吸附并滞留核酸，其中包括小得不能有效地进行 TCA 沉淀的寡核苷酸。未掺入的核苷酸在滤膜上吸附得不牢固，可将滤膜在磷酸钠中充分漂洗去除。除用 0.5 mol/L Na_2HPO_4（pH 7.0）代替 TCA-焦磷酸钠漂洗 DE-81 滤膜外，其他操作与核酸的 TCA 沉淀法基本相同。

A8.27 污染有溴化乙锭溶液的处理

注意：在注有〈!〉处材料的正确使用参见附录 12。

从 DNA 中去除溴化乙锭

溴化乙锭〈!〉与 DNA 的反应是可逆的（Waring 1965），但复合物的解离过程非常缓慢，一般要以天计算而不是以分钟或小时来计算。在实际工作中解离复合物可将复合物过一个装有阳离子交换树脂（如 Dowex AGW-X8）的小柱子（Waring 1965，Radloff et al. 1967）或者用异丙醇（Cozzarelli et al. 1968）或正丁醇〈!〉（Wang 1969）等有机溶剂提取。实践证明前一种方法去除溴化乙锭后结合比率低于荧光检测水平（染料：核酸的摩尔比为 1:4000，Radloff et al. 1967）。

溴化乙锭的处置

溴化乙锭本身并不具强诱变性，但可被酵母和鼠伤寒沙门氏菌的微粒体酶代谢为具有中度诱变性的化合物（Mahler and Bastos 1974，MacCann et al. 1975，MacGregor and Johnson 1977，Singer et al. 1999）。文献中介绍了净化含有或接触到溴化乙锭的溶液或表面的数种方法。用活性炭处理可使溶液中的溴化乙锭浓度降至 0.5 μg/ml 以下，然后可焚烧处理（Menozzi et al. 1990）。另外，溴化乙锭也可用亚硝酸钠〈!〉和次磷酸〈!〉加以分解（Lunn and Sansone 1987）。

溴化乙锭浓溶液（浓度＞0.5 mg/ml）的净化处理

方法 1

沙门氏菌-微粒体法测定结果表明，本方法（Lunn and Sansone 1987）可使溴化乙锭的诱变活性降低约 200 倍。

(1) 加入足量的水使溴化乙锭的浓度降至 0.5 mg/ml 以下。

(2) 在溶液中加 0.2 体积新鲜的 5% 次磷酸及 0.12 体积新鲜的 0.5 mol/L 亚硝酸钠，小心混匀。

重要：溶液的 pH 一定要低于 3.0。

市售次磷酸一般为 50% 溶液，具腐蚀性，须小心操作。应在临用之前现稀释。

亚硝酸钠溶液（0.5 mol/L）应新鲜配制，用水溶解 34.5 g 亚硝酸钠定容至 500 ml 即可。

(3) 于室温下保温 24 h，加充分过量的 1 mol/L 碳酸氢钠。至此该溶液可予废弃。

方法 2

用沙门氏菌-微粒体法检查，本方法（Quillardet and Hofnung 1988）可使溴化乙锭的诱变活性降低约 3000 倍。但也有报道（Lunn and Sansone 1987）称，在用净化溶液处理的“空白”样品偶尔也仍有诱变活性。

(1) 加入足量的水使溴化乙锭的浓度降至 0.5 mg/ml 以下。 A8.28

(2) 加 1 体积 0.5 mol/L $KMnO_4$ 〈!〉，小心混匀，再加 1 体积 2.5 mol/L HCl，小心混匀，于室温下保温数小时。

(3) 加 1 体积 2.5 mol/L NaOH 〈!〉，小心混匀，将溶液废弃。

溴化乙锭稀溶液的净化处理（如含有 0.5 μg/ml 溴化乙锭电泳液的净化）

方法 1

下述方法采自 Lunn and Sansone（1987）。

(1) 在每 100 ml 溶液中加入 2.9 g Amberlite XAD-16（Sigma-Aldrich），这是一种非离子型的多聚吸附剂。

(2) 将溶液于室温下放置 12 h，不时摇动。

(3) 用 Whatman 1 号滤纸过滤，废弃滤液。

(4) 将滤纸和活性炭密封在塑料袋内，丢弃在有害废物中。

方法 2

下述方法采自 Bensaude（1988）。

(1) 在每 100 ml 溶液中加入 100 mg 活性炭粉末。

(2) 溶液于室温下放置 1 h，不时摇动。

(3) 用 Whatman 1 号滤纸过滤，废弃滤液。

(4) 将滤膜和 Amberlite 树脂密封在塑料袋内，丢弃在有害废物中。

【注】

① 用次氯酸（漂白剂）净化溴化乙锭稀溶液的方法不可取。沙门氏菌-微粒体法检测结果表明这种处理方法可使溴化乙锭的诱变活性降至原来的1000倍左右，但在微粒体存在下溴化乙锭可转化为一种具有诱变活性的化合物（Quillader and Hofnung 1988）。

② 溴化乙锭在 262℃ 下分解，在标准条件下焚烧后不可能再有危害。

③ Amberlite XAD-16 浆或活性炭可用于污染有溴化乙锭物体表面的净化。

市售的净化试剂盒

许多商家出售一些能够方便地从溶液中提取溴化乙锭的装置，包括 Q·BIOgene 公司的 EtBr Green Bag 和 Stratagene 公司的 Eliminator Dye Removal System。

凝胶过滤层析 A8.29

注意：在注有〈!〉处材料的正确使用参见附录 12。

这项技术是利用凝胶过滤将高分子质量的 DNA 与小分子分开，用得最多的场合是将放射性标记的 DNA 与未掺入的 dNTP 标记物分开。但也用于双链 cDNA 合成、在平端 DNA 上加接头、从多聚酶链式反应（PCR）中去除寡核苷酸引物等过程的若干步骤，以及任何需要变换溶解 DNA 的缓冲液成分等一些场合。

操作方法可有两种：一是常规的柱层析法，适用于需要收集分子质量大小不同各种组分的情况。另一种方法是将凝胶填装在一次性注射器内，通过离心进行层析，这是一种从 DNA 样品中去除小分子的快速方法。最常用的两种凝胶基质是 Sephadex 和 Bio-Gel，两种凝胶都有多种规格可供选用。Sephadex G-50 和 Bio-Gel P-60 在分离长度大于 80 个核苷酸的 DNA 较为理想，这时小分子滞留在凝胶孔内，而大分子 DNA 则被排阻，直接流过凝胶柱。Bio-Gel P-2 可用于将寡核苷酸与磷酸根离子或 dNTP 分开。Bio-Gel 是以凝胶形式出售的，用前只需用层析缓冲液平衡一下。Sephadex 则是以粉末形式供应的，用前需经水化。

Sephadex 的制备

(1) 在一只 500 ml 烧杯或瓶子中缓慢地将所需级别的 Sephadex 加到无菌蒸馏水中（由 10 g Sephadex G-50 可得 160g 凝胶糊），用无菌蒸馏水洗涤溶涨的凝胶数次去除可溶的葡聚糖，因为葡聚糖在醇沉时可被沉淀而引起麻烦。

(2) 用 TE（pH 7.6）平衡凝胶，10psi（0.70 kg/cm^2）高压灭菌 15 min，室温下保存。

柱层析

(1) 用少量灭菌的玻璃棉封堵一次性使用的 5 ml 硼硅玻璃吸管或 Pasteur 吸管，制成 Sephadex 或 Bio-Gel 层析柱。可用一根细长的移液管（如一次性使用的 1 ml 塑料吸管）将玻璃棉推至玻璃管和巴氏吸管底部。

(2) 用一支 Pasteur 吸管吸取 Sephadex 或 Bio-Gel 的凝胶糊装柱，小心避免产生气泡。不必关闭层析柱底部的出口，持续加胶，直至凝胶填至距顶端 1 cm 处，用数倍柱床体积的 1×TEN 缓冲液（pH 8.0，见附录 1）流洗凝胶。

(3) 把 DNA 样品（200 μl 或少一些）加在凝胶顶部，用约 100 μl 1×TEN 缓冲液洗涤样品管，DNA 样品进入凝胶后马上将洗涤液上柱，洗涤液进入凝胶后立即在柱上加满 1×TEN 缓冲液。

当心　在用层析柱从放射性前体中分离放射性标记的 DNA 时应在 Lucite 玻璃防护屏后操作，以免直接暴露在放射性射线下。

A8.30 (4) 立即开始用微型离心管收集流出组分（约 200 μl）。

若 DNA 是用^{32}P〈!〉标记的，可使用手提式小型检测器检测或用液体闪烁仪作 Cerenkov 计数。不时酌情从凝胶顶部补加 1×TEN。

DNA 被排阻于凝胶之外，在空体积（通常占总柱床体积的 30%）中出现。因此最先出现的放射活性峰包含掺入到 DNA 中的核苷酸，后出现的峰为未掺入的［^{32}P］dNTP。

(5) 合并最先出现的放射活性峰的各个组分，于 −20℃ 储存。

【注】

实际上还可以用手提式检测器跟踪掺入及未掺入 DNA 的［^{32}P］dNTP 的洗脱过程，而不是逐一收集每个组分。

ⅰ 在洗脱过程中把最先出现的峰收集在无菌的聚丙烯管中。

ⅱ 夹住层析柱流出口并切断缓冲液的贮液器。

ⅲ 将柱子废弃到放射性废物中。

离心柱层析

这种方法是通过层析将小分子物质留在凝胶过滤基质上而分离到 DNA。离心柱层析尤其适用于将标记的 DNA 与放射性前体分开，但也广泛用于其他场合，如去除不需要的核苷酸引物或双链接头、改变溶有少量 DNA 的缓冲液或从小量制备的质粒或噬菌体 DNA 粗制品中去除妨碍限制酶切反应的抑制物等。该方法可以同时处理多个 DNA 样品，在这一点上离心柱层析要比常规的柱层析优越得多。

(1) 取一支 1 ml 一次性注射器，用一小块无菌的玻璃棉堵住底端，最好是用注射器的活塞将玻璃棉推到底部并捣实。

(2) 将 Sephadex G-50 或 Bio-Gel P-60 装到注射器层析柱上，用 1×TEN 缓冲液（pH 8.0，见附录 1）平衡，在注射器针筒侧面轻拍几下使缓冲液开始流下，不停地加入更多的凝胶直至针筒完全填满。

(3) 把注射器插到一支一次性使用的 15 ml 塑料管中，于室温下在台式离心机上用吊桶式转头 1 600 r/min 离心 4 min。不必因看上去层析柱的变化而担心，离心时凝胶会往下堆紧并部分脱水，可继续补加凝胶并离心，直到堆紧的凝胶体积到达 0.9 ml 左右且不再因离心而发生体积变化为止。

(4) 在柱上加 0.1ml 1×TEN 缓冲液，按第 3 步再进行离心。

(5) 再重复第 4 步两次或更多次。

操作到这一步需要时可将离心柱保存起来，可同时制备数支离心层析柱，用前可于 4℃ 保藏 1 个月以上。在注射器内加满 1×TEN 缓冲液并用 Parafilm 密封起来以防水分蒸发，垂直正立放置于 4℃。这种方法保存的离心层析柱临用之前应按第 4 步用无菌的 1×TEN 缓冲液洗涤一次。

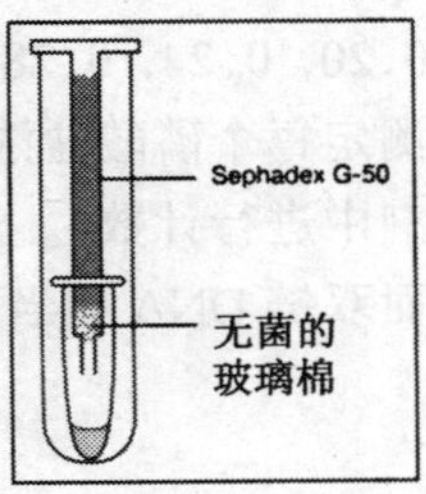

(6) 把总体积为 0.1 ml 的 DNA 样品加到柱上（用 1×TEN 缓冲液加到该体积），将离心柱放在一个新的一次性试管中，这个试管中放有一只去盖的微量离心管（见右图）。 A8.31

(7) 按第 3 步再予离心，在去盖的微量离心管内收集从注射器底部流出的组分（约 100 μl）。

(8) 移去注射器，其中含有未掺入的放射性标记 dNTP 或其他小分子成分。用一镊子小心地回收含有洗脱 DNA 的去盖微量离心管，转移到一只具盖并做好标记的微量离心管内。

用手提式小型检测器分别测量注射器和洗脱 DNA 的放射性活度，可粗略估计已掺入核酸分子内的放射性的比例。

(9) 如果注射器含有放射性〈!〉，应作为放射性废物小心地废弃。洗脱 DNA 保存于 −20℃ 备用。

【注】

并非所有凝胶都适宜于离心柱层析，DEAE-Sephacel 在离心时会形成不透性团块，粒度大一些的 Sephadex（G-100 及其以上级别）离心时胶粒会被压碎故亦不能用。若需使用粒度更大的凝胶，可用 Sepharose CL-4B。

A8.32 **通过羟基磷灰石层析分离单链和双链 DNA**

注意：在注有〈!〉处材料的正确使用参见附录 12。

利用多核苷酸主链上磷酸基与基质上钙残基之间的相互作用，可将核酸结合到羟基磷灰石上，结合的核酸可用磷酸缓冲液洗脱下来。尽管没有这样做的充分理由，这个过程通常还是在 60℃ 下进行，实际上在 25℃ 和 60℃ 之间核酸在基质上的吸附和洗脱曲线并无区别。核酸的亲和性取决于能够结合到基质上的磷酸基团的数目。单链和双链核酸均可在 0.05 mol/L 磷酸钠（pH 6.8）溶液中结合到羟基磷灰石上。双链分子的磷酸残基排列有序且占位均一，能与基质有规律地结合，因此需要用较高浓度的磷酸盐（0.4 mol/L）来洗脱。而单链分子较为无序，能够与基质结合的磷酸基团更少一些，故单链 DNA 可用更低浓度的磷酸盐（约 0.12 mol/L）来洗脱。部分双链和 DNA-RNA 杂种分子的洗脱浓度介于上述两者之间。

核酸的洗脱体积往往比较大，需要浓缩后才能用。不宜采用乙醇沉淀的方法，除非溶液中的磷酸根已被去除。最好是通过异丁醇提取来浓缩，再用 G-50 Sephadex 层析柱来除盐。

不同批次的羟基磷灰石在性质上会略有差异，因此用一个预试验来确定洗脱单链和双链核酸的最适磷酸盐浓度就很重要。预试验可按下述方法用两根羟基磷灰石柱进行。在一根柱上加上少量（约 10^5 每分钟计数）^{32}P 标记的 DNA，这份样品是溶在 TE（pH7.6）中经过煮沸 10 min 变性处理，另一根柱上加上等量（约 10^5 每分钟计数）^{32}P 标记的天然 DNA。每根柱子都用一系列磷酸钠浓度依次递增（0.01，0.12，0.16，0.20，0.24，0.28，0.32，0.36 及 0.40 mol/L）的缓冲液洗脱。然后分别用液体闪烁仪测定每个磷酸盐浓度下洗脱液中的放射性活度（通过 Cerenkev 计数或在水溶和性荧光剂中进行计数）。通常单链 DNA 可用 0.14～0.16 mol/L 磷酸钠（pH 6.8）洗脱下来，而双链 DNA 则当磷酸盐浓度超过 0.36 mol/L 后才能被洗脱。在下述操作程序中，SS

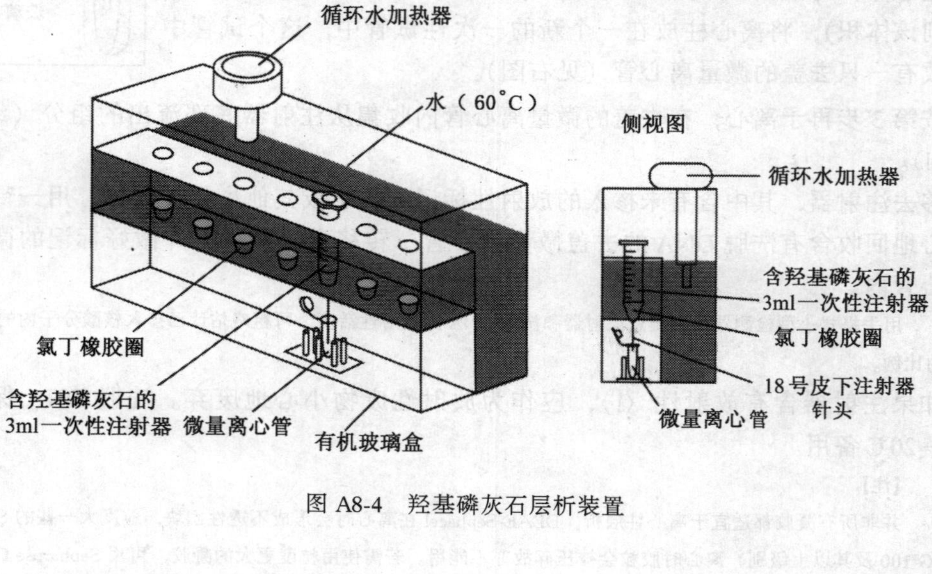

图 A8-4　羟基磷灰石层析装置

缓冲液系磷酸盐浓度最适于洗脱单链DNA的缓冲液，DS缓冲液系磷酸盐浓度最适于洗脱双链DNA的缓冲液。

羟基磷灰石层析　A8.33

羟基磷灰石[$Ca_5(PO_4)_3OH$]是从溶液中沉淀出来的一种最稳定的磷酸钙盐类，是由Tiselius等（1956）最先用作蛋白层析的基质。最先用羟基磷灰石进行DNA分级分离的人看来是在Tiselius实验室工作的Semenza（1957）以及另外的Main和Cole（1957），Main et al.（1959）。然而是Bernardi实验室的工作（Bernardi 1961，1965，Bernardi and Timasheff 1961）使得羟基磷灰石在分离单链与双链DNA以及按核酸的G+C含量通过热洗脱分级分离复杂核酸（Martinson and Wagenaar 1974）等工作中应用得如此广泛和成功。在20世纪60年代和70年代，羟基磷灰石层析成为许多研究的标准方法，包括对多种来源之DNA复性动力学的研究（Britten and Kohne 1966，1967，1968，Britten et al. 1974），构建转录图的研究（Sambrook et al. 1972），以及复杂基因组中特定序列拷贝数的测定（Gelb et al. 1971，Gallimore et al. 1974）等。后来羟基磷灰石还用于在扣除克隆中制备cDNA（Davis 1986）以及许多琐碎的工作，例如从低熔点琼脂糖中分离DNA（Wilkie and Cortini 1976），去除DNA制品中的杂质（Smith 1980）等。在分子克隆技术得以发展的十年中，羟基磷灰石层析成为许多实验室核酸制备和分析中许多实验操作的日常技术。不过现在差不多所有上述工作都已经找到了更好的办法，羟基磷灰石层析技术几乎要从实验室标准技术的清单上消失。

(1) 按前述方法确定洗脱单链DNA和双链DNA使用的磷酸盐的最佳浓度（SS和DS缓冲液）。

(2) 将2 mol/L磷酸钠溶液（pH 6.8）稀释，配制SS和DS缓冲液。

2 mol/L磷酸钠系由等体积2 mol/L NaH_2PO_4和Na_2HPO_4混合而成。

(3) 将羟基磷灰石粉（Bio-Gel HTP）悬浮在0.01 mol/L磷酸钠溶液（pH 6.8）中，每根柱子填装Bio-Gel HTP所占的体积约为0.5 ml。

Bio-Gel HTP的吸附能力为每毫升柱床体积100～200 μg天然DNA。

(4) 按下述方法在一次性使用的3 ml塑料注射器中装柱。

ⅰ 拔出注射器活塞。

ⅱ 用Pasteur吸管的宽口端将一张Whatman GF/C滤纸推至注射器底部，应使滤纸完全盖住注射器的底部。

ⅲ 在注射器上装上18号皮下注射针头。

ⅳ 将注射器插到如图A8-4所示装置的氯丁橡胶垫圈中。

ⅴ 用Pasteur吸管在注射器中加入足量羟基磷灰石浆液，形成填充体积为0.5～1.0 ml的柱床。用数倍柱床体积的0.01 mol/L磷酸钠（pH 6.8）流洗柱床。即使层析柱流干也无妨，只要在用前重新润湿即可。

ⅵ 在皮下注射针头的末端插上一个小氯丁橡胶塞密封层析柱的底端。

(5) 将核酸样品加到层析柱上。

样品中的磷酸盐浓度应低于0.08 mol/L。

(6) 取下氯丁橡胶塞，使样品流过柱子。

一般无需回收和保留从层析柱上洗脱下来的上样缓冲液。

(7) 用3 ml 0.01 mol/L磷酸钠流洗柱床。

(8) 用氯丁橡胶塞封住柱子底端，加1个柱体积的SS缓冲液，预热到60℃。　A8.34

(9) 待5 min后取下氯丁橡胶塞，用微量离心管收集洗脱液，每只微量离心管收集的洗脱液不要超过0.5 ml。再重复8和9步两次。

(10) 用氯丁橡胶塞封住柱子底端，加1个柱体积的DS缓冲液，预热到60℃。

(11) 待 5 min 后取下氯丁橡胶塞，用微量离心管收集洗脱液，每只微量离心管收集的洗脱液不要超过 0.5 ml。再重复 10 和 11 步两次。

(12) 将洗脱液冷至室温，再按下述方法抽提 DNA。

ⅰ 在每只含所需 DNA 的微量离心管内加入等体积异丁醇。

ⅱ 用旋涡混合器将两相混合，在微量离心管中于室温下以最高转速离心 20 s。

ⅲ 弃掉上层的有机相。

ⅳ 重复用异丁醇提取，直至水相体积为 100～125 μl。

ⅴ 用一个经 TE（pH 8.0）平衡的 Sephadex G-50 小柱采用常规层析或离心柱层析的方法除去 DNA 中的盐。

ⅵ 于 0℃以 2 倍体积乙醇沉淀回收 DNA。

【注】

在分子克隆操作中，经羟基磷灰石分级分离的核酸往往是经放射性标记的，含所需组分的样品管可以很容易地用液体闪烁计数仪通过 Cerenkov 计数检测出来。

A8.35 DNA 的断裂

DNA 的断裂往往是 DNA 测序时构建文库或亚克隆的必要步骤。DNA 的断裂一般是通过物理或酶切方法实现的。表 A8-6 列出了一些最常用的方法。虽然各种方法都能够成功地由一段连续的长 DNA 产生一定长度范围的片段，实际每种方法都有其特殊的局限。由于物理剪切的方法与序列的组成无关，通常能比酶切方法更为均一和随机地切断靶 DNA。特别是利用超声或雾化处理产生的物理应力而形成的水力剪切能够产生适当的随机片段集合。不过这些片段的长度变化非常大，通常使用之前需要再进行一个选择片段大小的步骤，来缩小长度的变化范围以便进行克隆或测序。

表 A8-6 用于 DNA 断裂的一些水力剪切方法

方 法	评 价	参考文献
超声处理	DNA 的需要量相对大一些（10～100 μg）；DNA 片段长度分布范围大；只有一小部分片段适合于克隆和测序；超声处理之前需要对 DNA 进行连接，之后需要进行末端修复；DNA 会被空化作用中形成的氢氧根自由基破坏（McKee et al. 1977）。	Deininger (1983)
雾化处理	快速方便；只需少量 DNA（0.5～5 μg）和体积较大的 DNA 溶液；没有对 AT 富含区优先选择的倾向；通过改变喷出雾化器的压力容易控制片段的大小（700～1330 bp）；雾化处理前需要对 DNA 进行连接，雾化处理后需要进行末端修复。	Bodenteich et al.（1994），Hengen (1997)
用 HPLC 泵循环处理	需要昂贵的设备，处理前需要进行 DNA 的连接，需 1～100 μg DNA；DNA 片段长度的分布范围窄，片段长度可通过改变流速调节；克隆前不需要对片段进行末端修复。	Oefner et al.（1996），Thorstenson et al.（1998）
通过 28 号皮下注射针孔	廉价、方便，只需少量 DNA；但 DNA 片段比起鸟枪法测序所需的长度稍长（1.5～2.0 kb）；需要在断裂前进行 DNA 连接，断裂后需进行末端修复。	Davidson（1959，1960），Schriefer et al.（1990）

自 动 剪 切

最近几年一种用水力剪切的方法几经改进最后实现了自动化（Oefner et al. 1996，Thortenson et al. 1998），这种方法最初的基础是高效液相层析（HPLC）和一种所谓的“point-sink”流动系统。在 point-sink 系统中采用 HPLC 泵对 DNA 样品施加压力，迫使 DNA 样品通过一条直径非常细的管子。在一种称为 HydroShear（Gene Machine 公司产品）的自动化系统中，DNA 样品重复地流过一个小孔，直到样品剪切为一定大小的断裂产物。最后片段大小的分布取决于样品的流速和小孔的孔径，这些参数都由自动系统监控的。在一个特定设置下，大于某一长度的片段会被切断，而小一些的片段在通过小孔时则不受影响。因此产生的剪切产物长度分布范围很窄，在典型情况下 90％的剪切产物不超过设定目标长度的 2 倍。有理由认为用这种 DNA 片段构建的文库在质量上比起用任何“老式”的方法要好一些。这种文库所含克隆的大小必然更均一一些，对基因组的覆盖程度可能也更高一些。用超声或水力剪切的 DNA 片段构建的文库尽管不是那么完美，但理所当然也是可用的。一位完美主义者会感觉这种仪器必不可少，而对一位实用主义者而言只不过会发现这种东西还值得一试。

超声处理　　A8.36

将 DNA 暴露在超声主脉冲下则 DNA 受到水力剪切作用。若超声时间过长，DNA 就极难进行克隆，原因可能是空化作用形成的自由游离基对 DNA 造成了损伤。大多数超声波处理仪不能将 DNA 剪切至小于 300～500 bp 的长度，操作者不免会想延长一些时间直到全部 DNA 片段都降到这个长度以下。但在目的 DNA 片段一达到约 700 bp 时就停止超声，亚克隆的得率往往会更高一些。

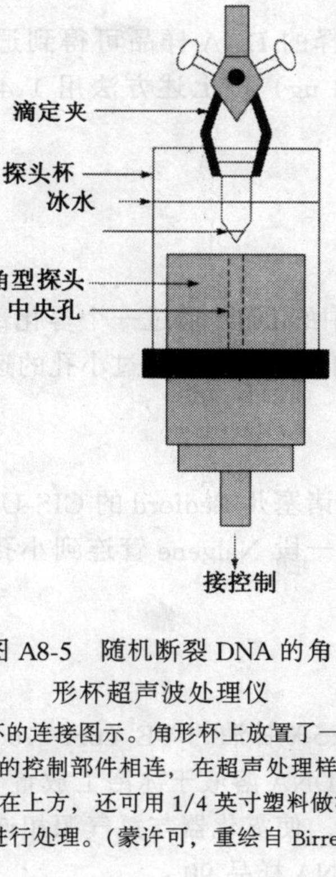

图 A8-5　随机断裂 DNA 的角形杯超声波处理仪

Heat System 超声处理仪角形杯的连接图示。角形杯上放置了一只样品管。角形杯部件包括一个大的角形探头，与超声仪的控制部件相连，在超声处理样品之前应充满冰水。一般样品管是用滴定夹和环形架固定在上方，还可用 1/4 英寸塑料做样品管架子，可放下多达 8 只样品管同时进行处理。（蒙许可，重绘自 Birren et al. 1977）

超声波处理仪的校定

(1) 将 10 μg 噬菌体 λ DNA（或其他分子量已知的大分子 DNA）转移至一只微量离心管中，加 TE（pH 7.6）至终体积 150 μl。将 DNA 分装到 5 只微量离心管中，每份 25 μl，剩余 DNA 置冰浴中。

(2) 在超声波处理仪（见图 A8-5）的角形杯（cup horn）中装上冰水混合物，将 5 只含有噬菌体 λ DNA 的微量离心管用夹子固定于探头的正上方。

若超声过程中样品的温度上升，DNA 断裂的速度及强度均会提高，因此每次超声处理后将冰和水混合一下很重要，必要时应加入新的冰。

(3) 以最大输出连续超声处理 10 s，每次处理后从超声波处理仪上取下一只微量离心管，存放在冰上。

(4) 超声处理完毕，用 1.4％琼脂糖胶通过电泳分析保存的各份样品，选用适当标准品作为分子量大小的标准参照物（见附录 6，图 A6-4）。

(5) 凝胶染色并照相，估计得到所需大小的片段(500 bp～2 kb)应使用超声处理的剂量。

此处的超声时间是正常的峰输出功率为 475W 的角形杯超声波处理仪所使用的处理时间。由于不同超声处理仪的实际输出变化很大，有必要对每台仪器进行校定。若 DNA 样品的体积增加到 250 μl 左右能够容纳下
A8.37 微型探头时，也可使用探头型的超声仪来处理。超声处理完成之后，用 2 倍体积乙醇沉淀再重溶于 25 μl TE（pH 7.6）中使 DNA 浓缩。

靶 DNA 的超声波处理

(6) 用估测的时间超声处理选择的 DNA 样品可得到适量所需大小的片段（500 bp～1 kb),取小份样品（约 200 ng）按上述方法用 1.4％琼脂糖胶通过电泳分析核实 DNA 的断裂情况。

雾化

雾化作用首先是迫使溶液中的 DNA 通过一个雾化部件上的小孔，再收集形成的细雾。所得片段的大小主要取决于 DNA 溶液通过小孔的速度、溶液的黏度以及温度。

雾化器的改装

(1) 将 CA-209 型雾化器（马萨诸塞州 Bedford 的 CIS-US 公司产品）略加改装，用一个 QS-T 塑料帽密封吹口，用一段 Nalgene 管连到小孔上，这根管子准备用来连接氮气源。

雾化器的校定

(2) 先制备样品，使 500 μl 含 25％甘油的 TE（pH 7.6）中包含 25 μg λ DNA 或其他特定长度的大分子 DNA，将 DNA 溶液于冰浴上放置 5 min。

(3) 将 DNA 加到雾化器小杯中，使雾化器与氮气源相连，将雾化器置冰水浴中。

A8.38 (4) 于 10 psi（69 kPa）雾化 DNA 样品 90 s。

雾化器常略有泄漏。

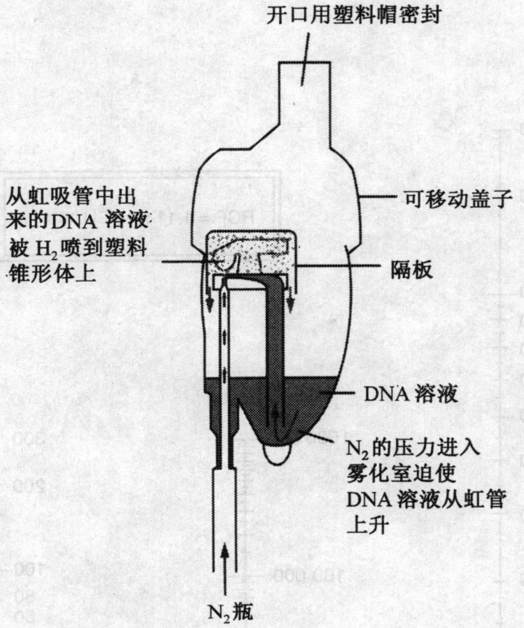

图 A8-6　随机断裂 DNA 的雾化器

将含甘油（用来增加黏度）的 DNA 溶液加到雾化器中，雾化器连至氮气瓶上。氮气压力进入雾化室将底部的 DNA 样品虹吸到顶部，溶液从虹吸管中喷到悬挂在雾化室顶部的小塑料锥体上，导致 DNA 剪切。

(5) 在台式离心机转头的吊桶内加一些苯乙烯泡棉作衬垫，待雾化结束把整个装置放在吊桶内，将雾化器 2500 r/min 离心 30 s。用 1.4% 琼脂糖胶电泳分析 DNA 片段的大小，选用适当分子质量标准物，如 pUC18/19 DNA 的 *Sau* 3AⅠ酶切片段，关于标准分子量参照物的详细描述见附录 6，表 A6-4。

(6) 若片段太长（>1.0kb），可增加氮气压力（至 14 psi 或 96.5 kPa）或者延长处理时间（2 min）重复进行雾化处理，直到找到能够获得所需大小片段的合适条件为止（500 bp～1 kb）。

目标 DNA 的雾化和回收

(7) 对目标 DNA 通过雾化处理产生一定量所需大小（500 bp～1 kb）的片段。

(8) 用上述 1.4% 琼脂糖胶电泳分析一小份样品（约 200 ng）确证 DNA 的断裂是否已经完成。

(9) 将剩余样品分装到 2 只微量离心管中，在 2.5 mol/L 醋酸铵存在下用 3 倍体积的乙醇沉淀回收 DNA。

(10) DNA 样品在微型离心机上以最高转速离心 5 min，在室温下用 0.5 ml 70% 乙醇洗涤 DNA 沉淀后再予离心。移去乙醇，使 DNA 风干数分钟，将 DNA 沉淀重溶于 25 μl TE 缓冲液（pH 7.6）。

A8.39 离心

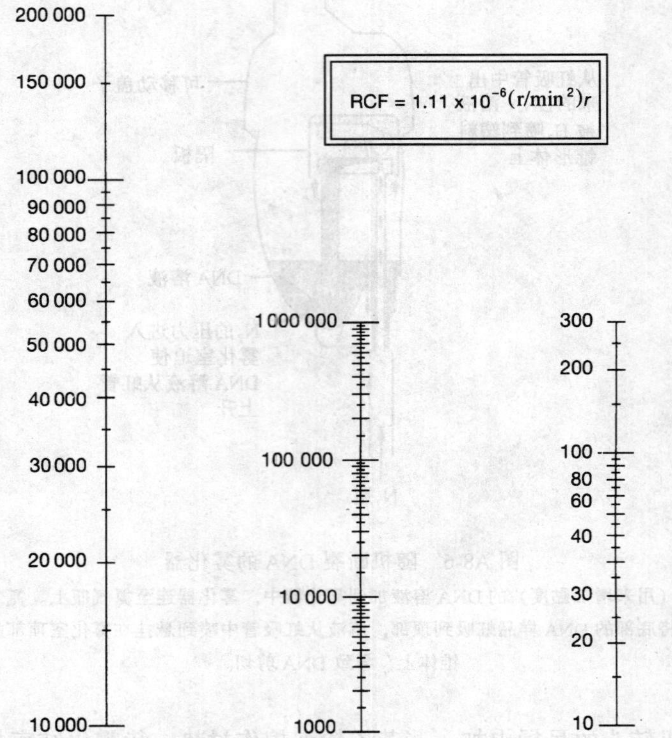

图 A8-7 转速（r/min）与相对离心力（RCF）转换的列线图

r 为从转头中心至获得该 RCF 某点的半径距离，一般为转头的 r_{max}。举例来说，当转速＝80 000 转/min，r＝20 mm 时，即可从该图中间一列的刻度上读出 RCF 约为 145 000 g，而用图上方的公式计算可以得出 RCF 为 142 080 g（本图由 Siân Curtis 惠供）。

表 A8-7 常用转头

	R_{max}	G_{max}	最高转速/（r/min）
Sorvall 转头			
GS3 Sorvall superspeed	151.3	13 700	9 000
GS3 Sorvall super superspeed	145.6	27 400	13 000
HB6	146.3	27 617	13 000
AH629 Sorvall ultraspeed	161.0	151 000	29 000
SS-34 Sorvall	107.0	20 500	50 200
Beckman 转头			
JA17 Beckman	123	17 000	39 800

续表

	R_{max}	G_{max}	最高转速/（r/min）
JA20 Beckman	108	20 000	48 400
SW28.1 Beckman	171.3	28 000	150 000
Type 50 Beckman	70.1	50 000	196 000
Vti50 Beckman	86.6	50 000	242 000
SW40 Ti Beckman	158.8	40 000	285 000
SW41 Ti Beckman	153.1	41 000	288 000
SW50.1 Beckman	107.3	50 000	300 000
Type 60Ti Beckman	89.9	60 000	362 000
Type 70Ti Beckman	39.5	70 000	504 000

蛋白质的SDS-聚丙烯酰胺凝胶电泳 A8.40

几乎所有的蛋白质分析电泳都采用聚丙烯酰胺凝胶，而所用的条件总是要确保蛋白质解离为单个多肽亚基并尽可能减少亚基之间的相互聚集。最常用的方法是一并使用强阴离子去污剂SDS与某种还原剂，在上样到凝胶之前加热使蛋白质解离。变性的多肽结合SDS后带上负电荷，由于多肽与SDS结合的量几乎总成正比而与其序列无关，因此SDS-多肽复合物在聚丙烯酰胺凝胶中是按多肽的大小进行迁移。在饱和状态下，每克多肽结合的去污剂大约可达1.4 g，借助已知分子质量的标准参照物就可以估测出多肽链的分子质量大小。但对主链进行修饰（如*N*-糖基化或*O*-糖基化）则表观分子质量会受到显著影响。因此糖基化蛋白质的表观分子质量不能真实地反映多肽链的实际分子质量。

在大多数情况下SDS聚丙烯酰胺凝胶电泳系采用不连续缓冲系统进行，其电泳槽缓冲液的pH值和离子强度与配胶的缓冲液不同。样品中的SDS-多肽复合物在两极间电流接通后，被凝胶中形成的移动介面带动向前推进。样品通过多孔性的积层胶后复合物在分离胶表面聚集成一条很细的区带（或称积层）。由于不连续缓冲系统具有这种把样品中所有复合物都浓缩于极小体积的能力，使SDS聚丙烯酰胺凝胶的分辨率大大提高。

最广泛使用的不连续缓冲系统最早是由Ornstein（1964）和Davis（1964）设计的，样品和积层胶中含Tris-HCl（pH 6.8），上下槽缓冲液含Tris-甘氨酸（pH 8.3），分离胶中含Tris-HCl（pH 8.8）。系统中的所有组分都含有0.1%的SDS（Laemmli 1970）。样品和积层胶中的氯离子形成移动介面的先导边界而尾随边界则由甘氨酸分子组成。在移动介面的两边界之间是一电导较低而电位梯度较陡的区域，推动样品中的多肽前移并在分离胶前沿积聚。此处分离胶pH值较高，有利于甘氨酸的解离，形成的甘氨酸离子穿过堆积的多肽并紧随氯离子之后，在分离胶中泳动。SDS多肽复合物从移动介面中解脱开来，在电位和pH值均匀的区段泳动，通过分离胶的筛分作用按分子大小不同得到分离。

聚丙烯酰胺凝胶系聚合的丙烯酰胺链再由*N*，*N′*-亚甲双丙烯酰胺之类的双功能试剂加以交联而成（见图A8-8）。

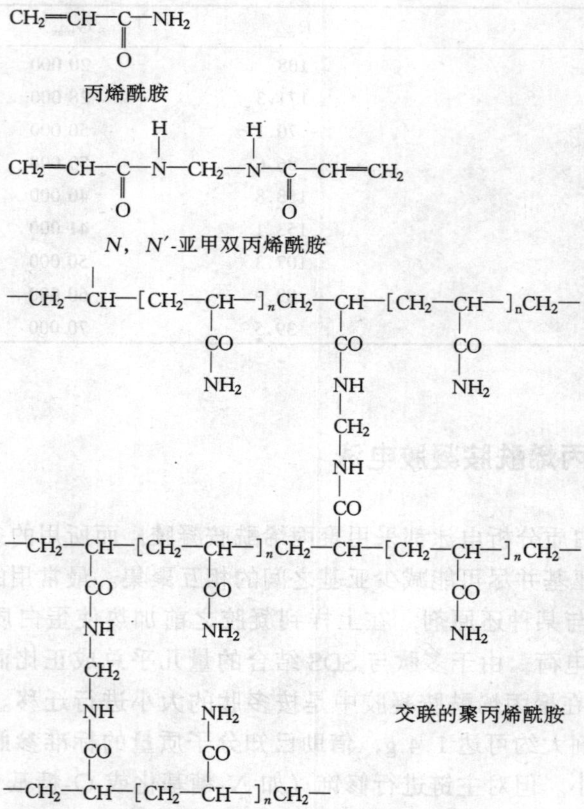

图 A8-8 聚丙烯酰胺的化学结构

丙烯酰胺单体在自由基的引发下聚合为长链，在 N，N′-亚甲双丙烯酰胺存在下这些长链交联起来形成凝胶。所成凝胶的多孔性取决于链的长度以及聚合反应过程中交联的程度。

SDS 聚丙烯酰胺凝胶电泳的有效分离范围取决于灌胶用聚丙烯酰胺的浓度和交联度，在没有交联剂的情况下丙烯酰胺的聚合只能形成黏稠的溶液，并无实际用处，而经双丙烯酰胺交联后才使凝胶产生刚性和伸展性，并形成 SDS 多肽复合物必须通过的孔隙。这些孔隙的大小随双丙烯酰胺:丙烯酰胺比率的增加而变小，当此比率接近 1:20 时空隙最小。多数 SDS 聚丙烯酰胺凝胶是按双丙烯酰胺:丙烯酰胺为 1:29 的比例配制的，经验表明这种凝胶能够分离大小相差只有 3%的多肽。

表 A8-8 SDS 聚丙烯酰胺凝胶的有效分离范围

丙烯酰胺浓度/%	线性分离范围/kDa
15	10～43
12	12～60
10	20～80
7.5	36～94
5.0	57～212

注：丙烯酰胺:双丙烯酰胺的分子比是 1:29。

凝胶的筛分性能是由凝胶孔隙大小决定的，而孔隙的大小又是灌胶所用丙烯酰胺和双丙烯酰胺浓度的函数。表 A8-8 给出了丙烯酰胺浓度为 5%～15%凝胶的线性分离范围。

试剂 A8.41

(1) 丙烯酰胺和 *N*，*N*′-亚甲双丙烯酰胺　许多厂商出售不含金属离子杂质的电泳级丙烯酰胺。含 29%（*m*/*V*）丙烯酰胺和 1%（*m*/*V*）*N*，*N*′-亚甲双丙烯酰胺的储液应以温热的去离子水（以促使双丙烯酰胺溶解）配制。丙烯酰胺和双丙烯酰胺在储存过程中会缓慢转化为丙烯酸和双丙烯酸，这种脱氨反应是由光和碱催化的，故应核实溶液的 pH 值不超过 7.0。该溶液应置暗色瓶中室温保存，每隔数月须重新配制。市上售有打包好的预先混合的储液（如 Life Technologies 公司的产品），这些凝胶系统提供了除过硫酸铵之外的所有成分，用起来当然很方便，但价格稍贵一些。

(2) 十二烷基硫酸钠　许多厂商售有特级 SDS，其纯度足以满足电泳需要。尽管任何一种产品都能获得可重复的结果，但不能互相替代。若用一个厂家的 SDS 代替另一种 SDS，多肽迁移的谱图变化甚大，故建议专门使用同一个品牌的 SDS。可用去离子水配成 10%的母液于室温储存。若分离的蛋白质需要从胶上洗脱下来测序，应按 Hunkapiller 等（1983）提供的方法进一步纯化电泳级的 SDS。

(3) 用于制备分离胶和积层胶的 Tris 缓冲液　必须使用 Tris 碱来制备这些缓冲液，按附录 1 所述，将 Tris 碱溶于去离子水后用盐酸调 pH。若用 Tris-Cl 或 Trizma 制备缓冲液则盐浓度太高，多肽会在凝胶中不规则迁移，导致蛋白质电泳条带极度扩散。 A8.42

(4) TEMED（*N*，*N*，*N*′，*N*′-四甲基乙二胺）　TEMED 能够通过催化过硫酸铵形成自由基而加速丙烯酰胺和双丙烯酰胺的聚合，应使用许多厂商提供的电泳级 TEMED，由于 TEMED 只有在游离碱状态下起作用，故在低 pH 下聚合反应受到抑制。

(5) 过硫酸铵　过硫酸铵提供引发丙烯酰胺和双丙烯酰胺聚合的自由基，可用去离子水配制少量 10%（*m*/*V*）储液于 4℃保存。过硫酸铵会缓慢分解，故应每周新鲜配制。

(6) Tris-甘氨酸电泳缓冲液　此缓冲液含有 25 mmol/L Tris 碱、250 mmol/L 甘氨酸（电泳级）（pH 8.3）及 0.1%SDS。

材料

注意：在注有〈!〉处材料的正确使用参见附录 12。

(1) 缓冲液和溶液

各种储液、缓冲液和试剂配方见附录 1，用时将储液稀释至适当浓度。

丙烯酰胺溶液〈!〉

分离胶配方见表 A8-9，积层胶配方见 A8-10。

蛋白参照物

蛋白标准分子量参照物有商品出售（例如 Life Technologies 公司和 Promega 公司）。

蛋白样品

举例来说，待分离的样品可为纯化的蛋白，也可为细胞裂解液。

表 A8-9　配制 Tris-甘氨酸 SDS 聚丙烯酰胺凝胶电泳分离胶所用溶液

成分	配制不同体积和浓度凝胶所需各成分的体积/ml							
	5	10	15	20	25	30	40	50
6%胶								
水	2.6	5.3	7.9	10.6	13.2	15.9	21.2	26.5
30%丙烯酰胺混合液〈!〉	1.0	2.0	3.0	4.0	5.0	6.0	8.0	10.0
1.5 mol/L Tris（pH8.8）	1.3	2.5	3.8	5.0	6.3	7.5	10.0	12.5
10% SDS	0.05	0.1	0.15	0.2	0.25	0.3	0.4	0.5
10%过硫酸铵〈!〉	0.05	0.1	0.15	0.2	0.25	0.3	0.4	0.5
TEMED〈!〉	0.004	0.008	0.012	0.016	0.02	0.024	0.032	0.04
8%胶								
水	2.3	4.6	6.9	9.3	11.5	13.9	18.5	23.2
30%丙烯酰胺混合液〈!〉	1.3	2.7	4.0	5.3	6.7	8.0	10.7	13.3
1.5 mol/L Tris（pH8.8）	1.3	2.5	3.8	5.0	6.3	7.5	10.0	12.5
10% SDS	0.05	0.1	0.15	0.2	0.25	0.3	0.4	0.5
10%过硫酸铵〈!〉	0.05	0.1	0.15	0.2	0.25	0.3	0.4	0.5
TEMED〈!〉	0.003	0.006	0.009	0.012	0.015	0.018	0.024	0.03
10%胶								
水	1.9	4.0	5.9	7.9	9.9	11.9	15.9	19.8
30%丙烯酰胺混合液〈!〉	1.7	3.3	5.0	6.7	8.3	10.0	13.3	16.7
1.5 mol/L Tris（pH8.8）	1.3	2.5	3.8	5.0	6.3	7.5	10.0	12.5
10% SDS	0.05	0.1	0.15	0.2	0.25	0.3	0.4	0.5
10%过硫酸铵〈!〉	0.05	0.1	0.15	0.2	0.25	0.3	0.4	0.5
TEMED〈!〉	0.002	0.004	0.006	0.008	0.01	0.012	0.016	0.02
12%胶								
水	1.6	3.3	4.9	6.6	8.2	9.9	13.2	16.5
30%丙烯酰胺混合液〈!〉	2.0	4.0	6.0	8.0	10.0	12.0	16.0	20.0
1.5 mol/L Tris（pH8.8）	1.3	2.5	3.8	5.0	6.3	7.5	10.0	12.5
10% SDS	0.05	0.1	0.15	0.2	0.25	0.3	0.4	0.5
10%过硫酸铵〈!〉	0.05	0.1	0.15	0.2	0.25	0.3	0.4	0.5
TEMED〈!〉	0.002	0.004	0.006	0.008	0.01	0.012	0.016	0.02
15%胶								
水	1.1	2.3	3.4	4.6	5.7	6.9	9.2	11.5
30%丙烯酰胺混合液〈!〉	2.5	5.0	7.5	10.0	12.5	15.0	20.0	25.0
1.5 mol/L Tris（pH 8.8）	1.3	2.5	3.8	5.0	6.3	7.5	10.0	12.5
10% SDS	0.05	0.1	0.15	0.2	0.25	0.3	0.4	0.5
10%过硫酸铵〈!〉	0.05	0.1	0.15	0.2	0.25	0.3	0.4	0.5
TEMED〈!〉	0.002	0.004	0.006	0.008	0.01	0.012	0.016	0.02

注：据 Harlow and Lane（1988）修改。

表 A8-10　配制 Tris-甘氨酸 SDS 聚丙烯酰胺凝胶电泳 5%积层胶所用溶液

成分	配制不同体积凝胶所需各成分的体积/ml							
	1	2	3	4	5	6	8	10
水	0.68	1.4	2.1	2.7	3.4	4.1	5.5	6.8
30%丙烯酰胺混合液〈!〉	0.17	0.33	0.5	0.67	0.83	1.0	1.3	1.7
1.0 mol/L Tris（pH 6.8）	0.13	0.25	0.38	0.5	0.63	0.75	1.0	1.25
10% SDS	0.01	0.02	0.03	0.04	0.05	0.06	0.08	0.1
10%过硫酸铵〈!〉	0.01	0.02	0.03	0.04	0.05	0.06	0.08	0.1
TEMED〈!〉	0.001	0.002	0.003	0.004	0.005	0.006	0.008	0.01

注：据 Harlow and Lane（1988）修改。

1×SDS凝胶上样缓冲液

50 mmol/L Tris-HCl（pH 6.8）

100 mmol/L二硫苏糖醇

2%（*m*/*V*）SDS（电泳级）

0.1%溴酚蓝

10%（*V*/*V*）甘油

将不含二硫苏糖醇的1×SDS凝胶上样缓冲液置室温下储存，临用前从1 mol/L二硫苏糖醇储液中添加到上述缓冲液中。

1×Tris-甘氨酸电泳缓冲液 A8.44

25 mmol/L Tris

250 mmol/L甘氨酸（电泳级）（pH 8.3）

0.1%（*m*/*V*）SDS

可配成5×贮存液，在900 ml去离子水中溶解15.1 g Tris碱和94g甘氨酸，然后加入50 ml 10%（*m*/*V*）电泳级SDS的贮存液，用去离子水补至1000 ml即可。

(2) 特殊设备

电源

需要一种可提供500 V电压及200 mA电流的电源。

垂直电泳装置

不连续缓冲系统要求用垂直凝胶进行SDS聚丙烯酰胺凝胶电泳。尽管自Studier（1973）引入该系统以来电泳槽和胶板的基本设计变化不大，在电泳装置上还是作了许多小的改进。现有许多商家（例如life Technologies公司）销售标准垂直板电泳系统和小型凝胶电泳系统，可供蛋白质分离和印迹分析用。选择哪一种系统是依个人兴趣而定，但同一个实验室最好使用同一种类型的装置，以便一套装置部分发生损坏时能够废物利用。

方法

(1) SDS聚丙烯酰胺凝胶的灌制

1) 按厂商的说明书安装玻璃板。

2) 确定凝胶模具的体积（一般厂商会提供这方面资料），按表A8-9所给出的数值，在Erlenmeyer三角瓶或一次性塑料管中按所需丙烯酰胺浓度配制分离胶溶液，按表中所示的顺序依次混匀各成分。加完TEMED后聚合反应就立即开始，因此不要耽搁，迅速旋动混合物并进行下一步。

这里推荐的过硫酸铵浓度比有些研究者使用的浓度高，丙烯酰胺溶液中的氧能延缓聚合过程，提高过硫酸铵浓度可省却脱气步骤。

3) 将丙烯酰胺溶液灌至两块玻璃板中间的间隙中，给积层胶留出足够空间（梳齿长再加1 cm）。用巴氏吸管小心地在丙烯酰胺溶液上覆盖一层0.1% SDS（丙烯酰胺浓度约为8%的凝胶）或异丙醇（丙烯酰胺浓度约为10%的凝胶）。将凝胶垂直放置于室温下。

覆盖层可防止氧扩散到凝胶中抑制聚合作用。异丙醇能够溶解有些小型凝胶装置的塑料。

4) 待聚合完成（30 min），倒掉覆盖层，用去离子水清洗凝胶顶部数次以去除残留的未聚合丙烯酰胺，尽可能排去凝胶上的液体，再用纸巾的边吸净残留的水。

A8.45 5）按下述方法制备积层胶：按表 A8-10 给出的数值，在一支一次性塑料试管中配制适当体积所需浓度的丙烯酰胺溶液，按表中顺序依次混匀各成分，加完 TEMED 后聚合反应就立即开始，不要耽搁，迅速旋动混合物并进行下一步。

此处过硫酸铵浓度比有些研究者使用的浓度高，这可以省却脱气驱除丙烯酰胺溶液中溶解氧的步骤，溶解氧会妨碍聚合作用。

6）将积层胶溶液直接灌至聚合好的分离胶上，立即在其中插入一块干净的 Teflon 梳子，注意不要混入气泡，然后再加一些积层胶溶液彻底填满梳子之间的孔隙，将凝胶垂直放置于室温下。

Teflon 梳子应用水洗净，临用前用乙醇干燥。

（2）制备样品并进行电泳

7）在积层胶聚合时，用适当体积 1×SDS 凝胶上样缓冲液制备样品，100℃加热 3 min 使蛋白变性。

应与含蛋白标准参照物一同作变性处理，含适当分子质量大小的多肽混合物可以买到。

疏水性特别强的蛋白质，比如那些含多个跨膜结构域的蛋白，在 100℃煮沸 3 min 处理后可能会发生沉淀或聚合，为避免出现这种问题，可用低一些温度（45～55℃）加热样品 1h 以达到变性目的。

8）积层胶聚合完成后（30 min），小心拔下 Teflon 梳子，立即使用一只喷水瓶子用去离子水洗涤加样槽，以去除未聚合的丙烯酰胺。必要时可在注射器上接一支平头皮下注射针头，来扶直积层胶的齿。将凝胶固定在电泳装置上，在上下槽中加入 Tris-甘氨酸电泳缓冲液。排除藏在凝胶底部两块玻璃板之间的气泡，最好是用连在注射器上的弯形皮下注射针头来排除气泡。

重要：不要在上样之前预电泳，这样做会破坏缓冲系统的不连续性。

9）按预定顺序加样，每个样品的上样量可多至 15 μl，最好是用 Hamilton 微量注射器或带凝胶上样吸头的微量移液器上样，每加完一个样品后可在下槽缓冲液中洗涤注射器或吸头，在不用的样品孔中加等体积 1×SDS 凝胶上样缓冲液。

10）将电泳装置与电源连接（正极应接下槽），在凝胶上加 8 V/cm 电压，待染料前沿进入分离胶后将电压提高到 15 V/cm 继续电泳，直至溴酚蓝到达分离胶的底部（约 4 h），然后关闭电源。

11）从电泳装置上卸下玻璃板，放在纸巾上，小心撬开玻璃板，在凝胶底部紧靠最左边那个孔（第一个上样槽）的位置切下一角，以标注凝胶的方位。

重要：若凝胶用于免疫印迹反应则不要切角。

12）至此可对凝胶进行固定、用考马斯亮蓝或银盐染色、进行荧光自显影或放射性自显影，或者进行免疫印迹，这些方法将随后叙述。

A8.46 SDS-聚丙烯酰胺凝胶的染色

一般未标记的蛋白质经聚丙烯酰胺凝胶电泳凝胶分离后是通过染色进行观察，染色可用考马斯亮蓝或银盐进行，而考马斯亮蓝的染色反应相对快速而且直接一些。考马斯亮蓝能够非特异地与蛋白质结合但不能与凝胶结合，使蛋白质在透明的凝胶基质上呈现分离的蓝色条带（Wilson 1983）。银染的方法虽然操作起来麻烦，但显然更灵敏一些。

在对凝胶电泳分离的蛋白进行检测时，与考马斯亮蓝染色相比，银染能够检测到浓度低接近 100 倍的蛋白（Switzer et al. 1979，Merril et al. 1984）。银染鉴别蛋白质是根据其对银离子还原的差异性，这一还原反应类似于照相过程。考马斯亮蓝的试剂及试剂盒（如 Life Technologies 公司的 Blue Print Fast PAGE Stain）都有市售商品。银染的试剂盒可从 Pierce 或 Bio-Rad 公司购买。

历 史 小 记

考马斯亮蓝 R-250 最初用作蛋白质染色的实验室试剂是在 1963 年。当时还是研究生的 Robert Webster 在位于堪培拉的澳大利亚国立大学 Stephen Fazekas de St. Groth 的实验室工作，他正在研究如何将在醋酸纤维素条带上电泳分离的流感病毒蛋白定位的问题。那时澳大利亚的羊毛工业正在兴起，一些官方实验室正在致力研究用于羊毛染色的各种染料的作用机制。Fazekas 和 Webster 推测这些染料可能与蛋白质有很高亲和力，他们从 Commonwealth Scientific and Industrial Organization 得到了许多染料。在这其中就有考马斯亮蓝 R-250，这种染料从上个世纪之交就一直用在纺织品染色工业。Webster 很快就发现考马斯亮蓝 R-250 对蛋白质染色非常灵敏，但他又被每日间染色强度的显著变化所困。一天晚上在家的时候，他突然意识到解决这个问题的办法是在染色之前将蛋白固定，于是他回到实验室将分离的流感病毒蛋白用磺基水杨酸作了固定。他的这些工作发表后（Fazekas de St. Groth et al. 1963），这种方法很快就用在了聚丙烯酰胺凝胶电泳分离蛋白质的染色（Meyer and Lamberts 1965）。

由于考马斯亮蓝 R-250 现已成为 Imperial Chemical Industries PLC 公司的商标，在生化试剂目录中这种染料一般是称作亮蓝（Brilliant Blue）。有亮蓝 G 和亮蓝 R 两种形式，在颜色索引（Colour Index）中给出了不同的编号（42655 和 42660）。颜色索引是一部染料界的圣经，其中对各种染料进行了分类并按颜色进行了排序。亮蓝 G 和亮蓝 R 在冷水中分别为微溶和不溶，在热水和乙醇中分别为可溶和微溶。两种染料均能对经过固定的蛋白有效地进行染色，使用浓度为溶于甲醇:冰醋酸:水（50:10:40，*V*/*V*）的 0.05%溶液。

用考马斯亮蓝进行 SDS 聚丙烯酰胺凝胶染色

考马斯亮蓝是一种氨基三苯甲烷染料，可与蛋白质形成较强的非共价复合物，复合物的形成可能是范德华力及与 NH_3^+ 基团的静电作用两种作用的结果。考马斯亮蓝用于聚丙烯酰胺凝胶电泳后蛋白质的染色，蛋白质对染料的吸附与蛋白质的量大致成正比，符合比尔-朗勃定律。

通过 SDS 聚丙烯酰胺凝胶分离的多肽可同时用甲醇:冰醋酸:水固定并用考马斯亮蓝 R-250 染色，这种三苯甲烷纺织染料又称为酸蓝 83。将凝胶浸泡在该染料的甲醇:乙酸浓溶液中数小时，再经长时间脱色将凝胶中过量的染料扩散出去。

材料

注意：在注有〈!〉处材料的正确使用参见附录 12。 A8.47

考马斯亮蓝 R-250

甲醇:乙酸溶液〈!〉

将 900 ml 甲醇:水（500 ml 甲醇和 400 ml 水）与 100 ml 冰醋酸混合。

本实验方案第 1 步需要 A8.42 列出的试剂。

方法

(1) 按 A8.40 所述的方法通过 SDS 聚丙烯酰胺凝胶电泳分离蛋白质。

(2) 在每 100 ml 甲醇:乙酸溶液中溶解 0.25 g 考马斯亮蓝 R-250，用 Whatman 1 号滤纸过滤除去颗粒物。

(3) 将凝胶浸泡在至少 5 倍体积的染色液中，置平缓摇动的平台上室温染色至少 4 h。

(4) 移出染液留作以后使用，将凝胶浸泡于没有染料的甲醇:乙酸溶液中，在平缓摇动的平台上脱色 4～8 h，其间更换脱色液三四次。

脱色越彻底，用考马斯亮蓝染色检出的蛋白量就越低，脱色 24 h 一般在一条带上可检出低至 0.1 μg 的蛋白。

采用下述方法加快可脱色速度：

ⅰ 在 30％甲醇、10％乙酸中脱色。若脱色时间延长则蛋白条带染色的强度也有所下降。

ⅱ 使用正常的脱色液在较高温度（45℃）下脱色。

ⅲ 在正常脱色液中加数克阴离子交换树脂或放入一块海绵，以吸附从凝胶上洗脱下来的染料。

ⅳ 用电泳脱色装置进行脱色，这种商品可以买到。

(5) 脱色后，将凝胶保存在水中，封存在塑料袋内。

凝胶可无限期保存，而染色强度不会降低。但固定的聚丙烯酰胺凝胶在水中保存时会溶涨，保存期间会发生变形。为避免这个问题，可将凝胶存放在含 20％甘油的水中。染色的凝胶不要在脱色液中保存，否则会使染色的蛋白条带褪色。

(6) 作为永久记录，可对凝胶进行拍照或按 A8.50 的方法（见第 5 章，方案 2）制成干胶。

用银盐进行 SDS 聚丙烯酰胺凝胶染色

已经建立了很多用银盐对 SDS 聚丙烯酰胺凝胶电泳分离的多肽进行染色的方法，各种方法都是利用银离子结合在氨基酸侧链上之后还原程度的差异（Switzer et al. 1979，Oakley et al. 1980，Ochs et al. 1981，Merril et al. 1984）。这些方法主要可分为两类：一类使用银铵溶液，另一类使用硝酸银。尽管两类方法与考马斯亮蓝 R-250 染色方法相比灵敏度都能高出约 100～1000 倍，且能在一条带上检测出 0.1～1.0 ng 的多肽，但硝酸银溶液更容易配制，与银铵盐相比，不会产生易爆的副产物。下述方法最初系由 Sammons 等（1981）设计，后经多次改进（Schoenle et al. 1984）而成。详细情况见附录 9 中对银染的讨论。

材料

注意：在注有〈!〉处材料的正确使用参见附录 12。

乙酸（1％）〈!〉

显影液

2.5％碳酸钠和 0.02％甲醛的水溶液，每次使用时新鲜配制。〈!〉

乙醇（30％）

固定液

乙醇:冰醋酸:水(30:10:60)〈!〉

相片减薄溶液(photographic reducing solution)(Switzer et al. 1979)

视情况选择,见第 10 步。

配制溶液 A:在 850 ml 去离子水中溶解 37 g NaCl 及 37 g $CuSO_4$,再加入浓氨水〈!〉直到深蓝色沉淀形成尔后溶解,用水调整体积至 1 L。

配制溶液 B:在 900 ml 去离子水中溶解 436 g 硫代硫酸钠,用水调整体积至 1 L。

将等体积溶液 A 和溶液 B 混合,用 3 倍体积的水稀释,该稀释液应立即使用。

硝酸银溶液

每次使用现配,将 $AgNO_3$〈!〉从 20% 储液稀释至 0.1%,置棕色瓶中室温下密闭保存。

本实验方案第 1 步所需的试剂列于 A8.42。

方法

重要:应戴手套轻柔操作,这是因为压力和指纹均能造成假象。此外应使用洁净的玻璃器具和去离子水,因为杂质会明显降低银染的灵敏度。

(1) 按 A8.40 所述的方法通过 SDS 聚丙烯酰胺凝胶电泳分离蛋白质。

(2) 将凝胶浸泡在至少 5 倍体积的固定液中室温下平缓摇动 4~12 h,使蛋白固定。

(3) 弃去固定液,加至少 5 倍凝胶体积的 30% 乙醇,将凝胶于室温下保温并平缓摇动 30 min。

(4) 重复第 3 步。

(5) 弃去乙醇,加 10 倍凝胶体积的去离子水,将凝胶于室温下保温并平缓摇动 10 min。

(6) 重复第 5 步两次。

凝胶再水化期间会略微溶涨。

(7) 弃去最后清洗用的水,戴手套加入 5 倍凝胶体积的硝酸银溶液,将凝胶于室温下保温并平缓摇动 30 min。

(8) 弃去硝酸银溶液,用去离子水流漂洗凝胶的两面(每面 20 s)。 A8.49

若凝胶表面失水会造成染色的假象。

(9) 加 5 倍凝胶体积的新鲜显影液,将凝胶于室温下保温并轻柔搅动,仔细观察凝胶的变化,在数分钟内会出现蛋白质的染色条带,继续保温直至达到所需的对比度。

保温时间过长会导致胶体银染的背景过高。

(10) 用 1% 乙酸洗涤凝胶表面数分钟终止反应,再用去离子水漂洗数次,每次 10 min。

有时在凝胶表面会形成亮灰色银膜,可用 1:4 稀释的相片减薄溶液漂洗凝胶 2~3 s 来去除,然后用去离子水充分漂洗处理过的凝胶。

(11) 按后面介绍的方法制备干胶保存。

SDS-聚丙烯酰胺凝胶的干燥 A8.50

含 ^{35}S 标记氨基酸的放射性标记蛋白在 SDS 聚丙烯酰胺凝胶进行放射自显影前必须预先干燥,凝胶干燥中遇到的主要问题有:① 凝胶的收缩与变形;② 凝胶的开裂。在脱水处理之前把凝胶贴附在一张 Whatman 3MM 滤纸上可以降低发生第一种情况的可能性。(注意用非放射性凝胶制备干胶时最好是夹在醋酸纸(acetate sheet)中间以确保透明，容易看到干燥的凝胶。）但对于第二个问题则尚无好的解决办法，尤其在凝胶比较厚的情况下所含的丙烯酰胺较多，这个问题更为突出。凝胶的开裂往往是在凝胶尚未干透之前就从干胶机上取下来造成的。因此有必要使干胶机保持良好的工作状态，使用可靠一些的真空管以减少压力的波动，并尽可能在符合实验要求的前提下采用薄一些的凝胶。还有一种很好的办法是把凝胶浸在3%甘油中，再用一种简便的装置在空气中干燥（这种装置在AP Biotech或Owl Scientific公司有售）。

材料

注意：在注有〈!〉处材料的正确使用参见附录12。

固定液

冰醋酸:甲醇:水（10:20:70 $V/V/V$）〈!〉

干胶机

许多厂商出售干胶机（如Life Technologies和Promega公司），最好是选用与SDS聚丙烯酰胺凝胶电泳槽来自同一厂家的产品，以便与凝胶相匹配，还可能同时容纳多块凝胶。

含3%甘油的甲醇（20%）〈!〉

视情况选择，见第1步。

Whatman 3MM滤纸

方法

(1) 从电泳装置上取下凝胶，在5～10倍体积的固定液中于室温下保温。酸性固定液扩散进入凝胶后溴酚蓝将变黄，待所有蓝色褪尽继续固定5 min，再用去离子水将凝胶略洗一下。

若在干胶时总是开裂，可将凝胶浸在20%甲醇及3%甘油中过夜，再进行第2步。

(2) 将在右下方切角的凝胶放在一张比凝胶略大一些的莎伦包装膜上。

(3) 在湿胶上放一张干燥的Whatman 3MM滤纸，这张滤纸的大小要适度，应在凝胶四周多出1～2 cm宽的边缘，但又能够放在干胶机中。一旦3MM滤纸贴到凝胶上就不要再移动。

(4) 在干胶机的干胶面板上另外放一张干燥的3MM滤纸，这张滤纸应足以覆盖住要同时干燥的所有凝胶。

(5) 将做好的夹心凝胶（3MM滤纸-凝胶-莎伦包装膜）放在一张置于干咬机上的3MM滤纸上，莎伦包装膜应在最上面。

A8.51 (6) 关上干胶机盖，开始抽气以使上盖把凝胶四周封闭起来，若干胶机配有加热器，可用低档加热（50～65℃）以加速干燥。

(7) 按厂商推荐的时间（一般0.75 mm厚的凝胶需要2h）使凝胶干燥，如使用加热器应在停止加热数分钟后再撤除真空。

(8) 从干胶机上取下已贴附在3MM滤纸上的凝胶。

(9) 撕下莎伦包装膜按附录9介绍的方法进行放射性自显影或保存脱水的凝胶作为实验记录。

免疫印迹 A8.52

注意：在注有〈!〉处材料的正确使用参见附录 12。

免疫印迹用于鉴定能够与特异性抗体相互作用的大分子抗原（一般为蛋白质）并测定抗原的大小（Towbin et al. 1979，Burnette 1981，有关综述请见 Towbin and Gordon 1984，Gershoni 1988，Stott 1989，Poxton 1990）。蛋白质首先通过 SDS 聚丙烯酰胺凝胶电泳分离，再通过电泳转移到固相支持物上，固相支持物包括硝酸纤维素膜、聚偏乙烯二氟（PVDF）膜和阳离子尼龙膜等。首先把膜上未反应的位点封闭起来以抑制抗体的非特异性吸附，这样固定的蛋白即可与特异性的多克隆或单克隆抗体相互作用。最后通过放射、生色或化学发光的方法进行定位。

对于如何避免免疫印迹实验中常见的一些问题曾有许多晦涩难懂的描述。这些问题包括蛋白质转移效率不高、抗原位点丧失、灵敏度较低、背景较高、缺乏定量检测方法等等。尽管没有一个万能的法术能够克服每一个抗原遇到的所有这些困难，一般做上少量预实验，除少数特别棘手的难题之外所有的技术问题都能够解决。在 Bjerrum 和 Schafer-Nielsen（1986）、Bjerrum 等人（1988）以及 Scott（1989）的综述中详述了免疫印迹实验中可能遇到的各种麻烦以及解决这些问题的策略。

把蛋白质从凝胶转移到滤膜上

通过电泳将蛋白从聚丙烯酰胺凝胶转移到膜上，与毛细管转移法相比有效得多，也迅速得多。蛋白的转移系采用能够覆盖整个凝胶面积的电极和膜，转移的方向与蛋白在分离胶中迁移的方向垂直。大多数市售的电泳转移装置采用的是用石墨、铂丝网或不锈钢制造的大电极。老式一些的装置是将垂直的电极用塑料支架浸在转移缓冲液槽中，这个支架围绕着凝胶和膜。新式一些的装置则采用更为有效的“半干”法，即用经转移缓 A8.53
冲液饱和过的 Whatman 3MM 滤纸代替缓冲液槽。在从 SDS 凝胶上转移蛋白时，将膜放在朝向阳极的凝胶一面。转移的条件因不同装置的构造而异，因此最好是按仪器说明书进行这些操作。

表 A8-11 从聚丙烯酰胺凝胶转移至膜上的缓冲液

转移方法	缓冲液	参考文献
半干	24 mmol/L Tris 碱，192 mmol/L 甘氨酸，20%甲醇〈!〉	Towbin et al.（1979）
浸渍	48 mmol/L Tris 碱，39 mmol/L 甘氨酸，20%甲醇〈!〉，0.0375% SDS	Bjerrum and Schafer-Nielsen（1986）

注：甲醇可减少凝胶的溶涨并增加蛋白质结合到硝酸纤维素膜上的效率。转移效率受电泳缓冲液中的 SDS、转移缓冲液的 pH 和转移前凝胶是否已染色等影响。为提高转膜效率，SDS 的浓度应不高于 0.1%，pH 应不低于 8.0。若蛋白需在膜上测序，应使用 CAPS 缓冲液（Moos 1992）。甘氨酸对该方法有干扰作用。

滤膜的类型

用于免疫印迹的滤膜有三种类型：硝酸纤维滤膜、尼龙滤膜和聚偏氟乙烯滤膜。不同蛋白质与这些滤膜结合的效率有所不同，某一特定抗原表位可能在一种情况下保护得更好一些。因此在可能的情况下最好先用几种抗体测试一下待研究的抗原在各种滤膜上检测的效率。

(1) *硝酸纤维滤膜* （孔径为 0.45 μm）仍为免疫印迹实验中采用的标准滤膜，尽管一些相对分子质量小于 14 000 的小分子蛋白作免疫印迹时推荐使用小一些孔径（0.22 μm 或 0.1 μm）的滤膜（Burnette 1981，Lin and Kasamatsu 1983）。硝酸纤维素结合及滞留蛋白的容量在 80 $\mu g/cm^2$ 至 250 $\mu g/cm^2$ 的范围，容量的大小取决于蛋白质的性质。蛋白质主要是靠疏水作用结合在硝酸纤维素滤膜上（Van Oss et al. 1987），尽管氨基酸侧链与滤膜的硝基形成的氢键可能也起到了一定作用。无论是哪一种情况，转移缓冲液中的甲醇或盐引起的蛋白质部分脱水均会使蛋白质与膜之间的结合更加持久。尽管如此，在处理过程中，尤其是在缓冲液中含有非离子型去污剂时，蛋白质也会从膜上脱落。因此许多研究者将蛋白质固定在硝酸纤维素膜上以减少洗涤以及与抗体保温过程中蛋白质的损失（有关实例见 Gershoni and Palade 1982）。但需注意的是要确定固定的方法（戊二醛、交联或紫外照射）不会破坏待研究的抗原表位。这些处理还会增加转移之后干燥硝酸纤维素滤膜的难度。

(2) *尼龙及荷正电的尼龙滤膜* 比硝酸纤维素膜更结实，可通过静电作用与蛋白质结合得更紧。其对蛋白的结合能力既因不同尼龙的种类而异，也因不同蛋白而异，一般在 150 $\mu g/cm^2$ 至 200 $\mu g/cm^2$ 之间。与硝酸纤维素相比尼龙及带电荷的尼龙膜的优势在于这类滤膜可使用不同抗体进行多次检测。但尼龙膜也有两个缺点，第一，如下述及，目前还没有简便灵敏的方法来使固定在尼龙及荷电尼龙膜上的蛋白进行染色；第二，由于难以对这种膜上所有未占据的位点进行封闭，抗体倾向于与滤膜非特异性结合，造成背景很高，在使用诸如增强化学发光（ECL）之类高灵敏度的检测方法时尤为如此。在许多情况下为了得到满意的结果需要在含 6% 热处理的酪蛋白及 1% 聚乙烯吡咯烷酮溶液中作延长封闭（Gillespie and Hudspeth 1991）。

(3) *聚偏氟乙烯* （PVDF）（Pluskal et al. 1986）机械强度高，与蛋白质具有较强的界面（疏水）相互作用。在进行转移之前须用甲醇润湿膜的疏水表面。PVDF 膜的吸附容量与尼龙膜大致相当（约 170 μg 蛋白质/cm^2）。蛋白质与 PVDF 膜结合的强度约为与硝酸纤维素膜结合强度的 6 倍（van Oss et al. 1987）并且在随后检测过程中能够更有效地滞留。固定在 PVDF 膜上的蛋白可通过标准染色方法着色，如用氨基黑、印度墨汁、丽春红 S 及考马斯亮蓝等进行染色。

A8.54 免疫印迹实验中蛋白质的染色

蛋白质在凝胶上分离和在膜上转移的情况可通过染色加以确认，这项操作很简单，但需要对染色方法进行认真选择，以确定一种足够灵敏而且适合于所使用的那种滤膜的染色方法。染色可以在免疫印迹反应的几个步骤进行，大致如下所述。

(1) *在转膜之前染色* 蛋白质可用常规的染料如考马斯亮蓝在聚丙烯酰胺凝胶中进行染色、脱色，再通过电泳转移到硝酸纤维素或 PVDF 滤膜上作免疫印迹（有关实例见 Thompson and Larson 1992）。这种方法的主要优点是在免疫检测期间蛋白质处于着色状态，这样提供了一套内部标识。不过在有些情况下蛋白质在凝胶中染色也会降低电洗脱的效率并干扰与抗体的结合。[采用预先染色的蛋白参照物（Life Technologies 公司有售）也可为蛋白质的转移提供一套内部标识而不用对整个凝胶染色。]

(2) *在转膜之后染色* 硝酸纤维素和 PVDF 滤膜的整面均可用丽春红 S 进行染色（Muilerman et al. 1982, Salinovitch and Montelaro 1986），这种染料可以去除但不甚灵敏。若采用持久一些的染料［如印度墨汁（Hancock and Tsang 1983）、氨基黑（Towbin et al. 1979, Wilson 1979）、胶体金（Moeremans et al. 1985, Rohringer and Holden 1985）或银（Yuen et al. 1982）］，通常需要从胶上切下一条泳道以作参照。

用碱作短暂处理可以增强印度墨汁和胶体金的染色，可能是由于这种处理能够减少洗涤过程中蛋白从膜上流失（Sutherland and Skerritt 1986）。在这种条件下有可能容易在一条带上检测到含少至几纳克的蛋白。对于固定在尼龙膜或带阳离子的尼龙膜上蛋白质的染色目前还没有找到满意的方法，这些膜上的高密度电荷使染料不加选择地与膜表面结合而产生很高的背景，使蛋白条带看起来很模糊，只有特别强的条带才能明晰可见。

封闭剂

传统的封闭剂如 0.5% 低脂奶粉或 5% 牛血清白蛋白（Johnson et al. 1984, DenHollander and Befus 1989）适用于基于辣根过氧化物酶的生色检测系统，但这些溶液一般富含碱性磷酸酶，不适用于采用这种酶的检测系统。在使用化学发光系统时尤其需要注意，这种系统的灵敏度不是取决于发射信号的强度，而是取决于抑制背景的效率。对基于碱性磷酸酶的系统，最好的封闭剂是含 6% 酪蛋白、1% 聚乙烯吡咯烷酮和 10 mmol/L EDTA 的磷酸缓冲盐溶液（Gillepie and Hudspeth 1991）。该封闭液须经 65℃ 加热 1 h 使残留的碱性磷酸酶失活，然后在 3 mmol/L 叠氮钠存在下于 4℃ 保藏。具体配方见附录 1。

探测和检测

与待研究的表位相互作用的抗体可以为多克隆，也可为单克隆。无论是哪一种都不是经放射性标记或与酶缀合的，而只是用适当缓冲液作了一下稀释以便形成抗体-抗原复合物。在一般情况下，免疫印迹实验中的背景都会高得不能接受，除非是将第一抗体进行稀释。用酶法检测至少要作 1∶1000 稀释，而用化学发光法检测则至少要作 1∶5000 稀释。洗涤之后，用放射性标记或酶缀合的二级试剂检测结合的抗体。二级试剂能够识别第一抗体的共同特征并携带一种报告酶或基团，二级试剂包括： A8.55

(1) *放射性碘化的抗体或葡萄球菌 A 蛋白* 第一个免疫印迹实验以及后来的几年

中就是采用这种试剂（有关实例见 Burnette 1981），但放射性标记的次级试剂现已被非放射性检测系统所取代，这些方法（如增强化学发光法）危险性较小而灵敏度更高。这是半定量免疫印迹法中最准确的一种方法。

(2) 与酶缀合的抗体　这些酶包括辣根过氧化物酶和碱性磷酸酶等，这些酶有各种生色底物、荧光底物和化学发光底物可供选择。

(3) 与生物素偶联的抗体　偶联后可用标记或缀合的链霉抗生物素检测。

放射性标记试剂的图像可俘获到 X 射线底片或磷酸成像仪（phosphorimagers）上，而生色和荧光反应的结果最好是用传统的照相技术记录。表 A8-12 给出了用高滴度和高度特异性抗体检测标准抗原时各种方法大致的灵敏度，关于这些检测方法的详细情况见附录 9。

表 A8-12　用生色和化学发光法检测固定化抗原

酶	试剂	灵敏度	注释	参考文献
生色				
辣根过氧化物酶	4-氯-1-萘酚/H_2O_2	1 ng	氧化产物的紫色暴露在光照下会迅速褪色	Hawkes et al. 1982, Dresel and Schettler 1984
	二氨基联苯胺〈!〉/ H_2O_2	250 pg	有潜在的致癌性；钴盐、银盐和镍盐可增强二氨基联苯胺生成棕色沉淀的反应	de Blas and Cherwinski 1983, Gershoni 1988
	3, 3′5, 5′-四甲基联苯胺	100 pg	深紫色沉淀	McKimm-Breschkin 1990
碱性磷酸酶	氮蓝四唑/5-溴-4-氯吲哚磷酸	100 pg	钢青色沉淀	Leary et al. 1983, Blake et al. 1984
化学发光				
辣根过氧化物酶	鲁米诺/4-碘代酚/H_2O_2	300 pg	氧化的鲁米诺发出蓝色光可俘获在 X 射线底片上，强带发出的光数秒内即出现，而弱带发光至少需 30 min	Schneppenheim and Rautenberg 1987, Harper and Murphy 1991, Schneppenheim et al. 1991,
碱性磷酸酶	AMPPD 3-（4-甲氧螺［1, 2-二氧杂环丁烷-3′2′-三环（3.3.1^{3,7})］癸烷）-4-苯基磷酸盐	1 pg	酶促脱磷产物可发光，由于碱性磷酸酶的转换数较高，可快速产生强信号，为免疫检测提供了一个非常灵敏的方法	Gillespie and Hudspeth 1991

张惟村　韩　聪　译
梁　龙　黄培堂　校

附录9 检测系统

核酸的染色 A9.3

溴化乙锭

溴化乙锭首先于 20 世纪 50 年代合成成功，主要是作为一种有效的杀锥虫制剂而发展起来的菲锭化合物。溴化乙锭在筛选过程中脱颖而出。它的杀锥虫效能是其母化合物的 10～50 倍，并对小鼠无毒，且与早期的菲啶化合物不同，对牛不具有光致敏作用（Watkins and Wolfe 1952）。直到最近，溴化乙锭在热带及亚热带国家仍被广泛应用于牛锥虫病的治疗和预防。溴化乙锭地化学结构如右图所示。

溴化乙锭与核酸结合

溴化乙锭包含一个平面的三环菲啶环，它能插入到双链 DNA 堆叠的碱基对之间。当它插入到螺旋结构中，将保持与螺旋结构纵轴垂直的位置，并在其上下方与碱基对形成范德华（van der Waals）接触。尽管其平面三环结构被包埋，其外围苯基及乙基基团却伸出插入到 DNA 双螺旋结构的大沟中。在高离子强度的溶液中，大约每 2.5 个碱基对中插入一个分子的溴化乙锭，且与 DNA 的碱基组成无关。除沿螺旋纵轴方向发生 3.4Å 的位置偏移外，碱基对的几何结构和位置相对于螺旋结构并未发生改变（Waring 1965）。这使得与溴化乙锭结合达到饱和的双链 DNA 的长度增加了 27%（Freifelder 1971）。

溴化乙锭也同样可以通过不同的化学作用方式与 RNA 以及热变性或单链 DNA 链内碱基对所形成的螺旋结构区相结合（Waring 1965，1966，LePecq and Paoletti 1967）。溴化乙锭平面基团的固定位置以及它与碱基的高度临近使被结合的染料所产生的荧光与在自由溶液状态的染料相比增强 20～25 倍。254 nm 的紫外线首先被 DNA 吸收，然后被传送到染料；而 302 nm 以及 366 nm 的射线直接被染料自行吸收。这些被吸收的能量将在 590 nm 的橙红色可见光谱区以 0.3 的量子产额被重新释放出来（LePecq and Paoleti 1967，Tuma et al. 1999）。

大部分商品化的紫外线光源产生 302 nm 的紫外线。溴化乙锭-DNA 复合物在受到紫外线照射激发所产生的荧光，在 302 nm 的紫外线下明显要比 366 nm 的要强，但要比短波紫外线（254 nm）的稍弱。然而，302 nm 紫外线所造成染料的光褪色效应以及造成 DNA 的断裂和缺口明显要较 254 nm 紫外线少得多（Brunk and Simpson 1977）。

凝胶中 DNA 的染色

溴化乙锭被广泛地用于琼脂糖凝胶中 DNA 片段的定位（Aaij and Borst 1972，Sharp et al. 1973，请参看第 5 章的介绍以及第 5 章的操作步骤 2）。通常将它以 0.5 μg/ml 的浓度被加入到胶中以及电泳缓冲液中。尽管加入溴化乙锭会导致线性双链 DNA 的电泳迁移率减慢～15%，但却可在紫外灯下直接检查凝胶。由于溴化乙锭-DNA 复合物的荧光强度要比未结合的染料强很多，少量的 DNA（～10 ng/条带）也能从存在游离状态
A9.4 溴化乙锭的凝胶中被检测出来（Sharp et al. 1973）。如果预先用氯乙醛（chloroacetaldehyde）对 DNA 进行处理，则更小量的 DNA 也可被检测出来。氯乙醛是一种化学诱变剂，可与腺嘌呤、胞嘧啶以及鸟嘌呤发生反应（Premaratne et al. 1993）。一种更为可行的增强荧光的方法是先将凝胶在含 10 mmol/L Mg^{2+} 的溶液中脱色然后再在紫外灯下观察（Sambrook et al. 1989）。

双链 DNA 的定量分析

DNA 与溴化乙锭复合物的形成过程能通过肉眼被观察到是由于结合过程中在吸收

光谱上发生了巨大的因光异色偏移（metachromatic shift）。原来的最大吸收峰在 480 nm（橙黄色）逐渐漂移到 520 nm（粉红色）并具有一个特征的等消光点（isosbestic point），为 510 nm。这为应用定量分光光度法来估算 DNA 浓度提供了一种简洁的方法（Waring 1965）。

一种更为快捷和灵敏的方法是应用溴化乙锭分子的插入可通过紫外线照射产生荧光。由于荧光的亮度与 DNA 的含量成相关，DNA 的含量可通过样品在 590 nm 处的光量度与一系列标准品的对照来估算（要了解更多有关应用溴化乙锭进行 DNA 定量分析的信息请参阅附录 8）。

溴化乙锭的改进

插入染料的二聚体与 DNA 的亲和力要比其单体化合物大的多（Gaugain et al. 1978）。溴化乙锭的同型二聚体或吖啶与溴乙菲啶形成的杂二聚体在 DNA 的检测灵敏度上要比单体的溴化乙锭高出很多。例如：少至 30pg 的 DNA 可在共焦荧光凝胶扫描仪（confocal fluorescence gel scanner）上被检测出来（请参见 Glazer et al. 1990，Glazer and Rye 1992）。然而，价格的上涨与这种灵敏度的增高是很不相称的；购买 1mg 溴化乙锭同型二聚体的花费大约是购买 1g 溴化乙锭的花费的十倍。与溴化乙锭无关的非对称性花青染料（unsymmetric cyanine dyes）对于检测 DNA 同样具有更高的灵敏度，但是这些染料也同样很昂贵（请参见下面的 SYBR 染料部分）。关于溴化乙锭的处理信息请参见附录 8）。

亚甲基蓝

亚甲基蓝（methylene blue）又名瑞士蓝（Swiss Blue），为瑞士人 Caro 首先于 1876 年合成成功。亚甲基蓝（Fierz-David and Blangey 1949）有时被用于转移到硝酸纤维素膜或特定的尼龙膜上的 RNA 的染色（Herrin and Schmidt 1988）（请参见第 7 章，操作步骤 7）。

亚甲基蓝也同样可用于琼脂糖凝胶中 DNA 条带的染色（见关于简明操作步骤窗口）。其目的是为了避免使用溴化乙锭以及尽量减少紫外线对 DNA 的照射。紫外线的照射可导致形成嘧啶二聚体，降低 DNA 的生物活性。这个问题似乎并不严重，然而对于某些研究它却是担忧的源泉。

亚甲基蓝在可见光谱区内有两个最大吸收峰（668 nm 和 609 nm），并可溶于水。对于固定于尼龙膜或硝酸纤维素膜上的 RNA 的染色，其通常的使用浓度为 0.04%，并溶于 0.5 mol/L 的醋酸钠溶液中（pH 5.2）。染色是可逆的，并可在杂交前使用。 A9.5

简明操作步骤

凝胶中 DNA 的亚甲基蓝染色

1. 用 GTG 琼脂糖所制凝胶在 1×TAE 缓冲液中上样电泳。

   用亚甲基蓝染色所能检测出的 DNA 条带最低含量为～40ng，因而在通常情况下 DNA 的上样量需比正常增大 2～3 倍。

2. 电泳结束后，将凝胶置于玻璃盘中，加入5倍凝胶体积的染液，含0.001%～0.0025%亚甲基蓝（可从 Sigma 购得），1 mM Tris-乙酸（pH 7.4），0.1 mM EDTA（pH 8.0）。
3. 室温温育4小时，在旋转混合器上轻微搅动。
4. 在蒸馏水中短暂漂洗后在类似于X光观片灯上观察结果。

银染

Count Albert von Bollstadt（1193 或 1206～1280）极为著名。他是 St. Thomas Aquinas 的老师，是一位炼金术士。他对砒霜有如此清晰的描述以至于有时人们认为他是这个元素的发现者。然而，对于分子克隆，他记录了硝酸银可以使人的皮肤着色。8个世纪之后，银染已被改进为用于聚丙烯酰胺以及琼脂糖凝胶电泳后检测 DNA 条带的高度灵敏的技术。最佳时银染可检测出含量<1.0ng 的 DNA 条带。下面将分述三种基本的银染方法（Merril 1987，1990，Mitchell et al. 1994）。

- 照片显影法　与传统的摄影术以及荧光X线照相术类似，应用光子能量来还原银离子成为金属银。不幸的是尽管它简单快速，却缺乏灵敏度，与传统的溴化乙啶染色相比没有什么优势（Merril 1987，1990，Mitchell et al. 1994）。
- 二氨染色法　应用氢氧化铵来产生银二氨络合物并结合到核酸上（Yuksel and Gracy 1985）。应用柠檬酸来降低铵离子浓度而使银离子从络合物中释放出来，释放的银离子最后被甲醛还原成金属银。由 Johansson 和 Skoog（1987）建立的这种基本方法具有即快速又相对灵敏的特点（0.5～2 ng DNA/条带）；而应用 Vari 和 Bell（1996）改良的方法可达到更高的灵敏度（0.1～1 ng DNA/条带）。然而，在通常的情况下，我们很难达到这么好的灵敏度，而且含氨的银盐具有爆炸的危险性，必须小心处理。
- 非二氨染色法　包括诸如 DNA 的固定、用戊二醛对 DNA 进行敏化处理、在弱酸条件下用硝酸银对凝胶或膜进行浸泡、用碱性甲醛溶液将结合的银离子还原为金属银。目前已发表了应用这种技术的各种不同版本，但它们或多或少的都具有同样的问题：即在不同程度的微褐色背景上，DNA 条带被染成灰色或棕黄色（Vari and Bell 1996）。在下面的操作步骤中，通过仔细地监控凝胶的显影过程以达到获得最大的特异性条带显影和最小的背景着色，上述问题可得到部分解决。在碱性甲醛溶液中加入硫代硫酸钠可改善银离子的差异还原（differential reduction）（Bassam et al. 1991），硫代硫酸钠通过与凝胶表面的银离子结合形成可溶性银盐而将银离子从凝胶表面移除。如果操作得当，非二氨染色法可检测出 DNA 含量为2～5 ng 的条带。非二氨银染法已作为银染 DNA 测序试剂盒（Silver Sequence DNA sequencing kit）的一部分被 Promega 公司推上市场。下面的非二氨染色的操作方法操作简单，灵敏度高，可检测出在聚丙烯酰胺凝胶中含量为2～5 ng 的 DNA 条带。此方法是 Sue Forrest 博士友情提供的（Victorian Clinical Genetics Service，Melbourne，Australia）。

A9.6

非变性聚丙烯酰胺凝胶中 DNA 的银染

本方案所用体积大约适合于 150 mm×150 mm 的聚丙烯酰胺凝胶的染色。这种大小的凝胶通常用于应用 SSCP 法来分析单链 DNA（见第 13 章）。

材料

注意：对于标注有〈!〉号的试剂的正确操作请参见附录 12。

乙酸（3% V/V）

显影液

在蒸馏水中溶解 22.9 g 碳酸钠至终体积为 1 升。在室温下避光保存（如存放于壁橱中）。

乙醇（10% V/V）

乙醇/甘油（分别为 10%和 7% V/V）

甲醛（37% V/V）〈!〉

硝酸（0.7% V/V）〈!〉

硝酸银（0.2% m/V），新鲜配置〈!〉

方法

(1) 电泳完毕后，将仍粘在一面玻璃板上的凝胶置入用于银染的塑料盘中。注意在任何时候都不要碰到凝胶的表面。

由于在凝胶表面加压会导致背景着色，所以，各种用于银染的溶液均通过一个阀门连接到真空管线的移液管从塑料盘中移除。

(2) 在蒸馏水中漂洗两次去处电泳缓冲液。在漂洗的过程中，凝胶会飘浮起来，这时可将玻璃板取出。

(3) 在 10%的乙醇溶液中进行凝胶固定 10 min，在摇床上轻微震荡。吸除 10%的乙醇并重复一次。

如需要，凝胶可在第二遍的 10%乙醇溶液中存留数小时。

(4) 吸除乙醇溶液，加入 0.7%的硝酸溶液至刚好覆盖凝胶。在摇床上轻微震荡 6 min。吸除硝酸溶液并用蒸馏水漂洗两次。

(5) 加入 0.2%的硝酸银溶液至刚好覆盖凝胶。在摇床上轻微震荡 30 min。用蒸馏水漂洗凝胶以及染色盘三次。

硝酸银溶液可以重复使用，但染色效果可能不可靠。

(6) 在 100 ml 显影液中加入 125 μl 的甲醛溶液。将上述显影液/甲醛溶液加入染色盘中，在非直射光线下轻微震荡染色盘（如：用铝箔将容器盖上）。当溶液变成黄色或出现深色沉淀时，重新更换上述溶液 100 ml。继续在非直射光线下轻微震荡，并监测条带以及背景的出现，当信噪比达到最大时，移除第二次的显影液/甲醛溶液。

(7) 加入 250 ml 3%的乙酸溶液，轻微震荡 5 min。 A9.7

(8) 移除 3%的乙酸溶液，用 10%的乙醇洗涤凝胶。移除上述酒精溶液，将凝胶在新换的 10%的乙醇溶液中浸泡 2 min。

(9) 用 Polaroid 667 胶片在白光灯箱上用透射照明法对凝胶进行摄影。当凝胶的四周用黑纸盖住时可获得最佳的摄影效果。

(10) 长期保存，可将凝胶保存在 10% 乙醇/7% 甘油溶液中或按下列步骤干胶：

1) 在烧杯顶上铺一块比凝胶长宽都多出 2 cm 的玻璃板。

2) 将一张与玻璃板差不多大小的 Saran Wrap（一种保鲜膜）浸湿，铺在玻璃板上，小心地排除任何气泡。

3) 将凝胶置于 Saran Wrap 的中央，用另一张预先浸湿的同样大小的 Saran Wrap 覆盖，去掉皱褶及气泡。

4) 在 Saran Wrap 上围绕着凝胶的四周放上边条，厚度约致 1cm，用数只夹子（牛头狗夹，bulldog clips）将边条夹在玻璃板上。

5) 干燥 24～48 h，直到 Saran Wrap 变脆为止。

SYBR 染料

SYBR 染料为一种非对称菁化合物，由 Molecular Probes 公司开发。它作为一种 DNA 和 RNA 染料，与菲啶类染料如溴化乙锭相比具有一些优越性。有关 SYBR 染料的科学文献很少，然而在制造商的网站上有许多有用的信息(http://www.probes.com)，现小结如下。有关 SYBR 染料的优越性及使用的更详细的资料请参看第 5 章方案 2。

有三种 SYBR 染料被用于分子克隆试验中：分别为 SYBR Green Ⅰ、Ⅱ和 SYBR Gold。所有三种染料在溶液状态基本上不产生荧光，然而，当其结合到核酸上时，将产生很强的荧光以及很高量子产额（quantum yield)。比如，SYBR Green Ⅰ在结合到双链 DNA 上时量子产额为 0.8，而 SYBR Gold 具有 0.7 的量子产额以及 1000 倍的增强荧光 (Tuma et al. 1999)。由于 SYBR 染料能产生很强的信号和极低的背景以及对核酸的高度亲和力，它们能在低浓度条件下使用，并比传统的染料如溴化乙锭具有更高的灵敏度。然而，SYBR Green Ⅰ 以及Ⅱ也具有一些不如人意的特点：

- 这些染料在标准的紫外透射仪上的 300 nm 紫外线下不能达到理想的荧光激发状态，在紫外波长为 254 nm 时信号强度会得到改善，但在这个波长下，对 DNA 的损伤也达到最大。
- 两种染料对凝胶的渗透都很慢，如果凝胶较厚或浓度较高，电泳后染色需要 2 h 或更多。
- 这些染料的光稳定性不是特别好。
- SYBR Green Ⅰ 在检测凝胶中单链 DNA 时只比溴化乙锭稍微灵敏一点点。

由于上述原因，SYBR Green Ⅰ和Ⅱ通常不用于凝胶中 DNA 染色。然而，SYBR Green Ⅱ用于检测变性凝胶中的 RNA 时，其灵敏度为溴化乙锭的五倍并且不会干扰 northern 转移。因而，这种染料可用于难以用溴化乙锭检测的微量 RNA 定量分析。而 SYBR Green I 主要用于溶液中 DNA 的定量，比如用于实时聚合酶链式反应（real time polymerase chain reactions)（请参看第 8 章实时 PCR，方案 15 的信息栏）。

A9.8 SYBR Gold 为最近才上市的产品，是最好的 SYBR 染料。它比溴化乙锭灵敏度高 10 倍以上，且其信号检测动态范围极佳。与 SYBR Green Ⅰ和Ⅱ不同，SYBR Gold 对凝胶的渗透作用很快，因而既可用于传统的非变性聚丙烯酰胺凝胶及琼脂糖凝胶中 DNA

和 RNA 的染色，也可用于含有变性剂的凝胶，如尿素、乙二醛、甲醛。由于 SYBR Gold 通常主要结合在主链的带电磷酸残基上，结合了染料的 DNA 的电泳迁移会明显减缓并且有时会造成 DNA 条带的弯曲。因而，用 SYBR Gold 进行凝胶染色通常在电泳完成后进行。由于背景染色非常低所以不需要进行脱色。使用标准的紫外透射仪波长 300nm 照射，应用 SYBR Gold 染色的核酸产生明亮的金色荧光，可用传统的黑白宝丽来胶卷（Polaroid film）（type 667）拍摄或用基于电荷耦合装置（charged couple device, CCD）的图像探测系统摄取。染色的核酸可直接转移到膜上用于 Northern 或 Southern 杂交（Tuma et al. 1999）。

尽管许多酶促反应都不会被 SYBR Gold 所抑制，但聚合酶链式反应对于高浓度的这种染料是敏感的，然而这种抑制可通过调节 Mg^{2+} 浓度来减轻（Tuma et al. 1999）或通过标准的乙醇沉淀将 SYBR Gold 从模板 DNA 上移除来避免。

SYBR Gold 是以 10 000× 的浓度溶解在无水的二甲亚砜溶液（DMSO）中提供的。由于这种染料的高昂价格排除了它用于常规凝胶染色的可能。然而，这种染料在某些技术中作为 DNA 放射性标记或银染的替代选择也许是划算的，如在单链构象多态性（single-strand conformation polymorphism, SSCP）和变性梯度凝胶电泳（denaturing gradient gel electrophoresis, DGGE）等试验中。

放射自显影及图像处理 A9.9

第一张放射自显影是在 1867 年获得，当时 Niepce de St. Victor 描述了用硝酸铀和酒石酸铀使氯化银和碘化银乳剂黑化的现象。这种黑化过程甚至在用彩色玻璃片将铀盐从乳剂中分离出来依然发生。在当时，放射现象还未被发现，Niepce 企图应用发光（luminescence）原理来解释他的结果但未能成功。

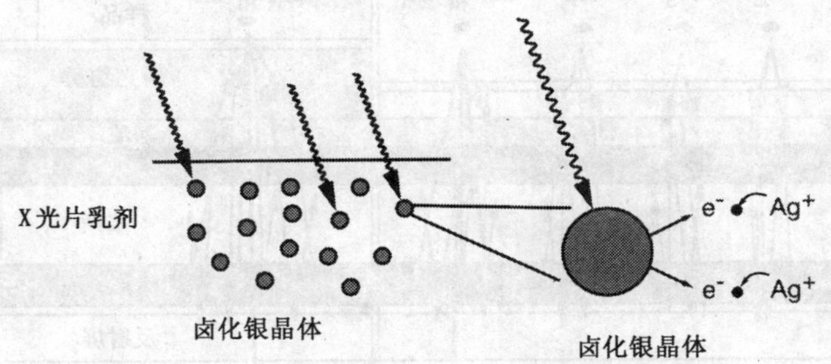

图 A9-1 放射自显影图像的形成

图示放射性粒子进入放射自显影胶片，使卤化物晶体放出电子。这些电子吸引带正电荷的银离子，产生银原子沉淀。

分子克隆依赖于将放射性原子的分布精确定位在二维平面上的技术。在过去的 20 年里，Southern 点杂交、Northern 杂交、DNA 序列凝胶以及库筛选的放射自显影图像已成为这个领域的象征。在放射自显影过程中，放射性样本产生射线（通常为 β 粒子），它的影像被记录在摄影胶片上。图 A9-1 为放射线使照相乳胶感光的示意图。

在放射自显影中使用的乳剂为卤化物晶体（颗粒）在明胶中的混悬物。在放射线中曝光可激活卤化物晶体，产生潜在影像，并可通过显影获得真实的影像。每一个从样品中发射出的β粒子将数个银离子转变为银原子，他们随即从晶格中分离出来。但这样所产生的潜在影像并不稳定，因为这些银原子倾向于失去它们所捕获的电子并重新回到晶格中去。在室温下，这种回复反应完成一半的时间小于 1 s。而在 -70℃时，这种回复反应十分缓慢，几乎不会造成潜影的退变。

在显影过程中，活化的银原子核催化整个卤化银颗粒转变成金属银。在大多数乳剂中，每个晶体中需要 5～10 个活化的银原子才能在显影过程中完成整个晶体的转化。活化银原子少于这个数的晶体被转化的概率就会很小。也就是说，最终影像的强度与射线

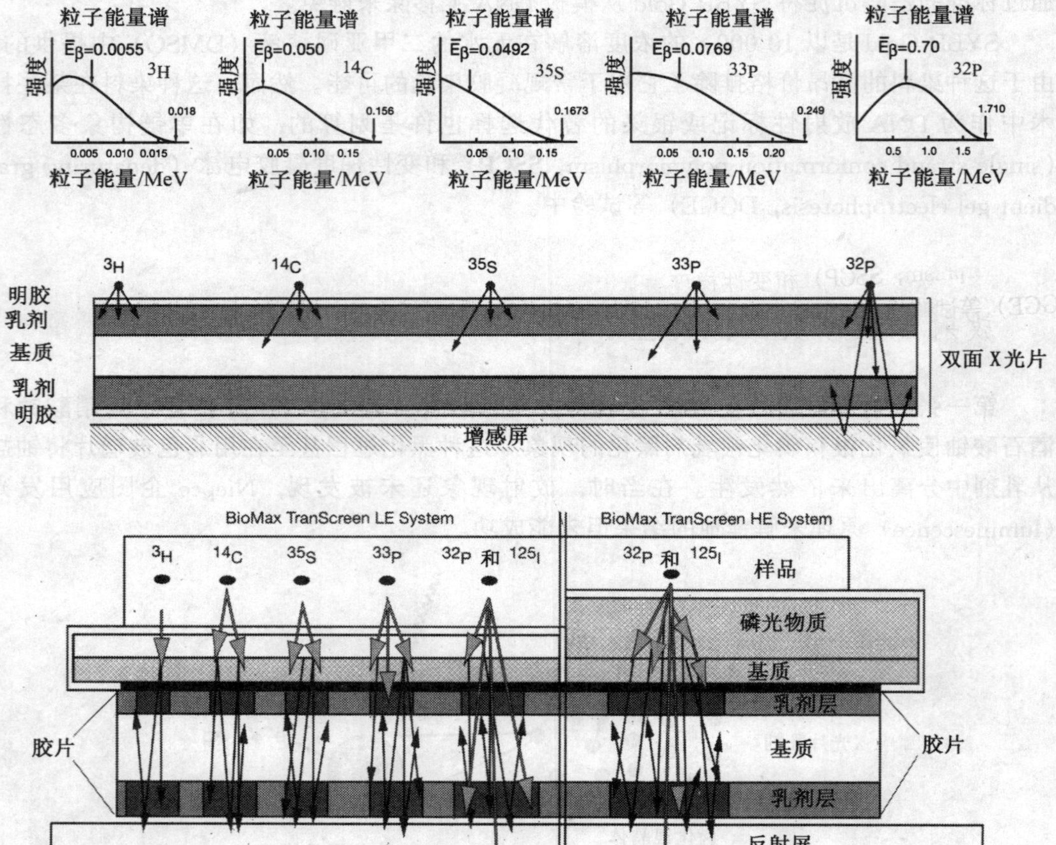

图 A9-2　常用同位素的放射性能量

（上）放射性同位素衰变所产粒子的能谱图。图中的箭头标出每个粒子的平均能量。（中）显示常用同位素能穿透放射自显影胶片的深度。（下）Kodak BioMax TranScreen 系统的工作原理草图（在获得 Eastman Kodak 公司同意后修改，Kodak，BioMax 以及 TranScreen 为 Eastman Kodak 公司注册商标。）

的入射强度不成比列。低水平的射线将产生不成比列的弱化影像。在摄影学上，这种现象被称为低密度倒易率失效（low-intensity reciprocity failure）。

相反，在强光源或β粒子源下曝光可使所有的溴化银晶体达到饱和而使乳剂对进一步的射线照射产生耐受，这种“烧焦”的影像密度也不再与入射的射线强度成比列。显影后的影像在显微密度计下检测，如果它在波长545 nm时的吸光率超过1.3，则胶片已达到饱和，不能用于射线源强度的定量分析。

常用的三种用于放射自显影的同位素为^{35}S、^{33}P和^{32}P，它们都放射β粒子。它们所放射的这些粒子的能量是不同的：^{35}S放射的粒子的最大能量为0.167 MeV，仅可穿透0.25 mm厚的乳胶层（见图A9-2）。^{33}P的放射略强（0.249 MeV），最大穿透厚度为0.6 mm。尽管这个厚度已足够让放射的β粒子与乳胶中的卤化银晶体产生有效的反应，A9.10
但它还不足以让这些粒子穿透屏障，如放在胶片与放射源之间的Saran Wrap。因而，当用^{35}S-或^{33}P标记材料做放射自显影时必须将胶片与放射源直接接触放置。为减少内部的放射性吸收，凝胶应越薄越好并应在放射自显影前进行固定和干燥。硝酸纤维膜和尼龙膜应该充分干燥，必须注意确保有放射性的一面直接与胶片接触（注意：潮湿的凝胶及薄膜会与胶片紧密地粘在一起而无法去掉）。

与^{35}S和^{33}P不同，^{32}P所放射的β粒子具有足够的能量（1.709 MeV），可穿透高达6 mm厚的水和塑料并可完全穿透X光片。因而，凝胶或滤膜不必完全干燥（尽管干燥后可使放射自显影图像的锐度得到明显提高），并可在对胶片曝光前覆盖一张Saran Wrap。^{32}P的辐射强度需要超过1 cm厚的Plexiglas有机玻璃来屏蔽，通过阻断β粒子以减少韧致辐射（bremstrahlung）的产生。

增感屏 A9.11

强β粒子（比如由^{32}P衰变所产生的）可以轻易地穿透X光胶片。为了增高检测高能量粒子的效率，可在X光胶片后放一块增感屏。放射性粒子穿过胶片后撞击增感屏，可导致增感屏释放光子，这些光子可被乳剂中的卤化银晶体捕获。增感屏的效率主要由其磷光层的厚度所决定。较厚的磷光层可产生一个“较快”的增感屏，因为厚的较薄的吸收更多的射线。虽然厚屏较快，但通常会使胶片上的图像模糊，主要是由于光线在磷光层中散射所致。

最传统的增感屏由钨酸钙所制成，当其俘获β粒子时产生蓝光。其他增感屏包含稀土元素，比如溴氧化镧（lanthanum oxybromide）（产生蓝光）或氧代硫化钆（gadolinium oxysulfide）产生绿光。现代钨酸钙增感屏如Lightning Plus（Dupont，Cronex）可在低温环境（－70℃）延缓潜在影像衰减的条件下增强影像约致5倍（Koren et al. 1970，Swanstrom and Shank 1978）。通常采用两个增感屏与双面X光胶片一起使用，并将^{32}P标记的样品像三明治一样在暗盒中夹在两块增感屏之间。

传统的增感屏并不会改善低能β粒子被X光片捕获的效率，因而对用^{35}S、^{33}P、^{14}C或^{3}H标记的样品使用这些增感屏只是浪费时间（Laskey and Mills 1977；Sanger et al. 1977）。然而，与这些同位素一起使用的特殊的增感屏目前可从Kodak公司获得。这些增感屏放置在样品与胶片之间。从样品中来的β粒子首先被增感屏俘获并转换成光子，然后再用胶片来检测记录。如图 A9-2 所示。由这种转换屏（TranScreen）所提供的信号增强通常与应用荧光自显影所获得的灵敏度相当。

胶片的预闪光处理

有些磷光的辐射光谱需要适当敏化的胶片，否则许多的光线将被浪费而不会被记录。因此，应用频闪灯或摄影用闪光灯预先对胶片短暂的（约致 1 ms）预曝光，对低水平放射强度的检测效率将进一步提高两倍。这种预曝光在每个卤化银晶体中形成稳定的银原子对，这样将提高放射性粒子进入时产生活化晶体的可能性，这种活化晶体将在胶片显影过程中被还原为金属银。在预曝光过程中，光源到胶片的距离应该依据下述经验来决定（Laskey and Mills 1975，1977）。注意：对于高灵敏胶片，比如 BioMax（KodaK 公司），不主张进行预曝光。对这些胶片预曝光会导致很高的背景。

(1) 在频闪灯或闪光灯上使用橙色滤镜（Kodak，Wratten 21 或 22A）。这种滤镜可减少蓝光的照射，X 光胶片对蓝光十分敏感。

(2) 在全黑环境下，让胶片与光源垂直并保持至少 50 cm 的距离。这样可防止照射不均匀。使用一个散射屏覆盖胶片，如果没有可使用一张 Whatman 1 号滤纸替代。

A9.12 (3) 对胶片进行一系列的不同时长的曝光测试并对它们进行显影。将胶片剪成小片使它能正好放入分光光度计的测量小杯中，以未曝光的胶片空白处做对照，测量波长 545 nm 时的吸光度。选择使吸光度增加 0.15 的时间。

经过预闪光处理的胶片还有其他一些优点：胶片中影像的密度变得与样品中放射性含量成比例（Laskey 1980）。因而在预曝光胶片上的放射自显影图像的密度可通过显微密度计来定量测定，并可用来衡量原始样本中的辐射含量。相反，在未经预曝光的胶片上的卤化银晶体未被完全活化，因而，它对辐射含量增加的反应曲线为 S 形（Laskey and Mills 1975，1977）。这种相关性使得放射自显影图像的定量分析变得复杂。除荧光自显影外，用于放射自显影最好的胶片为 Kodak X-Omat-R 以及 Fuji RX。经过预曝光，这些胶片所产生影像的吸光度在 0.15～1.0 的范围内与放射源的强度成相关。然而，真正的线性相关仅仅在下列情况下可获得：① 胶片在波长为 545 nm 时的背景吸光度被提高到 0.10～0.20 OD 值。② 预闪光的持续时间短（不得超过 1ms)。

荧光自显影

弱 β 粒子源如 ^{3}H、^{14}C 和 ^{35}S 的放射自显影图像密度可通过将样品在荧光化学试剂中浸透来增强，这种荧光化学试剂在遭遇一个量子射线时即可放出许多光子（Wilson 1958，1960）。荧光自显影可使 ^{14}C 和 ^{35}S 的检测灵敏度大约增强 10 倍并可用于 ^{3}H 的检测，而这是使用传统的放射自显影技术所无法实现的。因而，荧光自显影对于检测聚丙烯酰胺凝胶中放射性标记的蛋白和核酸将十分有用。

在最初的方法中（Bonner and Laskey 1974，Laskey and Mills 1975），含有放射性的含水凝胶样品首先用 DMSO 来平衡，然后浸泡在闪烁液 PPO（2，5-二苯基噁唑，2，5-diphenyloxazole）中，再在水中浸泡以移除 DMSO，干燥，最后在 −70℃ 下对 X 光胶片曝光。这些操作程序价格昂贵、冗长乏味（需要至少 5 h 的工作），而且对新手来说可重复性差。困难的主要原因是未能成功的将 DMSO 完全去除，这恰恰是干燥后防止凝胶粘连的关键。由于上述原因，人们发展了许多替代的溶剂来使 PPO 进入样品。包括：乙醇（Laskey 1980）、冰醋酸（Skinner and Griswold 1983），以及其他几种有机溶剂（请参看 Shine et al. 1974，Southern 1975）。

除上述改进外，现在用为闪烁液的 PPO 已大量被水杨酸钠（Chamberlain 1979）或商品化的闪烁液（见下）所替代。使用水杨酸钠，其效果与使用 PPO 相当，但条带可能稍微变得模糊。商品化的含水闪烁液，比如 En^3Hance、Enlightning 或 Entensify（NEW Life Science Products 公司）以及 Amplify（Amersham 公司）通常以液体或喷雾的形式提供，如果按制造商的说明书操作，可以得到与使用 PPO 一样好的结果，且工作量大大减少。但它们都十分昂贵。

荧光自显影中所使用的 X 光胶片应该与闪烁液的荧光光谱相匹配。水杨酸钠产生波长为 409 nm 的光线，而 PPO 为 375 nm，商品化增效剂产生蓝光或紫外线。对上述光谱范围敏感的胶片被称为“屏型”（screen-type）X 光片，包括 Kodak BioMax MS, Amersham Hyperfilm-MP 和 Fuji RX。

不同放射自显影方法的灵敏度 A9.13

表 A9-1 列出用不同放射自显影方法检测不同同位素的灵敏度，其中包括使用或不使用各种增强的方法对比。表中所示的放射性强度是在经预闪光的胶片上经过 24 h 曝光后能够获得可探测图像（$A_{545}=0.02$）时的强度。如要获得可供发表的图像，需要更长的曝光时间。

表 A9-1 各种不同的放射自显影方法对不同放射性同位素检测的灵敏度

同位素	方法	灵敏度/（dpm/mm^2）
^{35}S	无增强	30～60
	荧光自显影	2～3
	TranScreen LE (Kodak)	0.8～1.2
^{32}P	直接	2～5
	增感屏	0.5
	TranScreen HE (Kodak)	0.05～0.1
^{33}P	直接	15～30
	增感屏	1～1.5
	TranScreen LE (Kodak)	0.4～0.6
^{14}C	荧光自显影	2
	TranScreen LE (Kodak)	0.8～1.2
^{125}I	增感屏	1～2
^{3}H	荧光自显影	10～20
	TranScreen LE (Kodak)	74～110

放射自显影的操作

(1) 按下述方法之一来准备用于放射自显影的凝胶：

1) 将含有^{33}P、^{35}S、^{14}C或^{3}H的SDS-聚丙烯酰胺凝胶按第5章方案11所描述的方法固定。使用商品化的干胶器在Whatman 3MM纸上干胶。

2) 将含有^{33}P或^{35}S的测序胶按第12章方案12所描述的方法固定。使用商品化的干胶器在Whatman 3MM纸上干胶。

3) 为获得最高的灵敏度和分辨率，将含有^{32}P的聚丙烯酰胺凝胶在一张衬垫纸上固定、干燥。

将湿的、未经固定的凝胶用塑料代封好或用Saran Wrap包裹后对X光胶片进行曝光也可得到令人满意的自显影图像（参见第5章方案11）。琼脂糖凝胶中^{32}P标记的核酸也可用湿胶法（用Saran Wrap包裹）来对X光胶片进行曝光。但是，为获得最高的灵敏度和分辨率，可按第6章方案8的方法将放射性标记的核酸转移到固相载体上（如硝酸纤维素膜或尼龙膜）。将固相载体干燥并用保鲜膜覆盖以防止污染增感屏及胶片暗盒。

(2) 在背衬纸或保鲜膜上沿着样品的边缘放一张用放射性墨水标记的纸条做标签，用透明胶带纸封住纸条以防止放射性墨水污染暗盒或增感屏。

当然你也可以在纸或保鲜膜上放一个发光标签，这种标签可从数家制造商那里买到（如：Stratagene）。

(3) 在暗室中，将样品放入X光片暗盒，并覆盖一张X光胶片。如果使用预闪光的胶片，预闪光的一面应该对着样品；如果使用了增感屏，那么预闪光的一面应该对着增感屏。

(4) 以适当长的时间进行曝光（见表A-1）。当使用传统的增感屏或荧光自显影时，胶片必须在－70℃进行曝光。低温可以稳定够成放射活性源潜影的银原子和离子。

(5) 从存放处取出片夹（如为－70℃请带手套）。在暗室中迅速取出胶片并于其恢复致室温后开始显影。

如果需要再获得一张放射自显影图像，迅速压上一张胶片并尽快放回冰箱中。如果在压新胶片前出现了冷凝水，则让样品及增感屏恢复到室温后，擦去冷凝水，再压上一张新胶片。

(6) 在自动X光片显影仪上显影胶片或按下述方法手工显影：

X光显影液

5 min

30%醋酸终止液或水洗

1 min

快速定影液

5 min

流水冲洗

15 min.

所有溶液的温度应该为18～20℃

(7) 根据放射性或发光标签的影像来将放射自显影图与样品对齐定位。

磷光成像

许多年以来，放射自显影技术一直作为分子克隆技术的支柱。然而目前有两种磷光成像装置可在计算机的屏幕上生成放射源的图像而不是在传统的摄影胶片上。其中一种装置（面积探测，area detector）用盖革计数器对凝胶或滤膜进行窗口扫描，再将每个单位面积的放射性蜕变数汇编为等高线图。另一种装置使用一种包被了光效应磷光剂（light-responsive phosphor）的平板，凝胶或滤膜直接对平板进行曝光，放射出的能量被储存在基于铕的包被层。然后，用激光对平板进行扫描，使其将收集的光子释放出来并形成图像。两种装置都在计算机屏幕上生成图像。这些设备都比传统的放射自显影要昂贵的多且生成的图像的分辨率要低一些，但他所需的时间只是传统放射自显影的 10%～20%且不需要暗房设备。并且，成像装置的线性区间（linear range）大约扩大 5 个数量级，比传统的 X 光胶片要改进至少 100 倍。因而，光密度检测分析更为精确也更为简便。不同的磷光成像系统所用的方法在细节上有所不同，应按照制造商的说明书来操作。这些图像是采用电子方式获得的，可用软件如 Adobe Photoshop（Adobe Systems Incorporated）来储存或准备用于发表的照片。

同位素相关资料 A9.15

表 A9-2 同位素资料

^{3}H		^{35}S		^{32}P	
时间/a	残余放射性/%	时间/d	残余放射性/%	时间/d	残余放射性/%
1	94.5	2	98.4	1	95.3
2	89.3	5	96.1	2	90.8
3	84.4	10	92.3	3	86.5
4	79.8	15	88.7	4	82.4
5	75.4	20	85.3	5	78.5
6	71.3	25	82.0	6	74.8
7	67.4	31	78.1	7	71.2
8	63.7	37	74.5	8	67.8
9	60.2	43	71.0	9	64.7
10	56.9	50	67.0	10	61.5
11	53.8	57	63.6	11	58.7
12	50.9	65	59.6	12	55.9
12.3	50.0	73	56.0	13	53.2
		81	52.5	14	50.7
		87.1	50.0	14.3	50.0

续表

^{125}I		^{131}I		^{33}P	
时间/a	残余放射性/%	时间/d	残余放射性/%	时间/d	残余放射性/%
4	95.5	0.2	98.3	2	94.7
8	91.2	0.4	96.6	4	89.7
12	87.1	0.6	95.0	6	84.9
16	83.1	1.0	91.8	8	80.4
20	79.4	1.6	87.2	10	76.1
24	75.8	2.3	81.2	12	72.1
28	72.4	3.1	76.7	14	68.3
32	69.1	4.0	71.0	16	64.6
36	66.0	5.0	65.2	18	61.2
40	63.0	6.1	59.3	20	57.9
44	60.2	7.3	53.4	22	54.9
48	57.4	8.1	50.0	24	52.0
52	54.8			25.4	50.0
56	52.4				
60	50.0				

注：一个居里等同于一个同位素每秒钟进行 3.7×10^{10} 核裂变的数量（2.22×10^{12} 裂变数/min）。$1Ci=3.7\times10^{10}$ 贝克勒尔（Bq）。

$1\ Bq=2.7\times10^{-11}\ Ci$

$1\ \mu Ci=37\times10^{3}\ Bq=37\ kBq=2.22\times10^{6}\ dpm$

$1\ mCi=37\times10^{6}\ Bq=37\ MBq=2.22\times10^{9}\ dpm$

$1\ Ci=37\times10^{9}\ Bq=37\ GBq=2.22\times10^{12}\ dpm$

A9.16 化学发光

在分子生物学的部分技术中，放射性试剂已逐步被非同位素试剂所取代。造成上述改变的主要原因是考虑到实验室的安全、放射性废物处理的经济和环境问题。总体来说，新的非同位素系统在分析的灵敏度以及获得结果所需的时间方面已有了很大的改进。化学发光是目前最主要被采用的非同位素技术。当这种技术与酶标技术结合使用时效果尤其好，这样，酶标技术的放大特性与化学发光检测的高灵敏度相结合可产生出超高灵敏度的分析效果（如：过氧化物酶和碱性磷酸酶标记的蛋白和核酸探针的化学发光检测）。在所有分子生物学的常规实验中，化学发光系统的分析效果已基本达到基于^{125}I或^{32}P的分析效果。化学发光系统同时也避免了基于^{32}P的方法试验周期长的缺陷，可在数分钟内获得结果而不是数天。而且，化学发光探针可以很容易的从膜上去除，因此膜可以反复使用而不会造成分辨率的明显下降。直接将非同位素标记连接到核酸以及基于生物素、荧光素以及地高辛等非直接标记法的实验方案现已建立完好。抗生物素（avidin）、链霉亲和素（streptavidin）、抗地高辛（antidigoxingenin）以及抗荧光素酶交联剂（antifluorescein enzyme conjugates）等用于非直接标记的辅助试剂都很容易找到。除此之外，数家公司已开发了功能完备的用于标记或检测的化学发光试剂盒，使化学发光分析变得更为简便。

化学发光是在特定的化学反应中由化学激活的中间体衰变为电子基态时所发出的光。大部分化学发光反应为氧化反应，因为产生可见光需要很高能量的反应（在波长450 处产生可见光需 63.5 kcal/mole）（请参看化学发光反应信息窗）。

化学发光反应

吖啶酯 + 过氧化物 + 碱

磷酸金刚烷基1,2-二氧杂环丁烷 + 碱性磷酸酶

光泽精 + 过氧化物 + 碱

鲁米诺 + 过氧化物 + 碱

氧化一氮 + 臭氧

bis (2,4,6-trichlorophenyl) oxalate + 过氧化物 + 荧光剂

通常，化学发光反应的效率是低下的，尤其是在含有水的环境中。化学发光的量子产额一般都 < 10%。尽管效率低下，这类反应对于分析应用十分有效，许多高灵敏度的分析应用所基于的化合物的量子产额仅 1%（如：鲁米诺［5-amino-2, 3-dihydro-1, 4-phthalazinedione］；鲁米诺的化学结构如左图所示）。

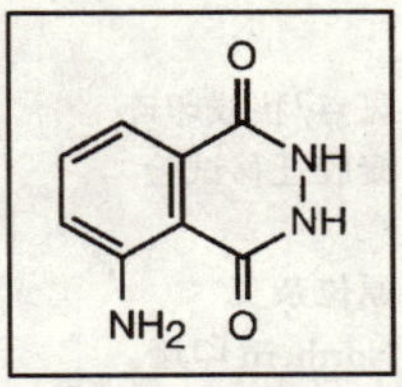

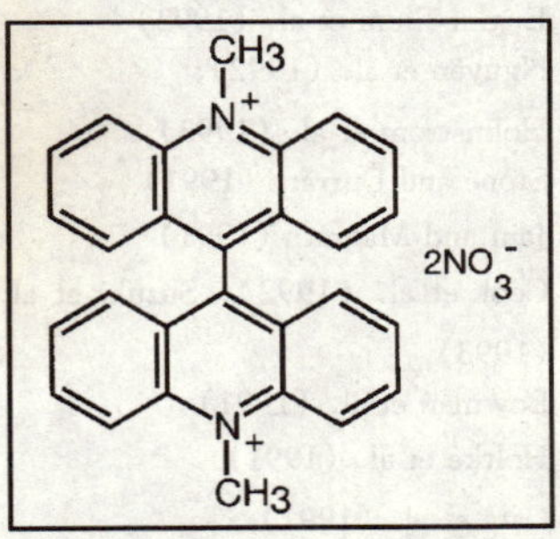

化学发光已有很长的历史（综述请参看 Campbell 1988）并且目前常规使用的一些化合物在很久以前就已知道了。鲁米诺于 1853 年首次合成（但它的化学发光特性直到 1928 年才被认识），光泽精（硝酸双-N-甲基吖啶；化学结构如右图）在 1935 年被合成。化学发光反应可发生在气相（氧化一氮与臭氧反应）、液相（鲁米诺氧化反应）和固相（磷的氧化反应）（Gundermann and McCapra 1987, Campbell 1988, Van Dyke and Van Dyke 1990）。 A9.17

化学发光的应用十分广泛，从大家熟悉的应用氟化致敏的过氧草酸盐氧化反应的家庭用紧急照明光源（Cyalume Lightsticks）到应用光泽精或鲁米诺来增强微弱的细胞化学发光的噬菌作用研究（Allen and Loose 1976）。在分子生物学研究中，化学发光化合物被用于作为核酸探针以及蛋白印迹（如：Southern 和 Western 印迹）的标记，同时也用于酶标核酸及蛋白的检测试剂（表 A9-3 和 A9-4）（Kricka 1992, Nozaki et al. 1992）。化学发光分析及操作独特的优势主要体现在其改进的灵敏度已超过了传统的放射检测、比色检测以及荧光检测系统，使用无害试剂，能快速获得结果以及通用的分析方法（如：基于溶液或膜的分析）。

表 A9-3 免疫学测定与核酸杂交标记的化学发光分析

酶	底物	检测限制（Zeptomoles）
吖啶酯	NaOH + 过氧化物	500
碱性磷酸酶	AMPPD	1
β-D-半乳糖苷酶	AMPGD	30
辣根过氧化物酶	鲁米诺 + 过硼酸盐 + 4-碘苯酚	5 000
异鲁米诺	微过氧化物酶 + 过氧化物	50 000
黄嘌呤氧化酶	鲁米诺 + Fe EDTA	3 000

注：Bronstein and Kricka (1989)，Kricka (1991)

表 A9-4 化学发光在分子生物学中的应用

技术	实例	参考文献
细胞表面分子分析	CD2	Meier et al.（1992）
克隆筛选	包含 N-*ras* 原癌基因的 pSP65 转化 *E. coli*	Stone and Durrant（1991）
DNA 指纹	植物和真菌基因组；争论	Decorte and Cassiman（1991）；Bierwerth et al.（1992）
DNA 序列分析	单载体和多重的	Beck et al.（1989）；Creasey et al.（1991）；Martin et al.（1991）；Karger et al.（1993）
斑点/狭线印迹	M13 单链 DNA	Stone and Durrant（1991）
凝胶迁移试验	DNA-结合蛋白复合物 AP-1（Jun/Fos）	Ikeda and Oda（1993）
原位杂交	单纯疱疹病毒Ⅰ	Bronstein and Voyta（1989）
Northern 印迹	LDL 受体	Höltke et al.（1991）
	IL-6，PGDF	Engler-Blum et al.（1993）
PCR 产物的检测	*Bcl-2t*（14:18）染色体易位；*Listeria monocytogenes*	Nguyen et al.（1992）；Holmstrom et al.（1993）
菌斑筛选	包含 N-*ras* 原癌基因的 M13mp8	Stone and Durrant（1991）
报道基因	β-D-半乳糖苷酶 *lacZ* 基因	Jain and Magrath（1991）
反转录酶分析	HIV 和慢病毒（lentivirus）反转录酶	Cook et al.（1992）；Suzuki et al.（1993）
RFLP 分型	*Clostridium difficile*	Bowman et al.（1991）
Southern 印迹	PBR328	Höltke et al.（1991）
	t-PA	Cate et al.（1991）
	HLA Ⅰ型抗原（HLA class Ⅰ antigens）	Engler-Blum et al.（1993）
Southwestern 分析	蛋白：*c-myb* 内含子 DNA 反应	Dooley et al.（1992）
Western 印迹	HIV-1 抗体；转铁蛋白	Bronstein et al.（1992）

化学发光的标记

吖啶酯以及相关化合物

通过简单的加入氢氧化钠以及过氧化氢就可以使吖啶酯标记的抗原或抗体发光，这种抗原或抗体采用一种活性标记物［2′, 6′-dimethyl-4′-(*N*-succinimidyloxycarbonyl) phenyl 10-methylacridinium-9-carboxylate］来获得。发光过程非常短暂，只是快速的一闪，持续时间小于5 s。这么短暂的发光过程给反应的起始与测量带来了一定的限制（Weeks et al. 1983，Law et al. 1989）。通常是将试剂直接注入放在光度计暗仓内光探测器前面的试管内来检测发光。吖啶酯以及氨甲酰吖啶类似物［acridinium-9-（*N*-sulfonyl）carboxamide］（Kinkel et al. 1989，Mattingly 1991）是用于免疫分析的主要化学发光标记物（可从Assay Designs Inc，Athens，GA；Behringwerke AG，Marburg，Germany；Ciba Corning Diagnostics，Medfield，MA以及Molecular Light Technology Research Ltd，Cardiff，UK等处获得）。这类标记的检测的最小量为～0.5 attomol（0.5×10^{-18} mol）。

基于杂交保护的非分离DNA探针分析（nonseparation DNA probe assay）方法已被设计出来（Arnold et al. 1989）。这种类型的分析无需将结合与未结合的标记物分开，因而分析可方便的一步完成。这种杂交保护分析利用已与互补DNA杂交的吖啶酯标记探针与溶液中游离探针之间水解速率相差百万倍的特性，在pH7.6的硼酸缓冲液中破坏游离探针的化学发光特性，从而使水解后的化学发光仅仅来源于已杂交的标记探针（可从Gen-Probe，San Diego，CA获得）。 A9.18

鲁米诺及其类似物

鲁米诺（Luminol）是第一个用于免疫学分析标记的化学发光化合物（Schroeder et al. 1978）。在合适的催化剂（辣根过氧化物酶、微过氧化物酶（microperoxidase）、铁氰化物）存在的情况下，通过加入氧化剂（如：过氧化氢）可导致发光。然而，通过鲁米诺的5-氨基进行标记会使发光量减少10倍。异鲁米诺，一种鲁米诺6氨基异构体，其发光效率较鲁米诺低（量子产额0.1%），但当通过第6位进行标记时可使发光量增加10倍。因而，这种化合物以及其氨基取代类似物，比如ABEI（*N*-(4-aminobutyl)-*N*-ethylisoluminol)，已在免疫分析应用中成为最受欢迎的标记物（Kohen et al. 1979；Pazzagli et al. 1982）。

吡啶哒嗪（Pyridopyridazines）代表另一类化学发光化合物。早期的数据显示这些化合物，尤其是8-氨基-5-氯-7-苯基和8-羟基-7苯基衍生物，可作为检测过氧化物酶标记的标记和协同底物（co-substrates)。与鲁米诺相比，这类化合物具有很强的化学发光特性（约为50倍）（Masuya et al. 1992)。

碱性磷酸酶 A9.19

磷酸金刚烷基1,2-二氧杂环丁烷（如：AMPPD；disodium 3-（4-methoxyspiro［1,2-dioxetane-3,2′-tricyclo［$3.3.1^{3,7}$］decan］-4-yl）-phenylphosphate）以及5-位取代类似物（如：5-choro：CSPD；可从Tropix Inc获得）已成为碱性磷酸酶标记的最为广泛使用的化学发光底物（Bronstein et al. 1989，1990，1991；Schaap et al. 1989）。这种酶的检测极限是1 zeptomole（10^{-21}摩尔）并且其发光持续时间超长（>1h），因而特别适合与基于膜的分析。这个反应的发光强度可被尼龙膜表面以及特定的多聚物增强，如：

聚氯苄（苄基二甲基铵）乙烯（polyvinylbenzyl（benzyldimethylammonium）chloride）。对尼龙膜来说，这种增强作用是用于其疏水性基团对去磷酸化的反应中间体的螯合作用；从而稳定和减少中间体的非发光性降解。碱性磷酸酶标记的化学发光分析目前被广泛地用于印迹试验以及 DNA 序列测定（Beck and Köster 1990，Tizard et al. 1990）。

β-半乳糖苷酶

AMPGD（Adamantyl 1, 2-dioxetane aryl galactoside）做为这种酶的底物现已越来越流行。这种酶从芳香环的第 3 位裂解半乳糖苷基团产生一种苯氧化物中间体，这种中间体的降解可导致发光。对这种酶采用这种分析方法的检测极限为 30 zeptomol。

辣根过氧化物酶

鲁米诺以及其他环状二酰基酰肼（cyclic diacylhydrazides）化合物是辣根过氧化物酶的化学发光协同底物。采用鲁米诺、过氧化氢，以及一种增效剂（如：4-碘苯酚或 4-羟基肉桂酸），辣根过氧化物酶的碱性同工酶可被检测出的最小量＜5 atto mol（5×10^{-18}摩尔）（Whitehead et al. 1983；Thorpe et al. 1985；Thorpe and Kricka 1986）。过氧化物酶的酸性同功酶被增强的效率较低。增效剂的作用是增强发光亮度并减少由于过氧化物或其他氧化剂导致鲁米诺氧化所产生的背景发光。这种双重效果能奇迹般地使过氧化物酶活性的分析以及分析的信噪比增强数千倍（这种增强化学发光试剂可从 Amersham 获得）。过氧化物酶的这种灵敏的检测方法（较比色分析的灵敏度高 10 倍以上）已经与 CARD 方案（催化的报道者沉积方案，catalyzed reporter deposition protocol）有效的结合（Wigle et al. 1993）。在这个放大方案中，过氧化物酶标记与酪胺生物素底物反应所产生的高活性基团再与标记物以及与标记物直接相邻的任何蛋白反应。然后，沉积的生物素与链亲和素过氧化物酶作用（通过这种方式，原来的过氧化物酶标记被放大了许多倍），从而使结合的过氧化物酶通过增强的化学发光法得到检测。采用 CARD 与化学发光分析相结合的方法，与沉积过氧化物酶比色分析（colorimetric detection）相比可使灵敏度显著提高。

黄嘌呤氧化酶

采用鲁米诺以及铁 EDTA 络合物可对此酶进行分析（Baret et al. 1990，Baret and Fert 1990）。反应的灵敏度很高（检测极限为 3 atto mol）。采用黄嘌呤氧化酶催化的化学发光反应的显著特点是发光的持续时间非常长（＞96 h）。

A9.19 葡萄糖氧化酶

目前已经发展了几种用于葡萄糖氧化酶的法学发光分析。异鲁米诺或鲁米诺在微过氧化物酶催化剂存在的情况下可用于分析葡萄糖氧化酶与葡萄糖反应所产生的过氧化物

(Sekiya et al. 1991)；另一种方法是采用化学发光荧光基团致敏的 bis（2，4，6-trichlorophenyl) oxalate 反应来检测（Arakawa et al. 1982）。

商业试剂、试剂盒及光度计

对于可获得的化学发光试剂和试剂盒以及用于发光测定的光度计的全面的评述已有发表（请参见 Stanley 1992，1993）。一系列关于化学发光在基础及应用领域的当前进展的资料汇编也同样可以得到（请参见 Kricka and Stanley 1992，Kricka et al. 1993，Wilkinson 1998）。化学发光可采用一系列的检测设备来进行检测，包括光电倍增管（采用光子计数或灵敏度较低的光子流模式（photon current mode））、硅光电二级管、CCD 照相（Wick 1989）摄影或胶片摄影（Kricka and Thorpe 1986）。CCD 照相由于是检测二维光源（如：膜以及 96 孔微板）的方便且灵敏的方法而被广泛使用。除此以外，它还能容易的监测发光动力学、可通过图像增强以及背景减影来改善结果质量。

生物发光 A9.21

发光生物应用酶促化学反应来产生光，这种酶被称为荧光素酶。这类反应中的许多效率都非常高，每一个酶促循环都产生一个光子。在实验室中，这类荧光素酶反应所产生的光可被捕获、放大以及使用光度计进行测量。使用灵敏的设备可检测到 2×10^4 个荧光酶活性分子（10^{-20} mol）所产的光，比任何非发光性酶促反应的灵敏度要高数个数量级。由于荧光素酶活性分析十分简单，已被广泛作为报告基因应用。当荧光素酶基因与适当的调控因子相连时，可提供基因表达水平的精确测定。在短短的 3~4 年期间，荧光素酶已取代氯霉素乙酰转移酶（CAT），成为报告基因的首选。荧光素酶分析较 CAT 分析灵敏度更高、速度更快、花费更少，且不需使用放射标记化合物并可不对宿主细胞造成破坏。

荧光素酶在自然界分布广泛且结构多样。研究比较多的是普通的北美萤火虫 *Photinus pyralis* 荧光素酶（*Photinus* 荧光素 4-单-加氧酶，Photinus luciferin 4-mono-oxygenase）以及水生微生物哈氏弧菌（*Vibrio harveyi*）荧光素酶（alkanal，reduced-FMN：oxido oxidoreductase）。这两种荧光素酶的特性以及底物的特异性都相差甚远。

萤火虫荧光素酶

在有 ATP-Mg^{2+} 的情况下，萤火虫荧光素酶催化 D（－）荧光素的氧化脱羧基作用生成氧化荧光素以及光：

荧光素 ＋ ATP-Mg^{2+} ＋ 荧光素酶 $\longrightarrow$ 荧光素酶：荧光素-AMP ＋ PP_i

荧光素酶：荧光素-AMP ＋ O_2 $\longrightarrow$ 荧光素酶 ＋ 氧化荧光素 ＋ AMP ＋ $h\nu$（562 nm）

荧光素是指由荧光素酶催化的氧化反应中产生光的底物的统称。萤火虫荧光素｛6-

dydroxybenzothiazole［D-（－）-（6′hydroxy-2′benzothiazolyl）D^2-thiazoline-4-carboxylic acid]｝是第一个由 Bilter 和 McElroy 于 1957 年从萤火虫分离纯化的。他们从 15 000 只萤火虫中获得了 9 mg 的荧光素纯品。现在的荧光素是靠化学合成的。

萤火虫荧光素酶的特性

萤火虫荧光素酶是一个由 521 个氨基酸组成的蛋白，预测的分子量为 57 000（de Wet et al. 1987)。在所有表达此蛋白的生物体中，荧光素酶定位于过氧化物酶体（peroxisomes）(Keller et al. 1987，综述请参看 Could and Subramani 1988)。过氧化物酶体的膜无疑会限制底物（荧光素及 ATP）与酶的接触，这可能是导致在完整哺乳细胞中进行萤火虫荧光素酶分析产光量低的原因（de Wet et al. 1987, Gould and Subramani 1988)。对三个碳端氨基酸残基进行缺失或突变可产生胞浆型荧光素酶。已有数种这样的胞浆型荧光素酶仍保持其全酶活性（Gould and Subramani 1988)，但是目前还不知道是否能增加酶与加在细胞外介质中的底物的接触。

除能耐受碳端改变外，萤火虫荧光素酶也可接受氨基端的改变。这种酶已在 *E. coli* 中表达：① 作为一种融合蛋白，氨基端缺失了 6 个氨基酸，并包含由表达载体以及克隆时合成的寡聚核苷酸所编码的 8 个氨基酸。(de Wet et al. 1985) ② 与经修饰的金黄色葡萄球菌 A 蛋白（*Staphylococcus aureus* A protein）融合的 92kDa 的融合蛋白

A9.22 (Subramani and Deluca 1988)。Promega 公司已发展了一系列的用于检测启动子强度的真核表达载体。其中特别有用的是一套双荧光素酶报道分析系统（Dual Luciferase Reporter Assay System, DRL)，它包含两种荧光素酶，一种来源于萤火虫而另一种来源于肾海鳃（sea pansy，*Renilla reniformis*)。这种双报道系统为基因表达分析标准化提供了一种方便的内部对照。

无论是从萤火虫分离的还是经基因克隆在大肠杆菌中表达的萤火虫荧光素酶均已商品化（Boehringer Mannheim, Sigma 以及 Promega)。高纯度的萤火虫荧光酶溶液 (1 mg/ml)在波长 280nm 的吸光率为 0.75（DeLuca and Mcelroy 1978)。

萤火虫荧光素酶分析

发光检测法 在萤火虫荧光素酶制剂中加入 ATP 以及荧光素产生短暂的闪光，发光峰值为 0.3 秒，然后持续数秒钟。在将底物与酶混合的一分钟内，发光强度下降到约峰值的 10%然后在数分钟内缓慢的逐渐衰落。发光的衰落是由于酶的缓慢周转以及焦磷酸产生的抑制作用（DeLuca and McElroy 1978)。应用乙酰辅酶 A（CoA）（Wood 1991）以及非离子去污剂如 Triton X-100（Kricka and DeLuca 1982）使酶-产物复合物分解能产生更高的发光效率。在上述反应的两个发光时相中，ATP 的浓度影响发光的强度。萤火虫荧光素酶含有两个不同的具有催化活性的 ATP 结合位点，其中一个负责最初的短暂闪光，而第二个由于对 ATP 的高亲和力参与低亮度的持续发光（DeLuca and McElroy 1984)。在荧光素酶分析中所使用的 ATP 浓度通常都足够满足酶的两个位点的需要。在这种条件下，反应体系初期的闪光量与酶的量是成比例的且这种比例关系

超过5个数量级。由于初始闪光的短暂，多数荧光素酶的分析需要特殊的光度计以便能注入并迅速混合试剂并立即进行发光分析。一个中等价位的光度计可以检测到0.03～0.10 pg的荧光素酶。

改进的荧光素酶分析系统可从Promega公司获得。这种系统产生的强光其亮度保持稳定达20 s然后缓慢衰退，半衰期为5～10 min。这种更为有利的酶动力学是由于加入了Triton X-100以及乙酰辅酶A。荧光素基-辅酶A（luciferyl-CoA）较荧光素基-AMP（luciferyl-AMP）对荧光素的氧化效率更高（Wood 1991）。这种发光既可以用光度计测量也可以用液态闪烁计数测量。

液体闪烁光谱分析 如果没有光度计，也可用传统的液体闪烁计数仪来对萤火虫荧光酶进行分析。使萤火虫荧光酶初始闪光最小化以及低亮度持续发光最优化的实验条件已见报道（Nguyen et al. 1988）。反应在微型离心管或96孔板上进行（Schwartz et al. 1990），发光检测在液体闪烁计数仪用于检测化学发光的信道上进行。在试剂混合后数秒钟开始计数并持续3～5 min。在优化状态下，应用液闪计数对萤火虫荧光素酶持续发光的检测与采用光度计测量的方法一样灵敏。

部分液闪计数仪没有预设的用于化学发光检测的信道。然而在符合电路（coincidence circuit）关闭时，用于原子蜕变计数的标准信道也可用于荧光素酶分析。这时每分钟计数与发光强度成比例。如果符合电路不能被关闭，则在减去背景噪音后，发光强度与每分钟计数的平方根成比例。

摄影和X光胶片 萤火虫荧光素酶也可采用对X光或摄影胶片曝光的方法进行检测（de Wet et al. 1986, Wood and DeLuca 1987）。这种方法适用于对样品是否包含萤火虫荧光素酶进行初步筛选。（如：转基因动物组织抽提物的筛选或对一系列突变启动子相对效率的评估）。 A9.23

萤火虫荧光素酶作为报道分子

荧光素酶作为报道基因与其他报道基因系统的基本策略一样。简单的说，就是将包含假设的顺式调控元件的DNA片断插入质粒中荧光素酶cDNA的上游，将这种嵌合结构质粒转染适当的培养细胞，一段时间后对转染细胞提取物进行荧光素酶活性分析。在过量底物存在的情况下，发光强度与新合成的酶的浓度成正比。由于提取物可能含有ATP且其浓度未知，在进行荧光素酶测定时荧光素通常作为最后一个底物被加入。Nordeen（1988）阐述了用于荧光素酶分析的低启动子活性（promoterless）表达载体。另一个由Promega公司出售的合适载体，pGEM-luc，是在pGEM-11Zf的多克隆区中间包含一个萤火虫荧光素酶基因。

一个含有中等强度启动子的报道质粒用磷酸钙法转染哺乳细胞培养物（2×10^5细胞）可产生约15～50 ng的荧光素酶。荧光素酶活性在存放于4℃的细胞提取物中在数周之内保持稳定。

荧光素酶于1988年在转基因小鼠中首次作为启动子活性的报道基因（DiLella et al. 1988）。此后，它作为报道基因被成功地用于测定组织特异性和发育相关表达以及转基因动物中许许多多的启动子强度。荧光素酶也常常作为报道基因来定位及分析哺乳动物基因的调控元件（实例请参看 van Zonneveld et al. 1988，Economou et al. 1989，Hudson et al. 1989）。除此以外，荧光素酶还应用在：① 确定影响基因转录的蛋白（Waterman et al. 1988，Mellon et al. 1989），② 研究 mRNA 结构对蛋白合成的影响（Baughman and Howell 1988，Malone et al. 1989），③ 测定细胞内蛋白再生速率（Nguyen et al. 1989）。在组织粗提物中，发光检测法可在 10 mg 蛋白中检测到 $\sim 5\times10^5$ 个荧光素酶分子，这比在组织提取物中分析 CAT 活性的灵敏度要高 5 倍（Robinson et al. 1989）。

细菌荧光素酶

哈氏弧菌（*Vibrio harveyi*）荧光素酶是一种杂二聚体，它的 α 亚基和 β 亚基（分别由 355 或 324 个氨基酸组成）分别由细菌 *luxA* 和 *luxB* 基因编码。这些基因为同一个操纵子的一部分（Belas et al. 1982，综述请参见 Ziegler and Baldwin 1981）。他们都已经被克隆、测序并首先在 *E. coli* 中表达（Baldwin et al. 1984，Cohn et al. 1985，Johnston et al. 1986），在植物中也已表达成功。表达时，*luxA* 和 *luxB* 顺反子分别位于两个独立的启动子下游（Koncz et al. 1987）。另一种表达方式是 *LuxA* 基因的终止密码子以及位于 *luxA* 和 *luxB* 两顺反子之间的短序列被一段编码多态接头（polypeptide linker）的短序列所替代（Boylan et al. 1989，Kirchner et al. 1989）。这种融合的 *luxA* 和 *luxB* 基因表达出高活性的荧光素酶，并可用于酵母、*E. coli* 及植物细胞中的分析。这种将细菌荧光素酶表达为单一多态链的方法克服了它在哺乳细胞中作为报告分子的主要障碍。细菌荧光素酶使用 $FMNH_2$ 作为辅助因子（cofactor），催化长链醛生成羧酸类产物，此反
A9.24 应产生光子：

$$RCHO + O_2 + FMNH_2 \longrightarrow RCOOH + FMN + H_2O + h\nu\ (490\ nm)$$

这里 R 是脂肪族部分，包含至少 7 个碳原子；FMN 是黄素单核苷酸（flavin mononucleotide）；$FMNH_2$ 为还原型黄素单核苷酸。细菌含有足够的 $FMNH_2$ 来驱动这个反应，因而可直接对完整的细胞进行发光测定，对基因表达进行实时分析（实例请参看 Legocki et al. 1986）。在酵母，由于细胞内的 $FMNH_2$ 浓度很低，因而活体发光的强度较完整的细菌要低得多。然而，表达细菌 *lux* 基因的酵母细胞的发光水平仍然比背景发光强 1000 倍且明显较已报道的有关萤火虫荧光素酶的强（Tatsumi et al. 1988）。高等真核生物完整细胞没有足够的 $FMNH_2$ 来驱动由融合 *luxAB* 基因催化的反应。然而，加入含 $FMNH_2$ 的细胞抽提物以及 $FMNH_2$ 生成系统（如 NAD［P］H:FMN reductase，可从 Boehringer Mannheim 公司获得）仍可产生高水平的发光。

尽管与萤火虫荧光素酶的详细的效率比较未见报道，*luxAB* 融合蛋白作为报告分子在理论上具有两大优势：*luxAB* 是一种胞浆分子，它的底物癸醛能容易地穿透细胞膜。尽管 *luxAB* 催化的光化学反应的量子产额较萤火虫荧光素酶低，但在完整细胞中 *luxAB* 作为报告基因可能会更灵敏。对于固定抗原的发色和发光检测方法的小结，请参看附录 8，表 A8-12。

绿色荧光蛋白

维多利亚水母（*Aequorea victoria*）是一种生物发光的水母，它产生一种具有特征性

的绿色荧光，这是由于两种蛋白质的相互作用的原因，这两种蛋白是钙结合水母发光蛋白（aequorin）和绿色荧光蛋白（green fluorescent protein，GFP）。GFP发光的光谱峰值波长为508 nm（Johnson et al. 1962），这个波长与活体水母组织发光接近，但与纯化的水母发光蛋白的化学发光不同，它产生蓝色荧光，峰值为470 nm。随着GFP的纯化以及晶体的获得，发现当水母发光蛋白与GFP共同吸附在阳离子支撑物上时，钙活化的水母发光蛋白能够高效地将其发光能量传给GFP（Morise et al. 1974）。当能量经由Föster-type机制从钙活化水母发光蛋白转移到GFP时便产生绿色光线。活化的水母发光蛋白所产生的蓝光被六肽的生色基团（hexapeptide chromophore）捕获（开始于GFP的第64位残基），这个生色基团包含一个环状结构（4-[*p*-hydroxybenzylidene] imidazolidin-5-one）并通过其环的1位和2位与肽的主链相连（Shimomura 1979）。有趣的是，这个结构在荧光蛋白中是保守的，甚至那些来源于非发光生物的荧光蛋白（Matz et al. 1999）。

GFP基因于1992年克隆成功（Prasher et al. 1992），目前在许多有机体中作为报告分子（实例请参见Chalfie et al. 1994，Wang and Hazelrigg 1994，Marshall et al. 1995，Yeh et al. 1995，Chiu et al. 1996，Niedenthal et al. 1996，Misteli et al. 1997）。GFP的表达水平可通过荧光计进行精确测量。荧光的测定是直接在96孔平板上对活体细胞进行的，表达的分析是应用荧光显微镜对单个细胞进行分析。产生不同波长和不同强度荧光的GFP工程变异体已被发展并可从不同的商业公司获得（如：Research Genetics and CLONTECH）。要了解关于GFP以及其在分子生物学中的应用的更多的信息，请参阅第17章的信息栏。

抗体 A9.25

抗体在分子克隆主要用于下列几个目的：

- 表达特殊蛋白的cDNA文库的筛选
- 加有特殊抗原表位的融合蛋白的筛选
- 检测并定量分析应用重组DNA技术表达的外源蛋白质
- 证实所克隆的基因编码感兴趣的蛋白质
- 检测用生物素或地高辛标记的探针
- 应用免疫组织化学分析检测mRNA

抗体包含不同的类型、亲和力和独特型。他们可以是多克隆抗体或单克隆抗体，是工程抗体或天然抗体，可由免疫动物产生或在体外合成。然而，对于分子克隆来说，抗体的特异性远较其来源来的重要。根据它们与目标蛋白的反应，抗体可被分为三种类型。

- *与所反应的蛋白质的构象无关的抗体* 这一类的抗体对于测量在粗制样品或细胞提取物中的靶蛋白的总量特别有用。他们通常为天然状态下的多克隆抗体，通过用部分变性的蛋白或相当于完整蛋白的一部分的短肽来免疫动物获得。然而，具有这种广泛特异性的单克隆抗体也并不罕见。

- *只与天然状态下靶蛋白特有的表位起反应的抗体*　这一类抗体是典型的单克隆抗体，它是针对天然蛋白而获得的，对一段给定氨基酸序列的识别只有在其保持天然的三维结构时才能发生。这类抗体可用于研究通过体外诱变所获得的突变蛋白是否折叠正确或在异种细胞中表达的野生型蛋白是否组装成正确的三维构造。
- *仅与变性靶蛋白作用的抗体*　这类抗体是针对完全变性抗原来获得的，可以是单克隆的也可以是时多克隆的。这种类型的抗体可用于 Western 印迹和 cDNA 文库的免疫学筛选。

尽管没有办法保证一定获得那种特殊类型的抗体，但通过选择不同的免疫方式来达到获得所需要的抗体类型的目的是可能的。然而，对数种不同的抗血清或一系列的单克隆抗体进行筛选来确定它们是否适合于手头的工作往往是必须的。

抗体的纯化

对于许多应用，抗血清不需要分离纯化。然而，如果抗血清需要进行放射性标记或交联到酶如辣根过氧化物酶（HRP）或碱性磷酸酶，则需要纯化 IgG 组分或者有时通过结合其相关抗原来纯化感性趣的抗体。

尽管已经发展了许多用于纯化 IgG 分子的技术，但优选的方法还是用蛋白 A（protein A）包裹的球珠来吸附和洗脱。蛋白 A 是 *S. aureus* 细胞壁的一种成分（Hjelm et
A9.26 al. 1972）。不知什么原因，这种蛋白质（M_r = 42 000）能与这种免疫球蛋白重链 Fc 段的第二和第三恒定区形成稳定的结合（Deisenhofer 1981）。每一个 IgG 分子包含两个蛋白 A 结合位点。由于蛋白 A 包含五个结合 IgG 的可能位点（Sjödahl 1977），因而这两种蛋白有可能形成多聚体复合物。

不是所有的免疫球蛋白都以同样的亲和力与蛋白 A 结合。来源于人、兔以及豚鼠的抗体结合的非常稳定，来源于猪、小鼠、马和小牛的亲和力依次递减（Kronvall et al. 1970a，b，Coudswaard et al. 1978）。而来源于山羊、大鼠、鸡以及仓鼠的免疫球蛋白结合的非常微弱，因而在应用蛋白 A 吸附纯化时常常需要一个“桥接”抗体。

在任何一个物种内，不同类型的免疫球蛋白 Fc 段的序列不同，因而对蛋白 A 的亲和力也不同。比如在人 IgG 的主要种类中，三种（IgG1，2 和 4）以高亲和力结合而一种（IgG3）结合力（如果有的话）非常微弱。同样，小鼠 IgG2a 以高亲和力结合，IgG2b 和 IgG3 的结合还过得去，而 IgG1 的结合就很不好了（Ey et al. 1978）。这些差别对于多克隆血清来说常常并不重要，针对靶抗原的抗体分布在 IgG 的所有主要亚型中。因而，应用其结合蛋白 A 来纯化兔、人以及小鼠的多克隆免疫球蛋白可能会改变 IgG 的亚型分布，但它很少会改变最终产物的特异性和亲和力。然而，从杂交瘤细胞分泌的单克隆抗体的重链只用一种亚型，所以在纯化某种单克隆抗体前，有必要先应用针对 Fc 段特征的商业性免疫学制剂来确定其重链的亚型。如果这种单克隆抗体属于与蛋白 A 结合不佳的种类（如：结合到蛋白 G 或属于人 IgG3 或小鼠 IgG1），则应使用别的方法来进行纯化（如硫酸铵沉淀后进行 EDTA 纤维素层析）。另一种方法是用桥接抗体来将单克隆抗体结合到蛋白 A 上。

数家生产商提供用溴化氰将蛋白A结合到固相支持物的成品（如：protein A-Sepharose CL-4B；Pharmacia公司）。每毫升膨胀胶可结合约10～20 mg的IgG（相当于1～2 ml的抗血清）。抗体与蛋白A的结合主要通过疏水作用（Deisenhofer 1981），这种结合可在低pH值时被打断。蛋白A具有极佳的回复能力，可以很好的经受反复地循环暴露于低pH环境。它也可用高浓度变性剂如尿素、盐酸胍、或异硫氰酸钾处理而不会造成永久性的损坏。大部分抗体能经受住短暂地暴露在低pH环境，目前这种处理已成为将抗体以活性形式从蛋白A-Sepharose球珠上解离的标准方法。要获得关于蛋白A、蛋白G和蛋白L的更多信息，请参见本附录最后的关于免疫球蛋白经合蛋白：蛋白A、G和L的信息栏。

尽管由试验动物得来的超免疫抗血清含有针对靶抗原的极高浓度的免疫球蛋白，这种抗血清常常也含有针对其他抗原的抗体。而且，抗血清中的免疫球蛋白可能以低亲和力结合非靶抗原分子。由于这样或那样的原因，抗血清可能会呈现出无法接受的高水平背景反应。有三种方法来解决这个问题：

- *采用无害的封闭试剂（如小牛血清白蛋白、正常血清或BLOTTO）* 与免疫球蛋白竞争非特意性结合位点。封闭试剂已被常规地加入所用的溶液中，如在用质粒或λ噬菌体载体所构建的表达文库的筛选实验中。
- *采用吸附试验去除针对特异性污染抗原的抗体* 去除针对细菌抗原抗体的方法已在第14章方案4中讨论了。与真核细胞成分交叉反应的抗体可用不表达靶抗原的细胞系或组织丙酮提取物进行吸附。如果这样的细胞系不能确定，可采用商品化的干酵母丙酮提取物（Sambrook et al. 1989）。或者，不需要的抗体可采用固定在硝酸纤维素或PVDF膜上的抗原吸附。
- *采用亲和纯化使针对靶抗原的抗体与污染抗体分离* 在某些情况下（比如抗原是一种蛋白），抗原可以被结合到溴化氰活化的Sepharose基质上，因而针对这个蛋白抗原所呈现表位的抗体就会保留在柱中而其他免疫球蛋白则会通过层析柱。然后，结合在柱中的抗体用能分裂抗原-抗体复合物的试剂解离下来（如用：异硫氰酸钾和低Ph值缓冲液）。用免疫柱层析纯化抗体的详细方法在不同的抗原之间以及不同的抗体之间各有不同。但其基本原理却在数篇综述中被很好的阐述（请参看Hurn and Chantler 1980，Harlow and Lane 1988，1999）。当使用这些方法时，必须注意采用高度纯化的抗原并避免使用用来免疫试验动物产生抗体的同一批次的抗原。而且，一定要记住对抗原具有不同亲和力的抗体从柱上洗脱的模式是不同的；那些与抗原结合松散的抗体首先被洗脱下来而结合紧密的会最后被洗脱下来。事实上，那些具有最高亲和力的抗体在他们从抗原上解离之前可能会被洗脱液变性。因而，在应用免疫纯化方法所挑选出的抗体可能总是那些对抗原具有特异性但是低亲和力的抗体。

抗体也可通过经SDS聚丙烯酰胺凝胶电泳后固定在重氮纸（Olmsted 1981）或硝酸纤维素膜上（Burke et al. 1982，Smith and Fisher 1984，Earnshaw and Rothfield 1985）的蛋白抗原来吸附、洗脱进行小规模纯化。这种方法纯化的抗体对于确证从用λ噬菌体或质粒载体构建的表达文库中筛选出的cDNA克隆特别有用。例如，利用从粗制血清中纯化的抗体能与克隆的cDNA部分编码的融合蛋白结合的优点来检测这些纯化抗体与靶蛋白共沉淀的能力或用 Western 印迹检测它们之间的反应，可以排除许多假阳性克隆。然而，这种方法只有当抗体能与变性蛋白所呈现的表位反应时才有效。通常，SDS-聚丙酰胺凝胶电泳中每毫克靶蛋白的上样量可获得约 50 ng 经免疫纯化的抗体。由于不同抗体与其相应的靶蛋白之间的反应的差异，不可能给出一个广泛适用的结合和洗脱条件。例如，大部分抗体应用苷氨酸缓冲液（pH 2.8）可从固定的抗原上洗脱下来。然而，Earnshaw 和 Rothfield (1985) 发现人中心粒抗体只能用含 3 mol/L 硫氰酸钾及 0.5 mol/L NH_4OH 的溶液才能洗脱。那些想使用这项潜力很大的技术的研究者应该准备为确定他们的特殊抗体及其靶抗原之间的结合与解离的最佳条件而付出一份辛劳。

免疫学分析

抗体被广泛应用于各种不同的分析中来检测或测量靶抗原的含量，包括定量分析及定性分析。这些分析包括 Western 印迹、免疫沉淀以及固相放射免疫分析（radioimmunoassay，RIA）。

A9.28 Western 印迹

Western 印迹（Towbin et al. 1979，Burnette 1981，Towbin and Gordon 1984）是针对蛋白的而 Southern 印迹是针对 DNA 的分析。在这两个技术中都是用电泳的方法将样本各组分分开并从凝胶转移到固相支持物上，然后用针对氨基酸（Western 印迹）或核酸（Southern 印迹）序列特异性的试剂来进行探测。在检测蛋白质时，用能与固相支持物上的靶蛋白所呈现的抗原表位特意性反应的抗体作探针。因而，Western 印迹对于鉴定和定量分析未经放射性标记的蛋白混合物中的特异性蛋白十分有用。这种技术几乎和标准的固相放射免疫分析一样灵敏，且与免疫沉淀不同，靶蛋白不需进行放射性标记。除此以外，由于蛋白的电泳分离几乎都是在变性条件下完成的，因而靶蛋白与杂质蛋白之间的溶解、聚合与共沉淀的问题也都迎刃而解了。

Southern 和 Western 印迹技术关键的不同之处是他本所使用的探针不同。核酸探针杂交的特异性与比率可以很容易的预测，但抗体的表现却存在着许多的个体差异。正如前面所讨论的一样，一个特定的免疫球蛋白可能优先识别其靶表位的特定构象（如变性或天然）。所以不是所有的单克隆抗体都适合在 Western 印迹中作为探针，这是由于这里的靶蛋白都是经过变性的。另一方面，多克隆抗血清是由许多不确定的免疫球蛋白所组成的混合物，它们的特异性、亲和力以及各自的浓度通常都不知道。因而对于用多克隆抗血清来检测固定的变性靶蛋白的不同抗原表位的效率是不可预测的。

尽管用不确定的试剂来分析可能同样未经很好鉴定的靶蛋白明显带有很大的冒险性，但在实施 Western 印迹的过程中的绝大部分问题可通过设计合适的对照来解决。包括使用：① 不与靶蛋白反应的抗体（如：免疫前的血清、正常血清或不相关的单克隆抗体)。② 对照组设包含已知量的靶蛋白或完全不包含靶蛋白。

通常，用于 Western 印迹的免疫学试剂很少有选择——所要做的仅仅是手头现有的抗体。然而，如果有选择的话，应该使用高滴度的多克隆抗血清或针对变性蛋白的单克隆抗体混合物。仅仅依赖于一种单克隆抗体是很冒险的，这是因为与无关蛋白之间的假交叉反应（spurious cross-reaction）的发生频率很高。如果单克隆或多克隆抗体是针对天然靶蛋白的（常常会是这种情况），那么需先核实与其反应的表位① 能抵抗 SDS 和还原剂的变性② 或是经上述处理而还获得的。这些测试可通过对变性靶抗原进行固相放射免疫分析或 Western 斑点印迹（Weastern dot blot）法来完成。

在进行 Western 印迹分析时，分析的样品采用去污剂和还原剂溶解，再经 SDS-聚丙烯酰胺凝胶电泳分离，转移到固相支持物上（通常是硝酸纤维素或 PVDF 滤膜），也可进行染色（如：丽春红 S 染色）。然后，将膜暴露到靶抗原特异性的非标记抗体。最后，结合的抗体采用数种二级免疫试剂中的一种来进行检测（如：^{125}I-标记的或抗-免疫球蛋白，或抗免疫球蛋白或蛋白 A 结合的辣根过氧化物酶或碱性磷酸酶），然后进行放射自显影、增强化学发光或酶促颜色沉淀产物。Western 印迹可检测到 1～5 ng 的平均分子质量大小的蛋白质。有关 Western 印迹的更多信息，请参见附录 8。

免疫沉淀 A9.29

免疫沉淀用于检测或定量分析蛋白混合物中的靶抗原。这种技术的强大表现在其灵敏度上：免疫球蛋白对其配基的特异性是如此的高以至于所产生的抗原-抗体复合物可从杂质蛋白中纯化出来。除此以外，免疫沉淀法非常灵敏，能检测出少到 100 pg 的放射性标记蛋白。当与 SDS-聚丙烯酰胺凝胶电泳联合应用时，这种技术对于分析在原核或真核宿主或体外系统中表达的外源抗原的合成与加工非常理想。

目标蛋白的免疫沉淀通常是采用放射性标记的细胞提取物。然而，只要有能检测从抗体上解离下来的靶蛋白的足够敏感的方法，免疫沉淀也可用于分析非标记蛋白。这些方法包括酶活性的应用、放射性配基的结合以及 Western 印迹。

固相放射免疫分析

固相放射免疫分析（solid-phase radioimunoassay，RIA）是一种能检测少到 1 pg 靶蛋白的定量分析方法。这意味 RIA 极其灵敏，例如可用来检测哺乳动物细胞培养物所产生的外源蛋白的含量。有许多不同种类的 RIA，根据其基本的设计原理可分为 4 种：

- 竞争 RIAs　在这种方法中，测试样本中的非标记靶蛋白与恒量的放射性标记蛋白竞争抗体的结合位点。然后测量出现在非结合或结合的靶蛋白中的放射性活性。这种类型的分析极其灵敏，但必须有靶蛋白（最好是纯品）来作为竞争剂和标准品。
- 固定抗原 RIAs　在这种方法中，让结合到固相支持物上的非标记抗原与放射性标记的抗体相作用。比较检测中特异性结合到样本上的放射活性与结合已知含量固定抗原的放射性活性可对测试样本中的抗原进行定量分析。尽管偶尔会被使用，这种类型的分析对于混合物中（如：在细胞裂解液中）小量外源蛋白的定量分析不是特别有用，且固相支持物上大部分结合位点会被蛋白而不是靶蛋白结合，因而这种方法的灵敏度相对较低。

- 固定抗体 RIAs　在这种方法中，让结合在固相支持物上的单一抗体与放射性标记的抗原作用。测试标本中抗原的含量可通过结合到抗体上的放射性含量来测定。这种方法对于许多不同样品中外源蛋白含量的定量分析没有用，这主要是因为在体内或体外对蛋白进行放射性标记很困难。
- 双抗体 RIAs　在这种方法中，让结合在固相支持物上的抗体与未标记的靶蛋白作用。洗涤后，结合在固定抗体上的靶蛋白采用过量的放射性标记二抗来定量。这种分析具有极高的灵敏度和特异性，因为通过免疫吸附的靶蛋白基本上得到了纯化和富集。除此之外，可同时处理许多样本。然而，这种方法需要第
A9.30 一第二抗体在识别靶蛋白表位时没有重叠。理想的状态是第一抗体为单克隆抗体而第二抗体为多克隆抗体或具有不同特异性的单克隆抗体。然而有时在这两部分分析中使用同样的多克隆抗体也是可能的。如果合适的抗体可以得到，这种方法是混合物中靶蛋白定量分析的首选方法。

抗体的放射性标记

获得放射性碘标记抗体的几种方法里最常用的方法是由 T-氯胺（*N*-chlorobenzene-sulfonamide, *N*-氯代偶氮苯磺胺）与 $Na^{125}I$ 进行氧化反应产生亲电子碘粒子（electrophilic iodine species）的反应。然后，这种带正电荷的碘与酪氨酰残基侧链或至少与组氨酰残基侧链反应（综述请见 Seevers and Counsell 1982）。发明由 T-氯胺进行的碘化反应的方法是为了少量标记多肽激素使其具有高特异活性（Hunter and Greenwood 1962, Greenwood et al. 1963）。然而，由于反应的条件太苛刻以至于会引起对氧化敏感的蛋白质的广泛变性。McConahey 和 Dixon（1966, 1980）发明了使用低浓度的 T-氯胺和更长反应时间的改良方法，这个方法能保持蛋白的天然活性并使放射性标记效率无明显下降。今天，大部分研究者更喜欢使用共价结合到无孔的聚苯乙烯球上（Iodobeads, Pierce）的 T-氯胺（Markwell 1982）。这样有几个好处：减少了反应中产生的放射性标记的分子碘，简化了测量的过程并最终提高了放射性碘化的效率（Cheng and Rudick 1991）。另外，由于蛋白质和氧化剂之间接触很少，蛋白质的氧化损害减小到最小。最后，当按照标准方案来进行碘化时，每个蛋白质分子接合的 I^{125} 原子不会超过一个，由引入多个碘原子所产生的构象扭曲因此被减到最小。

另一种替代 T-氯胺的化合物是碘精（1, 3, 4, 6-四氯-3α, 6α-二苯基糖尿嘧啶），一种类似四重 T-氯胺的氧化试剂（Fraker and Speck 1978）。碘精难溶于水，并在用作放射性碘化的试管壁上形成一层薄的涂层。从固相试剂如碘原和 Iodobeads（可从 Pierce 处获得）中得到放射性化学产物的量与从自由 T-氯胺中获得的相同（Woltanski et al. 1990），这显著减少了实验室工作人员暴露在挥发性的放射性碘中的潜在危险性。

对于缺乏可供反应的酪氨酸或是极易被氧化剂破坏的蛋白和多肽，用 T-氯胺和其他小复合物来进行的放射性碘化将无能为力。这些蛋白质需要用 Bolton-Hunter 试剂（Bolton and Hunter 1973）来标记。由这个试剂（*N*-succinamidyl 3-[4-hydroxy 5-[^{125}I] iodopheny] propionate）的 *N*-琥珀酰胺酰基（*N*-succinamidyl）和赖氨酸侧链上的自由氨基团及亚氨基团缩合形成放射性碘标记的苯基团通过氨键连接到靶蛋白上（更详细的

请见 Langone 1980，Harlow and Lane 1998)。

抗多肽抗体

如果蛋白质的序列是已知的或是可以从核苷酸序列中推出，那么我们就可以根据天然蛋白片断的序列合成人工多肽，然后用人工多肽免疫动物得到特定的抗血清（综述请见 Lerner 1984)。如果靶蛋白的一级序列信息所知有限，这就可能只有很少的甚至根本 A9.31
没有选择将多肽序列作为免疫原。但是，随机选取的多肽很有可能会至少部分隐藏在天然蛋白中或可能因疏水性太强而不能作为有效的免疫原。直接针对多肽抗体可能只有很低的滴度和/或可能仅和变性蛋白起作用。

包含带电残基的亲水多肽是很好的免疫抗原，也更可能占据天然蛋白的表面位置。依据如转角和 β-环的蛋白质的表面构象折叠特征得出的抗多肽抗体很可能是高浓度的，并可能有效的和天然蛋白相互作用。通常用于分析 DNA 序列的大部分程序包都包含用于搜索蛋白质分子的表面多肽序列的程序，这些表面多肽很可能是有效抗原。这些程序的目的是搜索出包含 11～15 氨基酸的序列，这些序列以极性残基占优势并且不多于 4 个临近的疏水性残基。这些多肽易溶于水，因此也容易连接到载体蛋白上。

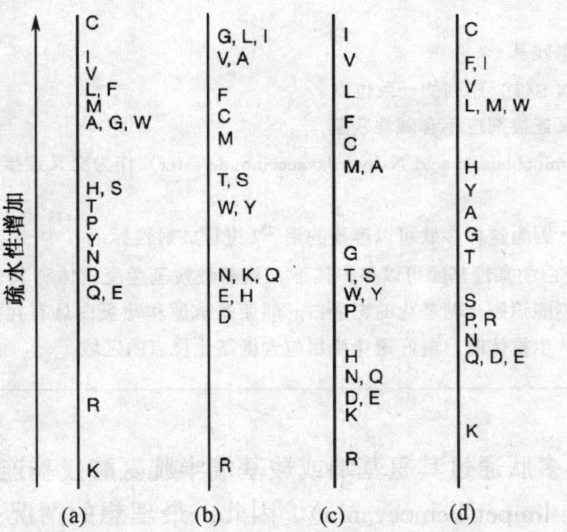

图 A9-3　疏水尺度

几种不同的亲水尺度之间初步进行了标准化处理，疏水性由底部相顶部增加。数据来源 (a) Janin (1979)；(b) Wolfenden et al. (1981)；(c) Kyte and Doolittle (1982)；以及 (d) Rose et al. (1985)。请同时参看附录 7 中图 A7-2。[经作者同意后翻印，Richardson and Richardson 1989 (©Kluwer Academic/Plenum Publishers)。]

氨基酸的疏水性和亲水性已有几个不同的尺度标准（请见图 A9-3）(Janin 1979, Wolfenden et al. 1981, Kyte and Doolittle 1982, Rose et al. 1985)。尽管这些标准基本上是一致的，它们在氨基酸的顺序和给定的相应的疏水值是有轻微的区别的。这些区别的产生是由于一个氨基酸残基的疏水性是由几个不同的因素决定的，这些因素包括静电势、氢键形成能力和表面特征。另外，氨基酸的疏水性可通过实验将它分部融入不同类型的溶剂中来评测。氨基酸疏水性标准的不同反映了不同实验者给这些和其他因子的加权是不同的。

预测蛋白质强抗原位点的计算机程序只依赖疏水性尺度或是与预测二级结构的程序联合应用。预测的最好的蛋白质强抗原位点是位于蛋白质表面的区域，它们具有高电荷和低疏水性的特性。它们极少在如螺旋、折叠的有序的结构中找到，这些有序结构通常形成转角和环，转角和环中富含潜在形成氢键的残基。

高带电区也经常位于蛋白质的氨基端和羧基端，这些区域常常是具有很高柔性。但是，如果蛋白质是分泌蛋白或是跨膜蛋白或是定位在细胞器上如线粒体和叶绿体上，最好不要使用来自末端序列的多肽。氨基端多肽很可能是信号肽或引导序列的一部分将在翻译后处理中将被裂解掉。跨膜蛋白的羧基端区可能定位在细胞膜的细胞质内侧，可能仅仅在细胞被渗透、固定或溶解后才能被抗体接近。

选择具免疫原性多肽的原则

一个具免疫原性的多肽应该有：

- 一段 11～15 氨基酸长度的序列
- 不多于 6 个疏水残基
- 不多于 4 个相邻的疏水残基
- 没有 *N*-糖基化*（N-X-S/T）序列的一致位点
- 如果用戊二醛作为交叉连接剂应不含碱性残基
- 如果用 MBS（m-maleimidobenzoic acid *N*-hydroxysuccinmide ester）作为交叉连接剂应不含内部二硫键或半胱氨酸残基
- 包含一个酪氨酸残基，因为这样多肽可以容易的用^{125}I 进行放射性标记

*分泌蛋白和胞浆膜蛋白的寡糖基团可以保护其下方氨基酸残基免受抗体和其他配基的作用。由人工合成多肽产生的抗体因此不能识别出糖基化的靶蛋白，即使是抗原和靶蛋白具有共同的氨基酸序列。当使用分泌蛋白和胞浆膜蛋白产生抗体时，最好避免使用包含糖基化位点的区域。

A9.32　通常，人工合成多肽通过其氨基端或羧基端半胱氨酸残基连接到载体蛋白如钥孔帽贝血蓝蛋白（keyhole limpet hemocyanin）。因此，最理想的情况是，多肽的序列以存在于靶蛋白同源序列中的“天然”半胱氨酸结束。如果不行，选取根本没有半胱氨酸的多肽。化学合成多肽合成过程是从羧基端向氨基端延伸，可以从一个天然同源序列中没有的“人工”的半胱氨酸开始合成。这个半胱氨酸可用作连接合成多肽到载体蛋白的连结物。另外，多拷贝的多肽可以互相连结。还有一些连接合成多肽到载体蛋白的其他方法，但是很少用。这些方法包括：

- *多肽和载体蛋白中碱性残基的戊二醇介导交连*　因为戊二醇能和—NH_2 基团作用形成希夫碱（Schiff's base），包含赖氨酸残基的多肽能高效地和像钥孔帽贝血蓝蛋白这样的蛋白交叉连结，钥孔帽贝血蓝蛋白表面富含碱性的残基。然而，存在于多肽中赖氨酸残基很可能是其抗原性的重要组成部分。修饰它们将降低多肽的抗原性或者产生的抗体虽能有效地识别修饰残基但却不能和靶蛋白

中的未修饰的同源序列相互作用。

• *使用多肽-树脂作为抗原* Novabiochem 出售使用亚乙基二酰胺合成的聚甲基丙烯胺/Keiselguhr。抗原多肽可以直接在碱性树脂的自由氨基基团上合成，通过共价键粘附在载体上。通过三氟乙酸去保护和无机的 Keiselguhr 均化后，多肽-聚酰胺复合物可以加入佐剂乳化，然后注入动物体内。

使用载体-多肽复合物进行的免疫将产生不同亲和力和特异性的抗体的混合物。一些抗体针对载体（蛋白质或树脂）或交叉连接基团；其他的抗体即能与多肽也能与载体作用。然而，当合成多肽的长度不少于 11 个残基时，部分所得抗体将会对多肽和它的同源蛋白共有的氨基酸序列产生特异性。通常，不必移去直接与连结基团及载体蛋白作用的抗体，因为这些不会干扰抗体和靶蛋白的作用。但是，如果必要的话，与载体蛋白 A9.33
交叉作用的抗体可通过树脂的免疫吸附或用含有固定载体蛋白的 Sepharose 柱进行免疫亲和层析来去除。

交联抗体

抗体可以广泛地与不同的底物相互交联而不会导致亲和力和特异性的显著降低。这些底物包括生物素、不同颜色的荧光染料以及酶如碱性磷酸酶、辣根过氧化物酶和尿素酶。和不同底物交联的抗体允许同时检测一个以上的抗原，产生强烈的信号，这个信号可以通过使用二级抗体和抗生物素蛋白交联的酶进一步放大。

• *生物素标记的抗体* 主要在表达库的抗体筛选和 Western 印迹中通过酶连结免疫吸附（ELISA）来检测抗原。

  标记的抗生物素-生物素（LAB）技术采用交联的抗生物素蛋白-酶来检测生物素标记的一抗或二抗。

  桥接抗生物素-生物素（BRAB）分析和它的名字显示的一样是使用抗生物素蛋白作为生物素标记的一级或二级抗体和交联的生物素-酶之间的桥梁。

  抗生物素-生物素复合物（ABC）分析是这三种分析方法中最灵敏的。生物素标记的酶先用抗生物素蛋白进行预孵育，形成大的复合物，然后再用它检测生物素标记的一级或二级抗体。

  生物素标记的二抗可从数家生产商那里获得（例如：Pierce and Vector）。

• *荧光标记的抗体* 主要用于免疫组织化学研究。在任何可能的情况下，最好使用经荧光标记、亲和纯化的抗免疫球蛋白或荧光染料交联的抗生物素或链亲和素（streptavidin）。这些试剂（可通过商业途径购买到）比荧光标记抗血清或免疫球蛋白分部产物具有更低的背景和更少的非特异荧光。对于荧光染料的选择通常是由可获得的荧光显微镜的滤镜类型决定。荧光素较若丹明（rhodamine）具有较低的背景，但会很快褪色。德克萨斯红（Texas Red）荧光很强且能抗光褪色。藻红蛋白是一种藻胆蛋白，它所产生的荧光是荧光素和德克萨斯红的 30～50 倍，用于需要极度灵敏的情况（Oi et al. 1982）。表 A9-5 是不同荧光染料的激发波长和荧光波长的小结。

表 A9-5 荧光染料的激发波长以及其荧光波长

荧光染料	激发波长/nm	荧光波长/nm
荧光素	495 蓝	524 黄绿
罗丹明	540 绿、可见	575 橘红
德克萨斯红	595 橘红色、可见	620 红
俄勒冈绿（Oregon green）	496 蓝	524 黄绿
R-藻红蛋白	480，545，565 绿、可见	574 橘红

A9.34

- 酶交联抗体　　连接到辣根过氧化物酶、碱性磷酸酶、β-半胱糖甘酶和尿素酶的抗体可购买到。这些可用作一级抗体-抗原复合物酶学检测的次级试剂。对免疫筛选和 Western 印迹来说，酶学方法比放射性标记的抗体或蛋白 A 更灵敏且背景较低。酶交联抗体对筛选表达文库特别有用，因为信号放大直接在硝酸纤维膜上进行（而不是在 X 光片或磷光成像仪上），因此阳性斑块可以更精确地定位。

交联的酶在硝酸纤维膜表面抗体-抗原复合物的位置上催化形成不溶的有色沉淀物（Towbin et al. 1979，Hawkes et al. 1982，Blake et al. 1984，Knecht and Dimond 1984，Towbin and Gordon 1984，Hawkes 1986）。碱性磷酸酶和辣根过氧化物酶是最常用的交联酶。碱性磷酸酶活性可以持续数小时，在此期间反应的终产物——二甲腊（diformazan，McGadey 1970）的深蓝色沉淀物不断积聚并使颜色持续加深。相反地，辣根过氧化物酶与其底物——过氧化物的反应时间较短，这可能是导致辣根过氧化物酶交联抗体在硝酸纤维膜上检测抗体-抗原复合物的灵敏度较低的原因（Mierendorf et al. 1987）。另外，有些使用辣根过氧化物酶抗体的方案中使用了致癌色原 O-联茴香胺（o-dianisidine），需要特别处理。附录8中的表A8-12总结了检测固定抗原的发色和发光法。

A9.35 信息栏

辣根过氧化物酶

辣根过氧化物酶（HRP）是一个包含血红素的蛋白。通常是从辣根中提取的几个同工酶的混合物。经典的制剂（Shannon et al. 1966）主要是两种形式（同工酶 B 和 C）的混合物，每个均为 $M_r \sim 40\ 000$。HRP促进了两个电子从底物向过氧化氢的转移，

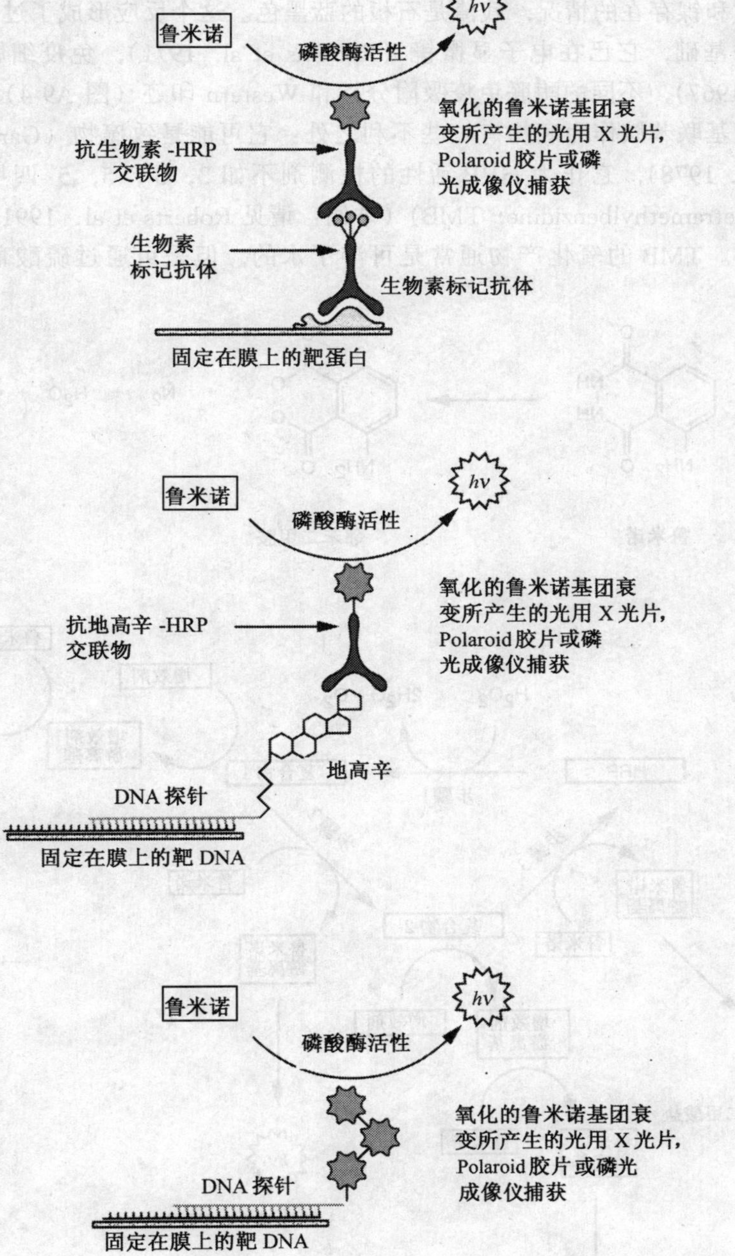

图 A9-4 用辣根过氧化物酶（HRP）检测固定的核酸和蛋白的实验原理图

氧化的鲁米诺游离基衰变所发出的光线采用 X 光胶片或 CCD 相机捕获。

产生了 H_2O 和氧化了的供体。当 3，3′-二氨基联苯胺（DAB）作为底物时（Graham and Karnovsk 1966），氧化产物聚合形成一个不溶于 H_2O 和己醇的深棕褐色残渣。在过渡元素如钴和镍存在的情况，残渣是石板的蓝黑色。这个反应形成了过氧化物酶的灵敏发色分析的基础，它已在电子显微镜（Robbins et al. 1971），免疫细胞化学（Nakane and Pierce 1967），不同的酶联免疫吸附分析和 Western 印迹（图 A9-4）中已使用多年。但是，二氨基联苯胺作为底物有一些不利之处：它可能是致癌物（Garner 1975，Weisburger et al. 1978），它作为 HRP 活性的检测剂不如 3，3′，5，5′-四甲基联苯胺（3，3′，5，5′-tetramethylbenzidine，TMB）（举例：请见 Roberts et al. 1991）等新近开发的复合物灵敏。TMB 的氧化产物通常是可溶于水的，但是可通过硫酸葡聚糖的预印记

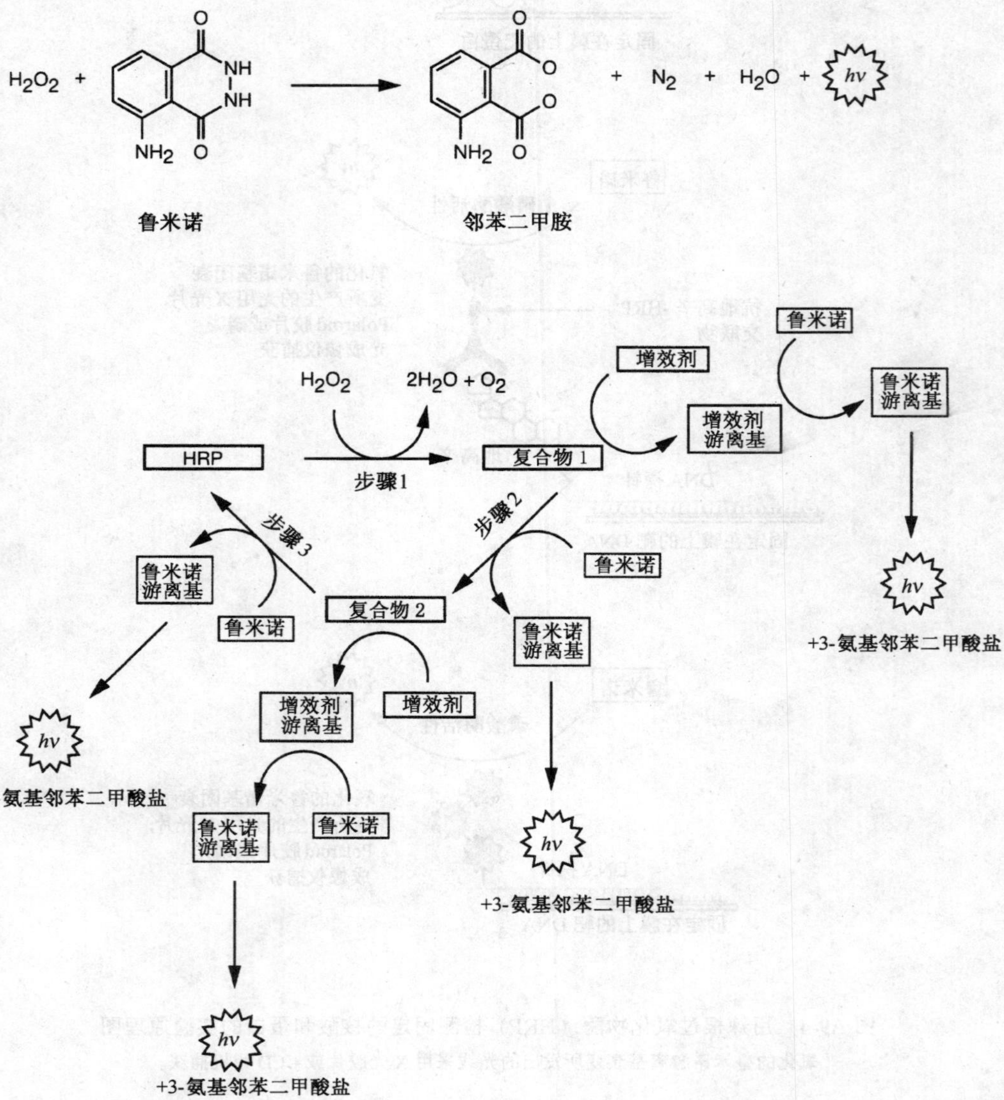

图 A9-5　建议的由 HRP 所致鲁米诺氧化发光连锁反应示意图

(pretreating blot）捕捉（McKimn-Breschkin 1990）或通过使用商务购买到的 TMB 的特殊形式。经过这些修改，TMB 适合 HRP-抗体交联物的检测，这些 HRP-抗体交联物可直接耦联到蛋白质（包括另一种类的抗体）或结合核酸探针的配基。

除 DAB 和 TMB 外，其他的可以氧化成不溶于水的发色产物的 HRP 底物有 4-氯-1-萘酚（4-chloro-1-naphthol）（紫色沉淀物）和 3-氨基-4-乙基咔唑（3-amino-4-ethycarbazole)（红色沉淀物)。这些底物中没有一个是和作为 HRP 活性的检测剂的二氨基联苯胺一样灵敏。另外，还有许多其他的 HRP 的发色底物，这些发色底物能产生的显著颜色的可溶于水的氧化产物。除 TMB 外，还包括二盐酸邻苯二胺（O-phenylenediamine dihydrochloride, OPD)（橙色）（Wolters 等 1976）和2,2′-连氮-双-（3-乙基苯并噻唑啉磺酸）[2,2′-azino-di（3-ethylbenzthiazoline-6-sulphonic acid)，ABTS]（绿色）（Engvall, 1980)。最好的荧光底物是 3-对羟基苯基丙酸（3-(p-hydroxyphenyl) propionic acid, HP-PA)（紫罗兰色）(Roberts 等 1991)。

在过氧化氢存在的情况下，HRP 也可以用于激发一个化学发光连锁反应，这个反应能使鲁米诺氧化成邻苯二甲胺（3-aminophthalate）的激发态。（Isaacson and Wettermark 1974，Roswell and White 1978，Durrant 1990，Stone and Durrant 1991）（请见图 A9-5)。当这个复合物返回到基态时，将放出 428 nm 的蓝光。但是，因为这个反应的效率很低，采用不同的基于苯酚的侧链取代化合物来增加这个反应放出的光的数量和持久性（Whitehead et al. 1983，Hodgson and Jones 1989)。例如，在对碘苯酚（p-iodophenol）存在的情况下，由这个反应放出来的光增加超过 1000 倍，并持久达几个小时。另外，这些增效剂通过抑制鲁米诺的化学氧化反应来减少背景。这些增效剂被认为是通过①和 HRP 反应②形成增效剂游离基并与鲁米诺作用形成鲁米诺游离基（见图 A9-5）来消除连锁反应的限速步骤。总体效果是增加了反应的效率和速度，但没有改变发光反应的特性。从反应中发出的光可以通过 X 光片、磷光成像仪或 CCD 相机来捕获。

HRP 可以直接连接到单链核苷酸探针上（Renz and Kurz 1984，Stone and Durrant 1991）或可以交联到如生物素或地高辛之类配基的特异性抗体上，生物素或地高辛配基可以通过标准的酶学技术连接到核酸探针上。在另一个例子里，HRP/鲁米诺反应对 Southern 和 Northern 杂交的核酸的非放射性检测非常灵敏（Thorpe and Kricka 1986)。在理想的条件下，核酸探针的检测限制在～ 5×10^{-17}摩尔（Urdea et al. 1988)。但是，HRP/鲁米诺反应远没有碱性磷酸酶催化的1,2-二氧杂环丁烷（1,2-dioxetanes）分解反应的化学发光反应灵敏（参见信息栏中有关 AMPPD 的内容)。另外，要想达到最大的敏感度，HRP/鲁米诺反应需要对不同成分进行最大限度优化。由于这些原因，HRP 现在比碱性磷酸酶较少用于核酸和蛋白质的化学荧光检测。

地高辛配基 A9.38

地高辛卡烯内脂（cardenolide digoxygenin）($M_r=390.53$）可以通过化学或酶学方法将从紫花洋地黄（*Digitalis purpurea*）中分离的 desacetylanatoside C 去掉 4 个糖基而得到（Reichstein 1962)，也可以从 *D. orientalisi* 中和 *D. lanata* L. *Scrophulariaceae* 中直接提取出来（Maanich and Schneider 1941，Hegenauer 1971)。地高辛的化学结构

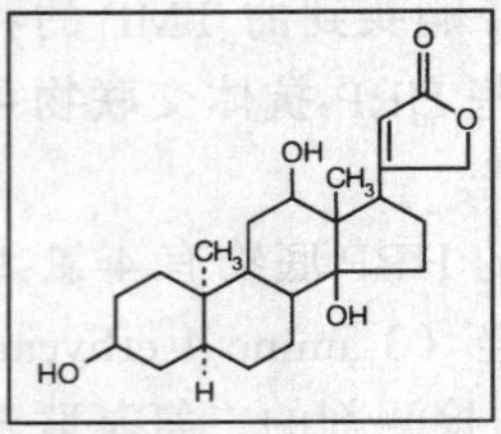

(Cardwell Smith 1953, 1954, Patali et al. 1963) 见左边的方框。

在分子克隆中，地高辛可以作为结合 DNA 和 RNA 探针的配基，并在杂交后用抗地高辛抗体-酶交联物进行检测（Kessler et al. 1989, Kessler 1991）（见图 A9-6）。地高辛标记的探针因而可以用于 Southern、Northern 和点杂交。它在原位杂交也有相当的优势，部分原因是因为动物细胞中没有地高辛半抗原（如，请参见 Tautz and Pfeifle 1989, Hemmati-Brvanlou et al. 1990）。这消除了内原分子产生的背景。生物素标记的探针就不是总这样。在大体积的 0.1% SDS、2 mmol/L EDTA (pH8.0) 溶液中（Church and Kieffer-Higgin 1988）将尼龙滤膜加热到 37℃ 保持 20～30 min 就可以把地高辛标记的核酸探针从尼龙滤膜上剥离开。清洗之后，滤膜还可以重新探测，效能或敏感性不会有明显的下降。

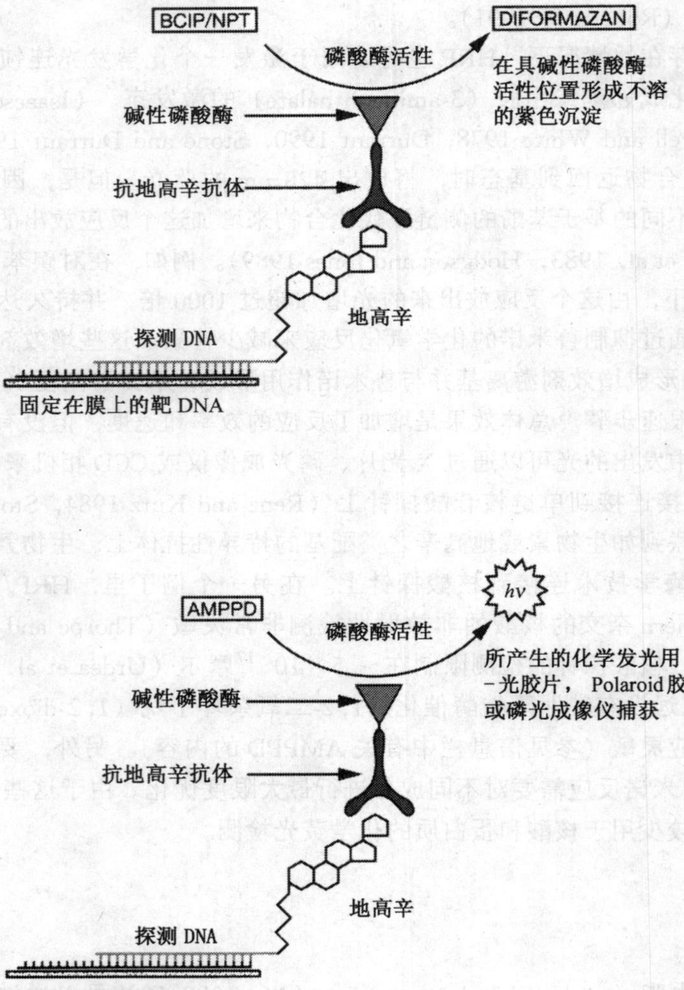

图 A9-6　用 BCIP/NBT 或 AMPPD 检测地高辛标记的核酸探针

注意在经过探测、剥离、再探测的几个循环之后，化学发光的背景可能会因为滤膜上碱性磷酸酶残留的累积而显著增加。这个问题可以通过在每个循环的第二步和第三步探测时用蛋白酶 K 和甲酰胺处理滤膜而避免（Dubitsky et al. 1992）。

用地高辛标记核酸

对于核酸的标记，生产商 Boehringer Mannheim 提供了两种形态的地高辛：地高辛-11-dUTP（DIG-11-dUTP）和地高辛-11-UTP（DIG-11-UTP）。每种形态的地高辛都分别由一个耐碱的连接和一个间隔臂分别与脱氧尿苷三磷酸或尿苷三磷酸相连。

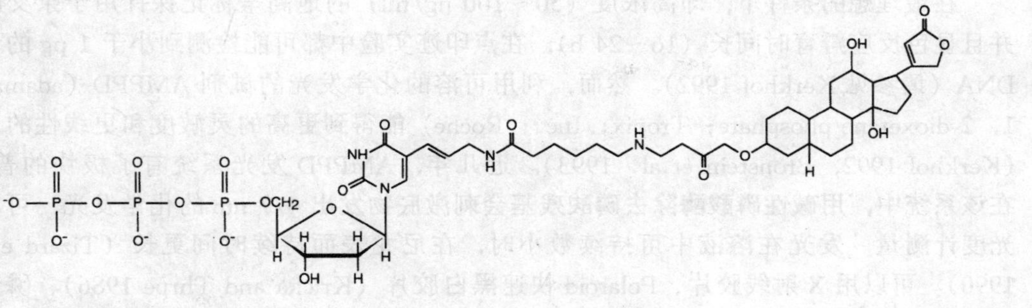

- DIG-11-dUTP 是大肠杆菌 DNA 聚合酶、DNA 聚合酶Ⅰ的 Klenow 片段、耐热聚合酶如 *Taq*、反转录酶和末端转移酶的底物。因而地高辛可以通过不同的标准反应包括随机引物、缺口平移、扩增、末端补平和 3′断加尾来引入 DNA 中。
- DIG-11-UTP 是在体外用噬菌体编码 DNA 依赖的 RNA 聚合酶（T3、T7 和 SP6 聚合酶）来转录 DNA 模板时结合到 RNA 上的（见表 A9-6）。

由合成时 5′端氨基化的寡聚核苷酸可以通过与 NHS-地高辛（digoxygenin-3-O-methylcarbonyl-ε-aminocaproic acid-N-hydroxysuccinamide ester；Boehringer Mannheim）反应来进行标记（Richterich and Church 1993）。

表 A9-6 地高辛标记核酸的方法

标记方法	酶	结合的地高辛分子数	参考文献
随机引导	Klenow 片段	每 25～36 个核苷酸 1 个	Kessler et al.（1990）
缺口平移	大肠杆菌 DNA 聚合酶Ⅰ	每 25～36 个核苷酸 1 个	Höltke et al.（1990）
加尾	末端转移酶	每 12 个核苷酸 1 个	Schmitz et al.（1991）
PCR 扩增	耐热聚合酶如 *Taq*	每 25 个核苷酸 1 个	Seibl et al.（1990）
转录	T3、T7 和 SP6 聚合酶	每 25～36 个核苷酸 1 个	Kessler and Holtke（1990）
cDNA 合成	反转录酶	每 25～36 个核苷酸 1 个	McCracken（1989）

注：综述请见 Kessler（1991）。

A9.40 ## 地高辛特异抗体与报道酶的偶合

可以通过用地高辛包裹的蛋白质麻仁球蛋白和牛血清白蛋白免疫绵羊来培育高亲和力的地高辛特异的抗体。用于检测地高辛标记探针的最为通用的免疫试剂是偶连着碱性磷酸酶的抗地高辛免疫球蛋白的 FAB 片段（Boehringer Mannheim）。对于经免疫定位的碱性磷酸酶最好的发色的底物是二元试剂 BCIP（5-溴-4-氯-3-吲哚磷酸盐，5-bromo-4-chloro-3-indolyl phosphate）和 NBT（盐酸氮蓝四唑，4-nitroblue tetrazolium chloride）。有关这些试剂更多的信息请参见信息栏中有关 BCIP 的内容。

在最理想的条件下，即高浓度（50～100 ng/ml）的地高辛标记探针用于杂交阶段并且显色反应孵育时间长（16～24 h），在点印迹实验中都可能检测到小于 1 pg 的目标 DNA（请参见 Kerkhof 1992）。然而，利用可溶的化学发光的试剂 AMPPD（adamantyl 1，2-dioxetane phosphate；Tropix；Inc.；Roche）能得到更高的灵敏度和更线性的反应(Kerkhof 1992，Bronstein et al. 1993)。近几年，AMPPD 发光系统有了极快的普及，在该系统中，用碱性磷酸酶除去磷酸残基会刺激底物发出 477 nm 的化学发光，可以用光度计测量。发光在溶液中可持续数小时，在尼龙表面持续时间更长（Tizard et al. 1990)。可以用 X 射线胶片、Polaroid 快速黑白胶片（Kricka and Thrpe 1986)、磷光成像仪和 CCD 照相机来捕获印迹的图像（Karger et al. 1993)。在最好的情况下，地高辛标记探针的化学发光检测灵敏度极高（0.03 pg 的目标 DNA 或 RNA）并且速度快（曝光时间小于 30 min)。因而这种方法比 ^{32}P 标记的核酸探针的放射自显影检测的灵敏度高 10 倍，速度快 50 倍。另外，由于不用对滤膜进行剥离再生，所以重新检测也就简化了。这些优势带来的结果是，碱性磷酸酶标记的化学发光检测被广泛用于检测固定核酸序列的许多技术中，包括印迹和 DNA 测序。有关 AMPPD 更多的信息请参见信息栏中有关 AMPPD 的内容。

A9.41 ## BCIP

BCIP（5-溴-4-氯-3-吲哚磷酸盐，5-bromo-4-chloro-3-indolyl phosphate 分子质量：

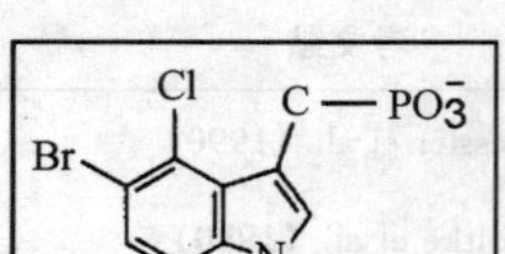

370.4［钠盐］；433.6［甲苯铵盐］）的用法是与氮蓝四唑（NPT）一块使用，用来检测原位的碱性磷酸酶。该二元试剂在具有碱性磷酸酶的活性位置形成不溶的沉淀，它是适用于碱性磷酸酶交联物的发色检测最灵敏的指示系统。在这个反应中（图 A9-7），碱性磷酸酶催化 BCIP 除去磷酸根基团，生成 5-溴-4-氯-3-吲哚的羟化物；该羟化物二聚化形成不溶的蓝色化合物，即 5，5′-溴-4，4′-二氯吲哚。在二聚化反应过程产生的两个还原当量会将氮蓝四唑中的一个分子还原为不可溶的浓紫色染料，二甲腊（Diformazan）(McGadey 1970；Franci and Vidal 1988)。颜色发展过程超过几个小时，但是产生最强的信号需要的时间变化很大，依赖于结合到目标分子上的抗体数量。

BCIP/NBT 是一个敏感的碱性磷酸酶活性检测剂，但不能定量。这个酶的定量分析可以采用发色底物-硝基磷酸苯（*p*-nitrophenyl phosphate）(McComb and Bowers 1972,

Brickman and Beckwith 1975，Michaelis et al. 1983）。Sigma公司销售这个底物用的名字 A9.42
是“Sigma 104号磷酸酶底物”（Sigma No. 104 phosphatase substrate）。Sigma 104水解生成硝基苯酚，它在水溶液中在420nm有很强的吸收峰。文献（Miska and Geiger 1987）报道了一种更敏感的基于生物发光的分析，其中使用的底物是D-荧光素-O-磷酸酯（D-luciferin-O-phosphate）。该底物水解后释放的荧光素的量可以用荧光素酶进行滴定法测量，然后用照度计测量光脉冲。

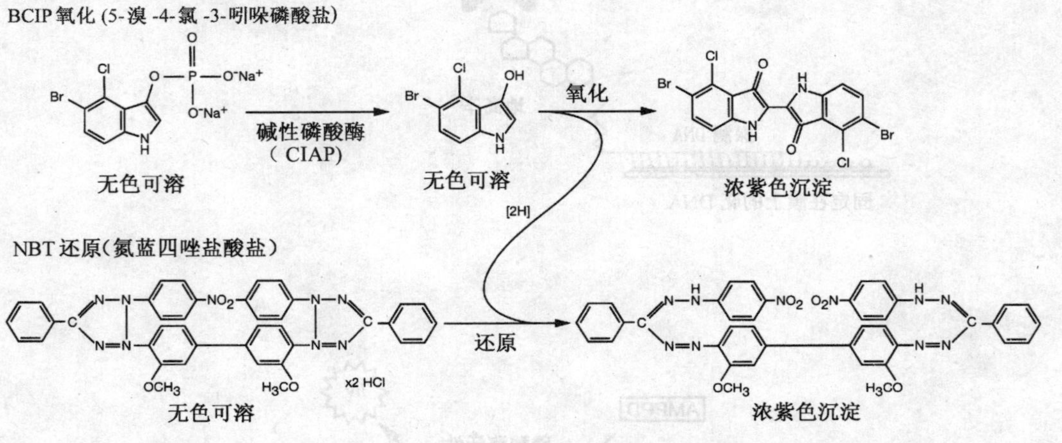

图 A9-7　在BCIP/NPT指示剂反应中的BCIP氧化和的NBT还原
[经允许，从Klessler 1991（Copyright 1991 Academic Press London）复制]

在分子克隆中，BCIP/NBT广泛用在非放射性系统，作为指示剂来检测核酸或蛋白质。通常这些系统由按顺序使用的多种成分组成。在最好的工作状况下，指示剂系统对于检测哺乳动物全部DNA的Southern杂交中基因的单个拷贝具有足够的灵敏度。典型的设计显示在图A9-8中。

Southern、Northern和点印迹可以通过用*N*,*N*-二甲基甲酰胺（*N*,*N*-dimethylformamide）从带电的尼龙膜剥离甲腊（formazan）沉淀来进行重新杂交。注意N,N-二甲基甲酰胺蒸汽对皮肤和黏膜有刺激作用，因此应该在通风良好的化学通风橱中使用。地高辛标记的寡聚核苷酸探针可以通过在室温用*N*,*N*-二甲基甲酰胺或在含有高浓度的SDS缓冲液中加热到70～75℃来从膜上除去（Richerich and Church 1993）。然后膜可以进行再探测。

碱性磷酸酶的生色检测远没有使用可溶的1,2-二氧杂环丁烷底物AMPPD的发光方法的灵敏度高（Schaap et al. 1987）。在这个系统中，点印迹的灵敏度可以从0.2 pg 16 h升到1 fg 1 h。在Southern杂交中，使用AMPPD作为指示剂，灵敏度为～70 fg 1 h（参见Allefs et al. 1975）。

BCIP/NBT除了用作碱性磷酸酶交联物的指示剂外，它还可用于探测脊椎动物组织切片中表达的碱性磷酸酶（Fields-Berry et al. 1992）和鉴定表达BAP的细菌群落（Brickman and Beckwith 1975，综述请见Manoil et al. 1990）。

BCIP一般以钠盐或甲苯铵盐形式出售。BCIP的甲苯铵盐适宜在商业上能够买到的

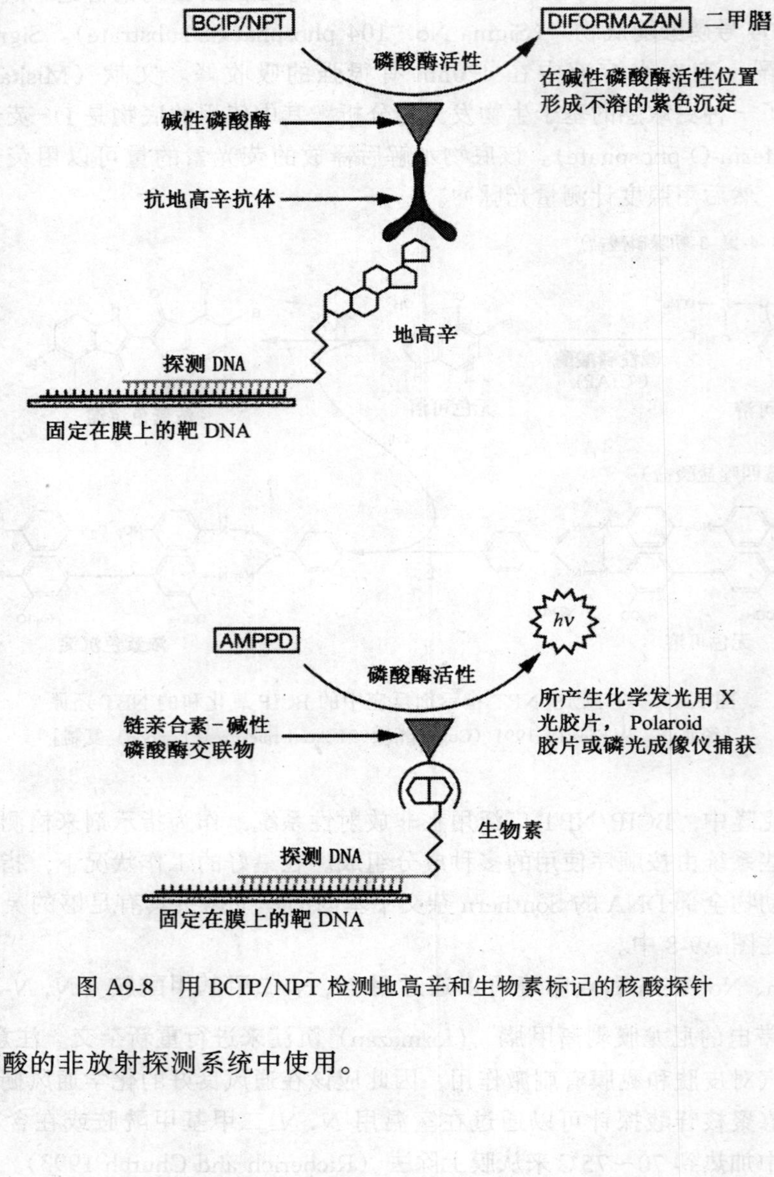

图 A9-8　用 BCIP/NPT 检测地高辛和生物素标记的核酸探针

蛋白质或核酸的非放射探测系统中使用。

AMPPD

AMPPD (adamantyl 1,2-dioxetane phosphate 也称为 [2′ spiroadamantane]-4-methoxy-3-[3″-(phosphoryl) phenyl] 1,2,-dioxetane 或 disodium 3-(4-methoxyspiro {1,2-dioxetane-3,2′-tricyclo-[3.3.1^{3,7}] decan}-4-yl)-phenyphosphate)) 是一个用于碱性磷酸酶引发的化学发光的底物，可以用来检测在尼龙或 PVDF 膜上免疫的生物多聚体 (Bronstein and McGrath 1989; Bronstein et al. 1990; Tizard et al. 1990; Gillespie and Hudspeth 1991)。图 A9-9 显示了典型的用于 Western 印迹蛋白质和固定核酸杂交检测流程。

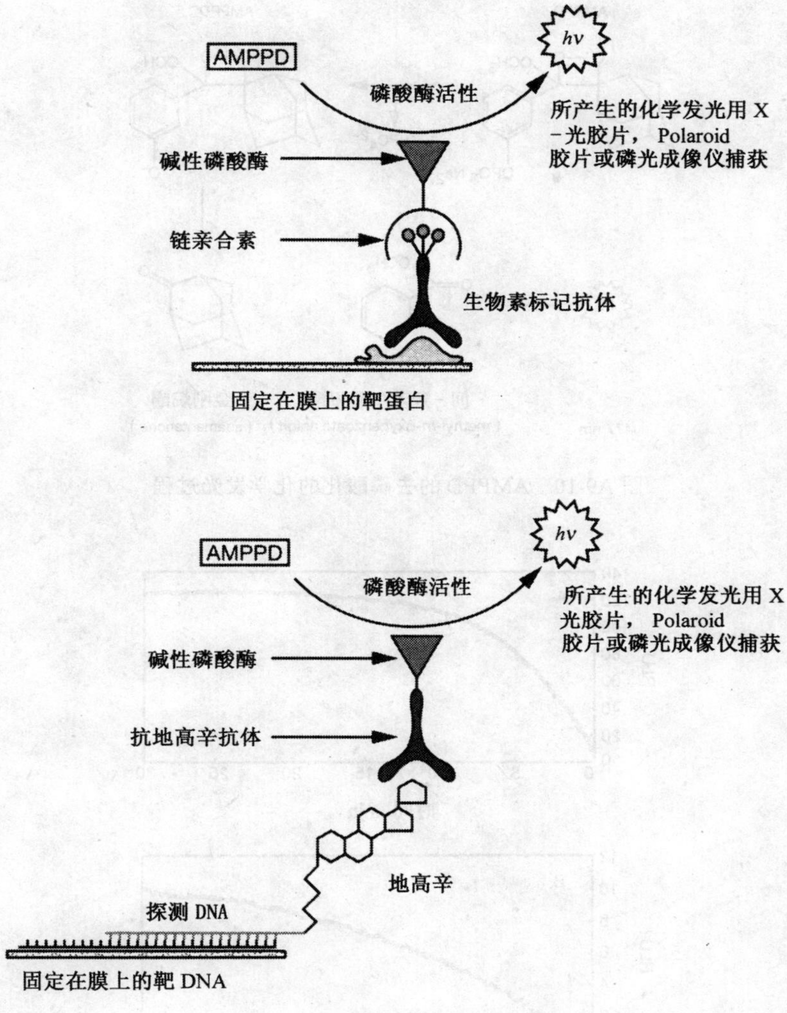

图 A9-9　用 AMPPD 检测免疫的核酸和蛋白质

（上）用 Western 印迹检测目标蛋白质；（下）在 Southern 和 Northern 印迹中核酸序列的检测

采用 AMPPD 的探测 DNA、RNA 和蛋白质的化学发光的灵敏度高于比色法、生物发光法或荧光测定法，并且至少相当于控制最近 20 年分子克隆的放射自显影技术（Beck and Koster 1990，Bronstein et al. 1990，Carlson et al. 1990，Pollard-Knight et al. 1990）。在溶液中，可以测量出少于 1000 个碱性磷酸酶分子（1 zmol 或 10^{-21} mol）的反应的光输出（Schaap et al. 1989）。在标准的 Southern 和 Northern 杂交，实验中，可以检测出少于 0.1 pg 的 RNA 或 DNA（Beck et al. 1989），同时在全细胞蛋白的 Western 印迹中可以检测出少于 1 pg 的目标蛋白质（Gillespie and Hudspeth 1991）。

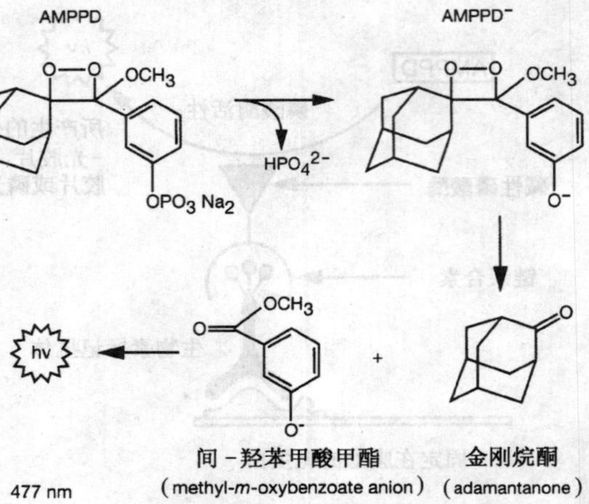

图 A9-10　AMPPD 的去磷酸化的化学发光过程

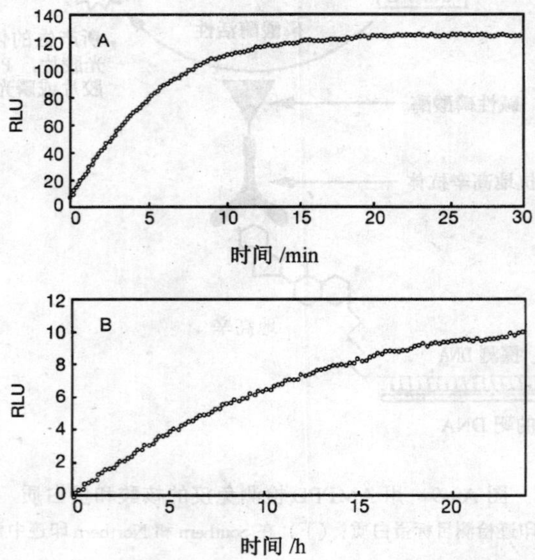

图 A9-11　AMPPD 化学发光的动力学

碱性磷酸酶催化的 AMPPD 降解在（A）0.05 mol/L 碳酸盐/碳酸氢盐/1 mmol/L $MgCl_2$（pH9.5）.（B）Biodye A 膜上的化学发光动力学。发光速率用相对光单元（relative light units, RLU）表示（经允许，从 Tizard et al. 1990 年复制）

图 A9-10 显示的是 AMPPD 去磷酸化导致光产生而引发的事件。碱性磷酸酶催化 AMPPD 的单个磷酸基团的去除，产生一个中度稳定的二氧杂环丁烷阴离子，该阴离子能分解成金刚烷酮和激发态的 methyl-metaoxybenzoate 阴离子。当返回基态时，离子发射出可见的黄绿光（Bronstein et al. 1989）。碱性磷酸酶催化的二氧杂环丁烷去磷酸化效率很高，周期转化速度为～4.0×10^3 分子/s（Schaap，引自 Beck and Koster 1990）。
A9.43 然而，激发态的 1，2-二氧杂环丁烷阴离子的半衰期比较长，在不同的环境中变化范围从2 min到数小时（Bronstein 1990）。因而当去磷酸化反应在有过量的AMPPD时，最初二氧杂环丁烷阴离子产生的速度比衰减的速度快。这就解释了为什么化学发光是以“辉光”的形式辐射，它的强度在数分钟不断增强，然后持续几个小时（见图A9-11）。在尼龙膜上，动力学过程会变慢，因为膜上的疏水口袋能稳定激发的二氧杂环丁烷阴离子（Tizard et al. 1990）。尼龙和阴离子之间的疏水作用也会导致发射光的大约10 nm的“蓝移”，从477 nm到466 nm（Beck and Köster 1990，Bronstein et al. 1990）。

在大多数实验情况下，尼龙膜上化学发光延长的动力学是一个优势，因为这可以为多次曝光的图像捕获提供时间。然而，慢动力学的影响在碱性磷酸酶引发的化学发光用于检测浓度特别低的DNA、RNA和蛋白质时变得十分重要，如滤膜上的DNA目标带预计包含少于10^{-18}摩尔分子时。在这种情况下，CSPD，一个AMPPD的卤素取代的衍生物，可能是一个更好的选择。在金刚烷基的第5位加入一个氯原子消除了1,2二氧杂 A9.44
环丁烷自我聚集的趋势，并限制了与尼龙膜的作用。使用了这个化合物，到达最大的光辐射的时间将显著减慢，以至于很少量的目标分子都能快速检测到（Martin et al. 1991）。

CDP-*Star*，一个第三代1,2二氧杂环丁烷底物，遵循与AMPPD和CSPD相似的降解途径，但它产生一个亮几倍的信号。CDP-*Star* 信号在反应中到达高峰早，并能比其竞争对手持续更长的时间（达几天）（来源：Tropix 网站 www.tropix.com）。

硝基纤维素膜没有合适的疏水表面，因而并不建议与AMPPD、CSPD或CDP-*Star*一起使用；但PVDF膜可用于所有这三个底物。

AMPPD是一个特别稳定的化合物：在水中，它的热分解激活能量是89.9 J/mol，在25℃的半衰期约20年。因为非酶水解非常慢，所以印迹上化学发光的背景很弱。实际上，蛋白质和核酸的化学发光检测的灵敏度不是受AMPPD的自然降解的限制，而是受缓冲液中细菌来源的痕量碱性磷酸酶的影响（Bronstein et al. 1990）。

抗生物素蛋白和生物素 A9.45

生物素（维生素H、辅酶R、相对分子质量244.3）是一个可溶性的维生素，能与抗生物素蛋白高亲和力地结合；抗生物素蛋白（M_r = 66 000）是一个四聚体、碱性糖蛋白，在粗制蛋清中含量丰富（综述请见Green 1975）。因为抗生物素蛋白的每一个亚基都可以结合一个生物素分子，1 mg的抗生物素蛋白可以结合大约14.8 μg的生物素。复合物的解离常数是1.0×10^{-15}，对应的结合自由能是89.8 J/mol。因为如此紧密的结合，所以分解速度相当慢，在pH 7.0时的半衰期是200 d（Green and Toms 1973）。因而一般来讲，抗生物素蛋白和生物素之间的相互作用基本上是不可逆的。另外，抗生物素蛋白和生物素复合物对于离液剂（chaotropic agent）（3M盐酸胍）以及极端pH和离子强度有很强的抵抗力（Green and Toms 1972）。抗生物素蛋白与生物素之间的这种高强度结合提供了让一个分子与对其没有天然亲和力的分子紧密接触的“桥梁”系统。

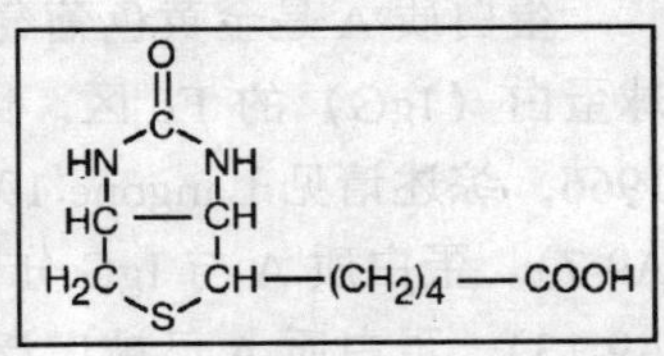

生物素可以结合到许多不同的蛋白质和核酸上且一般不改变它们的性质。同样，抗

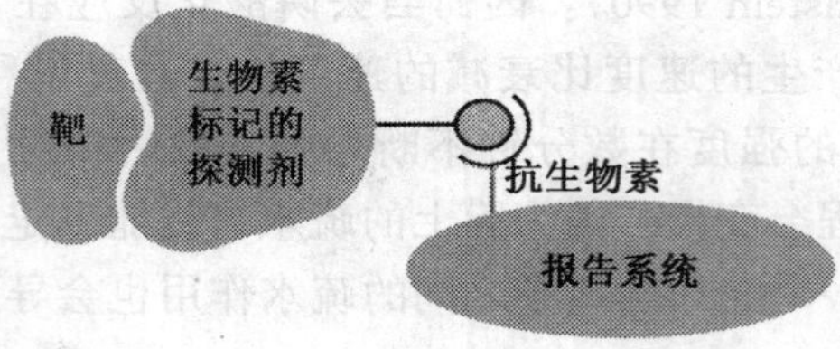

图 A9-12 抗生物素蛋白和生物素复合物

生物素蛋白（或链球菌抗生物素蛋白 streptavidin，抗生物素蛋白的一个非糖基化的原核等效物质）可以结合到报导酶上，报道酶的活性可以用来确定抗生物素-生物素-目标分子复合物的位置并进行定量分析。例如，在酶联免疫分析中，偶连了抗生物素蛋白的酶，如辣根过氧化物酶或碱性磷酸酶，经常用来分析一个固定抗原或一抗生物素化的抗体（Young et al. 1985，French et al. 1986）。另外在核酸杂交中，抗生物素蛋白交联的酶或荧光染料可以用于检测生物素化的探针。生物素的衍生物一直用于蛋白质、肽和其他分子的生物素标记（综述和参考文献见 Wilchek and Bayer 1990）。

蛋清抗生物素蛋白的劣势是由于寡糖基团的出现，而引起了相当高的非特异性结合的背景。这个问题可以通过使用链球菌抗生物素蛋白来得到缓解，链球菌抗生物素蛋白是由阿维丁链霉菌（*Streptomyces avidini*）分泌的、非糖基化的、58 000 Da 的四聚体蛋白质，它对生物素的结合亲和力几乎与蛋清抗生物素蛋白相同。

有关生物素更多的信息，请参见第 11 章有关生物素的信息栏。很多有关抗生物素蛋白-生物素的信息和技术可在一本手册上获得：*Avidin-Biotin Chemistry*：*A Handbook*，Pierce 公司出版发售。

A9.46 免疫球蛋白结合蛋白：蛋白质 A，G 和 L

蛋白质 A

蛋白质 A 是金黄色葡萄球菌的细胞壁的一种成分，能结合在很多哺乳动物的免疫球蛋白（IgG）的 Fc 区，因而使细菌逃脱了宿主的免疫应答（Forsgren and Sjöquist 1966，综述请见 Langone 1982，Boyle and Reis 1987，Boyle 1990，Bouvet 1994）（见表 A9-7）。蛋白质 A 与 IgG 分子的 Fc 部分的相互作用并不影响抗体结合抗原的能力（图 A9-13）。蛋白质 A 已被广泛用于免疫化学反应的定量和定性分析（Goding 1978，Harlow and Lane 1988，1999）。

A9.48
- *当偶连到一个放射性的、酶性质的或荧光标签时* 蛋白质 A 是一个很好的、检测和定量与该蛋白质高亲和力结合的抗体的试剂。蛋白质 A 与金颗粒的微粒和化学结合可用于电子显微镜中 IgG 的定位。
- *固定在固相介质上的蛋白质 A* 可用于纯化抗体和收集免疫复合物、抗原或完整的细胞（图 A9-14）。
- *采用类 ELISA 三明治技术，纯化 DNA 片段* 利用纯化的蛋白质 A 和包含蛋白质 A 的 IgG 结合结构域的工程融合蛋白可以纯化和检测 DNA 片段（见 Lindbladh et al. 1987，Peterhans et al. 1987，Werstuck and Capone；综述请见 Stahl et al. 1993）。

A9.4

表 A9-7 蛋白质 A 和蛋白质 G 与哺乳动物免疫球蛋白 Fc 的结合

免疫球蛋白	蛋白质 A（金黄色葡萄球菌）	蛋白质 G（C 组和 G 组的链球菌菌株）
人 IgG1	++	++
人 IgG2	++	++
人 IgG3	−	++
人 IgG4	++	++
小鼠 IgG1	+	+
小鼠 IgG2a	++	++
小鼠 IgG2b	++	++
小鼠 IgG3	++	++
大鼠 IgG1	+	+
大鼠 IgG2A	−	++
大鼠 IgG2b	−	+
大鼠 IgG2c	++	++
兔 IgG	++	++
牛 IgG1	−	++
牛 IgG2	++	++
绵羊 IgG	−	++
绵羊 IgG2	++	++
山羊 IgG1	+	++
山羊 IgG2	++	++
马 IgG（ab）	+	++
马 IgG（c）	+	(+)
小鸡	−	(+)
大颊鼠	(+)	+
豚鼠	++	+

注：有关人的 IgG 资料来自 Forsgren and Sjöquist（1966），Kronvall（1973）和 Myhre and Kronall（1977，1980a）；有关小鼠的来自 Kronall et al.（1970a），Chlon et al.（1979）和 Myhre and Kronvall（1980b）；大鼠的来自 Medgyesi et al.（1978）和 Nilsson et al.（1982）；兔的来自 Forsgren and Sjöquist（1967），Kronval l（1973）和 Myhre and Kronal l（1977）；牛的来自 Lind et al.（1970），Myhre and Kronall（1981）；绵羊、马和山羊的资料来自 Kronall et al.（1970b）和 Sjöquist et al.（1972）；其他动物的资料来自 Richman et al.（1982），Björck and Kronvall（1984），Åkerström et al.（1985）和 Akerstrom and Björck（1986）。

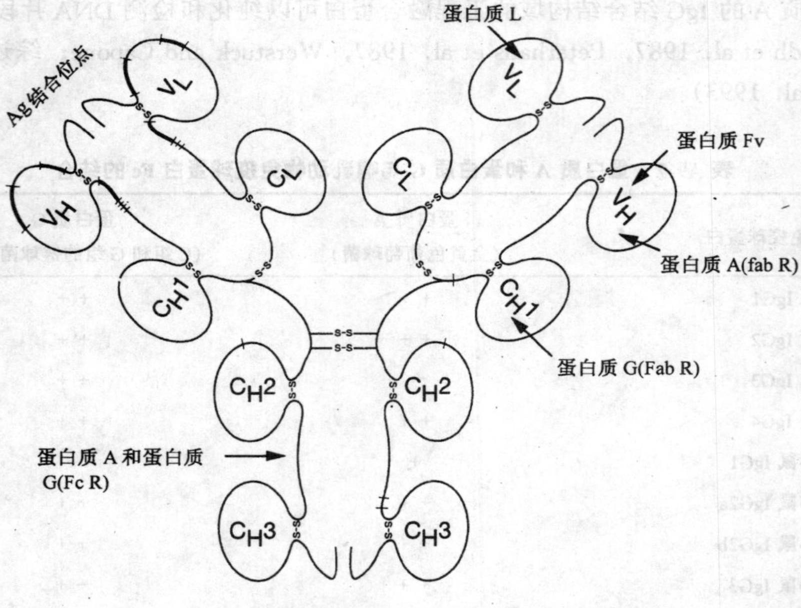

图 A9-13 Fab 结合分子识别的免疫球蛋白区

[经同意后重新绘制，来源 Bouvet 1994（©Elsevier Science）]

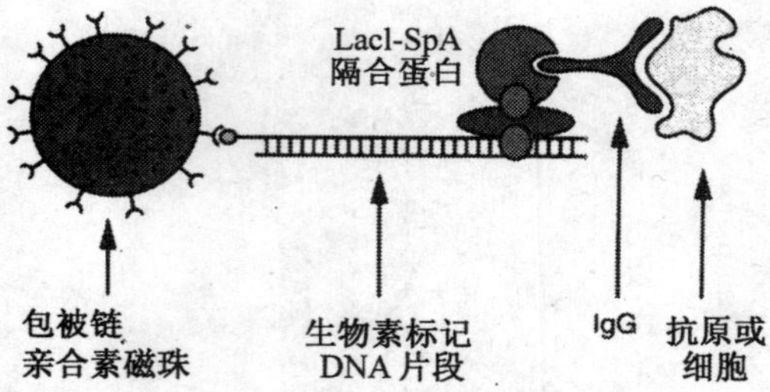

图 A9-14 利用融合蛋白分离抗原和全细胞

这个图说明利用带有包含 *lac* 操纵子（*lac*O）序列的 DNA 片段偶联的磁珠，*lac* 阻遏物融合蛋白可逆回收蛋白质抗原和全细胞的用途。

包含两个独立的底物结合结构域的嵌合蛋白也曾被用作免疫学的黏附试剂来研究。例如：

- **地高辛标记的分子** 可以用包含蛋白质 A 的 IgG 结合结构域和地高辛抗体的抗原结合位点的融合蛋白来标记。任何能与蛋白质 A 结合的抗体都可以检测(Tai et al. 1990)。
- **链球菌抗生物素蛋白-蛋白质 A 嵌合体** 可以用于酶对抗体间接的标记（Sano and Cantor 1991)。
- **蛋白质 A-麦芽糖结合蛋白嵌合体** 可作为将抗体结合到固态基质的双功能试剂（Xue et al. 1995)。

• 蛋白质 A　可以作为纯化在原核和真核细胞合成的融合蛋白的亲和标签（如 Kobatake et al. 1995，Nilsson et al. 1985，综述见 Nilsson and Abrahmsen 1990，Uhlen and Moks 1990，Uhlen et al. 1992，Stahl et al. 1993）。最简单的实验方案包括通过 IgG 作填料的亲和层析来纯化包含蛋白质 A 的 Fc 区结合结构域的融合蛋白（Uhlen et al. 1983，Nilsson et al. 1985）。 A9.46

蛋白质 A 的基因编码一个 509 个氨基酸的蛋白质前体，包括：一个在分泌时除去的信号肽；5 个同源的、独立的 IgG 结合结构域，每个结构域 58 个氨基酸；以及一个重复的 180 个氨基酸的羧端锚（X 区）。对结合了人 Fc 的蛋白质 A 的单个 IgG 结合结构域复合晶体的晶体学分析表明，IgG 结合结构域有两条螺旋组成，两条螺旋与 Fc 结构域的第二和第三个恒定区之间形成了广泛的疏水作用（Deisenhofer 1981）。

蛋白质 G

蛋白质 G 首先从属于 C 群和 G 群的链球菌菌株中分离出来（Björck and Kronvall 1984）。蛋白质 G，像链球菌蛋白质 A 一样，与哺乳动物抗体的 Fc 区有很高的亲和力。但是，这两个蛋白的结构差别很大，而且对抗体的亲和力也有不同（见表 A9-8）（Akerstrom et al. 1985）。蛋白质 A 富含螺旋、并与免疫球蛋白之间形成疏水作用，而蛋白质 G 的折叠结构含量很高（Olsson et al. 1987，Gronenborn et al. 1991）。蛋白质 G 与 IgG 的第一个恒定结构域作用，并且两个分子之间的作用将折叠股沿着作用表面排列成折叠片（Derrick and Wigley 1992）。蛋白质 G 和蛋白质 A 识别的结构密切相关（Stone et al. 1989）。然而，很多种属和亚群的 IgG 与蛋白质 G 高效结合，而与蛋白质 A 的结合并不好。如，蛋白质 G 能与 IgG3 亚群的人免疫球蛋白有效结合，而蛋白质 A 则不能（Sjobring et al. 1991）。包含蛋白质 G 和蛋白质 A 的底物结合结构域的嵌合蛋白显示相对于亲本蛋白质的组合的特异性（Eliasson et al. 1988，1989）。

表 9-8　免疫球蛋白对蛋白质 L、蛋白质 A 和蛋白质 G 的结合

免疫球蛋白	蛋白质 L	蛋白质 LA[a]	蛋白质 A	蛋白质 G
人				
IgG	++	++	+	+++
IgM	++	++	+	−
IgA	++	++	+	−
IgE	++	++	+	−
IgD	++	++	+	−
Fab	++	++	+	+
F(ab′)2	++	++	−	+
κ Light chains	++	++	+	−
scFv	++	++	+	−

续表

免疫球蛋白	蛋白质 L	蛋白质 LA[a]	蛋白质 A	蛋白质 G
小鼠				
IgG1	+ +	+ +	+	+ +
IgG2a	+ +	+ +	+ +	+ +
IgG2b	+ +	+ +	+ +	+ +
IgG3	+ +	+ +	+	+ +
IgM	+ +	+ +	+	−
IgA	+ +	+ +	+ +	+
多克隆				
小鼠	+ +	+ +	+ +	+ +
大鼠	+ +	+ +	+	+ +
兔	+	+ +	+ +	+ + +
绵羊	−	+ +	+ +	+ +
山羊	−	+ +	+	+ +
牛	−	+ +	+	+ +
猪	+ +	+ +	+ +	+ +
鸡 IgY/IgG	+ +	+ +	+	−

注：经允许后修改，来自 CLONTECH（www.clontech.com/archive/JUL98UPD/proteinL .html)。

[a] 蛋白质 LA 结合了蛋白质 L 和蛋白质 A 的免疫球蛋白结合结构域。

蛋白质 G 作为收集免疫复合物和纯化 IgG 试剂的一个潜在劣势是它能强烈地结合牛血清白蛋白（Bjork et al. 1987)。然而，IgG 结合位点和牛血清白蛋白结合位点在结构上是截然不同的（Nygren et al. 1988；Sjolander et al. 1989)，而且工程版的、缺少了牛血清白蛋白结合位点的蛋白质 G 通过商业途径也可以得到。蛋白质 G 的血清白蛋白结构域一直用作融合蛋白质中的纯化标签（Nygren et al. 1988，1991，Sjolander et al. 1993)。

A9.49 蛋白质 L

蛋白质 L（M_r～76 000)（Åkerström and Björck 1989）是厌氧性细菌大消化链球菌（*Peptostreptococcus magnus*）（Björck 1988）的一种细胞壁成分，它结合免疫球蛋白的 κ 轻链时有很高的亲和力。这种结合并不影响抗体的抗原结合位点（Åkerström and Björck 1989)。蛋白质 L 能结合大范围的免疫球蛋白亚类包括人、小鼠、大鼠、兔和鸡（请见表 A9-8)，但它并不结合牛、山羊或绵羊的 Ig。这些种属特异结合的特征使蛋白质 L 成为纯化抗体的一个很有用的工具，特别是从添加胎盘牛血清或牛血清白蛋白的介质中纯化单克隆抗体和从转基因动物中纯化人源化抗体。通过商业途径可以得到蛋白质 L（如 CLONTECH 和 Pierce)。

梁 龙 敖 翼 译

张惟材 陈惠鹏 校

附录 10　DNA 阵列技术

引言

随着来自各种生物诸如酵母、细菌、果蝇、各种植物以及人类等序列数据的日益丰富，迫切需要开发出一种新的技术，应用这项技术能够综合进行功能分析。DNA 微阵列就是针对这种需要发展起来的一项可以同时分析数千个基因表达谱（gene expression pattern）的技术。与 Northern 杂交、反转录酶-聚合酶链式反应（RT-PCR）及核酸酶保护等传统的“单基因”分析技术相比，微阵列技术具有无可比拟的优势。

大体过程

一项典型微阵列技术是通过自动化机械系统将高密度的核酸样品（通常为 cDNA 或寡核苷酸）点涂或压印在包被的载体（或称芯片）上极小的离散区域，再固定在载体上(载体通常为显微镜载玻片或滤膜)，然后将适当来源的带有荧光标记的复合核酸混合物(探针）与制好的微阵列进行杂交，杂交后用高分辨率的激光扫描仪检测荧光标记。用数字成像软件分析每个点发出的信号即可获得基因表达谱。这样就可以将实验样品的基因表达谱与对照组比较进行差异分析。在各种文献中有关术语不尽相同，这里探针一词指的是标记了的核酸混合物，靶标则指核酸样品固定化的阵列。

应用

以下简要讨论 DNA 微阵列技术的两项主要应用，其他应用还包括基因的发现、基因型确定和途径分析。

基因表达分析

基因表达谱可提供丰富的生物信息及有关功能的直接线索。通过基因表达的变化与特定生理变化之间的相关性，就可以领悟到生物体中各种生命过程的原动力。举例来说，利用微阵列技术可以同时检测许多基因在不同组织中或不同发育阶段的表达情况，比较在正常状态和患病状态下的基因表达情况，还可以分析细胞在药物存在或不同生理状态下的反应。微阵列技术在获取基因表达谱中的重要性已经在许多生物如酵母、果蝇、小鼠和人类的研究中得到了清楚的显示。比如，用 cDNA 阵列得到了酵母各种基因表达谱，研究表明这些表达谱与酵母细胞周期中的许多变化密切相关（cmgm.stanford.edu/pbrown/网站上供有酵母的数据集和分析工具）。在探索人类癌症的过程中，表达阵列也为 B 细胞淋巴瘤和白血病的分子分类提供了帮助。这些研究可能对了解癌症的病理生理学以及确定治疗干预的目标会有所帮助。

监视基因组 DNA 的变化

A10.3 基因组的不稳定性是癌细胞的一个特征，其中一种情况是癌基因的功能获得性突变，通常的标志是基因的增加或易位；还有一种情况是肿瘤抑制基因的功能丧失性突变，通常的标志是随点突变之后丧失杂合性或者纯合缺失。目前以下三个实验室正在采用微阵列技术进行基因组 DNA 的高分辨率分析：

① Brown 实验室（cmgm.stanford.edu/pbrown），采用的是 cDNA 微阵列。

② Gray 实验室（cc.ucsf.edu/gray/），采用的是克隆在 BAC 载体上的基因组 DNA 微阵列。

③ Wigler 实验室（nucleus.cshl.org/wigler/），采用的是代表低复杂性基因组 DNA 的微阵列。

究竟哪一种方法或哪些方法的组合测定临床样品中非高丰度序列的拷贝数目比较成功且在统计上置信度较高还未见分晓。

利用高密度寡核苷酸阵列可以研究种内和种间的突变和多形性，尤其是单核苷酸多形性（SNP）。这些所谓突变检测阵列系由代表着一个或一组基因所有已知序列变体的寡核苷酸组成。由于与寡核苷酸杂交的灵敏度足以检测出单个核苷酸的错配，因此可以从同源基因的大量变化中快速筛查出序列上含有的未知变异。突变检测阵列的例子有 p53 基因芯片、HIV 基因芯片及乳腺癌 BRCA-1 基因芯片。

本文其余部分主要讨论了一些 DNA 微阵列技术问题而不是进一步强调微阵列的应用。应当清楚的是，DNA 微阵列是一项正在发展的技术，在这些微阵列的设计和分析中仍然存在着重重障碍。

DNA 微阵列的图解和概况

DNA 微阵列实验包括 6 个基本步骤（见图 A10-1）：

(1) 将 cDNA 克隆加工为可供点印的材料；
(2) 将 cDNA 克隆（或寡核苷酸）点印到载体上；
(3) 样品 RNA 的分离（总 RNA 或 mRNA）；
(4) 探针的制备（例如 cDNA 的合成和标记）；
(5) 标记的探针 DNA 与载体上的阵列 DNA 杂交；
(6) 杂交结果的成像和图像分析。

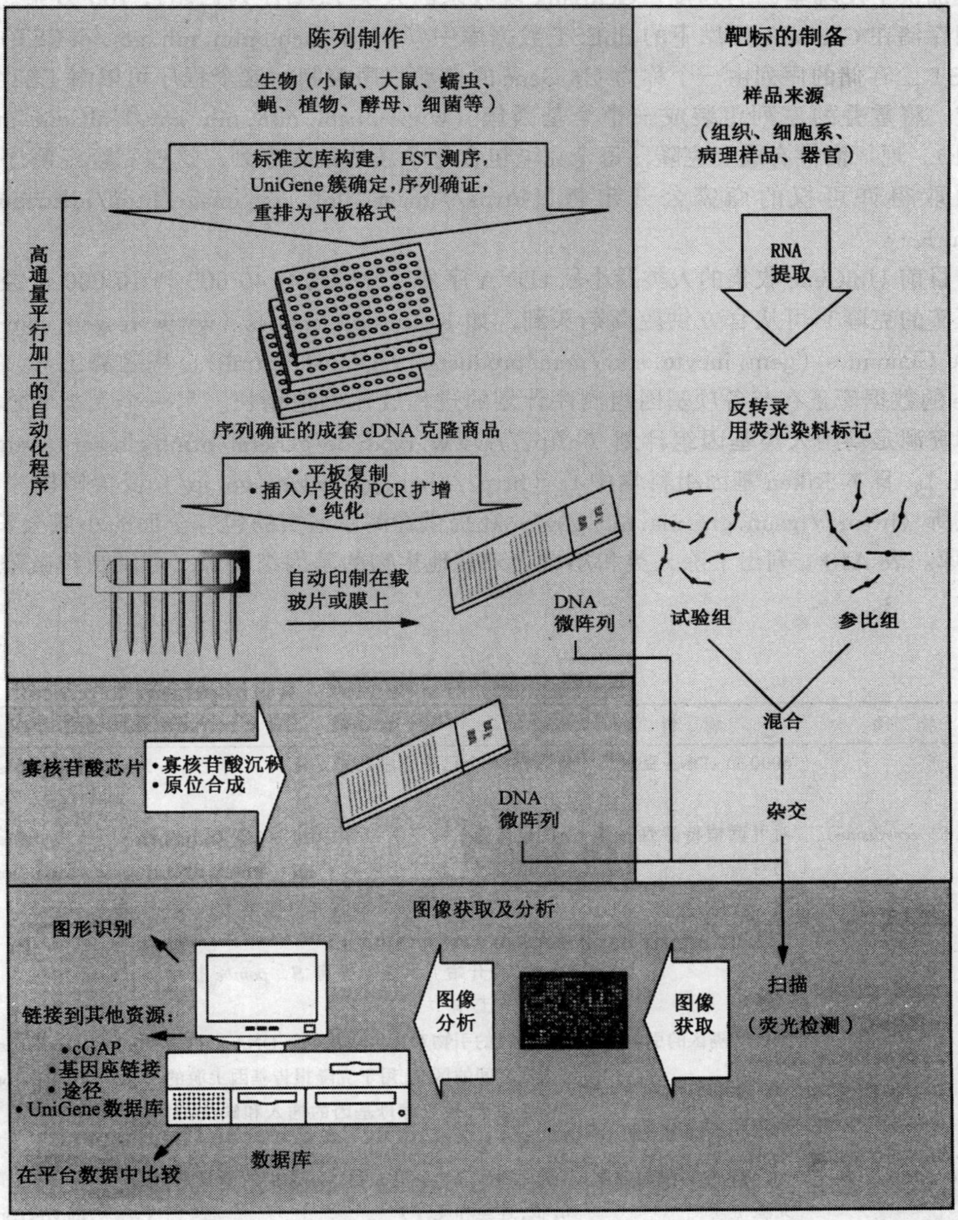

图 A10-1　进行微阵列实验的图示

克隆的来源

用来设计和制作基因表达微阵列的起始材料包括基因组或 cDNA 的序列数据以及 cDNA 克隆，或者上述两者。发现基因的传统方法（如克隆）仅能得到某个生物较小的基因亚群（subset）。而新近的一些方法，如表达序列标签（EST）的大规模测序，则大

A10.4 幅度加快了发现基因的速度。GenBank 现收录的人类 EST 序列已超过 100 万条。EST 序列存储在 Genbank 网站下的 dbEST 数据库中（www.ncbi.nlm.nih.gov/dbEST）。在 dbEST 上存储的序列由一个称为 UniGene 的自动程序控制，这个程序可以对 EST 进行比较，将重叠的序列组装成一个个基因簇（www.ncbi.nlm.nih.gov/UniGene/index.html）。现厂商供有成套克隆，每个克隆包含每个簇的最大序列，这些克隆经测序证实后由取得许可权的商家公开出售（http://image.llnl.gov/image/html/idistributors.shtml）。

目前 UniGene 收集的人类及小鼠 cDNA 序列（分别约有 40 000 和 10 000 个经过测序证实的克隆）可从官方供应商购买到，如 Research Genetics（www.resgen.com）和
A10.5 Incye Genomics（gem.incyte.com/gem/products/unigemv2.shtml）。从趋势上看，UniGene 的数据库正在与各项基因组测序计划的进程成比例地增长。另一个人类 cDNA 数据库资源是德国人类基因组计划（http://www.rzpd.de/general/html/glossary/unigene.shtml）。日本 Riken 基因组科学中心（http://hgp.gsc.riken.go.jp/）及美国国家衰老研究所（http://lgsun.grc.nia.nih.gov/）还提供经测序证实的包容全面的小鼠全长 cDNA 库。表 A10-1 列出了除人类和小鼠之外其他生物的基因组资源，可供制作微阵列之用。

表 A10-1　微阵列的基因来源

物　种	材　料	注　释	来　源
大鼠	6000 个 cDNA 克隆	提供 1500 个已确证序列的克隆	Research Genetics (www.resgen.com)
酵母(*S. cerevisiae*)	对可读框特异性的引物对	这些设计的引物可供从基因组 DNA 扩增出包括起始密码子和终止密码子的完整的编码区(可能因为极少的酵母基因含有内含子)。最近,Sanger Centre 和 Imperial Cancer Research Fund 已经开始了从裂殖酵母 *S. pombe* 扩增编码区的工作	Research Genetics (www.resgen.com)
	基因间隔区的引物对	这些设计的引物对可供从基因组 DNA 上扩增可读框之间的区域,用于克隆报告基因上游的酵母启动子,检测酵母基因的插入和缺失,对转录因子结合位点作图	Research Genetics (www.resgen.com)
Arabidopsis thaliana	含 7900 个克隆的成套克隆	这些克隆代表了所有主要组织类型的基因(例如,根,莲座和花序)	Incyte Genomics (www.incyte.com/products/organisms.html)
	11 500 个 EST 克隆	由密执安州立大学建立	Affymetrix
Caenorhabditis elegans	代表着 *C. elegans* 全套基因的 cDNA 阵列	在合作的基础上,这些微阵列及杂交和数据分析的配件也可向其他从事 *C. elegans* 研究的实验室提供	斯坦福大学 Stuart Kim 实验室(cmgm.stanford.edu/-kimlab/)

续表

物　种	材　料	注　释	来　源
	引物对	由这些引物可扩增到 19 000 个基因的全部或部分序列	Research Genetics (www.resgen.com)
Drosophila melanogaster	代表 12 000 个基因的 cDNA	伯克利 *Drosophila* 基因组计划正在对 cDNA 库进行注释工作	伯克利 Drosophila 基因组计划（www.fruitfly.org)，即将由 Research Genetics 公司(www.resgen.com)出售
Escherichia coli	4290 个 ORF 序列	包含一整套 PCR 扩增基因的膜阵列	Genosys Biotechnologies (http://www.genosys.com/expression/frameset.html)
Bacillus subtilis	4107 个 ORF 序列	PCR 扩增的 ORF	Genosys Biotechnologies
Helicobacter pylori	1590 个 26695 菌株认定的可读框；91 个 J99 菌株特有的可读框		Genosys Biotechnologies
C. jejuni	1 654 个基因		Genosys Biotechnologies
在研项目			
Staphylococcus aureus	1 900 个 ORF 序列		Incyte Genomics（www.incyte.com/products/organisms.html)
Candida albicans	ORF 序列		Incyte Genomics（www.incyte.com/products/organisms.html)

供高通量处理的自动化技术

考虑到真核基因组成套克隆的规模非常大，一般要采用某种程度的自动化装置，以高度精确和可重复性地获取可供点印的材料。设计了两种可供高通量平行加工的自动化系统，均包括全自动或半自动的液体分配和平板操作系统，其中 Robbins Hydra 工作站（www.robsci.com）系采用带聚四氟乙烯涂层的高精度毛细管来点样，而 Beckman Coulter Multimek（www.beckmancoulter.com）则采用一次性吸头。这些自动机械系统除了能够在标准的 96 孔板或 384 孔板上精确地加样或取样之外，还有一种重排的功能，使其能够移取在 96 孔和 384 孔板之间的同一工作表面上的样品。每个自动化器件均可整合到其他自动化系统上。功能相近的自动化系统有 Qiagen BioRobot（www.qiagen.com/automation/），Tecan AG GENESIS 样品处理仪（www.tecan.com），Packard MultiPROBE（www.packardinst.com）以及 Tomtec Quadra（www.tomtec.com）。

固相支持物和表面化学

若要将 DNA 芯片技术的潜力完全转变为现实必须进行新型固相支持物和高分辨 DNA 显微阵列的高效化学制备技术的开发。一种良好的基质应该能够高效并均一地与 DNA 结合，使表面结合的 DNA 具有功能而且能够接近。结合在基质上的 DNA 应具高密度，结合的阵列应稳定，基质的化学性质必须是惰性的，且其自身的荧光发射极弱，以保证信号强度较高，动力学范围较宽。常用的两种基本基质是玻璃和滤膜。

用化学方法处理的显微镜载玻片是使用最广泛的载体。玻璃在光学效果方面是最好的，可耐受杂交时的高温，而且没有多孔性，使杂交体积最小。其自发荧光很低，几何性能很好，适宜于进行高密度阵列的加工。玻璃的一项主要缺点是其表面平坦，因而负载量较低，玻璃上的阵列不能重复使用，而且目前还缺乏一种有效的可将 DNA 连接到玻璃上的化学方法。

Corning Microarray Technology 公司（CMT，http://www.cmt.corning.com/）、Cel 公司（www.cel-1.com/bio-mole-cular-products.htm）和 TeleChem Internationl 公司（www.Arrayit.com）供有表面涂有胺或醛的载玻片。将 DNA 直接共价结合于载玻片上也是可能的。SurModics 公司的 3D-Link Activated Slides 涂有一种三维基质，可通过端点连接（end-point attchment）将末端带有胺的 DNA（PCR 产物或寡核苷酸）共价结合到这种基质上（www.surmodics.com）。在实验室中制造表面带胺涂层的载玻片一般是用多聚赖氨酸处理载玻片。有关多聚赖氨酸玻片制备的化学方法和说明可参阅 Brown 实验室的网站（http://cmgm.stanford.edu/pbrown/index.html）。

目前正在开发的一项技术是利用多孔材料（如硝酸纤维素、尼龙和丙烯酰胺）为粘
A10.6 附核酸的载体。多孔材料表面积更大因而可固定大量的靶分子，与平面载体相比灵敏度更高。用高聚物基质制备的多孔载体为生物分子的相互作用提供了类似游离在溶液中的
A10.7 三维亲水环境。现已推出供制造微阵列使用的表面涂有硝酸纤维素的玻璃，硝酸纤维素的结合容量较高且背景荧光较低，因而这种表面包膜的玻片成为优良的微阵列基质。Schleicher & Schuell（www.s-und-s.de/）公司出售这种玻片。

微阵列芯片的制造

微阵列芯片可按照下面描述的方法进行制作，另外厂商也提供了用各种材料预先制作好的微阵列。制作微阵列的技术有两种：一是核酸的原位合成，二是将制备好的材料从外部施加到固相基质上。有三种先进技术成为微阵列自动化制造技术中最早的佼佼者。

接触印刷

这种方法是使用精密的机械手直接将 DNA 片段固定到玻璃载体上。DNA 样品借毛细作用吸入点样针，通过点样针与固相载体直接接触将微量样品加至固相材料（如显微镜载玻片）表面。第一个点样循环结束后，清洗点样头，再紧挨着点第二个样品。自动控制系统和复合点印头使得微阵列芯片制造技术趋于自动化。使用接触印刷技术制造微阵列芯片，一个重要的影响因素是点印针（Spotting pin，也称 quill 或 tip）的可重复使用性和耐久性。Telechem International（www.arrayit.com）、Majer Precision Engineering（http://www.majerprecision.com）和 Die-Tech（位于旧金山）等公司均可提供定做的机械制造的高精密点样针。

第一台接触印刷阵列仪系由斯坦福大学的 Patrick Brown 实验室设计并制造。随后国立人类基因组研究所（NHGRI, www.nhgri.nih.gov/DIR/LCG/15K/HTML）和阿尔伯特·爱因斯坦医学院（http://sequence.aecom.yu.edu/bioinfo/microarray/printer.html）也制造了一台的阵列仪，这台阵列仪主要是在斯坦福大学原型机的基础上制造的。如果自已动手组装，可从站点http://cmgm.stanford.edu/pbrown/mguide/获得组装接触印刷阵列仪的详细说明，其中还包括一些主要部件的描述。以下公司提供制造接触印刷阵列仪的自动化系统：

- Cartesian Technology(www.cartesiantech.com/pixsyspa.htm)
- GeneMachines' OmniGrid(www.genemachines.com)
- Genomic Solutions(www.genomicsolutions.com)
- BioRobotics(www.biorobotics.co.uk)
- Genetix(www.genetix.co.uk/Microarraying.htm)
- Intelligent Bio-Instruments(www.intelligentbio.com)
- Genepak(www.genpakdna.com)
- Amersham Pharmacia Biotech(www.apbiotech.com/application/microarray/)

一种较为廉价的替代自动点样的仪器是由 V&P Scientific 公司（www.vp-scientific.com/）生产的手持式 384 针的阵列制作装置。这家公司提供 96、384 和 1536 孔板用的点样工具和定位附件，可制造每片达 3456 个样品的高密度阵列。

照相平板印刷

该项技术由 Affymetrix 公司（www.affymetrix.com）开发，是把半导体工业上的照相平板印刷术同 DNA 合成化学结合起来，以制造高密度的寡核苷酸微阵列。固相支持物经衍生化带上共价的连接臂，在连接臂的末端连上光不稳定的保护基团。用挡光板来确定哪些部位与光反应，在暴露部位曝光使保护基团解离下来，再经一个偶联的化学反应将某一特定核苷酸加到刚刚脱保护的位点上，然后用另一个挡光板重复上述过程，最终得到精密制作的阵列，其中包含许多序列已知的寡核苷酸。Affymetrix 公司制作阵列芯片的方法工艺要求复杂，一般不适用于从事学术研究的实验室。

针与环

“针与环”（pin and ring）装置是用不直接接触的方式实现样品的点样。从微量滴定板的储液孔加到储样圈中一滴溶液，喷嘴将储液池中一小滴液体喷射到基质上。这种技术的主要优点是能将 DNA、蛋白质和小分子的各种不同溶液稳定地喷射到任何基质上。目前这种技术已具有相当高的精密度，但达不到所需的耐用程度。这项技术系由 Genetic Microsystems 公司开发，现归 Affymetrix 公司(www.affymetrix.com)所有。

商品化的微阵列和集成化阵列装置

制造微阵列芯片是一件艰难且耗时的事情，许多实验室的经费条件也常常不容许。一些风险投资商精心推出了各种用膜（尼龙和硝酸纤维素）及玻璃制造的微阵列芯片，现已有商品出售（表 A10-2）。此外商品化的微阵列芯片也可以从 Hyseq 公司(www.hyseq.com)和 Stratagene 公司(www.stratagene.com/gc/gene.htm)买到。

A10.9 **表 A10-2 商品化芯片**

产品	来源	描述	注释
GeneChip 产品系列（包括人类、鼠类、酵母和植物基因组的大量高密度 DNA 阵列）	Affymetrix www.affymetrix.com	GeneChip 表达阵列用大约 20 对匹配或不匹配的寡核苷酸检测每个转录反应。用于临床的 GeneChip 有以下几种： p53 GeneChip 用于检测 p53 肿瘤抑制基因的单核苷酸多态性 HIV GeneChip 用于检测 HIV-1 蛋白酶基因和病毒反转录酶基因的突变 P450 GeneChip 主要用于检测肝中药物代谢关键酶的突变	这种寡核苷酸配对的方法能够减少非特异性杂交和背景信号的影响（这在阵列实验中是一个重要因素），灵敏而又准确地从 mRNA 中检测出低强度的杂交信号 Affymetrix 的芯片除了用于表达监测外，还可以用于测序分析、基因型分析和 SNP 作图 Affymetrix 的 DNA 芯片用户必须购置一整套由自动杂交系统、阵列扫描仪和图像分析软件组成的操作平台
GeneFilters 微阵列（用于人类、鼠类和酵母）	Research Genetics www.resgen.com	由 30 000 个非冗余序列确证的 I.M.A.G.E 克隆（在 6 张不同的膜上）组成的人类 cDNA 阵列，这些克隆是从 UniGene 库选出来的。组织特异性 GeneFilters 芯片为基因表达阵列，含有在前列腺、卵巢、乳房和结肠组织中增强表达的序列。还出售携带 6 144 个酵母 ORF 和 10 000 个已确证序列的大鼠 cDNA 阵列的膜	该公司还出售适用于 GeneFilters 芯片图像分析的途径分析软件包

续表

产品	来源	描述	注释
Atlas cDNA 阵列	CLONTECH www.clontech.com	提供尼龙膜或玻璃制作的阵列，其中包含一系列与细胞周期（如肿瘤发生、细胞自溶、细胞周期的调节等）有关的哺乳动物基因 含有人类、小鼠和大鼠 cDNA 阵列通常点涂双份 Atlas 人类 1.0 cDNA 阵列（载体为玻璃）代表 1 081 个已知基因，广泛覆盖了具有重要生物学意义的基因和途径	所有固定化的 cDNA 阵列已经过测试，以达到性能最优、交叉杂交最少 供有包括总 RNA 纯化和标记系统、图像分析软件和生物信息数据库在内的完整的表达阵列系统
膜表达阵列	Incyte Genomics www.incyte.com/expresion/argeml.html	含 20 000 个人类 EST 的 I.M.A.G.E cDNA 克隆的人类基因阵列 含来自拟南芥主要组织（根、莲座、生殖苞）的 7 900 个基因的植物基因阵列	Incyte 专有的序列的只能提供给 Incyte 公司的用户。数据分析由内部完成
人和小鼠的膜阵列	Super Array 公司 www.superarray.com	Super Array 公司提供特定的途径基因表达膜阵列	常规阵列也有出售
表达微阵列	Genometrix 公司 www.genometrix.com	微阵列的载体通常为膜或显微镜载玻片，用于分析与癌症相关的人类基因表达和鼠类基因表达。 还出售用于毒性和危险性评价的阵列	出售可进行高密度成像的 BioScaner，配有图像分析软件 GeneView
基因组微阵列	Vysis 公司 www.vysis.com	阵列上的靶基因在 58 个以上，据称这些基因系从人类各种癌组织或癌细胞系（包括 HER-2/neu，cyclin D1 和 Myc 等）中扩增得到 阵列上含有基因组 DNA 的大片段（80～150 kb），点涂在表面镀有铬层的载玻片上	Vysis 公司的阵列系目前测定基因拷贝数目的惟一的基因组阵列商品 这种阵列可用于检测三倍或三倍以上的扩增

续表

产品	来源	描述	注释
discoveryARRAY Gene Display	Display Systems Biotech www.displaysystems.com	这种独特的人类和小鼠 discoveryARRAY Gene Display 芯片系利用该公司独创的限制性片段差异显示技术（RFDD-PCR）制造，能够鉴别和分离非冗余表达的 cDNA 序列 还出售 8 种不同人体组织（肝、脑、肾、心脏、前列腺、肺、乳房、脾）的组织特异性序列阵列	Display Systems Biotech 公司的产品可支持用户通过各种生物样品中差异表达方式的分析发现和鉴定全新的基因 通过 RFDD-PCR 技术鉴别的克隆，完全与表达水平、原先存在的 cDNA 库或序列数据库无关
携带共价结合寡核苷酸的阵列	Operon Technologies www.operon.com	长度为 70 个碱基的寡核苷酸，每条都对序列特异性和解链温度作了优化 汇集了涵盖 8 种功能类群 320 个基因的人类基因阵列，包括细胞自溶、癌症、细胞循环、转录因子、神经元/轴突引导、热休克/紧张、出血/炎症、衰老等。其中细胞自溶阵列含有 374 个基因。	Operon 公司还提供用于制备阵列的 DNA 产品，浓度已标准化，可直接点样。还出售 70 个碱基长的产品
Micromax	NEN Life Sciences www.nen.com/products/micromax/prod-serv	出售两种独特的阵列，一种含有收集的 294 种人类转录因子的基因，另一种混有 196 种人类激酶基因和 96 种磷酸酶基因	

微阵列系统的选择

在针对某一特定实验选择 DNA 芯片时，需要考虑花费、芯片上所需的 DNA 密度、芯片之间的重现性、固定在表面的 DNA 的种类。首先要确定芯片上是否需包含固定的 cDNA 或短寡核苷酸序列。cDNA 样品必须以完整的分子点在芯片上，而寡核苷酸既可点样又可在芯片表面高保真地合成。另一项重要选择是确定自己制造芯片还是购买芯片。现将各种方法的优缺点列于表 A10-3。

表 A10-3　阵列系统的选择

阵列类型	优点	缺点
DNA 阵列	• 有来自不同物种的大量非冗余的、序列已确证的成套克隆 • 由于不需要预先了解有关序列的信息，cDNA 阵列是发现基因的很好的选择 • cDNA 的大小已为特异性杂交作了优化 • 已有在玻璃和膜上点涂 DNA 的技术	• 制备点样材料时处理克隆十分麻烦 • 点印的 cDNA 密度低于寡核苷酸原位合成法的密度 • cDNA 序列中可能含有重复序列例如人类 3′UTR 的 *Alu* 和啮齿类动物 3′UTR 的 B 因子，而发生交叉杂交 • 克隆的真实性会出现问题
寡核苷酸芯片	• 可制作高密度芯片 • 在芯片上原位合成，形成的斑点几何形状协调一致 • 寡核苷酸芯片可用于确定基因型，以及基因表达分析 • 不必保存大量克隆的 DNA 分子 • 由于寡核苷酸相对较短，可针对任何基因区域进行设计，因而寡核苷酸芯片可用于测序、鉴别多态性，还可能用于鉴别不同转录拼接形成的变体	• 设计寡核苷酸链要求有明确的序列数据 • 寡核苷酸的选择尚无明确的原则 • 短序列并不是最好的杂交靶标，因此需把握好序列的长度 • 寡核苷酸芯片十分昂贵而且目前的制造工艺也不会有大的改变
自制芯片	• 芯片制造技术已具备，对于实验室很适合 • 一旦建立了制作芯片的基本条件，自制芯片的花销相对少一些 • 可根据需要无限制地制造阵列（在需要大量芯片进行微阵列实验时这是很有用的） • 在研究任意基因时这是一种最灵活和最通用的方法。容易添加新的基因 • 研究过程完全由使用者控制，对商家的依赖性较小	• 使用者必须学会设计和制造芯片 • 如果只需要少量芯片或只用作少量实验就不必选择这种系统，因为资金花费太高（这个问题可通过建立中心设施和共享资源来解决） • 准备克隆和点印材料非常麻烦且易错
商业芯片	• 芯片的质量均一 • 生产和质量控制的担子落在了制造者身上 • 用户可以使用专有技术和私有克隆资源 • 有成套产品供阵列杂交和下游信息处理	• 灵活性有限 • 芯片价格很高 • 用户完全依赖于外源生产的芯片

A10.10 芯片的成像和分析

样品的制备和杂交

做好或买到芯片后，下一步就是使标记的探针与固定在芯片上的DNA杂交。典型情况下用来检测芯片的探针为标记形式的细胞 mRNA，这些 mRNA 一般是从各种生物材料如细胞培养物、模式生物的组织、临床上进行活体检查的切片组织以及组织样品中分离到的。有关探针样品的制备（包括 RNA 的分离，cDNA 的合成与荧光染料的结合）以及探针分子与芯片上固化 DNA 阵列杂交方法的细节可从下列站点获得：

A10.11 斯坦福大学：www.cmgm.stanford.edu/pbrown/

阿尔伯特·爱因斯坦医学院：www.sequence.aecom.yu.edu/bioinf/microarray/protocol.html

NHGRI：www.nhgri.nih.gov/DIR/LCG/15K/HTML/protocol.html

冷泉港实验室：www.nucleus.cshl.org/wigler/

Collection of protocols：www.protocol-online.net/molbio/DNA/dna-microarray.htm

TIGR protocols：www.tigr.org/tdb/microarray

杂交信号的检测

杂交之后，对 DNA 微阵列进行扫描，检测每个成功地杂交在靶标上的探针所发出的荧光。绝大多数微阵列是使用两种荧光团，一般最常用的是 Cy3（激发绿色信号）和 Cy5（激发红色信号）。为了确保微阵列成像的完整性，有必要分别获取由上述两种荧光团产生的图像。常用的扫描方式一般有两种：① 按顺序进行扫描，每次获得一种图像，图像采集结束后，再重建对比图像；② 同时扫描获取两种图像。尽管市场上有各种扫描仪出售，但对各种扫描仪的相对性能目前还很难作出判断。表 A10-4 列出了各种扫描仪及主要特性。

表 A10-4 扫描系统

扫描仪	来源	性能
GenePix 4000	Axon Instruments 公司 www.axon.com	这种结构高度紧凑的扫描仪分辨率为 10 μm，能同时进行双波长扫描。其主要优势是扫描时间短，能够同时确保两条通道像素的记录正确（多通道像素记录的问题在双波长扫描仪中经常出现）。该仪器还配有精致的图像分析软件。Axon 公司的扫描仪目前还只限于使用两种荧光团

续表

扫描仪	来源	性能
ScanArray 5000	General Scanning 公司 www.gsilumonics.com/products_frame/datashts/scanarray/sa5000.htm	这种微阵列扫描仪采用激光共聚焦技术，分辨率为 10 μm，配有用于图像获取、分析和数据采集的高级软件。其显著特点是有 4 种激发波长的激光器和 10 种发射波长的滤光器，能使用户在选择荧光染料来标记样品时有更大的灵活性（发射波长范围在 500～700 nm 之间）。这种仪器可用两种以上的标记样品检测微阵列
GeneTAC 1000	Genomic Solutions www.genomicsolutions.com/products/bio/img.htm	GeneTAC 1000 配有一个 CCD 摄像头和一个可同时检测多达四种荧光团的高灵敏度检测器。另外还有一个自动的样品固定器，一次能装载和扫描 24 片载玻片
HP GeneArray Scanner	Hewlett-Packard www.affymetrix.com/products/ins_array.html	HP GeneArray Scanner 是一种高分辨率（3 μm）扫描仪，可用于读取 Affymetrix 公司的 GeneChip 探针阵列
The Storm 系统	Molecular Dynamics www.mdyn.com/arrays/gen.htm	这套系统结合了磷光成像放射自显影技术和两种非放射性荧光标记技术（直接荧光和化学荧光）。The Storm 系统扫描仪能在 35 cm ×43 cm 的区域扫描蓄磷荧屏加荧光胶（storage phosphor screens plus fluorescent gels）和化学荧光斑点，特别适于膜阵列的扫描
GMS 418 Array Scanner	Genetic Microsystems www.affymetrix.com	该系统为一种扫描激光共聚焦成像落射荧光显微镜，分辨率为 10 μm

图像分析　　A10.12

微阵列图像分析的目的是提取出由每个探针产生的杂交信号。测量的信号可以为给定靶标（实质是与一份样品杂交的阵列）的绝对强度，也可为两种带不同荧光标记的探针所产生荧光的比率，两种探针代表着待进行比较的两种处理方式，其中一种探针是作为内部对照。两种信号的比率提供的是反应信号的相对比值而不是一种信号的绝对值。图 A10-2 是一幅典型的图像。

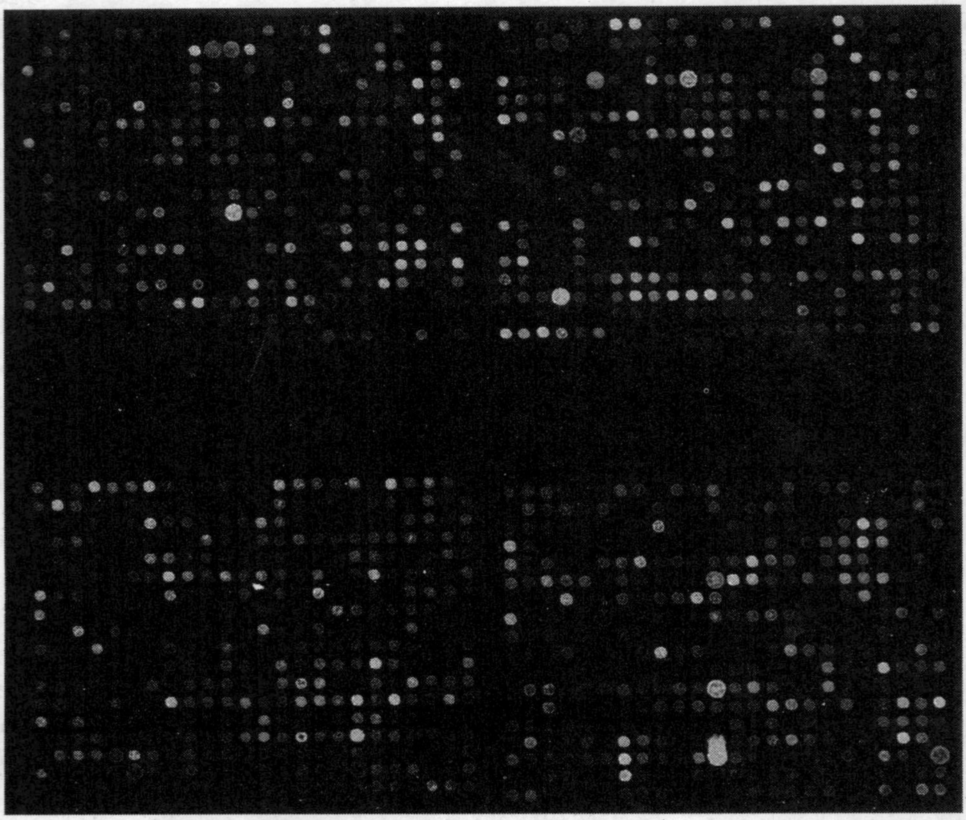

图 A10-2 人类 cDNA 阵列的表达分析图（来自经人类肿瘤抑制因子 PTEN、蛋白酪氨酸磷酸酶和张力蛋白同系物诱导的细胞）（此图彩版参见本书彩插）

部分人类 cDNA 阵列与红色荧光标记的实验组探针和绿色荧光标记的对照组探针（未诱导）杂交，两种荧光标记的信号强度人为地用红色、绿色及两者的叠加色显示出来。黄色信号（红色与绿色的叠加色）说明 cDNA 与每种探针结合的量大致相等，因而在红色光路和绿色光路的强度相同。在其中一个样品含有较高水平 mRNA 时，显色点主要呈红色或绿色。

（本图片由冷泉港实验室的 Vivek Mittal 和 Michael Wigler 提供。）

若采集的图像为数字化形式，就可以用各种软件来作进一步分析。这些软件可对信号的强度比更准确地进行定量。数据中的一些异常情况如斑点不均一、载玻片上的灰尘和非特异性杂交，可被标记出来而不作进一步分析。由固相载体自身的荧光和样品在芯
A10.13 片上的非特异结合等情况造成的背景荧光也可从信号中扣除。然后可确定每一信号像素强度的平均值、中值和标准差，供进一步详细分析。在图像分析中常用的软件有：

- GenePix Pro 是一种在 GenePix 4000 扫描仪上使用的扫描和分析微阵列芯片的软件，也可用于分析通过其他扫描仪获取的图像。GenePix Pro 程序能自动使图像上的信号区排成一列，同时校直信号区中的信号斑点。该软件可通过基因名称或检索号链接到任意数据库，实现与互联网的联接。这种软件可直接从 Axon 公司（www.axon.com）购买。

- ScanAlyze 是一种与 GenePix Pro 较为相似的程序，由斯坦福大学 Michael Eisen 开发，可从网址 http：//rana.stanford.edu/software/免费下载。

其他图像分析程序还有 ArrayVision（自 Imaging Research 公司：http://imaging.brocku.ca/products/），deArray（自 NHGRI：www.nhgri.nih.gov/DIR/LCG/15K/HTML），ImaGene（自 BioDiscovery：http://www.biodiscovery.com/products/ImaGene/imagene.html），TIGR Spotfinder（自 TIGR：www.tigr.org/softlab/），MicroArray Suite（自 Scanalytics：www.scanalytics.com/sos/product/hts/microarray.html）；GenExplore（自 Applied Maths：www.applied-maths.com/ge/ge.htm），GeneData AG（自 Basel：www.genedata.com/prod-exp.html），Partek Pro 2000（自 Partek 公司：www.partek.com/），Spotfire.net（自 Spotfire：www.spotfire.com）。

微阵列实验中应考虑的一些问题

由于微阵列实验具有小型化和高通量的特点，因而对外界及内部的变动都很敏感，例如靶 DNA 在基质上点样时以及杂交过程中都会产生波动。估计约 7%～8%的数据偏差是由背景噪音所致。因此为了减少这种变动，保证得到的数据可靠且有意义，有必要采用取平均值的办法并建立标准化操作方法。还要注意到，如同本文所述，目前尚无普遍认可的规则和标准来指导微阵列实验。另外，数据采集和分析方法以及操作系统也存在很大不同。以下是在使用自制的芯片进行实验时一般需注意的事项，这些事项仅供作为一般的指导原则。

- 对多重阵列均应设重复实验。对同一对照用标准化的方法获取几个信号比再作平均，以弥补芯片之间的差异。
- 用颜色补偿的方法进行实验，从而反映染料掺入的差异。在两块同样的芯片上分别使用不同的标记，这样可以减少由于反转录酶掺入荧光标记的差异或其他相关技术上的差异而造成的信号变化。这样做可以避免假阳性结果。
- 将基质表面的 DNA 随机排布在芯片的不同地址上，以免由于在阵列上位置的不同而引起杂交的差异。
- 对每片芯片都设置大量对照以核实探针合成、标记和杂交等过程是否成功。常用的对照包括：

  掺入 RNA 对照　在通过体外转录从 cDNA 克隆合成的 mRNA 用于每个标记反应时，应设此对照。理想情况下，这些 mRNA 是来自与研究对象不同源的物种的基因（例如，非同源的植物 mRNA 用于人类表达阵列）。可将这些 mRNA A10.14
  的同源基因加到芯片上，这种对照对于确定样品差异标记的波动程度、分析杂交的严格性以及在一组比较实验中校准信号比都很有用。

  不同表达强度的克隆系列　这些克隆分别代表在所研究的生物中高度、中度和低度表达的基因，这种对照可用于检测灵敏度的估计、相对饱和度和扫描效果的测定。

  封闭对照　大多数阵列杂交实验都需要加入低温 DNA（例如，在人类 cDNA 表达阵列中使用的人类 C_0t1 DNA 和聚腺苷酸）以阻止由于重复序列引起杂交过

程中非特异退火。如果重复序列已被成功地封闭，在人类 cDNA 表达阵列中加进人类 C_0t1 DNA 或聚腺苷酸的斑点应该没有或几乎没有杂交信号。

杂交背景对照　设置空白的盐斑点和另一物种 DNA 的斑点（样品中不存在这种生物的 mRNA）也很重要，这些对照有利于估计非特异杂交的成分，从信号值中扣除背景信号。

污染对照　多次在芯片上点印用的 DNA 样品可能被细菌或酵母污染，芯片上应包含常见污染菌例如大肠杆菌和酵母菌基因组的总 DNA 或 cDNA 克隆，以监视假杂交现象。

cDNA 合成和 RNA 标记质量的对照　杂交的强度常常取决于标记样品的大小，可通过适当的质量对照来监测这种变化。例如，将长约 100～200 bp 可覆盖整个基因组的 DNA 片段点印在芯片上，具有高度完整性的标记 cDNA 探针可有效地与所有的斑点杂交，而质量较差的 cDNA 探针将与基因 5′末端的片段产生相对较弱的信号。

- 几何假象的控制　在 DNA 阵列杂交过程中若使用标准的浮动盖玻片，有时会造成芯片上探针 DNA 分布不均匀，影响到杂交。发生这种情况是由于盖玻片下的杂交体积很小，以致杂交液不能有效地混合并产生局部的温度梯度。这种影响表现为图像上的几何扭曲，这是由于在阵列的不同位置上杂交存在差异造成的。一种消除这一差异的办法是使用商品化的边缘增厚的盖玻片（也称作“lifters”，见 www.eriesci.com/）。这种盖玻片能够保证盖玻片和阵列之间有足够的间隔，以确保杂交液均匀分布。另一种办法是使用特殊设计的杂交池，以使杂交体积更大一些。这些办法可以保证杂交液充分混合，使更多探针分子与阵列上同源性靶分子接触，从而增加有效反应的数目。杂交池可从 Schleicher & Schuell 公司(www.sund-s.del)和 CLONTECH 公司(www.clontech.com)购买。

微阵列数据的采集、分析和管理

由于微阵列分析是一项高通量技术，产生的数据量以惊人的速度递增，因而这些数据的处理和分析需要精心制作的数据库、查询工具和显示数据的软件。以下对一些数据库和分析软件作了简要描述。

- Another MicroArray Database　AMAD 是由互联网驱动的数据库，这是一种看
A10.15 上去很乏味的文件，完全是由 PERL 和 javascript 语言编写而成，主要用于分析微阵列数据。AMAD 支持 ScanAlyze 和 GenePix 图像分析软件。进一步多重统计分析可利用从 Cluster analysis 和 TreeView 数据分析软件获得的数据进行。这两个软件是由 Mike Eisen 编写的，都可从 www.rana.Stanford.edu/software/免费获得。AMAD 是惟一的一种免费数据库（可从 www.microarrays.org 下载），是由来自斯坦福大学的一群经验丰富的科学家开发的。这个数据库为缺乏处理大量微阵列数据经验的研究人员提供了一种可靠的分析和数据存储工具。
- Resolver（Rosetta Inpharmatics）　Resolver 是一种综合性的存储、显示和分析工具，可以对 cDNA 微阵列、寡核苷酸阵列和其他技术获得的高容量基因表

达数据进行处理。Resolver 是集途径查询、功能基因确定和化合物分析于一体的强大工具，在数据库中可进行相关分析作图、聚类树、类似于 BLAST 的搜索等多重实验分析。这种特性可支持用户在含有数以万计基因表达信息的数据库中进行不同程度相似性的搜索。有关 Resolver 的详情见 www.rii.com/prodserv/resolver/index.htm。

- GeneSpring（Silicon Genetics） 是一种适用于基因组表达实验的功能强大的分析和显示数据的软件包，能够处理和分析来自于任何物种的大量数据。GeneSpring 的特点是具有聚类、途径判定、调控序列检测、本征模式分析和显示数据的功能。其免费的演示版和商品化的软件都可从 www.sigenetics.com 获得。
- 适用于 Macintosh 系统的 IPLab MicroArray 组合（Scanalytics） 是一种图像分析软件，可用于一些基本的常规工作，能提取和显示从任何扫描仪中获得的微阵列数据。这套软件最初由国立卫生研究院人类基因组研究所（NHGRI）的研究人员开发，现已完全成为 Scanalytics 公司经营的产品（www.scanalytics.com/sos/product/hts/microarray.html）。

一个 DNA 微阵列数据库可与任意参照数据库（例如 UniGene 数据库）链接，从而访问特定基因的信息。UniGene 数据库中的每一条目都对应于人类或啮齿动物的单个基因，可与 GenBank 的基因、EST 条目、SWISS-PROT 条目和 PubMed 的文献条目直接链接。一些团体正在着手建立包罗更为全面的哺乳动物的基因数据库，这类数据库可以快速获取有关功能和生化途径的信息。其中正在建设中的数据库有：

京都基因和基因组百科全书(KEGG)	http://www.genome.ad.jp/kegg/
Locus Link	www.ncbi.nlm.nih.gov/LocusLink/
WIT	wit.mcs.anl.gov/WIT2/
SPAD Signaling pathway Database	www.grt.kyushu-u.ac.jp/spad/
Genecards	http://bioinformatics.weizmann.ac.il/cards/
BRITE	www.genome.ad.jp/brite_old/
EGAD	www.tigr.org/docs/tigr-scripts/egad_scripts/role_report.spl
Stanford genome resources	http://genome-www4.stanford.edu/cgi-bin/SMD/source/sourceSearch
Database of transcribed sequences	www.cbil.upenn.edu/DOTS
South African National Bioinformatics STACK database	www.sanbi.ac.za.Dbases.html
TIGR Gene Indices	www.tigr.org/tdb/tgi.shtml

通过图形识别分析可以从相应的微阵列实验中获取的大量数据鉴别出一些基因群，与许多实验中都是以相似方式进行调控。图形识别使用的是多元分析算法，例如层级聚类分析、k-means 聚类分析和自组织图分析等。在典型情况下，阵列分析的结果是着重于那些代表差异表达 mRNA 的少数斑点，其同源基因可通过重新测序进一步验证，其表达方式可通过其他更为可靠但通量较低的方法来确证，例如 Northern 印迹、核酸酶保护及 RT-PCR 等（详细操作可参阅第 7 章方案 8、10 及第 8 章方案 8）。 A10.16

随着时间的推移，大规模的基因表达数据积累起来，如何通过公共渠道获得这些数据已成为一个重要问题。从目前的情况来看，数据还很分散，缺乏统一的格式和检索方式。目前正在着手建立一种标准化的微阵列基因表达数据存储和交换的数据格式，这项工作主要得益于欧洲生物信息研究所(www.ebi.ac.uk/microarray/MGED/)的努力。这项工作的主要目标是：① 保证结果的重现性和可检验性；② 用统一词汇对样品和实验进行诠释；③ 规定数据交流的标准。平台数据之间比较和规范化的标准制订工作也正在进行中。

正在兴起的新技术

微阵列技术领域无论对科研院所还是企业来说，都存在着许多技术难题。商业公司为占领市场而相互竞争，相继开发出一些新的操作平台，使处理量更高，重现性更好，但哪一项技术能成为一种首选的系统尚不明朗。这里讨论了一些新兴的技术，这些技术可能对将来微阵列的研究产生重要的影响。

制造微阵列的新方法

- 压电印刷　使用了一种类似于喷墨打印机的技术。将样品装在一个微型喷嘴中，喷嘴周围装有压电元件。当电流通过压电元件时，使喷嘴精确地将一定量液体喷射到基片上。第一步完成后，清洗喷嘴，再装填第二份样品，紧挨着点样。这种方法可将任何感兴趣的分子，包括DNA、抗体和小分子等，点样在选定的基质上，形成高密度的格栅。阵列可用无孔载体（玻璃）、有孔载体（滤纸）和三维载体（亲水凝胶）来制作。目前压电技术还不像照相平板印刷或微点样法那样盛行。Packard仪器公司的Biochip阵列仪使用的就是压电的“随意”点样头进行非接触式点样(www.packardinst.com)。
- 气泡喷射　(Bubble jet) 技术采用了打印设备上的喷墨结构。喷射气泡的喷墨装置可将5′端硫醇化的寡核苷酸喷射到玻璃表面上。打印头（类似于常规的压电装置）由一个可在喷嘴中产生液泡的加热器组成，液泡的压力将样品的微滴从喷孔中喷出。

其他高密度原位合成制作寡核苷酸阵列的技术也在研究中。得克萨斯大学西南医学
A10.17 中心(www.pompous.swmed.edu/)的Skip Garner及其同事研制的数字光化学系统(DOC)由三部分组成：一个为数字式微镜装置，可选择性地将紫外线聚焦在玻璃基片上，在那里发生化学反应；另一个是射流系统，可以按适当顺序投入化学试剂；还有一套计算机程序按照所需的方式控制着数字式微镜装置和射流系统。这种方法无需照相平板印刷术采用的那种昂贵的挡板（取而代之的是“虚拟的”数码挡板），而且能很快地制造出独特的芯片。DOC系统的另一个优点是这种机器是一种台式机，可供任何实验室使用。休斯敦大学（www.zeiram.chem.uh.edu/gao/）的Xiaolian Gao则使用了一种类似的技术，采用的是一套数码照相平板印刷系统和一种用光敏性酸类物质（photo-generated acids）进行寡核苷酸去保护的新方法，另外还用了一种新研制的合成微反应器。这些技术的发展在将来会使得常规实验室也能够以可承受的价格制造出质量更好的

各种芯片来。

重测序

重测序（resequencing，译者建议译作重建测序）也称杂交测序（SBH），是利用固定在芯片上的一套合成的寡核苷酸，这些寡核苷酸的长度一定，包含着所有可能序列的组合，将待测序的 DNA 片段碎成更小的片段，经荧光标记后在芯片上杂交。从固定在芯片上的序列所形成的荧光图案可以重建出相应 DNA 的序列。由于芯片含有所有可能的 DNA 序列，因此这种系统具有能够对任何来源的 DNA 进行测序的明显优点。若样品中含有非随机序列的片段，例如直接重复序列及反向重复序列，应用这项技术目前还受到限制。该技术系由 Hyseq 公司（www.hyseq.com）联合 PE 公司开发的。

通过在微阵列上的引物延伸特异并高通量地确定基因型

瑞典 Uppsala 大学的 Ann-Christine Syvanen 发明了一套用微阵列来确定单核苷酸多态性（SNP）基因型和点突变的系统，该系统借助了依赖 DNA 聚合酶的引物延伸反应。显微镜载玻片上的微型反应池可供分析包括数百种 SNP 的 80 个独立样品，每块芯片上可容许超过 20 000 个基因型。可以用四种荧光团来标记双脱氧核苷酸，对每个 SNP 的引物延伸得到的单个碱基进行小型测序（minisequencing），还可以使用一种荧光标记的脱氧核苷酸对从两个等位基因特异性引物上延伸的单个碱基进行测序。用荧光阵列扫描仪分析这些芯片即可确定样品中对应于每个 SNP 的基因型。

利用 DNA 阵列直接进行世系同一作图

这种作图方法是由 Brown 实验室（www.cmgm.stanford.edu/pbrown/）和 Cheung 实验室（www.w95vcl.neuro.chop.edu/vcheung/）分别开发出来的，为分离不同个体之间共有的世系同一（IBD）的 DNA 片段以及绘制物理图谱提供了方便。IBD 作图法是基因组错配扫描（GMS）和 DNA 微阵列两种技术的结合，其中前者是一种遗传连锁作图法。在这种方法中，使用了一种专门的酶从两个个体中分离共有 IBD 的 DNA 片段。将分离到的 DNA 片段与 DNA 阵列杂交进行高分辨作图，这种 DNA 阵列代表着按物理顺序排列的基因组区段。与确定基因型的其他传统方法相比，IBD 直接作图法无须繁琐 A10.18
地逐一确定每个基因座的基因型，一步即可完成整个基因组的分析。对于构成酵母复杂遗传特征的那些基因的作图以及确定整个基因组在减数分裂中发生重组的分布，微阵列遗传连锁作图法非常有用。采用 GMS 的一套方法研究人类基因组的工作也在同时进行。为了演示这种技术的可行性，Cheung 实验室已将一个先天性高胰岛素血症的基因进行了定位。

蛋白质微阵列

目前特异性抗体的微阵列正在开发之中，这种蛋白质芯片可用来测定来自细胞或生物液体样品（例如血清和尿）中数千种不同蛋白质的丰度，这种方法可以作为cDNA微阵列研究基因表达的一种补充。为了共价固定抗体，须将载体表面预先活化。将实验和对照样品中的蛋白质用不同荧光染料进行标记，再与微阵列杂交。关于蛋白质微阵列在检测和诊断疾病方面各种应用的评价目前正在进行之中。蛋白质微阵列的应用并不局限于抗原-抗体系统，这种技术为研究基因表达的高通量筛选、受体-配体的相互作用、蛋白质-蛋白质之间的相互作用提供了一种全方位的研究方法。有关蛋白质阵列开发的资讯见www.molgen.mpg.de/～proteingroup/LuekingetalPub.html。

组织微阵列

这种建立在阵列基础上的高通量技术可用于考察大量组织样品中基因的表达和拷贝数的情况。例如，可将从各个肿瘤得到的1000个圆柱状活体组织切片排布到一片肿瘤组织微阵列上。微阵列上的各点为样品中DNA、RNA和靶蛋白的平行原位检测提供了靶标，各点连续起来则能够快速分析同一套样品中的数百种分子标记。组织微阵列系由国立人类基因组研究所的Olli-P. Kallioniemi实验室开发（www.nhgri.nih.gov/DIR/CGB/TMA/about.html)，Beecher Instruments公司出售一种制作组织微阵列的仪器（www.beecherinstruments.com)。

用阵列检测DNA与蛋白质的相互作用

一些实验室正在开发利用DNA微阵列高通量筛选DNA与蛋白质相互作用的技术，其中一个主要兴趣是检测基因组上在不同生理条件下转录因子的结合位点。一般的方法是先构建既包含基因组的基因间隔区又包含编码区的阵列，然后使细胞内所有的DNA和蛋白质成分在体内交联，用对转录因子特异性的抗体进行染色质免疫沉淀（ChIP）实验。通过PCR技术用荧光染料标记免疫沉淀物（DNA-蛋白质-抗体复合物）中的DNA组分并与微阵列杂交，阵列上的阳性斑点可能就是蛋白的靶标。这种方法对于基因组全序列已知的物种是可行的。斯坦福大学的Iyer和Brown正在开发一种在酵母中分析基因组-广泛蛋白-DNA相互作用的方法。

Church实验室（http://arep.med.harvard.edu/gmc/）采用了一种更一般性的方法，制作了包括所有可能序列组合的单链DNA寡核苷酸阵列，在这些寡核苷酸的一端都含有一个序列不变的区域。单链阵列与互补引物退火再经酶促延伸，转变为双链阵列。这
A10.19 种在每一位点上包含所有可能置换的阵列为探查基因组中序列专一性的蛋白质结合位点提供了方便。

条形码芯片

为了查明酵母基因组中每个基因的功能，斯坦福大学正在开发一种新的高处理量技术，有关该计划的情况见网站http://sequence-www.stanford.edu/group/yeast_deletion_project/deletions3.html。

首先构建一个酵母菌的文库，在其中每一基因中都含有一个缺失。每个缺失都用惟一的 20 聚体 DNA 序列作为标签，如同每个缺失的分子条形码。有了所有带这种标签的菌株的混合物，只要处理一份样品就可以对整个基因组进行分析。在各种不同条件下生长过程中，丢失一个标签就意味着菌群中相应的缺失也消失。通过 PCR 对混合物进行扩增，再与芯片杂交即可确定每个标签的浓度，这种芯片在特定位置含有与标签互补的序列。这样就可以同时分析各个菌株的基因型。这种方法对于其他物种也有十分广阔的前景。

生物电子芯片

许多公司正在致力开发利用微电子技术的微芯片。Nanogenchips（www.nanogen.com/）含有可对各个斑点进行电激活的探针。将样品加在芯片上，斑点被电激活，可使样品浓缩而且结合得更为牢固，接着对芯片进行清洗后加另一个样品。这样就可以用一块芯片进行多次杂交。这项技术在许多其他分析工作中也具有潜在的应用价值，其中包括抗原-抗体、酶-底物、细胞-受体和细胞分离方法的分析等。

Orchid Biocomputer 公司（位于新泽西州的普林斯顿，www.orchid.com）正在设计一种微射流芯片，可以精确控制有关试剂的流动和温度。这种芯片可用于筛选 SNP。上述两种技术都可望用于药物筛选和临床诊断。

小结

微阵列技术从提供数千个基因差异表达的总貌到利用蛋白质微阵列建立蛋白质相互作用的资源库，这项技术的应用可能在许多生物学前沿引起一场信息爆炸。除了新技术的不断出现和发展外，最终的挑战可能在于采取有效手段来储存、共享和分析这些信息。

张惟材　韩　聪　译
梁　龙　黄培堂　校

A11.1

附录 11 生物信息学

David Mount，图森市亚利桑那州大学

Judy Cuddihy，冷泉港实验室

下面的表列出了广泛应用于分析 DNA、RNA 和蛋白质序列的软件和数据库以及进行 DNA、RNA 和蛋白质的结构和功能分析的各种搜索软件。表 A11-1 的组织结构要点如下：

- DNA
  - 序列提交
  - 序列比对(双重比对和多序列比对)
  - 打分矩阵
  - 模体和模式
  - 基因、外显子和内含子
  - 启动子、转录因子结合位点
  - 其他调控位点
- RNA
  - 二级结构
  - RNA-特异的基因,模体
- 蛋白质
  - 序列比对
  - 模体、模式和 profiles

由于软件和国际互联网的多变性的原因,我们值得努力经常访问相关网站或 FTP 站点以获取更多的信息和软件及数据库的最新版本。很多情况下,如果程序或数据库是用于商业目的,那么获取这些东西就需要许可证。我们上网查看每一个网站是为了获取更多的信息。用于商业的程序不包括在这项研究中。更多相关的程序和数据库的信息可以参考相关公司的网站。

A11.2 除一些有关软件和数据库的特殊网站外,有几个"入口网页",它们提供后面表内列出的许多网站的链接,也包括一些新增网站的链接。下面的网页提供了一个非常好的搜索起始界面。

国家生物技术信息中心(NCBI)

网址:http://www.ncbi.nlm.gov

这个网站提供了大量的数据库和基于互联网交互形式的检索,包括 GenBank、

PubMed、BLAST，基因组资源数据库，肿瘤资源数据库和其他资源数据库。这些资源通过 Entrez 进行整合。Entrez 是一个搜索和检索系统，它包含了交叉引用的信息。在这里可向 GenBank 数据库提交数据。

Baylor 医学院搜索引擎

网址：http://www.hgsc.tmc.edu/SearchLauncher

能提供基于互联网的交互形式表格和链接的多形式搜索，包括核酸、蛋白质序列和模式、种属特有蛋白质、序列比对、基因特征和蛋白质二级结构，也包括许多的序列应用。

Sanger 中心

网址：http://www.sanger.ac.uk

提供广泛的基于互联网交互形式和链接的数据库和软件应用，包括许多基因组测序项目。

EBI——欧洲生物信息学研究所，EMBL 分所

网址：http://www.ebi.ac.uk

提供基于互联网交互形式和链接的数据库和软件应用。可以在这里向 EMBL 数据库提交数据。

ExPASy 分子生物学服务器-蛋白质专家分析系统，瑞士生物信息学研究所

网址：http:// www.expasy.ch

这个特定蛋白质网站为蛋白质结构和功能分析提供广泛的数据库和应用软件资源的链接。

更多更广泛的关于生物信息学软件数学和统计学基础的信息，还有数据库搜索方法和 DNA、RNA 和蛋白质序列分析方法，请看 Mount(2001)的文章。

A11.3

表 A11-1　生物信息学软件

程序名	网址/FTP 地址	说明/平台	输入格式	解释/结果
序列提交				
BankIt	http://www.ncbi.nlm.nlh.gov/BankIt	基于互联网的直接将数据提交给 GenBank 的序列提交工具;提交的序列必须是提交者测定的 DAN/RNA 序列。 这个工具是为没有复杂的序列注释的一个或几个序列而设的。	FASTA	Email 答复:基本的 GenBank 文本格式文件;GenBank 存取号;完整的 GenBank 文本格式。
Sequin(以前叫做 Authorin)	http://www.ncbi.nlm.gov/Sequin/index.html FTP:www.ncbi.nlm.gov/sequin	序列提交给 GenBank、EMBL 和 DDJB 及在线更新。 能处理简单和复杂提交;那些在其他提交程序中必须手工进行的功能在这能自动进行。 强大的序列注释工具,内嵌可视化功能;图形和序列显示。 在 UNIX 和微机上运行;具有能和 NCBI 交换信息的网络模式。	序列文件为 FASTA;也有为群体、系统发生学和突变研究的 PHYLIP, NEXUS, MACAW 和 FASTA-GAP 文件格式。	GenBank 文本文件格式;GenBank 存取号。
Webin	http://www.ebi.ac.uk./Tools/index.html	推荐作为 EMBL 序列提交的互联网界面。 数据在提交前可以修改和审查;有成批提交 25 或更多相关序列的程序;也有 EBI 载体剔除软件。	EMBL, 数据库存取号。	局部比对。
序列比对(同时比对两条序列的方法;双重比对的数据库搜索见表 A11-2)				
BLAST(基本比对搜索工具)(Altschuet al. 1990; Karlin and Altschul 1990, 1993; Tatusova and Madden 1999)	http://www.ncbi.nlm.nih.gov/gorf/b12.html	BLAST 算法最早用于序列数据库的相似性搜索,但是,它也可以用于两条序列比对。 BLAST 网站也提供通过初次搜索保守字并以此作为种子序列产生两条序列比对的网页。	FASTA 或存取号/GenBank 索引号(网站)。	基于单词“产生”的局部序列比对和图形显示比对结果。
FASTA 程序 FASTA (Person 和 Lipman 1998)	http://fasta.bioch.virginia.edu FTP: ftp.virginia.edu.dir/pub/fasta	FASTA 最初用于序列库的相似性搜索,但是它也可用于两条 DNA 序列或蛋白质序列的比对。 基于互联网的交互形式或可下载的软件。商用必须获得许可。 FASTA 可建立在不同的计算机平台上,包括 Macintosh 和 PC Windows 上,但没有图形界面。	FASTA 或存取号/GenBank 索引号(网站)	两序列间的单一、局部的(Smith-Waterman)比对

续表

A11.4

程序名	网址/FTP 地址	说明/平台	输入格式	解释/结果
LFASTA	http://fasta.bioch.virginia.edu	比较两蛋白或DNA序列之间局部相似性;使用FASTA字搜索方法来定位相似区域,然后进行局部比对并打分(Smith Waterman)。 BLOSUM50打分矩阵作为缺省值但是也可指定其他矩阵;也可以指定空位罚分。请使用LALIGN或SIM替代。	FASTA	局部序列比对。
FASTX/FASTY	http://fasta.bioch.virginia.edu	把DNA序列翻译后与蛋白质序列数据库比较。	FASTA	分别以3个正向阅读框和3个反向阅读框翻译DNA序列;允许读框偏移。
LALIGN, LALIGN0, PLALIGN(见Huang et al. 1990; Huang and Miller 1991)	http://fasta.bioch.virginia.edu	通过比较2个DNA序列或2个蛋白质序列来鉴定序列相似的区域;BLOSUM50是缺省值打分矩阵,但是其他的矩阵可以选择;优化的空位罚分;使用SIM算法提供一个局部比对(Smith-Waterman);使用SIM方法提供*n*种不同的比对且两个相同碱基对齐只出现一次;可以识别内部重复序列。 LALIGN对比对的末端空位给予罚分。 LALIGN0不对末位空位罚分。 PLALIGN生成类似于点矩阵的联配图表。	FASTA	报告数个不同序列比对如果它们有相似的区域和相似的得分。网站基于PRSS的分析给出比对得分的显著性报告(见下个表目)。
PRSS(见Huang et al. 1990; Huang and Miller 1991)	http://fasta.bioch.virginia.edu	评估2条DNA或2条蛋白质序列之间两两相似性得分的显著性;使用BLOSUM50矩阵和标准的空位罚分作为蛋白质的缺省值,但是其他的也可使用。第二个序列在各各字符或单词的水平上被打乱了很多次,然后每个打乱的序列都和第一个序列进行比对,据此给定不相关的序列的分值范围。从这些分值中计算最初比对得分的期望值,即比对可以达到同样分值的两个不相关序列的匹配数。	FASTA	报告2个序列相似性得分。然后第二个序列被打乱到指定次数后再与第一个序列比较。

续表

A11.5

程序名	网址/FTP 地址	说明/平台	输入格式	解释/结果
Bayes Block Aligner(最初用于序列比对后来也用于序列数据库的相似性搜索)(Zhu et al. 1997,1998)	www.wadsworth.org/resnres/bioinfo	找出所有可能的模块(一对序列间达到指定数目的短的无空位的联配),然后进行包括这些模块组的序列的所有可能联配。没有空位罚分;模块间不匹配的序列区域既不比对又不打分。 使用一系列对数概率打分矩阵来为比对打分,以便为每次比对和矩阵组合提供一个概率值。计算所有这些得分的总和,各个比对、模块数和打分矩阵对这个和的贡献通过条件可能性计算用于计算比对、打分矩阵等的事后概率(Bayesian 统计)。 序列字符的比对大部分与其他可能已确定的变量无关的。提供 Sun Solaris 和 SGI Irix 平台下载或者 C 语言源代码。PC Windows 版本没有图形界面。需要认可证。	FASTA	依照不同的抽样标准的大部分可能序列比对;给定的一对残基比对的概率;每个打分矩阵的概率和模块数的每次选择,相关序列的 Bayesian 概率。
SIM (Huang et al. 1990;Huang and Miller 1991)	http://www.expasy.ch/tools/sim-prot.html	像 LALIGN 一样,以更快的速度通过(Simith-Waterman)局部比对算法发现 n 个不同的比对。		按照相似性得分大小给出报告或局部比对。
打分矩阵				
BLOSUM 打分矩阵(参见 BLOCKS 数据库)(Henikoff and Henikoff 1992, 1993, 1994; Henikoff et al. 1995)	http://www.blocks.fhcrc.org	检验相关蛋白质区域的多序列比对以便产生氨基酸替代打分矩阵,从非常相关序列而不是分歧序列的得分中进行外推(就像在 PAM 打分矩阵中作的一样)。在比对中非常相似的蛋白质可以集合成簇,以减少常见氨基酸的变化频率(例如,在 BLOSUM60 中,62%或更多残基的相同序列集合成簇)。就像在与 PAM 矩阵中不同,这些矩阵没有特定的进化模型;所有的序列都被认为有可能是其他序列的祖先(an star phylogeny)。		检测蛋白质序列之间的相似性,以此作为进化同源性的根据。
DNA PAM 矩阵	http://blast.wustl.edu/,见"使用特定应用打分矩阵来改进核酸数据库搜索的灵敏度。"	假设 DNA 序列改变的马可夫模型(见下面的 PAM 矩阵)。		预测两条 DNA 序列的进化距离。

续表

程序名	网址/FTP 地址	说明/平台	输入格式	解释/结果
PAM(可接受突变百分数或自然选择存活突变)(Dayhoff et al. 1978;Schwartz and Dayhoff 1978;更新的版本请看 Gonnett et al. 1992;Jones et al. 1992)	FTP: ftp://ncbi.nlm.nih.gov, directory/blast/matrices	预测从一个共同的祖先序列分化了一段特定时间的蛋白质序列取代的期望值。 假设变化的马可夫模型(没有点到点变异和组成的改变),突变于回复突变相同。矩阵值给出了匹配和不匹配的对数概率值。当使用的打分矩阵与联配中的不匹配数目相符合时,就出现了对于联配的最佳概率得分。		当用于比对程序时,特点是采用进化距离来度量两条序列之间相似性。1 个 PAM 值对应所有氨基酸位置中平均 1% 的氨基酸发生改变。
A11.6 **DNA 序列比对:多重序列比对**				
MSA (Lipman et al. 1989)	Http://www.psc.edu/general/software/packages/msa/msa.html 交互式网页表格: http://www.ibc.wustl.edu/service/msa/index.html(也可在这个站点获得其他程序)	从整体上比对几个核酸或蛋白质序列;使用动态规划在同时产生所有序列的最佳比对;按照序列与总体中其他序列的相似性给予序列权重。在比对的评估栏使用两两比对打分的总和;通常限定在 3 个序列,因为它需要消耗大量的计算机时和内存。3 种情况允许 3 个以上序列的比对;每个序列少于 150 个碱基时可比对 50 个序列;每个序列少于 500 个碱基可比对 25 个序列;每个序列少于 1000 个碱基可比对 10 个序列。 基于互联网的交互形式;UNIX。	FASTA, GCG, PIR 和其他可由 READSEQ 程序识别的格式。	最初显示基于渐进性双重序列比对的启发式比对;这个比对用于限制最佳比对的搜索空间;然后显示最佳比对、比对花费的计算、每个双重比对的分歧值、最佳比对的最大得分。
CLUSTALW (Higgins and Sharp 1988; Higgins et al. 1992; Thompson et al. 1994)	基于互联网的交互形式: http://www.ibc.wustl.edu/ibc/msa.html http://dot.imgen.bcm.tmc.edu:9331/multi-align/multi-align.html http://www.infobiogen.fr/docs/ClustalW/clustalw.html FTP: ftp.ebi.ac.ukdir/pub/software/unix/clustalw.tar.Z	进行一系列 DNA 或蛋白质序列的多重比对或增加新序列到现有的比对中;最初通过序列的双重比对建立系统进化树,以 neighbor-joining 系统进化树作为相似性的指导进行渐进的序列对或序列群的比对。 每条序列对比对的贡献按照与其他序列的分歧大小给予权重(不同于 MSA)。 应用位置依赖的空位罚分,空位罚分依赖于联配序列中每个区域的分歧评估。 是分歧不大的序列比对的最好的方法;分歧逐渐增大的非常相似的序列在最初的比对中可能产生错误。可以使用的矩阵是 BLOSUM80, 62, 45, 30; Gonnett80, 120, 160, 250, 350; PAM20, 60, 120, 350。CLUSTALW(权重比对)是 CLUSTALV 经过重写的主要更新版本。 基于互联网的交互形式;ANAI-C 版本是为 UNIX 和 VMS 或任何其他使用 ANSI-C 编译器的机器;对主流平台的可执行版本如:MAC, PC。 Clustal X 提供 X Windows 环境下的图形界面。	FASTA;也可用 GCG/MSF, NBRF/PIR, EMBL/Swiss Prot, GDE 文本文件, CLUSTAL 和 GCG9-RSF 格式。比对的所有序列都必须写在一个文件中。能被 READSEQ 程序识别格式。	CLUSTAL 输出格式(以模块形式显示序列比对)、NBRF/PIR、GCG/MSF 格式可将数据输入 GCG 软件中、PHYLIP 格式可将数据输入到 Phylip, GDE 文本文件格式。 在序列比对后计算出的系统进化树的图形显示,需使用其他软件如 Phylip。

续表

	程序名	网址/FTP 地址	说明/平台	输入格式	解释/结果
	PIMA(模式诱导的多重比对)(Smith and Smith 1990,1992)	基于互联网的交互形式：http://dot.imgen.bcm.tmc.edu:9331/multi-align/multi-align.html FTP: ftp.ebi.ac.ukdir/pub/software/unix	依据首次序列间的两两比对构建多重比对。以分值为依据将序列聚类成一个或更多的家族。 在每个家族中确定共同的模式，以这些模式为起点比对这组序列；使用约束来定位空位。 基于互联网的交互形式；UNIX。	见前面。	多重序列比对；
A11.7	MACAW (Multiple Alignment Construction and Analysis Workbench)(Haussler et al. 1992; Hughey and Krogh 1995, 1996)	FTP: ncbi. nlm. nih. gov dir/pub/macaw	在多序列中定位、分析和编辑局部序列相似性模块；用分析、编辑和序列片段对齐模块的合并比对来构建多重比对。 用成对打分系统的总和来产生一个局部的多重序列比对或应用统计方法 Gibbs sampler 来定位序列模块(见下面的 Gibbs sampler)。 用户界面允许编辑和链接模块。PC, NT, Mac。	FASTA	基于模块的多重比对；模块相似性的统计学评估。
	SAM (SequeneAlignment and Modeling system)(Haussler et al. 1992; Hughey and Krogh1995, 1996)	http://www.cse.ucsd.edu/research/compbio/sam.html FTP: ftp.cse.ucsc.edudir/pub/protein/sam1.01.tar.Z.crypt	使用隐马可夫模型再现一组全序列或部分序列的多重序列比对。 HMM 允许比对中匹配、插入和删除。通过学习家族中相关序列的模型来建立每个序列组的模型。需要许多序列(>50)来生成有代表性的模型，序列组越大，产生的模型越好。多重序列比对也可以作为输入。学习后的 HMM 将产生一个学习序列的多重序列比对，也可以用于搜索序列数据库中的家族新成员。HMMs 具有提供一个明确的序列比对概率模型的好处。 包括 HMMER 格式的转换程序。加密的源代码；UNIX, Mas-Par。	DNA, RNA 和蛋白质字母表；自定义的字母表，较通常的格式如 FASTA, GenBank, NBRF, EMBL, GCG DNA Strider, Phylip, GCG/MSF, PAUP NEXUS, PIR CODATA；可输入以前确定的多重序列比对。使用 READSEQ 程序识别序列格式。	基于隐马可夫模型的多重序列比对；家族新成员的数据库搜索。
	HMMER (Haussler et al. 1992; Hughey and Krogh 1995, 1996)	http://genome.wustl.edu/eddy/hmmer.html FTP: genome.wust.edudir/pub/eddy	使用隐马可夫模型产生 DNA、RNA 或蛋白质序列的多重序列比对。(见 SAM)。使用隐马可夫模型搜索数据库查询序列家族的同源性。 UNIX 和 ANSI-C 版本。	FASTA, GenBank, EMBL, Swiss-Prot, GCG/MSF, SELEX	基于隐马可夫模型的多重序列比对。数据库搜索发现的 Smith-Waterman 局部比对。

续表

A11.8

程序名	网址/FTP地址	说明/平台	输入格式	解释/结果
SAGA(Sequence Alignmnet by Genetic Algorithm)(Nortredame and Higgins 1996)	http://www.ebi.ac.uk/~cedric http://www.gsf.de/biodv/dialign.html	运用遗传算法(作为计算机科学工具发展起来的算法)产生多重序列比对和自定义目标函数(多重比对质量的描述)。软件以类似进化方式来发展比对群;使用目标函数来改进比对群的质量。 软件可比对总数少于20个,长度少于400个碱基的序列。一个相关的程序COFFEE(Notredame et al. 1998;在同一个站点可以得到)可用于优化获得的多重序列比对。 ANSI-C和UNIX版本。	见程序注释。	全局优化多重序列比对。
DIALIGN片断比对(Morgenstern et al. 1996)	http://www.gsf.de/biodv/dialign.html	是对序列的整个片断的比较而不是单个碱基。从同长度无空位的片断开始构建双重序列比对和多重序列比对,称作diagonals。在无关联的序列中检测局部相似性特别有用。 可执行文件下载:DEC、SUN、HP、SG、CONVEX和LINUS。 (商业请联系genomatix@gsf.de. DIALIGN2提供一个基于互联网的交互形式)	EMBL, FASTA, GCG/RSF, GenBank. DNA/蛋白序列<1Mb.	输入序列的比对;比对序列之间局部相似性程度图示;显示相似性程度的序列树。
MultAlin (Corpet 1988)	http://protein.toulouse.inra.fr/multalin.html	基于互联网的交互形式的多重序列比对。可以设置比对的参数;可设置输出的一致性水平。	Multi-Alin FASTA; EMBL-SwissProt; GenBank	以彩图、纯文本或HTML输出多重序列比对结果。
PRRP渐进的全局比对(随机的或双重嵌套的, doubly-nested)(Gotoh 1995)	ftp.genome.ad.jp/pub/genome/saitama-cc	基于profile的多重序列比对的迭代方式,在这个方法中,序列组进行重复比对并由树指导直到获得最好的得分。当序列产生分歧时通过渐进比对方法避免错误。	特殊的格式(见程序注释)	在反复试验后的最佳比对。
DNA:模体和模式				
MEME (Multiple Expectation Maximization for Motif Elicitation) (Bailey and Elkan 1994, 1995; Bailey 1995)	http://www.sdsc.edu/MEME/website/meme.html	在相关的DNA或蛋白质序列中检测模体(相同长度的保守序列模式;没有空位;位置间没有共变(covariation)) 软件采用统计学技术(最大期望值或EM算法)定位给定长度的模体,在一个单个的序列中可以有0、1或者更多,将由使用者指定。 输出是每一个模体的PSSM(位置特异的打分矩阵),矩阵的列代表模体的位置,行是以log-odds格式表示的每列中的残基分布,这个矩阵可用MAST软件来搜索序列数据库。商用需要许可证。基于网络的交互形式,ANSI源代码。		结果e-mail给用户,包括PSSMs,它代表发现的模体在每列中残基的分布。对每列中内容的信息进行图示(体现每个膜体位置的保守性的程度),多水平的一致性序列,发现的模体实例,以及在输入序列中的位置;模体也以BLOCK格式输出。PSSM随后可用MAST进行数据库搜索。

A11.9

续表

程序名	网址/FTP 地址	说明/平台	输入格式	解释/结果
Meta-MEME (Grundy et al. 1997)	FTP:metameme.sdsc.edu 交互式互联网: http://www.sdsc.edu/MEME/meme/website/intro.html	将通过保守模体比对从 MEME 中得到的 DNA 或蛋白质模体模型转化为序列比对的隐马可夫模型(HMM)。然后 HMM 可用于搜索序列数据库找出其他家族成员。 交互互联网格式;ANSI-C 源代码和所选择平台的二进制程序。	在不同格式的一组相似 DNA 或蛋白质序列(例如:FASTA)或以前由 MEME 决定的一组模体模型。	一组查询序列的基于模体的多重序列比对,用于搜索序列数据库中其他家族成员。 同源检测的 Computes Viterbi 值或总体概率值以对数概率值的形式报告。
ASSET (Aligned Segment Statistical Evaluation Tool) (Neuwald and Green 1994)	FTP:ncbi.nlm.nih.gov Dir:/pub/asset	通过保守序列模式的深度优先(deptu-first)搜索来由最大对数相似性比率统计创建多重序列比对。 可获得 UNIX 系统的 C 代码。	FASTA	找到的模式作为模体来报告,并提供打分以及在序列中的位置。
BLOCKS 服务器(也见表 A11-2)(Smith et al. 1990; Henikoff and Henikoff 1991; Henikoff et al. 1999a, b)	http://www.blocks.fhcrc.org	Blocks 是在蛋白质家族成员中找出的相同长度无空位的氨基酸序列的保守模式。 BLOCKS 将通过多重序列比对来创建模块或通过模式搜索方法或统计方法(Gibbs 抽样)把它们定位在未联配的序列中。 BLOCKS 服务器用于产生位置特异的打分矩阵(PSSMs)和一致性(cobbler)序列,这个序列可用于搜索数据库中包含 blocks 蛋白质。 输入序列也可对 blocks 数据库进行搜索。 Blocks 已针对 Prosite 和 Swiss-Prot 数据库进行了特异性校正。	输入序列为联配的 FASTA 格式(见说明)	发现的模块(blocks)以它自己的 blocks 格式报告。PSSMs 以及 Cobbler(一致性序列)也被给出以便用于进一步的数据库搜索。 结果可用 CODEHOPS 来预测 PCR 引物。
BLIMPS-BLOCKS 改进的搜索工具 (Henikoff and Henikoff 1991; Wallace and Henikoff 1992)	http://blocks.fhcrc.org FTP:ncbi.nlm.nih.gov ETP:howand.fhcrc.org Dir:/repository/blocks/unix/blimps Dir:/blimps	比对搜索软件,它是对照 BLOCKS 数据库给序列打分或对照序列给 blocks 打分。(参见 DNA:模式和模体中的 BLOCKS 数据库)	见 BLOCKS 服务器。	见 BLOCKS 服务器。
emotif (Exploring Motif Universe) (Nevill-Manning et al. 1998)	http://dna.stanford.edu/emotif/simple.html	形成比对序列的模体或子集。 基于互联网的交互形式。	比对序列	检索所得模体列表。

A11.10

续表

程序名	网址/FTP 地址	说明/平台	输入格式	解释/结果
MAST (Motif Alignment and Search Tool) (Bailey and Gribskov 1998)	http://www.sdsc.edu/MEME/meme/website/mast.html	搜索数据库找出包含一个或更多模体的序列。(模体在这个网站定义为在一系列相关序列中一次或更多次出现的相同长度的保守的序列模式) 使用 MEME 或 BLOCKS 服务器对一系列相关序列进行搜索来确认模体;每个膜体由 PSSM 表示(特殊位置的打分矩阵),用对数打分来显示比对的模体每列的变化。 将每个 PSSM 与数据库中所有序列进行比对来鉴定高分匹配。确认具有最高得分的匹配的序列。基于互联网的交互形式。	包含一个或更多模体的 MEME 的输出结果或任何其他合适格式的文件(GCG profile 文件、连锁 GCG profile 文件,模体文件格式)。单个模体不能包含空格。	检索到的模体;最多返回 50 个匹配的结果。 输出包括高分序列的名称,显示了模体的排序和间隔的模体图示(PSSM 描述模式中每个位置的每个可能字母的分值),序列的详细注释;具有模体的位置和分值的序列显示,这些匹配随机出现的综合概率打分。 HTML 或 ASCⅡ格式
Gibbs sampler(多重比对的 Gibbs 抽样策略)(Lawrence et al. 1993)	FTP:ncbi.nlm.nih.gov Dir:/pub/gibbs	通过 Gibbs 抽样策略在一系列相关序列中找出相同长度的序列的保守模式(没有空格,位置之间没有相互关联)。 这个方法使用尝试性 PSSM(特殊位置的打分矩阵)反复重新扫描数据集中的单个序列来找到保守模式,使用概率逼近法选择序列中一个匹配的位置,然后,更新矩阵。最后,共同的模式将补充进矩阵。 可能需要模式长度的最初的估计(也见 BLOCKS 网站和 MACAW)。	FASTA	序列中保守模式的定位。
DNA:基因、外显子、内含子				
Genie (Kulp et al. 1996, Reese et al. 1997)	http://www.fruitfly.org/seq_tools/genie.html	应用已知果蝇基因训练的隐马可夫模型在果蝇基因组序列中找出潜在的基因,包括了经果蝇剪接位训练的神经网络系统。试图在每个提交序列的每条链上发现一个基因匹配。 软件已针对人类基因进行训练,但是据称对其他脊椎动物序列、果蝇、其他非脊椎动物也能给出较好的结果。	FASTA 或 multiple-FASTA 的 DNA 序列;DNA 序列的最大长度是 90 000 碱基。	每条输入 DNA 链的最高得分基因位置。
GeneMark (Borodovsky and McInich 1993)	http://genemark.biology.gatech.edu/GeneMark/gm_info.html 邮件服务:genemark@amberbiology.gatech.edu 或 genemark@embl-ebi.ac.uk	鉴定原核或真核基因组 DNA 序列中的蛋白质编码区。使用 inhomogeneous Markov chain models,对每种生物的已知基因进行单独训练。分析 EST 序列;预测长外显子;可用于设计 RT-PCR 引物。基于互联网的交互形式;email 服务器。GeneMark.hmm 算法(Lukashin an Borodovsky 1998)是用于在细菌、人和 C.elegans 线虫基因中更精确寻找 5′-端的 GeneMark 扩展。 本地版需许可证。	GCG、FASTA、EMBL、GenBank、PIR、NBRF、Phylip、文本格式的 DNA 序列。	图表格式显示假定基因的编码信号(PSGRAPH)。 ORF 预测的文本输出;可能的阅读框架偏移;ORF 的左右末端;编码区的方向和读框;内部外显子预测。

A11.11

续表

程序名	网址/FTP 地址	说明/平台	输入格式	解释/结果
Grail Ⅱ(Gene Recognition and Analysis Internet Link)(Uberbacher and Mural 1991)	http://compbio-ornl.gov/Grail-1.3/	预测人类基因组序列的外显子。使用内含子长度、GC 含量、密码子使用、6-mer 偏爱得分、拼接位置得分和其他特征训练的神经网络。这些得分在神经网络中给予权重以便获得学习序列的最佳预测。对新的序列来说，一个滑动序列窗口沿着序列移动并对每个窗口进行预测(外显子得分)。	几种格式。	最佳候选外显子的列表以及最可能的基因结构。
GeneParser (Snyder and Stormo 1993, 1995)	FTP: beagle.colorado.edu/pub/GeneParser	预测基因组 DNA 序列的基因结构。使用在已知外显子、内含子和拼接位点序列指针来估计代表外显子和内含子序列间隔的可能性。应用动态规划算法寻找外显子/内含子结合部，使预测基因结构拟然函数最大化。 神经网络用于调节序列指针的权使它能对已知基因符合率最佳。	见软件说明。	最好的候补外显子的列表。最可能的基因结构。
GENSCAN (Buige and Karlin 1997)	http://CCR-081.mit.edu/GENESCAN.html 在 Stanford University、DKFZ/EMBnet. Heidelberg、Pasteur Institute 也有万维网服务器 email 服务器在 Pasteur Institute	基于不同生物基因结构的概率模型的基因组 DNA 上的基因预测。 可获得在 UNIX 的可执行文件；商业应用需要许可证。	DNA 序列，单字母的编码。	最可能的基因结构。
NetGene (Brunak et al. 1991)	http://130.225.67.199/services/NetGene/index.html 邮件服务器：netgene@cbs.dtu.dk	预测脊椎动物基因的拼接位点。使用神经网络来识别外显子和非外显子序列之间的不同的序列特征。(见 Grail)	FASTA	大部分强预测外显子的结果列表。
FGENES (V. V. Solovyev, unpubl.)	http://genomic.sanger.ac.uk/gf/gf.html	使用基于结构预测的模式识别预测基因和外显子。 采用基于不同类型的外显子、启动子和多聚(A)信号的模式识别算法；动态规划找出最佳组合，然后，构建一系列基因模式。基于英特网交互模式。FGENESH + (A. A. Salamov and V. V. solovyev, unpubl.)使用基因和已知蛋白的相似性的隐马可夫模型来预测基因组 DNA 序列的多个基因。FGENES-M 产生基于模式识别人类基因结构预测的多种变异。	FASTA，无格式序列。	文本输出：预测基因数，预测外显子数，预测基因和外显子位置。

续表

程序名	网址/FTP 地址	说明/平台	输入格式	解释/结果
MZEF(Michael Zhang's Exon Finder)(Zhang 1997)	http://sciclio.cshl.org/genefinder FTP:phage.cshl.org Dir:/pub/science/mzef	预测链内编码外显子。基于二次判别函数预测算法的多变量统计模式识别(通过与 Grail 相似序列特征能很好的区分外显子和非外显子序列)。 有 SUN, DEC Alpha 版本的软件。商业使用需要场地许可证。	FASTA;最多 200kb.	外显子碱基对的分界,后验概率,读框偏爱得分,ORF ordinator,受体得分(acceptor score),编码偏爱得分(coding preference score),供体得分(donor score)。
A11.12 DNA:启动子,转录因子结合位点				
Transfac(Heinemeyer 等 1999)	http://transfac.gbf.de/TRANSFAC FTP:// transfac.gbf.de	Transfac 是转录因子顺式作用结合位点和来自许多生物体的转录因子的相关数据库,也包括 PSSMs(位点特异打分矩阵),对一个因子来说代表着联配的结合位点的每一列的观察变异。(某些矩阵可能没有特异性,所以假阳性匹配是很常见的。)下载版是纯 ASCⅡ文件。软件仅用于非商业应用。 程序包括 Coinspector, MatInspector, MatInd。	见网站。	预测转录因子结合位点的位置。
Corepromoter(Zhang 1998)	http://sciclio.cshl.org/genefinder/CPROMOTER	预测转录起始位点,并将它们定位到 50~100 bp 核心启动子区域。使用二次判别分析来区分序列特征(例如,保守的序列词)和启动子序列的特征。 基于互联网的交互形式。商用应用需要许可证。	FASTA; DNA 序列必须小于 2kb。	N-profile 位置打分;链;优先概率;QDA 数据;预测的最大数。
NNPP(Promoter Prediction by Neural Network)(Reese 1994; Reese and Eeckman 1995; Reese et al. 1996)	http://www.fruitfly.org/seq_tools/promoter-instrucs.html	寻找 DNA 序列中原核和真核生物启动子。应用延时神经网络(time-delay neural networks, TDNN)识别序列特征如 TATA box、GC box、CAAT box 和横跨转录起始位点(TSS)的起始区。 像打分矩阵一样,TDNN 被反复训练并进行重复训练直到它能识别每一个元件的最重要的特征。 综合对每个元件的预测,使它甚至在间隔变化时也能找到这些元件	FASTA	转录起始位点很可能是启动子。对真核生物来说,从 −40 到 +11的 51 个碱基的列表中,+1 位是预测的转录起始位点。对原核生物来说,从 −41 到 +5 的 46 个碱基中,+1 位是预测的转录起始位点。
TESS(Transcription Element Search System)(Schug and Overton 1997)	http://www.cbil.upenn.edu/tess	寻找 DNA 序列中潜在的转录因子结合位点(见 Transfac)。基于 web 的交互模式,能进行综合搜索查询,浏览 Transfac,基于串的搜索,过滤的串搜索。具有过滤、阈值设定、属性和打分方案的选项。	DNA 序列	预测位点。

续表

程序名	网址/FTP 地址	说明/平台	输入格式	解释/结果
TFBIND(Tsunoda and Takagi 1999)	http://tfbind.ims.u-tokyo.ac.jp	搜索转录因子结合位点，包括 TATA boxes, GC boxes, CCAAT boxes 和转录起始位点。 在 Transfac 数据库中使用权重矩阵和 cut-off 值(见 Transfac)。 基于互联网的交互形式。	FASTA	预测位点。
A11.13 TSSG(V. V. Solovyev et al. 未发表[见 http://dot.imgen.bcm.tmc.edu:9331/gene-finder/gf.html])	http://genomics.sanger.ac.uk/gf/Help/tssg.html-for_information e-mail 服务器：service@heory.bchs.tuh.edu 将 tssg 放入短信息的标题行。	识别人类聚合酶Ⅱ启动子区和转录起始位点。 使用结合了转录起始位点的功能模体特性和寡核苷酸肽的组成的线性鉴别函数(linear discriminant function)预测。	DNA 序列	启动子区，包括序列名称，LDF 阈值和序列长度，预测启动子的数目，预测位点的位置，TATA box 位置，转录起始位点位置，每个预测区的功能模体。
TSSW(V. V. Solovyev et al. 未发表[见 http://dot.imgen.bcm.tmc.edu:9331/gene-finder/gf.html])	http://genomics.sanger.ac.uk/gf/Help/tssw.html-for information e-mail 服务器：service@bchs.uh.edu 或 services@bioinformatics.weizmann.ac.il 将 tssw 放在邮件标题行。	识别人类聚合酶 II 启动子区和转录因子起始区。 使用线性鉴别函数预测；结合了这些位点的功能模体特性和寡核苷酸肽的组成	序列的名称；序列字符。最大行长度为 79 个字符。	序列名；线性鉴别函数阈值及序列长度；预测的启动子区数目；预测位点的位置、TATA box、转录起始位点位置、每个预测区的功能模体。
MAR-Finder(Kramer et al. 1996; Singh et al. 1997)	http://www.ncgr.org/MarFinder/about.html	在 DNA 序列中推导核基质相关区(matrix-associated regions, MARs) (核基质相关区是染色质纤维黏附到核基质的区域，为转录调控所必需)。 使用的方法是统计推理和布尔逻辑网络(Boolean logic network)；已知的与 MARs 相邻的 18 个模体被用于这个分析中。 基于 web 的交互形式；需要注册。	FASTA	碱基对的高分区域，包括平均和积分强度；图形显示可能的 MARs 的相对位置

续表

程序名	网址/FTP 地址	说明/平台	输入格式	解释/结果
Genome-Inspector (Quand et al. 1996a, b)	http://www.gsf.de/biodv/genomeinspector.html	在核酸序列数百万碱基中检测开放阅读框与转录因子结合位点之间的距离相关性;采用大规模相关分析。 可下载 DEC Alpha、SUN、HP、Silicon Graphic、CONVEX、UNIX 和 X-Windows 的可执行程序;商用需要许可证。	许多包括数据库标注、GCG、ConsInspector、MatInspector 格式。	图形显示 ORFs 与 ARS-结合因子 I 结合位点的相关性。
DNA:其他调控位点				
Consensus and wconsensus (Hertz and Stormo 1999) A11.14	FTP:beagle.colorado.edu/pub/consensus	每条序列的一个滑动窗口针对其他序列的窗口进行扫描以便发现最为相似的区域。然后,两个或更多窗口的联合比对结果用来补充来自其他序列的额外的匹配区。 考虑到匹配的第一条序列决定了找到的所有位点的最终比对,这个算法在某些程度上是贪婪的。因此,多次的循环匹配是必需的。在 consensus 程序中,窗口的宽度是由用户指定的;而在 wconsensus 中窗口的宽度不需要指定,因为在这种方法中如果有足够的信息,会自动添加窗口的旁侧序列。其目标是使 PSSM(位置特异的打分矩阵)中的信息内容最大化(每列中碱基的最高保守性)。 包括 PSSM 的重要统计评估。注意,没有考虑像回文调控位点内的共变(covariation),但是确定这种区域的方法已有报道(Hertz and Stormo 1995)。 可获得运行于 UNIX 平台上版本。 确定给定的 AATAA 或 ATTAAA 六碱基是否是一个真正多聚核苷酸(A)信号。算法使用了二级判别分析(见 MZEF)基于互联网的交互形式。	一组输入序列。	在输入序列中对齐的位点和这些位点位置特异性打分矩阵。
Polyadq (Zhang 1997)	http://sciclio.cshl.org/mzhanglab/tabaska/polyadq/polyadq_form.html	确定所给出的 AATAA 或 ATTAAA 六联体是否为真正的 poly(A)信号。算法采用二次鉴别分析(见 MZEF) 基于 web 的交互形式。	FASTA。可以通过 4 种方式设置 cut-off 值。	在查询序列中所找到的各个 AATAA 或 ATTAAA 进行预测。输出为标题、正的或负的预测、位点、序列以及得分。
Pol3scan (Pavesi et al. 1994)	http://irisbioc.bio.unipr.it/pol3scan.html	在真核 DNA 序列中搜索聚合酶Ⅲ基因间控制区;可以区分 tRNA 基因和相关Ⅲ型元件。算法基于对 231 真核生物 tRNA 启动子区的分析、权重矩阵(位置特异性打分)和用于打分的权向量(weight vector)。 基于互联网的交互形式。	ReadSeq;也包括所有的常用格式:FASTA, GenBank, EMBL, GCG 等。	预测Ⅲ型基因内区域和转录终止位点。

续表

程序名	网址/FTP 地址	说明/平台	输入格式	解释/结果
RNA:二级结构				
MFOLD (Jaeger et al. 1989; Zuker 1989; Walter et al. 1994)	http://bioweb.pasteur.fr/seqanal/interfaces/mfold.html	预测 RNA 二级结构;计算折叠数,5′端碱基数(起始)和 3′端碱基数(终止)。 运用 Zuker 能量最小法。最大 1400 碱基可以折叠。 基于 web 的交互模式。可在本地 UNIX 主机上实施,具有图形界面,用于在给定能量范围内对可能的结构模型进行研究。	RNA 和 DNA 序列最常用的格式,包括 FASTA、IG、GenBank、NBRF、EMBL 等。	确定最优和次优二级结构的能量矩阵;在给定的计算最小自由能范围内计算折叠。 矩阵被写在输出文件中。Plotfold 软件读取这个文件并显示一组最优和次优的二级结构。
Vienna RNA package (Shapiro 1998; McCaskill 1990; Shapiro and Zhang 1990; Bonhoeffer et al. 1993, Fontana et al. 1993; Hofacker et al. 1994; Wuchty et al. 1999)	http://www.tbi.univie.ac.at/～ivo/RNA	采用最小自由能和平衡分割函数(equilibrium partition functions)以及碱基配对概率来预测 RNA 二级结构。基于 web 的交互形式可用于中等大小的 RNA。 RNAfold 计算 RNA 二级结构。RNAeval 在给定的结构中计算 RNA 序列的能量。 RNAheat 计算 RNA 特定的热能。 RNAinverse 找出一个给定二级结构的 RNA 序列。 RNAdistance 计算 RNA 二级结构的距离。 RNApdist 计算热力学 RNA 二级结构群的距离。 RNAsubopt 计算次优化二级结构。 下载源代码(C 语音库)或 UNIX, LINUX 单机程序。	RNA 序列;代表结构表征的 HIT 表征(HIT representationfor structure representation)。	RNAfold 生成最小自由能结构和碱基配对概率的图和点图。 RNAeval 以 kcal/mol 给出能量值、RNA 热能、华氏温度以及以 kcal/(mol * K)给出特异性热能。 RNAinverse, 找到的序列,起始序列的海明距离(Hamming distance); RNAdistance, 碱基对的分布; RNApbdist, 分割函数和碱基对概率矩阵、点图。 RNAsubopt, 在括弧注释中的结构和以 kcal/mol 表示的能量值。
A11.15 **RNA:RNA-特定基因,模体**				
tRNAscan-SE (Fichant and Burks 1991; Eddy and Dubin 1994; Pavesi et al. 1994; Lowe and Eddy 1997)	http://www.genetics.wustl.edu/eddy/tRNAscan-SE	在基因组 DNA 和 RNA 序列中搜索 tRNA 基因。候选的 tRNA 通过高选择性的 tRNA 协变模型(highly selective tRNA covariance model)来鉴定和分析。(序列变化发生在 RNA 二级结构区的保守碱基对的两个独立的位点);搜索速度为 30 000 bp/s。 这个方法也用于搜索真核生物聚合酶Ⅲ位点和 RNA 启动子。基于互联网的交互格式。UNIX 源代码可通过网页获得。	原始序列, FASTA, GenBank, EMBL, GCG, IG。一次最好只搜索一条序列。每条序列低于100 000核苷酸。	候选的 tRNA 基因。

续表

程序名	网址/FTP 地址	说明/平台	输入格式	解释/结果
SnoRNA (Lowe and Eddy 1999)	http://rna.wustl.edu/snoRNAdb	依据特征序列模式对基因组序列的预筛选部分进行搜索，寻找 2′-o-ribose methylation guide snoRNA 基因(sno, small nucleolar)。 这个算法使用了概率方法，与用于语音识别和计算语言学中的算法一样。 SGFG 模型(stochastic, context-free grammars)用于识别位于序列两个不同区域的序列共变的特殊模式。这个序列共变得特殊模式与配对碱基形成 dsRNA 二级结构有关。		
蛋白质:序列比对				
FASTA, SSEARCH, Bayes block aligner	请见 DNA 序列比对部分。			
蛋白质:模体、模式、profiles				
emotif, ProfileMaker, Psi-BLAST, Phi-BLAST, power BLAST, Blast 2, Bays block aligner, LAMA, BLOCKS	请见 DNA 模体、模式、profiles 部分。			
PowerBLAST	http://www.ncbi.nlm.nih.gov/kuehl/prefinished/powblast.html	提供传统 BLAST 程序之外的附加功能。 允许针对人类重复元件的序列屏蔽，同时针对多个序列数据库的屏蔽序列比较。 允许快速检验 ESTs、STSs 和在相互空间构效中基因命中(gene hits)。 用户可以设置附加参数，根据不同的生物来源过滤 BLAST 结果，以及选择多输出选项。 基于互联网的交互形式。	FASTA	Text, HTML 或 ASN.1 输出。 针对每一查询序列都输出文件。 这个输出文件可用 mask 观看。 Sequin 可以用于注释 BLAST 命中的结果。

A11.16

续表

程序名	网址/FTP 地址	说明/平台	输入格式	解释/结果
PfScan（ProfileScan）（Swiss Institue of Bioinformatics［见 www 网站］）	http://www.isrec.isb-sib.ch/software/PFS-CAN-form.html	根据来自 PROSITE 编目中的 profiles 搜索蛋白质或 DNA 序列。 PROSITE 包含氨基酸模式，这些氨基酸模式是在功能相关蛋白质家族中找到的，例如，代表激酶的活性位点。模式作为正则表达式给出，它提供了一系列在位点中保守的、变异的氨基酸、在位点中不存在的氨基酸和略过的氨基酸位置。 也可针对 Swiss-Prot 蛋白质序列数据库搜索 profiles。可以搜索 Pfam 数据库。基于互联网的交互形式。	FASTA	对 profiles 最优的比对打分—PROSITE profiles N score Pfam-A Nscore; Gribskov Z score; PROSITE 模式。
Pfam（Sonnhammer et al. 1997, 1998; Bateman et al. 1999, 2000）	http://www.sanger.ac.uk/software/Pfam Sweden: www.cgr.ki.se/Pfam USA: pfam.wustl.edu	能快速、自动化地将预测蛋白质分类到蛋白质结构域家族； 考虑蛋白质的结构域的组织。 用隐含马可夫模型软件注释蛋白质(见 HMMER)，代表着蛋白质家族、预测基因的高符合概率模型，使用 Wise2 包注释 DNA 序列。 这个数据库包括了 2128 个家族，能与 Swiss-Prot 中 65% 蛋白匹配。可用 Pfam 数据库直接搜索基因组 DNA。 这个软件用于注释 C. elegans 基因组。	FASTA	图形显示结构域结构。在 Pfam 中的结构域名称；结构域起始和结束位置；用 bits 和 E 值显示的统计学得分；查询序列匹配部分与隐含马可夫模型的比对。 提供功能注释、文献参考和每个家族的数据库链接。输出结果可以链接到 SCOP 数据库上来确定此结构域结构是否已经确定。
A11.17 ScanProsite（Swiss Institue of Bioinformatics［见 WWW 网站］）	http://www.expasy.ch/tools/scnpsite.html	用于针对 PROSITE 中的模式的序列搜索或针对 Swiss-Prot 的模式搜索。基于互联网的交互形式。		
PPSEARCH（European Bioinformatics Institute, Hinxton, UK）	http://www2.ebi.ac.uk/ppsearch	用 PROSITE 中的模式来搜索序列。		图形输出
PROSITE（Klaus Harmuth, University of Vienna; Manfred D. Zorn, Lawrence Berkeley Laboratory）	http://pbil.ibcp.fr/cgi-bin/npsaautomat.pl?page-npsa prosite.html FTP: genome.lbl.gov Dir: /pub/prosite File: //ProSite.shar.Z	针对 PROSITE 中的模式扫描序列；可以定义不匹配的等级。 基于互联网的交互形式。 下载 UNIX C 源代码。也可通过商业购买获得。使用 PROSITE 的许多其他程序已在 www.expasy.ch/cgi-bin/lists/prosite.org 中列出。	Swiss-Prot, FASTA, ASCⅡ	ASCⅡ。模式的位置显示在序列的下方；完全的 PROSITE 模式；每个模式所出现的位置模式。

续表

	程序名	网址/FTP 地址	说明/平台	输入格式	解释/结果
	BEAUTY(BLAST Enhanced Alignment Utility)(Worley et al. 1995,1998)	http://gc.bcm.tmc.edu:8088/searchlauncher/launcher.html	NCBI BLAST 的增强版可以简化匹配序列的功能鉴定。整合蛋白质家族、保守区域、注释区域、比对结果显示和WWW资源。包含新的保守区数据库以及NCBI ENTREZ中的蛋白质序列功能结构域数据库。 BEAUTY-X 的最新版本提供 DNA 查询的增强输出,能搜索任何蛋白质数据库和更多的结构域信息。基于互联网的交互形式。	FASTA 和其他格式。	采用示意图显示保守区的相对定位、注释的结构域和位点、在BLAST搜索中局部比对区和到外部数据库的 WWW 链接以便搜寻更多的功能信息。

表 A11-2 数据库相似性搜索软件

	程序名	网址/FTP 地址	说明/平台	输入格式	解释/结果
A11.18	BLAST(Basic Alignment Search Tool)(Altachul et al. 1990; Karlin and Alschul 1990, 1993; Tatusonva and Madden 1999)	http://www.ncbi.nlm.nih.gov/BLAST	序列相似性搜索工具用于分析核苷酸(DNA)和蛋白质数据库;使用启发式算法搜索高得分单词,然后使用它们产生有空位局部比对;从搜索中过滤掉低复杂性的区域(可选的);根据明确的统计学描述来给打分赋值,因此真正的匹配可以从随机的背景命中鉴别出来。 缺省打分矩阵是 BLOSUM62。匹配的显著性由期望值(E值)给出。即随机查询序列与具有同样"有效"长度和数目的随机序列数据库之间获得同等分值比对的期望个数。 基于 web 的交互界面,稳定的 URL,e-mail 服务器,提供下载的网络 BLAST 的 AIX、UNIX 操作系统上的客户程序(详细见网站)。 包含的子程序: blastn-在核酸序列数据库中比较核酸查询序列。 blastp-在蛋白质序列数据库中比较氨基酸查询序列。 blastx- 在蛋白质序列数据库中比较核苷酸查询序列的 6 个读框的翻译产物。 tblastn-在所有 6 个阅读框动态翻译的核苷酸数据库中比较蛋白质查询序列。 tblastx-在 6 个读框翻译的核苷酸序列数据库中比较核苷酸查询序列的 6 个读框翻译产物。 可在本地许多不同的计算机平台上建立单机板的 BLAST 系统,包括 PC Windows 32,可通过 FTP 从 ncbi.nlm.nih.gov/blast/executables 获得程序。	FASTA 或存取/GenBank 索引号。	匹配的可用鼠标点击的直方图;高得分数据库序列的列表;查询序列与数据库的匹配序列有空位的局部比对结果以及统计评价;在搜索过程中使用的参数和进行的统计学计算列表。

续表

	程序名	网址/FTP 地址	说明/平台	输入格式	解释/结果
	PHI-BLAST（Position Hit Initiated BLAST）(Zhang et al. 1998)	http://www.ncbi.nlm.nih.gov/BLAST	找出共享一个氨基酸模式的蛋白质序列，模式使用 PROSITE 的句法输入(一种正则表达式)。 采用基于 web 的交互形式，程序与 PSI-BLAST 是整合在一起的，因此查询结果可用于开始一轮或多轮的 PSI-BLAST 搜索。	FASTA 或存取号/GenBank 索引号。	包含模式的序列的统计学显著性由 E 值报告。 多序列比对结果(匹配序列的位置特异的打分矩阵)能用于基于 PSI-BLAST 多轮的(迭代)数据库搜索。
	PSI-BLAST（Position-specific BLAST）(Altschul 等 1997)	http://www.ncbi.nlm.nih.gov/BLAST	使用多序列比对作为查询序列来搜索相似的蛋白质序列，因此允许对在比对中发现的残基的新组合进行搜索。由一个常规的 BLAST 搜索开始，当发现新的匹配序列时，他们将被加到现有比对中去，并可开始一个迭代搜索；也可进行多重迭代直到不再发现匹配序列。基于 web 的交互形式。	FASTA 或存取号/GenBank 索引号。	多重序列比对(匹配序列的位置特异的打分矩阵)代替了最初的模式，可能用于下一轮的数据库搜索(迭代)直到不再发现新的匹配序列。
A11.19	BLAST2(Gapped-BLAST)（Altschul et al. 1997)	http://www.ncbi.nlm.nih.gov/BLAST	BLAST 的新版本 2 返回来自 BLAST 搜索的局部(Smith-Waterman)比对，并使用这些比对得分的统计学显著性来鉴定最相似的序列；这是 BLAST2 程序在缺省条件下的情况。 早期的 BLAST 版本首先确定高分区域，并用这些得分的和来评价序列相似性的显著性。	FASTA 或存取号/GenBank 索引号。	
	BLAST-Genome Sequendes	http://www.ncbi.nlm.nih.gov/genome/seq	在人类基因组数据库(或任何其他的基因组序列数据库)中搜索查询序列。基于 web 的交互形式。	FASTA 或存取号/GenBank 索引号。	用染色体号表示匹配序列。
	WU-BLAST（Washington University BLAST）(Altschul et al. 1990; Gish and States 1993; Kalin and Altschul 1993; Altschul and Gish 1996; W. Gish unpubl.)	http://blast.wustle.edu	进行蛋白质和核苷酸序列数据库的相似性搜索；与 NCBI BLAST 相似，但是是独立开发的并可产生不同的结果。 WU-BLAST2 使用有空位比对来确定匹配的序列；产生有空位局部(Smith-Waterman)比对；基于高得分区的综合打分计算统计学显著性(这种总和的统计学方法与在 NCBI BLAST2 版本以前的方法一样)。 包含 BLASTN, BLASTP, TBLASTN, BLASTX 和 TBLASTX 程序(见 NCBI BLAST)；包括改进的编码区确定以及使用 DNA 打分矩阵来获得核酸的更显著的比对。包含优化的执行程序，减少了虚拟内存需求，支持并行处理和扩展的数据库格式（extended Database Format, XDF)。 软件可从网址下载：用于学术和非盈利用途免费；商用需收费。	FASTA 或存取号/GenBank 索引号。	可用鼠标点击的匹配序列图，匹配序列列表以及加和统计得分，含可能的多个相似性区域的有空位比对；可用于显示多外显子序列中的所有外显子以及基因组序列中所有重复元件的部分拷贝的全部。

续表

程序名	网址/FTP地址	说明/平台	输入格式	解释/结果
FASTA 程序 FASTA (Pearson and Lipman 1988)	http://fasta.bioch.virginia.edu FTP:ftp.Virginia.edudir/pub/.fasta	FASTA 软件包中包括一套程序用于数据库相似性搜索和两两序列比对。 进行一条DNA序列和另一条DNA序列或是和DNA序列数据库比较(程序本身来指定数据库),或是蛋白质序列和另一条蛋白质序列或是和另一个蛋白质数据库的比较;也可进行蛋白质序列和翻译的DAN序列或是和DNA序列数据库(文本库)比较。 FASTA3(版本3)基于标准化的Z值返回匹配,即标准差大于一个均数为50标准差为10匹配数据库内所有相同长度的不相关序列的数目。 给出了Z值的E值(期望值),即数据库中不相关序列获得同样评分的数目。 可以搜索单个基因组;数据库在网页表格中列出。基于web的交互形式,或是可下载软件。商用需经许可。 FASTA可建立在不同的计算机平台上,包括Macintosh和PC Windows,但是没有图形界面。	FASTA 或存取号/GenBank索引号。	图形显示查询序列和每个数据库序列之间比对得分的范围以及不相关蛋白质极值分布的得分。给出高得分序列的列表以及查询序列和已匹配数据库序列含空位的序列比对。 标准化的Z值用于描述相对不相关序列的在相同的长度范围(均数50,标准差10)找到的相关序列比对得分的关系。 高Z得分的E值是与匹配序列相同的Z值的不相关序列比对的期望值。
TFASTX/TFASTY FASTX, FASTY (Chao et al. 1992)	http://fasta.bioch.virginia.edu	进行蛋白质序列和翻译后的DNA序列或是DNA序列数据库(TFASTX/TFASTY)之间的比较或是翻译后的DNA序列与蛋白质序列数据库(FASTX/FASTY)的比较。由于允许读框偏移和取代,能包容EST序列的高错误率。	FASTA 或存取号/GenBank索引号。	两序列间的单一比对;DNA序列分别以3个正向读框和3个反向框翻译;查询的蛋白质序列分别与得到的6个蛋白质序列进行比较。DNA序列从一个末端到另一个末端进行翻译,间断序列不被剔除出;终止密码被译成未知氨基酸。
FASTS/TFASTA FASTF/TFASTF	http://fasta.bioch.virginia.edu	比较多肽片断序列(质谱光度测定分析,mass-spectro-photometric analysis)(FASTS)或是一个有序的多肽混合物(FASTF)与一个蛋白质(FASTS)或DNA(tFASTS)数据库比较。	见网站。	与FASTA相似,包括数据库中匹配序列的列表。

A11.20

A11.21

表 A11-3 生物信息学数据库

数据库	www 网址	描述
DNA		
GenBank	www.ncbi.nlm.nih.gov/Genbank/GenbankSearch.html	由国立生物技术信息学中心(NCBI)维护的 DNA 序列数据库;国际 DNA 数据库组织的成员。
EMBL (Barker et al. 2000)	www.ebi.ac.uk/embl	由欧洲生物信息学研究所(EBI)维护的 DNA 序列数据库; 国际 DNA 数据库组织的成员。
DDBJ	www.ddbj.nig.ac.uk	由日本 DNA 数据库维护的 DNA 序列数据库; 国际 DNA 数据库组织的成员。
DNA:模体、模式		
密码子使用数据库	http://www.kazusa.or.jp/codon/	一致的剪接位点。
Arabidopsis	http://genome-www.standford.edu/research/compbio/yeast_introns.html	
由 M. Ares, Jr. 实验室制作的酵母剪接位点	http://www.cse.ucsc.edu/research/compbio/yeast_introns.html	
DNA:启动子和调控序列		
EPD(真核生物启动子数据库) (Bucher 1990; Perier et al. 1999)	http://www.epd.isb-sib.ch/; http://www.epd.isb-sib.ch/promoter_elements/	
TRRD(转录调控区数据库) (Kolchanov et al. 1999)	http://wwwmgs.bionet.nsc.ru/mgs/systems/geneexpress/	
TSSW(人类聚合酶Ⅱ启动子区以及转录起始位点识别,采用线性鉴别函数分析)	http://genomic.sanger.ac.uk/gf/gf.html http://dot.imgen.bcm.tmc.edu:9331/gene-finder/gf.html	
OOTFD(面向目标的转录因子数据库) (Ghosh 1998)	http://www.isbi.net	
PLACE(植物顺式作用调控元件) (Higo et al. 1999)	http://www.dna.affrc.go.jp/htdocs/PLACE/	

续表

	数据库	www 网址	描述
	PlantCARE(植物顺式作用调控元件)(Rombauts et al. 1999)	http://sphinx.rug.ac.be:8080/PlantCARE/index.htm	
	甲状腺受体资源库	http://xanadu.mgh.harvard.edu/receptor/trrfront.html	
A11.22	**RNA**		
	5S 核糖体 RNA 数据库(Szymanski et al. 1999)	http://rose.man.poznan.pl/5SRNA.html 镜像站点 http://userpage.chemie.fu-berlin.de/fb_chemie/ibc/agerdmann/5S_rRNA.html	
	Gobase 线粒体序列数据库(Korab-Laskowska et al. 1998)	http://alice.bch.umontreal.ca/genera/gobase/gobase.html	
	Guide RNA (gRNA)数据库(Souza and Coringer1998)	http://www.biochem.mpg.de/~goeringe	
	tRNA 基因,高植物线粒体(Ceci et al. 1999)	ftp://ftp.ebi.ac.uk/pub/databases/plmitrna	
	核酸数据库及结构资源(Berman et al. 1998)	http://ndbserver.rutgers.edu/	
	Pseudobase(由 E van Batenburg, Leiden University 维护的 Pseudoknot 数据库)	http://wwwbio.leidenuniv.nl/~batenburg/pkb.html	
	核糖体 RNA 突变数据库(Triman and Adams 1997)	http://www.fandm.edu/Departments/Biology/Databases/RNA.html	
	RNA 修饰数据库(Limbach et al. 1994, Rozenski et al. 1999)	http://medlib.med.utexas.edu	
	RNA 二级结构(Group 1 introns-16SrRNA-23rRNA)(Gutell 1994; Schnare et al. 1996 以及它的参考文献)	http://pundit.icmb.utexas.edu	
	RNA 结构数据库	http://grserv.med.jhmi.edu/~venk/rna/	
	RNA World at IMB Jena(Suhnel 1997)	http://www.imb-jena.de/RNA.html	
	rRNA(核糖体亚基序列数据库)(De Rijk et al. 1992, 1999)	http://rrna.uia.ac.be/	
	小 RNA 数据库	http://mbcr.bcm.tmc.edu/smallRNA/smallrna.html	

A11.23

续表

数据库	www 网址	描述
snoRNA database for S. cerevisiae(Lowe and Eddy1999)	http://rna.wustl.edu/snoRNAdb/	
tmRNA 数据库(Wower and Zwieb 1999)	http://psyche.uthct.edu/dbs/tmRDB/tmRDB.html	
uRNA 数据库(Zwieb 1997)	http://psyche.uthct.edu/dbs/uRNADB.html	
类病毒和类类病毒的 RNA 序列(Lafontaine et al. 1999)	http://www.callisto.si.usherb.ca/～jpperra	
蛋白质:基于序列比对上的模体		
HSSP(同源驱动的蛋白质二级结构)(Sander and Schneider1991)	http://www.sander.embl-ebi.ac.uk/hssp	整合二维和三维结构和序列信息的衍生数据库。
BLOCKS emotif, pfam, prints, prodom	见表 A11-1。	
SYSTERS(Krause et. al. 1999)	http://www.dkfz-heidelberg.de/tbi/services/cluster/systerform	基于所有 Swiss-Prot 数据库中蛋白质的聚类分析。
Protomap(Yona et al. 1998)	http://www.promomap.cs.huji.ac.il	所有 Swiss-Prot 数据库中蛋白质的自动级系分类
Prodom(corpet et al. 1998)	http://protein.tolouse.inra.fr/prodom.html	在 Swiss-Prot 数据库中使用 Blastp 算法找出的相似序列中的一组序列片断或结构域。使用多重序列比对软件进行比对。
蛋白质:结构比对		
SCOP(蛋白质的结构分类)(Murzin et al. 1995)	http://scop.mrc-imb.cam.ac.uk/scop/	已知基于试验分析的所有蛋白的分类;包括所有的 PDB 登录。
FSSP(基于蛋白质结构-结构比对基础上折叠分类)(Holm and Sander 1996)	http://www2.ebi.ac.uk/dali/fssp.html	在 PDB 数据库中的蛋白质结构的 3 维结构比较;由 Dali 程序进行结构比对。
3D-Ali(Pascarella and Argos 1992)	http://embl-heidelberg.de/argos/ali/ali _ info.html	仅使用由蛋白质结构的作者指定的二级结构进行的蛋白质结构和序列比对。
国立生物技术信息中心结构组	http://www.ncbi.nlm.nih.gov/Structure/	分子模型数据库(MMDB),用于结构比较、阅读器、treader 软件的向量比对搜索工具(VAST)。
在伦敦的大学学院的生物分子结构及模建组	http://www.biochem.ucl.ac.uk/bsm	CATH 数据库,根据分类、构造、折叠家族和超家族的级系结构域分类,其他数据库和结构分析,treader 软件。

续表

数据库	www 网址	描述
欧洲生物信息学研究所, Hinxton, Cambridge	http://www2.ebi.ac.uk/	数据库, TOPS 蛋白质结构拓扑卡通, Dali 结构域服务器和 FSSP 数据库。
A11.24 **蛋白质:结构坐标**		
PDB(蛋白质数据库) (Berman et al. 2000)	http://www.rcsb.org/pdb	主要由晶体 X 射线和核磁共振确定的三维大分子结构数据;包括原子坐标、参考文献引用以及一级和二级结构信息。 由 Research Collaboration for structural Bioinformatics, Rutgers 维护管理。

这项有关数据库的调查列出了主要数据库,也包括一些非常特殊的 DNA、蛋白质和 RNA 数据库。这儿有几个网页,这些网页列出和提供了详尽的数据库链接,它们是:

Gabriel's Hot List

http://www.bmm.icnet.uk/useful/usefulz.html

大量列出了到序列、结构数据库和特殊数据库链接。

Rockefeller 大学的数据库列表

http://linkage.rockefeller.edu/wli/gene/databases.html

到 DNA、蛋白质和基因组数据库的链接。

加拿大 Waterloo 大学生物信息学小组的生物信息学资源、

http://wh.math.umaterloo.ca/bioinfo_res.html

到 DNA、蛋白质和基因组数据库链接。

RNA 世界

http://www.imb-jena.de/RNA.html

专门提供 RNA 数据库的链接。

Amos'WWW 链接

http://www.expasy.ch/alinks.html

链接蛋白质数据库和资源的详尽列表。

还可参见:

http://www.bioinformaticsonline.com, a Web Site for Mount D. *Bioinformatics: Sequence and genome analysis*(冷泉港实验室出版社 2001 年出版)。

敖 翼 梁 龙 译
张惟材 陈惠鹏 样

A12.1

附录 12　告　诫

一般的告诫　危险的物质

常用化学药品的一般特性

一般的告诫

无论何时都应该遵守下述的一般告诫。

- 在开始操作之前，对要使用的所有物质的性质要十分熟悉。
- 没有告诫未必意味着物质是安全的，因为信息不可能是完美无缺的。
- 如果接触了有毒的物质，要立即与当地安全机构联系，以接受指导。
- 对所有化学、生物和放射性废物要使用适当的处理程序。
- 关于合适手套的特殊准则，向当地安全部门查询。
- 处理浓酸和浓碱要特别小心。如果处理的量大时要戴护目镜和合适的手套以及面罩。

  强酸不能与有机溶剂混合，因为它们能起化学反应。

  特别是硫酸和硝酸能发生剧烈放热反应，易引起失火和爆炸。

  强碱不能与卤化物溶剂混合，因为它们能形成可导致爆炸的活性卡宾。

  当由浓酸贮存液制备酸的稀释液时，要将酸向水里加。
- 决不能用嘴吸取溶液。这种方法既不保证无菌，同时也是危险的。要使用移液管或吸球。
- 将卤化物溶剂与非卤化物溶剂分开保存(如氯仿和丙酮混合在碱存在条件下能引起意外反应)。卤化物溶剂是有机溶剂，像氯仿、二氯甲烷、三氯三氟乙烷和二氯乙烷。某些非卤化物溶剂是戊烷、庚烷、乙醇、甲醇、苯、甲苯、*N*, *N*-二甲基甲酰胺(DMF)、二甲亚砜(DMSO)和氰化甲烷。
- 激光辐射(可见的或不可见的)都能引起对眼睛和皮肤的严重损伤。采取适当的预防措施以防止接触直射和反射的光束。始终遵守制造商的安全指导准则并向当地安全机构咨询。更详细的信息参见下面的告诫。
- 闪光灯：由于其光的强度，对眼睛可能有害，有时也会发生爆炸。要戴适当的护目镜并遵守制造厂商的指导准则。
- 固定液和显影液含有有害的化学物质。按照制造厂商的用法说明小心操作。

A12.2
- 电源和电泳设备：如果使用不当会引起严重失火和电击事故。
- 实验室中的微波炉和高压锅需要可靠的预防措施。如果瓶子上的旋口帽没有松或松到足够的程度，蒸汽则没有足够空隙排出，当容器从微波炉或高压锅拿出来时瓶子会爆炸，故在容器放入微波炉或高压前，应将瓶帽拧松。

- 使用切片刀、解剖刀、剃刀或注射针等剪切器械时要非常小心。切片刀非常锋利！如果操作者使用不熟练，应找经验丰富的人演示正确的使用程序。为了适当的处置，在实验室里要使用一个“利器”处理容器。丢弃用过的无罩的注射针时，应仍与注射器连接。这种方法预防受伤（和可能的感 染）。在处理用过的注射针时，要谨慎操作，因为在试图把针罩套回时，往往会出现许多事故。断的巴斯德移液管、盖玻片或载玻片也可引起损伤。

常用化学药品的一般特性

危险物质的目录可归结为下述的种类：

- 像盐酸、硫酸、硝酸或磷酸这样的无机酸，是带有刺激烟雾的无色液体。避免溢出物洒到皮肤和衣服上。如果溢出，用大量的水去稀释溢出物。浓酸能毁坏纸张，纺织品和皮肤以及对眼睛引起严重伤害。
- 重金属盐通常是有色的溶于水的粉末状固体。其中许多是强有力的酶的抑制剂。因此，对人和环境（如鱼和水藻）是有毒性的。
- 大部分的有机溶剂是易燃易挥发的液体。吸了挥发的气体可引起恶心或头晕。也要避免与皮肤接触。
- 其他的有机化合物包括像巯基乙醇或有机胺这类的有机硫磺化合物有很重的讨厌的气味。其他的有机硫磺化合物也很刺激，必须谨慎操作。
- 如果操作不当，染料及其溶液不仅能染样品，也可能染皮肤和衣服。某些染料（如溴化乙锭）也是诱变剂、致癌剂，是有毒性的。
- 几乎所有的以“ase”结尾的名词［如过氧化氢酶（catalase），β-葡糖醛酸糖苷酶（β-glucuronidase）或消解酶（zymolase）］都归入酶类。也有的酶不是系统命名的，如胃蛋白酶（pepsin）。它们中的许多是由制造厂商命名定的，其制品中含有缓冲物质等。要了解在这些物质中所含原料的特性。
- 常用于处理细胞的有毒化合物（如环己酰亚胺、放线菌素 D 和利福霉素）可能是危险的，应操作得当。

危险的物质

- 乙酸（浓）必须非常小心地操作。可能由于吸入或皮肤吸收而受到伤害。要戴合适的手套和护目镜。在化学通风橱里使用。 A12.3
- 乙腈是非常易挥发和特别易燃的，它是一种刺激物和化学窒息剂，可因吸入、咽下或皮肤吸收而发挥其效应。严重中毒的病人可按氰化物中毒方式处理。操作时要戴合适的手套和安全眼镜。只能在通风橱里使用，远离热、火花和明火。
- 丙烯酰胺（未聚合的）是一种强的神经毒剂并可通过皮肤吸收（其效应是累加的）。避免吸入粉末。当称量粉末状的丙烯酰胺和亚甲双丙烯酰胺时，要戴合适的手套和防护面具，在通风橱里操作。人们认为多聚丙烯酰胺是无毒的，但亦应小心操作，因为可能含有少量未聚合的丙烯酰胺。

- 放线菌素 D 是一种致畸剂和致癌剂。其毒性很大,如果吸入、咽下或通过皮肤吸收可能是致命的。这也可能引起异常过敏。避免吸入其粉末。戴合适的手套和安全眼镜,操作应在通风橱里进行。放线菌素 D 的溶液对光敏感。
- $AgNO_3$ 参见硝酸银。
- α-鹅膏蕈毒环肽具有强的毒性,因吸入、咽下或皮肤吸收,可能是致命的。其症状可能是延迟 6～24 h 后才出现。操作时要戴合适的手套和安全眼镜并在通风橱中使用。
- 氨基苯甲酸可因吸入、咽下或皮肤吸收而危害健康。操作时要带合适的手套和安全眼镜。
- 乙酸铵($H_3CCOONH_4$)可因吸入、咽下或皮肤吸收而受到伤害。操作时要戴合适的手套和安全眼镜并在通风橱里进行。
- 氯化铵(NH_4Cl)可因吸入、咽下或皮肤吸收而危害健康。操作时要戴合适的手套和安全眼镜并在通风橱里进行。
- 甲酸铵参见甲酸。
- 氢氧化铵(NH_4OH)是氨的水溶液,是腐蚀剂。操作时应极为谨慎。氨会从溶液中散发出来,它是腐蚀性的和有毒的,并易引起爆炸。操作时戴合适的手套并只能在通风橱里进行。
- 钼酸铵[$(NH_4)_6MO_7O_{24}\cdot 4H_2$]可因吸入、咽下或皮肤吸收而危害健康。操作时戴合适的手套和安全眼镜并在通风橱里进行。
- 过硫酸铵[$(NH_4)_2S_2O_8$]对黏膜和上呼吸道组织、眼睛和皮肤有极大危害性。吸入可致命。操作时戴合适的手套、安全眼镜和防护服。始终在通风橱里操作,操作完后彻底洗手。
- 硫酸胺[$(NH_4)_2SO_4$]可因吸入、咽下或皮肤吸收而受到伤害。戴合适的手套和安全眼镜。在化学通风橱里使用。
- 氨苄青霉素可因吸入、咽下或皮肤吸收而危害健康。操作时戴合适的手套和安全眼镜,并在化学通风橱中进行。
- 抑酶肽(Aprotinin)可能因吸入、咽下或皮肤吸收而危害健康。它可能引起变态反应。暴露可能引起肠胃反应、肌肉疼痛、血压改变或支气管痉挛。操作时戴合适的手套和安全眼镜。切勿吸入其粉末,在化学通风橱内操作。

A12.4
- 弧光灯非常易爆。按制造厂商的说明使用。当开弧光灯时,确实要关掉邻近的计算机以避免电磁波的损害。弧光灯一旦在运行中,计算机可能会重新起动。
- 天冬氨酸是一种可能的诱变剂并是一种不可逆效应的危险。可因吸入、咽下或皮肤吸收而危害健康。操作时要戴合适的手套和安全眼镜,并在化学通风橱内进行,切勿吸入其粉末。
- 细菌菌株(有关运输事宜):美国健康、教育和福利部将各种细菌就其运输需要分成了不同的类型[参见 Sanderson and Zeigler, Methods Enzymol, 204:248～264 (1991)或由 Alexander and Brandon 编写的指导小册子 Packaging and Shipping of Biological Materials at ATCC(1986),这本小册子可从美国模式培养物保藏所(ATCC)获得]。像大肠杆菌 K12 和枯草杆菌这样的非致病菌划归为 I 类菌,在正常运输条件下被认为是没有危险或危险很小。但是,沙门氏菌、嗜血杆菌和链霉菌以及假单胞菌属的某些菌株是Ⅱ类菌。Ⅱ类细菌是:“日常有潜在危险的病原体;这些病原体能引起不同严重程度的疾病……但可被常规的实验室技术加以控制。”

- BCIG 见 5-溴-4-氯-3-吲哚-β-D-半乳糖苷。
- 生物素可因吸入、咽下和由皮肤吸收而危害健康。操作时戴合适的手套和安全眼镜。在化学通风橱内操作。
- 双丙烯酰胺是一种烈性神经毒剂并可通过皮肤吸收(效应是累积的)。避免吸入粉尘。当称重粉末状的丙烯酰胺和亚甲双丙烯酰胺时要带手套和防护面具。
- 血液(人)和血液制品以及非洲淋巴瘤病毒(EBV):人的血液、血液制品及组织可能含有像乙肝病毒和人类免疫缺陷性病毒(HIV)这样的隐藏的传染性物质,这些病毒可以导致实验室获得性感染。用转化了 EBV 的原淋巴细胞系工作的研究者也有感染 EBV 的危险。所有人的血液、血液制品和组织都应认为是生物危害品并相应地加以严格管理。操作时要戴一次性适宜的手套,使用机械移液装置在生物安全橱中工作,以防气溶胶的产生。在处理之前要对所有的废物进行消毒。处理前对污染的塑料器具要高压蒸汽消毒;对于污染的液体要么高压蒸汽消毒,要么用终浓度 10%(V/V)的漂白剂处理至少 30 min。
- 硼酸(H_3BO_3)可因吸入、咽下或皮肤吸收而危害健康。操作时戴合适的手套和护目镜。
- 5-溴-4-氯-3-吲哚-β-D-半乳糖苷(BCIG;X-gal)对眼睛和皮肤是有毒的,也可因吸入、咽下或皮肤吸收而危害健康。操作时要戴合适的手套和护目镜。
- 溴酚蓝可因吸入、咽下或皮肤吸收而危害健康。操作时要戴合适的手套和安全眼镜并在化学通风橱内操作。
- *n*-丁醇对黏膜、上呼吸道、皮肤特别是对眼睛有刺激作用。避免吸入蒸发的气体。操作时戴合适的手套和安全眼镜并在化学通风橱内进行。*n*-丁醇也是高度易燃的,远离热、火花和明火。
- 二甲砷酸盐含有砷,是强毒剂。如果吸入、咽下或由皮肤吸收,可以是致命的。它可能是一种致癌剂和诱变剂。操作时戴合适的手套和安全眼镜并在化学通风橱里进行。
- 二甲砷酸有毒并可能是一种致癌剂和诱变剂,可因吸入、咽下或皮肤吸收而危害健康。操作时戴合适的手套和安全眼镜并只能在化学通风橱里进行。不能吸入其粉末。
- 羧苄青霉素可因吸入、咽下或皮肤吸收引起过敏反应。操作时戴合适的手套和安全眼镜。
- 二氧化碳,CO_2,任何形式的二氧化碳可因吸入、咽下或皮肤吸收而致命。在高浓度时,它能麻痹呼吸中枢并引起窒息。只能在通风的地方使用。在干冰形成时,与二氧化碳接触也可能引起冻伤。在像冷冻室这样的密闭的地方不要放大量干冰。操作时戴合适的手套和安全眼镜。 A12.5
- 氯化铯(CsCl):可因吸入、咽下或皮肤吸收而危害健康。操作时戴合适的手套和安全眼镜。

- 西吡氯铵(CPB)对眼睛、皮肤和呼吸道有严重的刺激作用。操作时戴合适的手套和安全眼镜并在化学通风橱里进行。
- 西曲溴铵(CTAB)有毒,是一种兴奋剂,可因吸入、咽下或皮肤吸收而受到危害。操作时戴合适的手套和安全眼镜。避免吸入其粉末。
- CH_3CH_2OH 见乙醇。
- $C_6H_5CH_2SO_2F$ 见苯甲基磺酰氟。
- $CHCl_3$ 见氯仿。
- $C_7H_7FO_2S$ 见苯甲基磺酰氟。
- 氯霉素可因吸入、咽下或皮肤吸收而受到危害,并是一种致癌物。操作者戴合适的手套和安全镜。在通风橱里操作。
- 氯仿($CHCl_3$)对皮肤、眼睛、黏膜和呼吸道有刺激作用。它是一种致癌剂,可损害肝和肾。它也易挥发,避免吸入挥发的气体。操作时戴合适的手套和安全眼镜并始终在化学通风橱里进行。
- 柠檬酸是一种兴奋剂,可因吸入、咽下或皮肤吸收而受危害健康。它对眼睛可形成严重损伤的危险。操作时戴合适的手套和安全护目镜。勿吸入其粉末。
- CO_2 见二氧化碳。
- 氯化钴($CoCl_2$)可因吸入、咽下或皮肤吸收而受到危害。操作时戴合适的手套和安全眼镜。
- 考马斯亮蓝可因吸入、咽下或皮肤吸收而危害健康。操作时戴合适的手套和安全眼镜。
- 硫酸铜($CuSO_4$)可因吸入、咽下或皮肤吸收而受到危害。操作时戴合适的手套和安全眼镜。
- CPB 见西吡氯铵。
- *m*-甲酚:如果吸入、咽下或皮肤吸收可能会致命。它也能引起灼伤并对眼睛、皮肤、黏膜和上呼吸道非常有害。操作时要戴合适的手套和安全眼镜,并在化学通风橱中进行。
- CTAB 见西曲溴铵。
- 半胱氨酸对眼睛、皮肤和呼吸道有刺激作用。可因吸入、咽下或皮肤吸收而受到危害。操作时要戴合适的手套和安全眼镜。勿吸入其粉末。
- DEAE 见二乙氨基乙醇。
- DEPC 见焦碳酸二乙酯。
- 二氯甲硅烷见二氯硅烷。

A12.6
- 二氯硅烷高度易燃和有毒,如果吸入可能会致命。可因吸入、咽下或皮肤吸收而危害健康。操作时要戴合适的手套和安全护目镜,只能在化学通风橱中进行操作。它与水剧烈反应。要远离热、火花和明火。对静电的释放要采取预防措施。
- 二乙胺[$NH(C_2H_5)_2$]是腐蚀剂,有毒并极易燃。可因吸入、咽下或皮肤吸收而受到危害。操作时要戴合适的手套和安全眼镜。仅在化学通风橱内操作。远离热、火花和明火。

- 二乙氨基乙醇(DEAE)可因吸入、咽下或皮肤吸收而危害健康。操作时要戴 合适的手套和安全眼镜。仅在化学通风橱内进行。
- 二乙基乙醚[Et_2O 或$(C_2H_5)_2O$]极易挥发和易燃。对眼睛、黏膜和皮肤有刺激作用。它也是一种具有麻醉效应的中枢神经镇静剂。可因吸入、咽下或皮肤吸收而危害健康。避免吸入其挥发的气雾。操作时要戴手套和安全眼镜,始终在化学通风橱内进行。在贮存或暴露或直射光时可形成爆炸性的过氧化物。远离热、火花和明火。
- 焦碳酸二乙酯(DEPC)是一种强有力的蛋白质变性剂,而且怀疑是致癌剂。开瓶时将瓶子远离你,内压可导致溅泼。操作时戴合适的手套,穿工作服,并在化学通风橱里进行。
- 硫酸二乙酯[DES,$(C_2H_5)_2SO_4$]是一种诱变剂并怀疑是一种致癌剂。易挥发,避免其挥发的气体。操作时戴合适的手套,在化学通风橱内进行。对于所有 DES 处理的培养物都要使用螺口帽的试管。用机械移液器操作 DES 溶液。所有 DES 处理过的培养物都要用漂白剂处理。
- *N*,*N*-二甲基甲酰胺[DMF,$HCON(CH_3)_2$]对眼睛、皮肤和黏膜有刺激作用。可通过吸入、咽下或皮肤吸收发挥其毒性效应。经常吸入可引起肝脾损伤。操作时要戴合适的手套和安全眼镜并在化学通风橱内进行。
- 硫酸二甲酯[DMS,$(CH_3)_2SO_4$]是一种强毒和致癌剂。避免吸入其挥发的蒸气。操作时戴合适的手套和安全眼镜,只能在化学通风橱里进行。含有 DMS 的溶液处理方法是将其慢慢倒入氢氧化钠或氢氧化铵溶液中并在化学通风橱内放置过夜。重新进入清理溢出物的实验室之前要与当地方当局安全部门联系。
- 二甲基亚砜(DMSO)可因吸入、咽下或皮肤吸收而危害健康。要戴合适的手套和安全眼镜。在化学通风橱内进行操作,DMSO 也是易燃的。要贮存在密闭的容器内。远离热、火花和明火。
- 二硝基苯酚(DNP)可因吸入、咽下或皮肤吸收可致命。操作时要戴合适的手套和安全眼镜并只能在化学通风橱里进行。
- 二苯基唑(PPO)可能是致癌剂。可因吸入、咽下或皮肤吸收而受到危害。操作时要戴合适手套和安全眼镜。特殊处置要与当地公共安全机构联系。
- 二硫苏糖醇(DTT)是一种很强的还原剂,散发一种难闻的气味。可因吸入、咽下或皮肤吸收而危害健康。当使用固体或高浓度贮存液时,要戴手套和安全眼镜,在化学通风橱里进行。
- DMF 见 *N*,*N*-二甲基甲酰胺。
- DMS 见硫酸二甲酯。
- DMSO 见二甲基亚砜。
- DNP 见二硝基苯酚。
- 干冰见二氧化碳。
- DTT 见二硫苏糖醇。 A12.7
- EDC 见 *N*-乙基-*N*′-(二甲氨丙基)-碳二亚胺。
- EMC 见甲基磺酸乙酯。

- 乙醇[(EtOH), CH_3CH_2OH]可因吸入、咽下或皮肤吸收而受到危害。操作时戴合适的手套和安全眼镜。
- 乙醇胺($HOCH_2CH_2NH_2$)有毒;可因吸入、咽下或皮肤吸收而危害健康。谨慎操作,避免与皮肤的任何接触。操作时要戴合适的手套和护目镜,并在化学通风橱里进行。乙醇胺具有高度腐蚀性并与酸剧烈反应。
- 乙醚参见二乙醚。
- 溴化乙锭是一种强有力的诱变剂,有毒。有关特殊的操作和处理程序与当局安全机构联系。避免吸入其粉末。用含有溴化乙锭的溶液工作时要戴合适的手套。
- 乙酸乙酯:咽下可致命,可因吸入或皮肤吸收而受害。操作时戴合适的手套和安全护目镜。切勿吸入其粉末。在通风良好的地方使用。
- *N*-乙基-*N′*-(二甲氨丙基)-碳二亚胺(EDC)对黏膜和上呼吸道有刺激作用。可因吸入、咽下或皮肤吸收而受害。操作要谨慎,戴合适的手套和安全护目镜。
- 甲基磺酸乙酯(EMS)是易挥发的有机试剂,是诱变剂和致癌剂。可因吸入、咽下或皮肤吸收而危害健康。将含有 EMS 的上清液和洗液要放在含有 50% 硫代硫酸钠的烧杯内。清除所有接触有 EMS 的材料都要用大体积的 10%(m/V)硫代硫酸钠处理,在操作时要格外小心。当使用未稀释的 EMS 时,要戴防护手套并在化学通风橱里进行。储存于冷处。严禁用嘴吸取 EMS,用于吸取未稀释 EMS 的移液管不能太热;为使 EMS 的挥发降至最小程度,在使用前要放到冰箱中预冷。所有 EMS 接触过的玻璃制品都应浸在盛有 1 mol/L NaOH 的大烧杯中。
- EtOH 见乙醇。
- 氯化铁($FeCl_3$)可因吸入、咽下或皮肤吸收而危害健康。要戴合适的手套和安全眼镜并在化学通风橱内进行操作。
- 甲醛(HCOH)有很大的毒性并易挥发,也是一种致癌剂。很容易通过皮肤吸收,对眼睛、黏膜和上呼吸道有刺激和损伤作用。避免吸入其挥发的汽雾。要戴合适的手套和安全眼镜。始终在化学通风橱内进行操作。远离热、火花及明火。
- 甲酰胺是一种致畸剂。其挥发的汽雾对眼睛、皮肤、黏膜和上呼吸道有刺激作用。可因吸入、咽下或皮肤吸收而危害健康。戴合适的手套和安全眼镜。当用浓的甲酰胺工作时,要始终在化学通风橱内进行。工作液尽可能地遮盖。
- 甲酸(HCOOH)毒性强,对黏膜组织、上呼吸道、眼睛和皮肤非常有害。可因吸入、咽下或皮肤吸收而危害健康。戴合适的手套和安全眼镜(或面具)并在化学通风橱内使用。
- β-半乳糖苷酶是一种刺激物,可引起变态反应。可因吸入、咽下或皮肤吸收而危害健康。戴合适的手套和安全眼镜。
- 吉姆萨(Giemsa)染料咽下可致命或引起眼睛失明,通过吸入和皮肤吸收是有毒的。其可能的危险是不可逆的效应。戴合适的手套和安全护目镜。在化学通风橱里操作,不要吸入其粉末。

A12.8
- 玻璃器具:对必须在压力下使用的玻璃制品要特别谨慎。在负压状态下使用玻璃制品,如干燥器、真空井、干燥装置或在氩大气压下工作的反应器等,要适当加以注意。始终要带安全眼镜。

- 玻璃棉可因吸入而受害并引起皮肤过敏。戴合适的手套和面具。
- 戊二醛有毒。通过皮肤易吸收并对眼睛、皮肤、黏膜和上呼吸道有刺激或破坏作用。戴合适的手套和安全眼镜，始终在化学通风橱内进行操作。
- 甘氨酸可因吸入、咽下或皮肤吸收而危害健康。戴合适的手套和安全眼镜，避免吸入其粉末。
- 盐酸胍对黏膜、上呼吸道、皮肤和眼睛有刺激作用。可因吸入、咽下或皮肤吸收而危害健康。戴合适的手套和安全眼镜。避免吸入其粉末。
- 硫氰酸胍可因吸入、咽下或皮肤吸收而危害健康。戴合适的手套和安全眼镜。
- Guanidinium hydrochloride 见盐酸胍。
- 异硫氰酸胍参见硫氰酸胍。
- Guanidinium thiocyanate 见硫氰酸胍。
- H_3BO_3 见硼酸。
- $H_3CCOONH_4$ 见乙酸铵。
- HCl 见盐酸。
- HCOH 见甲醛。
- H_3COH 见甲醇。
- $HCON(CH_3)_2$ 见二甲基甲酰胺。
- HCOOH 见甲酸。
- 庚烷可因吸入、咽下或皮肤吸收而受害。戴合适的手套和安全眼镜。易燃，要远离热、火花及明火。
- HNO_3 见硝酸。
- H_2O_2 见过氧化氢。
- $HOCH_2CH_2NH_2$ 见乙醇胺。
- $HOCH_2CH_2SH$ 见 β-巯基乙醇。
- H_3PO_2 见次磷酸。
- H_3PO_4 见磷酸（浓）。
- H_2S 见硫化氢。
- H_2SO_4 见硫酸。
- 肼（N_2H_4）毒性强，在无水状态下爆炸。它可因吸入、咽下或皮肤吸收而受害，避免吸入其挥发的气雾。戴合适的手套、护目镜和防护服。只能在化学通风橱里进行操作。要根据 MSDS 推荐的方法处置含有肼的溶液。远离热、火花或明火。
- 盐酸（HCl）易挥发并因吸入、咽下或皮肤吸收而受害。对黏膜、上呼吸道和皮肤有很大的伤害作用。戴合适的手套和安全眼镜。在化学通风橱里使用并格外小心。当大量操作时要戴护目镜。
- 过氧化氢（H_2O_2）具有腐蚀性、毒性，对皮肤有非常严重的损伤作用。可因吸入、咽下或皮肤吸收而危害健康。戴合适的手套和安全眼镜并只能在化学通风橱里进行操作。 A12.9
- 硫化氢（H_2S）是非常强的毒性气体，能引起呼吸中枢麻痹。对皮肤有刺激和腐蚀性，能引起嗅觉疲劳。不要靠气味去检测其是否存在。操作时要格外小心。盛硫化氢的容器要放置在化学通风橱里或放在装有通风设备的房间里。戴合适的手套和安全眼镜。它也非常易燃,要远离热、火花和明火。

- *N*-羟基丁二酰胺是一种刺激剂。可因吸入、咽下或皮肤吸收而损害健康。戴合适的手套和安全眼镜是必要的。
- 潮霉素 B 有很强的毒性。如果吸入、咽下或通过皮肤吸收可致命。戴合适的手套和安全眼镜,只能在化学通风橱里使用。切勿吸入其粉末。
- 次磷酸(H_3PO_2)通常出售的是 50%的溶液,具有腐蚀性,操作要小心。应用前现用现稀释。戴合适的手套和安全眼镜,在化学通风橱里进行操作。
- 肌醇可因吸入、咽下或皮肤吸收而损害健康并有对眼睛严重损伤的危险。戴合适的手套和安全护目镜。远离热、火花和明火。
- IPTG 见异丙基-β-D-硫代半乳糖苷。
- 异戊醇可因吸入、咽下或皮肤吸收而受害并有严重损伤眼睛的危险。戴合适的手套和安全护目镜。远离热、火花和明火。
- Isobutanol 见异丁醇。
- 异丁醇非常易燃,可因吸入、咽下或皮肤吸收而受害。戴合适的手套和安全眼镜。远离热、火花和明火。
- 异丙醇有刺激性,可因吸入、咽下或皮肤吸收而受害。戴合适的手套和安全眼镜。切勿吸入其挥发的气体。远离热、火花和明火。
- 异丙基-β-D-硫代半乳糖苷(IPTG)可因吸入、咽下或皮肤吸收而受害。戴合适的手套和安全眼镜。
- 同位素^{125}I 在甲状腺积累,严重危害健康。要与当地放射性安全机构联系以便取得在适当使用和处理放射性物质方面的更进一步指导。在操作放射性物质时戴合适的手套。在 Na^{125}I 氧化时形成的^{125}I 是易挥发的,当将 Na^{125}I 暴露于像氯胺 T, IODO-GEN 这样的氧化试剂或酸时,要在装有活性炭过滤装置的化学通风橱里工作。当使用氯胺 T 时,因为氧化过程非常迅速,释放出大量的挥发性^{125}I,重要的是对于反应的每一步骤都要有很好的准备,以便将来自挥发的放射性作用的危害减低到最低。用铅板遮挡各种同位素。当操作同位素时,根据最初使用的同位素的量和操作难度戴一双或两双合适的手套。
- KCl 见氯化钾。
- $K_3Fe(CN)_6$ 见高铁氰化钾。
- $K_4Fe(CN)_6 \cdot 3H_2O$ 见三水亚铁氰化钾。
- $KH_2PO_4/K_2HPO_4/K_3PO_4$ 参见磷酸钾。
- $KMnO_4$ 见高锰酸钾。
- KOH 见氢氧化钾。
- 激光辐射:根据使用激光的类型,可见的和不可见的激光辐射对眼睛和皮肤可能有严重损伤并能产生空气污染。高功率的激光产生永久性的眼睛损害,能烧伤暴露的皮肤,点燃易燃的物质,激发有毒化学物质释放出危害的副产物。避免眼睛或皮肤暴露于直射或散射的激光辐射。不要凝视激光,也不要把激光对着别人。戴合适的眼睛防护装置并使用合适的挡板,这些挡板是针对开始使用的激光的波长的特殊类型、操作的模式(连续波或脉冲波)和电的输出功率而设置的防护装置。避免带珠宝饰物或其他能干扰或分散激光光束的物品。某些非光束的危害包括电死、失火和窒息。在使用激光区域的入口必须严加控制并有表明激光正在使用的警戒信号。要始终遵循随仪器一起推荐的安全指导准则,若要获知进一步的信息与当地安全机构联系。 A12.10

- LiCl 见氯化锂。
- 液氮由于温度非常低能引起严重的伤害。冷冻样品时要非常小心。不要吸入其挥发的气雾。液氮渗漏进冷冻管内当从液氮中取出时会导致管子爆裂。尽可能使用 O-环管。带低温连指手套和面具。
- 氯化锂(LiCl)对眼睛、皮肤、黏膜和上呼吸道有刺激作用。可因吸入、咽下或皮肤吸收而受害。戴合适的手套和安全护目镜。在化学通风橱里使用,勿吸入其粉末。
- 溶菌酶对黏膜有腐蚀性。戴合适的手套和安全眼镜。
- 氯化镁($MgCl_2$)可因吸入、咽下或皮肤吸收而受害。戴合适的手套和安全眼镜。在化学通风橱里使用。
- 硫酸镁($MgSO_4$)可因吸入、咽下或皮肤吸收而受害。戴合适的手套和安全眼镜。在化学通风橱里使用。
- 氯化锰($MnCl_2$)可因吸入、咽下或皮肤吸收而受害。戴合适的手套和安全眼镜,在化学通风橱里使用。
- MeOH 或 H_3COH 见甲醇。
- β-巯基乙醇(2-巯基乙醇,$HOCH_2CH_2SH$):如果吸入或通过皮肤吸收可以致命,如果咽下会是有害的。高浓度的巯基乙醇对黏膜、上呼吸道、皮肤和眼睛有非常严重的损伤作用。β-巯基乙醇有非常难闻的味道。戴合适的手套和安全眼镜。始终在化学通风橱里使用。
- MES 见 2-[*N*-吗啉代]-乙磺酸。
- 甲醇(MeOH 或 H_3COH)是有毒的,能引起眼睛失明。可因吸入、咽下或皮肤吸收而受害。适当的通风是必要的,以便减少与其挥发气体的接触。避免吸入这些挥发的气体。戴合适的手套和安全护目镜。只能在化学通风橱里使用。
- 氨甲蝶呤(MTX)是一种致癌剂和致畸剂。可因吸入、咽下或皮肤吸收而受害。暴露可引起胃肠效应、骨髓抑制,肝肾损伤。它也可引起烦躁。避免吸入其挥发的气雾。戴合适的手套和安全眼镜。始终在化学通风橱里使用。
- *N*,*N*′-亚甲双丙烯酰胺是有毒性的,可影响中枢神经系统。可因吸入、咽下或皮肤吸收而受害。戴合适的手套和安全眼镜。切勿吸入其粉末。
- 亚甲蓝对眼睛和皮肤有刺激作用。可因吸入、咽下或皮肤吸收而受害。戴合适的手套和安全眼镜。
- 氢氧化甲基汞毒性极强,可因吸入、咽下或皮肤吸收而受害。它也易挥发。因此,只要使用含有高于 10^{-2} mol/L 氢氧化甲基汞的溶液时所有的操作都要在化学通风橱里进行,并戴合适的手套,所有固体和液体废物都要作为有毒物质进行处理并且根据 MSDS 的推荐进行处置。

A12.11
- $MgCl_2$ 见氯化镁。
- $MgSO_4$ 见硫酸镁。
- 2-[*N*-吗啉代]-乙磺酸(MES)可因吸入、咽下或皮肤吸收而受害。要戴合适的手套和安全眼镜。
- 3-(*N*-吗啉代)-丙磺酸(MOPS)可因吸入、咽下或皮肤吸收而受害。它对黏膜和上呼吸道有刺激作用。戴合适的手套和安全眼镜,在化学通风橱里使用。
- $MnCl_2$ 见氯化锰。
- MOPS 见 3-(*N*-吗啉代)-丙磺酸。
- MTX 见氨甲蝶呤。
- NaF 见氟化钠。
- Na_2HPO_4 见磷酸氢二钠。
- NaN_3 见叠氮钠。
- $NaNO_3$ 见硝酸钠。
- NaOH 见氢氧化钠。
- N_2H_4 见肼。
- NH_4Cl 见氯化铵。
- $(NH_4)_6MO_7O_{24} \cdot 4H_2O$ 见钼酸胺。
- NH_4OH 见氢氧化铵。
- $(NH_4)_2SO_4$ 见硫酸铵。
- $(NH_4)_2S_2O_8$ 见过硫酸铵。
- 硫酸镍($NiSO_4$)是致癌剂,可引起可遗传的遗传损伤。它是一种皮肤刺激物,可因吸入、咽下或皮肤吸收而受害。戴合适的手套和安全眼镜。在化学通风橱里使用,切勿吸入其粉末。
- 硝酸(HNO_3)易挥发,操作要格外小心。通过吸入、咽下或皮肤吸收而产生毒性作用。戴合适的手套和安全护目镜。在化学通风橱里操作。切勿吸入其挥发的气雾。远离热、火花和明火。
- PEG 见聚乙二醇。
- 高氯酸可因吸入、咽下或皮肤吸收而致病。戴合适的手套和安全眼镜,只能在化学通风橱里使用。
- 酚具有很强的毒性和高度腐蚀性,并能引起严重的灼伤。可因吸入、咽下或皮肤吸收而受到危害。戴合适的手套、防目镜和防护服。始终在化学通风橱里使用。如果皮肤接触到酚,要用大量的水冲洗接触酚的部位,并用肥皂和水洗,切记勿用乙醇洗!
- 苯甲基磺酰氟[(PMSF), $C_7H_7FO_2S$ 或 $C_6H_5CH_2SO_2F$]是一种高强度毒性的胆碱酯酶抑制剂。它对呼吸道黏膜、眼睛和皮肤有非常大的破坏性。可因吸入、咽下或皮肤吸收而致命。戴合适的手套和安全眼镜,始终在化学通风橱里使用。在接触到的情况下,要立即用大量的水冲洗眼睛或皮肤,已污染的工作服丢弃掉。
- 磷酸(H_3PO_4)具有高度腐蚀性,可因吸入、咽下或皮肤吸收而受害。戴合适的手套和安全眼镜。

- 哌啶,毒性高,对眼睛、皮肤、呼吸道和胃肠道有腐蚀性。它与酸和氧化剂剧烈反应,可因吸入、咽下或皮肤吸收而危害健康。切勿吸入其挥发的气体。远离热、火花和明火。戴合适的手套和安全眼镜。在化学通风橱里使用。 A12.12
- PMSF 见苯甲基磺酰氟。
- 聚丙烯酰胺:认为无毒,但操作也应小心,因为它可能含有少量未聚合的丙烯酰胺(参见丙烯酰胺)。
- 聚乙二醇(PEG)可因吸入、咽下或皮肤吸收而危害健康,避免吸入其粉末。戴合适的手套和安全眼镜。
- 聚乙烯吡咯烷酮可因吸入、咽下或皮肤吸收而危害健康。戴合适的手套和安全眼镜。在化学通风橱里使用。
- 二甲基砷酸钾参见二甲基砷酸盐。
- 氯化钾(KCl)可因吸入、咽下或皮肤吸收而受到危害。戴合适的手套和安全眼镜。
- 高铁氰化钾[$K_3Fe(CN)_6$]可因吸入、咽下或皮肤吸收而危害健康。戴合适的手套和安全眼镜。始终在化学通风橱中格外小心地使用。远离强酸。
- 亚铁氰化钾[$K_4Fe(CN)_6 \cdot 3H_2O$]可因吸入、咽下或皮肤吸收而危害健康。戴合适的手套和安全眼镜。始终在化学通风橱中格外小心地使用。远离强酸。
- 氢氧化钾(KOH)/KOH/甲醇:毒性可能是很高的。可因吸入、咽下或皮肤吸 收而受到危害。其溶液有腐蚀性。操作要非常小心。要戴合适的手套。
- 高锰酸钾($KMnO_4$)是一种刺激剂和很强的氧化物。当与有机物混合时可形成爆炸性的混合物。所有溶液要在化学通风橱里使用。不要与盐酸混合。
- 磷酸钾($KH_2PO_4/K_2HPO_4/K_3PO_4$)可因吸入、咽下或皮肤吸收而受害。戴合适的手套和安全眼镜。勿吸入其粉末。
- PPO 见二苯基唑。
- 探针 DNA 或 RNA 见放射性物质。
- 蛋白酶 K 是一种刺激物,可因吸入、咽下或皮肤吸收而危害健康。戴合适的手套和安全眼镜。
- 腐胺是易燃和腐蚀性的。可因吸入、咽下或皮肤吸收而危害健康。戴合适的手套和安全眼镜。远离热、火花和明火。
- 放射性物质:当计划涉及使用放射性的试验时,应考虑同位素的物理化学性质(半衰期、放射类型和能量),放射性物质的化学形态,它的放射浓度(比活),总量及其浓度。只订购和使用所需要的量。当操作放射性物质时,要始终戴合适的手套、安全护目镜,穿实验工作服。无论由工艺装置产生的还是由放射性物质发射的 X 射线和 γ 射线都是很短波长的电磁波。它们可以从放射源各向同性地散发或聚集成射束。它们的潜在危险取决于暴露的时间、遭受的强度和使用的波长。要知道合适的防护板通常是由铅或其他类似的材料制成的。防护板的厚度以 X 射线和 γ 射线的能量而定。有关适当使用和丢弃放射性物质的更进一步的指导准则请与当地安全机构联系。使用放射性同位素后要彻底探测和监控。常规放射性 A12.13
计算的一种便利的计算表可在下列地址找到:
http://www.graphpad.com/calculators/radcalc.cfm。

- S-腺苷甲硫氨酸：有毒，可因吸入、咽下或皮肤吸收而危害健康。戴合适的手套和安全眼镜。在化学通风橱里使用。勿吸入其粉末。
- SDS 见十二烷基硫酸钠。
- 硅烷可因吸入、咽下或皮肤吸收而受到危害。特别易燃，要远离热、火花和明火。其挥发的气雾对眼睛、以肤、黏膜和上呼吸道有刺激作用。戴合适的手套和安全眼镜，始终在化学通风橱里使用。
- 二氧化硅是一种刺激剂，可因吸入、咽下或皮肤吸收而损害健康。戴合适的手套和安全眼镜。切勿吸入其粉末。
- 硝酸银($AgNO_3$)是一种很强的氧化剂，要谨慎操作。它可因吸入、咽下或皮肤吸收而损害健康。避免接触皮肤，戴合适的手套和安全眼镜。与其他物质接触可引起爆炸。
- 乙酸钠参见乙酸。
- 叠氮钠(NaN_3)毒性非常大。它阻断细胞色素电子运送系统。含有叠氮钠的溶液要标记清楚。可因吸入、咽下或皮肤吸收而损害健康。戴合适的手套和安全护目镜，操作时要格外小心。
- 二甲胂酸钠可能是致癌剂并含有胂。它具有很强的毒性，可因吸入、咽下或皮肤吸收而致命。也可对未出生的婴儿引起毒害。接触或吸入的效应可能是迟后的。不要吸入其粉末。要戴合适的手套和安全护目镜，只能在化学通风橱中使用(参见二甲胂酸盐)。
- 十二烷基硫酸钠(SDS)有毒，是一种刺激物，并造成对眼睛的严重损伤的危险。可因吸入、咽下或皮肤吸收而损害健康。戴合适的手套和安全护目镜。不要吸入其粉末。
- 氟化钠(NaF)具有很强的毒性并引起剧烈的刺激。可因吸入、咽下或皮肤吸收而致命。戴合适的手套和安全眼镜，只在化学通风橱里使用。
- 磷酸氢二钠(Na_2HPO_4)可因吸入、咽下或皮肤吸收而受害。戴合适的手套和安全眼镜。在化学通风橱里使用。
- 氢氧化钠(NaOH)和含有 NaOH 的溶液有很强的毒性和苛性，操作时要格外小心。戴合适的手套和防护面具。
- 亚硝酸钠($NaNO_2$)对眼睛、黏膜、上呼吸道和皮肤有刺激作用。可因吸入、咽下或皮肤吸收而受害。戴合适的手套和安全眼镜并始终在化学通风橱内使用，切勿近酸。
- 硝酸钠($NaNO_3$)可因吸入、咽下或皮肤吸收而损害健康。戴合适的手套和安全眼镜。在化学通风橱里使用。
- 焦磷酸钠是一种刺激剂，可因吸入、咽下或皮肤吸收而受害。戴合适的手套和安全眼镜。勿吸入其粉末。
- 水杨酸钠是一种刺激剂，可因吸入、咽下或皮肤吸收而受害。戴合适手套和安全眼镜。不要吸入其粉末。

A12.14
- 亚精胺可能是腐蚀剂。因吸入、咽下或皮肤吸收而损害健康。戴合适的手套和安全眼镜，在化学通风橱里使用。

- 链霉素有毒，是一种可疑的致癌物和突变剂，可引起过敏反应。可因吸入、咽下或皮肤吸收而受害。戴合适的手套和安全眼镜。
- 硫酸(H_2SO_4)毒性非常强，对黏膜、上呼吸道、眼睛和皮肤的组织有极大的破坏作用。可引起灼伤，与其他物质(如纸)接触可引起失火。戴合适的手套、安全眼镜和实验工作服，在化学通风橱里使用。
- SYBR Green I/Gold：厂商提供的 SYBR Green I/Gold 是 10 000 倍浓缩并溶在 DMSO 中，它能够透过皮肤和其他组织。戴合适的手套和安全眼镜。按照安全机构提供的方法去除污染，参考 DMSO。
- TCA 见三氯乙酸。
- TEMED 见 N,N,N',N'-四甲基乙二胺。
- 四环素可因吸入、咽下或皮肤吸收而受害。戴合适的手套和安全眼镜，并在化学通风橱里使用。四环素溶液对光是敏感的。
- N,N,N',N'-四甲基乙二胺(TEMED)对黏膜、上呼吸道、眼睛和皮肤的组织有极大的破坏作用。吸入可致命。长时间接触可引起严重的刺激或灼伤。戴合适的手套、安全眼镜和其他防护服。仅在化学通风橱里使用。操作过后要彻底地洗手。易燃：挥发的气体能传到相当远的火源并引起火光四闪。切勿靠近热、火花和明火。
- TFA 见三氟乙酸。
- 硫脲可能是致癌剂，可因吸入、咽下或皮肤吸收而损害健康。戴合适的手套和安全眼镜。在化学通风橱里使用。
- 组织(人)见血液(人)和血液制品。
- 三氯乙酸(TCA)有很强的腐蚀性。戴合适的手套和安全防目镜。
- 三氯三氟乙烷可因吸入、咽下或皮肤吸收而损害健康。戴合适的手套和安全护目镜。在化学通风橱里使用。切勿靠近热、火花和明火。
- 三氟乙酸(TFA)：浓的三氟乙酸，可因吸入、咽下或皮肤吸收而受害，操作时要格外小心。分解产生有毒的烟雾。戴合适的手套和防护面具。在化学通风橱里使用。
- Tris 可因吸入、咽下或皮肤吸收而受害。戴合适的手套和安全眼镜。
- Triton X-100 引起严重的眼睛刺激和灼伤。可因吸入、咽下或皮肤吸收而受害。戴合适的手套和护目镜。
- 锥虫蓝可能是致癌物，可因吸入、咽下或皮肤吸收而损害健康。切勿吸入其粉末。戴合适的手套和安全眼镜。
- 胰胨可因吸入、咽下或皮肤吸收而受害。戴合适的手套和安全眼镜。
- 尿素可因吸入、咽下或皮肤吸收而损害健康。戴合适的手套和安全眼镜。
- 紫外光或紫外线可损伤眼视网膜。切勿用裸眼和没有防护装置的紫外光源。在实验室里常用的紫外光源包括手提式紫外灯和紫外透射仪。只能通过吸收有害波长的滤片或安全玻璃片才能观察。紫外线也是诱变剂和致癌的。为使暴露减少到最低限度，确保紫外光源要采用适当防护装置。在紫外光下操作时要戴合适的预防性手套。

A12.15 • 缬氨酸可因吸入、咽下或皮肤吸收而受害。戴合适的手套和安全眼镜。

• X-gal 可能对眼睛和皮肤有毒。称取其粉剂时要遵守一般告诫中所说的注意事项。注意的一点是，X-gal 的贮存液是 DMF 配制的，DMF 是一种有机溶剂。有关更多的详情参见 *N*, *N*-二甲基甲酰胺，同时参见 5-溴-4-氯-3-吲哚-β-D-吡喃半乳糖苷(BCIG)。

• X 射线参见放射性物质。

• 二甲苯易燃，高浓度的二甲苯可能是麻醉剂。可因吸入、咽下或皮肤吸收而受害。戴合适的手套和安全眼镜。只能在化学通风橱里使用。切勿靠近热、火花和明火。

• 二甲苯腈蓝参见二甲苯。

• 氯化锌($ZnCl_2$)具有腐蚀性并对未出生的婴儿有可能的危害。可因吸入、咽下或皮肤吸收而受害。戴合适的手套和安全眼镜，切勿吸入其粉末。

• 消解酶可因吸入、咽下或皮肤吸收而受害，戴合适的手套和安全眼镜。

张兆山　译

周建光　王嘉玺　校

附录 13　供应商

为了使用者的方便，书中包括了一些供应商和产品的信息，不必认为这些产品已经得到作者的认同。除了本书列出的那些供应商及其地址外，本书提及的所有供应商都可以在 *BioSupplyNet Source Book* 中找到，也可查询它们的网址

http://www.biosupplynet.com

如果本手册没有包括供应商目录 *BioSupplyNet Source Book*，可采取下列任一方式即可免费获取该目录：

- 可在其网站 http://www.biosupplynet.com 登记填写索取表格；
- 可通过电子邮件索取：info@ biosupplynet.com；
- 可以通过传真索取：001-631-370-8808。

张兆山　译

周建光　王嘉玺　校

附录 14　商　标

本书提及的产品都标有商标或注册商标，为了方便查询，它们都列在网站 www.MolecularCloning.com 上。所有列出的商标或产品名称仅仅是出于编排的目的，没有商标授权的目的。CSHL 出版社已经并将继续在其网站上提供最好的、准确的、及时的更新信息。但是，所有注册商标和服务标志都是所有者各自的财产，把它们列在网站上仅仅是为了便于区分和查询可应用的商品和服务。因此，要了解最新的和特殊产品的信息，请与各自的制造商和供应商联系和咨询。

张兆山　译

周建光　王嘉玺　校

参考文献

Aaij C. and Borst P. 1972. The gel electrophoresis of DNA. *Biochim. Biophys. Acta* **269**: 192–200.

Adams A., Gottschling D., Kaiser C., and Stearns T. 1998. *Methods in yeast genetics: A laboratory course manual.* Cold Spring Harbor Laboratory Press, Cold Spring Harbor, New York.

Adams M.D., Celniker S.E., Holt R.A., Evans C.A., Gocayne J.D., Amanatides P.G., Scherer S.E., Li P.W., Hoskins R.A., Galle R.F., et al. 2000. The genome sequence of *Drosophila melanogaster. Science* **287**: 2185–2195.

Åkerström B. and Björck L. 1986. A physicochemical study of protein G, a molecule with unique immunoglobulin G-binding properties. *J. Biol. Chem.* **261**: 10240–10247.

———. 1989. Protein L: An immunoglobulin light chain-binding bacterial protein. Characterization of binding and physicochemical properties. *J. Biol. Chem.* **264**: 19740–19746.

Åkerström B., Brodin T., Reis K., and Björck L. 1985. Protein G: A powerful tool for binding and detection of monoclonal and polyclonal antibodies. *J. Immunol.* **135**: 2589–2592.

Allefs J.J., Salentijn E.M., Krens F.A., and Rouwendal G.J. 1990. Optimization of non-radioactive Southern blot hybridization: Single copy detection and reuse of blots. *Nucleic Acids Res.* **18**: 3099–3100.

Allen R.C. and Loose L.D. 1976. Phagocytic activation of a luminol-dependent chemiluminescence in rabbit alveolar and peritoneal macrophages. *Biochem. Biophys. Res. Commun.* **69**: 245–252.

Alloway J.L. 1932. The transformation *in vitro* of R pneumococci into S forms of different specific types by the use of filtered pneumococcus extracts. *J. Exp. Med.* **55**: 91–99.

———. 1933. Further observations on the use of pneumococcus extracts in effecting transformation of type in vitro. *J. Exp. Med.* **57**: 265–278.

Alm R.A., Ling L.-S., Moir D.T., King B.L., Brown E.D., Doig P.C., Smith D.R., Noonan B., Guild B.C., deJonge B.L., et al. 1999. Genomic-sequence comparison of two unrelated isolates of the human gastric pathogen *Helicobacter pylori* (erratum *Nature* [1999] **397**: 719). *Nature* **397**: 176–180.

Altschul S.F. and Gish W. 1996. Local alignment statistics. *Methods Enzymol.* **266**: 460–480.

Altschul S.F., Gish W., Miller W., Myers E.W., and Lipman D.J. 1990. Basic local alignment search tool. *J. Mol. Biol.* **215**: 403–410.

Altschul S.F., Madden T.L., Schaffer A.A., Zhang J., Zhang Z., Miller W., and Lipman D.J. 1997. Gapped BLAST and PSI-BLAST: A new generation of protein database search programs. *Nucleic Acids Res.* **25**: 3389–3402.

Anderson S. 1981. Shotgun DNA sequencing using cloned DNase I-generated fragments. *Nucleic Acids Res.* **9**: 3015–3027.

Andersson S.G., Zomorodipour A., Andersson J.O., Sicheritz-Ponten T., Alsmark U.C., Podowski R.M., Näslund A.K., Eriksson A.-S., Winkler H.H., and Kurland C.G. 1998. The genome sequence of *Rickettsia prowazekii* and the origin of mitochondria. *Nature* **396**: 133–140.

Appleyard R.K. 1954. Segregation of new lysogenic types during growth of a doubly lysogenic strain derived from *Escherichia coli* K12. *Genetics* **39**: 440–452.

Arakawa H., Maeda M., and Tsuji A. 1982. Chemiluminescence enzyme immunoassay of 17 α-hydroxyprogesterone using glucose oxidase and bis(2,4,6-trichlorophenyl)oxalate: fluorescent dye system. *Chem. Pharm. Bull.* **30**: 3036–3039.

Arber W., Enquist L., Hohn B., Murray N.E., and Murray K. 1983. Experimental methods for use with lambda. In *Lambda II* (ed. R.W. Hendrix et al.), pp. 433–466. Cold Spring Harbor Laboratory, Cold Spring Harbor, New York.

Arnold Jr., L.J., Hammond P.W., Wiese W.A., and Nelson N.C. 1989. Assay formats involving acridinium-ester-labeled DNA probes. *Clin. Chem.* **35**: 1588–1594.

Avery O.T., McLeod C.M., and McCarty M. 1944. Studies on the chemical nature of the substance inducing transformation of pneumococcal types. Induction of transformation by a desoxyribonucleic acid fraction isolated from pneumococcus type III. *J. Exp. Med.* **79**: 137–158.

Backman K. 1980. A cautionary note on the use of certain restriction endonucleases with methylated substrates. *Gene* **11**: 169–171.

Bailey T.L. 1995. "Discovering motifs in DNA and protein sequences: The approximate common substring problem." Ph.D. thesis, University of California, San Diego.

Bailey T.L. and Elkan C. 1994. Fitting a mixture model by expectation maximization to discover motifs in biopolymers. *Ismb* **21**: 28–36.

———. 1995. Unsupervised learning of multiple motifs in biopolymers using EM. *Mach. Learn.* **21**: 51–80.

Bailey T.L. and Gribskov M. 1998. Methods and statistics for combining motif match searches. *J. Comput. Biol.* **5**: 211–221.

Bajorath J., Hinrichs W., and Saenger W. 1988. The enzymatic activity of proteinase K is controlled by calcium. *Eur. J. Biochem.* **176**: 441–447.

Bajorath J., Raghunathan S., Hinrichs W., and Saenger W. 1989. Long-range structural changes in proteinase K triggered by calcium ion removal. *Nature* **337**: 481–484.

Baker W., van den Broek A., Camon E., Hingamp P., Sterk P., Stoesser G., and Tuli M.A. 2000. The EMBL Nucleotide Sequence Database. *Nucleic Acids Res.* **28**: 19–23.

Baldwin T.O., Berends T., Bunch T.A., Holzman T.F., Rausch S.K., Shamansky L., Treat M.L., and Ziegler M.M. 1984. Cloning of the luciferase structural genes from *Vibrio harveyi* and expression of bioluminescence in *Escherichia coli. Biochemistry* **23**: 3663–3667.

Barany F. and Gelfand D.H. 1991. Cloning, overexpression and nucleotide sequence of a thermostable DNA ligase-encoding gene. *Gene* **109**: 1–11.

Baret A. and Fert V. 1990. T_4 and ultrasensitive TSH immunoassays using luminescent enhanced xanthine oxidase assay. *J. Biolumin. Chemilumin.* **4**: 149–153.

Baret A., Fert V., and Aumaille J. 1990. Application of a long-term enhanced xanthine oxidase-induced luminescence in solid-phase immunoassays. *Anal. Biochem.* **187**: 20–26.

Bassam B.J., Caetano-Anollés G., and Gresshoff P.M. 1991. Fast and sensitive silver staining of DNA in polyacrylamide gels. *Anal. Biochem.* **196**: 80–83.

Bateman A., Birney E., Eddy S.R., Finn R.D., and E.L. Sonnhammer. 1999. Pfam 3.1: 1313 multiple alignments match the majority of proteins. *Nucleic Acids Res.* **27**: 260–262.

Bateman A., Birney E., Durbin R., Eddy S.R., Howe K.L., and Sonnhammer E.L. 2000. The Pfam protein families database. *Nucleic Acids Res.* **28**: 263–266.

Baughman G. and Howell S.H. 1988. Cauliflower mosaic virus 35S RNA leader region inhibits translation of downstream genes. *Virology* **167**: 125–135.

R.2

Beaven G.H., Holiday E.R., and Johnson E.A. 1955. Optical properties of nucleic acids and their components. In *The nucleic acids* (ed. E. Chargaff and J.N. Davidson), vol. 1, pp. 493–553. Academic Press. New York.

Beck S. and Köster H. 1990. Applications of dioxetane chemiluminescent probes to molecular biology (erratum *Anal. Chem.* [1991] 63: 848). *Anal. Chem.* **62:** 2258–2270.

Beck S., O'Keeffe T., Coull J.M., and Köster H. 1989. Chemiluminescent detection of DNA: Application for DNA sequencing and hybridization. *Nucleic Acids Res.* **17:** 5115–5123.

Bej A.K. and Mahbubani M.H. 1994. Thermostable DNA polymerases for *in vitro* DNA amplifications. In *PCR technology: Current innovations* (ed. H.G. Griffin and A.M. Griffin), pp. 219–238. CRC Press, Boca Raton, Florida.

Belas R., Mileham A., Cohn D., Hilmen M., Simon M., and Silverman M. 1982. Bacterial luminescence: Isolation and expression of the luciferase genes from *Vibrio harveyi. Science* **218:** 791–793.

Bennetzen J.L. and Hall B.D. 1982. Codon selection in yeast. *J. Biol. Chem.* **257:** 3026–3031.

Bensaude O. 1988. Ethidium bromide and safety — Readers suggest alternative solutions (letter). *Trends Genet.* **4:** 89–90.

Berger S.L., Wallace D.M., Puskas R.S., and Eschenfeldt W.H. 1983. Reverse transcriptase and its associated ribonuclease H: Interplay of two enzyme activities controls the yield of single-stranded complementary deoxyribonucleic acid. *Biochemistry* **22:** 2365–2372.

Berk A.J. and Sharp P.A. 1977. Sizing and mapping of early adenovirus mRNAs by gel electrophoresis of S1 endonuclease-digested hybrids. *Cell* **12:** 721–732.

Berkner K.L. and Folk W.R. 1977. Polynucleotide kinase exchange reaction. Quantitative assay for restriction endonuclease-generated 5′-phosphoryl termini in DNAs. *J. Biol. Chem.* **252:** 3176–3184.

Berman H.M., Zardecki C., and Westbrook J. 1998. The nucleic acid database: A resource for nucleic acid science. *Acta Crystallogr. Sect. D Biol. Crystallogr.* **54:** 1095–1104.

Berman H.M., Westbrook J., Feng Z., Gilliland G., Bhat T.N., Weissig H., Shindyalov I.N., and Bourne P.E. 2000. The Protein Data Bank. *Nucleic Acids Res.* **28:** 235–242.

Bernardi G. 1961. Chromatography of native deoxyribonucleic acid on calcium phosphate. *Biochem. Biophys. Res. Commun.* **6:** 54–57.

———. 1965. Chromatography of nucleic acids on hydroxyapatite. *Nature* **206:** 779–783.

Bernardi G. and Bernardi G. 1986. Compositional constraints and genome evolution. *J. Mol. Evol.* **24:** 1–11.

Bernardi G. and Timasheff S.N. 1961. Chromatography of Ehrlich ascites tumor cell high molecular weight ribonucleic acid on calcium phosphate. *Biochem. Biophys. Res. Commun.* **6:** 58–61.

Bernardi A., Gaillard C., and Bernardi G. 1975. The specificity of five DNAses as studied by the analysis of 5′ terminal doublets. *Eur. J. Biochem.* **52:** 451–457.

Bertani G. and Weigle J.J. 1953. Host controlled variation in bacterial viruses. *J. Bacteriol.* **65:** 113–121.

Betzel C., Pal G.P., and Saenger W. 1988. Three-dimensional structure of proteinase K at 0.15nm resolution. *Eur. J. Biochem.* **178:** 155–171.

Bickle T.A. 1987. DNA restriction and modification systems. In Escherichia coli *and* Salmonella typhimurium: *Cellular and molecular biology* (ed. F.C. Neidhardt et al.), vol. 1, pp. 692–697. American Society for Microbiology, Washington. D.C.

Bierwerth S., Kahl G., Weigand F., and Weising K. 1992. Oligonucleotide fingerprinting of plant and fungal genomes: A comparison of radioactive, colorigenic and chemiluminescent detection methods. *Electrophoresis* **13:** 115–122.

Bird A.P. and Southern E.M. 1978. Use of restriction enzymes to study eukaryotic DNA methylation. I. The methylation pattern in ribosomal DNA from *Xenopus laevis. J. Mol. Biol.* **118:** 27–47.

Bird A.P, Taggart M., Frommer M., Miller O.J., and Macleod D. 1985. A fraction of the mouse genome that is derived from islands of nonmethylated, CpG-rich DNA. *Cell* **40:** 91–99.

Birren B., Green E.D., Klapholz S., Myers R.M., and Roskams J. 1997. *Genome analysis: A laboratory manual*, vol. 1. *Analyzing DNA* (ed E.D. Green et al.). Cold Spring Harbor Laboratory Press, Cold Spring Harbor, New York.

Bitler B. and McElroy W.D. 1957. The preparation and purification of crystalline firefly luciferase. *Arch. Biochem. Biophys.* **72:** 358–368.

Bjerrum O.J. and Schafer-Nielsen C. 1986. Buffer systems and transfer parameters for semidry electroblotting with a horizontal apparatus. In *Electrophoresis '86: Proceedings of the 5th Meeting of the International Electrophoresis Society* (ed. M.J. Dunn), pp. 315–327. VCH Publishers, Deerfield Beach, Florida.

Bjerrum O.J., Larsen K.P., and Heegaard N.H. 1988. Non-specific binding and artifacts-specificity problems and troubleshooting with an atlas of immunoblotting artifacts. In *CRC handbook of immunoblotting of proteins: Technical descriptions* (ed. O.J. Bjerrum and N.H. Heegaard), vol. 1, pp. 227–254. CRC Press, Boca Raton, Florida.

Björck L. 1988. Protein L: A novel bacterial cell wall protein with affinity for IgL chains. *J. Immunol.* **140:** 1194–1197.

Björck L. and Kronvall G. 1984. Purification and some properties of streptococcal protein G, a novel IgG-binding reagent. *J. Immunol.* **133:** 969–974.

Björck, L., Kastern W., Lindahl G., and Wideback K. 1987. Streptococcal protein G, expressed by streptococci or by *Escherichia coli*, has separate binding sites for human albumin and IgG. *Mol. Immunol.* **24:** 1113–1122.

Blackburn P., Wilson G., and Moore S. 1977. Ribonuclease inhibitor from human placenta. Purification and properties. *J. Biol. Chem.* **252:** 5904–5910.

Blake C.C.F., Johnson L.N., Mair G.A., North A.C.T., Phillips D.C., and Sarma V.R. 1967. Crystallographic studies of the activity of hen egg-white lysozyme. *Proc. R. Soc. Lond. B Biol. Sci.* **167:** 378–388.

Blake M.S., Johnston K.H., Russell-Jones G.J., and Gotschlich E.C. 1984. A rapid, sensitive method for detection of alkaline phosphatase-conjugated anti-antibody on Western blots. *Anal. Biochem.* **136:** 175–179.

Blattner F.R., Plunkett III, G., Bloch C.A., Perna N.T., Burland V., Riley M., Collado-Vides J., Glasner J.D., Rode C.K., Mayhew G.F., et al. 1997. The complete genome sequence of *Escherichia coli* K-12. *Science* **277:** 1453–1474.

Bodenteich A., Chissoe S., Wang Y.-F., and Roe B.A. 1994. Shotgun cloning as the strategy of choice to generate templates for high-throughput dideoxynucleotide sequencing. In *Automated DNA sequencing and analysis* (ed. M.D. Adams et al.), pp. 42–50. Academic Press, San Diego, California.

Bolivar F. and Backman K. 1979. Plasmids of *Escherichia coli* as cloning vectors. *Methods Enzymol.* **68:** 245–267.

Bolivar F., Rodriguez R.L., Green P.J., Betlach M.C., Heyneker H.L., Boyer H.W., Crosa J.H., and Falkow S. 1977. Construction and characterization of new cloning vehicles.

II. A multipurpose cloning system. *Gene* **2:** 95–113.

Bollum F.J. 1974. Terminal deoxynucleotidyl transferase. In *The enzymes*, 3rd edition (ed. P.D. Boyer), vol. 10, p. 145. Academic Press, New York.

Bolton A.E. and W.M. Hunter. 1973. The labelling of proteins to high specific radioactivities by conjugation to a ^{125}I-containing acylating agent. *Biochem. J.* **133:** 529–539.

Bonhoeffer S., McCaskill J.S., Stadter P.F., and Schuster P. 1993. RNA multistructure landscapes. *Biophys. J.* **22:** 13–24.

Bonner W.M. and Laskey R.A. 1974. A film detection method for tritium-labelled proteins and nucleic acids in polyacrylamide gels. *Eur. J. Biochem.* **46:** 83–88.

Borck K., Beggs J.D., Brammar W.J., Hopkins A.S., and Murray N.E. 1976. The construction in vitro of transducing derivatives of phage lambda. *Mol. Gen. Genet.* **146:** 199–207.

Borodovsky M. and McInich J. 1993. GeneMark: Parallel gene recognition for both DNA strands. *Comput. Chem.* **17:** 123–133.

Bouvet J.P. 1994. Immunoglobin Fab fragment-binding proteins. *Int. J. Immunopharmacol.* **16:** 419–424.

Bowman R.A., O'Neil G.L., and Riley T.V. 1991. Non-radioactive restriction fragment length polymorphism (RFLP) typing of *Clostridium dificile. FEMS Microbiol. Lett.* **63:** 269–272.

Boyer H.W. and Roulland-Dussoix D. 1969. A complementation analysis of the restriction and modification of DNA in *Escherichia coli. J. Mol. Biol.* **41:** 459–472.

Boylan M., Pelletier J., and Meighen E.A. 1989. Fused bacterial luciferase subunits catalyze light emission in eukaryotes and prokaryotes. *J. Biol. Chem.* **264:** 1915–1918.

Boyle M.D.P. 1990. *Bacterial immunoglobin-binding proteins.* Academic Press, San Diego, California.

Boyle M.D.P. and Reis K.J. 1987. Bacterial Fc-receptors. *Bio/Technology* **5:** 697–703.

Brawerman G., Mendecki J., and Lee S.Y. 1972. A procedure for the isolation of mammalian messenger ribonucleic acid. *Biochemistry* **11:** 637–641.

Brent R. and Ptashne M. 1981. Mechanism of action of the *lexA* gene product. *Proc. Natl. Acad. Sci.* **78:** 4204–4208.

Brickman E. and Beckwith J. 1975. Analysis of the regulation of *Escherichia coli* alkaline phosphatase synthesis using deletions and phi80 transducing phages. *J. Mol. Biol.* **96:** 307–316.

Britten R.J. and Kohne D.E. 1966. Nucleotide sequence repetition. *Carnegie Inst. Wash. Year Book* **65:** 78–106.

———. 1967. Repeated nucleotide sequences. *Carnegie Inst. Wash. Year Book* **66:** 73–88.

———. 1968. Repeated sequences in DNA. Hundreds of thousands of copies of DNA sequences have been incorporated into the genomes of higher organisms. *Science* **161:** 529–540.

Britten R.J., Graham D.E., and Neufeld B.R. 1974. Analysis of repeating DNA sequences by reassociation. *Methods Enzymol.* **29:** 363–418.

Bronstein I. 1990. Chemiluminescent 1,2-dioxetane-based enzyme substrates and their applications. In *Luminescence immunoassays and molecular applications* (ed. K. Van Dyke and R. Van Dyke), pp. 255–274. CRC Press, Boca Raton, Florida.

Bronstein I. and Kricka L.J. 1989. Clinical applications of luminescent assays for enzymes and enzyme labels. *J. Clin. Lab. Anal.* **3:** 316–322.

Bronstein I. and McGrath P. 1989. Chemiluminescence lights up. *Nature* **338:** 599–600.

Bronstein I. and Voyta J.C. 1989. Chemiluminescent detection of herpes simplex virus I DNA in blot and in situ hybridization assays. *Clin. Chem.* **35:** 1856–1860.

Bronstein I., Edwards B., and Voyta J.C. 1989. 1,2-dioxetanes: Novel chemiluminescent enzyme substrates. Applications to immunoassays. *J. Biolumin. Chemilumin.* **4:** 99–111.

Bronstein I., Juo R.R., Voyta J.C., and Edwards B. 1991. Novel chemiluminescent adamantyl 1,2-dioxetane enzyme substrates. In *Bioluminescence and chemiluminescence: Current status* (ed. P.E. Stanley and L.J. Kricka), pp. 73–82. Wiley, Chichester, United Kingdom.

Bronstein I., Voyta J.C., Murphy O.J., Bresnick L., and Kricka L.J. 1992. Improved chemiluminescent Western blotting procedure. *BioTechniques* **12:** 748–753.

Bronstein I., Voyta J.C., Lazzari K.G., Murphy O., Edwards B., and Kricka L.J. 1990. Rapid and sensitive detection of DNA in Southern blots with chemiluminescence. *BioTechniques* **8:** 310–314.

Bronstein I., Voyta J.C., Murphy O.J., Tizard R., Ehrenfels C.W., and Cate R.L. 1993. Detection of DNA in Southern blots with chemiluminescence. *Methods Enzymol.* **217:** 398–414.

Brunak S., Engelbrecht J., and Knudsen J. 1991. Prediction of human mRNA donor and acceptor sites from DNA sequence. *J. Mol. Biol.* **220:** 49–65.

Brunk C.F. and Simpson L. 1977. Comparison of various ultraviolet sources for fluorescent detection of ethidium bromide-DNA complexes in polyacrylamide gels. *Anal. Biochem.* **82:** 455–462.

Bucher P. 1990. Weight matrix descriptions of four eukaryotic RNA polymerase II promoter elements derived from 502 unrelated promoter sequences. *J. Mol. Biol.* **212:** 563–578.

Bullock W.O., Fernandez J.M., and Short J.M. 1987. Xl1-blue: A high efficiency plasmid transforming recA *Escherichia coli* strain with β-galactosidase selection. *BioTechniques* **5:** 376–379.

Bulmer M. 1990. The effects of context on synonymous codon usage in genes with low codon bias. *Nucleic Acids Res.* **18:** 2869–2873.

Bult C.J., White O., Olsen G.J., Zhou L., Fleischmann R.D., Sutton G.G., Blake J.A., FitzGerald L.M., Clayton R.A., Gocayne J.D., et al. 1996. Complete genome sequence of the methanogenic archaeon, *Methanococcus jannaschii. Science* **273:** 1058–1073.

Burge C.B. and Karlin S. 1997. Prediction of complete gene structures in human genomic DNA. *J. Mol. Biol.* **268:** 78–94.

Burke B., Griffiths G., Reggio H., Louvard D., and Warren G. 1982. A monoclonal antibody against a 135-K Golgi membrane protein. *EMBO J.* **1:** 1621–1628.

Burnette W.N. 1981. Western blotting: Electrophoretic transfer of proteins from sodium dodecyl sulphate-polyacrylamide gels to unmodified nitrocellulose and radiographic detection with antibody and radioiodinated protein A. *Anal. Biochem.* **112:** 195–203.

Butler E.T. and Chamberlin M.J. 1982. Bacteriophage SP6-specific RNA polymerase. I. Isolation and characterization of the enzyme. *J. Biol. Chem.* **257:** 5772–5778.

C. elegans Sequencing Consortium. 1998. Genome sequence of the nematode *C. elegans:* A platform for investigating biology (errata *Science* [1999] **283:** 35; **283:** 2103; **285:** 1493). *Science* **282:** 2012–2018.

Campbell A. 1965. The steric effect in lysogenization by bacteriophage lambda. I. Lysogenization of a partially diploid strain of *Escherichia coli* K12. *Virology* **27:** 329–339.

Campbell A.K. 1988. *Chemiluminescence.* Ellis Horwood, Chichester, United Kingdom.

Campbell J.L., Richardson C.C., and Studier F.W. 1978. Genetic recombination and complementation between bacterio-

R.4

phage T7 and cloned fragments of T7 DNA. *Proc. Natl. Acad. Sci.* **75:** 2276–2280.

Campbell V.W. and Jackson D.A. 1980. The effect of divalent cations on the mode of action of DNase I. The initial reaction products produced from covalently closed circular DNA. *J. Biol. Chem.* **255:** 3726–3735.

Cardwell H.M.E. and Smith S. 1953. The structure of digoxygenin. *Experientia* **9:** 267–368.

———. 1954. Digitalis gluosides. VII. The structure of the digitalis anhydrogenins and the orientation of the hydroxy-groups in digoxygenin and gitoxigenin. *J. Chem. Soc.* **1954:** 2012–2023.

Carlson D.P., Superko C., Mackey J., Gaskill M.E., and Hansen P. 1990. Chemiluminescent detection of nucleic acid hybridization. *Focus* (Life Technologies) **12:** 9–12.

Cate R.L., Ehrenfels C.W., Wysk M., Tizard R., Voyta J.C., Murphy O.J., and Bronstein I. 1991. Genomic Southern analysis with alkaline phosphatase-conjugated oligonucleotide probes and the chemiluminescent substrate AMPPD. *Genet. Anal. Tech. Appl.* **8:** 102–106.

Ceci L.R., Volpicella M., Liuni S., Volpetti V., Licciulli F., and Gallerani R. 1999. PLMItRNA, a database for higher plant mitochondrial tRNAs and tRNA genes. *Nucleic Acids Res.* **27:** 156–157.

Cesarone C.F., Bolognesi C., and Santi L. 1979. Improved microfluorimetric DNA determination in biological material using 33258 Hoechst. *Anal. Biochem.* **100:** 188–197.

———. 1980. Fluorometric DNA assay at nanogram levels in biological material. *Boll. Soc. Ital. Biol. Sper.* **56:** 1666–1672.

Chalfie M., Tu Y., Euskirchen G., Ward W.W., and Prasher D.C. 1994. Green fluorescent protein as a marker for gene expression. *Science* **263:** 802–805.

Chalon, M.P., R.W. Milne, and J.P. Vaerman. 1979. Interactions between mouse immunoglobulins and staphylococcal protein A. *Scand. J. Immunol.* **9:** 359–364.

Chamberlain J.P. 1979. Fluorographic detection of radioactivity in polyacrylamide gels with the water-soluble fluor, sodium salicylate. *Anal. Biochem.* **98:** 132–135.

Chang L.M.S. and Bollum F.J. 1986. Molecular biology of terminal transferase. *Crit. Rev. Biochem.* **21:** 27–52.

Chao K.-M., Pearson W.R., and Miller W. 1992. Aligning two sequences within a specified diagonal band. *Comput. Appl. Biosci.* **8:** 481–487.

Chao S., Chao L., and Chao J. 1989. Enhanced specificity in immunoscreening of expression cDNA clones using radiolabelled antigen technology. *BioTechniques* **7:** 68–72.

Chen W., Tabor S., and Struhl K. 1987. Distinguishing between mechanisms of eukaryotic transcriptional activation with bacteriophage T7 RNA polymerase. *Cell* **50:** 1047–1055.

Cheng H. and Rudick M.J. 1991. A membrane blotting method for following the time course of protein radioiodination using Iodobeads. *Anal. Biochem.* **198:** 191–193.

Chien A., Edgar D.B., and Trela J.M. 1976. Deoxyribonucleic acid polymerase from the extreme thermophile *Thermus aquaticus. J. Bacteriol.* **127:** 1550–1557.

Chiu W.L., Niwa Y., Zeng W., Hirano T., Kobayashi H., and Sheen J. 1996. Engineered GFP as a vital marker in plants. *Curr. Biol.* **6:** 325–330.

Chothia C. 1976. The nature of the accessible and buried surfaces in proteins. *J. Mol. Biol.* **105:** 1–12.

Chrambach A. and Rodbard D. 1972. Polymerization of polyacrylamide gels: Efficiency and reproducibility as a function of catalyst concentrations. *Sep. Sci.* **7:** 663–703.

Church G.M. and Gilbert W. 1984. Genomic sequencing. *Proc. Natl. Acad. Sci.* **81:** 1991–1995.

Church G.M. and Kieffer-Higgins S. 1988. Multiplex DNA sequencing. *Science* **240:** 185–188.

Cohn D.H., Mileham A.J., Simon M.I., Nealson K.H., Rausch S.K., Bonam D., and Baldwin T.O. 1985. Nucleotide sequence of the *luxA* gene of *Vibrio harveyi* and the complete amino acid sequence of the α subunit of bacterial luciferase. *J. Biol. Chem.* **260:** 6139–6146.

Cole S.T., Brosch R., Parkhill J., Garnier T., Churcher C., Harris D., Gordon S.V., Eiglmeier K., Gas S., Barry C.E., et al. 1998. Deciphering the biology of *Mycobacterium tuberculosis* from the complete genome sequence (erratum *Nature* [1998] **396:** 190). *Nature* **393:** 537–544.

Cook R.F., Cook S.J., and Issel C.J. 1992. A nonradioactive microassay for released reverse transcriptase activity of a lentivirus. *BioTechniques* **13:** 380–386.

Corpet F. 1988. Multiple sequence alignment with hierarchical clustering. *Nucleic Acids Res.* **16:** 10881–10890.

Corpet F., Gouzy J., and Kahn D. 1998. The ProDom database of protein domain families. *Nucleic Acids Res.* **26:** 323–326.

Cozzarelli N.R., Kelly R.B., and Kornberg A. 1968. A minute circular DNA from *Escherichia coli 15. Proc. Natl. Acad. Sci.* **60:** 992–999.

———. 1969. Enzymic synthesis of DNA. XXXIII. Hydrolysis of a 5′-triphosphate-terminated polynucleotide in the active center of DNA polymerase. *J. Mol. Biol.* **45:** 513–531.

Creasey A., D'Angio L.J., Dunne T.S., Kissinger C., O'Keefe T., Perry-O'Keefe H., Moran L., Roskey M., Schildkraut I., Sears L.E., and Slatko B. 1991. Application of a novel chemiluminescent-based DNA detection method to a single vector and multiplex DNA sequencing. *BioTechniques* **11:** 102–109.

Crooke S.T. 1998. Molecular mechanisms of antisense drugs: RNase H. *Antisense Nucleic Acid Drug Dev.* **8:** 133–134.

Crouch R. 1990. Ribonuclease H: From discovery to 3D structure. *New Biol.* **2:** 771–777.

Daniels D.L., Schroeder J.L., Szybalski W., Sanger F., and Blattner F.R. 1983. Appendix I: A molecular map of coliphage lambda. In *Lambda II* (ed. R.W. Hendrix et al.), pp. 469–517. Cold Spring Harbor Laboratory, Cold Spring Harbor, New York.

Davanloo P., Rosenberg A.H., Dunn J.J., and Studier F.W. 1984. Cloning and expression of the gene for bacteriophage T7 RNA polymerase. *Proc. Natl. Acad. Sci.* **81:** 2035–2039.

Davidson J.N. 1972. *The biochemistry of the nucleic acids*, 7th edition. Academic Press, New York.

Davidson P.F. 1959. The effect of hydrodynamic shear on the deoxyribonucleic acid from T2 and T4 bacteriophages. *Proc. Natl. Acad. Sci.* **45:** 1560–1568.

———. 1960. Biophysics: Sedimentation of deoxyribonucleic acid isolated under low hydrodynamic shear. *Nature* **185:** 918–920.

Davis B.J. 1964. Disc electrophoresis. II. Method and application to human serum proteins. *Ann. N.Y. Acad. Sci.* **121:** 404–427.

Davis M.M. 1986. Subtractive cDNA hybridization and the T-cell receptor genes. In *Handbook of experimental immunology* (ed. D.M. Weir et al.), pp. 76.1–76.13. Blackwell Scientific, Oxford, United Kingdom.

Daxhelet G.A., Coene M.M., Hoet P.P., and Cocito C.G. 1989. Spectrofluorometry of dyes with DNAs of different base composition and conformation. *Anal. Biochem.* **179:** 401–403.

Dayhoff M.O., ed. 1972. *Atlas of protein sequence and structure*, vol. 5. National Biomedical Research Foundation,

Georgetown University Medical Center, Washington, D.C.

Dayhoff M.O., Schwartz R.M., and Orcutt B.C. 1978. A model of evolutionary change in proteins. In *Atlas of protein sequence and structure* (ed. M.O. Dayhoff et al.), vol. 5, suppl. 3, pp. 345–352. National Biomedical Research Foundation, Georgetown University Medical Center, Washington, D.C.

de Blas A.L. and Cherwinski H.M. 1983. Detection of antigens on nitrocellulose: In situ staining of alkaline phosphatase conjugated antibody. *Anal. Biochem.* **133:** 214–219.

Deckert G., Warren P.V., Gaasterland T., Young W.G., Lenox A.L., Graham D.E., Overbeek R., Snead M.A., Keller M., Aujay M., Huber R., Feldman R.A., Short J.M., Olsen G.J., and Swanson R.V. 1998. The complete genome of the hyperthermophilic bacterium *Aquifex aeolicus*. *Nature* **392:** 353–358.

Decorte R. and Cassiman J.J. 1991. Detection of amplified VNTR alleles by direct chemiluminescence: Application to the genetic identification of biological samples in forensic cases. *Exper. Suppl.* **58:** 371–390.

Deininger P.L. 1983. Approaches to rapid DNA sequence analysis. *Anal. Biochem.* **135:** 247–263.

Deisenhofer J. 1981. Crystallographic refinement and atomic models of a human Fc fragment and its complex with fragment B of protein A from *Staphylococcus aureus* at 2.9- and 2.8-Å resolution. *Biochemistry* **20:** 2361–2370.

DeLuca M. and McElroy W.D. 1978. Purification and properties of firefly luciferase. *Methods Enzymol.* **57:** 3–14.

———. 1984. Two kinetically distinguishable ATP sites in firefly luciferase. *Biochem. Biophys. Res. Commun.* **123:** 764–770.

Deng G. and Wu R. 1983. Terminal transferase: Use in the tailing of DNA and for in vitro mutagenesis. *Methods Enzymol.* **100:** 96–116.

Denhardt D.T. 1966. A membrane-filter technique for the detection of complementary DNA. *Biochem. Biophys. Res. Commun.* **23:** 641–646.

DenHollander N. and Befus D. 1989. Loss of antigens from immunoblotting membranes. *J. Immunol. Methods* **122:** 129–135.

Dente L., Cesareni G., and Cortese R. 1983. pEMBL: A new family of single-stranded plasmids. *Nucleic Acids Res.* **11:** 1645–1655.

De Rijk P., Neefs J.M., Van de Peer Y., and De Wachter R. 1992. Compilation of small ribosomal subunit RNA sequences. *Nucleic Acids Res.* **20:** 2075–2089.

De Rijk P., Robbrecht E., de Hoog S., Caers A., Van de Peer Y., and De Wachter R. 1999. Database on the structure of large subunit ribosomal RNA. *Nucleic Acids Res.* **27:** 174–178.

Derrick J.P. and Wigley D.B. 1992. Crystal structure of a streptococcal protein G domain bound to a Fab fragment. *Nature* **359:** 752–754.

de Wet J.R., Wood K.V., Helinski D.R., and DeLuca M. 1985. Cloning of firefly luciferase cDNA and the expression of active luciferase in *Escherichia coli*. *Proc. Natl. Acad. Sci.* **82:** 7870–7873.

———. 1986. Cloning firefly luciferase. *Methods Enzymol.* **133:** 3–14.

de Wet J.R., Wood K.V., DeLuca M., Helinski D.R., and Subramani S. 1987. Firefly luciferase gene: Structure and expression in mammalian cells. *Mol. Cell. Biol.* **7:** 725–737.

DiLella A.G., Hope D.A., Chen H., Trumbauer M., Schwartz R.J., and Smith R.G. 1988. Utility of firefly luciferase as a reporter gene for promoter activity in transgenic mice. *Nucleic Acids Res.* **16:** 4159.

Dooley S., Welter C., and Blin N. 1992. Nonradioactive southwestern analysis using chemiluminescent detection. *BioTechniques* **13:** 540–542.

Dresel H.A. and Schettler G. 1984. Characterization and visualisation of the low density lipoprotein receptor by ligand blotting using anti-low density lipoprotein enzyme-linked immunoabsorbent assay (ELISA). *Electrophoresis* **5:** 372–373.

Dubitsky A., Brown J., and Brandwein H. 1992. Chemiluminescent detection of DNA on nylon membranes. *BioTechniques* **13:** 392–400.

Durrant I. 1990. Light-based detection of biomolecules. *Nature* **346:** 297–298.

Earnshaw W.C. and Rothfield N. 1985. Identification of a family of human centromere proteins using autoimmune sera from patients with scleroderma. *Chromosoma* **91:** 313–321.

Ebeling W., Hennrich N., Klockow M., Metz H., Orth H.D., and Lang H. 1974. Proteinase K from *Tritirachium album* Limber. *Eur. J. Biochem.* **47:** 91–97.

Economou J.S., Rhoades K., Essner R., McBride W.H., Gasson J.C., and Morton D.L. 1989. Genetic analysis of human tumor necrosis factor α/cachectin promoter region in a macrophage cell line. *J. Exp. Med.* **170:** 321–326.

Eddy S.R. and Durbin R. 1994. RNA sequence analysis using covariance models. *Nucleic Acids Res.* **22:** 2079–2088.

Edgar R.S. 1966. Conditional lethals. In *Phage and the origins of molecular biology* (ed. J. Cairns et al.), pp. 166–170. Cold Spring Harbor Laboratory, Cold Spring Harbor, New York.

Edgar R.S. and Lielausis I. 1964. Temperature-sensitive mutants of bacteriophage T4D: Their isolation and genetic characterization. *Genetics* **49:** 649–662.

Efstratiadis A., Kafatos F.C., Maxam A.M., and Maniatis T. 1976. Enzymatic in vitro synthesis of globin genes. *Cell* **7:** 279–288.

Ehrlich S.D., Devillers-Thiery A., and Bernardi G. 1973. Further investigations on the specificity of an acid deoxyribonuclease from *Helix aspersa* (Mull.). *Eur. J. Biochem.* **40:** 139–141.

Eliasson M., Andersson R., Olsson A., Wigzell H., and Uhlén M. 1989. Differential IgG-binding characteristics of staphylococcal protein A, streptococcal protein G, and a chimeric protein AG. *J. Immunol.* **142:** 575–581.

Eliasson M., Olsson A., Palmcrantz E., Wiberg K., Inganas M., Guss B., Lindberg M., and Uhlén M. 1988. Chimeric IgG-binding receptors engineered from staphylococcal protein A and streptococcal protein G. *J. Biol. Chem.* **263:** 4323–4327.

Engler M.J. and Richardson C.C. 1982. DNA ligases. In *The enzymes*, 3rd edition (ed. P.D. Boyer), vol. 15, pp. 3–29. Academic Press, New York.

Engler-Blum G., Meier M., Frank J., and Muller G.A. 1993. Reduction of background problems in nonradioactive northern and southern blot analyses enables higher sensitivity than ^{32}P-based hybridizations. *Anal. Biochem.* **210:** 235–244.

Engvall E. 1980. Enzyme immunoassay ELISA and EMIT. *Methods Enzymol.* **70:** 419–439.

Epstein R.H., Bolle A., Steinberg C.M., Kellenberger E., Boy de la Tour E., Chevalley R., Edgar R.S., Susman M., Denhardt G.H., and Lielausis A. 1964. Physiological studies of conditional lethal mutants of bacteriophage T4D. *Cold Spring Harbor Symp. Quant. Biol.* **28:** 375–394.

Erntell M., Myhre E.B., and Kronvall G. 1985. Non-immune IgG F(ab′)2 binding to group C and G streptococci is mediated by structures on gamma chains. *Scand. J. Immunol.* **21:** 151–157.

Eschenfeldt W.H., Puskas R.S., and Berger S.L. 1987. Homopolymeric tailing. *Methods Enzymol.* **152:** 337–342.

R.6

Ey P.L., Prowse S.J., and Jenkin C.R. 1978. Isolation of pure IgG_1, IgG_{2a} and IgG_{2b} immunoglobulins from mouse serum using protein A-Sepharose. *Immunochemistry* **15:** 429–436.

Eyre-Walker A.C. 1991. An analysis of codon usage in mammals: Selection or mutation-bias? *J. Mol. Evol.* **33:** 442–449.

Favaloro J., Treisman R., and Kamen R. 1980. Transcription maps of polyoma virus-specific RNA: Analysis by two-dimensional nuclease S1 gel mapping. *Methods Enzymol.* **65:** 718–749.

Fazekas de St. Groth S., Webster R.G. and Datyner A. 1963. Two new staining procedures for quantitative estimation of proteins on electrophoretic strips. *Biochim. Biophys. Acta* **71:** 377–391.

Felton J. 1983. M13 host strain JM103 contains two restriction systems. *BioTechniques* **1:** 42–43.

Ferguson W.J., Braunschweiger K.I., Braunschweiger W.R., Smith J.R., McCormick J.J., Wasmann C.C., Jarvis N.P., Bell D.H., and Good N.E. 1980. Hydrogen ion buffers for biological research. *Anal. Biochem.* **104:** 300–310.

Fichant G.A. and C. Burks. 1991. Identifying potential tRNA genes in genomic DNA sequences. *J. Mol. Biol.* **220:** 659–671.

Fields-Berry S.C., Halliday A.L., and Cepko C.L. 1992. A recombinant retrovirus encoding alkaline phosphatase confirms clonal boundary assignment in lineage analysis of murine retina. *Proc. Natl. Acad. Sci.* **89:** 693–697.

Fierz-David H.E. and Blangey L. 1949. *Fundamental processes of dye chemistry.* Interscience, New York.

Fleischmann R.D., Adams M.D., White O., Clayton R.A., Kirkness E.F., Kerlavage A.R., Bult C.J., Tomb J.F., Dougherty B.A., Merrick J.M., et al. 1995. Whole-genome random sequencing and assembly of *Haemophilus influenzae* Rd. *Science* **269:** 496–512.

Fleming A. 1922. On a remarkable bacteriolytic element found in tissues and secretions. *Proc. R. Soc. Lond. B Biol. Sci.* **93:** 306–317.

Fontana W., Konings D.A.M., Stadler P.F., and Schuster P. 1993. Statistics of RNA secondary structures. *Biopolymers* **13:** 1389–1404.

Forsgren A. and Sjöquist J. 1966. "Protein A" from *S. aureus*. I. Pseudo-immune reaction with human gamma-globulin. *J. Immunol.* **97:** 822–827.

———. 1967. "Protein A" from *Staphylococcus aureus*. III. Reaction with rabbit gamma-globulin. *J. Immunol.* **99:** 19–24.

Fraker P.J. and Speck Jr., J.C. 1978. Protein and cell membrane iodinations with a sparingly soluble chloroamide, 1,3,4,6-tetrachloro-3a,6a-diphrenylglycoluril. *Biochem. Biophys. Res. Commun.* **80:** 849–857.

Franci C. and Vidal J. 1988. Coupling redox and enzymic reactions improves the sensitivity of the ELISA-spot assay. *J. Immunol. Methods* **107:** 239–244.

Fraser C.M., Gocayne J.D., White O., Adams M.D., Clayton R.A., Fleischmann R.D., Bult C.J., Kerlavage A.R., Sutton G., Kelley J.M., et al. 1995. The minimal gene complement of *Mycoplasma genitalium*. *Science* **270:** 397–403.

Fraser C.M., Casjens S., Huang W.M., Sutton G.G., Clayton R., Lathigra R., White O., Ketchum K.A., Dodson R., Hickey E.K., et al. 1997. Genomic sequence of a Lyme disease spirochaete, *Borrelia burgdorferi*. *Nature* **390:** 580–586.

Fraser C.M., Norris S.J., Weinstock G.M., White O., Sutton G.G., Dodson R., Gwinn M., Hickey E.K., Clayton R., Ketchum K.A., et al. 1998. Complete genome sequence of *Treponema pallidum*, the syphilis spirochete. *Science* **281:** 375–388.

Freifelder D. 1971. Electron microscopic study of the ethidium bromide-DNA complex. *J. Mol. Biol.* **60:** 401–403.

French B.T., Maul H.M., and Maul G.G. 1986. Screening cDNA expression libraries with monoclonal and polyclonal antibodies using an amplified biotin-avidin-peroxidase technique. *Anal. Biochem.* **156:** 417–423.

Frischauf A.M., Garoff H., and Lehrach H. 1980. A subcloning strategy for DNA sequence analysis. *Nucleic Acids Res.* **8:** 5541–5549.

Frischauf A.M., Lehrach H., Poustka A., and Murray N. 1983. Lambda replacement vectors carrying polylinker sequences. *J. Mol. Biol.* **170:** 827–842.

Fursht A. 1985. *Enzyme structure and mechanism*, 2nd edition. W.H. Freeman, New York.

Gaillard C. and Strauss F. 1990. Ethanol precipitation of DNA with linear acrylamide as a carrier. *Nucleic Acids Res.* **18:** 378.

Galas D.J. and Schmitz A. 1978. DNAase footprinting: A simple method for the detection of protein-DNA binding specificity. *Nucleic Acids Res.* **5:** 3157–3170.

Gallimore P.H., Sharp P.A., and Sambrook J. 1974. Viral DNA in transformed cells. II. A study of the sequences of adenovirus 2 DNA in nine lines of transformed rat cells using specific fragments of the genome. *J. Mol. Biol.* **89:** 49–72.

Garner R.C. 1975. Testing of some benzidine analogues for microsomal activation to bacterial mutagens. *Cancer Lett.* **1:** 39–42.

Gaugain B., Barbet J., Oberlin R., Roques B.P., and LePecq J.B. 1978. DNA bifunctional intercalators. I. Synthesis and conformational proerties of an ethidium homodimer and of an acridine ethidium heterodimer. *Biochemistry* **17:** 5071–5078.

Gelb L.D., Kohne D.E., and Martin M.A. 1971. Quantitation of simian virus 40 sequences in African green monkey, mouse and virus-transformed cell genomes. *J. Mol. Biol.* **57:** 129–145.

Gerard G.F. 1983. Reverse transcriptase. In *Enzymes of nucleic acid synthesis and modification: DNA enzymes* (ed. S.T. Jacob), vol. 1, p. 1. CRC Press, Boca Raton, Florida.

Gershoni J.M. 1988. Protein blotting: A manual. *Methods Biochem. Anal.* **33:** 1–58.

Gershoni J.M. and Palade G.E. 1982. Electrophoretic transfer of proteins from sodium dodecyl sulfate-polyacrylamide gels to a positively charged membrane filter. *Anal. Biochem.* **124:** 396–405.

Ghosh D. 1998. OOTFD (Object-Oriented Transcription Factors Database): An object-oriented successor to TFD. *Nucleic Acids Res.* **26:** 360–362.

Gibson T.J. 1984. "Studies on the Epstein-Barr virus genome." Ph.D. thesis, Cambridge University, United Kingdom.

Gillespie P.G. and Hudspeth A.J. 1991. Chemiluminescence detection of proteins from single cells. *Proc. Natl. Acad. Sci.* **88:** 2563–2567.

Gish W. and States D.J. 1993. Identification of protein coding regions by database similarity search. *Nat. Genet.* **3:** 266–272.

Glasel J. 1995. Validity of nucleic acid purities monitored by 260nm/280nm absorbance ratios. *BioTechniques* **18:** 62–63.

Glazer A.N. and Rye H.S. 1992. Stable dye-DNA intercalation complexes as reagents for high sensitivity fluorescence detection. *Nature* **359:** 859–861.

Glazer A.N., Peck K., and Mathies R.A. 1990. A stable souble-stranded DNA-ethidium homodimer complex: Application to picogram fluorescence detection of DNA in agarose gels. *Proc. Natl. Acad. Sci.* **87:** 3851–3855.

Goding J.W. 1978. Use of staphylococcal protein A as an immunological reagent. *J. Immunol. Methods* **20:** 241–253.

Godson G.N. and Vapnek D. 1973. A simple method of preparing large amounts of ϕX174 RFI supercoiled DNA. *Biochim.*

Biophys. Acta **299:** 516–520.

Goffeau A., Barrell B.G., Bussey H., Davis R.W., Dujon B., Feldmann H., Galibert F., Hoheisel J.D., Jacq C., Johnston M., Louis E.J., Mewes H.W., Murakami Y., Philippsen P., Tettelin H., and Oliver S.G. 1996. Life with 6000 genes. *Science* **274:** 546, 563–567.

Goldberg D.A. 1980. Isolation and partial characterization of the *Drosophila* alcohol dehydrogenase gene. *Proc. Natl. Acad. Sci.* **77:** 5794–5798.

Gomori G. 1946. Buffers in the range of pH 6.5 to 9.6. *Proc. Soc. Exp. Biol. Med.* **6:** 233–234.

———. 1955. Preparation of buffers for use in enzyme studies. *Methods Enzymol.* **1:** 138–146.

Gonnett G.H., Cohen M.A., and Benner S.A. 1992. Exhaustive matching of the entire sequence database. *Science* **256:** 1443–1445.

Good N.E. and Izawa S. 1972. Hydrogen ion buffers. *Methods Enzymol.* **24:** 53–68.

Good N.E., Winget G.D., Winter W., Connolly T.N., Izawa S., and Singh R.M.M. 1966. Hydrogen ion buffers for biological research. *Biochemistry* **5:** 467–477.

Gotoh O. 1995. A weight system and algorithm for aligning many phylogenetically related sequences. *Comput. Appl. Biosci.* **11:** 543–551.

Goudswaard J., Van der Donk J.A., Noordzij A., van Dam R.H., and Vaerman J.-P. 1978. Protein A reactivity of various mammalian immunoglobulins. *Scand. J. Immunol.* **8:** 21–28.

Gough J.A. and Murray N.E. 1983. Sequence diversity among related genes for recognition of specific targets in DNA molecules. *J. Mol. Biol.* **166:** 1–19.

Gould S.J. and Subramani S. 1988. Firefly luciferase as a tool in molecular and cell biology. *Anal. Biochem.* **175:** 5–13.

Gouy M. and Gautier C. 1982. Codon usage in bacteria: Correlation with gene expressivity. *Nucleic Acids Res.* **10:** 7055–7074.

Graham Jr., R.C. and Karnovsky M.J. 1966. The early stages of absorption of injected horseradish peroxidase in the proximal tubules of mouse kidney: Ultrastructural cytochemistry by a new technique. *J. Histochem. Cytochem.* **14:** 291–302.

Grantham R., Gautier C., Gouy M., Jacobzone M., and Mercier R. 1981. Codon catalog usage is a genome strategy modulated for gene expressivity. *Nucleic Acids Res.* **9:** r43–r74.

Grantham R., Gautier C., Gouy M., Mercier R., and Pave A. 1980. Codon catalog usage and the genome hypothesis. *Nucleic Acids Res.* **8:** r49–r62.

Grassmann W. and Deffner G. 1953. Verteilungschromatographisches Verhalten von Proteinen und Peptiden in phenolhaltigen Lösungsmitteln. *Hoppe-Seylor's Z. Physiol. Chem.* **293:** 89–98.

Gray Jr., H.B., Winston T.P., Hodnett J.L., Legerski R.J., Nees D.W., Wei C.-F., and Robberson D.L. 1981. The extracellular nuclease from *Alteromonas espejiana:* An enzyme highly specific for nonduplex structure in nominally duplex DNAs. In *Gene amplification and analysis: Structural analysis of nucleic acids* (ed. J.G. Chirikjian and T.S. Papas), vol. 2, pp. 169–203. Elsevier, New York.

Green A.A. 1933. The preparation of acetate and phosphate buffer solutions of known pH and ionic strength. *J. Am. Chem. Soc.* **55:** 2331–2336.

Green N.M. 1975. Avidin. *Adv. Protein Chem.* **29:** 85–133.

Green N.M. and Toms E.J. 1972. The dissociation of avidin-biotin complexes by guanidinium chloride. *Biochem. J.* **130:** 707–711.

———. 1973. The properties of subunits of avidin coupled to sepharose. *Biochem. J.* **133:** 687–700.

Greene P.H., Poonian M.S., Nussbaum A.L., Tobias L., Garfin D.E., Boyer H.W., and Goodman H.M. 1975. Restriction and modification of a self-complementary octanucleotide containing the EcoRI substrate. *J. Mol. Biol.* **99:** 237–261.

Greenfield L., Simpson L., and Kaplan D. 1975. Conversion of closed circular DNA molecules to single-nicked molecules by digestion with DNAase I in the presence of ethidium bromide. *Biochim. Biophys. Acta* **407:** 365–375.

Greenwood F.C., Hunter W.M., and Glover J.S. 1963. The preparation of ^{131}I-labelled human growth hormone of high specific radioactivity. *Biochem. J.* **89:** 114–123.

Gronenborn A.M., Filpula D.R., Essig N.Z., Achari A., Whitlow M., Wingfield P.T., and Clore G.M. 1991. A novel, highly stable fold of the immunoglobulin binding domain of streptococcal protein G. *Science* **253:** 657–661.

Grundy W.N., Bailey T.L. , Elkan C.P., and Baker M.E. 1997. Meta-MEME: Motif-based hidden Markov models of proteins families. *Comput. Appl. Biosci.* **13:** 397–406.

Guarente L. and Ptashne M. 1981. Fusion of *Escherichia coli lacZ* to the cytochrome *c* gene of *Saccharomyces cerevisiae*. *Proc. Natl. Acad. Sci.* **78:** 2199–2203.

Gundermann K.-D. and McCapra F. 1987. *Chemiluminescence in organic chemistry.* Springer-Verlag, Berlin.

Gunkel F.A. and Gassen H.G. 1989. Proteinase K from *Tritirachium album* Limber. Characterization of the chromosomal gene and expression of the cDNA in *Escherichia coli*. *Eur. J. Biochem.* **179:** 185–194.

Gutell R.R. 1994. Collection of small subunit (16S- and 16S-like) ribosomal RNA structures. *Nucleic Acids Res.* **22:** 3502–3507.

Hanahan D. 1983. Studies on transformation of *Escherichia coli* with plasmids. *J. Mol. Biol.* **166:** 557–580.

———. 1985. Techniques for transformation of *E. coli*. In *DNA cloning: A practical approach* (ed. D.M. Glover), vol. 1, p. 109–135. IRL Press, Oxford, United Kingdom.

Hancock K. and Tsang V.C. 1983. India ink staining of proteins on nitrocellulose paper. *Anal. Biochem.* **133:** 157–162.

Harlow E. and Lane D. 1988. *Antibodies: A laboratory manual.* Cold Spring Harbor Laboratory, Cold Spring Harbor, New York.

———. 1999. *Using antibodies: A laboratory manual.* Cold Spring Harbor Laboratory Press, Cold Spring Harbor, New York.

Harper D.R. and Murphy G. 1991. Nonuniform variation in band pattern with luminol/horse radish peroxidase Western blotting. *Anal. Biochem.* **192:** 59–63.

Hattman S., Brooks J.E. and Masurekar M. 1978. Sequence-specificity of the P1 modification methylase (M.*Eco* P1) and the DNA methylase (M.*Eco* dam) controlled by the *Escherichia coli dam* gene. *J. Mol. Biol.* **126:** 367–380.

Hausen P. and Stein H. 1970. Ribonuclease H. An enzyme degrading the RNA moiety of DNA-RNA hybrids. *Eur. J. Biochem.* **14:** 278–283.

Haussler D., Krogh A., Mian S., and Sjölander K. 1992. Protein modeling using hidden markov models. In *C.I.S. Technical Report UCSC-CRL-92-93.* University of California, Santa Cruz.

Hawkes R. 1986. The dot immunobinding assay. *Methods Enzymol.* **121:** 484–491.

Hawkes R., Niday E., and Gordon J. 1982. A dot-immunobinding assay for monoclonal and other antibodies. *Anal. Biochem.* **119:** 142–147.

Hayashi K., Nakazawa M., Ishizaki Y., Hiraoka N., and Obayashi

R.8

A. 1986. Regulation of inter- and intramolecular ligation with T4 DNA ligase in the presence of polyethylene glycol. *Nucleic Acids Res.* **14:** 7617–7631.

Hegenauer R. 1971. Pflanstoffe und Pflanzensystematik. *Naturwissenschaften* **58:** 585–598.

Heinemeyer T., Chen X., Karas H., Krel A.E., Kel O.V., Liebach I., Meinhardt T., Reuter I., Schacherer E., and Wingender E. 1999. Expanding the TRANSFAC database towards an expert system of regulatory molecular mechanisms. *Nucleic Acids Res.* **27:** 318–322.

Heitman J. and Model P. 1987. Site-specific methylases induce the SOS DNA repair response in *Escherichia coli. J. Bacteriol.* **169:** 3243–3250.

Hemmati-Brivanlou A., Frank D., Bolce M.E., Brown B.D., Sive H.L., and Harland R.M. 1990. Localization of specific mRNAs in *Xenopus* embryos by whole-mount *in situ* hybridization. *Development* **110:** 325–330.

Hengen P.N. 1997. Shearing DNA for genomic library construction. *Trends Biochem. Sci.* **22:** 273–274.

Henikoff J.G., Henikoff S., and Pietrokovski S. 1999a. New features of the Blocks Database servers. *Nucleic Acids Res.* **27:** 226–228.

———. 1999b. Blocks+: A non-redundant database of protein alignment blocks derived from multiple compilations. *Bioinformatics* **15:** 471–479.

Henikoff S. 1984. Unidirectional digestion with exonuclease III creates targeted breakpoints for DNA sequencing. Gene **28:** 351–359.

Henikoff S. and Henikoff J.G. 1991. Automated assembly of protein blocks for database searching. *Nucleic Acids Res.* **19:** 6565–6572.

———. 1992. Amino acid substitution matrices from protein blocks. *Proc. Natl. Acad. Sci.* **89:** 10915–10919.

———. 1993. Performance evaluation of amino acid substitution matrices. *Protein* **17:** 49–61.

———. 1994. Protein family classification based on searching a database of blocks. *Genomics* **19:** 97–107.

Henikoff S., Henikoff J.G., Alford W.J., and Pietrokovksi S. 1995. Automated construction and graphical presentation of protein blocks from unaligned sequences. *Gene* **163:** GC17–26.

Herrin D.L. and Schmidt G.W. 1988. Rapid, reversible staining of northern blots prior to hybridization. *BioTechniques* **6:** 196–200.

Hertz G.Z. and Stormo G.D. 1995. Identification of consensus patterns in unaligned DNA and protein sequences: A large deviation statistical basis for penalizing gaps. In *Proceedings of the 3rd International Conference on Bioinformatics and Genome Research* (ed. H.A. Lim and C.R. Cantor), pp. 201–216. World Scientific, Singapore.

———. 1999. Identifying DNA and protein patterns with statistically significant alignments of multiple sequences. *Bioinformatics* **15:** 563–577.

Higgins D.G. and Sharp P.M. 1988. CLUSTAL: A package for perfoming multiple sequence alignment on a microcomputer. *Gene* **73:** 237–244.

Higgins D.G., Bleasby A.J., and Fuchs R. 1992. CLUSTAL V: Improved software for multiple sequence alignment. *Comput. Appl. Biosci.* **8:** 189–191.

Higo K., Ugawa Y., Iwamoto M., and Korenaga T. 1999. Plant *cis*-acting regulatory DNA elements (PLACE) database: 1999. *Nucleic Acids Res.* **27:** 297–300.

Hilwig I. and Gropp A. 1975. pH-dependent fluorescence of DNA and RNA in cytologic staining with "33258 Hoechst". *Exp. Cell Res.* **91:** 457–460.

Hilz H., Wiegers U., and Adamietz P. 1975. Stimulation of proteinase K action by denaturing agents: Application to the isolation of nucleic acids and the degradation of 'masked' proteins. *Eur. J. Biochem.* **56:** 103–108.

Himmelreich R., Hilbert H., Plagens H., Pirkl E., Li B.C., and Herrmann R. 1996. Complete sequence analysis of the genome of the bacterium *Mycoplasma pneumoniae. Nucleic Acids Res.* **24:** 4420–4449.

Hjelm H., Hjelm K., and Sjöquist J. 1972. Protein A from *Staphylococcus aureus.* Its isolation by affinity chromatography and its use as an immunosorbent for isolation of immunoglobulins. *FEBS Lett.* **28:** 73–76.

Hodgson M. and Jones P. 1989. Enhanced chemiluminescence in the peroxidase-luminol-H_2O_2 system: Anomalous reactivity of enhancer phenols with enzyme intermediates. *J. Biolumin. Chemilumin.* **3:** 21–25.

Hofacker I.L., Fontana W., Stadler P.F., Bonhoeffer S., Tacker M., and Schuster P. 1994. Fast folding and comparison of RNA secondary structures. *Monatsh. Chem.* **125:** 167–188.

Hohn B. 1979. *In vitro* packaging of λ and cosmid DNA. *Methods Enzymol.* **68:** 299–309.

Hohn B. and Murray K. 1977. Packaging recombinant DNA molecules into bacteriophage particles *in vitro. Proc. Natl. Acad. Sci.* **74:** 3259–3263.

Holm L. and Sander C. 1996. Mapping the protein universe. *Science* **273:** 595–603.

Holmstrom K., Rossen L., and Rasmussen O.F. 1993. A highly sensitive and fast nonradioactive method for detection of polymerase chain reaction products. *Anal. Biochem.* **209:** 278–283.

Höltke H.-J. and Kessler C. 1990. Non-radioactive labeling of RNA transcripts in vitro with the hapten digoxigenin (DIG): Hybridization and ELISA-based detection. *Nucleic Acids Res.* **18:** 5843–5851.

Höltke H.-J., Ettl J., Obermaier J., and Schmitz G. 1991. Sensitive chemiluminescent detection of digoxigenin (DIG) labeled nucleic acids. A fast and simple protocol and its applications. In *Bioluminescence and chemiluminescence: Current status* (ed. P.E. Stanley and L.J. Kricka), pp. 179–182. Wiley, Chichester, United Kingdom.

Höltke H.-J., Seibl R., Burg J., Mühlegger K., and Kessler C. 1990. Non-radioactive labeling and detection of nucleic acids. II. Optimization of the digoxigenin system. *Biol. Chem. Hoppe-Seyler* **371:** 929–938.

Hong G.F. 1982. A systemic DNA sequencing strategy. *J. Mol. Biol.* **158:** 539–549.

Hostomsky Z., Hostomska Z., and Matthews D.A. 1993. Ribonucleases H. In *Nucleases,* 2nd edition (ed. S.M. Linn et al.), pp. 341–376. Cold Spring Harbor Laboratory Press, Cold Spring Harbor, New York.

Huang X. and Miller W. 1991. A time-efficient linear-space local similarity algorithm. *Adv. Appl. Math.* **12:** 337-357.

Huang X., Hardison R.C., and Miller W. 1990. A space-efficient algorithm for local similarities. *Comput. Appl. Biosci.* **6:** 373–381.

Hudson L.G., Santon J.B., and Gill G.N. 1989. Regulation of epidermal growth factor receptor gene expression. *Mol. Endocrinol.* **3:** 400–408.

Hughey R. and Krogh A. 1995. SAM: Sequence alignment and modeling software system. In *C.I.S. Technical Report UCSC-CRL-95-7.* University of California, Santa Cruz.

———. 1996. Hidden Markov models for sequence analysis:

Extension and analysis of the basic method. *Comput. Appl. Biosci.* **12:** 95–107.

Hunkapiller M.W., Lujan E., Ostrander F., and Hood L.E. 1983. Isolation of microgram quantities of proteins from polyacrylamide gels for amino acid sequence analysis. *Methods Enzymol.* **91:** 227–236.

Hunter W.M. and Greenwood F.C. 1962. Preparation of iodine-131 labelled human growth hormone of high specific activity. *Nature* **194:** 495–496.

Hurn B.A. and Chantler S.M. 1980. Production of reagent antibodies. *Methods Enzymol.* **70:** 104–142.

Ikeda S. and Oda T. 1993. Nonisotopic gel-mobility shift assay using chemiluminescent detection. *BioTechniques* **14:** 878–880.

Ikemura T. 1982. Correlation between the abundance of yeast transfer RNAs and the occurrence of the respective codons in protein genes. *J. Mol. Biol.* **158:** 573–597.

———. 1985. Codon usage and tRNA content in unicellular and multicellular organisms. *Mol. Biol. Evol.* **2:** 13–34.

Isaacson U. and Wettermark G. 1974. Chemiluminescence in analytical chemistry. *Anal. Chim. Acta* **68:** 339–362.

ISCO. 1982. *ISCOTABLES: A handbook of data for biological and physical scientists*, 8th edition. ISCO, Inc., Lincoln, Nebraska.

Jacobsen H., Klenow H., and Overgaard-Hansen K. 1974. The N-terminal amino-acid sequences of DNA polymerase I from *Escherichia coli* and of the large and the small fragments obtained by a limited proteolysis. *Eur. J. Biochem.* **45:** 623–627.

Jaeger J.A., Turner D.H., and Zuker M. 1989. Improved predictions of secondary structures for RNA. *Proc. Natl. Acad. Sci.* **86:** 7706–7710.

Jain V.K. and Magrath I.T. 1991. A chemiluminescent assay for quantitation of β-galactosidase in the femtogram range: Application to quantitiation of β-galactosidase in *lac* Z-transfected cells. *Anal. Biochem.* **199:** 639–650.

Janin J. 1979. Surface and inside volumes in globular proteins. *Nature* **277:** 491–492.

Jany K.-D., Lederer G., and Mayer B. 1986. Amino acid sequence of proteinase K from the mold *Tritirachium album* Limber. *FEBS Lett.* **199:** 139–144.

Jendrisak J., Young R.A., and Engel J.D. 1987. Cloning cDNA into λgt10 and λgt11. *Methods Enzymol.* **152:** 359–371.

Jerpseth B., Greener A., Short J.M., Viola J., and Kretz P.L. 1992. XL1-Blue MRF *E. coli* cells. In *Strategies Newsletter*, vol. 5, pp. 81–83. Stratagene, La Jolla, California.

Johansson S. and Skoog B. 1987. Rapid silver staining of polyacrylamide gels. *J. Biochem. Biophys. Methods* (suppl.) **14:** 33.

Johnson D.A., Gautsch J.W., Sportsman J.R., and Elder J.H. 1984. Improved technique utilizing nonfat dry milk for analysis of proteins and nucleic acids transferred to nitrocellulose. *Gene Anal. Tech.* **1:** 3–8.

Johnson F.H., Shimomura O., Saiga Y., Gershman L.C., Reynolds G.T., and Waters J.R. 1962. Quantum efficiency of *Cypridina* luminescence, with a note on that of *Aequorea*. *J. Cell. Comp. Physiol.* **60:** 85–103.

Johnston T.C., Thompson R.B., and Baldwin T.O. 1986. Nucleotide sequence of the *luxB* gene of *Vibrio harveyi* and the complete amino acid sequence of the β subunit of bacterial luciferase. *J. Biol. Chem.* **261:** 4805–4811.

Jollés P. 1960. Lysozyme. In *The Enzymes*, 2nd edition (ed. P.D. Boyer et al.), pp. 431–445. Academic Press, New York.

Jones D.T., Taylor W.R., and Thornton J.M. 1992. The rapid generation of mutation data matrices from protein sequences. *Comput. Appl. Biosci.* **8:** 275–282.

Jónsson Z.O., Thorbjarnardóttir S.H., Eggertsson G., and Palsdottir A. 1994. Sequence of the DNA ligase-encoding gene from *Thermus scotoductus* and conserved motifs in DNA ligases. *Gene* **151:** 177–180.

Joyce C.M. and Grindley N.D.F. 1983. Construction of a plasmid that overproduces the large proteolytic fragment (Klenow fragment) of DNA polymerase I of *Escherichia coli*. *Proc. Natl. Acad. Sci.* **80:** 1830–1834.

Jung Y.H. and Lee Y. 1995. RNases in ColE1 DNA metabolism. *Mol. Biol. Rep.* **22:** 195–200.

Kalman S., Mitchell W., Marathe R., Lammel C., Fan J., Hyman R.W., Olinger L., Grimwood J., Davis R.W., and Stephens R.S. 1999. Comparative genomes of *Chlamydia pneumoniae* and *C. trachomatis*. *Nat. Genet.* **21:** 385–389.

Kan N.C., Lautenberger J.A., Edgell M.H., and Hutchison C.A. 1979. The nucleotide sequence recognized by the *Escherichia coli* K12 restriction and modification enzymes. *J. Mol. Biol.* **130:** 191–209.

Kanaya S. and Ikehara M. 1995. Functions and structures of ribonuclease H enzymes. *Subcell. Biochem.* **24:** 377–422.

Kaneko T., Sato S., Kotani H., Tanaka A., Asamizu E., Nakamura Y., Miyajima N., Hirosawa M., Sugiura M., Sasamoto S., et al. 1996. Sequence analysis of the genome of the unicellular cyanobacterium *Synechocystis* sp. strain PCC6803. II. Sequence determination of the entire genome and assignment of potential protein-coding regions. *DNA Res.* **3:** 109–136.

Karger A.E., Weiss R., and Gesteland R.F. 1993. Line scanning system for direct digital chemiluminescence imaging of DNA sequencing blots. *Anal. Chem.* **65:** 1785–1793.

Karlin S. and Altschul S.F. 1990. Methods for assessing the statistical significance of molecular sequence features by using general scoring schemes. *Proc. Natl. Acad. Sci.* **87:** 2264–2268.

———. 1993. Applications and statistics for multiple high-scoring segments in molecular sequences. *Proc. Natl. Acad. Sci.* **90:** 5873–5877.

Karlin S. and Bucher P. 1992. Correlation analysis of amino acid usage in protein classes. *Proc. Natl. Acad. Sci.* **89:** 12165–12169.

Karn J., Brenner S., Barnett L., and Cesareni G. 1980. Novel bacteriophage λ cloning vector. *Proc. Natl. Acad. Sci.* **77:** 5172–5176.

Kawarabayasi Y., Sawada M., Horikawa H., Haikawa Y., Hino Y., Yamamoto S., Sekine M., Baba S., Kosugi H., Hosoyama A., et al. 1998. Complete sequence and gene organization of the genome of a hyper-thermophilic archaebacterium, *Pyrococcus horikoshii* OT3. *DNA Res.* **5:** 55–76.

Keller G.-A., Gould S., DeLuca M., and Subramani S. 1987. Firefly luciferase is targeted to peroxisomes in mammalian cells. *Proc. Natl. Acad. Sci.* **84:** 3264–3268.

Kelley W.S. and Stump K.H. 1979. A rapid procedure for isolation of large quantities of *Escherichia coli* DNA polymerase I utilizing a λpolA transducing phage. *J. Biol. Chem.* **254:** 3206–3210.

Kerkhof L. 1992. A comparison of substrates for quantifying the signal from a nonradiolabeled DNA probe. *Anal. Biochem.* **205:** 359–364.

Kessler C. 1991. The digoxigenin:anti-digoxigenin (DIG) technology — A survey on the concept and realization of a novel bioanalytical indicator system. *Mol. Cell. Probes* **5:** 161–205.

Kessler C. and Manta V. 1990. Specificity of restriction endonuclease and DNA modification methyltransferases — A review.

R.10

Gene **92:** 1–248.

Kessler C., Höltke H.-J., Seibl R., Burg J., and Mühlegger K. 1989. A novel DNA labeling and detection system based on digoxigenin: Anti-digoxigenin ELISA principle. *J. Clin. Chem. Clin. Biochem.* **27:** 130–131.

———. 1990. Non-radioactive labeling and detection of nucleic acids. I. A novel DNA labeling and detection system based on digoxigenin: Anti-digoxigenin ELISA principle (digoxigenin system). *Biol. Chem. Hoppe-Seyler* **371:** 917–927.

Kim Y., Grable J.C., Love R.J., Greene P.J., and Rosenberg J.M. 1990. Refinement of EcoRI endonuclease crystal structure: A revised chain tracing. *Science* **249:** 1307–1309.

Kinkel T., Lubbers H., Schmidt E., Molz P., and Skrzipczyk H.J. 1989. Synthesis and properties of new luminescent acridinium-9-carboxylic acid derivatives and their application in luminescence immunoassays (LIA). *J. Biolumin. Chemilumin.* **4:** 136–139.

Kirby K.S. 1956. A new method for the isolation of ribonucleic acids from mammalian tissues. *Biochem. J.* **64:** 405.

———. 1957. A new method for the isolation of deoxyribonucleic acids: Evidence on the nature of bonds between deoxyribonucleic acid and protein. *Biochem. J.* **66:** 495–504.

———. 1964. Isolation and fractionation of nucleic acids. *Prog. Nucleic Acid Res. Mol. Biol.* **3:** 1–31.

Kirchner G., Roberts J.L., Gustafson G.D., and Ingolia T.D. 1989. Active bacterial luciferase from a fused gene: Expression of a *Vibrio harveyi luxAB* translational fusion in bacteria, yeast and plant cells. *Gene* **81:** 349–354.

Klenk H.P., Clayton R.A., Tomb J.F., White O., Nelson K.E., Ketchum K.A., Dodson R.J., Gwinn M., Hickey E.K., Peterson J.D., et al. 1997. The complete genome sequence of the hyperthermophilic, sulphate-reducing archaeon *Archaeoglobus fulgidus* (erratum *Nature* [1998] **394:** 101). *Nature* **390:** 364–370.

Klenow H. and Henningsen I. 1970. Selective elimination of the exonuclease activity of the deoxyribonucleic acid polymerase from *Escherichia coli* B by limited proteolysic digestion. *Proc. Natl. Acad. Sci.* **65:** 168–175.

Klimasauskas S., Kumar S., Roberts R.J., and Cheng X. 1994. HhaI methyltransferase flips its target base out of the DNA helix. *Cell* **76:** 357–369.

Klug A., Jack A., Viswamitra M.A., Kennard O., Shakked Z., and Steitz T.A. 1979. A hypothesis on a specific sequence-dependent conformation of DNA and its relation to the binding of the *lac*-repressor protein. *J. Mol. Biol.* **131:** 669–680.

Knecht D.A. and Dimond R.L. 1984. Visualization of antigenic proteins on Western blots. *Anal. Biochem.* **136:** 180–184.

Kobatake E., Ikariyama Y., and Aizawa M. 1995. Production of the chimeric-binding protein, maltose-binding protein-protein A, by gene fusion. *J. Biotechnol.* **38:** 263–268.

Kohen F., Pazzagli M., Kim J.B., and Lindner H.R. 1979. An assay procedure for plasma progesterone based on antibody enhanced chemiluminescence. *FEBS Lett.* **104:** 140–143.

Kolchanov N.A., Ananko E.A., Podkolodnaya O.A., Ignatieva E.V., Stepanenko I.L., Kel-Margoulis O.V., Kel A.E., Merkulova T.I., Goryachkovskaya T.N., Busygina T.V., Kolpakov F.A., Podkolodny N.L., Naumochkin A.N., and Romashchenko A.G. 1999. Transcription Regulatory Regions Database (TRRD): Its status in 1999. *Nucleic Acids Res.* **27:** 303–306.

Koncz C., Olsson O., Langridge W.H.R., Shell J., and Szalay A.A. 1987. Expression and assembly of functional bacterial luciferase in plants. *Proc. Natl. Acad. Sci.* **84:** 131–135.

Korab-Laskowska M., Rioux P., Brossard N., Littlejohn T.G., Gray M.W., Lang B.F., and Burger G. 1998. The Organelle Genome Database Project (GOBASE). *Nucleic Acids Res.* **26:** 138–144.

Koren J.F., Melo T.B., and Prydz S. 1970. Enhanced photoemulsion sensitivity at low temperatures used in radiochromatography. *J. Chromatogr.* **46:** 129–131.

Kornberg A. and Baker T.A. 1992. Topoisomerases. In *DNA replication,* 2nd edition, pp. 379–401. W.H. Freeman, New York.

Kornberg T. and Kornberg A. 1974. Bacterial DNA polymerases. In *The enzymes*, 3rd edition (ed. P.D. Boyer), vol. 10, p. 119. Academic Press, New York.

Kotewicz M.L., Sampson C.M., D'Alessio J.M., and Gerard G.F. 1988. Isolation of cloned Moloney murine leukemia virus reverse transcriptase lacking ribonuclease H activity. *Nucleic Acids Res.* **16:** 265–277.

Kramer J.A., Singh G.B., and Krawetz S.A. 1996. Computer-assisted search for sites of nuclear matrix attachment. *Genomics* **33:** 305–308.

Krause A., Nicodeme P., Bornberg-Bauer E., Rehmsmeier M., and Vingron M. 1999. WWW access to the SYSTERS protein sequence cluster set. *Bioinformatics* **15:** 262–263.

Kricka L.J. 1991. Chemiluminescent and bioluminescent techniques. *Clin. Chem.* **37:** 1472–1481.

———. 1992. *Nonisotopic DNA probe techniques.* Academic Press, San Diego, California.

Kricka L.J. and DeLuca M. 1982. Effects of solvents on the catalytic activity of firefly luciferase. *Arch. Biochem. Biophys.* **217:** 674–681.

Kricka L.J. and Stanley P.E. 1992. Bioluminescence and chemiluminescence literature–1991: Part I. *J. Biolumin. Chemilumin.* **7:** 47–73.

Kricka L.J. and Thorpe G.H. 1986. Photographic detection of chemiluminescent and bioluminescent reactions. *Methods Enzymol.* **133:** 404–420.

Kricka L.J., Nozaki O., and Stanley P.E. 1993. Bioluminescence and chemiluminescence literature–1992: Part I. *J. Biolumin. Chemilumin.* **8:** 169–182. .

Kroeker W.D. and Kowalski D. 1978. Gene-sized pieces produced by digestion of linear duplex DNA with mung bean nuclease. *Biochemistry* **17:** 3236–3243.

Kronvall G. 1973. A surface component in group A, C, and G streptococci with non-immune reactivity for immunoglobulin G. *J. Immunol.* **111:** 1401–1406.

Kronvall G., Grey H.M., and Williams Jr., R.C. 1970a. Protein A reactivity with mouse immunoglobulins. Structural relationship between some mouse and human immunoglobulins. *J. Immunol.* **105:** 1116–1123.

Kronvall G., Seal U.S., Finstad J., and Williams Jr., R.C. 1970b. Phylogenetic insight into evolution of mammalian Fc fragment of λG globulin using staphylococcal protein A. *J. Immunol.* **104:** 140–147.

Kulp D., Haussler D., Reese M.G., and Eeckman F.H. 1996. A generalized hidden Markov model for the recognition of human genes in DNA. *Ismb* **4:** 134–142.

Kumar S., Cheng X., Klimasauskas S., Mi S., Posfai J., Roberts R.J., and Wilson G.G. 1994. The DNA (cytosine-5) methyltransferases. *Nucleic Acids Res.* **22:** 1–10.

Kunitz M. 1950. Crystalline desoxyribonuclease. II. Digestion of thymus nucleic acid (desoxyribonucleic acid). The kinetics of the reaction. *J. Gen. Physiol.* **33:** 363–377.

Kunkel T.A., Roberts J.D., and Zakour R.A. 1987. Rapid and efficient site-specific mutagenesis without phenotypic selection. *Methods Enzymol.* **154:** 367–382.

Kunst F., Ogasawara N., Moszer I., Albertini A.M., Alloni G., Azevedo V., Bertero M.G., Bessières P., Bolotin A., Borchert S., et al. 1997. The complete genome sequence of the gram-positive bacterium *Bacillus subtilis*. *Nature* **390:** 249–256.

Kyte J. and Doolittle R.F. 1982. A simple method for displaying the hydropathic character of a protein. *J. Mol. Biol.* **157:** 105–132.

Labarca C. and Paigen K. 1980. A simple, rapid and sensitive DNA assay procedure. *Anal. Biochem.* **102:** 344–352.

Laemmli U.K. 1970. Cleavage of structural proteins during the assembly of the head of bacteriophage T4. *Nature* **227:** 680–685.

Lafontaine D.A., Deschenes P., Bussiere F., Poisson V., and Perreault J.P. 1999. The viroid and viroid-like RNA database. *Nucleic Acids Res.* **27:** 186–187.

Langone J.J. 1980. Radioiodination by use of the Bolton-Hunter and related reagents. *Methods Enzymol.* **70:** 221–247.

———. 1982. Protein A of *Staphylococcus aureus* and related immunoglobulin receptors produced by *streptococci* and *pneumonococci*. *Adv. Immunol.* **32:** 157–252.

Laskey R.A. 1980. The use of intensifying screens or organic scintillators for visualizing radioactive molecules resolved by gel electrophoresis. *Methods Enzymol.* **65:** 363–371.

Laskey R.A. and Mills A.D. 1975. Quantitative film detection of ^{3}H and ^{14}C in polyacrylamide gels by fluorography. *Eur. J. Biochem.* **56:** 335–341.

———. 1977. Enhanced autoradiographic detection of ^{32}P and ^{125}I using intensifying screens and hypersensitized film. *FEBS Lett.* **82:** 314–316.

Laskowski Sr., M. 1980. Purification and properties of the mung bean nuclease. *Methods Enzymol.* **65:** 263–276.

Lathe R. 1985. Synthetic oligonucleotide probes deduced from amino acid sequence data: Theoretical and practical considerations. *J. Mol. Biol.* **183:** 1–12.

Latt S.A. and Wohlleb J.C. 1975. Optical studies of the interaction of 33258 Hoechst with DNA, chromatin and metaphase chromosomes. *Chromosoma* **52:** 297–316.

Lau P.P. and Gray Jr., H.B. 1979. Extracellular nucleases of *Alteromonas espejiana* BAL 31. IV. The single strand-specific deoxyriboendonuclease activity as a probe for regions of altered secondary structure in negatively and positively supercoiled closed circular DNA. *Nucleic Acids Res.* **6:** 331–357.

Lauer G., Rudd E.A., McKay D.L., Ally A., Ally D., and Backman K.C. 1991. Cloning, nucleotide sequence, and engineered expression of *Thermus thermophilus* DNA ligase, a homolog of *Escherichia coli* DNA ligase. *J. Bacteriol.* **173:** 5047–5053.

Law S.-J., Miller T., Piran U., Klukas C., Chang S., and Unger J. 1989. Novel poly-substituted aryl acridinium esters and their use in immunoassay. *J. Biolumin. Chemilumin.* **4:** 88–98.

Lawrence C.E., Altschul S.F., Boguski M.S., Liu J.S., Neuwald A.F., and Wootton J.C. 1993. Detecting subtle sequence signals: A Gibbs sampling strategy for multiple alignment. *Science* **262:** 208–214.

Leary J.J., Brigati D.J., and Ward D.C. 1983. Rapid and sensitive colorimetric method for visualizing biotin-labeled DNA probes hybridized to DNA or RNA immobilized on nitrocellulose: Bio-blots. *Proc. Natl. Acad. Sci.* **80:** 4045–4049.

Leder P., Tiemeier D., and Enquist L. 1977. EK2 derivatives of bacteriophage lambda useful in the cloning of DNA from higher organisms: The λgt*WES* system. *Science* **196:** 175–177.

Legerski R.J., Hodnett J.L., and Gray Jr., H.B. 1978. Extracellular nucleases of *Pseudomonas* BAL 31. III. Use of the double-strand deoxyriboexonuclease activity as the basis of a convenient method for the mapping of fragments of DNA produced by cleavage with restriction enzymes. *Nucleic Acids Res.* **5:** 1445–1464.

Legocki R.P., Legocki M., Baldwin T.O., and Szalay A.A. 1986. Bioluminescence in soybean root nodules: Demonstration of a general approach to assay gene expression *in vivo* by using bacterial luciferase. *Proc. Natl. Acad. Sci.* **83:** 9080–9084.

Lehman I.R. 1981. DNA polymerase I of *Escherichia coli*. In *The enzymes*, 3rd edition (ed. P.D. Boyer), vol. 14, pp. 15–37. Academic Press, New York.

Lehrach H., Diamond D., Wozney J.M., and Boedtker H. 1977. RNA molecular weight determinations by gel electrophoresis under denaturing conditions, a critical reexamination. *Biochemistry* **16:** 4743–4751.

LePecq J.B. and Paoletti C. 1967. A fluorescent complex between ethidium bromide and nucleic acids. Physical-chemical characterization. *J. Mol. Biol.* **27:** 87–106.

Lerner R.A. 1984. Antibodies of predetermined specificity in biology and medicine. *Adv. Immunol.* **36:** 1–44.

Levinson A., Silver D., and Seed B. 1984. Minimal size plasmids containing an M13 origin for production of single-stranded transducing particles. *J. Mol. Appl. Genet.* **2:** 507-517.

Limbach P.A., Crain P.F., and McCloskey J.A. 1994. Summary: The modified nucleosides of RNA. *Nucleic Acids Res.* **22:** 2183–2196.

Lin J.J., Smith M., Jessee J., and Bloom F. 1992. DH11S: An *Escherichia coli* strain for preparation of single-stranded DNA from phagemid vectors. *BioTechniques* **12:** 718–721.

Lin W. and Kasamatsu H. 1983. On the electrotransfer of polypeptides from gels to nitrocellulose membranes. *Anal. Biochem.* **128:** 302–311.

Lind I., Live I., and Mansa B. 1970. Variation in staphylococcal protein A reactivity with gamma G-globulins of different species. *Acta Pathol. Microbiol. Scand. B Microbiol. Immunol.* **78:** 673–682.

Lindbladh C., Persson M., Bulow L., Stahl S., and Mosbach K. 1987. The design of a simple competitive ELISA using human proinsulin-alkaline phosphatase conjugates prepared by gene fusion. *Biochem. Biophys. Res. Commun.* **149:** 607–614.

Lindsay S. and Bird A.P. 1987. Use of restriction enzymes to detect potential gene sequences in mammalian DNA. *Nature* **327:** 336–338.

Lipman D.J., Altschul S.F., and Kececioglu J. 1989. A tool for multiple sequence alignment. *Proc. Natl. Acad. Sci.* **86:** 4412–4415.

Lis J.T. 1980. Fractionation of DNA fragments by polyethylene glycol induced precipitation. *Methods Enzymol.* **65:** 347–353.

Lis J.T. and Schleif R. 1975a. Size fractionation of double-stranded DNA by precipitation with polyethylene glycol. *Nucleic Acids Res.* **2:** 383–389.

———. 1975b. The regulatory region of the L-arabinose operon: Its isolation on a 1000 base-pair fragment from DNA heteroduplexes. *J. Mol. Biol.* **95:** 409–416.

Little J.W. 1981. Lambda exonuclease. *Gene Amplif. Anal.* **2:** 135–145.

Little J.W., Lehman I.R., and Kaiser A.D. 1967. An exonuclease induced by bacteriophage lambda. I. Preparation of the crystalline enzyme. *J. Biol. Chem.* **242:** 672–678.

Lomonossoff G.P., Butler P.J., and Klug A. 1981. Sequence-dependent variation in the conformation of DNA. *J. Mol. Biol.* **149:** 745–760.

Loontiens F.G., Regenfuss P., Zechel A., Dumortier L., and Clegg

R.12

R.M. 1990. Binding characteristics of Hoechst 33258 with calf thymus DNA, poly[d(A-T)], and d(CCGGAATTCCGG): Multiple stoichiometries and determination of tight binding with a wide spectrum of site affinities. *Biochemistry* **29:** 9029–9039.

Low B. 1968. Formation of merodiploids in matings with a class of Rec⁻ recipient strains of *Escherichia coli* K12. *Proc. Natl. Acad. Sci.* **60:** 160–167.

Lowe T.M. and Eddy S.R. 1997. tRNAscan-SE: A program for improved detection of transfer RNA genes in genomic sequence. *Nucleic Acids Res.* **22:** 955–964.

———. 1999. A computational screen for methylation guide snoRNAs in yeast. *Science* **283:** 1168–1171.

Luckow B., Renkawitz R., and Schütz G. 1987. A new method for constructing linker scanning mutants. *Nucleic Acids Res.* **15:** 417–429.

Lukashin A.V. and Borodovsky M. 1998. GeneMark.hmm: New solutions for gene finding. *Nucleic Acids Res.* **26:** 1107–1115.

Lunn G. and Sansone E.B. 1987. Ethidium bromide: Destruction and decontamination of solutions. *Anal. Biochem.* **162:** 453–458.

Maanich C. and Schneider W. 1941. Uber die Glykoside con *Digitalis orientalis* L. *Arch. Pharm.* **279:** 223–248.

MacGregor J.T. and Johnson I.J. 1977. In vitro metabolic activation of ethidium bromide and other phenanthridinium compounds: Mutagenic activity in *Salmonella typhimurium*. *Mutat. Res.* **48:** 103–107.

Mahler H.R. and Bastos R.N. 1974. Coupling between mitochondrial mutation and energy transduction. *Proc. Natl. Acad. Sci.* **71:** 2241–2245.

Main R.K. and Cole L.J. 1957. Chromatography of deoxyribonucleic acids on calcium phosphate columns. *Arch. Biochem. Biophys.* **68:** 186–195.

Main R.K., Wilkins M.J., and Cole L.J. 1959. A modified calcium phosphate for column chromatography of polynucleotides and proteins. *J. Am. Chem. Soc.* **81:** 6490–6495.

Malone R.W., Felgner P.L., and Verma I. M. 1989. Cationic liposome-mediated RNA transfection. *Proc. Natl. Acad. Sci.* **86:** 6077–6081.

Manchester K.L. 1995. Value of $A_{260/280}$ ratios for measurement of purity of nucelic acids. *BioTechniques* **19:** 208–219.

———. 1996. Use of UV methods for the measurement of protein and nucleic acid concentrations. *BioTechniques* **20:** 968–970.

Maniatis T., Jeffrey A., and Kleid D.G. 1975. Nucleotide sequence of the rightward operator of phage lambda. *Proc. Natl. Acad. Sci.* **72:** 1184–1188.

Maniatis T., Hardison R.C., Lacy E., Lauer J., O'Connell C., Quon D., Sim G.K., and Efstratiadis A. 1978. The isolation of structural genes from libraries of eucaryotic DNA. *Cell* **15:** 687–701.

Manoil C., Mekalanos J.J., and Beckwith J. 1990. Alkaline phosphatase fusions: Sensors of subcellular location. *J. Bacteriol.* **172:** 515–518.

Marinus M.G. 1973. Location of DNA methylation genes on the *Escherichia coli* K-12 genetic map. *Mol. Gen. Genet.* **127:** 47–55.

———. 1987. Methylation of DNA. In Escherichia coli *and* Salmonella typhimurium: *Cellular and molecular biology* (ed. F.C. Neidhardt et al.), vol. 1, pp. 697–702. American Society for Microbiology, Washington, D.C.

Marinus M.G. and Morris N.R. 1973. Isolation of deoxyribonucleic acid methylase mutants of *Escherichia coli* K-12. *J. Bacteriol.* **114:** 1143–1150.

Markwell M.A. 1982. A new solid-state reagent to iodinate proteins. I. Conditions for the efficient labeling of antiserum. *Anal. Biochem.* **125:** 427–432.

Marshall J., Molloy R., Moss G.W., Howe J.R., and Hughes T.E. 1995. The jellyfish green fluorescent protein: A tool for studying ion channel expression and function. *Neuron* **14:** 211–215.

Martin C., Bresnick L., Juo R.R., Voyta J.C., and Bronstein I. 1991. Improved chemiluminescent DNA sequencing. *BioTechniques* **11:** 110–113.

Martinson H.G. and Wagenaar E.B. 1974. Thermal elution chromatography and the resolution of nucleic acids on hydroxylapatite. *Anal. Biochem.* **61:** 144–154.

Masuya H., Kondo K., Aramaki Y., and Ishimori Y. 1992. Pyridopyridazine compounds and their use. European Patent No. EP0491477.

Mattingly P.G. 1991. Chemiluminescent 10-methyl-acridinium-9-(N-sulphonylcarboxamide) salts. Synthesis and kinetics of light emission. *J. Biolumin. Chemilumin.* **6:** 107–114.

Matz M.V., Fradkov A.F., Labas Y.A., Savitsky A.P., Zaraisky A.G., Markelov M.K., and Lukyanov S.A. 1999. Fluorescent proteins from nonbioluminescent *Anthozoa* species. *Nat. Biotechnol.* **17:** 969–973.

Maxam A.M. and Gilbert W. 1977. A new method for sequencing DNA. *Proc. Natl. Acad. Sci.* **74:** 560–564.

May M.S. and Hattman S. 1975. Analysis of bacteriophage deoxyribonucleic acid sequences methylated by host-and R-factor-controlled enzymes. *J. Bacteriol.* **123:** 768–770.

McCann J., Choi E., Yamasaki E., and Ames B.N. 1975. Detection of carcinogens as mutagens in the *Salmonella*/microsome test: Assay of 300 chemicals. *Proc. Natl. Acad. Sci.* **72:** 2241–2245.

McCarty M. 1985. *The transforming principle: Discovering that genes are made of DNA*, 1st edition, pp. 83–85. W.W. Norton, New York.

McCaskill J.J. 1990. The equilibrium partition function and base pair binding probabilities for RNA secondary structures. *Biopolymers* **29:** 1105–1119.

McClelland M. 1981. Purification and characterization of two new modification methylases: MClaI from *Caryophanon latum* L and MTaqI from *Thermus aquaticus* YTI. *Nucleic Acids Res.* **9:** 6795–6804.

———. 1983. The frequency and distribution of methylatable DNA sequences in leguminous plant protein coding genes. *J. Mol. Evol.* **19:** 346–354.

McClelland M. and Nelson M. 1987. Enhancement of the apparent cleavage specificities of restriction endonucleases: Applications to megabase mapping of chromosomes. In *Gene amplification and analysis: Restriction endonucleases and methylases* (ed. J.G. Chirikjian), vol. 5, pp. 257–282. Elsevier, New York.

———. 1988. The effect of site-specific DNA methylation on restriction endonucleases and DNA modification methyltransferases — A review. *Gene* **74:** 291–304.

———. 1992. Effect of site-specific methylation on DNA modification methyltransferases and restriction endonucleases. *Nucleic Acids Res.* (suppl.) **20:** 2145–2157.

McClelland M., Kessler L.G., and Bittner M. 1984. Site-specific cleavage of DNA at 8- and 10-base-pair sequences. *Proc. Natl. Acad. Sci.* **81:** 983–987.

McComb R.B. and Bowers Jr., G.N. 1972. Study of optimum buffer conditions for measuring alkaline phosphatase activity in human serum. *Clin. Chem.* **18:** 97–104.

McConahey P.J. and Dixon F.J. 1966. A method of trace iodination of proteins for immunologic studies. *Int. Arch. Allergy Appl. Immunol.* **29:** 185–189.

———. 1980. Radioiodination of proteins by the use of the chloramine-T method. *Methods Enzymol.* **70:** 210–213.

McCracken S. 1989. Preparation of RNA transcripts using SP6 RNA polymerase. In *DNA probes* (ed. G.H. Keller and M.M. Manak), pp. 119–120. Stockton Press, New York.

McFarland W.N. and Norris K.S. 1958. Control of pH and CO_2 by buffers in fish transport. *Calif. Fish Game* **44:** 291–310.

McGadey J. 1970. A tetrazolium method for non-specific alkaline phosphatase. *Histochemie* **23:** 180–184.

McKee J.R., Christman C.L., O'Brien Jr., W.D., and Wang S.Y. 1988. Effects of ultrasound on nucleic acid bases. *Biochemistry* **16:** 4651–4654.

McKimm-Breschkin J.L. 1990. The use of tetramethylbenzidine for solid phase immunoassays. *J. Immunol. Methods* **67:** 1–11.

Medgyesi G.A., Fust G., Gergely J., and Bazin H. 1978. Classes and subclasses of rat immunoglobulins: Interaction with the complement system and with staphylococcal protein A. *Immunochemistry* **15:** 125–129.

Meier T., Arni S., Malarkannan S., Poincelet M., and Hoessli D. 1992. Immunodetection of biotinylated lymphocyte-surface proteins by enhanced chemiluminescence: A nonradioactive method for cell-surface protein analysis. *Anal. Biochem.* **204:** 220–226.

Meissner P.S., Sisk W.P., and Berman M.L. 1987. Bacteriophage λ cloning system for the construction of directional cDNA libraries. *Proc. Natl. Acad. Sci.* **84:** 4171–4175.

Melgar E. and Goldthwait D.A. 1968. Deoxyribonucleic acid nucleases. II. The effects of metals on the mechanism of action of deoxyribonuclease I. *J. Biol. Chem.* **243:** 4409–4416.

Mellon P.L., Clegg C.H., Correll L.A., and McKnight G.S. 1989. Regulation of transcription by cyclic AMP-dependent protein kinase. *Proc. Natl. Acad. Sci.* **86:** 4487–4891.

Melton D.A., Krieg P.A., Rebagliati M.R., Maniatis T., Zinn K., and Green M.R. 1984. Efficient in vitro synthesis of biologically active RNA and RNA hybridization probes from plasmids containing a bacteriophage SP6 promoter. *Nucleic Acids Res.* **12:** 7035–7056.

Menozzi F.D., Michel A., Pora H., and Miller A.O.A. 1990. Absorption method for rapid decontamination of solutions of ethidium bromide and propidium iodide. *Chromatographia* **29:** 167–169.

Merril C.R. 1987. Detection of proteins separated by electrophoresis. *Adv. Electrophor.* **1:** 111–139.

———. 1990. Silver staining of proteins and DNA. *Nature* **343:** 779–780.

Merril C.R., Goldman D., and Van Keuren M.L. 1984. Gel protein stains: Silver stain. *Methods Enzymol.* **104:** 441–447.

Meselson M. and Yuan R. 1968. DNA restriction enzyme from *E. coli. Nature* **217:** 1110–1114.

Messing J. 1979. A multipurpose cloning system based on the single-stranded DNA bacteriophage M13. *Recomb. DNA Tech. Bull.* **2:** 43–48.

Messing J., Crea R., and Seeburg P.H. 1981. A system for shotgun sequencing. *Nucleic Acids Res.* **9:** 309–321.

Messing J.B., Gronenborn B., Müller-Hill B., and Hofschneider P.H. 1977. Filamentous coliphage M13 as a cloning vehicle: Insertion of a *Hin*dII fragment of the *lac* regulatory region in M13 replicative form *in vitro*. *Proc. Natl. Acad. Sci.* **74:** 3642–3246.

Meyer T.S. and Lamberts B.L. 1965. Use of Coomassie brilliant blue R250 for the electrophoresis of microgram quantities of parotid saliva proteins on acrylamide gel strips. *Biochim. Biophys. Acta* **107:** 144–145.

Michaelis S., Guarente L., and Beckwith J. 1983. *In vitro* construction and characterization of *phoA-lacZ* gene fusions in *Escherichia coli*. *J. Bacteriol.* **154:** 356–365.

Michelson A.M. and Orkin S.H. 1982. Characterization of the homopolymer tailing reaction catalyzed by terminal deoxynucleotidyl transferase. Implications for the cloning of cDNA. *J. Biol. Chem.* **257:** 14773–14782.

Miele E.A., Mills D.R., and Kramer F.R. 1983. Autocatalytic replication of a recombinant RNA. *J. Mol. Biol.* **171:** 281–295.

Mierendorf R.C., Percy C., and Young R.A. 1987. Gene isolation by screening λgt11 libraries with antibodies. *Methods Enzymol.* **152:** 458–469.

Miller J.H. 1972. *Experiments in molecular genetics*. Cold Spring Harbor Laboratory, Cold Spring Harbor, New York.

Mirouchoud D. and Gautier C. 1988. High codon-usage changes in mammalian genes. *Mol. Biol. Evol.* **5:** 192–194.

Miska W. and Geiger R. 1987. Synthesis and characterization of luciferin derivatives for use in bioluminescence enhanced enzyme immunoassays. New ultrasensitive detection systems for enzyme immunoassays, I. *J. Clin. Chem. Clin. Biochem.* **25:** 23–30.

Misteli T., Caceres J.F., and Spector D.L. 1997. The dynamics of a pre-mRNA splicing factor in living cells. *Nature* **387:** 523–527.

Mitchell L.G., Bodenteich A., and Merril C.R. 1994. Use of silver-staining to detect nucleic acids. *Methods Mol. Biol.* **31:** 197–203.

Modrich P. and Lehman I.R. 1970. Enzymatic joining of polynucleotides. IX. A simple and rapid assay of polynucleotide joining (ligase) activity by measurement of circle formation from linear deoxyadenylate-deoxythymidylate copolymer. *J. Biol. Chem.* **245:** 3626–3631.

Moeremans M., Daneels G., and De Mey J. 1985. Sensitive colloidal metal (gold or silver) staining of protein blots on nitrocellulose membranes. *Anal. Biochem.* **145:** 315–321.

Monstein H.-J., Geijer T., and Bakalkin G.Y. 1992. BLOTTO-MF, an inexpensive and reliable hybridization solution in northern blot analysis using complementary RNA probes. *BioTechniques* **13:** 842–843.

Moos M. 1992. Isolation of proteins for microsequence analysis. In *Current protocols in immunology* (ed. J.E. Coligan et al.), pp. 8.7.1–8.7.12. Wiley, New York.

Morgenstern B., Dress A., and Werner T. 1996. Multiple DNA and protein sequence alignment based on segment-to-segment comparison. *Proc. Natl. Acad. Sci.* **93:** 12098–12103.

Morise H., Shimomura O., Johnson F.H., and Winant J. 1974. Intermolecular energy transfer in the bioluminescent system of *Aequorea*. *Biochemistry* **13:** 2656–2662.

Morris C.E., Klement J.F., and McAllister W.T. 1986. Cloning and expression of the bacteriophage T3 RNA polymerase gene. *Gene* **41:** 193–200.

Mount D. 2001. *Bioinformatics: Sequence and genome analysis*. Cold Spring Harbor Laboratory Press, Cold Spring Harbor, New York. (In press.)

Muilerman H.G., ter Hart H.G., and Van Dijk W. 1982. Specific detection of inactive enzyme protein after polyacrylamide gel electrophoresis by a new enzyme-immunoassay method using unspecific antiserum and partially purified active enzyme: Application to rat liver phosphodiesterase I. *Anal. Biochem.* **120:** 46–51.

R.14

Müller A., Hinrichs W., Wolf W.M., and Saenger W. 1994. Crystal structure of calcium-free proteinase K at 1.5Å resolution. *J. Biol. Chem.* **269:** 23108–23111.

Müller W. and Gautier F. 1975. Interactions of heteroaromatic compounds with nucleic acids. A–T-specific non-intercalating DNA ligands. *Eur. J. Biochem.* **54:** 385–394.

Murray N.E., Brammar W.J., and Murray K. 1977. Lambdoid phages that simplify the recovery of *in vitro* recombinants. *Mol. Gen. Genet.* **150:** 53–61.

Murzin A.G., Brenner S.E., Hubbard T., and Chothia C. 1995. SCOP: A structural classification of proteins database for the investigation of sequences and structures. *J. Mol. Biol.* **247:** 536–540.

Myers R.M., Larin Z., and Maniatis T. 1985. Detection of single base substitutions by ribonuclease cleavage at mismatches in RNA:DNA duplexes. *Science* **230:** 1242–1246.

Myhre E.B. and Kronvall G. 1977. Heterogeneity of nonimmune immunoglobulin Fc reactivity among gram-positive cocci: Description of three major types of receptors for human immunoglobulin G. *Infect. Immun.* **17:** 475–482.

——. 1980a. Immunochemical aspects of Fc-medicated binding of human IgG subclasses to group A, C and G streptococci. *Mol. Immunol.* **17:** 1563–1573.

——. 1980b. Binding of murine myeloma proteins of different Ig classes and subclasses to Fc-reactive surface structures in gram-positive cocci. *Scand. J. Immunol.* **11:** 37–46.

——. 1981. Specific binding of bovine, ovine, caprine and equine IgG subclasses to defined types of immunoglobulin receptors in gram-positive cocci. *Comp. Immunol. Microbiol. Infect. Dis.* **4:** 317–328.

Nader W.F., Edlind T.D., Huettermann A., and Sauer H.W. 1985. Cloning of *Physarum* actin sequences in an exonuclease-deficient bacterial host. *Proc. Natl. Acad. Sci.* **82:** 2698–2702.

Nagai K. and Thøgerson H.C. 1984. Generation of β-globin by sequence-specific proteolysis of a hybrid protein produced in *Escherichia coli*. *Nature* **309:** 810–812.

Nakamura Y., Gojobori T., and Ikemura T. 1999. Codon usage tabulated from the international DNA sequence databases: Its status 1999. *Nucleic Acids Res.* **27:** 292.

Nakane P.K. and Pierce Jr., G.B. 1967. Enzyme-labeled antibodies for the light and electron microscopic localization of tissue antigens. *J. Cell Biol.* **33:** 307–318.

Nelson K.E., Clayton R.A., Gill S.R., Gwinn M.L., Dodson R.J., Haft D.H., Hickey E.K., Peterson J.D., Nelson W.C., Ketchum K.A., et al. 1999. Evidence for lateral gene transfer between Archaea and bacteria from genome sequence of *Thermotoga maritima*. *Nature* **399:** 323–329.

Nelson M. and McClelland M. 1987. The effect of site-specific methylation on restriction-modification enzymes. *Nucleic Acids Res.* (suppl.) **15:** 219–230.

Nelson M. and Schildkraut I. 1987. The use of DNA methylases to alter the apparent recognition specificities of restriction endonucleases. *Methods Enzymol.* **155:** 41–48.

Nelson M., Christ C., and Schildkraut I. 1984. Alteration of apparent restriction endonuclease recognition specificities by DNA methylases. *Nucleic Acids Res.* **12:** 5165–5173.

Nelson T. and Brutlag D. 1979. Addition of homopolymers to the 3′-ends of duplex DNA with terminal transferase. *Methods Enzymol.* **68:** 41–50.

Neuwald A.F. and Green P. 1994. Detecting patterns in protein sequences. *J. Mol. Biol.* **239:** 698–712.

Nevill-Manning C.G., Wu T.D., and Brutlag D.L. 1998. Highly specific protein sequence motifs for genome analysis. *Proc. Natl. Acad. Sci.* **95:** 5865–5871.

Nguyen N., Hansen C., and Braman J. 1992. Detection of *bcl*-2 t(14;18) chromosomal translocation using PCR and chemiluminescent probes. *Clin. Chem.* **38:** 469.

Nguyen V.T., Morange M., and Bensaude O. 1988. Firefly luciferase luminescence assays using scintillation counters for quantitation in transfected mammalian cells. *Anal. Biochem.* **171:** 404–408.

——. 1989. Protein denaturation during heat shock and related stress. *Escherichia coli* β-galactosidase and *Photinus pyralis* luciferase inactivation in mouse cells. *J. Biol. Chem.* **264:** 10487–10492.

Niedenthal R.K., Riles L., Johnston M., and Hegemann J.H. 1996. Green fluorescent protein as a marker for gene expression and subcellular localization in budding yeast. *Yeast* **12:** 773–786.

Nilsson B. and Abrahmsén L. 1990. Fusions to staphylococcal protein A. *Methods Enzymol.* **185:** 144–161.

Nilsson B., Abrahmsén L., and Uhlén M. 1985. Immobilization and purification of enzymes with staphylococcal protein A gene fusion vectors. *EMBO J.* **4:** 1075–1080.

Nilsson R., Myhre E., Kronvall G., and Sjogren H.O. 1982. Fractionation of rat IgG subclasses and screening for IgG Fc-binding to bacteria. *Mol. Immunol.* **19:** 119–126.

Nordeen S.K. 1988. Luciferase reporter gene vectors for analysis of promoters and enhancers. *BioTechniques* **6:** 454–458.

Normore W.M. 1976. Guanine-plus-cytosine (GC) composition of the DNA of bacteria, fungi, algae and protozoa. In *Handbook of biochemistry and molecular biology: Nucleic acids*, 3rd edition (ed. G.D. Fasman), vol. 2, p. 65. CRC Press, Cleveland, Ohio.

Nossal N.G. 1974. DNA synthesis on a double-stranded DNA template by the T4 bacteriophage DNA polymerase and the T4 gene 32 DNA unwinding protein. *J. Biol. Chem.* **249:** 5668–5676.

Notredame C. and Higgins D. 1996. SAGA: Sequence alignment by genetic algorithm. *Nucleic Acids Res.* **24:** 1515–1524.

Notredame C., Holm L., and Higgins D.F. 1998. COFFEE: An objective function for multiple sequence alignments. *Bioinformatics* **14:** 407–422.

Nozaki O., Kricka L.J., and Stanley P.E. 1992. Nucleic acid hybridization assays. *J. Biolumin. Chemilumin.* **7:** 223–228.

Nygren P.A., Eliasson M., Abrahmsén L., Uhlén M., and Palmcrantz E. 1988. Analysis and use of the serum albumin binding domains of streptococcal protein G. *J. Mol. Recognit.* **1:** 69–74.

Nygren P.A., Flodby P., Andersson R., Wigzell H., and Uhlén M. 1991. *In vivo* stabilization of a human recombinant CD4 derivative by fusion to a serum-albumin-binding receptor. In *Vaccines 91: Modern approaches to new vaccines including prevention of aids* (ed. R.M. Channock et al.), pp. 363–368. Cold Spring Harbor Laboratory Press, Cold Spring Harbor, New York.

Oakley B.R., Kirsch D.R., and Morris. N.R. 1980. A simplified ultrasensitive silver stain for detecting proteins in polyacrylamide gels. *Anal. Biochem.* **105:** 361–363.

Ochs D.C., McConkey E.H., and Sammons D.W. 1981. Silver stains for proteins in polyacrylamide gels: A comparison of six methods. *Electrophoresis* **2:** 304–307.

Oefner P.J., Hunicke-Smith S.P., Chiang L., Dietrich F., Mulligan J., and Davis R.W. 1996. Efficient random subcloning of DNA sheared in a recirculating point-sink flow system. *Nucleic Acids Res.* **24:** 3879–3886.

O'Farrell P.H., Kutter E., and Nakanishi M. 1980. A restriction map of the bacteriophage T4 genome. *Mol. Gen. Genet.* **179:** 421–435.

Ogata R. and Gilbert W. 1977. Contacts between the *lac* repressor and the thymines in the *lac* operator. *Proc. Natl. Acad. Sci.* **74:** 4973–4976.

Oi V.T., Glazer A.N., and Stryer L. 1982. Fluorescent phycobiliprotein conjugates for analyses of cells and molecules. *J. Cell Biol.* **93:** 981–986.

Oka T., Sakamoto S., Miyoshi K., Fuwa T., Yoda K., Yamasaki M., Tamura G., and Miyake T. 1985. Synthesis and secretion of human epidermal growth factor by *Escherichia coli. Proc. Natl. Acad. Sci.* **82:** 7212–7216.

Okayama H. and Berg P. 1982. High efficiency cloning of full-length cDNA. *Mol. Cell. Biol.* **2:** 161–170.

Olmsted J.B. 1981. Affinity purification of antibodies from diazotized paper blots of heterogeneous protein samples. *J. Biol. Chem.* **256:** 11955–11957.

Olsson A., Eliasson M., Guss B., Nilsson B., Hellman U., Lindberg M., and Uhlén M. 1987. Structure and evolution of the repetitive gene encoding streptococcal protein G. *Eur. J. Biochem.* **168:** 319–324.

Ornstein L. 1964. Disc electrophoresis. I. Background and theory. *Ann. N.Y. Acad. Sci.* **121:** 321–349.

Palmer B.R. and Marinus M.G. 1994. The *dam* and *dcm* strains of *Escherichia coli* — A review. *Gene* **143:** 1–12.

Panasenko S.M., Alazard R.J., and Lehman I.R. 1978. A simple, three-step procedure for the large scale purification of DNA ligase from a hybrid λ lysogen constructed in vitro. *J. Biol. Chem.* **253:** 4590–4592.

Panasenko S.M., Cameron J.R., Davis R.W., and Lehman I.R. 1977. Five hundredfold overproduction of DNA ligase after induction of a hybrid λ lysogen constructed in vitro. *Science* **196:** 188–189.

Pascarella S. and Argos P. 1992. A data bank merging related protein structures and sequences. *Protein Eng.* **5:** 121–137.

Pataki S., Meyer K., and Reichstein T. 1953. Die Konfiguration des Digoxygenins. *Experientia* **9:** 253–254.

Patterson T.A. and Dean M. 1987. Preparation of high titer lambda phage lysates. *Nucleic Acids Res.* **15:** 6298.

Pavesi A., Contero F., Bolchi A., Dieci G., and Ottonello S. 1994. Identification of new eucaryotic tRNA genes in genomic databases by a multistep weight matrix analysis of transcriptional control regions. *Nucleic Acids Res.* **22:** 1247–1256.

Pazzagli M., Bolelli G.F., Messeri G., Martinazzo G., Tomassi A., Salerno R., and Serio M. 1982. Homogeneous luminescent immunoassay for progesterone: A study on the antibody-enhanced chemiluminescence. In *Luminescent assays: Perspectives in endocrinology and clinical chemistry* (ed. M. Serio and M. Pazzagli), pp. 191–200. Raven Press, New York.

Peacock S.L., McIver C.M., and Monahan J.J. 1981. Transformation of *E. coli* using homopolymer-linked plasmid chimeras. *Biochim. Biophys. Acta* **655:** 243–250.

Pearson W.R. and Lipman D.J. 1988. Improved tools for biological sequence analysis. *Proc. Natl. Acad. Sci.* **85:** 2444–2448.

Perier R.C., Junier T., Bonnard C., and Bucher P. 1999. The Eukaryotic Promoter Database (EPD): Recent developments. *Nucleic Acids Res.* **27:** 307–309.

Perler F.B., Kumar S., and Kong H. 1996. Thermostable DNA polymerases. *Adv. Protein Chem.* **48:** 377–435.

Peterhans A., Mecklenburg M., Meussdoerffer F., and Mosbach K. 1987. A simple competitive enzyme-linked immunosorbent assay using antigen-beta-galactosidase fusions. *Anal. Biochem.* **163:** 470–475.

Pheiffer B.H. and Zimmerman S.B. 1983. Polymer-stimulated ligation: Enhanced blunt- or cohesive-end ligation of DNA or deoxyribooligonucleotides by T4 DNA ligase in polymer solutions. *Nucleic Acids Res.* **11:** 7853–7871.

Phillips H.J. 1973. Dye exclusion tests for cell viability. In *Tissue culture: Methods and applications* (ed. P.F. Kruse, Jr. and M.K. Paterson, Jr.), pp. 406–408. Academic Press, New York.

Piloty O. and Ruff O. 1897. Über die Reduktion des tertiären Nitroisobutylglycerins und das Oxim des Dioxyacetons. *Ber. Dtsch. Chem. Ges.* **30:**1656–1665.

Pluskal M.G., Przekop M.B., Kavonian M.R., Vecoli C., and Hicks D.A. 1986. Immobilon PVDF transfer membrane — A new membrane substrate for western blotting of proteins. *BioTechniques* **4:** 272–283.

Pollard-Knight D., Simmonds A.C., Schaap A.P., Akhavan H., and Brady M.A. 1990. Nonradioactive DNA detection on Southern blots by enzymatically triggered chemiluminescence. *Anal. Biochem.* **185:** 353–358.

Pouliot J.J., Yao K.C., Robertson C.A., and Nash H.A. 1999. Yeast gene for a Tyr-DNA phosphodiesterase that repairs topoisomerase I complexes. *Science* **286:** 552-555.

Poxton I.R. 1990. Immunoblotting techniques. *Curr. Opin. Immunol.* **2:** 905–909.

Prasher D.C., Eckenrode V.K., Ward W.W., Prendergast F.G., and Cormier M.J. 1992. Primary structure of the *Aequorea victoria* fluorescent green protein. *Gene* **111:** 229–233.

Prell B. and Vosberg H.P. 1980. Analysis of covalent complexes formed between calf thymus DNA topoisomerase and single-stranded DNA. *Eur. J. Biochem.* **108:** 389–398.

Premaratne S., Helms M., and Mower H.F. 1993. Enhancement of ethidium bromide fluorescence in double-stranded DNA reacted with chloroacetaldehyde. *BioTechniques* **15:** 394–395.

Price P.A. 1972. Characterization of Ca^{++} and Mg^{++} binding to bovine pancreatic deoxyribonuclease A. *J. Biol. Chem.* **247:** 2895–2899.

Puskas R.S., Manley N.R., Wallace D.M., and Berger S.L. 1982. Effect of ribonucleoside-vanadyl complexes on enzyme-catalyzed reactions central to recombinant deoxyribonucleic acid technology. *Biochemistry* **21:** 4602–4608.

Quandt K., Grote K., and Werner T. 1996a. GenomeInspector: Basic software tools for analysis of spatial correlations between genomic structures within megabase sequences. *Genomics* **15:** 301–304.

———. 1996b. GenomeInspector: A new approach to detect correlation patterns of elements on genomic sequences. *Comput. Appl. Biosci.* **12:** 405–413.

Quillardet P. and Hofnung M. 1988. Ethidium bromide and safety — Readers suggest alternative solutions (letter). *Trends Genet.* **4:** 89–90.

Radloff R., Bauer W., and Vinograd J. 1967. A dye-buoyant density method for the detection and isolation of closed circular duplex DNA: The closed circular DNA in HeLa cells. *Proc. Natl. Acad. Sci.* **57:** 1514–1521.

Raleigh E.A. and Wilson G. 1986. *Escherichia coli* K-12 restricts DNA containing 5-methylcytosine. *Proc. Natl. Acad. Sci.* **83:** 9070–9074.

Raleigh E.A., Murray N.E., Revel H., Blumenthal R.M., Westaway D., Reith A.D., Rigby P.W., Elhai J., and Hanahan D. 1988. McrA and McrB restriction phenotypes of some *E. coli* strains and implications for gene cloning (erratum *Nucleic Acids Res.* [1995] **23:** 3612). *Nucleic Acids Res.* **16:** 1563–1575.

Rassoulzadegan M., Binetruy B., and Cuzin F. 1982. High fre-

R.16

quency of gene transfer after fusion between bacteria and eukaryotic cells. *Nature* **295:** 257–259.

Reese M.G. 1994. "Erkennung von Promotoren in pro- und eukaryontischen DNA-Sequenzen durch künstliche Neuronale Netze." Ph.D. thesis, German Cancer Research Center, Heidelberg, Germany.

Reese M.G. and F.H. Eeckman. 1995. New neural network algorithms for improved eukaryotic promoter site recognition. *Genome Sci. Technol.* **1:** 45.

Reese M.G., N.L. Harris, and F.H. Eeckman. 1996. Large scale sequencing specific neural networks for promoter-splice site recognition. In *Biocomputing: Proceedings of the 1996 Pacific Symposium* (ed. L. Hunter and T.E. Klein). World Scientific, Singapore.

Reese M.G., F.H. Eeckman, D. Kulp, and D. Haussler. 1997. Improved splice site detection in Genie. *J. Comput. Biol.* **4:** 311–323.

Reichstein T. 1962. Besonderheiten der Zucker von herzaktiven Glkosiden. *Angew Chem.* **74:** 887–918.

Remaut E., Stanssens P., and Fiers W. 1981. Plasmid vectors for high-efficiency expression controlled by the p_L promoter of coliphage lambda. *Gene* **15:** 81–93.

Renz M. and Kurz C. 1984. A colorimetric method for DNA hybridization. *Nucleic Acids Res.* **12:** 3435–3444.

Rice P., Craigie R., and Davies D.R. 1996. Retroviral integrases and their cousins. *Curr. Opin. Struct. Biol.* **6:** 76–83.

Richardson C.C. 1971. Polynucleotide kinase from *Escherichia coli* infected with bacteriophage T4. In *Procedures in nucleic acid research* (ed. G.L. Cantoni and D.R. Davies), vol. 2, p. 815–828. Harper and Row, New York.

———. 1981. Bacteriophage T4 polynucleotide kinase. In *The enzymes*, 3rd edition (ed. P.D. Boyer), vol. 14, pp. 299–314. Academic Press, New York.

Richardson J.S. and Richardson D.C. 1989. Principles and patterns of protein conformation. In *Prediction of protein structure and the principles of protein conformation* (ed. G.D. Fasman), pp. 1–97. Plenum Press, New York.

Richman D.D., Cleveland P.H., Oxman M.N., and Johnson K.M. 1982. The binding of staphylococcal protein A by the sera of different animal species. *J. Immunol.* **128:** 2300–2305.

Richterich P. and Church G.M. 1993. DNA sequencing with direct transfer electrophoresis and nonradioactive detection. *Methods Enzymol.* **218:** 187–222.

Rigby P.W., Dieckmann M., Rhodes C., and Berg P. 1977. Labeling deoxyribonucleic acid to high specific activity in vitro by nick translation with DNA polymerase I. *J. Mol. Biol.* **113:** 237–251.

Robbins D., Fahimi H.D., and Cotran R.S. 1971. Fine structural cytochemical localization of peroxidase activity in rat peritoneal cells: Mononuclear cells, eosinophils and mast cells. *J. Histochem. Cytochem.* **19:** 571–575.

Roberts I.M., Jones S.L., Premier R.R., and Cox J.C. 1991. A comparison of the sensitivity and specificity of enzyme immunoassays and time-resolved fluoroimmunoassay. *J. Immunol. Methods* **143:** 49–56.

Roberts T.M., Swanberg S.L., Poteete A., Riedel G., and Backman K. 1980. A plasmid cloning vehicle allowing a positive selection for inserted fragments. *Gene* **12:** 123–127.

Robinson M.O., McCarrey J.R., and Simon M.I. 1989. Transcriptional regulatory regions of testis-specific *PGK2* defined in transgenic mice. *Proc. Natl. Acad. Sci.* **86:** 8437–8441.

Rogers S.G. and Weiss B. 1980. Exonuclease III of *Escherichia coli* K-12, an AP endonuclease. *Methods Enzymol.* **65:** 201–211.

Rohringer R. and Holden D.W. 1985. Protein blotting: Detection of proteins with colloidal gold, and of glycoproteins and lectins with biotin-conjugated and enzyme probes. *Anal. Biochem.* **144:** 118–127.

Rombauts S., Dehais P., Van Montagu M., and Rouze P. 1999. PlantCARE, a plant *cis*-acting regulatory element database. *Nucleic Acids Res.* **27:** 295–296.

Rose G.D., Geselowitz A.R., Lesser G.J., Lee R.H., and Zehfus M.N. 1985. Hydrophobicity of amino acid residues in globular proteins. *Science* **229:** 834–838.

Rosenberg S.M. 1985. *Eco*K restriction during in vitro packaging of coliphage lambda DNA. *Gene* **39:** 313–315.

Roswell D.F. and White E.H. 1978. The chemiluminescence of luminol and related hydrazides. *Methods Enzymol.* **57:** 409–423.

Roychoudhury R. and Wu R. 1980. Terminal transferase-catalyzed addition of nucleotides to the 3′-termini of DNA. *Methods Enzymol.* **65:** 43–62.

Roychoudhury R., Jay E., and Wu R. 1976. Terminal labeling and addition of homopolymer tracts to duplex DNA fragments by terminal deoxynucleotidyl transferase. *Nucleic Acids Res.* **3:** 101–116.

Rozenski J., Crain P.F., and McCloskey J.A. 1999. The RNA Modification Database: 1999 update. *Nucleic Acids Res.* **27:** 196–197.

Rüther U. and Müller-Hill B. 1983. Easy identification of cDNA clones. *EMBO J.* **2:** 1791–1794.

Salinovitch O. and Montelaro R.C. 1986. Reversible staining and peptide mapping of proteins transferred to nitrocellulose after separation by sodium dodecyl sulfate-polyacrylamide gel electrophoresis. *Anal. Biochem.* **156:** 341–347.

Sambrook J., Fritsch E., and Maniatis T. 1989. *Molecular cloning: A laboratory manual*, 2nd edition, p. 18.15. Cold Spring Harbor Laboratory Press, Cold Spring Harbor, New York.

Sambrook, J., Sharp P.A., and Keller W. 1972. Transcription of simian virus 40. I. Separation of the strands of SV40 DNA and hybridization of the separated strands to RNA extracted from lytically infected and transformed cells. *J. Mol. Biol.* **70:** 57–71.

Sammons D.W., Adams L.D., and Nishizawa E.E. 1981. Ultrasensitive silver-based color staining of polypeptides in polyacrylamide gels. *Electrophoresis* **2:** 135–141.

Sander C. and Schneider R. 1991. Database of homology-derived protein structures and the structural meaning of sequence alignment. *Proteins* **9:** 56–68.

Sanger F., Nicklen S., and Coulson A.R. 1977. DNA sequencing with chain-terminating inhibitors. *Proc. Natl. Acad. Sci.* **74:** 5463–5467.

Sano T. and Cantor C.R. 1991. A streptavidin-protein A chimera that allows one-step production of a variety of specific antibody conjugates. *Bio/Technology* **9:** 1378–1381.

Schaap A.P., Akhavan H., and Romano L.J. 1989. Chemiluminescent substrates for alkaline phosphatase: Application to ultrasensitive enzyme-linked immunoassays and DNA probes. *Clin. Chem.* **35:** 1863–1864.

Schaap A.P., Sandison M.D., and Handley R.S. 1987. Chemical and enzymatic triggering of 1,2-dioxetanes. 3. Alkaline phosphatase-catalyzed chemiluminescence from an aryl phosphate substituted dioxetane. *Tetrahedron Lett.* **28:** 1159–1162.

Schaffner W. 1980. Direct transfer of cloned genes from bacteria to mammalian cells. *Proc. Natl. Acad. Sci.* **77:** 2163–2167.

Scheffler I.E., Elson E.L., and Baldwin R.L. 1968. Helix formation by dAT oligomers. I. Hairpin and straight-chain helices. *J. Mol. Biol.* **36:** 291–304.

Schmitz A. and Galas D.J. 1979. The interaction of RNA polymerase and *lac* repressor with the *lac* control region. *Nucleic Acids Res.* **6:** 111–137.

Schmitz G.G., Walter T., Seibl R., and Kessler C. 1991. Nonradioactive labeling of oligonucleotides in vitro with the hapten digoxigenin by tailing with terminal transferase. *Anal. Biochem.* **192:** 222–231.

Schnare M.N., Damberger S.H., Gray M.W., and Gutell R.R. 1996. Comprehensive comparison of structural characteristics in eukaryotic cytoplasmic large subunit (23 S-like) ribosomal RNA. *J. Mol. Biol.* **256:** 701–719.

Schneppenheim R. and Rautenberg P. 1987. A luminescence Western blot with enhanced sensitivity for antibodies to human immunodeficiency virus. *Eur. J. Clin. Microbiol.* **6:** 49–51.

Schneppenheim R., Budde U., Dahlmann N., and Rautenberg P. 1991. Luminography — A new highly sensitive visualization method for electrophoresis. *Electrophoresis* **12:** 367–372.

Schoenle E.J., Adams L.D., and Sammons D.W. 1984. Insulin-induced rapid decrease of a major protein in fat cell plasma membranes. *J. Biol. Chem.* **259:** 12112–12116.

Schriefer L.A., Gebauer B.K., Qui L.Q., Waterston R.H., and Wilson R.K. 1990. Low pressure DNA shearing: A method for random DNA sequence analysis. *Nucleic Acids Res.* **18:** 7455–7456.

Schroeder H.R., Boguslaski R.C., Carrico R.J., and Buckler R.T. 1978. Monitoring specific binding reactions with chemiluminescence. *Methods Enzymol.* **57:** 424–445.

Schug J. and Overton G.C. 1997. TESS: Transcription element search software on the www. Computational Biology and Informatics Laboratory, University of Pennsylvania School of Medicine (Technical Report CBIL-TR-1997-1001-v0.o).

Schuler G.D., Altschul S.F., and Lipman D.J. 1991. A workbench for multiple alignment construction and analysis. *Proteins* **9:** 180–191.

Schwartz O., Virelizier J.-L., Montagnier L., and Hazan U. 1990. A microtransfection method using the luciferase-encoding reporter gene for the assay of human immunodeficiency virus LTR promoter activity. *Gene* **88:** 197–205.

Schwartz R.M. and Dayhoff M.O. 1978. Matrices for detecting distant relationships. In *Atlas of protein sequence and structure* (ed. M.O. Dayhoff et al.), vol. 5, suppl. 3, pp. 353–358. National Biomedical Research Foundation, Georgetown University Medical Center, Washington, D.C.

Seevers R.R.H. and Counsell R.E. 1982. Radioiodination techniques for small organic molecules. *Chem. Rev.* **82:** 575–590.

Seibl R., Höltke H.-J., Ruger R., Meindl A., Zachau H.G., Rasshofer R., Roggendorf M., Wolf H., Arnold N., Wienberg J., et al. 1990. Non-radioactive labeling and detection of nucleic acids. III. Applications of the digoxigenin system. *Biol. Chem. Hoppe-Seyler* **371:** 939–951.

Sekiya K., Saito Y., Ikegami T., Yamamoto M., Sato Y., Maeda M., and Tsuji A. 1991. Fully-automated analyzer for chemiluminescent enzyme immunoassay. In *Bioluminescence and chemiluminescence: Current status* (eds. P.E. Stanley and L.J. Kricka), pp. 123–126. Wiley, Chichester, United Kingdom.

Semenza G. 1957. Chromatography of deoxyribonucleic acid in calcium phosphate. *Ark. Kemi* **11:** 89–96.

Setlow P. 1976. Nearest neighbor frequencies in deoxyribonucleic acids. In *Handbook of biochemistry and molecular biology: Nucleic acids*, 3rd edition (ed. G.D. Fasman), vol. 2, p. 312. CRC Press, Cleveland, Ohio.

Sevag M.G. 1934. Eine neue physikalische EnteiweiBungs-methode zur Darstellung biologisch wirksamer Substanzen. *Biochem. Z.* **213:** 419–429.

Sevag M.G., Lackman D.B., and Smolens J. 1938. Isolation of components of streptococcal nucleoproteins in serologically active form. *J. Biol. Chem.* **124:** 425.

Shannon L.M., Kay E., and Lew J.Y. 1966. Peroxidase isozymes from horseradish roots. I. Isolation and physical properties. *J. Biol. Chem.* **241:** 2166–2172.

Shapiro B.A. 1988. An algorithm for comparing multiple RNA secondary structures. *Comput. Appl. Biosci.* **4:** 381–393.

Shapiro B.A. and Zhang K. 1990. Comparing multiple RNA secondary structures using tree comparison. *Comput. Appl. Biosci.* **6:** 309–318.

Shapiro H.S. 1976. Distribution of purines and pyrimidines in deoxyribonucleic acids. In *Handbook of biochemistry and molecular biology: Nucleic acids*, 3rd edition (ed. G.D. Fasman), vol. 2, p. 241. CRC Press, Cleveland, Ohio.

Sharp P.A., Sugden B., and Sambrook J. 1973. Detection of two restriction endonuclease activities in *Haemophilus parainfluenzae* using analytical agarose–ethidium bromide electrophoresis. *Biochemistry* **12:** 3055–3063.

Sharp P.M. and Cowe E. 1991. Synonymous codon usage in *Saccharomyces cerevisiae. Yeast* **7:** 657–678.

Sharp P.M. and Devine K.M. 1989. Codon usage and gene expression level in *Dictyostelium discoiduem:* Highly expressed genes do "prefer" optimal codons. *Nucleic Acids Res.* **17:** 5029–5039.

Shields D.C. and Sharp P.M. 1987. Synonymous codon usage in *B. subtilis* refelects both translational selection and mutational bias. *Nucleic Acids Res.* **15:** 3023–3040.

Shimomura O. 1979. Structure of the chromophore of *Aequorea* green fluorescent protein. *FEBS Lett.* **104:** 220–222.

Shine J., Dalgarno L., and Hunt J.A. 1974. Fingerprinting of eukaryotic ribosomal RNA labelled with tritiated nucleosides. *Anal. Biochem.* **59:** 360–365.

Siegel L.I. and Bresnick E. 1986. Northern hybridization analysis of RNA using diethylpyrocarbonate-treated nonfat milk. *Anal. Biochem.* **159:** 82–87.

Siezen R.J. and Leunissen J.A. 1997. Subtilases: The superfamily of subtilisin-like serine proteases. *Protein Sci.* **6:** 501–523.

Siezen R.J., de Vos W.M., Leunissen J.A., and Dijkstra B.W. 1991. Homology modelling and protein engineering strategy of subtilases, the family of subtilisin-like serine proteinases. *Protein Eng.* **4:** 719–731.

Simatake H. and Rosenberg M. 1981. Purified λ regulatory protein *c*II positively activates promoters for lysogenic development. *Nature* **292:** 128–132.

Singer V.L., Lawler T.E., and Yue S. 1999. Comparison of SYBR® Green I nucleic acid gel stain mutagenicity and ethidium bromide mutagenicity in the *Salmonella* mammalian microsome reverse mutation assay (Ames test). *Mutat. Res.* **439:** 37–47.

Singh G.B., Kramer J.A., and Krawetz S.A. 1997. Mathematical model to predict regions of chromatin attachment to the nuclear matrix. *Nucleic Acids Res.* **25:** 1419–1425.

Singh L. and Jones K.W. 1984. The use of heparin as a simple cost-effective means of controlling background in nucleic acid hybridization procedures. *Nucleic Acids Res.* **12:** 5627–5638.

Sjöbring U., Björck L., and Kastern W. 1989. Protein G genes:

R.18

Structure and distribution of IgG-binding and albumin-binding domains. *Mol. Microbiol.* **3:** 319–327.

———. 1991. Streptococcal protein G. Gene structure and protein binding properties. *J. Biol. Chem.* **266:** 399–405.

Sjödahl J. 1977. Structural studies on the four repetitive Fc-binding regions in protein A from *Staphylooocus aureus. Eur. J. Biochem.* **78:** 471–479.

Sjölander A., Stahl S., Lovgren K., Hansson M., Cavelier L., Walles A., Helmby H., Wahlin B., Morein B., Uhlén M., et al. 1993. *Plasmodium falciparum:* The immune response in rabbits to the clustered asparagine-rich protein (CARP) after immunization in Freund's adjuvant or immunostimulating complexes (ISCOMs). *Exp. Parasitol.* **76:** 134–145.

Sjöquist J., Meloun B., and Hjelm H. 1972. Protein A isolated from *Staphylococcus aureus* after digestion with lysostaphin. *Eur. J. Biochem.* **29:** 572–578.

Skinner M.K. and Griswold M.D. 1983. Fluorographic detection of radioactivity in polyacrylamide gels with 2,5-diphenyloxazole in acetic acid and its comparison with existing procedures. *Biochem. J.* **209:** 281–284.

Smith D.E. and Fisher P.A. 1984. Identification, developmental regulation, and response to heat shock of two antigenically related forms of a major nuclear envelope protein in *Drosophila* embryos: Application of an improved method for affinity purification of antibodies using polypeptides immobilized on nitrocellulose blots. *J. Cell Biol.* **99:** 20–28.

Smith D.R., Doucette-Stamm L.A., Deloughery C., Lee H., Dubois J., Aldredge T., Bashirzadeh R., Blakely D., Cook R., Gilbert K., et al. 1997. Complete genome sequence of *Methanobacterium thermoautotrophicum* ΔH: Functional analysis and comparative genomics. *J. Bacteriol.* **179:** 7135– 7155.

Smith R.F. and Smith T.F. 1990. Automatic generation of primary sequence patterns from sets of related protein sequences. *Proc. Natl. Acad. Sci.* **87:** 118–122.

———. 1992. Pattern-induced multi-sequence alignment (PIMA) algorithm employing secondary structure-dependent gap penalties for comparative protein modelling. *Protein Eng.* **5:** 35–41.

Smith H.O. 1980. Recovery of DNA from gels. *Methods Enzymol.* **65:** 371–380.

Smith H.O., Annau T.M., and Chandrasegaran S. 1990. Finding sequence motifs in groups of functionally related proteins. *Proc. Natl. Acad. Sci.* **87:** 826–830.

Snyder E.E. and Stormo G. 1993. Identification of coding regions in genomic DNA sequences: An application of dynamic programming and neural networks. *Nucleic Acids Res.* **21:** 607–613.

———. 1995. Identification of coding regions in genomic DNA. *J. Mol. Biol.* **248:** 1–18.

Sonnhammer E.L., Eddy S.R., and Durbin R. 1997. Pfam: A comprehensive database of protein families based on seed alignments. *Proteins* **28:** 405–420.

Sonnhammer E.L., Eddy S.R., Birney E., Bateman A., and Durbin R. 1998. Pfam: Multiple sequence alignments and HMM-profiles of protein domains. *Nucleic Acids Res.* **26:** 320–322.

Sørensen M.A., Kurland C.G., and Pedersen S. 1989. Codon usage determines translation rate in *Escherichia coli. J. Mol. Biol.* **207:** 365–377.

Southern E.M. 1975. Detection of specific sequences among DNA fragments separated by gel electrophoresis. *J. Mol. Biol.* **98:** 503–517.

Souza A.E. and Göringer H.U. 1998. The guide RNA database. *Nucleic Acids Res.* **26:** 168–169.

Spector D.L., Goldman R.D., and Leinwand L.A. 1998. *Cells: A laboratory manual*, vol. 1. *Culture and biochemical analysis of cells*, pp. 2.8–2.10. Cold Spring Harbor Laboratory Press, Cold Spring Harbor, New York.

Spingola M., Grate L., Haussler D., and Ares Jr., M. 1999. Genome-wide bioinformatic and molecular analysis of introns in *Saccharomyces cerevisiae. RNA* **5:** 221–234.

Stahl S., Nygren P.A., Sjölander A., and Uhlén M. 1993. Engineered bacterial receptors in immunology. *Curr. Opin. Immunol.* **5:** 272–277.

Stanley P.E. 1992. A survey of more than 90 commercially available luminometers and imaging devices for low-light measurements of chemiluminescence and bioluminescence including instruments for manual, automatic and specialized operation, for HPLC, LC, GLC, and microtiter plates. I. Descriptions. *J. Biolumin. Chemilumin.* **7:** 77–108.

———. 1993. A survey of some commercially available kits and reagents which include bioluminescence or chemiluminescence for their operation: Including immunoassays, hybridization, labels, probes, blots and ATP-based rapid microbiology. *J. Biolumin. Chemilumin.* **8:** 51–63.

Stein H. and Hausen P. 1969. Enzyme from calf thymus degrading the RNA moiety of DNA-RNA hybrids: Effect on DNA-dependent RNA polymerase. *Science* **166:** 393–395.

Stephens R.S., Kalman S., Lammel C., Fan J., Marathe R., Aravind L., Mitchell W., Olinger L., Tatusov R.L., Zhao Q., Koonin E.V., and Davis R.W. 1998. Genome sequence of an obligate intracellular pathogen of humans: *Chlamydia trachomatis. Science* **282:** 754–759.

Sternberg N. 1985. Evidence that adenine methylation influences DNA-protein interactions in *Escherichia coli. J. Bacteriol.* **164:** 490–493.

Sternberg N., Smoller D., and Braden T. 1994. Three new developments in P1 cloning. Increased cloning efficiency, improved clone recovery, and a new P1 mouse library. *Genet. Anal. Tech. Appl.* **11:** 171–180.

Stokke T. and Steen H.B. 1985. Multiple binding modes for Hoechst 33258 to DNA. *J. Histochem. Cytochem.* **33:** 333–338.

Stone G.C., Sjöbring U., Björck L., Sjöquist J., Barber C.V., and Nardella F.A. 1989. The Fc binding site for streptococcal protein G is in the Cγ2-Cγ3 interface region of IgG and is related to the sites that bind staphylococcal protein A and human rheumatoid factors. *J. Immunol.* **143:** 565–570.

Stone T. and Durrant I. 1991. Enhanced chemiluminescence for the detection of membrane-bound nucleic acid sequences: Advantages of the Amersham system. *Genet. Anal. Tech. Appl.* **8:** 230-237.

Stott D.I. 1989. Immunoblotting and dot blotting. *J. Immunol. Methods* **119:** 153–187.

Strauss F. and Varshavsky A. 1984. A protein binds to a satellite DNA repeat at three specific sites that would be brought into mutual proximity by DNA folding in the nucleosome. *Cell* **37:** 889–901.

Studier F.W. 1973. Analysis of bacteriophage T7 early RNAs and proteins on slab gels. *J. Mol. Biol.* **79:** 237–248.

Studier F.W. and Moffatt B.A. 1986. Use of bacteriophage T7 RNA polymerase to direct selective high-level expression of cloned genes. *J. Mol. Biol.* **189:** 113–130.

Stulnig T.M. and Amberger A. 1994. Exposing contaminating phenol in nucleic acid preparations. *BioTechniques* **16:** 403–404.

Subramani S. and DeLuca M. 1988. Applications of the firefly luciferase as a reporter gene. *Genet. Eng.* **10:** 75–89.

Suck D. and Oefner C. 1986. Structure of DNase I at 2.0 Å resolution suggests a mechanism for binding to and cutting DNA. *Nature* **321**: 620–625.

Suck D., Lahm A., and Oefner C. 1988. Structure refined to 2Å of a nicked DNA octanucleotide complex with DNase I. *Nature* **332**: 464–468.

Suck D., Oefner C., and Kabsch W. 1984. Three-dimensional structure of bovine pancreatic DNase I at 2.5 Å resolution. *EMBO J.* **3**: 2423–2430.

Sugino A., Goodman H.M., Heyneker H.L., Shine J., Boyer H.W., and Cozzarelli N.R. 1977. Interaction of bacteriophage T4 RNA and DNA ligases in joining of duplex DNA at base-paired ends. *J. Biol. Chem.* **252**: 3987–3994.

Sühnel J. 1997. Views of RNA on the World Wide Web. *Trends Genet.* **13**: 206–207.

Sutcliffe J.G. 1978. Nucleotide sequence of the ampicillin resistance gene of *Escherichia coli* plasmid pBR322. *Proc. Natl. Acad. Sci.* **75**: 3737–3741.

———. 1979. Complete nucleotide sequence of the *Escherichia coli* plasmid pBR322. *Cold Spring Harbor Symp. Quant. Biol.* **43**: 77–90.

Sutherland M.W. and Skerritt J.H. 1986. Alkali enhancement of protein staining on nitrocellulose membranes. *Electrophoresis* **7**: 401–406.

Suzuki S., Craddock B.P., Kana T., and Steigbigel R.T. 1993. Chemiluminescent enzyme-linked immunoassay for reverse transcriptase illustrated by detection of HIV reverse transcriptase. *Anal. Biochem.* **210**: 277–281.

Svaren J., Inagami S., Lovegren E., and Chalkley. 1987. DNA denatures upon drying after ethanol precipitation. *Nucleic Acids Res.* **15**: 8739–8754.

Swanstrom R. and Shank P.R. 1978. X-ray intensifying screens greatly enhance the detection by autoradiography of the radioactive isotopes ^{32}P and ^{125}I. *Anal. Biochem.* **86**: 184–192.

Switzer III, R.C., Merril C.R., and Shifrin S. 1979. A highly sensitive silver stain for detecting proteins and peptides in polyacrylamide gels. *Anal. Biochem.* **98**: 231–237.

Szymanski M., Barciszewska M.Z., Barciszewski J., and Erdmann V.A. 1999. 5S Ribosomal RNA Data Bank. *Nucleic Acids Res.* **27**: 158–160.

Tabor S. and Richardson C.C. 1985. A bacteriophage T7 RNA polymerase/promoter system for controlled exclusive expression of specific genes. *Proc. Natl. Acad. Sci.* **82**: 1074–1078.

Tabor S., Huber H.E., and Richardson C.C. 1987. *Escherichia coli* thioredoxin confers processivity on the DNA polymerase activity of the gene 5 protein of bacteriophage T7. *J. Biol. Chem.* **262**: 16212–16223.

Tai M.S., Mudgett-Hunter M., Levinson D., Wu G.M., Haber E., Oppermann H., and Huston J.S. 1990. A bifunctional fusion protein containing Fc-binding fragment B of staphlyococcal protein A amino terminal to antidigoxygenin single-chain Fv. *Biochemistry* **30**: 8024–8030.

Takahashi M. and Uchida T. 1986. Thermophilic HB8 DNA ligase: Effects of polyethylene glycols and polyamines on blunt-end ligation of DNA. *J. Biochem.* **100**: 123-131.

Takahashi M., Yamaguchi E., and Uchida T. 1984. Thermophilic DNA ligase. Purification and properties of the enzyme from *Thermus thermophilus* HB8. *J. Biol. Chem.* **259**: 10041–10047.

Tartof K.D. and Hobbs C.A. 1987. Improved media for growing plasmid and cosmid clones. *Focus* (Life Technologies) **9**: 12.

Tatsumi H., Masuda T., and Nakao E. 1988. Synthesis of enzymatically active firefly luciferase in yeast. *Agric. Biol. Chem.* **52**: 1123–1127.

Tatusova T.A. and Madden T.L. 1999. BLAST 2 sequences, a new tool for comparing protein and nucleotide sequences (erratum *FEMS Microbiol. Lett.* [1999] **177**: 187–188). *FEMS Microbiol. Lett.* **174**: 247–250.

Tautz D. and Pfeifle C. 1989. A non-radioactive *in situ* hybridization method for the localization of specific RNAs in *Drosophila* embryos reveals translational control of the segmentation gene *hunchback*. *Chromosoma* **98**: 81–85.

Taylor J.M., Illmensee R., and Summers J. 1976. Efficient transcription of RNA into DNA by avian sarcoma virus polymerase. *Biochim. Biophys. Acta* **442**: 324–330.

Taylor W.R. 1986. The classification of amino acid conservation. *J. Theor. Biol.* **119**: 205–218.

Thompson D. and Larson G. 1992. Western blots using stained protein gels. *BioTechniques* **12**: 656–658.

Thompson J.D., Higgins D.G., and Gibson T.J. 1994. CLUSTAL W: Improving the sensitivity of multiple sequence alignment through sequence weighting, position-specfic gap penalties, and weight matrix choice. *Nucleic Acids Res.* **22**: 4673–4680.

Thorpe G.H. and Kricka L.J. 1986. Enhanced chemiluminescent reactions catalyzed by horseradish peroxidase. *Methods Enzymol.* **133**: 331–353.

Thorpe G.H.G., Kricka L.J., Moseley S.B., and Whitehead T.P. 1985. Phenols as enhancers of the chemiluminescent horseradish peroxidase-luminol-hydrogen peroxide reaction: Application in luminescence monitored enzyme immunoassays. *Clin. Chem.* **31**: 1335–1341.

Thorstenson Y.R., Hunicke-Smith S.P., Oefner P.J., and David R. 1998. An automated, hydrodynamic process for controlled, unbiased DNA shearing. *Genome Res.* **8**: 848–855.

Tiselius, A., Hjertén S., and Levin Ö. 1956. Protein chromatography on calcium phosphate columns. *Arch. Biochem. Biophys.* **65**: 132–155.

Tizard R., Cate R.L., Ramachandran K.L., Wysk M., Voyta J.C., Murphy O.J., and Bronstein I. 1990. Imaging of DNA sequences with chemiluminescence. *Proc. Natl. Acad. Sci.* **87**: 4514–4518.

Tomb J.F., White O., Kerlavage A.R., Clayton R.A., Sutton G.G., Fleischmann R.D., Ketchum K.A., Klenk H.P., Gill S., Dougherty B.A., et al. 1997. The complete genome sequence of the gastric pathogen *Helicobacter pylori* (erratum *Nature* [1997] **389**: 412). *Nature* **388**: 539–547.

Towbin H. and Gordon J. 1984. Immunoblotting and dot immunobinding — Current status and outlook. *J. Immunol. Methods* **72**: 313–340.

Towbin H., Staehelin T., and Gordon J. 1979. Electrophoretic transfer of proteins from polyacrylamide gels to nitrocellulose sheets: Procedure and some applications. *Proc. Natl. Acad. Sci.* **76**: 4350–4354.

Triman K.L. and Adams B.J. 1997. Expansion of the 16S and 23S ribosomal RNA mutation databases (16SMDB and 23SMDB). *Nucleic Acids Res.* **25**: 188–191.

Tsunoda T. and Takagi T. 1999. Estimating transcription factor bindability on DNA. *Bioinformatics* **15**: 622–630.

Tu C.-P. and Cohen S.N. 1980. 3′-End labeling of DNA with [α-^{32}P]cordycepin-5′-triphosphate. *Gene* **10**: 177–183.

Tuma R.S., Beaudet M.P., Jin X., Jones L.J., Cheung C.Y., Yue S., and Singer V.L. 1999. Characterization of SYBR Gold nucleic acid gel stain: A dye optimized for use with 300-nm ultraviolet transilluminators. *Anal. Biochem.* **268**: 278–288.

Tung W.L. and Chow K.C. 1995. A modified medium for efficient electrotransformation of *E. coli*. *Trends Genet.* **1**: 128–129.

R.20

Uberbacher E.C. and Mural R.J. 1991. Locating protein-coding regions in human DNA sequences by a multiple sensor-neural network approach. *Proc. Natl. Acad. Sci.* **88:** 11261–11265.

Uhlén M. 1989. Magnetic separation of DNA. *Nature* **340:** 733–734.

Uhlén M. and Moks T. 1990. Gene fusions for purpose of expression: An introduction. *Methods Enzymol.* **185:** 129–143.

Uhlén, M., Forsberg G., Moks T., Hartmanis M., and Nilsson B. 1992. Fusion proteins in biotechnology. *Curr. Opin. Biotechnol.* **3:** 363–369.

Uhlén M., Guss B., Nilsson B., Gatenbeck S., Philipson L., and Lindberg M. 1984. Complete sequence of the staphylococcal gene encoding protein A. A gene evolved through multiple duplications. *J. Biol. Chem.* **259:** 1695–1702.

Uhlén M., Nilsson B., Guss B., Lindberg M., Gatenbeck S., and Philipson L. 1983. Gene fusion vectors based on the gene for staphylococcal protein A. *Gene* **23:** 369–378.

Uhlenbeck O. and Gumport R.I. 1982. T4 RNA ligase. In *The enzymes*, 3rd edition (ed. P.D. Boyer), vol. 15, p. 31–58. Academic Press, New York.

Urdea M.S., Warner B.D., Running J.A., Stempien M., Clyne J., and Horn T. 1988. A comparison of non-radioisotopic hybridization assay methods using fluorescent, chemiluminescent and enzyme labeled synthetic oligodeoxyribonucleotide probes. *Nucleic Acids Res* **16:** 4937–4956.

Van Dyke K. and Van Dyke R., eds. 1990. *Luminescence immunoassay and molecular applications.* CRC Press, Boca Raton, Florida.

Van Lancker M. and Gheyssens L.C. 1986. A comparison of four frequently-used assays for quantitative determination of DNA. *Anal. Lett.* **19:** 615–623.

van Oss C.J., Good R.J., and Chaudhury M.K. 1987. Mechanisms of DNA (Southern) and protein (Western) blotting on cellulose nitrate and other membranes. *J. Chromatogr.* **391:** 53–65.

van Zonneveld A.J., Curriden S.A., and Loskutoff D.J. 1988. Type I plasminogen activator inhibitor gene: Functional anlaysis and glucocorticoid regulation of its promoter. *Proc. Natl. Acad. Sci.* **85:** 5525–5529.

Vari F. and Bell K. 1996. A simplified silver diamine method for the staining of nucleic acids in polyacrylamide gels. *Electrophoresis* **17:** 20–25.

Verdine G.L. 1994. The flip side of DNA methylation. *Cell* **76:** 197–200.

Verma I.M. 1981. Reverse transcriptase. In *The enzymes*, 3rd edition (ed. P.D. Boyer), vol. 14, pp. 87–103. Academic Press, New York.

Vieira J. and Messing J. 1987. Production of single-stranded plasmid DNA. *Methods Enzymol.* **153:** 3–11.

Vogt V.M. 1973. Purification and further properties of single-strand-specific nuclease from *Aspergillus oryzae. Eur. J. Biochem.* **33:** 192–200.

Waalwijk C. and Flavell R.A. 1978. MspI, an isoschizomer of HpaII which cleaves both unmethylated and methylated HpaII sites. *Nucleic Acids Res.* **5:** 3231–3236.

Wada K., Wada Y., Ishibashi F., Gojobori T., and Ikemura T. 1992. Codon usage tabulated form the GenBank genetic sequence data. *Nucleic Acids Res.* **20:** 2111–2118.

Wallace J.C. and Henikoff S. 1992. PATMAT: A searching and extraction program, sequence, and block queries and databases. *Comput. Appl. Biosci.* **8:** 249–254.

Walter A.E., Turner D.H., Kim J., Lyttle M.H., Muller P., Mathews D.H., and Zuker M. 1994. Coaxial stacking of helixes enhances binding of oligoribonucleotides and improves predictions of RNA folding. *Proc. Natl. Acad. Sci.* **91:** 9218–9222.

Wang J.C. 1969. Variation of the average rotation angle of the DNA helix and the superhelical turns of covalently closed cyclic λ DNA. *J. Mol. Biol.* **43:** 25–39.

———. 1979. Helical repeat of DNA in solution. *Proc. Natl. Acad. Sci.* **76:** 200–203.

———. 1996. DNA topoisomerases. *Annu. Rev. Biochem.* **65:** 635–692.

Wang R.Y.-H., Zhang X.-Y., Khan R., Zhou Y., Huang L.-H., and Ehrlich M. 1986. Methylated DNA-binding protein from human placenta recognizes specific methylated sites on several prokaryotic DNAs. *Nucleic Acids Res.* **14:** 9843–9860.

Wang S. and Hazelrigg T. 1994. Implications for *bcd* mRNA localization from spatial distribution of *exu* protein in *Drosophila* oogenesis. *Nature* **369:** 400–403.

Warburg O. and Christian W. 1942. Isolierung und kristallisation des gärungsferments enolase. *Biochem. Z.* **310:** 384–421.

Waring M.J. 1965. Complex formation between ethidium bromide and nucleic acids. *J. Mol. Biol.* **13:** 269–282.

———. 1966. Structural requirements for the binding of ethidium bromide to nucleic acids. *Biochim. Biophys. Acta* **114:** 234–244.

Waterman M.L., Adler S., Nelson C., Greene G.L., Evans R.M., and Rosenfeld M.G. 1988. A single domian of the estrogen receptor confers deoxyribonucleic acid binding and transcriptional activation of the rat prolactin gene. *Mol. Endocrinol.* **2:** 14–21.

Watkins T.I. and Wolfe G. 1952. Effect of changing the quaternizing group on the trypanocidal activity of dimidum bromide. *Nature* **169:** 506.

Weeks I., Beheshti I., McCapra F., Campbell A.K., and Woodhead J.S. 1983. Acridinium esters as high-specific activity labels in immunoassay. *Clin. Chem.* **29:** 1474–1479.

Wei C.-F., Alianell G.A., Bencen G.H., and Gray Jr., H.B. 1983. Isolation and comparison of two molecular species of the BAL 31 nuclease from *Alteromonas espejiana* with distinct kinetic properties. *J. Biol. Chem.* **258:** 13506–13512.

Weil M.D. and McClelland M. 1989. Enzymatic cleavage of a bacterial genome at a 10-base-pair recognition site. *Proc. Natl. Acad. Sci.* **86:** 51–55.

Weisblum B. and Haenssler E. 1974. Fluorometric properties of the bibenzimidazole derivative Hoechst 33258, a fluorescent probe specific for AT concentration in chromosomal DNA. *Chromosoma* **46:** 255–260.

Weisburger E.K., Russfield A.B., Homburger F., Weisburger J.H., Boger E., Van Dongen C.G., and Chu K.C. 1978. Testing of twenty-one environmental aromatic amines or derivatives for long-term toxicity or carcinogenicity. *J. Environ. Pathol. Toxicol.* **2:** 325–356.

Weiss B. 1976. Endonuclease II of *Escherichia coli* is exonuclease III. *J. Biol. Chem.* **251:** 1896–1901.

Weiss B., Jacquemin-Sablon A., Live T.R., Fareed G.C., and Richardson C.C. 1968. Enzymatic breakage and joining of deoxyribonucleic acid. IV. Further purification and properties of polynucleotide ligase from *Escherichia coli* infected with bacteriophage T4. *J. Biol. Chem.* **243:** 4543–4555.

Werstuck G. and Capone J.P. 1989. Identification of a domain of the herpes simplex virus *trans*-activator Vmw65 required for protein-DNA complex formation through the use of protein A fusion proteins. *J. Virol.* **63:** 5509–5513.

White O., Eisen J.A., Heidelberg J.F., Hickey E.K., Peterson J.D., Dodson R.J., Haft D.H., Gwinn M.L., Nelson W.C., Richardson D.L., et al. 1999. Genome sequence of the radioresistant bacterium *Deinococcus radiodurans* R1. *Science* **286:** 1571–1577.

Whitehead T.P., Thorpe G.H.G., Carter T.J.N., Groucutt C., and Kricka L.J. 1983. Enhanced luminescence procedure for sensitive determination of peroxidase-labelled conjugates in immunoassay. *Nature* **305:** 158–159.

Whittaker P.A., Campbell A.J.B., Southern E.M., and Murray N.E. 1988. Enhanced recovery and restriction mapping of DNA fragments cloned in a new λ vector. *Nucleic Acids Res.* **16:** 6725–6736.

Wick R.A. 1989. Photon counting imaging: Applications in biomedical research. *BioTechniques* **7:** 262–268.

Wiegers U. and Hilz H. 1971. A new method using "proteinase K" to prevent mRNA degradation during isolation from HeLa cells. *Biochem. Biophys. Res. Commun.* **44:** 513–519.

———. 1972. Rapid isolation of undegraded polysomal RNA without phenol. *FEBS Lett.* **23:** 77–84.

Wigle D.A., Radakovic N.N., Venance S.L., and Pang S.C. 1993. Enhanced chemiluminescence with catalyzed reporter deposition for increasing the sensitivity of Western blotting. *BioTechniques* **14:** 562–563.

Wilchek M. and Bayer E.A. 1990. Biotin-containing reagents. *Methods Enzymol.* **184:** 123–138.

Wilfinger W.W., Mackey K., and Chomczynski P. 1997. Effect of pH and ionic strength on the spectrophotometric assessment of nucleic acid purity. *BioTechniques* **22:** 474–481.

Wilkie N.M. and R. Cortini. 1976. Sequence arrangement in herpes simplex virus type 1 DNA: Identification of terminal fragments in restriction endonuclease digests and evidence for inversions in redundant and unique sequences. *J. Virol.* **20:** 211–221.

Wilkinson D. 1998. Products for the chemiluminescent detection of DNA. *Scientist* **12:** 20–22.

Williams B.G. and Blattner F.R. 1979. Construction and characterization of the hybrid bacteriophage lambda Charon vectors for DNA cloning. *J. Virol.* **29:** 555–575.

Wilson A.T. 1958. Tritium and paper chromatography. *Nature* **182:** 524.

———. 1960. Detection of tritium on paper chromatograms. *Biochim. Biophys. Acta* **40:** 522–526.

Wilson C.M. 1979. Studies and critique of Amido Black 10B, Coomassie Blue R, and Fast Green FCF as stains for proteins after polyacrylamide gel electrophoresis. *Anal. Biochem.* **96:** 263–278.

———. 1983. Staining of proteins on gels: Comparison of dyes and procedures. *Methods Enzymol.* **91:** 236–247.

Winkler F.K. 1994. DNA totally flipped out by methylase. *Structure* **2:** 79–83.

Winkler F.K., Banner D.W., Oefner C., Tsernoglou D., Brown R.S., Heathman S.P., Bryan R.K., Martin P.D., Petratos K., and Wilson K.S. 1993. The crystal structure of EcoRV endonuclease and of its complexes with cognate and non-cognate DNA fragments. *EMBO J.* **12:** 1781–1795.

Winter E., Yamamoto F., Almoguera C., and Perucho M. 1985. A method to detect and characterize point mutations in transcribed genes: Amplification and overexpression of the mutant c-Ki-*ras* allele in human tumor cells. *Proc. Natl. Acad. Sci.* **82:** 7575–7579.

Wintersberger U. 1990. Ribonucleases H of retroviral and cellular origin. *Pharmacol. Ther.* **48:** 259–280.

Wolfenden R., Andersson L., Cullis P.M., and Southgate C.C. 1981. Affinities of amino acid side chains for solvent water. *Biochemistry* **20:** 849–855.

Woltanski K.P., Besch W., Keilacker H., Ziegler M., and Kohnert K.D. 1990. Radioiodination of peptide hormones and immunoglobulin preparations: Comparison of the chloramine T and iodogen method. *Exp. Clin. Endocrinol.* **95:** 39–46.

Wolters G., Kuijpers L., Kacaki J., and Schuurs A. 1976. Solid-phase enzyme-immunoassay for detection of hepatitis B surface antigen. *J. Clin. Pathol.* **29:** 873–879.

Wood K.V. 1991. The origin of beetle luciferases. In *Bioluminescence and chemiluminescence: Current status* (ed. P. Stanley and L. Kricka), pp. 11–14. Wiley, Chichester, United Kingdom.

Wood K.V. and DeLuca M. 1987. Photographic detection of luminescence in *Escherichia coli* containing the gene for firefly luciferase. *Anal. Biochem.* **161:** 501–507.

Wood W.B. 1966. Host specificity of DNA produced by *Escherichia coli:* Bacterial mutations affecting the restriction and modification of DNA. *J. Mol. Biol.* **16:** 118–133.

Worley K.C., Wiese B.A., and Smith R.F. 1995. BEAUTY: An enhanced BLAST-based search tool that integrates multiple biological information resources into sequence similarity search results. *Genome Res.* **5:** 173–184.

Worley K.C., Culpepper P., Wiese B.A., and Smith R.F. 1998. BEAUTY-X: Enhanced BLAST searches for DNA queries. *Bioinformatics* **14:** 890–891.

Wower J. and Zwieb C. 1999. The tmRNA database (tmRDB). *Nucleic Acids Res.* **27:** 167.

Wu J.C. and Santi D.V. 1987. Kinetic and catalytic mechanism of HhaI methyltransferase. *J. Biol. Chem.* **262:** 4778–4786.

Wu R., Jay E., and Roychoudhury R. 1976. Nucleotide sequence analysis of DNA. *Methods Cancer Res.* **12:** 87–176.

Wuchty S., Fontana W., Hofacker I.L., and Schuster P. 1999. Complete suboptimal folding of RNA and the stability of secondary structures. *Biopolymers* **49:** 145–165.

Wyman A.R. and Wertman K.F. 1987. Host strains that alleviate underrepresentation of specific sequences: Overview. *Methods Enzymol.* **152:** 173–180.

Xue G.P., Denman S.E., Glassop D., Johnson J.S., Dierens L.M., Gobius K.S., and Aylward J.H. 1995. Modification of a xylanase cDNA isolated from an anaerobic fungus *Neocallimastix patriciarum* for high-level expression in *Escherichia coli*. *J. Biotechnol.* **38:** 269–277.

Yamamoto K.R., Alberts B.M., Benzinger R., Lawhorne L., and Treiber G. 1970. Rapid bacteriophage sedimentation in the presence of polyethylene glycol and its application to large-scale virus purification. *Virology* **40:** 734–744.

Yanisch-Perron C., Vieira J., and Messing J. 1985. Improved M13 phage cloning vectors and host strains: Nucleotide sequences of the M13mp18 and pUC19 vectors. *Gene* **33:** 103–119.

Yeh E., Skibbens R.V., Cheng J.W., Salmon E.D., and Bloom K. 1995. Spindle dynamics and cell cycle regulation of dynein in the budding yeast *Saccharomyces cerevisiae*. *J. Cell Biol.* **130:** 687–700.

Yona G., Linial N., Tishby N., and Linial M. 1998. A map of the protein space — An automatic hierarchical classification of all protein sequences. *Ismb* **6:** 212–221.

Young R.A. and Davis R. 1983a. Efficient isolation of genes by using antibody probes. *Proc. Natl. Acad. Sci.* **80:** 1194–1198.

———. 1983b. Yeast RNA polymerase II genes: Isolation with antibody probes. *Science* **222:** 778–782.

Young R.A., Bloom B.R., Grosskinsky C.M., Ivanyi J., Thomas D., and Davis R.W. 1985. Dissection of *Mycobacterium tuberculosis* antigens using recombinant DNA. *Proc. Natl. Acad. Sci.* **82:** 2583–2587.

R.22

Yuen K.C.L., Johnson T.K., Denell R.E. and Consigli R.A. 1982. A silver-staining technique for detecting minute quantities of proteins on nitrocellulose paper: Retention of antigenicity of stained proteins. *Anal. Biochem.* **126:** 398–402.

Yuksel K.U. and Gracy R.W. 1985. The quantitation of proteins in silver stained polyacrylamide gels. *Electrophoresis* **6:** 361–366.

Zagursky R.J. and Berman R.L. 1984. Cloning vectors that yield high levels of single-stranded DNA for rapid DNA sequencing. *Gene* **27:** 183–191.

Zhang M.Q. 1997. Identification of protein coding regions in the human genome based on quadratic discriminant analysis. *Proc. Natl. Acad. Sci.* **94:** 565–568.

———. 1998. Identification of human gene core-promoters in silico. *Genome Res.* **8:** 319–326.

Zhang S., Zubay G., and Goldman E. 1991. Low-usage codons in *Escherichia coli*, yeast, fruitfly and primates. *Gene* **105:** 61–72.

Zhang Z., Schaffer A.A., Miller W., Madden T.L, Lipman D.J., Koonin E.V., and Altschul S. 1998. Protein sequence similarity searches using patterns as seeds. *Nucleic Acids Res.* **26:** 3986–3990.

Zhu J., Liu J.S., and Lawrence C. 1997. Bayesian and adaptive alignment and inference. *Ismb* **5:** 358–368.

———. 1998. Bayesian adaptive sequence alignment algorithms. *Bioinformatics* **14:** 25–39.

Ziegler M.M. and Baldwin T.O. 1981. Biochemistry of bacterial bioluminescence. *Curr. Top. Bioenerg.* **12:** 65–113.

Zimmer R. and Verrinder Gibbins A.M. 1997. Construction and characterization of a large-fragment chicken bacterial artificial chromosome library. *Genomics* **42:** 217–226.

Zimmerman S.B. and Minton A.P. 1993. Macromolecular crowding: Biochemical, biophysical, and physiological consequences. *Annu. Rev. Biophys. Biomol. Struct.* **22:** 27-65.

Zimmerman S.B. and Pheiffer B.H. 1983. Macromolecular crowding allows blunt-end ligation by DNA ligases from rat liver or *Escherichia coli*. *Proc. Natl. Acad. Sci.* **80:** 5852– 5856.

Zoller M.J. and Smith M. 1984. Oligonucleotide-directed mutagenesis: A simple method using two oligonucleotide primers and a single-stranded DNA template. *DNA* **3:** 479–488.

———. 1987. Oligonucleotide-directed mutagenesis: A simple method using two oligonucleotide primers and a single-stranded DNA template. *Methods Enzymol.* **154:** 329–350.

Zuker M. 1989. On finding all suboptimal foldings of an RNA molecule. *Science* **244:** 48–52.

Zwieb C. 1997. The uRNA database. *Nucleic Acids Res.* **25:** 102–103.

索　引

说明：（1）西文在前，按字母顺序排序；中文在后，按汉语拼音排序；
（2）各词条后面的数字指英文版原书页码，这些页码已在正文页边的空白处标出，可对应查找。

王嘉玺　朱厚础　阎明凡　译
朱厚础　阎明凡　王嘉玺　校

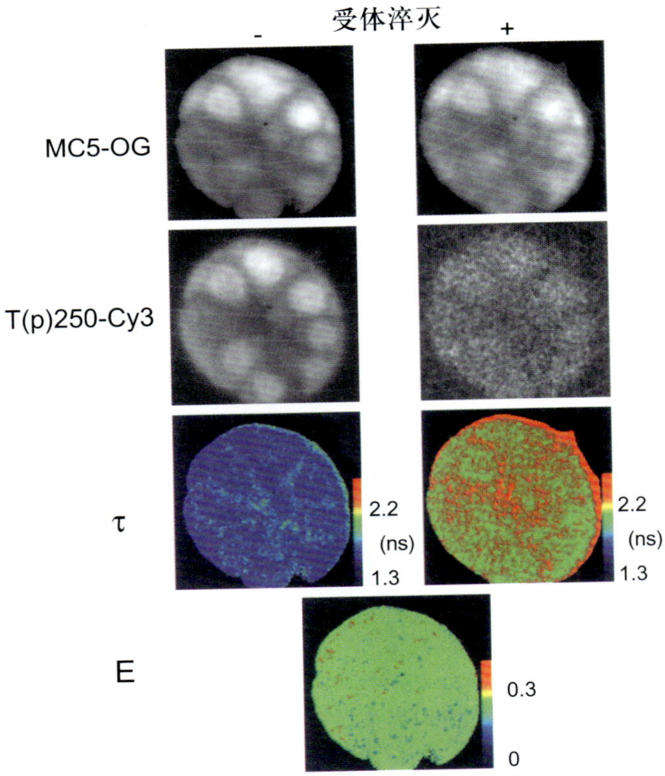

图 18-21

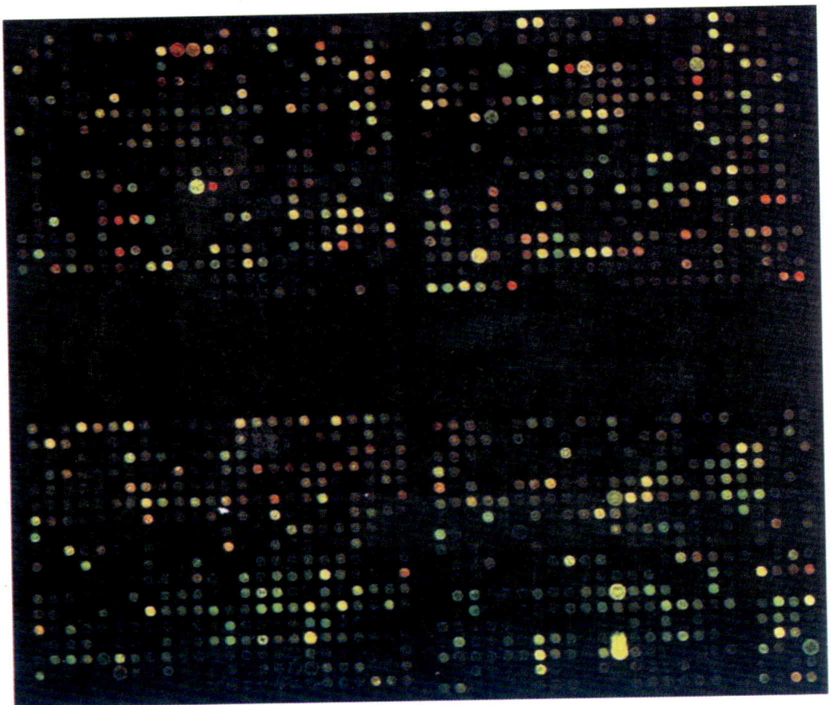
图 A10-2